Hans-Jürgen Rehm

Industrielle Mikrobiologie

Zweite, völlig neubearbeitete Auflage

Mit 215 Abbildungen und 89 Tabellen

Springer-Verlag
Berlin Heidelberg New York 1980

Professor Dr. Hans-Jürgen Rehm
Institut für Mikrobiologie
Westfälische-Wilhelms-Universität
Tibusstraße 7–15
4400 Münster

Additional material to this book can be downloaded from http://extras.springer.com.

ISBN 978-3-642-67427-3   ISBN 978-3-642-67426-6 (eBook)
DOI 10.1007/978-3-642-67426-6

CIP-Kurztitelaufnahme der Deutschen Bibliothek
Rehm, Hans-Jürgen:
Industrielle Mikrobiologie/Hans-Jürgen Rehm.
2., völlig neubearb. Aufl.
Berlin, Heidelberg, New York : Springer, 1980.

Meinem Vater

Vorwort zur zweiten Auflage

Seit dem Erscheinen der 1. Auflage ist außerordentlich viel Literatur auf dem Gebiet der technischen Mikrobiologie erschienen, so daß das Buch praktisch neu geschrieben werden mußte. Dabei mußte ich mich viel mehr als bei der 1. Auflage auf die Meinung anderer Autoren stützen, denn das inzwischen stark gewachsene Gebiet kann nicht mehr von einem allein vollständig übersehen werden. Diese Schwierigkeit zeigt sich besonders bei der Gewichtung der einzelnen Teilgebiete, vor allem bei neu sich entwickelnden Arbeitsgebieten.

Eine Vollständigkeit ist niemals angestrebt worden. Zahlenangaben über die wirtschaftliche Bedeutung wurden nur in den seltensten Fällen gemacht.

Das Ziel des Buches ist geblieben: Es soll allen, die sich mit technischer und industrieller Mikrobiologie befassen wollen, eine Einarbeitung in das Gebiet ermöglichen. Die Literaturhinweise sollen dann ein tiefgehendes Studium ermöglichen. Aus den genannten Gründen ist auf die Angabe vieler Literatur, die bereits in der 1. Auflage zitiert worden ist, hier verzichtet worden.

Die Angaben der Mikroorganismenspecies sind im Prinzip direkt aus den Arbeiten übernommen worden, selbst wenn sich inzwischen die Nomenklatur geändert hat. Zum Teil wurden Hinweise auf die neue Nomenklatur gegeben.

Beim Zitieren der Arbeiten wurden möglichst leicht zugängliche repräsentative Literatur sowie zusammenfassende Arbeiten bevorzugt zitiert. Nur selten wurde Wert darauf gelegt, die ersten Entdekker, z. B. eines Verfahrens oder einer Entwicklung, zu zitieren.

Viele biochemische Reaktionen, die mir für die 1. Auflage noch wichtig erschienen, sind heute bereits Allgemeinwissen geworden, so daß sie hier insgesamt stark gekürzt dargestellt werden konnten. Ähnlich ist es mit solchen Sachgebieten, z. B. Antibiotica, die gegenwärtig bereits intensiv beschrieben worden sind. Biosynthesen und deren Regulation wurden im allgemeinen ausführlicher dargestellt als Wirkungsmechanismen, Anwendungen etc.

Diese 2. Auflage hätte nicht geschrieben werden können, wenn nicht mein Vater in unermüdlicher Arbeit einen großen Teil der Korrekturen gemacht und wenn nicht Fräulein BARBARA STECKEL die zahlreichen technischen Arbeiten mit großem Engagement bewältigt hätte. Beiden gilt mein besonderer Dank.

Vielen Kollegen danke ich für eine große Anzahl wertvoller fachlicher Hinweise. Herrn Dr. K. F. SPRINGER danke ich für das Verständnis, diese 2. Auflage im vorliegenden Umfang schreiben zu können. Dem Verlag, besonders Herrn Dr. CZESCHLIK und Herrn KIRCHNER bin ich für die Hilfe bei der Drucklegung und Ausstattung sehr dankbar.

Möge die 2. Auflage, ebenso wie bereits die erste, zur weiteren Entwicklung der Biotechnologie beitragen!

Münster, im Dezember 1979   HANS-JÜRGEN REHM

Vorwort zur ersten Auflage

Das vorliegende Buch ist aus Vorlesungen entstanden, die ich in Berlin und München über industrielle Mikrobiologie gehalten habe. Dieses Gebiet ist in sehr rascher Entwicklung begriffen. Besonders in den USA und in Japan wurden in den vergangenen Jahrzehnten wichtige neue Verfahren zur Züchtung von Mikroorganismen und deren Stoffwechselprodukten entwickelt. Die wirtschaftliche Bedeutung von technischen Verfahren, die mit Mikroorganismen durchgeführt werden, ist oft außerordentlich groß.

Über das Gesamtgebiet der industriellen Mikrobiologie liegt im deutschsprachigen Schrifttum nur eine Übersetzung einer amerikanischen Ausgabe des Buches von PRESCOTT und DUNN aus dem Jahre 1949 vor. In der Zwischenzeit sind auf diesem Gebiet aber außerordentlich viele Neuentwicklungen gemacht worden, die im vorliegenden Buch zusammenfassend dargestellt werden sollen.

Das Buch ist in erster Linie für Mikrobiologen, Biologen, Biochemiker, Chemiker, Lebensmittelchemiker und Techniker gedacht, die sich in der Industrie mit mikrobiologisch-technischen Problemen befassen müssen. Sie sollen sich an Hand des Buches über den gegenwärtigen Stand der industriellen Mikrobiologie informieren können und auf detaillierte Probleme hingewiesen werden, in die sie sich mit Hilfe der zitierten Spezialliteratur einarbeiten können. Es wurde bei der Stoffauswahl immer versucht, eine Übersicht über das Gesamtgebiet zu erreichen.

Für die Auswahl der Verfahren war nicht nur die gegenwärtige wirtschaftliche Bedeutung bestimmend, sondern in vielen Fällen auch besonders methodisches Interesse. Dem Leser sollen auf diese Weise Anregungen für künftige technische Möglichkeiten vermittelt werden.

Für die Durchführung von Fermentationen mit Mikroorganismen und besonders für die Entwicklung neuer Verfahren ist die Kenntnis der Biosynthese der Stoffwechselprodukte häufig von größter Bedeutung. Aus diesem Grunde wurden wichtige Ergebnisse über biochemische Reaktionen bei der Biosynthese oder beim Abbau von Stoffwechselprodukten in den entsprechenden Kapiteln beschrieben. Art- und Gattungsnamen wurden im allgemeinen unverändert aus der Literatur übernommen. Ältere geschichtlich interessante Arbeiten, besonders aus dem vorigen Jahrhundert, wurden zwar erwähnt, jedoch nicht mit Zitaten belegt. Die Kapitel über

Wein und Bier wurden nur sehr kurz abgefaßt, da hierfür ausgezeichnete Zusammenstellungen in deutscher Sprache existieren. Die Literatur wurde bis Mitte 1966 berücksichtigt.

Allen Kollegen, die mir bei der Herstellung des Buches mit wertvollen Ratschlägen und Hinweisen behilflich waren, möchte ich meinen Dank sagen, besonders den Professoren und Doktoren BÖTTICHER, HARTMANN, KANDLER, SCHILLINGER, SCHLEGEL, THALER und vor allem Herrn Prof. SOUCI. Ganz besonders danke ich Fräulein K. AXT für die Anfertigung von Zeichnungen und Formelschemata sowie für die Mithilfe beim Lesen der Korrekturen. Meinem Vater bin ich für das Lesen der Korrekturen sehr dankbar, meinem Bruder für die Hilfe bei der Beschaffung von Literatur. Dem Verlag danke ich für die gute Zusammenarbeit.

Ich bitte alle Fachkollegen um kritische Hinweise im Interesse der weiteren Entwicklung des Buches, denn es ist dem Einzelnen nicht mehr möglich, sämtliche Tatsachen und Verfahren auf diesem großen Gebiet zu überblicken.

Möge das Buch zur weiteren Entwicklung der industriellen Mikrobiologie beitragen.

München, Mai 1967   HANS-JÜRGEN REHM

Inhaltsverzeichnis

Entwicklung der technischen Mikrobiologie

In der ersten Auflage wurde die Geschichte der industriellen Mikrobiologie kurz dargestellt (Rehm, 1967), so daß es hier genügt, große Entwicklungsrichtungen der technischen Mikrobiologie in der Vergangenheit zu schildern:

In einem **ersten Abschnitt** der Industriellen Mikrobiologie wurden Mikroorganismen — ohne daß man sich deren Existenz bewußt war – vorwiegend zur Herstellung von Lebensmitteln herangezogen. Dieser Abschnitt beginnt kurz nach der Entwicklung des Menschen auf der Erde. Man stellte zunächst Wein und in der Folge auch Essig, dann Bier, Sauerbrot, viele Sauermilchprodukte, Käse und viel später auch Alkohol als Destillat her. In orientalischen und ostasiatischen Ländern wurden viele Reisprodukte, Fischsaucen, später Sojaprodukte u. v. a. Lebensmittel mit Hilfe von Mikroorganismen produziert. Viele Verfahren haben sich in ihren Grundzügen bis heute erhalten.

Nachdem Leeuwenhoek die Mikroorganismen entdeckt hatte und Mitte des 19. Jahrhunderts die ersten Einblicke in den Stoffwechsel der Mikroorganismen gelangen, wurden in einem **zweiten Abschnitt** Verfahren besonders zur Herstellung primärer Produkte und Biomasse aus Mikroorganismen, z. B. von Milchsäure, Butanol, Aceton, Äthanol, Citronensäure, Glycerin, Backhefe, Nähr- und Futterhefe u. a. ausgearbeitet. Man konstruierte auch bereits kontinuierlich arbeitende Abwasseranlagen.

Die Herstellung des Penicillins leitete dann einen **dritten Abschnitt** ein. Penicillin ist ein sekundärer Metabolit, der anfangs nur in sehr geringen Konzentrationen vom Pilz gebildet wurde. Zur Herstellung größerer Mengen war es notwendig, den Pilz frei von Fremdkeimen zu züchten. Die Entwicklung geeigneter Verfahren hierfür machte die Herstellung vieler weiterer Antibiotika und anderer sekundärer Stoffwechselprodukte möglich. Daneben wurde auch eine Durchführung mikrobieller Einschritt- oder Zweischrittreaktionen, zumeist als Zwischensynthesen in chemischen Synthesen ausgearbeitet. Dieser dritte Abschnitt der technischen Mikrobiologie, der seit etwa 1940 datiert werden kann, dauert auch heute noch an.

Inzwischen ist bereits ein **vierter Abschnitt** der technischen Mikrobiologie eingeleitet worden. In diesem Abschnitt werden Mikroorganismen z. T. sehr gerichtet verändert, weiterhin paßt sich die Verfahrenstechnik den Züchtungsbedingungen der Mikroorganismen immer mehr an, schließlich werden die Verfahren – einschließlich der Mikrobenentwicklung – immer mehr automatisiert. Wir stehen gegenwärtig erst am Anfang dieses Abschnitts, denn die vielfältigen Möglichkeiten der Stoffwechselsteuerung, der genetischen Veränderung von Mikroorganismen, der Verfahrensentwicklung, der Meß-, Regel- und Steuerungstechnik sowie der Beherrschung der Wachstumskinetiken der Mikroorganismen und Zellen sind noch keinesfalls ausgeschöpft.

Darstellungen der Geschichte der technischen Mikrobiologie vgl. Maurizio (1933), Weinfurtner (1960), Collard (1976), Dellweg (1976).

Ganz besonders im vergangenen Jahrzehnt ist viel zusammenfassende Literatur über die industrielle Mikrobiologie, vor allem im anglo-amerikanischen Sprachgebiet veröffentlicht worden, vgl. Prescott und Dunn (1959), Rehm (1967, 1971, 1974, 1977; Literatur vgl. dort), Blakebrough (1967, 1968), Smith (1969), Miller und Litsky (1976), Bruchmann (1976), Perlman und Tsao (1977), Yamada (1977), Dellweg (1977), Fritsche (1978), Rose (ab 1978), wirtschaftliche Aspekte vgl. Gwinner (1978).

Literatur

Blakebrough, N. (ed.): Biochemical and biological engineering science. Vol. 1. London, New York: Academic Press 1967

Blakebrough, N. (ed.): Biochemical and biological engineering science. Vol. 2. London, New York: Academic Press 1968

Bruchmann, E. E.: Angewandte Biochemie. Stuttgart: Eugen Ulmer 1976

Collard, P.: The development of microbiology. Cambridge, London, New York, Melbourne: Cambridge Univ. Press 1976

Dellweg, H.: Brantweinwirtschaft *116* 202 – 208 (1976)

Dellweg, H.: Grundlagen und Verfahren der Biotechnologie. Vorlesungsmanuskript (1977)

Fritsche, W.: Biochemische Grundlagen der Industriellen Mikrobiologie. Stuttgart: Gustav Fischer 1978

Gwinner, E.: Bioenergie, Biomasse, Biotechnologie. Handelsblatt GmbH Verlag für Wirtschaftsinformation (1978)

Maurizio, A.: Geschichte der gegorenen Getränke. Berlin: Paul Parey 1933

Miller, B. M., Litsky, W.: Industrial microbiology. New York: McGraw-Hill Book Co. 1976

Perlman, D., Tsao, G. T.: Ann. rep. ferment. process. Vol. 1. London, New York: Academic Press 1977

Prescott, S. C., Dunn, C. G.: Industrial microbiology, 3rd ed. New York, Toronto, London: McGraw Hill Book Co. 1959

Rehm, H. J.: Industrielle Mikrobiologie. Berlin, Heidelberg, New York: Springer 1967

Rehm, H. J.: Einführung in die industrielle Mikrobiologie. Berlin, Heidelberg, New York: Springer 1971

Rehm, H. J.: Biotechnologie. Ullmanns Encyklopädie der technischen Chemie, *8*, 4. Aufl. S. 496 – 526. Weinheim, New York: Chemie 1974

Rehm, H. J. (Hrsg.): Biotechnologie. Dechema Monographien. Vol. 81. Weinheim, New York: Chemie 1977

Rose, A. H. (ed.): Economic microbiology. 1-ff. London, New York: Academic Press 1977-ff.

Smith, G.: An introduction to industrial mycology, 6th ed. London: Edward Arnold 1969

Weinfurtner, F.: In: Die Hefen, Bd. 1. S. 1 – 19. Nürnberg: Hans Carl 1960

Yamada, K.: Japans most advanced industrial fermentation, technology and industry. Tokyo: Int. Tech. Inf. Inst. 1977

Kapitel 1 Technisch wichtige Mikroorganismenarten und Zellen

Gegenwärtig werden die Verfahren in der technischen Mikrobiologie mit lebenden Mikroorganismen (Viren, Bakterien und Pilzen), Mikroalgen, pflanzlichen und tierischen Zellkulturen sowie aktiven Zellteilen (z. B. Zellhomogenisate und isolierte Enzyme) durchgeführt. Viren, Bakterien und Pilze sind Mikroorganismen. Es gibt auch Bestrebungen, pflanzliche und tierische Zell- und Gewebekulturen sowie Mikroalgen als Mikroorganismenstämme anzusprechen, da sie mit gleichen oder ähnlichen Methoden wie typische Mikroorganismen gezüchtet werden.

Im folgenden wird nur eine kurze Beschreibung technisch wichtiger Mikroorganismen, ihrer Biologie sowie der Bedingungen, unter denen ein Einsatz in der Praxis möglich ist, gegeben. Einzelheiten müssen der zitierten Spezialliteratur entnommen werden. Übersichtsliteratur über Mikroorganismen vgl. Laskin und Lechevalier (1973 ff.); Schlegel (1976); Hawker und Linton (1978).

1. Viren

Das Virus (Gift) – auch als Virion bezeichnet – wurde ursprünglich durch seine Kleinheit (Filtrierbarkeit durch bakteriendichte Filter) definiert. Ein Virus ist kein selbständiger Organismus, sondern nur in Verbindung mit lebenden pflanzlichen oder tierischen Zellen vermehrungsfähig. Daher haben Viren, die z. T. kristallisiert werden können, keinen eigenen Stoffwechsel. Zur identischen Reproduktion (Replikation) ist nur die Virusnucleinsäure, die entweder Desoxyribonucleinsäure (DNA) oder Ribonucleinsäure (RNA) sein kann, notwendig. Die DNA liegt häufig als Doppelstranghelix vor, während die RNA einsträngig ist. Die Virus-DNA oder -RNA ist von einer Proteinhülle, dem Capsid, umgeben. Das Capsid besteht aus Untereinheiten, den Capsomeren, deren Zahl z. T. mehrere Hundert betragen kann.

Obwohl bereits viele Kenntnisse über die Biologie und die Biochemie der Viren vorliegen, gibt es weder eine allgemein anerkannte Nomenklatur noch eine verbindliche Systematik der Viren. Sie werden gegenwärtig nach ihrer Größe, dem Gehalt an DNA oder RNA sowie dem Wirt und dem Krankheitsbild unterschieden (vgl. Linzenmeier et al., 1973; Jawetz et al., 1973).

Eine Reihe von Viren läßt sich nicht nur im Wirtsorganismus (z. B. Pflanzen, Insekten, Affen), sondern auch in künstlicher Kultur (z. B. auf Hühnerembryonen oder isolierten Zellen und Geweben) züchten. Eine Virusmassenzüchtung ist also in den meisten Fällen nur in Verbindung mit einer Massenzüchtung der von den betreffenden Viren befallenen pflanzlichen oder tierischen Zellen möglich (vgl. Kap. 37). Durch Virusmassenzüchtung werden in der technischen Mikrobiologie u. a. große Mengen nicht-pathogener Virusarten (z. B. avirulent gezüchtete Poliomyelitis-Viren) hergestellt. Weiterhin sind Viruszüchtungen außerhalb des Wirtsorganismus zur Herstellung von Vaccinen und Interferonen bedeutungsvoll (vgl. Kap. 37). Bakteriophagen sind Viren, die Bakterien befallen. Sie sind z. T. sehr spezifisch und haben eine Bedeutung bei der Übertragung genetischer Merkmale von einem Bakterium auf ein anderes (Transduktion). Bakteriophagen lassen sich gut in Massen züchten (Sargeant, 1970).

Die Tabelle 1 zeigt einige Viren, die technisch in Massen gezüchtet werden.

Tabelle 1. Technisch wichtige Viren

Virus	Größe in nm	Nuclein-säure	Technische Bedeutung
Poxvirus (Vaccina-Virus)	230 × 300	DNA	Lebendvaccine zur Pockenimpfung
Insektenviren	130	DNA }	Bekämpfung von Insekten
Insektenviren	40 – 80	RNA }	
Poliomyelitis	28	RNA	Lebendimpfung mit apathogenen Mutanten
Rabies (Tollwut-Virus)	70 × 135	RNA	u. a. Entenembryo-Vaccine zur Antirabies-Behandlung
Maul- und Klauenseuche-Virus (Rhino-Virus der Rinder)	23 – 25	RNA	MKS-Impfstoffherstellung
Bakteriophagen	25 × 200	DNA	Infektion von Fermentationen (z. B. Butanol-Acetonherstellung)

Häufig findet in mikrobiologisch-technischen Verfahren eine Infektion der verwendeten Mikroorganismen durch Viren statt. So sind z. B. Verfahren zur Herstellung von Butanol-Aceton durch Befall der *Clostridium*-Arten mit Bakteriophagen sehr gefährdet (vgl. Kap. 20), (Bradley und Jones, 1968). Seit einiger Zeit sind auch Phagen für Hefen (Adler, 1975) und andere Pilze bekannt (Detroy und Still, 1975; Lemke, 1976; Hollings, 1978). Eine Übersicht über Bakteriophagen bei Fermentationen vgl. Rudolph (1978).

2. Bakterien

Ein sehr großer Teil mikrobiologisch-technischer Verfahren wird mit Bakterien durchgeführt.

Bakterien sind meist einzellige Prokaryonten. Sie besitzen keinen mit einer Membran umgebenen Zellkern. Den Bakterien fehlen Chloroplasten und Mitochondrien. Das DNA-haltige Kernmaterial besteht z. B. bei *Escherichia coli* aus einem ca. 1 mm langen, ringförmig geschlossenen Faden, der die lebenswichtigen genetischen Informationen der Zelle enthält. Bei einer Teilung findet eine identische Reduplikation (Replikation) der DNA statt. Die Vermehrung der Bakterien erfolgt in den meisten Fällen durch Querteilung. Während der DNA-Replikation verlängert sich die Zelle und bildet von außen nach innen fortschreitend neue Querwände aus, so daß zwei gleichwertige neue Zellen mit jeweils gleichem Kernmaterial entstehen. Neben dem Bakterienchromosom besitzen viele Bakterien extrachromosomales genetisches Material, die sog. Plasmide. Es sind circuläre doppelsträngige DNA-Moleküle, die sich synchron mit der Bakterienzelle durch Replikation teilen. Sie sind unter normalen Bedingungen für die Bakterienzelle entbehrlich und enthalten verschiedene Informationen, z. B. Resistenz gegen Antibiotica, Sex-Faktoren u. v. a. Einzelheiten vgl. Kap. 5.

Die Abb. 1 zeigt einen schematischen Querschnitt durch eine Bakterienzelle.

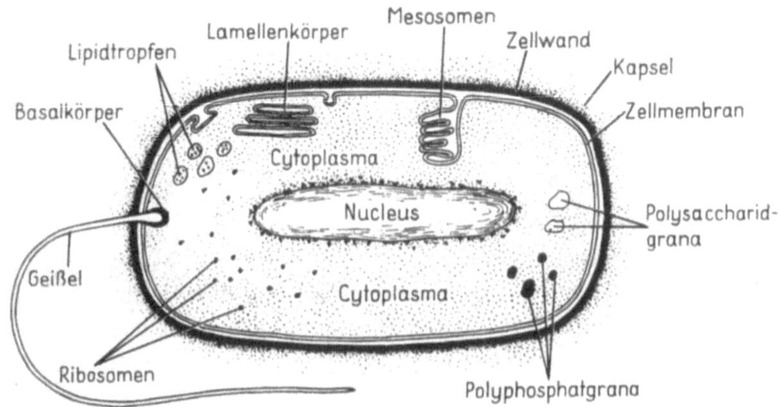

Abb. 1. Schematischer Querschnitt durch eine Bakterienzelle

Der Zellkern (Nucleus) befindet sich im Cytoplasma, das nach außen hin durch eine Cytoplasmamembran (Zellmembran) begrenzt ist. Im Cytoplasma befinden sich neben Proteinen (einschließlich vieler Enzyme) und löslicher RNA u. a. die Ribosomen. Ribosomen sind Partikel, die zu etwa 60% aus RNA und zu etwa 40% aus Protein bestehen. Bei den Bakterien sind mehr als 80% der Gesamt-RNA in den Ribosomen enthalten. Bakterienribosomen sedimentieren bei 70 Svedberg-Einheiten und lassen sich in 30 S- und 40 S-Untereinheiten trennen. Ribosomen der Eukaryonten sedimentieren im Gegensatz hierzu bei 80 S. An den Ribosomen werden die Proteine synthetisiert. Literatur vgl. Brimacombe et al. (1978).

Im Cytoplasma kann sich eine Reihe von Substanzen ablagern, die z. T. als Reservestoffe in osmotisch inerter Form gespeichert werden, z. B. Neutralfette, Lipidtröpfchen, Polysaccharide, Poly-β-hydroxybuttersäure, Polyphosphate, elementarer Schwefel u. a.

Die Cytoplasmamembran besteht aus einer bimolekularen Schicht von Phospholipiden und Lipiden, deren hydrophobe Gruppen innen zusammengelagert sind, so daß die polaren Gruppen nach außen gerichtet sind, wo sie in elektrostatischer Wechselwirkung mit Proteinen stehen. Nach dem „fluid mosaic model" der Membranstruktur befinden sich die Proteine nicht als Schicht auf der Lipidmembran, sondern in der Membran, wobei einige Proteine die ganze Lipidschicht durchdringen und mit ihren hydrophoben Bereichen in Kontakt mit den hydrophoben Enden der Lipidmoleküle stehen (Singer und Nicolson, 1972; Heckmann, 1973; Cronan und Gelmann, 1975; Hamilton, 1975; Salton und Owen, 1976; Cronan, 1978).

Die Cytoplasmamembran bildet eine osmotische Barriere der Zelle nach außen hin und dient gleichzeitig dem passiven und aktiven Transport von Substanzen in die Zelle und aus der Zelle heraus, z. T. mit Hilfe von Carriern (Konings, 1977).

Bakterien enthalten vielfach interplasmatische Membranen. Diese sind offensichtlich aus Einstülpungen der Membran in das Cytoplasma entstanden. Sie werden auch als Mesosomen und je nach ihrer Form als Vesikeln, Tubuli oder Lamellen beschrieben. Viele Stoffwechselvorgänge sind an der Membran oder den Mesosomen lokalisiert (vgl. Salton, 1974; Greenawalt und Whiteside, 1975).

Nach außen ist die Bakterienzelle durch eine Zellwand begrenzt, die einen Sacculus bildet, an den von innen die Zellmembran angelegt ist. Dieser Sacculus hat eine Stützfunktion für die gesamte Zelle.

Die Grundsubstanz der Zellwand ist das Murein. Es besteht abwechselnd aus einem Molekül N-Acetyl-glucosamin und einem Molekül eines Muropeptids (Milchsäureäther des N-Acetylglucosamins mit einem Peptidrest), die β-1,4-glycosidisch miteinander verbunden sind. Muropeptide sind in der Regel über Diaminosäuren netzartig miteinander verknüpft.

Grampositive Bakterien besitzen ein mehrschichtiges Mureinnetz, auf das nach außen hin Teichonsäuren (Archibald, 1974) und Polysaccharide gelagert sind. Gramnegative Bakterien besitzen nur eine monomolekulare oder bimolekulare Mureinschicht, auf die nach außen hin als plastische Schicht Lipoproteide und Lipopolysaccharide gelagert sind. Diese plastische Schicht wird heute meist als äußere Membran bezeichnet. Sie hat vermutlich wichtige physiologische Eigenschaften für die Zelle und ist Träger vieler antigener Eigenschaften, spielt aber für den Formzusammenhalt der Zelle keine signifikante Rolle (Braun u. Handtke, 1974) (vgl. Abb. 2).

Die vier Gattungen der methanogenen Bakterien enthalten nicht diese typischen Zellwandpolymere (Murein, Peptidoglucan) sondern äußere Proteinschichten aus Untereinheiten oder einem Polysaccharid-Sacculus, oder einem Pseudomurein-Sacculus. Einzelheiten der Strukturen vgl. Kandler (1979).

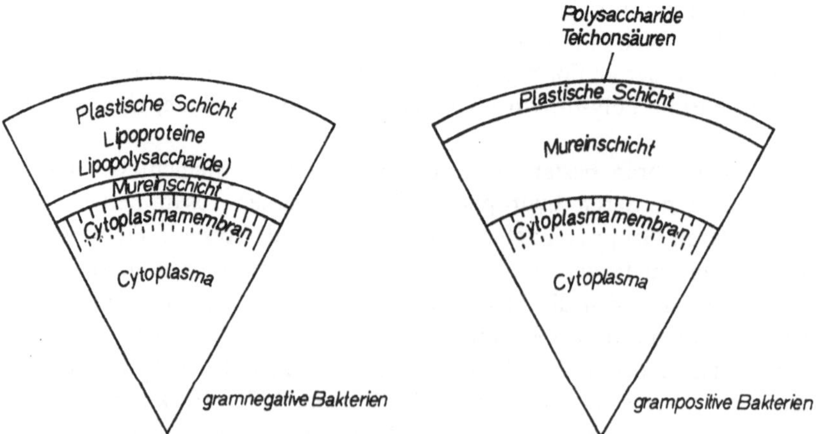

Abb. 2. Schema von Bakterienzellwandquerschnitten

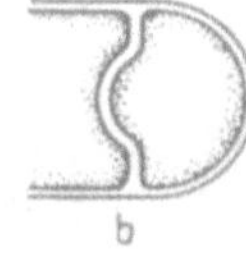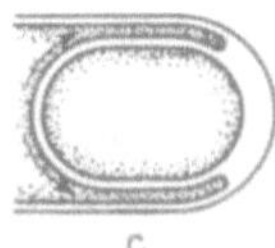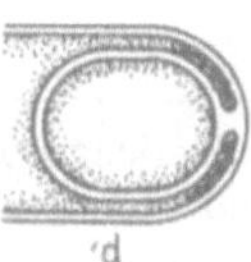

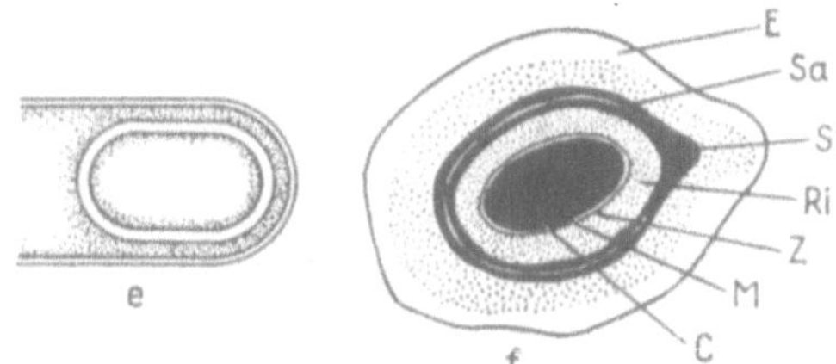

Abb. 3 a – f. Schema einer *Bacillus*spore Zeichenerklärung: **a, b** Septenbildung; **c, d** Einhüllung des Sporenprotoplasten; **e** Bildung der Rinde und der Sporenhüllen; **f** reife Spore. *C* Cytoplasma mit Kern; *M* Cytoplasmamembran; *Z* Zellwand der Keimzelle; *Ri* Sporenrinde; *Si* innere Sporenhülle; *Sa* äußere Sporenhülle; *E* Exosporium (nach Schlegel, 1976)

Verschiedene Bakterien können auf die Zellwand Kapseln und Schleime ablagern, die aus Polysacchariden (z. B. Dextranen bei *Leuconostoc*-Arten, vgl. Kap. 26) oder auch aus Proteinanteilen (z. B. Polyglutamaten) bestehen.

Einige Bakterienarten bilden Endosporen. Die Endospore besteht aus Kernmaterial, Cytoplasma und verschiedenen Sporenhüllen (vgl. Warth, 1978), (vgl. Abb. 3). Bei der Sporenbildung wird sehr viel (bis zu 15% des Trockengewichtes) Dipicolinsäure gebildet. Die Endosporen sind außerordentlich hitzeresistent (vgl. Kap. 8) und resistent gegen eine Reihe anderer äußerer Faktoren, z. B. Austrocknung, pH-Einflüssen u. a. Beim Auskeimen gehen die Eigenschaften verloren (vgl. Murrell, 1967; Barker et al., 1971).

Eine Reihe industriell wichtiger Bakterien bildet ein mehrzelliges Mycelium aus. Bereits Mycobakterien können unter bestimmten Bedingungen Verzweigungen bilden (vgl. Bradley und Bond, 1974). Bei Nocardien zerfallen die gebildeten Mycelien schnell wieder in Stäbchen und Kugeln, während sie bei den Actinomyceten und Streptomyceten als Dauermycelium erhalten bleiben. Streptomyceten bilden ein Substratmycel, das vom Luftmycel unterschieden ist. Die Streptomyceten bilden bereits morphologisch sehr unterschiedliche Sporophoren, an denen die Sporen (Conidien) gebildet werden. In Submerskultur werden häufig – ähnlich wie bei den Pilzen – dichte Mycelkugeln (pellets) gebildet, die u. a. den Stoffübergang aus dem Nährsubstrat in die Zellen stark verzögern (Literatur vgl. Lechevalier und Lechevalier, 1967; Lechevalier et al., 1971; Lyons und Pridham, 1973; Sykes und Skinner, 1973; Bradley, 1975; Arai, 1976; Modarski et al., 1978).

Die Tabelle 2 zeigt eine Reihe technisch wichtiger Bakterienarten.

Allgemeine Literatur über Bakterien vgl. Gunsalus und Stanier (1960 – 1964), Gunsalus (1978 – 1979). Eine Übersicht über *Lactobacillus*-Arten vgl. London (1976).

Das Standardwerk über die Bakteriensystematik ist Bergey (1975).

Tabelle 2. Technisch wichtige Bakterienfamilien

Bakteriengruppe und -familie	Wichtige Gattungen, die an technischen Prozessen beteiligt sind	Charakteristische Eigenschaften
Gram-, aerobe Stäbchen und Kokken (Teil 7 der Bakteriensystematik)		
Pseudomonadaceae	*Pseudomonas:* Kohlenwasserstoffverwertung, SCP, Oxidation von Steroiden, Wasserstoffoxidation (vgl. Kap. 12, 32)	gram-, meist polar begeißelt, Stäbchen
	dazu: *Acetobacter:* Oxidation von Carbonylen, z. B. von Äthanol → Essigsäure, Sorbit → Sorbose (vgl. Kap. 15, 32)	gram-, ellipsoide bis stäbchenförmige, leicht gebogene Zellen, unbeweglich oder peritrich begeißelt
Methylomonadaceae	*Methylomonas, Methylococcus:* Methan- und Methanoloxidation (vgl. Kap. 12)	gram-, sphärische Zellen, paarig, unbeweglich
Azotobacteriaceae	*Azotobacter:* Nicht-symbiontische Stickstoffbindung (vgl. Kap. 39)	gram-, große eiförmige Zellen, coccoid, unbeweglich oder peritrich begeißelt, N_2-Bindungen
Gram-, fakultativ anaerobe Stäbchen (Teil 8)		
Enterobacteriaceae	*Escherichia* und *Aerobacter:* Viele unterschiedliche Prozesse, z. B. Bildung von Nucleotiden, 2-Ketoglutarsäure (vgl. Kap. 23, 18)	gram-, kurze Stäbchen, wenn beweglich, dann peritrich begeißelt
Gram-, chemolithotrophe Bakterien (Teil 12)		
	Thiobacillus: Leaching von Cu-, Zn-, Fe-, Mn- u. a. Sulfiden (vgl. Kap. 38)	gram-, bewegliche Stäbchen mit einzelnen polaren Geißeln. Oxidation von reduzierten Schwefelverbindungen
Methanbildende Bakterien (Teil 13)		
Methanobacteriaceae	*Methanobacterium, Methanosarcina, Methanococcus:* Methanbildung, bes. in Faultürmen (2. Stufe) bei der Abwasserverwertung (vgl. Kap. 40)	gram + oder gram −, Stäbchen, Kokken, beweglich oder unbeweglich, obligat anaerob, Methanbildung
Gram +, Kokken (Teil 14)		
Micrococcaceae	*Micrococcus:* Oxidationen z. B. von Kohlenwasserstoffen und Steroiden (vgl. Kap. 12, 32)	gram +, sphärische Zellen, obligat aerob
Streptococcaceae	*Streptococcus:* Milchsäure-, Diacetylbildung (vgl. Kap. 35) *Leuconostoc:* Dextranbildung (vgl. Kap. 26)	gram +, sphärische bis eiförmige Zellen in Paaren oder in Ketten

Bakteriengruppe und -familie	Wichtige Gattungen, die an technischen Prozessen beteiligt sind	Charakteristische Eigenschaften
Endosporenbildende Stäbchen und Kokken (Teil 15)		
Bacillaceae	*Bacillus:* Bildung von Antibiotica, (bes. Polypeptidantibiotica), Enzymen (vgl. Kap. 28, 24)	gram + bis gramvariabel, Stäbchen, wenn beweglich, dann peritrich begeißelt, aerob
	Clostridium: Bildung von Butanol, Aceton, Buttersäure, Botulinen (vgl. Kap. 20)	gram +, unbeweglich, Stäbchen, anaerob
Gram +, nicht sporenbildende stäbchenartige Bakterien (Teil 16)		
Lactobacillaceae	*Lactobacillus:* Bildung von Milchsäure und Milchprodukten, Silage, vielen milchsauren Lebensmitteln, Verderb von Lebensmitteln (vgl. Kap. 16, 35, 36)	gram +, meist nicht beweglich, gerade oder gebogene Stäbchen. Milchsäurebildung, z. T. homofermentativ, z. T. heterofermentativ, fakultativ anaerob
Actinomyceten und verwandte Organismen (Teil 17)		
Coryneforme Gruppe der Bakterien	*Corynebacterium* und *Arthrobacter:* Oxidation von Kohlenwasserstoffen, Bildung von Aminosäuren (vgl. Kap. 12, 22)	gram +, Stäbchen, nicht pathogen, aerob
	Cellulomonas: Celluloseabbau (vgl. Kap. 12)	gram + oder gramvariabel, Stäbchen, z. T. beweglich
Propionibacteriaceae	*Propionibacterium:* Bildung von Vitamin B_{12}, Propionsäure, auch in Käse (vgl. Kap. 29)	gram +, nicht bewegliche Stäbchen, pleomorph, anaerob bis aerotolerant
Mycobacteriaceae	*Mycobacterium:* Oxidation von Kohlenwasserstoffen u. a. Substraten, z. B. Steroiden (vgl. Kap. 12, 32)	gram +, säurefest durch Mycolsäureester, z. T. Verzweigungen bildend, aerob
Nocardiaceae	*Nocardia:* Oxidation von Kohlenwasserstoffen u. a. Substraten, z. B. Steroiden (vgl. Kap. 12, 32)	gram +, einige Arten säurefest, nicht beweglich, obligat aerob, Mycelbildung rudimentär oder ausgeprägt, Mycelfragmentation zu coccoiden Zellen häufig
Streptomycetaceae	*Streptomyces:* Bildung von sehr vielen Antibiotica, Enzymen, Vitamin B_{12} (vgl. Kap. 28, 24, 29)	gram +, meist aerob, gut entwickeltes verzweigtes Mycelium. Sporen in vielfältiger Form gebildet

3. Pilze

Pilze sind Eukaryonten. Es gibt sehr viele Pilzarten, jedoch kommen Arten mit Bedeutung für industrielle Prozesse nur in wenigen Klassen vor. Zu ihnen gehören auch die z. T. seit Jahrtausenden in der Ernährungswirtschaft verwendeten Hefen. Pilze, außer den meisten Hefen, bilden i. allg. Zellfäden (Hyphen). Diese bestehen im wesentlichen aus einer Zellwand, die sich bei sämtlichen industriell interessanten mycelbildenden Arten aus Chitin zusammensetzt, dem Cytoplasma mit seinen Einschlüssen und dem Zellkern. Eine Hyphe kann Querwände (Septen) besitzen, d. h. septiert sein oder querwandlos, also nicht septiert sein. Die Gesamtmenge der Hyphen wird als Mycelium bezeichnet. Gewebeartige Verbindungen von Mycelien (oft auch in Dauerformen) sind sog. Plectenchyme. Eine knollige Hyphenverbindung heißt Sklerotium, z. B. ist das Mutterkorn (Kap. 31) ein Sklerotium.

Die Vermehrung erfolgt bei vielen Arten ungeschlechtlich durch Sporen. Bei den im Boden lebenden Pilzen können diese in einer Blase endogen (Sporangiosporen) oder exogen auf einem Conidiophorus als Conidien (Conidiosporen) entstehen (Ingold, 1971).

Bei der geschlechtlichen Vermehrung erfolgt eine Kopulation besonderer Gameten oder nicht spezifisch ausgebildeter Sexualzellen. Die Kopulation gleichartiger Gameten wird als Isogamie, die verschiedenartiger Gameten als Anisogamie bezeichnet. Nach Verschmelzung der beiden Geschlechtszellen, der Plasmogamie, findet eine Kernverschmelzung, die Karyogamie, statt, bei der die beiden Kerne zu einem einzigen Kern, dem Synkaryon, verschmelzen. Die hierdurch entstehende Verdoppelung der Chromosomenzahl im Kern (diploider Kern) wird durch eine Reduktionsteilung (Meiose) wieder auf die Hälfte herabgesetzt (haploider Kern). Man kann also zwischen einer Haplophase und einer Diplophase im Leben der sich sexuell vermehrenden Pilze unterscheiden. Die Zellen, die dieser Phase entsprechen, sind die Haplonten und Diplonten.

Nicht immer kommt es nach der Plasmogamie sofort zu einer Karyogamie, sondern die beiden Kerne bleiben zunächst nebeneinander als Kernpaar oder Dikary-

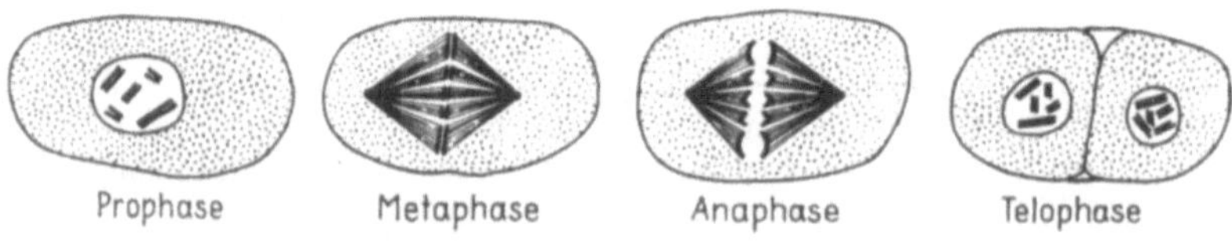

Abb. 4. Mitoseablauf in einer diploiden Zelle

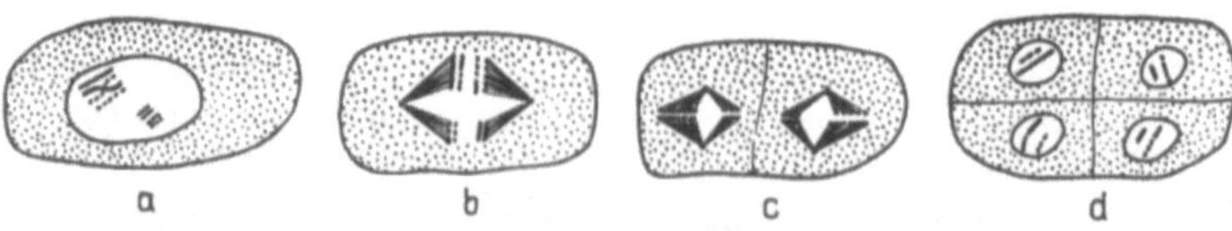

Abb. 5 a – d. Meiose (Reduktionsteilung): **a** Paarung homologer Chromosomen mit crossing over; **b** Segmentaustausch durch crossing over, erste Spindelbildung mit Chromosomentrennung; **c** zweite Spindelbildung mit Chromosomentrennung; **d** vier Zellen mit haploiden Kernen

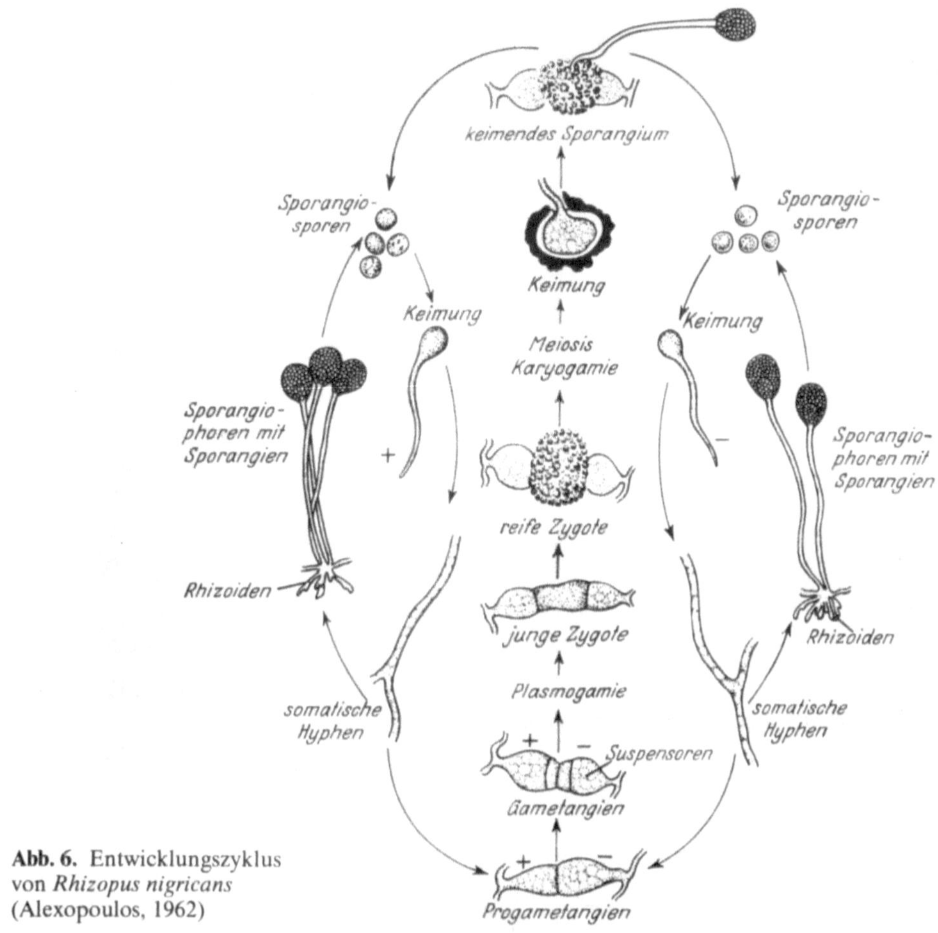

Abb. 6. Entwicklungszyklus
von *Rhizopus nigricans*
(Alexopoulos, 1962)

on in der Zelle und machen deren Entwicklung und Teilung (sie teilen sich dann
konjugiert) zusammen mit. Diese Phase ist die Paarkernphase oder Dikaryophase,
an die sich dann eine Kernverschmelzung mit Meiose anschließt.

Die Kernteilung geht bei den Pilzen wie bei sämtlichen eukaryotischen Teilungen durch Mitose vor sich. Der haploide oder diploide Kern ist zunächst – in der
Interphase – von einer Kernhülle umgeben und enthält die Chromosomen, die die
DNA mit dem Erbgut enthalten. Bei der Kernteilung wird das genetische Material
identisch reproduziert. Die Mitose läuft in vier Phasen ab (vgl. dazu Abb. 4):

Prophase: Auflösung der Zellkernmembran, Ordnung der längsgespaltenen Chromosomen zu Paaren.

Metaphase: Anordnung der Chromosomen zur Äquatorialplatte.

Anaphase: Wanderung je eines Chromosomensatzes durch den Einfluß der Spindel-
fasern nach den Polen.

Telophase: Bildung einer neuen Kernmembran, erneute Längsspaltung der Chromosomen.

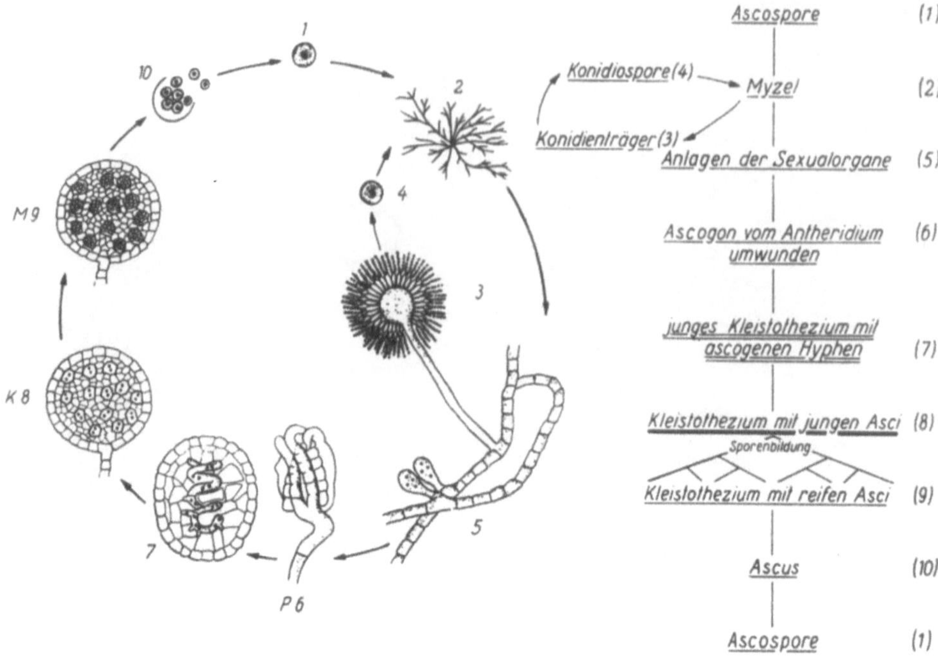

Abb. 7. Entwicklungszyklus von *Aspergillus nidulans* (Esser und Kuenen, 1965, S. 14)

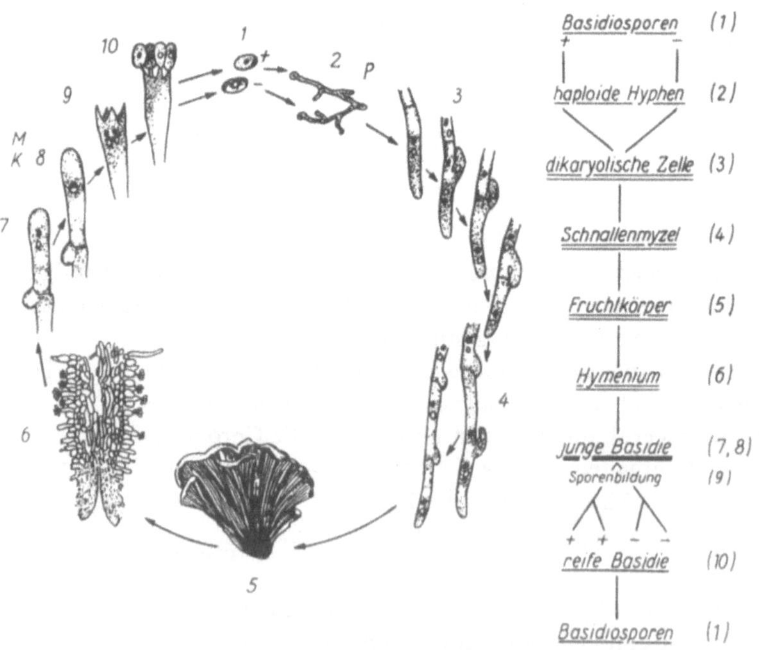

Abb. 8. Entwicklungszyklus von *Schizophyllum commune,* einem Basidiomyceten (Esser und Kuenen, 1965, S. 24)

An die Mitose kann sich ein als Meiose oder Reduktionsteilung genannter Kernphasenwechsel anschließen. Hierbei werden Zellen mit nur einem Chromosomensatz (haploid) gebildet. Die Meiose beginnt mit einer Paarung der väterlichen und mütterlichen Chromosomen einer Zelle. Hierbei können Chromosomenteile kreuzweise ausgetauscht werden (crossing over). Nun werden die Chromosomen zweimal geteilt. Die erste Teilung reduziert den diploiden Chromosomensatz auf

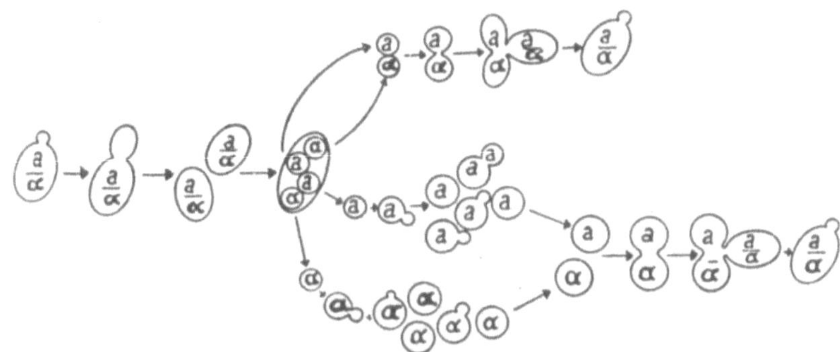

Abb. 9. Entwicklungszyklus von *Saccharomyces cerevisiae* (Reiff, F. et al.: Die Hefen, Bd. I, S. 180. Nürnberg: Hans Carl 1960)

die Hälfte (Meiose oder Reduktionsteilung), die zweite Teilung vermehrt die haploiden Zellen (Mitose oder Äquationsteilung), so daß vier, bei nochmaliger Äquationsteilung acht haploide Zellen entstanden sind (Abb. 5).

Die diploide Phase kann auf eine Zygote beschränkt sein (Zygomycetes). Sie kann auch in besonderen Schläuchen, den Asci (Ascomycetes), oder in Sporenständern, den Basidien (Basidiomycetes), vor sich gehen. Nach diesen Kriterien der sexuellen Sporenbildung werden die Pilze eingeteilt (Abb. 6, 7, 8).

Die sexuellen Pilzsporen können z. T. in besonderen Fruchtkörpern (z. B. Pilzhüten) gebildet werden. Bei einer großen Anzahl von Pilzen ist eine sexuelle Form der Vermehrung (Hauptfruchtform) nicht bekannt. Die Pilze, von denen bisher also nur die asexuelle Vermehrungsform (Nebenfruchtform) beobachtet werden konnte, bezeichnet man als Fungi imperfecti (Deuteromycetes). Zusammenfassende Literatur über Pilze vgl. Raper und Thom (1949); Raper und Fennell (1965); Ainsworth und Sussman (1965 – 1968); Esser und Kuenen (1965); v. Arx (1968); Benedict (1970); Booth (1971); Müller und Löffler (1971); Smith und Galbraith (1971); Turner (1971); Smith und Berry (1974); Esser (1976); Elliott (1977); Fincham et al. (1978); über Zellwandbiosynthese vgl. Farkaš (1979).

Die asexuelle Vermehrung von Pilzen erfolgt außer durch Sporenbildung bei einigen Pilzen (besonders bei Hefen) auch durch Sprossung. Bei der Sprossung bildet sich aus einer Mutterzelle durch Ausbuchtung eine neue Zelle, in die nach der Teilung ein Kern einwandert. Die neue Zelle wächst anschließend zur Größe der alten Zelle heran und löst sich von dieser ab. Sowohl diploide als auch haploide Zellen können sich durch Sprossung vermehren.

Hefen sind in der Regel einzellige Pilze, die sich durch Sprossung vermehren, keine Fruchtkörper bilden, häufig Pseudomycel ausbilden und nicht an das Vor-

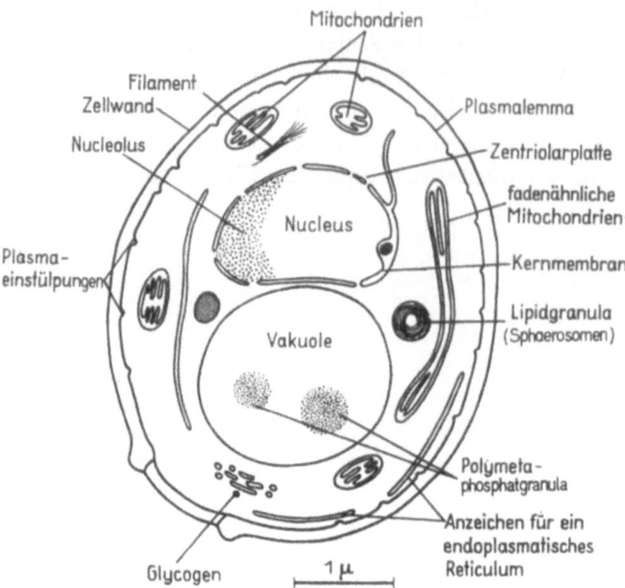

Abb. 10. Schematischer Querschnitt durch eine Hefezelle (*Saccharomyces cerevisiae*) (nach Rose und Harrison, 1969)

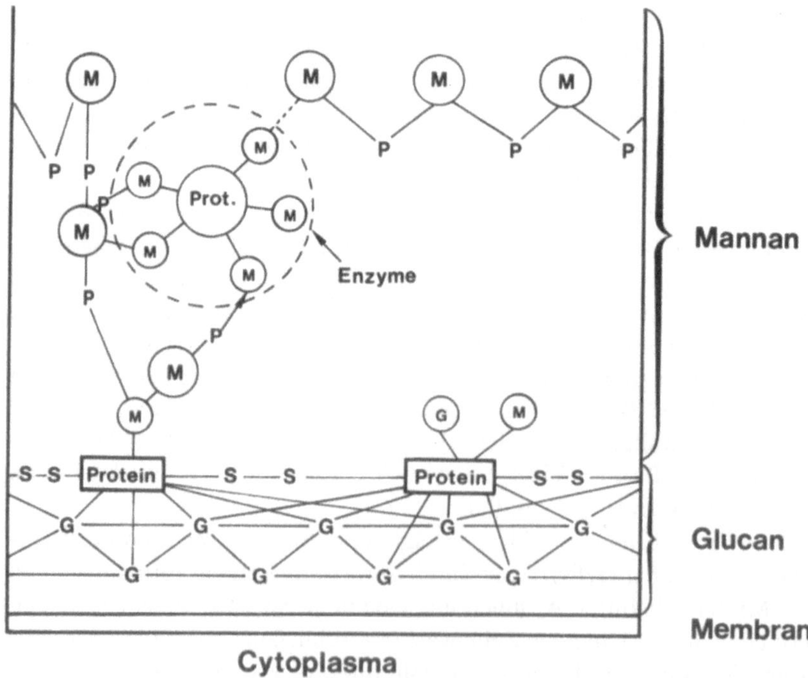

Abb. 11. Schema einer Hefezellwand. Zeichenerklärung: *M* Mannan; *G* Glucan; *Prot* Protein; *P* Phosphat; *S* Schwefel

handensein pflanzlicher Wirte gebunden sind. Viele Hefen bilden Ascosporen (ascosporogene Hefen), andere sind Fungi imperfecti (hefeähnliche Pilze).

Die Abb. 9 zeigt den Entwicklungszyklus von *Saccharomyces cerevisiae*, einer wichtigen technisch genutzten Hefe.

Die meisten der bei industriellen Prozessen vorliegenden *Saccharomyces*-Zellen sind diploid, da die haploiden Zellen miteinander kopulieren und diploide Zellen außerdem eine schnellere Vermehrungsrate als die haploiden haben, so daß sich der Anteil der haploiden Zellen in einer Population im Laufe der Zeit immer mehr verringert (vgl. Crandall et al., 1977).

Die Abb. 10 zeigt das Schema einer Hefezelle.

Hefen besitzen eine Glucan-Mannanzellwand, vgl. Abb. 11 (Matile et al., 1969; Ballou, 1976; Farkaš 1979).

Fast alle Hefen können Glucose, Fructose und Mannose, viele auch Galactose vergären. In den allermeisten Fällen werden nur die D-Formen und nicht die L-Formen vergoren. Pentosen werden im allgemeinen nicht vergoren.

Von den Disacchariden wird Saccharose von der überwiegenden Anzahl der Hefen vergoren, während Maltose, das für industrielle Gärungen sehr wichtige Disaccharid, nur von einer Reihe von Hefen anoxidativ verwertet wird. Von einigen Hefen können auch Lactose, Melibiose und Trehalose – oft erst nach längerer Adaptation an diese C-Quellen – vergoren werden.

Viele Hefearten vergären auch das Trisaccharid Raffinose. Durch Invertase wird dieses zunächst am Saccharoseteil zwischen Fructose und Glucose gespalten, wobei Fructose und Melibiose entstehen. Besitzen Hefearten keine Melibiase, so wird die Melibiose unvergoren zurückgelassen und die Raffinose nur zu einem Drittel vergoren. Bei Anwesenheit von Melibiase werden Glucose und Galactose aus der Melibiose gebildet. Wenn die betreffende Hefe keine Galacto-Hexokinase besitzt, so kann sie die Galactose nicht vergären, so daß das Gesamtmolekül der Raffinose nur zu zwei Drittel vergoren wird.

Die meisten Hefen sind für viele Vitamine heterotroph, so daß diese im Substrat enthalten sein müssen. Hierzu gehören besonders Vitamine der B-Gruppe oder deren Vorstufen, z. B. Thiamin oder Pyrimidin und Thiazol, Pantothensäure oder β-Alanin, Pyridoxin, Nicotinsäure und weiterhin z. T. Inosit, Biotin und in einigen Fällen auch p-Aminobenzoesäure.

Abgesehen von besonderen Arten oder Rassen lassen sich die meisten Hefen bei Temperaturen um 25 °C gut züchten. Die maximalen Temperaturen liegen bei einigen Arten schon bei 30 °C, bei den meisten Arten aber zwischen 38 °C und 45 °C.

Über weitere Eigenschaften der Hefen vgl. Kap. 33. Zusammenfassende Literatur vgl. Jørgensen und Hansen (1956); Reiff et al. (1960, 1962); Rose und Harrison (1969, 1970, 1971); Suomalainen u. Waller (1973); Rattray et al. (1975); Peppler (1978); über die Morphogenese vgl. Cabib (1975), über den Kern bei Hefen vgl. Carter (1978). Zur Systematik der Hefen vgl. Lodder (1970), Windisch und Neumann (1972), zur Bestimmung von Hefen vgl. Barnett und Pankhurst (1974); Campbell (1974).

Die Tabelle 3 zeigt eine Übersicht über technisch wichtige Pilzarten.

Tabelle 3. Technisch wichtige Pilzarten (einschließlich Hefen)

Systematische Zuordnung	Charakteristische Eigenschaften	Beteiligung von Gattungen an der Bildung technischer Produkte
Zygomycetes:		
Mucoraceae	Mycel ohne Querwände (Septen). Sexuell: Zygosporenbildung; asexuell: Endogene Sporen	*Mucor* und *Rhizopus:* viele organische Säuren, auch Gluconsäure (vgl. Kap. 18)
Choanephoraceae	Mycel ohne Querwände. Sexuell: Zygosporenbildung; asexuell: Endogene Sporen auf pferdehaardikken bis zu 20 cm und mehr langen Sporenträgern	*Blakeslea* und *Choanephora:* Bei Zygosporenbildung β-Carotin (vgl. Kap. 29)
Ascomycetes: Aspergillaceae (z. T. Fungi imperfecti)	Meist ohne sexuelle Formen; wenn diese vorhanden, dann Ascusbildung. Mycel mit Querwänden (septiert). Asexuell: Exogene Sporen (Conidien) auf einem *Aspergillus* (Gießkannenschimmel) oder *Penicillus* (Pinselschimmel)	*Aspergillus:* Einige Antibiotica, viele organische Säuren (bes. Citronensäure), Aflatoxine u. a. Mycotoxine. Amylasen, Proteasen u. a. Enzyme (vgl. Kap. 24) *Penicillium:* Viele Antibiotica (bes. Penicilline) (vgl. Kap. 28), organische Säuren, Mycotoxine, Enzyme.
Gibberella/Fusarium	sichelartige Conidien, Fusarium ist imperfekt	*Gibberella:* Gibberelline, *Fusarium:* Fette
Saccharomycetaceae	Hefe, Vermehrung durch Sprossung. Sporenbildung nach Kopulation zwischen Ascosporen und vegetativen Zellen, z. T. sehr gute Gärfähigkeit	*Saccharomyces* und verwandte Arten: Bäckerhefe, Bier-, Wein- und Sekthefen, Äthanol (vgl. Kap. 33, 34, 19)
Cryptococcaceae (Fungi imperfecti)	Hefe, Vermehrung durch Sprossung. Keine Sporen, Pseudomycel und Mycel können vorhanden sein	*Candida* und *Torulopsis:* Eiweißbildung aus Kohlenhydraten und KW als C-Quelle, Citronensäure (vgl. Kap. 17)
Hypocreaceae	Ascosporenbildung. Septiertes Mycel, Conidien sichelförmig. Asexuelle Form: *Fusarium*	*Gibberella* und *Fusarium:* Gibberelline (vgl. Kap. 30), Proteine, Substanzen mit Hormonwirkung, Mycotoxine
Clavicepitaceae	Ascusbildung. Parasitismus auf Gräsern (bes. Roggenblüten), 1 – 2 cm lange, violette Sklerotien (Mutterkorn)	*Claviceps:* Mutterkornalkaloide (Lysergsäurederivate), Clavine (vgl. Kap. 31)
Basidiomycetes: Agaricaceae	Hutpilze mit Basidiosporenbildung	*Agaricus:* Champignonzucht (vgl. Kap. 13)

4. Photosynthetische Mikroorganismen

Photosynthetische Mikroorganismen können CO_2 mit Hilfe der Lichtenergie und einem Elektronendonator reduzieren und daraus organische Verbindungen aufbauen. Die Verwendung von Licht als Energiequelle geschieht mit Chlorophyll.

Phototrophe Bakterien können nicht wie grüne Pflanzen, Grünalgen und Cyanobakterien Wasser als H-Donatoren verwenden, sondern sind — da sie nur ein Photosystem besitzen – auf stärker reduzierte H-Donatoren wie z. B. H_2S, elementarer Schwefel oder organische Verbindungen angewiesen. Sie besitzen Bacteriochlorophylle und leben im Süß- oder Meerwasser. Die Photosynthese verläuft anaerob ohne O_2-Bildung. Technisches Interesse haben u. a. Schwefelpurpurbakterien oder Chromatiaceae (Thiorhodaceae), die hauptsächlich H_2S und elementaren Schwefel verwerten sowie die grünen Schwefelbakterien oder Chlorobiaceae, die ebenfalls H_2S verwerten und auch heterotroph wachsen können.

Cyanobakterien, früher Blaualgen genannt, verwerten H_2O als H-Donator, bilden O_2 bei der Photosynthese und besitzen Chlorophyll. Manche Arten sind nicht nur Kohlenstoff-autotroph, sondern durch Vorhandensein einer Nitrogenase auch Stickstoff-autotroph. *Spirulina maxima* wird seit Jahrhunderten verzehrt und ist zur Proteinherstellung vorgeschlagen worden.

Mikroalgen, besonders einzellige Arten, sind für technische Verfahren interessant. Sie verwenden H_2O als H-Donator, besitzen Chlorophyll und sind Eukaryonten. Sie besitzen also einen mit einer Membran umgebenen Zellkern mit Chromosomen, Mitochondrien und teilen sich durch Mitose. Verschiedene Arten können auch organische Kohlenstoffquellen zur Zellmaterial- und Energiegewinnung verwenden, sie sind dann Kohlenstoff-heterotroph. Wird daneben noch CO_2 mit Hilfe des Lichtes reduziert, bezeichnet man sie als mixotroph.

Von den einzelligen Grünalgen (Chlorophyceae) wurden besonders *Chlamydomonas, Chlorella, Scenedesmus, Spongiococcum* und *Coelastrum* für eine technische Verwendung untersucht. Daneben werden einige Kieselalgen (Diatomeae), z. B. *Skeletonema,* zur Garnelenzüchtung benutzt.

Neben Mikroalgen werden auch einige Makroalgen – also nicht mehr einzellige, sondern mehrzellige eukaryotische Organismen – in der Technik verwendet.

Zusammenfassende Literatur vgl. Round (1968); Fott (1971); Stewart (1974).

5. Zellen bzw. Gewebe, Zellteile

Pflanzliche Zellen und Gewebe lassen sich z. T. mit mikrobiologischen Methoden in Massenkulturen züchten, so ist es z. B. gelungen, mehrere hundert verschiedene Pflanzengewebe der Pteridophyten (Farne), Gymnospermen (Nacktsamer) und Angiospermen (Bedecktsamer) in künstlicher Kultur zu vermehren. Auf diese Weise sind Gewebe aus Wurzeln, Stengeln, Blättern, Endosperm, Pollen, Cotyledonen, Rhizomen u. v. a. gezüchtet worden. Auch pathologische Gewebe, z. B. Pflanzengallen, die u. a. durch Mikroorganismen ausgelöst werden können, lassen sich züchten. Es ist möglich, haploide, diploide und polyploide Zellen in künstlicher Kultur zu vermehren. Isolierte Pflanzenzellen bzw. Gewebe wachsen in künstlicher Kultur meist langsam und neigen sehr häufig zur Kallusbildung. Beide Eigenschaften erschweren bisher eine technische Anwendung. Literatur vgl. Mandels (1972); Barz et al. (1977); Katsuta (1979) und besonders im Kap. 37.

Tierische Zellen verschiedenster Gewebe (z. B. Nierenzellen) lassen sich ebenfalls in künstlicher Kultur in Massen (z. B. als Substrat für Viruskulturen) züchten. Auch die Zucht von Tumorzellen ist möglich. Nach häufigen Überimpfungen degenerieren tierische Zellen in künstlicher Kultur sehr schnell. Literatur vgl. Merchant et al. (1964); Hellström und Hellström (1970); Telling und Radlett (1970); Wang und Sinskey (1970); Higuchi (1973) und besonders im Kap. 37.

Zellteile. Für viele technische Verfahren werden nicht intakte Zellen, sondern homogenisierte Zellsuspensionen oder weitgehend gereinigte Zellbestandteile, z. B. Enzym-Rohextrakte bis zu kristallisierten Enzymen verwendet. Dabei lassen sich die Bestandteile z. T. an neue Träger binden und erhalten Eigenschaften, die nicht immer in der ursprünglichen Zelle vorhanden waren. Literatur vgl. Kap. 37.

6. Protozoen

Protozoen sind zumeist einzellige eukaryotische Organismen sehr unterschiedlicher Morphologie und Physiologie. Sie werden vielfach als unterste Klasse des Tierreiches angesehen. Viele Protozoen sind pathogen.

Für eine biotechnologische Anwendung (Hutner, 1964) kommen besonders Arten der Amöben in Frage.

Literatur

Adler, J. P.: Dev. Ind. Microbiol. *16*, 152 – 157 (1975)
Ainsworth, G. C., Sussman, A. S. (Hrsg.): The fungi, an advanced treatise, Bd. I, II, III. London, New York: Academic Press 1965 – 1968
Arai, T. (ed.): Actinomycetes: the boundary microorganisms. Tokyo, Singapore: Toppan Company Ltd. 1976
Archibald, A. R.: Adv. Microbial Physiol. *11*, 53 – 95 (1974)
Arx, J. A. von: Pilzkunde. J. Cramer 1968
Ballou, C.: Adv. Microbial Physiol. *14*, 93 – 153 (1976)
Barker, A. N., Gould, G. W. u. Wolf, J. (eds.): Spore research 1971. London, New York: Academic Press 1971
Barnett, J. A., Pankhurst, R. J.: A new key to the yeasts. Amsterdam, London, New York: North Holland/American Elsevier 1974
Barz, W., Reinhard, E., Zenk, M. H.: Plant tissue culture and its bio-technological application. Berlin, Heidelberg, New York: Springer 1977
Benedict, R. G.: Adv. Appl. Microbiol. *13*, 1 – 23 (1970)
Bergey's Manual of determinative bacteriology, 8th ed. Buchanan, R. E., Gibbons, N. E. (eds.). Baltimore: Williams & Wilkins Co. 1975
Booth, C.: The genus fusarium. Kew: Commonwealth Mycol. Inst. 1971
Bradley, S. G.: Adv. Appl. Microbiol. *19*, 59 – 70 (1975)
Bradley, S. G., Bond, J. S.: Adv. Appl. Microbiol. *18*, 131 – 190 (1974)
Bradley, S. G., Jones, L. A.: Prog. Ind. Microbiol. *7*, 43 – 75 (1968)
Braun, V., Handtke, K.: Annu. Rev. Biochem. *73*, 89 (1974)
Brimacombe, R., Stöffler, G., Wittmann, H. G.: Annu. Rev. Biochem. *47*, 217 – 249 (1978)
Cabib, E.: Annu. Rev. Microbiol. *29*, 191 – 214 (1975)
Campbell, I.: Adv. Appl. Microbiol. *17*, 135 – 156 (1974)

Carter, B. L. A.: Adv. Microbial Physiol. *17*, 243 – 302 (1978)

Crandall, M., Egel, R., Mackay, V. L.: Adv. Microbial Physiol. *15*, 307 – 398 (1977)

Cronan, J. E., Jr.: Annu. Rev. Biochem. *47*, 163 – 189 (1978)

Cronan, J. E. Jr., Gelmann, E. P.: Bacteriol. Rev. *39*, 232 – 256 (1975)

Detroy, R. W., Still, P. E.: Dev. Ind. Microbiol. *16*, 145 – 151 (1975)

Elliott, C. G.: Adv. Microbial Physiol. *15*, 121 – 173 (1977)

Esser, K.: Kryptogamen. Berlin, Heidelberg, New York: Springer 1976

Esser, K., Kuenen, R.: Genetik der Pilze. Berlin, Heidelberg, New York: Springer 1965

Farkaš, V.: Microbiol. Rev. *43*, 117 – 144 (1979)

Fincham, J. R. S., Day, P. R., Radford, A.: Fungal genetics. Botanical monographs, 4th ed. Vol. 4. Oxford, London, Edinburgh, Melbourne: Blackwell Scientific Publications 1978

Fott, B.: Algenkunde. Stuttgart: Gustav Fischer 1971

Greenawalt, J. W., Whiteside, T. L.: Bacteriol. Rev. *39*, 405 – 463 (1975)

Gunsalus, I. C.: The bacteria. Vol 6, 7. London, New York: Academic Press 1978, 1979

Gunsalus, I. C., Stanier, R. Y.: The bacteria. Vol. I. London, New York: Academic Press 1960

Gunsalus, I. C., Stanier, R. Y.: The bacteria. Vol. II. London, New York: Academic Press 1961

Gunsalus, I. C., Stanier, R. Y.: The bacteria. Vol. III. London, New York: Academic Press 1962 a

Gunsalus, I. C., Stanier, R. Y.: The bacteria. Vol. 4. London, New York: Academic Press 1962 b

Gunsalus, I. C., Stanier, R. Y.: The bacteria. Vol. 5. London, New York: Academic Press 1964

Hamilton, W. A.: Adv. Microbial Physiol. *12*, 1 – 53 (1975)

Hawker, L. E., Linton, A. H.: Micro-organisms function, forms and environment. London: Edward Arnold 1978

Heckmann, K.: Dechema Monographien. Rehm, H. J. (Hrsg.), Vol. 71, S. 111 – 117. Weinheim, New York: Chemie 1973

Hellström, K. E., Hellström, I.: Annu. Rev. Microbiol. *24*, 373 – 398 (1970)

Higuchi, K.: Adv. Appl. Microbiol. *16*, 111 – 136 (1973)

Hollings, M.: Adv. Virus Res. *22*, 1 (1978)

Hutner, S. H.: Dev. Ind. Microbiol. *6*, 31 – 34 (1964)

Ingold, C. T.: Fungal spores. Their liberation and dispersal. Oxford: Clarendon Press 1971

Jawetz, E., Melnik, J. L., Adelberg, E. A.: Medizinische Mikrobiologie, 3. Aufl. Berlin, Heidelberg, New York: Springer 1973

Jørgensen, A., Hansen, A.: Mikroorganismen der Gärungsindustrie, 7. Aufl. Nürnberg: Hans Carl 1956

Kandler, O.: Naturwissenschaften *66*, 95 – 105 (1979)

Katsuda, H. (ed.): Nutritional Requirements of Cultured Cells. Baltimore, Maryland: University Park Press 1979

Konings, W. N.: Adv. Microbial Physiol. *15*, 175 – 251 (1977)

Laskin, A. I., Lechevalier, H. A. (eds.): Handbook of microbiology. Vol. I-ff. Ohio: CRC Press Cleveland 1973-ff.

Lechevalier, H. A., Lechevalier, M. P.: Annu. Rev. Microbiol. *21*, 71 – 100 (1967)

Lechevalier, H. A., Lechevalier, M. P., Gerber, N. N.: Adv. Appl. Microbiol. *14*, 47 – 72 (1971)

Lemke, P. A.: Annu. Rev. Microbiol. *30*, 105 – 145 (1976)

Linzenmeier, G., Kuwert, E., Hantschke, D.: Bakterien – Viren – Pilze. München: Urban und Schwarzenberg 1973

Lodder, J.: The yeasts, a taxonomic study. Amsterdam, London, New York: North Holland/American Elsevier 1970

London, J.: Annu. Rev. Microbiol. *30*, 279 – 301 (1976)

Lyons, A. J., Pridham, T. G.: Dev. Ind. Microbiol. *14*, 205 – 211 (1973)

Mandels, M.: Adv. Biochem. Eng. *2*, 201 – 215 (1972)

Matile, Ph., Moor, H., Robinow, C. F.: In: The yeasts. Rose, A. H., Harrison, J. S. (eds.), Vol. I, pp. 219 – 302. London, New York: Academic Press 1969

Merchant, D. J., Kahn, R. H., Murphey, W. H. Jr.: Handbook of cell and organ culture, 2. Aufl. Minneapolis: Burgess Publ. Co. 1964

Mordarski, M., Kurylowicz, W., Jeljaszewicz, J. (eds.): Nocardia and streptomyces. Stuttgart: Gustav Fischer 1978

Müller, E., Löffler, W.: Mykologie. Stuttgart: Georg Thieme 1971

Murrell, W. G.: In: Adv. in microbial physiol. Vol. I, pp. 133 – 251. London, New York: Academic Press 1967

Peppler, H. J.: Annu. Rep. Ferment. Proc. *2*, 191 – 202 (1978)

Raper, K. B., Fennell, D. I.: The genus aspergillus. Baltimore: Williams & Wilkins Co. 1965

Raper, K. B., Thom, C.: A manual of the penicillia. Baltimore: Williams & Wilkins Co. 1949

Rattray, J. B. M., Schibeci, A., Kidby, D. K.: Bacteriol. Rev. *39*, 197 – 231 (1975)

Reiff, F., Kautzmann, R., Lüers, H., u. Lindemann, M.: In: Die Hefen. Bd. I. Die Hefen in der Wissenschaft. Bd. II. Technologie der Hefen. Nürnberg: Hans Carl 1960, 1962

Rose, A. H., Harrison, J. S. (Hrsg.): The yeasts. Vol. I. London, New York: Academic Press 1969

Rose, A. H., Harrison, J. S. (Hrsg.): The yeasts. Vol. 3. London, New York: Academic Press 1970

Rose, A. H., Harrison, J. S. (Hrsg.): The yeasts. Vol. 2. London, New York: Academic Press 1971

Round, F. E.: Biologie der Algen. Stuttgart: Georg Thieme 1968

Rudolph, V. E.: Process Biochem. *13*, 16, 26 (1978)

Salton, M. R. J.: Adv. Microbial Physiol. *11*, 213 – 283 (1974)

Salton, M. R. J., Owen, P.: Annu. Rev. Microbiol. *30*, 451 – 482 (1976)

Sargeant, K.: Adv. Appl. Microbiol. *13*, 121 – 137 (1970)

Schlegel, H. G.: Allgemeine Mikrobiologie. Stuttgart: Georg Thieme 1976

Singer, S. J., Nicolson, G. L.: Science *175*, 720 (1972)

Smith, J. E., Berry, D. R.: In: The filamentous fungi. Vol. 1. London: Edward Arnold 1974

Smith, J. E., Galbraith, J. C.: In: Adv. in microbial physiol. Vol. 5, p. 45. London, New York: Academic Press 1971

Stewart, W. D. P.: Algal physiology and biochemistry. Oxford, London, Edinburgh, Melbourne: Blackwell Scientific Publications 1974

Suomalainen, J. H., Waller, Ch. (eds.): Proc. 3rd Int. Spez. Symp. Yeasts, Part I, II. Helsinki: Print Oy 1973

Sykes, G., Skinner, F. A.: Actinomycetales. London, New York: Academic Press 1973

Telling, R. C., Radlett, P. J.: Adv. Appl. Microbiol. *13*, 91 – 119 (1970)

Turner, W. B.: Fungal metabolites. London, New York: Academic Press 1971

Wang, D. I. C., Sinskey, A. J.: Adv. Appl. Microbiol. *12*, 121 – 152 (1970)

Warth, A. D.: Adv. Microbial Physiol. *17*, 1 – 45 (1978)

Windisch, S. E., Neumann, I.: Proc. IV. IFS: Ferment. Technol. Today, 877 – 880 (1972)

Kapitel 2   Entwicklungsbedingungen für Mikroorganismen

1. Allgemeine Substratansprüche der Mikroorganismen

Die Voraussetzung für das Wachstum von Mikroorganismen ist das Vorhandensein von Wasser. Dabei ist – besonders auf festen Substraten – weniger der absolute Wassergehalt von Bedeutung, als vielmehr die Wassermenge, die den Mikroorganismen tatsächlich zur Verfügung steht. Sie wird durch einen Ausdruck der Wasseraktivität (a_w) definiert, den man aus dem Vergleich des Wasserdampfdruckes im Substrat (p) und des reinen Wassers (p_0) bestimmt.

$$a_w = \frac{p}{p_0}$$

Unter diesem Gleichgewichtsfeuchtigkeitsgehalt versteht man den Feuchtigkeitsgehalt des Substrates im hygroskopischen Gleichgewicht mit der umgebenden Luft. Jeder Mikroorganismus besitzt einen charakteristischen Wert für a_w unter bestimmten Umweltbedingungen (vgl. Tabelle 4).

Tabelle 4. a_w-Werte, bei denen gerade noch eine Entwicklung von Mikroorganismen stattfindet (Mossel und Ingram, 1955)

Mikroorganismengruppe	Minimaler a_w-Wert
Bakterien im allgemeinen	0,91
Hefen im allgemeinen	0,88
osmophile Hefen	0,60
Schimmelpilze im allgemeinen	0,80
xerophile Schimmelpilze	0,65

Bakterien bevorzugen höhere Wassergehalte als Pilze, die sich z. T. noch in relativ trockenen Substraten entwickeln können, wie z. B. die xerophilen Pilze, zu denen *Aspergillus*- und viele *Penicillium*-Arten gehören (vgl. Brown, 1978).

Als Energiequelle verwenden photosynthetische Bakterien und Algen Lichtenergie mit Hilfe ihrer photosynthetischen Pigmente (Chlorophyll und Carotinoide). Die chemolithotrophen Mikroorganismen können Energie durch Oxidation reduzierter anorganischer Verbindungen gewinnen. Die meisten technisch verwendeten Mikroorganismen sind jedoch darauf angewiesen, ihren Energiebedarf durch katabolischen Abbau organischer Substanzen zu decken.

Kohlenstoff wird in großer Menge zur Zellsynthese benötigt. Abgesehen von der CO_2-Fixierung photosynthetischer und vieler chemolithotropher Mikroorganismen über den reduktiven Pentosephosphatzyklus (Calvinzyklus) (vgl. Kap. 3) oder über andere Mechanismen, gewinnen die meisten Mikroorganismen ihre zum Wachstum notwendigen Kohlenstoffverbindungen aus dem Abbau oder Umbau organischer

C-Quellen, wie z. B. Stärke, Zucker, organische Säuren, Alkohole, Fette und Kohlenwasserstoffe. Die Fähigkeit, derartige C-Quellen abzubauen, ist bei den verschiedenen Mikroorganismenarten unterschiedlich. So können z. B. die meisten technisch verwendeten Hefen Stärke nicht oder nicht schnell genug zu vergärbaren Zuckern abbauen, so daß eine vorherige Verzuckerung durchgeführt werden muß, während dies z. B. bei Clostridien nicht notwendig ist. In vielen Fällen, z. B. bei manchen Kohlenwasserstoffen, sind die abbauenden Enzyme nur bei einigen Mutanten oder Stämmen der betreffenden Arten vorhanden.

Als N-Quellen können in vielen Fällen anorganische Verbindungen, wie z. B. NH_4^+ und NO_3^- assimiliert werden. In anderen Fällen werden organische N-Quellen

Tabelle 5. Wichtige Wachstumsfaktoren für Mikroorganismen, ihre Wirkung und ihr Vorkommen in Rohmaterialien

Wachstumsfaktor	Chemische Gruppe, die übertragen wird	Rohmaterial, das als Donator geeignet ist
Thiamin (Vit. B_1)	Decarboxylierungen, C_2-Aldehydgruppen	Reisschalen, Weizenkeimlinge, Hefe, Sojabohnen
Riboflavin (Vit. B_2)	Wasserstoff	Getreide, Cornsteep-Lösung
Pyridoxal (Vit. B_6)	Aminogruppen, Decarboxylierungen	*Penicillium*-Mycelrückstände, Hefe, Reisschalen, Weizen u. Mais, Cornsteep-Lösung
Nicotinsäure oder Nicotinsäureamid	Wasserstoff	*Penicillium*-Mycelrückstände, Weizen, Leber, Sojabohnen, Rübenmelasse, Hefeextrakte
Pantothensäure	Acylgruppen	Zuckerrübenmelasse, *Penicillium*-Mycelrückstände, Cornsteep-Lösung, Melassen, Hefeextrakte, Pharmamedien
Cyanocobalamin (Vit. B_{12})	Carboxylgruppenverschiebung, Methylgruppensynthese	Leber, *Streptomyces griseus*-Mycelien, Silage, Fleisch
Folsäure	Formylgruppe	*Penicillium*-Mycelrückstände, Spinat, Leber
Biotin	CO_2-Fixierung	Cornsteep-Lösung, *Penicillium*-Mycelrückstände, Hefeextrakte
α-Liponsäure	Wasserstoff und Acylgruppen	Leber
Purine		Fleisch, Blutmehl
Pyrimidine		Fleisch
Inosit		Cornsteep-Lösung, Melassen, Pharmamedien, Destillationsrückstände
Cholin		Eidotter, Hopfen, Sojabohnen, Destillationsrückstände
Hämine	Elektronen	Blut
Aminosäuren		Cornsteep-Lösung, Hefeextrakte, Proteinhydrolysate, verschiedene Destillationsrückstände, Pharmamedien

besser verwertet, z. B. Harnstoff, Purine, verschiedene Aminosäuren, Peptone, Hefeextrakte und Eiweiße.

Einige Bakterienarten können den atmosphärischen Stickstoff der Luft reduzieren und als ausschließliche oder zusätzliche N-Quelle verwenden (vgl. Kap. 39).

Weiterhin benötigen die Mikroorganismen die Elemente Sauerstoff, Wasserstoff, Phosphor, Schwefel, Kalium, Calcium, Magnesium, Eisen und teilweise als Spurenelemente Mangan, Kupfer, Zink, Molybdän, Kobalt, Nickel, Vanadium, Bor, Chlor, Natrium und Silicium. Die meisten dieser Spurenelemente sind als Verunreinigungen in anderen Salzen oder in komplexen Substraten enthalten.

Eine Reihe von Mikroorganismen, z. B. viele *Lactobacillus*-Arten, ist für einige Vitamine, Aminosäuren oder andere Substanzen heterotroph. Diese müssen dann in geeigneter Konzentration dem Nährsubstrat zugesetzt werden. Es handelt sich bei solchen Wachstumsfaktoren neben Aminosäuren besonders um Biotin, Thiamin, Nicotinsäure, Pyridoxamin, p-Aminobenzoesäure, Pantothensäure und Cyanocobalamin. Sie werden häufig mit komplexen Substraten, z. B. mit Hefeextrakt dem Substrat zugesetzt (vgl. Tabelle 5).

Photosynthetische Mikroorganismen benötigen bei kohlenstoffautotrophem Wachstum nur anorganische Nährlösungen und gasförmiges CO_2. Stickstoffbindende Mikroorganismen benötigen bei stickstoffautotrophem Wachstum ein Nährsubstrat mit organischer C-Quelle und Nährsalzen sowie gasförmigem N_2. Organisch oder anorganisch gebundener Stickstoff verhindert in vielen Fällen eine Bindung von N_2.

2. Weitere Bedingungen zur Mikroorganismenentwicklung

Für die Mikroorganismenentwicklung ist der pH-Wert des Substrates wichtig. Kleine Schwankungen im optimalen Bereich sind für das Wachstum häufig von untergeordneter Bedeutung. Erst in den Grenzbereichen des „gerade noch möglichen Wachstums" wirken sich auch geringe pH-Veränderungen außerordentlich stark auf das Wachstum aus.

Viele Mikroorganismen, besonders viele Bakterien, wachsen gut im neutralen Milieu. Pilze und Hefen sowie Milchsäurebakterien wachsen besser in schwach sauren oder in sauren pH-Bereichen. Die Bildung bestimmter Stoffwechselprodukte ist häufig stark pH-abhängig. So bildet *Aspergillus niger* bei pH-Werten zwischen 2,0 und 3,5 fast ausschließlich Citronensäure, im schwächer sauren Gebiet bildet er Gluconsäure und im neutralen Gebiet besonders Oxalsäure.

Fermentationen, wie z. B. die Citronensäureherstellung, die im stark sauren Gebiet ablaufen, sind verhältnismäßig leicht gegen Fremdinfektionen zu schützen, da die Entwicklungsmöglichkeiten für viele Mikroorganismenarten, die für Infektionen in Frage kommen (z. B. für die meisten Bakterienarten) nicht mehr gegeben sind.

Im Verlauf vieler Fermentationen ändern sich die pH-Werte. Vielfach wird durch Bildung von Zwischenprodukten (z. B. Säurebildung bei der Kohlenwasserstoffoxidation) oder Endprodukten (z. B. Milchsäure bei der Milchsäureherstellung) oder durch Assimilation alkalisch wirkender Substanzen (z. B. von NH_4^+ bei der Backhefezucht) das Medium angesäuert. Dann muß eine pH-Korrektur (z. B. mit $CaCO_3$ oder $MgCO_3$ bei der Milchsäuregärung oder NH_4OH bei der Bäckerhefezüchtung) erfolgen. Moderne Fermenter sind mit automatischen pH-Steuerungen eingerichtet.

Die Mikroorganismen werden im sauren Gebiet meistens nicht durch die H^+-Ionen geschädigt, sondern dadurch, daß viele schwache Säuren hier in undissoziierter Form vorliegen und im ungeladenen Zustand besser in die Zellen eindringen können.

Jeder Mikroorganismus hat in einem bestimmten Temperaturbereich sein Wachstumsoptimum, das nicht immer mit dem Optimum der Bildung bestimmter Stoffwechselprodukte übereinstimmen muß. Nach ihrem Temperaturoptimum bezeichnet man die verschiedenen Mikroorganismen als

psychrophil   = Wachstumsoptimum zwischen 5 °C und 20 °C,
mesophil   = Wachstumsoptimum zwischen 20 °C und 45 °C,
thermophil   = Wachstumsoptimum zwischen 45 °C und 55 °C.

Bedingt abhängig vom Wachstumsoptimum verschiedener Mikroorganismen ist die Toleranz gegen Temperaturen. So können z. B. viele mesophile Arten noch bei Temperaturen weit unter 20 °C wachsen. Sehr viele Mikroorganismen überleben tiefe Temperaturen bis zu vielen Graden unter Null sehr gut. Da bei solchen Temperaturen die Stoffwechselabläufe stark reduziert worden sind, kann man Mikroorganismen bei tiefen Temperaturen gut für längere Zeit aufbewahren (konservieren) (Literatur vgl. Schmidt-Lorenz, 1970). Laufende Fermentationen lassen sich durch niedere Temperaturen etwa bei 4 °C unterbrechen. Enzymatische Vorgänge in den Zellen werden durch schnelles Einfrieren, z. B. bei −30 °C unterbrochen.

Die meisten technisch verwendeten Mikroorganismen sind mesophil. Zur Milchsäureherstellung mit *Lactobacillus*-Arten verwendet man thermophile Arten, z. B. *L. delbrueckii* oder *L. leichmannii*. Durch eine Gärführung bei etwa 50 °C werden Fremdinfektionen weitgehend unterbunden, da sich bei diesen Temperaturen kaum noch Mikroorganismen, die hier eine Infektion verursachen könnten, entwikkeln können. Höhere Temperaturen schädigen viele Mikroorganismenarten (vgl. Allwood und Russell, 1970; Brock, 1978) und werden zur Abtötung (Sterilisation) verwendet (vgl. Kap. 8).

In vielen Fällen muß bei exothermen Vorgängen die sich im Fermenter bildende hohe Temperatur durch Kühlung (außen oder innen am Fermenter angelegte Kühlschlangen) abgeführt werden. Diese Metallschlangen können auch gleichzeitig zum Erwärmen des Substrates dienen (vgl. Kap. 9). Die meisten industriellen Fermentationsanlagen sind automatisch temperaturgesteuert.

Ein außerordentlich bedeutsamer Faktor für die Entwicklung von Mikroorganismen ist die Versorgung mit Sauerstoff bzw. dessen Ausschluß. Bei vielen Gärungsvorgängen wird der anfangs vorhandene Sauerstoff durch CO_2- oder H_2-Bildung schnell aus dem Substrat oder der darüberliegenden Gasschicht verdrängt. In manchen Fällen wird zur Schaffung besserer anaerober Verhältnisse, besonders bei Fermentationsbeginn, CO_2 oder N_2 in die Fermentationslösung geleitet.

Die Versorgung der Mikroorganismen bei oxidativen Fermentationen mit Sauerstoff wird bei der Beschreibung der verschiedenen Belüftungssysteme von Fermentern dargestellt (vgl. Kap. 8).

Man unterscheidet hinsichtlich ihrer Beziehung zum Sauerstoff folgende wichtige Mikroorganismengruppen:

Obligat aerob: Mikroorganismen, die O_2 zum Wachstum benötigen.

Fakultativ aerob oder fakultativ anaerob: Mikroorganismen, die sowohl bei Anwesenheit als auch bei Abwesenheit von O_2 wachsen können (z. B. *Saccharomyces cerevisiae*).

Aerotolerant anaerob: Mikroorganismen, die in Gegenwart von O_2 wachsen können, ihn aber nicht verwenden.

Obligat anaerob: Mikroorganismen, die nur bei Abwesenheit von O_2 wachsen. O_2 ist für sie toxisch (viele obligate anaerobe Bakterien können aber als Sporen bei O_2-Anwesenheit sehr lange überleben).

Die meisten industriell genutzten Mikroorganismenarten sind gegen hohe osmotische Werte rel. tolerant und können bei den üblich angewandten Salz- und Zukkerkonzentrationen der Nährlösungen gut wachsen. Bei hohen Zuckerkonzentrationen, z. B. bei 20% Rohrzucker bei der Citronensäureherstellung, treten pathologische Erscheinungen im Wachstum auf, die z. T. erwünscht sind. Mikroorganismen mit hoher Toleranz gegen Zucker werden als osmotolerant oder auch als osmophil bezeichnet (Windisch, 1968). Osmophile Hefen können große Verluste in der Lebensmittelwirtschaft hervorrufen. Mikroorganismen mit hoher Toleranz besonders gegen NaCl sind halophil. Unter den Bakterien gibt es viele halophile Arten (vgl. Dundas, 1977).

3. Substrate zur technischen Mikroorganismenzucht

Während bei Mikroorganismenzuchten im Laboratorium in vielen Fällen mit reinen, gut definierbaren und gut standardisierten Substraten gearbeitet wird, verwendet man bei technischen Mikroorganismenzuchten häufig komplexe, vielfach nur z. T. bekannte und oft schlecht definierbare Substrate. Diese Substrate müssen vielfach für die besonderen Fermentationsziele durch weitere Verbindungen ergänzt werden. So müssen häufig Aminosäuren oder andere N-Quellen, verschiedene Nährsalze, z. B. Kalium oder Calcium, bestimmte Spurenelemente, z. B. Kobalt bei der Vitamin B_{12}-Herstellung, Cl bei der Chlortetracyclinherstellung sowie organische Vorstufen (precursor), wie z. B. Phenylessigsäure bei der Penicillinherstellung, zugesetzt werden.

Technische Kohlenstoffquellen enthalten in der Regel mehr oder weniger viel Proteine oder andere stickstoffhaltige Substanzen, die dann als N-Quellen von den Mikroorganismen verwertet werden; umgekehrt enthalten technische N-Quellen vielfach auch mikrobiell verwertbare Kohlenstoffquellen, so daß eine Trennung dieser beiden Substanzgruppen nur bedingt möglich ist. Eine Übersicht vgl. Ratledge (1977).

Durch die Vielzahl der Komponenten in technischen Substraten sind Fragen der Regulation zur optimalen Bildung von Produkten, z. B. Aufhebung von Katabolitrepressionen oft schwierig zu bearbeiten.

a) Technische Substrate, die vorwiegend als C-Quellen verwendet werden

Glucose wird selten als reine Substanz eingesetzt. Für Pilzzüchtungen wird häufig ein *Malzextrakt* verwendet, der getrocknet z. B. 15% Dextrine; 52,2% Maltose;

19,1% Glucose; 5,6% Saccharose u. a. Kohlenhydrate; 4,6% Proteine sowie 2,0% Wasser und 1,5% Asche enthält. Saccharose kommt als Rohr- und Rübenzucker in verschiedenen Reinheitsgraden zur technischen Verwendung:

1. Reine kristalline weiße Saccharose.
2. Brauner Zucker. Dieser Rohrzucker, der zu weißem Zucker weiter verarbeitet werden kann, ist billiger als weißer Zucker und für viele Fermentationen geeignet.
3. **Melasse** ist eine viskose dunkelgefärbte Lösung mit hohem Saccharosegehalt, aus der Saccharose zur weiteren Raffinierung auskristallisiert wird. Es gibt Rübenzuckermelassen und Rohrzuckermelassen unterschiedlicher Reinigungsgrade. Rohrzuckermelasse unterscheidet sich besonders durch seinen hohen Invertzuckergehalt von der Rübenzuckermelasse. Die Tabelle 6 zeigt die Analyse von Rüben- und Rohrzuckermelasse (Rhodes und Fletcher, 1966).

Je nach Standort und Jahr verändert sich die Zusammensetzung der Melassen oft erheblich, so kann der Zuckergehalt bei Rohrzuckermelasse zwischen 50% und 80% liegen. Für manche Zwecke, z. B. Zucht von Backhefe müssen Farbstoffe, Kolloide und sonstige störende Substanzen aus der Melasse durch Klärung entfernt werden. Hierzu wird die Rübenzuckermelasse möglichst unverdünnt erhitzt und in Klärschleudern von den störenden Substanzen befreit. Drei Verfahren sind in Gebrauch:

1. Heißsaure Klärung: Bei dieser wird die Melasse erhitzt und unter starkem Umrühren verdünnt und angesäuert, so daß viele der unerwünschten Stoffe ausfallen.
2. Heißalkalische Klärung: Analog der heißsauren Klärung wird hier mit Alkalien in der Hitze ausgefällt und dadurch geklärt.
3. Reinigung mit Klärschleudern: Nach diesem Verfahren wird die Melasse in der Hitze möglichst unverdünnt in Zentrifugen von störenden Substanzen befreit und geklärt.

Störende Substanzen, die besonders auch in Rohrzuckermelassen in großer Menge vorkommen können, sind vor allem schweflige Säure, Hydroxymethylfurfurol, Mangan- und Eisensalze u. a. *Rohrzuckermelasse* läßt sich schwieriger von störenden Substanzen befreien. Sie muß – schon wegen der meist starken Bakterieninfektionen – länger im sauren Gebiet erhitzt werden und anschließend vor dem Abschleudern im alkalischen Gebiet nochmals mit Kalk gefällt werden. Für viele Fer-

Tabelle 6. Zusammensetzung von Rüben- und Rohrzuckermelasse

Substanzen%	Rübenzucker-melasse	Rohrzucker-melasse
Saccharose	48,5	33,4
Raffinose	1,0	–
Invertzucker	1,0	21,2
Organische Nicht-Zucker-Substanzen	20,7	19,6
Stickstoff	1,2 – 20	–
Asche	10,8	9,8
Wasser	18,0	16,0

mentationen, z. B. zur Backhefeherstellung und zur Citronensäureproduktion hat sich Rohrzuckermelasse als nur sehr bedingt geeignet oder als ungeeignet erwiesen.

Stärke wird aus verschiedenen Getreiden (besonders Gerste, Weizen, Mais, Reis), Kartoffeln oder anderen stärkehaltigen Pflanzen gewonnen. Stärke ist eine Mischung aus Amylose (gerade Ketten von Glucosemolekülen, die 1,4-α-glycosidisch miteinander verknüpft sind) und den verzweigten Ketten des Amylopektins (neben 1,4-Bindungen auch 1,6-Bindungen).

Stärkehaltige Ausgangssubstrate enthalten je nach Reinigungsgrad noch gewisse Mengen an Fetten, Proteinen und anderen Substanzen. So enthält Maiskornmehl z. B. 71,7% Kohlenhydrate; 4,3% Lipide; 10,0% Proteine; 1,5% Asche; 1,7% Faseranteile und 10,8% Wasser.

Häufig muß Stärke für fermentative Zwecke verzuckert werden, wenn die verwendeten Mikroorganismen keine oder nicht genügend Amylasen besitzen.

Die Verzuckerung von Stärke geschieht entweder mit **Gerstenmalz** oder mit **Pilzamylasen.** Malz wird hergestellt, indem man eine Gerste 14 – 20 Tage keimen läßt. Dabei werden viel Amylasen gebildet. Die gekeimte Gerste wird bei unterschiedlichen Temperaturen getrocknet und anschließend geschrotet (vgl. Kap. 33). Pilzamylasen werden beim Wachstum verschiedener Pilze, z. B. von *Aspergillus oryzae* auf Getreideschrot gebildet. Das Schrot wird anschließend getrocknet und mit den Pilzmycelien zusammen gemahlen (vgl. Kap. 24).

Die amylasehaltigen Substrate werden in einem Bottich mit der zu verzuckernden Stärke, z. B. Kartoffelmehl und Wasser gemischt, erwärmt und bei etwa 55 °C verzuckert. Zur Verzuckerung von 100 kg Stärke genügen etwa 10 kg Gerstenmalz oder etwa 6 – 8 kg Pilzmalz. Stärke kann auch mit verdünnten Säuren hydrolysiert werden.

Wenn Stärke nicht vorher verzuckert werden soll, so muß sie z. T. aus den Pflanzenzellen aufgeschlossen werden. Dies kann im sogenannten **Henzedämpfer** geschehen. Hierbei wird die Stärke unter Überdruck erhitzt. Dann wird der Druck plötzlich abgelassen, so daß die Zellen aufplatzen und die heraustretende Stärke den Mikroorganismen zugänglich wird (vgl. Kap. 19).

Cellulose wird gegenwärtig sehr intensiv als C-Quelle für Fermentationen bearbeitet. Wenn auch die Zahl der Mikroorganismen, die Cellulasen besitzen, groß ist, so gibt es doch noch kein rein biologisches System zur technischen Verwendung von Cellulose als C-Quelle. Einzelheiten vgl. Kap. 12.

Holzzuckerlösungen entstehen bei der Holzhydrolyse mit konzentrierten Säuren (besonders HCl oder H_2SO_4). Auch Stroh, abgeerntete Maiskolben und viele andere Pflanzen lassen sich zu Zuckerlösungen hydrolysieren. Holzhydrolysate enthalten wechselnde Mengen an Glucose, Xylose, Mannose, Galactose, Fructose und Lignin. Aus 100 kg Nadelholz werden etwa 50 kg reduzierende Zucker und etwa 30 kg Trockensubstanz (vorwiegend Lignin) erhalten. Hemmstoffe in diesem Substrat werden durch Zusatz reduzierender Substanzen zerstört. Die Zuckerkonzentration wird auf 3% – 5%, der pH-Wert auf 4,5 eingestellt, Harnstoff und je nach Bedarf auch Phosphat werden als zusätzliche Nährstoffe hinzugefügt. Neben diesen „direkten" Zuckerlösungen werden auch Nachhydrolysate als Substrat verwendet. Diese enthalten 10% – 20% Zucker und müssen entsprechend verdünnt werden. Auch dieser C-Quelle müssen Nährstoffe zugesetzt werden.

Zellstoffablaugen (Sulfitablaugen) werden vor allem zur Zucht von Hefen (Verhefung) verwendet. Sie sind unter den zuckerhaltigen Abfallprodukten der chemischen Großindustrie im Augenblick wert- und mengenmäßig sehr bedeutend. **Sulfitablaugen** enthalten etwa die Hälfte des verarbeiteten Holzes in gelöstem Zustand, so daß ihre Beseitigung und Verwertung ein großes Problem für die Zellstoffindustrie darstellt. Es sind gelbe bis hellbraune Flüssigkeiten mit 9% – 13% Trockensubstanz. Sie enthalten Calcium in Form von Hydrogensulfit, Sulfit oder auch Sulfat [$Ca(HSO_3)_2$, $CaSO_3$, $CaSO_4$], Eisen und Kupfer, die beim Kochprozeß aus den Apparaten in Lösung gegangen sind und schließlich sämtliche anderen anorganischen Salze, die sich im Holz befunden hatten. Für die Mikroorganismenentwicklung sind die organischen Bestandteile der Ablaugen besonders wichtig. Es sind sämtliche Verbindungen, die durch den Einfluß der schwefligen Säure vor der Cellulose in Lösung gegangen sind, z. B. Hemicellulosen oder Holzpolyosen, die zumeist weiter zu Zuckern aufgeschlossen sind, aber auch das Lignin.

In **Nadelholzablaugen** liegen die Zucker zu etwa 70% – 80% als Hexosen (Mannose, Glucose, Galactose) vor und zu etwa 20% als Pentosen (Xylose, Arabinose). Der Gesamtzuckergehalt liegt je nach Art der verwendeten Nadelhölzer zwischen 2% und 3,5%.

Bei **Laubholzablaugen** (im wesentlichen Buchenholzablaugen) liegen die Verhältnisse umgekehrt. Die Ablaugen bestehen zu 50% aus Xylose, zu 15% – 20% aus Arabinose und zu etwa 10% aus Methylpentosen. Der Gesamtzuckergehalt liegt zwischen 3% und 4%. Im Gegensatz zu den Nadelholzablaugen schwankt bei den Laubholzablaugen der Zuckergehalt nur wenig, denn es wird fast ausschließlich Buchenholz verwendet. Weiterhin sind noch kleinere Mengen an organischen Säuren in den Ablaugen vorhanden.

Die Ligninsulfosäuren stellen die Hauptmenge der Kohlenhydrate dar, so daß das Problem der Sulfitablaugenverwertung gleichzeitig auch ein Problem der Verwertung der Ligninsulfosäuren ist.

Die Ablaugen müssen vor der Verwendung in vielen Fällen noch einer Vorbehandlung unterzogen werden. Die saure Ablauge mit einem pH-Wert von 1,8 bis 2,5 wird durch Erhitzen auf 90 °C – 95 °C und vor allem durch Belüftung von einem Teil des SO_2 befreit. Dann wird der pH-Wert durch Zusatz der berechneten Stickstoffmenge in Form von Ammoniak und durch Kalkmilch auf 4,2 – 4,4 gebracht. Dies ist notwendig, da die Ablauge durchweg viel Essigsäure enthält. Manche Ablaugen müssen vor der Verhefung noch geklärt werden.

Bagasse ist der cellulosehaltige Preßrückstand bei der Zuckerherstellung aus Zuckerrohr. Bagasse wird vielfach nachhydrolysiert.

„**Hydrol**" ist ein Nebenprodukt der Glucoseherstellung ähnlich wie „Liquid Acme". Analysen dieser Produkte haben die in Tabelle 7 angegebenen Zusammensetzungen ergeben:

Tabelle 7. Zusammensetzung von „Hydrol" und „Liquid Acme"

	Hydrol	Liquid Acme
Dextroseäquivalent	72 – 78	85 – 89
Beaumé	41,6	41,6
Feststoffe %	79,5	80,5

Molke wird von manchen Mikroorganismen als Substrat gut verwertet. Im allgemeinen fällt eine saure Molke an (pH-Wert 4,1). Sie gibt bessere Ausbeuten als die süße Molke (pH-Wert 6,3 – 6,5). Neben Milchzucker werden besonders Milch- und Citronensäure sowie noch vorhandene Proteine von den Mikroorganismen assimiliert. Nährsalze müssen den Molken je nach Bedarf zugesetzt werden.

Abstreifsäuren sind Lösungen, die bei der Celluloseherstellung anfallen und vor allem kurzkettige organische Säuren (besonders Acetat), Ketone und Aldehyde enthalten.

Manchen Fermentationen werden **pflanzliche Öle** zugesetzt. Die Tabelle 8 zeigt einige Charakteristika dieser Öle (Rhodes und Fletcher 1966).

Methan wird von *Pseudomonas*-Arten als C-Quelle oxidiert. Es liegt im Erdgas z. B. zu 90% – 92% neben 1,5% Äthan, 1% – 2% Butan und Spuren von CO_2, Argon und N_2 vor (Wolnak et al., 1967). Es enthält häufig schwefelhaltige Verunreinigungen, die vor einer Verwertung des Methans abgetrennt werden müssen.

Alkane werden handelsüblich in Kettenlängen von $C_{10} - C_{20}$ angeboten. Von Mikroorganismen werden besonders gut Fraktionen von $C_{12} - C_{18}$ verwertet. Bisher werden gereinigte Mischfraktionen oder Rohalkane – letztere in immer geringerem Maße – verwendet. Auch Roherdöl wird kaum noch als mikrobielles Substrat genutzt, da es je nach Herkunftsland unterschiedliche Mengen an Aromaten und verzweigten Alkanen enthält, die von den Mikroorganismen nicht oder nur sehr langsam oxidiert werden.

Methanol und Äthanol haben seit einiger Zeit eine große Bedeutung als C-Quelle, zunächst besonders für SCP-Bildung gewonnen. Beide Substanzen können in Zukunft allein oder als Cosubstrate, ähnlich wie die durch Oxidation aus Äthanol hergestellte *Essigsäure* verwendet werden. Möglicherweise ist hier ein Ersatz vieler herkömmlicher C-Quellen durch diese Substanzen im Gange (Ratledge, 1977).

b) Technische Substrate, die vorwiegend als N-Quellen verwendet werden

Cornsteep-Lösung (Maisquellwasser) ist ein Nebenprodukt bei der Stärke- bzw. Zuckergewinnung aus Mais. Mais wird hierbei durch eine wäßrige sulfithaltige Lösung im Gegenstrom extrahiert. Dabei gehen Mineralien und viele stickstoffhaltige

Tabelle 8. Zusammensetzung einiger handelsüblicher pflanzlicher Öle

Öl	Verseifungszahl (Ester)	Jodzahl (unges. Fettsäuren)	% Sättigung	Hauptsächlich vorhandene Fettsäuren (% Gew./V)		
				Öl-säure	Linol-säure	Linolen-säure
Olivenöl	189 – 195	80 – 85	9 – 20	65 – 84	4 – 9	–
Erdnußöl	189 – 196	85 – 98	18	56 – 65	17 – 21	–
Maisöl	188 – 193	117 – 130	12	45 – 47	40 – 42	–
Sonnenblumenöl	186 – 194	127 – 136	7 – 10	30 – 35	55 – 65	–
Baumwollsamenöl	191 – 196	103 – 111	25	25 – 30	45 – 50	–
Leinöl	189 – 196	170 – 185	10 – 15	15 – 25	15 – 20	45 – 55
Sojabohnenöl	190 – 193	124 – 133	12 – 13	25 – 36	50 – 55	5 – 8

Substanzen in Lösung. Fäulnisbakterien werden durch das Sulfit unterdrückt, während thermophile Milchsäurebakterien Milchsäure bilden. Die eingeengte Lösung enthält etwa 4 Vol.% Stickstoff. Nach Hydrolyse finden sich sehr viele, z. T. für die Mikroorganismenentwicklung wichtige Aminosäuren in der Cornsteep-Lösung, z. B. Alanin, Arginin, Glutaminsäure, Isoleucin, Threonin, Valin, Phenylalanin, Methionin und Cystin. Die Kohlenhydrate liegen meistens als Milchzucker und Polysaccharide vor. Wegen des niedrigen pH-Wertes muß Cornsteep-Lösung vor der Fermentation mit etwa 1 Vol.% Calciumcarbonat versetzt werden (vgl. Tabelle 9).

Sojamehl ist der Rückstand der von Fetten extrahierten Sojabohnen. Es enthält etwa 8 – 12 Gew.% Stickstoff, daneben ca. 30% Kohlenhydrate, Mineralsalze und wenig Öl. Sojamehl ist ein sehr komplexes Substrat, das nicht so gut von Mikroorganismen aufgenommen wird wie z. B. Cornsteep-Lösung.

Fischmehl wird für eine ganze Reihe von Fermentationen als zusätzliches proteinhaltiges Substrat verwendet.

Pharmamedia (Baumwollsamenöl) ist ein Pulver, das aus Embryonen der Baumwollsamen hergestellt wird. Es enthält etwa 56 Gew.% Protein, 24% Kohlenhydrate, 5% Öl und 5% Asche. Diese Substanz wird bei der Herstellung verschiedener Antibiotica, z. B. von Tetracyclinen und einigen Penicillinen mit gutem Erfolg angewandt.

Hefeextrakte werden zumeist nur für die Vorzuchten der Mikroorganismen verwendet. Sie werden sehr unterschiedlich hergestellt und sind daher in ihrer Zusammensetzung auch sehr variabel. Sie enthalten kaum Lipide, dafür aber viel Proteine, die häufig bereits zu Aminosäuren hydrolysiert sind. Weiterhin sind sie reich an Vitaminen.

Proteinhydrolysate sind u. a. als Fleischproteinhydrolysat, Fleischpepton, Caseinhydrolysat, Baumwollsamenproteinhydrolysat, Blutmehlhydrolysat u. a. auf

Tabelle 9. Zusammensetzung von Maisquellwasser (nach Cejka, 1973)

Substanzen	Gehalt %	$\bar{X}$
Asche	6,92 – 9,44	8,65
Sediment, Gew.	24,4 – 56,7	44,63
N-Kjeldahl	3,23 – 4,16	3,79
N-NH_3	0,512 – 0,864	0,613
N-Protein	1,02 – 4,41	2,78
N-Amino	0,82 – 1,76	1,38
Zucker (als Glucose)	1,70 – 6,30	3,51
Milchsäure	9,40 – 19,90	12,05
Fe	0,001 – 0,095	0,022
P	1,29 – 2,10	1,79
Ca	0,04 – 0,29	0,058
Mg	0,50 – 0,86	0,666
K	1,81 – 2,55	2,207
Zn	0,006 – 0,015	0,012
SO_2	0,014 – 0,130	0,083
Azidität, ml 0,1 n NaOH/g	9,7 – 16,2	12,25
Flüchtige Säure, ml 0,1 n NaOH/10 g	0,1 – 3,4	1,66
pH-Wert	3,90 – 5,10	4,25

dem Markt. Sie enthalten oft viele Aminosäuren und werden daher von den Mikroorganismen leicht verwertet, sind aber im großtechnischen Einsatz teuer.

Schlempen sind Restflüssigkeiten, die nach der Entfernung von Fermentationsprodukten zurückbleiben. Sie sind also bereits einmal mit Mikroorganismen fermentiert worden. Schlempen haben, da sie z. T. aus sehr unterschiedlichen Fermentationsprozessen kommen, etwa aus der Alkoholgärung, der Butanol-Acetongärung, der Citronensäureherstellung, eine sehr unterschiedliche Zusammensetzung. Sie enthalten einmal die nicht von den Mikroorganismen der ersten Fermentation assimilierten Substanzen (z. B. Pentosen bei *Saccharomyces cerevisiae*-Gärungen), dann die Mikroorganismenzellen selbst und schließlich Stoffwechselprodukte der Mikroorganismen, die neben der eigentlichen Fermentation ausgeschieden wurden, so z. B. organische Säuren. Durch Zusatz von Zuckerlösungen (z. B. Melasse) lassen sich solche Schlempen häufig für eine nochmalige Fermentation verwenden. Vielfach werden Schlempen auch wegen ihres oft guten Wirkstoffgehaltes in kleineren Mengen anderen Fermentationssubstraten zugesetzt.

c) Abfallstoffe aus Abwässern

Neuerdings versucht man, eine ganze Reihe von Abfallstoffen, die bei der Reinigung von Abwässern oder bei der Massentierhaltung anfallen, als Substrate für Mikroorganismen zu verwenden. Es sind dies vor allem:

- Häusliche Abwässer (vgl. Kap. 40).
- Industrielle Abwässer (vgl. Kap. 40).
- Abwässer aus Massentierhaltungen, z. B. aus Schweine- und Rindermastbetrieben (besonders harnstoffhaltig) und Pferdezuchten (meist nach Kompostierung verwertet) sowie aus der Hühnermassenzucht (besonders harnsäurehaltig) (vgl. Kap. 41).

Literatur

Allwood, M. C., Russell, A. D.: Adv. Appl. Microbiol. *12*, 89 – 119 (1970)
Brock, Th. D.: Thermophilic Microorganisms and Life at High Temperatures. New York, Heidelberg, Berlin: Springer 1978
Brown, A. D.: Adv. Microbial Physiol. *17*, 181 – 242 (1978)
Cejka, A.: In: 3. Symp. Tech. Microbiol. Dellweg, H. (Hrsg.), S. 281 – 286. Berlin: Institut für Gärungsgewerbe und Biotechnologie 1973
Dundas, I. E. D.: Adv. Microbial Physiol. *15*, 85 – 120 (1977)
Mossel, D. A. A., Ingram, M.: J. Appl. Bacteriol. *18*, 233 (1955)
Ratledge, C.: Annu. Rep. Ferment. Process. Perlman, D., Tsao, G. T. (ed.), Vol. I, pp. 49 – 71. London, New York: Academic Press 1977
Rhodes, A., Fletcher, D. L.: Principles of industrial microbiology. Oxford: Pergamon Press 1966
Schmidt-Lorenz, W.: 2. Symp. Techn. Mikrobiol. Dellweg, H. (Hrsg.), S. 291 – 298. Berlin: Institut für Gärungsgewerbe und Biotechnologie 1970
Windisch, S.: Gordian 69/3, 115 – 117 (1968)
Wolnak, B., Andreen, B. H., Chisholm, Jr., J. A., Saadeh, M.: Biotechnol. Bioeng. *9*, 57 (1967)

Kapitel 3   Zentraler Stoffwechsel der Mikroorganismen

Lebende Zellen sind auf eine immerwährende Zufuhr von Energie angewiesen. Diese wird durch Oxidationsvorgänge gewonnen, bei vielen Mikroorganismen durch Abbau organischer Substanzen, z. B. von Glucose oder Kohlenwasserstoffen. Man bezeichnet diese Vorgänge des Abbaus als katabolische Reaktionen. Aufbau neuer Substanzen unter Energieaufwand sind anabolische Reaktionen. Die Energie wird in den Zellen in „energiereichen" chemischen Bindungen (Adenosintriphosphat, ATP) gespeichert und transportiert. Abbildung 12 zeigt die Verbindung zwischen katabolischen und anabolischen Prozessen.

Besondere Bedeutung für die industrielle Zell- oder Produktgewinnung haben Abbau von Hexosen und Alkanen. Im folgenden werden nur wenige allgemeine Stoffwechselwege beschrieben, die von sehr vielen Mikroorganismen genutzt werden. Speziellere Wege des Grundstoffwechsels sind in den einzelnen Kapiteln dargestellt worden.

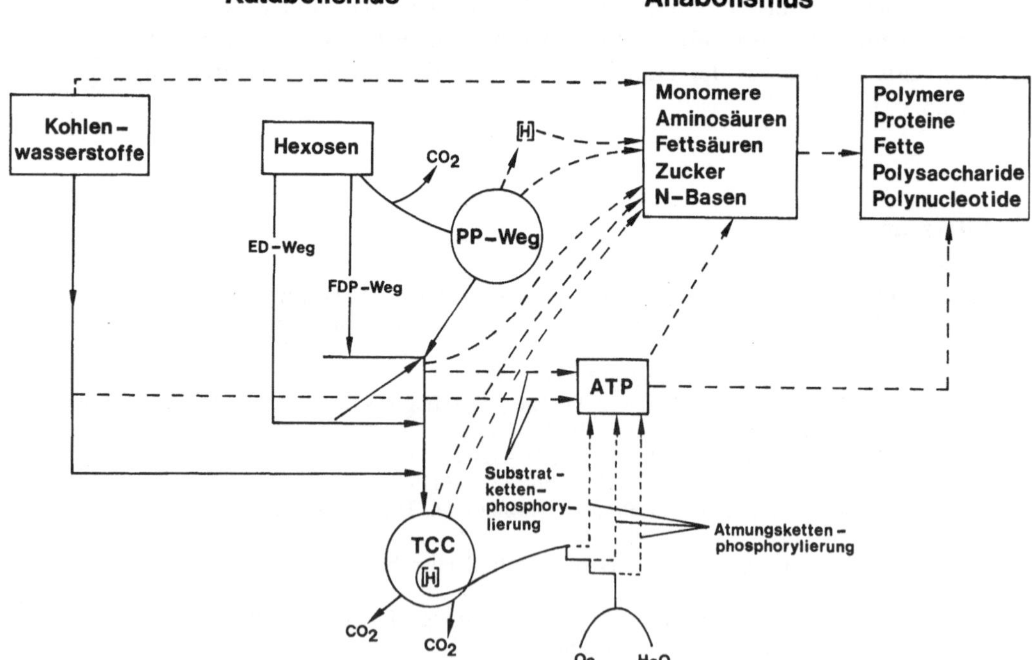

Abb. 12. Katabolismus (——) und Anabolismus (– – –) bei aeroben Mikroorganismen. Erklärungen im Text

1. Hexoseabbau über den Fructose-diphosphat-Weg (FDP-Weg)

Sehr viele Mikroorganismen bauen Hexosen auf dem FDP-Weg zur Brenztraubensäure ab (auch als Embden-Meyerhof-Parnass-Weg oder Glycolyse bezeichnet).

In seinen wichtigsten Schritten verläuft er über folgende Zwischenstufen: D-Glucose wird im ersten Schritt durch eine Hexokinase (Phosphotransferase) mit Hilfe von Adenosintriphosphat (ATP) in 6-Stellung zum D-Glucose-6-phosphat phosphoryliert. Anschließend tritt eine Isomerisierung zum D-Fructose-6-phosphat mit Hilfe einer Phosphohexose-Isomerase ein. Durch eine Phosphofructokinase wird jetzt mit ATP in 1-Stellung phosphoryliert, so daß D-Fructose-1,6-diphosphat entsteht.

In einer nun folgenden Gleichgewichtsreaktion wird D-Fructose-1,6-diphosphat durch eine Aldolase in zwei Triosen, Dihydroxyacetonphosphat und D-Glycerinaldehyd-3-phosphat gespalten. Beide Triosephosphate stehen, durch eine Triosephosphat-Isomerase katalysiert, in einem Gleichgewicht. D-Glycerinaldehyd-3-phosphat wird nach Anlagerung einer SH-Gruppe einer Phosphotriose-Dehydrogenase an die Aldehydgruppe NAD-abhängig dehydriert (Bildung von $NADH_2$), so daß ein energiereicher Thioester entsteht. Durch Phosphorolyse wird die Energie erhalten und 1,3-Diphosphoglycerat gebildet, von dem nun mit Hilfe einer Phosphoglycerat-Kinase das energiereiche Phosphat auf ADP übertragen werden kann, so daß 3-Phospho-D-glycerat und ATP entstehen. Dies ist der einzige energiegewinnende Schritt bei der Glykolyse bis zum Pyruvat. Er wird als Substratkettenphosphorylierung bezeichnet.

Durch die Phosphoglycero-Mutase wird 3-Phospho-D-glycerat in 2-Phospho-D-glycerat umgelagert. Eine anschließend wirkende Enolase spaltet Wasser ab, und es bildet sich Phosphoenol-pyruvat (PEP). Vom PEP wird das Phosphat durch eine Pyruvat-Kinase auf ADP übertragen, so daß Pyruvat (Brenztraubensäure) entsteht.

Mit der Bildung von Pyruvat ist der Weg, den anaerober und aerober Zuckerabbau gemeinsam gehen, beendet. Aus einem Molekül Glucose sind zwei Moleküle Brenztraubensäure entstanden. Daneben wurden pro Mol Glucose 2 ATP und 2 $NADH_2$ gewonnen, vorausgesetzt, daß sämtliche Glucose in Brenztraubensäure umgesetzt wurde (Abb. 13).

Aus Pyruvat kann sich nach Dehydrogenierung und Decarboxylierung (Pyruvatdehydrogenase) Acetyl-CoA bilden, das im Citronensäure-Zyklus unter Abspaltung von Wasserstoff zu CO_2 oxidiert werden kann. Acetyl-CoA kann als C_2-Körper weiterhin für viele Biosynthesen verwendet werden, z. B. zur Bildung von Fetten, Polyketiden, Isoprenoiden u. a. (vgl. Kap. 4).

Unter anaeroben Verhältnissen bilden viele Hefen aus Brenztraubensäure Äthanol und Milchsäurebakterien Milchsäure. Bei der Äthanol-Bildung wird Brenztraubensäure durch eine Pyruvat-Decarboxylase, die Mg^{2+} und Thiaminpyrophosphat als Co-Faktoren benötigt, zum Acetaldehyd decarboxyliert. Der Acetaldehyd wird dann von einer $NADH_2$-abhängigen Alkoholdehydrogenase zum Äthanol reduziert.

Bei der Milchsäuregärung wird Pyruvat nicht decarboxyliert, sondern mit Hilfe einer stereospezifischen Lactatdehydrogenase $NADH_2$-abhängig zur Milchsäure reduziert (vgl. Kap. 16).

Da bei beiden Gärungen das entstandene $NADH_2$ wieder zur Reduktion verwendet wird, ist in diesen Fällen die ATP-Bildung bei der Oxidation von Glycerin-

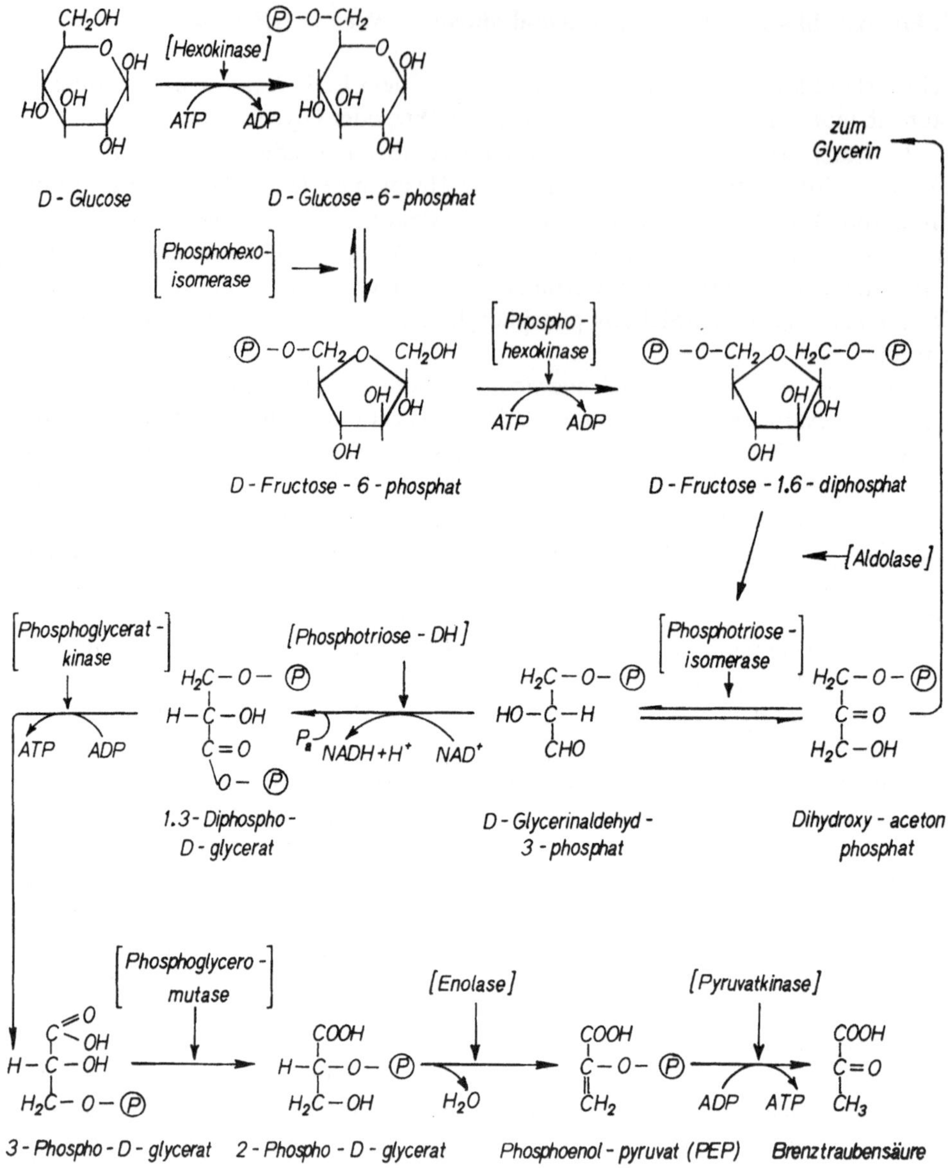

[Hexokinase]

D - Glucose   D - Glucose - 6 - phosphat

[Phosphohexo-isomerase]

[Phospho-hexokinase]

D - Fructose - 6 - phosphat   D - Fructose - 1.6 - diphosphat

zum Glycerin

[Aldolase]

[Phosphoglycerat-kinase]   [Phosphotriose - DH]   [Phosphotriose-isomerase]

1.3 - Diphospho-D - glycerat   D - Glycerinaldehyd-3 - phosphat   Dihydroxy - aceton-phosphat

[Phosphoglycero-mutase]   [Enolase]   [Pyruvatkinase]

3 - Phospho - D - glycerat   2 - Phospho - D - glycerat   Phosphoenol - pyruvat (PEP)   Brenztraubensäure

Abb. 13. Fructose-diphosphat-Weg (Glykolyse)

aldehyd zur Glycerinsäure die einzige energieliefernde Reaktion. Bei Mikroorganismen mit oxidativem Stoffwechsel wird $NADH_2$ über die Atmungskette zu CO_2 + H_2O oxidiert (Energieausbeute = 3 ATP).

Dihydroxyacetonphosphat – die andere Triose, die bei der Spaltung von D-Fructose-1,6-diphosphat entstanden war – wird durch Glycerinphosphat-Dehydrogenase $NADH_2$-abhängig (NAD = Nicotinamid-adenin-dinukleotid) zum Glycerinphosphat reduziert, das anschließend durch eine Phosphatase unter Bildung von

Glycerin und H_3PO_4 hydrolysiert wird. Dieser Weg ist bei der technischen mikro-biellen Glycerin-Herstellung mit Hilfe verschiedener *Saccharomyces*-Arten reali-siert (vgl. Kap. 21).

2. Hexoseabbau über den oxidativen Pentose-phosphat-Weg (PP-Weg)

Eine Oxidation von Glucose zu CO_2 und Wasserstoff, der als $NADPH_2$ gebunden wird, findet beim oxidativen Pentose-phosphat-Weg (PP-Weg, auch als Warburg-Dickens-(Horecker)-Weg bezeichnet) statt. Für die Energiegewinnung hat dieser Abbauweg von Hexose weniger Bedeutung, schon weil das gebildete $NADPH_2$ nicht in gleicher Weise wie $NADH_2$ in der Atmungskette wieder zurückoxidiert werden kann. Das $NADPH_2$ steht für Reduktionsreaktionen bei Biosynthesen zur Verfügung. Außerdem werden im PP-Weg Erythrose-4-phosphat, Glycerinalde-hyd-3-phosphat, Ribulose-5-phosphat sowie Ribose-5-phosphat als Ausgangssub-stanzen für wichtige Biosynthesen bereitgestellt.

Glucose wird zunächst durch Hexokinase in 6-Stellung mit ATP phosphoryliert und das Glucose-6-phosphat dann durch eine Glucose-6-phosphat-Dehydrogenase zum Gluconolacton-6-phosphat dehydrogeniert, das sofort zur 6-Phosphoglucon-säure hydrolysiert. Die 6-Phosphogluconsäure wird durch eine 6-Phosphogluconat-Dehydrogenase zu Ribulose-5-phosphat dehydrogeniert und decarboxyliert. Als un-beständiges Zwischenprodukt entsteht dabei 3-Keto-6-phospho-gluconsäure. Diese wird zu Ribulose-5-phosphat decarboxyliert.

Ribulose-5-phosphat wird durch eine Ribulose-5-phospho-Isomerase in D-Ri-bose-5-phosphat und durch eine 3-Epimerase in D-Xylulose-5-phosphat umgela-gert. Durch Transketolase- und Transaldolase-Reaktionen werden die Pentosephos-phate über D-Sedoheptulose-7-phosphat, D-Glycerinaldehyd-3-phosphat und D-Erythrose-4-phosphat zu Fructose-6-phosphat und D-Glycerinaldehyd-3-phosphat umgesetzt. Fructose-6-phosphat isomerisiert wieder zu Glucose-6-phosphat, und 2 Mol D-Glycerinaldehyd-3-phosphat kondensieren zur Glucose-6-phosphat (vgl. Abb. 14).

Aus 6 Mol Glucose-6-phosphat sind nach Ablauf des PP-Weges wieder 5 Mol Glucose-6-phosphat sowie 6 Mol CO_2 und 12 $NADPH_2$ entstanden. Die 5 Mol Glu-cose-6-phosphat stehen wieder zum Abbau im PP-Weg zur Verfügung. Es liegt also ein geschlossener Cyclus vor, der durch Einschleusung von immer neuem Glucose-6-phosphat in Bewegung gehalten wird.

3. Hexoseabbau über den Entner-Doudoroff-Weg (ED-Weg)

Auch beim dritten Hexoseabbau-Weg, dem Entner-Doudoroff-Weg (ED-Weg, auch als KDPG-Weg bezeichnet), wird Glucose wie beim PP-Weg zunächst wieder-um in 6-Stellung phosphoryliert und dann NADP-abhängig zu 6-Phosphoglucon-säure dehydrogeniert. Durch eine 6-Phosphogluconat-Dehydrase wird Wasser ab-gespalten, so daß 2-Keto-3-desoxy-6-phosphogluconsäure (KDPG) entsteht, die durch Aldolase in die beiden C_3-Körper Glycerinaldehyd-3-phosphat und Brenz-traubensäure gespalten wird. Das Glycerinaldehyd-3-phosphat wird auf dem FDP-

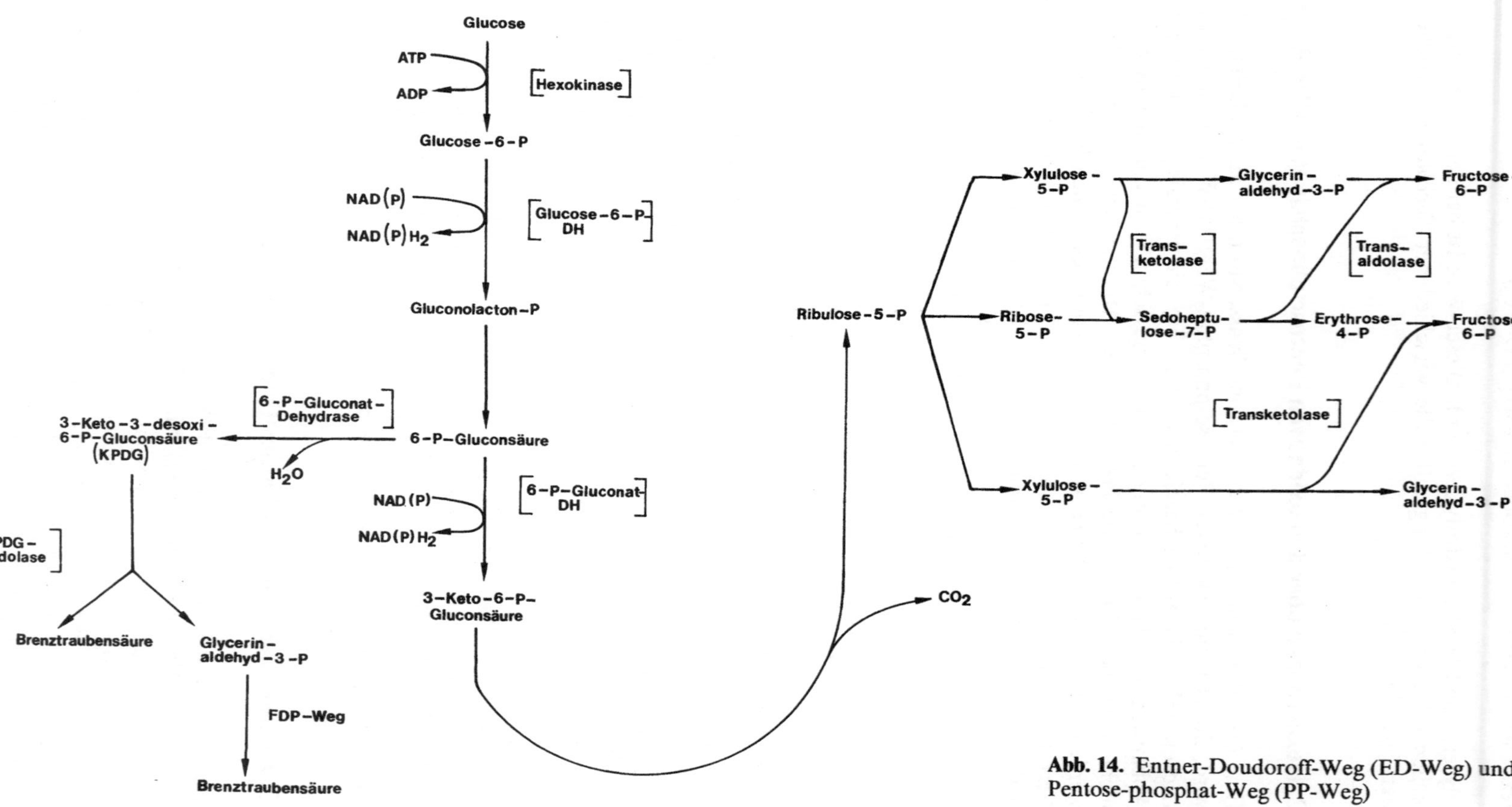

Abb. 14. Entner-Doudoroff-Weg (ED-Weg) und Pentose-phosphat-Weg (PP-Weg)

Weg zur Brenztraubensäure abgebaut, so daß pro Mol Glucose 2 Mol Pyruvat entstanden sind. Dabei ist jedoch nur 1 ATP gewonnen worden. Daneben sind 1 $NADH_2$ und 1 $NADPH_2$ entstanden.

4. Verbreitung der Hexoseabbauwege unter den Mikroorganismen

Viele Mikroorganismenarten, z. B. Arten aus den Enterobacteriaceae und Bacillaceae, *Candida*-Arten usw., verwenden sowohl den FDP-Weg als auch den PP-Weg. Andere, z. B. viele Streptomycetaceae und *Penicillium*-Arten, bevorzugen den FDP-Weg, wieder andere, z. B. *Acetobacter suboxydans* den PP-Weg und schließlich manche Pseudomonadaceae den ED-Weg (vgl. Tabelle 10).

Tabelle 10. Hexoseabbauwege (in %) bei verschiedenen Mikroorganismen

Mikroorganismus	FDP-Weg	PP-Weg	ED-Weg
Pseudomonas aeruginosa	–	29	71
P. saccharophila	–	–	100
P. lindneri	–	–	100
P. facilis	–	–	100
Gluconobacter oxydans	–	100	–
Escherichia coli	72	28	kann Enzyme induktiv bilden
Bacillus subtilis	74	26	–
Streptomyces griseus	97	3	–
Candida utilis	70 – 80	30 – 20	–
Saccharomyces cerevisiae	100	–	–
Penicillium chrysogenum	97	3	–

Die heterofermentativen Milchsäurebakterien haben einen Hexoseabbau-Weg ausgebildet, der unter dem Namen Hexosemonophosphat-Weg (HMP-Weg) beschrieben wird. Sie besitzen keine Aldolase, wohl aber Dehydrogenasen zur Oxidation von D-Glucose-6-phosphat und 6-Phosphogluconat. Dieses Gluconat wird decarboxyliert und das dabei entstandene Ribulose-5-phosphat (oder Xylulose-5-phosphat) in D-Glycerinaldehyd-3-phosphat und Acetylphosphat gespalten. Glycerinaldehyd-3-phosphat wird nun über den FDP-Weg zur Milchsäure, das Acetylphosphat entweder zum Äthanol oder zur Essigsäure umgesetzt.

Weitere spezielle Hexoseabbauwege sind u. a. Propionsäuregärung (Kap. 18), gemischte Säuregärung (Kap. 21), Buttersäure-Butanol-Aceton-Gärung (Kap. 20).

5. Oxidation von Kohlenwasserstoffen

Seit einiger Zeit sind neben den vorwiegend zuckerhaltigen C-Quellen auch Kohlenwasserstoffe als C-Quellen für die industrielle Züchtung von Mikroorganismen bedeutungsvoll. Viele Mikroorganismenarten sind in der Lage, Kohlenwasserstoffe zu verwerten. Abgesehen von Spezialverfahren haben nur Methan und langkettige

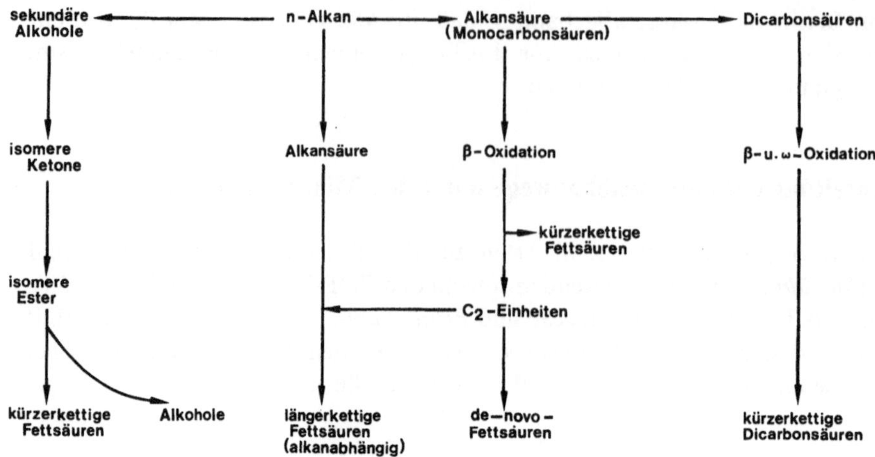

Abb. 15. Wichtige Wege der Alkanoxidation

n-Alkane praktische Bedeutung als C-Quelle. Sie werden in der Hauptsache durch
terminale Oxidation abgebaut. Hierbei entsteht zunächst der primäre Alkohol,
dann der Aldehyd und schließlich die Säure. Bei den Enzymen dieser Reaktionen
handelt es sich möglicherweise um einen Enzymkomplex, an dem sämtliche Oxida-
tionsschritte vor sich gehen (vgl. Klug und Markovetz, 1971).

Die Alkane werden monoterminal oder/und diterminal oxidiert, wobei sicherlich die monoterminale Oxidation den Normalfall darstellt. Bei Pilzen und Bakterien sind unter besonderen Kulturbedingungen auch subterminale Oxidationen mit
anschließender Spaltung des Moleküls in der Mitte üblich (Rehm, 1977; Rehm und
Reiff, 1980).

Tabelle 11. Abbauwege für Alkane bei verschiedenen Mikroorganismen

Mikroorganismen	Abbauwege von Alkanen	Literatur
Pseudomonadales	Monoterminal, Sub-terminal	Van der Linden und Thijsse, 1965; Traxler und Flannery, 1969; Schnabl und Rehm, 1971
Nocardia-Arten	Monoterminal, Sub-terminal	Van der Linden und Thijsse, 1965; Traxler und Flannery, 1969
Candida-Arten	Monoterminal, Di-terminal	Hug et al., 1974; Souw et al., 1976; 1977
Mucorales	Monoterminal, Sub-terminal	Klug und Markovetz, 1971; Pelz und Rehm, 1972; Hoffmann und Rehm, 1976
Aspergillus-Arten	vorwiegend Subter-minal, auch Monoter-minal	Klug und Markovetz, 1971; Pelz und Rehm, 1973; Thiele und Rehm, 1979
Cladosporium resinae	Monoterminal, Sub-terminal	Walker und Cooney, 1973; Rehm und Reiff, 1980

Die bei terminalen Oxidationen entstehenden Säuren werden durch β-Oxidation oder β- und ω-Oxidation größtenteils zu C_2-Einheiten abgebaut und fließen als solche in den Tricarbonsäure-Zyklus oder werden für Biosynthesen verwendet (Abb. 15).

Die Tabelle 11 zeigt einige Alkanabbauwege bei verschiedenen Mikroorganismen.

Aromatische Verbindungen werden zunächst an einer, später an einer zweiten Stelle hydroxyliert. Anschließend wird der Ring, zumeist zwischen beiden Hydroxylgruppen, durch eine Oxigenase gespalten (Orthospaltung). Es kann auch eine Spaltung neben einer der Hydroxylgruppen (Metaspaltung) stattfinden, bevorzugt dann, wenn ein Substituent am Ring vorhanden ist.

Methan und Methanol als C-Quellen für Mikroorganismenzüchtungen werden seit kurzem bearbeitet. In Frage kommen gegenwärtig Organismen aus der Ordnung der Pseudomonadales vom Typ *Methylomonas*. Aber auch andere Mikroorganismen, z. B. *Candida*- und *Pichia*-Arten sind zur Methanol-Verwertung befähigt.

Methylomonas methanica wächst nur mit Methan oder Methanol als C-Quelle und ist als obligater Methan-Oxidierer anzusehen. Der erste Schritt der Methan-Verwertung ist eine Oxidation zu Methanol mit Hilfe einer Oxigenase. Methanol wird dann als C_1-Körper über den sog. Serin-Weg fixiert (Einzelheiten vgl. Kap. 12).

6. Tricarbonsäure-Zyklus (TCC)

Im Tricarbonsäure-Zyklus tritt eine weitere Oxidation des aus Pyruvat oder beim Alkanabbau oder auch beim Fettsäureabbau entstandenen Acetats bis zu CO_2 und Wasser ein. Die einzelnen Reaktionen und die beteiligten Enzyme vgl. Abb. 16. Eine Reihe der im Citronensäure-Zyklus entstehenden Zwischenprodukte (z. B. Citronensäure, 2-Ketoglutarsäure, Fumarsäure) sind für mikrobiologisch-technische Synthesen von Interesse bzw. von Interesse gewesen (vgl. Kap. 17, 18).

Im vollständigen Tricarbonsäure-Zyklus werden drei reduzierte Pyridin-nucleotide ($NADH_2$ oder $NADPH_2$) und ein reduziertes Flavoprotein ($FADH_2$) gewonnen, die entweder über die Atmungskette zur Reduktion von Sauerstoff mit Energiegewinnung (je Mol $NADH_2$ werden hierbei 3 Mol ATP gebildet) oder für die Reduktionen bei Biosynthesen verwendet werden. Daneben sind viele Zwischenprodukte des TCC Ausgangsstoffe für Biosynthesen (vgl. Kap. 4).

7. Weitere Grundstoffwechselvorgänge

Zur Bereitstellung von C_4-Einheiten aus C_2-Einheiten dient eine Variante des Citronensäure-Zyklus, der Glyoxylsäure-Zyklus, bei dem die Isocitronensäure durch die Isocitratlyase in Bernsteinsäure und Glyoxylsäure (Umkehr einer Aldolkondensation) gespalten wird. Glyoxylsäure kondensiert mit Acetyl-CoA zur Äpfelsäure (katalysiert durch Malatsynthase). Aus Äpfelsäure kann Oxalessigsäure regeneriert werden, die bekannterweise mit einem weiteren Molekül Acetyl-CoA zur Citronensäure kondensiert. Malat läßt sich auch durch das Malatenzym in Pyruvat oder

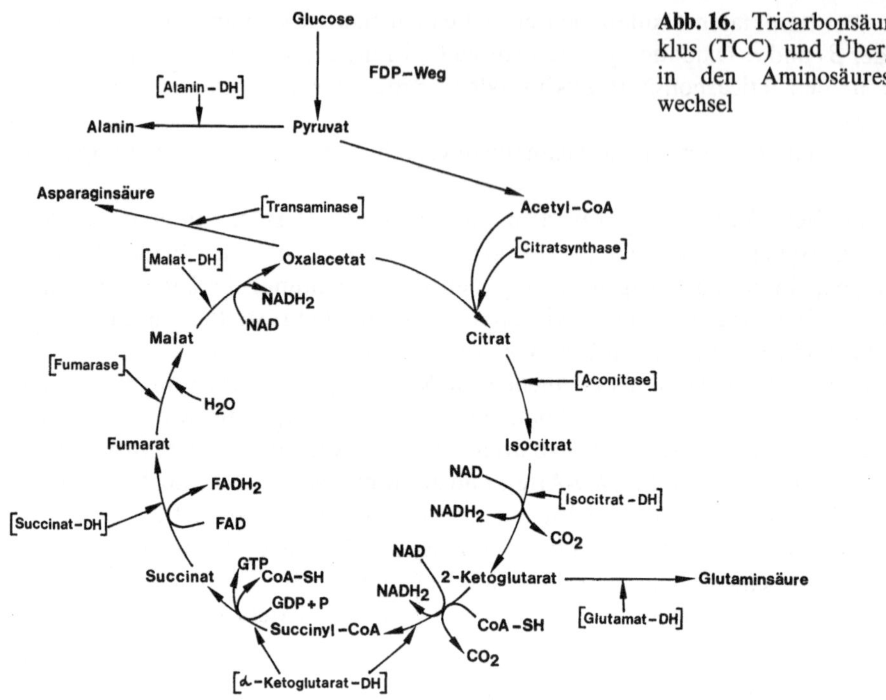

Abb. 16. Tricarbonsäurezyklus (TCC) und Übergang in den Aminosäurestoffwechsel

durch die PEP-Carboxykinase in Phosphoenolpyruvat überführen und dadurch der Glucosebildung (Glucogenese) zuleiten. Zwei Mol Glyoxylsäure können schließlich über verschiedene Zwischenstufen zur 3-Phosphoglycerinsäure umgesetzt und auf diesem Wege in den Intermediärstoffwechsel eingeschleust werden.

Die Bildung der wichtigen Aminosäuren Asparaginsäure und Glutaminsäure leitet sich aus dem Tricarbonsäure-Zyklus ab (vgl. Abb. 16). Als weitere Gruppe von Aminosäuren bilden sich aus α-Ketoglutarat und Glutamat Lysin (bei Pilzen), Ornithin, Arginin, Prolin und Hydroxyprolin, während Pyruvat und Aspartat zu Alanin, Valin, Leucin, Diaminopimelinsäure, Lysin (bei Bakterien), Homoserin, Methionin, Threonin und Isoleucin führen. Serin, Glycin, Cystein und Cystin werden aus Triosen, Tryptophan, Tyrosin und Phenylalanin aus Pentosen über den sog. Choresminsäureweg gebildet (vgl. Kap. 22).

Zum Grundstoffwechsel gehört weiterhin der Aufbau der Nucleotidbasen und Nucleotide, der DNA und RNA sowie der Proteine, Enzyme und der Fette. Diesbezüglich und für weitere Angaben über den Grundstoffwechsel sei auf die in großer Zahl vorliegende Spezialliteratur verwiesen (Anderson und Wood, 1969; Stanier et al., 1971; Karlson, 1974; Lehninger, 1975; Schlegel, 1976; Bruchmann, 1976; Atkinson, 1977; Fritsche, 1978; Dawes und Sutherland, 1978; Gottschalk, 1979).

Literatur

Anderson, R. L., Wood, W. A.: Annu. Rev. Microbiol. *23*, 539 – 578 (1969)
Atkinson, D. E.: Cellular energy metabolism and its regulation. London, New York: Academic Press 1977

Bruchmann, E. E.: Angewandte Biochemie. Stuttgart: Eugen Ulmer 1976

Dawes, I. W. u. Sutherland, I. W.: Physiologie der Mikroorganismen. Weinheim: Verlag Chemie 1978

Fritsche, W.: Biochemische Grundlagen der Industriellen Mikrobiologie. Jena: VEB Gustav Fischer 1978

Gottschalk, G.: Bacterial metabolism. Berlin, Heidelberg, New York: Springer 1979

Hoffmann, B., Rehm, H. J.: Eur. J. Appl. Microbiol. 3, 31 – 41 (1976)

Hug, H., Blanch, H. W., Fiechter, A.: Biotechnol. Bioeng. 16, 965 – 985 (1974)

Karlson, P.: Kurzes Lehrbuch der Biochemie für Mediziner und Naturwissenschaftler, 9. Aufl. Stuttgart: Georg Thieme 1974

Klug, M. J., Markovetz, A. J.: Adv. Microbiol. Physiol. 5, 1 – 39 (1971)

Lehninger, A. L.: Biochemie. Weinheim, New York: Chemie 1975

Linden, van der, A. C., Thijsse, G. J. E.: Adv. Enzymol. 28, 469 – 546 (1965)

Pelz, B., Rehm, H. J.: Arch. Mikrobiol. 84, 20 – 28 (1972)

Pelz, B., Rehm, H. J.: Arch. Mikrobiol. 92, 153 – 170 (1973)

Rehm, H. J.: Dechema Monographien. Biotechnologie. Rehm, H. J. (Hrsg.), Vol. 81, S. 145 – 156. Weinheim, New York: Chemie 1977

Rehm, H. J., Reiff, I.: Adv. Biochem. Eng. (in preparation) (1980)

Schlegel, H. G.: Allgemeine Mikrobiologie, 4. Aufl. Stuttgart: Georg Thieme 1976

Schnabl, H., Rehm, H. J.: Naturwissenschaften 58, 55 (1971)

Souw, P., Reiff, I., Rehm, H. J.: Eur. J. Appl. Microbiol. 3, 43 – 54 (1976)

Souw, P., Luftmann, H., Rehm, H. J.: Eur. J. Appl. Microbiol. 3, 289 – 301 (1977)

Stanier, R. Y., Doudoroff, M., Adelberg, E. A.: General microbiology. 3. Aufl. London, Basingstoke: Macmillan 1971

Thiele, H., Rehm, H. J.: Eur. J. Microbiol. 6, 361 – 369 (1979)

Traxler, R. W., Flannery, W. L.: In: Biodeterioration of materials. Walters, A. H., Elphick, J. J. (eds.). Amsterdam, London, New York: North Holland/American Elsevier 1969

Walker, J. D., Cooney, J. J.: Can. J. Microbiol. 19, 1325 – 1330 (1973)

Windisch, S., Neumann, I.: Ferment. Technol. Today 877 – 880 (1972)

Kapitel 4 Mikrobielle Biosynthesen industriell wichtiger Sekundärprodukte (peripherer Stoffwechsel)

Zum peripheren Stoffwechsel rechnet man die Bildung solcher Substanzen, die nicht im primären Energiestoffwechsel entstehen. Hierzu gehören u. a. die sekundären Stoffwechselprodukte.

Sekundäre Stoffwechselprodukte sind Metabolite, die im Stoffwechsel der Organismen, in denen sie gebildet werden, keine erkennbaren Funktionen besitzen. Sekundäre Produkte sind z. B. die meisten Antibiotica, Mycotoxine, Alkaloide und viele andere Stoffgruppen, die für die Anwendung oft von größtem Interesse sind. Von den Bakterien sind ganz besonders die Actinomyceten und von diesen vor allem Arten aus der Gattung *Streptomyces,* von den Pilzen besonders Arten von *Aspergillus, Penicillium, Fusarium* befähigt, sekundäre Metabolite zu produzieren. Die Fähigkeit, sekundäre Produkte zu bilden, ist auch in grünen Pflanzen weit verbreitet.

Viele Biosynthesewege für sekundäre Produkte haben Zwischenstufen mit primären Stoffwechselwegen gemeinsam und sind daher oft eng mit dem Primärstoffwechsel verknüpft. Einige Beispiele zeigt die Tabelle 12 (vgl. Demain, 1972).

1. Polyketide

Die meisten Naturstoffe können einfachen biogenetischen Gruppen zugeordnet werden. Abbildung 17 zeigt wesentliche Biosynthesewege für Naturstoffe. Dabei sind manche Alkaloide und Polypeptide von aromatischen bzw. aliphatischen Aminosäuren abzuleiten, viele andere Produkte von den sog. Polyketiden oder von den Isoprenoiden.

Die oft unterschiedlichen Strukturen der Polyketide, deren Herkunft sich aus linearen Poly-β-ketoketten erklären läßt (Bu'Lock, 1970), leiten sich formal aus C_2-Einheiten der Essigsäure ab. Hieraus werden mit Hilfe der Malonylcarboxylasen Malonateinheiten synthetisiert. Durch wiederholte Kopf-Schwanz-Kondensation mit anschließender Zyklisierung und z. T. durch Decarboxylierung entstehen verschiedene Grundsubstanzen für weitere Biosynthesen (Abb. 18).

Es können auch andere Startereinheiten, z. B. Propionsäure für Polyketidbildungen verwendet werden. Poly-β-Ketonsäuren sind instabil und werden auf verschiedene Weise umgewandelt. Durch Reduktion entstehen Fettsäuren. Die Aromaten entstehen durch Zyklisierung, oxidative Kopplung und Alkylierung des Methylen-C-Atoms. C-Acylierungen führen zum Phloroglucintyp, Aldolkondensationen zur Bildung von Orsellinsäure-Derivaten, und Lactonbildungen können z. B. zu Pyranderivaten führen. Die Macrolidantibiotica, Tetracycline und viele andere mikrobielle Substanzen entstehen durch solche Polyketidbildung (Abb. 19).

Tabelle 12. Bildung von Primär- und Sekundärmetaboliten in verzweigten Stoffwechselwegen

Zwischenstufe	Primäre Endprodukte	Sekundäre Endprodukte
Shikimisäure	Tryptophan Phenylalanin Tyrosin p-Aminobenzoesäure	Chloramphenicol Pyocyanin
Malonyl-CoA	Fettsäuren	Griseofulvin Tetracycline Patulin Cycloheximid
Mevalonsäure	Steroide	Gibberelline β-Carotine Terpene Ergot-Alkaloide
L-α-Aminoadipinsäure	Lysin	Penicilline Cephalosporine
Acetolactat	Valin Leucin Pantothensäure	Tetramethylpyrazin

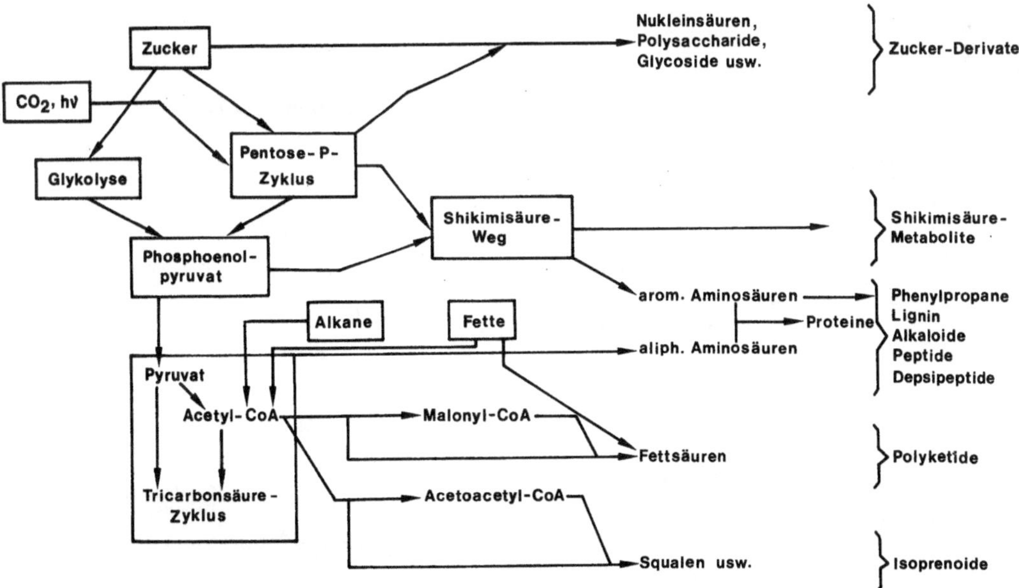

Abb. 17. Verknüpfung des Grundstoffwechsels mit Biosynthesen

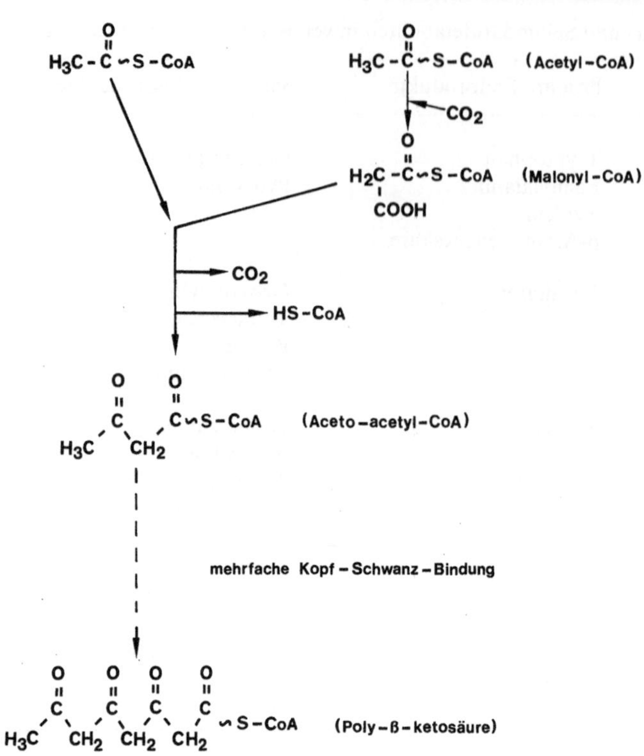

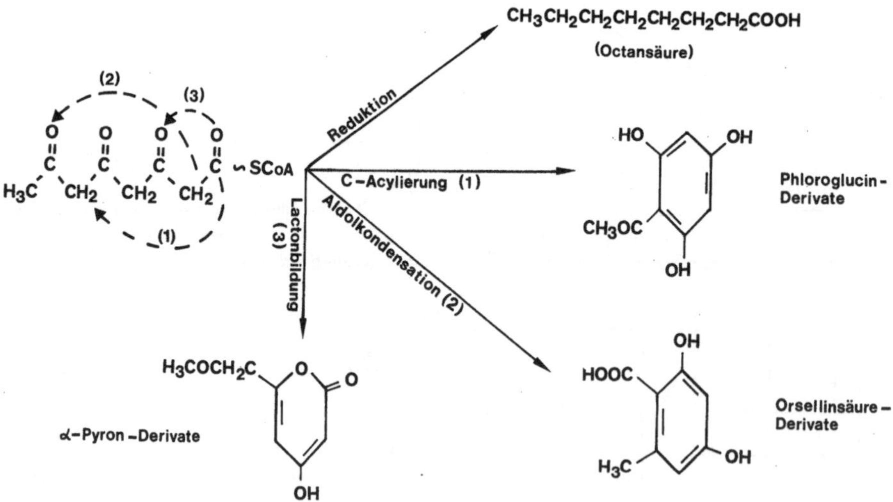

Abb. 18. Bildung von Poly-β-ketosäure aus C_2-Einheiten

Abb. 19. Synthesen aus Poly-β-ketosäure

2. Fettsäuren und Fette

Die Fettsäurebildung durch Reduktion aus einem Polyketid ist denkbar neben der Fettsäuresynthese z. B. an einem Multienzymkomplex, wie er bei Hefen gefunden wurde (vgl. Kap. 27).

Fette und Lipide sind Reservestoffe, außerdem aber als Bestandteile der Zellwände von gramnegativen Bakterien und der Membranen sämtlicher Mikroorganismen von großer Bedeutung. Der Anteil der Lipide erhöht sich bei vielen Mikroorganismen unter besonderen Bedingungen, z. B. bei einer Züchtung von Hefen auf Alkanen. Bakterielle Fette enthalten besonders langkettige gesättigte oder einfach ungesättigte Fettsäuren ($C_{14} - C_{18}$). Komplexe Lipide sind bedeutungsvoll. Es sind zumeist Fettsäure-Glycerin-Diester, bei denen die dritte Hydroxygruppe des Glycerins mit Zuckern oder Phosphat verestert ist. Der Phosphatrest ist häufig noch mit Serin, Äthanolamin oder einem weiteren Glycerin verbunden. Beispiele solcher bakterieller komplexer Lipide sind Phosphatidylinosit, Phosphatidylglycerat, Phosphatidyläthanolamin.

3. Polyacetylene

Polyacetylene sind als Derivate der Fettsäuren aufzufassen. Sie werden besonders von Basidiomyceten gebildet (z. B. *Clitocybe, Coprinus, Psilocybe*) und finden sich in vielen höheren Pflanzen, z. B. Compositen und Umbelliferen. Die bisher isolierten Polyacetylene aus Pilzen haben immer eine unverzweigte Kohlenstoffkette bis zu maximal 14 C-Atomen.

Polyacetylene werden ähnlich den Polyketosäuren und Fettsäuren durch wiederholte Kondensation von Acyl-CoA mit Malonyl-CoA gebildet. Dabei können verschiedene Endgruppen vorhanden sein.

Es ist entweder denkbar, daß Polyacetylene durch Dehydrierung von Fettsäuren entstehen

$$- CH_2 - CH_2 - \rightarrow - CH = CH - \rightarrow - C \equiv C -$$

oder durch Decarboxylierung und Wasserabspaltung von Acylmalonsäure.

$$-C=C \longrightarrow -C \equiv C-$$

Die Bedeutung von Polyacetylenen für die technische Mikrobiologie ist gegenwärtig gering.

4. Isoprenoide

Isoprenoide sind Verbindungen, die sich in der Regel aus Isopren-Einheiten zusammensetzen

$$- C - C = C - C -$$

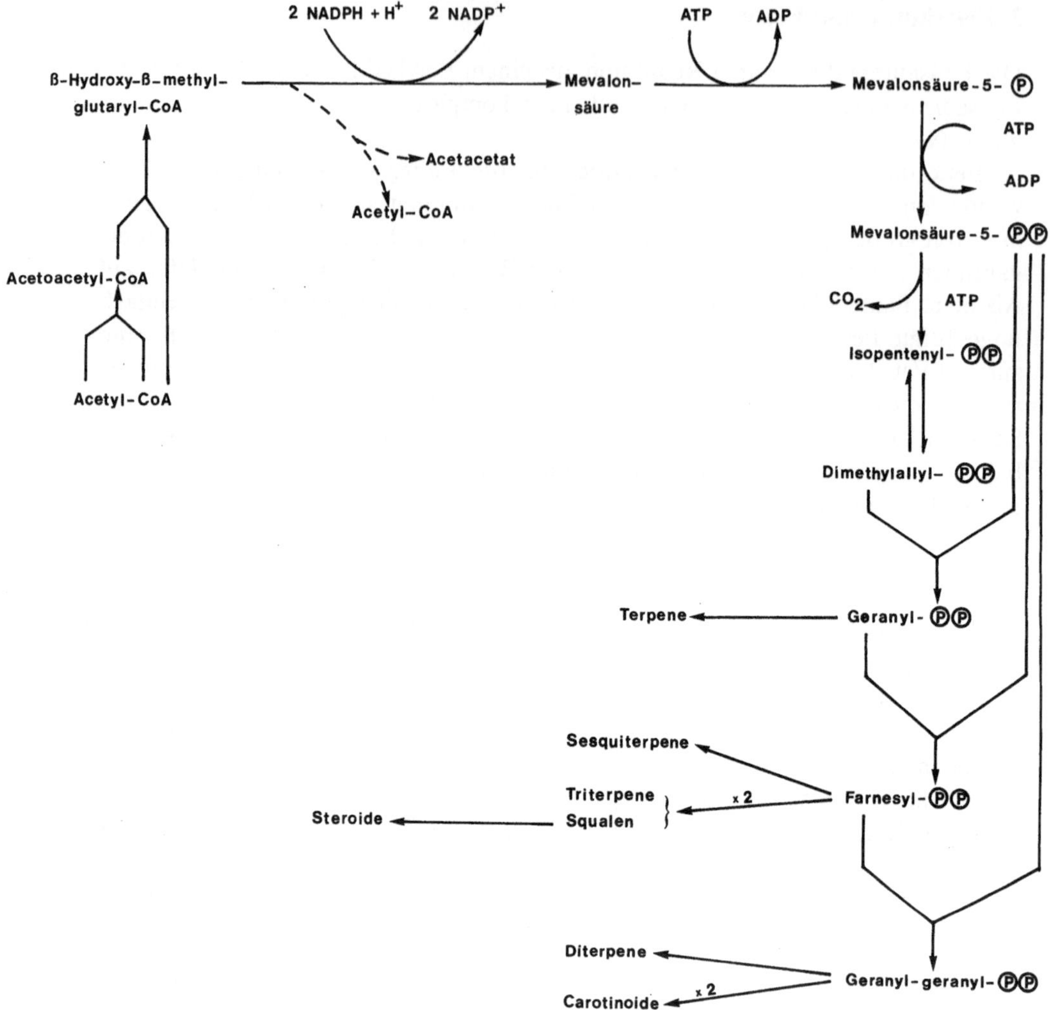

Abb. 20. Biosynthesen aus Isoprenoiden

Die Biosynthese geht in drei Abschnitten vor sich:

1. Synthese der Mevalonsäure aus Thiostern über den β-Hydroxy-β-methylglutaryl-Zyklus (HMG-Zyklus)
2. Bildung der Polyisoprenketten über Phosphatderivate und
3. Zyklisierung z. B. zu Steroiden (vgl. Abb. 20).

　　Die von den Isoprenoiden ausgehende Biosynthese führt zu Polyisoprenketten, Geranylphosphat (von dem sich die Terpene ableiten), Farnesylpyrophosphat (von denen sich die Sesquiterpene und Triterpene ableiten) und Geranyl-geranyl-pyrophosphat (von dem sich die Diterpene, Carotinoide und Polyisoprenoide ableiten). Durch Zyklisierung des Squalens entstehen Steroide.

5. Weitere Wege der Biosynthese sekundärer Produkte

Verschiedene aromatische Verbindungen leiten sich vom Chorisminsäure-Weg ab, dieser wird im Kap. 22 erwähnt. Weitere sekundäre Produkte bilden sich direkt aus Glucose oder anderen Monosacchariden, z. B. Kojisäure oder oligosaccharide Antibiotica oder Seitengruppen in Antibiotica u. a. Sekundärprodukten. Auf diese Biosynthesen wird z. T. bei den entsprechenden Substanzen hingewiesen.

Über viele Reaktionen des sekundären Stoffwechsels existieren nur Hypothesen, denn es sind nur wenige Enzyme, die an den genannten und an der Unzahl spezieller Reaktionen beteiligt sind, bekannt. Wichtige Biosynthesen werden in den einzelnen Kapiteln beschrieben.

Sekundäre Metabolite werden von den Mikroorganismen in vielen Fällen nicht in der Phase des aktiven Wachstums (Trophophase), sondern im folgenden Stadium, der Idiophase gebildet, sie hängen also nur locker mit dem primären Energiestoffwechsel zusammen (Weinberg, 1974). Es ist nicht sicher bekannt, warum die sekundären Metabolite nur in der Idiophase gebildet werden. Möglicherweise sind die in dieser Phase aktiven Gene während der Trophophase reprimiert. Daran können ein oder mehrere Regulationsmechanismen beteiligt sein (vgl. Dellweg, 1973).

1. Derepression der Idiophase-Gene durch einen Induktor, der sich entweder am Ende der Trophophase anreichert oder experimentell von außen zugesetzt wird.
2. Ein primäres Endprodukt verursacht eine feedback-Hemmung auf den Sekundärstoffwechsel.
3. Katabolitrepression der Idiophase-Gene durch eine gut verwertbare Kohlenstoffquelle.
4. Der Idiophase-Stoffwechsel wird durch einen hohen Energycharge reprimiert. Derepression durch verminderte Bildung von ATP.
5. Während der Trophophase kann die RNA-Polymerase nur die Trophophase-Gene transkribieren. Promotor-Gene in den Operons der Idiophase sind in der Trophophase blockiert.
6. Induktion der Enzyme der Idiophase durch Anhäufung einiger primärer Metabolite wie z. B. Acetyl- u. Malonyl-CoA, die in der Trophophase nur in geringer Konzentration vorliegen.

Die Literatur über die Biosynthese sekundärer Produkte aus Mikroorganismen ist sehr umfangreich, so daß sich hier ausführliche Beschreibungen erübrigen (Literatur vgl. Bu'Lock, 1970; Turner, 1971; Weinberg, 1974; Beytía und Porter, 1976; auch Gottschalk, 1979).

Literatur

Beytia, E. D., Porter, J. W.: Annu. Rev. Biochem. *45*, 113 – 142 (1976)
Bu'Lock, J. D.: Biosynthese von Naturstoffen. München, Basel, Wien: BLV 1970
Dellweg, H.: Regulation des Stoffwechsels von Mikroorganismen. Vorlesungsmanuskript, Berlin (1973)
Demain, A. L.: In: Environmental control of cell synthesis and function. Dean, A. C. R., Pirt, S. J., Tempest, D. W. (eds.), pp. 345 – 362. London, New York: Academic Press 1972
Gottschalk, G.: Bacterial metabolism. Berlin, Heidelberg, New York: Springer 1979
Turner, W. B.: Fungal metabolites. London, New York: Academic Press 1971
Weinberg, E. D.: Dev. Ind. Microbiol. *15*, 70 – 81 (1974)

Kapitel 5 Mikroorganismengenetik unter industriellen Gesichtspunkten

1. Allgemeines

Bei industriellen mikrobiologischen Verfahren werden bestimmte Eigenschaften der Mikroorganismen ausgenutzt, die sich als Merkmale von einer Generation auf die andere vererben. Die Gesetzmäßigkeiten dieser Vererbung bezeichnet man als Genetik. Die betreffenden Merkmale sind als Informationen in Genen lokalisiert, diese befinden sich in den Chromosomen, die aus Desoxyribonucleinsäure (DNA) bestehen (vgl. Harbers, 1975). Zufällige oder experimentell erzeugte Veränderungen der Gene und damit der Merkmale bezeichnet man als Mutationen. Die Organismen, die durch Mutationen veränderte Eigenschaften erhalten haben, sind Mutanten.

Sehr viele industriell verwendete Mikroorganismenstämme sind Mutanten. Natürliche Mutanten mit verbesserten Produktionseigenschaften werden durch Selektion (Auslese) aus der Ausgangskolonie (dem „Wildstamm") gewonnen. Die Anzahl natürlicher Mutanten ist in einer Kolonie im allgemeinen begrenzt. Durch Anwendung chemischer und physikalischer Methoden läßt sich die Zahl der Mutanten wesentlich erhöhen. Bei der Erzeugung künstlicher Mutanten werden die Erkenntnisse der Molekularbiologie angewandt. Im folgenden werden einige dieser Grundlagen beschrieben bzw. Definitionen gegeben, wobei besonders auf die zugängliche Literatur hingewiesen wird.

DNA ist in den Chromosomen, im Zellkern lokalisiert. Daneben gibt es extrachromosomale DNA, sog. Plasmide, diese können auch in das Wirtschromosom integriert werden und werden dann als Episome bezeichnet. Während in der chromosomalen DNA sämtliche Informationen (Gene) zur Bildung von Enzymen und Zellproteinen, die für die Zelle lebenswichtig sind, lokalisiert sind, befinden sich auf den Plasmiden Informationen, die für das normale Wachstum der Zelle nicht lebenswichtig sind. Dies sind z. B. Gene mit einer Information für Mechanismen zur Antibiotica-Resistenz, zur Stickstoffbindung (nif-Gene), z. T. zur Oxidation von Alkanen und anderen Substanzen, zur Bildung von Bacteriocinen (Proteine, die verwandte Bakterienarten hemmen oder abtöten können) und möglicherweise auch für viele andere Stoffwechselleistungen besonders des sekundären Stoffwechsels.

Vor einer Teilung der Mikroorganismenzelle erfolgt eine identische Reduplikation (Replikation) der chromosomalen und extrachromosomalen DNA (Literatur und Einzelheiten vgl. Harbers, 1975). Die Enzymsynthese erfolgt am Ribosom durch Messenger-Ribonucleinsäure (Boten-RNA = m-RNA). Diese besitzt die komplementäre Basenstruktur der DNA und wird an dieser durch Transkription gebildet. Die Spezifität der Enzyme ist durch die Basensequenz der DNA (und damit der m-RNA) festgelegt, dabei wird jede Aminosäure durch die Reihenfolge von drei Nucleotiden, dem Triplett oder Codon bestimmt. Jedes Gen ist ein bestimmter Abschnitt der DNA.

Die Übersetzung der Information von der m-RNA zur Bildung des Proteins am Ribosom wird als Translation bezeichnet. Die einzelnen Aminosäuren werden an die Transfer-RNA (t-RNA) gebunden, an das Ribosom transportiert und dann dem Codon entsprechend zur spezifischen Sequenz des Proteins gebunden.

Replikation   Transkription   Translation

DNA ⟶ DNA ⟶ m-RNA ⟶ Protein

Literatur über das Gesamtgebiet der molekularen Biologie vgl. Harbers (1975), Kleinzeller et al. (1967 – ff.), über Genetik industrieller Mikroorganismen vgl. Vanek et al. (1973), Burnett (1975), Elander und Espenshade (1976), MacDonald (1976), Schlessinger (1976) und besonders Elander et al. (1977), Prescott und Goldstein (1978, 1979), Wang et al. (1979), über die Beziehungen zwischen molekularer Biologie und Wachstum und Differenzierung von Mikroorganismen vgl. besonders Ishikawa et al. (1977).

2. Mutationen

Eine Mutation ist eine Veränderung eines Gens, die zur Ausbildung eines veränderten Merkmals des Mikroorganismus führt. Bei Spontanmutationen erfolgt eine Genänderung durch bisher noch wenig bekannte Mechanismen ohne gezielte Einflüsse. Eine Möglichkeit zur Spontanmutation besteht beim Thymin, das normalerweise in Ketoform vorliegt und dann zwei H-Brückenbindungen mit Adenin bildet. Als Folge einer seltenen tautomeren Umlagerung seiner Elektronen kann es auch in der Enolform existieren und dann drei H-Brücken mit Guanin bilden. Erfolgt die tautomere Umlagerung gerade während der Replikation, würde Guanin anstelle von Adenin in den neuen DNA-Strang eingebaut werden, so daß in der Nucleotidsequenz anstelle eines A – T-Paares ein G – C-Paar stehen würde (Abb. 21).

Einige mutagen wirkende Substanzen wirken dadurch, daß sie die Häufigkeit einer tautomeren Umlagerung der Basen erhöhen. 5-Bromuracil wird anstelle von Thymin in die DNA eingebaut und viel häufiger als Thymin in die Enolform umgelagert, so daß höhere Mutationsraten entstehen.

Wird bei einer Mutation lediglich ein Nucleotid der DNA verändert, so spricht man von einer Punktmutation. Dabei kann eine Base durch die andere ersetzt wer-

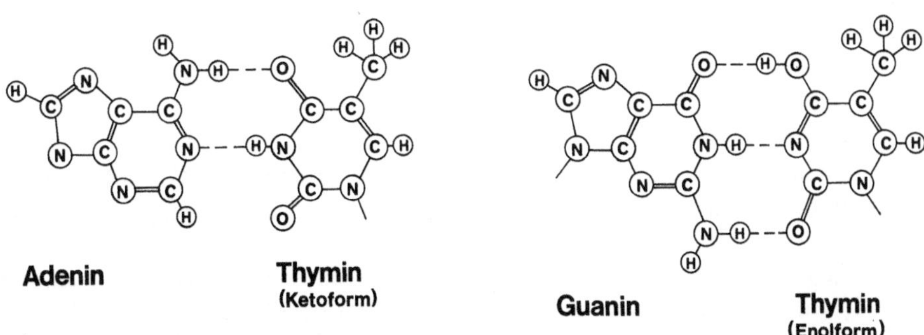

Abb. 21. Tautomere Umlagerung von Thymin

den, oder es kann der Verlust eines Nucleotids eintreten, oder ein Nucleotid kann zusätzlich eingegliedert werden. Den letzteren Vorgang bezeichnet man als Insertion. Punktmutationen können wieder rückgängig gemacht werden, so daß das zunächst veränderte Triplett wieder die ursprüngliche Aminosäure codiert (Rückmutation). Bei „funktionellen" Rückmutanten oder Revertanten wird nur ein normal funktionierendes Enzym nicht vollkommen identisch mit dem Enzym des Wildtyps produziert.

Segmentmutationen kommen dadurch zustande, daß ganze Abschnitte der DNA (des Chromosoms) verändert werden. Sie können ausgetauscht werden (Translokation), es können aber auch mehrere Nucleotide der DNA verloren gehen (Deletion).

Die Mutationsrate, die Wahrscheinlichkeit des Auftretens einer Mutation pro Zelle und Generation liegt je nach Merkmal bei Bakterien zwischen 10^{-4} und 10^{-11}. Einzelheiten über Genetik vgl. Esser und Kuenen (1967), Fincham (1970), Hartwell (1970), Alichanian (1972), Bresch und Hausmann (1972), Kaudewitz (1973), Esser (1974), MacDonald (1976) u. v. a.

3. Induktion von Mutationen

Mutanten lassen sich durch chemische und physikalische Methoden induzieren (erzeugen). Ein Beispiel war bereits die mutagene Wirkung von 5-Bromuracil. Eine ähnliche Wirkung hat das 2-Aminopurin, das anstelle von Adenin in die DNA eingebaut wird. Den durch beide Substanzen verursachten Ersatz einer Base durch eine andere (im ersten Beispiel $C \to T$, im zweiten $A \to G$) bezeichnet man als Transition.

Andere Mutagene verändern die Basen, so daß Replikationsfehler entstehen können. Nitrit desaminiert Adenin, Guanin und Cytosin. Das desaminierte Produkt von Adenin ist Hypoxanthin und bildet H-Brücken mit Cytosin anstatt mit Thymin. Bei einer Replikation werden später $G - C$-Paare durch $A - T$-Paare ersetzt. Durch Desaminierung von Cytosin entsteht Uracil, das H-Brücken mit Adenin anstatt mit Guanin bildet. Bei einer späteren Replikation werden $A - T$-Paare durch $G - C$-Paare ersetzt. Die Desaminierung von Guanin zu Xanthin hat keine Mutation zur Folge, da Xanthin weiterhin mit Cytosin paart.

Sehr wirksam und bei der Gewinnung von Mutanten viel angewandt sind alkylierende Substanzen (Singer, 1975), z. B. Methyl- und Äthylmethansulfonat, Dimethyl- und Diäthylsulfat, Äthylenimin, Stickstoff- und Schwefellost sowie ganz besonders auch Methyl-nitro-nitroso-guanidin. Äthylmethansulfonat äthyliert vorzugsweise Guanin und in geringem Maße auch Adenin in 7-Stellung. Entweder wird bei der folgenden Replikation durch die äthylierten Basen die Substitution von Basenpaaren begünstigt, oder die äthylierte Base wird aus dem DNA-Strang spontan herausgespalten, so daß eine Purinlücke (purin gap) zurückbleibt. Gegenüber dieser Lücke wird bei den folgenden Replikationen eine falsche Base eingebaut, so daß eine erbliche Substitution des Basenpaares erfolgt ist.

Proflavin und andere Acridinfarbstoffe schieben sich zwischen benachbarte DNA-Basenpaare, so daß bei der Replikation ein Verlust oder eine Einschiebung eines zusätzlichen Basenpaares erfolgt. Dadurch tritt eine Verschiebung des Ablesevorganges bei der Proteinsynthese an der m-RNA ein. Vom Ort der Veränderung beginnend, wird ein falsches Triplett abgelesen. Diesen Vorgang bezeichnet man als Rasterschub-Mutation. Fremde DNA, EDTA (Äthylendiamintetraacetat) sowie Verbindungen, die Metallchelate bilden, sind weitere gute Substanzen zur Erzeugung von Mutanten. Über chemische Mutagene vgl. Fishbein et al. (1970).

Ionisierende Strahlen (vor allem Röntgenstrahlen und eine Anzahl von Radioisotopen, z. B. ^{35}S, ^{60}Co, sowie UV-Strahlen, besonders im Bereich von 250 nm – 270 nm) werden häufig zur Induktion von Mutanten verwendet. Der Mutations-auslösende Mechanismus der Strahlen ist noch wenig bekannt. UV-Strahlen rufen vor allem zwischen benachbarten Pyrimidinen an der DNA kovalente Bindungen hervor. Diese „Pyridin-dimere" verursachen offenbar Kopierfehler bei der Replikation. Weiterhin entstehen durch UV-Strahlen hydrierte Pyrimidine, bei denen ein Wassermolekül mit vier bis fünf Doppelbindungen angelagert wird. Auch diese können Kopierfehler bei der Replikation verursachen. Ein Teil der UV-Schäden an Bakterien ist durch Behandlung mit Strahlen von 320 nm – 550 nm reparabel (Photoreaktivierung).

Über Mechanismen der Mutagenität vgl. Drake (1969), Drake und Baltz (1976).

4. Anreicherung von Mutanten

Zur Anreicherung von Mutanten verwendet man häufig sog. Minimalmedien, in denen sämtliche Verbindungen, die ein Mikroorganismus normalerweise synthetisieren kann, nicht vorhanden sind. Der Wildstamm kann in einem solchen Medium gut wachsen. Mangelmutanten haben jedoch diese Fähigkeit verloren. Sie wachsen aber auf einem Medium, das die betreffende Substanz, z. B. eine Aminosäure, die der betreffende Mikroorganismus wegen einer Mutation nicht mehr synthetisieren kann, enthält.

Mit Hilfe der replica-plating-Methode von Lederberg lassen sich solche Mutationen erkennen. Man verwendet hierzu einen Stempel aus einem zylindrischen Holzblock (Durchmesser etwas kleiner als der einer Petrischale), über den ein Stück Samt gespannt wird. Nach Sterilisation wird der Samt auf die Agaroberfläche einer Petrischale mit mutierten Kolonien, die in einem Vollmedium gewachsen waren, gedrückt. Diese Muster der Mikroorganismenkolonien werden mit dem Stempel auf ein Minimalmedium und auf verschiedene Medien, die einige Substanzen zusätzlich zum Minimalmedium enthalten, überimpft. Auf dem Minimalmedium wachsen sämtliche nicht mutierten Stämme und können so erkannt werden. Auf den Medien mit zusätzlichen Substraten entwickeln sich sowohl die nicht mutierten Stämme als auch die Verlustmutanten der betreffenden Stoffgruppe, die im Substrat zusätzlich enthalten ist. Die Verlustmutanten (auxotrophe Mutanten) lassen sich aus dem vom Minimalmedium abweichenden Muster der Kolonien leicht auffinden (Abb. 22). Die Methode läßt sich sowohl für Bakterien als auch für Pilze verwenden. Mit Verlustmutanten kann die Bildung eines Stoffwechselprodukts, das im Biosyntheseweg vor der Substanz, die nicht mehr synthetisiert werden kann, liegt, sehr gefördert werden (vgl. z. B. Kap. 22).

Um bei diesen Selektionsverfahren die Zahl der nicht mutierten Mikroorganismen (den Wildtyp) möglichst gering zu halten, behandelt man die Mikroorganis-

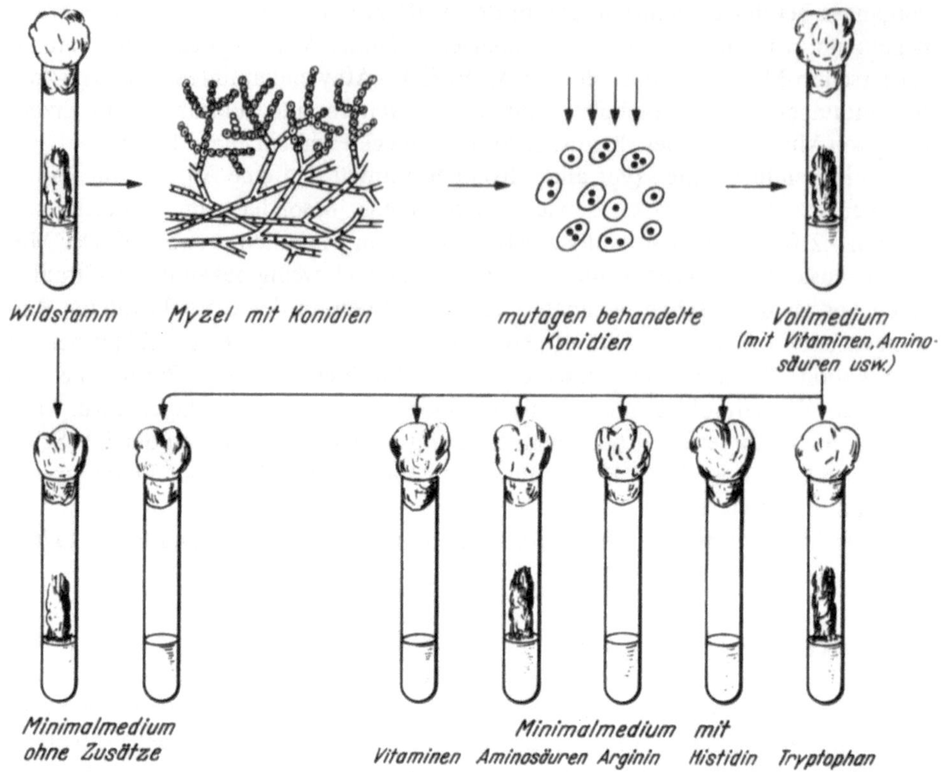

Abb. 22. Schematische Darstellung der Methode zur Isolierung und Charakterisierung auxotropher Mutanten

men nach der Mutationsauslösung in einem Minimalmedium beispielsweise mit Penicillin. Dieses tötet nur die wachsenden Zellen ab, während die Verlustmutanten am Leben bleiben, da sie im Minimalmedium nicht wachsen können. Anschließend wird das Penicillin durch eine Penicillinase zerstört, und am Leben gebliebene Mutanten werden, wie oben erwähnt, auf Minimalmedien mit Zusatz einiger Stoffgruppen kultiviert. Anstelle von Penicillin können viele andere Hemmstoffe verwendet werden, z. B. Nystatin für Pilze (Tien et al., 1972), Netropsin für Hefen (Young et al., 1976). Na-Pentachlophenat ist gegen Sporen verschiedener *Penicillium-*, *Streptomyces-* und *Bacillus*-Arten unwirksam, tötet aber die gekeimten Sporen ab (Masurekar et al., 1972).

Pilzzellen werden in einem Minimalmedium zu kleinen Kolonien gezüchtet und anschließend grob abfiltriert. Die mutierten ungekeimten Sporen der Mangelmutanten passieren das Filter und können nun kultiviert werden (Literatur vgl. Elander et al., 1977).

Mutanten, die gegen Gifte und andere Hemmstoffe oder gegen Bakteriophagen resistent sind, werden in Substraten, denen das betreffende Agens zugesetzt worden ist, leicht erkannt, denn nur die Resistenzmutanten können sich hierauf entwickeln.

Temperaturempfindliche Mutanten werden ähnlich wie auxotrophe Mutanten, jedoch bei unterschiedlichen Temperaturen erkannt.

Mutanten, die bei bestimmten Biosyntheseketten keiner Endprodukthemmung oder -repression mehr unterliegen, lassen sich mit geeigneten Antimetaboliten ähnlicher Struktur wie das Endprodukt erkennen (vgl. Scherr und Rafelson, 1966). Prinzipien vieler Methoden zur Mutantenerkennung vgl. Schlegel (1976), z. T. auch Schlegel (1965), Techniken vgl. Winkler et al. (1972).

5. Übertragung von Merkmalen und genetische Rekombination

Genetisches Material kann von einem Mikroorganismus auf den anderen übertragen werden. Bei Eukaryonten geschieht ein Austausch in der Regel durch die sexuellen Vorgänge der Oosporen-, Zygosporen-, Ascosporen- und Basidiosporenbildung. Nach Ausbildung der Zygote erfolgt nach wenigen oder vielen mitotischen Teilungen eine Rekombination zwischen den beiden Chromosomensätzen und eine Reduktion durch Meiose auf den einfachen Chromosomensatz (vgl. Kap. 1).

Sehr viele weitere Fragen der Genetik von eukaryonten Mikroorganismen, besonders von Pilzen, z. B. Inkompatibilität als Regulation bei Rekombinationen in sexualen Systemen können hier nicht dargestellt werden. Es sei auf die Spezialliteratur verwiesen (Esser und Kuenen, 1967; Esser, 1974; Elander et al., 1977).

Daneben gibt es Parasexualvorgänge bei Pilzen, die vor allem bei Arten ohne sexuelle Vermehrung (Fungi imperfecti) vorkommen. Ein Parasexualvorgang verläuft über mehrere aufeinanderfolgende Stadien (vgl. Sermonti, 1959) (Abb. 23).

- Bildung von Heterokaryonten, d. h. Formen, die genetisch verschiedene Zellkerne im vegetativen Mycel enthalten. Heterokaryonten entstehen häufig spontan

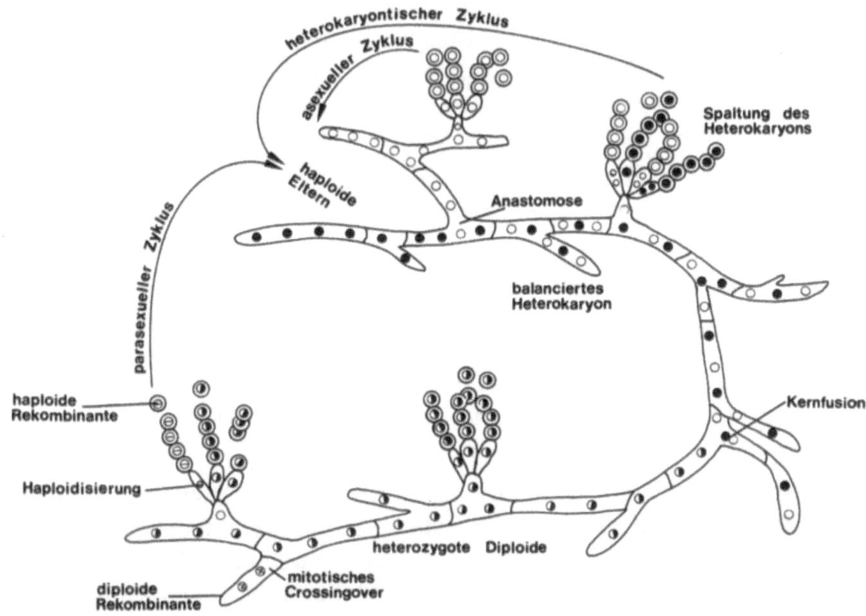

Abb. 23. Parasexualzyklus bei *Penicillium chrysogenum* (nach Sermonti, 1959)

durch Anastomose (Kernaustausch über Plasmabrücken) zwischen zwei verschiedenen Pilzstämmen.

Ein Heterokaryon kann auch durch Mutation in einem einzelnen Kern des Mycels eines Stammes entstehen. Bei einkernigen Konidien, z. B. bei der Mehrzahl der *Penicillium*- und *Aspergillus*-Arten kann der heterokaryontische Zustand nur durch Vermehrung über Mycelfragmente aufrechterhalten werden.

– Verschmelzung der beiden genetisch verschiedenen Kerne. Es entstehen heterozygotische diploide Klone. Bei einigen Schimmelpilzen wie z. B. *Aspergillus* und *Penicillium* kann es nach Bildung des Heterokaryons in sehr wenigen Zellen (2×10^{-6}) zu Kernverschmelzungen mit echter Diploidie kommen. Der diploide Kern vermehrt sich weiter und wird nur selten wieder haploid (10^{-3}).

– Es entstehen rekombinierte Formen. Rekombination tritt auch zwischen gekoppelten Genen auf. Gelegentlich kommt es in einem solchen diploiden Kern zum somatischen Crossing-over, d. h. im Laufe mitotischer Teilungen tauschen homologe Chromosomen reziproke Stücke aus.

Da die Parasexualvorgänge bei Fungi imperfecti weit verbreitet sind, können sie zur Züchtung von Stämmen mit interessanten Eigenschaften ausgenutzt werden (vgl. z. B. Holt et al., 1976; Ditchburn et al., 1976).

Besonders bei Penicillin produzierenden Stämmen von *Aspergillus nidulans* und *Penicillium chrysogenum* wurden parasexuelle Zyklen in den letzten Jahren intensiv beobachtet. Ein Heterokaryon ist durch die Anwesenheit von zwei verschiedenen Kernarten im Cytoplasma gekennzeichnet. Bei *P. chrysogenum* ist das diploide Stadium relativ stabil und teilt sich mitotisch. Haploide Kerne entstehen als Ergebnis von Fehlern bei der Mitose (vgl. Ball, 1973; Elander, 1975, 1976).

Protoplastenfusionen sind bei Säugetierzellen (vgl. Ephrussi, 1972) und bei pflanzlichen Zellen (vgl. Pegerdy et al., 1976) bereits sehr gut ausgearbeitet. Zwischenartliche Fusionen von Protoplasten auxotropher Mutanten von *Geotrichum candidum* und *Aspergillus nidulans* wurden von Ferenczy et al. (1975) beschrieben. Auch Hybriden von *Penicillium roqueforti* u. *P. chrysogenum* (Anne et al., 1976) wurden beschrieben. Ca^{++}-Ionen, Polyäthylenglucol und Glycin induzierten eine Heterokaryonbildung in vielen Pilzen (Anne und Peberdy, 1976).

Bei Bakterien kann eine Übertragung genetischen Materials auf folgende Weise von Zelle zu Zelle erfolgen:

Konjugation. Bei einer Konjugation wird DNA, also genetische Information durch Paarung von einem Bakterium auf ein anderes übertragen. Dabei können durch besondere Mechanismen Teile der chromosomalen DNA oder das gesamte Chromosom, aber nicht extrachromosomale Elemente übertragen werden. Eine Genübertragung bei Streptomyceten findet fast ausschließlich durch Konjugation statt (Hopwood und Merrick, 1977).

Transformation. Bei einer Transformation nimmt die bakterielle Empfängniszelle lösliche DNA auf, die von einer anderen Spenderzelle spontan oder mit Hilfe chemischer Methoden freigesetzt wurde. Als Kompetenz bezeichnet man die Fähigkeit einer Bakterienzelle, DNA aufzunehmen und in ihren Genbestand zu integrieren. Zellen haben in verschiedenen physiologischen Zuständen eine unterschiedliche Kompetenz. Wenn Bakterien eng miteinander verwandt sind, kommt es mit der aufgenommenen DNA zur Rekombination. Auch Plasmid-DNA kann durch Transformation übertragen werden.

Transduktion. Bei der Transduktion wird ein Fragment des Spenderchromosoms durch einen temperierten Bakteriophagen übertragen. Der in die DNA integrierte Bakteriophage transportiert bei der Ablösung einen Teil der DNA in ein anderes Bakterium. Bei der unspezifischen Transduktion wird ein beliebiger Abschnitt der Wirts-DNA übertragen, während durch eine spezifische Transduktion nur bestimmte DNA-Abschnitte übertragen werden können. Transduktion ist bei vielen Bakterienarten nachgewiesen worden, z. B. *Salmonella, Escherichia, Pseudomonas, Vibrio, Staphylococcus, Bacillus.*

Einzelheiten über Übertragungsmechanismen genetischen Materials bei Bakterien (vgl. Klingmüller, 1976; Hopwood und Merrick, 1977).

Sämtliche Mechanismen können zur Verbesserung industrieller Bakterienstämme verwendet werden. Seit einigen Jahren ist die Genetik von Streptomyceten besonders intensiv bearbeitet worden. Dabei wurden DNA-Austauschvorgänge bei vielen antibioticabildenden Streptomyceten beobachtet. U. a. sind Kasugamycin bei *Streptomyces kasugaensis* (Okanishi et al., 1970), Oxytetracyclin bei *S. rimosus* (Noack et al., 1974), Chloramphenicol bei *S. venezuelae* (Akagawa et al., 1975) und Methylomycin bei *S. coelicolor* (Kirby et al., 1975) auf Plasmiden gelagert.

6. Regulation des Stoffwechsels

Ein Gen, das die Struktur eines bestimmten Enzyms oder anderer Proteine determiniert, ist ein Struktur-Gen. Die Bildung von m-RNA an diesem Gen und dadurch die Bildung des Enzyms wird durch die Zelle streng reguliert. Spezifische, meist benachbart liegende Gene, die für die Regulation der Struktur-Gene verantwortlich sind, bezeichnet man als Operator-Gene. Cytoplasmatische Substanzen, sog. Repressoren, können ein Operator-Gen spezifisch binden. Dadurch wird das benachbarte Struktur-Gen daran gehindert, m-RNA zu bilden und somit inaktiviert. In vielen Fällen determiniert eine Serie von Struktur-Genen eine Serie von miteinander koordinierten Enzymen (z. B. die Enzyme eines bestimmten Biosyntheseweges). Diese Gene bilden dann ein DNA-Segment, das unter der Kontrolle eines einzelnen benachbarten Operator-Gens steht. Eine solche Gen-Sequenz, bestehend aus mehreren Struktur-Genen und einem Operator-Gen, nennt man Operon.

Jedes Repressormolekül muß durch ein eigenes Struktur-Gen gebildet werden. Das Gen, das die Bildung eines Repressors determiniert, bezeichnet man als Regulator-Gen. Struktur-Gene, Operator-Gene und Repressor-Gene können mutieren. Mutiert ein Operator-Gen dahingehend, daß es nicht mehr befähigt ist, den Repressor zu binden, so wird das Operon als „dereprimiert" bezeichnet. Ein mutiertes Regulator-Gen kann z. B. nicht mehr in der Lage sein, eine Repressorsynthese zu steuern.

Die Enzymrepression reguliert die Bildung anabolischer Enzyme. Eine Regulation des Stoffwechsels kann entweder durch Steuerung der Menge der gebildeten Enzyme erfolgen oder durch Veränderung der Aktivität der bereits vorhandenen Enzyme.

Bei Kenntnis der Biosynthesewege und der daran beteiligten Enzyme sowie bei Kenntnis wichtiger Regulationsmechanismen für biochemische Umsetzungen lassen sich durch eine gezielte Züchtung und Selektion Mutanten von industriellem Interesse erzeugen.

Viele dem Substratabbau dienende, sog. katabolische Enzyme werden nur gebildet, wenn das betreffende Substrat vorliegt. Die Enzyminduktion reguliert die Bildung katabolischer Enzyme, so induziert z. B. Stärke die Bildung von Amylase, Cellulose die von Cellulase, Saccharose die von Invertase und Lactose die von β-Galactosidase. Zur Induktion der Enzymbildung durch das Substrat bestehen drei Möglichkeiten:

1. Jedes Enzym einer Abbaukette wird durch das Produkt des vorhergehenden Reaktionsschrittes induziert: Sequentielle Induktion.
2. Sämtliche substratabbauenden Enzyme werden gleichzeitig durch das Substrat oder durch das erste Umwandlungsprodukt induziert: Koordinierte Induktion.
3. Die Enzyme eines Abbauweges lassen sich in koordiniert regulierte Enzymgruppen unterteilen. Jede dieser Gruppen wird durch ein Reaktionsprodukt der vorhergehenden Gruppe induziert: Es besteht also eine Kombination der Möglichkeiten 1 und 2: Sequentielle Induktion von koordiniert regulierten Enzymen.

Häufig können auch Analoge des Substrats eine Induktion vornehmen, wobei diese „falschen Induktoren" („gratituous inducers") vom Enzym nicht oder nur schlecht eingesetzt werden, so daß eine längerdauernde oder fortwährende Enzyminduktion besteht.

β-Galactosidase, die normalerweise durch Lactose induziert wird, kann auch durch Isopropyl-β-D-galactosid induziert werden, aliphatische Amidasen in *Pseudomonas aeruginosa* werden nicht nur durch das Substrat Acetamid, sondern auch durch N-Methylacetamid induziert (Clarke, 1970).

Auch Coenzyme können als Induktoren wirken (z. B. Thiamin für die Induktion von Pyruvat-Decarboxylase und anderen TPP-abhängigen Enzymen (Witt und Neufang, 1970).

Erfolgt bei einer Mutanten die Enzymsynthese unabhängig von der Anwesenheit eines Induktors, so spricht man von „konstitutiven" Mutanten. Derartige Mutanten von *Escherichia coli* können bis zu 20% ihres Zellproteins an β-Galactosidase bilden (vgl. Demain, 1971 a, b, 1973, 1976).

Besonders durch Substrat induzierte Enzyme werden häufig dann reprimiert, wenn die Organismen auf einer gut verwertbaren C-Quelle, z. B. auf Glucose wachsen. Bei *E. coli* wurde gesichert, daß diese Wirkung durch eine Hemmung der Bildung von 3′,5′-Adenosinmonophosphat (c-AMP) verursacht wird. Dieser Vorgang wird als Katabolitrepression bezeichnet (vgl. Paigen und Williams, 1970).

c-AMP und ein c-AMP-Rezeptorprotein sind notwendig, um das Anheften der DNA-abhängigen RNA-Polymerase an eine Stelle neben dem Operator-Gen (dem sog. Promotor-Gen) zu ermöglichen. Hier liegt also eine doppelte Regulation vor:

– Eine positive Regulation durch c-AMP: Ermöglichung der Anheftung von RNA-Polymerase.
– Eine negative Regulation durch den Repressor: Nur wenn das Operator-Gen nicht mit einem Repressormolekül gebunden ist, kann RNA-Polymerase die m-RNA synthetisieren.

Glucose ist als bestes Beispiel für einen Katabolitrepressor bekannt. Auch in Hefen, z. B. *Saccharomyces cerevisiae* wird die c-AMP-Konzentration in der Zelle durch Glucose kontrolliert (vgl. Dellweg, 1973).

Bei der mikrobiellen Synthese vieler industriell erzeugter Substanzen (z. B. Penicillin, Cellulase, Backhefe) spielen Katabolitrepressionen eine wichtige Rolle und werden in den betreffenden Kapiteln beschrieben.

Der Synthese dienende, sog. anabolische Enzyme, werden normalerweise immer gebildet; nur die Menge ihrer Bildung unterliegt einer Regulation.

Das Enzym bindet das Substrat am katalytischen Zentrum, von dem das neue Produkt nach Ende der Katalyse abgegeben wird. Voraussetzung hierfür sind sterische und ladungsmäßige Eigenschaften des Substrates, an denen es vom Enzym „erkannt" wird. Geringfügige Strukturunterschiede des Metaboliten werden vom katalytischen Zentrum nicht immer wahrgenommen. Substanzen, die irrtümlich als Substrat erkannt werden, bezeichnet man als Antimetaboliten. Der Antimetabolit steht in Konkurrenz mit dem Metaboliten um den Platz im katalytischen Zentrum des Enzyms: Kompetitive Hemmung.

Daneben besitzt das Enzym mindestens noch eine zweite Bindungsstelle, das regulatorische Zentrum. Positive und negative Effektoren steigern oder vermindern durch Anlagerung an diese Bindungsstelle die Enzymaktivität. Endprodukte können Effektoren sein, sie hemmen meistens die Enzymaktivität, so daß eine Endprodukthemmung (Feedback-Regulation) eintritt. Dabei wirkt das Endprodukt als Corepressor, der sich mit einem intracellulären Protein (Aporepressor), das vom Regulator-Gen codiert wird, zum aktiven Repressor verbindet. Dieser bindet am Operator und verhindert eine weitere Enzymsynthese. Aminosäuregemische reprimieren

Tabelle 13. Antimetaboliten und angehäufte bzw. ausgeschiedene Verbindungen

Antimetabolit	Ausgeschiedene Verbindung	Mikroorganismus
3-Acetylpyridin	Nicotinsäure	verschiedene Mikroorganismen
8-Azaguanin	Purinderivate	Enterobacteriaceae
Canavanin	Arginin	*Escherichia coli*
3,4-Dehydroprolin	Prolin	*E. coli*
2,6-Diaminopurin	Purinderivate	Enterobacteriaceae
Ethionin	Methionin	*E. coli*
p-Fluorphenylalanin	Tyrosin	*E. coli*
L-Glutamyl-γ-hydrazid	Glutaminsäure	Enterobacteriaceae
β-Hydroxynorvalin	Threonin	*E. coli K 12* u. a.
Isoniazid	Pyrodoxin ⎫	versch. Mikroorganismen, u. a. *Staphy-*
Mercaptoguanin	Purinderivate ⎭	*lococcus*
5-Methyltryptophan	Tryptophan	*E. coli*
6-Methyltryptophan	Tryptophan	*Salmonella typhimurium*
Norleucin	Methionin	*E. coli*
DL-Norvalin	Valin	Enterobacteriaceae
Verschiedene Sulfonamide	p-Aminobenzoesäure	*Staphylococcus aureus*
Thiazoalanin	Histidin	*E. coli* und *Salmonella typhimurium*
Thienylalanin	Phenylalanin	*E. coli*
Trifluorleucin	Leucin	*Salmonella typhimurium*
Valin	Isoleucin	*E. coli K 12*

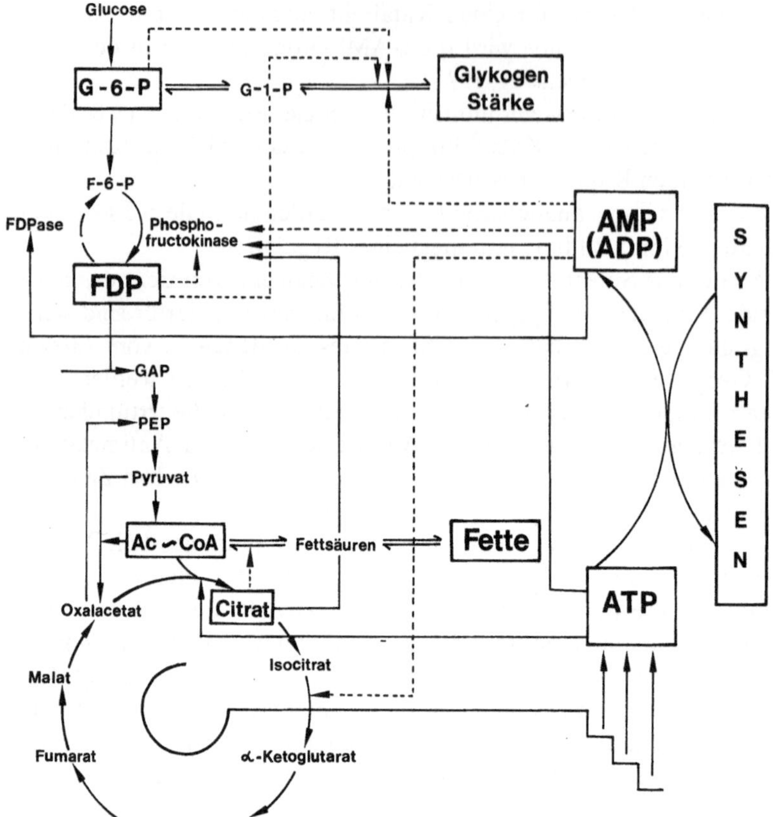

Abb. 24. Regulation des Hexoseabbaus (Schlegel, 1976). Das Schema stellt eine Kombination der Ergebnisse an Bakterien, Hefen und tierischen Geweben dar. Die von Metaboliten mit wesentlichen Effektorfunktionen ausgehenden *gestrichelten Pfeile* deuten positive, die *durchgezogenen Pfeile* negative Effektorfunktionen an

z. B. bei *Bacillus-* und *Streptomyces*-Arten die Synthese extracellulärer Proteasen. In den meisten Fällen werden Biosyntheseenzyme durch Endprodukte gehemmt.

Die Regulation der Enzymsynthese durch Repression und Derepression, die durch das Substrat und seine Abbauprodukte induziert werden, ist ein langsamer Steuerungsprozeß, während die allosterische Hemmung, z. B. Endprodukthemmung (Feedback-Hemmung) sehr schnell wirkt.

Wird einer der beiden oder werden beide Regulationsmechanismen z. B. durch eine Mutation ausgeschaltet, so kommt es in der Regel zu einer Überproduktion und – wenn die Bedingungen hierfür vorliegen – zu einer Ausscheidung des betreffenden Zwischen- oder Endproduktes. So setzt z. B. eine Mutante von *Salmonella typhi,* bei der beide Regulationsmechanismen der Leucin-Biosynthese gestört wurden, die Hälfte der zugesetzten Glucose in Leucin um.

Wird das allosterische Zentrum durch Mutation so verändert, daß der Endprodukteffektor unwirksam bleibt, so katalysiert das Enzym das Endprodukt in großer Menge: Allosterische Unempfindlichkeit.

Wird eines der beiden für die Regulation der Enzymsynthese verantwortlichen Gene, das Regulator- oder (und) das Operator-Gen durch Mutation verändert, so kann das Versagen einer Repression eintreten. Die Enzyme dieser Biosyntheseketten liegen dann in einer 10- bis 25fachen Konzentration in der Zelle vor: Konstitutiv dereprimierte Mutanten.

Zur Isolierung regulationsdefekter Mutanten, z. B. nach einer Bestrahlung, bedient man sich der Antimetaboliten-Methode: Ein Antimetabolit kann eine „falsche" Endproduktrepression veranlassen. Dies ist für die Leucin-Biosynthese in der Zelle durch Trifluorleucin möglich. Bei Zusatz einer geeigneten Konzentration dieser Substanz werden sämtliche normalen Zellen gehemmt, da ihnen durch mangelnde Leucin-Biosynthese die Möglichkeit zu einer Proteinbiosynthese fehlt. Nur die Zellen, die eine Mutation zum Regulationsdefekt erfahren haben, können sich entwickeln. Meistens wird von ihnen ein Antagonist des Antimetaboliten in größerer Menge ausgeschieden (Antimetaboliten vgl. Tabelle 13).

Bei verzweigten Biosynthesewegen sind mehrere Rückkopplungen eingeschaltet, so daß sowohl die Bildung der gemeinsamen Zwischenprodukte als auch die der Endprodukte kontrolliert erfolgt. Bei Mutationen müssen solche regulatorischen Verflechtungen sowie eine Vielfalt unterschiedlicher Regulationstypen bei verschiedenen Mikroorganismenarten, deren Erforschung gegenwärtig erst am Anfang steht, berücksichtigt werden.

Regulationsmechanismen für bestimmte Substanzen werden in den einzelnen Kapiteln beschrieben. Die Abb. 24 zeigt ein von Schlegel (1976) zusammengefaßtes Schema der Regulation des Hexoseabbaus.

Zusammenfassende Literatur vgl. u. a. Holzer und Dunze (1971), Calvo und Fink (1971), Bresch und Hausmann (1972), Esser (1974), Fincham (1970), Hartwell (1970), Bradley (1975), Demain (1971 a, b, 1973, 1976), Dean et al. (1972), Clarke und Ornston (1975), Atkinson (1977).

7. Gentechnologie

In der Gentechnologie sollen auf molekular-genetischer Ebene bestimmte gewünschte biochemische Eigenschaften in Organismen erblich so fixiert werden, daß sie biotechnologisch genutzt werden können. Hierbei werden nicht die bereits erwähnten Methoden angewandt, sondern Gene mit besonderen biochemischen Eigenschaften aus ihrem Strukturverband herausgelöst und z. T. als selbständige genetische Einheiten in einem anderen Organismus eingesetzt. Diese Arbeitsrichtung der Genetik wird sicherlich in Zukunft eine große Bedeutung für die Biotechnologie gewinnen.

Die Literatur über dieses Gebiet ist in den letzten fünf Jahren außerordentlich angewachsen. Gute deutschsprachige Übersichten vgl. Klingmüller (1976), Goebel (1977), Zachau (1977), weiterhin Scott und Werner (1977), Wilcox et al. (1977), Blohm und Goebel (1978).

Während die Genübertragungen durch Transformation, Transduktion, Plasmidübertragungen und Konjugationsvorgänge natürliche Gentransferierungen sind, wird bei einer Gentechnologie (auch als „Genetic Engineering", „Neukombination von Genen" oder „Genklonierung" bezeichnet) eine biochemische *Neukombination von DNA-Molekülen* versucht. Isolierte DNA kann mit Hilfe von Restrictionsendonucleasen in definierte Bruchstücke zerschnitten werden.

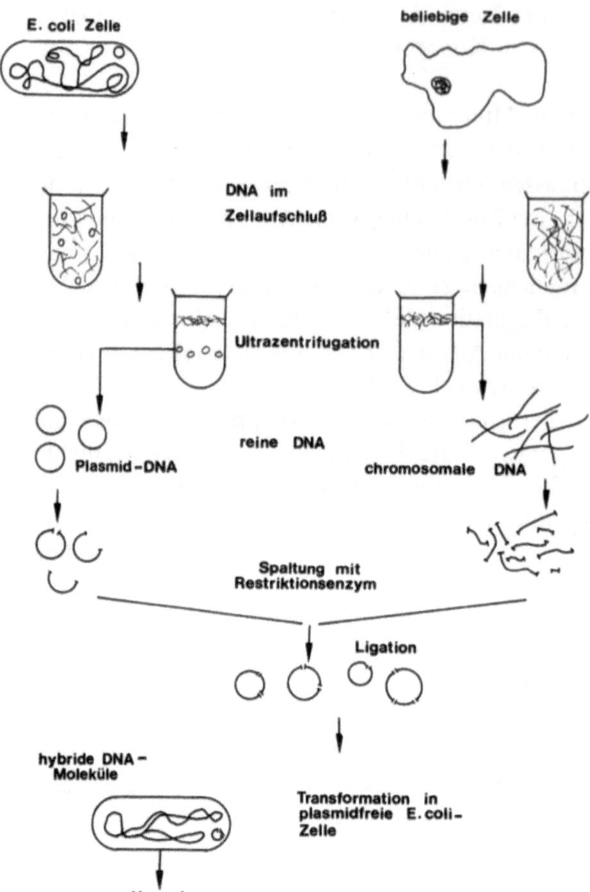

Abb. 25. Schematische Darstellung eines Klonierungexperimentes (Blohm u. Goebel, 1978). Weitere Erklärungen im Text

Restrictionsendonucleasen sind Enzyme, die genau festgelegte Nucleotidsequenzen auf einer beliebigen DNA genau erkennen und den Doppelstrang an dieser Stelle zerschneiden. Sie kommen u. a. in vielen Bakterien vor. Zur Neubildung eines DNA-Moleküls werden die herausgeschittenen DNA-Abschnitte durch DNA-Ligasen an geeigneten Stellen mit einem anderen DNA-Teilstück verknüpft (vgl. Abb. 25 aus Blohm und Goebel, 1978). Diese neue DNA-Einheit kann in einer Wirtszelle stabil etabliert werden.

Ein Klon ist eine Population genetisch identischer Individuen. Genklonierung bedeutet die Erzeugung von „DNA-Molekül-Klonen", die einzelne Gene oder Gengruppen darstellen und als solche vermehrt werden können. Hierzu ist ein replizierfähiges, extrachromosomales DNA-Trägerelement, der Vektor, notwendig, z. B. Plasmidvektoren und Phagenvektoren. Ein Plasmidvektor ist ein kleines DNA-Molekül, das nur eine Erkennungsstelle für das in Betracht kommende Restrictionsmolekül enthält. Der Vektor kann mit Fremd-DNA versehen werden. Die chromosomale DNA einiger Organismen (*E. coli*, Hefe, *Drosophila*) konnte so in Form einzelner Fragmente auf Plasmide gebracht und in *Escherichia coli* kloniert werden (Genbank).

Die schwierigste Form der Gewinnung einiger Gene ist die chemische Totalsynthese, die bei relativ kleinen DNA-Strukturen, z. B. Genen für Somatostatin, Angiotensin (beides Peptidhormone) bereits gelungen ist.

Schwierigkeiten, besonders bei Genen von Organismen, die normalerweise kein Genmaterial austauschen, ergeben sich bei der Replikation, der Translation, durch den Aufbau der Ribosomen, durch eine evtl. Toxizität der synthetisierten Proteine für den Wirt, durch die Störungen im Stoffwechselgleichgewicht einschließlich enzymatischer Regelmechanismen u. v. a. Bedingungen. Trotzdem wird sich in absehbarer Zeit eine Auswirkung solcher Organismen mit neu konstruierten Genen auf die Biotechnologie ergeben.

Über evtl. Gefahren einer Gentechnologie wird gegenwärtig viel diskutiert. Sie sind sicherlich anfangs überschätzt worden. Geeignete Sicherheitsmaßnahmen werden in vielen Ländern ausgearbeitet (vgl. Curtiss, 1976; Blohm und Goebel, 1978).

8. Anwendungsgebiete der Genetik in der industriellen Mikrobiologie

Einige Anwendungsgebiete wurden bereits im Text der vorherigen Abschnitte beschrieben. In den meisten Fällen werden u. a. die folgenden Ziele verfolgt (vgl. Elander et al., 1977):

Vermehrung der gebildeten Produkte. Dieses Gebiet schließt auch manche der im folgenden genannten Ziele mit ein. Es gibt bereits gegenwärtig besonders bei der Herstellung sekundärer Produkte kaum noch „Wildstämme" in der Produktion. Die Mutanten werden in den entsprechenden Kapiteln beschrieben, z. B. bei der Herstellung von Penicillinen.

Aufklärung von Stoffwechselwegen besonders im sekundären Stoffwechsel durch Mutanten. Mutanten, deren Stoffwechsel an bestimmten Abschnitten der Biosynthese eines Produktes blockiert wurde, eignen sich ausgezeichnet zur Identifizierung von Zwischenprodukten bei der Biosynthese einer Substanz. Die Biosynthese von β-Lactam-Antibiotica konnte mit verschiedenen Mutanten von *Cephalosporium acremonium,* die des Aminoglycosid-Antibioticums Sisomucin mit Blockmutanten von *Micromonospora inyoensis,* die von Tetracyclinen durch Blockmutanten von *Streptomyces aureofaciens* u. a. aufgeklärt werden (Literatur vgl. Elander et al., 1977).

Verwendung von Mutanten zur Biosynthese modifizierter, besonders sekundärer Stoffwechselprodukte. Hier ist als Beispiel die Herstellung von neuen Aminoglycosidantibiotica (vgl. Kap. 28) zu nennen. Aber auch neue Cephalosporine, Tetracycline, Erythromycine, Ergotalkaloide u. v. a. biotechnologisch interessante Produkte lassen sich durch Mutanten herstellen.

Resistenz von Produktionsstämmen gegen Viren und andere Parasiten und gegen eigene Stoffwechselprodukte. Eine Resistenz gegen Stoffwechselprodukte ist vor allem bei Antibiotica-bildenden Stämmen wichtig, wenn diese gegen ihr eigenes Produkt z. T. empfindlich sind.

Austausch von wichtigen Stoffbildungs- oder Abbaueigenschaften von einem Stamm zum anderen Stamm. Hier spielen u. a. Übertragungen von Plasmiden etwa zur Amylasevermehrung, zum Abbau verschiedener Substanzen (Naphthalin, Salicylsäure, Campher, n-Octan) u. v. a. eine Rolle. Vielleicht gelingt es auch in Zukunft, Antibiotica-Gene zu übertragen.

Gentechnologie. Hoffnungen macht man sich auf diesem Gebiet u. a. auf die Produktion von peptiden Hormonen, auf einen Transfer des Insulingens in einen Mikroorganismus, auf die Bildung vieler Enzyme mit geeigneten Genen und nicht zuletzt auf die Übertragung des Gens für die N_2-Bindung auf geeignete Organismen. Schließlich wird hier die ganze Palette weiterer Substanzbildungen wie Vitamine, organische Säuren, Antibiotica, Polysaccharide, mikrobielle Stoffumwandlungen und besonders auch Proteinbildung mit Mikroorganismen angesprochen. Hier kann sich eine starke Umstrukturierung der Biotechnologie anbahnen.

Steuerung von Prozessen. Regulationsmechanismen können zur Aufstellung von Fermentationsmodellen und zur Steuerung von Prozessen verwendet werden (Roels, 1978).

Literatur

Akagawa, H., Okanishi, M., Umezawa, H.: J. Gen. Microbiol. *90*, 336 (1975)

Alichanian, S. I.: Grundlagen der Genetik und Züchtung industriell genutzter Mikroorganismen. Jena: VEB Gustav Fischer 1972

Anne, J., Peberdy, J. F.: J. Gen. Microbiol. *92*, 413 (1976)

Anne, J., Eyssen, H., DeSomer, P.: Nature (London) *262*, 719 (1976)

Atkinson, D. E.: Cellular energy metabolism and its regulation. London, New York: Academic Press 1977

Ball, C.: Prog. Ind. Microbiol. *12*, 47 (1973)

Blohm, D., Goebel, W.: Forschung aktuell. Biotechnologie. S. 213–231. Frankfurt: Umschau 1978

Bradley, S. G.: Adv. Appl. Microbiol. *19*, 59–70 (1975)

Bresch, C., Hausmann, R.: Klassische und molekulare Genetik, 3. Aufl. Berlin, Heidelberg, New York: Springer 1972

Burnett, J. H.: In: Mycogenetics, p. 235. London, New York, Sydney, Toronto: John Wiley & Sons 1975

Calvo, J. M., Fink, G. R.: Annu. Rev. Biochem. *40*, 943–968 (1971)

Clarke, P.: Adv. Microbiol. Physiol. *4*, 179 (1970)

Clarke, P. H., Ornston, L. N.: In: Genetics and biochemistry of pseudomonas. Clarke, P. H., Richmond, M. H. (eds.), pp. 191–340. London, New York, Sydney, Toronto: John Wiley & Sons 1975

Curtiss, R. III: Annu. Rev. Microbiol. *30*, 507–533 (1976)

Dean, A. C. R., Pirt, S. J., Tempest, D. W. (Hrsg.): Environmental control of cell synthesis and function. London, New York: Academic Press 1972

Dellweg, H.: Regulation des Stoffwechsels von Mikroorganismen. Vorlesungsmanuskript, Berlin (1973)

Demain, A. L.: In: Advances in biochemical engineering. Vol. I, pp. 113–142. Berlin, Heidelberg, New York: Springer 1971 a

Demain, A. L.: In: Methods in enzymology. Jacoby, W. B. (ed.), Vol. 22. London, New York: Academic Press 1971 b

Demain, A. L.: Adv. Appl. Microbiol. *16*, 177–202 (1973)

Demain, A. L.: 5th Int. Ferment. Symp. pp. 39–43. Berlin (1976)

Ditchburn, P., Holt, G., MacDonald, K. D.: In: 2nd Int. Symp. Genet. Ind. Microorg. MacDonald, K. D. (ed.), pp. 213–227. London, New York: Academic Press 1976

Drake, J. W.: Annu. Rev. Genet. *3*, 247–268 (1969)

Drake, J. W., Baltz, R. H.: Annu. Rev. Biochem. Snell, E. E., Meister, P. D., Meister, A., Richardson, C. C. (eds.), Vol. 45, p. 11. Palo Alto: Annu. Rev. (1976)

Elander, R. P.: Dev. Ind. Microbiol. *16*, 356 – 374 (1975)

Elander, R. P.: Abstr. 5th Int. Ferment. Symp. p. 189. Berlin (1976)

Elander, R. P., Espenshade, M. A.: In: Industrial microbiology. Miller, B. M., Litsky, W. (eds.), p. 192. New York: McGraw Hill Book Co. 1976

Elander, R. P., Chang, L. T., Vaughan, R. W.: Annu. Rep. Ferment. Process. Perlman, D. (ed.), Vol. I, pp. 1 – 40. London, New York: Academic Press 1977

Ephrussi, B.: Hybridization of somatic cells. Princeton, New Jersey: Princeton University Press 1972

Esser, K.: Adv. Biochem. Eng. *3*, 69 – 87 (1974)

Esser, K., Kuenen, R.: Genetik der Pilze. Berlin, Heidelberg, New York: Springer 1967

Ferenczy, L., Kevei, F., Szegedi, M.: Experientia *31*, 50 (1975)

Fincham, J. R. S.: Annu. Rev. Genet. *4*, 347 – 372 (1970)

Fishbein, L., Flamm, W. G., Falk, H. L.: Chemical mutagens. p. 98. London, New York: Academic Press 1970

Goebel, W.: Dechema Monographien. Biotechnologie. Rehm, H. J. (Hrsg.), *81*, S. 271 – 280. Weinheim, New York: Chemie 1977

Harbers, E.: Nucleinsäuren, Biochemie und Funktionen. Einführungen zur Molekularbiologie, Bd. 1. Stuttgart: Georg Thieme 1975

Hartwell, L. H.: Annu. Rev. Genet. *4*, 373 – 396 (1970)

Holt, G., Edwards, G. F. St. L., MacDonald, K. D.: In: 2nd Int. Symp. Genet. Ind. Microorg. MacDonald, K. D. (ed.), pp. 199 – 211. London, New York: Academic Press 1976

Holzer, H., Dunze, W.: Annu. Rev. Biochem. *40*, 345 – 376 (1971)

Hopwood, D. A., Merrick, M. J.: Bacteriol. Rev. *41*, 595 – 635 (1977)

Ishikawa, T., Maruyama, Y., and Matsumiya H. (eds.): Growth and Differentiation of Microorganisms. Baltimore, Maryland: University Park Press 1977

Kaudewitz, F.: Molekular- und Mikroben-Genetik. Heidelberger Taschenbücher. Berlin, Heidelberg, New York: Springer 1973

Kirby, R., Wright, L. F., Hopwood, D. A.: Nature (London) *254*, 265 (1975)

Kleinzeller, A., Springer, G. F., Wittmann, H. G.: Molecular biology, biochemistry and biophysics. Berlin, Heidelberg, New York: Springer 1967-ff.

Klingmüller, W.: Genmanipulation and gentherapie. Berlin, Heidelberg, New York: Springer 1976

MacDonald, K. D. (ed.): In: 2nd Int. Symp. Genet. Ind. Microorg. London, New York: Academic Press 1976

Masurekar, P. S., Kahgan, M. P., Demain, A. L.: J. Appl. Microbiol. *24*, 995 (1972)

Noack, D., Kaeler, R., Beck, N., Geuther, R.: Abstr. 2nd Int. Symp. Genet. Ind. Microorg. p. 104 (1974)

Okanishi, M., Ohta, T., Umezawa, H.: J. Antibiot. *23*, 45 (1970)

Paigen, K., Williams, B.: In: Advances in Microbial Physiology Vol. 4, p. 252. London, New York: Academic Press 1970

Pegerdy, J. R., Rose, A. H., Rogers, H. J., Cocking, E. C. (eds.): Microbial and plant protoplasts. London, New York: Academic Press 1976

Prescott, D. M., Goldstein, L. (eds.): Cell Biology, a Comprehensive Treatise (Vol. 1), The Structure and Replication of Genetic Material (Vol. 2). New York, San Francisco, London: Academic Press 1978, 1979

Roels, J. A.: Dechema Monographien. Vol. 82, S. 221 – 249. Weinheim, New York: Chemie 1978

Scherr, G. H., Rafelson, Jr., M. E.: Dev. Ind. Microbiol. *7*, 97 – 103 (1966)

Schlegel, H. G. (Hrsg.): Anreicherungskultur und Mutantenauslese. Stuttgart: Gustav Fischer 1965

Schlegel, H. G.: Allgemeine Mikrobiologie. Stuttgart: Georg Thieme 1976

Schlessinger, D. (ed.): In: Microbiology – 1976. Washington, D. C.: Am. Soc. Microbiol. 1976

Scott, W. A., Werner, R.: Miami Winter Symp. Vol. 13. London, New York: Academic Press 1977

Sermonti, G.: Ann. N. Y. Acad. Sci. *81*, 950 (1959)

Singer, B.: Prog. Nucleic Acid Res. Mol. Biol. *15*, 219 (1975)

Tien, W., Egen, R., Elander, R.: Bacteriol. Proc. p. 12 (1972)

Vanek, Z., Hostalek, Z., Cudlin, J. (eds.): Genetics of industrial microorganisms. Vol. 1 – 2. Amsterdam, London, New York: North Holland/American Elsevier 1973

Wang, D. I. C., Cooney, C. L., Demain, A. L., Dunnill, P., Humphrey. A. E., and Lilly, M. D. (eds.): Fermentation and Enzyme Technology. John Wiley & Sons, New York 1979

Wilcox, G., Abelson, J., Fox, C. F. (eds.): ICN-UCLA Symp. Mol. Cell. Biol. *8* (1977)

Winkler, U., Rüger, W., Wackernagel, W.: Bakterien-, Phagen- und Molekulargenetik. Berlin, Heidelberg, New York: Springer 1972

Witt, I., Neufang, B.: Biochim. Biophys. Acta *215*, 323 (1970)

Young, J. D., Gorman, J. W., Gorman, J. A., Bock, R. M.: Mutat. Res. *35*, 423 (1976)

Zachau, H. G.: Dechema Monographien. Biotechnologie. Rehm, H. J. (Hrsg.), Vol. 81, S. 267 – 270. Weinheim, New York: Chemie 1977

Kapitel 6 Anreicherung, Isolierung und Haltung von Mikroorganismen und Zellen

1. Anreicherung und Isolierung von Mikroorganismen und Zellen

Mikroorganismen sind in Erde, Luft und Wasser vielfach ubiquitär verbreitet und werden aus diesen und anderen Substraten isoliert. Für die Isolierung technisch auswertbarer Stämme werden besonders solche Standorte ausgewählt, die mit dem gesuchten Produkt bzw. Mikroorganismenstamm eng in Beziehung stehen. So sucht man z. B. alkanabbauende Mikroorganismenarten vor allem in der Nähe von Öllagern oder solchen Standorten, an denen Mikroorganismen bereits mit Alkanen in Berührung gekommen sind, so daß schon eine bestimmte Selektion solcher Stämme vorausgesetzt werden kann. Auch das Isolierungssubstrat wird in diesem Beispiel als C-Quelle ausschließlich oder im wesentlichen Alkane enthalten, um auch hier nur denjenigen Stämmen eine Entwicklung zu ermöglichen, die Alkane verwerten. Analoges gilt für sehr viele andere Anreicherungen.

Tabelle 14 zeigt einige Beispiele für Anreicherungsmöglichkeiten.

Gegenwärtig wird bei technischen Verfahren in den meisten Fällen mit Reinkulturen gearbeitet. Zur Herstellung einer Reinkultur werden die gesuchten Mikroorganismen durch Verdünnung mit sterilen Flüssigkeiten von Fremdkeimen getrennt und dann mit verflüssigten Nährmedien, denen inerte Gelierungsmittel (z. B. Agar-Agar, Gelatine) zugesetzt wurden, vermischt. Die erstarrenden Nährsubstrate verhindern ein Zusammenwachsen von Mikroorganismenkulturen, so daß sich – vorausgesetzt, daß die Verdünnung nur Einzelzellen ergeben hatte – nur Mikroorganismenkolonien aus jeweils einer Zelle (Klone) entwickeln können. Diese werden anschließend auf geeigneten sterilen Substraten weiter kultiviert.

Zur Gewinnung pflanzlicher Zell- oder Gewebekulturen werden die Samen der betreffenden Pflanzen an der äußeren Oberfläche mit Sublimat- oder Hypochlorit-Lösung sterilisiert, zur Entfernung des Desinfektionsmittels sehr häufig mit sterilem aqua dest. gewaschen und dann auf einem geeigneten Nährmedium ausgelegt. Nach Keimung und Bildung eines Sämlings wird der gewünschte Gewebeteil unter aseptischen Bedingungen herausgeschnitten und auf ein neues Medium zur Kultur ausgelegt. Eine solche „Stammkultur" des Gewebes muß zu gegebener Zeit immer wieder auf ein neues Medium übertragen werden (vgl. Kap. 37).

Zur Isolierung tierischer Zellen entnimmt man den Organen steril kleine Gewebestücke. Anschließend wird das Gewebe zerkleinert, und die interzellularen Substanzen werden z. B. mit Trypsin verdaut, so daß die Zellen vereinzelt werden. Diese können dann in künstlichen oder natürlichen Substraten, z. B. in sog. Monolayer-Kulturen, gezüchtet werden (vgl. Kap. 37). Für längere Zuchten sind komplexe Substrate, z. B. mit Zusatz von Homogenisaten junger Kalbfoeten oder anderer Embryonen notwendig.

Tabelle 14. Beispiele für die Anreicherung industriell wichtiger Mikroorganismen

Mikroorganismen	Standort	Besondere Bedingungen zur Anreicherung
Pseudomonas	Boden	aerob, Lactat + NH_4^+, für KW-oxidierer jeweiligen KW als alleinige C-Quelle
Pseudomonas (wasserstoffoxidierend)	Boden	$H_2 - (60 - 85$ Vol.%$) + O_2 - (5 - 30$ Vol.%$) +$ $CO_2 - (10$ Vol.%$)$ Atmosphäre + anorgan. Nährlösg., pH-neutral
Acetobacter	Luft, gesäuerte alkohol. Getränke	2% – 4% Äthanol + 1% Hefeextrakt, Bier, Wein, O_2-Zutritt, Fungistaticum (z. B. Griseofulvin)
Aerobacter u. ä. Organismen	Boden u. a. Substrate	anaerob, Glucose + NH_4^+
Escherichia coli	Darminhalte	anaerob, Lactose + Rindergalle
Lactobacillaceae	Milch	mikroaerophil, Glucose + 1% Hefeextrakt, pH-Wert 5,0
Propionibacteriaceae	Milch	Lactat + 1% Hefeextrakt, mikroaerophil
Mycobacterium, Nocardia, Micrococcus	Boden	aerob, für KW-oxidierer jeweiligen KW als alleinige C-Quelle
Bacillus polymyxa u. v. a. *Bacillus*-Arten	Boden	aerob, Substrat pasteurisiert, Stärke + NH_4^+
Clostridium	Boden	anaerob, Substrat pasteurisiert, Stärke (Kartoffel) + NH_4^+
Streptomycetaceae	Boden bes. Kompost, Gartenerde	aerob, z. B. Glycerin + NH_4^+, bei Antibioticabildnern spezielle Testmethoden, Fungistaticum (z. B. Nystatin)
Hefen	Luft, Boden, alkohol. Getränke, Zuckersäfte	anaerob oder aerob, pH-Wert 4,0, Glucose + NH_4^+ für KW-oxidierer nur Alkane als alleinige C-Quelle (*Candida, Torula*) Malzlösung
Schimmelpilze	Boden	Czapek-Dox-Lösg. oder Medium nach Raulin, pH-Wert 5,0
Aspergillus niger	Boden	Glucose 1% + anorgan. Nährlösung + 2% Tannin

Über die Anreicherung von Mikroorganismen liegt viel zusammenfassende Literatur vor, auf die hier verwiesen wird (Schlegel, 1965; Schlegel und Jannasch, 1967; Shapton und Gould, 1969; Norris und Ribbons, 1969 – ff.; Veldkamp, 1970; Drews, 1974; vgl. auch Loutit und Miles, 1978).

2. Besondere Testverfahren

In vielen Fällen sollen Mikroorganismen isoliert werden, die Produkte mit spezifischen Wirkungen, z. B. mit antibakterieller, antifungaler, antitumor-, insektizider

u. a. Wirkung bilden. Zu ihrer Erkennung müssen bestimmte, möglichst spezifische Testverfahren ausgearbeitet werden. Je spezifischer solche Testverfahren sind und je leichter sie anzuwenden sind, desto größer ist die Wahrscheinlichkeit, die erwünschten Substanzen zu isolieren.

Das Prinzip vieler Antibioticatests ist auf der Diffusion der wasserlöslichen Substanzen um die beispielsweise auf Nähragar gewachsene Mikroorganismenkultur aufgebaut. Der Hemmstoff diffundiert kreisförmig um die betreffende Mikroorganismenkultur in das Substrat. Mit einem sog. Testorganismus, der gegen Antibiotica empfindlich ist, läßt sich anschließend die antibiotische Wirkung feststellen. Der Testorganismus wird z. B. direkt auf die Platte mit den Antibioticabildnern gesprüht (Sprühtest), oder die Platte mit den Antibioticabildnern wird mit Nähragar, in den der Testorganismus eingeimpft ist, überschichtet (Überschichtungstest). Viele andere Variationen dieser Antibioticatests sind entwickelt worden, z. B. Strichtest, Blöckchentest, verschiedene Verdünnungstests, Gradiententest u. a. (vgl. Rehm, 1967; Oberzill, 1967).

Diffusionstests sind auch für quantitative Bestimmungen von Hemmstoffen geeignet. Dabei werden die Mikroorganismen in einen Nähragar in einer Petrischale geimpft. Anschließend stanzt man Löcher in die Agarplatte und gibt in diese die zu testende hemmstoffhaltige Lösung (Lochtest). Aus dem Durchmesser der um diese Löcher entstandenen Hemmzonen läßt sich bei Verdünnungsreihen die Konzentration eines Hemmstoffes quantitativ bestimmen. Anstelle der eingestanzten Löcher lassen sich auch Testzylinder, in welche die zu bestimmende Lösung eingefüllt wird, aufsetzen (Zylindertest). Auch runde Filterpapierblättchen, in die die zu testende Lösung aufgesogen wird, werden mit Erfolg verwendet (Filterpapierblättchentest) (Einzelheiten vgl. Rehm, 1967, 1971; Oberzill, 1967; Wallhäußer und Schmidt, 1967; Zähner und Maas, 1972).

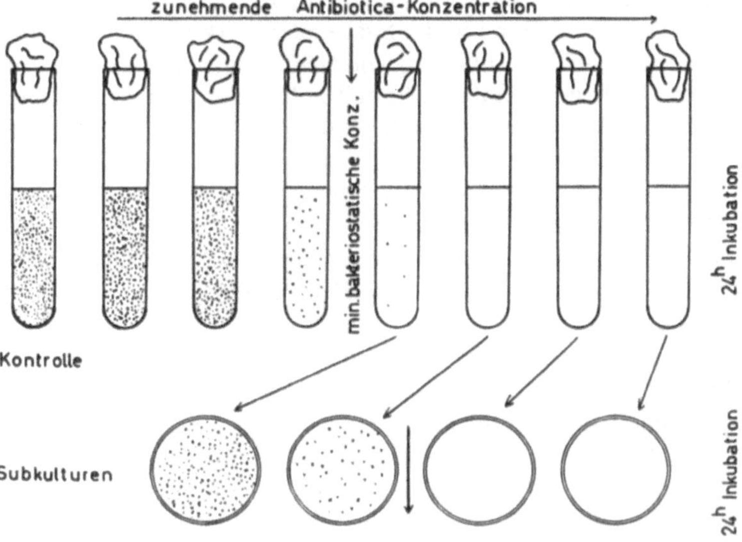

Abb. 26. Verdünnungsreihentest (Zähner, 1965, S. 21)

Reihenverdünnungstest: Zur Antibioticawertbestimmung wird häufig der Reihenverdünnungstest in Flüssigkeiten angewandt. Er gestattet in vielen Fällen sichere Aussagen. Man verwendet Kulturröhrchen mit einer Nährbrühe, der man abgestufte Konzentrationen der zu testenden antibioticahaltigen Lösung zusetzt. Anschließend werden die Röhrchen mit dem Teststamm beimpft und bebrütet. Nach bestimmter Zeit werden Wachstum oder Hemmung des Teststammes in den Röhrchen festgestellt. Aus der Empfindlichkeit des Teststammes und aus Vergleichstesten mit bekannten Antibioticakonzentrationen wird die Konzentration der zu testenden Lösung berechnet (vgl. Abb. 26).

Diese Verfahren sind dadurch objektiviert worden, daß die Wachstumsintensität des Teststammes turbidometrisch gemessen wird und aus der Dichte im Vergleich zu Eichkurven quantitative Ergebnisse erhalten werden.

Antibioticatests dienen nur zum Nachweis von Hemmstoffwirkungen gegen Mikroorganismen. Sollen cytostatische Wirkungen festgestellt werden, so müssen Zellkulturen von Krebszellen, z. B. in Monolayer-Kultur (vgl. Kap. 37) angelegt werden und die Substanzen anschließend in Verdünnungstests auf ihre Hemmwirkung getestet werden.

Die antivirale Wirkung kann in Verdünnungsreihen gegen Viren, die auf Zellen in flüssigem oder auf festem Substrat wachsen, getestet werden.

Enzymatische Wirkungen lassen sich durch Zucht der Mikroorganismen auf Substraten, die sie enzymatisch verändern sollen, mit anschließender Bestimmung der veränderten oder nicht veränderten Substratprodukte erhöhen, z. B. Züchtung von Mikroorganismen zur Amylasebildung auf stärkehaltigem Agar und anschließender Entwicklung mit Jodjodkalium. Gute Amylasebildner haben einen großen weißen Hof um die Kolonien (keine Blaufärbung, da keine Stärke mehr vorhanden ist). Nicht amylasebildende Mikroorganismen, z. B. die meisten Hefen bilden diesen Hof nicht. In vielen anderen Fällen existieren ebenfalls einfache Testmethoden. Häufig müssen aber die erwünschten Substanzen bzw. deren Ausbeuten, auf normalem chemischen Wege bestimmt werden.

Der moderne Trend in der Suche nach Wirkstoffen aus Mikroorganismen richtet sich u. a. auf die Auffindung von Hemmstoffen für einzelne Enzyme. Dabei wurde eine Fülle neuer Substanzen mit z. T. außerordentlich selektiver Wirkung entdeckt (vgl. Frommer und Schmidt, 1978).

Für Insektenbekämpfungsmittel bietet sich z. B. ein Chitinsynthasehemmer an. Möglicherweise gelingt es mit dem genannten Enzym aus *Coprinus cinereus,* ein geeignetes Testsystem aufzubauen. Hemmstoffe der Chitinsynthese hemmen weiterhin die Zygosporenbildung bei Mucoraceae, auch hieraus läßt sich ein Testsystem zur Isolierung von Chitinsynthese-Hemmstoffen aufbauen (vgl. Anke et al., 1978; Literatur vgl. d.).

Als stoffbildende Mikroorganismen wurden in den letzten Jahren auch marine Organismen, Basidiomyceten, Myxomyceten u. a. Mikroorganismengruppen z. T. mit gutem Erfolg untersucht.

3. Haltung von Produktionsstämmen

Zur Konstanthaltung eines Produktionsstammes, durch die Überalterung, Rückmutation und andere Degenerationen verhindert werden sollen, gibt es drei grundsätzlich verschiedene Methoden:

1. Die Konservierung durch Überschichtung mit „inerten" Flüssigkeiten (z. B. Paraffinöl),

2. Konservierung durch Trocknung,

3. Konservierung durch Gefrieren.

Die Konservierung unter inerten Flüssigkeiten, z. B. Paraffinöl, ist besonders für Pilze, die feuchte Sporenköpfe oder mehrzellige Sporen (z. B. *Fusarium, Alternaria, Stemphylium*) oder nur Mycelien bilden, geeignet. Stichagarkulturen werden mit sterilem Paraffinöl 1 cm – 2 cm hoch überschichtet. Auch Streptomyceten lassen sich auf diese Weise konservieren. Manche Hefen lassen sich in 10%iger Saccharoselösung jahrelang lebend und aktiv erhalten.

Für die Konservierung durch Trocknung, die nicht von sämtlichen Stämmen vertragen wird, gibt es verschiedene Verfahren. Meist wendet man die Lyophilisierung an. Die Zellen werden nach der Züchtung zur Verhinderung einer zu starken Austrocknung mit Schutzmitteln (Glycerin, Glucose, Magermilch, Serum) in kleine Ampullen abgefüllt, eingefroren und in einer Gefriertrocknungsanlage getrocknet. Anschließend werden die Ampullen im Vakuum oder nach vorheriger Füllung mit einem indifferenten Gas abgeschmolzen.

Bei anderen Trocknungsverfahren werden die Mikroorganismen bei normalen Temperaturen mit verschiedenen Substraten (z. B. in Sand) eingetrocknet, nachdem sie vorher mit einem Schutzkolloid, z. B. mit einer Eiweißlösung überzogen wurden. Für die Trocknung kommen weiterhin Auftragen auf Wachsfilterpapier, Vermischen mit Silicagel, Magermilch u. a. in Frage.

Schwer kultivierbare Mikroorganismen und Zellen, die sich nicht lyophilisieren lassen, werden schnell in flüssigem Stickstoff eingefroren. Dabei muß der Gefriervorgang so gesteuert werden, daß die Eisbildung keine mechanische Zerstörung der Zelle verursacht, die Dehydratisierung des Mediums und der Zellen möglichst erst bei so tiefen Temperaturen einsetzt, daß keine chemischen und biochemischen Reaktionen stattfinden und ein Minimum an Wasser in den Zellen verbleibt. Solche Kulturen werden bei mindestens $-79\,^{\circ}\mathrm{C}$ gelagert. Sie müssen, abgesehen von Pflanzenzellen, sehr rasch durch Erwärmung auf $37\,^{\circ}\mathrm{C} - 40\,^{\circ}\mathrm{C}$ aufgetaut werden.

Viele Mikroorganismenarten verlieren in künstlicher Kultur schnell ihre Aktivität. Grundsätzlich sollten häufige Überimpfungen von Industriestämmen vermieden werden, denn die konservierten Stämme verändern sich erfahrungsgemäß am wenigsten.

Hat ein Stamm seine Aktivität eingebüßt, müssen Versuche zur Regeneration (vgl. z. B. Kap. 6) bzw. zur Züchtung neuer Mutanten angestellt werden (vgl. Kap. 5). Zusammenfassende Literatur über Haltung von Produktionsstämmen vgl. Martin (1964); dort auch viel Lit.; Lapage et al. (1970), Onions (1971), Beech und Davenport (1971), Perlman und Kikuchi (1977), bes. aber Heckly (1978).

4. Mikroorganismensammlungen

Viele Mikroorganismen und Zellen werden in öffentlich zugänglichen Kultursammlungen gehalten. Die wichtigsten Anschriften hierfür sind:

ATCC, American Type Culture Collection (Rockville, Maryland, USA)

NRRL, Agriculture Collection, Northern Utilization Res. & Dev. Div. (Peoria, Illinois, USA)

CBS, Centraalbureau voor Schimmelcultures (Baarn, Niederlande)

ATCC und UNESCO Institut für Bakteriologie, Prof. Haudoroy (Lausanne, Schweiz, 19 Avenue Cesar Roux)

OXOID Ltd. (London S. E. 1, England, Southwark Bridge Road) und Dr. H. R. Sinia (Zuilenveld Oud Zuilen, Holland, Post Maarssen)

Laboratorium für Fermente und Organsubstanzen, Otto Nordwald (Hamburg 50, Heinrichstr. 5)

Deutsche Kulturensammlung Göttingen, Institut für Mikrobiologie der Universität Göttingen (Göttingen, Grisebachstr. 8)

Zusammenfassende Arbeiten vgl. Windisch (1967), Lapage et al. (1970), Martin und Skerman (1972), Emeis (1973), Clark und Geary (1974), Pridham und Hesseltine (1975), Keune (1978), van Arx und Schipper (1978).

5. Patentschutz für Mikroorganismen

In patentrechtlicher Hinsicht gibt es Schwierigkeiten in bezug auf Mikroorganismen und mikrobielle Verfahren. Nach der Praxis des Patentamtes muß der Mikroorganismus für ein neues Verfahren bei einer wissenschaftlich anerkannten Stelle hinterlegt werden. Diese Hinterlegung ist bei der Patentanmeldung anzugeben. Der Anmelder muß dem Patentamt und nach der ersten Veröffentlichung der Anmeldungsunterlagen den Mikroorganismenstamm auch Interessenten zugänglich machen, damit sich diese Klarheit über den Gegenstand der angemeldeten Erfindung machen können. Es muß Sorge dafür getragen werden, daß das mikrobiologische Material auch nach Ende der Laufzeit des Patents (gegenwärtig 18 Jahre) eine angemessene Zeit der Öffentlichkeit zur Verfügung steht. Die wichtigsten Fragen sind in einem „Budapester Vertrag" geregelt (Vossius, 1978).

Weitere Literatur vgl. Whittenburg (1970), Vossius (1973), Marcus (1975), Pridham und Hesseltine (1975), Irons und Sears (1975), Vossius (1975, 1977).

Literatur

Anke, H., Brillinger, G., Zähner, H.: Forschung aktuell. Biotechnologie. S. 161 – 179. Frankfurt: Umschau 1978

Arx, von, J. A. and Schipper, M. A. A.: Adv. Appl. Microbiol. 24, 215 – 236 (1978)

Beech, F. W., Davenport, R. R.: In: Methods in microbiology. Booth, C. (ed.), Vol. 4, pp. 153 – 182. London, New York: Academic Press 1971

Clark, W. A., Geary, D. H.: Adv. Appl. Microbiol. *17*, 295 – 309 (1974)

Drews, G.: Mikrobiologisches Praktikum für Naturwissenschaftler. Berlin, Heidelberg, New York: Springer 1974

Emeis, C. C.: Dechema Monographien. Rehm, H. J. (Hrsg.), Vol. 71, S. 69 – 78. Weinheim, New York: Chemie 1973

Frommer, W., Schmidt, K. J.: Forschung aktuell. Biotechnologie. S. 150 – 160. Frankfurt: Umschau 1978

Heckly, R. J.: Adv. Appl. Microbiol. *24*, 1 – 53 (1978)

Irons, E. S., Sears, M. H.: Annu. Rev. Microbiol. *29*, 319 – 332 (1975)

Keune, H.: Forschung aktuell. Biotechnologie. S. 250 – 255. Frankfurt: Umschau 1978

Lapage, S. P., Shelton, J. E., Mitchell, T. G.: Methods in microbiol. 3 A. Norris, J. R., Ribbons, D. W., (eds.), pp. 1 – 133, 135 – 228. London, New York: Academic Press 1970

Loutit, M. W. and Miles, J. A. R. (eds.): Microbial Ecology. Berlin, Heidelberg, New York: Springer 1978

Marcus, I.: Adv. Appl. Microbiol. *19*, 77 – 83 (1975)

Martin, S. M.: Annu. Rev. Microbiol. *18*, 1 – 16 (1964)

Martin, S. M., Skerman, V. B. D.: World directory of collections of cultures of microorganisms. New York, London, Sydney, Toronto: Wiley Interscience 1972

Norris, J. R., Ribbons, D. W. (eds.): Methods in microbiology. Vol. 1 – 7 A. London, New York: Academic Press 1969 – 1972

Oberzill, W.: Mikrobiologische Analytik. Nürnberg: Hans Carl 1967

Onions, A. H. S.: In: Methods in microbiology. Booth, C. (ed.), Vol. 4, pp. 113 – 151. London, New York: Academic Press 1971

Perlman, D., Kikuchi, M.: Annu. Rep. Ferment. Process. Perlman, D., Tsao, G. T. (eds.), Vol. I, pp. 41 – 48. London, New York: Academic Press 1977

Pridham, T. G., Hesseltine, C. W.: Adv. Appl. Microbiol. *19*, 1 – 23 (1975)

Rehm, H. J.: Industrielle Mikrobiologie. Berlin, Heidelberg, New York: Springer 1967

Rehm, H. J.: Einführung in die industrielle Mikrobiologie. Berlin, Heidelberg, New York: Springer 1971

Schlegel, H. G. (Hrsg.): Anreicherungskultur und Mutantenauslese. Symp. Göttingen. Stuttgart: Gustav Fischer 1965

Schlegel, H. G., Jannasch, H. W.: Annu. Rev. Microbiol. *21*, 49 – 70 (1967)

Shapton, D. A., Gould, G. W. (eds.): Isolation methods for microbiologists. London, New York: Academic Press 1969

Veldkamp, H.: In: Methods in microbiology 3 A. Norris, J. R., Ribbons, D. W. (eds.), pp. 305 – 361. London, New York: Academic Press 1970

Vossius, V.: GRUR *75*, 159 – 165 (1973)

Vossius, V.: GRUR 477 – 480 (1975)

Vossius, V.: GRUR 74 – 83 (1977)

Vossius, V.: Int. Patent Strategy Conf. Amsterdam 1978

Wallhäußer, K. H., Schmidt, H.: Sterilisation. Desinfektion. Konservierung. Chemotherapie. Stuttgart: Georg Thieme 1967

Whittenburg, J. V.: Adv. Appl. Microbiol. *13*, 383 – 398 (1970)

Windisch, S.: 3. Symp. Techn. Mikrobiol. Berlin. pp. 233 – 236. Stuttgart: Gustav Fischer 1967

Zähner, H., Maas, W. K.: Biology of antibiotics. Berlin, Heidelberg, New York: Springer 1972

Kapitel 7 Entwicklungskinetik der Mikroorganismen

1. Diskontinuierliche Kultur

Für die Entwicklung von Mikroorganismen lassen sich bestimmte Gesetzmäßigkeiten erkennen, mit deren Hilfe es möglich ist, unter bestimmten Voraussetzungen Vorhersagen über die zu erwartenden Zellzahlen und Biomassemengen zu machen (vgl. Painter und Marr, 1968; Fredrickson et al., 1970; Konak, 1975; Bull und Trinci, 1977; Metz und Kossen, 1977; Ishikawa et al., 1977; Roels, 1978; Bleecken, 1979).

Bei der Entwicklung von Bakterien, vieler Hefen und auch vieler mycelbildender Pilze, besonders in Submerszucht, können folgende verschiedene Phasen unterschieden werden (vgl. Abb. 27):

1. Inkubationsphase (A), auch als **lag-Phase** (Anlaufphase) bezeichnet. Sie ist der Übergang vom Ruhestadium bis zur ersten Teilung und dauert je nach Art der Kulturbedingungen unterschiedliche Zeit, in der sich praktisch keine Zellteilung feststellen läßt. In dieser Phase bleibt die eingeimpfte Zellzahl gleich. Es werden aus dem Substrat Wasser und Nährstoffe aufgenommen, es finden RNA-, Ribosomensowie Proteinsynthesen, besonders Enzymsynthesen statt, so daß sich Naß- und auch Trockengewicht der Kultur erhöhen. Wichtige Enzyme werden durch das Substrat induziert. Die Dauer dieser Phase läßt sich zumeist nur empirisch bestimmen. Sie ist von der Impfmenge, dem Alter des Impfmaterials (ob dies z. B. aus einer lag- oder log-Phase stammt), der Eignung des Nährsubstrates u. v. a. Bedingungen abhängig.

2. Accelerationsphase (B). In dieser Zeit beginnt die Entwicklung, verläuft aber langsam und nicht nach einer Exponentialgleichung. Es finden Zellteilungen statt.

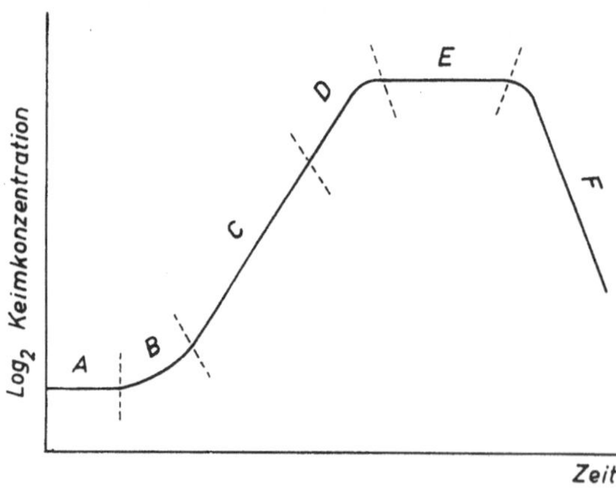

Abb. 27. Verschiedene Entwicklungsphasen von Bakterien. Erklärung im Text

Der DNA-Gehalt erhöht sich. Weitere Enzyme werden induziert. Bestimmte Regulationseffekte, z. B. Diauxie, Katabolitrepression (vgl. Kap. 5) werden augenscheinlich. Die RNA-Konzentration erhöht sich in den Zellen wesentlich. Vielfach werden Phase A und B zusammen betrachtet. Eine Berechnung der Phase B ist schwierig und wenig versucht worden. Bei Bakterien ist die Anlaufzeit T_{lag} (Phase A und B) das Zeitintervall zwischen dem Zeitpunkt der Impfung und dem Zeitpunkt, an dem die Kultur die Phase C beginnt. Durch Vergleich einer Kultur mit bekannter Anlaufzeit und einer Kultur mit unbekannter Anlaufzeit läßt sich ein sog. L-Wert be-

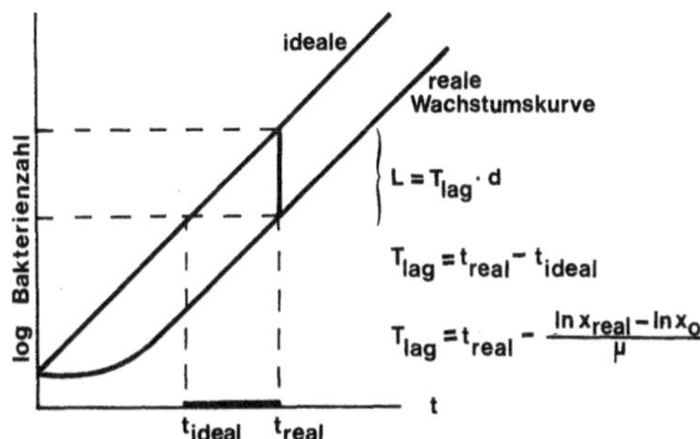

Abb. 28. Anlaufzeit einer Bakterienkultur (nach Schlegel, 1976). Erklärungen im Text

stimmen. Dieser gibt an, um wie viele Verdoppelungen (d) eine reale Kultur im Vergleich zu einer ideal exponentiell gewachsenen Kultur im Rückstand ist (Abb. 28).

$$L = T_{lag} \cdot d$$

3. Exponentielle (logarithmische) Entwicklungsphase (log-Phase) (C). Für dieses Stadium gelten die angeführten Gleichungen (8 und 9). Die Wachstumsgeschwindigkeit ist praktisch konstant, und die Vermehrung findet nach einer geometrischen Progression statt. DNA wird relativ zur RNA in großer Menge gebildet. Die Zellen sind zumeist etwas kleiner als in den anderen Phasen, so daß auch das Trockengewicht in Abhängigkeit von der Zellzahl häufig anders ist als in anderen Phasen. Der Proteingehalt ist im Verhältnis zum DNA/RNA-Gehalt niedriger als in anderen Phasen. Die in der exponentiellen Wachstumsphase vor sich gehenden Zellvermehrungen lassen sich rechnerisch gut erfassen. Unter optimalen Bedingungen können sich bestimmte Bakterien schon in 15 min einmal teilen. Wenn ein Substrat z. B. etwa 10 000 Keime enthält, kann es 15 min nach Beginn des exponentiellen Wachstums 20 000, nach 1 Std. 160 000 und nach 2 Std. 2,56 Mill. Keime enthalten.

Die Zeit zur Vermehrung einer Generation (Generationszeit) sei g, die Gesamtzeit in der bestimmte Generationen entstehen t und die Anzahl der Generationen n. Zwischen diesen Werten besteht die folgende Beziehung:

$$g = \frac{t}{n} = \frac{1}{v} \quad \text{oder} \quad n = \frac{t}{g} \tag{1}$$

Dabei ist v die Anzahl der Zellteilungen pro Stunde, auch als Teilungsrate bezeichnet.

Wie an dem Zahlenbeispiel der Bakterienvermehrung gezeigt wurde, geht die Vermehrung von N_0 Bakterien folgendermaßen vor sich:

$$N_0 \rightarrow 2\,N_0 \rightarrow 2\,{}^2N_0 \rightarrow 2\,{}^3N_0 \rightarrow 2\,{}^4N_0 ----- \rightarrow 2\,{}^nN_0$$

Oft ist die Anzahl von Bakterien N, die von n Generationen gebildet wird, zu bestimmen:

$$N = N_0 \cdot 2^n \tag{2}$$

Löst man die Gleichung nach n auf, so ergibt sich:

$$n = \frac{\lg N - \lg N_0}{\lg 2}$$

Den Wert für n kann man in die Gleichung (1) einsetzen, so daß man eine Gleichung erhält, aus der man die Generationszeit, aber auch die Anzahl der Bakterien, die sich in einer bestimmten Zeit gebildet haben, berechnen kann.

$$g = \frac{t \cdot \lg 2}{\lg N - \lg N_0} \tag{3}$$

N_0 kann experimentell durch Zählung der Kultur bei Versuchsbeginn bestimmt werden. N läßt sich ebenso bei Versuchsende bestimmen.

Für die Anzahl der Zellteilungen pro Stunde (Teilungsrate v) ergibt sich:

$$v = \frac{n}{t} = \frac{\lg N - \lg N}{\lg 2 \, (t - t_0)} \tag{4}$$

Die Anzahl der Bakterien läßt sich nach den angegebenen Formeln berechnen. Vielfach interessiert aber die spezifische Wachstumsrate der Bakterien, also die Vergrößerung der Masse der Bakterien pro Zeiteinheit pro Bakterienmasseneinheit. Hierfür gilt:

$$\frac{dX^0}{dt} = \mu \cdot X_0^0 \text{ oder in der integrierten Form: } X^0 = X_0^0 \, e^{\mu t} \tag{5}$$

oder

$$\ln \frac{X^0}{X_0^0} = \mu \cdot t \tag{6}$$

X^0 ist die Konzentration der Organismen (zumeist Trockengewicht pro Liter der Kultur oder Dichte). X_0^0 ist die Anfangskonzentration der Mikroorganismen bei Versuchsbeginn (Zeit = 0). t ist die Zeit in Stunden, und μ ist die Wachstumsrate während der exponentiellen Phase.

Die Zeit, die notwendig ist, um die Bakterienmasse zu verdoppeln (Verdoppelungszeit = t_d) leitet sich aus der Gleichung (6) ab: Sie ist

$$t_d = \frac{\ln 2}{\mu} = \frac{0{,}693}{\mu} \tag{7}$$

Die Geschwindigkeit des Zellwachstums in der exponentiellen Wachstumsphase ist die exponentielle Wachstumsrate (auch als konstante Wachstumsrate = μ bezeichnet). Sie wird aus den Bakterienmassen X_0^0 und X^0 zu den Zeiten t (beliebige Zeit in der exponentiellen Wachstumsphase) und t_0 (Anfangszeit) berechnet:

$$\mu = \frac{\ln X^0 - \ln X_0^0}{t - t_0} \tag{8}$$

oder umgerechnet:

$$\mu = \frac{\lg X^0 - \lg X_0^0}{\lg e \, (t - t_0)} \qquad \lg e = 0{,}43429. \tag{9}$$

4. Übergangsphase (D). In dieser Phase ist die Geschwindigkeit der Zellvermehrung nicht mehr exponentiell, es werden aber immer noch mehr neue Zellen gebildet, als Zellen absterben. Die Biomasse nimmt noch zu.

Ursachen zum Übergang von der exponentiellen Entwicklung in eine langsamere Vermehrungsphase sind z. B. Bildung toxischer Stoffwechselprodukte, Substraterschöpfung, Verminderung des O_2-Angebotes durch zu hohe Viskosität, zu hohe Populationsdichte der Kultur u. v. a. Parameter.

Die Zellen sind häufig schon in ihrem Alter sehr unterschiedlich. Neben kleinen, sich noch exponentiell teilenden Zellen befinden sich schon größere, sich nicht oder nur noch langsam teilende Zellen mit geringerem DNA-Gehalt, aber höherem Proteingehalt sowie tote Zellen im Substrat.

5. Stationäre Phase (E). In dieser Phase ist ein Gleichgewicht zwischen neugebildeten Zellen und absterbenden Zellen erreicht. Die Zellzahl bleibt also konstant. Der Zustand der Zellen ist der Phase D entsprechend ähnlich. Häufig ist der Stoffwechsel hier – wie besonders auch in Phase F – vom Katabolismus zum Anabolismus umreguliert. Es werden z. B. manche C_2-Verbindungen nicht mehr zur Fettsäuresynthese, sondern zur Biosynthese von sekundären Produkten verwendet. Will man sekundäre Produkte produzieren, wird diese Phase – oft auch Phase F – möglichst lange hinausgezögert (vgl. z. B. Kap. 28).

6. Letale Phase (Absterbephase) (F). Es sterben mehr Zellen ab als neu gebildet werden. Durch Autolyse verringert sich die Dichte der Kultur. Diese Phase ist schwierig zu berechnen. Es können sprunghaft Instabilitäten auftreten (vgl. Jakubith, 1973). Viele sekundäre Produkte werden gebildet oder, besonders bei mycelbildenden Mikroorganismen, durch die eintretende Autolyse ins Substrat abgegeben.

Der gesamte Ertrag X_E ist die Differenz zwischen der Anfangsmasse (X_0^0) und der maximalen Mikroorganismenmasse (X_{max}) also:

$$X_E = X_{max} - X_0^0 \quad \text{(Angabe in g TG)}$$

Der Ertragskoeffizient Y ist das Verhältnis des Ertrags (X) zum Substratverbrauch (S) also:

$$Y = \frac{X}{S} \quad \begin{array}{l} \text{(in g TG)} \\ \text{(in g)} \end{array}$$

Der molare Ertragskoeffizient Y (g/Mol) ist

$$Y_M = \frac{X}{S} \quad \begin{array}{l} \text{(in g TG)} \\ \text{(in Mol)} \end{array}$$

Der Energieertragskoeffizient Y_{ATP} (g/Mol ATP) wird für die Ausnutzung der im Substrat vorhandenen Energie verwendet:

$$Y_{ATP} = \frac{X}{S} \quad \begin{array}{l} \text{(in g TG)} \\ \text{(in Mol/ATP)} \end{array}$$

Saccharomyces cerevisiae bildet z. B. aus Glucose $Y_M = 20$ bei der Gärung, also aus 1 Mol Glucose 2 ATP, so daß der $Y_{ATP} = 10$ ist.

Über den mikrobiellen Stoffwechsel ist von Roels und Kossen (1978) ein umfangreiches Modell entwickelt und berechnet worden.

2. Grundlagen der kontinuierlichen Mikroorganismenzucht

Für die Vermehrung von Bakterien in diskontinuierlicher Kultur können biologische Konstanten ermittelt werden, die für die Berechnung der Mikroorganismen in kontinuierlicher Kultur im „steady state" der log-Phase von Bedeutung sind.

Die bei einer gegebenen Zellenzahl meßbare Bakterienvermehrungsgeschwindigkeit in einem Fermenter ist $\dfrac{dx}{dt}$ (Bakterienzahl x als Funktion der Zeit t). Die spezifische Zunahmegeschwindigkeit μ (Wachstumsrate) ist abhängig von der Generationszeit t_g der verwendeten Mikroorganismen. Es besteht die folgende Beziehung:

$$\mu = \frac{1}{x} \cdot \frac{dx}{dt} = \frac{\log e^2}{t_g}$$

Die Gleichung gilt nur für den Fall, daß immer genügend Nährstoffe im Substrat vorliegen. Zwischen μ und einer unentbehrlichen Nährstoffkomponenten besteht ein einfacher Zusammenhang (Monod, 1960). μ ist der Konzentration des Nährstoffes, wenn dieselbe klein ist, proportional, bei großer Nährstoffkonzentration erreicht μ einen Sättigungswert (Sättigungskonstante $= k_s$; Substratkonzentration $= s$).

$$\mu = \mu_{max} \left(\frac{s}{k_s + s} \right)$$

μ_{max} ist eine Konstante für die Zunahmegeschwindigkeit in Abhängigkeit von hohen Nährstoffkonzentrationen (max = Maximalwert für den Fall, daß die Nährstoffkonzentrationen gesättigt sind).

Die gebildete Zellmasse steht in einem gewissen Nährstoffkonzentrationsbereich in linearem Zusammenhang mit der Nährstoffkonzentration.

$$\frac{dx}{dt} = - y \cdot \frac{ds}{dt}$$

y ist die sog. Ertragskonstante.

In einem kontinuierlichen System fließt das Substrat mit einer beständigen Geschwindigkeit f ein und wird nach einiger Zeit, in der die Mikroorganismen sich im Substrat entwickeln konnten, wieder abgeführt. Im einstufigen Mischfermenter, für den die folgenden Berechnungen gemacht wurden (Literatur vgl. Malek und Fencl, 1966; Holz, 1973; Aiba et al., 1973); bleibt das Volumen V immer konstant. Die Verdünnungsgeschwindigkeit D (auch Verdünnungsrate) ist:

$$D = \frac{f}{V}$$

Die Geschwindigkeit, mit der Mikroorganismen, die in einem Fermenter vorhanden sind, durch die Verdünnung ausgewaschen werden (Auswaschgeschwindigkeit) – vorausgesetzt, daß keine Mikroorganismenentwicklung stattfindet – ist:

$$- \frac{dx}{dt} = D \cdot x$$

Da sich die Mikroorganismen auch vermehren, ist die tatsächliche Gleichgewichtsbeziehung:

Zunahme = Vermehrung – Auswaschen

$$\frac{dx}{dt} = \mu \cdot x - D \cdot x$$

Ein Fließgleichgewicht wird dann erreicht, wenn die Wachstumsrate μ durch die Verdünnungsrate D ausgeglichen wird ($\mu = D$). Dann nehmen die Zelldichte x und die Substratkonzentration s die konstanten Werte von $\bar{x}$ und $\bar{s}$ an (vgl. Pfennig und Jannasch, 1962). Die in den Fermenter eintretende Substratkonzentration ist s_r, die austretende Substratkonzentration $\bar{s}$. Bei einer homogenen Durchmischung des Inhaltes des Fermenters ist

$$\bar{s} = s_r - \frac{\bar{x}}{y}$$

und

$$\bar{s} = k_s \frac{D}{\mu_{max} - D}$$

Die Zelldichte $\bar{x}$ ist in einem Fermenter mit den geschilderten Fließgleichgewichtsbedingungen:

$$\bar{x} = y \left(s_r - k_s \frac{D}{\mu_{max} - D} \right)$$

Durch Veränderungen der Verdünnungsrate D und der einfließenden Substratkonzentration s_r lassen sich innerhalb bestimmter Grenzen beliebige Werte für $\bar{s}$ und $\bar{x}$ einstellen. Wenn s_r und $\bar{s}$ gleich werden, d. h. wenn das einlaufende Substrat gleich dem auslaufenden wird, findet theoretisch keine Mikroorganismenentwicklung mehr statt, die vorhandene Kultur wird ausgewaschen. D wird dann zur kritischen Verdünnungsrate D_c ($\bar{s} = s_r$).

$$D_c = \mu_{max} \frac{s_r}{k_s + s_r}$$

Für jede Verdünnungsrate existiert ein minimaler $\bar{s}$-Wert, der gerade noch ein Wachstum der Kultur (bei minimaler Populationsdichte) zuläßt, und der nur noch um ein geringes kleiner ist als der dazugehörige Wert von s_r. Untersuchungen über die Wachstumsbedingungen von Mikroorganismen bei einem solchen Schwellenwert vgl. Jannasch (1963).

Literatur über weitere Einzelheiten zur Berechnung kontinuierlicher Systeme vgl. Tempest (1970), Sikyta et al. (1973), Anonym (1976), Dean et al. (1976), Veldkamp (1976), Dawson (1977).

Die kontinuierliche Fermentation gibt eine Reihe weiterer Probleme auf. Ein schneller als der Ausgangskeim wachsender Infektionskeim bzw. eine derartige Mutante kann in kurzer Zeit den Ausgangskeim verdrängen. Viele Mikroorganismen verhalten sich in kontinuierlicher und in diskontinuierlicher Kultur vollkommen gleich. Dies gilt auch für die Absonderung von Stoffwechselprodukten. Mischkultursysteme, die in diskontinuierlicher Kultur relativ stabil sind, werden in kontinuierlicher Kultur oft sehr verändert.

Ein interessantes Phänomen, das man z. B. bei *Saccharomyces cerevisiae* in kontinuierlicher Kultur beobachtet hatte, ist das sog. Oscillationsphänomen. Hierbei haben die Hefezellen einen schwankenden Populationszyklus, der pH-Wert ändert sich rhythmisch und damit auch die Wachstumsrate (vgl. Hess, 1973).

3. Gesetzmäßigkeiten bei der Produktbildung

Gesetzmäßigkeiten bei der Produktbildung bedeuten in ihrer Gesamtheit eine Kinetik der Fermentation. Im chemischen Sinne ist Kinetik mit den Reaktionsraten verbunden. Bei Fermentationen sind dies Substratverbrauch, Auftreten des Endproduktes und Bildung von Biomasse. Im folgenden sollen einige Definitionen, wie sie Gaden (vgl. Luedeking, 1967) für die Betrachtung der Kinetik von Fermentationen vorgeschlagen hat, gegeben werden.

Produktivität ist die Endproduktkonzentration, geteilt durch die Zeit von der Beimpfung bis zum Abbruch der diskontinuierlichen Kultur. Ihre Einheiten sind Produktmasse pro Volumeneinheit in der Zeiteinheit.

Eigentlich gehören in die Produktivitätsberechnungen sämtliche Arbeitsgänge eines Fermentationszyklus hinein, vom Reinigen des Fermenters begonnen, über die Sterilisation, das Füllen und Fermentieren im Kessel, bis zum Ausstoß der fertig fermentierten Mikroorganismenlösung. Bei den meisten kinetischen Berechnungen fängt man jedoch erst mit dem Beginn der Beimpfung des Produktionsfermenters an.

Die Fermentationsrate ist die augenblickliche Rate der Konzentrationsveränderung. Zumeist wird hier die Rate der Konzentrationsveränderung des Produktes verwendet. Fermentationsraten können auf zwei Grundlagen definiert werden:

- Auf volumetrischer Basis als volumetrische Raten. Dies sind Gramm des Produktes gebildet pro Liter pro Stunde. Also beispielsweise g Zucker verbraucht pro Liter pro Stunde oder g Zellen gebildet pro Liter pro Stunde.
- Als spezifische Raten, die als Rate der Konzentrationsänderung pro Einheit Zellmaterials definiert werden. Um die spezifische Rate zu erhalten, teilt man die volumetrischen Raten durch die Bakteriendichte. Dann erscheinen die folgenden Einheiten: g des gebildeten Produktes pro Stunde pro g Zellen oder als Beispiel: g Zuckerverbrauch pro Stunde pro g Zellen oder g Zellmaterial gebildet pro Stunde pro g der Zellen (also hier spezifische Wachstumsrate ausgedrückt als Stunde^{-1}).

Fermentationstypen: Es ist schwierig, die vielen verschiedenen Fermentationen sinnvoll zusammenzufassen bzw. zu unterteilen. Viele Fermentationen lassen sich in Bildung primärer Metaboliten, sekundärer Metaboliten und Bildung von Mikroorganismenzellmaterial unterscheiden. Wird die Bildung des Stoffwechselproduktes bzw. des Zellmaterials in Abhängigkeit vom Energiestoffwechsel als Kriterium für die Einteilung verschiedener Fermentationstypen verwendet, so lassen sich mindestens drei Typen unterscheiden (Luedeking, 1967):

Typ I: Das Hauptprodukt erscheint als Ergebnis des primären Energiestoffwechsels. Häufig entsteht das Produkt durch direkte Oxidation der primär vorliegenden Kohlenhydrate, z. B. bei der Vergärung von Glucose zu Äthanol oder zu Milchsäure oder bei der Oxidation von Glucose zu Gluconsäure. Die Bildung von Zellmasse bei Bakterien und Hefen wird in diesen Typ ebenfalls einbezogen.

Es sind also einfache Dissimilationsreaktionen, die durch die folgenden Wege

A → Produkte

oder

A → B → C → Produkte

zu den Produkten führen (vgl. Abb. 29 a). ΔF ist negativ.

Typ II: Das Hauptfermentationsprodukt entsteht auf indirektem Wege aus dem Energiestoffwechsel. Beispiele für diesen Typ sind die Bildung von Citronensäure und Itaconsäure, möglicherweise gehört auch die Bildung vieler Aminosäuren hierher. Der Reaktionsablauf ist komplex, und ein gehemmter oder anormaler Stoffwechsel sind hier vorhanden.

Bei einer Produktsynthese, die in Beziehung zur Kohlenhydratassimilation steht, haben Wachstum und Zuckerverbrauch zwei Maxima, während die Produktbildung nur ein Maximum besitzt (vgl. Abb. 29 b).

Die Kurve der spezifischen Raten zeigt, daß in der ersten Phase Wachstum und Zuckerverwendung in enger Beziehung stehen, während in der zweiten Phase Wachstum und Produktbildung in enger Beziehung zum Zuckerverbrauch stehen (vgl. Abb. 29 b). ΔF ist wiederum negativ. Man kann sich eine Typ II-Fermentation schematisch etwa folgendermaßen vorstellen:

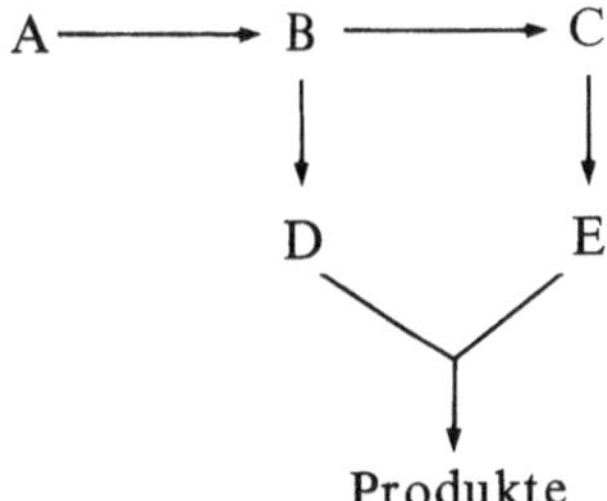

Produkte

Typ III: Das Hauptprodukt wird nicht im primären Energiestoffwechsel gebildet, sondern entsteht unabhängig davon im Stoffwechsel der Mikroorganismenzelle. Die ursprüngliche Penicillin- oder Streptomycinbildung sind Beispiele für diese Fermentationstypen. Bei diesen Fermentationen erreichen Anhäufung der Zellen und der normale Stoffwechsel ihre Maxima in der ersten Phase. Erst in der zweiten Phase erreicht die Produktbildung ihr Maximum. Zumeist ist der oxidative Stoffwechsel gering, wenn die Produktbildung auf ihrem Höhepunkt ist (Abb. 29 c).

Inzwischen ist bei penicillinbildenden Mutanten die Penicillinproduktion jedoch so verändert worden, daß sie eng mit dem primären Stoffwechsel zusammenhängt, also dem Typ I angenähert worden ist.

Bei Fermentationen des Typs III werden komplexe Moleküle aus einfachen Molekülen aufgebaut, es laufen also biosynthetische Prozesse ab. Im Gegensatz dazu werden bei Fermentationen vom Typ I komplexe Moleküle zu einfachen Molekülen abgebaut, es finden hier katabolische Prozesse statt. Fermentationen des Typs II fallen nicht direkt in eine oder die andere dieser Gruppierungen.

Es gibt aber auch Fermentationen, z. B. die Oxytetracyclin-Herstellung, die sich nicht oder nur schwierig in die angegebenen Fermentationstypen eingruppieren las-

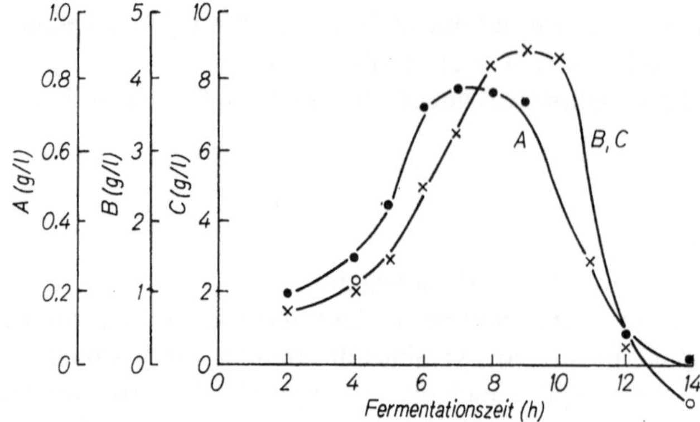

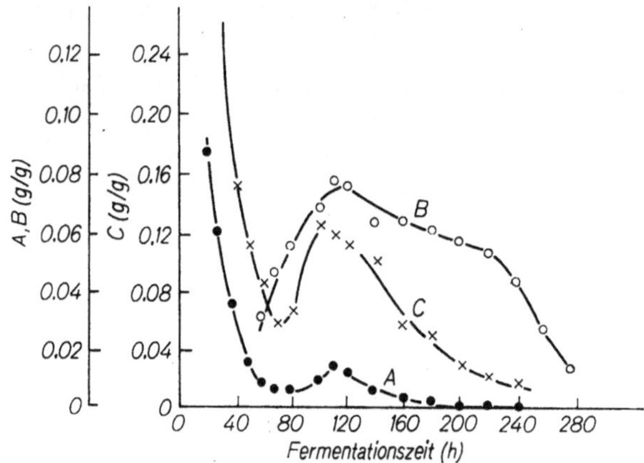

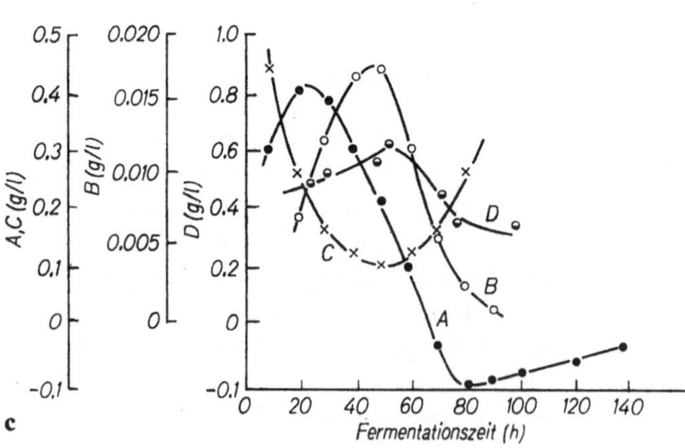

Abb. 29 a – c. **a** Fermentationstyp I: Alkoholische Gärung. Volumetrische Wachstumsraten [gemessen in g/l · (h)]. Zeichenerklärung: *A* Wachstum; *B* Alkoholsynthese; *C* Zuckerverbrauch **b** Fermentationstyp II: Citronensäurebildung. Spezifische Raten [gemessen in g/g · (h)]. Zeichenerklärung: *A* Wachstum; *B* Citronensäurebildung; *C* Zuckerverbrauch **c** Fermentationstyp III: Penicillinbildung. Volumetrische Wachstumsraten [gemessen in g/l · (h)]. Zeichenerklärung: *B* Penicillinsynthese; *D* Sauerstoffaufnahme, weitere Erkl. vgl Abb. 29 a (nach Blakebrough, 1967)

sen. Bei der Oxytetracyclin-Herstellung wird zunächst ein primäres Mycelium, dann ein sekundäres Mycel mit gleichzeitiger Antibioticasynthese gebildet, so daß die hier entstehenden Kurven der Mycelbildung, des Zuckerverbrauchs sowie der Produktbildung einen anderen Verlauf – als bisher dargestellt – haben.

Literatur

Aiba, S., Humphrey, A. E., Millis, N. F.: Biochemical engineering. London, New York: Academic Press 1973

Anonym: J. Appl. Chem. Biotechnol. *26*, 323 (1976)

Blakebrough, N. (ed.): Biochemical and biological engineering science. Vol. 1. London, New York: Academic Press 1967

Bleecken, S.: Populationsdynamik einzelliger Mikroorganismen. Leipzig: VEB Georg Thieme 1979

Bull, A. T., Trinci, A. P. J.: Adv. Microbial Physiol. *15*, 1 – 84 (1977)

Dawson, P. S. S.: In: Annu. Rep. Ferment. Process. Perlman, D., Tsao, G. T. (eds.), Vol. I, pp. 73 – 93. London, New York: Academic Press 1977

Dean, A. C. R., Ellwood, D. C., Evans, C. G. T., Melling, J. (eds.): Continuous culture 6. 6th Int. Symp. Oxford, 1975. Chichester: Ellis Horwood Ltd 1976

Fredrickson, A. G., Megee, R. D. III., Tsuchiya, H. M.: Adv. Appl. Microbiol. *13*, 419 – 465 (1970)

Hess, B.: Dechema Monographien. Technische Biochemie. Rehm, H. J. (Hrsg.), Vol. 71, S. 261 – 276. Weinheim, New York: Chemie 1973

Holz, G.: Dechema Monographien. Technische Biochemie. Rehm, H. J. (Hrsg.), Vol. 71, S. 23 – 36. Weinheim, New York: Chemie 1973

Ishikawa, T., Maruyama, Y., and Matsumiya, H. (eds.): Growth and Differentiation of Microorganisms. Baltimore, Maryland: University Park Press 1977

Jakubith, M.: Dechema Monographien. Technische Biochemie. Rehm, H. J. (Hrsg.), Vol. 71, S. 135 – 154. Weinheim, New York: Chemie 1973

Jannasch, H. W.: Arch. Mikrobiol. *45*, 323 (1963)

Konak, A. R.: Biotechnol. Bioeng. *17*, 271 – 272 (1975)

Luedeking, R.: In: Biochemical and biological engineering science. Blakebrough, N. (ed.), Vol. I, pp. 181 – 243. London, New York: Academic Press 1967

Malek, I., Fencl, Z.: Theoretical and methodological basis of continuous culture of microorganisms. London, New York: Academic Press 1966

Metz, B., Kossen, N. W. F.: Biotechnol. Bioeng. *19*, 781 – 799 (1977)

Monod, J.: Ann. Inst. Pasteur Paris *79*, 390 (1960)

Painter, P. R., Marr, A. G.: Annu. Rev. Microbiol. *22*, 519 – 548 (1968)

Pfennig, N., Jannasch, H. W.: Ergeb. Biol. *25*, 93 (1962)

Roels, J. A.: Dechema Monographien. Vol. 82, S. 221 – 249. Weinheim, New York: Chemie 1978

Roels, J. A., Kossen, N. W. F.: Prog. Ind. Microbiol. *14*, 95 – 203 (1978)

Schlegel, H. G.: Allgemeine Mikrobiologie. Stuttgart: Georg Thieme 1976

Sikyta, B., Prokop, A., Novak, M. (eds.): Biotechnol. Bioeng. Symp. Vol. 4. London, New York, Sydney, Toronto: John Wiley & Sons 1973/74

Tempest, D. W.: In: Methods in microbiology. Norris, J. R., Ribbons, D. W. (eds.), Vol. 2, pp. 259 – 276. London, New York: Academic Press 1970

Veldkamp, H.: In: Continuous culture in microbial physiology and ecology. Durham: Meadowfield Press Ltd. 1976

Kapitel 8   Die Abschnitte der Fermentation

1. Allgemeines

Biotechnologische Fermentationen sind chemisch-technischen Verfahren sehr ähnlich. Allerdings ist das „biologische Reaktionsgemisch" z. T. außerordentlich komplex. Die meisten Fermentationsverfahren sind aus bekannten chemisch-technischen Verfahren entwickelt worden, und erst seit einigen Jahren ist man dabei, grundsätzlich neue Verfahren für biotechnologische Reaktionen auszuarbeiten. Es ist also viel bekanntes Wissen aus der technischen Chemie, der Verfahrenstechnik und der physikalischen Chemie in die biotechnologische Verfahrenstechnik eingegangen. Diesbezüglich sei auf die einschlägige Literatur verwiesen (Aiba et al., 1973; Patat und Kirchner, 1975; Ullmann, 1972 – ff.; Lafferty et al., 1981; Rehm und Reed, 1980 – ff.). Viele weitere Hinweise auf apparative Einrichtungen für biotechnologische Verfahren vgl. Kretzschmar (1968), Steel und Miller (1970), Solomons (1971), Atkinson (1974), Ullmann (1972 – ff.), Perry und Chilton (1973).

Bei sämtlichen Vorgängen sind die biologischen Bedingungen zu berücksichtigen, z. B. daß bei der pH-Wert-Steuerung ein Zuviel von Säure oder Lauge das ganze biologische System im Fermenter irreversibel schädigt und damit die Fermentation abbricht, daß die Scherkräfte beim Rührvorgang wesentliche Veränderungen der Mikroorganismen oder der Zellkultur hervorrufen können, die u. U. eine Stoffbildung verhindern, daß Fremdinfektionen den reagierenden Mikroorganismus völlig unterdrücken können, wie z. B. Phageninfektionen bei Butanol-Aceton-Fermentationen, u. v. a. Einflüsse auf diese Systeme, die bei chemisch-technischen Fermentationen unbekannt sind.

Sämtliche Schritte des Verfahrens wirken sich auf die Wirtschaftlichkeit aus (Nyiri und Charles, 1977).

2. Übersicht über den Ablauf biotechnologischer Verfahren

Biotechnologische Verfahren haben in vielen Fällen einen relativ ähnlichen Verlauf, wobei je nach Verfahren auf bestimmte Schritte verzichtet werden kann. Die Abb. 30 zeigt den Grundablauf vieler biotechnologischer Verfahren.

Das Schema zeigt, daß die eigentliche Fermentation, die vielfach frei von Fremdkeimen geführt wird, nur einen Teil des gesamten Verfahrens darstellt. Bioreaktoren werden im Kap. 9 dargestellt.

3. Substrate und Herstellung des Fermentationsmediums

Technische Substrate wurden bereits im Kap. 2 beschrieben, ebenso die Reinigung, z. B. durch Klärung oder Zentrifugation. Ein Aufschluß, so z. B. Verkleisterung der

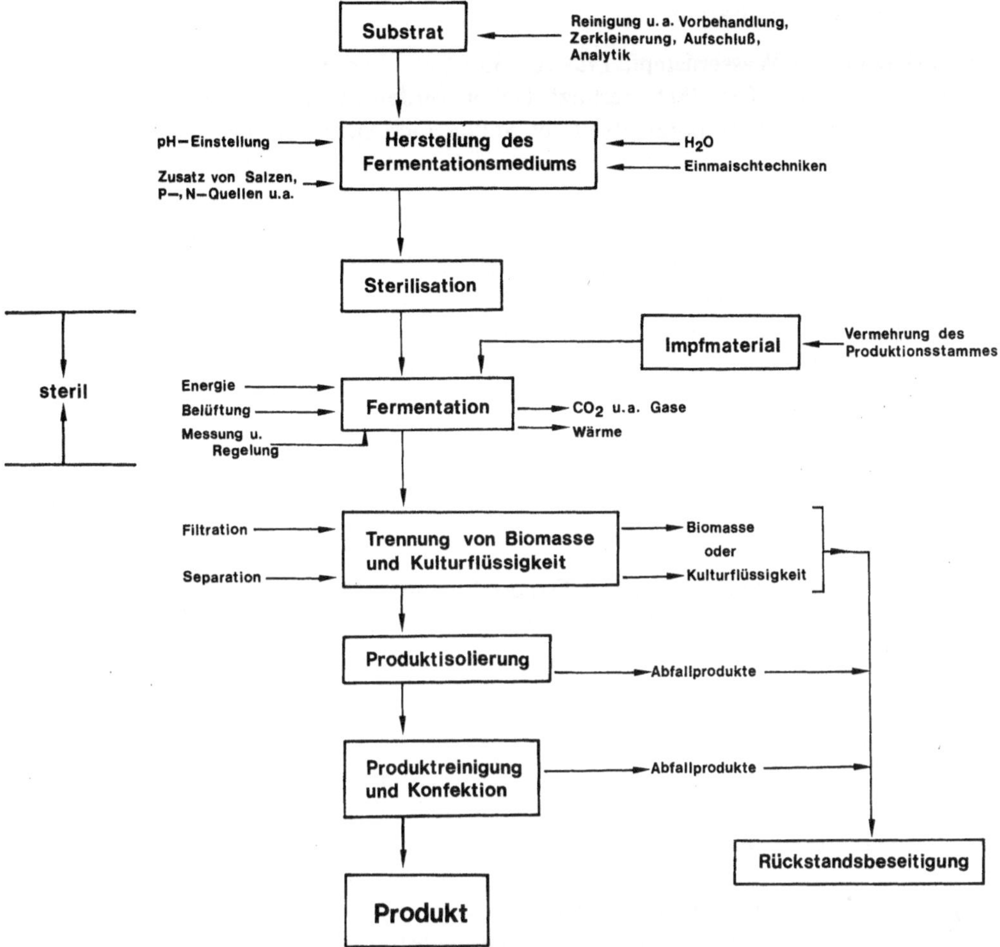

Abb. 30. Grundsätzlicher Ablauf vieler biotechnologischer Verfahren

Stärke vgl. Kap. 19. Vielfach wird das Substrat, etwa wenn es sich um Getreidekörner handelt, zerkleinert, z. B. geschrotet, emulgiert, aufgeschlämmt oder echt gelöst (vgl. Kap. 2).

Bei der Herstellung des Fermentationsmediums (Einmaischen) werden zumeist in Rührkesseln weitere Substanzen wie N- und P-Quellen, weitere Mineralsalze u. a. zugesetzt. Häufig wird erhitzt, so daß die Einmaischbottiche mit geeigneten Vorrichtungen ausgerüstet sein müssen (vgl. z. B. Kap. 33).

4. Sterilisation

Geräte, Apparaturen, Substrate sowie Luft müssen bei Fermentationsprozessen in vielen Fällen keimfrei gemacht werden. Die Sterilisationswirkung wird durch Abtötung bestimmter Indikatormikroorganismen in der Praxis vielfach kontrolliert (Kereluk und Gammon, 1974). Übersichten über Sterilisationstechniken vgl. Richards (1968), Sykes (1969), Gaughran (1973), Stumbo (1976), Wallhäußer (1978).

a) Thermische Sterilisation

α) Erhitzung im Wasserdampf. Flüssige Substrate werden im Wasserdampf auf Temperaturen von fast 100 °C erhitzt. Dabei werden nur die vegetativen Keime, nicht aber die *Bacillus*-Sporen abgetötet. Sollen auch Sporenbildner abgetötet werden, so muß fraktioniert sterilisiert werden, d. h. nach einer 30minütigen Erhitzung bei 100 °C läßt man die zu sterilisierenden Substrate mindestens vier Stunden bei Zimmertemperatur stehen, so daß die vorhandenen Sporen auskeimen. Ein zweites Erhitzen tötet die ausgekeimten Sporen ab. Zur Sicherheit wird nach einer gewissen Zeit nochmals erhitzt. Die Zeitintervalle zwischen den einzelnen Erhitzungen dürfen nicht zu lang sein, damit die ausgekeimten Sporen nicht wieder neue Sporen gebildet haben. Man kennt diese fraktionierte, diskontinuierliche Sterilisation bereits seit über 100 Jahren unter dem Namen Tyndallisation.

Nicht immer ist es notwendig, sämtliche Keime abzutöten, sondern es muß nur eine Teilentkeimung vorgenommen werden. Dies geschieht durch Temperaturen unter 100 °C. Eine solche Teilentkeimung bezeichnet man als Pasteurisation. Milch wird z. B. auf diese Weise pasteurisiert:

Erhitzung auf 62 °C für 30 min = Dauererhitzung
Erhitzung auf 71,5 °C – 74 °C für 20 sec = Kurzzeiterhitzung
Erhitzung auf 85 °C – 87 °C für 3 sec – 5 sec = Hocherhitzung.

Viele feste Substrate, z. B. zur Champignonzucht, z. T. auch zur Citronensäureherstellung und zur Herstellung mancher technischen Enzyme, werden nur mit Wasserdampf pasteurisiert. Dabei werden die meisten vegetativen Keime der Bakterien, aber auch die weitaus größte Zahl der Hefen und Schimmelpilze, die schon bei < 80 °C absterben, abgetötet.

β) Sterilisation durch Dampf unter Überdruck. In vielen Fällen müssen mit einmaliger Sterilisation sämtliche Keime aus dem Substrat abgetötet werden. Das geschieht durch Anwendung feuchter Hitze unter Überdruck, z. B. im sog. Autoklaven. In diesem Überdruckgefäß wird das Sterilisationsgut im Wasserdampf unter Druck auf Temperaturen > 100 °C erhitzt. Durch eine Erhitzung von 30 min (meist schon von 20 min) bei 120 °C im Wasserdampf werden die meisten *Bacillus*-Sporen abgetötet bzw. so denaturiert, daß sie sich nicht mehr vermehren können.

Mit gespanntem Dampf werden Fermenter, Nährlösungskocher, Zu- und Ableitungen sowie viele andere zur technischen Fermentation gehörenden Geräte sterilisiert. Die Nährlösung wird vielfach in konzentriertem Zustand in den Fermenter gegeben und dann durch Einleiten von gespanntem Dampf, der in der Nährlösung bzw. im Fermenter kondensiert, auf die gewünschte Menge aufgefüllt und dabei sterilisiert. In anderen Fällen wird die Nährlösung im Durchlauferhitzer kontinuierlich sterilisiert (vgl. Abb. 31). In den Wärmeaustauschern werden die unsterile kalte Nährlösung (durchgezogene Linien) und die bereits sterilisierte heiße Nährlösung (gestrichelte Linien) im Gegenstrom zum Wärmeaustausch aneinander vorbei geleitet. Die hauptsächliche Erhitzung erfolgt im Heißhalter.

Für die kontinuierliche Sterilisation von Flüssigkeiten ergeben sich andere Temperatur-Zeitbeziehungen als für die diskontinuierlichen Sterilisationen (vgl. Abb. 32).

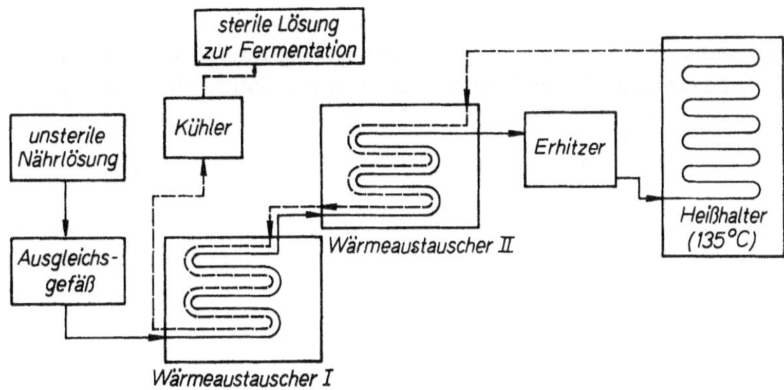

Abb. 31. Schema einer kontinuierlichen Durchlaufsterilisationsanlage

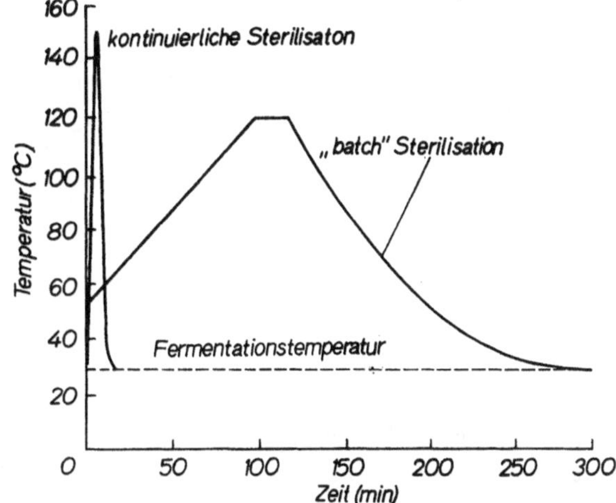

Abb. 32. Temperatur-Zeitbeziehung für kontinuierliche und diskontinuierliche Sterilisation (nach Blakebrough, 1968)

Für die Abtötung der Mikroorganismen durch feuchte Hitze gelten im Prinzip die gleichen Gesetze, wie sie im folgenden für die Abtötung durch trockene Hitze angeführt werden.

Mit feuchter Hitze sterilisiert man Flüssigkeiten und Geräte, die eine längere trockene Hitzeeinwirkung nicht aushalten oder bei denen eine Anwendung hoher Temperaturen nicht möglich ist.

Der Abtötungseffekt ist z. B. abhängig vom Vorhandensein von Ionen, dem pH-Wert der Lösung oder vom Gehalt an Zuckern, ganz besonders aber auch von der zu Beginn der Erhitzung im Substrat vorliegenden Keimzahl (Abb. 33). Für praktische Zwecke läßt sich der Absterbevorgang der Mikroorganismen folgendermaßen formulieren:

$$K = \frac{1}{t} \log \frac{N_0 \, (\text{Anfangskeimgehalt})}{N_t \, (\text{Zahl der überlebenden Keime})}$$

t ist die Dauer der Temperatureinwirkung. Die Konstante K ist für jeden Mikroorganismus charakteristisch und von den oben bereits erwähnten Bedingungen wie pH, Substratzusammensetzung etc. abhängig. Die Bakterienmenge wird in einem

Substrat also nicht in einem Augenblick völlig abgetötet, sondern die Abtötungszeit muß um so länger sein, je mehr Keime zu Beginn der Sterilisation vorhanden sind.

Eine einfache Formel zur Berechnung der Sterilisationszeit vgl. Bigelow (1921):

$$\log \frac{t_d}{F} = \frac{T - 121°}{Z}$$

F = Zahl der Minuten, um einen Mikroorganismus bei 121 °C abzutöten, T = Temperatur unter den betreffenden Versuchsbedingungen, Z = Temperatur, die notwen-

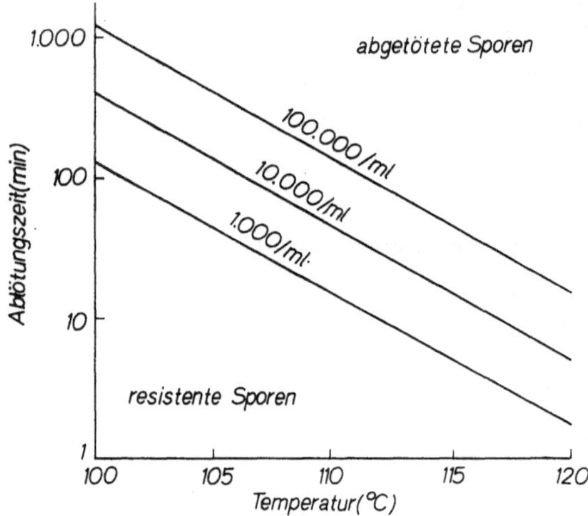

Abb. 33. Hitzeresistenz von *Bacillus*-Sporen mit unterschiedlichem Anfangskeimgehalt (nach Desrosier, 1959, S. 190)

dig ist, um eine Inaktivierung auf das Zehnfache zu steigern, t_d = Zeit in Minuten, die nötig ist, um die Mikroorganismen unter den vorliegenden Bedingungen abzutöten. Aus dieser Beziehung lassen sich Werte, die sich nicht experimentell bestimmen lassen, innerhalb bestimmter Grenzen ausrechnen.

γ) **Sterilisation durch trockene Hitze.** Da trockene Hitze von *Bacillus*-Sporen wesentlich besser und länger ertragen wird als feuchte Hitze, bei der die Sporen durch die Quellung empfindlicher werden, müssen hier höhere Temperaturen angewandt werden. Im allgemeinen genügt eine Erhitzung von 2 Stunden bei 160 °C oder 30 min – 60 min bei 180 °C, um sämtliche vorhandenen Keime abzutöten, vorausgesetzt, daß das Material wirklich trocken ist. Man verwendet diese Methode, um hitzeunempfindliche Geräte, z. B. Glasgefäße etc. zu sterilisieren.

Durch die klassische Gleichung von Arrhenius ist die Beziehung zwischen der Abtötungsrate bakterieller Sporen und der Temperatur gegeben (vgl. Rhodes und Fletcher, 1967):

$$\frac{d \ln k}{dT} = \frac{E}{RT^2}$$

$$\ln k = \frac{-E}{RT} + \text{const.}$$

$$\lg \cdot k = \frac{-E}{2{,}3 \, RT} + A$$

T = Absolute Temperatur ($^{\circ}$K)
E = Aktivierungsenergie für chemische Veränderungen in der Spore (in J/Mol)
R = Universale Gaskonstante (J/Mol $^{\circ}$C)
k = Geschwindigkeitskonstante bei der Temperatur T$^{\circ}$K der Reaktion, bei der die Sporen abgetötet werden (sec^{-1})
A = Konstante

Bei *Bacillus globigii* wurde eine annähernde Aktivierungsenergie von 46kJ/Mol und ein Wert für A von 5,26 gefunden. Hieraus kann man schließen, daß es sich bei der Heißluftsterilisation um eine chemische Reaktion erster Ordnung handelt.

Die Abtötung der Mikroorganismen in Abhängigkeit von der Temperatur und von der Zahl der Mikroorganismen ergibt die folgende Differentialgleichung:

$$\frac{dN_t}{dt} = N_t k \text{ oder } N_t = N_0 \exp^{-kt}$$

N_t = Zahl der Bakterien zu einer Zeit t, N_0 = Zahl der Bakterien zur Zeit t = 0;
Daraus ergibt sich:

$$k = \frac{(\lg N_0 - \lg N_t) \cdot 2{,}303}{t}$$

$$k = \frac{(2 - \lg P) \cdot 2{,}303}{t}$$

P = Prozent der Mikroorganismen, welche die Hitzebehandlung nach einer Zeit t überlebt haben, zahlenmäßig ist sie gleich 100 N_t/N_0.

Es gibt eine Reihe biologischer Indikatoren, die eine Sterilisation, besonders Hitzesterilisation anzeigen (Bruch, 1973). Mathematische Grundlagen der Sterilitätsprüfung wurden kürzlich von Spicher und Peters (1975) zusammengefaßt. Über den Mechanismus der thermalen Resistenz nicht-sporulierender Bakterien vgl. Allwood und Russell (1970), über den der Hitze-Resistenz von *Bacillus*-Endosporen vgl. Gould und Dring (1974).

b) Kalt-Sterilisations-Techniken

Techniken zur Kaltsterilisation etwa von Substraten sind z. B. Filtrationen (vgl. S. 89). Es gibt aber auch Möglichkeiten durch Begasung von festen Substraten eine Kaltsterilisation durchzuführen. Es sei auf die Übersicht von Opfell und Miller (1965) hingewiesen.

c) Sterilisation (Desinfektion) durch chemische Substanzen

Gasförmige, flüssige oder als Puder verarbeitete Desinfektionsmittel werden zur Entkeimung von Räumen, Leitungen, Apparaten und Tanks angewandt (vgl. Borick, 1968; Davis, 1968; Lück, 1977; Wallhäußer, 1978).

Äthylenoxid bildet mit Luft explosive Gemische und wird daher zumeist in Mischung mit CO_2 angewandt. Die Abtötung der Mikroorganismen ist sehr von den Sterilisationsbedingungen (Druck, Temperatur, Feuchtigkeitsgehalt) abhängig (Ernst und Doyle, 1968).

Die antimikrobielle Wirkung beruht auf einer intensiven Alkylierung einfacher organischer Verbindungen oder Proteine. In Gegenwart eines labilen Wasserstoffatoms spaltet der dreigliedrige Ring des Äthylenoxids, es bildet sich ein CH_2CH_2OH-Radikal, das an die Stelle des labilen Wasserstoffs (in der organischen Verbindung) tritt (Kereluk und Gammon, 1973). Äthylenoxid dringt im Gegensatz zum Formaldehyd schnell in lockeres Material ein. Es eignet sich z. B. gut zur Sterilisation von Kunststoffmaterialien wie Petrischalen, Spritzen, Filtern u. v. a. (vgl. Gammon, 1975; Whitbourne und West, 1975).

Formaldehyd wird viel zur Raumdesinfektion angewandt (meist 1 mg Formaldehyd/l Luft). Es besitzt nur geringe Diffusionsfähigkeit, so daß meistens nur die Oberflächen desinfiziert werden und wirkt durch seine große Reaktionsfähigkeit mit Aminosäuren und Proteinen antimikrobiell.

Schweflige Säure wird zur Desinfektion von Fässern bei der Weinherstellung verwendet und oft durch Abbrennen von Schwefel erzeugt. Bei der Mostbehandlung soll schweflige Säure störende Schimmelpilze und Bakterien unterdrücken, während die erwünschten Gärhefen weniger durch schweflige Säure beeinflußt werden. Sie wirkt u. a. durch Adduktbildung mit NAD^+ und hemmt dadurch die NAD-abhängigen Reaktionen.

Kohlensäure wird zur Verdrängung von O_2 und damit auch zur Unterbindung der Entwicklung aerober Mikroorganismen bei anaeroben Verfahren (ebenso wie auch N_2) verwendet. Literatur über die antimikrobielle Wirkung vgl. Lück (1977).

Phenolische Verbindungen werden in manchen Laboratorien – weniger in technischen Räumen – zur Fußbodensterilisation angewandt. Die antimikrobielle Wirkung beruht vor allem auf Denaturierung von Proteinen und Lösung von Lipiden und Polysacchariden, besonders in der Zellwand und in der Zellmembran.

Verschiedene aktivchlorhaltige Verbindungen werden zur Desinfektion von Tanks und Leitungen, besonders in Brauereien und Molkereien, verwendet. Hier kommen z. B. Chloramin mit etwa 25% Aktivchlorgehalt, Hypochlorite und Chlorkalk mit 25% – 40% Aktivchlorgehalt zur Verwendung.

Die antimikrobielle Wirkung des Chlors beruht auf der Bildung von unterchloriger Säure und Sauerstoff, die zur Denaturierung von Zelleiweißen bzw. zu Oxidationen führen.

$$Cl_2 + H_2O \rightleftharpoons HOCl + HCl$$

$$2\,HOCl \rightarrow 2\,HCl + 2\,O$$

Weiterhin sind oberflächenaktive Verbindungen zur Desinfektion von Tanks, Leitungen, Schläuchen und anderen apparativen Einrichtungen bedeutungsvoll. Hierzu gehören die quaternären Ammoniumverbindungen. Es sind kationische Verbindungen folgenden Typus:

$$\left[\begin{array}{c} CH_3 \\ | \\ R-N^+-CH_3 \\ | \\ CH_3 \end{array} \right]^+ Cl^-$$

Die langkettigen Fettamine (12 – 16 C-Atome) und ihre Salze sind antimikrobiell sehr wirksam.

Weitere oberflächenaktive Verbindungen sind die amphoteren Substanzen etwa des folgenden Typus:

$$R - N \underset{CH_2 - COOH}{\overset{H}{<}}$$

Oberflächenaktive Substanzen (Detergentien) schädigen ebenso wie die phenolischen Verbindungen die Permeabilität der Cytoplasmamembran. Sie bestehen aus lipophilen und hydrophilen ionisierten Gruppen, die sich an den polarstrukturierten Lipoprotein-Membranen der Bakterien anlagern und sie dadurch funktionsuntüchtig machen.

Chemische Sterilisationsmethoden werden häufig mit thermischen Methoden kombiniert (Hal'Ama, 1974).

d) Sterilisation durch Bestrahlung

In vielen Betrieben verwendet man UV-Strahlen im Bereich von 240 nm bis 280 nm zur Luftentkeimung. *Bacillus*-Sporen, aber auch Pilzkonidien sind relativ resistent gegen eine derartige Bestrahlung. In Korridoren, Impfräumen und besonders in Räumen, in denen eine sterile Abfüllung (z. B. von Antibiotica) durchgeführt wird, findet man häufig eine solche UV-Entkeimung.

Ionisierende Strahlen, also Röntgenstrahlen oder Gammastrahlen aus ^{60}Co oder ^{137}Cs eignen sich zur Sterilisation vieler Behältnisse, z. B. von verpackten Geräten und Gaze und werden in manchen mikrobiologischen Betrieben angewandt.

Zur Abtötung von Mikroorganismen gelten 10^5 rep $- 10^6$ rep für Hefen und Schimmelpilze, 10^5 rep $- 5 \cdot 10^5$ rep für vegetative Bakterien und 10^6 rep $- 4 \cdot 10^6$ rep für *Bacillus*-Sporen.

e) Entkeimung durch Filtration

Mikrooganismen lassen sich aus Gasen oder Flüssigkeiten durch Filtration entfernen, wenn entweder bakteriendichte Filter (z. B. aus Cellulose, Glassinter, Porzellan o. ä.) oder aber größerporige Filter mit dickerer Schicht (z. B. aus Glaswolle, Watte, Aktivkohle), bei denen die Wahrscheinlichkeit eines Durchwanderns von Keimen praktisch gleich Null ist, verwendet werden. Die ersteren Filter eignen sich für Flüssigkeits- und auch z. T. für Luftentkeimung, die letzteren sind besonders zur Luftentkeimung geeignet und werden fast ausschließlich zur Luftsterilisation von Fermentern verwendet (Abb. 34).

Die Keime aus der Luft werden an den Fasern der dichten Filter adsorptiv festgehalten. Die Filtrationswirkung, d. h. die Keimzahl vor dem Filter (N_1) im Verhältnis zur Keimzahl nach dem Filter (N_2), zeigt einen logarithmischen Verlauf und ist abhängig von der Filterlänge (L) und einer Konstanten (K), die von verschiedenen Größen, z. B. vom Faserdurchmesser (d_f), der Faservolumenfraktion (α) und der spezifischen Einzelfaserwirksamkeit (η_0) abhängig ist. Für die Filtrationswirkung ergibt sich folgende Beziehung:

$$\ln \frac{N_1}{N_2} = L \cdot K$$

Für K wurde die folgende Beziehung ausgerechnet:

$$K = \frac{\alpha\,(1+4{,}5\,\alpha)\cdot 1{,}27\,\eta_0}{(1-\alpha)\cdot d_f}$$

Schließlich ist die Faservolumenfraktion (α) vom Verhältnis der Filterpackdichte (η_b) zum spezifischen Gewicht des Filtermaterials (η_f) abhängig:

$$\alpha = \frac{\eta_b(\text{Fasermaterialgew.}/\text{Filterbettvolumen, g/cm}^3)}{\eta_f\,(\text{g/cm}^3)}$$

Diese Filter werden durch überhitzten Dampf sterilisiert. Sie sind eigentlich Trockenluftfilter, in denen die Kräfte der elektrostatischen Aufladung, die Brownsche Molekularbewegung und die van der Waalsschen Kräfte wirken. Wenn bei der Dampfsterilisation dieser Filter durch das Dampfkondensat im Inneren die Porenstruktur intensiv benetzt wird, so gelten nicht mehr die Gesetze der Luftfiltration, sondern die der Wasserfiltration. Bei diesen stellt der Siebe-Effekt des Filtermittels die einzige Filterwirkung dar.

Die meisten Fermentationsanlagen sind mit Glaswollefiltern ausgerüstet. Diese haben sich in der Praxis bewährt und sind leicht zu handhaben (vgl. Abb. 34). Die Glaswolle wird ein- bis zweimal im Jahr gewechselt. Das Filter aus carbokeramischem Material hat eine Lebensdauer bis zu zehn Jahren (vgl. Heine, 1973).

Nach einem anderen Prinzip wird Luft mit Filterkerzen sterilisiert. Die Abb. 35 zeigt einen Filter, der auf der Basis anorganischer Faserschichten, die mit hochelastischem Neopren untereinander verbunden sind, aufgebaut ist. Mit diesem Material werden Filterkerzen hergestellt, die an der Oberfläche sternförmig gefaltet sind, so daß auf engstem Raum ein Maximum an Filterfläche erreicht wird. Durch die so entstandene große Filterfläche werden auch bei Filtrationsdrucken von 2 atü in der Regel Druckabfälle von unter 0,1 atü gemessen.

Derartige Filter sind bereits in intensiver Erprobung. Für Filterkerzen aus Cellulosenitrat beträgt die Lebensdauer ½–1 Jahr. Die Sterilisation erfolgt mit Äthylenoxid oder Dampf von maximal 121 °C (vgl. Singer, 1973).

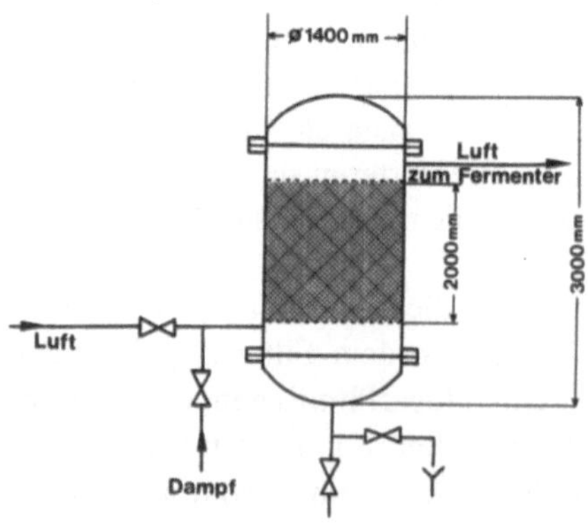

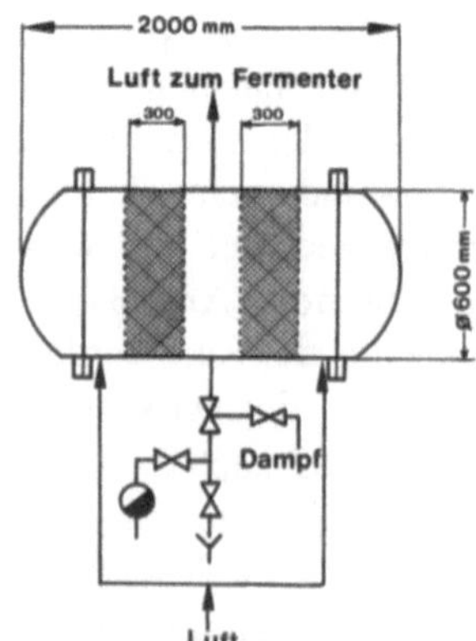

Abb. 34. Zwei industriell verwendete Sterilfilter für Brutluft (Heine, 1973)

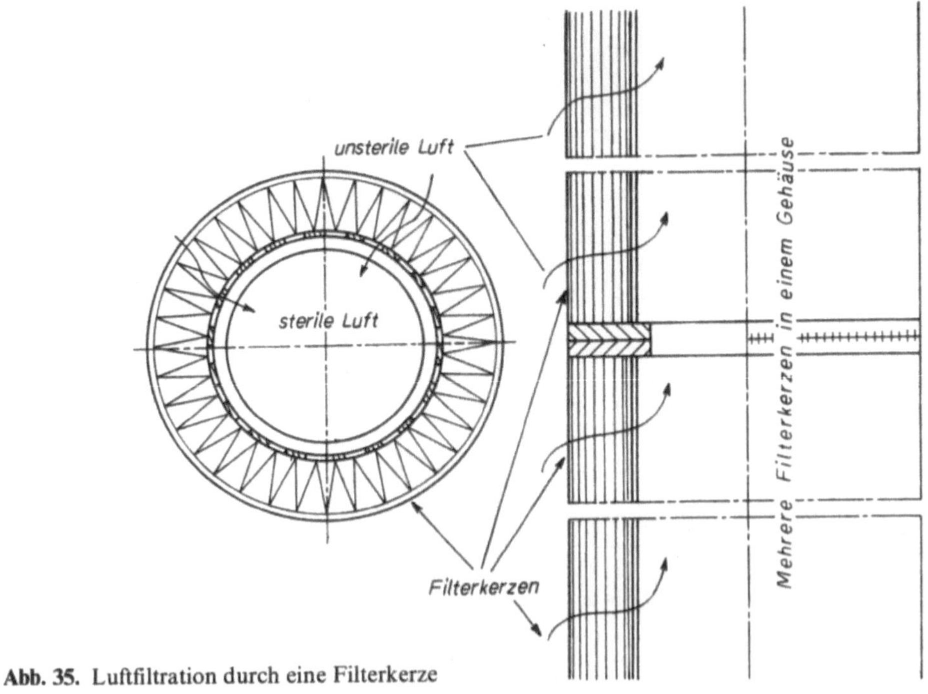

Abb. 35. Luftfiltration durch eine Filterkerze

Die Verhinderung von Phageninfektionen ist bei technischen Luftfiltrationen ein echtes Problem, das noch nicht vollständig gelöst ist (Crueger, 1973).

In manchen Fällen, z. B. bei der belüfteten Massenzucht pathogener Mikroorganismen, Viren etc., wird es notwendig, die Abluft der Fermentationen zu sterilisieren. Dies kann wiederum durch Filtration mit Glaswollefiltern oder Filterkerzen geschehen. Es besteht aber auch die Möglichkeit, eine Luftsterilisation durch Hitze vorzunehmen. Dabei durchläuft die Abluft einen Expositionsraum, der durch Heizelemente dauernd auf die zur Abtötung der betreffenden Mikroorganismen notwendigen Temperaturen beheizt wird. Durch eine Verengung beim Luftaustritt wird die Luft ausreichende Zeit im Expositionsraum gehalten, so daß eine sichere Keimabtötung erfolgt.

5. Herstellung der Impflösung

Um schon zu Beginn einer Fermentation ein intensives Mikroorganismenwachstum zu erzeugen, muß der Hauptfermenter mit einer relativ großen Menge an Mikroorganismenkeimen beimpft werden. Hierzu werden die Mikroorganismen vor der eigentlichen Fermentation vermehrt (propagiert). Dies geht für die Mikroorganismenfermentationen in Submerskultur in verschiedenen Stufen vor sich (vgl. Abb. 36).

Im vorliegenden Beispiel wurde eine Kultur zur Beimpfung etwa des zehnfachen Volumens an Nährlösung verwendet. Dieses Anzuchtverhältnis gilt für viele

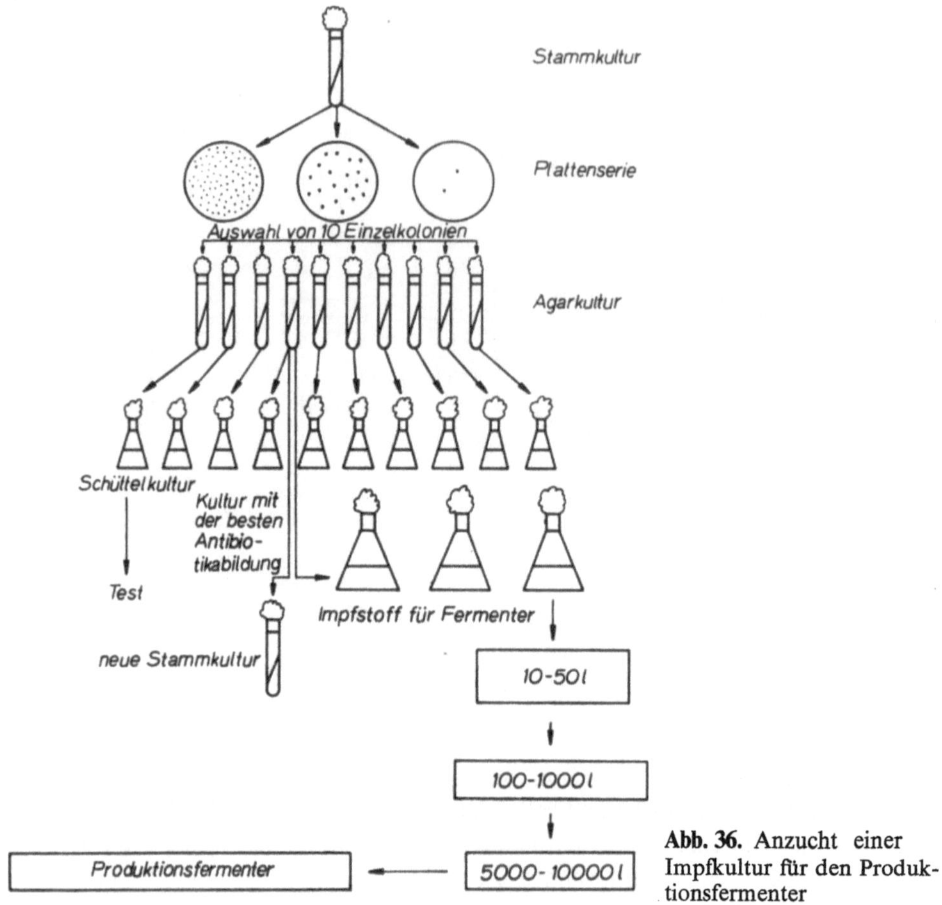

Abb. 36. Anzucht einer Impfkultur für den Produktionsfermenter

Fermentationen. In anderen Fällen können auch größere Substratmengen mit weniger Mikroorganismen beimpft werden. In wieder anderen Fällen, z. B. bei der Massenzucht von Hefezellen, müssen z. T. Impfschritte mit kleineren Substratmengen vorgenommen werden (vgl. Kap. 11).

Während der Zucht in den Impffermentern werden die Mikroorganismen bereits in der Nährlösung, die zur Zucht im Produktionsfermenter verwendet wird, vermehrt bzw. an das Substrat gewöhnt.

6. Fermentation

a) Bioreaktoren

Die eigentliche biologische Reaktion (einschließlich enzymatischer Umsetzungen) findet im Bioreaktor (Fermenter) statt. Wegen der Bedeutung der Bioreaktoren für die gesamte Biotechnologie sind diese in einem besonderen Kapitel beschrieben worden (vgl. Kap. 9).

b) Sterilhaltung

Vom Zeitpunkt des Einfüllens der Nährlösung bis zum Ausstoß der fertig fermentierten Lösung muß der gesamte Fermenter mit Inhalt bei vielen Fermentationen steril gehalten werden, um Fremdinfektionen zu verhindern. Hierzu wird im Fermenter ein leichter Überdruck erzeugt, um das Eindringen von Mikroorganismen zu unterbinden. Weiterhin werden Ventile und Dichtungen unter dauerndem Dampfdruck gehalten. Obwohl sich diese Methoden seit langem bewährt haben, ist die Sterilhaltung langandauernder Fermentationen immer noch ein großes Problem, das in vielen Fällen einer kontinuierlichen Fermentation im Wege steht.

c) Belüftung und Bewegung von Fermentationslösungen

α) Theoretische Grundlagen über die O_2-Versorgung. Für oxidative mikrobielle Vorgänge ist die Belüftung der Mikroorganismen ein entscheidender Faktor.

Bereits bei den Oberflächenverfahren zur Herstellung von Essigsäure (Orléans-Verfahren) – es findet hier eine Oxidation von Äthanol zu Essigsäure durch *Acetobacter*-Arten statt – hat man sinnvolle technische Einrichtungen zur Belüftung der auf der alkoholhaltigen Flüssigkeit schwimmenden, relativ dichten Bakterienhaut geschaffen (vgl. Kap. 15). Eine große Oberfläche bei niedriger Flüssigkeitshöhe gewährleistet bereits eine gute Belüftung der Bakterien. Durch Löcher in den Fässern in geringem Abstand über der Bakterienhaut streicht ein dauernder Luftstrom über die Bakterien hinweg. Zur Luftbewegung wird die Wärme, die bei der Oxidation von Äthanol zu Essigsäure entsteht, ausgenutzt. Sie verursacht eine Aufwärtsbewegung der Luft über der Bakterienhaut, so daß durch die seitlichen Löcher in den Fässern fortwährend neue Luft angesogen wird.

Bei der Kultivierung von *Saccharomyces cerevisiae* hatte schon Pasteur erkannt, daß sich die Gärung durch eine kräftige Durchlüftung des Substrates fast vollständig zugunsten des Wachstums unterdrücken läßt (Pasteur-Effekt). Es werden kaum noch Äthanol und CO_2 gebildet, dafür aber von der Hefezelle, die bei der alkoholischen Gärung nur 2 Mol ATP pro Mol Glucose gewinnt, auf oxidativem Wege 38 Mol ATP pro Mol veratmeter Glucose gewonnen, die zum Aufbau von Zellmaterial verwendet werden können. Aus dieser Erkenntnis haben sich die belüfteten Verfahren zur Massenzucht von Bäckerhefe sowie Nähr- und Futterhefe aus Kohlenhydraten und auch aus Kohlenwasserstoffen entwickelt.

Der Sauerstoffbedarf (C) einer Mikroorganismenzelle ist je nach Mikroorganismenart und biochemischem Prozeß, den diese Zellen durchführen, unterschiedlich. Die thermodynamische Berechnung dieses Sauerstoffbedarfs ist für praktische Zwecke kaum zu verwenden, da die frei werdende Wärmemenge schwierig zu messen ist. Zur Biosynthese von Zellsubstanz ist der Sauerstoffbedarf C pro 1 g neugebildeter Zellsubstanz

$$C = \frac{A}{Y} - B \tag{1}$$

A = theoretische Sauerstoffmenge für die Verbrennung von 1 g Substrat zu CO_2, H_2O und NH_3

B = theoretische Sauerstoffmenge für die Verbrennung von 1 g Zellsubstanz zu CO_2, H_2O und NH_3

Y = Ausbeute an Zelltrockensubstanz pro g verbrauchten Substrates.

Für *Saccharomyces cerevisiae* und *Candida* sp. ist B = 934 ml O_2 pro 1 g Zelltrockensubstanz. Die Zellausbeuten (Y) sind weitgehend von der verwendeten C-Quelle abhängig. So bildet *Candida* sp. aus 1 g Glucose 0,50 g, aus 1 g Essigsäure 0,37 g und aus 1 g Alkanen etwa 1,0 g Trockensubstanz. Dabei liegt der theoretische Sauerstoffbedarf bei Glucose etwa bei 550 ml O_2, bei Essigsäure bei 1060 ml O_2 und bei Alkanen etwa bei 1460 ml O_2 pro g Zellsubstanz. Die experimentell ermittelten Werte entsprechen etwa den theoretischen Werten.

Die Wachstumsrate k bei Mikroorganismen kann man als Ausdruck für die Zellmenge, um die sich eine beliebige Zellmenge in einer Stunde vermehrt, ansehen. Der als Atmungsquotient Q_{O_2} bekannte stündliche Sauerstoffbedarf pro 1 g vorhandener Zelltrockensubstanz ist ein Produkt des absoluten Sauerstoffbedarfs C und der Wachstumsrate k:

$$Q_{O_2} = C \cdot k \qquad\qquad\qquad (2)$$

Aus den Gleichungen (1) oder (2) läßt sich der stündliche O_2-Bedarf besonders bei Oxidationen mit nur einem oder nur wenigen biochemischen Schritten errechnen.

Die Oxidation von Glucose zu Gluconsäure mit *Pseudomonas ovalis* geht nach folgender Reaktionsgleichung vor sich:

1 Mol Glucose + ½ Mol $O_2 \rightarrow$ 1 Mol Gluconsäure

Dabei sind: Geschwindigkeit der Gluconsäurebildung = 0,115 g/100 ml · h; mittlere Bakterienkonzentration = 14,5 mg Trockensubstanz/100 ml; Atmungsquotient Q_{O_2} = 450 μl/g Trockensubstanz · h. Hieraus errechnet sich der Sauerstoffbedarf nach den Gleichungen (1) oder (2) als 6,5 ml O_2/100 ml · h.

Bei der submersen Oxidation von Äthanol zur Essigsäure mit *Acetobacter suboxydans* werden aus 1 Mol Äthanol + 1 Mol $O_2 \rightarrow$ 1 Mol Essigsäure + 1 Mol H_2O gebildet. Für diese Fermentation liegen die folgenden Werte vor: Geschwindigkeit der Essigsäurebildung = 0,15 g/100 ml · h; mittlere Bakterienkonzentration = 7 mg Trockensubstanz/100 ml; Atmungsquotient = 7750 μl/g Trockensubstanz · h. Hieraus errechnet sich der Sauerstoffbedarf für diese Reaktion nach den Gleichungen (1) oder (2) als 55 ml O_2/100 ml · h.

Schwieriger wird die Berechnung des Sauerstoffbedarfs für komplexere Reaktionen. Hierbei werden nicht nur verschiedene Reaktionsschritte durchlaufen, sondern es findet gleichzeitig eine Zellvermehrung statt, wodurch die Berechnung weiter kompliziert wird.

Werden *Saccharomyces cerevisiae*-Zellen auf Kohlenhydraten gezüchtet und unzureichend mit Sauerstoff versorgt, so beginnen sie schnell das Substrat zu Äthanol zu vergären, wobei die Zellausbeuten nur sehr gering sind. Werden Hefezellen auf aliphatischen Kohlenwasserstoffen nicht ausreichend mit Sauerstoff versorgt, so häufen sich sehr schnell organische Säuren, die nicht weiter zu Zellsubstanz oxidiert werden, im Substrat an.

Ganz besonders empfindlich gegen Sauerstoffmangel sind *Acetobacter*-Arten bei hohen Äthanol- und Essigsäurekonzentrationen. Sie sterben schnell z. T. durch Bildung eines toxischen Zwischenproduktes ab (vgl. Kap. 15).

Verschiedene Faktoren beeinflussen die Sauerstoffaufnahme:

Tabelle 15. Löslichkeit von Sauerstoff bei 1 at im Wasser (gekürzt nach Blakebrough, 1967)

Temp. °C	0	10	15	20	25	30	35	40
mMol O_2 pro 1 l Wasser	2,18	1,70	1,54	1,38	1,26	1,16	1,09	1,03

1. Junge, sich aktiv teilende Zellen absorbieren mehr O_2 als ältere.
2. Die O_2-Aufnahme ist während der exponentiellen Wachstumsphase in den meisten Fällen am höchsten, aber es werden auch bedeutende O_2-Mengen nach dieser Phase aufgenommen, wenn weitere Stoffwechselumsetzungen vor sich gehen. Dies ist z. B. häufig bei der Antibioticabildung der Fall.
3. Die vorhandene Mikroorganismenoberfläche beeinflußt in entscheidendem Maße die O_2-Aufnahme, z. B. hohe Zelldichten erhöhen die O_2-Aufnahme, jedoch wird diese durch Verklumpungen vermindert.
4. Substratveränderungen können die O_2-Löslichkeit oder die Aktivität der Mikroorganismen hinsichtlich ihrer O_2-Aufnahme intensiv beeinflussen.
5. Die Anwesenheit von Mycelien, besonders als Pellets vermindert die O_2-Aufnahme bis auf das 20fache. Die kleinen O_2-Bläschen koaleszieren in diesem Falle zu größeren Blasen. Je größer die Durchmesser der Pellets sind, desto größer ist die Abnahme der Respirationsrate, wie an *Aspergillus niger* festgestellt werden konnte (Kobayashi et al., 1973).

Eine Übersicht über die Pelletbildung bei Fermentationen vgl. Atkinson und Daoud (1976).

Sauerstoff wird von submers wachsenden Mikroorganismen im wesentlichen nur aus der Flüssigkeit aufgenommen. Die Löslichkeit des Sauerstoffs in Wasser vgl. Tabelle 15.

Die gelösten O_2-Mengen reichen nur für wenige Sekunden oder Minuten zur Versorgung der atmenden Zellen aus, so daß fortwährend neuer Sauerstoff der Lösung zugeführt werden muß.

Die Geschwindigkeit der Sauerstoffversorgung einzelliger, frei in der Lösung vorhandener Zellen läßt sich auf die Übergangsgeschwindigkeit durch den Flüssigkeitsfilm an der Grenzfläche Luftblase/Nährlösung zurückführen. Mycelbildende Mikroorganismen erzeugen, vor allem wenn Mycelflocken oder -klumpen gebildet werden, noch einen zusätzlichen Sauerstoffübergangswiderstand, der besonders am Ende der Schimmelpilzfermentationen sehr groß ist und dann geschwindigkeitsbestimmend für den Sauerstoffübergang wird.

Der Übergang des Sauerstoffs an der Grenzfläche Luftblasen/Nährlösung läßt sich in Form der allgemeinen Stoffübergangsgleichung darstellen:

$$n = K_L \cdot a \, (C_G - C_L) \qquad (1)$$

n $= dn/dt =$ übergehende Stoffmenge (z. B. in ml/h)

$K_L =$ Stoffübergangskoeffizient (Dimension einer Geschwindigkeit, z. B. cm/h)

a $=$ Grenzfläche (z. B. in cm^2)

$C_G =$ Konzentration des übergehenden Stoffes in der Grenzfläche (z. B. ml/l oder at)

$C_L =$ Konzentrationen des übergehenden Stoffes in der Masse der Flüssigkeit (z. B. ml/l oder at).

Es ist unmöglich, a mit ausreichender Genauigkeit zu messen, so daß der kombinierte Faktor $K_L \cdot a$, gewöhnlich ausgedrückt in mMol adsorbierten Sauerstoffs pro Stunde, pro 1 Fermenterkapazität bestimmt wird. Typische Werte für normale Fermentationen bei bewegten Belüftern liegen zwischen 70 mMol/h $\cdot$ 1 und 400 mMol/h $\cdot$ 1.

Die Geschwindigkeit des Sauerstoffüberganges ist also das Produkt aus drei Faktoren:

1. Dem Übergangskoeffizienten K_L, der keine Konstante ist, sondern im wesentlichen von der Dicke des Grenzflächenfilms bzw. vom Zustand der Grenzfläche abhängt.
2. Der Übergangsfläche a, die der gesamten Oberfläche aller in der Flüssigkeit vorhandenen Gasblasen entspricht.
3. Dem Sauerstoffkonzentrationsgefälle $(C_G - C_L)$ zwischen Flüssigkeitsfilm und der Masse der Flüssigkeit. Dieses Konzentrationsgefälle ist die treibende Kraft des Vorgangs.

Wird die Übergangsfläche a vergrößert, z. B. indem anstelle weniger großer Luftblasen sehr viele kleine Luftblasen durch das Substrat geschickt werden, vergrößert sich auch der Wert n. Der Sauerstoffpartialdruck in den im Fermenter befindlichen Luftblasen (C_G) ist schon nach kurzer Zeit nicht mehr gleich dem Partialdruck der eingeblasenen Luft, da schnell ein Teil des O_2 verbraucht wird und durch CO_2 ersetzt worden ist. $\dfrac{dn}{dt}$ ist bei maximalem Konzentrationsgefälle, d. h. wenn in der Flüssigkeit kein Sauerstoff mehr vorliegt $(C_L \rightarrow O)$, maximal. Da jedoch in diesem Falle – wenn in der Flüssigkeit kein Sauerstoff mehr vorhanden ist – die Zellatmung sofort eingestellt würde, darf dieser Zustand nicht erreicht werden. Der Sauerstoffgehalt der Lösung muß also immer etwas größer sein als die kritische O_2-Konzentration, bei der die Zellatmung beeinflußt wird. Andererseits wird bei hohen Werten gelösten Sauerstoffs in der Lösung die Sauerstoffversorgung nicht verbessert.

Über die Belüftung bei Fermentationen sind in den vergangenen Jahren sehr viele Untersuchungen gemacht worden. Hierbei spielt natürlich die Mischung eine ganz wesentliche Rolle (Literatur vgl. Smith, 1977). Diese ist stark abhängig vom Fermentertyp. Über die O_2-Aufnahme im Rührfermenter vgl. Topiwala und Hamer (1974), Nagel et al. (1977), Sigurdson und Robinson (1977), in Blasensäulen vgl. Schügerl und Lücke (1977) oder mehrstufige Systeme vgl. Hsu et al. (1975), Brauer (1977), im Airliftfermenter vgl. Ho et al. (1977), im Schlaufenreaktor vgl. Ziegler et al. (1977), in Dünnschichtreaktoren vgl. Howell und Atkinson (1976). Ist das Substrat wasserunlöslich, liegt ein 4-Phasen-System vor. Weiterhin wird häufig die Morphologie der Mikroorganismen durch unterschiedliche Scherkräfte der Rührsysteme beeinflußt und dadurch eine besondere Sauerstoffaufnahme bedingt (Puklowski und Rehm, 1977). Ein Modell für den Sauerstofftransport zur Zelle vgl. Reuß (1977). Die biologische Wirkung des O_2 ist besonders bei Züchtungen von Mikroorganismen unter O_2-Überdruck (Gottlieb, 1971), Begasung mit reinem Sauerstoff (Lemke und Mack, 1977) oder mit H_2O_2 (Schlegel und Ibrahim, 1977; Sekoulov, 1977) von besonderer Bedeutung.

Meßmethoden für $K_L \cdot$ a-Werte: Die $K_L \cdot$ a-Werte können mit der Natriumsulfit-, der „gassing out"- und der „steady-state oxygen balance"-Methode gemessen werden (Einzelheiten vgl. Tuffile und Pinho, 1970). Nach der „steady-state oxygen balance"-Methode haben Wang und Humphrey (1968) Berechnungsmethoden formuliert. $(C_G - C_L)$ ist als O_2-Konzentrationsdifferenz im gesamten Fermentervolumen die treibende Kraft des O_2-Übergangs (vgl. Gl. 1).

a) Für den Fall, daß die Flüssigkeit gut durchmischt wird, die Gasblasen jedoch ohne Mischen aufsteigen, ergibt sich als eigentliche treibende Kraft der Logarithmus dieser Kraft:

$$(C_G - C_L) = \frac{[O_2]_1 - [O_2]_2}{2{,}3 \log \left\{ \dfrac{[O_2]_1 - [O_2]_L}{[O_2]_2 - [O_2]_L} \right\}} \tag{2}$$

$[O_2]_1 = O_2$-Gehalt der Zuluft; $[O_2]_2 = O_2$-Gehalt der Abluft (beide Vol.%); $[O_2]_L = O_2$, gelöst in mMol/l.

b) Werden Flüssigkeit und Gasblasen vollständig miteinander vermischt, dann entspricht die Gasblasenkonzentration der Abluft in etwa dem normalen O_2-Konzentrationsgefälle im Fermenter:

$$(C_G - C_L) = [O_2]_2 - [O_2]_L \tag{3}$$

Bei den meisten oxidativen Fermentationen liegt die wirkliche Situation zwischen diesen beiden Möglichkeiten, obwohl die Gleichung (2) meistens bevorzugt wird. Für industrielle Zwecke werden schnell zu berechnende $K_L \cdot a$-Werte benutzt:

$$K_L \cdot a = \frac{N}{[O_2]_1 - [O_2]_L} \tag{4}$$

Die O_2-Aufnahmerate N läßt sich folgendermaßen berechnen:

$$N = \frac{V_z \cdot ([O_2]_1 - [O_2]_2)}{V_R} \tag{5}$$

$V_z = $ Zuluftvolumen (l/h) oder vvm; $V_R = $ Arbeitsvolumen des Fermenters.
    Nach Siegell und Gaden (1962) wird die O_2-Aufnahmerate r_s nach folgender Gleichung berechnet:

$$r_s = \frac{V_z \cdot P}{R \cdot T \cdot V_R}(X_1 - X_2) \tag{6}$$

$P = $ Gesamtdruck (at); $R = $ universelle Gaskonstante $(l \cdot at/grd \cdot Mol)$; $T = $ absolute Temperatur $(^\circ K)$; $X_1 = O_2$-Molenbruch der Zuluft; $X_2 = O_2$-Molenbruch der Abluft.
    Aus dieser Gleichung formulierten sie die folgende Gleichung zur Bestimmung des $K_L \cdot a$-Wertes:

$$r_s = K_L \cdot a \, [(pO_2)_1 - (pO_2)_2] \tag{7}$$

$(pO_2)_1 = O_2$-Partialdruck der Zuluft (at); $(pO_2)_2 = O_2$-Partialdruck der Abluft (at).
    Der nach Gleichung (7) berechnete O_2-Übergangskoeffizient hat eine Dimension von mMol/l $\cdot$ h $\cdot$ at. Diese Gleichung eignet sich ebenso wie die Gleichung (4) zur routinemäßigen Erfassung des O_2-Übergangs während der Fermentation.
    Die Bedeutung der Aufnahme von O_2 in die Fermentationslösung ist in unzähligen Arbeiten untersucht und berechnet worden. Charakteristika für die Sorption vgl. Zlokarnik (1978), für die Desorption von CO_2 vgl. Yagi und Yoshida (1977),

eine Übersicht über Belüftung vgl. Tsao und Lee (1977), den O_2-Übergang bei Kohlenwasserstofffermentationen vgl. Yoshida et al. (1977), ein neues mathematisches Modell über gelösten O_2 vgl. Kok et al. (1976).

β) **Belüftungseinrichtungen.** Die Belüftungstechniken sind unterschiedlich und von den durchgeführten Verfahren abhängig. In vielen Fällen werden zur Belüftung zusätzliche Substratbewegungen durchgeführt. Durch die Bewegung sollen die Mikroorganismenzellen immerwährend mit ausreichendem Nährsubstrat versorgt werden. Daneben soll Luft im gesamten Substrat fein verteilt werden, so daß die Sauerstoffübergangsgeschwindigkeit vom Gas in die Lösung erhöht wird.

Die meisten Belüftungssysteme lassen sich auf die folgenden Grundtypen zurückführen:

Belüftung von Oberflächenkulturen. Bei diesen Belüftungen läßt man Luft über die ruhende Oberfläche, die mit Mikroorganismen bewachsen ist, hinwegstreichen. Mit Hilfe besonderer Vorrichtungen kann auch ein kontinuierlicher Luftstrom, wie z. B. bei der Ausnutzung der Oxidationswärme bei der Essigsäureherstellung, erzeugt werden.

Oberflächenbelüftungen werden bei Oberflächenkulturen, z. B. in Fernbachkolben (Abb. 37 a) oder in technischen Oberflächenverfahren mit flüssigen oder festen Substraten (Gärtassenverfahren, Enzymherstellung mit festem Substrat (Abb. 37 b)) u. v. a. angewandt. Weiterhin gehört hierzu die Belüftung von Mikroorganismen, die in Säulen auf festem Substrat angesiedelt wurden (Abb. 37 c), wie z. B. bei vielen Abwassertropfkörpern oder beim Essigsäuregenerator.

Auch Walzen, auf denen Mikroorganismen gezüchtet werden, z. B. Dünnschichtreaktoren und Scheibenfermenter (vgl. Kap. 9) werden zumeist durch Oberflächenluft belüftet. Über die O_2-Aufnahme durch Mikroorganismen bei Oberflächenbelüftungen liegen wenig Arbeiten vor. Man nimmt eine O_2-Aufnahme durch die Luft und teilweise aus dem im Substrat gelösten Sauerstoff an.

Belüftung von Submerskulturen mit Oberflächenluft. Bei diesem Belüftungstyp wird die Luft, die sich über dem Luftraum der Fermentationsflüssigkeit befindet, durch geeignete Bewegung des Substrates in die Lösung hineingebracht.

Die einfachste Form ist das Schütteln des Substrates, wie es bei den gegenwärtig viel in Laboratorien verwendeten Schüttelmaschinen geschieht. Die Bewegung grö-

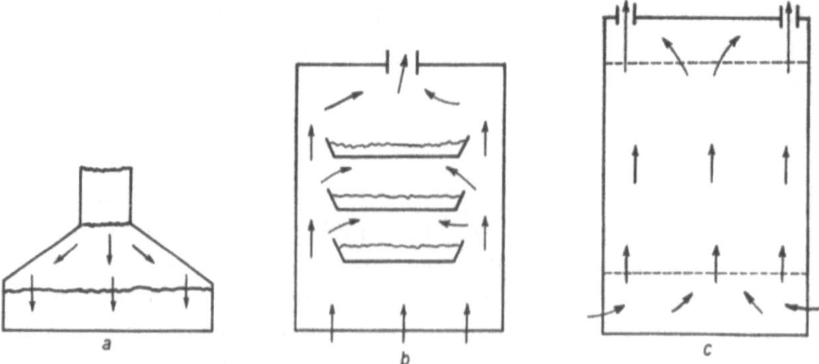

Abb. 37. Belüftung ruhender Oberflächen (weitere Erklärungen im Text)

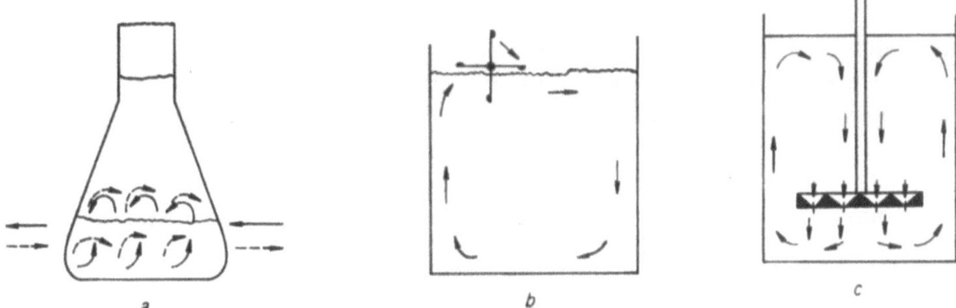

Abb. 38. Belüftung von Submerskulturen mit Oberflächenluft (weitere Erklärungen im Text)

ßerer Substratmengen kann auch in Drehtrommeln erfolgen, wie sie zur Gluconsäureherstellung zeitweise in Betrieb waren. Die Luft kann auch durch Rührwerke oder aber durch besondere Vibromischbelüftung aus der Oberfläche in die Lösung gelangen (Abb. 38 c). Schließlich kann die Luft mit Paddeln, Bürsten oder ähnlichen Geräten in die Flüssigkeit eingeschlagen werden, wie es bei manchen Abwasserbelüftungen realisiert ist (Abb. 38 b).

Belüftung von Submerskulturen ohne zusätzliche Flüssigkeitsumwälzung. Hierbei wird durch verschiedene Belüftungseinrichtungen am Boden der Tanks Luft eingeleitet. Die Luftblasen steigen gleichmäßig im Substrat auf. Das Substrat wird nicht zusätzlich durch Rührwerke umgewälzt, wohl aber durch die aufsteigenden Luftblasen bewegt (Blasensäulenfermenter).

Die Strahlrohr- und Frittenbelüftung wird u. a. in Belebtschlammanlagen (vgl. Kap. 40) angewandt (Abb. 39 a). Die Belüftung erfolgt hierbei durch fest am Boden montierte Einrichtungen. Beim Vogelbusch-Drehbelüfter geschieht die Belüftung durch eine rotierende perforierte Vorrichtung (Abb. 39 b). Derartige Fermenter werden in der Hefetechnologie verwendet. Andere Belüfter dieser Art haben schwingende oder rotierende Luftverteiler am Boden der Gefäße (Abb. 39 c). Die Luftverteiler können also statisch oder dynamisch sein.

Der Schlaufenreaktor mit pneumatischer Flüssigkeitsumwälzung ist ein gutes Beispiel für viele entwickelte pneumatische Belüftungs- und Rührsysteme in Fermentern.

Belüftung von Submerskulturen mit statischem Luftverteiler und Flüssigkeitsumwälzung. Im Gegensatz zu den Belüftungseinrichtungen der vorherigen Typen wird in dieser Gruppe die Luft durch geeignete Vorrichtungen in eine gerichtete Bewegung gebracht. Der Luftverteiler ist dabei fest montiert.

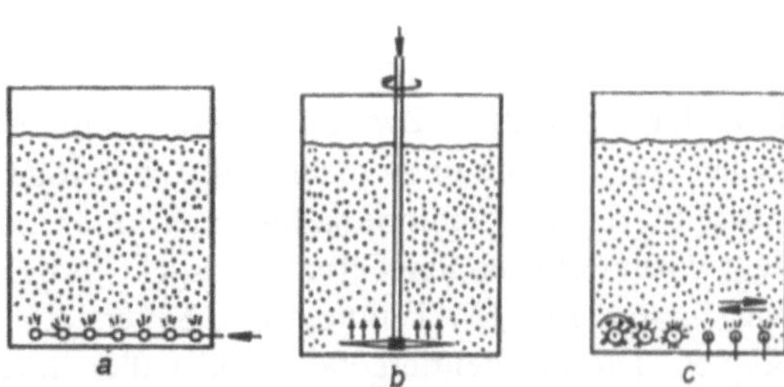

Abb. 39. Belüftung ohne zusätzliche Flüssigkeitsumwälzung

Eine weitere Form der Flüssigkeitsbewegung ist ein Leitzylinder (Abb. 40 a), durch den die Flüssigkeit, die durch den an einer Stelle eingebauten Luftverteiler bewegt wird, in bestimmte Bewegungsrichtungen gelenkt wird. Sie ist bei verschiedenen Verhefungsbütten (Schollerbütte und Lefrançois-Bütte) realisiert.

Mit zusätzlich eingebauten Rührsystemen, die unter (Abb. 40 b) oder über (Abb. 40 c) dem Luftverteiler angebracht sein können, kann eine zusätzliche Flüssigkeitsumwälzung erreicht werden. Die letztere Einrichtung liegt beim angelsächsi-

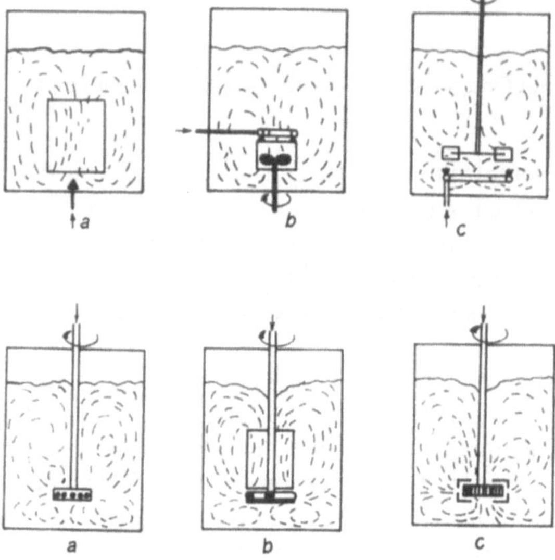

Abb. 40. Belüftung mit statischem Luftverteiler und Flüssigkeitsumwälzung

Abb. 41. Belüftung mit dynamischem Luftverteiler und Flüssigkeitsumwälzung

schen Universalfermenter vor. Viele der gegenwärtig in der Laborpraxis und in der modernen Fermentationsindustrie installierten Anlagen arbeiten nach diesem Prinzip.

Belüftung von Submerskulturen mit dynamischem Luftverteiler und Flüssigkeitsumwälzung. Im Gegensatz zum vorher beschriebenen Typ wird hier auch der Belüfter bewegt. Die Luftverteilung geschieht durch Hohlrührer mit unterschiedlicher Form und Konstruktion der Luftaustrittsöffnungen. Der Belüfter kann frei in der Flüssigkeit rotieren (Abb. 41 a), wobei durch Prallbleche (Schikanen) die Rotationsbewegung der Flüssigkeit verhindert wird. Die Flüssigkeitsbewegung kann auch durch Leitzylinder (Abb. 41 b) oder andere Leitbleche am Hohlrührer in bestimmte Richtungen gelenkt werden (Abb. 41 c). Der Waldhof-Fermenter zur Verhefung von Zellstoffablaugen ist nach einem solchen System konstruiert.

Sonstige Belüftungseinrichtungen. Analog der Stufendestillation wurde ein mehrstufiger Fermenter für kontinuierliche Verfahren entwickelt. Hierbei sind in einer vertikalen Fermentiersäule einzelne Teilfermenter (z. B. fünf Elemente) übereinander angeordnet. Zwischen diesen befindet sich eine Porenplatte, die so konstruiert ist, daß sich unter jeder Platte eine dünne Luftschicht bildet. Dadurch ist ein Rückfluß des Fermenterinhaltes nach unten oder eine Mischung des Inhaltes mit dem darunterliegenden Fermenter nicht möglich. Jede einzelne Fermentereinheit wird besonders pH-, Temperatur-, Sauerstoff- und in der Zellzahl gesteuert (vgl. Kap. 9). Die Fermentiergefäße sind außer durch die Porenplatten durch ein Verbundsystem miteinander verbunden. Die Luft wird vom unteren Fermenter durch die Poren bis zur oberen Einheit gepumpt. Praktische technische Erfahrungen mit diesem Fermentertyp stehen noch aus.

γ) Theoretische Grundlagen über die Bewegung von Kulturflüssigkeiten. In einem mechanisch durch Rührsysteme bewegten und belüfteten Fermenter ist die Intensität der Bewegung der Flüssigkeit abhängig von der Zahl (N) der Umdrehungen des

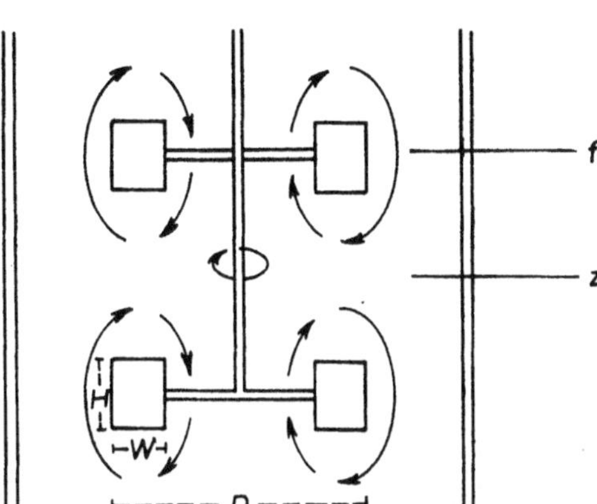

Abb. 42. Rührmodell im Fermenter. *D* Durchmesser des Rührers; *H* Höhe des Rührblattes; *W* Breite des Rührblattes; *f* Flutmodell; *z* stagnierende Zonen

Rotors pro Minute, dem Durchmesser (D) der Rotationsflügel und der Breite (W) und der Höhe (H) der Rührerblätter (vgl. Abb. 42).

Durch die Umdrehung der Rotationsflügel wird die Fermenterflüssigkeit in Bewegung (Strömung) versetzt. Ist die Geschwindigkeit einer stationären Strömung nicht überall gleich, so schieben sich die schnelleren Flüssigkeitsschichten an den langsameren vorbei, ohne sich mit ihnen zu mischen. Eine solche Strömung nennt man laminar. Zur Verhinderung einer laminaren Strömung sind in den Fermentern sog. Schikanen an den Wänden angebracht.

Bei großen Geschwindigkeiten, unterstützt durch Schikanen, nimmt die Strömung einen turbulenten Charakter an. Jetzt schieben sich die bewegten Flüssigkeiten nicht mehr ruhig aneinander vorbei, sondern die Strömung wird unregelmäßig, und die Flüssigkeit durchmischt sich fortwährend. In der Regel tritt eine Wirbelbildung auf. Solche Strömungen werden als turbulent bezeichnet. Bei vielen mikrobiologischen Fermentationen werden turbulente Strömungen angestrebt.

Für laminare Strömungen gilt das Newtonsche Gesetz über die Viskosität strömender Flüssigkeiten:

$$f = \mu \cdot A \cdot \frac{dv}{dx} \tag{1}$$

f   = Viskosekraft

μ   = Konstante (abhängig vom Viskositätskoeffizienten) μ für Wasser $(\mu_0) = 0{,}018$ Dyn sec/cm² bei 0 °C [1 Dyn ist die Kraft, die einer Masse von 1 g die Beschleunigung von 1 cm/sec² erteilt (etwa das Gewicht eines mg)]

A   = Berührungsfläche zwischen ruhender und sich bewegender Flüssigkeit

$\dfrac{dv}{dx}$ = Beschleunigung zwischen zwei fließenden Flüssigkeitsschichten.

An der Peripherie des Rührers ist die Lineargeschwindigkeit der Flüssigkeit in einem Fermenter dem Produkt der Geschwindigkeit der Umdrehung (N) und dem Durchmesser des Rührers (D) proportional, wobei auch Dichte (p) und Viskosität (μ) berücksichtigt werden müssen. Es besteht die folgende Beziehung:

$$N_{(Re)} = \frac{N \cdot p \cdot D^2}{\mu} \tag{2}$$

$N_{(Re)}$ = Proportionalitätskonstante, die durch die sog. Reynoldsche Zahl (dimensionslose Zahl, spezifisch verbunden mit der Viskosität der Flüssigkeiten) definiert ist.

$$\text{Reynoldsche Zahl} = \frac{\text{lineare Geschwindigkeit} \cdot \text{Dichte} \cdot \text{entspr. linearer Dimension}}{\text{Viskosität}}$$

Diese Beziehung (die Reynoldsche Zahl) gilt beim Überwiegen der Viskositätskräfte. Beim Vorhandensein von Wirbeln gilt die sog. Froude-Zahl:

$$N_{(Fr)} = \frac{D \cdot N^2}{g} \tag{3}$$

Literatur vgl. Solomons (1971), Freedman (1970) u. S. 117.

Schließlich ist noch die Kraft zu berücksichtigen, die durch den Rührer absorbiert wird. Sie kommt zum Ausdruck durch die sog. Energie-Zahl $N_{(p)}$:

$$N_{(p)} = \frac{P \cdot g}{p \cdot N^3 \cdot D^5} \tag{4}$$

Die im Fermenter absorbierte Kraft vermehrt sich mit der Geschwindigkeit der Rotation. Beim Einleiten von Luft in die Flüssigkeit vermindert sich dieser Kraftzuwachs, da der Rührer nun ja z. T. in der Luft rotiert.

Die Kraft P ist bei der turbulenten Strömung:

$$P = \frac{K}{g} p \cdot N^3 \cdot D^5 \tag{5}$$

K = Konstante
Bei der laminaren Strömung ist P:

$$P = \frac{K}{g} \mu \cdot N^2 \cdot D^3 \tag{6}$$

Das Verhältnis von P ohne und mit Belüftung kann folgendermaßen ausgedrückt werden:

$$\frac{P_{+O_2}}{P_{-O_2}} = 1 - 1{,}26 \frac{F}{N \cdot D^3} \tag{7}$$

Bei sehr hoher Belüftung gilt:

$$\frac{P_{+O_2}}{P_{-O_2}} = 0{,}62 - 1{,}85 \frac{F}{N \cdot D^3} \tag{8}$$

F = Volumetrische Belüftungsraten (cm^3/sec).

Vergleicht man zwei geometrisch ähnliche Fermenter mit turbulenter Strömung miteinander, die einen unterschiedlichen Durchmesser haben, so ist die Kraftleistung (P_1 und P_2) in beiden Fermentern pro Volumeneinheit die gleiche:

$$\frac{P_1}{P_2} = \frac{V_1}{V_2} \qquad (9)$$

Sie ist jedoch umgekehrt zu ihren Rotationsgeschwindigkeiten die dritte Wurzel aus dem Quadrat des Verhältnisses ihrer Rührerdurchmesser:

$$\frac{N_2}{N_1} = \sqrt[3]{\left(\frac{D_1}{D_2}\right)^2} \qquad (10)$$

Je ungleichartiger die zu vergleichenden Fermenter sind, desto schwieriger wird auch die Berechnungsmöglichkeit der Größenverhältnisse (scale-up) in dieser Beziehung.

Die Gleichung (5) zeigte, daß die absorbierte Kraft im Fermenter vom mechanischen Rührsystem abhängig ist, und zwar in der dritten Potenz von den Umdrehungen pro Minute und in der fünften Potenz vom Durchmesser des Rührers.

Die Anordnung der Rührer muß so eingerichtet sein, daß ihre Flutmodelle (f) nicht aufeinandertreffen. Daneben muß auch die Bildung stagnierender Zonen (z) in der Fermenterflüssigkeit verhindert werden. Dies ist besonders dann notwendig, wenn die Viskosität der Flüssigkeit im Verlauf der Fermentation (z. B. durch starke Mycelbildung oder Bildung von Dextranen u. a.) stark zugenommen hat (vgl. Abb. 42).

Die Bewegungsintensität beeinflußt bei einer belüfteten Fermentation die Produktbildung in großem Ausmaß. Die Charakterisierung der Vermischungen vgl. Bryant (1977). Weiterhin wird die Ausbildung von Flocken, Kugeln u. ä. sehr beeinflußt (vgl. Atkinson und Daoud, 1976; Kossen und Metz, 1976; Puklowski und Rehm, 1977).

δ) **Rühreinrichtungen.** Die Rührung in Fermentern ist vielfach eng mit der Belüftung verbunden. Sie hat u. a. die folgenden Aufgaben:

- Die aus der Zuführung in relativ großen Blasen austretende Luft muß so zerteilt werden, daß möglichst viele Bläschen mit einem für den Stoffaustausch günstigen Durchmesser von ca. 2 mm – 5 mm entstehen,
- die so zerteilte Luft muß gleichmäßig in der Kulturlösung verteilt werden,
- koaleszierte größere Bläschen und solche, die z. B. durch einen Film von Antischaumöl inaktiv geworden sind, müssen erneut zerteilt bzw. aktiviert werden,
- gebildetes CO_2 und andere Stoffwechselprodukte müssen schnell von der Mikroorganismenzelle abgeführt werden,
- von den Mikroorganismen gebildete Wärme muß schnell abgeführt werden, damit eine Regulation des Gesamtinhalts zügig wirksam wird,
- bei pH-Korrekturen müssen zugesetzte Säuren bzw. Laugen schnell verteilt werden,
- Nährsubstrate müssen schnell an die Mikroorganismen herangeführt werden,
- eine Verklumpung der Mikroorganismen sollte verhindert werden.

Dabei müssen die Scherkräfte so bemessen sein, daß die Mikroorganismen nicht geschädigt werden. Je nach Verfahren müssen Pellets erhalten bleiben oder verhin-

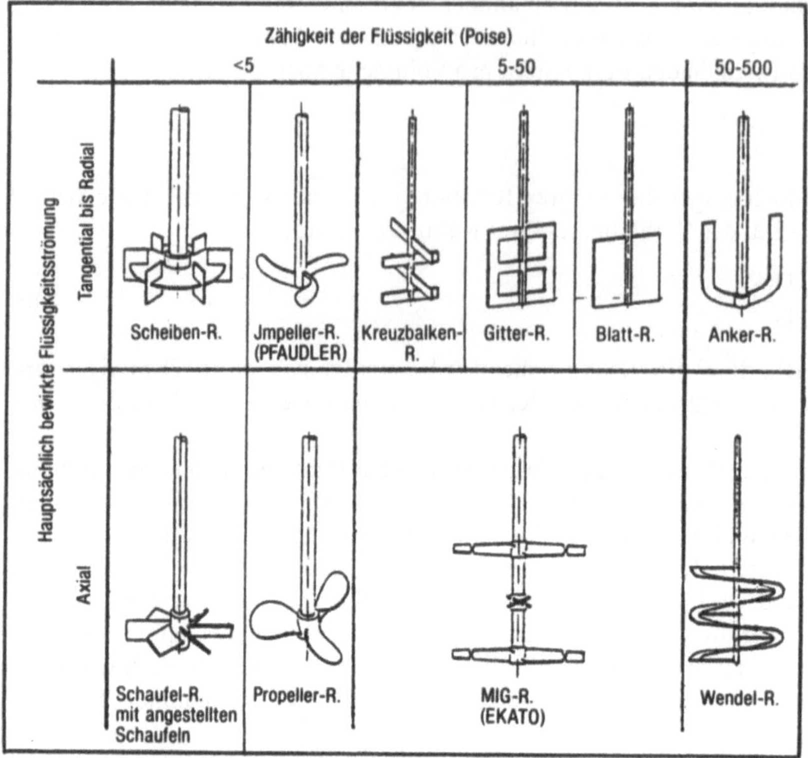

Abb. 43. Wichtige Rührertypen für Fermenter

dert werden, Pseudomycelbildung muß je nach Verfahren gefördert oder verhindert werden (vgl. Puklowski und Rehm, 1977). Der Energieverbrauch der Rührer sollte möglichst gering sein.

Für Fermentationen haben sich verschiedene Rührertypen durchgesetzt, von denen einige im folgenden beschrieben werden.

Nach wie vor ist der **Scheibenrührer** sehr verbreitet (Abb. 43). Er wird zumeist in mehreren Stufen übereinander angeordnet. Auf jeder Scheibe sind vier bis acht gerade Blätter radial angebracht, die über den Scheibenrand herausragen. Direkt in Rührernähe entstehen beim An- und Abströmen der Schaufeln erhebliche Energieverluste, so daß diese Anordnung hydraulisch ungünstig ist. Der Leistungsbedarf ist relativ hoch. Trotzdem wird dieser Rührer wegen seiner gut bekannten Wirkung bei vielen Fermentationen verwendet.

Der **Turbinenrührer** (Abb. 43) wird ebenfalls zumeist in mehreren Stufen übereinander angeordnet. Wie durch ein gezeichnetes Strömungsdreieck angedeutet, basiert die Schaufelkrümmung auf der Stromfadentheorie, und zwar so, daß für eine bestimmte vorgegebene Umfangsgeschwindigkeit die Flüssigkeit radial abströmt. Beim An- und Abströmen der Schaufeln treten weniger Verluste auf als beim Scheibenrührer, d. h. der hydraulische Wirkungsgrad ist besser. Die unteren Schaufeln sind bedeutend größer bemessen als die oberen. Hierdurch und durch das radiale Abströmen der Flüssigkeit wird die axiale Durchmischung im Fermenter gefördert (vgl. Uhl und Gray, 1966 und 1967).

Im Schaufelkanal überlagert sich dem von innen nach außen gerichteten Mengenstrom eine der Drehrichtung des Rührers entgegengesetzte Sekundärströmung. Zusammen mit der über die offenen Schaufelkanten einströmenden Flüssigkeit liefert sie die für die Zerteilung der Luft notwendigen Scherkräfte. Deshalb wird die Luft zentral unter dem Rührer zugeführt, so daß sie auf dem Wege von innen nach außen den Scherkräften ausgesetzt ist.

Der Luftbedarf des Turbinenrührers bei gleicher Ausbeute und Energie ist bis zu 50% geringer als beim Scheibenrührer, wie im 40 m³-Fermenter festgestellt wurde.

Der **Mehrstufen-Impuls-Gegenstrom-(MIG-)Rührer** besteht auch aus mehreren Stufen, die um 90° versetzt übereinander angeordnet sind (Abb. 43). Der Rührarm hat zwei Blätter, die unter einem Anstellwinkel von 24° – 30° so angeordnet sind, daß das innere Blatt eine Strömungsrichtung nach oben, das äußere eine nach unten hervorruft. Die Energieverteilung im Fermenter ist relativ gleichmäßig, besonders die axiale Vermischung läßt sich mit geringerem Energieaufwand durchführen als beim Turbinenrührer. Die Rührspitzengeschwindigkeiten sind ca. 6 – 11 m/sec und die Durchmesserverhältnisse zum Kessel ca. 0,6 – 0,8. Es sind rund 80% der Leistung des Turbinenrührers für die gleiche Wirksamkeit notwendig. Richtwerte für die Auslegung sind 0,5 – 4 KW/m³ und 0,1 vvm – 1,3 vvm Belüftung (Kipke, 1975; vgl. auch Kipke, 1978). Weitere Rührertypen zeigt die Abb. 43. Gitterrührer, Blattrührer und Ankerrührer sind in biologischen Flüssigkeiten hinsichtlich der Scherkräfte besonders schonend. Sie werden aber nur in Versuchsanlagen angewandt.

Der **Vibrationsrührer** ist ebenfalls sehr schonend für die Mikroorganismen und kann zur Massenzüchtung tierischer Zellen angewandt werden (Beschreibung und Abb. 38 c, vgl. S. 99).

Hohlrührer mit selbstansaugender Belüftung durch die Hohlwelle wurden ebenfalls bereits beschrieben (Abb. 41, vgl. S. 100). Über die Wirkungsweise vgl. Zlokarnik (1966).

Bei Umlaufsystemen werden z. B. **Emulgier-Umwälzrührer** verwendet (vgl. Einsele und Fiechter, 1969). Es sind axial fördernde Pumpsysteme mit vielen verschiedenen Variationen.

Ejektor- und **Injektordüsen** arbeiten eigentlich als Belüfter, die Kulturflüssigkeit wird natürlich auch bewegt.

d) Meß- und Regeltechnik

Einzelheiten der Meß- und Regeltechnik müssen aus der Spezialliteratur ersehen werden. Hier sollen nur Hinweise auf dieses Gebiet gegeben werden. Übersichten über das Gesamtgebiet vgl. Schöne (1971), Ullmann (1972 – ff.), Greiner (1974), Einsele (1976), DFVLR (1977), besonders Hasenböhler (1978), Blachère et al. (1978), Lafferty et al. (1981).

Bei sämtlichen Messungen der Parameter bei mikrobiellen Reaktionen wird versucht, eine Automation einzuführen, die anschließend zu einer Regelung des Prozesses verwendet werden kann (vgl. MacLennan, 1970; Marten, 1972; Hockenhull, 1977).

Die Temperatur gehört zu den wichtigsten Parametern eines Fermentationsprozesses. Ihre automatische Messung, Konstanthaltung und Verwendung zur Regelung läßt sich technisch lösen (vgl. Patching und Rose, 1970).

Ähnlich ist es mit Messung und Regelung des pH-Wertes (vgl. Munro, 1970). Er wird mit Glas-Elektroden, die auch gut sterilisierbar sind, gemessen. Die Genauigkeit ist für allgemeine Fermentationsprozesse gut. Die Regulation erfolgt über automatisches Zupumpen von Säure- bzw. Lauge-Lösungen. Dabei sind vorsichtige Dosierungen notwendig, um durch Zusatz zu hoher Konzentrationen die Mikroorganismen nicht zu schädigen.

Das Redoxpotential im Substrat und in den Mikroorganismenzellen ändert sich während der Fermentation. Die Bedeutung wird nicht immer sicher interpretiert. Möglicherweise wird die Messung des Redoxpotentials bei Fermentationsvorgängen in Zukunft weiter intensiviert. Das Redoxpotential kann mit Farbindikatorsystemen oder besser elektrometrisch bestimmt werden (Jacob, 1970).

Die Belüftung kann durch O_2-Messung der Zu- und Abluft (paramagnetische Messung im Sauerstoffanalysator), der Menge der zugesetzten Luft sowie durch Messung des in der Flüssigkeit gelösten O_2 bestimmt werden. Der gelöste O_2 läßt sich mit Sulfit, besser aber mit O_2-Elektroden, die u. a. nach galvanischem Prinzip oder polarographischem Prinzip konstruiert sind, messen (vgl. Brown, 1970; Beechey und Ribbons, 1972). Ein echtes Problem ist gegenwärtig das Fehlen von häufig sterilisierbaren O_2-Elektroden mit einer geringen Trägheit bei den Messungen (Krebs und Haddad, 1972; vgl. auch Heine, 1973).

Eine einfache Methode zur Messung des gelösten Sauerstoffs ist die Sulfitmethode. Bei Anwesenheit katalytischer Mengen von Cu- oder Co-Salzen wird Sulfit zu Sulfat oxidiert. Da diese Reaktion sehr schnell erfolgt, wird sie nur durch die in der Lösung befindliche Sauerstoffkonzentration begrenzt. Die restliche Sulfitkonzentration kann jodometrisch bestimmt werden. Diese Methode ist je nach Zusammensetzung des Substrates und anderen äußeren Bedingungen in ihrer Meßgenauigkeit sehr variabel.

CO_2 kann ebenfalls mit Elektroden in der Fermentationslösung gemessen werden (Nicholls und Garland, 1972). Meistens wird es aber in der Zuluft und Abluft bestimmt und Veränderungen werden aus der Differenz berechnet (vgl. Elsworth, 1970).

Die spezifische Leistungsaufnahme im Fermenter wird u. a. durch Dehnungsmeßstufen bestimmt (vgl. Einsele und Fiechter, 1974).

Viele andere Parameter, besonders die Substratabnahme und Produktbildung, wie etwa Vitamin-, Antibioticabildung, Glucoseverwertung u. v.a. können z. T. bereits automatisch gemessen werden (vgl. Marten, 1972; Ferrari und Marten, 1972; Mor et al., 1973).

Gegenwärtig wird immer mehr versucht, eine Regelung und Steuerung von Fermentationsvorgängen über Computer vorzunehmen. Wichtige Literatur hierüber vgl. Nyiri (1972), Flynn (1974), Rogers (1976), Dobry und Jost (1977), Humphrey (1977 a, b), Jefferis (1977).

Hierbei werden besonders die folgenden 3 Typen von Modellen zur Kontrolle herangezogen (Weigand, 1978):

1. Physikalische Modelle, z. B. Wirkung von Lufteintrag, Bewegung und/ oder ähnlichen Parametern auf den Prozeß.
2. Biochemische Modelle, z. B. Veränderungen des R_Q, der Kohlenhydrataufnahmeraten und/oder ähnlicher Parameter.
3. Kombination von Massen- und Wärmeübergangswerten mit biochemischen Kinetiken.

e) Schaumzerstörung

In vielen Fermentationslösungen kommt es während des Mikroorganismenwachstums zu einer starken **Schaumbildung**, die durch Belüftung und Bewegung des Substrates sowie durch Stoffwechselprodukte der Mikroorganismen hervorgerufen wird. Dieser Schaum muß zerstört werden. Das kann entweder durch Zusatz chemischer, die Oberfläche vermindernder Substanzen oder auf mechanischem Wege geschehen.

α) **Chemische Schaumdämpfungsmittel.** Chemische Schaumdämpfungen müssen während des gesamten Fermentationsprozesses bei sparsamer Dosierung eine gute Wirkung haben. Sie müssen unschädlich gegen die betreffenden Mikroorganismen sein und dürfen die Biosynthese der gewünschten Stoffwechselprodukte nicht nachteilig beeinflussen. Weiterhin müssen die zugesetzten Substanzen sich nach dem Fermentationsprozeß leicht abtrennen lassen. Manche Verbindungen breiten sich als Film über der Oberfläche aus, ohne sich mit dem Substrat zu vermischen, andere vermischen sich mit der Nährlösung und setzen dabei deren Oberflächenspannung herab. In der Praxis werden flüssige Fette und Öle, aber auch Öl-Wasser-Emulsionen, Paraffine, höhere Alkohole, besonders Octodecanol, Siliconöle, bestimmte Polyoxyäthylen- bzw. Polyoxypropylenverbindungen und ähnliche Substanzen zur Entschäumung verwendet (vgl. Bryant, 1970).

Zur Bestimmung des Zeitpunktes eines Zusatzes von Entschäumungsmitteln gibt es eine Reihe von Regeltechniken. In den meisten Fällen wird durch den in einem Fermenter aufsteigenden Schaum ein Kontakt geschlossen, der dann eine automatisch funktionierende Entschäumungsanlage in Tätigkeit setzt. Der Kontaktschluß kann durch ein Seil über der Flüssigkeit, das durch den Schaum berührt wird, durch die Unterbrechung eines Lichtstrahls durch den aufsteigenden Schaum, durch direkten Stromschluß an zwei Elektroden, von denen die eine die Fermenterwand sein kann oder ähnliche Vorrichtungen vollzogen werden (vgl. Abb. 48, Rehm, 1971).

Das Entschäumungsmittel wird anschließend feinverteilt über die Oberfläche des schäumenden Substrates solange hinweggesprüht, bis sich der Schaum soweit gesenkt hat, daß der erwähnte Kontaktschluß wieder rückgängig gemacht worden ist.

Vielfach oxidieren die Mikroorganismen die Antischaummittel während der weiteren Fermentation oder aber die Antischaummittel behindern die Aufarbeitung, so daß mechanische Schaumzerstörer vorgezogen werden.

Für die Brauchbarkeit eines Antischaummittels besteht die folgende Beziehung:

$$\text{Verwendungsfähigkeit} = \frac{K_1}{K_2}$$

K_1 ist die Mindestkonzentration, die den Organismus noch hemmt, K_2 ist die Mindestkonzentration, die eine Schaumbildung noch verhindert.

β) **Mechanische Schaumzerstörung.** Gegenwärtig verwendet man immer häufiger mechanische Schaumzerstörer. Diese lassen sich nach den angewandten Prinzipien in fünf verschiedene Gruppen einordnen (Müller, 1975; Literatur vgl. d.):

1. Der Schaum wird abgesaugt und innerhalb der Schaumschicht wieder eingeführt.
2. Das Ansaugen erfolgt durch eine mit Druckluft betriebene Düse (Peterdüse), und der teilweise verflüssigte Schaum wird durch die Druckluft brauseartig auf die Schaumschicht gesprüht (vgl. Kap. 12).
3. Die Schaumblasen werden durch Aufblasen oder Einblasen von Luft in die Schaumschicht zerstört.
4. Der Schaum wird an Prall- und Siebflächen im Schaumbereich gedämpft oder an Prallflächen außerhalb des Bottichs zerstört.
5. Der Schaum wird durch rotierende Körper zerschlagen, oder die Gasbläschen werden durch Zentrifugalkraft zerstört.

Besonders vom Typ 5 werden verschiedene Varianten für biotechnologische Fermentationen mit Erfolg angewandt oder vorgeschlagen.

Der mechanische Entschäumer – System Frings – wird zur Entschäumung von Fermentationslösungen bei der Essigsäureherstellung (vgl. Kap. 15) verwendet. Dabei wird auf eine vollständige Schaumzerstörung verzichtet. Es werden nur die leicht auftrennbaren Schaumteilchen zerstört. In einem Umlaufkörper, der über dem zu fermentierenden Substrat angebracht ist, werden die Schaumteilchen kurzfristig einer Zentrifugalkraft unterworfen. Der Hauptgasanteil wird in axialer Richtung abgeführt, während die ausgeschleuderte Flüssigkeit wieder durch die Rückführungsleitung in den Fermenter gelangt (Abb. 44).

Beim System Fundafom sind auf einer rotierenden Hohlwelle konische Teller (z. B. drei bis sechs) mit Öffnungen nach unten hin angebracht. Radiale Leitbleche in den Tellern erhöhen die schaumzerstörende Wirkung. Das Gas-Flüssigkeitsgemisch tritt oben im Fermenter in den rotierenden Teller ein. Durch die Drehgeschwindigkeit wird die Flüssigkeit in den Fermenterkessel zurückgeschleudert. Das leichtere Gas wird durch die Hohlwelle herausgedrückt und kann entweichen. Dieser Schaumzerstörer hat sich bei unterschiedlichen Fermentationen bewährt (Abb. 45).

Eine ausführliche Beschreibung dieses Systems vgl. Müller (1975). Die ungefähr erforderliche Leistung (p) kann durch folgende empirisch gefundene Gleichung abgeschätzt werden:

$$p = \frac{17{,}5 \cdot \gamma^{1{,}5} \cdot V/t}{d^{2{,}5} \cdot \varrho \cdot 0{,}5}$$

γ = Oberflächenspannung der flüssigen Phase (kg/sec^2)
V/t = Zu vernichtende Schaummenge (m^3/sec)
d = Blasendurchmesser (m)
ϱ = Dichte der flüssigen Phase (kg/m^3)

Einen sehr einfachen und billigen Schaumbrecher, der auf der Rührwelle des Fermenters angebracht ist, haben Kok und Zajic (1975) entwickelt. Er wird auf die Antriebswelle des Rührers montiert, arbeitet bei 300 rpm – 500 rpm und hat sich bei Glucose-Alkanfermentationen mit *Candida lipolytica* bewährt (vgl. Abb. 46).

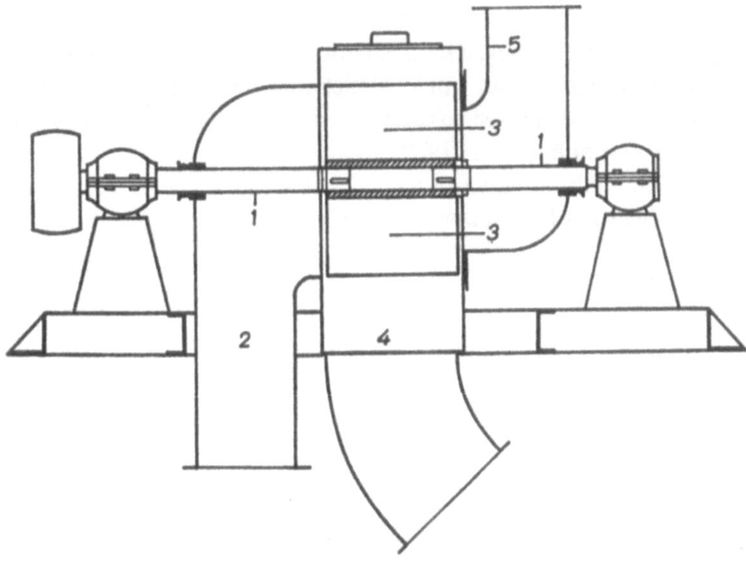

Abb. 44. Mechanischer Entschäumer, System Frings. Zeichenerklärung: *1* Welle mit Umlaufkörper; *2* Schaumeintritt; *3* Flügel des Umlaufkörpers; *4* Rückführung der entschäumten Flüssigkeit; *5* Gasaustrittsleitung

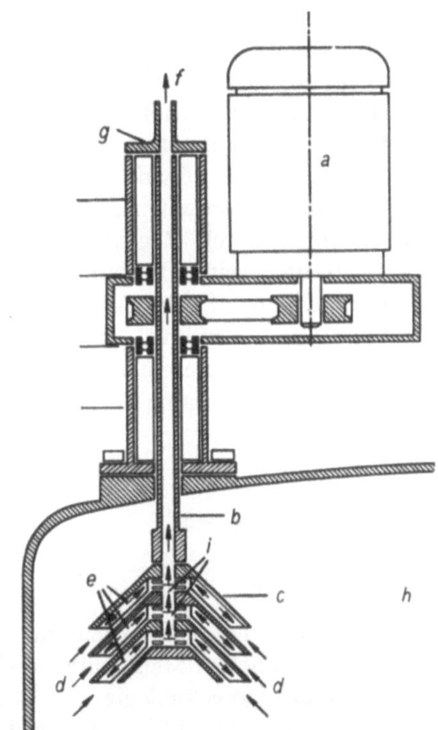

Abb. 45. Mechanischer Entschäumer, System Fundafom. Zeichenerklärung: *a* Motor; *b* Hohlwelle; *c* rotierende Teller; *d* Schaumeintritt; *e* Flüssigkeitsaustritt; *f* Gasaustritt; *g* Lagergehäuse mit Kühlung; *h* Kesselinhalt

Ultraschallgeneratoren zur Schaumzerstörung ließen sich bisher nicht in die Praxis einführen (Dorsey, 1959). Ebenso hat sich ein Düsensystem, bei dem die austretende Luft gemeinsam mit dem Schaum eine Düse bei einer Geschwindigkeit von 50 m/sec – 100 m/sec passiert, wobei der Schaum zerstört wird, praktisch nicht durchgesetzt (Phillips et al., 1960).

Die Schaumbildung kann als Kontrollfaktor für den Verlauf der Fermentation herangezogen werden (Soifer et al., 1974).

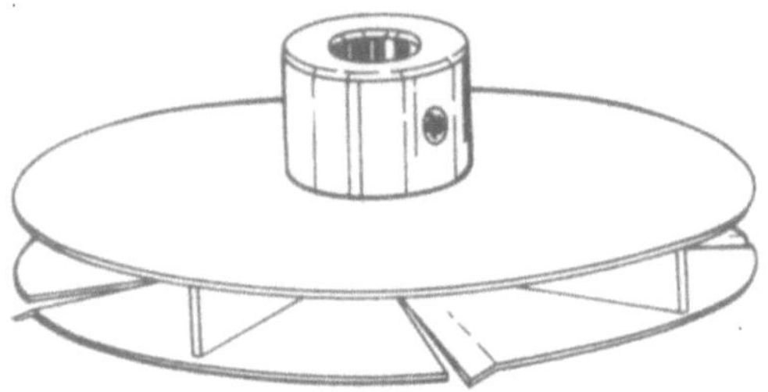

Abb. 46. Schaumbrecher (nach Kok und Zajic, 1975)

7. Trennung von Biomasse und Kulturflüssigkeit

Die Abtrennung der Mikroorganismen von der Kulturflüssigkeit kann u. a. durch Absetzen, Separation oder Filtration erfolgen (vgl. Thomson und Foster, 1970; Aiba und Nagatani, 1972; Grieves und Bhattacharyya, 1972; Aiba et al., 1973).

In Abwasseranlagen wird der vorwiegend bakterienhaltige Schlamm in besonderen Absetzbecken vom gereinigten Wasser durch Absetzen getrennt (vgl. Kap. 40). Bei Einzellern ist eine Flotation denkbar (Seipenbusch et al., 1978).

Bei mycelhaltigen Pilzen, aber auch bei anderen Mikroorganismen, haben sich ein- oder mehrkammerige Vakuumrotationsfilter vom Typ Bird Young oder vom Typ Dorr-Oliver, z. T. mit zusätzlicher Kieselgurfilterschicht bewährt (Abb. 20 vgl. Rehm, 1967). Übersichten und Literatur vgl. Pautsch (1977). Hefen und viele Bakterien werden durch Zentrifugation von den Kultursubstraten abgetrennt (vgl. Kap. 12). Eine weitere Filtration von Kulturflüssigkeiten, die nur wenig Mikroorganismen enthalten, erfolgt durch Schichtenfilter, die in verschiedenen Ausführungen viel in Gebrauch sind (vgl. Rehm, 1967, Abb. 21). Da über dieses Gebiet bereits ausgezeichnete und zusammenfassende Literatur existiert, wird es hier nur sehr kurz behandelt (vgl. Ullmann, 1972 – ff.).

8. Produktisolierung

a) Extraktionen

Wegen ihrer guten technischen Durchführbarkeit werden Extraktionen zur Gewinnung von lipophilen Metaboliten aus Mycelien oder besonders aus der Kulturflüssigkeit in der Biotechnologie sehr häufig angewandt. Hierbei wird das Produkt zunächst in eine Phase überführt. Liegt der Wirkstoff in den Mikroorganismenzellen

Tabelle 16. Wichtige Lösungsmittel zur Fällung, Lösung und Extraktion von Naturstoffen (Sittig und Zepf, 1977)

Polarität	Lösungsmittel	Verwendung u. a. bei
↑ steigende Polarität ↓	Hexan	Actinomycine (Fällung)
	Pentan	Actinomycine (Fällung)
	Petroläther	Actinomycine, Ennatin, Valinomycin
	Benzin-Cyclohexan	Löst bevorzugt Aliphaten gegenüber Aromaten
	Methylenchlorid	Actinomycine (Extraktion)
	Benzol	Löst bevorzugt Aromaten gegenüber Aliphaten
	Chloroform	Actinomycine, Fumagillin
	Diäthyläther	Penicilline, Griseofulvin, Ennantin, Valinomycin
	Amylacetat	Macrolide, Tetracycline, Penicilline, Variotin
	Butylacetat	Actinomycine, Penicilline
	Äthylacetat	Actinomycine, Rifamycine, Sarcomycin
	Methyläthylketon	Trichomycin
	Methylisobutylketon	Macrolide (außer Erythromycin), Penicilline, Fusidinsäure
	n-Butanol	Lincomycin u. v. a.
	Methanol	zur Extraktion aus Zellen, Polyene
	Wasser (Essig, Pyridin)	Salze der Penicilline, Bacitracin

vor, muß er zunächst – möglicherweise nach vorheriger Trocknung – aus diesen extrahiert werden.

Bei der Extraktion findet eine Verteilung des Extraktionsgutes zwischen zwei Phasen statt:

$$\beta = \frac{K_1}{K_2}$$

Für die Extraktion stehen drei Typen von Anlagen zur Verfügung (vgl. Sittig und Zepf, 1977).

a) Anordnung von Misch- und Separatorstufe in einer Zentrifugalmaschine. Die Phasen werden im Gegenstrom geführt. Das Mischen erfolgt durch Einleiten der Phasen in eine Kammer und Abnahme mit Hilfe einer Schälscheibe. Verteiler- und Scheideteller bewirken die kontinuierliche Zu- und Abfuhr. Die Maschinen sind ein- oder dreistufig.

b) Anordnung konzentrischer Siebtrommeln im Zentrifugalfeld. Im Gegensatz zum Kammertyp sind hier bei guter Effektivität hohe Durchsätze möglich.

c) Anwendung von Rührkessel oder Mischer mit nachgeschaltetem Separator.

In der 1. Auflage (Rehm, 1967) sind Abbildungen und Beschreibungen der Gleich- und Gegenstromextraktionen sowie wichtige Extraktoren, z. B. des Podbielniak-Extraktors sowie des Luwesta-Extraktors gegeben worden. Wichtige Lösungsmittel, die zur Fällung, Lösung und Extraktion von Naturstoffen verwendet werden, zeigt die Tabelle 16.

Die Gegenstromverteilung ist zur Isolierung kleinerer Produktmengen geeignet. Im Gegensatz zur Extraktion soll hier der Verteilungskoeffizient des Komponentengemisches bei 1 liegen. Der Trennfaktor β muß von 1 abweichen (vgl. Ullmann, 1972 – ff.).

b) Weitere Trennmethoden

Die Zahl der weiteren Trennmethoden für biotechnologische Zwecke ist relativ groß, allerdings sind nur einige Methoden für großtechnische Trennungen geeignet (vgl. Edwards, 1969; Ullmann, 1972 – ff.).

Ionenaustauschchromatographie wird zur Isolierung vieler Antibiotica u. a. Metaboliten verwendet (Literatur vgl. Ullmann, 1972 – ff.).

Adsorptionschromatographie ist zur Isolierung von schwach lipophilen Antibiotica geeignet (Fiedler, 1977).

Affinitätschromatographie wird in der Serologie u. a. zur Antikörper-Aufarbeitung verwendet, auch Elektrophorese wird hier präparativ in kleinem Maßstab eingesetzt.

Gel-Filtration wird in vielen Fällen zur Reinigung technisch angewandt (Schmidt-Kastner, 1978).

Ultra-Filtration mit Membranflächen von 1000 m² – 5000 m² wird zur Produktanreicherung bei vielen Milchprodukten (Dickmilch, Joghurt, Käse), Antibiotica, Enzymen u. v. a. eingesetzt (Olsen, 1977).

Über die in diesem Abschnitt genannten Verfahren gibt es gute Spezialliteratur, auf die hier verwiesen wird (Edwards, 1969; Ullmann 1972 – ff.).

9. Trocknung

Da es über Trocknungstechniken bereits sehr gute zusammenfassende Literatur gibt, genügen an dieser Stelle nur einige Hinweise.

Trocknung – oft sehr schonend – ist in vielen Fällen ein abschließender Vorgang bei der Aufarbeitung biotechnologischer Produkte. Die Abb. 47 zeigt eine Reihe von Trockentechniken, wie sie von Sittig und Zepf (1977) zusammengestellt wurden.

Wegen Einzelheiten über Wirbelbett-Trockner vgl. Simon (1976).

Weitere Literatur vgl. Ullmann (1972 – ff.).

10. Rückstandsbeseitigung

Die Beseitigung der Rückstände aus Fermentationen spielt eine wichtige Rolle, besonders bei Pilzfermentationen, bei denen größere Mengen anfallen. Hefen werden zumeist für Futterzwecke verwertet, ähnlich ist es mit den Resten der Substratherstellung (Treber, vgl. Kap. 33, Trester, vgl. Kap. 34) von Hefefermentationen. Bei Fermentationen mit mycelbildenden Pilzen werden die Mycelien entweder auf Deponien gebracht oder getrocknet und verbrannt oder aber in Abwasseranlagen (vgl. Kap. 40) biologisch abgebaut. Eine wirtschaftliche Lösung dieses Problems, das wegen des hohen Chitingehaltes der Mycelien besonders schwierig ist, steht noch aus.

Reste von Fermentationen, sog. Schlempen, werden z. T. als Futter verwertet oder in Abwasseranlagen oxidiert.

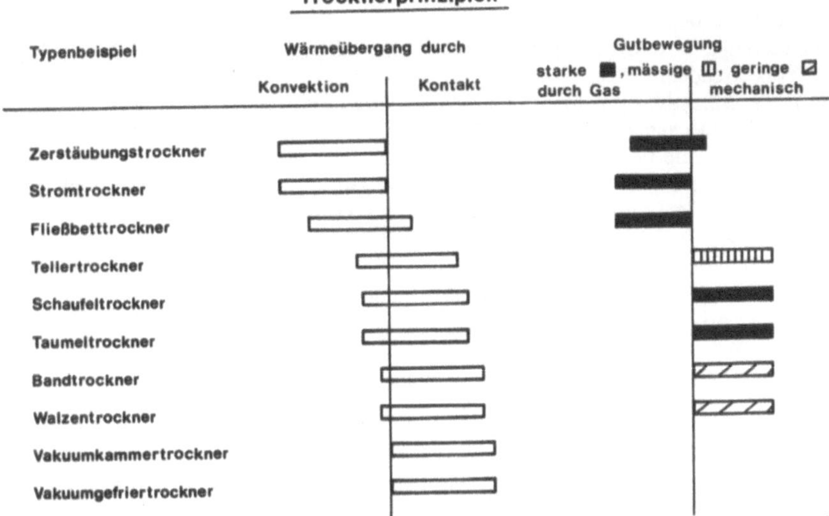

Abb. 47. Trocknerprinzipien (nach Sittig und Zepf, 1977)

11. Scale up

Das scale up oder auch scaling up ist eine Übertragung der Ergebnisse aus kleinen Versuchsanlagen (vgl. Hockenhull, 1975) in größere Anlagen und schließlich in den Produktionsfermenter. Hier treten wesentliche Änderungen des Mass-transfers, des O_2-Übergangs (Miura, 1976; Oldshue et al., 1977), der Scherkräfte u. v. a. Parameter auf. Diese Änderungen führen bei mikrobiellen Verfahren fast immer zu wesentlichen Veränderungen des Mikroorganismenwachstums und der Produktbildung (Fox, 1978).

Dieses für die Biotechnologie außerordentlich wichtige Problem kann hier nicht erörtert werden. Es sei auf die zitierte Literatur und auf das Buch von Lafferty et al. (1981) verwiesen.

Literatur

Aiba, S., Nagatani, M.: In: Advances in biochemical engineering. Vol. I, pp. 31 – 54. Berlin, Heidelberg, New York: Springer 1972

Aiba, S., Humphrey, A. E., Millis, N. F.: Biochemical engineering. London, New York: Academic Press 1973

Allwood, M. C., Russell, A. D.: Adv. Appl. Microbiol. *12*, 89 – 119 (1970)

Atkinson, B.: Biochemical reactors. London: Pion Ltd. 1974

Atkinson, B., Daoud, I. S.: Adv. Biochem. Eng. *4*, 41 – 124 (1976)

Beechey, R. B., Ribbons, D. W.: In: Methods in microbiology. Norris, J. R., Ribbons, D. W. (eds.), Vol. 6 B, pp. 25 – 53. London, New York: Academic Press 1972

Bigelow, W. D.: J. Infect. Dis. *29*, 528 (1921)

Blachère, H. T., Peringer, P., Dijon, F., Cheruy, A.: Dechema Monographien. Vol. 82, S. 65 – 87. Weinheim, New York: Chemie 1978

Blakebrough, N. (ed.): Biochemical and biological engineering science. Vol. 1. London, New York: Academic Press 1967

Blakebrough, N. (ed.): Biochemical and biological engineering science. Vol. 2. London, New York: Academic Press 1968

Borick, P. M.: Adv. Appl. Microbiol. *10,* 291 – 312 (1968)

Brauer, H.: Dechema Monographien. Rehm, H. J. (Hrsg.), Vol. 81, S. 85 – 98. Weinheim, New York: Chemie 1977

Brown, D. E.: In: Methods in microbiology. Norris, J. R., Ribbons, D. W. (eds.), Vol. 2, pp. 125 – 174. London, New York: Academic Press 1970

Bruch, C. W.: Dev. Ind. Microbiol. *14,* 3 – 16 (1973)

Bryant, J.: In: Methods in microbiology. Norris, J. R., Ribbons, D. W. (eds.), Vol. 2, pp. 187 – 203. London, New York: Academic Press 1970

Bryant, J.: Adv. Biochem. Eng. *5,* 101 – 123 (1977)

Crueger, W.: In: 3. Symp. Tech. Microbiol. Dellweg, H. (Hrsg.), S. 181 – 186. Berlin: Institut für Gärungsgewerbe und Biotechnologie 1973

Davis, J. T.: Prog. Ind. Microbiol. *8,* 141 – 208 (1968)

DFVLR „Bioreaktoren": Vorträge im Rahmen des BMFT-Statusseminars „Bioverfahrenstechnik". Bonn: DFVLR 1977

Dobry, D. D., Jost, J. L.: Annu. Rep. Ferment. Process. Perlman, D. (ed.), Vol. I, pp. 95 – 114. London, New York: Academic Press 1977

Edwards, V. H.: Adv. Appl. Microbiol. *11,* 159 – 210 (1969)

Einsele, A.: Chem. Rundsch. *29,* (23) (1976)

Einsele, A., Fiechter, A.: Chem. Ing. Tech. *46,* 701 (1974)

Elsworth, R.: In: Methods in microbiology. Norris, J. R., Ribbons, D. W. (eds.), Vol. 2, pp. 213 – 228. London, New York: Academic Press 1970

Ernst, R. R., Doyle, J. E.: Dev. Ind. Microbiol. *9,* 293 – 296 (1968)

Ferrari, A., Marten, J.: In: Methods in microbiology. Norris, J. R., Ribbons, D. W. (eds.), Vol. 6 B, pp. 331 – 342. London, New York: Academic Press 1972

Fiedler, H. J.: Chem. Rundsch. *30,* 2 – 3 (1977)

Flynn, D. S.: Biotechnol. Bioeng. Symp. *4,* 597 – 605 (1974)

Fox, R. I.: 1. Eur. Congr. Biotechnol. Interlaken, Part 1. pp. 80 – 83. Frankfurt: Dechema 1978

Freedman, D.: In: Methods in microbiology. Norris, J. R., Ribbons, D. W. (eds.), Vol. 2, pp. 175 – 185. London, New York: Academic Press 1970

Gammon, R. A.: Dev. Ind. Microbiol. *16,* 313 – 317 (1975)

Gaughran, E. R. L.: Dev. Ind. Microbiol. *14,* 57 – 64 (1973)

Gottlieb, S. F.: Annu. Rev. Microbiol. *25,* 111 – 152 (1971)

Gould, G. W., Dring, G. J.: Adv. Microbial Physiol. *11,* 137 – 164 (1974)

Greiner, B.: Chem. Ing. Techn. *46,* 680 – 684 (1974)

Grieves, R. B., Bhattacharyya, D.: Dev. Ind. Microbiol. *13,* 191 – 201 (1972)

Hal'Ama, D.: Biotechnol. Bioeng. Symp. *4,* 891 – 898 (1974)

Hasenböhler, A.: Instrumentierung von Fermentationsanlagen. Dissertation. Tübingen (1978)

Heine, H.: Dechema Monographien. Technische Biochemie. Rehm, H. J. (Hrsg.), Vol. 71, S. 53 – 68, Weinheim, New York: Chemie 1973

Ho, C. S., Erickson, L. E., Fan, L. T.: Biotechnol. Bioeng. *19,* 1503 – 1522 (1977)

Hockenhull, D. J. D.: Adv. Appl. Microbiol. *19,* 187 – 208 (1975)

Hockenhull, D. J. D.: Adv. Appl. Microbiol. *21,* 125 – 159 (1977)

Howell, J. A., Atkinson, B.: Biotechnol. Bioeng. *18,* 15 – 35 (1976)

Hsu, K. H., Erickson, L. E., Fan, L. T.: Biotechnol. Bioeng. *17,* 499 – 514 (1975)

Humphrey, A. E.: Dev. Ind. Microbiol. *18,* 58 – 70 (1977)

Humphrey, A. E.: Process Biochem. *12,* 19 – 22, 24 – 26 (1977 b)

Jacob, H. E.: In: Methods in microbiology. Norris, J. R., Ribbons, D. W. (eds.), Vol. 2, pp. 91 – 123. London, New York: Academic Press 1970

Jefferis, R. P. (ed.): Workshop computer applications in fermentation technology 1976. Weinheim, New York: Chemie 1977

Kereluk, K., Gammon, R.: Dev. Ind. Microbiol. *14,* 28 – 41 (1973)

Kereluk, K., Gammon, R.: Dev. Ind. Microbiol. *15,* 411 – 416 (1974)

Kipke, K.-D.: Chem. Tech. *4,* 383 – 388 (1975)

Kipke, K.-D.: Int. Symp. Mixing, Mons. (1978)

Kobayashi, T., Van Dedem, G., Mooyoung, M.: Biotechnol. Bioeng. *25*, 27 – 45 (1973)

Kok, R., Zajic, J. E.: Biotechnol. Bioeng. *17*, 273 – 275 (1975)

Kok, R., Svrcek, W. Y., Zajic, J. E.: J. Ferment. Technol. *54*, 88 – 101 (1976)

Kossen, N. W. F., Metz, B.: Abstr. 5th Int. Ferment. Symp. p. 78, Berlin (1976)

Krebs, W. M., Haddad, I. A.: Dev. Ind. Microbiol. *13*, 113 – 126 (1972)

Kretzschmar, H.: Technische Mikrobiologie. Berlin, Hamburg: Paul Parey 1968

Lafferty, R. M., Moser, A., Sukatsch, D. A.: Biotechnologie. Berlin, Heidelberg, New York: Springer 1981

Lemke, J. R., Mack, K.: Dechema Monographien. Biotechnologie. Rehm, H. J. (Hrsg.), Vol. 81, S. 233 – 242. Weinheim, New York: Chemie 1977

Lück, E.: Chemische Lebensmittelkonservierung, Stoffe – Wirkungen – Methoden. Berlin, Heidelberg, New York: Springer 1977

MacLennan, D. G.: In: Methods in microbiology. Norris, J. R., Ribbons, D. W. (eds.), Vol. 2, pp. 1 – 21. London, New York: Academic Press 1970

Marten, J.: In: Methods in microbiology. Norris, J. R., Ribbons, D. W. (eds.), Vol. 6 B, pp. 319 – 330. London, New York: Academic Press 1972

Miura, Y.: Adv. Biochem. Eng. *4*, 3 – 40 (1976)

Mor, J.-R., Zimmerli, A., Fiechter, A.: Anal. Biochem. *52*, 614 – 624 (1973)

Müller, F.: Chem. Rundsch. *28*, 3 – 7 (1975)

Munro, A. L. S.: In: Methods in microbiology. Norris, J. R., Ribbons, D. W. (eds.), Vol. 2, pp. 39 – 89. London, New York: Academic Press 1970

Nagel, O., Kürten, H., Hegner, B.: Dechema Monographien. Biotechnologie. Rehm, H. J. (Hrsg.), Vol. 81, S. 99 – 114. Weinheim, New York: Chemie 1977

Nicholls, D. G., Garland, P. B.: In: Methods in microbiology. Norris, J. R., Ribbons, D. W. (eds.), Vol. 6 B, pp. 55 – 63. London, New York: Academic Press 1972

Nyiri, L. K.: Adv. Biochem. Eng. *2*, 49 – 95 (1972)

Nyiri, L. K., Charles, M.: Annu. Rep. Ferment. Process. Perlman, D. (ed.), Vol. I, pp. 365 – 381. London, New York: Academic Press 1977

Oldshue, J. Y., Coyle, C. K., Brügger, K., Zemke, H. J.: Dechema Monographien. Biotechnologie. Rehm, H. J. (Hrsg.), Vol. 81, S. 115 – 135. Weinheim, New York: Chemie 1977

Olsen, O. J.: Chem. Rundschau *30*, 9 – 10 (1977)

Opfell, J. B., Miller, C. E.: Adv. Appl. Microbiol. *7*, 81 – 102 (1965)

Patat, F., Kirchner, K.: Praktikum der Technischen Chemie. Berlin, New York: Walter de Gruyter 1975

Patching, J. W., Rose, A. H.: In: Methods in microbiology. Norris, J. R., Ribbons, D. W. (eds.), Vol. 2, pp. 23 – 38. London, New York: Academic Press 1970

Pautsch, G.: Chem. Rundsch. *30*, 15 – 19 (1977)

Perry, R. H., Chilton, C. H. (eds.): Chemical engineers' handbook, 5th ed. Tokyo, London: McGraw-Hill Kogakusha Ltd. 1973

Puklowski, W.-D., Rehm, H. J.: Dechema Monographien. Biotechnologie. Rehm, H. J. (Hrsg.), Vol. 81, S. 165 – 175. Weinheim, New York: Chemie 1977

Rehm, H. J.: Industrielle Mikrobiologie. Berlin, Heidelberg, New York: Springer 1967

Rehm, H. J.: Einführung in die industrielle Mikrobiologie. Berlin, Heidelberg, New York: Springer 1971

Rehm, H. J., Reed, G.: Handbook of biotechnology. Weinheim, New York: Chemie 1980-ff.

Reuß, M.: Dechema Monographien. Biotechnologie. Rehm, H. J. (Hrsg.), Vol. 81, S. 45 – 57. Weinheim, New York: Chemie: 1977

Rhodes, A., Fletcher, D. L.: Principles of industrial microbiology. London, New York: Academic Press 1969

Richards, J. W.: Introduction to industrial sterilization. London, New York: Academic Press 1968

Rogers, P. L.: Adv. Biochem. Eng. *4*, 125 – 153 (1976)

Schlegel, H. G., Ibrahim, M.: Dechema Monographien. Biotechnologie. Rehm, H. J. (Hrsg.), Vol. 81, S. 257 – 266. Weinheim, New York: Chemie 1977

Schmidt-Kastner, G.: Dechema Monographien. Vol. 82, S. 181 – 198. Weinheim, New York: Chemie 1978

Schöne, A.: Regeln und Steuern. Weinheim, New York: Chemie 1971

Schügerl, K., Lücke, J.: Dechema Monographien. Biotechnologie. Rehm, H. J. (Hrsg.), Vol. 81, S. 59 – 84. Weinheim, New York: Chemie 1977

Seipenbusch, R., Birckenstaedt, J. W., Grosse, A.: Chem. Rundsch. *31,* 1 – 3 (1978)

Sekoulov, I.: Dechema Monographien. Biotechnologie. Rehm, H. J. (Hrsg.), Vol. 81, S. 243 – 256. Weinheim, New York: Chemie 1977

Siegell, S. D., Gaden, E. L., Jr.: Biotechnol. Bioeng. *4,* 345 – 356 (1962)

Sigurdson, S. P., Robinson, C. W.: Dev. Ind. Microbiol. *18,* 529 – 547 (1977)

Simon, E. J.: Chem. Tech. *7,* 277 – 280 (1976)

Singer, S.: In: 3. Symp. Techn. Microbiol. Dellweg, H. (Hrsg.), S. 175 – 180. Berlin: Institut für Gärungsgewerbe und Biotechnologie 1973

Sittig, W., Zepf, Kh.: Chem. Rundsch. *30,* 1 – 6 (1977)

Smith, J. M.: Dechema Monographien. Biotechnologie. Rehm, H. J. (Hrsg.), Vol. 81, S. 33 – 43. Weinheim, New York: Chemie 1977

Soifer, R. D., Gorskaya, S. V., Ivankova, T. A.: Biotechnol. Bioeng. Symp. *4,* 755 – 767 (1974)

Solomons, G. L.: Adv. Appl. Microbiol. *14,* 231 – 247 (1971)

Spicher, G., Peters, J.: Zentralbl. Bakteriol. Hyg. I. Abt. Orig. A *230,* 112 – 138 (1975)

Steel, R., Miller, T. L.: Adv. Appl. Microbiol. *12,* 153 – 188 (1970)

Stumbo, Ch. R.: In: Industrial microbiology. Miller, B. M., Litsky, W, (eds.), pp. 412 – 450. New York: McGraw Hill Book Co. 1976

Sykes, G.: In: Methods in microbiology. Norris, J. R., Ribbons, D. W. (eds.), Vol. 1, pp. 77 – 121. London, New York: Academic Press 1969

Thomson, R. O., Foster, W. H.: In: Methods in microbiology. Norris, J. R., Ribbons, D. W. (eds.), Vol. 2, pp. 377 – 405. London, New York: Academic Press 1970

Topiwala, H. H., Hamer, G.: Biotechnol. Bioeng. Symp. *4,* 547 – 557 (1974)

Tsao, G. T., Lee, Y. H.: Annu. Rep. Ferment. Process. Perlman, D. (ed.), Vol. I, pp. 115 – 149. London, New York: Academic Press 1977

Tuffile, C. M., Pinho, F.: Biotechnol. Bioeng. *12,* 849 – 871 (1970)

Uhl, V. W., Gray, J. B.: Mixing, theory and practice. London, New York: Academic Press Bd. 1 1966, Bd. 2 1967

Ullmanns Encyklopädie der technischen Chemie, 4. Aufl. Weinheim, New York: Chemie 1972-ff.

Wallhäußer, K. H.: Sterilisation, Desinfektion, Konservierung. Keimidentifizierung – Betriebshygiene. Stuttgart: Georg Thieme 1978

Wang, D. I. C., Humphrey, E. A.: Prog. Ind. Microbiol. *8,* 1 – 34 (1968)

Weigand, W. A.: Computer Applications to Fermentation Processes. Annu. Rep. Ferment. Proc. *2,* 43 – 72 (1978)

Whitbourne, J., West, K.: Dev. Ind. Microbiol. *16,* 57 – 66 (1975)

Yagi, H., Yoshida, F.: Biotechnol. Bioeng. *19,* 801 – 819 (1977)

Yoshida, T., Yokoyama, K., Chen, K.-C., Sunouchi, T., Taguchi, H.: J. Ferment. Technol. *55,* 76 – 83 (1977)

Ziegler, H., Meister, D., Dunn, I. J., Blanch, H. W., Russell, T. W. F.: Biotechnol. Bioeng. *19,* 507 – 525 (1977)

Zlokarnik, M.: Chem. Ing. Tech. *38,* 357, 717 (1966)

Zlokarnik, M.: Adv. Biochem. Eng. *8,* 133 – 151 (1978)

Kapitel 9 Bioreaktoren

1. Allgemeines

Die biologische Reaktion findet im sog. Bioreaktor statt. Die Zahl der Bioreaktoren ist sehr groß. Sie wurden anfangs zumeist aus Reaktoren, die bereits in der technischen Chemie mit Erfolg angewandt worden waren, entwickelt. Erst seit etwa 20 Jahren hat man begonnen, Reaktoren eigens für biotechnologische Reaktionen zu konstruieren.

Übersichtsliteratur vgl. Solomons (1969, 1971), Atkinson (1974), Prokop und Votruba (1976), Sittig und Heine (1977), DFVLR (1977), Lafferty et al. (1981), Schügerl (1978), Mößner et al. (1979), Rehm und Reed (1980 – ff.).

Bioreaktoren, über die im folgenden nur eine kurze Übersicht gegeben werden soll, lassen sich nach der Art der Mikroorganismenzüchtung in Oberflächen- und Submers-Reaktoren unterscheiden. Dabei sind die Übergänge fließend. Weiterhin sind Bewegungs- und Belüftungsart wichtige Kriterien für die Klassifizierung. Die Abb. 48 zeigt einige Grundlagen für die Auswahl von Bioreaktoren.

Viele Aspekte der Energieübertragung des Stoffübergangs, des Wärmeübergangs etc. sind eng mit der Fermenterkonstruktion und Auslegung verbunden. Diesbezüglich sei auf die Spezialliteratur verwiesen (Uhl und Gray, 1966, 1967; Aiba et al., 1973; Patat und Kirchner, 1975; Hockenhull, 1975; Einsele, 1976; Lehmann et al., 1977; Ullmann, 1972 – ff.; Laederach et al., 1978; Finn und Einsele, 1978).

2. Reaktoren für Oberflächenverfahren

Bei Oberflächenverfahren werden Mikroorganismen auf den Oberflächen flüssiger, halbfester oder fester Substrate gezüchtet. Auf Flüssigkeiten bildet sich in vielen Fällen eine zusammenhängende Mikroorganismenhaut, die bei Pilzen als Myceldecke bezeichnet wird. Auch halbfeste und feste Substrate werden mit einer derartigen Haut überzogen; Pilzmycelien wachsen hier jedoch tiefer als bei Flüssigkeiten in die Substrate hinein. Die gesuchten Stoffwechselprodukte diffundieren entweder in das Nährmedium oder bleiben in den Mikroorganismenzellen oder befinden sich in beiden und können dann entsprechend isoliert werden.

Oberflächenverfahren werden im Laborbetrieb wegen ihrer einfachen Handhabung sehr viel angewandt. Sie sind auch großtechnisch in Betrieb, z. B. bei der Herstellung einiger Antibiotica, einiger Enzyme, bei der Abwasserreinigung u. a.

Über die Sauerstoffversorgung der Mikroorganismen in Oberflächenverfahren, besonders bei mycelbildenden Pilzen, gibt es wenig Ergebnisse. Es darf angenommen werden, daß der größte Teil des O_2 direkt aus der Luft aufgenommen wird und nur ein kleiner Teil zunächst im Substrat gelöst und aus diesem von den Zellen aufgenommen wird.

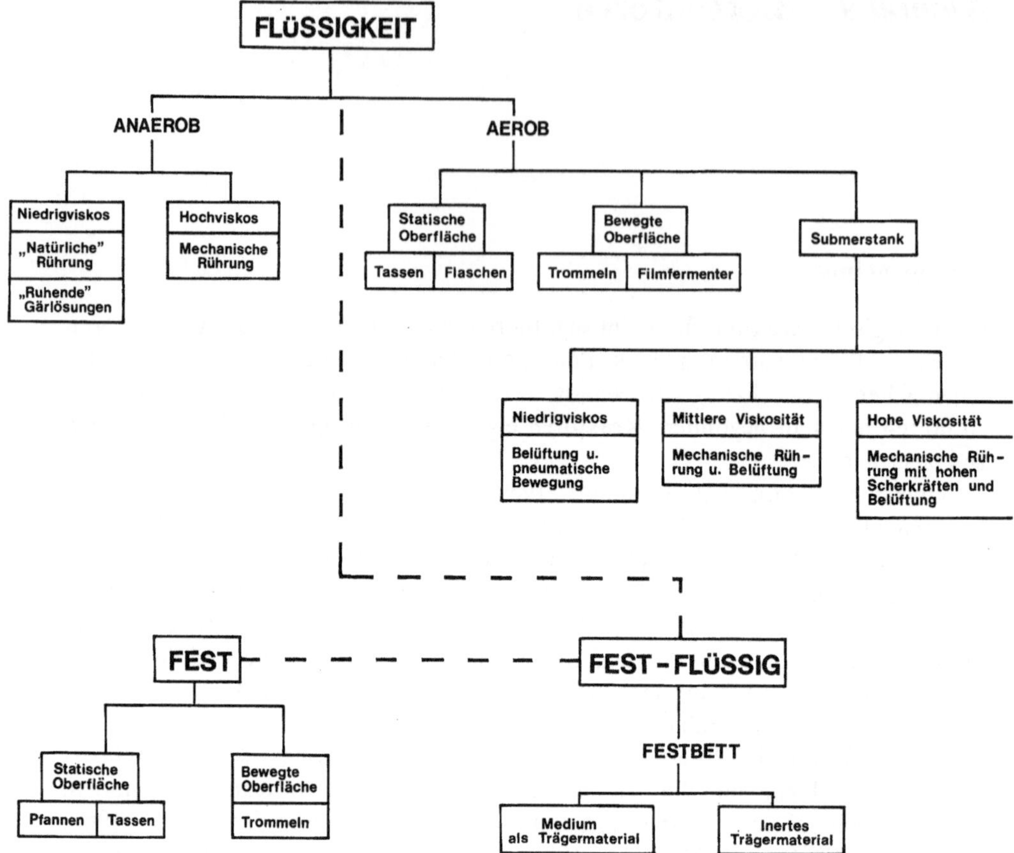

Abb. 48. Kriterien zur Auswahl von Bioreaktoren für unterschiedliche Verfahren

a) Verwendung von Flaschen und Kolben

In kleinen, zumeist in Laboratorien betriebenen Verfahren werden Mikroorganismen häufig in Erlenmeyerkolben oder Spezialgefäßen (z. B. Colleflaschen, Penicillin- oder Fernbachkolben) auf einer ruhenden Flüssigkeitsschicht oder auf halbfestem oder festem Substrat gezüchtet (vgl. Abb. 37).

Die Entwicklung der Mikroorganismen und vielfach auch die Bildung von Stoffwechselprodukten ist hier abhängig von der Höhe der Substratschicht, der Größe der Oberfläche sowie der Intensität des Gasaustausches über der Mikroorganismenoberfläche. Je größer die Oberfläche und je geringer die Substratschichtdicke (in bestimmten Grenzen) ist, desto besser ist die Mikroorganismenentwicklung. Die Gefäße haben meistens einen Inhalt von 2 l – 4 l und enthalten 0,5 l – 2,0 l Nährmedium bei einer Schichthöhe von 1,5 cm – 6 cm. Die Kolben werden mit Substrat gefüllt, mit Hilfe einer Spritze oder Düse mit einer feinverteilten Keimsuspension beimpft und in Bruträumen bebrütet.

Nach Abschluß der Mikroorganismenentwicklung werden Kulturflüssigkeit und Biomasse abgeerntet, separiert und aufgearbeitet. Zur Vermeidung einer allzu häufigen Flaschensterilisation und Beimpfung hat man bei Pilzzüchtungen die Kulturflüssigkeit aus den Flaschen steril abgezogen und neue sterile Nährlösung unter die Myceldecken geschichtet, so daß die alten Myceldecken im neuen Substrat wieder Stoffwechselprodukte bilden konnten. Bei sekundären Produkten war dies grundsätzlich möglich. Bei solchen Manipulationen werden die Kolben jedoch schnell mit Fremdkeimen infiziert, so daß nur eine zwei- bis dreimalige Unterschichtung in größeren Ansätzen wirtschaftlich ist.

b) Verwendung von Schalen, Sieben und Pfannen

Zur Züchtung von Mikroorganismen auf halbfesten oder festen Substraten, z. B. bei der Herstellung von Amylasen mit Pilzen aus Weizen- oder Reiskleie, wird das im strömenden Dampf sterilisierte Substrat nach Beimpfung mit Keimen des betreffenden Mikroorganismus auf Siebe oder Pfannen in 2 cm – 3 cm hoher Schicht ausgebreitet. Die Siebe bzw. Pfannen werden übereinander in Brutschränke gesetzt und bei hoher Luftfeuchtigkeit bebrütet. Nach Abschluß des Mikroorganismenwachstums wird das Substrat aufgearbeitet.

Ein von Schröder und Brandl (Öster. Pat. 192.055, 1957) entwickeltes Gärtassenverfahren ist eine wesentliche Weiterentwicklung der Oberflächenverfahren und besonders für die Herstellung solcher Substanzen, die sich in den Zellen der Mikroorganismen befinden, z. B. Tyrothricin, einige Enzyme, geeignet.

Flache Schalen (die sog. Gärtassen) werden in einem geschlossenen sterilisierbaren Metallbehälter übereinandergeschichtet. Die schon beimpfte Nährlösung wird automatisch in die oberste Schale gefüllt. Diese hat eine Überlaufeinrichtung, durch welche die Nährlösung nach der Füllung in die nächst untere Gärtasse laufen kann und von dieser nach Füllung wieder in die darunterliegende und so fort, bis sämtliche Gärtassen gefüllt sind. Der Behälter wird bebrütet und steril belüftet, so daß große Mengen an Oberflächenkulturen auf technisch einfache Weise und auf engem Raum hergestellt werden können. Getrennte Zucker- und Nährlösungskocher können dieses Verfahren noch weiter automatisieren (Abb. 49).

Nach diesem Prinzip wurden verschiedene ähnliche Verfahren entwickelt, vgl. Kap. 24.

c) Tropfkörper-Reaktoren (gefüllte Türme)

Beim Tropfkörper werden die Mikroorganismen an Trägermaterial (z. B. Buchenholzspäne, Kunststoffe, Lavaschlacke u. a.) adsorbiert. Die Trägerstoffe können ungeordnet geschichtet oder in Platten angebracht sein (Abb. 50).

Das Substrat rieselt über die Mikroorganismen auf den Trägerstoffen hinweg. Sauerstoff wird im Gegenstrom von unten her geführt. Das Substrat wird z. T. bis zur vollständigen Umsetzung mehrfach über die Mikroorganismen-haltige Säule gepumpt. Tropfkörper sind u. a. in der Abwasserreinigung (Kap. 40) sowie zur Oxidation von Äthanol zu Essigsäure (Kap. 15) praktisch angewandt. Sie sind noch als Oberflächenkultur anzusehen. Bei sehr starker Berieselung sind die Mikroorganismen aber bereits längere Zeit mit Nährsubstrat bedeckt und müssen den O_2 z. T. aus dem Substrat gelöst aufnehmen. Es liegt also eine Beziehung zum Submersfermenter vor. Gelegentlich wird ein Tropfkörper-Reaktor auch als Filmfermenter angesehen, obwohl dies wegen der großen Schichtdicke umstritten ist (Atkinson und

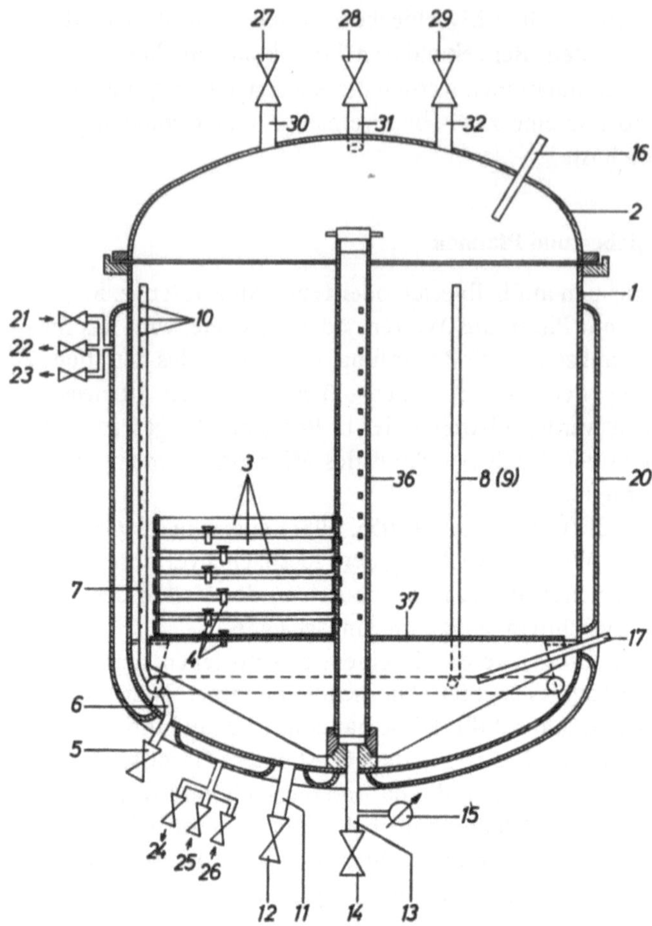

Abb. 49. Längsschnitt eines Gärtassenbehälters. Zeichenerklärung: *1* Behälter; *2* Deckel; *3* auswechselbare Gärtassen; *4* Überlaufvorrichtungen; *5–9* Belüftungseinrichtungen; *10* Luftaustrittsöffnungen; *11* Entleerungsstutzen; *12* und *14* Ventile; *13* Entlüftungsstutzen; *15* Manometer; *16* und *17* Thermometerstutzen; *20* Doppelwand; *21–26* Armaturen für Heizdampf (*21, 24*), Kühlwasser (*22, 25*) und Umlaufwasser (*23, 26*), *27–32* Nährlösungszulauf; *36* perforiertes mittleres Tragrohr; *37* durchlöcherter Tragboden (Brunner und Machek, 1962, S. 158)

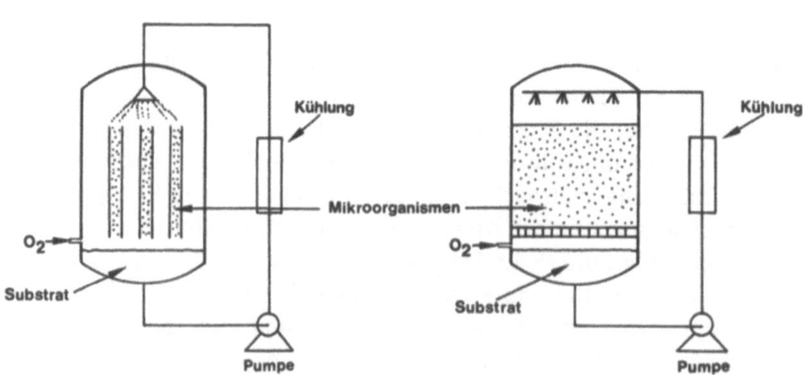

Abb. 50. Tropfkörper-Reaktoren mit Mikroorganismen im Festbett

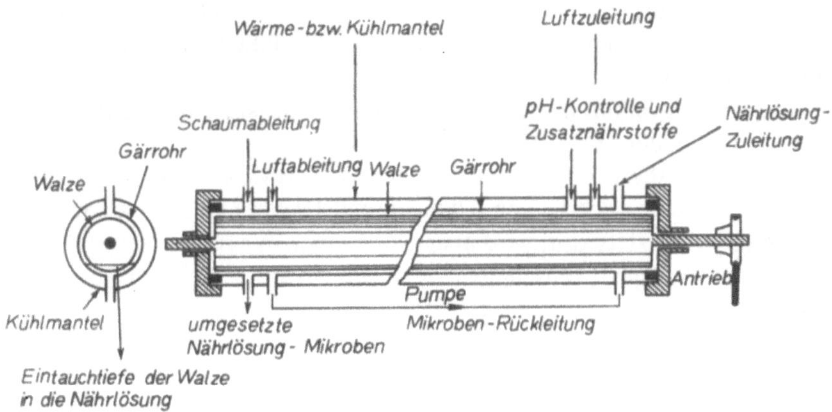

Abb. 51. Dünnschichtfermentationsreaktor (Gorbach, 1969)

Knights, 1975). Tropfkörper-ähnliche Reaktoren können auch anaerob, z. B. in der Abwassertechnologie, geführt werden (Genung et al., 1979). Wird er mit denitrifizierenden Bakterien, die an Kohle adsorbiert worden sind, gefällt, läßt sich in einem Durchfluß von unten nach oben eine Denitrifizierung von Abwässern in einem solchen Reaktor durchführen (Hancher et al., 1979).

d) Dünnschicht- und Film-Reaktoren

Gorbach (1969) hat einen **Dünnschichtfermenter** entwickelt. Bei dieser Methode werden die Mikroorganismen auf Walzen in einem Röhrensystem gezüchtet, das durch Drehen in eine Nährlösung eintaucht. Die dünnen Mikroorganismenschichten können in diesem System intensiv belüftet werden. Auch die Ableitung mikrobieller Stoffwechselprodukte und die Zufuhr von Nährstoffen läßt sich leicht bewerkstelligen. Das kontinuierliche System kann durch eine große Anzahl von Röhren sehr intensiviert und auch automatisiert werden (Abb. 51).

Diese Systeme sind von Moser (1978) intensiv weiterentwickelt und für die praktische Anwendung interessant gestaltet worden.

Weitere **Filmfermenter** sind von Atkinson und Knights (1975) entwickelt worden. Verschiedene, im folgenden genannte Typen, z. B. Scheibenfermenter, lassen sich auch als Filmfermenter betrachten (Atkinson und Fowler, 1974).

Bei **Scheibenfermentern** (Abb. 52) werden Mikroorganismen auf rotierenden, runden Scheiben gezüchtet, die zeitweise in Flüssigkeit eintauchen, dabei mit Substrat benetzt werden und zeitweise der Luft ausgesetzt sind, so daß eine O_2-Aufnahme möglich ist. Diese rotierenden Scheibenfermenter werden mit Erfolg in der Abwasserwirtschaft zur biologischen Oxidation eingesetzt (Kap. 40). Sauerstoffübergänge vgl. Bintanja et al. (1975), das Wachstum von mycelbildenden Pilzen wurde von Anderson et al. (1978) untersucht.

Auch **Schaufelradfermenter** (Abb. 52) werden in der Abwasserreinigung verwendet. Sie arbeiten ähnlich wie Scheibenreaktoren. Die Mikroorganismen werden intermittierend in Kontakt mit flüssigem Nährsubstrat und Luft gebracht (Kap. 40).

Beim **Leaching** von Metallen wird ebenfalls Oberflächenluft zur O_2-Versorgung der Bakterien verwendet. Auch hier wachsen die Bakterien filmartig auf den Mineralien (Kap. 38).

Auf **Monolayerkulturen** ist ein filmartiges Wachstum der tierischen Zellen und Gewebe vorhanden (Kap. 37).

Ein vollständig gemischer Filmfermenter (CMMFF = completely mixed microbial film fermenter) wurde von Atkinson und Davies (1972) beschrieben. Er ähnelt dem Tropfkörper-Reaktor, wird aber durch einen Wassermantel gekühlt (Abb. 52). Daten über wichtige Eigenschaften vgl. Atkinson und Knights (1975).

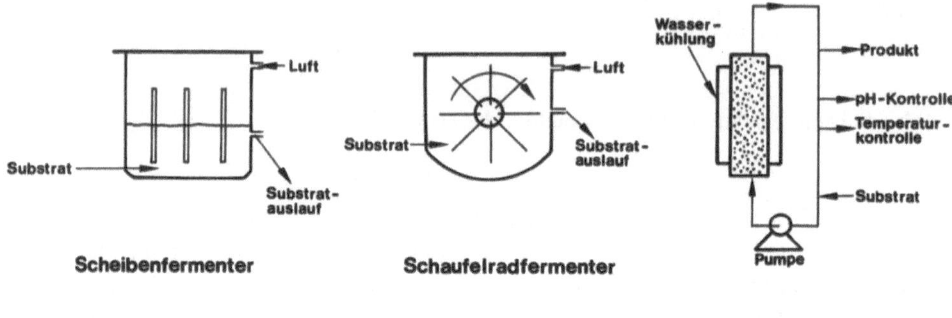

Abb. 52. Verschiedene Oberflächenreaktortypen

3. Reaktoren für Submersverfahren

Bei der Submerszucht werden die Mikroorganismen nicht auf der Oberfläche eines Substrates, sondern innerhalb einer Nährlösung gezüchtet. Die Sauerstoffversorgung erfolgt dabei aus der Flüssigkeit, in der Sauerstoff gelöst wird (vgl. Kap. 8).

a) Belüftung mit Oberflächenluft

Eine einfache Art der Submerszucht ist die Schüttelkultur, die im Labormaßstab und auch zur Anzucht von Impfmaterial für Impffermenter angewandt wird. Die Mikroorganismen werden in einer Nährlösung in Gefäßen, die auf einer Schüttelmaschine dauernd bewegt werden, gezüchtet. Die Gefäße (z. B. Erlenmeyerkolben) sind zur Erhöhung der Strömungsturbulenz häufig innen mit flächigen Ausbuchtungen, den sog. Schikanen, versehen. Es gibt Schüttelmaschinen mit kreisförmiger (Rundschüttler) oder linearer Bewegung (Reziprokschüttler). Schüttelmaschinen haben meistens variable Schüttelgeschwindigkeiten; die Flaschen können auch bei Temperaturkonstanz gehalten werden. Bei neuen Konstruktionen ist der Angriffspunkt der Antriebskraft genau in den Schwerpunkt des sich bewegenden Oberteils gelegt worden.

Die Luft wird dabei aus der Oberfläche in die Lösung durch die Schüttelbewegung eingeschlagen. Bei anderen Systemen wird die Luft z. B. mit Bürsten, Paddeln oder eigenen Rotoren, die auf der Oberfläche des Substrates angebracht sind, in die Flüssigkeit übertragen (Abb. 53) (Abson und Todhunter, 1967).

Die letzteren Reaktoren werden besonders in der Abwasserbeseitigung und beim Recycling von tierischen Abfällen verwendet (Kap. 40 u. 41).

Auch der Vibromixer kann mit Oberflächenluft belüftet werden (vgl. Kap. 37).

b) Reaktoren mit mechanischen Rührsystemen

Der bekannteste und wichtigste Reaktor aus dieser Gruppe ist der gegenwärtig in der Fermentationsindustrie am meisten verwendete, sog. angelsächsische Rührfermenter. Er ist ein begaster Turbinenrührer mit unterschiedlichen Rühreinrich-

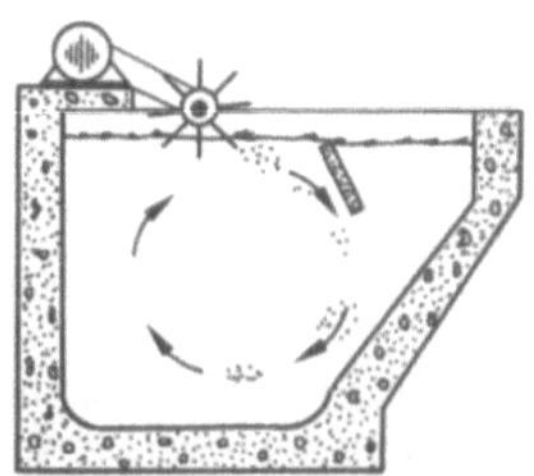

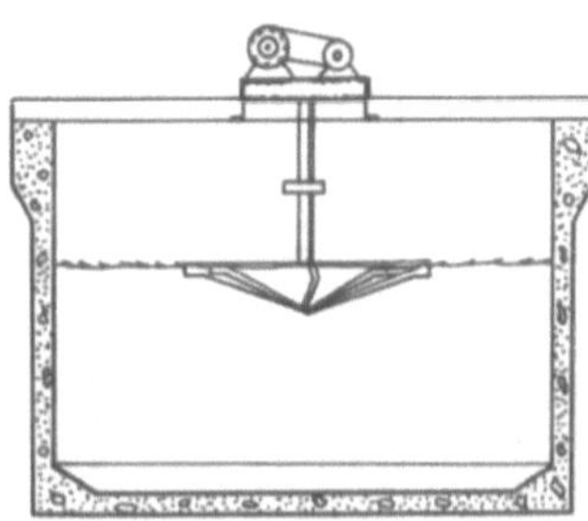

Abb. 53. Belüftungstechniken mit Oberflächenluft für Submersfermenter

tungen und als Prototyp für biotechnologische Fermenter entwickelt worden, so daß als Beispiel einige allgemeine Eigenschaften beschrieben werden.

Das Fassungsvermögen liegt von wenigen Litern bis zu 10^6 l Nutzinhalt. Zur Anzucht des Impfmaterials werden Tanks mit steigendem Inhalt verwendet. Die Tanks müssen bei vielen Fermentationen, z. B. zur Herstellung der meisten sekundären Produkte, sterilisierbar sein. Ein Wassermantel oder Schlangenrohre im Innern der Tanks machen eine Heizung oder Kühlung des Inhaltes möglich. Ein Rührwerk mit mehreren Rührflügeln befindet sich im Tankinnern. Zu Beginn der Fermentation wird im allgemeinen schwächer gerührt als zu Ende der Fermentation, wenn sich viel Mycelien oder Zellen gebildet haben und der ganze Inhalt oft fast breiartig geworden ist. Unter dem Rührwerk befindet sich ein Luftverteiler. Aus diesem werden dosierte Mengen steriler Luft sehr fein verteilt in die Flüssigkeit gedrückt und gehen langsam durch die Kulturlösung bis zur Oberfläche des Substrates. Für einen Fermenter von 100 000 l Inhalt werden z. B. zur Herstellung vieler Antibiotica etwa 50 000 – 80 000 l Luft/min benötigt. Luftsterilisation vgl. Kap. 8.

Der Tank besitzt eine Öffnung zum Einlauf der Nährlösung. Diese wird oft stark konzentriert in den Tank gegeben und dann mit Wasserdampf, der im Tank kondensiert, auf das richtige Maß aufgefüllt. Eine weitere Öffnung dient zum Einpumpen der Impflösung. Weiterhin werden die precursor und Antischaummittel während der Fermentation durch geeignete Öffnungen dem Nährsubstrat zugesetzt.

Eine am oberen Teil des Tanks angebrachte Sichtklappe gestattet eine optische Kontrolle während der Fermentation und einen Eintritt in den Tank nach der Fermentation zur Tankreinigung. pH-Messung und Temperaturkontrolle erfolgen au-

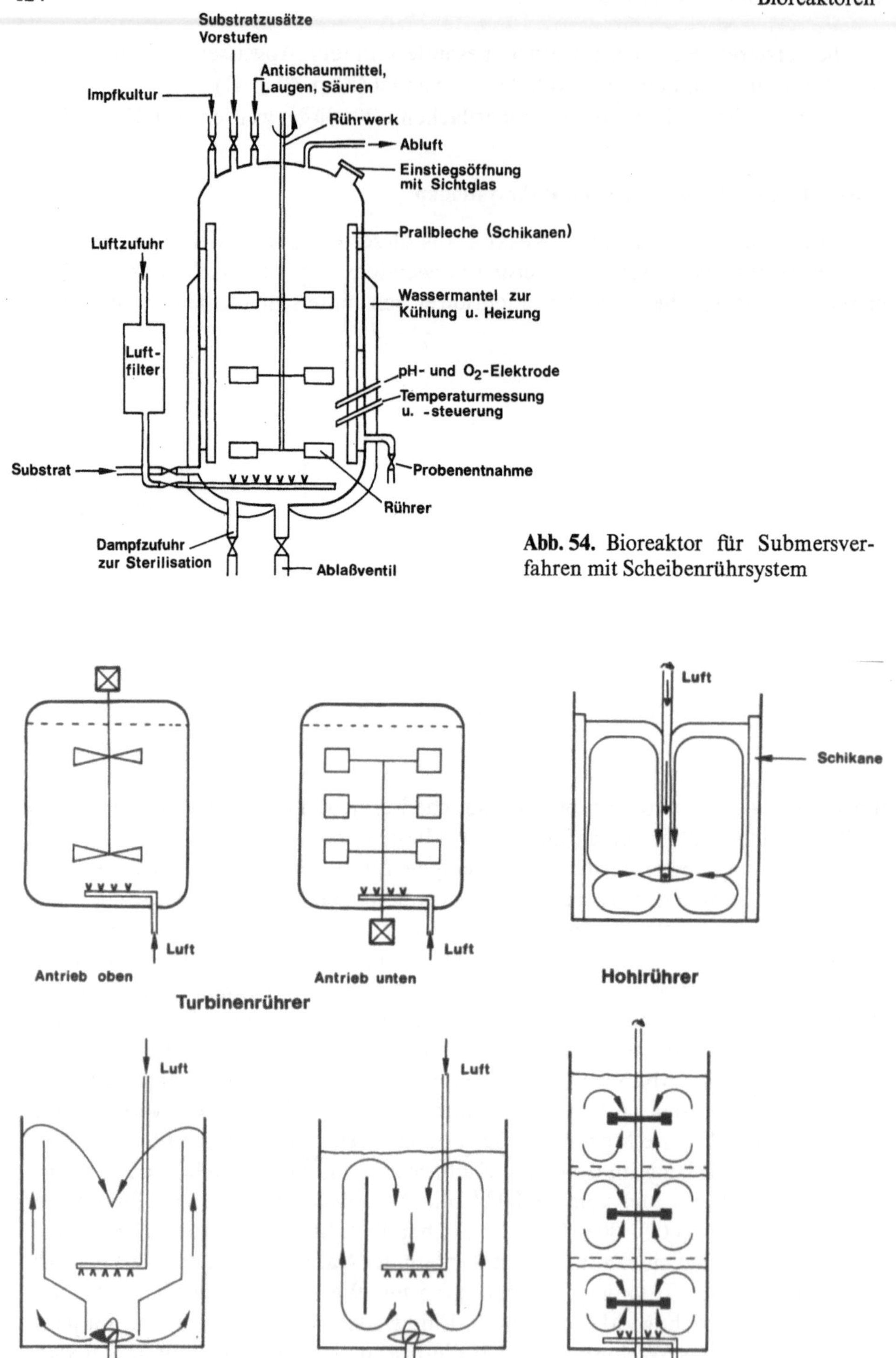

Abb. 54. Bioreaktor für Submersverfahren mit Scheibenrührsystem

Abb. 55. Verschiedene Rühr- und Belüftungssysteme für Submersfermenter

tomatisch. Aus weiteren Öffnungen können Proben aus dem Tankinhalt entnommen werden. Überschüssige Luft und Gase treten aus einer Öffnung oben am Tank aus. Am unteren Teil des Tanks befindet sich ein Anschluß, aus dem der gesamte Tankinhalt zur Aufarbeitung herausgepumpt wird. Bei sterilen Verfahren stehen sämtliche Ventile des Submerstanks und der angeschlossenen Anlagen während der Fermentation unter Dampfdruck, um Infektionen zu vermeiden (vgl. Abb. 54).

Im allgemeinen wird ein Submersrührfermenter zu ⅔ bis ¾ mit Nährlösung gefüllt. Es sind jedoch erfolgreiche Arbeiten auch mit vollständig gefüllten Reaktoren gemacht worden (Karrer et al., 1976; Puhar et al., 1978).

Die Arten der Rührer, ob z. B. ein Axialrührer als Propellerrührer, wie in der Abb. 55 gezeigt oder ein Radialrührer oder ein MIG-System verwendet wird, richtet sich nach dem Verfahren. Schaumdämpfung, Meßsysteme u. a. vgl. Kap. 8. Die Antriebswelle kann oben oder unten im Fermenter gelagert sein.

Im sog. Multistage-Reaktor wird die Vermischung der Luft mit dem Substrat zur feinen Emulsion getrieben. Bei diesem Fermentertyp ist auf einer zentralen Ro-

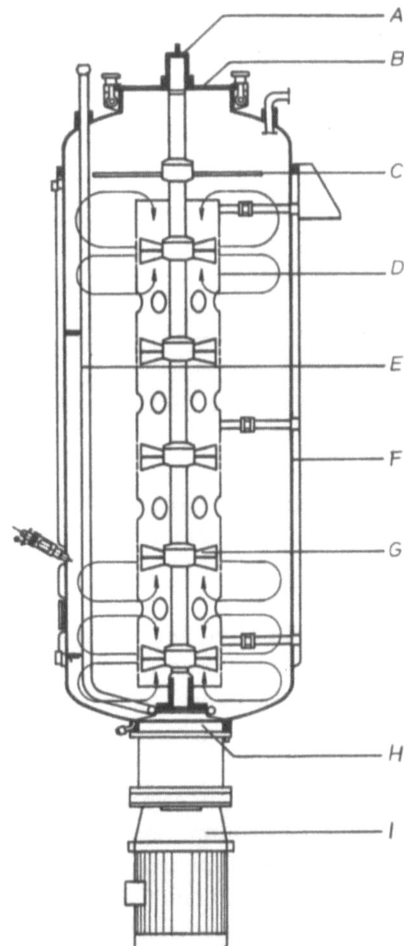

Abb. 56. Multistage-Reaktor (Chemap AG). Zeichenerklärung: *A* Lager oben; *B* Deckel; *C* Schaumvernichter; *D* Reaktionsrohr mit Emulgier- und Ansaugöffnungen; *E* Gaszuführrohr; *F* Doppelmantel; *G* mehrstufige Propellerwelle mit doppelseitigen Laufrädern; *H* Lager unten; *I* Antrieb

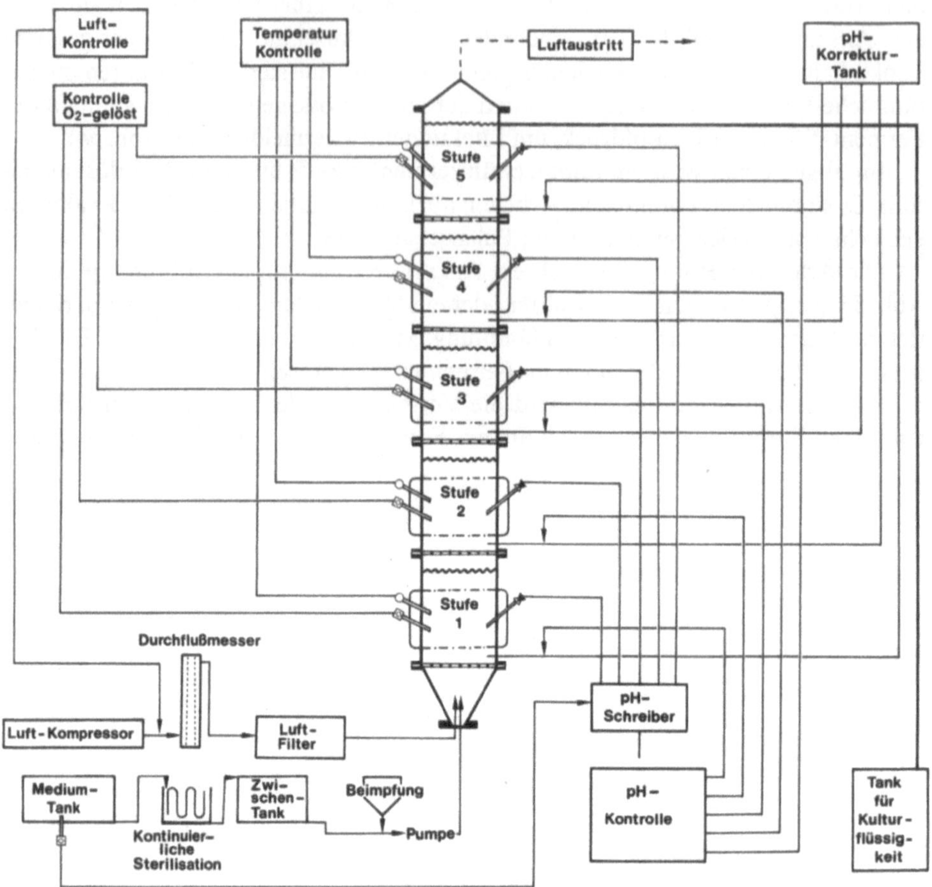

Abb. 57. Siebboden-Reaktor (nach Kitai und Yamagada, 1970)

tationsachse eine Anzahl übereinanderliegender Emulgier-Räder befestigt, umgeben mit einem mehrstufigen Umwälzrohr und mit relativ feinen Austrittsöffnungen versehen. In der Mitte zwischen den Rädern befinden sich Groß-Ansaugöffnungen (vgl. Abb. 56).

Eine Beschreibung vgl. Müller (1970).

Bei Umlauf- und Umwurfreaktoren wird die Flüssigkeit im Tank mit Hilfe zylindrischer Leitkörper in bestimmte Bewegungsrichtungen geführt. Die Flüssigkeit wird durch geeignete axial fördernde Turbulenzsysteme bewegt. Die Durchmischung von Gas, Flüssigkeit und Mikroorganismen ist relativ gut.

Rührkessel mit selbstansaugenden rotierenden Belüftern sind hier einzuordnen. Die Luft wird durch relativ hochtourig rotierende Rührer in der Hohlwelle angesaugt und im Tank fein verteilt (vgl. Kap. 15). Zlokarnik (1966) hat die Wirkungsweise ausführlich beschrieben (vgl. auch Ebner et al., 1967).

Beim Siebbodenreaktor mit Rührwerk sind verschiedene Reaktionsräume übereinander angeordnet. Die Bewegung findet mit Scheibenrührern, die auf einer zen-

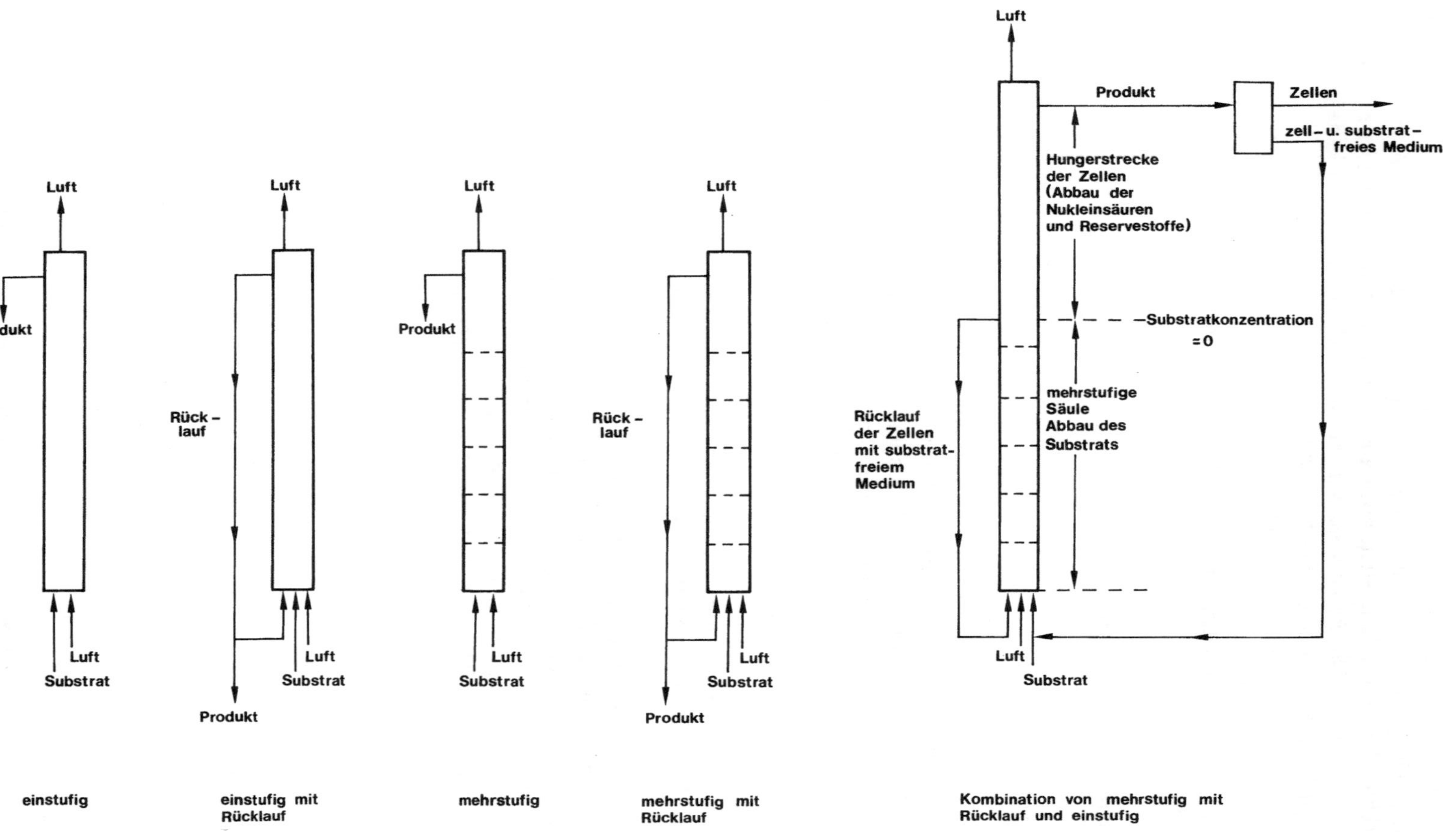

Abb. 58. Verschiedene Blasensäulen-Bioreaktortypen

tralen Rührwelle angeordnet sind, in jedem Reaktionsraum statt. Von unten wird belüftet, Flüssig- und Gasphase werden im Gegenstrom geführt (vgl. Abb. 57). Eine großtechnische Anwendung steht noch aus. Der Sauerstoffübergang ist relativ gut (Páca und Grégr, 1976). *Escherichia coli* ließ sich in einer solchen Kaskade kontinuierlich züchten (Falch und Gaden Jr., 1970).

Der Vibromix-Reaktor, bei dem das Rührsystem aus einer Lochplatte mit nach unten sich verjüngenden Durchbohrungen besteht, ist ebenfalls ein Fermenter mit mechanischem Rührsystem. Er kann künstlich belüftet werden (Abb. 187, vgl. Kap. 37).

c) Reaktoren mit pneumatischen Bewegungssystemen

Bei den folgenden Substratfermentern werden Bewegung und Durchmischung der Phasen ausschließlich durch pneumatische Rührung vorgenommen.

Der Blasensäulenreaktor wird gegenwärtig in Versuchsanlagen intensiv bearbeitet und vielleicht einmal technisch angewandt werden. Grundlegende Arbeiten über Probleme der Strömungsverhältnisse in derartigen Reaktoren vgl. Kölbel et al. (1968), Brauer (1971) sowie besonders Schügerl (1978) und Schügerl et al. (1978 – ff.). Über die Produktbildung in Blasensäulen ist noch wenig bekannt. Es lassen sich auch Wasser-Öl-Luft-Systeme verwenden, wobei die Öltropfen relativ klein gehalten werden können (Yoshida und Yamada, 1971).

Die Abb. 58 zeigt verschiedene Typen der Blasensäule (Schügerl, 1978; DFVLR, 1977).

Es kann mit Sinterplatten, Lochplatten oder Düsen belüftet werden.

Der Airliftfermenter wurde von Wang und Humphrey (1969) für mikrobielle Verfahren entwickelt. Der Sauerstoffübergang soll den einfachen Blasensäulen überlegen sein (Wang et al., 1971) (Abb. 59).

Für den Höchst/Uhde-SCP-Prozeß mit Methanol als C-Quelle (vgl. Kap. 12) soll ein solcher Fermenter eingesetzt werden (Faust et al., 1977).

Der Airliftreaktor ist ein Schlaufenreaktortyp, der auch mit externer Schlaufe (Abb. 60) konstruiert sein kann (vgl. Bohner und Blenke, 1972; DFVLR, 1977; Onken und Weiland, 1978). Ein Airliftreaktor kann auch als rechteckiges Gefäß ein- oder mehrstufig konstruiert sein.

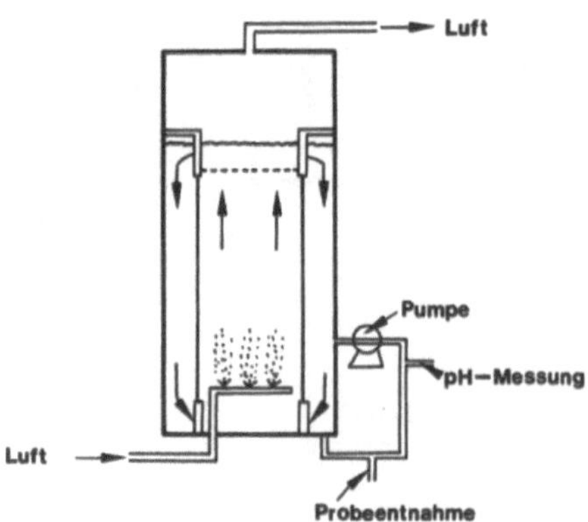

Abb. 59. Grundtypus des Airlift-Reaktors

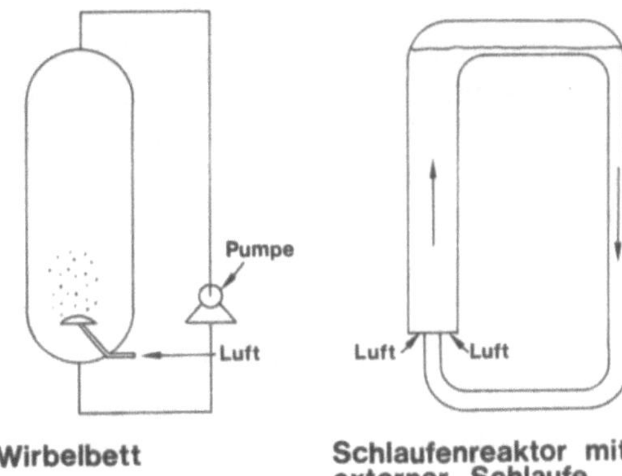

Abb, 60. Wirbelbett-
Schlaufenreaktoren

Die ICI hat zur SCP-Herstellung einen Druck-Umlauf-Fermenter entwickelt, der zur Züchtung von *Methylomonas* auf Methanol geeignet ist (vgl. Kap. 12) (Hines, 1978) (Abb. 61).

Wenn der Siebbodenreaktor ohne mechanisches Rührsystem angeordnet wird, so ist er ein echtes pneumatisches System (Abb. 57). Er wurde von Kitai und Yamagata (1970) entwickelt. Eine technische Anwendung steht noch aus. Bei optimaler Wahl der Lochdurchmesser und optimalem Verhältnis des freien Querschnitts zum Kolonnenquerschnitt ist eine Rückvermischung zwischen den einzelnen Stufen zu vernachlässigen. Siebbodenreaktoren können in verschiedensten Variationen konstruiert werden, wobei besonders die einzelnen Kammern in ihrer Lage und Größe verändert werden (Kitai et al., 1969).

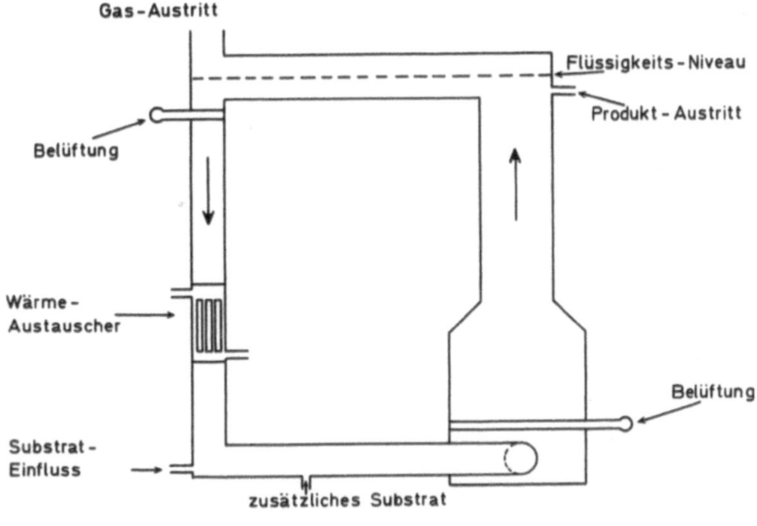

Abb. 61. Druckumlauffermenter

Der Wirbelbettreaktor (Abb. 60) ist ebenfalls noch nicht für biotechnologische Verfahren angewandt, aber sicherlich von großem Interesse.

Zur kontinuierlichen Bierherstellung wird ein Turmfermenter verwendet (vgl. Kap. 33, Abb. 176). Bei diesem wird ein Gärverfahren durchgeführt, dazu ist keine Belüftung notwendig. Das zu vergärende Substrat steigt von unten langsam nach oben und wird dort als Produkt abgezogen.

d) Reaktoren mit hydrodynamischen Mischsystemen

Bei diesen Reaktoren wird die Flüssigkeit durch einen externen Pumpenkreislauf in Umlauf gebracht. Die Mikroorganismen sind dabei Scherkräften ausgesetzt, die von Mycelbildnern nur z. T. toleriert werden.

Ein Typ ist der in Kap. 12 beschriebene Fermenter nach Scholler. Hier wird in einer äußeren Schleife mit einer Belüftungskerze nicht nur die Hefesuspension belüftet, sondern auch im Umlauf gehalten.

Es ist auch möglich, ein solches System mit zwei Umläufen, in denen jeweils ein Belüfter vorhanden ist, zu versehen (Hospodka, 1966). Der Fermenter (Abb. 62) ist aber noch nicht technisch erprobt worden.

Mit einer Zweiphasenpumpe (Abb. 63) ist ein Transport von homogenen Schäumen möglich, ohne diese zu zerstören (Schreier, 1976). Mit solchem Tauchstrahlbegasungssystem ist ein hydrodynamischer Hochleistungsfermenter entwickelt worden (Schreier, 1975), der sich zur SCP-Herstellung, aber auch in der biologischen Abwassertechnologie gut eignen soll (vgl. auch Jagusch und Schönherr, 1972; Lafferty et al., 1977).

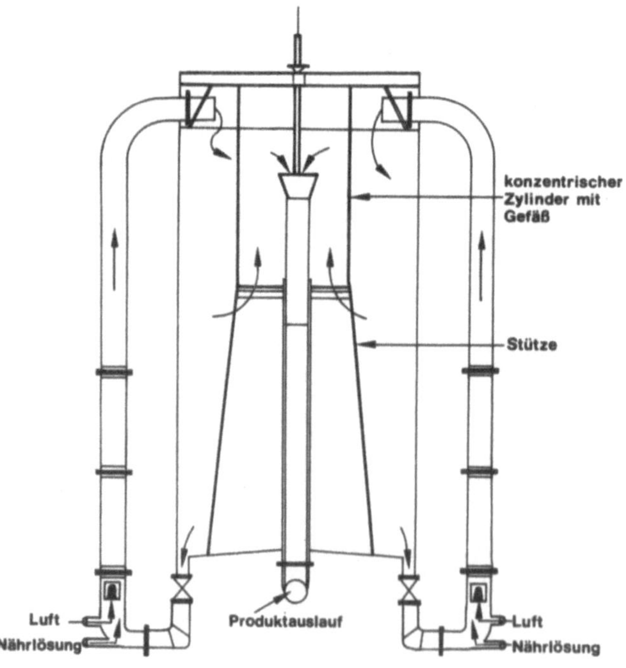

Abb. 62. Fermenter mit zwei Phaseninjektionen (nach Hospodka, 1966)

Anaerobe Faulbehälter mit Mischungen durch Umpumpsysteme (vgl. Kap. 40) sind ebenfalls Reaktoren mit hydrodynamischen Mischsystemen.

Wird der Schlaufenreaktor mit einer Strahldüse betrieben, gehört er in die hier angeführte Reaktorkategorie.

e) Reaktoren für trägergebundene Enzyme und Zellen

Reaktoren für trägergebundene Enzyme und Zellen wurden von Lilly (1978) ausführlich und kritisch beschrieben. Sie werden z. T. auch in Kap. 25 dargestellt. Es hat sich herausgestellt, daß für technische Anwendungen von trägergebundenen Enzymen und Zellen bisher nur Rührreaktoren für „batch"-Verfahren und Festbettreaktoren (zumeist Säulen) für kontinuierliche Verfahren angewandt werden.

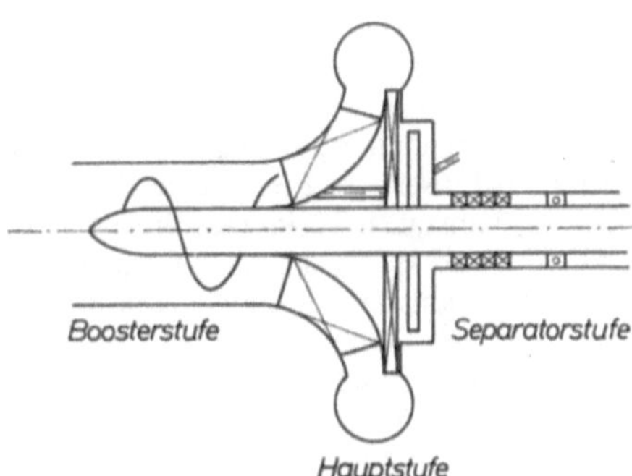

Abb. 63. Strahldüse zur Tauchstrahlbegasung (nach Schreier, 1976)

f) Fermenter für hohe Drucke

In einer ganzen Reihe von Arbeiten sind Versuche beschrieben worden, in denen Fermentationen unter hohen Drucken durchgeführt wurden. Sie haben noch nicht zu den erwarteten praktischen Erfolgen geführt. Eine Übersicht über die Literatur gibt Enfors (1975), ebenso auch eine Beschreibung eines Überdruckfermenters.

Literatur

Abson, J. W., Todhunter, K. H.: In: Biochemical and biological engineering science. Blakebrough, N. (ed.), Vol. I, pp. 309–343. London, New York: Academic Press 1967

Aiba, S., Humphrey, A. E., Millis, N. F.: Biochemical engineering, 2nd. ed. London, New York: Academic Press 1973

Anderson, J. G., Blain, J. A., Divers, S. M., Todd, J. R.: 1. Eur. Congr. Biotechnol. Interlaken, Part 2. pp. 85. Frankfurt: Dechema 1978

Atkinson, B.: Biochemical reactors. London: Pion Ltd. 1974

Atkinson, B., Davies, I. J.: Trans. Inst. Chem. Eng. *50*, 208 (1972)

Atkinson, B., Fowler, H. W.: Adv. Biochem. Eng. *3*, 224–277 (1974)

Atkinson, B., Knights, A. J.: Biotechnol. Bioeng. *17*, 1245–1267 (1975)

Bintanja, H. H. J., van der Erve, J. J. V. M., Boelhouwer, C.: Water Res. *9*, 1147–1153 (1975)

Bohner, K., Blenke, H.: Verfahrenstechnik *6*, 50 (1972)

Brauer, H.: Grundlagen der Einphasen- und Mehrphasenströmungen. Aarau, Frankfurt am Main: Sauerländer 1971

DFVLR: Bioreaktoren. Vorträge im Rahmen des BMFT-Statusseminars „Bioverfahrenstechnik". Bonn: DFVLR 1977

Ebner, H., Pohl, K., Enenkel, A.: Biotechnol. Bioeng. *9*, 357 (1967)

Einsele, A.: Chem. Rundsch. *29*, 53 (1976)

Einsele, A., Fiechter, A.: Pathol. Microbiol. *34*, 149 – 150 (1969)

Enfors, S. O.: Effects of high pressure of gases on microbial processes. Univ. of Lund (1975)

Falch, E. A., Gaden, E. L. Jr.: Biotechnol. Bioeng. *12*, 465 – 482 (1970)

Faust, U., Präve, P., Sukatsch, D. A.: J. Ferment. Technol. *55*, 609 – 614 (1977)

Finn, R. K., Einsele, A.: 1. Eur. Congr. Biotechnol. Interlaken, Part 1. pp. 21 – 22. Frankfurt: Dechema 1978

Genung, R. K., Million, D. L., Hancher, C. W., and Pitt, W. W., Jr.: Biotechnol. Bioeng. Symp. *8*, 329 – 344 (1979)

Gorbach, G.: Fette Seifen Anstrichm. *71*, 102 (1969)

Hancher, C. W., Taylor, P. A., and Napier, J. M.: Biotechnol. Bioeng. Symp. *8*, 361 – 378 (1979)

Hines, D. A.: Dechema Monographien. Biotechnology. Vol. 82, S. 55 – 64. Weinheim, New York: Chemie 1978

Hockenhull, D. J. D.: Adv. Appl. Microbiol. *19*, 187 – 208 (1975)

Hospodka, J.: In: Theoretical and methodological basis of continuous culture of micro-organisms. Malek, I., Fencl, Z. (eds.), pp. 493 – 645. London, New York: Academic Press 1966

Jagusch, L., Schönherr, W.: Chem. Techn. *24*, 68 – 72 (1972)

Karrer, D., Einsele, A., Fiechter, A.: 5th Int. Ferment. Symp. Berlin (1976)

Kitai, A., Yamagata, T.: Process Biochem. *5*, 52 – 53, 58 (1970)

Kitai, A., Tone, H., Ozaki, A.: J. Ferment. Technol. *47*, 333 – 339 (1969)

Kölbel, H., Hammer, H., Langemann, H.: Chem. Ztg. Chem. Appar. *92*, 581 (1968)

Laederach, H., Widmer, F., Einsele, A.: I. Eur. Congr. Biotechnol. Interlaken, Part 1. pp. 84 – 87. Frankfurt: Dechema 1978

Lafferty, R. M., Moser, A., Steiner, W., Saria, A.: Tauchstrahl-Schlaufenreaktor. Vortrag Dechema-Jahrestagung, Frankfurt (1977)

Lafferty, R. M., Moser, A., Sukatsch, D. A.: Biotechnologie. Berlin, Heidelberg, New York: Springer 1981

Lehmann, J., Reng, H. G., Strijewski, A., Wagner, F.: Dechema Monographien. Biotechnologie. Rehm, H. J. (Hrsg.), Vol. 81, S. 137 – 144. Weinheim, New York: Chemie 1977

Lilly, M. D.: Dechema Monographien. Biotechnology. Vol. 82, S. 165 – 180. Weinheim, New York: Chemie 1978

Mößner, G., Ramspeck, W. und Sittig, W.: Chemie-Technik *8*, 329 – 335 (1979)

Moser, A.: Grundlagen einer systematischen Prozeßentwicklung in der Biotechnologie. Habilitationsschrift. TU Graz (1978)

Müller, H.: In: Ber. Symp. Dellweg, H. (Hrsg.), S. 41 – 55. Berlin: Institut für Gärungsgewerbe und Biotechnologie 1970

Onken, U., Weiland, P.: 1. Eur. Congr. Biotechnol. Interlaken, Part 1. pp. 5 – 7. Frankfurt: Dechema 1978

Páca, J., Grégr, V.: Biotechnol. Bioeng. *18*, 1075 – 1090 (1976)

Patat, F., Kirchner, K.: Praktikum der Technischen Chemie, 3. Aufl. Berlin, New York: Walter de Gruyter 1975

Prokop, A., Votruba, J.: Folia Microbiol. *21*, 58 – 69 (1976)

Puhar, E., Karrer, D., Einsele, A., Fiechter, A.: 1. Eur. Congr. Biotechnol. Interlaken, Part 2. pp. 83 – 84. Frankfurt: Dechema 1978

Rehm, H. J., Reed, G.: Handbook of biotechnology. Weinheim, New York: Chemie 1980-ff.

Schreier, K.: Chem. Ztg. *99*, 328 – 331 (1975)

Schreier, K.: Chem. Rundsch. *29*, 18 (1976)

Schügerl, K.: Forschung aktuell. Biotechnologie. S. 51 – 80. Frankfurt: Umschau 1978

Schügerl, K., Lücke, J.: Dechema Monographien. Rehm, H. J. (Hrsg.), Vol. 81, S. 59 – 84. Weinheim, New York: Chemie 1977

Schügerl et al.: Eur. J. Appl. Microbiol. Biotechnol. 6-ff. (1978-ff.)

Sittig, W., Heine, H.: Erfahrungen mit großtechnisch eingesetzten Bioreaktoren. Vortr. Dechema-Jahrestagung, Frankfurt (1977)

Solomons, G. L.: Materials and methods in fermentation. London, New York: Academic Press 1969
Solomons, G. L.: Adv. Appl. Microbiol. *14*, 231 – 247 (1971)
Uhl, V. W., Gray, J. B.: Mixing, theory and practice, Bd. 1, 2. London, New York: Academic Press 1966, 1967
Ullmanns Encyklopädie der technischen Chemie, 4. Aufl. Weinheim, New York: Chemie 1972-ff.
Wang, D. I. C., Humphrey, A. E.: Chem. Eng. *76*, 108 (1969)
Wang, D. I. C., Hatch, R. T., Cuevas, C.: 8. Welt Petrol. Kongr. Moskau (1971)
Yoshida, F., Yamada, T.: J. Ferment. Technol. *49*, 235 (1971)
Zlokarnik, M.: Chem. Ing. Tech. *38*, 357, 717 (1966)

Kapitel 10 Kontinuierliche Verfahren

1. Semikontinuierliche Fermentation

Die Submerszucht wird im allgemeinen schubweise durchgeführt, d. h. es wird ein Tank mit Substrat gefüllt, beimpft und fermentiert (angelsächs. „batch"). Nach der Fermentation wird der gesamte Tankinhalt ausgestoßen und der Vorgang der Füllung, Beimpfung und Fermentation beginnt von neuem.

Wird jedoch nicht für jeden Ansatz eine neue Impflösung hergestellt, sondern ein Teil der fermentierten Lösung im Tank zurückgelassen, der Rest zur Aufarbeitung abgepumpt und die zurückgebliebene Kulturflüssigkeit mit neuer unbeimpfter Nährlösung aufgefüllt, so hat man eine semikontinuierliche (halbkontinuierliche) Fermentation. Bei semikontinuierlichen Fermentationen wird also eine intermittierende Zucht von Mikroorganismen durchgeführt. Sie bilden den Übergang von der „batch" (diskontinuierlichen)-Fermentation zur vollkontinuierlichen Fermentation. Ein Beispiel für eine semikontinuierliche Fermentation ist die Essigherstellung im Submersverfahren (Kap. 15).

2. Kontinuierliche Fermentation

Wird in einem Fermenter dem fermentierenden Substrat fortlaufend neue Nährlösung zugesetzt und in gleichem Maße fermentierte Nährlösung abgezogen, so hat man ein vollkontinuierliches Verfahren.

Die Mikroorganismen befinden sich jetzt in einem bestimmten Stadium der log-Phase. Das System hat ein „steady state" erreicht. Die Mikroorganismen können theoretisch unter konstanten Bedingungen unbegrenzt fortgezüchtet werden.

Es gibt sehr viele Arbeiten über kontinuierliche Züchtungen. Grundlagen vgl. Málek und Fencl (1966), biologische Gesichtspunkte Holme (1962), Oscillationsphänomene Hess und Boiteux (1971); Harrison und Topiwala (1974); mikrobielle Wechselwirkungen Bungay und Bungay (1968); kontinuierliche Mischkulturen Chiu et al. (1972); Hinweise auf die Anwendung in der Wissenschaft Tempest (1970); in der Praxis Dawson (1977); Anwendung in der Ökologie Jannasch und Mateles (1974); Berechnungen optimaler Bedingungen für einen kontinuierlichen Bioreaktor (Zajic et al., 1975; Atkinson und Kossen, 1978) sowie der jeweilige Fortschritt in den Berichten von regelmäßigen Symposien über kontinuierliche Kultur (Veldkamp, 1976; Sikyta et al., 1973/74; Dean et al., 1976 u. a.), Fortschrittsberichte (Dawson, 1977).

Anlagen zur kontinuierlichen Fermentation werden in einstufige und mehrstufige Systeme unterschieden.

a) Einstufige kontinuierliche Systeme

Bei einstufigen kontinuierlichen Fermentationen verwendet man nur einen Fermenter. In diesem beginnt zunächst die Mikroorganismenentwicklung ebenso wie in einer diskontinuierlichen Anlage. Etwa zu einem gewünschten Zeitpunkt in der exponentiellen Entwicklungsphase der Mikroorganismen läßt man neue Nährlösung in den Tank zu- und gleichzeitig ebensoviel des Fermentationsproduktes abfließen. Zulauf und Ablauf müssen dabei immer gleich sein, so daß die Mikroorganismen in ihrer exponentiellen Entwicklungsphase bleiben.

Theoretisch sind die meisten Fermentertypen für einstufige Verfahren geeignet. Die meisten Erfahrungen liegen mit dem angelsächsischen Rührfermenter vor, aber auch Umwurffermenter, Schlaufenreaktoren u. v. a. sind besonders zur Massenzüchtung von Mikroorganismen zum Zwecke der SCP-Bildung geeignet (vgl. Dawson, 1977). Essigsäure wird im sog. Turmfermenter kontinuierlich erzeugt (Greenshields und Smith, 1974).

Der Vorteil einstufiger Systeme liegt in der Einfachheit. Sie eignen sich gut für Fermentationen, bei denen man Produkte gewinnen will, die mit dem Zellwachstum zusammenhängen oder die auf Biomassebildung abgestellt sind, z. B. zur Eiweiß- und Fettgewinnung oder zur Gewinnung von Substanzen, die sich in den Zellen bestimmter Mikroorganismen befinden oder von Substanzen, die in der exponentiellen Wachstumsphase ausgeschieden werden.

Man hat die einstufige kontinuierliche Fermentation dahingehend modifiziert, daß man die Zellen, die mit dem fermentierten Produkt abgeführt werden, vollständig oder zum Teil abtrennt und wieder in den Fermenter zurückführt. Auch die ausfließende Lösung kann solange in den Fermenter zurückgeführt werden, bis eine vollständige Fermentation des Mediums erreicht worden ist. Mit diesem Typ läßt sich ein Substrat sehr wirkungsvoll ausnutzen (vgl. Abb. 64).

b) Mehrstufige kontinuierliche Systeme

Für eine mehrstufige kontinuierliche Fermentation verwendet man eine Serie von Fermentationsgefäßen. Im ersten Tank läuft zunächst eine diskontinuierliche Fermentation an. In der exponentiellen Wachstumsphase der Mikroorganismen wird mit Zufluß frischen Nährsubstrates begonnen. Der Überlauf gelangt in einen neuen Tank, in dem er weiter fermentiert, bis auch dieser vollständig gefüllt ist, dann wird der Überlauf in einen dritten Tank abgegeben und so fort. In einer derartigen Batterie von Fermentern läßt sich ein Substrat sehr gut ausnutzen und es ist auch möglich, Fermentationsprodukte zu gewinnen, die in einem Stadium langsamen Wachstums gebildet werden. Weiterhin lassen sich Teilphasen der Fermentation abtrennen und diese nach Bedarf steigern. So kann man z. B. durch unterschiedliche Substratdosierung die erste Stufe nur für eine gute Zellentwicklung ausbauen und die folgenden Stufen für die Bildung der Produkte verwenden.

Eine Batterie mehrstufiger kontinuierlicher Fermenter kann auch semikontinuierlich geführt werden. Hierzu beginnt man z. B. im ersten Gefäß eine diskontinuierliche Fermentation und gibt in der exponentiellen Wachstumsphase etwa ¼ des Substrates als Impflösung in ein neues Gefäß, das bereits zu ¾ mit frischer Nährlösung gefüllt worden war. Ist das zweite Gefäß in guter Fermentation, wird wiederum etwa ¼ davon in ein drittes, zu etwa ¾ mit Substrat gefülltes Gefäß gegeben und

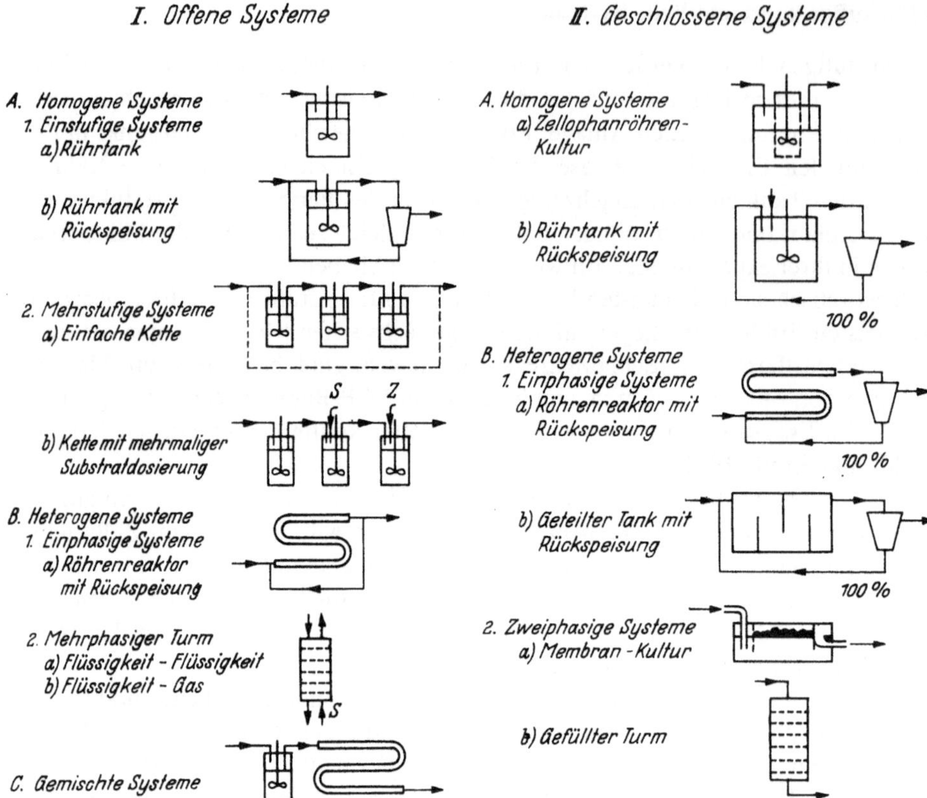

Abb. 64. Einteilung kontinuierlicher Fermentationssysteme (Holló und Nyeste, 1965, Die Nahrung, Bd. 9, S. 794)

so fort. Wenn im ersten Gefäß die Fermentation beendet und das Fermentationsprodukt abgeerntet worden ist, füllt man zu ¾ wieder neue Nährlösung ein und kann ¼ der Lösung aus dem letzten Gefäß zur Beimpfung verwenden, so daß die Anlage geschlossen arbeitet.

c) Weitere kontinuierliche Systeme

Es gibt eine Reihe weiterer kontinuierlicher Systeme, die hier ohne Anspruch auf Vollständigkeit charakterisiert werden sollen (vgl. Abb. 64).

Röhrenströmungs-Reaktoren können als bewegte periodische Kulturanlagen betrachtet werden, bei denen sich jeder Teil der Flüssigkeit im Rohr bewegt, ohne mit der vorhergehenden oder nachfolgenden Flüssigkeit wesentlich vermischt zu werden. Die Zellen vermehren sich also wie bei der diskontinuierlichen Kultur. Vom Eingang bis zum Ausflußpunkt des Systems nimmt die Zellzahl fortwährend zu. Innerhalb des Systems liegen Zellen mit sehr unterschiedlichem Alter vor. Die Systeme müssen mit einer teilweisen oder vollständigen Rückspeisung arbeiten. Sie sind z. B. zur kontinuierlichen Äthanolherstellung geeignet. Hierbei wird in einem ersten Teil der Anlage eine aerobe Hefeentwicklung erzeugt. Anschließend leitet man die

Hefelösung in ein Röhrensystem, in dem die Zuckervergärung zu Äthanol stattfindet. Das Absetzen der Hefen wird durch ein Magnetrührwerk verhindert.

Geteilter Tank mit Rückspeisung. Dem Röhrenströmungs-Reaktor sehr ähnlich ist ein System mit einem geteilten Tank. Auch hier findet im Prinzip eine diskontinuierliche Mikroorganismenentwicklung statt. Diese Systeme werden mit teilweisem Rücklauf geführt. Sie werden z. B. bei Belebtschlammanlagen angewandt (vgl. Kap. 40).

Bei **gefüllten Türmen** werden Mikroorganismen auf einen festen Träger, der sich in einem Turm befindet, angesiedelt. Über die Trägerschicht mit den Mikroorganismen rieselt das Nährsubstrat. Das Reaktionsprodukt verbleibt in der durchströmenden Flüssigkeit. Ein gutes Beispiel für ein solches System, das mit oder ohne Rücklauf geführt werden kann, ist die Schnellessigfabrikation (vgl. Abb. 95). Gefüllte Türme sind kontinuierlich betriebene Oberflächenkulturen von Mikroorganismen. Die stationär gehaltenen Mikroorganismen haben ihre exponentielle Entwicklungsphase bereits hinter sich.

Ein solches System kann in verschiedener Weise variiert werden. Es sind zweiphasige Systeme, in denen bei der Essigsäureherstellung die flüssige Phase (Nährlösung mit Äthanol) von oben, die gasförmige Phase (Luft) von unten geführt wird. Anstelle von Luft können z. B. auch Kohlenwasserstoffe nach oben strömen. Denkbar ist auch ein System mit zwei Flüssigkeiten.

Bei einer **Membrankultur** fließt ein Kultursubstrat an der Myceldecke oder Bakterienhaut kontinuierlich vorbei. Wird von den Mikroorganismen keine Haut gebildet, kann sie mit geeignetem Material, z. B. Cellophan hergestellt werden. Auch Membrankulturen sind Oberflächenverfahren.

Cellophankulturen. Die Mikroorganismen können auch direkt in Cellophanröhren, die in ein Gefäß mit Nährlösung eingetaucht sind, gezüchtet werden. Die Nährlösung diffundiert aufgrund des Konzentrationsgefälles durch die Cellophanmembran zur Mikroorganismenkultur, während gleichzeitig die entstandenen Reaktionsprodukte durch das Konzentrationsgefälle nach außen diffundieren.

Turmfermenter mit perforierten Platten wurden bereits in Kap. 9 beschrieben. Sie sind mehrstufige kontinuierliche Systeme, in denen sich die Mikroorganismen schon durch die verschiedene Belüftung in jeder Stufe in unterschiedlichen Entwicklungsstadien befinden (Kitai et al., 1969). Salicylsäure läßt sich mit einem solchen System aus Naphthalin herstellen (Kitai und Ozaki, 1969). Turmfermenter ohne perforierte Platten sind ebenfalls zur kontinuierlichen Mikroorganismenzüchtung geeignet (Lehmann und Hammer, 1978).

Ein **Tauchstrahlreaktor** (vgl. Kap. 9) läßt sich ebenfalls mit einigen Änderungen zur kontinuierlichen Fermentation verwenden (Schreier, 1978).

d) Einteilung kontinuierlicher Systeme

In einem kontinuierlichen System müssen Nahrungszufluß und Entwicklung der Mikroorganismen genau aufeinander abgestimmt sein. Häufig ist es wichtig, die Mikroorganismenentwicklung durch geeignete Maßnahmen in bestimmten Entwicklungsphasen ablaufen zu lassen. Hierzu besteht die Möglichkeit mit Hilfe eines sog. externen Kontrollsystems. Bei extern kontrollierten Fermentationen wird die konstante Wachstumsrate oder die Fermentationsrate z. B. etwas unterhalb des Maximums durch eine beschränkte Konzentration der Nahrungsstoffe im Substrat erzielt. Man bezeichnet dieses Kontrollsystem als Chemostat. Bei geringen Wachstumsraten funktioniert das externe Kontrollsystem sehr gut.

Beim sog. internen Kontrollsystem wird die Population mit Hilfe von Photozellen, welche die Dichte messen und aus der Bestimmung der Dichte den Zufluß von Nährstoffen regeln, auf einem konstanten Wert gehalten. Diese Kontrolle ist besonders für hohe Wachstumsraten geeignet. Sie wird als Turbidostat bezeichnet.

Ob eine Regulation über den pH-Wert bei pH-abhängigen Mikroorganismen mit Hilfe eines „pH-Auxostat" eine allgemeine Anwendung bei hohen Wachstumsraten finden wird (Martin und Hempfling, 1976), bleibt abzuwarten.

Als homogen bezeichnet man Systeme, bei denen die Zusammensetzung von Mikroorganismenzellen und Substrat gleichförmig ist. Homogene Systeme sind immer einphasig.

In heterogenen Systemen sind die Mikroorganismen durch Konzentrationsgefälle im Substrat an verschiedenen Orten des Systems unterschiedlichen Bedingungen ausgesetzt, so daß z. B. auch Zellen sehr unterschiedlichen Alters vorkommen.

Weiterhin gibt es offene und geschlossene kontinuierliche Systeme. Bei offenen Systemen werden die Mikroorganismenzellen mit der ausströmenden Flüssigkeit kontinuierlich entfernt. Bei geschlossenen Systemen verbleiben die Mikroorganismenzellen z. B. durch eine semipermeable Membran oder durch 100%ige Rückführung innerhalb des Systems.

Die kontinuierlichen Verfahren lassen sich nach den bisher beschriebenen Kriterien einteilen (Abb. 64). Im Schema wurden die offenen und geschlossenen Systeme zum übergeordneten Einteilungsprinzip erhoben.

e) Probleme der Mikroorganismenentwicklung in kontinuierlicher Kultur

Über allgemeine Gesetzmäßigkeiten des Wachstums von Mikroorganismen vgl. Kap. 7.

Die meisten Mikroorganismen verändern sich in kontinuierlicher Kultur im Vergleich zur diskontinuierlichen Kultur nicht. Es wurden jedoch bei *Penicillium chrysogenum* in einigen Fällen morphologische Mycelveränderungen bei kontinuierlicher Zucht festgestellt. Eine Reihe anderer Mikroorganismen kann durch die fortwährende Zucht schnell in der Produktion degenerieren. *Clostridium acetobutylicum* mußte – um für eine kontinuierliche Zucht geeignet zu sein – vorher an eine stärkere Acidität des Substrates und an höhere Lösungsmittelkonzentrationen adaptiert werden. *Torula utilis* mußte bei Verhefung von Sulfitablaugen vor einer kontinuierlichen Zucht ebenfalls an diese adaptiert werden.

Eine Gefahr von Fremdinfektionen besteht dann bei kontinuierlichen Züchtungen, wenn der gewünschte Mikroorganismus nur relativ langsam wächst und Fremdorganismen, die diese Kultur infiziert haben, bedeutend schneller wachsen. In kurzer Zeit ist dann die ganze Kultur von dem Infektionsmikroorganismus überwuchert. Ähnlich ist es mit schnellwüchsigen Mutanten eines Ausgangsstammes, die dann, wenn sie z. B. das erwünschte Produkt nicht bilden, in kurzer Zeit durch ihr Überwachsen des Produktionsstammes die Produktherstellung zum Erliegen bringen. In der Praxis sind solche Mutantenbildungen jedoch selten.

Bei Systemen mit Rücklauf muß damit gerechnet werden, daß ein Teil der Mikroorganismen, die wieder dem Fermenter aus dem Ablauf zurückgeführt werden, sich in anderen Entwicklungsstadien als die im Fermenter vorhandenen Mikroorganismen befinden, z. T. finden sich bereits abgestorbene Zellen im Rücklauf.

Kontinuierliche Fermentationen sind gut für Untersuchungen über die Regulation z. B. der Bildung eines Produktes geeignet. Andererseits erschweren Probleme der Regulation, z. B. die Katabolitrepression der Backhefe durch hohe Glucosekonzentrationen, die Einführung kontinuierlicher Verfahren für Hemmstoffuntersuchungen.

f) Technische Anwendung der kontinuierlichen Systeme

Seit langem wird die kontinuierliche Mikroorganismenzüchtung zur Herstellung von Nähr- und Futterhefe aus unterschiedlichen Substraten, sowohl aus Kohlenhydraten als auch aus Kohlenwasserstoffen, Methanol u. a. angewandt (vgl. Kap. 12). Weiterhin sind die meisten Abwasseranlagen als ein kontinuierliches System aufzufassen. Algen werden in vielen Fällen in kleintechnischen Anlagen kontinuierlich gezüchtet, und schließlich ist die Essig-Herstellung im gefüllten Turm eine seit vielen Jahrzehnten praktizierte kontinuierliche Mikroorganismenzüchtung. Seit einiger Zeit wird Essigsäure auch submers im Turmsystem kontinuierlich gewonnen (Greenshields und Smith, 1974).

Wenn sich auch die meisten Mikroorganismen ohne Schwierigkeiten kontinuierlich züchten lassen, so macht die Einführung solcher Züchtungsmethoden zur Produktbildung gegenwärtig noch Schwierigkeiten. Diese liegen u. a. darin, die kontinuierlichen Zuchtanlagen über längere Zeit hinweg steril zu halten.

Manche Enzyme werden in kleintechnischen Anlagen kontinuierlich hergestellt (Holz, 1973). Bei der Bierherstellung hat man nicht nur die Gärung, sondern den gesamten Prozeß auf kontinuierliche Arbeitsweise umgestellt und in verschiedenen Ländern rentabel arbeitende Anlagen installiert (vgl. Kap. 33) (Literatur vgl. Righelato und Elsworth, 1970).

Saké wird kontinuierlich produziert (Hayashida et al., 1975). Yoghurt läßt sich kontinuierlich produzieren (Lelieveld, 1976), und Abschnitte der Käseherstellung lassen sich kontinuierlich umgestalten (Berridge, 1976).

Die Hauptanwendung der kontinuierlichen Zucht von Mikroorganismen liegt gegenwärtig immer noch in der Herstellung von Biomasse zur SCP-Gewinnung (vgl. Kap. 12). Trotzdem hat sich bisher eine verbreitete Anwendung kontinuierlicher Fermentationsverfahren, besonders in der Herstellung sekundärer Produkte, nicht einführen lassen.

Literatur

Atkinson, B., Kossen, N. W. F.: Dechema Monographien. Biotechnology. Vol. 82, S. 37 – 54. Weinheim, New York: Chemie 1978
Berridge, N. J.: J. Dairy Res. *43*, 337 (1976)
Bungay, H. R., Bungay, M. L.: Adv. Appl. Microbiol. *10*, 269 – 290 (1968)
Chiu, S. Y., Erickson, L. E., Fan, L. T., Kao, I. C.: Biotechnol. Bioeng. *14*, 207 – 231 (1972)
Dawson, P. S. S.: Annu. Rep. Ferment. Process. Perlman, D. (ed.), Vol. I, pp. 73 – 93. London, New York: Academic Press 1977

Dean, A. C. R., Ellwood, D. C., Evans, C. G. T., Melling, J. (eds.): Continuous culture 6. Chichester: Ellis Horwood Ltd. 1976

Greenshields, R. N., Smith, E. L.: Process Biochem. *9*, 11 (1974)

Harrison, D. E. F., Topiwala, H. H.: Adv. Biochem. Eng. *3*, 168 – 219 (1974)

Hayashida, S., Kamachi, T., Hongo, M.: Chem. Abstr. *82*, 168809n (1975)

Hess, B., Boiteux, A.: Annu. Rev. Biochem. *40*, 237 – 258 (1971)

Holme, T.: Adv. Appl. Microbiol. *4*, 101 – 116 (1962)

Holz, G.: Dechema Monographien. Vol. 71, S. 23 – 36. Weinheim, New York: Chemie 1973

Jannasch, H. W., Mateles, R. I.: Adv. Microbial Physiol. *11*, 165 – 212 (1974)

Kitai, A., Ozaki, A.: J. Ferment. Technol. *47*, 527 – 535 (1969)

Kitai, A., Goto, S., Ozaki, A.: J. Ferment. Technol. *47*, 340 – 347, 348 – 355, 356 – 362 (1969)

Lafferty, R. M., Moser, A., Sukatsch, D. A.: Biotechnologie. Berlin, Heidelberg, New York: Springer 1981

Lehmann, J., Hammer, J.: I. Eur. Congr. Biotechnol. Interlaken, Part 2. pp. 73 – 74. Frankfurt: Dechema 1978

Lelieveld, H. L. M.: Process Biochem. *11*, 39 (1976)

Málek, I., Fencl, Z.: Theoretical and methodological basis of continuous culture of microorganisms. London, New York: Academic Press 1966

Martin, G. A., Hempfling, W. P.: Arch. Mikrobiol. *107*, 41 – 47 (1976)

Righelato, R. C., Elsworth, R.: Adv. Appl. Microbiol. *13*, 399 – 417 (1970)

Schreier, K.: 1. Eur. Congr. Biotechnol. Interlaken, Part 2. pp. 67 – 68. Frankfurt: Dechema 1978

Sikyta, B., Prokop, A., Novak, M. (eds.): Biotechnol. Bioeng. Symp. Vol. 4. London, New York, Sydney, Toronto: John Wiley & Sons 1973/74

Tempest, D. W.: Adv. Microbial Physiol. Vol. 4, p. 223. London, New York: Academic Press 1970

Veldkamp, H.: In: Continuous culture in microbial physiology and ecology. Durham: Meadowfield Press Ltd. 1976

Zajic, J. E., Xuyen, V. T., Svrcek, W. Y.: Dev. Ind. Microbiol. *16*, 437 – 455 (1975)

Kapitel 11   Biomasse zur Mikroorganismengewinnung

I. Backhefeherstellung

1. Allgemeines

Schon seit langem verwendet man Hefe neben dem Sauerteig als Teigtriebmittel für Backwaren. Sie wurde früher ausschließlich als Nebenprodukt bei der Bier- oder Branntweinherstellung erhalten. Aus den Brennereien haben sich dann im 18. Jahrhundert Fabriken entwickelt, die eigens für die Bäckereien die sog. Back- oder Preßhefe herstellen.

Eines der ältesten Verfahren zur Backhefeerzeugung war das sog. „Wiener Verfahren", bei dem die Hefe aus der Maische abgeschöpft wurde. Später setzte sich ein Lufthefeverfahren durch, bei dem die Entwicklung der Zellen durch Belüftung verstärkt wurde. Dieses Verfahren verdrängte das Wiener Verfahren, wurde aber bald durch die verschiedenen Zulaufverfahren ergänzt und wesentlich verändert. Bei den letzteren Verfahren wird belüfteten Hefekulturen im Verlauf der Entwicklung eine bestimmte Nährlösungsmenge zugesetzt. Viele Versuche, Backhefe im kontinuierlichen Verfahren zu gewinnen, haben noch nicht voll befriedigt. Wichtige Zusammenstellungen über die Backhefeerzeugung vgl. Harrison (1963), Burrows (1970). Die Technik der Hefeverwendung beim Backprozeß vgl. Spicher (1974, Literatur vgl. dort).

2. Mikroorganismen

Für die Herstellung von Backhefe werden fast ausschließlich Stämme von *Saccharomyces cerevisiae* verwendet. Sie müssen besonders hitzeresistent sein, sich bei höheren Temperaturen schnell vermehren und gleichzeitig ihre enzymatische Wirkung lange entfalten können. Es hat nicht an Versuchen gefehlt, auch *Torula-, Candida-* und *Oospora*-Arten zur Erzeugung von Backhefe zu verwenden, denn im Gegensatz zu *Saccharomyces cerevisiae*-Stämmen, die nur Hexosen assimilieren, können diese Arten auch Pentosen verwenden. Es ist aber bisher nicht gelungen, diese Arten so umzuzüchten, daß sie industriell zur Backhefeerzeugung verwendet werden können. Teige mit viel Zucker und Fett sowie wenig Wasser könnten evtl. durch osmophile Hefen, von denen es Stämme mit guten Triebeigenschaften gibt oder Kreuzungen von *Saccharomyces cerevisiae* mit Wildstämmen als Ersatz für chemische Triebmittel, gelockert werden (Windisch und Steckowski, 1970; Windisch und Schubert, 1973).

In England gibt es eine sog. obergärige „Flockhefe", die stark zur Flockenbildung neigt und deshalb ohne Verwendung von Separatoren leicht aus der Maische abgetrennt werden kann. Sie wird auch als Backhefe verwendet.

3. Biochemie und Regulation

Bei der Erzeugung von Hefezellen wird die alkoholische Gärung zugunsten der Zellbildung durch Belüftung und relativ hohe Stickstoffkonzentrationen im Substrat weitgehend unterdrückt. Die Regulation dieser Änderung des Stoffwechselablaufs von Gärung auf Atmung durch Einfluß von Sauerstoff (Pasteur-Effekt) ist bisher keineswegs vollständig aufgeklärt worden, obwohl der Effekt bereits lange bekannt ist. Seine Regulation spielt eine entscheidende Rolle bei der Massenzucht von Bäkkerhefe.

Saccharomyces cerevisiae ist trotz ihrer guten Gärungseigenschaften ein aerober Mikroorganismus. Glucose wird über den FDP-Weg oxidiert, es werden also 38 Mol ATP/Mol Glucose von atmenden Zellen gebildet, während gärende Zellen nur 2 Mol ATP bilden, also einen wesentlich geringeren Wirkungsgrad bei der Glucoseverwertung haben. Die Regulation dieses Wirkungsgrades unterliegt anscheinend mehreren Mechanismen:

Sauerstoffeinfluß: Die Cytochromsynthese bei *Saccharomyces cerevisiae* ist sauerstoffabhängig. Bei Konzentrationen von 0,05 μ Mol/l an gelöstem Sauerstoff und weniger fehlen die Cytochrome $a - a_3$, b und $c - c_1$ im Cytochrom-Spektrum (Rogers und Stewart, 1973). Dabei ist die Menge des zur Verfügung stehenden O_2 besonders bedeutungsvoll (Oura, 1974 a, b).

Katabolitrepression durch Glucose: Eng mit der Regulationswirkung des O_2 ist die Wirkung der Glucose verbunden. Bereits bei 20 mg/l – 40 mg/l Glucose im Substrat wird beim aeroben Wachstum von Bäckerhefe die Aktivität der Atmungsenzyme reprimiert (Suomalainen et al., 1973; Fiechter, 1974; Schatzmann und Fiechter, 1974). Durch Sauerstoff wird dieser Effekt vermindert oder aufgehoben, denn bei Anwesenheit von O_2 tritt auch durch sehr hohe Glucosekonzentrationen (30%) keine vollständige Hemmung der Cytochrombildung ein (Literatur Oura, 1973). Es liegt eine echte Katabolitrepression der Glucose vor, denn die c-AMP-Konzentration wie auch die Aktivität z. B. der Alkoholdehydrogenase werden durch erhöhte Glucosekonzentrationen vermindert (vgl. Dellweg, 1973, Literatur vgl. dort). Glycogen wird in den Zellen bei 30 °C vermehrt unter Belüftung gebildet, bei 45 °C entsteht relativ mehr Trehalose (Grba et al., 1975).

Konkurrenz um ADP und anorg. Phosphat: Da bei der Substratkettenphosphorylierung ebenso wie auch bei der Atmungskettenphosphorylierung $ADP + P_a$ benötigt werden, besteht zwischen beiden Reaktionen evtl. eine Konkurrenz. Bei einer Verminderung der Konzentration an $ADP + P_a$ in der Zelle wird der Glucoseumsatz (und damit auch die Äthanolbildung) vermindert und umgekehrt (vgl. Weibel, 1973).

Regulation der P-Fructokinase: (Phosphorylierung von Fructose-1-P $\rightarrow$ Fructose-1,6-DiP). Dieses Enzym wird in *Saccharomyces cerevisiae* durch ATP effektiv gehemmt. ITP, GTP, CTP können wohl als P-Donatoren fungieren, sind aber keine Inhibitoren anstelle von ATP, sie haben also keine regulierende Funktion. Während die Spezifität am katalytischen Zentrum also gering ist, besteht am Regulationszentrum eine hohe Spezifität für diesen allosterischen Effektor.

AMP ist ein positiver Effektor und hebt die ATP-Hemmung auf. Bei *Escherichia coli* wirkt ADP als positiver Effektor.

P-Fructokinase wird weiterhin durch Citrat gehemmt, ATP verstärkt diese Hemmung.

Es besteht also eine Aktivitätsabhängigkeit des Enzyms bei *S. cerevisiae* vom ATP/AMP-Verhältnis. Wird jetzt aeroben Hefezellen durch O_2-Entzug die oxidative Phosphorylierung über die Atmungskette unmöglich gemacht, ist eine Änderung des ATP/AMP-Verhältnisses zugunsten des AMP zu beobachten. Dies hat eine Beschleunigung der P-Fructokinase-Reaktion zur Folge.

Wirkung hoher CO_2-Konzentrationen: Bei einer Konzentration von 40% CO_2 im Belüftungsgas beginnt eine Wachstumshemmung, die sich bei 50% (entsprechend $1,6 \times 10^{-2}$ Mol gelöstem CO_2 in der Fermentationslösung) deutlich verstärkt (Chen und Gutmanis, 1976).

Ohne genaue Kenntnis dieser Regulationswirkung wurde bereits vor mehr als 50 Jahren das Zulaufverfahren entwickelt. Das Substrat (Melasse) wird hierbei kontinuierlich oder schubweise immer in den Mengen in das Fermentationsgefäß geleitet, wie es von den Hefen gerade verbraucht wird. Dadurch bleibt die tatsächliche Konzentration immer relativ klein, so daß eine durch hohe Glucosekonzentration begünstigte Alkoholbildung nicht zustande kommt. Auch für eine kontinuierliche Backhefezucht müssen die Fragen der Regulation berücksichtigt werden, wobei im "steady state" nur geringe aktuelle Glucosekonzentrationen bei starker Belüftung vorhanden sein dürfen. Weiterhin spielt die Verwertung evtl. gebildeten Äthanols eine Rolle, der besonders die PEP/Pyruvat-Carboxykinase und Hexosediphosphatase aktiviert, die durch Glucose reprimiert wurden (Haarasilta und Oura, 1975).

Der Hefezellenzuwachs in einem nicht kontinuierlichen System kann nach folgender Gleichung berechnet werden. Die Zahl der Zellen (N) ist bei einer Zeit (t):

$$\frac{dN}{dt} = kN$$

k ist eine Konstante. Für das logarithmische Wachstum ergibt sich daraus die folgende Beziehung:

$$N = N_0\, e^{kt}$$

N_0 ist die Ausgangsmenge an Zellen, e die Basis für den Logarithmus naturalis.

Für technische Zwecke läßt sich die sog. „technische Generationszeit" (Gt) berechnen (Kautzmann, 1961).

$$Gt = \frac{\text{Wachstumszeit} \cdot \lg 2}{\lg \text{Erntehefemenge} - \lg \text{Stellhefemenge}}$$

Berechnungen für kontinuierliche Verfahren vgl. Kap. 10.

4. Technik der Backhefeherstellung

a) Substrat

Stärkehaltige Ausgangsstoffe mit anschließender Hydrolyse werden nur noch für Spezialverfahren verwendet. Der wichtigste und fast ausschließlich verwendete Rohstoff für die Backhefeerzeugung ist seit dem ersten Weltkrieg die Rübenmelasse geworden. Rübenmelasse muß in den meisten Fällen nur mit $CaCO_3$ neutralisiert werden, während Zuckerrohrmelasse meist sauer geklärt und nach Neutralisation und Filtration oft noch mit Kohle entfärbt wird.

Die stickstoffhaltigen Verbindungen der Melasse können zu etwa 30% – 40% von der Hefe verwendet werden. Sie bestehen vor allem aus Betain, Asparaginsäure, Glutaminsäure, Leucin, Isoleucin, Tyrosin und Nitraten; lediglich das Betain wird von der Hefe kaum assimiliert. Sie müssen aber durch anorganische Stickstoffquellen ergänzt werden. Man verwendet Ammoniakwasser (mit 18% – 23% Stickstoffgehalt), Ammoniumsulfat (mit 20% – 21% Stickstoffgehalt) oder auch Ammoniumphosphate, Nitrate und gelegentlich Harnstoff. Phosphat wird meistens in Form der schon genannten Stickstoffphosphatsalze zugegeben, häufig aber auch als Superphosphat, also in Form von Phosphorpentoxyd. Da die Melasse gegenwärtig durch neue technologische Herstellungsprozesse häufig kaum noch Wuchsstoffe für Hefen enthält, müssen diese dem Substrat zugesetzt werden (Piš und Pašteka, 1973).

Das Wasser darf nur wenig Bakterienkeime enthalten, auch sollten nur Spuren von Eisen darin vorhanden sein.

Nach der Klärung, einer Einstellung der Zuckerkonzentration und des pH-Wertes sowie Zusatz der angeführten Salze wird die Melasse sterilisiert und in einen sterilen Zwischenbehälter gefüllt, aus dem die zur Gärung notwendige Menge bedarfsweise in den Gärbottich gepumpt wird.

Neuerdings ist Acetat als alleinige C-Quelle zur Backhefeproduktion vorgeschlagen worden (Matsuura et al., 1975).

b) Backhefeherstellung nach dem Zulaufverfahren

Das einleitend erwähnte Wiener Verfahren (auch „Abschöpfverfahren") und das Lüftungsverfahren (auch „Lufthefeverfahren", „Hefewürzeverfahren") haben keine praktische Bedeutung mehr (vgl. Rehm, 1967). Heute sind vor allem sog. „Zulaufverfahren" (DR Pat. 303.221, 1915) in Gebrauch. Bei sämtlichen Zulaufverfahren, die sich im allgemeinen nur in Details voneinander unterscheiden, wird das Nährsubstrat im Laufe der Hefeentwicklung schubweise oder kontinuierlich zugesetzt.

Der am Beginn der Hauptgärung bei geringerer Belüftung von den Hefen gebildete Alkohol soll unter den später vollständig aeroben Bedingungen von den Hefen selbst wieder als C-Quelle verbraucht werden.

Stellhefe (Impfhefe). Qualität und Haltbarkeit der geernteten Hefe hängen weitgehend von der Anzucht der Impfhefe – zumeist als Stellhefe bezeichnet – ab. Die im Betrieb gewonnene Versandhefe kann nicht direkt als Stellhefe verwendet werden, weil sie nicht mehr frei von Fremdorganismen ist. Sie ist stark auf Vermehrung eingestellt und muß, da in den Backbetrieben ihre enzymatische Wirkung als „Triebkraft" ausgenutzt wird, zunächst auf Gärung umgezüchtet werden.

Man verwendet zur Herstellung der Stellhefe in vielen Fällen eine neue Reinkultur, oder aber man reinigt die Versandhefe und züchtet sie um. Reinigung und Umzüchtung der Versandhefe geschehen in einer hochkonzentrierten Zuckerlösung unter Sauerstoffmangel bei Säurezusatz. Hierzu werden konzentrierte Melassewürzelösungen, denen keine Nährsalze zugefügt werden – denn diese würden die Vermehrung zunächst nur unnötig anregen – verwendet. Unter diesen Bedingungen stellen sich die Hefezellen schnell wieder vom oxidativen Stoffwechsel auf die Gärung um. Durch den hohen Säuregrad werden gleichzeitig die Fremdorganismen stark geschädigt, so daß eine gewisse Reinigung der Kultur erreicht wird.

Im nächsten Schritt erfolgt eine Weiterzucht in einer schwachprozentigen Würze mit geringem Zusatz von Nährsalzen und wenig Belüftung, so daß sich die durch die Gärungspassage regenerierte Hefe wieder auf eine Zellvermehrung umstellen kann. Die Temperatur läßt man langsam von 26 °C – 27 °C auf 30 °C ansteigen und erhält dann eine brauchbare Stellhefe.

Reinkulturen werden auf Malzagar, in Vierkantflaschen in hochprozentiger Zuckerlösung oder getrocknet in Ampullen gehalten. Die Ampullen werden geöffnet, der Inhalt wird vorsichtig angefeuchtet und auf Malzagar ausgestrichen. Dann überträgt man die gut gewachsene Hefe in eine Malzwürzelösung in Freudenreich-Kolben. Die weitere Vermehrung der Hefekultur zeigt das Schema:

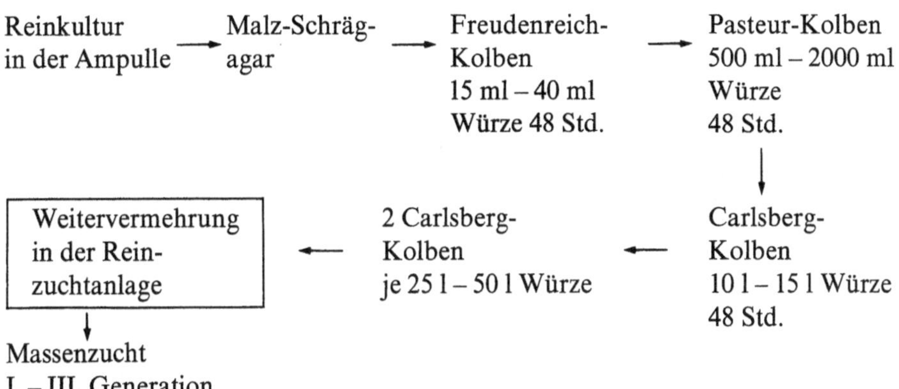

Die Reinzuchtanlage besteht aus drei Stufen (vgl. Abb. 86, Rehm, 1967).

a) Wenn zwei Carlsberg-Kolben zur ersten Propagierung verwendet wurden, aus einem Apparat mit einem Gesamtinhalt von 50 l – 200 l,
b) aus einem Tank mit einem Inhalt von 500 l – 700 l,
c) aus einem Tank von 3000 l – 5000 l Inhalt.

Die Zuchtapparate bestehen aus Kupfer, Aluminium oder rostfreiem Stahl. Die Nährlösungen in den Reinzuchtapparaten enthalten größere Stickstoffmengen als die Nährlösungen, in denen die Hefen bisher vermehrt worden waren. In der ersten Station (a) wird noch organischer Stickstoff als N-Quelle verwendet, die beiden anderen Stationen (b), (c) enthalten aber immer Stickstoff aus anorganischen Verbindungen.

Mit der Hefe aus dem dritten Reinzuchtkolben (c) wird die erste Vermehrung im Betrieb durchgeführt (I. Generation). Sie wird noch nicht im Zulaufverfahren, sondern im Füllverfahren angesetzt, gehört aber schon zu den drei „Generationsgärungen", von denen bei der letzten die Versandhefe gebildet wird. Nach 6 Std. bis 8 Std. beginnt die Entwicklung der zweiten Generation im Zulaufverfahren und dauert 6 Std. bis 8 Std. In dieser II. Generation läßt man die Zellen nicht mehr zur vollkommenen Entwicklung gelangen, sondern trennt sie während der Vermehrung mit Separatoren ab und bewahrt das erhaltene Hefekonzentrat in Kühlräumen für die III. Generation auf.

Aus der Reinzucht (a), (b), (c) und aus der I. und II. Generation der Hauptzucht kann eine Ausbeute von etwa 20% Äthanol und etwa 22% Hefezellen erhalten werden, da hier noch z. T. eine Gärung abläuft. Betriebe ohne Branntweinbrennerei können durch verstärkte Lüftung und damit vermehrte Unterdrückung der Gärung die Hefeausbeute auf 30% steigern.

Versandhefe. In der III. Generation wird die eigentliche Versandhefe erzeugt. Tank, Kessel oder Bottich werden mit 20% – 25% des zu erwartenden Hefezuwachses beimpft. Die Hefezellen vermehren sich auf das vier- bis fünffache. Mit Hilfe von Schwefelsäure kann die Stellhefe aus der zweiten Generation wieder keimarm gemacht werden. Hierzu stellt man auf einen pH-Wert von 2,0 – 2,5 ein und läßt die Säure 1 Std. – 2 Std. einwirken. Dadurch werden die meisten Bakterien und Schimmelpilze abgetötet oder stark geschädigt, nicht aber die Hefen, die eine derartige Säurebehandlung vertragen.

Die Tanks haben 50 m³ bis 400 m³ Fassungsvermögen. Tanks von 600 m³ – 750 m³ haben sich nicht bewährt. Sie werden insgesamt nur zu 50% – 70% mit Maische gefüllt, um Raum für Schaum und die austretende Luft zu lassen. Wegen der besse-

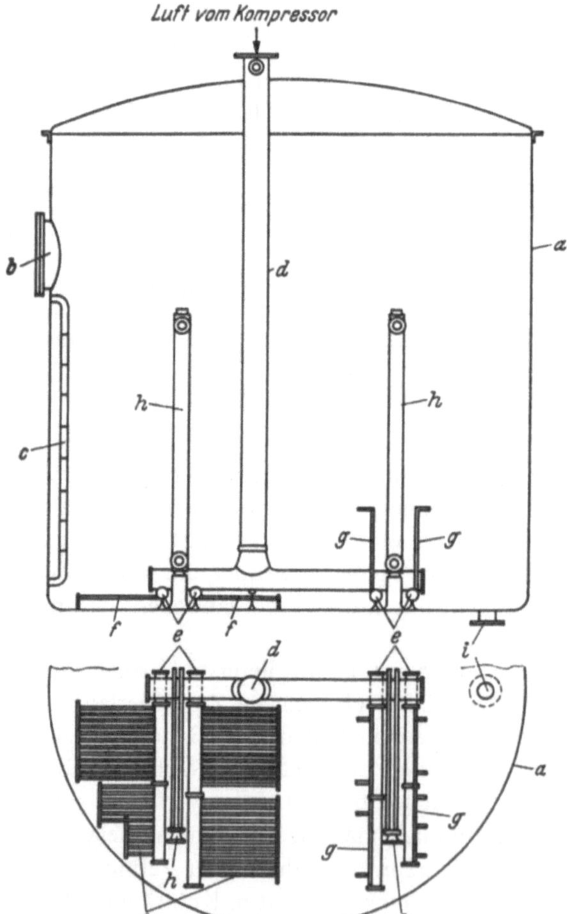

Abb. 65. Gärbottich mit Strahlrohrbelüftung zur Backhefeherstellung. Zeichenerklärung: *a* Gärbottich; *b* Mannloch; *c* Einsteigleiter; *d* Luftzuleitung; *e* Luftverteiler; *f* Belüftungsrohre mit 0,5 mm-Löchern; *g* Belüftungsrohre zum Reinigen hochgeklappt; *h* Kühler; *i* Entleerungsöffnung (Reiff, F. et al.: Die Hefen, Bd. II, S. 549. Nürnberg: Hans Carl, 1962)

ren Keimfreihaltung haben sich geschlossene Tanks aus V₂A-Stahl oder Aluminium immer mehr durchgesetzt.

Die Maische wird durch Wasserrohre in den Tanks gekühlt. Durch ein Belüftungsrohr mit Luftaustrittsöffnungen (ϕ 0,2 mm – 0,5 mm) etwa 10 cm über dem Bottichboden wird belüftet. Auch Rotationsbelüfter und gelochte Drehflügel haben sich bewährt.

Die Schaumbekämpfung geschieht mit Ölen und Fetten, vor allem Wollfett, aber auch mit Sulfonaten langkettiger Paraffine sowie höheren ein- und zweiwertigen Alkoholen und Siliconen, die in Äther oder Trichloräthylen suspendiert werden (0,2% bis 1% des erzeugten Naßhefegewichtes).

Die Abb. 65 zeigt das Schema eines Fermenters für die Backhefeherstellung (III. Generation). Auch andere Fermentertypen sind zur Backhefeherstellung gut geeignet, z. B. Blattrührfermenter, Umwurffermenter und auch der Frings-Fermenter (Enenkel et al., 1970).

Nachdem sich die Hefe etwa eine Stunde vermehrt hat, beginnt man mit dem kontinuierlichen oder schubweisen Zulauf der Melasse. Der pH-Wert soll sich zwischen 4,2 und 4,8 bewegen und wird mit Ammoniak oder Ammoniumsulfat gesteuert. Die Temperatur ist bei Beginn 26 °C und steigt langsam bis auf 33 °C an. Diese Temperatur darf nicht überschritten werden, vielmehr ist es besser, wenn die Zucht durch Kühlung auf Temperaturen, die unter 33 °C liegen, eingestellt wird.

Das Diagramm (Abb. 66) zeigt den Verlauf der Versandhefeherstellung mit nebenherlaufender alkoholischer Gärung (Butschek, 1957).

Über die Kinetik der alkoholischen Gärung bei der Backhefeerzeugung gibt es eine zusammenfassende Darstellung von Franz (1961), in der die verschiedenen äußeren Einflüsse auf die Backhefeproduktion beschrieben werden und eine mathematische Formulierung des Einflusses dominierender Faktoren versucht wird.

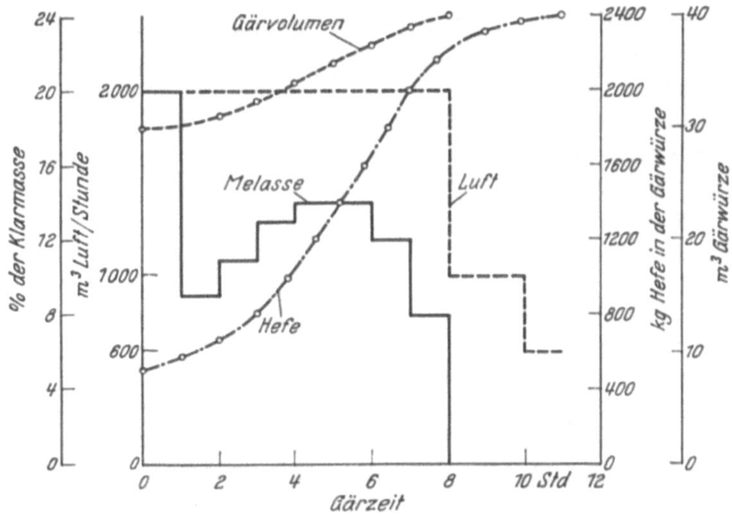

Abb. 66. Verlauf einer Versandhefegärung mit Alkoholbildung. Fassungsraum des Gärbottichs: 75 m³, Stellhefemenge: 500 kg, Melasseeintrag: 2500 kg, geerntete Hefemenge: 2400 kg, zugewachsene Hefemenge: 1900 kg, Ausbeute: 76% Preßhefe H₂₇, 6% Alkohol, Wirkungsgrad: 101,6 (Reiff, F. et al.: Die Hefen, Bd. II, S. 546. Nürnberg: Hans Carl, 1962)

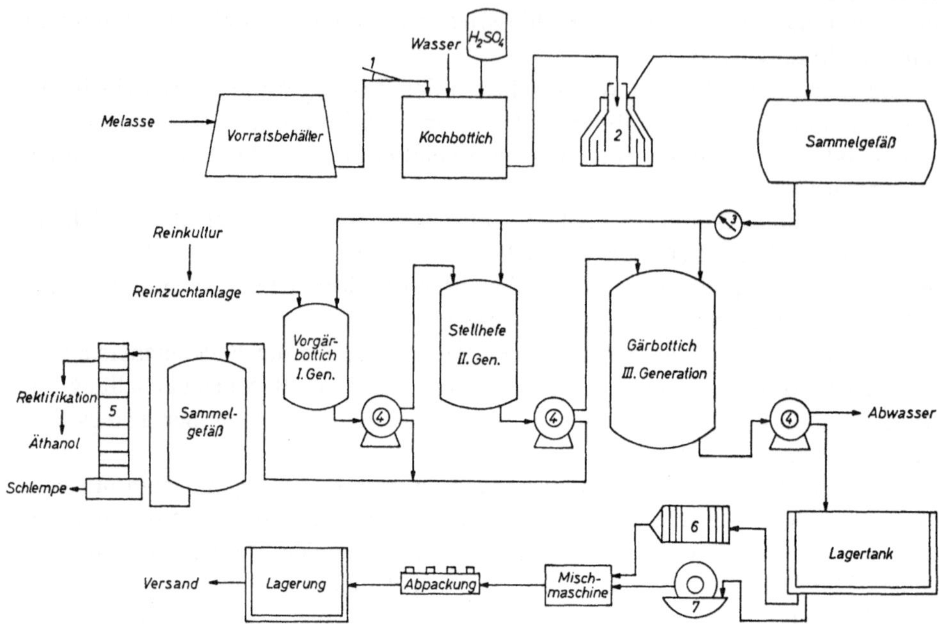

Abb. 67. Herstellung von Preßhefe. Zeichenerklärung: *1* Melassewaage; *2* Klärschleuder; *3* Melasseuhr; *4* Separatoren; *5* Destillierkolonne; *6* Filterpresse; *7* Vakuumfiltration

Beim „Komax-Verfahren" wird der Melasse-Zulauf über den Alkoholgehalt der Abluft gesteuert (vgl. Kolb, 1970).

Wenn der Zulauf beendet ist, sollen alle Hefezellen gleichmäßig ausreifen. Hierzu wird die Belüftung vermindert. In dieser Phase vermindert sich der RNS-Gehalt der Hefen auf 60% der ursprünglichen Werte (Oura et al., 1974). Die Dauer der Hefevermehrung beträgt in der III. Generation insgesamt etwa 9 Std. – 12 Std. Anschließend wird die Hefe mit Separatoren (Nennleistung von 20 000 l/h) von der Lösung abgetrennt. Die abgetrennte Hefe wird mit vier- bis sechsfacher Menge frischen Wassers gewaschen, nochmals in Separatoren abgetrennt und schnell gekühlt, um die Atmung der Hefe und damit Gewichtsverluste möglichst einzuschränken. Anschließend wird das Hefekonzentrat in sog. Rahmenfilterpressen abgepreßt.

Betriebskontrolle. Für die Überwachung des Zulaufverfahrens sind die folgenden Kontrollen notwendig:

- Kontrolle des pH-Wertes.
- Bestimmung des Stickstoffs in der Lösung.
- Bestimmung des Zuckergehaltes der Würze.
- Bestimmung des Hefezuwachses.
- Bestimmung des Nährstoffgehaltes der Würze aus dem spezifischen Gewicht.
- Bestimmung des Alkoholgehaltes.

Auch die Belüftung muß reguliert werden, denn sie hat einen großen Einfluß auf die biochemische Aktivität der Hefe (vgl. Oura, 1972, 1975). Aus der Menge des gebildeten Alkohols und der Menge der vorhandenen Hefezellen kann man schließen, in welchem Verhältnis zueinander Gärungsvorgänge und Atmungsvorgänge ablaufen. Die gesamte Überwachung der III. Generation läßt sich elektronisch steuern (Rosen, 1977).

Zur Lagerung wird die abgepreßte Hefe, die einen Wassergehalt von 67% – 71% hat, unter Vermeidung von Lufteinschlüssen in Gefäße aus Holz oder Aluminium eingepreßt und in Kühlräumen aufbewahrt. Die Wärme, die sich durch die Atmung der Hefe während der Lagerung bildet, muß unbedingt abgeführt werden, denn sonst wird die Haltbarkeit der Preßhefe sehr vermindert. Während der Lagerung werden Reservekohlenhydrate abgebaut, die Gärfähigkeit vermindert sich (Suomalainen, 1975). Zum Versand wird der Wassergehalt der Hefe auf 72% – 75% erhöht und die Ware abgepackt. Durch Trocknung mit Heißluft läßt sich eine Trockenhefe mit 95% – 96% TG und guter Göraktivität herstellen (Öster. Pat. 279.524, 1970). Das Fließschema (Abb. 67) zeigt den gesamten Vorgang der Preßhefeherstellung.

c) Kontinuierliche Verfahren zur Backhefeherstellung

Kontinuierliche Hefezüchtungen haben verschiedene Schwierigkeiten, u. a.:

- Sterilhaltung der Anlage für längere Zeit. Dies Problem ist durch die technische Entwicklung der letzten Jahre lösbar geworden.
- Vermeidung der Katabolitrepression durch Glucose. Beim Zulauf-Verfahren war dies Problem elegant gelöst, in kontinuierlicher Kultur muß das „steady state" immer bei nur geringen Glucosekonzentrationen gehalten werden, ohne einen Chemostaten mit Glucoselimitierung zu realisieren.
Möglicherweise ist eine Regelung des Hefewachstums über die Sauerstoffkonzentration im Substrat geeignet (Miskiewicz et al., 1975).
- Herstellung einer Reifephase. Dies kann im Mehrstufenverfahren besser als im Einstufenverfahren geschehen, obwohl auch eine kontinuierliche Backhefezucht im Einstufenverfahren mit anschließender Reifung in einem Nachfolgetank möglich ist.

Die Abb. 68 zeigt eine kontinuierliche Backhefezucht im Mehrstufenverfahren.

Die Hefe wird in einem Bottich angezüchtet, dann durch den Überlauf in den nächsten Bottich befördert, in dem gleichzeitig ein Zulauf von Nährlösung stattfindet. Dieser Überlauf mit Nährlösungszulauf setzt sich über sechs bis acht Bottiche fort. Im letzten Behälter verbleibt die Hefe ohne große Nährstoffzusätze bis zum

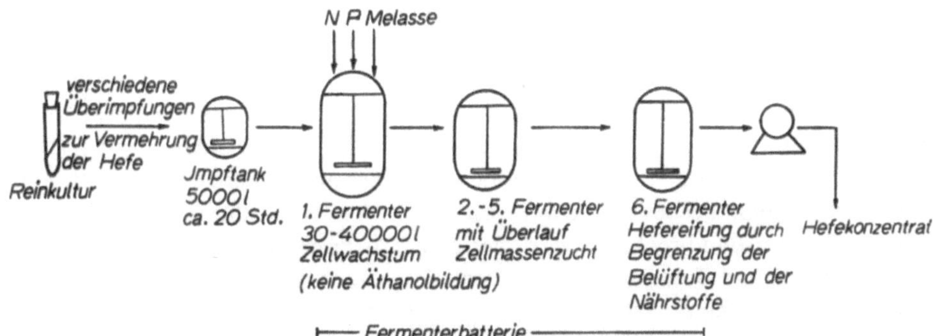

Abb. 68. Kontinuierliche Züchtung von Backhefe

Ausreifen (Olsen, 1960, 1961; Sher, 1961). Tabellen über Führung der Anlage und Ausbeuten vgl. Burrows (1970).

Äthanolkonzentration zwischen 26 g/l und 70 g/l haben einen Hemmungseffekt gegen *Saccharomyces cerevisiae* in kontinuierlicher Kultur (Bazua und Wilke, 1977).

5. Schädlinge der Backhefeerzeugung

Das Auftreten von Säurebildnern, wie z. B. Milchsäurebakterien (meist heterofermentative Arten), Essigbakterien und ganz besonders Buttersäurebakterien, stört die Hefeentwicklung oft ganz erheblich. Durch Bildung von Buttersäure erzeugen die Clostridien in der Preßhefe einen unangenehmen, ranzigen Geschmack.

Bei der Hefezucht muß weiterhin das Auftreten verschiedener anderer Hefearten als *Saccharomyces cerevisiae*, z. B. *Torula-*, *Candida-* und *Mycoderma*-Arten (Kahmhefen) verhindert werden. Diese sind oft sehr schnellwüchsig und verdrängen *Saccharomyces cerevisiae*. Die genannten Arten lassen sich schlecht abpressen und vermindern die Gärkraft der Preßhefe wesentlich.

Eine Reihe von Mikroorganismen dringt nach Fertigstellung in die Preßhefe hinein und verursacht dabei Verderbserscheinungen. Gefürchtet ist besonders *Oidium lactis,* das der Preßhefe einen muffigen Geschmack verleiht. Andere Mikroorganismen, z. B. *Penicillium*-Arten, bilden grüne Rasen auf der Preßhefe. *Aspergillus*-Arten bilden einen hellgelben bis grauen Belag, *Mucor-* und *Fusarium*-Arten bilden gelbe und rote Flecken auf der Preßhefe. *Dematium pullulans* bildet einen schmutzigbraunen Belag, während Essigbakterien eine schmierige Oberfläche verursachen und *Serratia marcescens* rote Flecken auf der Preßhefe erzeugt. Schließlich ist *Bacillus mesentericus* zu nennen, der das bekannte Fadenziehen des Brotes hervorruft, wenn er in größeren Mengen in der Hefe enthalten ist. Dem Fadenziehen kann man durch Zusatz von Propionsäure begegnen.

6. Trockenhefe

Trockenhefe erhält man durch vorsichtiges Zurücktrocknen der abgepreßten Hefe auf einen Wassergehalt von 8% – 12%, dabei müssen 60% – 80% ihrer enzymatischen Kraft erhalten bleiben. Da die Triebkraft der Hefen sehr empfindlich gegen Sauerstoff ist, muß auch die Trockenhefe möglichst sauerstoffrei aufbewahrt werden. Eine schonende Trocknung der Hefen wird seit langem in Hordentrocknern oder in Bandtrocknern bei Temperaturen von 30 °C – 40 °C durchgeführt. Die Beschickung kann dabei kontinuierlich oder diskontinuierlich sein. Man erhält nach mehreren Tagen braune Blättchen von etwa 1 mm – 2 mm Stärke. Bei Anwendung eines Vakuums kann die Trockenzeit wesentlich verringert werden. Man hat zur Herstellung von Trockenhefe noch andere Trocknungsverfahren entwickelt, z. B. eine Vortrocknung bei 36 °C in relativ feuchter Luft mit anschließender Nachtrocknung auf einem Bandtrockner, oder aber eine Trocknung auf Tellertrocknern, die mit Schaufeln und Vibratoren ausgerüstet sind. Auch Zerstäubungstrockner sind neuerdings mehrfach zur Herstellung von Trockenhefe vorgeschlagen worden.

Unter bestimmten Voraussetzungen kann man auch Bierhefe zu Bäckerhefe verarbeiten. Sie muß in der Bundesrepublik Deutschland als „Bierpreßhefe" gekennzeichnet und darf nicht mit anderer Preßhefe vermischt werden. Bei der Verarbeitung von Bierhefe muß eine Entbitterung in alkalischen Bädern, eine Entfärbung, z. B. mit Weinsäurelösungen und eine Gewöhnung der Hefe an höhere Temperaturen durch Umgärungen in Zuckerlösungen vorgenommen werden.

7. Anwendung

Backhefe wird in Bäckereien, Konditoreien und Haushalten zur Teigbereitung verwendet (vgl. Magoffin und Hoseney, 1974). Zur Teigführung bei Weizenbrot benötigt man eine Hefemenge von 2%, bei Kleingebäck von 3% – 5%, bei Feingebäck von 3% – 6% und bei Milchgebäck von 4% – 5% (bezogen auf das Mehl). Bei der heute fast immer durchgeführten „direkten Hefeführung" wird die gesamte Hefe sofort dem Teig zugesetzt, während bei der früher häufig angewandten „indirekten Hefeführung" die Hefe in einem „Vorteig" vermehrt wurde, der dann in den Hauptteig eingearbeitet wurde. Die Hefe vergärt zunächst die im Teig vorhandene Saccharose, Glucose und Fructose sowie später die durch Amylasen des Teiges gebildete Maltose bzw. Glucose. Da die Teige häufig nicht mehr genügend Amylasen besitzen, ist ein Zusatz von hitzeempfindlicher α-Amylase zur Backhefe vorgeschlagen worden (DB-Pat. 2.052.572, 1972). Das entstehende CO_2 bewirkt eine Teiglockerung. Bei direkter Teigführung entstehen weiterhin etwa 0,5% – 1,4% Alkohol. Wenn der Teig beim Ausbacken eine Temperatur von 50 °C – 60 °C erreicht hat, werden die Hefen abgetötet (vgl. Schormüller, 1974).

Zur Gewinnung von Ergosterin wird eine unter besonderen Bedingungen, aber nach den Verfahren der Backhefeherstellung gezüchtete Hefe verwendet. Die Herstellung medizinischer Präparate geschieht zumeist aus Futterhefen, deren Herstellung im Kap. 12 beschrieben wird. Enzyme werden sowohl aus Bäckerhefen als auch aus Futterhefen aufgearbeitet.

II. Gewinnung von Mikroorganismen für technische, biochemische oder medizinische Zwecke

1. Mikroorganismen als Starterkulturen in der Lebensmittelwirtschaft

Seit langem werden in der Milchwirtschaft Rein- oder Mischkulturen von Mikroorganismen zur Herstellung verschiedener Produkte (Käse, Sauermilchprodukte u. a.) verwendet. Die verschiedenen Mikroorganismenarten und Herstellungsverfahren für diese Impfkulturen werden im Kap. 35 beschrieben.

Seit etwa 1955 beginnt man auch für verschiedene Fleischerzeugnisse, besonders Rohwürste und Pökelwaren, Mikroorganismen zur Animpfung für bestimmte Fermentationsabläufe in diesen Produkten zu verwenden (vgl. Niinivaara, 1972). Als Starterkulturen für amerikanische Rohwurst, der sog. „summer sausage", hat sich *Pediococcus cerevisiae*, für Rohwürste europäischer Art haben sich andere *Micrococcus*-Stämme bewährt (Nurmi, 1972). Zumeist werden diese Bakterien in Mischungen mit *Lactobacillus*-Arten, besonders vom Typ *L. plantarum*, angeimpft. Diese Mikroorganismen sind für die Entwicklung der Farbe, die Senkung des pH-Wertes und die Bildung des spezifischen Aromas verantwortlich. Sie verhindern daneben auch die Entwicklung unerwünschter Mikroorganismen.

Bei der Verwendung von Schimmelpilzen bei Reifungsvorgängen von Fleischwaren ist es wichtig, daß keine Mykotoxinbildner in den Starterkulturen vorkommen. Mintzlaff und Leistner (1972, Literatur vgl. dort) haben sehr viele Schimmelpilze auf ihre Eignung als Starterkulturen geprüft und festgestellt, daß *Penicillium nalgioversis* für eine gezielte Beimpfung von Rohwürsten geeignet ist. Diese Art beeinflußt Aussehen, Geruch, Geschmack und Konservierung von Pökelfleischwaren wie Rohwürsten nach ungarischer oder italienischer Art.

Die Bakterien werden in einstufigen kontinuierlichen Fermentationsverfahren hergestellt (z. B. in Fermentern mit 600 l Inhalt). Die Mikroorganismen werden anschließend zentrifugiert und dann auf die Restfeuchte von 3% – 4% gefriergetrocknet und mit Dextrose oder Lactose vermischt. Es werden pro g Wurstmasse ca. 10 Mill. Keime zugesetzt (Müller, 1972). Schimmelpilze lassen sich entweder submers züchten, oder sie werden auf festen Substraten zur intensiven Konidienbildung gebracht, getrocknet, gemahlen und dann verwendet.

Eine Übersicht über Starterkulturen vgl. Frank (1973).

2. Mikroorganismen als Futterzusätze

Brevibacterium divaricatum wird wegen seines hohen Gehaltes an Glutaminsäure und Proteinen als Zusatz zum Futter von Geflügel, Schweinen, Schafen, Kälbern, Hunden und anderen Tieren vorgeschlagen (GB-Pat. 955.642, 1964). Bei der Massenzucht werden die N-Quellen – Harnstoff und Ammoniumtartrat – während der Fermentation nach 18, 26, 32, 40 und 48 Std. ergänzt, um eine möglichst hohe Ausbeute an Bakterienzellen zu erzeugen. Ebenso werden getrocknete Kulturen von *Bacillus megaterium* als besonders Vitamin B-reicher Futterzusatz hergestellt (GB-Pat. 1.004.638, 1961).

Alkalische Zellhydrolysate von *Nocardia rugosa* sollen in Futterzusätzen die Wirkung von Tetracyclinen sehr verstärken (S. Afr. U. Pat. 62/1144, 1963). In der Praxis sind solche mikrobiellen Futterzusätze bisher nicht oder nur zögernd angenommen worden. Wahrscheinlich wird dies sich solange nicht ändern, wie genügend chemische Supplemente zur Verfügung stehen. Die Massenzucht der Mikroorganismen ist kein Problem mehr.

In sog. Meeresfarmen werden u. a. Shrimps, Muscheln und Austern sowie verschiedene Fischarten kultiviert. Zu ihrer Ernährung werden Bakterien, Mikroalgen und tierische Planktonorganismen verwendet. Über die Züchtungstechniken vgl. Ryther und Goldman (1975) und Kap. 14.

3. Mikroorganismen zur Therapie

Zur Therapie der Darmmikroflora mit lebenden Mikroorganismen verwendet man meistens Zellen von *Lactobacillus acidophilus* bzw. anderen *Lactobacillus*-Arten, apathogene Stämme von *Escherichia coli* oder Gemischen dieser Arten. Die Ergebnisse solcher Therapie sind sehr umstritten, trotzdem gibt es eine große Anzahl von Patenten, die sich mit der Massenzucht der genannten und anderer Bakterien, z. B. apathogener Stämme von *Streptococcus, Enterococcus, Aerobacter aerogenes, Bacillus subtilis* und *Clostridium* sowie Hefen, z. B. *Saccharomyces cerevisiae, Dispora caucasica* u. a., besonders beschäftigen.

Weiterhin versucht man mit Hilfe von antibioticaresistenten *Lactobacillus acidophilus*- oder *Escherichia coli*-Stämmen, die Darmflora, die durch Behandlung mit Antibiotica geschädigt worden war, zu regenerieren (Fr. Pat. 957.048, 1965).

Auch Mischungen von Mikroorganismen werden hergestellt, z. B. eine Mischung von Milchsäurebakterien mit *Streptococcus faecalis* (Jap. Pat. 12.744, 1963), von Milchsäurebakterien, Milchsäure und Tannin (Jap. Pat. 7.390, 1964), von *Saccharomyces fragilis* und *Streptococcus lactis* mit *Lactobacillus acidophilus, Streptococcus lactis* und *S. thermophilus,* die gegen bestimmte Antibiotica resistent gezüchtet wurden.

Lactobacillus acidophilus und *Streptococcus lactis* werden zumeist in sterilisierter Milch bei 30 °C, *S. thermophilus* bei 38 °C – 40 °C gezüchtet. *Escherichia coli* wird in pepton- oder eiweißhaltigen Substraten vermehrt. Die Kulturen werden dann gefriergetrocknet und mit geeigneten Trägersubstanzen z. B. an Stärke (Öster. Pat. 424.279, 1972) vermischt. Man kann die Bakterien in Kapseln verabreichen, die sich erst im Darm und nicht schon im Magen auflösen.

Neben der Verwendung von besonderen Bakterien zur oralen Therapie werden seit langem lebende oder abgetötete Mikroorganismen – besonders Bakterien als Antigene zur Antikörperbildung oder als Toxinbildner zur Antitoxinbildung – verwendet.

Bei der Vaccineherstellung werden besonders pathogene Bakterien in Massen – früher meist in Oberflächenkultur, heute zumeist in Submerskultur – gezüchtet, mit Hitze, Säuren, Formalin, Phenol oder anderweitig so abgetötet, daß die Antigeneigenschaften erhalten bleiben und dann für eine Injektionsapplikation vorbereitet. Vaccine aus Bakterienkulturen hat man in großen Mengen hergestellt, ihre Bedeutung ist aber heute wegen unterschiedlicher Antigene vieler Bakterien, und vor allem aber wegen der großen therapeutischen Möglichkeiten mit Chemotherapeutica und Antibiotica zurückgegangen. Auch für die Zucht von Bakterienkulturen, die man zur Vaccineherstellung verwenden will, sind kontinuierliche Verfahren entwickelt worden.

Auch für die Toxinbildung mit anschließender Antitoxinbildung – zumeist im tierischen Körper – werden Bakterien, z. B. *Clostridium tetani* oder *C. botulinum* submers gezüchtet, dann dem geeigneten Tier, z. B. dem Pferd i. v. appliziert. Anschließend werden die Antitoxine aus dem Tierserum biochemisch möglichst weitgehend gereinigt und zur Therapie verwendet.

Von den Impfungen mit lebenden Bakterienkulturen zur Antikörperbildung hat die BCG-Impfung eine große Bedeutung erlangt. Es handelt sich um eine Impfung mit einem nicht mehr virulenten Stamm von *Mycobacterium tuberculosis v. bovis,* der von Calmette, einem Schüler von Pasteur und Guérin, durch 230 Passagen in Ochsengalle-Medium avirulent gezüchtet worden war.

Zur Herstellung von lebenden Kulturen des BCG-(Bacillus-Calmette-Guérin-) Stammes werden die Bakterien in Oberflächenkultur oder in submerser Kultur vermehrt. Bei der heute in den meisten Fällen durchgeführten Submerszucht der Bakterien verwendet man Glycerin (2% – 10%) als C-Quelle, Tween 80 (0,1% – 2%), L-Asparagin und Albuminlösung (5%) als N-Quellen neben den üblichen Nährsalzen als Substrat oder Medien anderer Zusammensetzung (Jap. Pat. 36.842, 1969). Dann werden die Keimzahlen auf 5×10^{-7} ml eingestellt und mit Zusatz einer Lösung von 2% Na-glutamat, 8% Dextran, 7,5% Saccharose und 0,1% Hydroxylamin gefriergetrocknet. Zur Impfung wird das Produkt wieder gelöst. Mehrere 100 Millionen Menschen wurden seit der Einführung der Impfung mit BCG geimpft.

4. Mikroorganismen zur Anwendung im Pflanzenschutz

Von Bedeutung für den Pflanzenschutz sind insektenpathogene Mikroorganismen sowie Mikroorganismen, die gegen andere Pflanzenschädlinge pathogen sind (vgl. Weatherston und Retnakaran, 1975; Henis und Chet, 1975). Hierzu gehören einige Viren (Massenzüchtung vgl. Kap. 37), Bakterien, Pilze und Protozoen. Sie stellen in vielen Fällen die natürlichen Regulatoren innerhalb von Insektenpopulationen dar. Eine gute Übersicht über insektenpathogene Bakterien vgl. Bulla et al. (1975).

Das bekannteste insektenpathogene Bakterium ist der aus Mehlmotten erstmals 1909 isolierte *Bacillus thuringiensis* mit einer guten Wirkung gegen Lepidopteren-(Schmetterlings-)Raupen. Die pathogene Wirkung beruht auf parakristalloiden Zelleinschlüssen (Parasporalkörper oder Endotoxine), die in Verbindung mit der Endosporenbildung entstehen (Aronson und Tillinghast, 1977). Diese Proteinkristalle müssen von den Insekten mit der Nahrung aufgenommen werden. Im Darm gehen sie in Lösung und bewirken innerhalb weniger Minuten durch Zerstörung des Darmepithels eine Einstellung des Fressens bei den Tieren. Je höher die aufgenommene Dosis ist, um so schneller wird das Darmepithel zerstört, und um so schneller tritt der Tod der Tiere ein. Bei subletalen Dosen des Endotoxins ist nur ein vorübergehendes Einstellen des Fressens zu beobachten. Anscheinend regeneriert sich das Darmepithel wieder, so daß die Larven ihre Fraßtätigkeit wieder aufnehmen können (Fast, 1974).

Das Bakterium läßt sich in Submerskultur saprophytisch in industriellem Maßstab in Massen herstellen. Die Sporen mit den Proteinkristallen sind längere Zeit haltbar.

Mit solchen Sporenpräparaten wurden u. a. gegen den Luzernefalter (*Colias eurytheme*) in Kalifornien, gegen den Kohlweißling (*Pieris brassicae*) in Europa und gegen andere Lepidopteren-Arten an Kohl, Raps und einigen Forstgehölzen sowie gegen den europäischen Maisbohrer (*Ostrina nubilalis*) (Lynch et al., 1977), die Walnußraupe (*Datana integerrima*) – es wurde in diesem Fall ein Präparat von *B. thuringiensis v. kurstaki* (*HD-1*) versprüht (Tedders und Ellis, 1977) – gute Erfolge erzielt.

Man verspricht sich eine verstärkte Wirkung von mikrobiellen Insektiziden in Kombination mit chemischen Insektiziden wie z. B. mit DDT (Benz, 1975). Geringe Mengen von Chitinasen erhöhen evtl. die Pathogenität der Bakterien (Smirnoff und Valero, 1977), während Chlortetracyclin- und Streptomycinzusätze eine Herabsetzung der insektiziden Aktivität verursachten (Ignoffo et al., 1977).

In der Sowjetunion wurden 1974 ca. 8 Millionen Hektar mit drei verschiedenen Präparaten von *B. thuringiensis*-Stämmen behandelt. In den USA wurden ca.

200 000 Hektar mit *B. thuringiensis* behandelt. Gegenwärtig werden auch Gemüsekulturen mit Erfolg durch das Präparat geschützt.

Da bei den angewandten Methoden bereits mit sehr großen Keimmengen (Toxinmengen) gearbeitet wird, wird kaum noch mit einer Infektiosität der Bakterien gerechnet, so daß diese Bekämpfungsart auch als Behandlung mit spezifischen insektizid wirkenden Substanzen (vgl. Kap. 28) angesehen werden kann (vgl. Heimpel, 1967; Rogoff und Yousten, 1969; Huang und Shapiro, 1971).

Bacillus popilliae v. popilliae ist pathogen gegen die Engerlinge des Japankäfers (*Popillia japonica*) und wird auch – mit geringem Erfolg – gegen die Engerlinge des Maikäfers (*Melolontha melolontha*) eingesetzt. Die submers in Massen gezüchteten Bakterien bilden auf Holzkohle-haltigen Abwässern, die bei der Zuckerraffinerierung anfallen, besonders gut Sporen (US. Pat. 3.950.225, 1976), sind gut lagerbar, stark infektiös und nicht pathogen für Menschen (Thompson und Heimpel, 1974). Mit ihrer Hilfe ist es gelungen, den aus Ostasien nach Amerika eingeschleppten Japankäfer, der in Amerika aus Mangel an natürlichen Feinden zum Großschädling zu werden drohte, unter Kontrolle zu bringen.

Andere *Bacillus*-Arten, u. a. *B. alvei, B. circulans, B. sphaericus* haben eine insektizide Wirkung gegen Mücken (Singer, 1973, 1974). *Serratia piscatorum, Streptococcus faecalis* und *Aerobacter aerogenes* setzen in Schmetterlingslarven den pH-Wert des Darmes herab und rufen eine Krankheit, die z. T. die Larven abtötet, hervor (US-Pat. 3.642.982, 1972).

Mäuse und Ratten werden mit *Salmonella typhimurium* und *S. enteritidis* in verschiedenen Ländern bekämpft. Diese Bakterien werden hierzu in Submerskultur gezüchtet und mit Futtermitteln für diese Tiere gemischt. In Dänemark wurden mehr als 150 t dieser Bakterienpräparate (Ratin) ausgebracht. Ebenso sind derartige Präparate in der UdSSR und anderen Ostblockländern in Gebrauch. In den USA und Deutschland ist aus hygienischen Bedenken eine Anwendung verboten.

Die Anwendung von insektenpathogenen Bakterien und Pilzen zur Bekämpfung von Maikäferlarven (Engerlingen) wurde bereits 1953/54 in der Schweiz in Freilandversuchen durchgeführt. Die Bakterien waren hierzu in Submerskultur, die Pilze submers in Schüttelkultur oder in Oberflächenkultur gezüchtet worden (Wikén et al., 1954; Wille et al., 1962). Gegenwärtig konzentrieren sich Anwendungsversuche parasitärer Pilze auf *Beauveria tenella*. Dieser Pilz ist u. a. pathogen für die Larven des Maikäfers (*Melolontha melolontha*). Je höher die Populationsdichten der Maikäferlarven im Erdboden sind, um so stärker ist der Befall mit diesem Pilz. Bis zu 80% der Larven können an *Beauveria*-Infektion zugrunde gehen. In der Sowjetunion wird ein Pilzpräparat (Beauverin) auf der Basis von *Beauveria* hergestellt und dient zur Bekämpfung des Kartoffelkäfers. Obwohl sich diese Präparate in den Laboratorien als sehr wirksam gegen die Larven des Kartoffelkäfers gezeigt haben, sind die Ergebnisse in der Praxis noch nicht befriedigend.

Zur Auslösung einer Infektion muß der Pilz auf dem Insekt keimen. Die Pilzsporen keimen nur bei sehr hohen Luftfeuchtigkeiten von 95% bis 100%. Nach der Keimung dringt die Pilzhyphe mit Hilfe verschiedener Enzyme, u. a. auch der Chitinase in das Innere des Insekts, in dem eine starke Vermehrung stattfindet. Das Insekt wird dabei vollständig mumifiziert. Das Mycel wächst anschließend wieder nach außen. Das Beauvericin, eine insektizid-aktive Substanz, wird aus *Beauveria bassiana* gewonnen. Dieses Depsipeptid kann auch von *Paecilomyces fumoso-roseus* gebildet werden (Bernadini et al., 1975).

Sicherlich ist die Zahl der insektenpathogenen Pilze weitaus größer, als bisher angenommen wurde, so haben z. B. auch *Aspergillus flavus, A. versicolor, Penicillium rugulosum, Myrothecium verrucaria* eine Hemmwirkung gegen *Drosophila melanogaster* (Dobias und Nemec, 1975). *Spicaria rileyi* ist ebenfalls interessant als insektenpathogener Pilz (Bell, 1975), wie auch *Cordyceps militaris* (Carilli und Pacioni, 1977). Sporen von *Entomophthora thaxteriana* werden bei Züchtung dieses insektenpathogenen Pilzes in Pepton-Hefeextrakt-Glucose-Lösung (submers, 14 Tage bei 28 °C, 150 rpm) bis zu 50 000/ml gebildet (Gröner, 1975). Der Pilz ist gegen die Stubenfliege (*Musca domestica*) u. a. Fliegen pathogen.

5. Mikroorganismen für biochemische Anwendungen

Viele Firmen bieten heute für biochemische Anwendungen eine große Anzahl verschiedener Mikroorganismen, besonders von Bakterien in Mengen bis zu mehreren kg an. So werden z. B. *Aerobacter aerogenes* (P-14), *Azotobacter vinelandii* (ATCC 9104), *Bacillus subtilis* (ATCC 6633), *Escherichia coli* (ATCC 11303) (ATCC 10798) (Unterschieden in: Mid log harvest und Late log harvest), *Micrococcus lysodeikticus* (ATCC 4698), *Proteus vulgaris* (ATCC 13315), *Pseudomonas fluorescens* (ATCC 11251), *Streptococcus faecalis* (ATCC 8043) und viele andere Bakterienarten standardisiert für biochemische Laboratorien zur Verfügung gestellt. Die Mikroorganismen werden entweder in Schüttelkulturen oder in Fermentern gezüchtet, zentrifugiert und zumeist gefriergetrocknet.

6. Mikroorganismen für Bodenimpfungen

Zur Massenzucht von *Azotobacter*-Zellen, die zur Bodenimpfung verwendet werden sollen, müssen sehr stickstoffarme Substrate verwendet werden. Die Zellen werden bei 25 °C, einem pH-Wert von 6,5 – 7,0 unter dauernder Belüftung in glucosehaltigem Substrat vermehrt. Nach 36 Std. – 48 Std. ist die Entwicklung von *Azotobacter* abgeschlossen. Die abzentrifugierten Zellen werden im Vakuum gefriergetrocknet und mit steriler Erde vermischt. Aus 195 kg Glucose wurden auf diese Weise 35 kg – 40 kg getrocknete Zellen von *Azotobacter* erhalten (Brit. Pat. 854, 918, 1960). Die Bakterien können auch in Luft bei 30 °C – 35 °C getrocknet und anschließend an Ligninpuder adsorbiert werden (SU-Pat. 370.193, 1973).

Massenkultivierungen von *Azotobacter* mit dem Ziel einer Stickstoffixierung vgl. Kap. 39.

Bodenimpfungen, besonders mit *Rhizobium leguminosarum* oder *R. phaseoli* sind seit Ende des vergangenen Jahrhunderts gebräuchlich (Literatur vgl. Wikén, 1956). Ertragssteigerungen von Leguminosen sind ganz besonders in Neulandgebieten, z. B. in Poldern in Holland, erheblich. Zur Impfstoffherstellung werden frisch isolierte, gut N-bindende *Rhizobium*-Stämme in organischen Nährlösungen submers vermehrt und anschließend in Torf, Kieselgel u. a. Substraten aufgenommen.

Dabei müssen die Bakterien möglichst lange lebensfähig bleiben. Die Impfung erfolgt entweder mit Trockenpudern oder meistens mit aufgeschlämmten Lösungen oder Bakterienaerosolen, die über die betreffenden Gebiete versprüht werden.

Literatur

Aronson, J. N., Tillinghast, J.: In: Spore research 1976. Barker, A. N., Wolf, L. J., Ellar, D. J., Dring, G. J., Gould, G. W. (eds.), Vol. I, pp. 351 – 357. London, New York: Academic Press 1977

Bazua, C. D., Wilke, C. R.: Biotechnol. Bioeng. Symp. *7*, 105 – 118 (1977)

Bell, J. V.: J. Invertebr. Pathol. *26*, 129 – 130 (1975)

Benz, G.: Experientia *31*, 1288 – 1290 (1975)

Bernardini, M., Carilli, A., Pacioni, G., Santurbano, B.: Phytochemistry *14*, 1865 (1975)

Bulla, L. A., Jr., Rhodes, R. A., St. Julian, G.: Annu. Rev. Microbiol. *29*, 163 – 190 (1975)

Burrows, S.: In: The yeasts. Rose, A. H., Harrison, J. S. (eds.), Vol. 3, pp. 349 – 420. London, New York: Academic Press 1970

Butschek, G.: Ullmanns Enzyklopädie der technischen Chemie, Bd. 8, S. 453 – 485. München: Urban & Schwarzenberg 1957

Carilli, A., Pacioni, G.: Trans. Br. Mycol. Soc. *68*, 237 – 243 (1977)

Chen, S. L., Gutmanis, F.: Biotechnol. Bioeng. *18*, 1455 – 1462 (1976)

Dellweg, H.: Tech. Univ. Berlin, Vorlesungsabdruck (1973)

Dobias, J., Nemec, P.: Biologia (Bratisl.) *30*, 727 – 732 (1975)

Enenkel, A., Ebner, H., Rudolf, J.: In: 2. Symp. Tech. Mikrobiol. Dellweg, H. (Hrsg.), S. 65 – 72. Berlin: Institut für Gährungsgewerbe und Biotechnologie 1970

Fast, P. G.: Dev. Ind. Microbiol. *15*, 195 – 198 (1974)

Fiechter, A.: Proc. 4th Int. Symp. Yeasts Wien Part II, S. 17 – 33. 1974

Frank, H. K.: Chem. Mikrobiol. Technol. Lebensm. *2*, 52 – 56 (1973)

Franz, B.: Nahrung, *5*, 457 – 481 (1961)

Grba, S., Oura, E., Suomalainen, H.: Eur. J. Appl. Microbiol. *2*, 29 – 37 (1975)

Gröner, A.: Z. Pflanzenkr. Pflanzenschutz *82*, 22 – 29 (1975)

Haarasilta, S., Oura, E.: Eur. J. Biochem. *52*, 1 – 7 (1975)

Harrison, J. S.: In: Biochemistry of industrial microorganisms. Rainbow, C., Rose, A. H. (eds.), pp. 9 – 33. London, New York: Academic Press 1963

Heimpel, A. M.: Annu. Rev. Entomol. *12*, 287 – 322 (1967)

Henis, Y., Chet, I.: Adv. Appl. Microbiol. *19*, 85 – 111 (1975)

Huang, H. T., Shapiro, M.: Prog. Ind. Microbiol. *9*, 79 – 112 (1971)

Ignoffo, C. M., Garcia, C., Couch, T. L.: J. Invertebr. Pathol. *30*, 277 – 278 (1977)

Kautzmann, R. (1961): zit. bei Butschek und Kautzmann. In: Die Hefen, Bd. 2, S. 501. Nürnberg: Hans Carl 1962

Kolb, E.: Ber. Symp. Dellweg, H. (Hrsg.), S. 117 – 124. Berlin: Institut für Gärungsgewerbe und Biotechnologie 1970

Lynch, R. E., Lewis, L. C., Berry, E. C., Robinson, J. F.: J. Invertebr. Pathol. *30*, 169 – 174 (1977)

Magoffin, C. D., Hoseney, R. C.: Bakers Dig. *48*, 22 – 27 (1974)

Matsuura, S., Takahashi, H., Manabe, M.: J. Ferment. Technol. *53*, 658 – 663 (1975)

Mintzlaff, H.-J., Leistner, L.: In: Starterkultur Symp. Helsinki. S. 45 – 67. 1972

Miskiewicz, T., Leśniak, W., Ziobrowski, J.: Przem. Ferment. Rolny *19*, 11 – 14 (1975)

Müller, R.: In: Starterkultur Symp. Helsinki. S. 121 – 136. 1972

Niinivaara, F. P.: In: Starterkultur Symposium, Helsinki. S. 15 – 23. 1972

Nurmi, E.: In: Starterkultur Symp. Helsinki. S. 25 – 44. 1972

Olsen, A. J. C.: Branntweinwirtschaft *100*, 571 (1960)

Olsen, A. J. C.: S. C. I. Monograph *12*, 81 – 93 (1961)

Oura, E.: The effect of aeration on the growth energetics and biochemical composition of baker's yeast. Dissertation ALKO (1972)

Oura, E.: 3rd. Int. Spec. Symp. Yeasts Otaniemi/Helsinki, Part II, pp. 215 – 230. 1973

Oura, E.: Biotechnol. Bioeng. *16*, 1197 (1974 a), 1213 (1974 b)

Oura, E.: Abstr. 5th Int. Biophys. Congr. p. 456. Copenhagen 1975

Oura, E., Suomalainen, H., Parkkinen, E.: Proc. 4th Int. Symp. Yeasts, Part I, pp. 125 – 126. Wien 1974

Piš, E., Pašteka, L.: Kvasný Prům. *19*, 200 – 204 (1973)

Rehm, H. J.: Industrielle Mikrobiologie. Berlin, Heidelberg, New York: Springer 1967

Rogers, P. J., Stewart, P. R.: J. Gen. Microbiol. *79*, 205 (1973)

Rogoff, M. H., Yousten, A. A.: Annu. Rev. Microbiol. *23*, 357 – 386 (1969)

Rosen, K.: Process Biochem. *12*, 10 – 12 (1977)

Ryther, J. H., Goldman, J. C.: Annu. Rev. Microbiol. *29*, 429 – 443 (1975)

Schatzmann, H., Fiechter, A.: Chem. Ing.-Tech. *46*, 703 (1974)

Schormüller, D.: „Lehrbuch der Lebensmittelchemie", 2. Aufl. Berlin, Heidelberg, New York: Springer 1974

Sher, H. N.: S. C. I. Monograph *12*, 94 – 115 (1961)

Singer, S.: Nature (London) *244*, 110 – 111 (1973)

Singer, S.: Dev. Ind. Microbiol. *15*, 187 – 194 (1974)

Smirnoff, W. A., Valero, J.: J. Invertebr. Pathol. *30*, 265 – 266 (1977)

Spicher, G.: In: Ullmanns Enzyklopädie der technischen Chemie, 4. Aufl. S. 702 – 730. Weinheim, New York: Chemie 1974

Suomalainen, H.: Eur. J. Appl. Microbiol. *1*, 1 – 12 (1975)

Suomalainen, H., Nurminen, T., Oura, E.: Prog. Ind. Microbiol. *12*, 109 (1973)

Tedders, W. L., Ellis, H. C.: J. Ga. Entomol. Soc. *12*, 248 – 250 (1977)

Thompson, J. V., Heimpel, A. M.: Environ. Entomol. *3*, 182 – 183 (1974)

Weatherston, J., Retnakaran, A.: J. Environ. Qual. *4*, 294 – 303 (1975)

Weibel, E. K.: Zur Energetik von Saccharomyces cerevisiae. Dissertation ETH Zürich (1973)

Wikén, T.: Schweiz. Landwirtschaftl. Monatsh. *34*, 3 – 31 (1956)

Wikén, T., Bovey, P., Wille, H., Wildbolz, Th.: Z. Angew. Entomol. *36*, 1 – 19 (1954)

Wille, H., Wikén, T., Bovey, P.: Entomophaga *7*, 161 – 174 (1962)

Windisch, S., Schubert, B. A.: Gordian 73/7 – *8*, 288 – 293 (1973)

Windisch, S., Steckowski, U.: Gordian *70*, 336 – 338, 381, 382, 434, 435 (1970)

Kapitel 12 Biomasse zur Proteinerzeugung

I. Übersicht

Die im Kap. 11 beschriebene Backhefeerzeugung ist bereits eine Gewinnung mikrobieller Biomasse, von der aber nicht das allgemeine Protein, sondern nur die Gärungsenzyme angewendet werden. Bei den folgenden Verfahrensgruppen steht die Verwendung der Zellen als Proteindonatoren, als das sog. Single Cell Protein (SCP) im Vordergrund. Die folgende Tabelle 17 zeigt wichtige Substrate, die für mikrobielle Biomassegewinnung verwendet werden mit wichtigen Mikroorganismenarten und einigen Ausbeuten.

Tabelle 17. Substrate zur mikrobiellen Biomassegewinnung

Substrat	Wichtige Mikroorganismen	Ausbeuten kg getrockneter Zellen (Biomasse) pro kg Substrat
Zuckerrohrmelasse	*Candida utilis, Saccharomyces* sp.	0,25 – 0,3
Zuckerrübenmelasse	*Candida utilis, C. tropicalis*	0,27 – 0,33
Citruspulpen	*Candida utilis*	0,18
Molke	*Candida krusei, C. fragilis, C. pseudotropicalis, Saccharomyces fragilis, Torula casei*	0,03
Sulfitablaugen	*Candida utilis, C. tropicalis*	0,008
Kartoffelabwässer	*Endomycopsis fibuliger, Candida utilis*	0,035
Frucht-/Gemüseabwässer	*Candida utilis*	0,03
Getreidestärkehydrolysate	*Candida utilis*	0,5 – 0,6
Holzhydrolysate	*Candida utilis, Torula*	0,3
Bagasse	*Candida utilis*	0,1 – 0,3
Maiskolbenhydrolysate	*Candida utilis*	0,13
Städtische Abwässer	*Candida*-Arten	*)
Cellulose	*Cellulomonas* oder *Trichoderma viride, Saccharomyces cerivisiae* oder *Candida utilis*	*)
Methanol	*Candida*-Arten, bes. *C. boidinii, Pseudomonas-* u. *Methylomonas*-Arten	0,25 – 0,5
Äthanol	*Candida*-Arten, *Hansenula, Pichia*	0,6 – 0,7
n-Propanol u. iso-Propanol	*Candida*-Arten	0,4
Acetat, Malat	*Candida*-Arten	0,35
Methan	*Methanomonas*-Arten	0,3 – 1,4
n-Paraffin	*Candida*-Arten, bes. *C. lipolytica, C. tropicalis, Trichosporon japonica, Pseudomonas*-Arten	1,0

*) Versuchsergebnisse erlauben noch keine Ausbeute-Angaben

Unter den Mikroorganismen haben gegenwärtig Hefen eine große Bedeutung als Proteinbildner. Sie sind sehr eiweißreiche Mikroorganismen und lassen sich als Beifutter zur tierischen Nahrung gut verwenden. Der hohe Vitamingehalt vieler Hefearten erhöht den Wert eines solchen Futters, z. B. für die Massenaufzucht von Geflügel. Auch für die menschliche Ernährung sind Hefen, besonders in Zeiten von Nahrungsmittelknappheit als Eiweißdonatoren verwendet worden. Die Qualität des Hefeproteins ist allerdings wegen des relativ geringen Methioningehaltes (vgl. Tab. 27) – besonders nach Züchtung auf zuckerhaltigen Substanzen – gemindert, so daß Hefe-Produkte nur als Zusatzfutter bzw. Zusatznahrung geeignet sind.

Neuerdings werden – besonders bei der Verwendung von Methanol als C-Quelle – auch *Methylomonas*-Arten und *Pseudomonas*-Arten anstelle von Hefen gezüchtet. Ihre Eignung bleibt abzuwarten.

Ein Problem für die Anwendung sind die oft hohen Anteile an Nucleinsäuren in den Zellen. Schnell wachsende Mikroorganismen enthalten auch hohe Konzentrationen an Nucleinsäuren. Eine Verminderung dieser unerwünschten Nucleinsäuren wird in allen Verfahren durch besondere Techniken angestrebt (vgl. Sinskey und Tannenbaum, 1975).

Verschiedene Verfahren zur Proteinbildung mit Mikroorganismen arbeiten mit Abfällen oder Abwässern aus anderen Produktionen als Substrate, z. B. bei der „Verhefung" von Sulfitablaugen, Molke, Kartoffelabwässern u. v. a. Hierbei wird neben der Biomasseerzeugung gleichzeitig eine biotechnologische Abwasserreinigung durchgeführt.

Neue Übersichten vgl. Rehm (1976), Litchfield (1977), Laskin (1977 a, b), Humphrey und Gaden (1977).

II. Biomasse aus Zuckern, Polysaccharidhydrolysaten und organischen Säuren

1. Allgemeines

Diese Verfahren sind im allgemeinen als Verfahren zur Erzeugung von Nähr- und Futterhefen bekannt. Sie lassen sich in zwei Gruppen einteilen:

1. Nähr- und Futterhefe als Nebenprodukt, z. B. bei der Bier- und mikrobiellen Äthanolherstellung.
2. Besondere Verfahren zur Nähr- und Futterhefeerzeugung (z. B. aus Melasse, Sulfitablaugen und Holzzucker).

Die bei der Bier- und Alkoholherstellung anfallende Hefe wird seit langem entweder naß oder nach Trocknung als Viehfutter verwendet.

Die ersten Verfahren zur Großproduktion von Nähr- und Futterhefen aus Zuckern und Polysacchariden wurden 1914 – 1916 von Delbrück, Hayduck, Henneberg et al. entwickelt. Weitere Verfahren zur Hefeherstellung wurden, seit Scholler, Fink und Lechner in der Zeit von 1936 – 1939 eine Reihe wichtiger, technischer Probleme bei der Verhefung gelöst hatten, praktisch angewandt (Literatur vgl. Rehm,

1967). Eine wesentliche Neuerung brachte die Einführung des sogenannten Symba-Verfahrens, bei dem mit Hilfe von *Endomycopsis fibuliger* Stärke verzuckert und anschließend durch *Candida utilis* „verheft" wird (US-Pat. 3.105.799, 1963). Zusammenfassende Literatur vgl. Peppler (1970), Harrison (1971).

Viele Verfahren zur Nähr- und Futterhefeerzeugung, besonders die mit Sulfitablaugen und vielen Abwässern aus der Nahrungsmittelindustrie haben vorrangig eine Verminderung der Abwässer an C-Quellen zur Verminderung des BOD_5 (vgl. Kap. 40) zum Ziel, die anfallenden Hefen sind ein wertvolles Beiprodukt.

Anlagen, die mit Melasse als C-Quelle arbeiten, sind gegenwärtig wenig rentabel. Erst seit in den letzten Jahren die Proteinlücke in der Welternährung immer deutlicher sichtbar geworden ist, tritt die Erzeugung der Hefen wieder mehr in den Vordergrund.

2. Mikroorganismen

Wie bereits in Tabelle 17 erwähnt, wird besonders *Candida utilis,* von der sehr unterschiedliche Stämme existieren, zur Biomassebildung aus sämtlichen zuckerhaltigen Produkten verwendet. Auch *Saccharomyces cerevisiae* wird immer wieder vorgeschlagen. Daneben werden *Candida tropicalis, C. mycoderma* (für Melassenschlempen), *C. pseudotropicalis, C. krusei* und *Saccharomyces fragilis* (für Molken wegen der guten Assimilierbarkeit von Lactose) (vgl. Moebus und Lembke, 1975), *C. arborea, Zygosaccharomyces lactis, Pichia*-Arten und auch *Oidium lactis* zur Futterhefeherstellung verwendet (Literatur vgl. Rehm, 1967).

Zur Stärkeverzuckerung wird *Endomycopsis* im Symba-Verfahren verwendet (US-Pat. 3.105.799, 1963).

Viele Bakterienarten wurden zur Proteinherstellung aus Zuckern untersucht, vor allem wegen ihrer hohen Proteingehalte, die mehr als 85% betragen können. Besonders geeignet scheint *Propionibacterium shermanii* zu sein (Giec und Skupin, 1974), aber auch *Escherichia coli* und *Lactobacillus arabinosus.* Einige weitere Bakterien haben einen hohen Proteingehalt in der Zelle: *Lactobacillus fermentus* (87%), *E. coli* (82%), *Alcaligenes viscosus* (84%), *Bacillus subtilis* (63%), *Lactobacillus casei* (47%), *Streptomyces griseus* (57%) (vgl. Ogur, 1966).

Zur Proteinextraktion oder Verfütterung der ganzen Mycelien werden verschiedene Pilze auf Zuckern oder zuckerhaltigen Substraten gezüchtet, z. B. *Fusarium gramineum* (Spicer, 1974), *Paecilomyces elegans, Aspergillus oryzae* (Smith et al., 1975), *Trichoderma viride* (Updegraff et al., 1973).

3. Biochemie und Regulation

Bei der Biomasseerzeugung aus Zuckern, Polysacchariden und organischen Säuren werden die Mikroorganismen zu einer maximalen Proteinsynthese – ohne besondere Bevorzugung der Gärungsenzyme wie bei der Backhefeerzeugung – gezüchtet. Über die Proteinsynthese vgl. Schatz und Mason (1974).

Die Regulation ist in vielen Fällen der technischen Erzeugung von Biomasse aus den oben genannten Substraten, abgesehen von der Notwendigkeit intensiver Belüftung, wenig untersucht. Hohe Melassekonzentrationen rufen auch bei *Candida utilis* eine Katabolitrepression hervor (Mian et al., 1976).

4. Herstellung von Nähr- und Futterhefe aus Zuckern und Polysaccharidhydrolysaten

Wichtige Substrate zur Herstellung von Nähr- und Futterhefe nach dem bereits „klassischen" Verfahren sind Melasse, Sulfitablaugen, Holzzuckerhydrolysate, Molke, Pulpen- und Abfallkonzentrate bei der Herstellung aus Fruchtprodukten, z. B. Citrus (Imrie, 1975), Ananas, Cassava u. v. a. oder Stärkeproduktion (Rieche et al., 1966) z. B. aus Kartoffeln, Mais u. a. (Literatur vgl. z. T. Rehm, 1967), Hydrolysate aus Sonnenblumen (Eklund et al., 1976), aber auch Fette und Fettprodukte (van der Veen, 1974), Abwässern der Sauerkrautherstellung (Hang, 1976), der Palmölgewinnung (Stanton, 1976), der Kokosverarbeitung (Smith und Bull, 1976) u. a. Abwässer der Nahrungsmittelindustrie (Tomlinson, 1976; Righelato et al., 1976). Sogar *Sphagnum*-Torfextrakte sollen – nach Hydrolyse – durch *Candida utilis* in SCP umgesetzt werden können (Quierzy et al., 1979).

Die meistens periodisch anfallenden zuckerhaltigen Lösungen werden in den sogenannten Stapelbütten gesammelt und dann gleichmäßig an den Verhefungsbetrieb weitergeleitet. Saure Lösungen müssen in Neutralisationstanks neutralisiert und oft auch noch geklärt werden. Die Klärtanks („Bütten") haben ein Rührwerk und meistens auch eine Belüftungsanlage (Belüftungsrohr), mit deren Hilfe flüchtige Hemmstoffe, z. B. SO_2, Furfurol u. ä. durch Luft ausgeblasen werden können. Da hierbei auch assimilierbare flüchtige Säuren verloren gehen, verzichten manche Betriebe auf eine Belüftung. Bei Verwendung von Sulfitablaugen müssen die Hefestämme in den Vergärungsbütten an hohe Konzentrationen von schwefliger Säure adaptieren. Zumeist adaptieren die Hefestämme bei kontinuierlichen Verfahren sehr schnell, so daß keine besonderen Umzüchtungen notwendig werden. Maisextrakt, Hefeautolysate sowie Hydrolysate von Cyanobakterien haben eine fördernde Wirkung auf die Entwicklung von Hefen in Sulfitablaugen (Kvasnikov et al., 1976).

Nach Neutralisation und Klärung wird die oft noch heiße Würze gekühlt, auf einen für die Hefen geeigneten Zuckergehalt verdünnt und je nach Bedarf mit anorganischen Salzen versetzt.

Die Zucht der Hefen erfolgt in modernen Anlagen in Tanks mit Umwälzsystemen, Blattrührsystemen (vgl. Kap. 9) oder mit Ansaugbelüftung (Enenkel et al., 1970). In vielen Fällen werden aber bewährte ältere Systeme verwendet, so haben sich z. B. die folgenden Anlagen bei der Verhefung gut bewährt:

Scholler-I. G.-System. Mit diesem Tank (Bütte), der aus dem Verhefungsautomat nach Scholler entwickelt wurde (Rieche, 1954), arbeitet man im kontinuierlichen Verfahren. In einem offenen oder geschlossenen Metalltank (a) von etwa 200 m³ Inhalt findet die Verhefung statt. Ein Umwälzrohr (b) außerhalb des Tanks ist mit einer Kühlung versehen, um die bei der Bildung der Hefezellen entstehende Wärme abzuführen. Durch sogenannte Seidelkerzen (e) wird im Luftumwälzrohr, in das auch die neue Würze eingeleitet wird, Luft eingeblasen. In der Schaumphase entwickeln sich die Hefen und werden mit dem Schaum aus dem Umwälzrohr wieder in die Bütte zurückgepumpt. In der Bütte setzt sich der Schaum am Boden ab und wird von dort erneut durch das Umwälzrohr geführt und dabei wiederum belüftet. Häufig werden mehrere Umwälzrohre an einer Bütte angebracht. In der Mitte der Bütte befindet sich ein festes Rohr zur Schaumableitung (k); es hat an der Oberseite eine bewegliche Schaumabführleitung (i) und ist vom Inhalt der Bütte durch einen Trennzylinder (h) abgetrennt. Hat sich auf der Oberfläche des Bütteninhaltes eine Schaummenge mit einem hohen Gehalt an Hefen gebildet, so wird der Schaum durch die Schaumableitung abgezogen. Der Trennzylinder verhindert ein

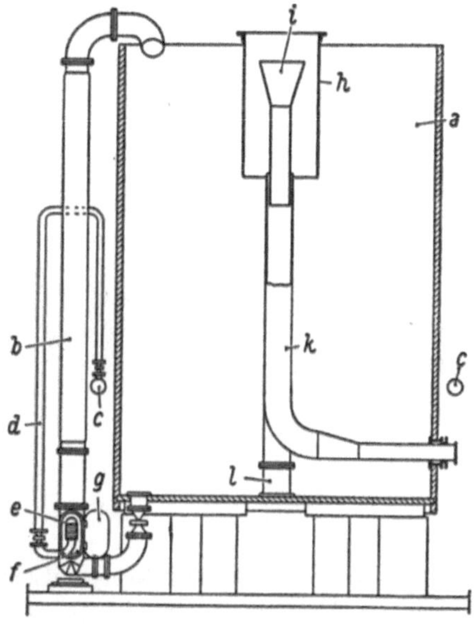

Abb. 69. Scholler-IG-Bütte zur kontinuierlichen Verhefung. Zeichenerklärung: *a* offene Bütte; *b* Umwälzrohr mit Kühlmantel; *c* Luftringleitung; *d* Luftzuleitung; *e* Belüftungskerze System Seidel; *f* Öffnung zum Auswechseln der Belüftungskerze; *g* aufgeklappter Verschlußdeckel; *h* Trennzylinder; *i* bewegliche Schaumabführleitung; *k* feste Schaumabführleitung; *l* Ständer für *k* (Reiff, F. et al.: Die Hefen, Bd. II, S. 623. Nürnberg: Hans Carl, 1962)

ungewolltes Übertreten von Würzelösung in die Schaumableitung. Da Würzezufuhr und Schaumableitung fortwährend durchgeführt werden können, kann das ganze System kontinuierlich gestaltet werden. Die Abb. 69 zeigt eine Bütte nach dem Scholler-Prinzip. Die Bütte kann unterschiedlich groß sein. Bei einem Verfahren zur Verhefung von Fichtensulfitablaugen arbeitet man mit einem Füllvolumen von 600 m³ (Schönhuth, 1970).

Beim Scholler-System wird also die Luft zum Transport der Lösung verwendet. Dadurch wird eine wesentlich größere Luftmenge benötigt, als sie zum biotechnischen Prozeß der Hefevermehrung notwendig ist. Das Belüftungssystem besteht aus einem Paket verzahnter Ringe, durch deren Riefelung die Luft fein verteilt austritt. Bei Buchenablaugen beträgt die Verweilzeit der Lauge in der Bütte etwa 5 Std. Man rechnet beim kontinuierlichen Verfahren mit 8 m³ – 10 m³ Luft/kg Hefe.

Lefrançois-Mariller-System (vgl. Abb. 70). Lefrançois und Mariller (DR-Pat. 1.026.283, 1953) haben ein System entwickelt, das seit einiger Zeit auch großtechnisch angewandt wird (Lefrançois und Revuz, 1964; Lefrançois, 1970). Hierbei wird die Luft mit Hilfe eines Kompressors in einem Zuleitungsrohr (b) an den Boden des Tanks (a) gedrückt. Durch Platten am unteren Ende des Zuleitungsrohrs wird mit dem Boden des Tanks ein Ringschlitz gebildet, aus dem die Luft mit großer Geschwindigkeit in die Würze strömt. Die Luft verteilt sich in der Würze und steigt zusammen mit der Würze durch einen Schaumführungszylinder (c) im Innenraum des Tanks empor. Die Schaum-Würze-Emulsion, in der sich die Hefen entwickeln, tritt über die Schaumdecke und fällt am Rande wieder zurück. Im Prinzip liegt hier ein Umwälzsystem vor (vgl. Kap. 9), das sich auch bei der Züchtung von Hefen auf Paraffinen gut bewährt hat. Neue Würzelösung wird durch eine Zuleitung (d) bis an den Boden des Tanks geführt. Dort wird sie sofort mit Luft vermischt und bewegt. Der Schaumführungszylinder kann mit einer Kühleinrichtung versehen sein. Im allgemeinen wird der Tank jedoch von außen gekühlt. Am oberen Rand des Gefäßes sind Abflußeinrichtungen (h) für den verheften Schaum eingebaut (vgl. Abb. 70).

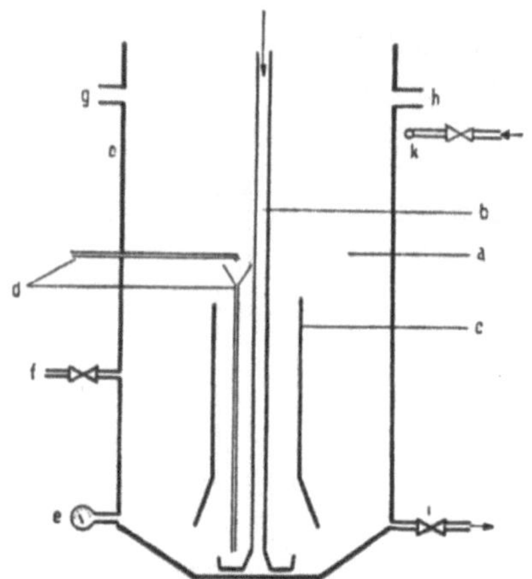

Abb. 70. Verhefungsbütte nach Lefrançois-Mariller. Zeichenerklärung: *a* Verhefungsbütte; *b* Luftzuleitungsrohr; *c* Schaumführungszylinder; *d* Nährlösungszuleitung; *e* Druckmesser zur Messung der Flüssigkeitssäule; *f* Zuleitung für die Maische aus der Vorgärbütte; *g* Verbindungsleitung zur Vorgärbütte für den Schaumablauf; *h* Schaumüberlauf zur Entschäumungseinrichtung; *i* Maischeaustritt zur Entschäumungseinrichtung; *k* Spritzrohr zur Außenberieselung (Reiff, F. et al.: Die Hefen, Bd. II, S. 624. Nürnberg: Hans Carl, 1962)

Zur Verwendung von Molke als Substrat haben sich Tanks mit einer Höhe von 12 m bis 15 m und einem Durchmesser von 2 m und bei Verwendung von Melasse und Schlempen einem Durchmesser bis zu 6,3 m bewährt (vgl. Butscheck, 1962). Seit einigen Jahren werden Lefrançois-Verhefungsanlagen in Frankreich, den USA, Rumänien und anderen Ländern verwendet.

Verhefungstank nach dem Waldhof-System (Claus-Belüfter). Bei diesem System wird die Zirkulation der Lösung in dem Bottich nicht durch die Luft, sondern durch ein Rührwerk erreicht, so daß die Luftmengen dem Bedarf für die Hefevermehrung angepaßt werden können. Die Rühr- und Belüftungseinrichtungen wurden so entwickelt, daß gleichzeitig eine Verhinderung des Überschäumens der Lösung erreicht wird.

In der Mitte des Verhefungstanks (Bütte) befindet sich ein offener Zylinder; unter diesem ist ein Ansaugbelüfter angebracht, der durch Umdrehungen in der Flüssigkeit einen Schaum erzeugt. Dieser fällt in die Mitte des Zylinders zurück. Durch das Belüftungsrad wird die Maische völlig zerschäumt, gut belüftet und innerhalb des Tanks in einen Kreislauf geführt. Der in den Mittelzylinder abfallende Schaum wird unten wieder vom Belüftungsrad erfaßt und in den Außenteil des Tanks geschleudert.

In älteren Tanks sind Ständer mit Kühlschlangen zur Abführung der überschüssigen Wärme aufgestellt. Bei neueren Tanks sind die Kühlrohre an den Wänden entlang geführt worden. Der Tank wird durch die dauernde Bewegung und Durchlüftung des Inhaltes vollständig mit einer Würze-Schaum-Emulsion angefüllt, in der sich die Hefen ausgezeichnet entwickeln. Dabei entsteht keine Entmischung zwischen einer Flüssigkeitsschicht und einer darüberliegenden Schaumdecke, so daß die verhefte Würze unten am Tank abgezogen werden kann (vgl. Abb. 71).

Der Inhalt der Tanks beträgt 180 m³ – 300 m³ (6 m – 8 m im Durchmesser und 5 m – 8 m Höhe).

Viele technische Verhefungsanlagen arbeiten mit Fermentern nach dem Waldhof-System, in denen die Verhefung viele Monate lang kontinuierlich ohne Neubeimpfung geführt werden kann. Es gab sogar offene Tanks, die im Freiland aufgestellt wurden, ohne daß die Witterungseinflüsse merkliche Störungen der Verhefung hervorriefen.

Zur Hefezucht in den genannten Anlagen wird die Maische nach Klärung, Einstellung der pH-Werte und Zugabe der Nährstoffe gekühlt und in die Verhefungsbütte gepumpt. Beim kontinuierlichen Verfahren liegt die günstigste Zuckerkonzentration bei 2% – 3%. Die Verweildauer der Maische im Bottich liegt zwischen 3 Std. – 6 Std. Da die Wuchshefen oft relativ unempfindlich gegen höhere Temperaturen sind, kann man die Temperaturen bis auf 36 °C ansteigen lassen. Je nach Zusammensetzung der Maische liegt der pH-Wert zwischen 4,0 – 6,0. Der Luftbedarf wird bei der Strahlrohrbelüftung auf 40 m³ – 50 m³ Luft/kg und beim Waldhof-Belüfter auf 8 m³ – 14 m³ Luft/kg eingestellt.

Zur Aufarbeitung wird die in Separatoren entschäumte Würze in weitere Separatoren geleitet, in denen die Hefen abgetrennt werden. Die von der Hefe befreite Kulturflüssigkeit (besonders Sulfitablaugen) wird meistens nicht mehr weiter verwertet und kann in vielen Fällen direkt in die Abwässer geleitet werden. Wenn nach

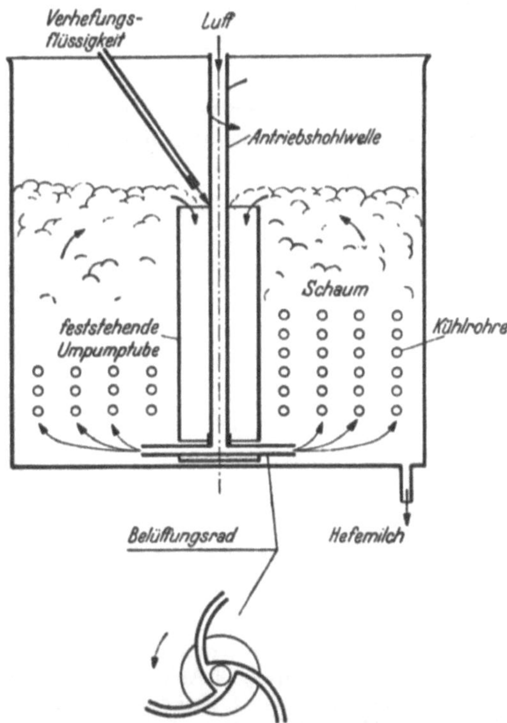

Abb. 71. Claus-Belüfter (Heiss, R.: Lebensmitteltechnologie, S. 284. München: J. F. Bergmann, 1950)

der Züchtung von *Candida utilis* in Sulfitablaugen noch bedeutende Restmengen an C-Quellen vorhanden sind, sind nachfolgende Stufen mit einer Fermentation von *Pseudomonas acidovorans* und *P. denitrificans* empfohlen worden (Camhi und Rogers, 1976). Dadurch wird der BOD_5-Gehalt der Lösungen auf 80% − 85% vermindert. Bei Verwendung von Melasse als C-Quelle kann die Schlempe durch Zusatz neuer Nährstoffe nochmals verheft werden, damit die noch nicht verwerteten Nährstoffe ausgenutzt werden. Zu 10 000 l bereits einmal verhefter Melassenschlempe werden z. B. 1400 kg unverhefte Melasse, 110 kg $(NH_4)_3PO_4$ und 52 kg $(NH_4)_2SO_4$ zugesetzt, gut vermischt und dann nochmals verheft.

Die letzte Phase der Aufarbeitung ist die Trocknung der Hefe, die gegenwärtig in vielen Anlagen mit Walzentrocknern, in anderen mit Sprühtrocknern (bei ca. 60 °C) durchgeführt wird.

Das Fließschema (Abb. 72) zeigt den Verlauf von Verfahren zur Verhefung von Buchenholzsulfitablaugen nach dem Lefrançois-System.

Von Interesse ist der Versuch, den Prozeß der Verhefung zweistufig zu gestalten. In der ersten Phase soll eine Hefeentwicklung mit starker alkoholischer Gärung ablaufen, während in der zweiten Phase nach Zusatz neuer Nährlösung die eigentliche Biomassebildung stattfindet. Dadurch soll eine bessere Ausnutzung des Substrates erreicht werden (US-Pat. 3.120.473, 1964).

In anderen Verfahren hat man versucht, die Futterhefen mit Vitaminen und auch mit Antibiotica anzureichern. Man züchtet aus diesem Grunde z. B. gleichzeitig auch *Streptomyces aureofaciens* oder *S. olivaceus* im Verhefungssubstrat (Petkov, 1961). Auch hierbei werden zweistufige Verfahren beschrieben. In der ersten Stufe wird von *S. aureofaciens* Vitamin B_{12} und Chlortetracyclin gebildet, in der zweiten Stufe entwickeln sich die Hefen (Sekunova et al., 1962; US-Pat. 144.455, 1962). Praktische Anwendung haben solche, sicherlich interessanten Verfahren bisher nicht gefunden.

Die geschilderten Verfahren sind in Abwandlungen für sämtliche Verhefungen von zuckerhaltigen Substraten und hydrolysierten Polysacchariden geeignet. Dabei muß im wesentlichen nur die Vorbehandlung des Substrates unterschiedlich sein. Bei einer Verhefung von Kartoffelfruchtwässern ist es z. B. zweckmäßig, das Fruchtwasser bei 90 °C zu enteiweißen (Martini und Lorenz, 1966). Sogar Torfhydrolysate sollen sich mit Zusätzen von Phosphat, Ammonium u. a. Salzen mit *Candida tropi-*

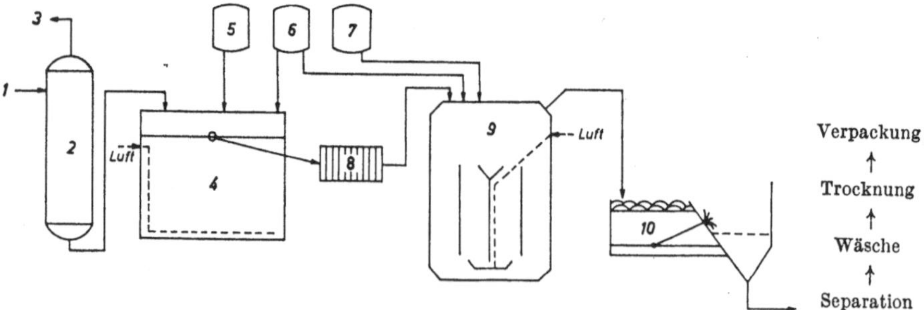

Abb. 72. Fließschema zur Verhefung von Sulfitablaugen nach dem Verfahren von Lefrançois-Mariller. Zeichenerklärung: *1* Ablaugen; *2* Sulfitentfernung; *3* Wiedergewinnung von H_2SO_4; *4* Neutralisationsbottich; *5* Kalkmilch; *6* NH_3; *7* Nährsalze (bes. P_2O_5, KCl, Mg-Salze); *8* Kühlung; *9* Belüftungsbütte nach Lefrançois; *10* Entschäumungsanlage

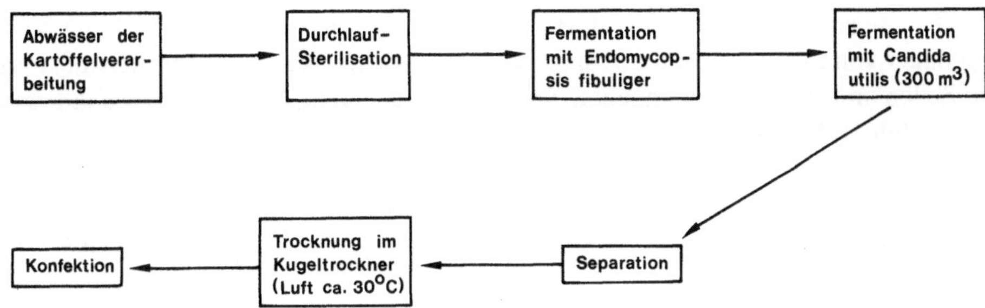

Abb. 73. Schema des Symba-Prozesses (nach Tveit)

calis verhefen lassen (Vebriene et al., 1965; Zalashko et al., 1972). Lösungen, die bei der Soja-Verarbeitung anfallen, werden mit *C. guilliermondii* und *Debaryomyces kloeckeri* verheft, so daß 97% der Kohlenhydrate und 90% der organischen Säure entfernt werden (Sugimoto, 1974).

Mischkulturen von *Saccharomyces carbajali* (*S. capensis*), *Candida parapsilosis* und *C. utilis* haben sich auch bei der SCP-Bildung aus Agavensäften bewährt (Sanchez-Marroquin, 1977).

Für Hydrolysate aus Rapsstroh ist *Monilia murmanica* als Futterpilz geeignet (Witkowski und Murawski, 1973). Die vielen Versuche, Molke zu verhefen, z. B. mit *Torula casei* (Brodowski und Kaminski, 1973), mit *Trichosporon cutaneum* (Andrzejewski et al., 1974), haben bisher nur teilweise zum erwarteten Erfolg geführt, obwohl in einer kontinuierlich geführten Anlage eine Verhefung beim pH von 5,0 – 5,7 mit Ausbeuten von mehr als 2200 kg Trockenhefe aus etwa 88 500 kg Molke pro Tag gelungen ist (Literatur vgl. Peppler, 1970). Interessant ist in dieser Beziehung ein zweistufiges Verfahren. Danach soll in einer ersten Stufe bei 40 °C – 50 °C mit *Lactobacillus bulgaricus* eine Milchsäuregärung durchgeführt und anschließend das milchsäurehaltige Substrat verheft werden. Sogar eine Fermentation in Mischkultur beider Mikroorganismen soll gelungen sein (Moebus und Lembke, 1975). Dabei wurde neben *L. bulgaricus* eine thermophile Hefe verwendet. Aus der verwerteten Lactose, der gebildeten Milchsäure und dem pH-Wert läßt sich für eine kontinuierliche Fermentation ein mathematisches Modell entwickeln, mit dessen Hilfe eine Steuerung mit Digital-Computer möglich ist (Keller und Gerhardt, 1975).

Am besten wird zur Verhefung von Lactose immer noch *Saccharomyces fragilis* verwendet. In kontinuierlicher Kultur bei einer Verdünnungsrate von 0,18/Std., einer Konzentration von 2%, pH-Wert 5,0, 30 °C, Belüftung 1 vvm und 700 rpm wurde eine Produktivität von 2 g Hefe TG pro 1 Substrat in einer Stunde erhalten. Die Zellen enthielten 40% Protein und 10% Nucleinsäuren (Vananuvat und Kinsella, 1975).

Aus Käsemolke läßt sich SCP mit *S. fragilis* kommerziell herstellen. Dabei kann auch Äthanol in befriedigender Menge erzeugt werden (Bernstein et al., 1977). Mit *Saccharomycopsis lipolytica* läßt sich Milch als Substrat verwerten (Verrips, 1975).

Ergebnisse von Tveit (US-Pat. 3.105.799, 1963) mit einer Kultur von *Endomycopsis fibuliger* in stärkehaltigen Substanzen mit anschließender Zucht von *Candida utilis* zur Verhefung haben sich jetzt in Schweden in ein Verfahren zur Hefeerzeugung aus Kartoffelabwässern von der Chemap umsetzen lassen (Abb. 73).

Das Substrat enthält ca. 3% Stärke mit einem BOD_5 von 20 g/l. Bei einer Verweildauer von ca. 10 Std. in der Anlage werden etwa 1,05 kg/m³/h Trockensubstanz an Zellen mit einem Proteingehalt von 48% und einem Nucleinsäuregehalt von 4,0% gebildet. Die Anlage von 300 m³ produziert ca. 300 kg – 400 kg Hefetrockensubstanz pro Std., läuft kontinuierlich und weitgehend automatisiert (Skogman, 1975). Das auslaufende, bereits verhefte Substrat hat einen BOD_5 von nur 2,5 g/l, so daß ein Reinigungseffekt des Kartoffelwasserablaufs von 85% – 90% erreicht worden ist.

In vielen Fällen wird es interessant sein, die Proteine aus den Zellen aufzuarbeiten. Dies geschieht durch Zerstörung der Zellwände mit mechanischen Methoden, Extraktion der Zellinhaltsstoffe im alkalischen Gebiet und Fällung der Proteine durch Ansäuerung mit Salzen oder durch Hitze. Hefeprotein läßt sich besonders durch Fällung mit Hitze so herstellen, daß nur wenig Nucleinsäuren enthalten sind (Lindblom, 1974; Hedenskog und Mogren, 1973; Tu et al., 1975). Die Nucleinsäuren lassen sich auch als unlöslicher Komplex durch Chelierung mit einem organischen Kation (Cetavlon) entfernen (Lawford et al., 1979).

5. Proteingewinnung mit Schimmelpilzmycelien

Es hat nicht an Versuchen gefehlt, Schimmelpilze zur Proteingewinnung heranzuziehen, ganz besonders seit man die Techniken der Massenzucht gut beherrscht. Gray et al. (1964), Gray und Abou-El-Seoud (1966), Gray (1966) züchteten 175 Pilzisolate auf Rübenmelasse, Rohrzuckermelasse, Citrusmelasse, Cassavawurzeln, Zuckerrüben, Süßkartoffeln, Kartoffeln, Reis u. v. a. Substraten. Sie stellten fest, daß die meisten Pilze auf Süßkartoffeln und Rübenmelasse gut wachsen (z. B. *Cladosporium* sp. mit 8 g/l – 12 g/l und einem Rohproteingehalt von 21% – 30%). Eine Prozeßführung im sauren Gebiet (pH 3,0 – 4,5) erspart eine Sterilisation des Mediums. Geeignete Pilze sind *Cladosporium-, Spicaria elegans, Fusarium graminearum, Graphium-, Aspergillus-, Penicillium-, Mucor-, Rhizopus*-Arten und andere Mycelbildner (vgl. Solomons, 1975).

Die Verdoppelungszeiten auf glucosehaltigem Substrat sind bei *Geotrichum candidum* 1,1 Std. – 1,7 Std. (30 °C bzw. 25 °C), bei *Fusarium graminearum* 2,48 Std. (30 °C), bei *Penicillium chrysogenum* 5,65 Std. (25 °C), bei *Aspergillus nidulans* 7,7 Std., 4,7 Std., 3,2 Std. und 2,0 Std. (20 °C, 25 °C, 30 °C, 35 °C) (Anderson et al., 1975) und bei *A. niger* 3,5 Std. (30 °C) (Carter und Bull, 1969).

Bei *Rhizopus oligosporus, R. rhizopodiformis* und *Absidia corymbifera* liegen die höchsten Mycelbildungen bei 37 °C, pH-Werten zwischen 3,0 und 4,0 (8,0 bei *A. corymbifera*) und einem C/N-Verhältnis von 15 : 1, wenn Glucose als Substrat gegeben wurde (Graham et al., 1976).

Die Roheiweißgehalte liegen bei ausgewählten mycelbildenden Pilzen unter Laboratoriumsbedingungen zumeist zwischen 40% und 60% (vgl. Tabelle 18). Allerdings liegt der Proteingehalt der meisten Pilze unter 40%. Der n-Acetylglucosamin-N lag bei *Fusarium graminearum* bei 10,35% (Anderson et al., 1975).

Paecilomyces elegans, Aspergillus oryzae, Myrothecium verrucaria und *Trichoderma viride* waren geeignet zur Biomassebildung auf Abwässern der Kaffee- und Rumdestillationsindustrie (Updegraff et al., 1973). In keimfreien Fermentationen bildeten diese Pilze bei einem Anfangs-pH von etwa 4,2 nach sechs bis acht Tagen

Tabelle 18. Roheiweiß, α-Amino-N-Gehalt sowie Nichtprotein-N-Gehalt in verschiedenen, zur Proteinbildung gut geeigneten Pilzen („batch"-Kultur, 400 l-Ansatz, nach Anderson et al., 1975)

Pilzart	C-Quelle	Roheiweiß	α-Amino-N	Nichtprotein-N (einschließlich N aus Chitin)
Aspergillus oryzae	Stärke	50,2	28,7	42,6
A. oryzae	Melasse	42,3	26,1	38,2
A. niger	Melasse	47,9	25,5	46,6
Penicillium chrysogenum	Molke	56,3	41,5	26,0
P. chrysogenum	Melasse	48,2	26,8	44,3
Neurospora sitophila	Stärke	65,7	35,6	45,6
N. sitophila	Melasse	50,6	33,7	33,5
Fusarium graminearum	Stärke	54,0	42,1	22,0
F. moniliforme	Melasse	51,5	35,6	30,9
Alternaria tenuis	Stärke	56,1	28,3	49,4
A. tenuis	Melasse	49,5	22,3	55,0
Agaricus bisporus	Handelsware	32,8	19,4	41,0

20 g/l – 30 g/l Zellmaterial mit einem Proteingehalt von 20% – 34%. Die Abwässer waren dabei in ihrem Gehalt an organischem Substrat stark gemindert worden (TOC g/l sank von ca. 13 – 15 auf 3 – 6). *Verticillium sp.* bildet auf Kaffeeabwässern ca. 4 g/l Mycel in 24 Std., wobei der COD um 70% vermindert wird (Espinosa et al., 1977). Weitere interessante Substrate sind Bagasse, Abwässer der Nahrungsindustrie, auch Holzpulpen, in denen *Aspergillus fumigatus* besonders gut wächst (Baker et al., 1973). Der gleiche Pilz bildete auf Cassavapulpen nach 20 Std. Fermentation 36,9% Rohprotein (Reade und Gregory, 1975). In Abwässern der Kartoffelstärke-Herstellung soll sich *Penicillium digitatum* besonders gut entwickeln (Babitskaya et al., 1976).

In manchen Fällen sollen auch Getreide, z. B. Gerste mit Pilzen (z. B. *Geotrichum candidum, Aspergillus oryzae, Rhizopus arrhizus, Trichoderma viride, Fusarium semitectum*) bei Zusatz von N-Quellen, z. B. Harnstoff oder Ammoniumsalzen, durchwachsen, um ein eiweißreiches Futter zu erhalten. Das so verpilzte Futter soll direkt, z. B. an Schweine gut zu verfüttern sein (Reade et al., 1972; Smith et al., 1975).

Ob eine solche direkte Verfütterung von Pilzmycelien an Tiere wegen der Chitinzellwände der Pilze und möglicher Mykotoxine sinnvoll ist, muß sicherlich noch geklärt werden (vgl. Rehm, 1974). Eine Extraktion von Proteinen ist evtl. aussichtsreich. Dabei sollen sogar eßbare Proteinextrakte mit geringem Nucleinsäuregehalt u. a. mit *Fusarium solani, F. oxysporum, F. graminearum* erhalten werden (vgl. Solomons, 1975; US-Pat. 3.937.654, 1976).

Die Qualität der Proteine für eine evtl. menschliche Ernährung oder Verwendung als Tierfutter muß noch geprüft werden. Vor allem die Werte für S-haltige Aminosäuren wie Cystein und Methionin liegen unter denen für tierisches Eiweiß, wie umfangreiche Analysen von Anderson et al. (1975) gezeigt haben.

Manche Fütterungsversuche, wie z. B. mit *Aspergillus fumigatus* (Gregory et al., 1976) haben aussichtsreiche toxikologische Beurteilungen ergeben.

III. Biomasse aus Cellulose

1. Allgemeines

Cellulose kommt von sämtlichen organischen Substanzen am häufigsten auf der Erde vor und wird jährlich in großen Mengen neu gebildet. Wichtigste cellulosehaltige Substrate sind die verschiedenen Stroharten, die zu ca. 30% – 45% aus Cellulose bestehen, Abfälle aus der Holz- und Textilindustrie, Bagasse sowie Abläufe aus verschiedenen Lebensmittelbetrieben. Sehr viele Abwässer, besonders auch Abwässer aus der Tierhaltung sind ebenfalls reich an Cellulose. Diese auf mikrobiologischem Wege möglichst für Ernährungszwecke zu nutzen, ist ein Problem, das von sehr vielen Forschungsstellen bearbeitet wird. Schwierigkeiten mikrobiologischer SCP-Verfahren mit Cellulose als Substrat liegen ganz besonders im saisonbedingten Anfall von Cellulose und im Transportproblem, die eine starke Verteuerung des Produktes mit sich bringen. In einigen Ländern sind Verhefungsanlagen gebaut worden, die Strohhydrolysate zu SCP verarbeitet haben, die aber wegen der oben genannten Probleme unwirtschaftlich waren und wieder stillgelegt wurden (vgl. Meller, 1969). Zusammenfassende Literatur vgl. Norkrans (1967), Jurašek et al. (1967), Bellamy (1977), Wilke (1975), Gaden et al. (1976), Linko (1977), Enari und Markkanen (1977), Humphrey und Gaden (1977), Ghose (1978), Tsao et al. (1978).
Cellulose wird nicht nur als Ausgangssubstrat zur SCP-Bildung angesehen, sondern u. a. auch zur Herstellung von Glucose, Polysacchariden und vielen anderen Grundsubstraten für Fermentationen (vgl. Flickinger und Tsao, 1978).

2. Mikroorganismen

Geeignete Mikroorganismen zur Celluloseverwertung sind thermophile Actinomyceten (Bellamy, 1973, 1977), Bakterien aus den Wiederkäuermägen, *Cellulomonas*-Arten, *Alcaligenes faecalis* (Dunlap, 1973), *Trichoderma viride* (Brandt et al., 1972) und verschiedene andere Pilze, z. B. *Myrothecium verrucaria, Polyporus versicolor,*

Tabelle 19. Cellulasebildung thermophiler celluloseabbauender Pilze im Vergleich mit *Trichoderma viride* (gekürzt nach Mandels, 1975)

Pilzart	Filterpapiereinheiten/ml	
	28 °C 12 Tage	37 °C 7 Tage
Trichoderma viride	0,32	–
Trichoderma viride (Mutante 9123)	1,10	–
Humicola grisea	–	0,08
Hormiscium sp.	–	0,04
Chaetomium thermophilium	0,08	0
Sporotrichum thermophilium	0,11	0,09
Thermoascus aurantiacus	–	0,05

(Substrat: 0,5% Cellulose; 0,1% Tween 80; 0,1% Cornsteep-Lösung)

Humicola grisea, Sporotrichum thermophilium, Chaetomium thermophilum, einer thermotoleranten *Chaetomium cellulolyticum* (Moo-Young et al., 1977), auch in Mischkultur mit *Trichoderma viride* (Chahal et al., 1977). Von diesen und vielen anderen Arten sind die Cellulasen bereits charakterisiert. Die Tabelle 19 zeigt die Celluloseaktivität einiger thermophiler Pilze.

Es werden also von vielen celluloseabbauenden Pilzen nur relativ geringe Mengen an Cellulasen gebildet. Ähnlich ist es mit vielen anderen Mikroorganismen, die Cellulasen bilden können, z. B. auch *Erwinia carotovora* (Tseng, 1974). *Chrysosporium lignorum* u. *C. pruinosum* (Wood und Mc Crae, 1972), *Penicillium funiculosum* (Selby, 1968), *P. iriensis* (Boretti et al., 1972; Mandels, 1975), *Fusarium solani* (Wood, 1972) und *Sporotrichum dimorphosporum* (Mandels, 1975) sollen von den untersuchten Pilzen auswertbare Mengen an Cellulasen bilden.

3. Biochemie und Regulation

Reine Cellulose ist selten, gewöhnlich ist Cellulose mit anderen Polymeren wie Lignin, Pektinen, Hemicellulose etc. verbunden. Lignin kann als dreidimensionales Polymer, das durch Kondensation von Radikalen des (Cinnamyl-)Coniferylalkohols entsteht, angesehen werden. Lignin scheint die Cellulosefasern mit einem dreidimensionalen Netz zu umgeben und hemmt möglicherweise dadurch den enzymatischen Celluloseabbau. Eine Verkleinerung der Partikelgröße kann den Abbau von Cellulose schon merklich verstärken (Pew und Weyna, 1962). Cowling und Kirk (1976) haben eine anschauliche Übersicht über Aufbau und Eigenschaften von Cellulose und Lignincellulose gegeben. Ein von Mandels und Reese (1964) vorgeschlagenes Abbauschema von Cellulose ist heute – nach Isolierung einzelner Enzymfraktionen – wie folgt abgewandelt worden (Reese, 1976):

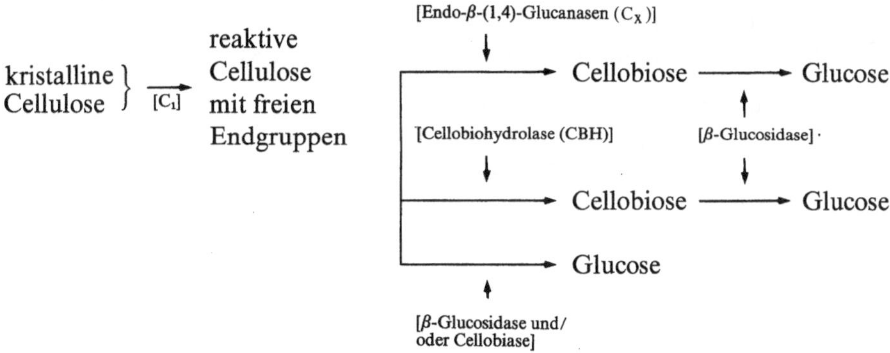

Die Pilz-Cellulasen (Selby, 1968; Tiunova et al., 1972) haben anscheinend die gleichen Wirkungsweisen wie die Cellulasen thermophiler Actinomyceten (Stutzenberger, 1971). Der mikrobielle Ligninabbau ist komplexer und weniger bekannt als der Celluloseabbau.

Am besten sind die Cellulase-Systeme von *Trichoderma viride* untersucht worden. Cellulase-Systeme sind – wie aus dem Schema ersichtlich – Systeme mit einer Wirkung verschiedener Komponenten. Es sind Glucoproteine, die sich in verschiedene Einzelenzyme auftrennen lassen (vgl. Reese, 1975; Wood, 1975).

1. C_1-Komponente: Dieses Enzym soll kristalline Cellulose angreifen. Dabei soll es evtl. Celluloseketten aktivieren oder deaggregieren, damit die hydrolytischen Enzyme den Cellulosekomplex angreifen können (Wood, 1975). Das Molekulargewicht bei *T. viride* soll zwischen 46 000 und 57 000 liegen. Das Enzym ist aber noch nicht gereinigt worden und in seiner Existenz noch umstritten (Reese, 1976).
2. β-(1,4)-Glucanasen: Dies sind die sog. C_x-Enzyme, die lösliche Celluloseabkömmlinge, gequollene Cellulose oder zum Teil abgebaute Cellulose hydrolysieren können. Die Aktivität wird zumeist mit Carboxymethylcellulose gemessen. Höher aggregierte Cellulosemoleküle werden von diesen Enzymen nicht angegriffen. Das Molekulargewicht bei *T. viride* liegt zwischen 44 000 und 48 000.
3. Cellobiohydrolase (CBH): Dieses Enzym spaltet Cellobiose-Einheiten vom nicht reduzierenden Ende der Cellulose-Kette. Es hat den gleichen Rf-Wert wie C_1 und könnte möglicherweise mit dieser schwer faßbaren Substanz identisch sein.
4. β-Glucosidase (Cellobiase): Diese Enzyme spalten die Cellobiose. Zur vollständigen Wirkung sind immer mehrere Komponenten notwendig. Einzelne Komponenten aus verschiedenen Mikroorganismen können synergistisch wirken. So wird die Gesamtcellulaseaktivität von *Fusarium solani* um fast die Hälfte erhöht, wenn anstelle der *F. solani*-C_1-Komponente eine *Trichoderma koningii*-C_1-Komponente eingesetzt wird (Selby, 1968; vgl. auch Wood, 1975; und besonders Gong et al., 1977).

Weitere Enzyme, die häufig am Celluloseabbau beteiligt sind:

1. Lignasen. Ligninabbauende Enzyme kommen in vielen Pilzen vor, doch ist es bisher nicht gelungen, spezifische ligninabbauende Enzyme zu isolieren oder zu charakterisieren, zumal auch die Struktur der Lignine noch nicht bekannt ist. Der Ligninabbau ist häufig mit dem Celluloseabbau verbunden oder eine Voraussetzung für diesen. Beim Ligninabbau werden viel Phenoloxidasen gebildet.
2. Peroxidasen. Das von diesen Enzymen gebildete H_2O_2 kann, besonders in Gegenwart von Fe^{++} auf kristalline Cellulose wirken. Es ist denkbar, daß hier eine Kopplung mit den C_x-Komponenten beim Celluloseabbau vorliegt.

Die Bildung des Cellulase-Systems C_1 bei *Trichoderma viride* unterliegt anscheinend einer Katabolitrepression durch Glucose, Fructose, Maltose, Gluconat und einigen Säuren des TTC (Literatur vgl. Enari und Markkanen, 1977). Endo-β-(1,4)-Glucanase wird durch Cellobiose sowohl bei Pilzen (Mandels und Reese, 1964) als auch bei Bakterien (Nisizawa et al., 1969) induziert. Ein Induktor für Cellulase ist Sophorose (2-O-β-D-Glucopyranosyl-D-glucose) in optimaler Konzentration von 10^{-3} Mol. Diese induzierte Cellulasesynthese wird durch 10^{-2} Mol Glucose vollständig reprimiert. Ausführliche Darstellung der Regulation vgl. Enari und Markkanen (1977). 2,3,4,6-Tetramethyl-D-glucono-1,5-lacton induziert bereits in Konzentrationen von $1,3 \cdot 10^{-4}$ Mol eine Zunahme der cellulytischen C_1-Aktivität (Bruchmann et al., 1978).

Ein Ziel muß es sein, Mutanten zu züchten, die Cellobiose nicht als Induktoren benötigen und die keine Katabolitrepression durch z. B. Glucose besitzen. Möglicherweise wird auch die Verwendung von Glycerin, das keine Katabolitrepression bewirkt, als C-Quelle interessant sein. Es sollte untersucht werden, ob c-AMP diese Katabolitrepression der Glucose aufhebt, nachdem bestimmte Wirkungen von c-AMP bei anderen Pilzen nachgewiesen wurden (Wold und Suzuki, 1974). Mit enzymatischen Verfahren würden die genannten Schwierigkeiten in der Regulation weitgehend aufgehoben. Vielleicht wird eine Übertragung des Cellulase-Gens von *Trichoderma viride* in „sichere" *Escherichia coli*-Stämme möglich sein, jedoch steht die Komplexhaftigkeit des Cellulase-Enzymsystems diesen Möglichkeiten noch entgegen (vgl. Demain, 1976; Enari und Markkanen, 1977).

4. Technik des mikrobiellen Celluloseabbaus

Wie bereits beschrieben, kann Cellulose hydrolysiert und dann verheft werden. Lignin läßt sich auch durch Ozonbehandlung spalten, so daß es anschließend mit Hefen oder Schimmelpilzen verwertet werden kann (Stern und Gasner, 1974). Es gibt eine Reihe von Behandlungstechniken von Cellulose, die keinesfalls immer zur vollständigen Spaltung in Glucoseeinheiten führen, sondern zunächst nur einen Aufschluß des Materials zum Ziel haben, an dem sich z. B. eine mikrobielle oder enzymatische Behandlung anschließen kann. Wichtige chemische Vorbehandlungen sind (vgl. Millett und Baker, 1975; Millett et al., 1976):

1. Quellung mit Alkalien: Durch Behandlung mit Alkalien wird eine Quellung und Umstrukturierung der Cellulose verursacht. Macerierte Cellulose läßt sich um 40% schneller hydrolysieren als unbehandelte. Nach einer Behandlung von Reisstroh und Zuckerrohrbagasse (15 min mit 4%iger NaOH bei 100 °C) wurden diese von vorher 29% zu 73% durch *Cellulomonas* sp. verwertet (Han und Callihan, 1974). *Trichoderma viride*-Enzyme konnten aus Holz nach längerer Behandlung mit kalter 2 N NaOH etwa 80% der vorhandenen Kohlenhydrate in Zucker umwandeln, während ohne alkalische Behandlung nur wenige Prozent umgesetzt wurden (Pew und Weyna, 1962). Ist der Ligningehalt hoch (z. B. 24%), so sinkt die Umsetzbarkeit, während bei geringeren Ligningehalten (z. B. 18%) höhere Umsatzwerte erhalten werden (Feist et al., 1970).
2. Behandlung mit wäßrigem oder gasförmigem NH_4^+: Bei dieser Behandlung, für die viele Patente vorliegen (Literatur vgl. u. a. Millett et al., 1976), soll entweder direkt ein N-haltiges Viehfutter erhalten werden oder ein besseres mikrobielles Substrat als reine Cellulose. Wird Reisstroh fünfmal mehrere Tage lang mit 2%iger Ammoniak-Lösung behandelt, steigt die Verwertbarkeit durch *Cellulomonas* von 29% auf 57% (Han und Callihan, 1974).
3. Entfernung des Lignins: Es gibt eine Reihe von Prozessen, die eine vollständige Entfernung des Lignins zum Ziel haben. Sie sind z. T. sehr kostenintensiv, so daß – besonders für eine mikrobielle Verwertung – eine partielle Ligninentfernung versucht wird. Verwendet werden besonders Natriumchlorid, Chlordioxid, Ammoniumbisulfit und gasförmiges SO_2. Die so entstandenen Rückstände können direkt als Futter für Wiederkäuer oder als mikrobielles Substrat verwertet werden.
4. Physikalische Methoden: Erhitzung im Dampf. Eine Erhitzung von z. B. 2 Std. bei 160 °C – 170 °C gibt einen Aufschluß der Cellulose (Bender et al., 1970), über dessen mikrobielle Verwertbarkeit aber noch wenig bekannt ist.

Starke Zerkleinerungen, z. B. ein Zermahlen von Birkenholz in Vibrationskugelmühlen haben eine 75%ige Ausnutzung der Kohlenhydrate durch thermophile Bakterien zur Folge, wie Virtanen et al. bereits seit langem nachgewiesen haben (Virtanen et al., 1938).

Eine Bestrahlung (24 Std.) mit UV-Licht hoher Intensität (3650 Å) ermöglicht eine gute Entwicklung von *Aspergillus fumigatus* auf verschiedenen Cellulose-Substraten. Die Ausnutzbarkeit der Cellulose als C-Quelle bei der pilzlichen Proteinbildung wird dadurch vervierfacht (Rogers et al., 1972).

Weiterhin sind hohe Temperaturen (z. B. 3 Std. 200 °C in nichtpolaren Lösungen), niedrige Temperaturen (z. B. − 75 °C in wäßriger Lösung), hoher Druck (bis zu 8000 kg/cm²) zum Aufschluß der Cellulose vorgeschlagen worden (Literatur vgl. Millett et al., 1976).

Zur reinen mikrobiellen Celluloseverwertung kommen die folgenden vier Verfahrensgruppen in Frage (Bellamy, 1974).

1. Abbau mit anaeroben mesophilen Mikroorganismen. Hierfür sind besonders Pansenbakterien geeignet, die aber nur Cellulose und kein Lignin verwerten können. Diese Verfahren sind besonders zur Methanbildung mit SCP als Nebenprodukt vorgeschlagen worden (Cole und Turk, 1974). Ligninhaltige Abfälle dieser Verfahren müssen in einer aeroben Fermentation weiter fermentiert werden.

2. Abbau mit aeroben mesophilen Mikroorganismen. Hierüber wird sehr viel gearbeitet. *Cellulomonas-, Alcaligenes*-Arten und verschiedene Schimmelpilze, z. B. *Trichoderma viride* werden verwendet. Die Zahl der Verfahren ist groß (vgl. Reese und Maguire, 1970; de Menezes et al., 1973; Eriksson und Larsson, 1975; Mandels et al., 1974, 1975; Peitersen, 1975 a). Die Kinetik der Cellulasesysteme vgl. besonders Ghose und Das (1971). Die Bildung der Cellulase kann auch kontinuierlich im Mehrstufensystem erfolgen (Mitra und Wilke, 1975).

Peitersen (1975 b, c) schlägt Fermentationssysteme mit *Trichoderma viride* mit Rückführung vor, aber auch Mischkulturen mit den Hefen *Candida utilis* und *Saccharomyces cerevisiae,* die zur Proteinbildung eingesetzt werden.

Es werden mit diesen Organismen unter geeigneten Bedingungen etwa 70% der vorhandenen Cellulose und Glucose umgewandelt.

3. Abbau mit anaeroben thermophilen Mikroorganismen. Diese Organismen bilden organische Säuren. Sie sind aber anscheinend wenig aussichtsreich zur Celluloseverwertung (Bellamy, 1969). Propionsäure kann hierbei mit verschiedenen Mikroorganismen auf folgende Weise gebildet werden (Scheifinger und Wolin, 1973).

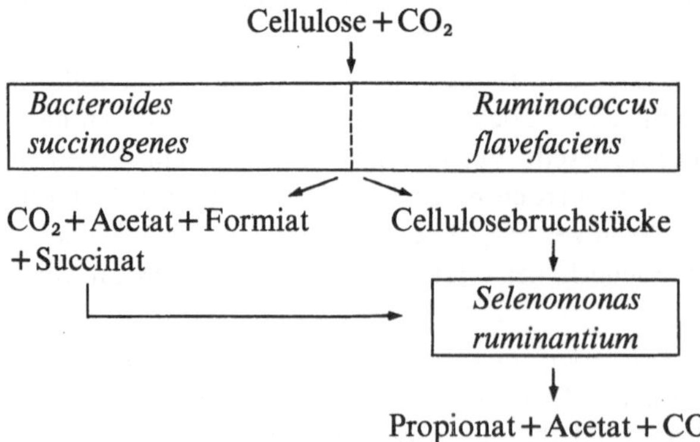

4. Abbau mit aeroben thermophilen Mikroorganismen. Diese Organismen, besonders thermophile Actinomyceten, verwerten auch Lignin, haben daneben die

Tabelle 20. Produkte von kalt alkalisch behandelter Düngersubstanz nach Fermentation mit thermophilen Actinomyceten (1%ige Suspension bei 55 °C (Bellamy, 1974))

Substrat (%)		Produkt (%)	Verwertet (%)
Lignin	16 – 21	9 – 18	9 – 18
Cellulose	23 – 38	6 – 30	29 – 75
Hemicellulose	8 – 17	3 – 8	60 – 95
Silikate und Asche	2 – 5	2 – 3	–
Gesamtprotein	10 – 18 [a]	30 – 55	–
Trockengewicht	100 g	50 – 70 g	20 – 50 g

[a] Fasergebundenes Protein

gleiche Cellulosespaltungsaktivität wie die mesophilen Mikroorganismen und erlauben wegen der Thermophilie eine sichere Verfahrensführung bezüglich Fremdinfektionen. Die Tabelle 20 zeigt die Ausbeuten der Cellulose-Lignin-Verwertung durch thermophile Actinomyceten.

Das Fließschema (Abb. 74) zeigt das Prinzip einer Cellulosegewinnungsanlage mit einer Mischkultur von *Cellulomonas* und *Alcaligenes faecalis,* das nach Ergebnissen von Han und Callihan (1974), Han (1975) zusammengestellt wurde. Die NaOH-Behandlung (4% NaOH 15 min bei 100 °C) der Celluloseabfälle erhöht – wie erwähnt – die mikrobielle Verwertbarkeit der Cellulose durch Spaltung der Ligninvernetzungen von ca. 30% auf 73%.

Das genannte Fließschema gilt prinzipiell auch für Fermentationen mit *Trichoderma*-Arten und anderen Pilzen.

In vielen Fällen ist zunächst nur daran gedacht, die cellulosehaltigen Substrate, wie Abfälle in der holzverarbeitenden Industrie (Eriksson und Larsson, 1975), Reisstroh (Han, 1975) u. a. (vgl. Wilke, 1975) durch Mikroorganismenzucht mit einem hohen Stickstoffanteil zu versehen und dann direkt zu verfüttern. Interessant sind Versuche, diesen N-Gehalt und die Gesamtausbeute durch Verwendung von Mischkulturen, z. B. von *Trichoderma viride* und *Saccharomyces cerevisiae* oder *Candida utilis* zu erhöhen (Peitersen, 1975 a, c). Mesquit-Holz (*Prosopis* sp.) läßt sich mit *Cytophaga johnsonae* oder *Brevibacterium* bei 30 °C, pH-Werten von 6,5 – 7,0 in Submerskultur zu einem brauchbaren Futter für Rinder umsetzen (Chang und Thayer, 1974; Thayer, 1976). Derartige Verfahren haben gegenwärtig Aussichten auf Anwendung. Obwohl das Problem des Vorkommens von evtl. toxischen Substanzen, die mit den Pilzen ins Futter und dann über das Tier in Lebensmittel gelangen können (Rehm, 1974), noch keineswegs gelöst ist. Die Kosten spielen natürlich eine bedeutende Rolle. Fermentiertes Stroh, das als tierisches Futter verwendet werden kann, soll 80 – 88 $/t bei einer Anlage, die täglich 100 t Stroh verarbeitet, kosten (Grant et al., 1977). Kontinuierliche Verfahren mit *Trichoderma viride* sind bereits vielfach beschrieben worden (Mitra und Wilke, 1975), ebenso existieren bereits Vorstellungen über die Wachstumskinetik (vgl. Brown und Zainudeen, 1977).

Enzymatische Verfahren zur Hydrolyse von Cellulose (z. B. Mandels et al., 1974; Peitersen, 1975 a, c) werden sicherlich ebenfalls bedeutungsvoll werden (Das und Ghose, 1973; Andren et al., 1976).

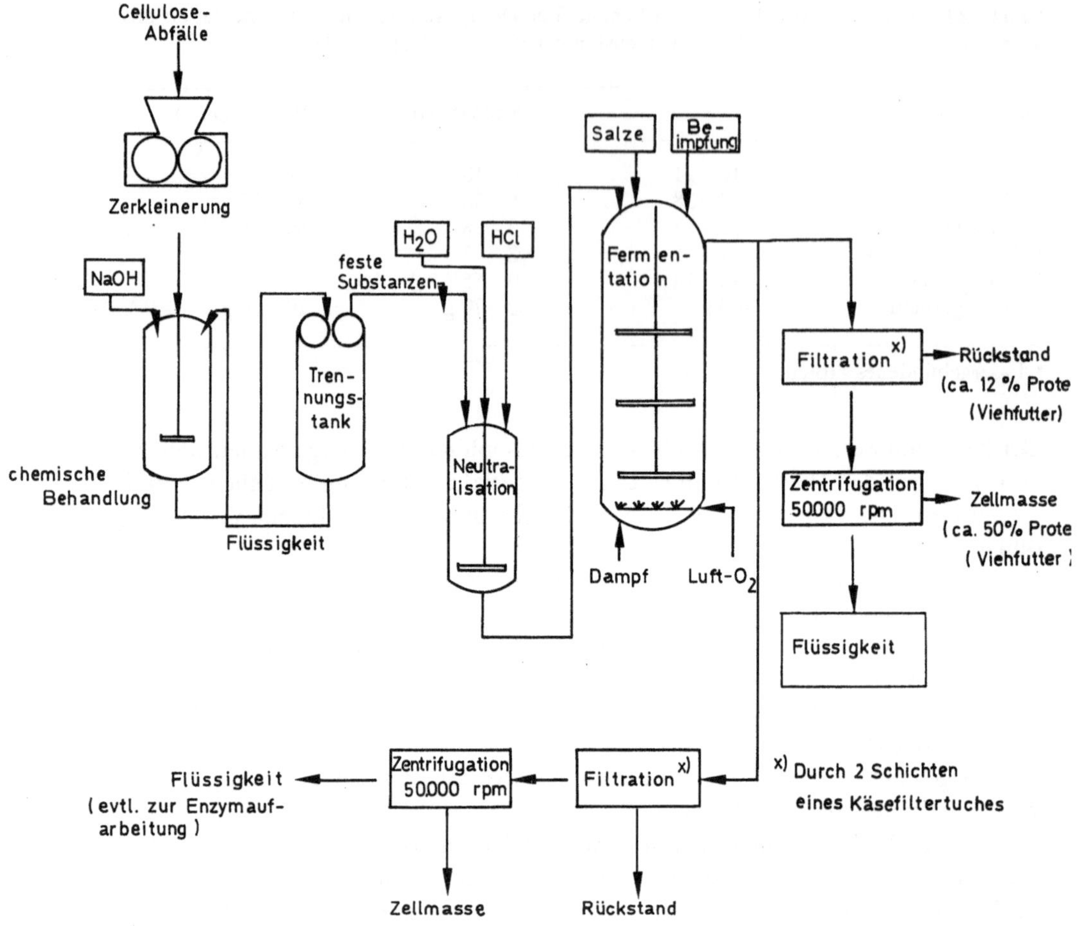

Abb. 74. Fließschema zur SCP-Produktion aus Celluloseabfällen mit Mischkulturen von *Cellulomonas* und *Alcaligenes faecalis*

Die Abb. 75 zeigt eine Möglichkeit der enzymatischen Glucosegewinnung aus Cellulose (Spano et al., 1975).

Mit einer kontinuierlichen Kultur, bei der in einer ersten Stufe *Trichoderma viride* mit Glucose stark vermehrt wird und in einer zweiten Stufe – ähnlich dem obigen Schema (Abb. 75) – die enzymatische Hydrolyse der Cellulose erfolgt, wurden bessere Ausbeuten als in Einzelfermentationen erhalten (Mitra und Wilke, 1975). Eine Katabolitrepression wäre dabei umgangen.

Tierische und menschliche cellulosehaltige Abfälle lassen sich evtl. nach folgendem Schema zu SCP umsetzen (Abb. 76):

Verfahren zur Produktbildung aus Cellulose stecken noch in den Anfängen. Neben den bereits erwähnten organischen Säuren Propionsäure, Essigsäure und Bernsteinsäure kommt vor allem eine Methanbildung nach den Vergärungsverfahren in Frage (vgl. Kap. 40). Auch eine Äthanolgewinnung ist vorgeschlagen worden (Humphrey, 1975 a, b). Besonders wird aber die Glucosebildung im Vordergrund stehen.

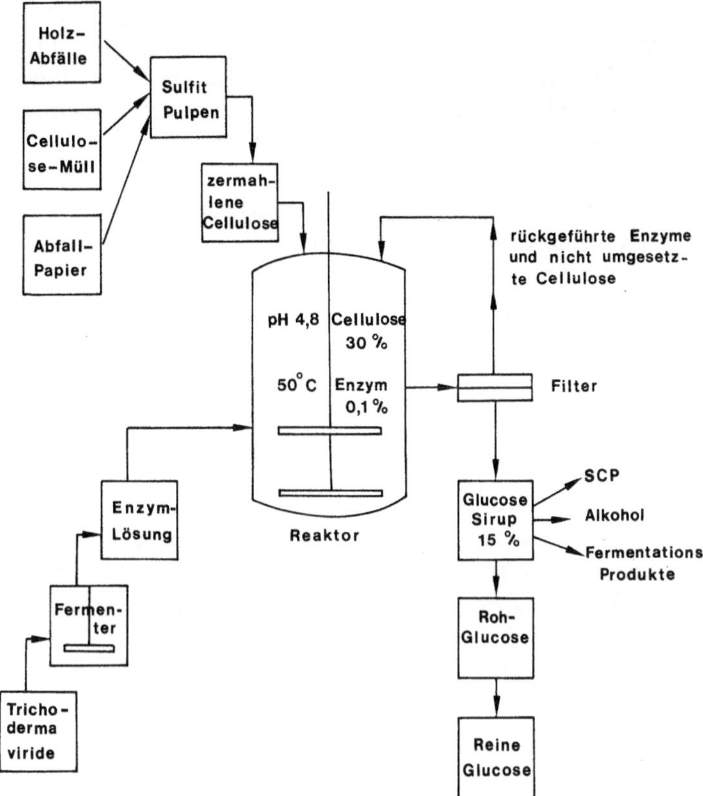

Abb. 75. Enzymatische Glucosegewinnung aus Cellulose (nach Spano et al., 1975)

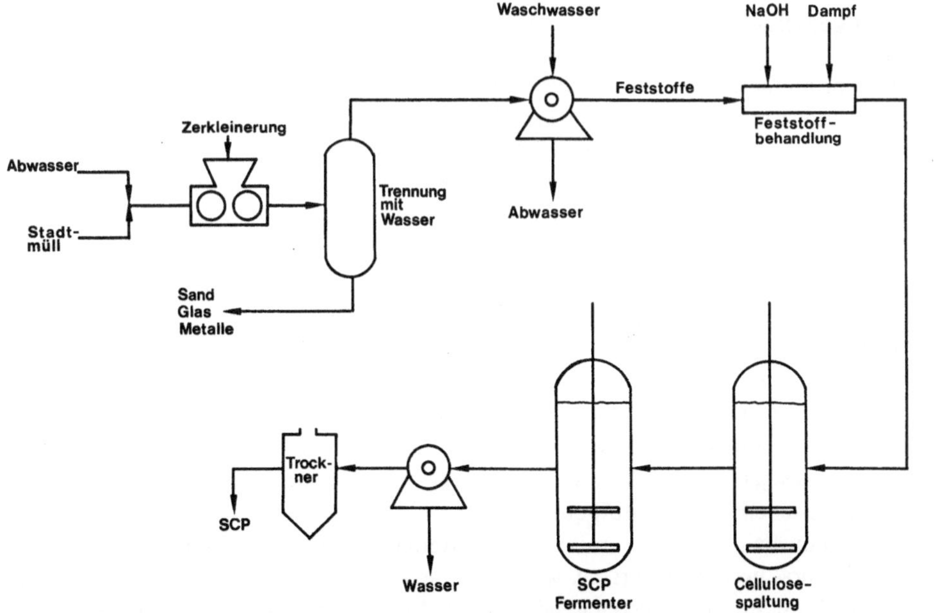

Abb. 76. Verwertung von häuslichen Abfällen durch Cellulosespaltung

Über die zukünftige Bedeutung einer mikrobiellen Celluloseverwertung lassen sich kaum sichere Prognosen stellen (vgl. auch Linko, 1977).

Die Menge der jährlich anfallenden cellulosehaltigen Produkte ist sehr groß, und es gibt bereits Bestrebungen, z. B. in der Forstwirtschaft Pflanzen nur zur Gewinnung von möglichst viel Cellulose zu kultivieren (Steinbeck, 1976). Wenn es gelänge, Cellulose das ganze Jahr hindurch billig an gewisse Fermentationsanlagen zu transportieren, so wäre eine gute Basis zur Verwertung gegeben. Die Forschungen über cellolytische Enzyme haben gegenwärtig einen Stand erreicht, der eine industrielle Produktion ernsthaft in die Überlegungen einbeziehen kann (Enari und Markkanen, 1977). Die berechneten Kosten der Glucose aus Cellulose liegen zwar immer noch höher als die aus Maisstärke (Seeley, 1976), ließen sich aber durch Senkung der Kosten für Enzyme und die Herstellungsverfahren diesen zumindest angleichen. Natürlich muß bei allen Überlegungen berücksichtigt werden, daß auch mit Hilfe chemischer Verfahren eine gute Celluloseverwertung möglich ist (vgl. Goldstein, 1976).

Aussichtsreich ist besonders die Verwertung von Cellulose aus Zeitungspapier oder Abwässern und Abfällen aus Papierfabriken. Hier können die bereits beschriebenen Verfahren angewandt werden, sofern nicht die Druckerschwärze störend wirkt, oder aber es werden Pilze direkt auf solche cellulosehaltigen Lösungen, denen noch Nährstoffe zugesetzt werden, gezüchtet. Verwendet werden z. B. *Myrothecium verrucaria* (Updegraff, 1971), *Sporotrichum pulverulentum* (Eriksson und Larsson, 1975) u. a.

IV. Biomasse aus gasförmigen Alkanen und deren Alkoholen

1. Allgemeines

Obwohl methanoxidierende Bakterien bereits 1906 von Söhngen beschrieben wurden, ist eine technische Auswertung der Methanoxidation erst in der Folge der vielen Untersuchungen über die SCP-Bildung aus längerkettigen Alkanen ernsthaft diskutiert worden. In enger Verbindung mit der Verwendung von Methan als C-Quelle zur SCP-Bildung wurden dann auch andere gasförmige Alkane und besonders deren primäre Oxidationsprodukte Methanol und Äthanol auf ihre Möglichkeit, als mikrobielle C-Quellen genutzt zu werden, untersucht. Hinsichtlich des mikrobiellen Alkanoxidationsmechanismus hatten Methan und Methanol eine Sonderstellung, denn es liegt eine mikrobielle C_1-Fixierung vor. Die restlichen Substanzen Äthan/Äthanol, Propan/Propanol und Butan/Butanol sind bereits „echte" organische Verbindungen für den mikrobiellen Stoffwechsel. Von verfahrenstechnischer Sicht bilden die gasförmigen Alkane einerseits eine Gruppe, während die flüssigen, z. T. sogar gut mit Wasser mischbaren Alkohole andererseits ähnliche verfahrenstechnische Probleme aufgeben.

Gegenwärtig sind die mikrobielle Methanol- und Äthanol-Verwertung von wirklich praktischem Interesse, während die Verwendung der anderen Substanzen, die zunächst in nicht ausreichend billigen Mengen zur Verfügung stehen, für die praktische Anwendung zur SCP-Bildung kaum in Frage kommen.

Zusammenfassende Literatur vgl. Cooney und Levine (1972), Kosaric und Zajic (1974), Reuß et al. (1974), Hamer et al. (1975), Wagner (1977), Laskin (1977 a, b), Sahm (1977).

2. Mikroorganismen

Es werden zwei Gruppen Methan/Methanol-verwertender Mikroorganismen unterschieden:

- Obligat methylotrophe Bakterien, die nur in der Lage sind, auf C_1-Verbindungen zu wachsen. Es sind dies Methan, Methanol, methylierte Amine, Dimethyläther, Formaldehyd und Formiat.
- Fakultativ methylotrophe Mikroorganismen, die außer dem C_1-Substrat Methanol (bisher nicht Methan) auch viele andere C-Quellen, z. B. Äthan, Äthanol, Acetat, Glucose, Stärke etc. verwerten können.

Nur obligat methylotrophe Bakterien sind zur Methanverwertung befähigt. Von ihnen wird auch Methanol verwertet. Es sind dies u. a. *Methylomonas methanica, Methylococcus capsulatus* und *Methylovibrio soehngenii* (Hazeu und Steennis, 1970). Häufig werden Bakterien in Mischkulturen als Methanverwerter beschrieben (Sheehan und Johnson, 1971). Mehr als 100 methanoxidierende Bakterien wurden von Whittenbury et al. (1970) klassifiziert (vgl. auch Kosaric und Zajic, 1974). In Mischkulturen können z. B. auch methanoloxidierende Arten mit Methanoxidierern gekoppelt werden, z. B. *Hyphomicrobium* und dazu andere Saprophyten, z. B. *Acinetobacter, Flavobacterium* u. a. (Wilkinson et al., 1974). Dabei können die Zellmassen in Mischkulturen häufig wesentlich höher liegen als in Reinkulturen. Eine Übersicht vgl. Harrison (1978).

Die Zahl der Methanol oxidierenden Mikroorganismen ist wesentlich größer als die der Methanoxidierer, da Methanolverwerter nicht methylotroph sein müssen. Ogata et al. (1970) isolierten mit einer *Kloeckera* sp. als erste eine methanolverwertende Hefeart. Inzwischen wurden viele weitere methanolverwertende Hefen isoliert, darunter sind besonders *Hansenula polymorpha* (Levine und Cooney, 1973), *H. ofunaensis, Torulopsis nagoyaensis* (Asai et al., 1976), *T. glabrata, T. methanosorbosa* und *T. methanodomercqii* (Yokote et al., 1974), *Candida boidinii* (Sahm und Wagner, 1972), *Rhodotorula* und *Cryptococcus*-Arten (Präve und Sukatsch, 1975) auf ihre praktische Anwendung für eine SCP-Gewinnung untersucht worden. Weitere wichtige methanolverwertende Pilze sind in den Gattungen *Pichia* und *Trichoderma* zu finden (vgl. Sahm und Wagner, 1975; Willetts, 1975). Eine Tabelle mit 22 verschiedenen methanolverwertenden Hefearten und Literatur vgl. Cooney und Levine (1975). Mycelbildende Pilze, die längerkettige Alkane subterminal oxidieren, können häufig Methanol verwerten (Rehm, 1980).

Von der großen Zahl methanolverwertender Bakterien, die bisher beschrieben wurden, werden *Flavobacterium*- und *Pseudomonas*-Arten (vgl. Präve und Sukatsch, 1975), z. B. *P. aeruginosa, P. methylotropha* (sicherlich *Methylomonas*) (Littlehailes, 1975) und neuerdings *Methylomonas clara* (Faust et al., 1977) auf ihre praktische Anwendbarkeit untersucht. Weiterhin sollen u. a. auch *Arthrobacter-, Protaminobacter-, Rhodopseudomonas*- sowie sogar *Bacillus*- und *Streptomyces*-Arten Methanol verwerten (vgl. Sahm und Wagner, 1975). Auch thermophile Bakterien können in Mischkultur Methanol oxidieren (Snedecor und Cooney, 1974). Methanoloxidierende Bakterien und Hefen wurden kürzlich von Tani et al. (1978) zusammengestellt.

Wahrscheinlich werden viele der fakultativ methylotrophen Mikroorganismen auch in der Lage sein, C_2-Verbindungen, besonders als Alkohol zu verwerten, wenn die Konzentrationen nicht toxisch sind. Viele *Pseudomonas*-Arten sind zur Verwertung von C_1- bis C_4-Alkoholen in der Lage (vgl. Auriol et al., 1972; Amano et al., 1975 a, b). *Acinetobacter calcoaceticus, Streptococcus faecalis* (Kamihara, 1969) u. v. a. Bakterien, viele Hefearten, z. B. *Candida brassicae* (Amano et al., 1975 a, b) verwerten Äthanol. Ähnlich ist es mit der Verwertung von Äthan, das neben *Pseudomonas*-Arten auch *Corynebacterium-* u. *Brevibacterium*-Arten (Perry, 1968), viele andere Bakterien und Hefen, aber auch mycelbildende Pilze verwerten können. Von den letzteren wurden besonders *Graphium, Phialophora* und *Acremonium* als gute Verwerter von Äthan (Davies et al., 1973; Volesky und Zajic, 1970; Volesky et al., 1975) beschrieben. Die genannten Arten können auch Propan und Butan oxidieren (Davies et al., 1973). *Graphium* führt in einer Methan-Äthan-Mischung eine Co-oxidation des Methans durch (Volesky und Zajic, 1971).

3. Biochemie und Regulation

Die Methanverwertung ist eine besondere Form der Assimilation von C_1-Verbindungen. Die Oxidation vom Methan zum Methanol wird durch eine Methanoxigenase katalysiert. Diese ist nur bei den obligat methylotrophen Mikroorganismen vorhanden und an komplexen Membransystemen lokalisiert (Davies und Whittenburg, 1970). Methanol (vgl. Sahm, 1977) wird entweder durch Methanoldehydrogenasen (bei methan- bzw. methanolverwertenden Bakterien mit Pteridin als prosthetische Gruppe) oder durch Methanoloxidasen (bei Pilzen FAD-abhängig) zum Formaldehyd oxidiert. Der Formaldehyd wird dann mit einer NAD-abhängigen Formaldehyddehydrogenase zum Formiat oxidiert, das mit einer NAD-abhängigen Formiatdehydrogenase zu CO_2 weiter oxidiert werden kann.

Sauerstoff hat bei methanverwertenden Bakterien eine doppelte Funktion. Einmal wird er zur Oxidation von Methan zu Methanol verwendet, zum anderen dient er als der terminale Elektronenakzeptor bei der weiteren Oxidation von Methanol zu CO_2 (vgl. auch Ferenci, 1976).

Die Methanoloxidase ist bei *Candida boidinii* mit einer Katalase verbunden (Reuß et al., 1974). Beide Enzyme sind bei *Candida boidinii* (Sahm, 1977), *Kloeckera* sp. und *Candida tropicalis* (Fukui et al., 1975 a, b, 1976) in Microbodies lokalisiert, die während des Wachstums der Hefen auf Methanol induziert werden (vgl. Sahm et al., 1978).

Dabei werden 2 Mol Methanol zu Formaldehyd umgesetzt.

Bei der Biomasseherstellung aus Methan/Methanol wird die Bildung von möglichst viel Zellsubstanz angestrebt.

Zur Assimilation der C_1-Substrate stehen den Mikroorganismen drei Wege zur Verfügung (Literatur vgl. Sahm et al., 1978; van Dijken et al., 1978):

1. Serin-Weg
2. Ribulosemonophosphat-Zyklus } besonders für Bakterien
3. Dihydroxyaceton-Weg, besonders für Hefen

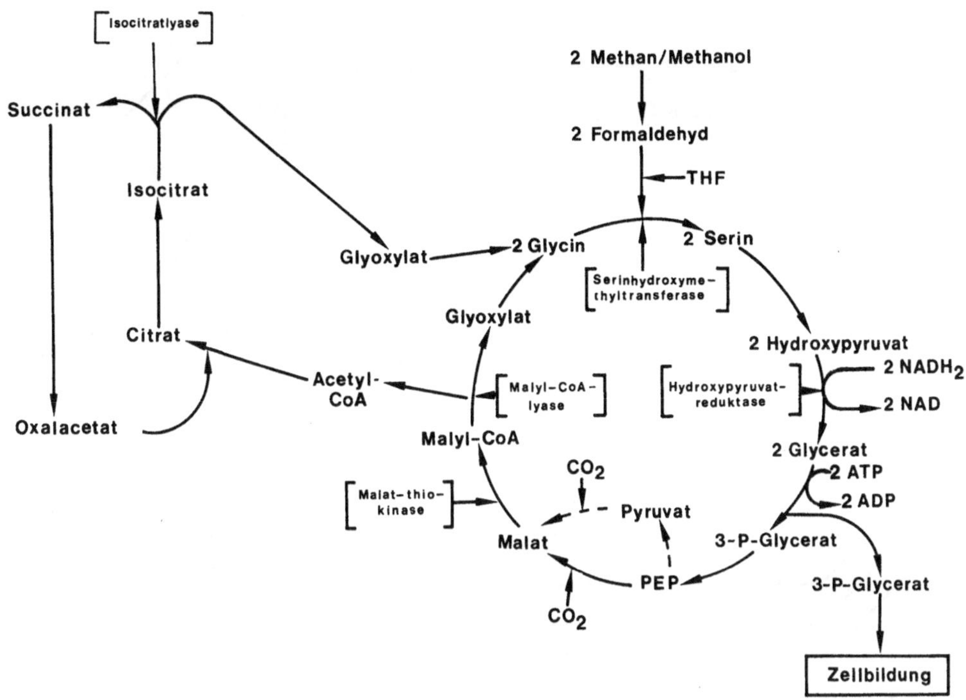

Abb. 77. Bildung von Zellsubstanz aus Methan/Methanol über den Serinweg

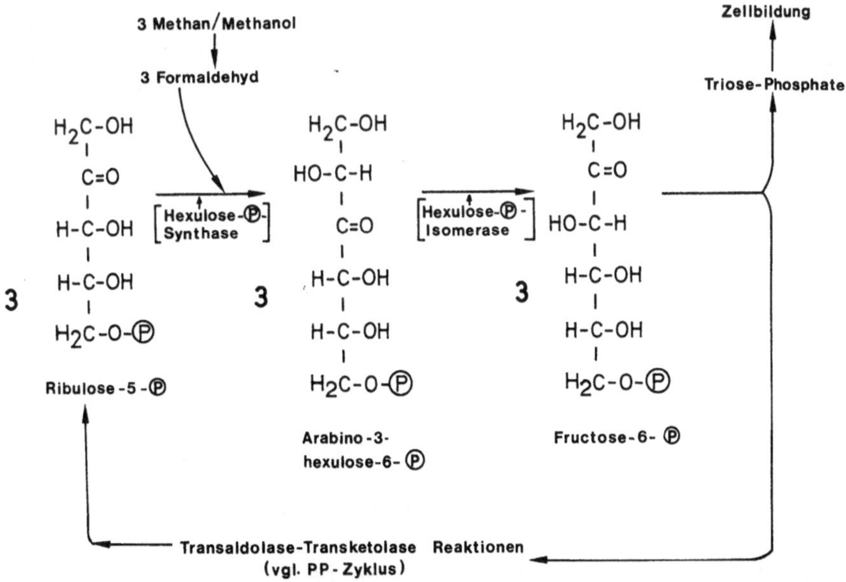

Abb. 78. Bildung von Zellsubstanz aus Methan/Methanol über den Ribulose-Monophosphat-Zyklus

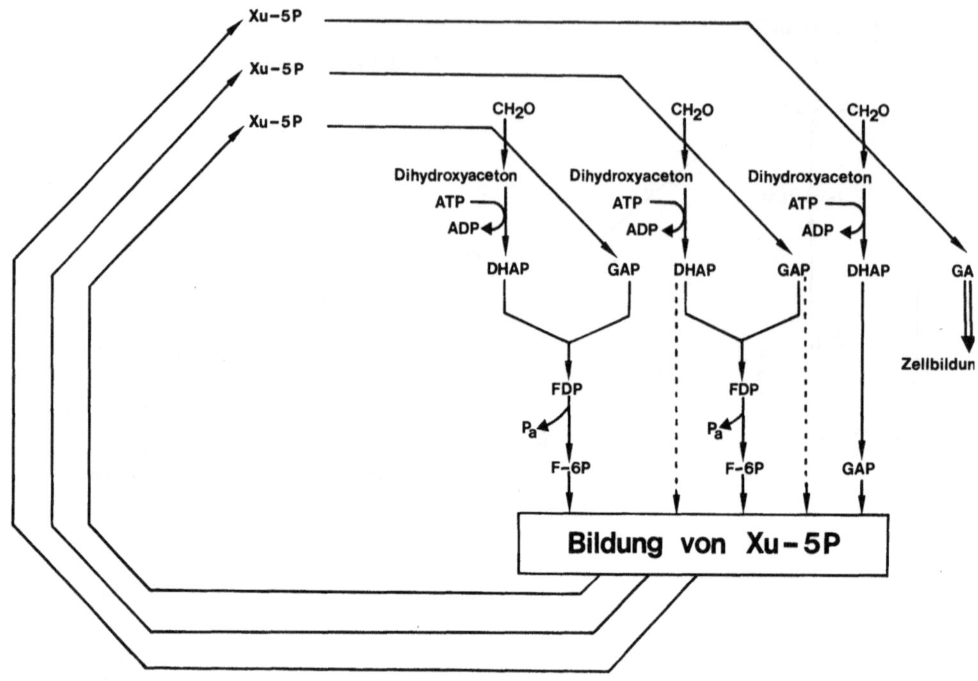

Abb. 79. Bildung von Zellsubstanz aus Methanol über den Dihydroxy-Acetonweg

Die Abb. 77, 78, 79 zeigen die Wege mit der Verknüpfung anderer Stoffwechselwege.

Während beim ersten Assimilationsweg der Formaldehyd tetrahydrofolsäure-
abhängig auf Glycin übertragen wird, wird beim zweiten Weg die C_1-Assimilation
mit einer Hexulose-P-synthase durchgeführt. Möglicherweise existieren unterschiedliche Varianten, vor allem beim Ribulosemonophosphat-Weg.

Die Serinhydroxymethyltransferase wird durch Methanol induziert (Harder und
Quayle, 1971), ebenso die Hexose-P-synthase (Diel et al., 1974). Glucose ruft möglicherweise bei *Candida boidinii* eine Katabolit-Repression hervor (Sahm und Wagner, 1973). In methanolverwertenden Hefen werden die drei Enzyme der Metha-
noldissimilation durch Methanol induziert (Kato et al., 1974; Sahm et al., 1976;
Yasuhara et al., 1976), durch Äthanol reprimiert. Formaldehyd ist möglicherweise
ein toxisches Zwischenprodukt für Methanol-assimilierende *Kloeckera* (Diel und
Dellweg, 1976).

Die Regulation der Methanoxidation ist noch relativ unklar. Methanoxigenase
wird durch Methan induziert, jedoch wirken extracelluläre Stoffwechselprodukte
wie z. B. Methanol (0,01%) stark hemmend auf die weitere Methanoxidation
(Naguib, 1973, vgl. auch Naguib, 1975).

Äthan wird ebenso wie Propan und Butan mit einer Oxigenase zum entsprechenden Alkohol oxidiert, der dann über den Acetaldehyd z. B. zum Acetyl-CoA
(vgl. O'Brien und Brown, 1968; Kamihara, 1969) oxidiert wird. Crotonaldehyd
(10 mg/l – 200 mg/l), Allylalkohol und Acrolein hemmen die Zellbildung bei *Candida utilis* aus Äthanol sehr stark (Šestáková et al., 1976). Bei einer *Mycobacterium*

sp. wurde folgender Propan-Oxidationsweg beschrieben (Pabst und Brown, 1968):

$$\text{Propan} \rightarrow \text{Isopropanol} \longrightarrow \text{Aceton} \dashrightarrow CO_2$$
$$\searrow \text{n-Propanol} \dashrightarrow \text{Glucose}$$

Propanol wird von vielen Mikroorganismen assimiliert. Der direkte Einbau der C-Atome des Propanols in Erythromycin durch *Streptomyces erythreus* ist bereits gesichert (Corcoran, 1974; Holjevac und Vlašić, 1976).

4. Herstellungstechnik

Die Verfahren können in solche mit den gasförmigen Substraten Methan, Äthan, Propan, Butan und solche mit den flüssigen Substraten Methanol, Äthanol, Propanol, Butanol eingeteilt werden.

a) Verfahren mit gasförmigen Alkanen, besonders Methan

Bei der Verwendung gasförmiger C-Quellen zur Mikroorganismenzucht ist einmal eine gute Vermischung von Gas und restlicher Nährlösung wichtig und zum anderen eine möglichst weitgehende Verwertung des Gases vor dem Austritt aus der Fermentationsanlage notwendig. Die Durchmischung von Gas mit der Flüssigkeit läßt sich durch Rührsysteme erreichen. Eine gute Gasausnutzung wird durch Rückführung der Nährlösung (vgl. Kosaric und Zajic, 1974) oder besser aber durch ein Recycling der Gasphase erhalten (vgl. Abb. 80, nach Volesky und Zajic, 1971).

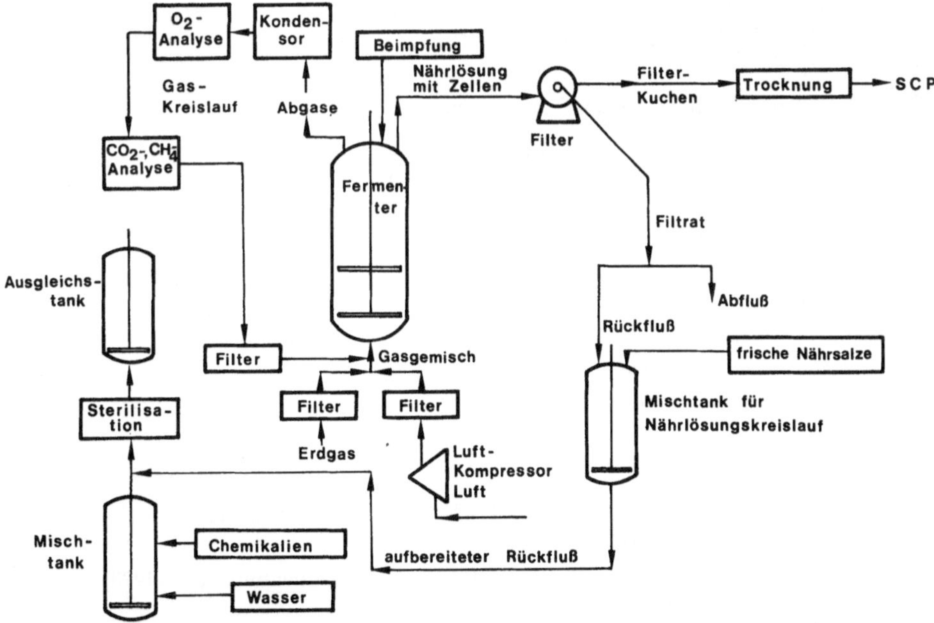

Abb. 80. Fließschema zur Biomassebildung aus Methan (nach Volesky und Zajic, 1971)

Je nach Mikroorganismenart wird Methan zu 33% – 40% mit Luft gemischt, auch Mischungen von 25% CH_4, 20% N_2, 45% O_2 und 10% CO_2 sind geeignet (Johnson und Temple, 1962). O_2 sollte wegen der Explosionsgefahr 12% nicht überschreiten. Zur Oxidation von 1 Mol CH_4 sind 1,7 Mol O_2 notwendig, so daß sich eine gute praktische Dosierung von 7,0 l CH_4 und 59,5 l O_2 und 33,5 l N_2 ergibt, dies entspricht etwa 7% V/V CH_4 und 11,9% V/V O_2 (Bewersdorff und Dostálek, 1971). Der Ausbeutekoeffizient Y x/s (= g Zellmasse/g Substrat) liegt bei der Methanfermentation bei 0,62; Y O_2 (= g Zellmasse/g verbrauchten O_2) liegt bei 0,2 (Abbott und Clamen, 1973). Die entsprechenden Werte für die Methanolverwertung sind Y x/s = 0,40, Y O_2 = 0,44. Nach einer Literaturauswertung von Wilkinson (1971) sind folgende Ausbeuten erhalten worden (s. Tabelle 21) (vgl. auch Goldberg, 1977).

Ein großes Problem bei der Züchtung von Mikroorganismen auf Methan liegt in der Verlangsamung des mikrobiellen Wachstums beim Erreichen einer oft nur geringen Zelldichte. Es liegen starke Hemmwirkungen von gebildeten eigenen Stoffwechselprodukten vor. Über den Regulationsmechanismus dieser Produkte gibt es noch keine sicheren Ergebnisse (Naguib, 1975).

Methanfermentationen können in „batch"-Systemen durchgeführt werden, sie sind aber für praktische Anwendungen nur in kontinuierlicher Kultur interessant. Es hat sich gezeigt, daß Mikroorganismen mit Methan als einziger C-Quelle in Mischkulturen häufig besser als in Einzelkulturen wachsen (Wilkinson et al., 1974). Ein System mit einer methanoxidierenden Art (*Methylomonas* sp.) sowie einem methanoloxidierenden *Hyphomicrobium* und den saprophytischen Arten *Acinetobacter* sp. und *Flavobacterium* sp. ergeben unter O_2-Limitierung interessante Aspekte. Die Kultur blieb stabil und verwertete Methan folgendermaßen:

$$2,5 \text{ g } O_2 + 1,01 \text{ g } CH_4 \rightarrow 1 \text{ g Zellen} + 1,216 \text{ g } CO_2$$

Ein ähnliches System ist von Harrison et al. (1976) entwickelt worden. Bei 45 °C, einer Verdünnungsrate von 0,3 h^{-1}, einer Zelldichte von 25 g/l wurden Ausbeuten von ca. 0,8 g Biomasse/g CH_4 erhalten.

Tabelle 21. Zellausbeuten bei Methanfermentationen

Mikroorganismus, Namen nach Bergey 1975	Mikroorganismus, Namen in der Originallit.	Ausbeute (g Zellen/g CH_4)	Literatur
Methylomonas methanica	*Pseudomonas methanica*	56%	Dworkin und Foster (1956)
Methylomonas methanooxidans	*Methanomonas methanooxidans*	110%	Brown et al. (1964)
Methylococcus capsulatus	*Methylococcus capsulatus*	110%	Foster und Davis (1966)
	Mischkulturen	65%	Vary und Johnson (1967)
	1 GT „methylosinus"	114%	Klass et al. (1969)
	Verschiedene Methylobakterien	110%	Whittenbury et al. (1970)
	Stamm M 102	max. 100%	Naguib (1973)

Fermentationen mit *Methylomonas* werden bei 30 °C, z. T. bei etwas höheren Temperaturen geführt, mit *Methylococcus capsulatus* arbeitet man bei 37 °C im Optimum (Harwood und Pirt, 1972). Es soll auch möglich sein, mit *M. capsulatus* neben Methan als C-Quelle elementaren Stickstoff zur Proteinbildung in kontinuierlicher Kultur umzusetzen (GB-Pat. 1.421.135, 1976).

Die Fermentation anderer gasförmiger Produkte kann nach den gleichen Verfahren wie die von Methan durchgeführt werden. Mit *Graphium* sp. wurden Ausbeuten von 80 mg/l · h beim pH-Wert von 4,5 und einer Temperatur von 30 °C – 33 °C aus einer Gasmischung von Äthan-Methan erhalten (Volesky und Zajic, 1971). Mit *Nocardia paraffinae, N. butanica, Corynebacterium alkanum, Brevibacterium paraffinolyticum* und *B. butanicum* lassen sich Äthan, Propan und Butan zur SCP-Herstellung verwenden. Butan wird von verschiedenen Hefen gut verwertet, z. B. *Candida lipolytica, C. utilis, C. tropicalis, Saccharomyces cerevisiae, S. williams* und *Kloeckera* (Wayman, 1974).

Äthylen muß vor einer Fermentation mit *Candida utilis* zunächst im Dampf mit Phosphorsäure als Katalysator hydratisiert werden. Ohne Reinigung kann das entstandene Gemisch aus Äthanol, Diäthyläther, Acetaldehyd und gelöstem Phosphat mit Zusatz geeigneter Salze fermentiert werden (US-Pat. 3.961.080, 1976).

Propylen wird normalerweise nicht von alkanoxidierenden Mikroorganismen verwertet, wohl aber z. B. von *Mycobacterium convolutum,* das auf Propan gewachsen war, sowie von verschiedenen frisch aus dem Boden isolierten Stämmen (Cerniglia et al., 1976). Für die Praxis spielt diese C-Quelle gegenwärtig keine Rolle.

b) Verfahren mit Alkoholen, besonders Methanol

Zur SCP-Gewinnung aus Methanol sind zu Beginn der Entwicklungsarbeiten meist Hefen verwendet worden. Sie wurden im allgemeinen in konventionellen Rührkessel-Fermentern, Umwurf-Reaktoren in „batch" und bald auch in kontinuierlicher Kultur gezüchtet. Andere Fermenter, wie Blasensäulen-Reaktoren sind möglicherweise zur Zucht geeignet, bedürfen aber noch einer weiteren experimentellen Erprobung (Lücke et al., 1976).

Für Bakterienzüchtungen, zum Beispiel von *Pseudomonas methylotropha,* hat die ICI einen Druckumlauffermenter (pressure cycle fermenter) entwickelt (Littlehailes, 1975). Bei pH-Werten zwischen 6,5 und 6,9 und Temperaturen zwischen 34 °C und 37 °C wurde das betreffende Bakterium in kontinuierlicher Kultur gezüchtet. Bei einer Ausbeute von 30 g/l TG trat ein Umsatz von 62% des vorgegebenen Kohlenstoffs in Zellmasse ein. μ max. war 0,5 h^{-1}. Der Proteingehalt des Bakteriums lag bei 64% (Rohprotein 85%). In konventionellen Umwurf-Fermentern waren die Ausbeuten mit einem *Pseudomonas*-Stamm B-45 bei ähnlichen Fermentationsbedingungen [37 °C, pH 6,65, 1200 rpm (Umwurfsystem), 1,1 vvm Belüftung mit 15% – 50% O_2 des Sättigungswertes und 74%iger Ausnutzung des Luft-O_2] 18,9 g/l mit 45,5 g Methanol/l, μ war 0,198 h^{-1} (Präve und Sukatsch, 1975). Der Schlaufenreaktor hat sich jetzt ebenfalls gut eingeführt (Faust et al., 1977) (Abb. 81).

Protein- und Nucleinsäuregehalt von einigen Mikroorganismen, die auf Methanol gewachsen sind, zeigt die Tabelle 22 (vgl. auch Cooney und Makiguchi, 1977).

Bei einer Äthanolverwertung wird sicherlich ein Umwurf-Reaktor besonders gut geeignet sein, aber auch Blasensäulen wurden untersucht (Lücke et al., 1976). *Strep-*

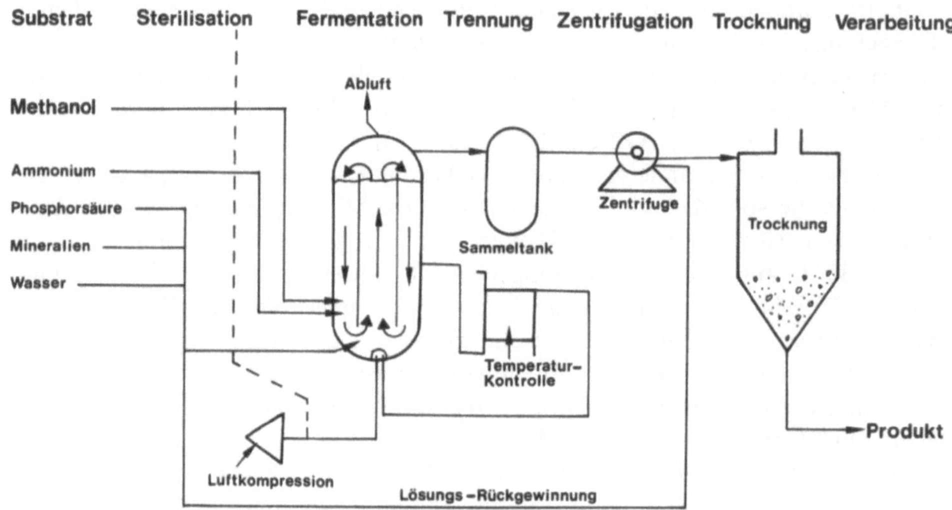

Abb. 81. Fließschema zur Biomassebildung aus Methanol (nach Faust et al., 1977)

tococcus faecalis ist aus Gründen der unbekannten Probleme hinsichtlich der Toxizität sicherlich nicht der geeignete Organismus. *Candida*-Arten oder andere Hefearten werden zur Züchtung auf Äthanol bevorzugt werden, falls sich dieser als geeignete C-Quelle erweisen sollte. Weiterhin sind u. a. Arten der Gattungen *Endomycopsis, Saccharomyces, Hansenula, Pichia* sowie *Acinetobacter* und *Brevibacterium* zur SCP-Herstellung aus Äthanol beschrieben worden (Masuda, 1974; Literatur vgl. dort). Zumeist werden jedoch *Candida utilis* oder *Torula*-Arten verwendet. Ein Produkt Torulein mit 50% Proteingehalt wird bereits aus Äthanol hergestellt (Bland, 1975). Gegenwärtig sind die Substratkosten für Äthanol bezüglich einer SCP-Bildung noch sehr hoch (Abbott und Clamen, 1973). $Y_{x/s}$ beträgt für Bakterien bei Äthanol als C-Quelle 0,68, für Acetat 0,36. Die Zellen von *Candida utilis* enthalten 53% Rohprotein und ca. 10% Nucleinsäuren (Masuda, 1974). Die *Candida*-Stämme

Tabelle 22. Protein- und Nucleinsäuregehalt einiger auf Methanol gewachsener Mikroorganismen

Mikroorganismen	Protein-gehalt % TG	Nuclein-säuren % TG	Literatur
Kloeckera sp. (2201)	45	5,5	Ogata et al. (1970)
Hansenula polymorpha (DL-1)	50	9,0	Cooney und Levine (1975)
Candida boidinii	35		Sahm und Wagner (1972)
Torulopsis glabrata	50	5	Asthana (1972)
Pseudomonas aeruginosa	59 – 64 (Rohprotein 83)	15,9	Gow et al. (1975)
Methylomonas methanolica	63 (Rohprotein 81,9)	17,6	Dostálek und Molin (1975)

vertragen höhere Temperaturen und niedrige pH-Werte. In Spanien wird mit *Hansenula anomala* SCP aus Äthanol hergestellt, ein Verfahren, das auch in die Bundesrepublik Deutschland eingeführt werden soll (vgl. Laskin, 1977 b). *Acinetobacter calcoaceticus* soll zur Herstellung von Protein für die menschliche Ernährung gezüchtet werden (vgl. Laskin, 1977 a, b).

Acetat wird als C-Quelle für SCP-Erzeugung erwogen. Auch hier ist der Preis der Gesamtkosten zur Erzeugung von mikrobiellen Zellen sehr hoch (vgl. Humphrey, 1975 a, b), so daß eine Verwendung als Substrat noch nicht absehbar ist.

V. Biomasse aus langkettigen Alkanen

1. Allgemeines

Den ersten Hinweis, daß man Protein durch Zucht von Hefen auf Alkanen gewinnen kann, gaben Just et al. (1951). Einige Jahre später wurden die ersten Versuche zur praktischen Anwendung dieser Ergebnisse gemacht. Seit etwa 20 Jahren werden langkettige Alkane als einzige C-Quelle zur Massenzüchtung von Mikroorganismen verwendet (vgl. Champagnat und Llewelyn, 1961; Champagnat, 1964; Lainé, 1968; Bennet et al., 1969; Einsele und Fiechter, 1971). Zumeist werden Alkane mit Kettenlängen zwischen C_9 und C_{20} durch Mikroorganismen gut verwertet. Anfangs hat man technische Verfahren zur Entfernung von Alkanen aus Roherdöl durch Mikroorganismen entwickelt. Daraus ist eine SCP-Anlage in Lavéra entstanden. Später wurden Verfahren ausgearbeitet, bei denen mit reinen Alkanen als C-Quelle gearbeitet wurde und die eine SCP-Erzeugung zum alleinigen Ziel hatten. In verschiedenen Ländern sind Anlagen mit nicht geringen Kapazitäten gebaut worden, obwohl sich SCP aus Alkanen bisher nicht als Tierfutter durchgesetzt hat. Zusammenfassende Arbeiten vgl. Van der Linden und Thijsse (1965), McKenna und Kallio (1965), Humphrey (1967), Einsele und Fiechter (1971), Klug und Markovetz (1971), Bos (1975), vgl. auch Laskin (1977 a, b).

2. Mikroorganismen

Bisher sind *Candida*-Arten die wichtigsten SCP-bildenden Mikroorganismen, obwohl auch andere nicht sporenbildende Hefen, z. B. *Cryptococcus allicans, Brettanomyces-, Trichosporon*-Arten u. a. und auch viele sporenbildende Hefen, z. B. *Endomyces-, Endomycopsis-, Pichia-, Hansenula-, Debaryomyces-* und *Sporobolomyces*-Arten Alkane verwerten können. In einer umfangreichen Arbeit wurde von Bos und De Bruyn (1973) untersucht, ob sich Alkanverwertung durch Hefen als systematisches Merkmal eignet, vgl. Rehm und Reiff (1980).

Trotz der bei Hefen so weitverbreiteten Fähigkeit zur Alkanoxidation kommen für praktische Anwendungen nur *Candida lipolytica, C. tropicalis, C. oleophila, C. guillermondii* wegen ihres schnellen Wachstums in Betracht (vgl. Übersicht von Bos

(1975) mit viel Literatur). Diploide Stämme von *Saccharomycopsis lipolytica* (imperfekte Form: *Candida lipolytica*) sind ebenfalls gut geeignet (Forbes, 1978).

Von Bakterienarten sind *Micrococcus cerificans, Pseudomonas oleovorans* u. a. *Pseudomonas*-Arten, *Nocardia*-Arten sowie *Corynebacterium*-Arten näher auf ihre SCP-Bildung untersucht worden.

Mycelbildende Pilze werden erst neuerdings systematisch untersucht. Neben Moniliales sind auch Mucorales zur Alkanverwertung befähigt (vgl. Übersicht bei Pelz und Rehm, 1973; Hoffmann und Rehm, 1976; Rehm und Reiff, 1980).

3. Biochemie und Regulation

Längerkettige Alkane werden von Hefen entweder monoterminal oder monoterminal und diterminal oxidiert. Es entstehen dabei einmal die entsprechenden langkettigen Fettsäuren, die ihrerseits durch β-Oxidation zur C_2-Einheiten gespalten werden. Zum anderen können Disäuren entstehen, die durch β- und ω-Oxidation ebenfalls zu C_2-Einheiten und zu den zurückbleibenden Disäuren gespalten werden (vgl. Kap. 3).

Der monoterminale Abbauweg ist auch bei vielen Bakterien, bei Mucorales (Hoffmann et al., 1977) und sicherlich auch bei einigen Moniliales vorhanden. Daneben existiert bei diesen Mikroorganismenarten aber auch ein subterminaler Abbauweg, der je nach Oxidationsstelle in der Alkankette zu entsprechenden Estern und damit zu unterschiedlich langen Monocarbonsäuren und primären Alkoholen führt (vgl. Rehm, 1977) (Kap. 3).

Die Aufnahme der Alkane durch die Zellen spielt eine sehr bedeutende Rolle. Wahrscheinlich sind sowohl eine direkte Aufnahme durch an den Zellen haftende Alkantropfen als auch eine Aufnahme echt oder in submikroskopischen Tropfen gelösten Alkans an der Alkanaufnahme beteiligt (Yoshida und Yamane, 1971; Velankar et al., 1975; Prokop und Sobotka, 1975; Nakahara et al., 1977).

Über die Regulation der Oxidation langkettiger Alkane bei Hefen liegen noch wenig Arbeiten vor. Das Hydroxylierungssystem scheint bei Hefen induzierbar zu sein (Duvnjak et al., 1970). Diese Ergebnisse wurden von Hug et al. (1974) bestätigt, dabei soll eine vermehrte Lipidbildung notwendig für eine Funktion hydrophober Enzyme sein. Bei *Pseudomonas*-Arten werden die n-Octan-oxidierenden Enzyme durch n-Octan induziert. Die Octan-ω-Hydroxylase ist durch Octanol reprimiert (Chakrabarty et al., 1973). Glucose und Malat reprimieren die Hexanoxidation (van Eyk und Bartels, 1968). Acetat hemmt die Tetradecanoxidation sowie die Oxidation der nachfolgenden Oxidationsprodukte bis zur Myristinsäure. Glucose als Glucose-6-Phosphat hemmt die Tetradecanoxidation (Dalhoff und Rehm, 1976). Wegen der unterschiedlichen Abbaumöglichkeiten bei *Pseudomonas* sind die Deutungen der Ergebnisse schwierig. Das terminale Oxidationssystem von Octan liegt bei *Pseudomonas* auf dem Plasmid (Chakrabarty et al., 1973).

Ein Teil der Enzyme, durch die Alkanoxidationsprodukte weiter verwertet werden, liegt bei Hefen in den Microbodies (Kawamoto et al., 1977).

Eine ausführliche Darstellung neuerer Ergebnisse über Abbauwege von längerkettigen Alkanen und deren Regulation vgl. Rehm und Reiff (1980).

4. Herstellungstechnik

Probleme der Biomassegewinnung aus Alkanen ergeben sich aus der weitgehenden Unlöslichkeit der Alkane im wäßrigen System, in dem die Mikroorganismen gezüchtet werden müssen. Die vielen Entwicklungsarbeiten zur Biomassegewinnung aus Alkanen haben zu einer großen Fülle von Ergebnissen über Züchtung von Mikroorganismen im 4-Phasen-System (Wasser, Alkan, Luft und Mikroorganismus) geführt (vgl. Kap. 8). Literatur vgl. besonders Litchfield (1977 a, b), Fiechter (1980), Rehm und Reiff (1980).

Die Wachstumskinetik von *Torulopsis* sp. in kontinuierlicher Kultur kann bei Substratlimitierung (z. B. C-Quelle oder N-Quelle) folgendermaßen beschrieben werden (Mason und Millis, 1976):

$$\mu = D_r \cdot \frac{s}{K_s + s} + a \cdot s$$

μ = spezif. Wachstumsrate (h^{-1}); D_r = Konstante (h^{-1}); a = Konstante $[(\text{Konzentration des limitierenden Substrats})^{-1} \cdot h^{-1}]$; s = Konzentration des limitierenden Substrats.

Für *Candida tropicalis* haben Yoshida und Yamane (1974) und vor ihnen Blanch und Einsele (1973) bereits Wachstumskinetiken für kontinuierliche Kulturen mit n-Hexadecan aufgestellt.

Zur Biomassegewinnung aus Alkanen sind zwei Verfahrenstypen ausgearbeitet worden:

a) Zucht von Mikroorganismen auf Erdöl

Bei diesen Verfahren sollen die Hefen die im Roherdöl vorhandenen Alkane soweit wie möglich als C-Quelle verwerten. Das zurückbleibende Öl mit vorwiegend aromatischen Kohlenwasserstoffen wird abgetrennt und anderweitig verwertet. Aus den Hefen wird das Protein extrahiert und als Tierfutter verwertet. Das Verfahren wird mit Umwurf-Fermentern durchgeführt. Die Abb. 82 zeigt den Prozeß (Lainé und Chaffaut, 1975).

Die BP hat als erste Firma ein solches Verfahren entwickelt und in Lavéra eine Anlage von 16 000 Jato gebaut. Diese Anlage hat ca. fünf Jahre, wenn auch nicht mit der geplanten vollen Kapazität, produziert. Sie soll aber jetzt auf eine Anlage mit reinen Alkanen als C-Quelle für die Hefen umgerüstet werden.

Züchtungs- und Belüftungsprobleme sind ähnlich denen bei Zellen, die auf reinen Alkanen gezüchtet werden. Bei der Proteingewinnung wird der Fermenterinhalt zunächst in einem Dekantierungstank vom größten Teil des Wassers, das wieder zur Fermentation verwendet wird, befreit. Anschließend wird die Restlösung entlüftet. Dann wird durch Separatoren das restliche Öl, ebenso das Wasser abgetrennt, es bleibt ein Zellkonzentrat von ca. 15% TG zurück, das noch einige nicht verwertete Ölrückstände enthält. In einer Sprühtrocknungsanlage wird eingeengt und darauf mit organischen Lösungsmitteln die verbliebenen Ölreste und Lipide der Hefezellen extrahiert. Zurück bleiben vor allem die Proteine der Zellen, die nun getrocknet werden können. Als Nebenprodukt fällt das Lipidmaterial an, das nach Rückgewinnung der Lösungsmittel zurückbleibt.

Die Zusammensetzung des Proteinkonzentrates vgl. Tabelle 23 und Tabelle 27.

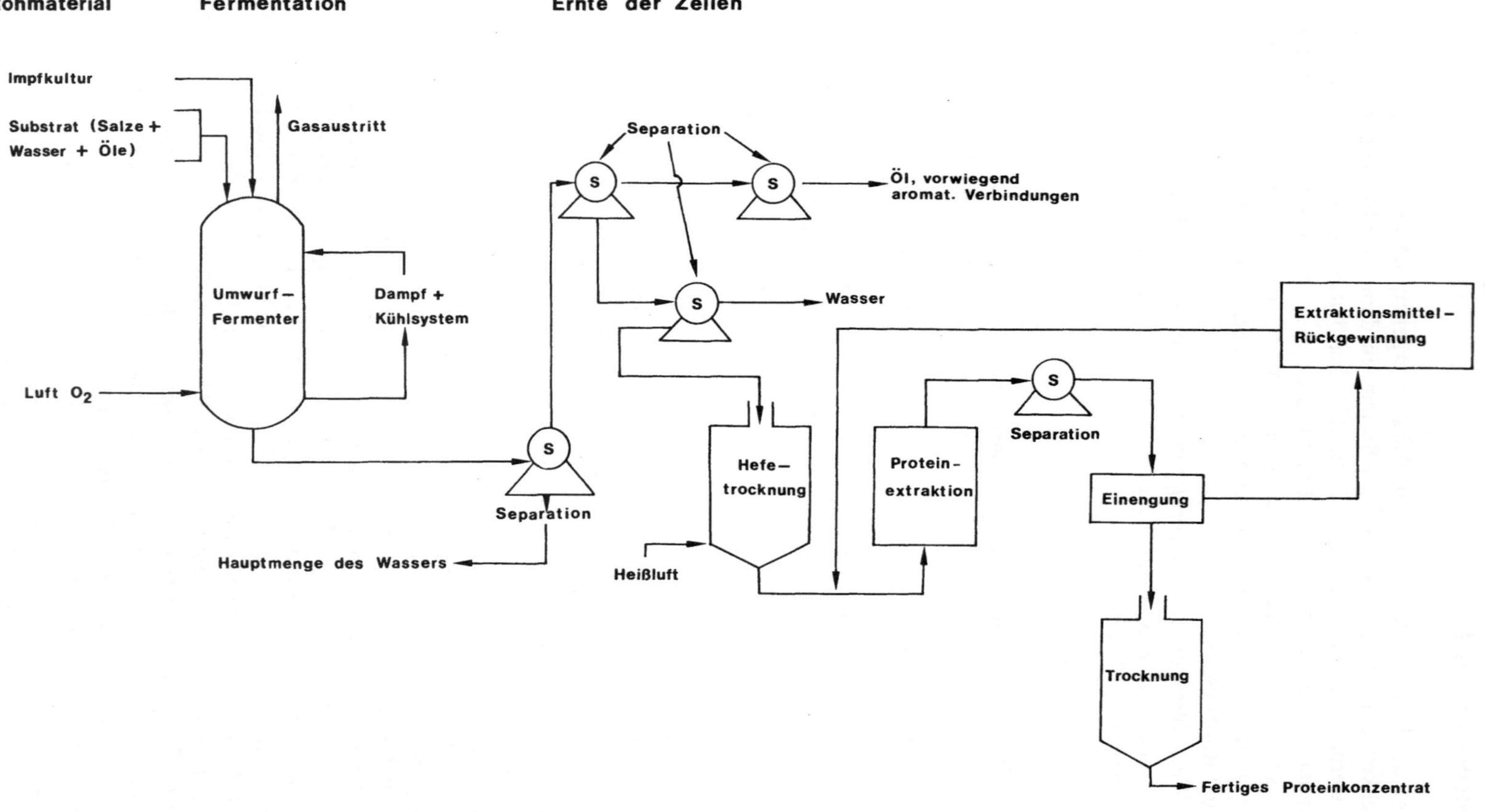

Abb. 82. Fließschema zur SCP-Bildung aus Roherdöl

b) Zucht von Mikroorganismen auf reinen Alkanen

Bei diesen Verfahren steht die Biomassegewinnung ganz im Vordergrund der Fermentation. Es werden reine Alkane als C-Quellen verwendet, so daß sich eine Abtrennung von Alkanresten erübrigt, denn die C-Quelle soll vollständig verwertet werden. Weiterhin werden keine Proteinextrakte, sondern die ganzen Hefezellen als Futtermittel eingesetzt.

Die meisten Verfahren zur SCP-Bildung aus langkettigen Alkanen werden mit *Candida*-Hefen, besonders *C. lipolytica* bzw. *Saccharomycopsis lipolytica* durchgeführt. Die Fermentationen sind zumeist kontinuierlich. Es werden meistens konventionelle Rührfermenter, aber auch Umwurfsysteme (Shepherd et al., 1974) und Schlaufenreaktoren (Birckenstaedt et al., 1977) angewandt. Für verschiedene Air-Lift-Fermenter liegen ebenfalls günstige Daten vor (Cooper et al., 1975).

Es wird bei 30° C und einem pH-Wert von 5,0 fermentiert. Da die Verbrennungswärme bei der Oxidation von n-Alkanen sehr hoch ist, muß eine starke Kühlung des Fermenters möglich sein. Für ein Mol n-Hexadecan entstehen 10 714 kJ. Die Zellausbeuten liegen bei n-Octadecan bei einer Generationszeit von 5 Stunden bei $Y = \dfrac{g\,\text{Zell TG}}{g\,\text{C-Quelle}} = 0,84$ bei *Candida*-Arten, bei *Pseudomonas* bei 1,03. Es werden in der Praxis ca. 2,2 kg O_2/kg Hefe benötigt. Wenn man davon ausgeht, daß nur 30% des vorgegebenen O_2 tatsächlich zur Hefemasseproduktion ausgenutzt wird, so muß man für eine 100 000 Jato Einheit eine Belüftung von 200 000 ft³/min (566 340 l/min) bei normaler Temperatur und normalem Druck aufwenden (Shepherd et al., 1974).

Die Tabelle 23 zeigt die Zusammensetzung der so gewonnenen Hefen im Vergleich mit dem Proteinkonzentrat nach dem ersten Verfahren.

Tabelle 23. Analyse der Proteinkonzentrate und der Hefezellen aus Kohlenwasserstoffen (nach Bennet et al., 1969)

Analyse	Proteinkonzentrat aus Öl (BP)	Hefe aus Alkanen (BP)
Wasser %	5,0	4,2
N % TG	11,0	10,4
Rohprotein (N × 6,25 TG)	68,5	65,0
Lipide % TG	1,5	8,1
Asche % TG	7,9	6,0

Die Belüftung erfolgt im allgemeinen mit Luftsauerstoff, ein Zusatz von 1×10^{-6} Vol.% bis 1,5 Vol.% Ozon soll sich einerseits auf die Sauerstoffversorgung der Hefen während der Oxidationsvorgänge und andererseits durch Abtötung evtl. infizierender Bakterien und Viren günstig auswirken.

Mischkulturen von Hefen, z. B. von *Candida, Trichosporon, Pichia* und *Rhodotorula* sollen sich günstig auf die Biomassebildung auf Alkanen auswirken, haben sich aber bisher noch nicht durchsetzen können. Auch Zusätze von Melassen, Maisextrakt, Schlempen u. ä. werden bei Alkanfermentationen empfohlen (z. B. Dovgich, 1975), haben aber – evtl. wegen unbekannter Einflüsse auf die Regulation – noch keine praktische Anwendung gefunden.

Viel Literatur vgl. verschiedene Symposiumsberichte über SCP, besonders Bhattacharjee (1970), Gounelle de Pontanel (1972), Davis (1974), Tannenbaum und Wang (1975), Wagner (1975).

VI. Biomasse mit Knallgasbakterien

1. Mikroorganismen, Biochemie und Regulation

Die Gruppe der wasserstoffoxidierenden Bakterien, die sog. „Knallgasbakterien", nehmen unter den Mikroorganismen, die zur SCP-Gewinnung untersucht werden, eine Sonderstellung ein. Sie oxidieren molekularen Wasserstoff, verwenden dabei Luft-O_2 als Elektronenakzeptor, reduzieren mit der gewonnenen Energie CO_2 und legen das Produkt daraus in Zellsubstanz fest.

$$4\,H_2 + 2\,O_2 \qquad \rightarrow 1\,H_2O$$
$$2\,H_2 + CO_2 \qquad \rightarrow 4\,H_2O + \langle CH_2O\rangle$$

$$\Sigma \quad 6\,H_2 + 2\,O_2 + CO_2 \rightarrow 5\,H_2O + \langle CH_2O\rangle$$

Wasserstoffoxidierende Mikroorganismen gehören zu *Pseudomonas*, z. B. *Pseudomonas facilis* (früher *Hydrogenomonas facilis*) oder zur Gattung *Alcaligenes*, z. B. *A. eutrophus* (Lafferty et al., 1973). In H_2-Atmosphäre wird die Verwertung von Fructose, Acetat und Glutamat durch eine der „Katabolit-Repression" des H_2 ähnliche Regulation unterbunden (Schlegel und Eberhardt, 1972; vgl. Schlegel, 1976).

Das von Schlegel (1976) entworfene Schema (Abb. 83) gibt den Mechanismus der H_2-Oxidation und CO_2-Fixierung in Verbindung mit den Komponenten der Atmungskette wieder (vgl. auch Schneider und Schlegel, 1977).

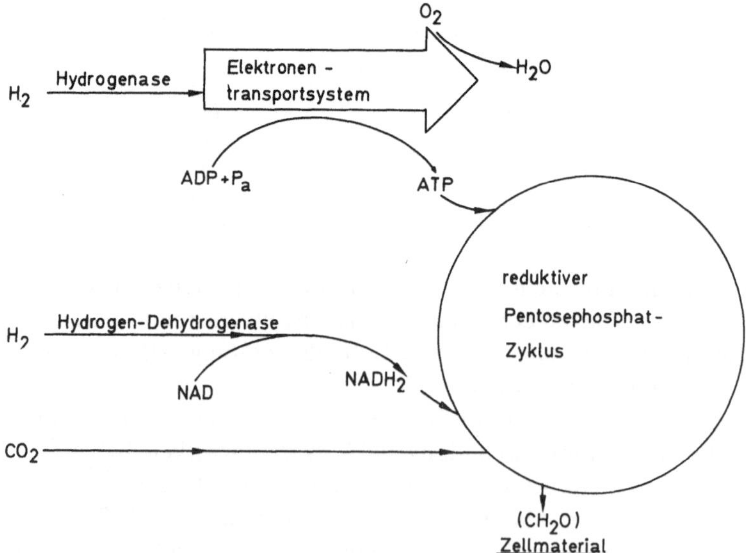

Abb. 83. Chemolithotropher Stoffwechsel der Knallgasbakterien

Die Organismen bilden aus H_2 und O_2 Wasser. Bei Wildstämmen wird neben Zellmaterial, z. T. mehr als 70% des TG, ein Speicherstoff, die Poly-β-hydroxybuttersäure gebildet. Durch geeignete Mutanten läßt sich eine Bildung dieser Speichersubstanz ausschalten.

2. Verfahren zur SCP-Bildung

Es ist versucht worden, aus den genannten biochemischen Gegebenheiten ein Verfahren zur SCP-Produktion zu entwickeln (Literatur und Einzelheiten vgl. Lafferty et al., 1973, 1975). Dabei ist die Versorgung der chemolithotroph wachsenden Knallgasbakterien mit H_2, O_2 und CO_2 ein besonderes Problem, zumal ein solches Gemisch explosiv ist. Man verwendet Gemische von $CO_2 : O_2 : H_2$ im Verhältnis von ca. 1 : 1 : 4. Je nach Mikroorganismus liegt das Temperaturoptimum zwischen 28° C und 35° C, das pH-Optimum um den Neutralpunkt. Durch die notwendige starke Vermischung von Substrat mit den Gasen entsteht viel Schaum, der mechanisch, nicht mit chemischen Antischaummitteln bekämpft werden muß. Zunächst wurde ein kontinuierliches Verfahren im angelsächsischen Rührfermenter entwickelt, inzwischen hat sich aber auch ein Vogelbusch-Tauchstrahlbegasungssystem besonders hinsichtlich der Explosionsgefahr gut bewährt (Lafferty et al., 1975) (vgl. Abb. 84).

Die Proteine der Bakterien enthalten nur etwas weniger Methionin (2,09 g/16 g N) als Casein (3,10 g/16 g N), sogar etwas mehr Lysin (Calloway und Kumar, 1969), so daß sie für eine Tierernährung vollwertig sind. Der hohe Nucleinsäuregehalt der Zellen läßt sich durch eine Hitzeschockbehandlung stark herabsetzen (Abu Ruwaida et al., 1976). Da einige Knallgasbakterien eine aktive Nitrogenase besitzen, also den atmosphärischen Stickstoff der Luft fixieren können, bietet sich hier eine Möglichkeit einer Vereinfachung und Verbilligung des Verfahrens.

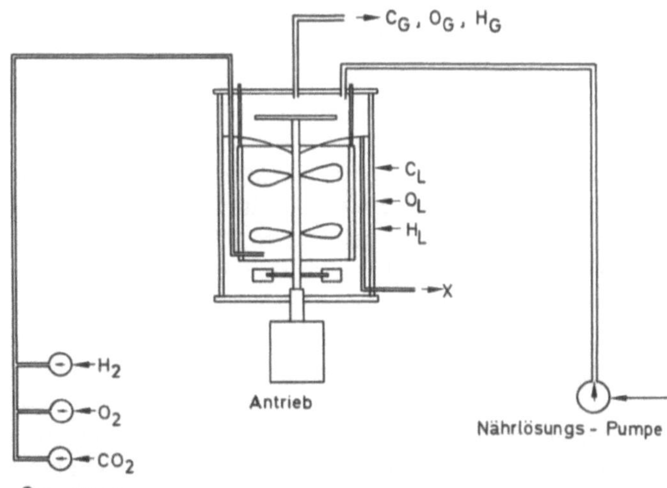

Abb. 84. Schema einer kontinuierlichen Züchtung von Knallgasbakterien (nach Schlegel und Lafferty, 1972)

VII. Biomasse aus Abwässern

Die Verwertung von Abwässern aus der Nahrungsmittel- und Zellstoffindustrie zur Biomassebildung wurde auf S. 162 beschrieben, auch die Verwertung cellulosehaltiger Abwässer aus landwirtschaftlichen Betrieben und aus der Papierindustrie (vgl. S. 175–ff.).

Hier sollen einige Versuche beschrieben werden, die eine Biomassegewinnung aus den kommunalen Abwässern zum Ziel haben. Versuche zur Biomassegewinnung aus Abwässern der Massentierhaltung vgl. Kap. 41.

Versuche zur Biomassegewinnung aus Abwässern gehen entweder vom ankommenden ungereinigten Abwasser oder vom Schlamm aus. Da Abwässer sehr unterschiedlicher Herkunft sein können, ist auch ihre Zusammensetzung sehr schwankend. Die Tabelle 24 gibt Werte über die Zusammensetzung verschiedener Schlammarten an (Schönborn, 1975).

Tabelle 24. Zusammensetzung von Abwasserschlamm (% des Trockengewichtes)

	Primärer Schlamm	Biologisch aktiver Schlamm	Ausgefaulter Schlamm
Fette/Öle	7 – 35	5 – 12	3,5 – 17
Pentosane	1	2	1,5
Hemicellulosen	3,2 – 4,6 ⎫		1,6
Cellulose	3,8 – 5,6 ⎬	7	0,6
Lignin	5,8 – 8,5 ⎭		8,4
Proteine	22 – 28	37,5	16 – 21
Unbekannte Substanzen	10 – 11	13 – 17	11 – 12
Asche (Mineralien)	20 – 40	25 – 35	40 – 55

Im allgemeinen sind in häuslichen Abwässern genügend Salze und N-Verbindungen zur Mikroorganismenentwicklung vorhanden, werden noch Kohlenhydrate zugesetzt, so sind die Biomasseausbeuten vermehrt. Die Abwässer müssen vor der Verwendung als Substrat sterilisiert werden und dürfen nicht chloriert gewesen sein.

Unter aeroben Bedingungen ist *Candida utilis* gut in filtrierten Abwässern bei 20 °C – 30 °C zu vermehren. Thermophile Mikroorganismen können in kontinuierlicher Kultur bei 58 °C gut vermehrt werden (Surucu et al., 1975).

Die Mikroorganismen werden nach der Züchtung abzentrifugiert und als Tierfutter verwendet. Die Proteine können auch extrahiert und dann verfüttert werden.

Rhodotorula glutinis-Wachstum erbrachte auf unsterilen menschlichen Abwässern einen Proteingehalt von 46,8% mit einer Produktivität von 0,79 g Zellen/l · h. Dabei sollen die coliformen Keime um mehr als 99% abgenommen haben (Simard und Fustier, 1976).

Eine Kombination von Algen (z. B. *Scenedesmus* oder *Chlorella*) mit Bakterien gibt in unsterilem Abwasser gute Ausbeuten an Biomassen. Dabei wird ein Großteil des O_2 zur aeroben Bakterienentwicklung von den Algen geliefert. Die Mikroorganismen werden mit $Al_2(SO_4)_3$ ausgeflockt und ergeben ein proteinreiches Futter, das einen Teil von Sojaeiweiß (25%) oder Fischmehl (bis zu 60%) ersetzen kann (Shelef et al., 1976).

Der ausgefaulte Schlamm läßt sich auch mit Pilzen, z. B. *Rhizopus oligosporus, Cunninghamella elegans, Myrothecium verrucaria* weiter verwerten. Der Schlammabbau dauert drei bis vier Wochen bei 25 °C – 35 °C (Hagler et al., 1976).

Bei der biotechnologischen Verwertung kommunaler Abwässer sind verschiedene hygienische und toxikologische Fragen bedeutungsvoll:

1. Pathogene Organismen müssen durch geeignete Sterilisationsmethoden ausgeschlossen werden.
2. Toxische Substanzen, besonders cancerogene Verbindungen müssen ausgeschlossen werden.
3. Schwermetalle, die sich in Abwässern zweifellos anreichern, müssen unter toxischen Konzentrationen liegen.
4. Sofern man nicht mit bekannten Mikroorganismenkulturen arbeitet, ist keine gut definierte Biomasse zu erwarten. Die gezüchteten Mikroorganismenmischungen dürfen als Futter keine Toxine enthalten.

Obwohl es eine ganze Anzahl von erfolgreichen Fütterungsversuchen auf diesem Gebiet gibt, stellen die oben genannten Fragen gegenwärtig noch ein großes Hemmnis für eine Verwendung von häuslichen Abwässern zur Biomassegewinnung dar (viel Literatur vgl. Schönborn, 1975).

VIII. Anwendung von Biomasse

Bier- und Wuchshefen werden als eiweißreiches Kraftfutter und als Vitaminträger bis zu 20% dem normalen Futter zugesetzt. Der geringe Gehalt an Methionin (vgl. Tabelle 27) erfordert eine Supplementierung.

Die Tabelle 25 zeigt die Zusammensetzung von Nähr- und Futterhefen, die nach verschiedenen Verfahren erzeugt wurden.

Hefen werden zu Extrakten (US-Pat. 3.961.080, 1976), Würzen, biochemischen Präparaten (besonders Enzyme für analytische Zwecke), Vitaminen (besonders Ergosterin), einer Reihe von medizinischen Präparaten (z. B. Faex medizinalis DAB 6, Extractum faecis DAB 6), Hefekohle, Aceton-Dauerhefe u. a. (Einzelheiten vgl. Rehm, 1967) weiter verarbeitet.

Auch SCP aus unkonventionellen C-Quellen soll in erster Linie in der Tierernährung eingesetzt werden und hat sich dort auch bewährt. 1 kg Alkanhefen können etwa 1,4 kg – 1,8 kg Sojakuchen ersetzen. SCP auf der Grundlage der Kohlenwasserstoffe hat dabei eine gleichbleibende Qualität, kann unabhängig von Ernteschwankungen eine regelmäßige Versorgung gewährleisten und läßt sich einfach lagern.

Aus den SCP-Mikroorganismen können die Proteine nach Zerstörung der Zellen auch extrahiert (Mitsuda et al., 1969; Lindblom, 1974; Dunnill und Lilly, 1975), dann zu Fäden gehärtet, zu Lebensmitteln versponnen (Hayakawa et al., 1975; Héden et al., 1971) und mit geeigneten Aromastoffen versetzt werden (Technologie vgl. Rha, 1975). Solche dem „texture vegetable protein" (TVP) ähnliche Lebensmittel „texture microbial protein" (TMP) werden in verschiedenen Lebensmittelfabri-

Tabelle 25. Zusammensetzung von Trockenhefen, die aus verschiedenen Rohstoffen erzeugt wurden (Literatur vgl. Butschek, 1962)

Rohstoff	Wassergehalt %	Roheiweiß %	Phosphat (P$_2$O$_5$) %	Rohfett %	Vitamine in mg%					
					Thiamin	Riboflavin	Panto·thensäure	Nicotinsäure	Ergosterin (in %)	Asche %
Getreide	5,8	48,5	2,5	6,9	2,6	5,0	8,9	56,8	0,3	6,8
Melasse	8,8	43,5 – 56,6	2,6 – 2,9		6,0 – 7,2	3,9 – 4,5	3,2	47,6	0,5 – 0,8	5,9 – 7,2
Holzzuckerschlempe	6,4	49,5	3,5		1,1	7,4	5,0	54,2	0,4	9,1
Buchenablauge	6,0 – 8,5	46,0 – 54,0	2,7 – 4,3	4,0 – 6,2	0,9 – 3,5	3,9 – 6,7	2,3 – 9,0	42,7 – 68,5	0,35 – 0,52	6,6 – 8,7
Fichtenablauge	6,5 – 8,5	48,8 – 57,5	3,8 – 4,8	4,4 – 8,2	0,5 – 1,7	4,0 – 6,7	5,2 – 9,9	54,7 – 70,0	0,26 – 0,54	7,9 – 10,0
Fichtenablaugenschlempen	7,3	56,1	3,8		0,8 – 1,8	4,6 – 5,0	2,2 – 5,0	53,2 – 57,9	0,38	
Bierhefe (entbittert)	5,0	48,4	3,5		5,9 – 8,3				0,21	6,7

ken entwickelt und sind auch für die menschliche Ernährung vorgesehen (US-Pat. 3.781.264, 1973; vgl. Omstedt et al., 1975; Hayakawa und Nomura, 1977).

Der ernährungsphysiologische Wert der verschiedenen SCP-Proteine ist noch keineswegs vollständig untersucht, doch scheinen verschiedene Proteine für den menschlichen Organismus gut annehmbar zu sein (vgl. Young und Scrimshaw, 1975), dabei sind Zellwandreste und besondere Kohlenhydrate u. a. Besonderheiten sicherlich von Bedeutung (vgl. Rehm, 1976; Kübler und Schulz, 1978).

Ein nicht geringes Problem ist die Beseitigung der häufig hohen Nucleinsäuregehalte des SCP (Kihlberg, 1972) (Tabelle 26). Diese werden vielfach durch besondere Züchtungsbedingungen (Viikari und Linko, 1977) und Lagerungsbedingungen (Trevelyan, 1976) oder durch Hitzebehandlung (vgl. Abu Ruwaida et al., 1976) und

Tabelle 26. Protein- und Nucleinsäuregehalt verschiedener Mikroorganismen. Werte aus Schnabl und Rehm (1972) und aus Frahm und Lembke (1975)

Mikroorganismus	Substrat	Roheiweiß %	Reineiweiß %	Nucleinsäuren %
Pseudomonas fluorescens	Tetradecan	63,7	43,8	19,9
Micrococcus cereficans	Paraffin	67,0		15,5
Candida lipolytica	Paraffin	50,5		6,5
Candida crusei	Molke	52,5		3,0
Scenedesmus obliquus		58,0		3,7
Spirulina maxima		65,0		4,1

Tabelle 27. Aminosäurezusammensetzung der Proteine (g/100 g Rohprotein) einiger Mikroorganismen, die als SCP diskutiert werden im Vergleich zu Fischmehl und Sojabohnenmehl. (Werte aus Schnabl und Rehm, 1972; [a] = Frahm und Lembke, 1975; [b] = Shacklady, 1975; Calloway und Kumar, 1969)

	Pseudomonas aeruginosa (Tetradecan)	*Pseudomonas aeruginosa* (Glucose)	BP-Hefe (Lavéra) [b]	BP-Hefe (Grangemouth) [b]	Bierhefe *Saccharomyces cerevisiae*	*Alcaligenes eutrophus* [b]	*Scenedesmus obliquus* (Dortmund) [a]	*Chlorella pyrenoidosa* (Gen. Dynamics) [a]	*Spirulina maxima* (Texaco) [a]	Fischmehl [b]	Sojabohnen-mehl [b]	*Methylomonas* sp. (nach Kübler und Schulz, 1978)
Lys	3,4	3,5	7,8	7,4	3,5	8,61	5,7	7,8	3,6	7,0	6,5	6,9
His	1,2	1,2	2,1	2,1	1,3	2,48	1,5	1,5		2,3	2,4	2,1
Arg	4,0	3,6	5,0	5,1	2,2	8,00	5,6	5,4		5,0	7,7	5,0
Thr	2,7	2,5	5,4	4,9	2,5	4,52	5,2	3,4	5,0	4,2	4,0	5,4
Cys	0,6	0,8	0,9	1,1	0,6	0,11	0,8			1,0	1,4	
Val	3,1	3,7	5,8	5,9	2,7	7,13	7,2	5,8	5,1	5,2	5,0	5,8
Met	1,1	1,3	1,6	1,8	0,9	2,69	1,4	2,0	2,1	2,6	1,4	3,1+Lys
Ile	2,4	2,5	5,3	5,1	2,5	4,58	4,4	3,6	4,4	4,6	5,4	5,3
Leu	4,6	4,7	7,8	7,4	3,3	8,52	9,3	4,0	6,8	7,3	7,7	7,8
Tyr	2,0	2,1	4,0	3,6	1,8	3,26				2,9	2,7	
Phe	2,3	2,4	4,8	4,3	2,2	3,96	4,6	4,8	5,2	4,0	5,1	8,8+Tyr
Trp			1,3	1,4						1,2	1,5	1,3

Extraktion, Verwendung von RN-asen u. a. Methoden (Sinskey und Tannenbaum, 1975) vermindert (vgl. Gomez, 1977).

Die Aminosäurezusammensetzung einiger als SCP diskutierter Mikroorganismen zeigt die Tabelle 27 im Vergleich zu Fischmehl und Sojabohnenmehl.

Es war beabsichtigt, an Ölraffinerien SCP-Anlagen zu installieren, um Transporte zu sparen und auch um evtl. durch solche Anlagen ein biotechnologisches „know how" an Entwicklungsländer zu vermitteln.

Gegenwärtig wird intensiv diskutiert, welche C-Quellen für die SCP-Herstellung besonders gut geeignet sind. Die Tabelle 17 hat bereits Ausbeuten angegeben.

Methan/Methanol/Äthanol und längerkettige Alkane haben als Substrate für die SCP-Gewinnung gegenüber vielen C-Quellen pflanzlichen Ursprungs den Vorteil, daß sie nicht saisonal, sondern ganzjährig angeliefert werden können, so daß sich risikolos kontinuierliche Verfahren darauf aufbauen lassen. Methanol ist ein Substrat – ähnlich wie Äthanol –, das von Erdöl unabhängig sein kann und daher evtl. dessen Preisschwankungen nicht so sehr ausgesetzt ist.

Die toxikologische Unbedenklichkeit, die von einigen staatlichen Überwachungsstellen noch keineswegs anerkannt wird, ist eine unbedingte Voraussetzung für die Verwendung von SCP. Auch hier spielen Ausgangssubstrat und evtl. Verunreinigungen, die hieraus in das Endprodukt gelangen können, eine wichtige Rolle, Einzelheiten vgl. Tannenbaum und Wang (1975).

SCP aus H_2 und O_2 hat eine Aussicht auf Anwendung, wenn es gelingt, H_2 billig herzustellen.

Einzelheiten vgl. Menges und Tachis (1974), Dimmling und Seipenbusch (1975), Tannenbaum und Wang (1975), Wagner (1975), Rehm (1976), Schlegel und Barnea (1976), Laskin (1977 a, b), Litchfield (1977 a, b). Die Tabelle 28 zeigt Kapazitäten der SCP-Gewinnung.

Tabelle 28. SCP-Anlagen (vgl. Abbott, 1974; Dimmling und Seipenbusch, 1975; Laskin, 1977 a, b; Barlet et al., 1978)

Land	Hersteller und Lage	Rohmaterial	Kapazität t pro Jahr	Bemerkungen
CSSR	Kojetin	Äthanol	1 000	Versuchsanlage
CSSR	Kojetin	Äthanol	100 000	geplant
UK	BP, Grangemouth	n-Alkane	4 000	in Betrieb
UK	ICI, Billingham	Methanol	1 000 ⎱ 100 000 ⎰	Versuchsanlage geplant
Frankreich	BP, Lavéra	Gasoil (Erdöl)	16 000	wird umgebaut
Schweden	Norsk Hydro u. AB Marabou „Norprotein"	Methanol		Versuchsanlage
Bundesrepublik Deutschland	Höchst-Uhde	Methanol		Versuchsanlage, in Betrieb
Italien	Italprotein (BP, ANIC) Sarroch (Sardinien)	n-Alkane	100 000	im Bau
Italien	Liquichimica Reggio (Calabrien)	n-Alkane	100 000	im Bau
Japan	Dainippon	n-Alkane	120 000 ⎱	geplant, im Bau, z. T. stillgelegt
Japan	Kanegafuchi	n-Alkane	60 000 ⎰	
Japan	Kyowa Hakko, Kogyo (BP-Lizenz)	n-Alkane	1500	
Japan	Mitsubishi	Methanol		Versuchsanlage
Japan	Mitsubishi	Äthanol		Versuchsanlage
USA	Amoco	Äthanol	4 500	im Bau bzw. in Betrieb
USA	Milbrew	Molke	5 000	im Bau
USSR	von Rosedown UK	n-Alkane	116 000	geplant
USSR	verschiedene Anlagen mit Methanol, Methan, Äthan, Sulfitablaugen geplant bzw. in Bau			
Rumänien	Min. Chem. Ind. Jassy (von Dainippon geplant)	n-Alkane	60 000	geplant
Spanien	Cepsa, Huelva	Äthanol	100 000	gepl. für 1980
Schweden	Svenska Socker	Kartoffelstärke	10 000	in Betrieb
Finnland	Finish Pulp and Paper	Sulfitablaugen	10 000	im Bau
Venezuela	BP	Paraffin	100 000	zurückgestellt (?)

Literatur

Abbott, B. J., Clamen, A.: Biotechnol. Bioeng. *15*, 117 (1973)

Abbott, J. C.: In: Single cell protein. Davis, P. (ed.), pp. 25 – 45. London, New York: Academic Press 1974

Abu Ruwaida, A. S., Lafferty, R. M., Schlegel, H. G.: Eur. J. Appl. Microbiol. *2*, 73 – 79 (1976)

Amano, Y., Goto, S., Kagami, M.: J. Ferment. Technol. *53*, 311 – 314 (1975 a)

Amano, Y., Sawada, H., Takada, N., Terui, G.: J. Ferment. Technol. *53*, 315 – 326 (1975 b)

Ander, P., Eriksson, K.-E.: Prog. Ind. Microbiol. *14*, 1 – 58 (1978)

Anderson, C., Longton, J., Maddix, C., Scammell, G. W., Solomons, G. L.: In: Single cell protein II. Tannenbaum, S. R., Wang, D. I. C. (eds.), pp. 314 – 329. Cambridge, Mass., London MIT Press 1975

Andren, R. K., Erickson, R. J., Medeiros, J. E.: Biotechnol. Bioeng. Symp. *6*, 177 – 203 (1976)

Andrzejewski, W., Surażyński, A., Chojnowski, W., Koziak, W.: Przem. Ferment. Rolny, *18*, 1 – 5 (1974)

Asai, Y., Makiguchi, N., Shimada, M., Kurimura, Y.: J. Gen. Appl. Microbiol. *22*, 197 – 202 (1976)

Asthana, H. N. (1972): zit. bei Cooney und Makiguchi (1977)

Auriol, J.-C., Dulong de Rosnay, C., Pasquier du, P., Séchet, J.: C. R. Acad. Sci. Ser. D. *275*, 2567 – 2570 (1972)

Babitskaya, V. G., Lobanok, A. G., Kostina, A. M.: Vestsi Acad. Navuk. B. SSR Ser. Biyal. Navuki *2*, 61 – 64 (1976)

Baker, A. J., Mohaupt, A. A., Spino, D. F.: J. Anim. Sci. *37*, 179 – 182 (1973)

Barlet, A., Holve, W. A., Meriel, J.: Food. Eng. Int. pp. 45 – 50 (1978)

Bellamy, W. D.: Abstr. Bacteriol Proc. *18*, (1969)

Bellamy, W. D.: Int. Conf. single cell Protein. Cambridge, Mass., London: MIT Press 1973

Bellamy, W. D.: Biotechnol. Bioeng. *16*, 869 – 880 (1974)

Bellamy, W. D.: Dev. Ind. Microbiol. *18*, 249 – 254 (1977)

Bender, F., Heaney, D. P., Bowden, A.: For. Prod. J. *20*, 36 (1970)

Bennet, I. C., Hondermarck, J. C., Todd, J. R.: Hydrocarbon Process. *48*, 104 (1969)

Bernstein, S., Tzeng, C. H., Sisson, D.: Biotechnol. Bioeng. Symp. *7*, 1 – 9 (1977)

Bewersdorff, M., Dostalek, M.: Biotechnol. Bioeng. *13*, 49 (1971)

Bhattacharjee, J. K.: Adv. Appl. Microbiol. *13*, 139 – 161 (1970)

Birckenstaedt, J. W., Faust, U., Sambeth, W.: Process Biochem. *12*, 7 – 10 (1977)

Blanch, H. W., Einsele, A.: Biotechnol. Bioeng. *15*, 861 – 877 (1973)

Bland, W. F. (ed.): Petrochem. News *13*, 29 (1975)

Boretti, G., Garafano, L., Montecucchi, P., Spalla, C.: Arch. Mikrobiol. *92*, 189 (1972)

Bos, P.: Promotionsarbeit Tech. Hochschule Delft (1975)

Bos, P., de Bruyn, J. C.: J. Microbiol. Serol. *39*, 99 – 107 (1973)

Brandt, D., Hartz, L., Mandels, M.: Proc. AIChE Meet. (1972)

Brodowski, R., Kamiński, S.: Przem. Ferment. Rolny *17*, 15 – 19 (1973)

Brown, D. E., Zainudeen, M. A.: Biotechnol. Bioeng. *19*, 941 – 958 (1977)

Brown, L. R., Strawinski, R. J., McCleskey, C. S.: Can. J. Microbiol. *10*, 791 (1964)

Bruchmann, E.-E., Graf, H., Saad, A. A., Schrenk, D.: Chemiker Zeitg. *102*, 154 – 155 (1978)

Butschek, G.: In: Die Hefen, Bd. 2. S. 611 – 664. Nürnberg: Hans Carl 1962

Calloway, D. H., Kumar, A. M.: J. Appl. Microbiol. *17*, 176 – 178 (1969)

Camhi, J. D., Rogers, P. L.: J. Ferment. Technol. *54*, 437 – 449 (1976)

Carter, B. L. A., Bull, A. T.: Biotechnol. Bioeng. *11*, 785 (1969)

Cerniglia, C. E., Blevins, W. T., Perry, J. J.: Appl. Environ. Microbiol. *32*, 764 – 768 (1976)

Chahal, D. S., Swan, J. E., Moo-Young, M.: Dev. Ind. Microbiol. *18*, 433 – 442 (1977)

Chakrabarty, A. M., Chou, G., Gunsalus, I. C.: Proc. Natl. Acad. Sci. USA *70*, 1137 – 1140 (1973)

Champagnat, A.: Impact Sci. Soc. *14*, 119 (1964)

Champagnat, A., Llewelyn, D. A. B.: New Sci. *16*, 612 (1961)

Chang, W. T. H.; Thayer, D. W.: Dev. Ind. Microbiol. *16*, 456 – 464 (1974)

Cole, W., Turk, M.: Zit. bei Bellamy (1974)

Cooney, C. L., Levine, D. W.: Adv. Appl. Microbiol. *15*, 337 – 365 (1972)

Cooney, C. L., Levine, D. W.: In: Single cell protein II. Tannenbaum, S. R., Wang, D. I. C. (eds.), pp. 402 – 423. Cambridge, Mass., London: MIT Press 1975

Cooney, C. L., Makiguchi, N.: Biotechnol. Bioeng. Symp. *7,* 65 – 76 (1977)

Cooper, P. G., Silver, R. S., Boyle, J. P.: In: Single cell protein II. Tannenbaum, S. R., Wang, D. I. C. (eds.), pp. 454 – 466. Cambridge, Mass., London: MIT Press 1975

Corcoran, J. W.: Dev. Ind. Microbiol. *15,* 93 (1974)

Cowling, E. B., Kirk, T. K.: Biotechnol. Bioeng. Symp. *6,* 95 – 123 (1976)

Dalhoff, A., Rehm, H. J.: Eur. J. Appl. Microbiol. *3,* 193 – 202, 203 – 211 (1976)

Das, K., Ghose, T. K.: J. Appl. Chem. Biotechnol. *23,* 829 (1973)

Davies, J. S., Zajic, J. E., Wellman, A. M.: Dev. Ind. Microbiol. *15,* 256 – 262 (1973)

Davies, S. L., Whittenburg, R.: J. Gen. Microbiol. *61,* 227 (1970)

Davis, P. (ed.): In: Single cell protein. London, New York: Academic Press 1974

Demain, A. L.: Biotechnol. Bioeng. Symp. *6,* 79 – 81 (1976)

Diel, F., Dellweg, H.: Abstr. 5th Int. Ferment. Symp. p. 390. Berlin 1976

Diel, F., Held, W., Schlanderer, G., Dellweg, H.: FEBS Lett. *38,* 274 – 276 (1974)

Dijken, van, J. P., Harder, W., Beardsmore, A. J., Quale, J. R.: FEMS Microbiol. Lett. *4,* 97 – 102 (1978)

Dimmling, W., Seipenbusch, R.: Hydrocarbon Process. 169 – 172 (1975)

Dostálek, M., Molin, N.: In: Single cell protein II. Tannenbaum, S. R., Wang, D. I. C. (eds.), pp. 385 – 401. Cambridge, Mass., London: MIT Press 1975

Dovgich, N. A.: Mikrobiol. Zh. *37,* 556 – 558 (1975)

Dunlap, E. E.: In: 2nd Int. Conf. SCP. Cambridge, Mass., London: MIT Press 1973

Dunnill, P., Lilly, M. D.: In: Single cell protein II. Tannenbaum, S. R., Wang, D. I. C. (eds.), pp. 179 – 207. Cambridge, Mass., London: MIT Press 1975

Duvnjak, Z., Roche, B., Azoulay, E.: Arch. Mikrobiol. *72,* 135 – 139 (1970)

Dworkin, M., Foster, J. W.: Nov. Comb. J. Bacteriol. *72,* 646 (1956)

Einsele, A., Fiechter, A.: Adv. Biochem. Eng. *1,* 169 – 194 (1971)

Eklund, E., Hatakka, A., Mustranta, A., Nybergh, P.: Eur. J. Appl. Microbiol. *2,* 143 – 152 (1976)

Enari, T.-M., Markkanen, P.: Adv. Biochem. Eng. *5,* 1 – 24 (1977)

Enenkel, A., Ebner, H., Rudolf, J.: In: 2. Symp. Tech. Mikrobiol. Dellweg, H. (Hrsg.), S. 65 – 72. Berlin: Institut für Gärungsgewerbe und Biotechnologie 1970

Eriksson, K. E., Larsson, K.: Biotechnol. Bioeng. *17,* 327 – 348 (1975)

Espinosa, R., Maldonado, O., Menchu, J. F., Rolz, C.: Biotechnol. Bioeng. Symp. *7,* 35 – 44 (1977)

Eyk, van, J., Bartels, T. J.: J. Bacteriol. *96,* 706 – 712 (1968)

Faust, U., Präve, P., Sukatsch, D. A.: J. Ferment. Technol. *55,* 609 – 614 (1977)

Feist, W. C., Baker, A. J., Tarkow, H.: J. Anim. Sci. *30,* 832 (1970)

Ferenci, T.: Arch. Mikrobiol. *108,* 217 – 219 (1976)

Fiechter, A.: Adv. Biochem. Eng. (1980)

Flickinger, M. C., Tsao, G. T.: Annu. Rep. Ferment. Proc. *2,* 23 – 42 (1978)

Forage, A. J., Righelato, R. C.: Prog. Ind. Microbiol. *14,* 59 – 94 (1978)

Forbes, A. D.: 1. Eur. Congr. Biotechnol. Interlaken, Part I. pp. 215 – 217. Frankfurt: Dechema 1978

Foster, J. W., Davis, R. H.: J. Bacteriol. *91,* 1924 (1966)

Frahm, H., Lembke, A.: 1. Symp. Mikrobielle Proteingewinnung. 179 – 184. Weinheim, New York: Chemie 1975

Fukui, S., Kawamoto, S., Yasuhara, S., Tanaka, A.: Eur. J. Biochem. *59,* 561 – 566 (1975 a)

Fukui, S., Tanaka, A., Kawamoto, S., Yasuhara, S., Teranishi, Y., Osumi, M.: J. Bacteriol. *123,* 317 – 328 (1975 b)

Fukui, S., Tanaka, A., Kawamoto, S., Osumi, M.: Abstr. 5th Int. Ferment. Symp. p. 388. Berlin 1976

Gaden, E. L., Jr., Mandels, M. H., Reese, E. T., Spano, L. A.: Biotechnol. Bioeng. Symp. *6* (1976)

Ghose, T. K. (ed.): Symp. IIT, New Delhi. Faridabad, Haryana: Aroon Purie at Thomson Press (India) Ltd. 1978

Ghose, T. K., Das, K.: Adv. Biochem. Eng. *1,* 55 – 76 (1971)

Giec, A., Skupin, J.: Bull. Acad. Pol. Sci. Sér. Sci. Biol. *22*, 223 – 230 (1974)

Goldberg, I.: Process Biochem. *12*, 12 – 15, 17 – 18 (1977)

Goldstein, I. S.: Biotechnol. Bioeng. Symp. *6*, 293 – 301 (1976)

Gomez, R. F.: Adv. Biochem. Eng. *5*, 50 – 67 (1977)

Gong, Ch.-S., Ladisch, M. R., Tsao, G. T.: Biotechnol. Bioeng. *19*, 959 – 981 (1977)

Gounelle de Pontanel, H. (ed.): Paris: Comité Scientifique, Symp. d'Aix-en-Provence 1972

Gow, J. S., Littlehailes, J. D., Smith, S. R. L., Walter, R. B.: In: Single cell protein II. Tannenbaum, S. R., Wang, D. I. C. (eds.), pp. 370 – 384. Cambridge, Mass., London: MIT Press 1975

Graham, D. C. W., Steinkraus, K. H., Hackler, L. R.: Appl. Environ. Microbiol. *32*, 381 – 387 (1976)

Grant, G. A., Anderson, A. W., Han, Y. W.: Biotechnol. Bioeng. *19*, 1817 – 1830 (1977)

Gray, W. D.: Adv. Chem. Ser. *57*, 261 – 268 (1966)

Gray, W. D., Abou El Seoud, M.: Dev. Ind. Microbiol. *7*, 221 – 225 (1966)

Gray, W. D., Och, F. F., Abou El Seoud, M.: Dev. Ind. Microbiol. *5*, 384 – 389 (1964)

Gregory, K. F., Reade, A. E., Khor, G. L., Alexander, J. C., Lumsden, J. H., Losos, G.: Food Technol. *30*, 30, 32, 35 (1976)

Hagler, W. M., Jr., Davis, N. D., Diener, U. L.: Mycopathologia *58*, 177 – 181 (1976)

Hamer, G., Harrison, D. E. F., Harwood, J. H., Topiwala, H. H.: In: Single cell protein II. Tannenbaum, S. R., Wang, D. I. C. (eds.), pp. 357 – 369. Cambridge, Mass., London: MIT Press 1975

Han, Y. W.: Appl. Microbiol. *29*, 510 – 514 (1975)

Han, Y. W., Callihan, C. D.: Appl. Microbiol. *27*, 159 – 165 (1974)

Hang, Y. D.: In: Abstr. 5th Int. Ferment. Symp. Dellweg, H. (ed.), p. 350. Berlin 1976

Harder, W., Quayle, J. R.: Biochem. J. *121*, 753 (1971)

Harrison, D. E. F.: Adv. Appl. Microbiol. *24*, 129 – 164 (1978)

Harrison, D. E. F., Wilkinson, T. G., Wrens, S. J., Harwood, J. H.: In: Continuous culture 6. Dean, A. C. R., Ellwood, D. C., Evans, C. G. T., Melling, J. (eds.). Ellis Horwood 1976

Harrison, J. S.: Progr. Ind. Microbiol. *10*, 129 – 177 (1971)

Harwood, J. H., Pirt, S. J.: J. Appl. Bacteriol. *35*, 597 (1972)

Hayakawa, I., Kawasaki, S., Nomura, D.: J. Agric. Chem. Soc. Jpn. *49*, 641 – 646 (1975)

Hayakawa, I., Nomura, D.: Agric. Biol. Chem. *41*, 117 – 124 (1977)

Hazeu, W., Steennis, P. J.: J. Microbiol. Serol. *36*, 67 (1970)

Héden, C.-G., Molin, N., Olsson, U., Rupprecht, A.: Biotechnol. Bioeng. *13*, 147 – 150 (1971)

Hedenskog, G., Mogren, H.: Biotechnol. Bioeng. *15*, 129 – 142 (1973)

Hoffmann, B., Rehm, H. J.: Eur. J. Appl. Microbiol. *3*, 19 – 30, 31 – 41 (1976)

Hoffmann, B., Schulte, E., Rehm, H. J.: Eur. J. Appl. Microbiol. *3*, 273 – 281 (1977)

Holjevac, M., Vlašić, D.: Abstr. 5th Int. Ferment. Symp. p. 145. Berlin 1976

Hug, H., Blanch, H. W., Fiechter, A.: Biotechnol. Bioeng. *16*, 965 – 985 (1974)

Humphrey, A. E.: Biotechnol. Bioeng. *9*, 3 – 24 (1967)

Humphrey, A. E.: Biotechnol. Bioeng. Symp. *5*, 49 – 65 (1975 a)

Humphrey, A. E.: In: Single cell protein II. Tannenbaum, S. R., Wang, D. I. C. (eds.), pp. 1 – 23. Cambridge, Mass., London: MIT Press 1975 b

Humphrey, A. E., Gaden, E. L., Jr. (eds.): Biotechnol. Bioeng. Symp. No 7. New York, London, Sydney, Toronto: John Wiley & Sons 1977

Imrie, F.: New Sci. *66*, 458 – 460 (1975)

Johnson, J. L., Temple, K. L.: J. Bacteriol. *84*, 456 (1962)

Jurášek, L., Colvin, J. R., Whitaker, D. R.: Adv. Appl. Microbiol. *9*, 131 – 170 (1967)

Just, F., Schnabel, W., Ullmann, S.: Brauerei Wiss. Beil. *4*, 57 – 60 (1951)

Kamihara, T.: Arch. Biochem. Biophys. *133*, 137 – 143 (1969)

Kato, N., Kano, M., Tani, Y., Ogata, K.: Agric. Biol. Chem. *38*, 111 – 116 (1974)

Kawamoto, S., Tanaka, A., Yamamura, M., Teranishi, Y., Fukui, S., Osumi, M.: Arch. Mikrobiol. *112*, 1 – 8 (1977)

Keller, A. K., Gerhardt, P.: Biotechnol. Bioeng. *17*, 997 – 1018 (1975)

Kihlberg, R.: Annu. Rev. Microbiol. *26*, 427 (1972)

Klass, D. L., Iandolo, J. J., Knabel, S. J.: Chem. Eng. Prog. Symp. Ser. *93*, 72 (1969)

Klug, M. J., Markovetz, A. J.: Adv. Microbiol. Physiol. *5*, 1 – 39 (1971)

Kosaric, N., Zajic, J. E.: Adv. Biochem. Eng. *3*, 89 – 125 (1974)

Kübler, W., Schulz, E.: Forschung aktuell. Biotechnologie, S. 36 – 50. Frankfurt: Umschau 1978

Kvasnikov, E. I., Tevelevich, M. B., Pantjushina, L. P., Sadiakhmatov, V., Burakova, O. A., Zjuzina, M. I., Zudova, R. N., Kozubenko, E. V.: Mikrobiol. Zh. *38*, 160 – 166 (1976)

Lafferty, R. M., Moser, A., Steiner, W.: GBF 1. Symp. mikrobielle Proteingewinnung. S. 87 – 92. Weinheim, New York: Chemie 1975

Lafferty, R. M., Oeding, V., Robra, K. H., Schlegel, H. G.: Dechema Monographien. Technische Biochemie. S. 37 – 52. Weinheim, New York: Chemie 1973

Lainé, B.: Ind. Aliment. Agric. *85*, 1173 (1968)

Lainé, B. M., du Chaffaut, J.: In: Single cell protein II. Tannenbaum, S. R., Wang, D. I. C. (eds.), pp. 424 – 437. Cambridge, Mass., London: MIT Press 1975

Laskin, A. L.: Annu. Rep. Ferment. Process. Perlman, D. (ed.), Vol. 1, pp. 151 – 180. London, New York: Academic Press 1977 a

Laskin, A. L.: Biotechnol. Bioeng. Symp. *7*, 91 – 103 (1977 b)

Lawford, G. R., Kligerman, A., Williams, T., Lawford, H. G.: Biotechnol. Bioeng. *21*, 1163 – 1174 (1979)

Lefrançois, L.: Ber. Symp. Dellweg, H. (Hrsg.), S. 73 – 80. Berlin: Institut für Gärungsgewerbe und Biotechnologie 1970

Lefrançois, L., Revuz, B.: Ind. Aliment. Agr. *81*, 1175 – 1181 (1964)

Levine, D. W., Cooney, C. L.: Appl. Microbiol. *26*, 982 – 990 (1973)

Lindblom, M.: Biotechnol. Bioeng. *16*, 1495 – 1506 (1974)

Linden, van der, A. C., Thijsse, G. J. E.: Adv. Enzymol. *27*, 469 – 546 (1965)

Linko, M.: Adv. Biochem. Eng. *5*, 25 – 48 (1977)

Litchfield, J. H.: In: Single cell protein from renewable and nonrenewable resources. Gaden, E. L. Jr., Humphrey, A. E. (eds.), pp. 77 – 90. New York, London, Sydney, Toronto: John Wiley & Sons 1977 a

Litchfield, J. H.: Adv. Appl. Microbiol. *22*, 267 – 305 (1977 b)

Littlehailes, J. D.: Ber. 1. Symp. microbielle Proteingewinnung. S. 43 – 48. Weinheim, New York: Chemie 1975

Lücke, J., Oels, U., Schügerl, K.: Chem. Ing. Tech. *48*, 573 (1976)

Mandels, M.: Biotechnol. Bioeng. *5*, 81 – 105 (1975)

Mandels, M., Reese, E. T.: Dev. Ind. Microbiol. *5*, 5 – 20 (1964)

Mandels, M., Hontz, L., Nystrom, J.: Biotechnol. Bioeng. *16*, 1471 – 1493 (1974)

Mandels, M., Nystrom, J., Bolger, D.: Act. Rep. Res. Dev. Assoc. Mil. Packag. Syst. Inc. *27*, 134 – 145 (1975)

Martini, A., Lorenz, M.: Stärke *18*, 350 – 353 (1966)

Mason, T. J., Millis, N. F.: Biotechnol. Bioeng. *18*, 1337 – 1349 (1976)

Masuda, Y.: Chem. Econ. Eng. Rev. *6*, 54 – 60 (1974)

McKenna, E. J., Kallio, R. E.: Annu. Rev. Microbiol. *19*, 183 – 208 (1965)

Meller, F. H.: Public Health Service Publ. No. 1909 (1969)

Menezes, de, H. C., de Menezes, T. J., Villas Boas, H.: Biotechnol. Bioeng. *15*, 1123 – 1129 (1973)

Menges, N., Tachis, A. M.: Chem. Ind. *26*, 583 – 586 (1974)

Mian, F. A., Ajdar, A., Fazeli, A.: J. Ferment. Technol. *54*, 76 – 81 (1976)

Millett, M. A., Baker, A. J.: Biotechnol. Bioeng. Symp. *5*, 193 – 219 (1975)

Millett, M. A., Baker, A. J., Satter, L. D.: Biotechnol. Bioeng. Symp. *6*, 125 – 153 (1976)

Mitra, G., Wilke, Ch. R.: Biotechnol. Bioeng. *17*, 1 – 13 (1975)

Mitsuda, H., Yasumoto, K., Nakamura, H.: Chem. Eng. Proc. Ser. *65*, 93 (1969)

Moebus, O., Lembke, A.: Kiel. Milchwirtsch. Forschungsber. *27*, 3 – 23 (1975)

Moo-Young, M., Chahal, D. S., Swan, J. E., Robinson, C. W.: Biotechnol. Bioeng. *19*, 527 – 538 (1977)

Naguib, M.: Verh. Int. Ver. Limnol. *18*, 1287 – 1299 (1973)

Naguib, M.: Ber. 1. Symp. mikrobielle Proteingewinnung. S. 101 – 109. Weinheim, New York: Chemie 1975

Nakahara, T., Erickson, L. E., Gutierrez, J. R.: Biotechnol. Bioeng. *19*, 9 – 25 (1977)

Nisizawa, K., Yamane, K., Suzuki, H.: Am. Chem. Soc. Monogr. Ser. in press zit. bei Reese et al. 1969

Norkrans, B.: Adv. Appl. Microbiol. *9*, 91 – 130 (1967)

O'Brien, W. E., Brown, L. R.: Dev. Ind. Microbiol. *9*, 389 – 393 (1968)

Ogata, K., Nishikawa, H., Ohsugi, M.: J. Ferment. Technol. *48*, 389, 470 (1970)

Ogur, M.: Dev. Ind. Microbiol. *7*, 216 – 220 (1966)

Omstedt, P., von der Decken, A., Hedenskog, G., Mogren, H.: In: Single cell protein II. Tannenbaum, S. R., Wang, D. I. C. (eds.), pp. 553 – 563. Cambridge, Mass., London: MIT Press 1975

Pabst, G. S., Brown, L. R.: Dev. Ind. Microbiol. *9*, 394 – 400 (1968)

Peitersen, N.: Symp. Enzymatic Hydrolysis of Cellulose, Aulanko, Finnland pp. 407 – 418. 1975 a

Peitersen, N.: Biotechnol. Bioeng. *17*, 361 – 374 (1975 b)

Peitersen, N.: Biotechnol. Bioeng. *17*, 1291 – 1299 (1975 c)

Pelz, B., Rehm, H. J.: Arch. Mikrobiol. *92*, 153 – 170 (1973)

Peppler, H. J.: In: The yeasts. Rose, A. H., Harrison, J. S. (eds.), Vol. 3, pp. 421 – 462. London, New York: Academic Press 1970

Perry, J. J.: Antonie van Leeuwenhoek *34*, 27 – 36 (1968)

Petkov, A. V.: Spirt. Prom. *27*, 35 (1961)

Pew, J. C., Weyna, P.: Tappi *45*, 247 (1962)

Präve, P., Sukatsch, D. A.: Ber. 1. Symp. mikrobielle Proteingewinnung. S. 35 – 41. Weinheim, New York: Chemie 1975

Prokop, A., Sobotka, M.: In: Single cell protein II. Tannenbaum, S. R., Wang, D. I. C. (eds.), pp. 127 – 157. Cambridge, Mass., London: MIT Press 1975

Quierzy, P., Therien, N., Leduy, A.: Biotechnol. Bioeng. *21*, 1175 – 1190 (1979)

Reade, A. E., Gregory, K. F.: Appl. Microbiol. *30*, 897 – 904 (1975)

Reade, A. E., Smith, R. H., Palmer, R. M.: Proc. Biochem. Soc. *127*, 32 (1972)

Reese, E. T.: Biotechnol. Bioeng. Symp. *5*, 77 – 80 (1975)

Reese, E. T.: Biotechnol. Bioeng. Symp. *6*, 9 – 20 (1976)

Reese, E. T., Maguire, A.: Dev. Ind. Microbiol. *12*, 212 – 224 (1970)

Rehm, H. J.: Industrielle Mikrobiologie. Berlin, Heidelberg, New York: Springer 1967

Rehm, H. J.: Int. Z. Vitamin Ernährungsforsch. Beih. *14*, 162 – 171 (1974)

Rehm, H. J.: Ernähr. Umsch. *10*, 307 – 311 (1976)

Rehm, H. J.: Dechema Monographien. Biotechnologie. Rehm, H. J. (Hrsg.), Vol. 81, S. 145 – 156. Weinheim, New York: Chemie 1977

Rehm, H. J.: unveröffentlicht (1980)

Rehm, H. J., Reiff, I.: Adv. Biochem. Eng. (in preparation) (1980)

Reuß, M., Sahm, H., Wagner, F.: Chem. Ing. Tech. *16*, 669 – 676 (1974)

Rha, C.: In: Single cell protein II. Tannenbaum, S. R., Wang, D. I. C. (eds.), pp. 587 – 602. Cambridge, Mass., London: MIT Press 1975

Rieche, A.: Wiss. Ann. *3*, 705 (1954)

Rieche, A., Nordheim, W., Martini, A., Müller, G.: Tierphysiol. Tierernähr. Futtermittelkd. *21*, 144 – 153 (1966)

Righelato, R. C., Imrie, F. K. E., Vlitos, A. J.: Resour. Recovery Conserv. *1*, 257 – 269 (1976)

Rogers, C. J., Coleman, E., Spino, D. F., Scarpino, P. V., Purcell, T. C.: Environ. Sci. Technol. *6*, 715 (1972)

Sahm, H., Bormann, C., Eggeling, L., Paschke, M.: 1. Eur. Congr. Biotechnol. Interlaken, Part I. pp. 222 – 224. Frankfurt: Dechema 1978

Sahm, H., Dix, B., Eggeling, L., Roggenkamp, R.: In: Abstr. 5th Int. Ferment. Symp. p. 389. Berlin 1976

Sahm, H.: Adv. Biochem. Eng. *6*, 77 – 103 (1977)

Sahm, H., Wagner, F.: Arch. Mikrobiol. *84*, 29 (1972)

Sahm, H., Wagner, F.: Arch. Mikrobiol. *90*, 263 – 268 (1973)

Sahm, H., Wagner, F.: Ber. 1. Symp. mikrobielle Proteingewinnung. S. 17 – 23. Weinheim, New York: Chemie 1975

Sánchez-Marroquín, A.: Biotechnol. Bioeng. Symp. *7*, 23 – 34 (1977)

Schatz, G., Mason, T. L.: Annu. Rev. Biochem. *43*, 51 – 87 (1974)

Scheifinger, C. C., Wolin, M. J.: Appl. Microbiol. *26*, 789 – 795 (1973)
Schlegel, H. G.: Antonie van Leeuwenhoek *42*, 181 – 201 (1976)
Schlegel, H. G., Barnea, J. (ed.): Microbial energy conversion. Göttingen: Erich Goltze KG 1976
Schlegel, H. G., Eberhardt, U.: Adv. Microbiol. Physiol. *7*, 205 – 242 (1972)
Schlegel, H. G., Lafferty, R. M.: Adv. Biochem. Eng. *1*, 143 – 168 (1971)
Schnabl, H., Rehm, H.-J.: Chem. Mikrobiol. Technol. Lebensm. *1*, 126 – 131 (1972)
Schneider, K., Schlegel, H. G.: Arch. Microbiol. *112*, 229 – 238 (1977)
Schönborn, W.: Int. Symp. Use High-Level Radiation Waste Treatment. München 1975, IAEA-Sm-194, paper 701
Schönhuth, O.: Ber. Symp. Dellweg, H. (Hrsg.), S. 81 – 87. Berlin: Institut für Gärungsgewerbe und Biotechnologie 1970
Seeley, D. B.: Biotechnol. Bioeng. Symp. *6*, 285 – 292 (1976)
Sekunova, V. N., Bolondz, G. V., Andreev, K. P., Abramovich, M. M.: Gidroliz. Lesokhim. Promst. *15*, 3 (1962)
Selby, K.: In: Biodeterioration of materials. Walters, Elphick (eds.), Vol. I, p. 62. New York: Elsevier Press 1968
Šestáková, M., Adámek, L., Štros, F.: Folia Microbiol. *21*, 444 – 454 (1976)
Shacklady, C. A.: Outlook Agric. *6*, 102 – 107 (1975)
Sheehan, B. T., Johnson, M. J.: Appl. Microbiol. *21*, 511 (1971)
Shelef, G., Dubinski, Z., Meydan, A., Berner, T.: In: Abstr. 5th Int. Ferment. Symp. Dellweg, H. (ed.), p. 348. Berlin 1976
Shepherd, P. G., Fraissignes, B., Peet, W. A.: Biotechnol. Bioeng. Symp. *4*, 721 – 732 (1974)
Simard, R. E., Fustier, P.: In: Abstr. 5th Int. Ferment. Symp. Dellweg, H. (ed.), p. 347. Berlin 1976
Sinskey, A. J., Tannenbaum, S. R.: In: Single cell protein II. Tannenbaum, S. R., Wang, D. I. C. (eds.), pp. 158 – 178. Cambridge, Mass., London: MIT Press 1975
Skogman, H.: Mitt. PEC Männedorf persönl. Mitt. (1975)
Smith, M. E., Bull, A. T.: J. Appl. Bacteriol. *41*, 81 – 95 (1976)
Smith, R. H., Palmer, R., Reade, A. E.: J. Sci. Food Agric. *26*, 785 – 795 (1975)
Snedecor, B., Cooney, C. L.: Appl. Microbiol. *27*, 1112 – 1117 (1974)
Solomons, G. L.: In: The filamentous fungi. Smith, J. E., Berry, D. R. (eds.), Vol. I, pp. 249 – 264. London: Edward Arnold 1975
Spano, L. A., Medeiros, J., Mandels, M.: U. S. Army Natick Laboratories, Mass. 01760 (1975)
Spicer, A.: In: Industrial aspects of biochemistry, Part I. Proc. 9th FEBS Meet. Spencer, B. (ed.), pp. 363 – 366. Amsterdam, London, New York: North Holland/American Elsevier 1974
Stanton, W. R.: In: Abstr. 5th Int. Ferment. Symp. Dellweg, H. (ed.), p. 351. Berlin 1976
Steinbeck, K.: In: Microbial energy conversion. pp 35 – 44. Göttingen: Erich Goltze KG 1976
Stern, A. M., Gasner, L. L.: Biotechnol. Bioeng. *16*, 789 – 805 (1974)
Stutzenberger, F. J.: Appl. Microbiol. *22*, 147 (1971)
Sugimoto, H.: J. Food Sci. *39*, 934 – 938 (1974)
Surucu, G. A., Engelbrecht, R. S., Chian, E. S. K.: Biotechnol. Bioeng. *17*, 1639 – 1662 (1975)
Tani, Y., Kato, N., Yamada, H.: Adv. Appl. Microbiol. *24*, 165 – 186 (1978)
Tannenbaum, S. R., Wang, D. I. C.: In: Single cell protein II. Cambridge, Mass., London: MIT Press 1975
Thayer, D. W.: Dev. Ind. Microbiol. *17*, 79 – 89 (1976)
Tiunova, N. A., Fenixova, R. V., Shalamberidze, N. G., Rodionova, N. A.: Prikl. Biokhim. Mikrobiol. *8*, 432 – 436 (1972)
Tomlinson, E. J.: Water Res. *10*, 372 – 376 (1976)
Trevelyan, W. E.: J. Sci. Food. Agric. *27*, 753 – 762 (1976)
Tsao, G. T., Ladisch, M., Ladisch, C., Hsu, T. A., Dale, B., Chou, T.: Annu. Rep. Ferment. Proc. *2*, 1 – 21 (1978)
Tseng, T.-C.: Bot. Bull. Acad. Sci. *15*, 49 – 53 (1974)
Tu, C., Farnum, C., Cleland, J.: J. Milk Food Technol. *38*, 219 – 222 (1975)
Updegraff, D. M.: Biotechnol. Bioeng. *13*, 77 – 97 (1971)

Updegraff, D. M., Espinosa, R., Griffin, L., King, J., Schneider, S., Rolz, C.: Dev. Ind. Microbiol. *14*, 317 – 324 (1973)
Vananuvat, P., Kinsella, J. E.: J. Food Sci. *40*, 823 – 825 (1975)
Vary, P. S., Johnson, M. J.: Appl. Microbiol. *15*, 1473 – 1478 (1967)
Vebriene, V., Raizys, V., Peciulis, J.: Liet. TSR Aukst. Mokyklu Mokslo Darb. Biol. *5*, 19 – 22 (1965)
Veen, van der, J.: Promotionsarbeit Tech. Hochschule Delft (1974)
Velankar, S. K., Barnett, S. M., Houston, C. W., Thompson, A. R.: Biotechnol. Bioeng. *17*, 241 – 251 (1975)
Verrips, C. T.: Promotionsarbeit Tech. Hochschule Delft (1975)
Viikari, L., Linko, M.: Process Biochem. *12*, 17 – 19, 35 (1977)
Virtanen, A. I., Koistenen, O. A., Kiuru, V.: Suom. Kemistil. B. *11*, 30 (1938)
Volesky, B., Zajic, J. E.: Dev. Ind. Microbiol. *11*, 184 – 195 (1970)
Volesky, B., Zajic, J. E.: Appl. Microbiol. *21*, 614 – 622 (1971)
Volesky, B., Zajic, J. E., Carroll, K. K.: J. Nutr. *105*, 311 – 316 (1975)
Wagner, F. (Hrsg.): 1. Symp. mikrobielle Proteingewinnung. Weinheim, New York: Chemie 1975
Wagner, F.: Experientia *33*, 110 – 113 (1977)
Wayman, M.: Can. J. Microbiol. *20*, 1675 – 1680 (1974)
Whittenbury, R., Phillips, K. C., Wilkinson, J. F.: J. Gen. Microbiol. *61*, 205 (1970)
Wilke, C. R. (ed.): Cellulose as a chemical and energy resource. New York, London, Sydney, Toronto: John Wiley & Sons 1975
Wilkinson, J. F.: Symp. Soc. Gen. Microbiol. *21*, 15 (1971)
Wilkinson, T. G., Topiwala, H. H., Hamer, G.: Biotechnol. Bioeng. *16*, 41 – 59 (1974)
Willetts, A.: Appl. Microbiol. *30*, 343 – 345 (1975)
Witkowski, C., Murawski, Z.: Przem. Ferment. Rolny *17*, 27 – 29 (1973)
Wold, W. S. M., Suzuki, I.: Can. J. Microbiol. *20*, 1567 (1974)
Wood, T. M.: Biotechnol. Bioeng. Symp. *5*, 11 – 137 (1975)
Wood, T. M., McCrae, S.: Biochem. J. *128*, 1183 (1972)
Yasuhara, S., Kawamoto, S., Tanaka, A., Osumi, M., Fukui, S.: Agric. Biol. Chem. *40*, 1771 – 1780 (1976)
Yokote, Y., Sugimoto, M., Abe, S.: J. Ferment. Technol. *52*, 201 – 209 (1974)
Yoshida, F., Yamane, T.: Biotechnol. Bioeng. *13*, 691 – 695 (1971)
Yoshida, F., Yamane, T.: Biotechnol. Bioeng. *16*, 635 – 657 (1974)
Young, V. R., Scrimshaw, N. S.: In: Single cell protein II. Tannenbaum, S. R., Wang, D. I. C. (eds.), pp. 564 – 586. Cambridge, Mass., London: MIT Press 1975
Zalashko, M. V., Andreyevskaya, V. D., Obraztsova, N. V.: Priklad. Biokhim. Mikrobiol. *8*, 891 – 895 (1972)

Kapitel 13   Züchtung von Pilzen mit Fruchtkörpern

1. Allgemeines

Pilze mit sichtbaren und „fleischigen" Sporenträgern, z. B. Hutpilze, werden hier als Pilze mit „Fruchtkörpern" verstanden. Hierzu gehören Arten der Ascomycetes und Basidiomycetes. Sie werden als Nahrungsmittel verwendet, wobei die Biomasse zumeist nur aus den Fruchtkörpern besteht. Die Zucht der Fruchtkörper zur Gewinnung sekundärer Stoffwechselprodukte hat bisher noch wenig wirtschaftliche Bedeutung.

Von den mehr als 40 000 Pilzarten mit Fruchtkörperbildung sind bisher 2000 als eßbar erkannt worden. Es werden jedoch nur ganz wenige Arten davon künstlich gezüchtet. Die bedeutendste Art ist der Kulturchampignon, von dem 1974 ca. 500 000 t mit einem Wert von über 1 Milliarde DM besonders in den USA, Formosa, Frankreich, England, den Niederlanden und auch in der Bundesrepublik Deutschland erzeugt wurden.

Die Champignonzucht wird seit etwa 1650 durchgeführt (Bels-Koning und Bels, 1958). Methoden dieser Zucht in der Umgebung von Paris wurden 1707 von Tournefort beschrieben. Zunächst wurden Champignons unter Lichteinfluß, dann in den ausgedehnten Höhlen unter der Stadt Paris im Dunkeln kultiviert. Bis 1900 existierten in den dortigen Höhlen Pilzbeete von einer Länge von insgesamt mehr als 2500 km (Robinson und Davidson, 1959).

Von Frankreich aus verbreitete sich die Champignonzucht nach England, den Niederlanden (1825) und von hier über Polen, Südrußland und Ungarn zum Balkan. Englische und französische Siedler brachten die Champignonzucht in die USA. Dort kultiviert man etwa seit 1885 Pilze größtenteils in besonders dafür hergerichteten Gewächshäusern. Zusammenfassende Berichte über die Champignonkultur geben Bels-Koning und Bels (1958), Hunte (1961), Geiss (1961), Rehm (1967), Worgan (1968), Smith (1972), Bötticher (1974), Hayes und Nair (1974) und Lolley et al. (1976), Chang und Hayes (1978).

Neben Champignons wurden in Europa noch einige andere Pilze vermehrt, z. B. in Frankreich die Trüffel. Diese Züchtungen haben jedoch niemals eine der Champignonzucht vergleichbare Bedeutung erlangt.

In Ostasien hat man schon Jahrhunderte vor den Europäern Pilze gezüchtet, den Shii-take-Pilz (*Lentinus edodes*, Syn., *Cortinellus berkeleyanus*) und den Matsu-take-Pilz (*Armillaria matsu-take*). Auf Schalen mit Reisstroh wird der sog. Reispilz (*Volvaria volvocea* und *V. esculenta*) seit Jahrhunderten in China, Indonesien und auf den Philippinen gezüchtet. Obwohl die Zucht dieser Pilzarten den Nordamerikanern und Europäern schon seit langem bekannt ist, werden sie in diesen Ländern nicht oder nur wenig kultiviert.

2. Regulation

Arbeiten über die Regulation der Entwicklung fruchtkörperbildender Pilze beziehen sich im wesentlichen auf die Fruchtkörperbildung. Hierbei sind vor allem die Wirkungen des pH-Wertes, der Temperatur, des CO_2-Gehaltes und einiger Substratbedingungen untersucht worden. *Agaricus bisporus* bildet z. B. Fruchtkörper besonders nach Abdecken mit neutraler bis schwach alkalischer Deckerde. *Pleurotus ostrealis* fruktifiziert z. B. bei 5 °C – 15 °C, *Stropharia rugosoannulata* bei 6 °C – 22 °C, *Volvaria volvacea* hat jedoch 26 °C als untere Grenze zur Fruchtkörperbildung (Zadražil und Schliemann, 1974; Zadražil, 1977).

Agaricus bisporus bildet immer zwei Basidiosporen und deshalb kein Monokaryon. Das vegetative Gewebe ist mehrkernig, und die Kerne sind haploid. Zwei kompatible Kerne verschmelzen zur Bildung einer kurzlebigen diploiden Phase, aus der durch normale Meiose vier Kerne entstehen. Jeweils ein Paar wandert in eine Spore. Enthält die Spore die bei heterothallischen Basidiomyceten üblichen Inkompatibilitätsfaktoren A 1 und A 2, ist das aus dieser Spore gebildete Mycel fertil. Enthält die Spore aber nur den A 1-Faktor oder den A 2-Faktor, so ist das gebildete Mycel steril, bildet also keine Fruchtkörper. Aus diesem Grunde sollte eine Gewinnung von Impfmycel nicht aus Einzelsporkulturen erfolgen (Raper und Raper, 1972; Eger, 1976).

Über die Problematik der Domestikation von Mykorrhiza-Pilzen liegen wenig praktisch auswertbare Ergebnisse vor, da die Bedingungen zur Fruchtkörperbildung noch nicht geklärt sind. Ökologische Probleme, Fragen der Spezifität und der Physiologie, der Symbiose, Probleme der Bildung fruchtkörperbildender Substanzen und deren Regulation sind noch vollständig offen.

3. Champignonzucht auf festem Substrat

Zur Champignonzucht verwendet man *Agaricus bisporus* (eine bräunliche Art) und *A. hortensis* (eine weißliche Art), beides Kulturformen, die mit *A. campestris* sehr nahe verwandt sind. Es gibt verschiedene Rassen dieser Arten, die sich besonders durch verschiedene Farben unterscheiden. Interessant ist eine sterile Mutante von *Agaricus* (v. Sengbusch, 1964), die leider genetisch nicht weiter bearbeitet worden ist. Sie bildet anstelle der normalen Fruchtkörper, die ein Gewicht von 5 g – 10 g haben, sehr große, lamellenlose Knollen mit einem Gewicht bis zu 1100 g aus. Das Aroma dieser Gebilde, die sich für die Verarbeitung zu Suppen eignen, soll gut sein (Fritsche, 1966 a). Neuerdings wird auch *A. bitoquis,* der bei höheren Temperaturen und höherem CO_2-Gehalt als *A. bisporus* wächst, kultiviert. Dieser Pilz ist resistent gegen bekannte Viren. Eine Übersicht vgl. Vedder (1978).

Bei sämtlichen Verfahren zur Champignonzucht wird ein festes Nährsubstrat mit Mycelien des Pilzes durchwachsen und anschließend mit Erde überschichtet. Unter geeigneten Bedingungen bilden sich nach einiger Zeit Fruchtkörper aus.

Die Champignonzucht auf festem Substrat wird nach den folgenden drei Verfahren durchgeführt:

Klassisches System: Champignonzucht in Beeten, Erdaufschüttungen etc. Sie erfolgt meistens in Kellern, alten Bergwerkstollen, Höhlen u. ä.

Stellagesystem: Champignonzucht in Stellagen, zumeist in besonders errichteten Gewächshäusern.

Kistensystem: Zucht in flachen, stapelbaren Kisten, die als „Container" in verschiedene Räume transportiert werden können. Die Zuchträume sind besonders gebaut worden. Vgl. Abb. 85 und Abb. 86 a – c.

Substrat: Für sämtliche Verfahren kann ein kompostierter Pferdemist verwendet werden, für das Kistensystem eignet sich auch ein „synthetisches", d. i. ein künstliches Substrat ohne Zusatz von Pferdemist.

Die Kompostierung des Pferdemistes wird nach zwei Methoden, der „klassischen" Methode und dem Kurzkompostierungsverfahren, durchgeführt.

Kompostierung nach der „klassischen" Methode: Ein hellgelber Pferdemist, der genügend mit Pferdeurin durchtränktes Stroh enthält, das etwa zehn Tage als Streu für die Pferde verwendet und möglichst nicht lange gelagert wurde, wird auf einem überdachten, unten zementierten Aufbereitungsplatz in etwa 2 m breiten und 1,3 m bis 2 m hohen Haufen aufgesetzt, festgetreten, evtl. etwas angefeuchtet und mit geeignetem Material (Strohmatten, Holz, Teerpappe o. ä.) umgeben. Nach einigen Tagen fermentiert der Mist. Dabei steigt die Innentemperatur auf etwa 80 °C an und beginnt sich nach einer Woche wieder abzukühlen. Die Fermentation durch Mikroorganismen hat in der sog. „Weißbrandzone" (etwa 20 cm unterhalb der Oberfläche) stattgefunden. Bei der Fermentation entweicht viel NH_3.

Wenn sich im Haufen ein übelriechender gelber Kern gebildet hat, so ist hier als unerwünschte Fehlgärung eine durch zu wenig Sauerstoff bedingte Buttersäuregärung abgelaufen.

Anschließend wird der Mist maschinell umgeschichtet und nochmals fermentiert. Bei dieser zweiten Fermentation steigt die Innentemperatur auf etwa 70 °C an. Nach einer weiteren Woche wird nochmals umgesetzt und zum dritten Male fermentiert. Dann ist der Mistkompost reif zum Anlegen der Kulturen. Er muß eine schokoladenbraune Färbung und eine große Anzahl von Weißbrandflecken haben, die durch die Entwicklung von Actinomyceten hervorgerufen werden. Der pH-Wert schwankt zwischen 6,6 und 7,4. Je Tonne Pferdemist kann man jetzt 0,5 kg – 1,5 kg Reinstickstoff- und etwa 5 kg Superphosphatdünger zusetzen. Der auf diese Weise „klassisch" kompostierte Mist kann für sämtliche drei Verfahren verwendet werden.

Kurzkompostierungsverfahren des Pferdemistes: Dies ist nährstoff- und mistsparend, kann schnell durchgeführt werden und ist eng an das immer mehr verwendete Kistensystem sowie an die Pasteurisation gekoppelt. Sämtliche Pferdemiste, auch ältere, lassen sich für dieses Verfahren verwenden. Dem Mist wird soviel Wasser zugesetzt, wie er gerade noch aufnehmen kann. Dann wird er fermentiert und kann nach vier Tagen zum erstenmal und nach sechs bis acht Tagen zum zweitenmal umgesetzt werden, so daß er nach acht bis zehn Tagen fertig ist. Durch Zusatz von 1 kg – 1,5 kg Reinstickstoffdünger pro Tonne Mist kann man den pH-Wert auf etwa 8,5 verschieben und die Kompostierung weiter beschleunigen. Anschließend setzt man 5 kg Superphosphat und 1 kg Kalimagnesia pro Tonne Mist hinzu. Ein verstärktes Wachstum der Champignons läßt sich durch Zusatz von 25 kg/t – 50 kg/t Geflügelexkrementen, die in Torf aufgesogen worden waren und von 10 kg/t – 25 kg/t $CaSO_4$ (Gips) erreichen. Auch ein Zusatz von 5 kg/t – 10 kg/t kohlensaurem Kalk hat sich bewährt.

Schema des Kulturablaufes
bei den verschiedenen Champignonanbausystemen

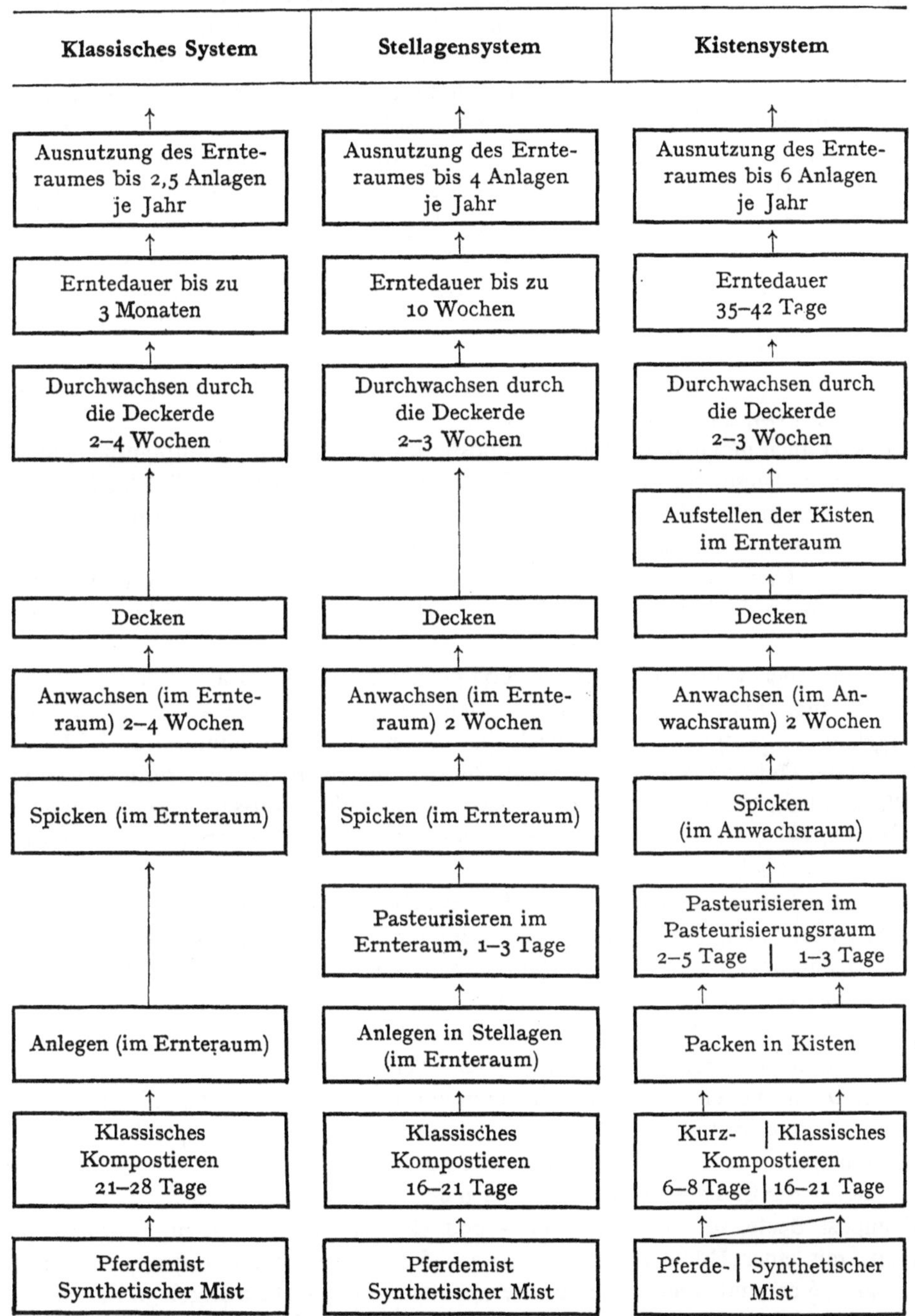

Abb. 85. Schema des Kulturablaufes bei den verschiedenen Champignonanbausystemen

Neben fermentiertem Pferdemist hat man neue Substrate für die Champignonzucht entwickelt: sog. **synthetische Komposte.** Als Hauptkohlenstoffquelle wird für synthetische Komposte Stroh verwendet, das mit Sägemehl, Dreschmaschinenabfällen, Heu, Maisstroh, gehäckselten Maiskolben o. ä. vermischt werden kann. Das betreffende Substrat muß bis zur maximalen Wasseraufnahme angefeuchtet werden, so daß es nach etwa drei Tagen zu dampfen beginnt. Dann wird der Kompostierungshaufen geschichtet und in den Schichten jeweils pro t Stroh etwa 150 kg Blutmehl (mit 12% Stickstoff), 6,5 kg Superphosphat (etwa 18% Phosphor), 6,5 kg schwefelsaures Kali (etwa 40% Kali), 16,0 kg Gips und 23,0 kg kohlensaurer Kalk zugegeben. Hierzu gibt man noch pro Tonne die folgenden Substanzen (in 10 l heißem Wasser gelöst) hinzu: 340 g $FeSO_4$, 340 g $MgSO_4$, 71 g $CuSO_4$, 71 g $AlSO_3$, 35 g $ZnSO_4$, 35 g Ammoniummolybdat, 35 g Borsäure, 14 g Chromsulfat, 7 g Kaliumbromid und 7 g Kaliumjodid. Der Kompost wird drei Wochen fermentiert und dabei wöchentlich maschinell umgesetzt. Weitere Substrate vgl. Smith und Spencer (1976), Nair (1976).

Der Zusatz von Sulfitablaugen soll zur Champignonzucht gut geeignet sein (LeDuy et al., 1974; Zadražil, 1975).

Es ist auch möglich, ein nicht kompostiertes Substrat zur Champignonzucht zu verwenden. Dieses Substrat wird z. B. aus einer Mischung von 40,5 kg Häcksel, 40,5 kg Strohmehl, 48,5 kg Torf, 27,5 kg Kalk, 10,0 kg Baumwollsaatmehl, 10,0 kg Sojamehl und 323 l Wasser hergestellt. Anschließend mischt man Erde hinzu, die bereits zur Champignonherstellung verwendet worden war, füllt in Kisten, sterilisiert und beimpft (Till, 1962; v. Sengbusch, 1966). Die Bebrütung erfolgt im sterilen Raum.

Städtischer Müll läßt sich nach Kompostierung ebenfalls als Substrat für den Champignonanbau verwenden. Ein Modellmüll wurde 20 Tage lang bei 80% Wassergehalt kompostiert und dann nach Zusatz von 2,5% Ammoniumnitrat, 2,5% Calciumsulfat und 1,5% Kaliumchlorid als Substrat mit relativ gutem Erfolg verwendet (Block, 1965). Bei anderen Verfahren wird dem Müll Abwasserschlamm zugesetzt (Grabbe, 1973). Fischabfälle sind als Stickstoffquelle zur Champignonzucht geeignet (Green, 1974).

Pasteurisation. Nach dem klassischen System wird der Kompost im allgemeinen nicht pasteurisiert, daher treten hierbei häufiger als bei den anderen beiden Verfahren (Stellagesystem und Kistenverfahren) Schädlinge oder Infektionen auf.

Beim Stellagesystem pasteurisiert man im sog. Ernteraum, beim Kistensystem in einem besonderen Pasteurisationsraum, aus dem die Kisten mit Gabelstaplern in den eigentlichen Ernteraum transportiert werden. Die Pasteurisation geschieht durch Dampf bei einer Durchschnittstemperatur von 55 °C, die an jeder Stelle des kompostierten Mistes etwa 24 Stunden gehalten werden muß. Während der Pasteurisation muß dauernd Frischluft zugeführt werden.

Anlage der Champignonkulturen. Nach dem klassischen System werden aus dem Kompost Beete, sog. Einer-, Zweier- und Dreierbeete zumeist mit Formen aus Holz, mit einer Höhe von etwa 28 cm – 35 cm, einer unteren Breite von etwa 40 cm – 45 cm und einer oberen Breite von etwa 15 cm – 20 cm angelegt. Flachbeete sind nur 18 cm – 25 cm hoch, dafür aber breiter (Abb. 86 a). Beim Stellagesystem wird der Kompost in Stellagen aus Holz, Metall oder Beton in etwa drei Schichten übereinander gefüllt (Abb. 86 b). Die Räume mit den Stellagen müssen belüftet

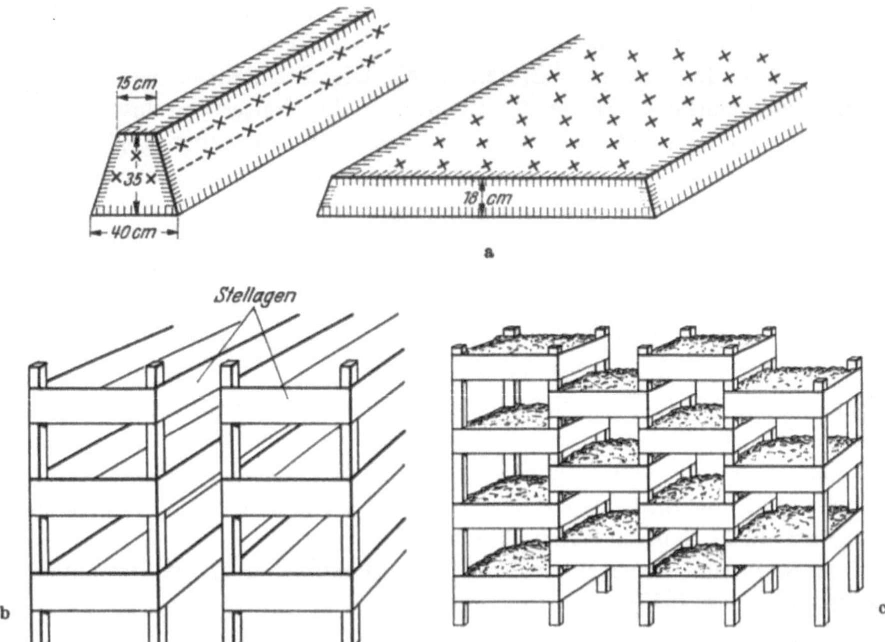

Abb. 86 a – c. a Hügelbeet und Flachbeet. Die Kreuze bezeichnen die Impfstellen (W. Thieme u. V. Kindt: Champignonanbau, S. 24. Dt. Bauern Verlag, 1956). b Stellagensystem (Hunte, W.: Champignonanbau, S. 30. Berlin: Parey, 1961). c Kistensystem

werden. Beim Kistensystem, das etwa 1934 in den USA entwickelt wurde, werden Kisten gegeneinander versetzt aufeinandergeschichtet (Abb. 86 c). Da die Kisten im Pasteurisationsraum pasteurisiert werden, müssen die Kulturräume nicht zur Pasteurisation eingerichtet werden.

Beimpfung. Die Beimpfung – das sog. „Spicken der Brut" – erfolgt nach dem Einschichten des Kompostes in die Kulturanlagen. In besonderen Zuchtanlagen wird die sog. Brut, d. i. das Mycel von *Agaricus,* mit dem beimpft wird, gezüchtet. Man läßt große Blocks von Mistkompost, künstlichem Kompost oder aber auch von sterilisierten Getreidekörnern möglichst gut mit Mycelien von *Agaricus* durchwachsen. Die durchwachsenen Komposte werden dann geteilt, und jedes Teilstückchen bzw. jedes durchwachsene Getreidekörnchen ist zur Beimpfung geeignet. Eine Übersicht über die Brutherstellung vgl. Fritsche (1966 b).

Diese Mycelträger werden nach der Pasteurisation des Kompostes entweder manuell oder bei den Kisten maschinell in die Erde eingedrückt und bei einer Temperatur von etwa 24 °C bebrütet. Beim klassischen Verfahren darf die Temperatur nicht unter 15 °C absinken. Bei einer Luftfeuchtigkeit von 70% – 80% ist nach etwa 14 Tagen der gesamte Kompost mit Mycel durchwachsen.

Decken. Ist der Kompost gut mit Pilzmycel durchwachsen, wird eine Deckerde in Höhe von 4 cm – 5 cm über den Kompost geschichtet. Als Deckerde verwendet man entweder ein kalkhaltiges Lehm-Sand-, Lehm-Torf- oder Sand-Torf-Gemisch im Verhältnis 1 : 2. Die Erdgemische sollten einen pH-Wert von 8,0 besitzen. Sie werden bei 70 °C – 90 °C pasteurisiert und gut angefeuchtet.

Ernte. Nach zwei bis drei Wochen haben sich Fruchtkörper ausgebildet. Die Ernte dauert je nach Verfahren 7 – 15 Wochen. Bei sehr hoher Luftfeuchtigkeit und etwa 16 °C werden sehr gute Ernten erzielt. Die Fruchtkörper werden manuell geerntet und verarbeitet. Bei der Verarbeitung in der Konservenindustrie muß darauf geachtet werden, daß die Größe der einzelnen Fruchtkörper möglichst gleichmäßig ist, um eine gute Verpackung in Dosen zu erreichen. Die Abb. 85 gibt den bisher beschriebenen Kulturablauf nach den drei verschiedenen Verfahren wieder.

Bei vollständig kontrollierten Umweltbedingungen erhöhen sich die Ernten wesentlich (Anonym, 1973). Bei geringerer Schichthöhe des Kompostes erhöhen sich in bestimmten Grenzen die Champignonausbeuten (Flegg und Ganney, 1973).

Bei einem Verfahren zur Kultur von Champignons in Haushalten werden Kunststofftüten verwendet, die im Anzuchtbetrieb mit etwa 1½ kg mit Champignonmycel durchwachsenem Substrat, das bereits mit Deckerde abgedeckt ist, gefüllt werden. Bei Zimmertemperatur zwischen 17 °C und 20 °C und genügender Feuchtigkeit der Deckerde entwickeln sich nach etwa 10 – 16 Tagen die ersten Fruchtkörper. Die Ernte dauert etwa sechs Wochen und ergibt durchschnittlich 500 g Pilze / 1,5 kg Substrat (v. Sengbusch, 1967).

Interessant sind Versuche zur Zucht von Champignons in Hydroponik-Kultur (Smith und Hayes, 1972).

Schädlinge. *Oospora fumicola* ruft den sog. weißen Kalkschimmel bei zu alkalischen pH-Werten (7,5 – 8,5) auf dem Mist hervor. Dabei bilden sich auf dem ungedeckten Kompost runde Stellen mit flächig ausgedehntem weißen Belag.

Mycogone perniciosa ruft die sog. Weichfäule (französisch la môle) auch Mollekrankheit genannt, hervor. Der Pilz befällt die Fruchtkörperanlagen, so daß sich keine typischen Champignons mehr bilden können, sondern kartoffelförmige, unregelmäßige Gebilde entstehen, die nach einiger Zeit braun werden und zusammenfließen.

Verticillium-Arten (*Verticillium malthousei* und *V. psalliotae*) rufen ebenfalls Deformationen des Fruchtkörpers hervor. Dabei bleiben diese fest und werden im Gegensatz zum *Mycogone*-Befall nicht naß, sondern lederartig.

Dactylium dendroides und *Fusarium martii* sowie *F. oxysporum* rufen gelegentlich Veränderungen der Fruchtkörper hervor, die aber nur eine geringe Bedeutung haben.

Papulaspora byssina ruft den sog. braunen Gipser (brauner Kalkschimmel) und *Scopulariopsis fimicola* den weißen Gipser (weißer Kalkschimmel) hervor. Beide bilden im Kompost ausgedehnte Kolonien, die aber von einem kräftigen Champignonmycel gut über- und durchwachsen werden können.

Chaetomium olivaceum hat sich in den letzten Jahren besonders in fehlerhaft pasteurisierten Komposten häufig entwickelt. Bei einem starken Wachstum von *Chaetomium* wird die Entwicklung von Champignonmycel wesentlich vermindert.

Bei den meisten Bakterieninfektionen, die z. B. durch *Bacillus polymyxa*, *Erwinia carotovora* und *Pseudomonas tolaasii* hervorgerufen werden, ist die Pathogenese noch weitgehend unaufgeklärt. Bakterielle Schäden an Hüten werden meistens unter dem Begriff „Rostkrankheit" zusammengefaßt. Antagonistische Bodenbakterien sollen eine Infektion von *P. tolaasii* unterdrücken können (Nair und Fahy, 1972).

Champignons können auch von Viren befallen werden. Es sind sechs verschiedene Typen beschrieben worden (Literatur vgl. Hayes und Nair, 1975). Die Viren werden durch die Sporen (Schisler et al., 1967) oder durch Phoridenlarven u. a. Insekten (Hussey, 1972) übertragen. Verschiedene andere Pilze, z. B. *Laccaria laccata* können als Reservoir für die Viren dienen. Vgl. auch Sinden (1975), Saksena (1975).

Phoridae (Buckelfliegen, z. B. *Megasilea nigra*) und ganz besonders Lycoriidae (*Lycoria pectoralis*, auch unter dem Namen *Sciara fenestralis* bekannt) spielen von den Dipteren die größte Rolle als Champignonschädlinge. Die Larven der Phoriden fressen das Mycel und den Hut. Sie leben normalerweise im Kompost und verwerten Pilzmycel und Fruchtkörper erst dann, wenn der Kompost keine geeignete Nahrungsquelle mehr darstellt. Diese Champignonfliegen können auch verschiedene Krankheiten der Pilze übertragen, z. B. die Weichfäule und den weißen Gipser (ausführliche Literatur vgl. Mayer, 1965). Mit Insektiziden lassen sich diese Schädlinge sicher bekämpfen. Nematoden (z. B. *Ditylenchus myceliophagus* und *D. destructor*) können durch unzureichende Pasteurisation als Schädlinge auftreten, ebenso Collembolen und Milben. Sie fressen das Mycel oder den Fruchtkörper.

Verarbeitung. Der Eiweißgehalt des Champignons zwischen 3% und 4% des Frischgewichtes mit einer Resorbierbarkeit von 70% sowie einige Vitamine (besonders der B-Gruppe und Vitamin C) und ganz besonders das Aroma machen den Pilz zu einem wertvollen Nahrungsmittel.

Champignons werden entweder frisch, sofort nach der Ernte verkauft oder in Dosen konserviert auf den Markt gebracht. Neben einer nur selten durchgeführten Gefriertrocknung ist die Naßkonservierung das augenblicklich am meisten verwendete Verfahren. Hierzu werden die Champignons maschinell gewaschen, manuell geputzt und sortiert, mit Kochsalz-Wasser blanchiert, in Dosen eingefüllt und im Autoklaven bei 110 °C sterilisiert. Daneben werden auch getrocknete Champignons hergestellt. Zur Trocknung werden die gesäuberten, entstielten Pilze ohne Wäsche in Scheiben geschnitten und in Trockenkammern auf Horden bei 70 °C in etwa zwei Stunden getrocknet. Einzelheiten über die Pilzverwertung und Pilzkonservierung sind von Bötticher (1968, 1974) ausführlich dargestellt worden.

4. Zucht weiterer Pilze auf erdhaltigem Substrat

In Frankreich werden seit langem Trüffel (*Tuber melanosporum, T. brumale, T. aestivum*) mit sehr einfachen Methoden gezüchtet. Man beimpft lediglich Buchen- und Eichenwälder, in denen Trüffel normalerweise vorkommen, mit den Abfällen der geernteten Pilze, die sehr viele Sporen enthalten, aus denen sich neue Trüffel entwickeln. In anderen Gebieten legt man besondere Buchen- und Eichenpflanzungen an und beimpft den Boden mit im Labor hergestellten Mycelien. Nach sechs bis zehn Jahren beginnt die Ernte. Hierzu verwendet man häufig Hunde oder Schweine, die mit ihrem feinen Geruchssinn die Trüffel im Boden wittern können. Delmas (1978) hat vor kurzem eine ausführliche Zusammenstellung der Kultivierungsmethoden von Trüffeln gegeben. Diese sind wegen der Symbiose als Mykorrhiza mit verschiedenen Eichenarten besonders schwierig.

In Italien wird *Polyporellus tuberaster* (Perling) kultiviert. Das Mycel durchzieht kalk- und tonhaltige Erde und verbindet diese zu einer festen, einem Tuffstein ähnliche Masse, welche die Italiener pietra fungaia (Pilzstein) nennen. Wenn man solche Klumpen im Keller warm und feucht hält, bringen sie mehrere Jahre lang etwa

Tabelle 29. Weitere Beispiele für kultivierbare Pilze

Pilzart	Literatur
Agaricus bitorquis (Straußenchampignon)	Hasselbach und Mutsers (1972)
Agaricus edulis	Poppe (1971/72)
Auricularia-Arten	vgl. Cheng und Tu (1978)
Coprinus fimetarius	vgl. Kurtzman, jr. (1978)
Flammulina velutipes	Mori (1968), Zadražil und Pump (1973), vgl. Tonomura (1978)
Kuehneromyces mutabilis	vgl. Gramss (1978)
Lepista nuda (Violetter Ritterling) (3 kg/m²)	Votýpka (1971)
Macrolepiota rhacodes	Eger (1964)
Morchella hortensis, M. esculenta, M. costata	Singer (1961)
Panaeolus sphinctrinus, P. venosus	Kneebone (1959)
Pleurotus ostreatus	Gyurkó (1972)
Pleurotus sajor-caju	Rangaswami et al. (1975)
Pleurotus sp.	Jong und Peng (1975)
Pleurotus sp. Stamm Florida u. a. *Pleurotus*-Arten (Ertrag in zwei Wellen 6,2 kg/25 kg Substrat)	Zadražil (1973)
Psilocybe cubensis u. a. *Psilocybe*-Arten	Kneebone (1959)
Pycnoporus cinnabarinus	Schliemann und Zadražil (1975)
Stropharia rugosoannulata (Riesensträuchling) (5 – 17 kg/m²)	Püschel (1970), Zadražil und Schliemann (1975), vgl. Szudyga (1978)
Tremella fuciformis	vgl. Chen und Hou (1978)
Tricholoma matsutake (Mykorrhiza-Pilz)	vgl. Tominaga (1978)

alle zwei bis drei Monate neue Pilzfruchtkörper hervor. Trocken bleiben diese „Pilzsteine" sehr lange aktiv. Sie werden gelegentlich auf dem Markt verkauft.

Psilocybe cubensis, Panaeolus sphinctrinus und *P. venenosus* lassen sich mit der klassischen Pilzzuchtmethode zur Fruchtkörperbildung bringen. Hierzu wird kompostierter Pferdemist pasteurisiert, mit sterilem Mycel beimpft, mit steriler Lehmerde überschichtet und zur gegebenen Zeit abgeerntet (Kneebone, 1959). *Copelandia caerulescens* und *Psilocybe aztecorum* bilden Fruchtkörper auch auf anderen Substraten, der letztere z. B. auf einem Kompost mit Zusatz von Zuckerrohrrückständen. *Psilocybe mexicana* und *P. cubensis* bildeten Fruchtkörper auf Kartoffel-Dextrose-Hefeextract-Schrägagar nach mehreren Wochen und fruchteten auch auf Roggenschrot. Die *Psilocybe*-Arten bilden u. a. Psilocin und Psilocybin (vgl. Kap. 31). Andere auf die Psyche wirkende Substanzen aus den betreffenden Pilzarten sind in ihrer chemischen Struktur noch unbekannt (Stein, 1959).

Auch Substanzen mit cytostatischen Wirkungen, z. B. Lampterol aus *Lampteromyces japonicus* (Jap. Pat. 13.380/64, 1964) und ein tumorhemmendes Prinzip aus *Calvatia maxima gigantea* (US-Pat. 3.118.811, 1964) sowie aus *Coriolus versicolor* (Fujii et al., 1974) u. v. a., ein Hemmstoff für die Respiration der Mitochondrien (Weaver et al., 1970), halbtrockene Öle (Ivanov et al., 1968), Cosmetica u. v. a. Substanzen, lassen sich aus Fruchtkörpern höherer Pilze isolieren. Sehr viele weitere Antibiotica, z. T. mit cytostatischen Wirkungen wurden aus Hutpilzen isoliert. Einzelheiten vgl. Korzybski et al. (1978). Möglicherweise wird die Zucht höherer Pilze nach dem Kistensystem auch für die Herstellung von Arzneimitteln eine Bedeutung gewinnen.

Seit vielen Generationen wird der Pilz *Volvariella volvacea* in Ostasien auf Reisstroh gezüchtet. Hierzu wird Reisstroh bei 30 °C etwa vier bis fünf Tage lang kompostiert, auf dem Boden ausgebreitet und mit Mycelien des Pilzes beimpft. Nach Abdecken der Beete mit einer etwa 2,5 cm hohen Erdschicht bilden sich Fruchtkörper des Pilzes bei Temperaturen von 30 °C – 36 °C (Optimum 34 °C), hoher Luftfeuchtigkeit (70% – 90%) und indirektem Licht oder Dunkelheit. Man rechnet mit einer Ernte von 10 kg Pilzen pro 100 kg trockenem Stroh auf freiem Feld, jedoch mit 50 kg/100 kg bis sogar 100 kg – 120 kg/100 kg trockenem Stroh in Gewächshauskultur (Sugimori et al., 1971). Auf Kompost werden 84 g Pilzfrischgewicht pro kg Komposttrockengewicht erhalten (San Antonio und Fordyce Jr., 1972), vgl. eine Übersicht von Chang (1978).

Weitere Pilze, die sich in künstlicher Zucht gut zur Fruchtkörperbildung bringen lassen, zeigt die Tabelle 29.

5. Zucht von Pilzen auf Holz

Viele Basidiomyceten entwickeln sich in lebendem oder abgetötetem Holz. Diese Eigenschaft hat man zur künstlichen Zucht ausgenutzt. Die größte Bedeutung der auf Holz gezüchteten Pilze hat *Lentinus edodes* (*Cortinellus shiitake*), der seit Jahrhunderten in Japan und China gezüchtet wird. In Europa haben Pilzzuchten auf Holz bisher nur in Notzeiten eine Bedeutung gehabt.

a) Zucht von *Lentinus edodes* (Syn. *Cortinellus berkeleyanus, C. shiitake*)

Shiitake ist die japanische Bezeichnung für *Lentinus edodes,* im Deutschen auch Shiitake oder Pasaniapilz genannt. Der Name leitet sich von shii = Baum, *Pasania* = *Pasania cuspidata* und take = Pilz ab. Die Kultur dieses Pilzes wird in Japan seit mehreren hundert Jahren erfolgreich betrieben. Trotz mehrfacher, erfolgreicher Versuche, diesen Pilz auch in Europa und in den USA zu kultivieren, ist es bisher nicht gelungen, den Anbau dieses Pilzes einzuführen.

Der Shiitake ist ein Saprophyt und wird auf frisch geschnittenen Holzästen von Eichen, Hainbuchen, Edelkastanien und Erlen mit einem Durchmesser von 8 cm – 12 cm und einer Länge von 1 m – 1,3 m kultiviert. Die Rinde dieser Baumstämme sollte möglichst unbeschädigt sein. Zur Beimpfung der Holzäste eignen sich Sporen, die aus den Fruchtkörpern entnommen werden oder aber besser ein Mycel, das aus Sporen auf frischem, feuchtem, sterilem Sägemehl der genannten Bäume gezüchtet wird. In Japan wird das Impfgut in Laboratorien in großer Menge hergestellt und verkauft. Zur Beimpfung eines Baumstammes wird mit einem korkbohrerähnlichen Eisengerät ein Impfbohrloch von etwa 1 cm Durchmesser in den Stamm gebohrt, dabei wird die Rinde bis zum Kambium entfernt. Dann wird das Impfgut in das Bohrloch gebracht, das ausgeschnittene Rindenstück wieder aufgelegt und mit einem Hammer vorsichtig festgeklopft. Bei einer anderen Methode werden die mit Wasser vermischten Sporen mit einem Hammer direkt durch die Rinde in das Kambium hineingeklopft. Die Sporen sind zwei bis sechs Monate keimfähig.

Im Schatten von Bäumen entwickelt sich das Mycel in den Stämmen bei ausreichender Feuchtigkeit und einer Temperatur von 24 °C – 28 °C sehr gut. Temperaturen über 30 °C sind schädlich.

Nach 6 – 20 Monaten bilden sich die ersten Fruchtkörper aus dem Holz heraus. Ein Stamm mit Shiitake kann etwa vier bis acht Jahre gute Ernten bringen. In den ersten vier Jahren rechnet man, daß die Pilzmenge etwa 10% – 20% des Gewichtes des Baumstammes beträgt. Nach der Ernte wird der Pilz 12 Std. bei 60 °C getrocknet.

Das Fleisch des Shiitakepilzes ist zäh, jedoch ist der sehr kräftige und würzige, leicht süßliche Geschmack gut. Die Herstellung von Shiitake hat in Japan und China eine große wirtschaftliche Bedeutung. Neben dem Eiweiß enthält der Pilz die Vitamine B_2 und Ergosterin. Seit einigen Jahren wird der meistens getrocknet in den Handel kommende Pilz von Japan aus in die USA, Südafrika und Europa exportiert. Literatur vgl. Rehm (1967), Tokimoto und Komatsu (1978), Ito (1978).

b) Zucht sonstiger holzbewohnender Pilze

Von Luthardt (1961) ist ein Verfahren entwickelt worden, mit dem man *Pholiota mutabilis* (Stockschwämmchen) und *Pleurotus ostreatus* (Austernseitling) auf Buchenholzstöcken von etwa 25 cm Länge und etwa 25 cm Φ züchten kann. Die frisch abgeschnittenen Schnittflächen werden mit Mycelien beimpft, mit einer Holzscheibe bedeckt und in einer Erdgrube mit Erde beschichtet. Die Ernte beginnt nach vier bis sechs Wochen und dauert mehrere Jahre mit einer Ausbeute von ca. 1,5 kg pro Stock/pro Jahr.

Eine Kultivierung von *P. ostreatus* auf cellulosehaltigen Abfällen der Nahrungsmittelindustrie und Stroh ist möglich. Dabei bindet der Pilz 312 g atmosphärischen N_2 pro 100 kg Trockengewicht (Ginterová und Maxianová, 1975). In Japan ist in den letzten Jahren die Kultivierung von *P. ostreatus, Pholiota nameko* (vgl. Arita, 1978), und *Flammulina velutipes* (vgl. Tomura, 1978) intensiv entwickelt worden. Über die Biologie und Genetik von *Pleurotus*-Arten vgl. Eger (1978), über deren Kultivierung vgl. Zadražil (1978).

Agrocybe aegerita, der Südliche Schüppling, wächst an lebenden Weiden und Pappeln und soll sogar schon im Altertum gezüchtet worden sein. Eine wirtschaftliche Bedeutung hat die Zucht dieses Pilzes nicht. Zur Fruchtkörperbildung vgl. Esser et al. (1974).

Verwendung von pilzinfiziertem Holz als Futtermittel. Ein Beispiel für die Veränderung eines Holzes zu einem Futtermittel gibt das „Palo podrigo", ein morsches Holz von schmierseifenartiger Konsistenz. Dieses Produkt wird im Süden Chiles als Viehfutter verwertet. Die verschiedenen Holzarten, aus denen sich Palo podrigo bilden kann, gehören südchilenischen Lorbeerwäldern an (vgl. Kühlwein, 1963). Die Mikroorganismen, die in einem mehrjährigen Prozeß die Holzarten zersetzen, sind ein Gemisch aus Basidiomyceten, Bakterien (häufig Myxobakterien der *Cytophaga*-Gruppe), *Candida*-Arten sowie *Rhodotorula macerans.*

Herstellung von Mycoholz. Unter „Mycoholz" versteht man ein durch Einwirkung gewisser celluloseabbauender Pilze verändertes Holz, das dadurch neue technologische Eigenschaften erhält.

Ein Verfahren zur Herstellung von Mycoholz mit *Pholiota mutabilis, Pleurotus ostreatus* und Arten, die zur *Trametes versicolor*-Gruppe gehören, vgl. Luthardt (1962). Diese Pilze bauen wahrscheinlich zunächst einen Teil der Cellulose, dann besonders Pentosane und Lignin ab (Jahn et al., 1962).

Etwa 2 m lange Buchenholz-Rundhölzer mit einem Feuchtigkeitsgehalt von mindestens 40% werden zur Gewinnung von Mycoholz an der Oberseite mit Mycelien der Reinkulturen der betreffenden Arten beimpft. In Bruträumen, Erdgruben u. ä. werden diese Hölzer dicht, aber mit Lüftungsmöglichkeiten gelagert. Bei 20 °C – 30 °C ist das Holz nach sechs bis acht Wochen völlig mit Pilzmycelien durchwuchert. Derartig hergestelltes Holz wird wegen seiner Porösität zur Herstellung von Holzformen in der Glasindustrie, nach Imprägnierung zur Belegung von Lattenrosten der Spinnereimaschinen, zur Herstellung anderer Holzroste, die imprägniert werden müssen und auch in der Bleistiftindustrie verwendet.

6. Zucht von Mykorrhizapilzen

Unter bestimmten Voraussetzungen ist es zweckmäßig, gewisse Böden mit Mykorrhizapilzen zu beimpfen, z. B. bei der Aufzucht bestimmter Baumarten in Forstgärten, bei einer Ansiedlung bestimmter Pflanzen auf ökologisch extremen Standorten u. ä. Vorschläge zur **Impfung mit Mykorrhizapilzen** stammen besonders von Moser (1959, 1963; Literatur vgl. dort).

Technik der Impfungen. Die einfachste Form einer Beimpfung ist die sog. Streuimpfung, bei der Waldstreu aus Gebieten, in denen ein guter Wuchs der betreffenden Bäume stattgefunden hatte, mit der obersten Schicht (etwa 5 cm) des Bodens, auf dem die neuen Pflanzen kultiviert werden sollen, vermischt wird. Durch Beimpfung mit Halbreinkulturen verhindert man ein Verschleppen evtl. pathogener Mikroorganismen. Reinkulturen des Mykorrhizapilzes werden hierzu im Torf vermehrt, der anschließend durch Vermischung mit der Oberschicht in den neuen Boden übertragen wird.

Bei einer Impfung mit Reinkulturen wird die in Submerskultur hergestellte Pilzlösung entweder direkt auf den Boden verteilt oder aber an sterilem Torfmull adsorbiert, der dann gleichmäßig in die Oberflächenschichten des Bodens eingearbeitet werden muß.

7. Fruchtkörperbildung höherer Pilze im Submersverfahren

Höhere Pilze lassen sich gut in submerser Kultur vermehren. Sie werden zur Herstellung einer Anzahl wichtiger Stoffwechselprodukte oder für mikrobielle Stoffumwandlungen (vgl. Kap. 32) bereits vielfach mit solchen Verfahren gezüchtet. Eine Tabelle mit über 90 eßbaren Pilzen, deren Mycel sich submers vermehren läßt und die dazugehörige Literatur vgl. Worgan (1968), weitere Literatur vgl. Dijkstra (1976).

Große Schwierigkeiten ergeben sich aber dann, wenn man die Fruchtkörper der Pilze erhalten will. Nur wenige Bedingungen, unter denen höhere Pilze, besonders Basidiomycetes, Fruchtkörper bilden, sind bekannt. Einige Bedingungen, die höhere Pilze erfüllen müssen, wenn sie zur Fruchtkörperbildung in submerser Kultur gezüchtet werden sollen, sind:

1. Die Pilze müssen in Flüssigkeitskultur in einem kurzen Wachstumszyklus zur Fruchtkörperbildung übergehen.

2. Die Stämme müssen auch bei häufigen Überimpfungen genetisch stabil bleiben oder stabil gehalten werden können.
3. Die Pilze müssen den größten Teil ihres Nährstoffbedarfs aus billigen Rohstoffen decken können.
4. Die Pilze dürfen submers keine Sekundärsporen bilden; es muß sich submers ein organisiertes Mycel entwickeln.
5. Die organisierten Mycelien, möglichst auch die anderen Mycelien, müssen aromatisch, schmackhaft, dem der in der Erde gewachsenen Pilze möglichst ähnlich und nicht toxisch sein.

Leider erfüllen nur sehr wenige Pilze sämtliche der angeführten Bedingungen, so daß die Submerszucht höherer Pilze mit Fruchtkörperbildung bisher noch immer problematisch ist.

Man war zunächst der Meinung, daß eine Anzahl von Stämmen von *Agaricus campestris* diesen Kriterien genügte, jedoch stellte sich später heraus, daß es sich bei den verwendeten Kulturen nicht um die Art *A. campestris,* sondern um saprophytische Pilzarten der Gattung *Beauveria,* die auf den Fruchtkörpern des Champignons vorkommen, handelte (Literatur vgl. Rehm, 1967). *Agaricus blazei* soll aber erfolgreich mit Fruchtkörperbildung kultiviert worden sein (Block et al., 1953). Die Mycelien von *Agaricus bisporus* bilden in Submerskultur pellets. 24% – 34% des N-Gehaltes der Mycelien sind keine Proteine, sondern z. B. Nucleinsäuren. Der Gehalt an Aromastoffen wird erst nach Selektion besonderer aromabildender Stämme befriedigend sein können (Dijkstra und Wikén, 1976).

Arten aus der Gattung *Morchella* (Ascomycetes) sind im Submersverfahren zur Fruchtkörperbildung zu bringen (US-Pat. 2.850.841, 1958). Geeignet sind besonders *Morchella hortensis* und *M. esculenta.*

Zur Herstellung der Impflösung wird das Mycel in Schüttelkulturen mit sehr hoher Schüttelfrequenz vermehrt. Die hohe Schüttelfrequenz ist notwendig, um die vorzeitige Bildung eines organisierten Mycels zu verhindern. Vor den einzelnen Überimpfungen wird das Mycel zerkleinert. Ein Verfahren zur Kultivierung von *M. hortensis* in Tanks mit etwa 7000 l Inhalt vgl. Robinson und Davidson (1959):

Stammkultur	→	Mycelzerkleinerung	→	acht Erlenmeyerkolben mit je 250 ml Inhalt bei 100 rpm 3 Tage geschüttelt	→
→ Mycelzerkleinerung	→	Belüftete und bewegte Kolben mit 7 l – 15 l Inhalt 3 Tage	→	Mycelzerkleinerung	→
→ 400 l – 500 l Fermenter 3 Tage	→	Mycelzerkleinerung	→	5000 l – 7000 l Fermenter	→
→ Filtration	→	Entwässerung auf 90%	→	Verarbeitung	

Die Mycelien mit den Fruchtkörpern, die eine Größe von 0,5 cm – 2,5 cm im Durchmesser haben, werden nach Filtration entwässert und verarbeitet, z. B. als Dosenpilze, nach vollständiger Trocknung als Pulver oder als Zusatz zu anderen Lebensmitteln (vgl. Robinson und Davidson, 1959; Worgan, 1968; Solomons, 1975).

Die Tabelle 30 zeigt die Protein- und Fettgehalte in drei verschiedenen *Morchella*-Arten, die in einem Cornsteep-Medium mit Zusatz verschiedener Nährsalze und C-Quellen gezüchtet wurden (Litchfield et al., 1963 a).

Tabelle 30. Fett- und Proteingehalte von submers gezüchteten *Morchella*-Arten

	Fettgehalt (% des Molekulargew.) bei folgender C-Quelle			Proteingehalt (% des Molekulargew.) bei folgender C-Quelle		
	Glucose	Maltose	Lactose	Glucose	Maltose	Lactose
Morchella hortensis	1,38	1,20	1,82	34,8	32,7	32,2
Morchella esculenta	1,08	1,32	1,93	31,1	29,6	30,0
Morchella crassipes	3,07	3,35	3,72	30,6	30,1	29,8

Grundsätzlich ist also der Proteingehalt der gezüchteten *Morchella*-Arten relativ hoch. Submers gezüchtete *Morchella*-Arten enthalten auch Vitamine der B-Gruppe (Litchfield, 1964).

Es ist auch möglich, *M. hortensis* und *Agaricus campestris* submers in Molke, besonders mit Zusatz von Kartoffelstärke, zu kultivieren. Es wurden bis zu 16 g/l Mycel-TG von *A. campestris* erhalten (Duvnjak et al., 1978).

Eiweiß- und Vitamingehalt spielen neben dem Gehalt an Aromastoffen eine Rolle für den Absatz submers gezüchteter höherer Pilze (vgl. Solomons, 1975).

Die Zucht von Trüffelarten (*Tuber* spp.) in Submerskultur hat zwar eine gute Mycelentwicklung ergeben, es gelang auch kleine fruchtkörperartige Knöllchen zu erhalten, jedoch wurden keine wesentlichen Mengen an Aromastoffen gebildet, ohne die eine Trüffelzucht wertlos ist.

Literatur

Anonym: Food Trade Rev. *46*, 18 – 19 (1973)

Arita, I.: In: The Biology and Cultivation of Edible Mushrooms. Chang, S. T. and Hayes, W. A. (eds.). New York, San Francisco, London: Academic Press 1978, S. 475 – 496

Bels-Koning, H. C., Bels, P. J.: Handleiding voor de Champignoncultuur Horst (Limburg) 1958 Uitgave Proefstation voor de Champignoncultuur

Block, S. S.: Appl. Microbiol. *13*, 5 (1965)

Block, S. S., Stearns, T. W., Stephens, R. L., McCandless, R. F. J.: J. Agric. Food Chem. *1*, 890 (1953)

Bötticher, W.: Handb. d. Lebensmittelchem. 507 – 537 (1968)

Bötticher, W.: Technologie der Pilzverwertung. Stuttgart: Ulmer 1974

Chang, S. T.: In: The Biology and Cultivation of Edible Mushrooms. Chang, S. T. and Hayes, W. A. (eds.). New York, San Francisco, London: Academic Press 1978, S. 573 – 603

Chang, S. T. and Hayes, W. A. (eds.): The Biology and Cultivation of Edible Mushrooms. New York, San Francisco, London: Academic Press 1978

Chen, P. C., Hou, H. H.: In: The Biology and Cultivation of Edible Mushrooms. Chang, S. T. and Hayes, W. A. (eds.). New York, San Francisco, London: Academic Press 1978, S. 629 – 643

Cheng, S., Tu, C. C.: In: The Biology and Cultivation of Edible Mushrooms. Chang, S. T. and Hayes, W. A. (eds.). New York, San Francisco, London: Academic Press 1978, S. 605 – 625

Delmas, J.: In: The Biology and Cultivation of Edible Mushrooms. Chang, S. T. and Hayes, W. A. (eds.). New York, San Francisco, London: Academic Press 1978, S. 645 – 681

Dijkstra, F. J.: Promotionsarbeit Tech. Hochschule Delft (1976)

Dijkstra, F. J., Wikén, T. O.: Z. Lebensm. Unters. Forsch. *160*, 255 – 262 (1976)

Duvnjak, Z., Erić, M., Tamburasev, G.: 1. Eur. Congr. Biotechnol. Interlaken, Part 2. pp. 32 – 35. Frankfurt: Dechema 1978

Eger, G.: Z. Pilzkd. *30*, 79 – 88 (1964)

Eger, G.: 5th Int. Ferment. Symp. Abstr. p. 175. Berlin 1976

Eger, G.: In: The Biology and Cultivation of Edible Mushrooms. Chang, S. T. and Hayes, W. A. (eds.). New York, San Francisco, London: Academic Press 1978, S. 497 – 519

Esser, K., Semerdžieva, M., Stahl, U.: Theor. Appl. Genet. *45*, 77 – 85 (1974)

Flegg, P. B., Ganney, G. W.: Sci. Hortic. *1*, 331 – 339 (1973)

Fritsche, G.: Umsch. Wiss. Tech. *66*, 670 (1966 a)

Fritsche, G.: Champignon *6*, 8 (1966 b)

Fujii, K., Ito, H., Naruse, S.: Folia Pharmacol. Jpn. *70*, 571 – 577 (1974)

Geiss, E.: Die Champignonkultur. Stuttgart: Ulmer 1961

Ginterová, A., Maxianová, A.: Folia Microbiol. *20*, 246 – 250 (1975)

Grabbe, K.: 3. Symp. Tech. Mikrobiol. pp. 455 – 465. Berlin 1973

Gramss, G.: In: The Biology and Cultivation of Edible Mushrooms. Chang, S. T. and Hayes, W. A. (eds.). New York, San Francisco, London: Academic Press 1978, S. 423 – 443

Green, J. H.: Mar. Fish. Rev. *36*, 27 – 32 (1974)

Gyurkó, P.: Mushroom Sci. *8*, 461 – 469 (1972)

Hasselbach, O., Mutsers, P.: Champignon *130* (1972)

Hayes, W. A., Nair, N. G.: In: The filamentous fungi. Smith, J. E., Berry, D. R. (eds.), Vol. I, pp. 212 – 248. London: Edward Arnold 1975

Hunte, W.: Champignon-Anbau im Haupt- und Nebenerwerb. Berlin: Paul Parey 1961

Hussey, N. W.: Mushroom Sci. *8*, 183 – 192 (1972)

Ito, T.: In: The Biology and Cultivation of Edible Mushrooms. Chang, S. T. and Hayes, W. A. (eds.). New York, San Francisco, London: Academic Press 1978, S. 461 – 473

Ivanov, St. A., Torev, A., Blisnakova, L., Stephanov, Sp.: Nahrung *12*, 261 – 266 (1968)

Jahn, E., Patscheke, G., Kerner, G.: Ber. Int. Symp. „Holzzerstörung durch Pilze". S. 89. Berlin: Akademie Verlag 1962

Jong, S. C., Peng, J. T.: Mycologia *67*, 1235 – 1238 (1975)

Kneebone, L. R.: Dev. Ind. Microbiol. *1*, 109 (1959)

Korzybski, T., Kowszyk-Gindifer, Z., Kurylowicz, W.: Antibiotics Vol. III. Washington, D. C.: American Society for Microbiology 1978

Kühlwein, H.: Zentralbl. Bakteriol. Parasitenkd. Abt. II. *116*, 294 (1963)

Kurtzman, R. H., Jr.: In: The Biology and Cultivation of Edible Mushrooms. Chang, S. T. and Hayes, W. A. (eds.). New York, San Francisco, London: Academic Press 1978, S. 393 – 408

LeDuy, A., Kosaric, N., Zajic, J. E.: J. Inst. Can. Sci. Technol. Aliment. *7*, 44 – 50 (1974)

Litchfield, J. H.: J. Food Sci. *29*, 690 (1964)

Litchfield, J. H., Overbeck, R. C., Davidson, R. S.: J. Agric. Food Chem. *11*, 158 (1963)

Lolley, J., Schmaus, Fr., Musil, Ve.: Pilzanbau-Handbuch des Gewerbegärtners, Bd. 12. Stuttgart: Ulmer 1976

Luthardt, W.: Kulturanweisung zur Züchtung holzbewohnender Speisepilze. Steinach: Selbstverlag (1961)

Luthardt, W.: Ber. Int. Symp. „Holzzerstörung durch Pilze". S. 83. Berlin: Akademie Verlag 1962

Mayer, K.: Champignon *5, 9;* 15 (1965)

Mori, K.: Mushroom Sci. *7*, 577 (1968)

Moser, M.: Forstwiss. Zentralbl. *78*, 193 (1959)

Moser, M.: Mitt. Forstl. Bundes-Versuchsanst. Mariabrunn *60*, 693 (1963)

Nair, N. G.: Aust. J. Agric. Res. *27*, 857 – 865 (1976)
Nair, N. G., Fahy, P. C.: J. Appl. Bacteriol. *35*, 439 – 442 (1972)
Poppe, J.: Dissertation, Gent (1971/72)
Püchel, J.: Dtsch. Gärtnerpost Nr. 19, 21, 23, 25, 26 (1970)
Rangaswami, G., Kandaswami, T. K., Ramasamy, K.: Curr. Sci. *44*, 403 – 404 (1975)
Raper, J. R., Raper, C. P.: Mushroom Sci. *8*, 1 – 9 (1972)
Rehm, H. J.: Industrielle Mikrobiologie. Berlin, Heidelberg, New York: Springer 1967
Robinson, R. F., Davidson, R. S.: Adv. Appl. Microbiol. *1*, 291 (1959)
Saksena, K. N.: Dev. Ind. Microbiol. *16*, 134 – 144 (1975)
San Antonio, J. P., Fordyce, C. Jr.: Hortic. Sci. *7*, 461 – 464 (1972)
Schisler, L. C., Sinden, J. W., Sigel, E. M.: Phytopathology *57*, 519 – 526 (1967)
Schliemann, J. Zadražil, F.: Z. Pilzkd. *41*, (1975)
Sengbusch, v., R.: Angew. Bot. *38*, 101 (1964)
Sengbusch, v., R.: 2. Symp. Ind. Pflanzenbau Wien 1965, *2*, 115 (1966)
Sengbusch, v., R.: Persönl. Mitt. (1967)
Sinden, J. W.: Dev. Ind. Microbiol. *16*, 123 – 127 (1975)
Singer, R.: Mushrooms and truffles. London: Leonard Hill 1961
Smith, J.: Process Biochem. *7*, 24 – 26 (1972)
Smith, J. F., Spencer, D. M.: Sci. Hortic. *5*, 23 – 31 (1976)
Smith, J. S., Hayes, W. A.: Mushroom Sci. *8*, 355 – 361 (1972)
Solomons, G. L.: In: The filamentous fungi. Smith, J. E., Berry, D. R. (eds.), Vol. I, pp. 249 – 264. London: Edward Arnold 1975
Stein, S. I.: Dev. Ind. Microbiol. *1*, 110 (1959)
Sugimori, T., Oyama, Y., Omichi, T.: Ref. Chem. Abstr. *75*, 74881 (1971)
Szudyga, K.: In: The Biology and Cultivation of Edible Mushrooms. Chang, S. T. and Hayes, W. A., (eds.). New York, San Francisco, London: Academic Press 1978, S. 559 – 571
Till, O.: Mushroom *5*, 127 (1962)
Tokimoto, K., Komatsu, M.: In: The Biology and Cultivation of Edible Mushrooms. Chang, S. T. and Hayes, W. A. (eds.). New York, San Francisco, London: Academic Press 1978, S. 445 – 459
Tominaga, Y.: In: The Biology and Cultivation of Edible Mushrooms. Chang, S. T. and Hayes, W. A. (eds.). New York, San Francisco, London: Academic Press 1978, S. 683 – 697
Tonomura, H.: In: The Biology and Cultivation of Edible Mushrooms. Chang, S. T. and Hayes, W. A. (eds.). New York, San Francisco, London: Academic Press 1978, S. 409 – 421
Vedder, P. J. C.: In: The Biology and Cultivation of Edible Mushrooms. Chang, S. T. and Hayes, W. A. (eds.). New York, San Francisco, London: Academic Press 1978, S. 377 – 392
Votýpka, J.: Experiments with the fructification of Lepista nuda (Bull. ex Fr.) Cooke in vitro. Ceská Mykol. *25* (1971)
Weaver, R. F., Rajagopalan, K. V., Handler, P., Jeffs, P., Byrne, W. L., Rosenthal, D.: Proc. Natl. Acad. Sci. USA *67*, 1050 – 1056 (1970)
Worgan, J. T.: Prog. Ind. Microbiol. *8*, 73 – 139 (1968)
Zadražil, F.: Champignon *13*, 139 (1973)
Zadražil, F.: Champignon *163*, 23 (1975)
Zadražil, F.: Eur. J. Appl. Microbiol. *4*, 273 – 281 (1977)
Zadražil, F.: In: The Biology and Cultivation of Edible Mushrooms. Chang, S. T. and Hayes, W. A. (eds.). New York, San Francisco, London: Academic Press 1978, S. 521 – 557
Zadražil, F., Pump, G.: Champignon *13*, 141 (1973)
Zadražil, F., Schliemann, J.: IX. Int. Wiss. Kongr. Kultur Eßbarer Pilze, Taipeh, Taiwan 1974
Zadražil, F., Schliemann, J.: Champignon *163*, 7 – 22 (1975)

Kapitel 14 Biomassegewinnung aus photosynthetischen Mikroorganismen

1. Allgemeines

Photosynthetische Mikroorganismen sind in der Lage, aus dem CO_2 der Luft mit Hilfe von Lichtenergie Kohlenhydrate zu bilden. In den letzten beiden Jahrzehnten sind große Anstrengungen unternommen worden, um technische Verfahren zur Mikroalgenzucht zu entwickeln. Neben Mikroalgen werden auch photosynthetische Bakterien zur SCP-Bildung diskutiert.

Photosynthetische Mikroorganismen werden z. T. in C-autotrophen Verfahren vermehrt, z. T. auch in gemischt C-autotrophen und heterotrophen Verfahren (= mixotrophe Verfahren) oder ganz in heterotrophen Verfahren, bei denen die Fähigkeit, CO_2 und Lichtenergie zu fixieren, nicht mehr genutzt wird. Die Züchtungen haben entweder das Ziel, hochwertige eiweiß- und vitaminreiche Nahrungs- oder Futtermittel zu gewinnen oder in Mischkulturen mit anderen Mikroorganismen – vorwiegend Bakterien – in der Abwässerreinigung dem Abbau organischer Substanzen und der Entfernung unerwünschter Mineralstoffe zu dienen. Die bei solchen Abwasserverfahren gewonnene Biomasse soll als Futtermittel verwendet werden. Daneben gibt es bereits jetzt eine ganze Anzahl von Spezialverfahren der Algenmassenzucht.

Möglicherweise wird sich in später Zukunft die Massenzucht photosynthetischer Mikroorganismen als eine rationelle Nährstoffquelle zur Ernährung der stark anwachsenden Weltbevölkerung, zur Ausnutzung der Sonnenergie besonders in Gebieten mit langdauernder Sonneneinstrahlung (z. B. Wüstengebieten), sowie zur Bindung des gegenwärtig in übergroßer Menge in die Atmosphäre gegebenen CO_2 erweisen. Geschlossene Systeme dieser Mikroorganismen können zur Regeneration der Atemluft eingesetzt werden (vgl. Kap. 39). Literatur bis 1966 vgl. Rehm (1967), weitere Literatur vgl. Stengel (1970), Mitsuda et al. (1970), Soeder (1976).

2. Mikroorganismenarten

Als photosynthetische Mikroorganismen faßt man unter dem Aspekt der Massenzucht drei Mikroorganismengruppen zusammen.

1. Phototrophe Bakterien (vgl. Thanii und Simard, 1973; Smith und Hoare, 1977; Shipman et al., 1977): Dies sind Bakterien, die bei der Photosynthese den Wasserstoff des Wassers nicht als Elektronendonator verwenden können, da sie keine Photolyse des Wassers durchführen können. Sie verwenden die Elektronen von reduzierten Schwefelverbindungen oder auch von kurzkettigen organischen Säuren. Diese Organismen besitzen verschiedene Arten von Bakterienchlorophyll. Viele können N_2 binden.

Wichtige Arten zur Biomassegewinnung:

Chromatium-Arten sind kleine (ϕ ca. 2,5 nm), bohnen- bis stäbchenförmige mit polaren Geißeln versehene gramnegative Bakterien. Sie gehören zu den Schwefel-purpurbakterien, verwenden H_2S oder S als Elektronendonator. Schwefel wird in den Zellen bis zur Weiteroxidation zu Sulfat abgelagert.

Rhodopseudomonas-Arten sind stäbchenförmige bis ovoide Bakterien, die sich durch Zweiteilung oder Knospung vermehren. Sie haben polare Geißeln. *Rhodo-pseudomonas*-Arten sind zumeist unfähig, mit H_2S als alleinigem Wasserstoffdonator zu wachsen, lagern keinen elementaren Schwefel in den Zellen ab und verwenden einfache organische Substanzen als Elektronendonator. Wichtige Art: *R. gelatinosa* (Shipman et al., 1975).

2. Cyanobakterien (Fogg et al., 1973): Diese ebenfalls prokaryotischen Mikroor-ganismen sind früher als Blaualgen bezeichnet worden. Sie besitzen neben dem Chlorophyll a als einziges Chlorophyll eine Reihe von Pigmenten, z. B. Phycobili-proteinen (Allophycocyanin, Phycocyanin und z. T. Phycoerythrin). Cyanobakte-rien können eine Photolyse des Wassers durchführen.

Wichtige Arten zur Biomassegewinnung sind die zur Familie der Oscillatorien gehörenden *Spirulina*-Arten, besonders *Spirulina maxima* (Clement und van Land-eghem, 1970) mit schraubig gewundenen Trichomen. Viele Oscillatorien – wie auch viele andere Cyanobakterien – können N_2 binden. Wegen ihrer spiraligen Form las-sen sich *Spirulina*-Arten z. T. sehr gut zentrifugieren bzw. filtrieren. Auch die aus Reisfeldern isolierte Art *Tylopothrix tenuis* bindet molekularen Stickstoff und läßt sich gut in Massen züchten. Ebenso ist *Oscillatoria amoena* in Massen gezüchtet worden.

3. Grüne Algen: Diese Organismen sind Eukaryonten und besitzen Chlorophyll a und b wie die anderen grünen Pflanzen. Sie verwenden nur Wasser als Elektro-nendonator. Der Ausdruck „Mikroalgen" ist ein Sammelbegriff für kleine, mit mi-krobiologischen Methoden züchtbare Algen verschiedenster Familien und Ord-nungen und keinesfalls eine systematische Bezeichnung. Unter den mehr als tau-send Mikroalgen, die meist einzellig oder nur aus wenigen Zellen zusammengesetzt sind, werden nur wenige zur technischen Massenzucht verwendet. Wichtige Arten: *Chlorella*-Arten gehören zu den Grünalgen. Es werden vor allem *C. vulgaris, C. py-renoidosa, C. ellipsoidea* sowie eine Mutante *Chlorella* 71 105, die bei 39 °C noch gut wächst, verwendet. Weiterhin sind verschiedene *Scenedesmus*-Arten, besonders *S. quadricauda* und *S. obliquus* mit Erfolg in Massen gezüchtet worden.

Eine große Anzahl weiterer Algenarten ist zur Massenzucht vorgeschlagen und z. T. auch bereits erfolgreich in Massen gezüchtet worden, vor allem *Chlamydomo-nas reinhardti* (Sălăgeanu, 1970), *Nitzschia actinastroides,* eine Diatomee (Müller, 1970), *Gloeococcus bavaricus* (v. Witsch et al., 1968), *Coelastrum proboscideum* (v. Witsch und Heussler, 1970), *Pleurococcus vulgaris* (Sălăgeanu, 1970) u. v. a.

3. Biochemie und Regulation

Die Biochemie der Massenzucht von photosynthetischen Mikroorganismen ist eine Biochemie der Photosynthese der phototrophen Bakterien, der Cyanobakterien und der grünen Algen, über die bereits sehr viel gute Spezialliteratur existiert. Bezüglich

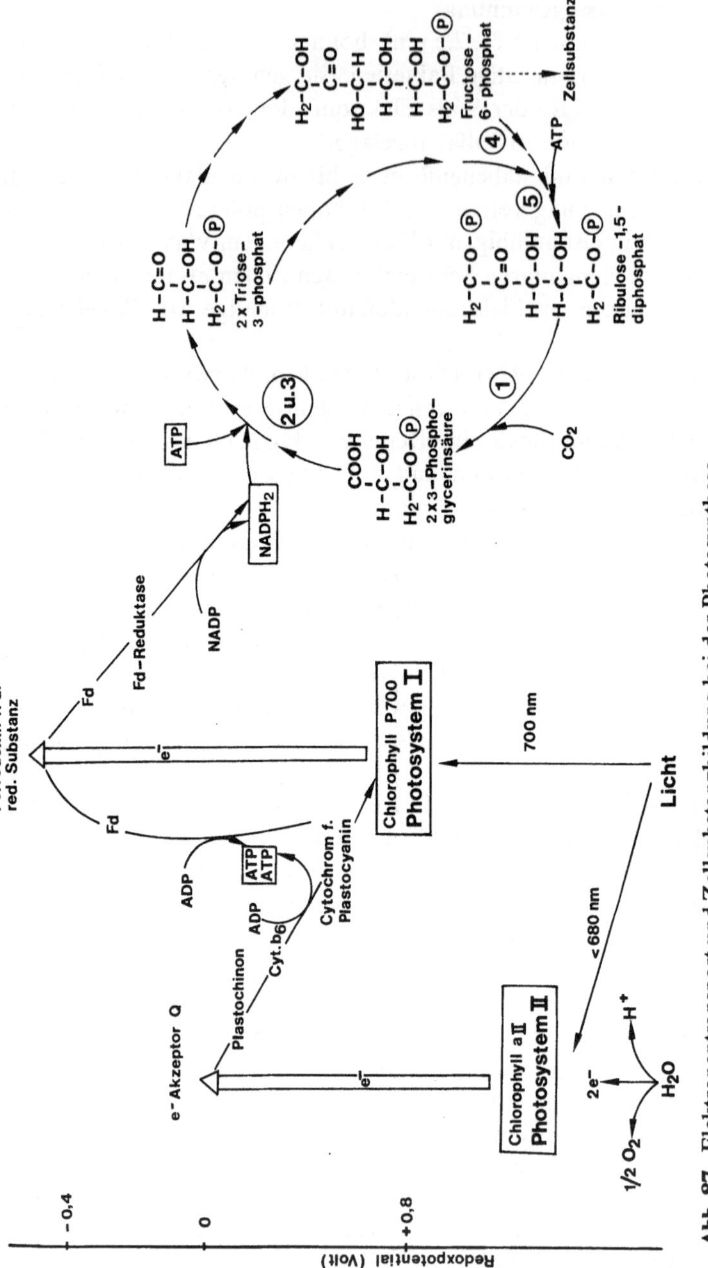

Abb. 87. Elektronentransport und Zellsubstanzbildung bei der Photosynthese

der Grundlagen der Photosynthese sei hierauf verwiesen (vgl. Stewart, 1974). Die Abb. 87 zeigt ein Schema. Über Algenphysiologie und Biochemie vgl. Round (1967), besonders aber Stewart (1974), über Ernährung mit Mineralstoffen O'Kelley (1968), über Isolierungen vgl. Collins (1969), Entwicklung Carr (1969), Synchrone Kulturen Zeuthen et al. (1972).

Für die Massenzucht von Algen in künstlicher Kultur sind Synchronkulturen zweckmäßig. Besonders an *Chlorella*-Arten sind die Lebenszyklen und ihre Abhängigkeit vom Licht sehr gut untersucht worden. Eine abwechselnde Zucht der Algen bei Licht und Dunkelheit ergibt gleichmäßiges Zellmaterial sowie optimale Lichtausnutzung bei geringstem Aufwand für die Beleuchtung (vgl. Abb. 88) (Literatur vgl. Tamiya, 1966), eine geeignete Methode für synchrone Algenzuchten (vgl. Cabela et al., 1971).

Erste biotechnologische Überlegungen über Lichtaufnahme und Zellwachstum im Algenfermenter vgl. Märkl und Vortmeyer (1971).

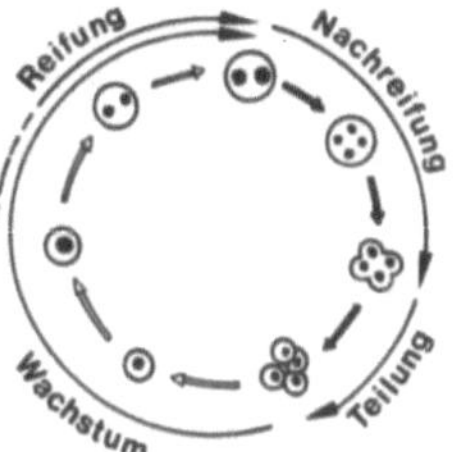

Abb. 88. Lebenszyklus bei *Chlorella ellipsoidea* in Synchronkultur

4. Verfahren zur Massenzucht photosynthetischer Mikroorganismen

Die bisher entwickelten Verfahren zur Massenzucht photosynthetischer Mikroorganismen lassen sich in zwei große Gruppen einteilen: In Verfahren, die ausschließlich zur Massenzucht der betreffenden Mikroorganismen angesetzt worden sind. Sie arbeiten mit Reinkulturen oder definierten Mischkulturen, gleichgültig ob sie autotroph, mixotroph oder heterotroph geführt werden. Diese Verfahren werden auch als „saubere Verfahren" bezeichnet (Stengel, 1970). Daneben existieren die Abwasserverfahren, bei denen die Algen neben einer bereits vorhandenen Mikroflora wachsen. Der von Stengel (1970) eingeführte Ausdruck wird hier mit der angeführten Definition übernommen.

a) Zucht in besonderen Nährlösungen („Saubere" Verfahren)

Bei autotrophen Verfahren wird ausschließlich die photosynthetische Fähigkeit der Mikroorganismen ausgenutzt. Die Algen benötigen möglichst viel Licht, eine ausreichende mineralische Nährlösung mit optimaler CO_2-Menge (bis zu 5%) und einer genügenden Bewegung der Kulturflüssigkeit, um die Mikroorganismen mit Nährsubstrat und CO_2 zu versorgen, ein Absitzen zu verhindern und die Zellen immer wieder ans Licht zu transportieren. Künstliche Beleuchtung ist nur für Versuchsanlagen interessant. Für mixotrophe Verfahren kommt neben den geschilderten Bedingungen noch die zusätzliche Versorgung der Mikroorganismen mit organischem Substrat hinzu. Bei rein heterotroph geführten Verfahren wird unabhängig vom Licht wie bei anderen mikrobiologischen Fermentationen gezüchtet.

Vor allem für Mikroalgen sind die meisten technischen Verfahren entwickelt worden. Die Kultur der Mikroalgen kann in offenen Gefäßen oder in geschlossenen Fermentern erfolgen. Für autotrophe und mixotrophe Zuchten haben sich offene Anlagen bewährt, für heterotrophe Zuchten werden zumeist geschlossene Fermenter verwendet, die dem Universalfermenter mit Scheibenrührsystemen sehr ähnlich sind (vgl. Stengel, 1970).

Offene Becken sind rund oder in Rinnen als Mäander gebaut, so daß ein kontinuierlicher Fluß des Substrats möglich ist (vgl. Abb. 92). Eine Anlage in Dortmund enthält ein Rundbecken mit einem Durchmesser von 16 m und einer Nutzfläche von fast 200 m². Mit einem vierarmigen, radspeicherartigen, zentralangetriebenen Rührwerk (2 rpm) wird die Flüssigkeit bewegt. Der CO_2-Eintrag erfolgt über einen Rührarm. Schräg gestellte Leitflächen auf den Rührarmen ermöglichen einen Austausch der Flüssigkeit in radialer Richtung. Die Schichtdicke ist ca. 15 cm.

Bei Horizontalgerinnen wird die gesamte Mikroalgen-haltige Nährflüssigkeit durch Schaufelräder auf einer endlosen Strecke ständig umgewälzt. Die Schaufelräder können evtl. auch durch untergetauchte Pumpen ersetzt werden.

Gerinnen mit Schrägflächen sind horizontal arbeitende Systeme, die in der Tschechoslowakei entwickelt wurden und u. a. auch in Bulgarien mit gutem Erfolg arbeiten (Abb. 89). Bei einer Schichtdicke von nur 4 cm (maximal 8 cm) wird bei hoher Zelldichte auf Schrägflächen exponiert. Die Suspension rieselt über dachziegelartige Glasplatten oder Kunststoffplatten herab, wird in einer Rinne oder in einem Becken aufgefangen und wieder auf den Anfang der dachziegelartigen Platten gepumpt. Ein Teilstrom wird dabei über einen Gasaustauscher geleitet und mit CO_2 angereichert. Das CO_2 ist jedoch bei der geringen Schichtdicke schnell aufgebraucht (vgl. Šetlík et al., 1967).

Im Schema (Abb. 90) ist eine Algenzucht dargestellt. Die Zentrifugation führt bereits zu mehr oder weniger gut entwässerten Algen. Anschließend kann eine Walzen- oder Sprühtrocknung vorgenommen werden, seltener wird gefriergetrocknet.

Im Anschluß an die Ernte wird die Algenrohsubstanz einer Erhitzung > 100 °C unterworfen (vgl. Pabst, 1975), um

– die Zellwände aufzuschließen und damit die Mikroalgen verdaulich zu machen,
– Fremdinfektionen, die bei der Freilandkultur auftreten können, abzutöten,
– das Endprodukt haltbar zu machen.

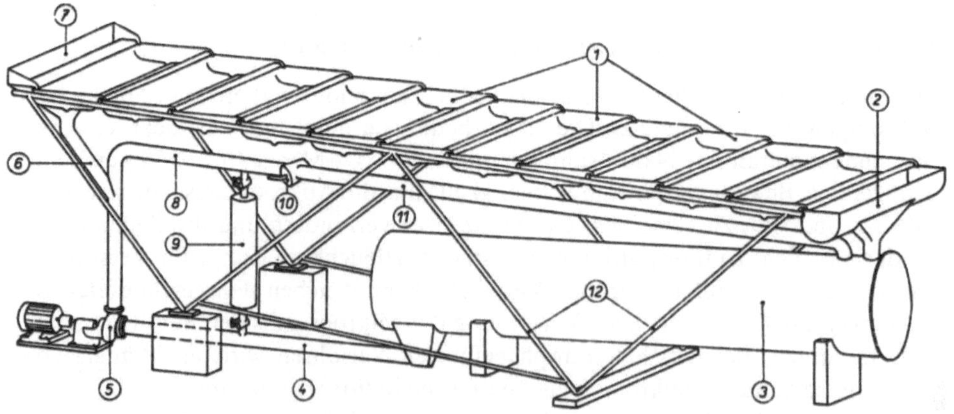

Abb. 89. 12 m²-Kultureinheit nach dem tschechischen Prinzip der Schrägflächenkultur (aus Šetlik et al., 1967). *1* Dachziegelartig angeordnete Kunststoffplatten (Polyester GFK); *2* Auffangrinne; *3* Sammeltank; *4* Leitung zur *5* Pumpe; *6* Leitung zur *7* Verteilerrinne; *8* Bypass zum Gasaustauscher; *9* Gasaustauscher (CO_2-Eintrag); *10* Ventil zur wahlweisen direkten Rückführung in den Sammelbehälter; *11* Leitung von der Pumpe; *12* Stützgerüst (nach Stengel, 1970, S. 596)

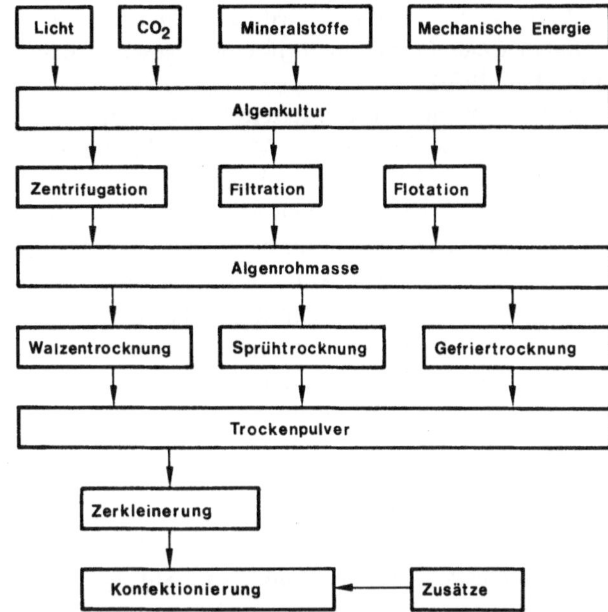

Abb. 90. Schema der Algenmassenzucht

Die Zellwände können auch mit cellulytischen Enzymen aus *Trichothecium roseum* zerstört werden. Eine Enzympräparation wird zu 5% den Algen zugesetzt, 1 Std. gedampft und auf 40 °C abgekühlt (SU-Pat. 276.886, 1973). Das zerkleinerte Produkt ist dann eine grünliche Algenbiomasse.

Die Ausbeuten sind stark abhängig von der Lichteinstrahlung. Die höchsten Flächenausbeuten liegen in Dortmund bei 28 g/m²/Tag, in Trěborn/CSSR bei 35 g/m²/Tag und in Rupite/Bulgarien bei 43 g/m²/Tag bei autotrophen *Scenedesmus*-Züchtungen (Stengel, 1970). In Israel lagen die Ausbeuten mit *Chlorella pyrenoidosa* maximal bei 63 g/m²/Tag (Literatur vgl. Rehm, 1967).

Die Algensuspension muß bei einigen Verfahren nicht abgetrennt werden, sondern kann direkt verfüttert werden, wie es z. B. auf einer Shrimp-Farm geschieht. Dort werden die Garnelen (zweites Larvenstadium von *Penaeus japonicus*) mit in Massenkulturen gezüchteten Diatomeen gefüttert. Diese sind in runden durchlüfteten Becken in Meerwasser gezüchtet worden. Das dritte Larvenstadium dieser Shrimps (*Mysis*) wird mit einem Zooplankton verschiedener Arten gefüttert, das mit *Chlorella* ernährt wird (Bardach, 1968; Stengel, 1970).

Bei einer solchen mixotrophen *Chlorella*-Kultur, bei der Acetat als zusätzliche C-Quelle gegeben wird, wird mit Schichtdicken von 15 cm und hoher Suspensionsdichte von 2 g/l Trockenmasse gearbeitet. Das überdachte Rundbecken zur Hauptzucht hat einen Durchmesser von 32 m. Die geerntete *Chlorella*-Suspension wird bei etwa 100 °C sterilisiert.

Chlorella ellipsoidea wird in vorher sterilisierter Nährlösung von einer Fabrik (Nikon Chlorella Co. Tokyo) in einem Substrat von 2% – 3% Glucose, Harnstoff als N-Quelle und 30 °C in 50 m³ Fermentern diskontinuierlich heterotroph in Massen gezüchtet. Nach einem bis drei Tagen werden Zelldichten von 50 g Algentrockenmasse/l Suspension erreicht. Die Algen werden anschließend zentrifugiert, bei 100 °C gekocht und nochmals zentrifugiert. Die flüssige Phase wird als Wachstumsextrakt für Lactobacillen verwendet.

Auch unter anaeroben Bedingungen soll eine heterotrophe Kultur von bestimmten *Chlorella*-Stämmen in einem geschlossenen System möglich sein (Nakayama et al., 1974).

Neben den hier geschilderten Anlagen gibt es eine große Anzahl verfahrenstechnischer Entwicklungen zur Massenzucht von photosynthetischen Mikroorganismen. Algen und viele phototrophe Bakterien lassen sich z. B. gut in einem beleuchteten Röhrensystem kontinuierlich züchten (Jüttner et al., 1971). In abgewandelter Form ist ein solches System für halbtechnische Massenzüchtungen interessant.

Besondere technische Anlagen für die Zucht photosynthetischer Bakterien sind bisher nicht entwickelt worden, man hat im Prinzip immer wieder auf die geschilderten Zuchtanlagen für Mikroalgen zurückgegriffen (vgl. Shipman et al., 1977). Photosynthetische Bakterien können auf wäßrigen Extrakten von kohlenhydratreichen Pflanzen wie Weizenkleie, Reiskleie, Kartoffelabwässer, Bananen u. ä. gezüchtet werden (Wai, 1972), auch Säurehydrolysate dieser Produkte sind geeignet (Shipman et al., 1977). *Rhodopseudomonas* und *Rhodospirillum* sind fakultativ aerob und können daher, im Gegensatz zu den anderen anaeroben photosynthetischen Bakterien, in Gegenwart von O_2 wachsen. Bei Belichtung liegt die Generationszeit bei *Rhodopseudomonas gelatinosa* bei 4 Std. bei 35° C (Shipman et al., 1977). Die Abb. 91 zeigt ein Fließschema zur Erzeugung von Biomasse nach Shipman et al. (1977) mit *R. gelatinosa*. Die Bakterien werden bei 37 °C und einem pH-Wert von 7,0 – 7,2 gezüchtet, die Ausbeute liegt bei 10 g trockener Zellen/l. Die Weizenkleie (30% Festsubstanz) wird hydrolysiert und bei 121 °C 4 Std. sterilisiert. Der Weizenkleieextrakt wird in Mengen von 5000 gal/Std. (ca. 18900 l/Std.) in eine Serie von horizontalen Bakterienkulturgefäßen (Röhren von 61 cm ϕ und 67,1 m Länge mit einem Inhalt von 4500 gal, ca. 17 000 l) geleitet. Die Kulturgefäße sind aus durchsichtigem PVC, werden tagsüber mit Sonnenlicht, nachts mit 400 W Lampen beleuchtet. Die Aufenthaltszeit der Bakterien in der PVC-Röhre beträgt ca. 24 Std. Die Zellen enthalten ca. 18% Protein und etwa 60% N-freien Extrakt. Eine derartige Anlage ist auf 5 t SCP pro Tag ausgelegt (Abb. 91).

Rhodopseudomonas gelatinosa bildet in kleinen Anlagen bis zu 65% Protein und nur 5,1% RNA in den Zellen (Shipman et al., 1975).

Bei der Entwicklung technischer Anlagen zur Zucht phototropher Bakterien gibt es sicherlich noch manche Möglichkeiten für die Verfahrensentwicklung. Auch für die Mikroalgenzucht existiert eigentlich kein wirklich brauchbares Verfahren, mit dessen Hilfe axenische Kulturen in technisch interessanten Mengen vermehrt werden können (vgl. Burlew, 1976).

In „sauberen" offenen Anlagen, in denen man *Chlorella* züchtet, sind die Cyanobakterien sehr gefürchtet. *Anabaena*-Arten entziehen dann den *Chlorella*-Zellen das Licht. Wenn auch durch die Luftsterilisation ein großer Teil der Bakterien zurückgehalten wird, so lassen sich doch Infektionen mit Bakterien und einigen Schimmelpilzen nicht immer vermeiden, da die Gefäße oben geöffnet sind. Besonders *Pseudomonas*-Arten, nicht-hämolytische Staphylokokken und nicht-hämolytische Streptokokken wurden aus infizierten Lösungen isoliert. Dagegen entwickeln sich hämolytische Streptokokken und Salmonellen in den Lösungen nicht – anscheinend durch das saure Medium bedingt. Von Pilzen infizieren *Aspergillus niger* und *Penicillium*-Arten sowie Fusarien die Tanks. Man versucht, solche Pilzinfektionen durch Zusatz von Fungiziden zu verhindern. Die Fungizide müssen aller-

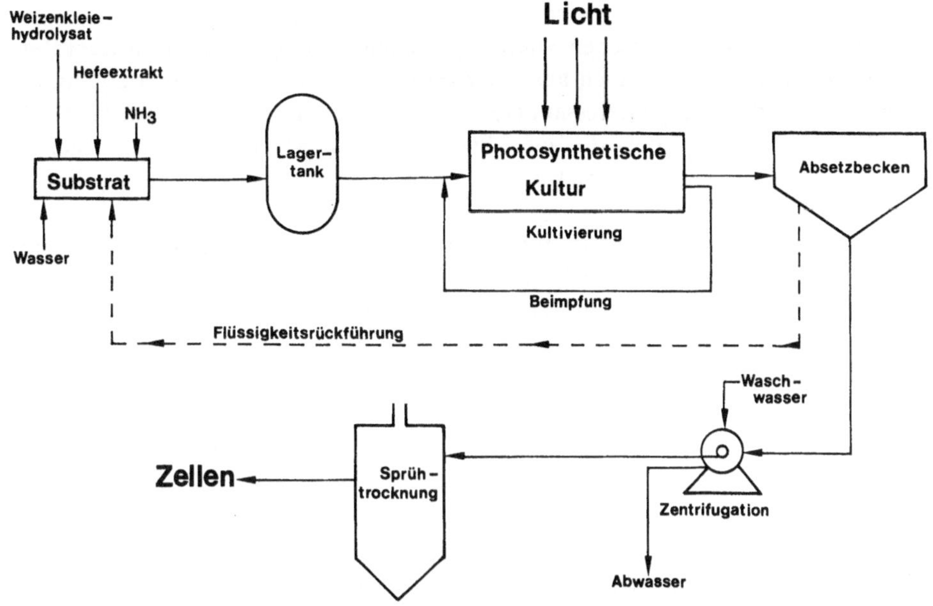

Abb. 91. Fließschema zur Züchtung photosynthetischer Mikroorganismen (nach Shipman et al., 1977)

dings in schwierigen Trennungen nachher wieder aus dem Substrat entfernt werden.

b) Zucht in Abwässern

Massenzuchten photosynthetischer Mikroorganismen in Abwässern werden seit vielen Jahren mit den folgenden Zielen versucht:

α) Entfernung von Phosphaten und N-haltigen Substanzen, die im Vorfluter (in bereits gereinigtem Abwasser) noch vorhanden sind. Die Substanzen gelangen größtenteils mit Düngemitteln, Waschmitteln u. a. in das Abwasser, werden diesem bei der normalen Reinigung nicht oder nur unvollständig entzogen und verursachen beim Einleiten in Flüsse oder besonders in Seen eine Eutrophierung. Algen können im auslaufenden, bereits gereinigten Abwasser, in der sog. dritten Reinigungsstufe, aus den genannten Substanzen Zellen bilden. Mit der Ernte dieser Algenzellen werden auch die Substanzen entfernt.

β) Zufuhr von Sauerstoff in die Abwässer (vgl. Shuler und Affens, 1970). Der durch die mikrobielle Photosynthese gebildete Sauerstoff kann zur Oxidation von Substanzen im Abwasser verwendet werden, so daß eine künstliche Sauerstoffzufuhr vermindert werden kann. Damit wird zumindest ein Teil des BSB (Biologischer Sauerstoffbedarf) im Abwasser gedeckt [$<CH_2O> + O_2 \rightarrow CO_2 + H_2O$]. Heterotrophe Bakterien als CO_2-Erzeuger und O_2-Verbraucher und autrotrophe photosynthetische Mikroorganismen als CO_2-Verbraucher und O_2-Erzeuger erlauben eine ideale Abwasserreinigung.

γ) Wasserenthärtung. Ca und Mg werden bei pH-Werten über 10 ausgefällt. Dieser günstige Effekt photosynthetischer Mikroorganismen ist noch wenig untersucht worden (Oswald und Golueke, 1968).

δ) Verwendung als Viehfutter. Grundsätzlich sind auch die aus dem Abwasser gewonnenen photosynthetischen Mikroorganismen, besonders aus der dritten Reinigungsstufe, aber evtl. auch aus der Züchtung mit anderen Bakterien zusammen zur Tierfütterung interessant (vgl. Soeder und Pabst, 1970; Pabst, 1975). Es müssen jedoch besonders die aus Abwasser in den Algen evtl. angereicherten schädlichen Substanzen berücksichtigt werden, wenn eine Verfütterung diskutiert wird.

ε) Verwendung zur Methangewinnung. In vielen Fällen wird es zweckmäßig sein, die im Abwasser gezüchteten Massen an photosynthetischen Mikroorganismen zusammen mit dem anderen Schlamm anaerob zu Methan zu vergären (vgl. Kap. 40). Die schädlichen Substanzen aus dem Abwasser werden dabei im ausgegorenen „Faulschlamm" konzentriert.

Zur Zucht photosynthetischer Mikroorganismen haben sich großflächige Teiche (0,4 ha – 160 ha) bewährt. In diesen werden die Mikroorganismen in einer Schichthöhe bis zu 1 m gezüchtet. Wird ein maximaler Ertrag phototropher Mikroorganismen angestrebt (z. B. in der dritten Reinigungsstufe), so muß die Schichthöhe niedriger sein (ca. 30 cm). Die Algen werden immer angeimpft – natürliche Algenpopulationen haben sich interessanterweise nicht eingestellt. Zumeist werden *Scenedesmus*- oder *Chlorella*-Arten verwendet, aber auch *Spirulina maxima* (Kosaric et al., 1974), *Selenastrum capricornutum* (Forsberg, 1972), *Rhodopseudomonas gelatinosa* (Sawada et al., 1977) u. a. phototrophe Bakterien (Thanii und Simard, 1973; Hirayama, 1968) sind geeignet.

In den Teichen werden die Algen nur zweimal in 24 Std. bewegt, da sie im Abwasser infolge der aufgewirbelten Schlammteilchen bei zu großer Turbulenz nicht genügend Licht erhalten würden. Die Ernte erfolgt durch Flockung mit $Al_2(SO_4)_3$ beim pH-Wert von 10,5 – 11,5. Das Aluminiumsulfat wird durch Ansäuerung zurückgewonnen.

Derartige Abwasserteiche oder Becken mit phototrophen Mikroorganismen sind in ihrer Wirkung stark abhängig von der Temperatur und der Lichteinstrahlung.

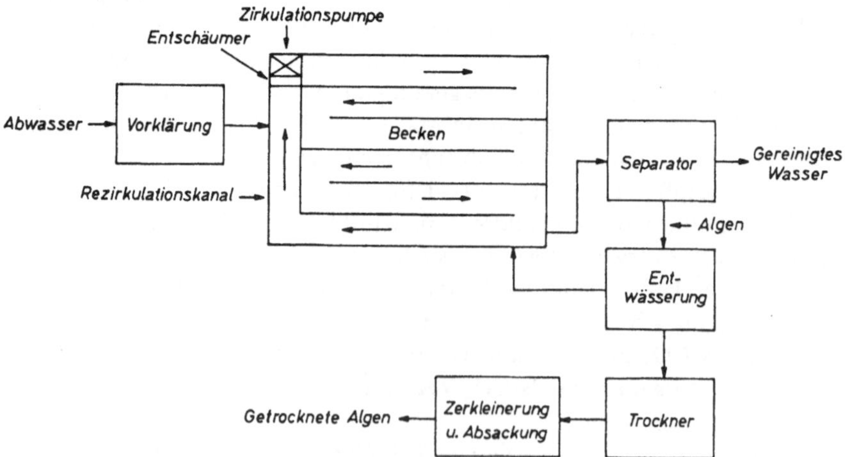

Abb. 92. Beckenanlage zur Algenzucht in Abwässern (Oswald, W. J., Golueke, C. G.: Adv. Appl. Microbiol. *2*, 223 [1960])

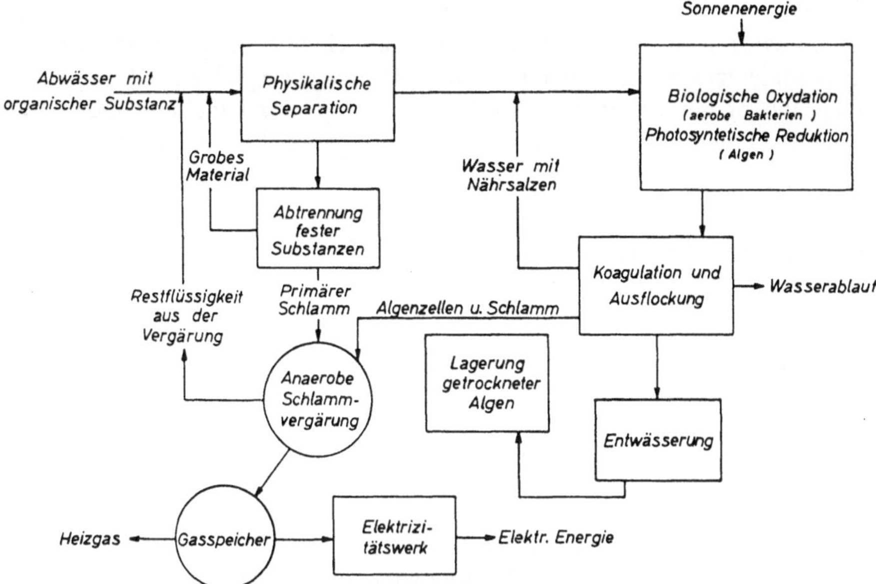

Abb. 93. Schema einer Energiegewinnungsanlage aus Abwässern mit Algen (Oswald, W. J., Golueke, C. G.: Adv. Appl. Microbiol. 2, 223 [1960])

Das Schema (Abb. 92) zeigt den Ablauf eines solchen Verfahrens mit Abwasser als Substrat.

In einem derartigen Oxidationsgraben wurden in Israel 34 g/m²/Tag an Algenfeststoffen aus Abwässern mit einem Proteingehalt von 40% – 60% (des TG) erhalten. Dies entspricht einer Biomasse von mehr als 100 t/ha jährlich (Moraine et al., 1979).

5. Verfahren zur Energiegewinnung unter Verwendung von Algen

Ein interessantes Projekt zur Ausnutzung von Sonnenenergie mit Hilfe von Mikroorganismen in Abwässern wurde von Oswald und Golueke beschrieben (Literatur vgl. Rehm, 1967). Organische Substanzen in den Abwässern werden durch Bakterien oxidiert; gleichzeitig entwickeln sich Algen im Becken und fixieren CO_2 mit Hilfe von Sonnenenergie zu organischen Substanzen. Anschließend werden die Algen mit dem Schlamm zusammen durch anaerobe methanbildende Bakterien zu Methan vergoren, aus dem dann Energie gewonnen werden kann. Die von organischen Substanzen befreiten Abwässer werden nur z. T. abgeleitet, ein Teil wird wegen seines Gehaltes an Mineralsalzen wieder in die Anlage zurückgeleitet und dient den Algen als Nährstoffgrundlage (vgl. Abb. 93).

Für die gleichzeitige Entwicklung aerober Bakterien und Algen ist ein Becken vorgesehen, das vom Abwasser in etwa 20 cm hoher Schicht durchflossen wird. Der Schlamm bleibt solange in dieser Durchflußanlage, bis sich genügend Algen gebildet haben, dann wird ein Teil abgesogen und nur ein Teil wieder in den Rücklauf gebracht. Es werden also ähnliche Bedingungen wie in einer Belebtschlammanlage geschaffen (vgl. Abb. 202).

Den letzten Schritt dieses Systems stellt die Methanbildung aus den Algen durch Bakterien dar. Für die Gasgewinnung aus organischem Schlamm existieren bereits gut funktionierende Faultürme in fast allen Kläranlagen (vgl. Kap. 40).

Gegenwärtig gibt es bereits in Kalifornien, in Japan, in Israel und anderen Ländern gut funktionierende Abwasseranlagen mit phototrophen Mikroorganismen.

6. Anwendung und Bedeutung der Massenzucht phototropher Mikroorganismen

„Saubere" Algenzuchtverfahren werden allgemein als Verfahren mit großer Zukunft angesehen, da die Raumausnutzung von Algenzuchtanlagen im Vergleich zur normalen landwirtschaftlichen Nutzung von Bodenflächen ein Vielfaches beträgt.

Algen können reich an Fetten (vgl. Kap. 27) und an Proteinen sein. Der *Chlorella*-Stamm 71 105 enthält 55,5% Rohprotein, 7,5% Rohfett und 17,8% Kohlenhydrate und ist daher eine gute Eiweißquelle. Eine Mischkultur von *Chlorella ellipsoidea* und *Scenedesmus obliquus* hatte einen Gehalt von 59% Protein, 19% Fett und 13% Kohlenhydraten. Das Protein von *Euglena* ähnelt wegen der Abwesenheit von Methionin und der sehr geringen Menge an Prolin, die darin enthalten ist, mehr den pflanzlichen als den tierischen Proteinen (Kott und Wachs, 1964).

Einige phototrophe Mikroorganismen können auch selbst toxische Substanzen enthalten, besonders Cyanobakterien, z. B. *Oscillatoria*-Arten (Literatur vgl. Shilo, 1972). Soweit bekannt, gilt dies aber nicht für die technisch interessanten phototrophen Mikroorganismen.

Die Tabelle 31 zeigt die Zusammensetzung einiger Mikroalgen (vgl. Frahm und Lembke, 1975).

Der Gehalt an Vitaminen und anderen Substanzen ist je nach Stamm und Kulturbedingungen unterschiedlich. Es gibt Verfahren zur Herstellung von β-Carotin aus Algen (vgl. Kap. 29). Die Tabelle 32 zeigt den Vitamingehalt getrockneter Zellen des *Chlorella*-Stammes 71 105 (Lubitz, 1963).

Besonders *Scenedesmus*- und *Chlorella*-Arten sind bereits seit Jahren, vor allem in Rattenversuchen getestet worden. Ratten können frische, unbehandelte Rohalgen nur unzureichend verwerten. Die Zellen müssen mechanisch oder durch Hitze (wenige Sekunden, 100 °C – 130 °C, Walzentrocknung u. ä.) aufgeschlossen wer-

Tabelle 31. Chemische Zusammensetzung einiger Mikroalgen

	Roheiweiß %	Fett %	Asche %	Wasser %	Nucleinsäuren %
Scenedesmus obliquus (M. P. I. Dortmund)	58,0	10,0	8,0	6,0	3,7
Spirulina maxima (Inst. Franc. Petr.)	65,0	6,5	4,6	7,0	4,1
Spirulina maxima (Texaco)	63,9	5,6	5,8	7,9	–
Chlorella pyrenoidosa	55,5	7,5	8,3	7,0	–

den, so daß die Cellulosezellwände zerstört werden, damit der Proteingehalt von 48% bis 50% tatsächlich aufgenommen werden kann. Bei menschlichen Testpersonen wird ein relativer biologischer Wert des *Scenedesmus*-Proteins von 81% und sogar bis zu 96% des Volleistandards erreicht (Literatur vgl. Pabst, 1975).

Mit Schadstoffen aus der Umwelt (vgl. Wagner und Siddigi, 1973) sind Algen naturgemäß bei Züchtungen in Industriegebieten höher belastet als bei Verfahren in Gebieten, in denen Schadstoffe nur in geringen Konzentrationen vorkommen. So lag z. B. der 3,4-Benzpyrengehalt in *Scenedesmus*-Zellen, die in Dortmund gezüchtet worden waren, bei etwa 40 µg/kg – 50 µg/kg im Mittel, dagegen bei Züchtungen des gleichen Stammes in Thailand zwischen 1 µg/kg – 1,5 µg/kg Algentrockenmas-

Tabelle 32. Vitamingehalt getrockneter Zellen von *Chlorella* 71 105

Vitamine	Konzentration
Ascorbinsäure (Vitamin C)	14,6 mg/100 g
Vitamin B_6	3,0 µg/g
Thiamin (Vitamin B_1)	7,7 µg/g
Pantothensäure	11,2 µg/g
β-Carotin (Provitamin A)	50,2 mg/100 g

se. Der Bleigehalt der Dortmunder Züchtungen lag bei ca. 40 ppm, der von Züchtungen in einer ländlichen Gegend in Thailand (Chiengmai) bei ca. 5 ppm – 6 ppm (Payer et al., 1975).

Anwendungsmöglichkeiten ergeben sich für Mikroalgen neben der Verwendung der Biomasse in der menschlichen und tierischen Ernährung (Soeder, 1976) u. a. in der Diätetik. Hier sollen *Scenedesmus*-Präparate z. B. gute Proteindonatoren sein und besonders kritische Proteinmangelzustände heilen. In der Medizin sollen *Chlorella*-Tabletten zur Behandlung von Magen- und Darmgeschwüren eingesetzt werden können. *Scenedesmus*-Zellen haben sich wirksam bei der Behandlung von Ekzemen und Sonnenbränden gezeigt (Literatur vgl. Soeder und Pabst, 1970).

Weitere Anwendungen ergeben sich als Wuchsstoffe bei der technischen Mikroorganismenzucht (Literatur vgl. Rehm, 1967 sowie Zielke, 1975). Viele Inhaltsstoffe der Algen sind noch unbekannt, können aber für die Anwendung interessant werden (vgl. Zielke et al., 1978). Sicherlich sind nicht nur höhere Meeresalgen, sondern auch Mikroalgen zur Herstellung von organischen Säuren mit anschließender Gewinnung von Essigsäure, gemischten Olefinen und löslichen Kohlenwasserstoffen geeignet, wie in einem Verfahren von Sanderson et al. (1979) beschrieben wurde.

Literatur

Bardach, J. E.: Science *161*, 3846 (1968)
Burlew, J. S.: Algal culture. From laboratory to pilot plant. Carnegie Institution of Washington Publication 1976
Cabela, E., Nikolai, K., Altmann, H.: Ber. Dtsch. Bot. Ges. *83*, 549 (1971)
Carr, N. G.: In: Methods in microbiology. Norris, J. R., Ribbons, D. W. (eds.), Vol. 3 B, pp. 53 – 77. London, New York: Academic Press 1969

Clement, G., van Landeghem, H.: Ber. Dtsch. Bot. Ges. *83*, 559 – 565 (1970)

Collins, V. G.: In: Methods in microbiology. Norris, J. R., Ribbons, D. W. (eds.), Vol. 3 B, pp. 1 – 52. London, New York: Academic Press 1969

Fogg, G. E., Stewart, W. D. P., Fay, P., Walsby, A. E.: The blue-green algae. London, New York: Academic Press 1973

Forsberg, C.: J. Water Pollut. Control Fed. *44*, 1623 – 1628 (1972)

Frahm, H., Lembke, A.: GBF 1. Symp. Mikrobielle Proteingewinnung. S. 179 – 184. Weinheim, New York: Chemie 1975

Hirayama, O.: Agric. Biol. Chem. *32*, 34 (1968)

Jüttner, F., Victor, H., Metzner, H.: Arch. Mikrobiol. *77*, 275 – 280 (1971)

Kosaric, N., Nguyen, H. T., Bergougnou, M. A.: Biotechnol. Bioeng. *16*, 881 – 896 (1974)

Kott, Y., Wachs, A. M.: Appl. Microbiol. *12*, 292 (1964)

Lubitz, J. A.: J. Food Sci. *28*, 229 (1963)

Märkl, H., Vortmeyer, D.: IInd Int. Congr. Photosynthesis Stresa 1971

Mitsuda, H., Tonomura, B., Yasumoto, K.: 3rd Int. Congr. Food Sci. Technol. Washington 1970

Moraine, R., Shelef, G., Meydan, A., Levi, A.: Biotechnol. Bioeng. *21*, 1191 – 1207 (1979)

Müller, H.: Ber. Dtsch. Bot. Ges. *83*, 537 – 544 (1970)

Nakayama, O., Ueno, T., Tsuchiya, F.: J. Ferment. Technol. *52*, 225 – 232 (1974)

O'Kelley, J. C.: Annu. Rev. Plant Physiol. *19*, 89 – 112 (1968)

Oswald, W. J., Golueke, C. G.: In: Single cell protein. Mateles, R. I., Tannenbaum, S. R. (eds.), pp. 271 – 305. Mass. Inst. Tech. Press 1968

Pabst, W.: Symp. Mikrobielle Proteingewinnung. S. 173 – 177. Weinheim, New York: Verlag Chemie 1975

Payer, H. D., Runkel, K. H., Kunte, H., Gräf, H., Stengel, E., Mohn, H., Polsiri, A.: 1. Symp. mikrobielle Proteingewinnung. S. 191 – 200. Weinheim, New York: Chemie 1975

Rehm, H. J.: Industrielle Mikrobiologie. Berlin, Heidelberg, New York: Springer 1967

Round, F. E.: Biologie der Algen. Stuttgart: Georg Thieme 1967

Sălăgeanu, N.: Ber. Dtsch. Bot. Ges. *83*, 549 – 558 (1970)

Sanderson, J. E., Wise, D. L., Augenstein, D. C.: Biotechnol. Bioeng. Symp. *8*, 131 – 151 (1979)

Sawada, H., Parr, R. C., Rogers, P. L.: J. Ferment. Technol. *55*, 326 – 336 (1977)

Šetlík, I., Komárek, J., Prokeš, B.: Annu. Rep. Algol. Lab. Třeboň 5 – 36 (1967)

Shilo, M.: Prog. Ind. Microbiol. *11*, 233 – 265 (1972)

Shipman, R. H., Fan, L. T., Kao, I. C.: Adv. Appl. Microbiol. *21*, 161 – 183 (1977)

Shipman, R. H., Kao, I. C., Fan, L. T.: Biotechnol. Bioeng. *17*, 1561 – 1570 (1975)

Shuler, R. L., Affens, W. A.: Appl. Microbiol. *19*, 76 – 86 (1970)

Smith, A. J., Hoare, D. S.: Bacteriol. Rev. *41*, 419 – 448 (1977)

Soeder, C. J.: Naturwissenschaften *63*, 131 – 138 (1976)

Soeder, C. J.: Z. Lebensm. Unters. Forsch. *164*, 230 (1977)

Soeder, C. J., Pabst, W.: Ber. Dtsch. Bot. Ges. *83*, 607 – 625 (1970)

Stengel, E.: Ber. Dtsch. Bot. Ges. *83*, 589 – 606 (1970)

Stewart, W. D. P.: In: Botanical monographs: Vol. 10. Oxford, London, Edinburgh, Melbourne: Blackwell Scientific Publications 1974

Tamiya, H.: Annu. Rev. Plant Physiol. *17*, 1 – 26 (1966)

Thanii, N. C., Simard, R. E.: J. Water Pollut. Control. Fed. *45*, 674 (1973)

Wagner, K.-H., Siddigi, I.: Naturwissenschaften *60*, 109 – 110 (1973)

Wai, N.: Bull. Inst. Chem. Acad. Sin. *21*, (1972)

Witsch, H. von, Heussler, P.: Ber. Dtsch. Bot. Ges. *83*, 579 – 588 (1970)

Witsch, H. von, Runkel, K. H., Geranmayeh, R.: Arch. Mikrobiol. *61*, 1 – 19 (1968)

Zeuthen, J., Knutsen, G., v. Meyenburg, K., Zeuthen, E.: Prog. Ind. Microbiol. *11*, 215 – 232 (1972)

Zielke, H.: Abt. Biol. Ruhr-Univ. Bochum Diplomarbeit (1974/75)

Zielke, H., Kneifel, H., Webb, L. E., Soeder, C. J.: Eur. J. Appl. Microbiol. Biotechnol. *6*, 79 – 86 (1978)

Kapitel 15   Essigsäure

1. Allgemeines

Schon im Altertum ist die Bildung von Essig aus vergorenen alkoholischen Getränken in den Herrschaftsgebieten der Babylonier, Assyrer und Ägypter bekannt gewesen. Die Griechen und Römer haben später bestimmte gute Weinessige mit Wasser
verdünnt sogar als erfrischendes Getränk genossen. Bis zum frühen Mittelalter wurde Essig ausschließlich im Haushalt hergestellt. Erst gegen Ende des 14. Jahrhunderts entwickelte sich in Frankreich, besonders in der Gegend von Orléans, eine eigene essigherstellende Industrie. Hier wurde der Essig zunächst aus Bier- und
Weinmaischen nach einem langsamen Oberflächenverfahren, dem sog. Orléans-
Verfahren, hergestellt. Aus diesem wurden in der folgenden Zeit weitere Verfahren
entwickelt (Boerhave-Verfahren im 17./18. Jahrhundert, Schuezenbach-Verfahren
1815/16, Generator-Verfahren 1824, Frings-Generator 1935). Bei diesen Oberflächenverfahren („Fesselgär-Verfahren") werden die Mikroorganismen auf einem
Trägermaterial gezüchtet, über das alkoholhaltige Flüssigkeit gegeben wird. Seit
etwa 1952 ist ein von Hromatka (1952) beschriebenes submerses Verfahren in Betrieb, dem die Entwicklung weiterer Submersverfahren gefolgt ist.

Lavoisier fand schon 1793, daß die Essigsäurebildung ein Oxidationsprozeß ist,
und Kützing vermutete 1837 richtig, daß die Essighaut, die sich auf den Maischen
bildete, Lebewesen enthalten müßte. Diese Ansicht wurde durch Pasteur 1864 bestätigt. Bald darauf entdeckte Hansen 1879 die Essigbakterien und züchtete sie rein.
Buchner und Meisenheimer befaßten sich zu Beginn dieses Jahrhunderts intensiv
mit der Aufklärung der fermentativen Vorgänge der Essiggärung. Butlin (1936),
Frateur (1950) und Rainbow (1961) veröffentlichten wichtige Arbeiten über Essigsäurebakterien. Weitere Literatur über die Geschichte der Essigsäurebildung vgl.
Allgeier et al. (1974). Eine Darstellung der technischen Essigerzeugung vgl. Ebner
(1976), Conner und Allgeier (1976), Greenshields (1978).

Mikrobiologisch hergestellte Essigsäure wird aus Äthanol oder äthanolhaltigen
Produkten, z. B. Wein, vergorenem Apfelmost, Malz oder vergorener Molke gewonnen. Sie wird in Form von Essig als Lebensmittel verwendet und hat in der Bundesrepublik Deutschland einen Gehalt von mindestens 5 g und höchstens 15,5 g/100 g
wasserfreie Essigsäure.

2. Mikroorganismen

Essig wird aus Äthanol durch *Acetobacter*-Arten gebildet. Nach der gegenwärtigen
Systematik (Bergey, 1975) ist die Gruppe der *Acetobacter*-Arten, die Äthanol zu Essigsäure beim pH 4,5 langsam oxidieren und Acetat und Lactat nicht zu CO_2 oxidie-

ren können, als *Gluconobacter* benannt geworden (vgl. Asai, 1968). Damit bleiben unter dem Namen *Acetobacter* die von Frateur (1950) aufgestellten drei Gruppen a) peroxydans, b) oxydans und c) mesoxydans zurück, die sämtlich Acetat weiter zu CO_2 und Wasser oxidieren können.

Die Tabelle 33 zeigt wichtige Unterscheidungsmerkmale der Gattungen.

Die technisch verwendeten *Acetobacter*-Arten finden sich im wesentlichen in der Gattung *Acetobacter* und dort in der Art *A. aceti.* Durch die gute Kontrolle der Äthanoloxidation ist es möglich geworden, die schnell und intensiv oxidierenden *Acetobacter*-Arten für die Verfahren zu verwenden. Die Gefahr einer Weiteroxidation von Acetat zu CO_2 wird durch rechtzeitigen Abbruch der Fermentation beseitigt.

Eine Übersicht über die Einteilung der *Acetobacter*-Arten nach ihrer Bedeutung für die Industrie, wie sie von Jørgensen (1956) gegeben wurde, vgl. Rehm (1967). Für die technische Herstellung von Essigsäure müssen die *Acetobacter*-Stämme möglichst hohe Konzentrationen an Äthanol und Essigsäure vertragen und einen möglichst geringen Nährstoffbedarf besitzen. Wie Hromatka et al. (1951) und Hro-

Tabelle 33. Wichtige Unterscheidungsmerkmale zwischen *Gluconobacter* und *Acetobacter* (De Ley und Frateur, 1975)

Merkmale	*Gluconobacter*	*Acetobacter*
Begeißelung	polar oder nicht	peritrich oder nicht
Oxidation von:		
Äthanol zu Acetat (pH 4,5)	langsam	stark
Acetat zu CO_2	–	+
Lactat zu CO_2	–	+
Glucose zu Gluconat	+	unterschiedlich
Tricarbonsäurezyklus	–	+
Bildung von 5-Ketogluconat	+	unterschiedlich

matka und Ebner (1962) festgestellt haben, sind *Acetobacter*-Arten bei O_2-Mangel sehr empfindlich gegen höhere Konzentrationen von Äthanol, Essigsäure oder einem Gemisch beider Substanzen. Eine sichere Deutung dieses Effekts gibt es noch nicht.

3. Biochemie und Regulation

Essigsäure wird von *Acetobacter* durch Oxidation von Äthanol nach der Summenformel

$$CH_3CH_2OH + O_2 \rightarrow CH_3COOH + H_2O + 493,83 \text{ kJ}$$

gebildet. Ein Teil der entstehenden Energie wird als Wärme frei und muß beim technischen Prozeß durch geeignete Kühlsysteme abgeführt werden.

Zunächst wird Äthanol zu Acetaldehyd mit einer Alkoholdehydrogenase (ADH) dehydriert. Diese ist NAD- oder NADP-spezifisch. Nach Wasseranlagerung wird das entstandene Acetaldehydhydrat durch eine NADP-spezifische Aldehyddehydrogenase zu Essigsäure dehydriert. Der coenzymgebundene Wasserstoff wird über die Atmungskette oxidiert. Dabei entstehen 6 ATP und 2 Mol H_2O, von denen eines wieder in die Acetaldehydhydratbildung eingeht (Abb. 94).

Das entstandene ATP wird relativ schnell wieder gespalten (Meyrath, 1972), und nur ein geringer Teil (etwa $\frac{1}{10}$) des gebildeten ATP wird zur Zellsynthese verwendet (Mori und Terui, 1972).

Bei geringen O_2-Konzentrationen wird durch *Acetobacter*-Arten eine Dimutation etwa nach folgender Gleichung katalysiert:

$$H_3C-\underset{\displaystyle OH}{\overset{\displaystyle OH}{CH}}+CH_3\overset{\displaystyle H}{\underset{\displaystyle O}{C}} \longrightarrow H_3C-\overset{\displaystyle O}{\underset{\displaystyle OH}{C}}+H_3C-CH_2OH$$

Acetaldehydhydrat + Acetaldehyd → Essigsäure + Äthanol

Einige *Acetobacter*-Arten bilden H_2O_2, das durch die immer vorhandene Katalase sofort wieder in $H_2O + \frac{1}{2} O_2$ gespalten wird.

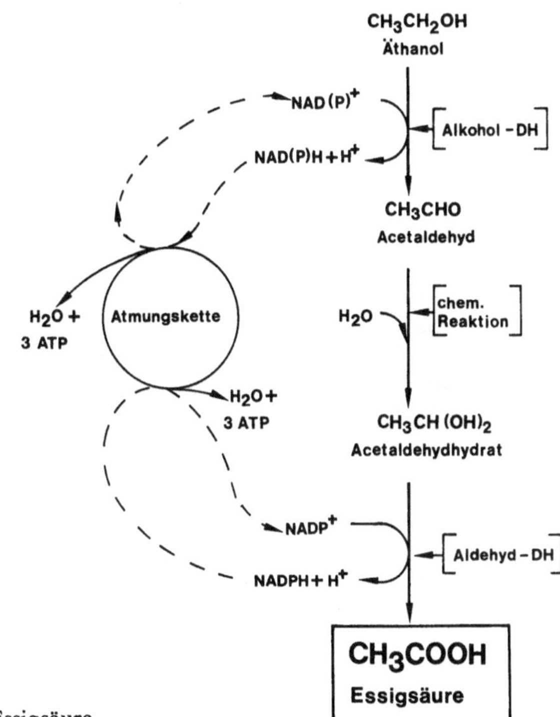

Abb. 94. Schema der Bildung von Essigsäure

4. Verfahren zur Herstellung von Essigsäure

a) Oberflächenverfahren

Sämtliche ältere Verfahren zur Essigherstellung waren Oberflächenverfahren. Beim Orléans-Verfahren wurden die *Acetobacter*-Bakterien zunächst noch als Bakterienhaut auf der alkoholhaltigen Flüssigkeit kultiviert. Der Sauerstoff wurde durch die über diese Haut hinweg streichende Luft zugeführt. Später verwendete man zur Stabilisierung der Bakterienhaut bereits geeignete Träger, z. B. Holzgitter, so daß schon ein gewisses Fesselverfahren entwickelt worden war.

Bei den typischen Fesselverfahren wurden die Bakterien auf locker geschichteten Trägerstoffen (besonders Buchenholzspäne) angesiedelt. Dieses Füllmaterial mit den Bakterien wurde in Bottichen zunächst intermittierend mit alkoholhaltiger Flüssigkeit (zumeist Wein) überschichtet (Boerhave-Verfahren). Die Belüftung erfolgte in den Zeiten, in denen die Flüssigkeit von den Spänen wieder abgezogen war.

In weiter entwickelten Fesselverfahren wurden die bakterienhaltigen Trägerstoffe von oben mit alkoholhaltiger Flüssigkeit überrieselt, während von unten her Luft im Gegenstrom über die Späne geleitet wurde. Beim Schuezenbach-Verfahren erfolgt noch eine schubweise Berieselung, während beim Generator-Verfahren eine kontinuierliche Berieselung durchgeführt wird. Von sämtlichen Oberflächenverfahren wird gegenwärtig nur noch das Generator-Verfahren praktisch angewandt. Eine Beschreibung der älteren Verfahren vgl. Rehm (1967).

Die Abb. 95 zeigt das Schema eines Essigsäure-Generators.

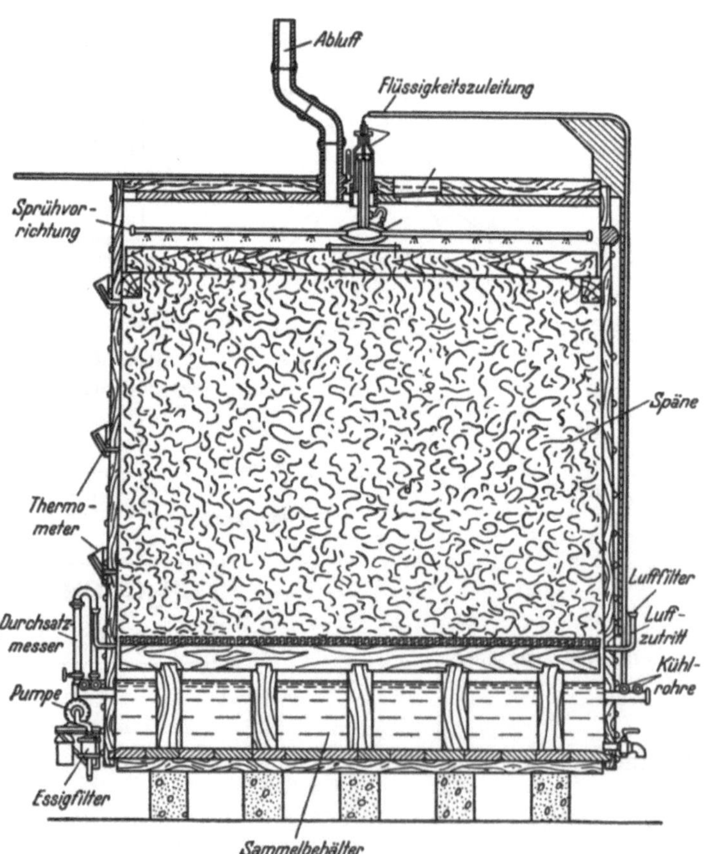

Abb. 95. Querschnitt durch einen Frings-Essiggenerator (Heiss, R.: Lebensmitteltechnologie, S. 297. München: J. F. Bergmann, 1950)

Die Maische (Nährsubstrat mit Alkoholzusatz, auch Wein) wird unten in den Sammelraum des Großraum-Bildners eingefüllt und von hier aus durch eine Maischepumpe über einen Durchlaufmesser in eine gekühlte Steigleitung und von dort in ein Regulationsgefäß gepumpt. Von hier aus gelangt sie in ein ein- oder mehrarmiges Spritzrad, das die Maische gleichmäßig über die bakterienhaltigen Späne im Bildnerbottich verteilt. Die Maische wird auf 28 °C gekühlt, bei höheren Oxidationsleistungen auf 26 °C. Der Bottich, der auch den Maischesammler einschließt, ist meistens aus Lärchen- oder Eichenholz hergestellt und hat einen Inhalt von 20 m³ – 60 m³. Zwischen dem Maischesammelraum und dem Raum, in dem sich die Späne befinden (Spanraum), ist ein Luftraum, in dem die Luft durch Kanäle mit Hilfe eines Ventilators senkrecht zur Spansäule verteilt wird. Dort dient sie den Bakterien zur Oxidation des Alkohols und wird hierbei je nach Menge, die durchgeleitet wird, zu etwa 20% – 60% an Sauerstoff verarmt. Mit Hilfe der zugeführten Luft läßt sich die Intensität der Oxidation bis zu einem gewissen Grade regulieren. Durch ein Abzugsrohr kann die stark sauerstoffverarmte Luft entweichen. Eventuell in der Luft enthaltene Essigdämpfe werden nicht zurückgewonnen. Je nach Größe des Essigbildners läßt man die Maische mehrere Tage lang über die Späne rieseln. Aus einer Maische von z. B. 11 Vol.% Alkohol und 0,8 g Säure/100 ml wird ein Essig von etwa 10,7 g Säure/100 ml und 0,3 Vol.% Alkohol gebildet. Die praktische Ausbeute in den Bildnern liegt nach diesem Verfahren zwischen 85% und 90% der theoretischen Ausbeute. Natürlich treten noch Lagerungs- und Aufarbeitungsverluste auf, so daß die sog. Verkaufsausbeute bei etwa 75% – 85% liegen dürfte.

Obwohl sich die im folgenden beschriebenen Submersverfahren immer mehr durchsetzen, wird das Generator-Verfahren, besonders wegen der langen Lebensfähigkeit der Anlagen noch längere Zeit von praktischer Bedeutung sein.

Neuerdings ist ein kontinuierliches Oberflächenverfahren patentiert worden, bei dem in geeigneten Gefäßen fortwährend eine alkoholhaltige Maische an einer Bakterienhaut vorbeigeleitet und dabei kontinuierlich zu Essigsäure oxidiert wird (US-Pat. 3.734.746, 1973; Mori et al., 1976).

b) Submersverfahren

Seit ca. 20 Jahren sind Submersverfahren zur Herstellung von Essigsäure in Gebrauch. Das erste Submersverfahren (Frings-Acetator) wurde von Hromatka (1952) beschrieben und ist seither vielfach weiter entwickelt worden (Literatur vgl. Ebner, 1976). Die Essigsäure wird bei diesem Verfahren in einem semikontinuierlichen vollautomatischen Prozeß gewonnen. Die Bakterien werden im Submerstank (Abb. 96) auf alkoholhaltiger Maische solange gezüchtet, bis ein Restalkoholgehalt von 0,1% bis 0,3% vorliegt. Dieser wird mit Hilfe eines Alkographen automatisch ermittelt. Bei der genannten Konzentration wird eine Ausstoßautomatik in Gang gesetzt, durch die ein Teil des fertigen Produkts abgezogen (ca. 60%) und gleichzeitig frische alkoholhaltige Maische in den Acetator gepumpt wird. Die Bakterien in der zurückbleibenden Flüssigkeit dienen zur Beimpfung der zulaufenden neuen Maische.

Wegen der großen Empfindlichkeit der *Acetobacter*-Arten gegen Äthanol und Essigsäure bei Abwesenheit von ausreichenden Sauerstoffkonzentrationen ließ sich das semikontinuierliche Submersverfahren erst durch eine fortwährende Belüftung während des Ausstoßes der fertigen und des Einlaufs der neuen Maische realisieren.

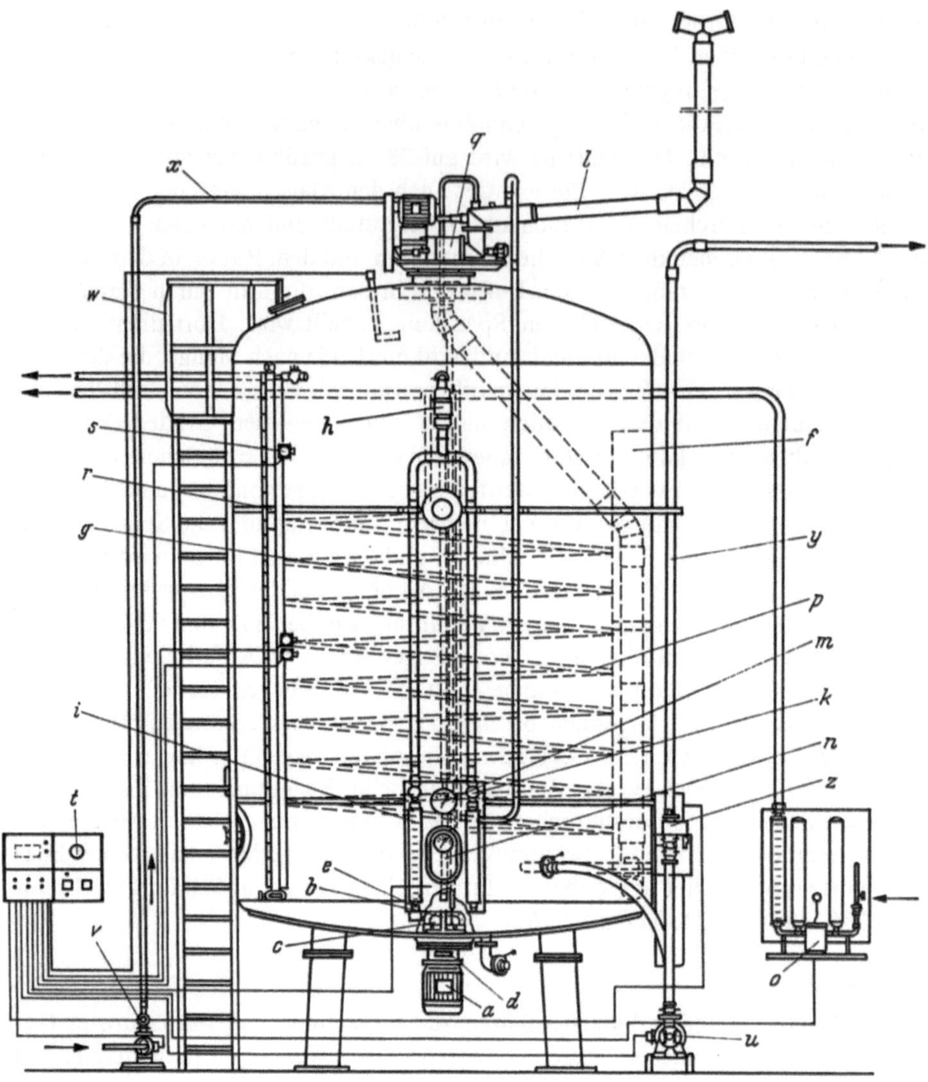

Abb. 96. Acetator zur submersen Essigsäureherstellung. Zeichenerklärung vgl. Rehm 1967 (Ebner, H., 1966)

Die Belüftung erfolgt mit einem Ansaugbelüfter bei einer Rotationsgeschwindigkeit von 1450 rpm – 1750 rpm. Entschäumt wird mit einem Frings-Entschäumer. Das genannte Verfahren führt bis zu Essigsäurekonzentrationen von 15 g/100 ml. Weitere Einzelheiten vgl. Ebner (1976), (Fr. Pat. 1.114.988, 1954). Auch ein mehrstufiges kontinuierliches Verfahren mit einer Batterie von Fermentationstanks ist patentiert worden (SU-Pat. 269.930, 1972).

In einem zweistufigen Submersverfahren kann Essigsäure in einer Konzentration bis zu 15% erhalten werden (US-Pat. 4.076.844, 1978).

Ein anderes Submersverfahren, der sog. Yeomans-Cavitator, wird besonders für kontinuierliche Apfelessigherstellungen, vor allem in den USA und Japan, verwendet. Die Fermentation wird in einem Submerstank mit Kühlung durchgeführt. Die Belüftung erfolgt durch einen mit Armen und Paddeln ausgerüsteten Hohlrührer, der über eine lange hohle Welle von oben angetrieben wird. Durch die hohle Welle wird die Luft angesaugt und mit Flüssigkeit und Schaum vermischt (US-Pat. 2.966.345 u. 2.997.424, 1958).

Ein weiteres Submersverfahren, das sog. Bourgeois-Verfahren Acetomatic wird mit zwei Submersfermentern durchgeführt (Schweiz. Pat. 327.262, 1954). Die Oxidation läuft abwechselnd in einem der beiden Tanks bis zum vollständigen Alkoholverbrauch ab. Beimpft wird die frische Maische in einem Fermenter mit der bakterienhaltigen fertigen Lösung des anderen Fermenters. Mit einem Turbinenrührer wird gerührt und mit komprimierter Luft belüftet. Das Verfahren ist anscheinend nicht für höhere Essigsäurekonzentrationen geeignet, wird in der Schweiz, Italien und Spanien aber praktisch angewandt.

In Südafrika existiert ein sog. Fardon-Verfahren (GB-Pat. 878.949, 1958 u. GB-Pat. 963.481, 1959) zur submersen Herstellung von Malzessig. Die Belüftung erfolgt in einem By-pass des Fermenters, d. h. es wird aus dem Tank fortwährend Lösung in einen getrennten Umlauf gepumpt, dort belüftet und dann wieder in den Tank zurückgeführt (ähnliche Konstruktion vgl. Abb. 69). Auch dieses Verfahren wird praktisch angewandt.

Von Greenshields (GB-Pat. 1.253.059, 1972) und Royston (GB-Pat. 929.315, 1963) wurden Turmfermenter zur Essigherstellung empfohlen. Der Fermenter von Greenshields (1978) ist 50 cm im ϕ und 6 cm hoch in der Röhre sowie 1,30 m im ϕ und 1,80 m im erweiterten Teil. Er hat ein Arbeits-Volumen von 3000 l und besteht aus Polypropylen. Die alkoholische Lösung wird kontinuierlich im Boden zugeführt, belüftet wird mit 0,3 vvm – 0,5 vvm (Gasgeschwindigkeit 1 cm/sec – 3 cm/sec). Die *Acetobacter*-Kultur wird in einem Frings-Generator angezüchtet. Mit diesem Verfahren kann Essig in „batch" –, semikontinuierlicher und kontinuierlicher Kultur produziert werden (Greenshields, 1978).

Eine Reihe weiterer Submersverfahren wird nicht oder noch nicht praktisch angewandt. z. B. eine Oxidation mit einer Belüftung unter hohem Druck (GB-Pat. 727.039, 1952). Weitere Verfahren arbeiten mit Belüftungen durch Düsen in einem vom Tank getrennten Umlauf (Belg. Pat. 509.550, 1952).

5. Verarbeitung des fertigen Essigs

Nach der mikrobiologischen Herstellung wird der Essig filtriert. Dabei sollen alle trübenden Stoffe zurückgehalten werden, z. B. auch die Essigälchen, die sich in vielen Anlagen – außer in Submersanlagen – befinden. Bakterien müssen mit EK-Filtern (Seitz) oder Filtern ähnlicher Dichte entfernt werden. Trübungen anderer Art können z. T. durch Kieselgurfiltration abgestellt werden, während eine besonders aus den Fässern herrührende Dunkelfärbung des Essigs durch Eisen und Tannin durch das sog. „Schönen" (vgl. Kap. 34) mit $K_4[Fe(CN)_6]$ oder Benthonit entfernt werden kann.

Häufig wird eine nachträgliche Infektion des Essigs durch Schwefelung (50 mg SO_2/l) oder durch Anwendung der oligodynamischen Wirkung des Silbers verhindert. Bei der Katadynsterilisation durchläuft der Essig zwei mit Gleichstrom gespeiste Silberelektroden, so daß ausreichend Silberionen in den Essig gelangen und dort ihre bakterizide Wirkung entfalten können. Zu hohe Konzentrationen verursachen Trübungen. Häufig wird auch der fertige Essig nach einer Filtration pasteurisiert und hält sich dann sehr lange Zeit.

6. Essigsorten

Alkoholessig. Die größten Mengen des mikrobiologisch erzeugten Essigs werden aus Alkohol hergestellt. **Weinessig** wird durch Oxidation von Weinen hergestellt, **Apfelessig** durch Oxidation eines vergorenen Apfelmostes. Der Geschmack beider Essigtypen ist weitgehend von der verwendeten Wein- bzw. Apfelsorte abhängig. **Malzessig** und **Molkenessig** werden nach Vergärung beider Produkte zu alkoholhaltigen Flüssigkeiten mikrobiell zu Essig oxidiert. Es gibt viele Versuche, weitere zuckerhaltige Substrate nach vorheriger alkoholischer Gärung zu Essig zu verarbeiten, z. B. Citrusfrüchte, Ananas (Satyavati et al., 1972), Bananen, Datteln, eingedickten Zuckerrohrsaft u. v. a.

7. Schädlinge

In den Essigbildnern (nicht in Submersanlagen) kommen häufig sog. Essigälchen (*Anguillula aceti*) vor. Es sind 0,04 mm breite und etwa 2 mm lange vivipare Nematoden, die von Fliegen in die Essigfabriken eingeschleppt werden. Die für den Menschen unschädlichen Organismen lassen sich durch Filtration durch jedes gebräuchliche Filter entfernen. Sie sind in einer Glasküvette im Wasser im durchfallenden Licht leicht sichtbar zu machen und befinden sich am Rande des Flüssigkeitsspiegels in großen Mengen. Sie lassen sich durch Erhitzen auf 54 °C, Schwefeln sowie auch mit Dampf abtöten.

Neben *Anguillula aceti* können Milben verschiedenster Arten in die Essigbildner eindringen und Schäden hervorrufen. Sie lassen sich heute mit Insektiziden leicht bekämpfen. Auch Essigfliegen (*Drosophila*-Arten), die früher aus Essigfabriken kaum wegzudenken waren, lassen sich mit Insektiziden sicher bekämpfen.

Mycoderma vini („Weinblüte") kann sich im sauerstoffreichen Medium neben *Acetobacter* sehr schnell entwickeln und durch eine Kahmhautbildung und Oxidation der C-Quellen zu CO_2 und Wasser großen Schaden anrichten. Luftabschluß der Maische für kurze Zeit schließt eine Entwicklung dieses Pilzes weitgehend aus.

8. Verwendung

Essig wird in großen Mengen in der Nahrungsmittelindustrie, besonders als Speiseessig zum Würzen und Ansäuern von Speisen, bei der Fabrikation von Senf, in der

Konservenindustrie zur Herstellung von Essiggurken und -gemüse, von essigsauren Fischprodukten und ähnlichen Erzeugnissen verwendet.

Essigsäure hat weiterhin eine große Bedeutung in der chemischen und pharmazeutischen Industrie. Dort wird aber in der Mehrzahl der Fälle chemisch hergestellte Essigsäure verwendet.

Literatur

Allgeier, R. J., Nickol, G. B., Conner, H. A. (1974): Zit. bei Ebner 1976
Asai, T.: Acetic acid bacteria. Tokyo: Univ. of Tokyo Press 1968
Bergey's Manual of Determinative Bacteriology, 8th ed. Baltimore: Williams & Wilkins 1975
Butlin, K. R.: Chem. Res. Spec. Rep. 2. London: H. M. Stationary Office 1936
Conner, H. A., Allgeier, R. J.: Adv. Appl. Microbiol. *20*, 81 – 133 (1976)
De Ley, J., Frateur, J.: In: Bergey's Manual of Determinative Bacteriology, 8th ed. pp. 251 – 253, 276 – 278. Baltimore: Williams & Wilkins Co. 1975
Ebner, H.: Ullmanns Encyklopädie der technischen Chemie, *11*, 41 – 55. Weinheim, New York: Chemie 1976
Frateur, J.: Cellule *53*, 287 – 392 (1950)
Greenshields, R. N.: In: Economic microbiology. Rose, A. H. (ed.), Vol. 2, pp. 121 – 186. London, New York: Academic Press 1978
Hromatka, O.: Chem. Ztg. *76*, 776, 815 (1952)
Hromatka, O., Exner, W.: Enzymologia *25*, 37 (1962)
Hromatka, O., Ebner, H., Coklich, C.: Enzymologia *15*, 139 (1951)
Jörgensen, A.: Mikroorganismen der Gärungsindustrie, 7. Aufl. Nürnberg: Hans Carl 1956
Meyrath, J.: Mitt. Versuchsst. Gärungsgewerbe Wien *3*, 48 (1972)
Mori, A., Terui, G.: J. Ferment. Technol. *50*, 510 (1972)
Mori, A., Suneya, Y., Yasui, Y.: 5th Int. Ferment. Symp. Abstr. p. 361. Berlin 1976
Rainbow, C.: Prog. Ind. Microbiol. *3*, 45 – 70 (1961)
Rehm, H. J.: Industrielle Mikrobiologie. Berlin, Heidelberg, New York: Springer 1967
Satyavati, V. K., Bhat, A. V., Varkey, A. G., Mookerji, K. K.: Indian Food Packer *26*, 50 – 53 (1972)

Kapitel 16 Milchsäure

1. Allgemeines

Schon seit 1881 wird Milchsäure auf mikrobiologischem Wege industriell hergestellt. Zusammenfassende Darstellungen der Milchsäuregärung vgl. Rauch et al.
(1960), Rehm (1967).

Milchsäure ist in der Natur weit verbreitet, sie findet sich in der Milch und vielen Milchprodukten, in den Muskeln, in vielen Früchten, im Wein, im Sauerkraut
und in einer großen Anzahl anderer gesäuerter Lebensmittel.

2. Mikroorganismen

Für die technische Milchsäureherstellung durch Gärung werden homofermentative
Milchsäurebakterien, besonders *Lactobacillus delbrueckii, L. bulgaricus* (zur Vergärung von Lactose) und *L. leichmannii* verwendet. Sie gehören zu den Lactobacilla-
ceae und sind grampositive, nicht sporenbildende stäbchenförmige Bakterien. Es
wird nur D(–)-Milchsäure gebildet, die als Hauptgärungsprodukt zu 85% und mehr
entsteht.

Die verwendeten Bakterienstämme müssen schnell und intensiv Säure bilden
und möglichst wenig Nebenprodukte erzeugen. Sie dürfen für ihre eigene Ernährung nicht allzu hohe Ansprüche stellen und müssen hohe Temperaturen vertragen,
um besonders die Buttersäurebakterien, die als gefährliche Infektionserreger bei der
Gärung auftreten können, zu unterdrücken.

L. delbrueckii verträgt ähnlich wie *L. leichmannii* Temperaturen von
50 °C – 52 °C noch gut. Beide können zur Vergärung von Glucose, Maltose und
Saccharose herangezogen werden. *L. bulgaricus* (Gärung bei 40 °C – 45 °C) und *L.
casei* sowie *Streptococcus lactis* (Gärung bei 30 °C – 35 °C) werden gelegentlich zur
Vergärung von Molke verwendet.

Für die Ernährung der Lactobacillen sind lösliche Eiweißstoffe, Phosphate und
Ammoniumsalze notwendig; Zusätze von Maisextrakt und Rübenmelasse verkürzen die Gärzeit. Wie bereits erwähnt, haben die Milchsäurebakterien einen sehr hohen Vitaminbedarf, der durch Hefeextrakt gedeckt werden kann (vgl. Kap. 2).

Eine Milchsäurebildung mit einer Ausbeute von 100% aus 30%igen Kohlenhy-
dratlösungen wurde von *Sporolactobacillus inulinus* nov. sp. beschrieben (Fr. Pat.
1.356.647, 1964). Auch *Lactobacillus pentoaceticus* wird zur Milchsäureherstellung
herangezogen (Grechushkina, 1961).

Die Mikroorganismenarten, die an der Herstellung von Milchsäureprodukten
auf heterofermentativem Wege beteiligt sind, z. B. *L. brevis* und *L. buchneri* werden
in anderen Abschnitten dieses Kapitels erwähnt werden. Auch Pilze, z. B. *Rhizopus*-
Arten bilden Milchsäure in oft guten Ausbeuten.

3. Biochemie und Regulation

Milchsäure ist die technische Bezeichnung für α-Hydroxypropionsäure. Sie wird z. T. auf chemischem Wege, z. T. durch Gärung gewonnen. Einzelheiten über die Chemie vgl. Rauch et al. (1960), Rehm (1967).

Die homofermentative Milchsäuregärung verläuft nach der Bruttoformel:

$$C_6H_{12}O_6 + 2\,ADP + P_a \rightarrow 2\,CH_3CHOH\,COOH + 2\,ATP$$

Sie ist ein anaerober exothermer Vorgang. Mit *Lactobacillus delbrueckii* kann man etwa 95% der theoretischen Menge an Milchsäure erzeugen. Mit einigen Pilzen, z. B. mit *Rhizopus*-Arten wurden Ausbeuten von nur etwa 50%, mit anderen bis zu 90% erhalten. Bei der Gärung entsteht Äthylidenmilchsäure (α-Hydroxypropionsäure), niemals aber Äthylenmilchsäure.

Die anaerobe homofermentative Milchsäuregärung verläuft zunächst ebenso wie die alkoholische Gärung (vgl. Kap. 3) bis zum Pyruvat (FDP-Weg). Dieses wird bei der Milchsäuregärung als Elektronenakzeptor verwendet und durch eine $NADH + H^+$-abhängige Milchsäurehydrogenase (Lactat-DH) zur Milchsäure reduziert (vgl. Schema 5, Rehm, 1967). Das reduzierte $NADH + H^+$ wird in der Substratkettenphosphorylierungsreaktion bei der Dehydrogenierung des Glycerinaldehydphosphats gebildet, so daß beide Reaktionen in enger Verbindung miteinander stehen.

Die Reaktion kann auch mit $NADPH + H^+$ ablaufen, allerdings wird dabei die Reaktionsgeschwindigkeit wesentlich herabgesetzt.

Streptococcus- und *Bacillus*-Arten bilden zumeist L(+)-Milchsäure, *Leuconostoc*- und die für die technische Milchsäuregärung verwendeten *Lactobacillus*-Arten bilden D(–)-Milchsäure, während die meisten anderen milchsäurebildenden Bakterien das racemische Gemisch bilden.

Es gibt spezifische L(+)- oder D(–)-Lactatdehydrogenasen, jedoch konnte noch kein Enzym gefunden werden, das die Bildung beider Isomeren der Milchsäure katalysiert. *L. plantarum,* der ein Gemisch von L(+)- und D(–)-Milchsäure bildet, besitzt die beiden stereospezifischen Dehydrogenasen (Kaufmann et al., 1951). Von der Lactat-DH kennt man gegenwärtig fünf Isoenzyme. Mit Hilfe einer Lactatracemase können Mikroorganismen eine sterische Form in die andere umwandeln, so daß z. B. Arten, welche nur die L(+)-Lactat-DH besitzen, daneben aber auch die Lactatracemase haben, beide Formen der Milchsäure herstellen können (Katagiri und Imai, 1955).

Natürlich führt die homofermentative Gärung nicht ausschließlich zur Milchsäure, sondern es werden noch viele Nebenprodukte – ganz besonders unter Bedingungen, die nicht völlig kontrollierbar sind, z. B. in Milchprodukten – gebildet.

Die Biochemie der heterofermentativen Milchsäuregärung, vgl. Kap. 3.

4. Herstellungstechnik

Da es sich bei der Milchsäuregärung um einen anoxidativen Prozeß handelt, muß das Verfahren unter möglichst weitgehendem Ausschluß von Sauerstoff durchgeführt werden.

a) Vergärbares Material

Für die Aufarbeitung des Endproduktes ist es sehr wichtig, welche Ausgangsstoffe verwendet werden und wie deren Reinheit beschaffen ist. Viele Substrate, die gut von den betreffenden Mikroorganismenarten vergoren werden, können nicht verwendet werden, da sich die Endprodukte aus ihnen nicht oder nur unter großen Schwierigkeiten aufarbeiten lassen. Es gibt aber eine größere Anzahl von Rohstoffen, aus denen Milchsäure hergestellt werden kann bzw. aus denen eine Herstellung von Milchsäure vorgeschlagen worden ist.

α) **Stärkehaltige Produkte** (Mais-, Kartoffel-, Reis- und andere Stärke) müssen vor der Vergärung durch Malz (Grünmalz, Darrmalz, Pilzmalz) oder durch Säurehydrolyse in Maltose und Glucose überführt werden. Es gibt zwar Untersuchungen, nach denen mit Hilfe von *Lactobacillus thermophilus* eine direkte Vergärung von Stärke aus Getreide und Kartoffeln zu Milchsäure mit einer 80%igen Ausbeute möglich ist, eine industrielle Anwendung ist bisher jedoch noch nicht gelungen (Kitahara und Ishida, 1952). Disaccharide können ohne vorherige Spaltung vergoren werden.

Die Malzverzuckerung (ausführliche Beschreibung vgl. Kap. 33) geht bei der Milchsäureherstellung in ihren Grundzügen folgendermaßen vor sich (vgl. Rauch et al., 1960): Ein sog. Maischbottich (mit Rührwerken, Heiz- und Kühlschlangen) wird etwa zur Hälfte mit Wasser gefüllt (z. B. mit 50 hl), auf 45 °C erwärmt und mit etwa 3 l 50%iger Milchsäure angesäuert. Anschließend werden etwa 20 kg zerquetschtes oder fein zermahlenes Grünmalz (Malzschrot) zugesetzt. Dieses Grünmalz wird durch 14- bis 20tägige Keimung einer kleinkörnigen eiweißreichen Gerste hergestellt. Dann werden unter ständigem Rühren etwa 1333 kg Kartoffelmehl mit 75%igem Stärkegehalt hinzugefügt. Das Ganze erwärmt man innerhalb einer halben Stunde auf etwa 70 °C – 75 °C bis zur Verflüssigung des Stärkekleisters und kühlt auf 56 °C ab. Anschließend werden etwa 80 kg Malzschrot oder Grünmalz hinzugegeben. Dabei erwärmt man um etwa 1 °C pro Stunde. Nach 4 Std. – 5 Std. ist der Prozeß abgeschlossen, und man erhitzt zur Sterilisation nochmals langsam auf 80 °C. Die heiße Maische wird in Gärbottiche von etwa 30 hl Inhalt gepumpt. Dort wird sie so weit verdünnt, daß sie etwa 10% – 11% Maltose bzw. Glucose enthält.

β) Milchsäure läßt sich auch aus dem **Milchzucker** der Molke herstellen. Diese Verfahren sind besonders dort eingeführt worden, wo große Mengen an Molke als billiger Rohstoff anfallen (Campbell, 1953). Die aus Molke erhaltene Milchsäure ist durch Salze verunreinigt, so daß die präparative Aufarbeitung gewisse Schwierigkeiten und Kosten verursacht. Auch für kontinuierliche Verfahren ist Molke als Maische geeignet.

γ) In manchen Betrieben werden **Rübenzucker-** oder **Rohrzuckermelasse** zu Milchsäure vergoren. Auch hier sind die Reinigungsverfahren diffizil, aber technisch durchführbar.

δ) Die Gewinnung von Milchsäure aus **Sulfitablaugen** hat eine gewisse Zukunft, da der Rohstoff in großen Mengen anfällt und die Reinigung, die technologisch zwar auch Schwierigkeiten bereitet, rationell durchführbar ist (Leonard et al., 1948). Man verwendet für diese Gärungen besonders *L. pentosus*.

ε) Man hat auch versucht, **Holzzuckerlösungen** mit *L. pentoaceticus* zu vergären. Neben Milchsäure werden Alkohol, Essigsäure und CO_2 gebildet (Werkman und Anderson, 1938). Dieses Verfahren ist ebenso wie die Vergärung von Topinambur (Jerusalem-Artischocken) (Anderson und Greaves, 1942) oder *Phaseolus mungo* (Pferdebohnen) (Ind. Pat. 71.472, 1962), Schalensäfte der Citrusfruchtarten (Kagan et al., 1960) oder aus 1,2-Propandiol durch *Arthrobacter oxydans* (Yagi und Yamada, 1969) bisher nicht großtechnisch angewandt worden.

b) Impfmaterial

Der Gärtank muß mit einer großen Bakterienmenge, die aus einer Reinkultur hergestellt wird, beimpft werden, damit die Gärung schnell und sicher verläuft. Hierzu werden die Mikroorganismen folgendermaßen vermehrt (propagiert):

1. Von der Reinkultur (meist Stichkultur) von *L. delbrueckii* wird auf ein Röhrchen mit 10 ml steriler Malzwürze abgeimpft. Dieses Röhrchen wird 25 Std. bei 45 °C gehalten. Die Kultur wird danach mikroskopisch auf Fremdinfektionen geprüft.
2. Die Bakterienkultur wird in einen Kolben mit 100 ml Nährlösung gegeben. Diese muß etwas Kreide enthalten, um evtl. gebildete Milchsäure, die schon in Konzentrationen von 1% – 2% eine Abtötung der Mikroorganismen zur Folge haben würde, sofort zu Ca-Lactat zu neutralisieren. Diesen Ansatz läßt man zwei Tage bei 49 °C – 50 °C gären.
3. Anschließend wird der gesamte Inhalt des 100-ml-Kolbens in 1 l – 2 l Nährlösung gegeben.
4. Zur Beimpfung eines Reinzuchtapparates (vgl. Kap. 11) von 200 l werden etwa zehn dieser Kolben benötigt. Der Reinzuchtapparat sollte möglichst schon mit einer Nährlösung gefüllt werden, deren Zusammensetzung in vielen Anteilen dem zu vergärenden Substrat entspricht. Die Bakterien werden wiederum zwei Tage bei 49 °C – 50 °C bebrütet.
5. Der Inhalt des 200-l-Gefäßes wird in einen etwa 500-l- bis 1000-l-Tank übertragen. Auch hier vermehren sich die Bakterien in zwei Tagen bei 49 °C – 50 °C.
6. Mit dem Inhalt des 1000-l-Tanks kann man ohne weiteres den Gärtank beimpfen, in dem die eigentliche Milchsäureherstellung stattfindet.

In vielen Betrieben – besonders bei kontinuierlichen Verfahren – wird die Propagierung des Impfstammes aus der Reinkultur nur zu Beginn und dann erst wieder nach längerer Zeit gemacht. In der Zwischenzeit beimpft man den Gärtrank mit ca. 1000 l des vorherigen Ansatzes.

c) Gärprozeß

α) Vergärung von stärke- oder glucosehaltigen Rohstoffen zu Milchsäure in diskontinuierlichen Verfahren. Die Konzentrationen des vergärbaren Materials liegen je nach Art der Rohstoffe zwischen 5% und 18%. Man verwendet ungern höhere Konzentrationen, da die gebildete Milchsäure immer mit Hilfe von Kreide neutralisiert werden muß, um das Absterben der Bakterien durch den hohen Säuregrad zu verhindern und weil bei höheren Konzentrationen das sich bildende Ca-Lactat leicht auskristallisiert. Anstelle von $CaCO_3$ eignet sich auch $MgCO_3$ gut zur Neutralisation (Zbiobrowski und Lesniak, 1964). Die Gärung erfolgt in oben verschlossenen Metalltanks mit einer Größe von etwa 20 000 l bis 110 000 l. Zu Beginn der Gärung wird beheizt, später muß gekühlt werden. Der Inhalt des Tanks wird während der Gärung gut gerührt, damit keine örtlichen Übersäuerungen eintreten. Bei zu starker Bewegung des Tankinhalts besteht die Gefahr, daß zu viel Luft in die Gefäße gelangt und Verluste durch Veratmung des Substrats eintreten. Bei einem in Großbritannien angewandten Verfahren (Childs und Welsby, 1966) wird auch bei 50 °C nur mit einem Tank von 70 000 l gearbeitet.

Der größte Teil der zur Neutralisation notwendigen Kreide wird zu Beginn der Gärung zugesetzt. Da die Gärung jedoch unbedingt bei pH-Werten zwischen 5,5 und 6,0 ablaufen muß, ist eine Zufuhr von $CaCO_3$ auch während der Gärung häufig unerläßlich.

Etwa 6 Std. nach Beimpfung beginnt die Gärung mit CO_2-Bildung und Eigenerwärmung. Nach zwei bis acht Tagen, je nach Konzentration des vergärbaren Materials, ist die Gärung beendet. Gärungen, die über zwei Tage dauern, sind weniger intensiv (vgl. Abb. 36, Rehm, 1967). Es bildet sich weniger Wärme, so daß zusätzlich aufgeheizt werden muß, um die Temperatur auf etwa 50 °C zu halten.

Während der Gärung werden Reinheit der Bakterien, pH-Wert, Temperatur und Zuckerkonzentration kontrolliert. Der Abschluß der Gärung wird am Nachlassen der CO_2-Bildung festgestellt. CO_2 wird normalerweise nur durch die Umsetzung der Milchsäure mit $CaCO_3$ gebildet, andere CO_2-Bildungen werden durch oxidative Vorgänge („Fehlgärungen") hervorgerufen. Die Ausbeute beträgt bei einer gut geleiteten Gärung etwa 95% des vergärbaren Anteils. Da nur homofermentative Bakterien verwendet werden, entstehen neben Milchsäure nur insgesamt etwa 2% Essigsäure und Propionsäure. In sehr geringen Mengen treten weiterhin Buttersäure, Ameisensäure, Brenztraubensäure u. a. Säuren als Nebenprodukte auf (vgl. z. B. Ueda et al., 1960). Die Rate der Milchsäurebildung dP/dt (P in mg/ml) steht zur gleichzeitigen Rate des Bakterienwachstums dN/dt (OD/ml · h) und zur Bakteriendichte N (OD/ml) während der Batch-Fermentation bei einem gegebenen pH in folgender Beziehung (Luedeking und Pirt, 1959):

$$\frac{dP}{dt} = \alpha\,\frac{dN}{dt} + \beta N$$

Die Konstanten α und β werden durch die pH-Werte während der Gärung determiniert. Hanson und Tsao (1972) haben dieses Modell hinsichtlich des Glucoseverbrauchs erweitert (vgl. Abb. 35, Rehm, 1967).

Die Reinigungsverfahren sind weitgehend abhängig vom Material, das vergoren wird. Geht man von reiner Glucose oder Lactose aus, so ist die Aufarbeitung der Milchsäure relativ einfach. Die Gärlauge wird mit Schwefelsäure (meist 78%ig) versetzt, dabei fällt Ca-Sulfat aus, und die Milchsäure liegt wieder als freie Säure vor. Dabei sollte kein Überschuß an Schwefelsäure vorhanden sein, um die Milchsäure nicht zu zerstören. Anschließend wird filtriert und das Filtrat, in dem sich die gesamte Milchsäure befinden soll, im schwachen Vakuum eingedampft. Dabei verschwinden die flüchtigen Säuren wie Essigsäure und Propionsäure, so daß im konzentrierten Filtrat die angereicherte Milchsäure schon vorgereinigt ist.

Farbstoffe des Rohmaterials sowie Fe- und Cu-Verbindungen, die bei der Herstellung in die Lösung gelangt sind, werden an Kohle adsorbiert und durch Filtration entfernt. Übriggebliebene Salze werden durch Ionenaustauschersäulen entfernt, so daß man schließlich eine relativ hochkonzentrierte (80%ig), gut gereinigte Milchsäure zur Verfügung hat. Diese kann durch Behandlung mit Permanganat oder Wasserstoffsuperoxid noch von unangenehmen Geschmacks- und Geruchsstoffen befreit werden.

Schwieriger ist es, Milchsäure zu reinigen, die aus sehr unreinem Material hergestellt worden ist. Es müssen noch verschiedene zusätzliche Abtrennungsvorgänge eingeschaltet werden, um Begleitstoffe, je nach dem Substrat, abzutrennen. Dabei kann die milchsäurehaltige Lösung mit Äthanol in Gegenwart von H_2SO_4 versetzt werden (Bachmann et al., 1962; GB-Pat. 907.322, 1962). Der entstandene Ester wird gereinigt und hydrolysiert, so daß reine Milchsäure entsteht.

β) **Vergärung von Molke im diskontinuierlichen Verfahren.** Die Herstellung von Milchsäure aus Molke ist nur dort, wo Molke als Rohstoff sehr billig zur Verfügung steht, von Bedeutung (vgl. Olive, 1936; Burton, 1937). In ähnlicher Weise wie Molke läßt sich auch abgerahmte Milch (Magermilch) zur Milchsäureherstellung verwenden. Aus der Milch muß aber zuvor das Casein mit HCl oder mit Milchsäure, die man später wieder zurückgewinnt, ausgefällt werden. Die Impfkultur wird in Milch hergestellt, um die Mikroorganismen an das Substrat zu gewöhnen. Dabei läßt man in den ersten Passagen *Lactobacillus bulgaricus* zuweilen mit einer Hefe zusammen wachsen, um die Entwicklung der Lactobacillen zu fördern. Durch die hohen Gärungstemperaturen wird die Hefe in den dann folgenden Passagen weitgehend unterdrückt.

Die Hauptgärung erfolgt im Gärtrank aus Holz oder V_2A-Stahl mit einem Inhalt von etwa 20 000 l – 30 000 l oder mehr. Am Boden des Tanks, der mit einem Rührwerk ausgerüstet ist, befindet sich ein Heizdampfrohr, durch das der Dampf zur Erwärmung der Kultur und später zur Coagulation des Lactalbumins geleitet wird. Moderne Anlagen sind mit automatischer Temperaturregulierung ausgerüstet. Weiterhin befindet sich im Tank ein Tauchrohr, dessen Höhe verstellbar ist und mit dessen Hilfe man Teile der Lösung abdekantieren kann (vgl. Abb. 97).

Obwohl man die Gärung im allgemeinen streng anaerob führt, ist es aber auch gelungen, eine Milchsäureausbeute von 75% – 80% bei aerober Gärungsführung zu erhalten (Koželj, 1958).

Die Gärung der beimpften Molke dauert etwa 42 Std. bei einer Temperatur von 43 °C. Um die Acidität auf 0,6% zu halten, wird etwa alle 6 Std. $Ca(OH)_2$-Brei zugesetzt. Durch diese dauernde Neutralisierung der Milchsäure werden die Bakterien immer bei voller Aktivität gehalten, der gesamte Gärungsverlauf wesentlich verkürzt und die Ausbeute erhöht. Nach der Gärung wird die Maische auf 0,1% Säure (Milchsäure) eingestellt.

Die vergorene hellgrüne Maische wird zur Coagulation des Lactalbumins durch Dampf auf 96 °C erhitzt. Das ausgefällte Albumin setzt sich schnell ab und in der überstehenden Flüssigkeit befindet sich das Ca-Lactat. Diese Flüssigkeit wird mit Hilfe des im Kessel befindlichen Tauchrohrs abdekantiert, im Plattenfilter gereinigt und in einen Verarbeitungstank gefüllt. Anschließend wird mehrmals mit Kohle oder Kieselgur gereinigt, dekantiert und filtriert, bis man einen Rohextrakt erhalten hat, der im Vakuum eingeengt und in Kristallisationsbottiche gepumpt wird. Bei einer Temperatur von 10 °C – 15 °C kristallisiert das Ca-Lactat in 10 Std. – 12 Std. aus. Nun wird mehrmals umkristallisiert und mit Spezialverfahren weiter gereinigt, bis das reine Ca-Lactat gewonnen ist.

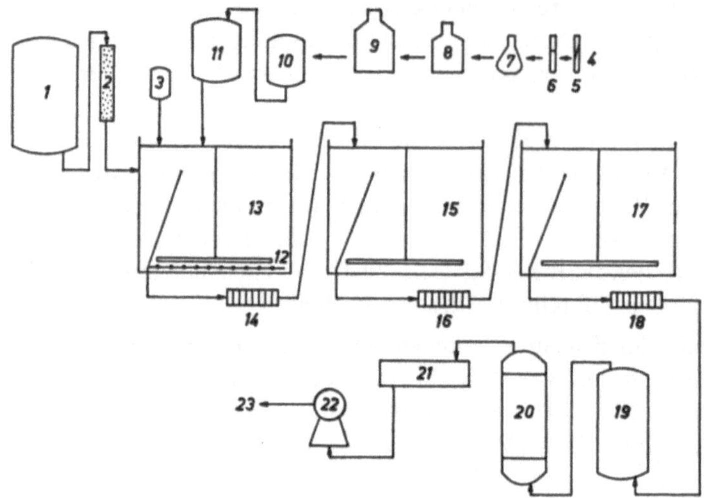

Abb. 97. Milchsäureherstellung aus Molke. Zeichenerklärung: *1* Lagertank für Molke; *2* Pasteurisation; *3* Ca(OH)$_2$; *4 – 11* Vermehrung der Impfkultur; *12* Dampfrohr; *13* Gärtank mit Schwenkrohr zum Dekantieren; *14, 16, 18,* Filtration; *15* Entfärbungstank I; *17* Entfärbungstank II; *19* Lagertank; *20* Vakuumverdampfer; *21* Kristallisation; *22* Zentrifugierung der Kristalle; *23* Abfüllung

γ) **Milchsäureproduktion in kontinuierlicher Gärung.** Schon seit langem ist ein kontinuierliches Verfahren zur Herstellung von Milchsäure aus Molke bekannt (Whitier und Rogers, 1931). Diese Anlage besteht aus dem bekannten Gärtank mit Temperaturregulierung (43 °C ± 1 °C), Rührwerk und Anschluß an einen Molkelagertank und den Ca(OH)$_2$-Tank.

Der Gärtank wird mit pasteurisierter Molke gefüllt und mit Lactobacillen (evtl. auch mit Hefen) beimpft. Die Gärung beginnt bei 43 °C zunächst ebenso wie bei den diskontinuierlichen Verfahren. Ist die Lactosekonzentration unter 1% abgesunken, wird fortwährend neue, mit Kalk versetzte Molke in den Tank gepumpt. Gleichzeitig fließt die gleiche Menge an vergorener Molke kontinuierlich durch einen Überlauf in einen Lagertank ab, dessen Fassungsvermögen mindestens ¼ des Gärtanks beträgt. Die Geschwindigkeit des Zulaufs neuer Molke richtet sich nach dem Lactosegehalt der ablaufenden Molke. Aus dem Überlaufgefäß wird die vergorene Molke in den Coagulationstank gepumpt, dort coaguliert, abdekantiert und weiter aufgearbeitet (vgl. Abb. 39, Rehm, 1967).

Inzwischen sind weitere ein- und mehrstufige Verfahren zur kontinuierlichen Herstellung von Milchsäure, z. B. aus Molke (Havlatko und Knez, 1960) entwickelt worden. Die kontinuierliche Milchsäureproduktion wird dadurch besonders problematisch, daß die entstehende Milchsäure den schnellen Fermentationsablauf stark hemmt und immerwährend abgeführt werden muß. Dies ist möglich, indem man die schon fermentierte Nährlösung durch die Kathodenzelle eines Elektrodialysators leitet und anschließend in den Hauptfermenter zurückführt. Im Elektrodialysator wird die Milchsäure durch eine permeable Membran (Zerolit A-20) abgetrennt (Krumphanzl und Dyr, 1964).

Eine Betrachtung der Kinetik der Milchsäurebildung in Abhängigkeit von der Bakterienmasse, dem pH-Wert und der verbrauchten Glucose haben Hanson und Tsao (1972) durchgeführt.

5. Milchsäureherstellung mit Pilzen

Pilze, besonders *Rhizopus*-Arten, z. B. *R. oryzae, R. stolonifer* und *R. elegans* sowie einige *Mucor*-Arten sind in der Lage, Milchsäure zu bilden. In der Praxis hat eine Milchsäureherstellung durch Pilze aber keine Bedeutung, da diese mit Milchsäurebakterien viel wirtschaftlicher produziert werden kann.

Milchsäure kann mit Pilzen in Oberflächenkultur oder in Drehtrommeln hergestellt werden. Es werden unter günstigen Kulturbedingungen etwa 70% – 75% Ausbeute an Milchsäure (berechnet auf den Zucker im Substrat) erhalten.

Eine kontinuierliche Milchsäureherstellung aus Abfällen der Papierindustrie in Film-Reaktoren ist vorgeschlagen worden (Griffith und Compere, 1977). Mit Kohlenwasserstoffen als C-Quelle soll sich Milchsäure herstellen lassen. Die rohe Säure wird durch Elektrodialyse, anschließender Extraktion mit organischem Lösungsmittel und Überführung in Wasser gereinigt (DB-Pat. 1.957.395, 1970).

6. Anwendung

Milchsäure nach DAB 6 mit 90% Milchsäuregehalt ist eine wasserhelle, geruchlose und hygroskopische Flüssigkeit von ätzender Wirkung; sie darf nur Spuren von Dextrinen, Stärke und Glycerin und keine Chloride, Sulfate, Schwermetalle und Erdalkalien enthalten. Sie wird im allgemeinen zur Herstellung chemisch reiner Milchsäurederivate oder zu therapeutischen Zwecken, z. B. zur Regulierung der Darmflora, verwendet.

In der Gerberei wird Milchsäure zum Quellen und Entkalken und in der Textilindustrie als Färberei- und Druckereihilfsmittel verwendet. Auch in der Kunstharzindustrie hat die Milchsäure als Hilfsstoff eine gewisse Bedeutung.

Genußmilchsäure ist eine farblose, nahezu geruchlose Flüssigkeit, die frei von gesundheitsschädigenden Stoffen sein muß. In der Lebensmittelindustrie wird sie wegen ihres angenehm sauren Geschmacks und ihrer konservierenden Eigenschaften in beträchtlichen Mengen als Zusatz zu Limonaden, Essenzen, Extrakten, Fruchtsäften und Sirupen sowie in der Frucht-, Obst- und Fischkonservenindustrie verbraucht. In der Obstweinindustrie verwendet man sie zum Ansäuern säurearmer Obstweine, in der Brennerei zur Säuerung der Hefemaische und in der Bäckerei zur Herstellung von Sauermehlen.

Literatur

Anderson, A. A., Greaves, J. E.: Ind. Eng. Chem. *34*, 1522 (1942)
Bachman, B., Wilczynska, H., Wlodarczyk, Z.: Przem. Ferment. *6*, 33 (1962)
Burton, L. V.: Food Ind. *9*, 571, 634 (1937)
Campbell, L. A.: Can. Dairy Ice Cream J. *32*, 29 (1953)

Childs, C. G., Welsby, B.: Process Biochem. *1*, 441 (1966)
Grechushkina, N. N.: Mikrobiologiya *30*, 35 (1961)
Griffith, W. L., Compere, A. L.: Dev. Ind. Microbiol. *18*, 723 – 726 (1977)
Hanson, T. P., Tsao, G. T.: Biotechnol. Bioeng. *14*, 233 – 252 (1972)
Havlatko, F., Knez, W.: London: 15th. Int. Dairy Congr. 1235 (1960)
Kagan, J. J., Pilnik, W., Smith, M. D.: J. Agric. Food Chem. *8*, 236 (1960)
Katagiri, H., Imai, K.: Bull. Agric. Chem. Soc. Jpn. *19*, 15 (1955)
Kaufmann, S., Korkes, S., Del Campillo, A.: J. Biol. Chem. *192*, 301 (1951)
Kitahara, K., Ishida, H.: Chem. Abstr. *46*, 4729 (1952)
Koželj, B.: Nov. Proizvod. *1958*, 289
Krumphanzl, V., Dyr, J.: Contin. Cult. Microorg. *2*, 235 – 243 (1964)
Leonard, R. H., Peterson, W. H., Johnson, M. J.: Ind. Eng. Chem. *40*, 57 (1948)
Luedeking, R., Pirt, E. L.: J. Biochem. Microbiol. Technol. Eng. *1*, 393 – 412 (1959)
Olive, T. R.: Chem. Metall. Eng. *43*, 480 (1936)
Rauch, M., Gerner, F., Wecker, A.: In: Ullmanns Enzyklopädie der technischen Chemie, Bd. 12, S. 525 – 537. München: Urban & Schwarzenberg 1960
Rehm, H. J.: Industrielle Mikrobiologie. Berlin, Heidelberg, New York: Springer 1967
Ueda, R., Hayashida, M., Kuriwaki, Y., Hatakeyama, O., Nakamura, T.: Hakko Kogaku Zasshi *38*, 494 (1960)
Wendel, K.: Zucker *14*, 11 (1961)
Werkman, C. H., Anderson, A. A.: J. Bacteriol. *35*, 69 (1938)
Whittier, E. O., Rogers, L. A.: Ind. Eng. Chem. *23*, 532 (1931)
Yagi, O., Yamada, K.: Agric. Biol. Chem. *33*, 1587 – 1593 (1969)
Zbiobrowski, J., Lesniak, W.: Przem. Ferment. *7*, 3 (1964)

Kapitel 17 Citronensäure

1. Allgemeines

Citronensäure wurde 1784 von Scheele entdeckt. Sie kommt in tierischen und menschlichen Organen vor und wird von vielen Pflanzen in mehr oder weniger großer Menge gebildet; Citronensaft enthält etwa 7% – 9% Citronensäure. Bis etwa 1923 wurde Citronensäure zum überwiegenden Teil aus unreifen Citronen hergestellt, obwohl bereits bekannt war, daß verschiedene Schimmelpilze, z. B. *Citromyces pfefferianus, Penicillium luteum* und *Mucor piriformis* imstande sind, Citronensäure zu bilden. Erst nachdem auf die gute Citronensäurebildung durch *Aspergillus niger* hingewiesen worden war (Currie, 1917), gelang es in verschiedenen Ländern, mit diesem Pilz Citronensäure im Oberflächenverfahren großtechnisch herzustellen. Seit etwa 20 Jahren wird Citronensäure in immer größerem Umfang in Submersverfahren hergestellt.

Im Augenblick wird noch sämtliche Citronensäure aus zuckerhaltigen Rohstoffen gewonnen. Es wird jedoch seit mehr als zehn Jahren intensiv versucht, Citronensäure großtechnisch aus Alkanen herzustellen. Übersichtsliteratur über die Citronensäureherstellung vgl. Rudy und Rauch (1954), Rehm (1967), Schulz und Rauch (1975), Berry et al. (1977), Miall (1978).

2. Mikroorganismen

Man hat versucht, eine ganze Anzahl verschiedener Mikroorganismen zur Citronensäureherstellung aus zuckerhaltigen Rohstoffen zu verwenden, z. B. *Mucor piriformis, Penicillium luteum, P. citrinum, Paecilomyces divaricatum, Aspergillus niger, A. clavatus, A. wentii, A. awamori, A. fenicis, A. fumaricus, A. saitoi* und *A. usamii* (Literatur vgl. Perlman und Sih, 1960), weiterhin *Trichoderma viride* (Jap. Pat. 10.699, 1960) und *Ustilago vulgaris.* Heute verwendet man jedoch fast ausschließlich Stämme von *Aspergillus niger* (selten *A. wentii*), weil diese die höchsten Ausbeuten an Citronensäure geben und relativ verschiedene C-Quellen verwerten können.

Verschiedene Mikroorganismen sind auch zur Bildung von Citronensäure aus längerkettigen n-Alkanen befähigt, z. B. *Arthrobacter paraffineus, Corynebacterium-*Arten, *Penicillium restrictum* und einige andere mycelbildende Moniliales (Jap. Pat. 39-47137, 1964; Jap. Pat. 41-85147, 1966; Kimura und Tanaka, 1970) und ganz besonders *Candida*-Arten (Tabuchi et al., 1968, 1969, 1970; Abe et al., 1970; Tanaka et al., 1970). Vor allem *Candida*-Arten wie *C. lipolytica, C. zeylanoides, C. guilliermondii, C. oleophila* und *C. parapsilosis* und neuerdings auch *C. citrica* u. sp. (Furukawa et al., 1977) sind für technische Citronensäureherstellungsverfahren bearbeitet worden.

3. Chemie

Citronensäure ist eine Oxytricarbonsäure und als solche sehr reaktionsfähig. Besonders die Natriumsalze der Citronensäure haben die Fähigkeit, stabile Komplexe zu bilden.

Beim Erhitzen über den Schmelzpunkt (153,5 °C) hinaus spaltet Citronensäure langsam Wasser und CO_2 ab, so daß sich je nach den Bedingungen Aconitsäure, Acetondicarbonsäure und oberhalb von 175 °C Itaconsäure bilden (Abb. 98).

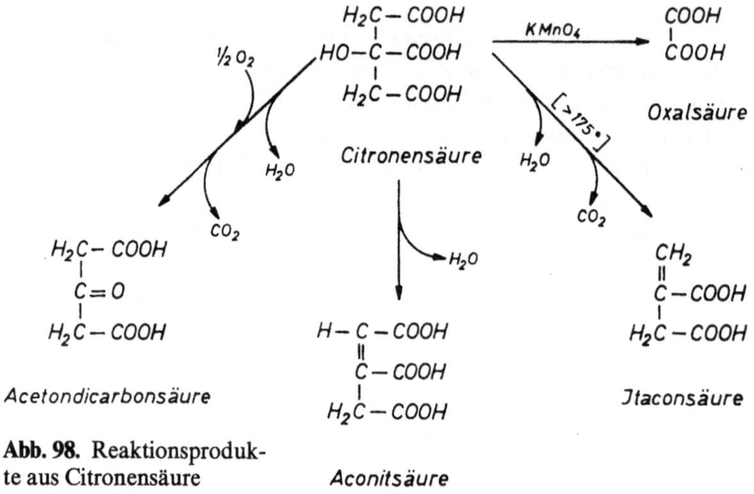

Abb. 98. Reaktionsprodukte aus Citronensäure

Aconitsäure und Itaconsäure haben auch als Stoffwechselprodukte von Mikroorganismen eine Bedeutung. Beim Erhitzen mit $KMnO_4$-Lösungen auf 35 °C bildet sich aus Citronensäure die auch von Mikroorganismen synthetisierte Oxalsäure. Für die Beurteilung der Herstellungsaussichten durch Fermentation dieser Substanzen ist also immer die fermentative Produktion der Citronensäure und die daraus mögliche chemische Umwandlung zu Aconitsäure, Itaconsäure und Oxalsäure in Betracht zu ziehen. Viele Versuche, Citronensäure chemisch-synthetisch herzustellen, haben bisher noch nicht zu einem brauchbaren technischen Verfahren geführt. Angaben über die Chemie der Citronensäure vgl. Schulz und Rauch (1975).

4. Biochemie und Regulation

Über die Biochemie der **Citronensäurebildung aus Zuckern** sind verschiedene Schemata aufgestellt worden (vgl. Schema 43, Rehm, 1967, Literatur vgl. dort). Eine vollständige Klärung des Bildungsweges ist jedoch noch nicht erreicht worden, sicherlich weil hier ein pathologischer Stoffwechsel des Pilzes vorliegt, bei dem eine Reihe von Fehlregulationen eingetreten sind, die zumindest mit früheren Erkenntnissen kaum erfaßbar waren.

Die Meinungen über die Veränderung des TCA-Zyklus während der Citronensäurebildung sind sehr widersprüchlich. Während nach einigen Ergebnissen (Shu et al., 1954) annähernd 40% der Citronensäure durch Dicarbonsäure, die aus dem Citronensäure-Zyklus resultiert, gebildet werden soll, ist nach den anderen Ergebnissen (Cleland und Johnson, 1954) eine starke Reduzierung des TCA-Zyklus vorhanden. Einerseits wurde ein Verschwinden der Aconitase- und Isocitrat-DH-Aktivität zum Zeitpunkt der Citratbildung beobachtet (Ramakrishnan et al., 1955), andererseits wurde nachgewiesen, daß hier keine Blockade der Aconitase sowie der NAD- und NADP-abhängigen Isocitrat-DH besteht (La Nauze, 1966). In isolierten Mitochondrien ist in älteren Mycelien von *Aspergillus niger* zum Zeitpunkt der intensiven Citronensäurebildung eine geringe Abnahme der Respirationsaktivität im TCA-Zyklus zu beobachten (Watson und Smith, 1967; Ahmed et al., 1972). Dabei wurde festgestellt, daß auch große Aktivitäten des Condensing Enzyms, der Aconitase, der NAD- und NADP-abhängigen Isocitrat-DH, die Succinat-DH, der Fumarase und der Malat-DH während der hauptsächlichen Citratbildung vorhanden waren. Es besteht eine Hemmung der 2-Oxyglutarat-DH (Kubicek und Röhr, 1978).

Die intrazellulären Konzentrationen von Pyruvat, Malat, Fumarat, Succinat, 2-Ketoglutarat, cis-Aconitat und Isocitrat sollen während der hauptsächlichen Citratbildung nicht wesentlich verändert werden, sondern nur die Citratkonzentration soll sich ändern.

Die Regulation der Citronensäurebildung aus Zuckern ist noch relativ ungeklärt. Das hochaktive glycolytische System von *Aspergillus niger* unterliegt bei hohen Saccharosekonzentrationen und pH-Werten von 2 bis 4 anscheinend keiner negativen Energy-charge-Kontrolle. Daneben besteht ein ausgeprägter Pyruvat-Carboxylase-Shunt, so daß ein intensiv ablaufender katabolischer Stoffwechsel mit starker Citronensäureanhäufung stattfinden kann. Die intrazellulären Reaktionen verbrauchen nur einen geringen Teil der angehäuften Citronensäure. Der „overflow" der Citronensäure verhindert eine Selbstintoxikation der Mikroorganismenzellen.

c-AMP hat einen großen Einfluß auf die Citrat-Anhäufung durch *Aspergillus niger* (Wold und Suzuki, 1973). Konzentrationen von 10^{-6} Mol und höher vermehrten die Rate der Citratsynthese. Adenosin, ATP und c-GMP vermehrten bei 10^{-3} Mol die Bildung, waren aber bei 10^{-4} Mol unwirksam.

5'-AMP hatte keine Wirkung, aber 5'-GMP und Guanosin hemmten die Bildung ein wenig. ADP hemmte zu 42%, Theophyllin erhöhte die Bildung. Die c-AMP-Wirkung wird als ein Verlust der Glykolyseregulation erklärt. Es kann aber auch eine vermehrte Sekretion von Citrat aus der Zelle durch c-AMP ausgelöst werden.

Die Biochemie der **Citronensäurebildung aus Alkanen** bei *Candida*-Arten ist durch den Mechanismus des Abbaus längerkettiger Alkane durch Hefen charakterisiert. Auch citratbildende Hefen bauen diese größtenteils durch monoterminale Oxidation ab. Ein diterminaler Abbau spielt jedoch bei *Candida parapsilosis* anscheinend zusätzlich eine Rolle. Auch ein – wenn auch relativ geringer – subterminaler Abbau kann bei einer *C. parapsilosis*-Art bei Verwendung von Pentadecan beobachtet werden (Souw et al., 1977). Er hat für die Citronensäurebildung aber keine Bedeutung.

Die zur Produktion gezüchteten Stämme sind Mutanten, die nur geringe Aktivitäten der Aconithydratase und der Isocitrat-DH besitzen. Mutanten, die Monofluoracetat-sensitiv sind, scheiden auch viel Citrat aus (Akiyama et al., 1973). Die Stämme besitzen weiterhin einen verstärkten Glyoxylsäurezyklus, durch den Oxalacetat immer wieder nachgeliefert wird, während die Enzyme des Citratzyklus nach dem Isocitrat wesentlich verminderte Aktivitäten aufweisen (Literatur vgl. Omar und Rehm, 1980). Bei Unterbrechung der N-Zufuhr sistiert bei *Saccharomycopsis lipolytica* das Wachstum und die Citronensäurebildung beginnt (Marchal et al., 1977). Ob ein vorgeschlagener Methylcitratzyklus (Tabuchi und Sereziwa, 1975) tatsächlich eine Rolle für die Citronensäurebildung aus Alkanen spielt, ist noch nicht geklärt.

5. Herstellungstechnik

a) Zuckerhaltige Substrate

Zur technischen Citronensäureherstellung werden meistens saccharosehaltige Substrate verwendet, aber auch Fructose und natürlich Glucose werden durch *Aspergillus niger* gut umgesetzt. In den meisten Fällen wird Zuckerrübenmelasse verwendet. Diese muß, um eine gute Pilzentwicklung zu gewährleisten, mit anorganischen Salzen versetzt werden. Auch andere zuckerhaltige Substrate, z. B. Pulpen aus Süßkartoffeln (Matsumura, 1963), Brauereiabwässer (Hang et al., 1977), Abwässer der Ananasherstellung (Usami und Fukutomi, 1977) u. a. Substrate sind zur Citronensäureproduktion geeignet. Werden stärkehaltige Produkte, z. B. Maisstärke oder Kartoffelstärke verwendet, so müssen diese vor der Fermentation zunächst verzuckert werden (Belg. Pat. 660.104, 1966).

Die N-Quellen haben bei der Citronensäureherstellung eine besondere Bedeutung. Wenn NH_3, $(NH_4)OH$ oder $(NH_4)_2CO_3$ nach dem Beginn des Mycelwachstums dem Substrat zugesetzt werden, so sollen die Ausbeuten stark erhöht werden (GB-Pat. 908.024, 1962). Aminosäuren, die primär im Stoffwechsel gebildet werden, z. B. Glutaminsäure, Glycin und Alanin fördern die Citronensäurebildung (Schade, 1965).

Viele Schwermetallsalze, besonders Molybdän-, Kupfer-, Zink- oder auch Calciumionen vermindern die Citronensäurebildung von *Aspergillus niger*. Mit Kaliumferrocyanid werden Substanzen, die sich hemmend auf die Citronensäurebildung auswirken, ausgefällt. Es sind dies besonders Mangan- und Eisensalze, die in Melassen oft in größeren Mengen vorkommen. Sie werden durch $K_4[Fe(CN)_6]$ bei Temperaturen von 80 °C – 100 °C in 15 min ausgefällt (Clark et al., 1965), (vgl. Leopold et al., 1966). Weiterhin fördern 1,2-Diaminocyclohexan-N,N-Tetraacetat, Diäthylentriamin-pentaacetat und EDTA in Konzentrationen von 1 mMol bis 2 mMol die Biosynthese von Citronensäure durch *A. niger* (Choudhary und Pirt, 1966). Auch ein Gehalt von 2% Methanol im Substrat wirkt sich sehr günstig auf die Citronensäurebildung aus (Moyer, 1953; Usami und Taketomi, 1961). Weiterhin sollen Mycelextrakte von *A. niger* (extrahiert mit Methanol oder Wasser) die Ausbeuten von 60% auf 75% erhöhen (Fr. Pat. 1.355.922, 1964).

Durch Zusatz nicht-ionischer oberflächenaktiver Substanzen zum Nährsubstrat (z. B. 0,05% Span-20) läßt sich ein homogenes Mycel des Pilzes während der Fermentation und dadurch eine erhöhte Citronensäureausbeute erzielen (Takahashi et al., 1965).

Die Zusammensetzung eines betriebsfertigen Mediums zur Citronensäurebildung ohne besondere Zusätze, die von den betreffenden Herstellern oft recht unterschiedlich verwendet werden, zeigt die Tabelle 34.

Der Prozeß der Citronensäurefermentation aus Saccharose verläuft nach dem Fermentationstyp II zumeist in zwei Perioden. Zunächst wird viel Mycel auf Kosten des vorhandenen Zuckers gebildet, dabei entsteht wenig Citronensäure. In der zweiten Periode wird dann sehr viel Zucker in Citrat umgesetzt. Man versucht die Fermentation so zu steuern, daß möglichst wenig Zucker zur Mycelbildung verbraucht und möglichst viel zu Citrat umgesetzt wird. Detaillierte Angaben sind Firmen know how, das gerade auf diesem Gebiet besonders zurückhaltend preisgegeben wird, einige Angaben vgl. auch Lockwood (1975), Smith et al. (1974).

Tabelle 34. Zusammensetzung eines betriebsfertigen Substrates zur Citronensäureherstellung mit *A. niger* (nach Schulz und Rauch, 1975)

Substanzen	Konzentration (g/l)
Saccharose	160 – 200
NH_4NO_3	1,6 – 3,2 (bei Melassen oft nicht notwendig)
KH_2PO_4	0,3 – 1,0
$MgSO_4 \cdot 7\,H_2O$	0,2 – 0,5 (bei Melassen oft nicht notwendig)
$ZnSO_4$	0,01 – 0,10
$K_4[Fe(CN)_6]$	0,4 – 2,0

α) **Oberflächenverfahren mit zuckerhaltigen Substraten.** Das Oberflächenverfahren wird folgendermaßen durchgeführt. Die Melasse wird nach Entfernung schädlicher Substanzen (auch SO_2^{-}- und NO_2^{-}-Ionen) mit den nötigen Nährsalzen versetzt und gekocht. Der pH-Wert der Lösungen wird auf etwa 2,2 oder etwas darunter eingestellt, da bei diesen Werten die größten Ausbeuten an Citronensäure zu erwarten sind. Bei pH-Werten über 3,5 beginnt bei vielen Pilzstämmen bereits eine vermehrte Oxalsäurebildung. Die stark sauren Nährmedien lassen sich relativ gut steril halten, da sich Bakterien und auch Hefen hier nur sehr gehemmt oder gar nicht entwickeln. Aus dem Kochkessel läßt man das sterilisierte Substrat in flache Schalen laufen, die in den sog. Gärkammern (Zellenbrutschränken) übereinander angeordnet sind (Abb. 99). Die Schichtdicke liegt zwischen 10 cm und 25 cm.

Die Kammern sind vor dem Einfüllen des Nährsubstrates in die Schalen ebenso wie die Zu- und Ablaufleitungen mit Dampf sterilisiert worden. Die Lösungen werden nach Abkühlung auf etwa 30 °C beimpft. Die Impfkulturen werden meistens auf Substraten hergestellt, die auch zur endgültigen Produktion verwendet werden, um den Pilz an dieses Medium zu gewöhnen. Die Bebrütungstemperatur liegt zwischen 28 °C und 30 °C.

Auf den flachen Schalen bildet sich schnell eine zusammenhängende Myceldecke. Das Verhältnis zwischen Schichtdicke der Nährlösung und Oberfläche hat einen Einfluß auf die Citronensäurebildung (vgl. Kap. 9). Während der Zucht wird in die Kammern sterile Luft mit einer relativen Feuchtigkeit von 45% – 60% eingeblasen.

Nach zwei bis vier Tagen ist unter und in der Myceldecke die Citronensäurebildung in vollem Gange, und nach sieben bis elf Tagen ist der weitaus größte Teil der Citronensäurebildung abgeschlossen. Restzuckergehalt und Acidität müssen wäh-

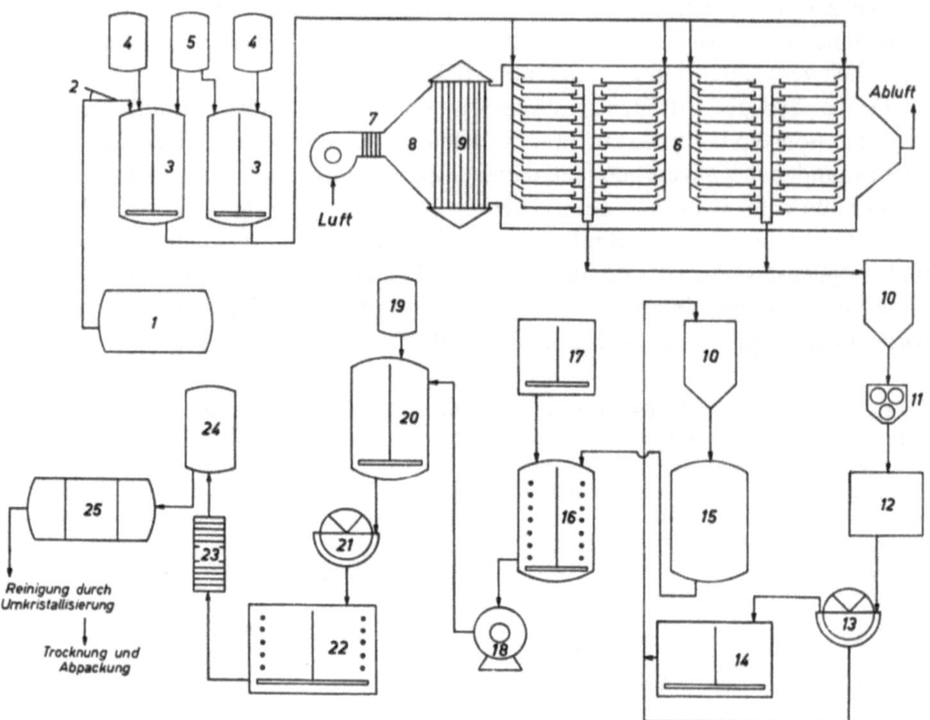

Abb. 99. Citronensäureherstellung aus Melasse im Oberflächenverfahren. Zeichenerklärung:
1 Lagertank für geklärte Melasse; *2* Melassewaage; *3* Nährlösungskocher; *4, 5* Nährsalzzusätze;
6 Gärkammer; *7* Luftfilter; *8* Luftbefeuchter; *9* Luftvorwärmer; *10* Vakuumvorlage; *11* Mycel-
zerkleinerung; *12* Sammelbehälter; *13, 21* Filtration; *14* Mycelwaschbehälter; *15* Rohlaugen-
tank; *16* Fällungstank; *17* Kalkmilchbehälter; *18* Separator; *19* Schwefelsäure; *20* Gipsab-
scheidung; *22* Rohsäure; *23* Filtration; *24* Verdampfer; *25* Kristallisation

rend der Zucht fortwährend kontrolliert werden, um den jeweiligen Stand der Umsetzung festzustellen. In der Praxis wird die Ausbeute in kg Citronensäuremonohy-
drat/kg Saccharose berechnet. Sie liegt zwischen 70% und 95%, entsprechend
57% – 77% der theoretischen Ausbeute, die aber eine CO_2-Fixierung nicht berücksichtigt. Am Ende der Fermentation enthält die Kulturflüssigkeit etwa 15% – 20%
Citronensäure. Sie wird aus den Schalen abgezogen und in Bottiche geleitet, in denen die Säure als Ca-Citrat gefällt wird. Die Pilzdecke wird gewaschen und gepreßt;
das Preßwasser wird ebenfalls in Bottichen gefällt (Abb. 99).

Die Ausbeute sollte in einer Oberflächenanlage pro m² Pilzdecke/Tag über 1 kg
Citronensäuremonohydrat liegen (vgl. Schulz und Rauch, 1975).

β) **Submersverfahren mit zuckerhaltigen Substraten.** Seit etwa zwei Jahrzehnten ist
es gelungen, großtechnische Submersverfahren zu entwickeln, die gegenwärtig neben den noch immer angewandten Oberflächenverfahren in die Praxis eingeführt
werden. Dabei mußten die folgenden Probleme überwunden werden:

– es mußten Stämme von *Aspergillus niger* gezüchtet werden, die sich in submerser
  Kultur gut entwickeln und gute Ausbeuten an Citronensäure liefern;

– die Empfindlichkeit von *A. niger* gegen O_2-Mangel mußte durch fortwährende Belüftung berücksichtigt werden;
– die Bewegung der Kulturflüssigkeit mußte so gestaltet werden, daß die für die Citronensäurebildung wichtigen Pellets (Mycelkugeln) nicht durch Scherkräfte zerstört werden (US-Pat. 3.940.315, 1976).

Erst nach Lösung dieser Probleme gelang die technisch interessante submerse Citronensäurebildung besonders mit *A. niger*. Dabei wurden etwa die gleichen Substrate wie bei den Oberflächenverfahren verwendet. Während Rohrzuckermelasse bei der Citronensäureherstellung in Oberflächenverfahren kaum zu verwenden ist, scheint sie für die submersen Verfahren auch geeignet zu sein. Ebenfalls sind Stärkehydrolysate geeignet.

Das Substrat wird nach Zugabe von Ferrocyanid (US-Pat. 3.941.656, 1976) sterilisiert und mit Mycelien, die in Vorfermentern aus Conidien von *A. niger* angezüchtet werden, beimpft. Die Fermentationstanks haben ein Volumen von $100\,m^3 - 200\,m^3$. Die Zuckerkonzentration liegt bei etwa $15\% - 20\%$. Die Ausbeuten liegen zwischen $50\% - 60\%$, in einigen Fällen anscheinend sogar bei 70% der theoretischen Ausbeute.

Bei $30\,°C - 34\,°C$, einer Mindest-O_2-Sättigung von 25% im Substrat (0,2 vvm – 0,6 vvm) wird zunächst beim pH-Wert von ca. 4,0 eine gute Mycelbildung erzielt und anschließend durch pH-Absenkung die Citronensäurebildung eingeleitet.

Entstehender Schaum wird durch Kombination von mechanischer mit chemischer Schaumbekämpfung zerstört. Die Verfahren dauern in der Regel drei bis acht Tage bei Verwendung von Melasse. Bei Verwendung anderer Substrate sind Fermentationszeiten bis zu 15 Tagen beschrieben worden. Detaillierte Beschreibungen, besonders der Patentliteratur vgl. Noyes (1969).

Es ist auch möglich, in einem Zwei-Stufen-Verfahren submers zu fermentieren (pH-Wert 2,2, Saccharose 10%, $26\,°C$, Ausbeute nach 132 Std. 90 g/l) (Chmiel, 1975).

Ein mathematisches Modell für die Citronensäurebildung ist von Khan und Ghose (1973) für vier aufeinanderfolgende Prozeßphasen aufgestellt worden und stimmt mit experimentell gewonnenen Daten relativ gut überein. Für eine Citronensäurebildung aus Glucose mit *Candida lipolytica* existiert ein Modell auf stoffwechselphysiologischer Basis von Aiba und Matsuoka (1979).

Mit *Aspergillus foetidus* ist eine N-limitierte kontinuierliche Kultur in einem Reaktor mit Verdünnungsraten zwischen $0,04 \cdot Std \cdot r^{-1} - 0,21 \cdot Std \cdot r^{-1}$ durchgeführt worden. Es wurden bis zu 40 g/l Citrat gebildet (Kristiansen und Sinclair, 1979).

b) Citronensäurebildung aus Alkanen

Seit Ende der sechziger und Beginn der siebziger Jahre hat man viele Anstrengungen gemacht, Citronensäure – vor allem mit Hilfe einzelliger Mikroorganismen – aus Alkanen technisch zu gewinnen (Literatur vgl. Schulz und Rauch, 1975; Furukawa et al., 1977; Miall, 1978).

Es wird mit Mutanten gearbeitet, die eine geringe Aconitase-Aktivität sowie eine geringe Aktivität der Glutamat-Dehydrogenase besitzen. In vielen Fällen wird der Glyoxylatweg zur Bildung von ausreichend Oxalacetat von diesen Mikroorganismenarten bevorzugt (vgl. Kap. 3).

Gegenwärtig sind noch keine großtechnischen Anlagen in Betrieb, obwohl in Süditalien eine Fermentationsanlage mit einer Kapazität von 50 000 t/Jahr gebaut wurde.

Die Verwendung von Einzellern als Organismen bietet zweifellos große verfahrenstechnische Vorteile. Zur Herstellung werden meistens Alkanfraktionen von $C_{10} - C_{20}$ verwendet, die Konzentration der Alkane liegt zwischen 3% und 10%. Die Substratumwandlungen liegen bei guten Stämmen zwischen 130% und 140%.

Verfahrenstechnische Schwierigkeiten ergeben sich aus der Notwendigkeit der Beherrschung des Vier-Phasen-Systems. Die Verfahren müssen bei pH-Werten zwischen 5,5 und 6,5 geführt werden. Gebildete Citronensäure wird mit Alkalien oder Erdalkalien neutralisiert. Besonders Hefen bilden normalerweise neben Citrat auch größere Mengen an Isocitrat. Dies muß entweder abgetrennt werden oder es müssen Mutanten eingesetzt werden, die kein Isocitrat mehr produzieren.

Beim Zusatz von 0,01% Fluoracetat wird von einem *Candida lipolytica*-Stamm 145% Citrat ohne nennenswerte Mengen an Isocitrat gebildet (Akiyama et al., 1973). Wird 2,4-Dinitrophenol einer Mutanten von *C. oleophila*, bei der die Aconithydratase blockiert ist, 24 Std. nach Beginn der Fermentation zugesetzt, so verschiebt sich die Bildung weitgehend zum Citrat (US-Pat. 3.843.465, 1974).

Die Citronensäureproduktion wird weiterhin durch geringe Zusätze von Methanol, Äthanol, Lauryl-, Stearyl- und Oleyl-Alkohol verstärkt (GB-Pat. 1.332.180, 1973).

Nach einem Patent der Pfizer (GB-Pat. 1.369.295, 1974) wird mit *C. lipolytica ATCC 20228* beim pH-Wert von 3,5 mit einer Mischung längerkettiger n-Paraffine kontinuierlich in einem Fermenter gearbeitet. Nährsalze werden während der Fermentation in wäßriger Lösung ergänzt, die fermentierte Lösung wird kontinuierlich abgezogen. Mitsui Sugar Co. (GB-Pat. 1.354.192, 1974) arbeitet mit *C. oleophila* in drei Fermentern, einem Durchlauf von 20 Tagen und einer Ausbeute von 148%. Gledhill et al. (1973) fanden, daß bei *C. lipolytica ATCC 8661* bei 28 °C, pH-Wert 5,0 nach 100 Std. die Bildung von Citrat merklich abnahm.

Eine *C. citrina*-Mutante bildet sogar 150% Citronensäure und Isocitronensäure im Verhältnis 92,6 : 7,4 in 0,6%-n-Paraffinlösung, Anfangs-pH-Wert 7,0, 30 °C, 0,5 vvm Belüftung und 600 rpm, bei 6%iger Paraffinlösung verminderte sich die Ausbeute auf 128% (Furukawa et al., 1977).

Intensität der Belüftung sowie Art der Rührsysteme spielen eine wichtige Rolle bei der Citronensäurebildung aus Alkanen (Puklowski et al., 1976).

Die Aufarbeitung im schwach sauren Gebiet macht wegen der kristallinen Struktur der Citronensäure und der Hefezellen vom alkanhaltigen Substrat gewisse Schwierigkeiten.

Bakterien werden vielfach nicht auf reinen Alkanen, sondern auf Gemischen von Alkanen und Kohlenhydraten zur Citronensäurebildung gezüchtet (DOS 2.225.567, 1972).

Viele Öle, z. B. Palmöl, Kakaobutter, Kokosöl sind als C-Quellen zur Citronensäureherstellung mit Hefen, die auch Alkane oxidieren können, vorgeschlagen worden (GB-Pat. 1.456.784, 1976).

6. Aufarbeitung der Fermentationslösungen

Die Fermentationslösung wird vom Mycel abgetrennt, bei Submersverfahren z. B. durch Trommelfilter. Die Mycelien werden gewaschen, das Waschwasser wird mit den Fermentationslösungen vereinigt. Anschließend wird die Citronensäure mit Kalkmilch bei mindestens 90 °C – durch die steigende Temperatur nimmt die Löslichkeit von Ca-Citrat ab – im sauren Gebiet gefällt. Eine Fällung mit Aluminiumhydroxyd soll noch bessere Ergebnisse bringen (Heding und Gupta, 1975). Mit einem sehr geringen Überschuß an Schwefelsäure wird die Citronensäure freigesetzt und das entstandene $CaSO_4$ über Drehfilter abgetrennt. Weiterhin wird mit einer Kationaustauschstufe, evtl. mit Hilfe von Aktivkohle und anschließender Eindampfung und Kristallisation der Citronensäure gereinigt und aufgearbeitet. Einzelheiten, auch über Abfallprobleme, vgl. Schulz und Rauch (1975).

7. Anwendung

Ein großer Teil der produzierten Citronensäure wird in der Nahrungsmittelindustrie z. B. zur Herstellung von Limonaden, Fruchtsaftgetränken, Obstweinen, Wermut, Fruchtbonbons, Eiscreme, Marmeladen, als Backhilfsmittel zur Teigsäuerung und -lockerung, zur Geschmacksverbesserung der Margarine, als Zusatz zu Würzen, Saucen, als Essigersatz, zur Stabilisierung von Farbe und Aroma und Vitaminen in Lebensmitteln u. a. verwendet.

In der Futtermittelindustrie wird Citronensäure u. a. zur Vermeidung von Diarrhoen bei Tieren, zur Dicksäuerung von Milch für Kälber und Ferkel, zur Verbesserung der Resorption von Ca und Fe, zur Verhinderung von Fehlgärungen bei der Silageherstellung u. v. a. verwendet.

In der pharmazeutischen Industrie wird Citronensäure vor allem als Geschmackskorrigens für Sirupe, Tabletten usw., als Puffer für Salben u. ä. und zur Kombination mit anderen Arzneimitteln, z. B. Citrophen, Migränin angewandt.

In der Technik verwendet man Citronensäure zur Lösung von Kesselsteinen, zur industriellen Wasseraufbereitung und als Zusatz für Farben und Lacke. Ester der Citronensäure dienen als Weichmacher für Kunststoffe (z. B. PVC) und ähnliche Zwecke. Weiterhin wird aus Citronensäure z. B. die Citrazinsäure (2,6-Dioxypyridin-4-carbonsäure) hergestellt, die einen wichtigen Ausgangsstoff für die Herstellung des Isonicotinsäurehydrazids (INH) bildet, das als Antituberkulostaticum eine große Bedeutung erlangt hat.

Auch eine Entfernung von SO_2 aus Rauchgasen (Rosenbaum et al., 1971) mit Citronensäure soll möglich sein. Die Verwendung von Citronensäure als Polyphosphatersatz in Wasch- und Reinigungsmitteln (DOS 1.964.023/4, 1969) ist grundsätzlich möglich, aber in der praktischen Anwendung noch nicht ausgereift.

8. Isocitronensäure und Alloisocitronensäure

Penicillium purpurogenum var. *rubrisclerotium* bildet aus einer glucosehaltigen Nährlösung nach siebentägigem Wachstum Isocitronensäure. Von den meisten

Candida-Arten, die zur Citronensäurebildung verwendet werden, wird – sofern es sich nicht um Mutanten handelt – Isocitronensäure in großer Menge gebildet, die nach einem Verfahren der Takeda (Jap. Pat., DOS 2.145.084, 1970; DOS 2.115.514, 1970) abgetrennt werden kann. Stämme der gleichen Art sowie auch andere *Penicillium*-Arten bilden Alloisocitronensäure.

Man glaubt, daß Alloisocitronensäure durch Carboxylierung einer C_3-Verbindung zu einer C_4-Dicarboxylsäure und anschließender Kondensation der C_4-Dicarboxylsäure mit einer C_2-Verbindung gebildet wird (Beppu et al., 1961). Beide Säuren werden nicht technisch hergestellt.

Literatur

Abe, M., Tabuchi, T., Tanaka, M.: J. Agric. Chem. Soc. Jpn. *44*, 493 (1970)
Ahmed, S. A., Smith, J. E., Anderson, J. G.: Trans. Br. Mycol. Soc. *59*, 51 (1972)
Aiba, S., Matsuoka, M.: Biotechnol. Bioeng. *21*, 1373 – 1386 (1979)
Akiyama, S., Suzuki, T., Sumino, Y., Nakao, Y., Fukuda, H.: Agric. Biol. Chem. *37*, 879 (1973)
Beppu, T., Arima, K., Sakaguchi, K.: Arch. Biochem. Biophys. *92*, 17 (1961)
Berry, D. R., Chmiel, A., Al Obaidi, Z.: In: Genetics and physiology of *Aspergillus*. Smith, J. E., Pateman, J. A. (eds.). London, New York: Academic Press 1977
Chmiel, A.: Acta Microbiol. Pol. Ser. B *7*, 237 – 242 (1975)
Choudhary, A. Q., Pirt, S. J.: J. Gen. Microbiol. *43*, 71 (1966)
Clark, D. S., Ito, K., Tymchuk, P.: Biotechnol. Bioeng. *7*, 269 (1965)
Cleland, W. W., Johnson, M. J.: J. Biol. Chem. *208*, 679 (1954)
Currie, J. N.: J. Biol. Chem. *31*, 15 (1917)
Furukawa, T., Matsuyoshi, T., Minoda, Y., Yamada, K.: J. Ferment. Technol. *55*, 356 – 363 (1977)
Gledhill, W. E., Hill, I. D., Hodson, P. H.: Biotechnol. Bioeng. *15*, 963 (1973)
Hang, Y. D., Splittstoesser, D. F., Woodams, E. E., Sherman, R. M.: J. Food Sci. *42*, 383 – 384 (1977)
Heding, L. G., Gupta, J. K.: Biotechnol. Bioeng. *17*, 1363 – 1364 (1975)
Khan, A. H., Ghose, T. K.: J. Ferment. Technol. *51*, 734 – 741 (1973)
Kimura, K., Tanaka, K.: Abstr. Annu. Meet. Agric. Chem. Soc. Jpn. 334 (1970)
Kristiansen, B., Sinclair, C. G.: Biotechnol. Bioeng. *21*, 297 – 315 (1979)
Kubicek, C. P., Röhr, M.: Eur. J. Appl. Microbiol. *5*, 263 (1978)
La Nauze, J. M.: J. Gen. Microbiol. *44*, 73 (1966)
Leopold, H., Valtr, Z., Šikorý, S.: Nahrung *10*, 345 (1966)
Lockwood, L. B.: In: The filamentous fungi. Smith, J. E., Berry, D. R. (eds.), Vol. I, pp. 140 – 157. London: Edward Arnold 1975
Marchal, R., Vandecasteele, J.-P., Metche, M.: Arch. Microbiol. *113*, 99 – 104 (1977)
Matsumura, H.: Dempun Kogyo Gakkaishi *10*, 98 (1963)
Miall, L. M.: In: Economic microbiology. Rose, A. H. (ed.), Vol. 2, pp. 47 – 119. London, New York: Academic Press 1978
Moyer, A. J.: Appl. Microbiol. *1*, 7 (1953)
Noyes, R.: Citric acid production process. New Jersey, London: Noyes Development Corp. 1969
Omar, S., Rehm, H. J.: Eur. J. Appl. Microbiol., Biotechnol. *8*, (1980) (im Druck)
Perlman, D., Sih, C. J.: Prog. Ind. Microbiol. *2*, 167 (1960)
Puklowski, W.-D., Reiff, I., Rehm, H. J.: Chem. Ing. Tech. *48*, 549 (1976)
Ramakrishnan, C. V., Steel, R., Lentz, C. P.: Arch. Biochem. Biophys. *55*, 270 (1955)
Rehm, H. J.: Industrielle Mikrobiologie. Berlin, Heidelberg, New York: Springer 1967
Rosenbaum, J. B. et al.: AIME Environ. Qual. Conf. Washington D. C. (1971)
Rudy, H., Rauch, J.: Ullmanns Enzyklopädie der technischen Chemie, Bd. 5. S. 599. München: Urban & Schwarzenberg 1954
Schade, W.: Zentralbl. Bakteriol. Parasitenkd. Abt. II *119*, 37 (1965)

Schulz, G., Rauch, J.: Ullmanns Encyklopädie der technischen Chemie, Bd. 9. S. 624 – 636 München: Urban & Schwarzenberg 1975

Shu, P., Funk, A., Neish, A. C.: Can. J. Biochem. Physiol. *32*, 68 (1954)

Smith, J. E., Nowakowska-Waszczuk, A., Anderson, J. G.: In: Industrial aspects of biochemistry, Part I. Spencer, B. (ed.), Vol. 30, pp. 297 – 317. Amsterdam, London, New York: North Holland/American Elsevier 1974

Souw, P., Luftmann, H., Rehm, H. J.: Eur. J. Appl. Microbiol. *3*, 289 – 301 (1977)

Tabuchi, T., Serizawa, N.: Agric. Biol. Chem. *39*, 1055 – 1061 (1975)

Tabuchi, T., Tanaka, M., Abe, M.: J. Agric. Chem. Soc. Jpn. *42*, 440 (1968)

Tabuchi, T., Tanaka, M., Abe, M.: J. Agric. Chem. Soc. Jpn. *43*, 154 (1969)

Tabuchi, T., Tanaka, Y., Abe, M.: J. Agric. Chem. Soc. Jpn. *44*, 562 (1970)

Takahashi, J., Hidaka, H., Yamada, K.: Agric. Biol. Chem. *29*, 331 (1965)

Tanaka, Y., Tabuchi, T., Abe, M.: J. Agric. Chem. Soc. Jpn. *44*, 499 (1970)

Usami, S., Fukutomi, N.: Hakkokogaku Kaishi *55*, 44 – 50 (1977)

Usami, S., Taketomi, N.: Hakko Kyokaishi *19*, 435 (1961)

Watson, K., Smith, J. E.: Biochem. J. *104*, 332 (1967)

Wold, W. S. M., Suzuki, I.: Biochem. Biophys. Res. Commun. *50*, 237 (1973)

Kapitel 18 Weitere organische Säuren

1. Propionsäure

Zur technischen Propionsäuregärung sind vor allem *Propionibacterium shermanii* und *P. freudenreichii* geeignet. Propionsäurebakterien bilden in bestimmten Käsesorten viel Propionsäure und geben diesen Käsearten einen besonderen Geschmack. Über Wachstum und Stoffwechsel vgl. Hettinga und Reinbold (1972 a, b, c). Es sind einige Verfahren zur Herstellung von Propionsäure ausgearbeitet worden (Literatur vgl. Rehm, 1967), die aber keine praktische Bedeutung haben. Propionibakterien werden zur Herstellung von Vitamin B_{12} verwendet (Kap. 29).

2. Brenztraubensäure

Ein einfaches Verfahren zur Bildung von Brenztraubensäure läßt sich mit *Acetobacter suboxydans* durchführen (Jap. Pat. 6.760, 1963). Das Bakterium wird zunächst in einer Nährlösung mit Glucose, Pepton und Eiweiß 24 Std. submers bei 28 °C angezüchtet. Dann wird Ca-DL-Lactat zugesetzt, aus dem die Brenztraubensäure gebildet wird.

Die folgenden Bakterien bilden ebenfalls Brenztraubensäure aus Milchsäure (die Ausbeute ist in % angegeben):

Acetobacter xylinum	27%
Xanthomonas pruni	35,9%
Xanthomonas malvacearum	29,7%
Pseudomonas aeruginosa	51,3%
Pseudomonas cruciviae	34,6%

Schließlich ist es möglich, mit Hilfe geeigneter Stämme von *Acetobacter suboxydans*, *A. xylinum* und mit *Xanthomonas*-Arten Brenztraubensäure direkt aus Glucose zu erhalten. Aus 5 g Glucose wurden 6,1 g Natriumpyruvat fermentiert (Jap. Pat. 13.793, 1965).

3. Oxalsäure

Obwohl Oxalsäure mit Mikroorganismen hergestellt werden kann, wird sie fast ausschließlich auf chemischem Wege produziert, denn die chemisch-synthetische Herstellung ist wesentlich wirtschaftlicher als die mikrobiologische. Viele Pilze können Oxalsäure bilden; für eine evtl. technische Herstellung scheint aber nur *Aspergillus niger* geeignet zu sein.

4. Fumarsäure

Fumarsäure wird von vielen Pilzen, vor allem Mucorales, aber auch von *Aspergillus fumaricus* ins Substrat abgeschieden. Besonders mit *Rhizopus arrhizus, R. oryzae* und *R. nigricans* wurden mikrobiologische Herstellungsverfahren ausgearbeitet. Mit *Candida hydrocarbofumarica* (Yamada et al., 1970) und *C. rugosa* (Anonym, 1975) läßt sich Fumarsäure aus Alkanen mit der Kettenlänge von C_{13}–C_{18} gewinnen. Wegen der relativ einfachen chemischen Synthesemöglichkeit, z. B. durch Erhitzen von Äpfelsäure oder katalytische Oxidation von Benzol haben mikrobiologische Verfahren gegenwärtig keine Aussicht auf praktische Auswertung (Literatur vgl. Rehm, 1967; Miall, 1978).

5. Äpfelsäure

Zur mikrobiellen Herstellung von Äpfelsäure sind verschiedene *Aspergillus-* und *Penicillium*-Arten geeignet (Literatur vgl. Rehm, 1967). Neuerdings hat sich *Schizophyllum commune* als ein guter Äpfelsäurebildner gezeigt, der auch aus Äthanol L-Malat produziert (Tachibana und Murakami, 1973). *Paecilomyces varioti* verwertet u. a. Acetat, Propionat, Äthanol, Glycerin und Glucose zur Äpfelsäurebildung (Takao et al., 1977). *Candida brumptii,* die auch Succinat aus längerkettigen n-Alkanen bildet, kann unter optimierten Bedingungen bis zu 25,4 g/l Äpfelsäure aus 4%iger (V/V) Alkanlösung bilden (Sato et al., 1977).

Viele Versuche wurden gemacht, um Fumarsäure, die durch eine Fermentation mit *Rhizopus*-Arten erhalten worden war, durch eine zweite Fermentationsstufe z. B. mit *Proteus vulgaris* in L-Äpfelsäure umzuwandeln (Takao und Hotta, 1976). Die Ausbeuten der Umwandlung von 4%igen – 8%igen Fumaratlösungen liegen bei ~95%. In einem Säulenreaktor ist es möglich, mit immobilisierten Zellen von *Brevibacterium ammoniagenes* eine kontinuierliche Äpfelsäurebildung zu erreichen. Bei 37 °C war die Hälfte der Fumarase-Aktivität der Zellen nach 52,5 Tagen erreicht (Yamamoto et al., 1976).

Gegenwärtig besteht keine praktische Bedeutung dieser Fermentationen.

6. α-Ketoglutarsäure

α-Ketoglutarsäure wird von *Achromobacter orientalis* (Jap. Pat. 12.644, 1960) direkt aus Glucose in einer anorganischen Nährlösung in einer Stufe gebildet. Schon früher hatten Lockwood und Stodola (1946) mit *Pseudomonas fluorescens* aus 100 g Glucose Ausbeuten von 16 g – 17 g α-Ketoglutarsäure, allerdings mit organischen N-Quellen im Substrat, erhalten. In einer ähnlichen Nährlösung wird es in zwei Stufen von *Escherichia freundii* (erste Stufe 16 Std. Bebrütung bei 30 °C, pH-Wert 6,6) und *Pseudomonas ovalis* (Nachimpfung als zweite Stufe, Bebrütung 86 Std. – 96 Std. bei 30 °C) hergestellt (Jap. Pat. 12.642, 1960). Anscheinend wird in der ersten Stufe Glutaminsäure und daraus in der zweiten Stufe α-Ketoglutarsäure gebildet.

Mit Hilfe der Glutaminsäureoxidase werden von *Aerobacter aerogenes* beim pH-Wert von 7,5 bei 30 °C aus D-Glutaminsäure in 40 Std. bis zu 46% α-Ketoglutarsäure gebildet (US-Pat. 3.022.223, 1962).

Für die praktische Herstellung ist eine Fermentation von α-Ketoglutarsäure aus n-Alkanen bedeutungsvoll. Geeignete Mikroorganismen sind u. a. *Corynebacterium hydrocarboclastus, Arthrobacter paraffineus* (US-Pat. 3.723.248, 1973), diploide Kolonien von *Candida lipolytica* (Fr. Pat. 7.241.913, 1976) sowie *C. hydrocarbofumarica,* bei der die Ausbeute bei 84%, berechnet auf n-Alkane als C-Quelle, liegen soll (Yamada, 1977).

7. Itaconsäure

Itaconsäure kann sowohl chemisch als auch mikrobiologisch hergestellt werden. Zur mikrobiologisch-industriellen Herstellung werden Stämme von *Aspergillus terreus* und *A. itaconicus* verwendet. Eine Zusammenfassung über die technische Herstellung vgl. Jakubowska (1977), Miall (1978).

Itaconsäure oder Methylenbernsteinsäure ist eine ungesättigte Dicarbonsäure. Sie ist eine Isomere der Citraconsäure und der Mesaconsäure. Chemisch wird Itaconsäure aus Citronensäure durch rasche Destillation mit Wasser- und CO_2-Abspaltung erhalten. Zwischenprodukt ist die Aconitsäure.

$$
\begin{array}{ccccc}
\text{CH (OH)-COOH} & & \text{CH-COOH} & \overset{[cis\text{-}Aconitdecarboxylase]}{\Big\downarrow} & \text{CH}_2\text{-COOH} \\
| & & \| & & | \\
\text{CH-COOH} & \xrightarrow[\;H_2O\;]{} & \text{C-COOH} & \xrightarrow[\;CO_2\;]{} & \text{C-COOH} \\
| & & | & & \| \\
\text{CH}_2\text{-COOH} & & \text{CH}_2\text{-COOH} & & \text{CH}_2 \\[4pt]
\text{D-Jsocitronensäure} & & cis\text{-Aconitsäure} & & \text{Jtaconsäure}
\end{array}
$$

Die biochemische Entstehungsweise ist noch nicht vollständig aufgeklärt. Wegen der Ähnlichkeit der Itaconsäure mit der cis-Aconitsäure glaubte Kinoshita (1929) an eine Decarboxylierung der Aconitsäure zur Itaconsäure. Eine cis-Aconitdecarboxylase wurde aus *A. terreus* isoliert und weitgehend gereinigt (Bentley und Thiessen, 1955, 1957).

Mit markierter 1^{14}C-Glucose ließ sich dieser Weg wahrscheinlich machen (Jakubowska, 1977). Es könnte aber auch folgender Bildungsweg ablaufen:

cis-Aconitat → Citraconat (Methylmaleat) → Citramalat
(α-Methylmalat) → Itaconat

Itaconsäurebildende Mutanten waren nicht in der Lage, Zwischenprodukte des TCC zu oxidieren. Nitrat- und Ammonium-Ionen haben großen Einfluß auf die Itaconsäurebildung (Nowakowska-Waszczuk et al., 1975) (Abb. 100).

Der Prozeß wird heute nur noch submers durchgeführt. Dabei wird im wesentlichen nach einem Verfahren von Nubel und Ratajak (US-Pat. 3.044.941, 1962) vorgegangen.

Zunächst werden die Pilzsporen in einem Rübenmelasse-Sojabohnenöl-Medium zur Keimung gebracht. Der pH-Wert sinkt dabei von 7,6 auf 5,4. Dann wird in

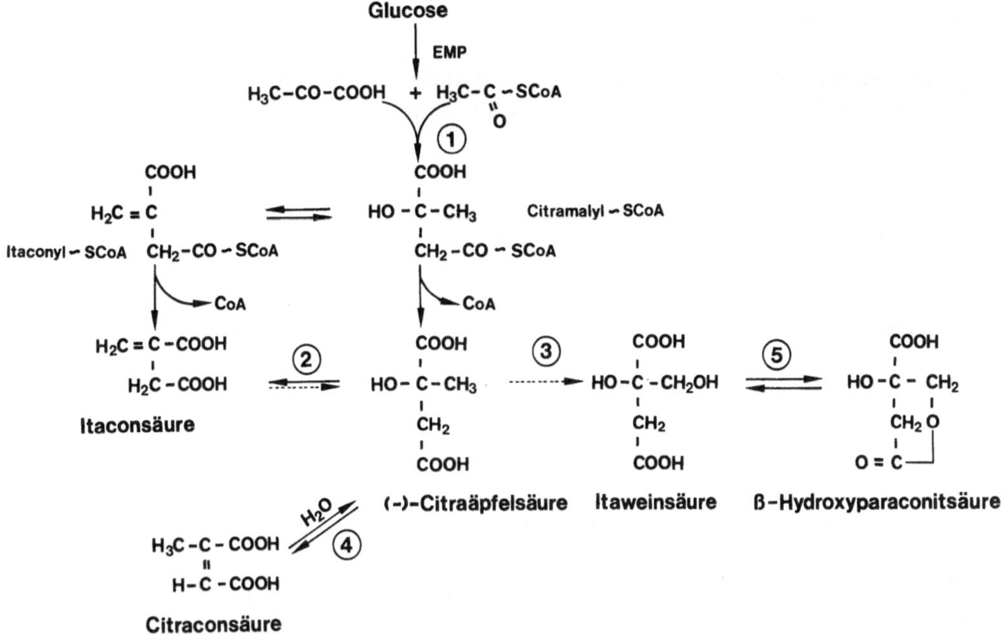

Abb. 100. Bildung von Itaconsäure und Itaweinsäure

Zuckerrohrmelasse 15% – 20% übertragen und bei 39 °C – 42 °C ein intensives Pilzwachstum gefördert. Der pH-Wert sinkt von 5,1 auf 3,1 ab und wird mit Ammonium-Ionen auf 3,8 eingestellt. Nach drei Tagen ist die Fermentation abgeschlossen. Es werden etwa 78,5% der theoretischen Ausbeute erhalten. Bei einem anderen Verfahren wird ein pH-Wert von 1,9 – 2,0 während der Fermentation z. B. mit H_2SO_4 eingestellt (SU-Pat. 282.250, 1970).

Bei einer zweistufigen submersen Fermentation fördert man in der ersten Stufe das Pilzwachstum und überträgt die Mycelien in einen neuen Fermenter, in dem die Itaconsäure gebildet wird (Nied. Pat. 6.500.268, 1965).

Ein kontinuierliches Herstellungsverfahren für Itaconsäure wird im Drei-Stufen-Prozeß durchgeführt und bringt Ausbeuten von etwa 60% (Jap. Pat. 10.694, 1961). Weiterhin gibt es die Möglichkeit, Itaconsäure im einstufigen Verfahren kontinuierlich herzustellen (Kobayashi und Nakamura, 1964).

Aus der Kulturflüssigkeit wird die Itaconsäure gefällt, mit Kohle gereinigt und kristallisiert.

Itaconsäure wird als Antioxidans und als Zusatz bei trocknenden Ölen angewandt. Sie hat eine Bedeutung bei der Herstellung oberflächenaktiver Mittel von manchen organischen Verbindungen; ihre Ester dienen als Weichmacher für viele Kunststoffe.

In der chemischen Industrie werden die polymerisierten Methyl-, Äthyl- oder Vinylester der Itaconsäure als Kunststoffe, Klebstoffe, Beschichtungssubstanzen etc. hergestellt. Itaconat-polyacrylnitril-polymere werden in der Textilindustrie angewandt. In der Detergentien-Industrie konkurriert Itaconsäure mit Fumar- und Äpfelsäure (vgl. Billington, 1969).

8. Aconitsäure

Bestimmte Stämme von *Aspergillus niger* und auch *A. itaconicus* bilden Aconitsäure aus Citronensäure mit Hilfe der Aconitase (Aconithydratase) (Literatur vgl. Rehm, 1967).

Cis-Aconitsäure ließe sich in technischem Maßstab ähnlich wie Citronensäure herstellen, aber erst eine größere wirtschaftliche Bedeutung dieser Säure würde eine solche Produktion rechtfertigen.

9. Weinsäure

Weinsäure kann mikrobiell auf zwei Wegen hergestellt werden.

1. Durch **direkte Fermentation aus Glucose** (Yamada et al., 1969). Die Fermentation erfolgt durch *Gluconobacter suboxydans* und führt über 2-Ketogluconsäure, die bei Mutanten des Bakteriums nur noch in sehr geringen Mengen ausgeschieden wird. Die Ausbeuten an Weinsäure betragen dabei 14,6 g/l in einem Substrat mit 5% Glucose und 0,3% Cornsteep-Lösung (Kodama et al., 1972). 0,1 mg/l Pantothensäure sollen die Ausbeuten erhöhen (US-Pat. 3.585.109, 1971).

2. Durch selektive **Hydrolyse von cis-Epoxisuccinat** durch eine D-Tartratepoxidase. Diese Spaltung kann mit *Nocardia tartaricans* nov. sp. (US-Pat. 4.010.072, 1977), *Achromobacter*- und *Alcaligenes*-Arten (US-Pat. 3.957.579, 1976) sowie *Pseudomonas, Agrobacterium* und *Rhizobium* (US-Pat. 4.011.135, 1977) durchgeführt werden.

Trans-Epoxisuccinat wird von *Aspergillus fumigatus* und *Paecilomyces varioti* gebildet (vgl. Lockwood, 1975; Miall, 1978).

10. Gluconsäure und Abkömmlinge

In der ersten Auflage (Rehm, 1967) wurden gluconsäurebildende Mikroorganismen, Biochemie sowie ein Drehtrommelverfahren und Submersverfahren mit *Aspergillus niger* und *Penicillium chrysogenum* beschrieben. Gegenwärtig hat sich ein Verfahren mit *Aspergillus niger* zur gleichzeitigen Herstellung von Gluconsäure, Gluconaten, Gluconolacton und Glucoseoxidase, die aus den Mycelien aufgearbeitet werden, in die Praxis eingeführt (Ward, 1967; US-Pat. 3.669.840, 1972).

Da die Gluconsäurebildung bei *Aspergillus niger* eng mit der Intensität der Katalasebildung verbunden ist, lassen sich gute Stämme mit Hilfe ihrer Katalaseaktivität selektieren.

Für die Gluconsäureproduktion ist Sauerstoff ein limitierender Faktor. Der Fermenter muß mit 3% – 5% angekeimten Conidien beimpft werden. Bei 28 °C – 30 °C, 1,0 vvm – 1,5 vvm Luft, starkem Rühren, Anfangs-pH-Wert von 6,5 und Pufferung mit $CaCO_3$ auf pH 5,5 – 6,0 bzw. mit NaOH auf 6,8 – 7,2 werden die besten Ausbeuten erhalten. Das Fließschema zeigt die Bildung von Na-Gluconat und Glucoseoxidase durch Fermentation (vgl. Abb. 101, Lockwood, 1975).

Mit Glucoamylase aus *Rhizopus delemar*, Glucoseoxidase und Gluconolactonase, beide aus *Aspergillus niger,* kann Maltose zu Gluconsäure umgesetzt werden (Cho und Bailey, 1977).

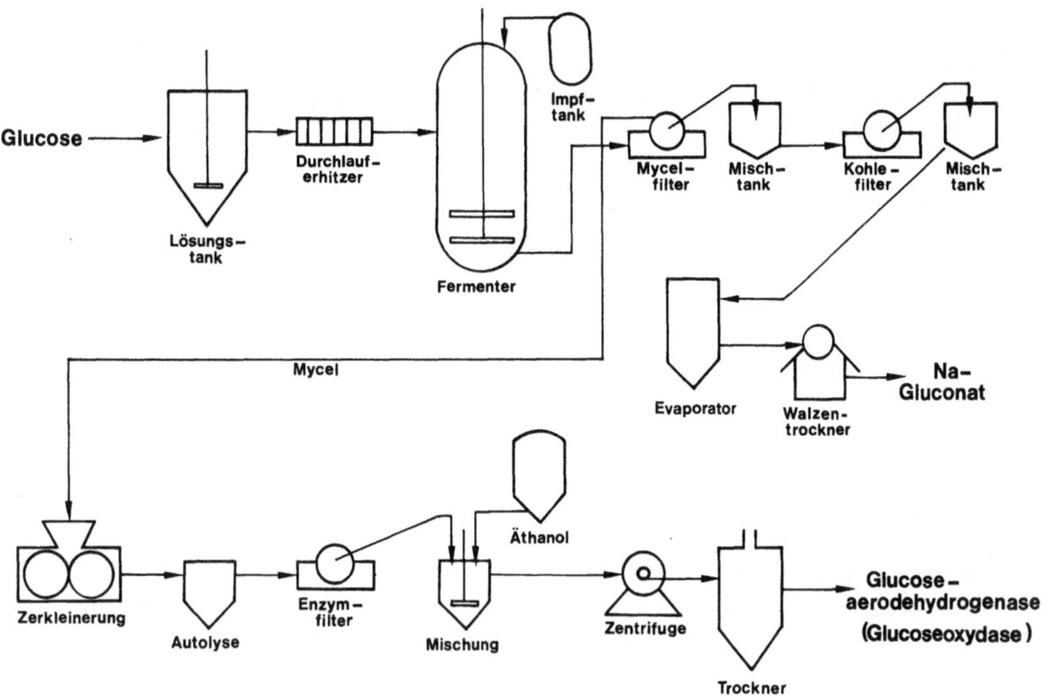

Abb. 101. Fließschema zur Bildung von Gluconsäure und Glucoseoxydase

Mit *Pseudomonas ovalis* kann Glucose zur Gluconsäure umgesetzt werden. Das dabei als Zwischenprodukt entstehende Gluconolacton wird nichtenzymatisch zu Gluconsäure hydrolysiert. Eine intensive Belüftung resultiert in einer vermehrten Gluconsäurebildung (Bull und Kempe, 1970).

Mit *P. ovalis* läßt sich Gluconsäure auch in einem horizontalen Rotationsfermenter herstellen (Ghose und Mukhopadhyay, 1976). In diesem System treten temperaturabhängige Oscillationen auf, die sich mathematisch formulieren lassen (Tanner und Yunker, 1977).

Gluconsäure kommt als eine 50%ige wäßrige Lösung sowie als Na- oder Ca-Gluconat in den Handel. In Lösung liegt sie in gleichen Mengen als γ- und δ-Lacton vor. Das leicht kristallisierende δ-Lacton befindet sich ebenfalls im Handel.

Wegen ihrer geringen Toxizität werden die Salze der Gluconsäure in der Medizin und Pharmazie häufig angewandt. Eisengluconat und Eisenphosphogluconat werden z. B. als Antianämiepräparate gut im Körper resorbiert. Ebenso lassen sich Ca, Cu und verschiedene Spurenelemente als Gluconate gut applizieren.

Eisen, Aluminium (z. B. Milchkannen) und Kupfer lassen sich im alkalischen Gebiet mit dem δ-Lacton der Gluconsäure ausgezeichnet reinigen. Auch zur Herstellung künstlicher Harze kann das δ-Lacton verwendet werden. Ca-Gluconat findet weiterhin Anwendung beim Doublieren von Metallen, beim Gerben von Fellen, bei ätzenden Vorgängen und in der Farbenindustrie.

2-Ketogluconsäure wird mit *Pseudomonas fluorescens* mit einer Ausbeute von ca. 90% direkt aus Glucose fermentiert. *Serratia marcescens* bildet bei 30 °C aus Glucose in 32 Std. – 40 Std. in submerser Fermentation etwa 85% – 90% an 2-Ketogluconsäure (Misenheimer et al., 1965). *Erwinia carotovora* bildet ebenfalls größere Mengen an 2-Ketogluconsäure aus Glucose und α-Ketoglutarsäure (Suzuki und Uchida, 1965). Über die Biochemie der Enzyme vgl. Shinagawa et al. (1976).

Die Herstellung von D-5-Ketogluconsäure mit *Acetobacter suboxydans* wurde in der ersten Auflage (Rehm, 1967) ausführlich beschrieben. Da diese Säure gegenwärtig nicht mikrobiell produziert wird, sei hierauf verwiesen. Die Ausbeute liegt bei ca. 90% der Glucose.

2,5-Diketo-D-gluconsäure wird durch *A. melanogenus* in guter Ausbeute gebildet (Stroshane und Perlman, 1977). Aus 2,5-Diketo-D-gluconsäure bilden Mutanten von *Corynebacterium* 2-Keto-L-gulonsäure (US-Pat. 3.959.076, 1976).

Glucuronsäure wird mit *Lactobacillus brevis* (Stamer und Stoyla, 1968) gebildet, **UDP-Glucuronsäure** läßt sich mit bakterieller (*Bacillus licheniformis*) UDP-Glucose-dehydrogenase (Tazuke et al., 1977) gewinnen.

11. Weitere Aldonsäuren aus Pilzen

Ähnlich wie Glucose zur Gluconsäure können verschiedene Schimmelpilze auch andere Aldehydzucker zu den entsprechenden Säuren oxidieren, z. B. Mannose zur Mannonsäure und Galactose zu Galactonsäure (Knoblock und Mayer, 1941).

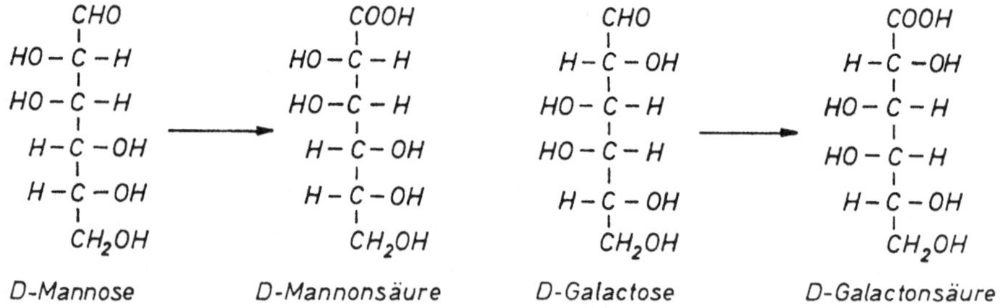

$$
\begin{array}{ccccccc}
CHO & & COOH & & CHO & & COOH \\
HO-C-H & & HO-C-H & & H-C-OH & & H-C-OH \\
HO-C-H & & HO-C-H & & HO-C-H & & HO-C-H \\
H-C-OH & \longrightarrow & H-C-OH & & HO-C-H & \longrightarrow & HO-C-H \\
H-C-OH & & H-C-OH & & H-C-OH & & H-C-OH \\
CH_2OH & & CH_2OH & & CH_2OH & & CH_2OH \\
\text{D-Mannose} & & \text{D-Mannonsäure} & & \text{D-Galactose} & & \text{D-Galactonsäure}
\end{array}
$$

Beide Oxidationen können mit *Aspergillus niger* durchgeführt werden. Die Mannoseoxidation läßt sich aber auch mit *Penicillium purpurogenum var. rubrisclerotium* vornehmen.

Fusarium lini bildet Arabon- und Xylonsäure aus den entsprechenden Aldosen (Hayasida, 1938).

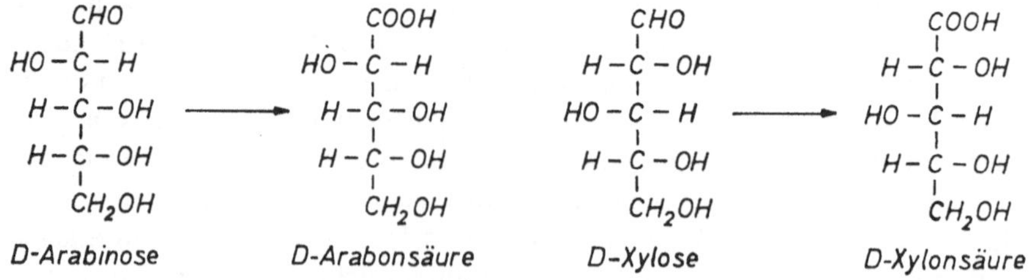

$$
\begin{array}{ccccccc}
CHO & & COOH & & CHO & & COOH \\
HO-C-H & & HO-C-H & & H-C-OH & & H-C-OH \\
H-C-OH & \longrightarrow & H-C-OH & & HO-C-H & \longrightarrow & HO-C-H \\
H-C-OH & & H-C-OH & & H-C-OH & & H-C-OH \\
CH_2OH & & CH_2OH & & CH_2OH & & CH_2OH \\
\text{D-Arabinose} & & \text{D-Arabonsäure} & & \text{D-Xylose} & & \text{D-Xylonsäure}
\end{array}
$$

Enterobacter cloacae bildet auf 20%iger Xyloselösung aerob nach fünf Tagen bei 30 °C 190 mg/ml D-Xylonsäure (Ishizaki et al., 1973). *Erwinia milletiae* bildet D-Galactonsäure, L-Arabonsäure und D-Xylonsäure (Uchida und Suzuki, 1975).

Unter *Pseudomonas*-Arten ist die Bildung von Pentonsäuren aus den entsprechenden Zuckern weit verbreitet (vgl. Tabelle 35, Lockwood und Nelson, 1946).

Die genannten Aldonsäuren werden bisher nicht technisch hergestellt.

Tabelle 35. Bildung von Pentonsäuren durch *Pseudomonas*-Arten

D-Arabonsäure aus *D*-Arabinose	*L*-Arabonsäure aus *L*-Arabinose	*D*-Xylonsäure aus *D*-Xylose	*D*-Ribonsäure aus *D*-Ribose
P. fragi	*P. fluorescens*	*P. fluorescens*	*P. fluorescens*
P. graveolens	*P. fragi*	*P. fragi*	*P. fragi*
P. synxantha	*P. mildenbergii*	*P. graveolens*	*P. graveolens*
P. vendrelli	*P. putida*	*P. mildenbergii*	*P. mildenbergii*
	P. synxantha	*P. ovalis*	*P. ovalis*
	P. vendrelli	*P. putida*	*P. putrefaciens*
			P. synxantha
			P. vendrelli

12. Kojisäure

Kojisäure wird gegenwärtig in geringen Mengen durch Fermentation mit *Aspergillus oryzae* und *A. niger* hergestellt.

Das Schema zeigt die Bildung von Kojisäure aus Glucose. Pentosen werden über den PP-Weg in eine Hexose umgewandelt, bevor Kojisäure gebildet werden kann. Aus Acetat, Pyruvat und Glyerin kann Kojisäure mit *Arthrobacter ureafaciens* hergestellt werden (vgl. Imose et al., 1970).

Kojisäure wird durch Fermentation mit *Aspergillus oryzae* oder *A. flavus* in Glucoselösungen mit Ammoniumsalzen (z. B. Ammoniumnitrat) als N-Quelle und weiteren Nährsalzen, pH-Werten zwischen 2 und 5 (saure pH-Werte stimulieren die Kojisäurebildung), Temperaturen zwischen 28 °C und 30 °C gewonnen. Die Fermentation dauert 9 bis 20 Tage. Je nach Substrat, Fermentationsbedingung oder Stamm liegen die Ausbeuten zwischen 50% und 60% der Glucosemenge. Die Intensität der Bewegung der Kulturflüssigkeit hat einen wesentlichen Einfluß auf die Ausbeute (Camposano et al., 1961; Lin et al., 1976).

Die Kojisäure läßt sich durch Zusatz von $ZnSO_4$ oder anderen Metallverbindungen (Ca, Mn, Fe, Pb, Al, Bi) zum Kulturfiltrat als Metallchelatkomplex (Zn-Kojat) ausfällen (US-Pat. 3.165.535, 1965) und dann weiter aufarbeiten. Aflatoxine müssen abgetrennt werden.

Kojisäure kann als analytisches Reagens, z. B. zur Bestimmung von Eisen angewandt werden. Sie hat eine gewisse insektizide Wirkung. Weiterhin spielt sie eine Rolle bei der Herstellung von Metallchelaten.

13. Gallussäure

Gallussäure kommt in Estern oder glycosidischer Bindung in pflanzlichen Tanninen, z. B. Galläpfeln, Eichenrinde und Kastanienholz vor. *Aspergillus niger* und Pilze vom Typ *Penicillium glaucum* können Gallussäure aus pflanzlichen Tanninen bilden (Formelschema vgl. Rehm, 1967).

Zur mikrobiologischen Herstellung von Gallussäure werden sterilisierte Tanninextrakte mit Sporen bestimmter, besonders tannase-aktiver Stämme von *Aspergillus niger* beimpft. In belüfteter und bewegter Kultur bildet sich bei 30 °C die Gallussäure. Auch mit zellfreien Enzymen von *A. niger* läßt sich Gallussäure herstellen. Die Fermentation muß nach einer gewissen Zeit unterbrochen werden, damit die Gallussäure nicht weiter abgebaut wird (Watanabe, 1965). Enzyme aus einer *Penicillium* sp. setzten aus 0,5%igen – 2,1%igen Gallotanninlösungen in 48 Std. 72% – 95% Gallussäure frei (Nishira und Mugibayashi, 1964).

Gallussäure wird in Druckereien und in der pharmazeutischen Industrie angewandt. Sie ist Grundstoff zur Herstellung von Alizarinbraun; ihre Kondensation mit Schwefelsäure ergibt das Hexa-hydroxy-anthrachinon. Weiterhin wird Gallussäure zur Herstellung von Tinten u. a. Produkten benötigt.

Mikrobiologische Herstellungsverfahren haben keine technische Bedeutung, da gegenwärtig Gallussäure durch chemische Hydrolyse von Tannin produziert wird.

14. Ustilaginsäure

Ustilaginsäure wurde von Haskins (1950) aus der Kulturflüssigkeit von *Ustilago zeae* isoliert. Sie ist eine Mischung aus monoacidischem β-Cellobiolipid der folgenden Formel der Verbindungen I und II im Verhältnis 2 : 1.

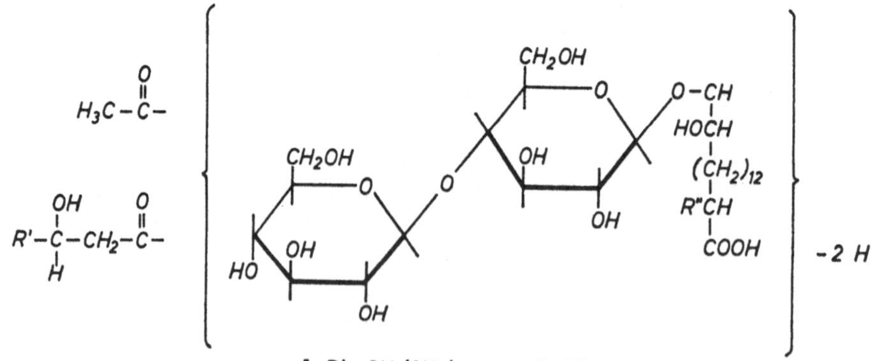

Die mikrobiologische Produktion von Ustilaginsäure wurde in kleintechnischen Anlagen mit mehr als 500 l untersucht (Roxburgh et al., 1954). Der Pilz wird submers unter Belüftung in einem Glucose-Nährmedium (5% – 18% Glucose) bei 30 °C gezüchtet und bildet nach 40 Std. – 50 Std. etwa 22 g Ustilaginsäure/l Nährmedium, wenn eine 10%ige Glucosekonzentration angewandt wird.

Ustilaginsäure kann als Ausgangsstoff für künstliche makromolekulare Duftstoffe, die in der Parfümindustrie angewandt werden, möglicherweise eine Bedeutung gewinnen (Lemieux, 1953).

15. Urocansäure

Urocansäure wird durch *Bacillus subtilis var. thermophilus* (Imanaka, 1962) sowie durch eine L-Arginin-bedürftige Mutante von *Aerobacter aerogenes* gebildet (Jap. Pat. 10.243, 1964). Mit einer Urocanase-Mangelmutanten von *Brevibacterium ammoniagenes* werden 7,3 mg/ml Urocansäure erhalten (Kobayashi et al., 1977).

Mit *Achromobacter liquidum* wird L-Histidin zu Urocansäure bei 40 °C in 48 Std. in einem Substrat, das Glucose, Harnstoff, Hefeextrakt, Pepton und anorganische Salze enthält, zu 92% umgesetzt (Shibatani et al., 1974). Mit immobilisierten Zellen des gleichen Bakteriums ist eine kontinuierliche Produktion von Urocansäure möglich. Die L-Histidin-ammonium-lyase war bei 37 °C mehr als 40 Tage aktiv (Yamamoto et al., 1974). Ebenso sind immobilisierte Zellen von *Pseudomonas fluorescens* zur kontinuierlichen Urocansäurebildung geeignet (Kan und Shuler, 1978).

Urocansäure hat eine antibakterielle und antifungale Wirkung und wird technisch produziert.

16. Sonstige organische Säuren

Salicylsäure wird aus Naphthalin technisch mit *Pseudomonas*-Arten hergestellt (Jap. Pat. 34.754, 1968; Kitai et al., 1968). Eine Dialyse-Fermentation für die Sali-

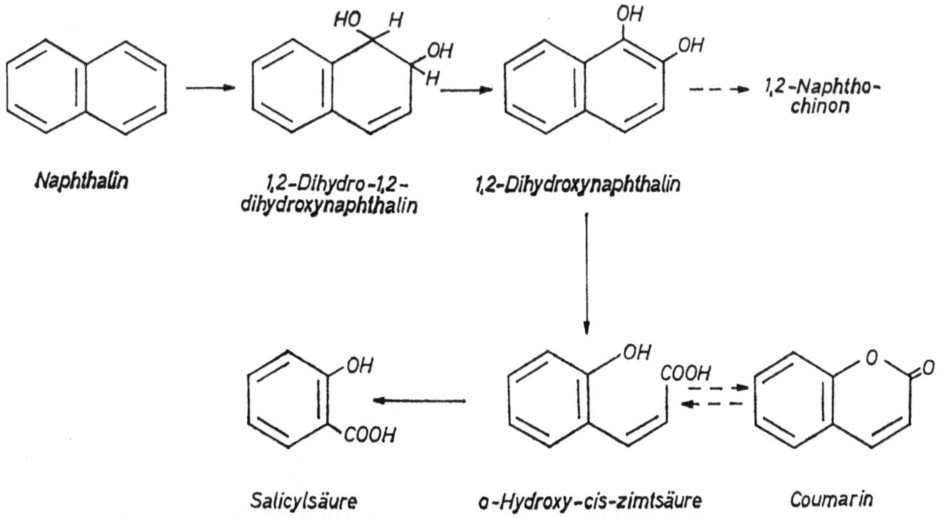

Abb. 102. Bildung von Salicylsäure aus Naphthalin durch *Pseudomonas*-Arten

cylsäuregewinnung wurde vorgeschlagen (Abbott und Gerhardt, 1970). *Pseudomonas ovalis* bildet **3-Äthylsalicylsäure** aus 3-Äthyltoluol (Jigami et al., 1974) (Abb. 102).

Eine Mutante von *Corynebacterium glutamicum* bildet aus Benzoesäure **cis, cis-Muconsäure** in etwa 15%iger Ausbeute (Tsuji und Kuwahara, 1977). In Gegenwart von p-Aminobenzoesäure wird durch *Saccharomyces cerevisiae* **Shikimisäure** ausgeschieden (Surovtzeva, 1970). **Mevalonsäure** wird durch *Endomyces fibuliger* gebildet (US-Pat. 3.617.447, 1971).

Viele andere organische Säuren, die durch Mikroorganismen gebildet werden und deren Anwendung bisher noch nicht absehbar ist, werden hier nicht aufgeführt. Vgl. Kieslich (1976).

Literatur

Abbott, B. J., Gerhardt, P.: Biotechnol. Bioeng. *12*, 577 – 589 (1970)
Anonym: Acta Microbiol. Sin. *15*, 15 – 20 (1975)
Bentley, R., Thiessen, C. P.: Proc. Int. Congr. Biochem. *41*, (1955)
Bentley, R., Thiessen, C. P.: J. Biol. Chem. *226*, 689 (1957)
Billington, R. H.: Chem. Process. London *15*, 8 (1969)
Bull, D. N., Kempe, L. L.: Biotechnol. Bioeng. *12*, 273 – 290 (1970)
Camposano, A., Chain, E. B., Gualani, G.: Rend. Ist. Super. Sanita *24*, 234 (1961)
Cho, Y. K., Bailey, J. E.: Biotechnol. Bioeng. *19*, 185 – 198 (1977)
Ghose, T. K., Mukhopadhyay, S. N.: J. Ferment. Technol. *54*, 738 – 750 (1976)
Haskins, R. H.: Can. J. Res. C *28*, 213 – 223 (1950)
Hayasida, A.: Biochem. Z. *298*, 169 (1938)
Hettinga, D. H., Reinbold, G. W.: J. Milk Food Technol. *35*, 358 – 372 (1972 a)
Hettinga, D. H., Reinbold, G. W.: J. Milk Food Technol. *35*, 436 – 447 (1972 b)
Hettinga, D. H., Reinbold, G. W.: J. Milk Food Technol. *35*, 295 – 301 (1972 c)
Imanaka, H.: Agric. Biol. Chem. *26*, 49 (1962)
Imose, J., Nonomura, S., Tatsumi, C.: Agric. Biol. Chem. *34*, 1443 – 1456 (1970)
Ishizaki, H., Ihara, T., Yoshitake, J., Shimamura, M., Imai, T.: J. Agric. Chem. Soc. Jpn. *47*, 755 – 761 (1973)
Jakubowska, J.: In:Genetics and physiology of *Aspergillus*. Smith, J. E., Pateman, J. A. (eds.). London, New York: Academic Press 1977
Jigami, Y., Omori, T., Minoda, Y., Yamada, K.: Agric. Biol. Chem. *38*, 467 – 469 (1974)
Kan, J. K., Shuler, M. L.: Biotechnol. Bioeng. *20*, 217 – 230 (1978)
Kieslich, K.: Microbial transformations of non-steroid cyclic compounds. Stuttgart: Georg Thieme 1976
Kinoshita, K.: J. Chem. Soc. Jpn. *50*, 583 (1929)
Kitai, A., Tone, H., Ishikura, T., Ozaki, A.: J. Ferment. Technol. *46*, 442 – 451 (1968)
Knoblock, H., Mayer, H.: Biochem. Z. *307*, 285 (1941)
Kobayashi, T., Nakamura, I.: Hakko Kyokaishi *22*, 118 – 127 (1964)
Kobayashi, S., Araki, K., Nakayama, K.: J. Agric. Chem. Soc. Jpn. *51*, 543 – 550 (1977)
Kodama, T., Kotera, U., Yamada, K.: Agric. Biol. Chem. *36*, 1299 – 1305 (1972)
Lemieux, R. U.: Perfum. Essent. Oil Rec. *44*, 136 – 139 (1953)
Lin, M. T., Mahajan, J. R., Dianese, J. C., Takatsu, A.: Appl. Environ. Microbiol. *32*, 298 – 299 (1976)
Lockwood, L. B.: In: The filamentous fungi, Part I. Smith, J. E., Berry, D. R. (eds.), pp. 140 – 157. London: Edward Arnold 1975
Lockwood, L. B., Nelson, G. E. N.: J. Bacteriol. *52*, 581 – 586 (1946)
Lockwood, L. B., Stodola, F. H.: J. Biol. Chem. *164*, 81 – 83 (1946)
Miall, L. M.: In: Economic microbiology. Rose, A. H. (ed.), Vol. 2, pp. 47 – 119. London, New York: Academic Press 1978

Misenheimer, T. J., Anderson, R. F., Lagoda, A. A., Tyler, D. D.: Appl. Microbiol. *13*, 393 (1965)

Nishira, H., Mugibayashi, N.: Hyogo Noka Daigaku Kenkyu Hokoku, Nogeikagaku Hen *6*, 39 – 40 (1964)

Nowakowska-Waszczuk, A., Kwapisz, E., Cieśliński, A.: Przem. Ferment. Rolny *18*, 12 – 17 (1975)

Rehm, H. J.: Industrielle Mikrobiologie. Berlin, Heidelberg, New York: Springer 1967

Roxburgh, J. M., Spencer, J. F. T., Sallus, H. R.: J. Agric. Food Chem. *2*, 1121 (1954)

Sato, S., Nakahara, T., Minoda, Y.: Agric. Biol. Chem. *41*, 967 – 973 (1977)

Shibatani, T., Nishimura, N., Nabe, K., Kakimoto, T., Chibata, I.: Appl. Microbiol. *27*, 688 – 694 (1974)

Shinagawa, E., Chiyonobu, T., Adachi, O., Ameyama, M.: Agric. Biol. Chem. *40*, 475 – 483 (1976)

Stamer, J. R., Stoyla, B. O.: Appl. Microbiol. *16*, 536 – 537 (1968)

Stroshane, R. M., Perlman, D.: Biotechnol. Bioeng. *19*, 459 – 465 (1977)

Surovtzeva, E. G.: Mikrobiologiya, *39*, 996 – 1000 (1970)

Suzuki, Y., Uchida, K.: Agric. Biol. Chem. *29*, 462 (1965)

Tachibana, S., Murakami, T.: J. Ferment. Technol. *51*, 858 – 864 (1973)

Takao, S., Hotta, K.: J. Ferment. Technol. *54*, 197 – 204 (1976)

Takao, S., Tanida, M., Kuwabara, H.: J. Ferment. Technol. *55*, 196 – 199 (1977)

Tanner, R. D., Yunker, J. M.: J. Ferment. Technol. *55*, 143 – 150 (1977)

Tazuke, Y., Tsukada, Y., Sugimori, T.: J. Ferment. Technol. *55*, 501 – 509 (1977)

Tsuji, M., Kuwahara, M.: Hakkokoaku Kaishi *55*, 95 – 97 (1977)

Uchida, K., Suzuki, Y.: J. Agric. Chem. Soc. Jpn. *49*, 257 – 262 (1975)

Ward, G. E.: In: Microbial technology. Peppler, H. J. (ed.), pp. 200 – 221. London, New York: Reinhold Publishers Company 1967

Watanabe, A.: Agric. Biol. Chem. *29*, 20 – 26 (1965)

Yamada, K.: Tokyo: Int. Techn. Inf. Inst. 1977

Yamada, K., Furukawa, T., Nakahara, T.: Agric. Biol. Chem., *34*, 670 – 675 (1970)

Yamada, K., Minoda, Y., Kodama, T., Kotera, U.: In: Fermentation advances. Perlman, D. (ed.), pp. 541 – 560. London, New York: Academic Press 1969

Yamamoto, K., Sato, T., Tosa, T., Chibata, I.: Biotechnol. Bioeng. *16*, 1601 – 1610 (1974)

Yamamoto, K., Tosa, T., Yamashita, K., Chibata, I.: Eur. J. Appl. Microbiol. *3*, 169 – 183 (1976)

Kapitel 19   Äthanol und Fuselöle

Nach Erfindung der Destillation im 10. oder 11. Jahrhundert war es möglich, Äthanol aus vergorenen Getränken zu gewinnen, und seit dem 16. Jahrhundert kennt man seine direkte Herstellung aus stärkehaltigen Produkten, z. B. aus Getreide. Seit dieser Zeit sind auch Alkohol-Wassergemische, z. B. Branntwein und ähnliche Erzeugnisse mit hohem Alkoholgehalt weit verbreitet.

Äthanol läßt sich auf chemisch-synthetischem und auf gärungsphysiologischem Wege herstellen. Über die Herstellung auf mikrobiologischem Wege vgl. die zusammenfassenden Darstellungen von Wüstenfeld und Haeseler (1964), Rehm (1967), Harrison und Graham (1970), Horak et al. (1974).

1. Mikroorganismen

Gärungsphysiologisch wird Äthanol mit Hilfe von Brennereihefen, das sind obergärige Rassen von *Saccharomyces cerevisiae,* hergestellt. Unter gewissen Bedingungen sind aber auch andere Arten, z. B. *S. anamensis* und *Schizosaccharomyces pombe* zur technischen Äthanolgewinnung aus zuckerhaltigen Substraten, *Torula cremoris* (Rogosa et al., 1947) und *Kluyveromyces fragilis* (Nieuwenhof, 1978) zur Gewinnung aus Molke und einige andere *Torula*-Arten zur Herstellung aus Sulfitablaugen geeignet. Viele andere Mikroorganismenarten sind befähigt, Äthanol auch in guten Ausbeuten zu bilden (vgl. Gabriel, 1962), ihre Ausnutzung für technische Zwecke ist aber bisher nicht gelungen.

Kleine bis mittlere Brennereien verwenden häufig noch Preßhefe, die vor der Gärung an Äthanolkonzentrationen von 10 Vol.% gewöhnt werden muß.

2. Biochemie und Regulation

Äthanol CH_3CH_2OH ist eine farblose Flüssigkeit von brennendem Geschmack, leicht entzündlich und mischt sich in jedem Verhältnis mit Wasser, Äther und vielen organischen Flüssigkeiten. Er kommt in geringen Mengen in pflanzlichen und tierischen Geweben sowie in allen Lösungen, in denen eine alkoholische Gärung stattgefunden hat, vor.

Auf chemisch-synthetischem Wege kann Äthanol großtechnisch durch Wasseranlagerung an Äthylen, durch Reduktion von Acetaldehyd oder aus Kohlenoxid und Wasserstoff hergestellt werden. Hier interessiert nur die gärungsphysiologische Herstellung des Äthanols.

Den Mechanismus der Äthanolgärung vgl. Kap. 3. Die Gärungsintensität der Hefen wird durch ein Proteolipid aus *Aspergillus oryzae* verstärkt (Hayashida et al.,

1976). Hohe Äthanolkonzentrationen dezimieren die Gärhefen, durch geringe O_2-Konzentration läßt sich die Alkoholfestigkeit der Hefen erhöhen. Bei mehr als 7% bis 10% Äthanol sinken die spezifischen Alkoholbildungsraten und die Wachstumsrate der Hefe (Bazua und Wilke, 1976). Diese Eigenschaft verursacht Schwierigkeiten bei der Entwicklung kontinuierlicher Alkoholfermentationen.

3. Herstellungstechnik auf gärungsphysiologischem Wege

Zur Äthanolherstellung verwendet man die folgenden, oft sehr unterschiedlichen Substrate:

1. Äthanolhaltige Rohstoffe: Weine, Obstweine, Trester, Hefewürzen u. ä. Diese Substrate sind bereits vergoren, so daß nur der Alkohol (in vielen Fällen das alkoholische Lebensmittel) durch Destillation gewonnen werden muß.
2. Zuckerhaltige Substrate: Reste, die bei der Zuckerherstellung aus Zuckerrohr oder Zuckerrüben anfallen, Zuckerrüben, Melassen, Obst- und Fruchtsäfte, Kern- und Steinobstfrüchte, Feigen, Datteln, Enzianwurzeln und schließlich Molke. Diese Substrate brauchen im allgemeinen nicht verzuckert zu werden.
3. Stärkehaltige Substrate: Sämtliche Getreidearten (besonders Roggen, Gerste, Weizen, Hafer und Hirse, Mais, Reis, Kartoffeln, Zuckerrübenreste, Bataten (Süßkartoffeln), Topinamburpflanzen, Cassavawurzeln und andere stärkehaltige Produkte. Diese Substrate müssen vor der Vergärung mit Malz oder Pilzamylasen verzuckert werden.
4. Sonstige Substrate: Holzzucker, Sulfitablaugen u. ä. Diese Substrate sind zumeist chemisch soweit hydrolysiert worden, daß eine Vergärung stattfinden kann. In anderen Fällen, z. B. bei Bagasse u. a. cellulosehaltigen Substraten muß chemisch oder auch enzymatisch hydrolysiert werden (vgl. Kap. 2).

Je nach Art des Substrates unterscheiden sich die Herstellungsverfahren, so daß die wichtigsten Verfahren gesondert dargestellt werden müssen.

a) Äthanolherstellung aus zuckerhaltigen Substraten

Diese Substrate müssen nicht verzuckert werden. Die Zuckerlösungen oder Melassen werden vor der Vergärung auf einen Zuckergehalt von 10% – 18% verdünnt. Je nach Analysenwert werden der Melasse als N- und P-Quelle Ammoniumsulfat, Ammoniumphosphat oder Hefeautolysat zugesetzt; der Zusatz geringer Mengen höherer Alkohole ($C_6 - C_{10}$) soll die Ausbeute an Äthanol erhöhen (Fr. Pat. 1.242.343, 1961). Anschließend werden die Lösungen auf einen pH-Wert von 4 – 4,5 eingestellt und mit Stellhefe beimpft. Diese Impflösungen sollten etwa 4% – 6% des Volumens des Gärbottichs ausmachen. Einzelheiten über die Anzucht der Impfhefe vgl. Rehm (1967).

Die Größe der Gärgefäße liegt zwischen 50 000 l und 1 Mill. l. Die Impfhefe wird gut mit der Maische vermischt, dann setzt die Gärung schnell ein. In einer ersten Phase tritt noch eine Hefevermehrung auf, bei der der vorhandene Sauerstoff veratmet wird. Dann beginnt die alkoholische Gärung, die nach zwei Tagen abgeschlossen ist. Während der Hauptgärung wird konzentriertere Melasse zugesetzt. Der pH-Wert muß mit H_2SO_4 oder NH_3 zwischen 5,6 und 5,8 gehalten werden. Die vergore-

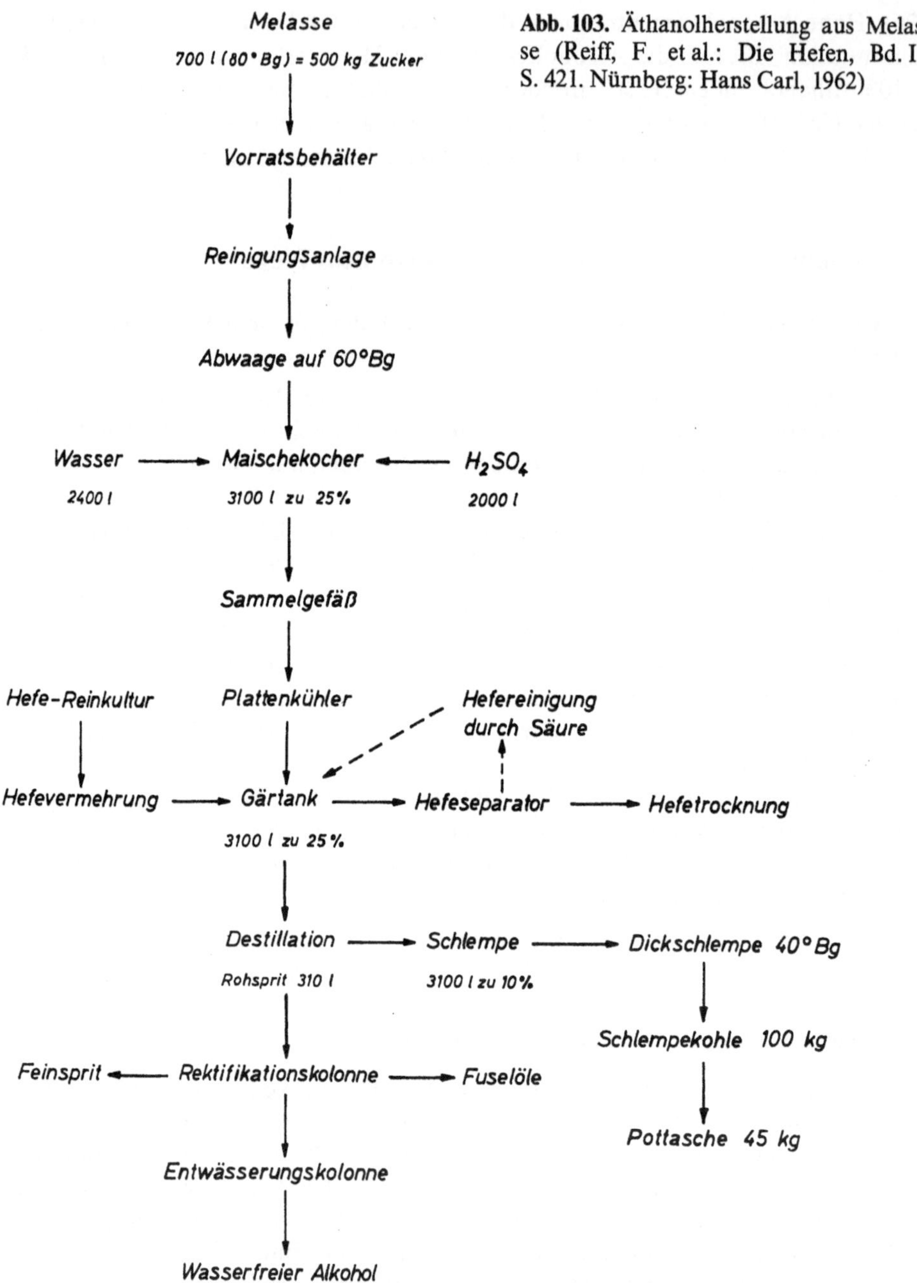

Abb. 103. Äthanolherstellung aus Melasse (Reiff, F. et al.: Die Hefen, Bd. II, S. 421. Nürnberg: Hans Carl, 1962)

ne Maische wird anschließend destilliert und der erhaltene Alkohol durch Fraktionierung von den anwesenden Fuselölen getrennt. Die Ausbeuten liegen bei etwa 90% Äthanol der vergärbaren Zucker.

Die Abb. 103 zeigt ein Schema zur Äthanolherstellung aus Melasse.

Als Desinfektionsmittel für Äthanolgärungen mit Zuckerrohrmelasse hat sich Penicillin G bewährt. Der Zusatz dieses Antibioticums erhöhte die Äthanolausbeute wesentlich (Aquarone und Brazzach, 1963).

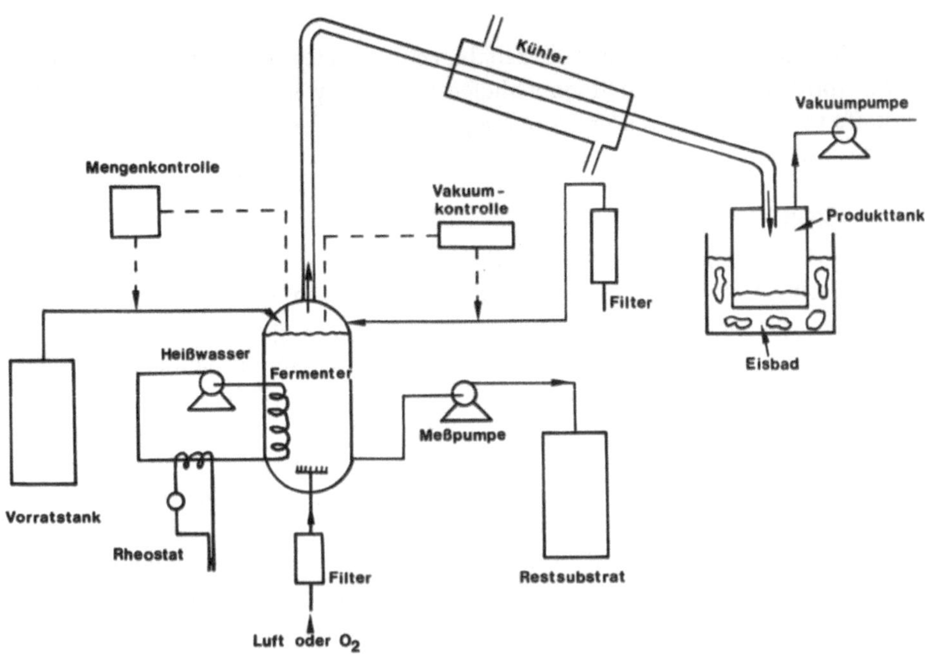

Abb. 104. Äthanolfermentation mit Vakuumsystem (nach Cysewski und Wilke, 1977)

Bei der Herstellung von Äthanol aus Molke wird das Eiweiß durch Aufkochen beim pH-Wert von 5,0 ausgefällt. Nach Filtration und Abkühlung wird bei 33 °C bis 34 °C 48 Std. – 72 Std. vergoren. Dann wird die Hefe durch Separatoren abgetrennt und die Lösung destilliert (Rogosa et al., 1947). Bei Verwendung von Datteln ergibt ein Dattelextrakt von 12% – 25% mit einem Zuckergehalt von ca. 15% die besten Äthanolausbeuten (Al-Talibi et al., 1975).

Hydrol, der Restsirup der Dextroseerzeugung aus dem „Säure-Enzymverfahren" läßt sich durch Nachhydrolyse zu Äthanol vergären. Aus 100 kg Hydrol wurden 28,7 l W erhalten (Klaushofer, 1970).

Bei „schnellen Gärungen" (erreichen eines Äthanolgehaltes bis 9,5 Vol.% in 6 Std. bei 30 °C) von Honiglösungen oder Grapefruitsaft sollte eine Konzentration von ca. 13% gelöstem O_2 angestrebt werden. Dadurch wird die Gärung noch nicht beeinflußt, die Hefen werden aber weitgehend am Absterben gehindert (Nagodawithana et al., 1974). Interessant ist eine Förderung der Äthanolausbeute u. a. durch Zusatz von *Scenedesmus*-Algentrockenpulver (vgl. Kap. 14), verbunden mit einer höheren Alkoholfestigkeit der Hefen (Windisch und Stobbe, 1974).

Eine schnelle Äthanolfermentation wird mit einem Vakuum erreicht, durch das der gebildete Äthanol soweit entfernt wird, daß keine Endprodukthemmung der Hefen durch zu hohe Äthanolkonzentrationen auftreten kann. Mit gleichzeitiger Rückführung der Zellen soll so eine kontinuierliche Äthanolfermentation möglich sein (Cysewski und Wilke, 1977), die Abb. 104 zeigt die Versuchsanlage (vgl. auch Ramalingham und Finn, 1977).

b) Äthanolherstellung aus stärkehaltigen Substraten

Die Herstellung von Äthanol aus stärkehaltigen Substraten ist ein sehr altes Verfahren zur Spritherstellung. Da Brennereihefen keine Amylasen besitzen, müssen die Rohstoffe vor der Vergärung mit Amylasepräparaten (Gersten- oder Pilzmalz) verzuckert werden.

Malzbereitung

Grünmalz: Eine gut ausgereifte Gerste wird zwei bis vier Tage mit Wasser zur Quellung gebracht. Anschließend wird sie auf Malztennen, in Kästen oder Trommeln zur Keimung gebracht. Nach 14 – 18 Tagen ist das sog. Langmalz mit hoher Amylasewirkung entstanden (vgl. Kap. 24). Eine Verwendung von Gibberellinsäure (vgl. Kap. 30) bei der Grünmalzherstellung erhöht später die Äthanolausbeuten aus Weizen um 2,4% – 4,3%, aus Mais um 2% (Pieper, 1968). Aus 100 kg Gerste erhält man 150 kg Grünmalz. In Getreidebrennereien dürfen bis zu 25% Malz verwendet werden. Die „optimalen Amylasezahlen" liegen für Weizen bei 100 l/100 kg Stärke, für Mais bei 105 l/100 kg Stärke (Pieper, 1969).

Filzmalz: Hierbei wird die Gerste nach dem Quellen in 4 cm – 6 cm Höhe auf Malzbeeten zur Keimung ausgelegt. Die Wurzeln verfilzen sich zu einem dicken Teppich, der nach sieben Tagen bei dauerndem Befeuchten in Stücke zerschnitten wird, gewendet wird und nochmals sieben Tage keimt.

Das in der Bierbrauerei verwendete **Darrmalz** wird bei Äthanolherstellung selten verwendet, 100 kg Gerste entsprechen ca. 85 kg Darrmalz.

Pilzmalz wird durch Züchtung amylasebildender Pilze, z. B. *Aspergillus oryzae, A. niger* auf Schrot oder Kleie mit anschließender Zerkleinerung des Produktes hergestellt (vgl. Kap. 24). 100 kg Stärke erfordern nur ca. 6 kg Pilzmalz.

Bakterienamylasen sind zumeist flüssig, sie werden häufig mit *Bacillus subtilis* hergestellt (vgl. Kap. 24) und sind der α-Malzamylase sehr ähnlich. Sie werden häufig in Verbindung mit α-Glucosidase (Spritamylase) aus *Aspergillus niger* kombiniert. Für 1 t Stärke werden 1,1 l Bakterien-α-Amylase und 3,5 l α-Glucosidase benötigt (vgl. Pieper, 1970; Horak et al., 1974).

Vorbereitung der stärkehaltigen Substrate: Nach einer z. T. notwendigen Reinigung müssen die stärkehaltigen Rohstoffe vor einer Verzuckerung aufgeschlossen werden. Dadurch werden die Zellwände zerstört, und die Stärke ist der Amylasewirkung leicht zugänglich, so daß eine vollkommene Verzuckerung stattfinden kann.

Beim sog. **Kochverfahren** werden die Getreidemehle in kaltem Wasser verrührt (ca. 200 l – 300 l Wasser auf 100 kg) mit 1% Malz versetzt und bei laufendem Rührwerk auf ca. 50 °C erhitzt. Proteasen des Malzes bauen jetzt Restproteine ab. Durch eine weitere Erwärmung auf ca. 85 °C wird eine vollkommene Verkleisterung der Stärke erreicht.

Das **Dämpfen** erfolgt zumeist im sog. Henzedämpfer (vgl. Abb. 105). Er wird besonders zum Aufschluß von Kartoffelstärke verwendet.

In diesem Gerät werden die Kartoffelknollen mit etwa 3 atü – 5 atü auf 143 °C und mehr erhitzt. Dann wird der Druck sehr schnell abgelassen. Hierdurch platzen die schon weichen Kartoffeln, und es wird der gewünschte physikalische Aufschluß erreicht. Bei Henzedämpfern für Getreide ist ein Rührwerk installiert. Anschließend kann mit der Verzuckerung durch Zusatz von Malz begonnen werden.

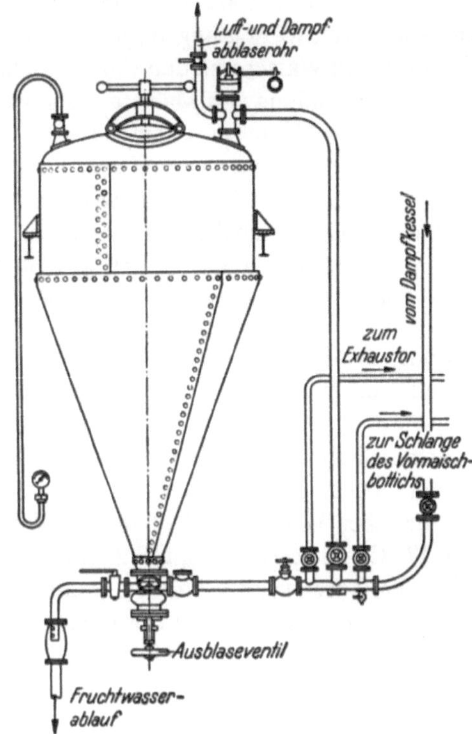

Abb. 105. Henze-Dämpfer (Heiss, R.: Lebensmitteltechnologie, S. 291. München: J. F. Bergmann, 1950)

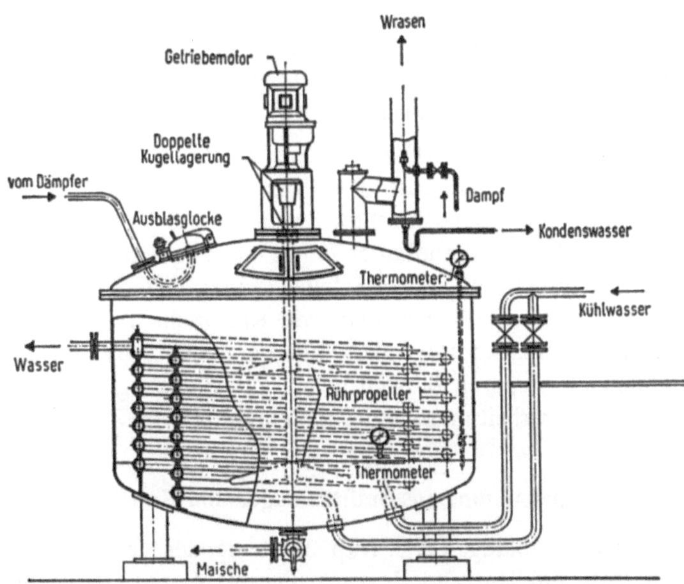

Abb. 106. Maischeapparat (Reiff, F. et al.: Die Hefen, Bd. II, S. 360. Nürnberg: Hans Carl, 1962)

Maischprozeß und Stärkeverzuckerung: Im Vormaischbottich, der mit Rührwerk, Heiz- und Kühlvorrichtung ausgerüstet ist (vgl. Abb. 106) werden die stärkehaltigen Rohstoffe mit Wasser und den Enzympräparaten gemischt.

Bei Verwendung von Malzamylasen wird bei 61 °C und einem pH von 5,2 – 5,4 gearbeitet. Bei Bakterien-α-Amylasen sollte die Temperatur bei 75 °C – 80 °C, der pH-Wert wenig unter 5,0 liegen, bei Pilz-α-Glucosidase (Spritamylase) bei 60 °C – 65 °C und pH-Werten zwischen 4 und 5, da die letztere weniger pH-empfindlich ist. Die Verzuckerung wird meist abgebrochen, wenn die Maische mit Jodlösung eine rötliche Färbung hat. Anschließend erfolgt eine Abkühlung auf 30 °C, Zusatz der Hefe und Überführung in den Gärbottich.

Gärung. Zur Gärung werden Staubhefen verwendet (5% – 10% der Hauptmaischemenge), die in feiner Verteilung das ganze Nährmedium durchsetzen sollen. Sie müssen obergärig sein, um während der Gärung möglichst lange in der Schwebe zu bleiben. Dadurch wird die Gärung nicht nur kräftig eingeleitet, sondern läuft auch bis zum Schluß des Vorganges intensiv weiter.

Maischen von 18° – 22° Balling sollen nach 72 Stunden bei einer Temperatur von 17 °C voll vergoren sein. Bakterieninfektionen lassen sich mit einem bakterienfreien Verfahren nach Verlinden vermeiden. Bei diesem wird praktisch keimfrei gearbeitet. Das Malz wird mit Formaldehyd sterilisiert (Einzelheiten vgl. Horak et al., 1974).

Bei einer Ansäuerung der Maische mit Milchsäure werden ebenfalls die meisten Bakterien abgetötet. Andere billige Säuren haben sich für diesen Zweck nicht bewährt.

Die Vergärung geht in drei Phasen vor sich:

1. Vorgärung, bei der sich besonders die Hefen entwickeln (ca. 20 Std.). Die Temperatur steigt an, darf aber nicht mehr als 24 °C – 25 °C erreichen.
2. Hauptgärung. Bei ihrem Beginn sind schon 45% – 50% des Zuckers vergoren. Die Hefevermehrung läßt nach. Nach etwa 30 Std. darf die Temperatur etwa 27 °C (als günstigste obere Temperaturgrenze) erreicht haben.
3. Nachgärung. Jetzt werden die bisher nicht verzuckerten Dextrine vergoren, d. h. die Maltose wird durch Neubildung aus den Dextrinen durch die Amylasetätigkeit ersetzt und sofort vergoren.

Man erhält aus 100 kg trockener Stärke mit Grünmalz etwa 64 l Äthanol. Es werden 100 l Äthanol aus 720 kg Kartoffeln mit 20% Stärke (nach Abzug der Malzstärke) erhalten. Bei schlechter Betriebsführung benötigt man zur Herstellung der gleichen Menge Äthanol aber 795 kg – 800 kg Kartoffeln mit gleichen Stärkegehalten. Gefahren für die Gärung stellen immer bakterielle Nebengärungen dar.

Auch Zuckerrüben werden wie Kartoffeln im Henzedämpfer aufgeschlossen, dann zur Verzuckerung der noch vorhandenen Stärke mit Grünmalz behandelt und schließlich vergoren (ausführliche Darstellung vgl. Macher, 1962). Die Abb. 107 zeigt ein Verarbeitungsschema zur Vergärung von Zuckerrüben auf Äthanol.

c) Äthanolherstellung aus Sulfitablaugen und Holzhydrolysaten

In den Sulfitablaugen (vgl. Kap. 2), die bei der Herstellung von Celluloseprodukten aus Holz anfallen, sind Hexosen, Pentosane und Hemicellulosen enthalten, die in

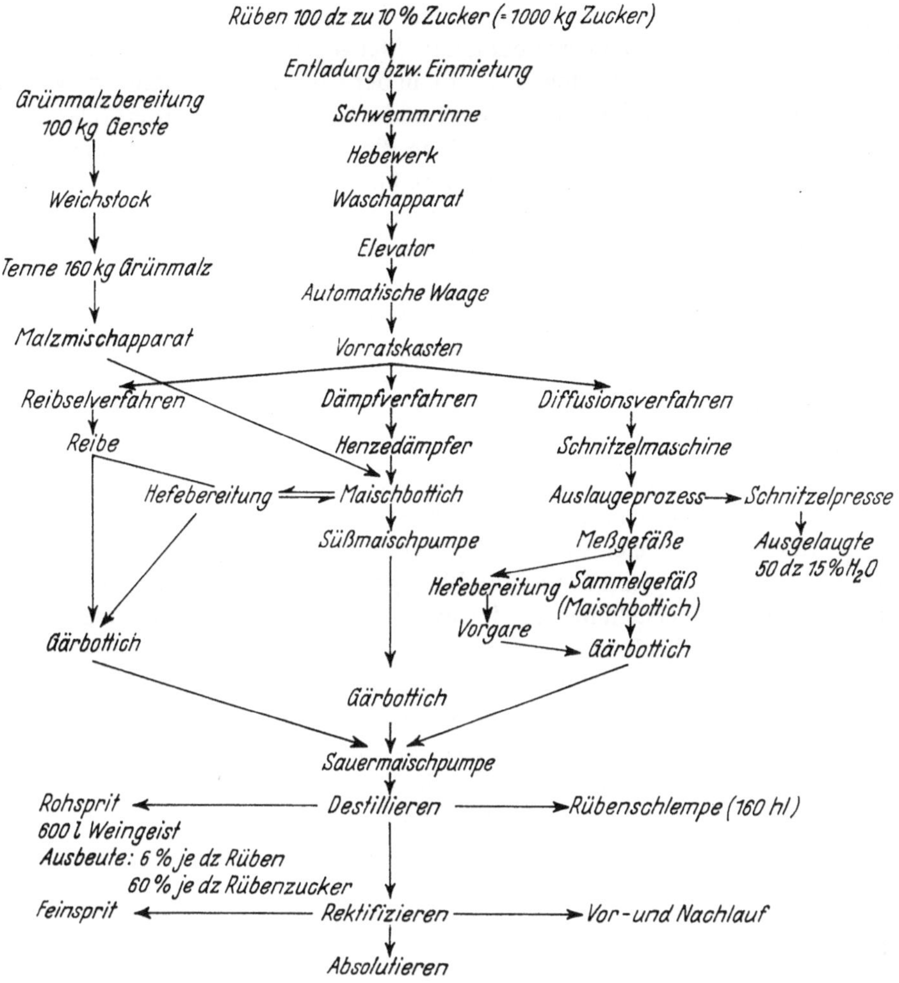

Abb. 107. Äthanolherstellung aus Zuckerrüben (Reiff, F. et al.: Die Hefen, Bd. II, S. 401. Nürnberg: Hans Carl, 1962)

schwefliger Säure gelöst werden, bevor die Cellulose in Lösung geht. Die Zusammensetzung an vergärbaren Zuckern vgl. Kap. 2. Für die Vergärung zu Äthanol sind im allgemeinen nur die aus Nadelhölzern gewonnenen Sulfitablaugen geeignet, da diese überwiegend vergärbare Hexosen enthalten, während in Buchenablaugen der hohe Gehalt an Pentosen die Vergärung zu Äthanol meistens unwirtschaftlich macht.

Vor einer Beimpfung mit Hefe müssen die überschüssige schweflige Säure, vorhandene Essigsäure und Ameisensäure entfernt oder ungiftig gemacht werden. Hierzu bläst man Luft oder Wasserdampf durch die Ablaugen. Dann versetzt man die auf 30 °C abgekühlten Ablaugen mit $CaCO_3$, bis ein pH-Wert von 4,5 – 5,5 erreicht wird. Weiterhin werden den Ablaugen meistens zusätzliche N-Quellen in Form von Harnstoff oder Ammoniumsalzen zugesetzt. Die Vergärung erfolgt beim pH-Wert von 5 – 6, bei einer Temperatur von 30 °C und dauert etwa einen Tag. Anschließend wird die Hefe in Separatoren abgetrennt und kann wieder zur Beimpfung verwendet werden, wenn sie nicht stark infiziert ist. Infektionen werden dadurch herabgesetzt, daß man eine bestimmte Menge an H_2SO_3, die von den Hefen, aber nicht von den Bakterien toleriert wird, in der Ablauge zurückläßt. Die von der Hefe befreite Flüssigkeit wird abdestilliert und der Alkohol rektifiziert. Das Fließschema (vgl. Abb. 108) zeigt die Herstellung von Äthanol aus Sulfitablaugen (vgl. Butschek und Krause, 1962). Durch mehrere hintereinander geschaltete Gärbütten kann die Gärung kontinuierlich geführt werden.

Zur Vergärung hydrolysierter Holzzuckerlösungen auf Äthanol müssen evtl. vorhandene Hemmstoffe entfernt werden. In vielen Gegenden werden Holzzuckerlösungen eigens zur Vergärung hergestellt. Die anfallende Holzzuckerlösung enthält 3% – 5% Glucose und kann – nach Beseitigung vorhandener Hemmstoffe durch Zusatz reduzierender Substanzen – direkt vergoren werden. Harnstoff und Phosphat werden je nach Bedarf als zusätzliche Nährstoffe hinzugefügt.

Die Vergärung erfolgt bei 30 °C und einem pH-Wert von 4,5. Die Impfmenge der Hefen sollte nicht weniger als 2% des Volumens der zu vergärenden Lösung betragen. Die eigentliche Gärung ist nach einem Tag abgeschlossen. Bei niedrigen Temperaturen dauert sie entsprechend länger. Nach der Gärung werden die Hefen durch Separatoren abgetrennt und die Flüssigkeit auf Äthanol aufgearbeitet. Verfahren zur Äthanolherstellung aus Holzhydrolysaten haben sich besonders in solchen Gebieten entwickelt, in denen große Mengen an Holz vorhanden sind bzw. an Holzabfällen anfallen. Die Abb. 109 zeigt das Schema einer Anlage zur kontinuierlichen Äthanolherstellung aus Holzzuckerlösungen.

Mit Mischkulturen von *Saccharomyces cerevisiae* oder *S. ellipsoideus* und *Fusarium lini* hat man Äthanolausbeuten aus Holzhydrolysaten erhalten, die um 33% höher lagen als bei Verwendung der Hefen ohne *F. lini* (Bordoloi et al., 1963).

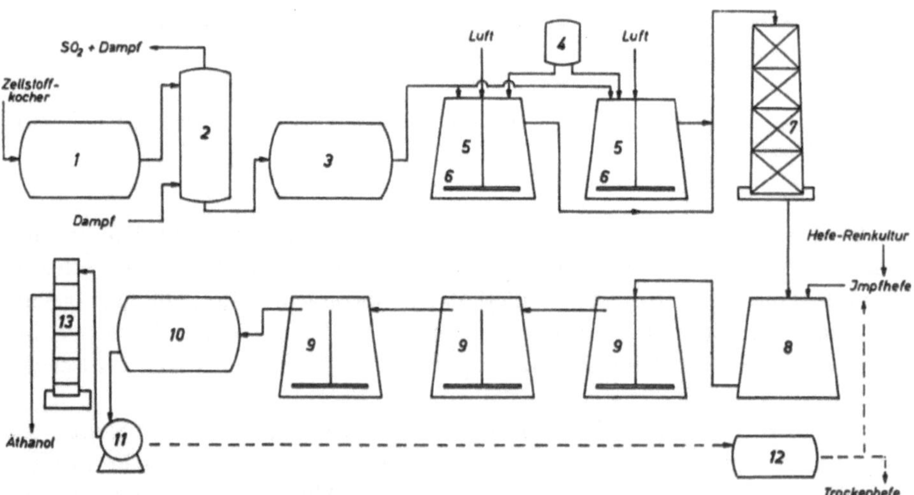

Abb. 108. Kontinuierliche Äthanolherstellung aus Sulfitablaugen. Zeichenerklärung: *1, 3* Lagertank; *2* Anlage zur SO₂-Entfernung (Stripper); *4* Neutralisationsmittel; *5* Neutralisationsbütte; *6* Luftverteiler; *7* Kühlung; *8* Vorgärbottich; *9* Gärbottiche zur mehrstufigen kontinuierlichen Vergärung; *10* Zwischentank; *11* Hefeseparator; *12* Hefesammelgefäße; *13* Rektifikation

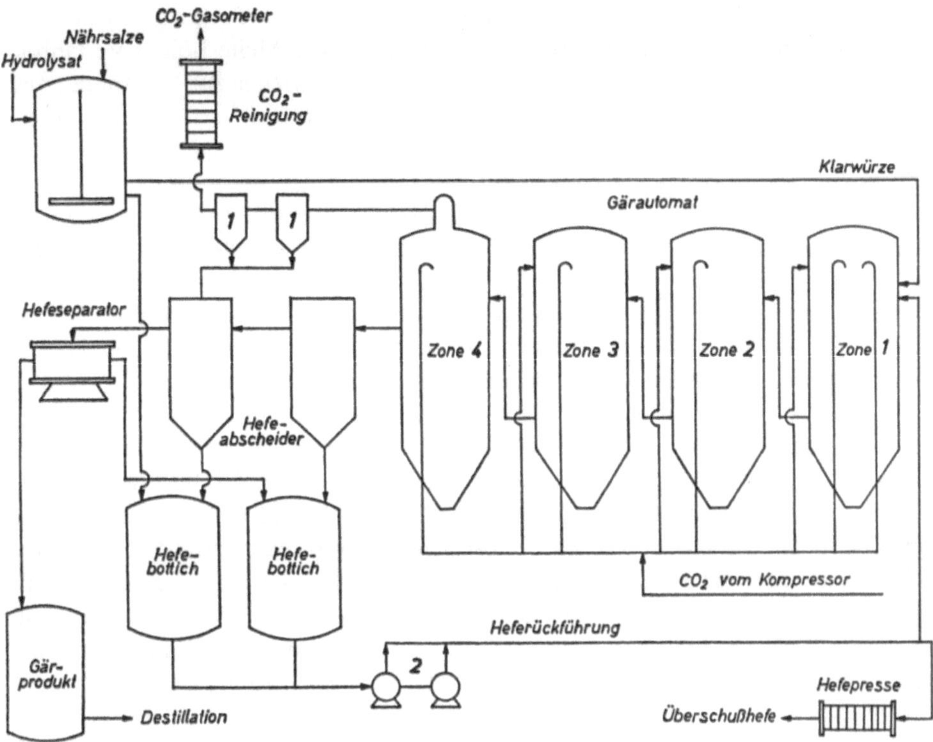

Abb. 109. Fließschema zur kontinuierlichen Äthanolherstellung aus Holzzuckerlösungen. Zeichenerklärung: *1* Schaumabscheider; *2* Separatoren (nach Reiff, F. et al.: Die Hefen, Bd. II, S. 441. Nürnberg: Hans Carl, 1962)

Cellulosehydrolysate – enzymatisch oder chemisch hergestellt – bieten sich als Substrat für die Äthanolherstellung an, wenn Äthanol in großen Mengen anstelle von Erdölprodukten als Treibstoff für Motoren, z. B. Automotoren verwendet werden soll. Die enzymatische Hydrolyse von Cellulose z. B. Bagasse ist wegen der langsamen Reaktionskinetik noch nicht befriedigend gelöst (vgl. Cooney et al., 1979; Lindeman und Rocchiccioli, 1979). Eine Diskussion der Vor- und Nachteile der „batch"- und kontinuierlichen Verfahren auf diesem Gebiet vgl. Ghose und Tyagi (1979).

d) Kontinuierliche Äthanolgewinnung

Für die Äthanolgewinnung sind verschiedene kontinuierliche Verfahren ausgearbeitet worden. Seit langem gibt es ein Zulaufverfahren zur Melassevergärung mit Hefeaufbereitung, für das viele Varianten existieren. Für dieses Verfahren wird eine Impfhefe über eine Reinzuchtanlage und verschiedene Vorgärtanks teilweise mit Belüftung und mit Säurezusatz zur Verhinderung des Bakterienwachstums angezüchtet. Von dem Vorgärtank wird ein Teil der Hefe in den Hauptgärtank von etwa 50 000 l Inhalt gepumpt. Die Hefe wird im Vorgärtank zur intensiven Gärung gebracht und gärt im Hauptgärtank unter dauerndem Zulauf neuer Melasse weiter, bis der Hauptgärtank gefüllt ist. Dann läßt man zu Ende gären und zieht die vergorene Maische zur Destillation ab. Anschließend beginnt der Vorgang von neuem. Dieses in Schüben arbeitende Verfahren wurde durch das Melle-Boinot-Verfahren dadurch verbessert, daß ein Teil der abgetrennten Hefe wieder zur Beimpfung des Ansatzes im Hauptgärtank verwendet wird. Auch von diesem Verfahren existieren viele Varianten (Literatur vgl. Macher, 1962), von denen einige auch vollkontinuierlich geführt werden können (Rosén, 1976).

Ein Überlaufverfahren, bei dem mit mehreren Gärbottichen eine kontinuierliche Gärung erreicht wird, wurde bereits im Fließschema auf der Abb. 108 dargestellt.

Bei einem Verfahren nach Altsheler et al. (1947) wird eine vollkontinuierliche Arbeitsweise mit stärkehaltigem Material erreicht. Die gemahlenen Getreidekörner werden entweder mit Schwefelsäure oder enzymatisch hydrolysiert (Yarovenko et al., 1965), gekocht und nach Abkühlung in einen ersten Gärtank geführt. Dabei sollen Enzyme aus *Trichothecium roseum* sich bei der Auflösung der Zellwände bewährt haben. Die Vergärung beginnt bei einem pH-Wert von 4,5, bis etwa 10^8 Zellen/ml entwickelt sind. Die Temperatur liegt bei 30 °C und wird durch Kühlung des Kessels konstant gehalten. Die Masse wird fortwährend gerührt. Nach etwa 8 Std. läuft die Maische vom ersten Tank durch einen Überlauf in den zweiten Tank und im gleichen Maße fließt neue Maische im ersten Tank zu. Wenn die Maische nach etwa 3 Std. im zweiten Tank nachgegoren ist, wird fortlaufend abgezogen, kontinuierlich destilliert und rektifiziert. Aus 50 kg Mais werden etwa 20 l Äthanol (95%ig) erhalten.

Es ist auch eine kontinuierliche Äthanolfermentation in einem Tank möglich (vgl. auch Harrison und Graham, 1970), dabei können Hefen mit gutem Bruch verwendet werden (Engelbart und Dellweg, 1976).

Eine kontinuierliche Äthanolgärung aus Melassen ist technisch einfacher durchzuführen, weil keine stärkehaltigen Substrate verzuckert werden müssen (über die Kinetik vgl. Borzani et al., 1960). Ebenso lassen sich Holzhydrolysate (Utenkova, 1960) und ähnliche Substrate gut kontinuierlich auf Äthanol vergären. Die Hefen werden bei sämtlichen Verfahren kontinuierlich abgetrennt (vgl. Dyr et al., 1961) und verwertet. Da die kontinuierlichen Verfahren durch ihre lange Laufzeit viel stärker Fremdinfektionen ausgesetzt sind als diskontinuierliche Verfahren, gibt man bakterienhemmende Desinfektionsmittel, die von den Hefen toleriert werden, in die Ansätze. Nachdem man längere Zeit Schwefelsäure verwendet hatte, um das Substrat zur Vermeidung bakterieller Infektionen, besonders von *Lactobacillus-*, *Leuconostoc-*, *Acetobacter-* und *Clostridium*-Arten stark anzusäuern, hat man neuerdings das Na-Pentachlorphenolat als Bakteriostatikum eingesetzt (vgl. Macher, 1962). Auch eine Mischung von Na-Pentachlorphenolat (0,0009%) und Formalin (0,0004%) (Konovalov, 1960) oder Laurylpyridinbromid (0,02%) (Januszewicz und Radiszewski, 1962) sollen geeignet sein. Weiterhin werden Antibiotica, z. B. Chloramphenicol und Tetracycline angewandt. Trotzdem ist das eigentliche Problem der kontinuierlichen Äthanolherstellung, eine lange Arbeitsweise ohne Fremdinfektionen, noch nicht befriedigend gelöst.

Neuerdings wird mit immobilisierten Zellen von *Saccharomyces cerevisiae* versucht, Äthanol evtl. auch kontinuierlich zu produzieren. Praktische Ergebnisse sind gegenwärtig noch nicht erkennbar (Gaddy und Sitton, 1978).

4. Aufarbeitung und Fuselöle

Vom Gärgut wird zunächst der Alkohol abdestilliert und der Rohspiritus in Sammelgefäßen aufgefangen. Durch eine Rektifikation im Kolonnenapparat trennt man dann den Alkohol von den Fuselölgemischen und anderen Beimengungen. Bei feinen Sorten wird der reine 96%ige Alkohol noch einer Filtration über Tierkohle unterworfen. Die Destillation kann auch kontinuierlich geführt werden (vgl. Horak et al., 1974).

Der Rückstand, die Schlempe, wird als Viehfutter geschätzt. Sie besteht aus etwa 7% Trockensubstanz und enthält neben Wasser Eiweiß, Kohlenhydrate und Mineralsalze. Will man den Wert der Schlempe als Viehfutter heraufsetzen, so kann man die Intensität der Gärung zugunsten der zurückbleibenden Anteile vermindern. Bei Kornbrennereien wird die Hefe nach der Gärung abgeschöpft. Sie ist eine ausgezeichnete Bäckerhefe. Der größte Teil der Bäckerhefe wird jedoch in besonderen Verfahren meistens aus Melasse hergestellt (vgl. Kap. 11).

Etwa 1‰ des destillierten Rohäthanols besteht aus den sog. Fuselölen. Diese entstehen im Eiweißstoffwechsel der Hefen beim Abbau der Aminosäuren durch Decarboxylierung und Desaminierung, z. B.:

$$\begin{array}{cc} H_3C & H_3C \\ \diagdown & \diagdown \\ CH-CH_2-CH-COOH+H_2O \rightarrow & CH-CH_2-CH_2OH+CO_2+NH_3 \\ \diagup | & \diagup \\ H_3C NH_2 & H_3C \\ \text{Leucin} & \text{Isobutylcarbinol} \end{array}$$

Ähnlich entsteht z. B. aus Isoleucin der optisch aktive Amylalkohol, aus Valin der Isobutylalkohol usw.

Zusammensetzung und Menge der Fuselöle sind je nach Substrat, das zur Äthanolherstellung verwendet wird, aber auch je nach Hefestamm und Hefeart unterschiedlich. Bei Vergärung von Melasse bilden sich z. B. erheblich weniger Fuselöle als bei der Vergärung von Kartoffeln oder Roggen. Die Fuselöle bestehen zumeist bis zu 60% aus Amylalkohol, zu etwa 25% aus Isobutanol und bis zu 10% aus Propanol. Der Rest sind geringe Mengen anderer Alkohole, Säuren, Ester, Furfurol u. ä. Substanzen. Fuselöle werden bei der Rektifizierung des Äthanols abgeschieden, jedoch nur selten in die einzelnen Bestandteile getrennt. Sie sind gute Lösungsmittel für Lacke und Harze.

5. Besondere Brennereierzeugnisse

Kornbranntwein wird durch Destillation der vergorenen Kornmaischen erhalten. Die aromabildenden Bestandteile des Fuselöls werden mit überdestilliert, so daß mit relativ einfachen Destillationsapparaten gearbeitet werden kann. Wird ein Kornbranntwein mit Wacholderbeeren aromatisiert, so erhält man z. B. den „Steinhäger" oder den „Genever", wird er mit Kümmel aromatisiert, so erhält man den „Kümmel". Die Aromatisierung erfolgt meistens durch Destillation über den betreffenden Aromatisierungsstoff. Auch der „Gin" ist ein Erstdestillat einer Maische über oder mit Wacholderbeeren (Simpson, 1977). Weiterhin werden häufig Koriandersamen, Fenchelsamen, Süßorangen und Cassiaborke mitdestilliert, um das Aroma dieser Produkte zu verfeinern.

„Whisky" ist ein Getreideprodukt, das zumeist aus Maischen von Roggen, Gerste, Weizen oder Mais, aber auch aus Gerstenmalz, das z. B. beim Darrprozeß durch Torfauflage auf den brennenden Koks einen typischen Rauchgeruch erhält, hergestellt wird. Wichtig ist beim Whisky die Lagerung in Weißeichenfässern, in denen z. B. vorher Sherry-Weine gelagert wurden, oder die innen angekohlt oder geräuchert werden, wobei wesentliche Veränderungen des ursprünglichen Produktes eintreten. Aus dem Holz treten viele Festsubstanzen in das Getränk über, das dadurch seine braune Farbe und sein typisches Aroma erhält. Je länger die Lagerung, desto stärker ist die Zunahme an flüchtigen Säuren im Whisky (vgl. Lyons und Rose, 1977).

„Rum" ist ein Destillat aus Maischen von vergorenem Zuckerrohrsaft oder Zukkerrohrnebenprodukten. Dem Rum wird zuweilen Karamel zur künstlichen Färbung zugesetzt. Durch eine längere Lagerung wird das Aroma des Rums verbessert. Er wird ähnlich wie der Whisky in geräucherten Fässern aus Weißeiche oder anderen Hölzern gelagert (Lehtonen und Suomalainen, 1977).

„Weinbrand" ist ein Destillationsprodukt aus Wein, das anschließend mehr oder weniger lange in frischen Eichenfässern gelagert wird. Die Art der Lagerung, die Herkunft der Eichenfässer u. v. m. haben einen großen Einfluß auf den Geschmack des Weinbrandes. Ein besonderer Weinbrand ist der **„Cognac".** Dieser darf nur aus Weinen der Umgebung von Cognac hergestellt werden und muß auch dort destilliert worden sein (vgl. Hartmann, 1962). Die Cognacs werden ebenfalls in Eichenfässern nach besonderen Methoden gelagert. Auch die Destillationsmethoden der einzelnen Typen sind unterschiedlich, so wird z. B. der „Armagnac" im Gegensatz zum Cognac im kontinuierlichen Verfahren aus Wein destilliert, aber sonst wie Cognac weiterbehandelt.

Die große Anzahl der **„Obstbranntweine"** kann hier nicht im einzelnen geschildert werden. Sie werden meistens durch Vergärung von Obstmaischen mit anschließender Destillation des Gärproduktes hergestellt, wobei sehr darauf geachtet wird, daß ein großer Teil der aromagebenden Fuselöle nicht abdestilliert wird (Einzelheiten vgl. Pieper et al., 1977).

Auch **Pflanzenwurzeln** lassen sich vergären, und die abdestillierte Maische gibt dann aromatische Branntweine, z. B. den „Enzian". In der Enzianwurzel liegt der Zucker als Triose, der Gentibiose, vor. Die Gentibiose enthält zwei Moleküle Saccharose und ein Molekül Fructose. Vor der Vergärung muß die Gentibiose – in den meisten Fällen hydrolytisch und nicht enzymatisch – gespalten werden.

„Liköre" sind gezuckerte Produkte, die durch Mischung von Prima-Sprit (ohne besonderes Eigenaroma) mit verschiedenen Pflanzenbestandteilen oder unter Zufügung von Säften, Früchten, mit Honig, Eiern, u. v. m. erhalten werden.

6. Verwendung

Ein Teil des Äthanols wird zu Trinkzwecken verarbeitet. Literatur über die Zusammensetzung flüchtiger Aromastoffe sowie über deren physiologische Wirkung vgl. Harrison und Graham (1970), Suomalainen et al. (1974), Taskinen (1977). Der Rest wird für technische Zwecke verwendet. Hierfür wird ein großer Teil aus fiskalischen Gründen besonders mit Methanol, Pyridin, Benzol, Weinessig und Äthyläther vergällt, so daß er für Trinkzwecke ungeeignet ist. Er wird ebenso wie chemisch-synthetisch hergestellter Äthanol als Brennspiritus, Frostschutzmittel, Lösungsmittel für Drogen, Chemikalien, Öle, Wachse und Lacke, Fällungsmittel für präparative Arbeiten, Rohstoffe für chemische Synthesen, Desinfektionsmittel, Grundstoff für Treibstoffe und vieles mehr verwendet.

Neuerdings wird Äthanol als C-Quelle zur SCP-Herstellung (vgl. Kap. 12) und als Treibstoff für Autos, besonders in Brasilien verwendet (Rehm, 1978; Lindeman und Rocchiccioli, 1979).

7. Bildung höherer Alkohole aus Aminosäuren durch Hefen

Saccharomyces cerevisiae, S. cerevisiae var. ellipsoideus, S. carlsbergensis, Torulopsis stellata, Pichia polymorpha und *Debaryomyces mandshuricus* können Isobutanol aus Alanin bilden (Yoshizawa, 1964). Aus Threonin wird Amylalkohol (optisch aktiv) gebildet. α-Ketoisovaleriansäure kann auch als Fermentationsprodukt nachgewiesen werden. Isobutylcarbinol, Amylalkohol und Isobutanol entstehen durch Decarboxylierung und Desaminierung der zugehörigen Aminosäuren Leucin, Isoleucin und Valin (vgl. Frey und Hoppe, 1953).

Literatur

Al-Talibi, A. A., Benjamin, N. D., Abbond, A. R.: Nahrung *19*, 335 – 340 (1975)

Altsheler, W. B., Mollet, H. W., Brown, E. H. C., Stark, W. H., Smith, L. A.: Chem. Eng. Prog. (Trans. Sect.) *43*, 467 (1947)

Aquarone, E., Brazzach, M. L.: Bol. Dep. Eng. Quim. Esc. Politec. Univ. São Paulo, *16*, 1 (1963)

Bazua, C., Wilke, C. R.: 1st Chem. Congr. North American Continent, Mexico City (1976)

Bordoloi, D. N., Saikia, T. C., Rao, P. R., Ganguly, D.: J. Sci. Ind. Res. *23*, 25 (1963)

Borzani, W., Falcone, M., Vairo, M. L. R.: Appl. Microbiol. *8*, 136 – 140 (1960)

Butschek, G., Krause, G.: In: Die Hefen, Bd. 2. S. 446 – 478. Nürnberg: Hans Carl 1962

Cooney, C. L., Daniel, I. C., Wang, Sy-Dar Wang, Gordon, J., Jiminez, M.: Biotechnol. Bioeng. Symp. *8*, 103 – 114 (1979)

Cysewski, G. R., Wilke, C. R.: Biotechnol. Bioeng. *19*, 1125 – 1143 (1977)

Dyr, J., Krumphanzl, V., Hauzar, I.: Sb. Vys. Sk. Chem. Technol. Praze, Oddil Fak. Potravin. Technol. *5*, 55 (1961)

Engelbart, W., Dellweg, H.: In: Abstr. 5th Int. Ferment. Symp. Dellweg, H. (ed.), p. 376. Berlin 1976

Frey, A., Hoppe, W.: Ullmanns Encyklopädie der technischen Chemie *3*, 634. München: Urban & Schwarzenberg 1957

Gabriel, M.: C. R. *254*, 2213 (1962)

Gaddy, J. L., Sitton, O. C.: 1. Eur. Congr. Biotechnol. Interlaken, Part I. pp. 202 – 206. Frankfurt: Dechema 1978

Ghose, T. K., Tyagi, R. D.: Biotechnol. Bioeng. *21*, 1387 – 1400 (1979)

Harrison, J. S., Graham, J. C. J.: In: The yeasts. Rose, A. H., Harrison, J. S. (eds.), Vol. 3, pp. 283 – 348. London, New York: Academic Press 1970

Hartmann, J. K.: Z. Lebensm. Unters. Forsch. *117*, 33 – 37 (1962)

Hayashida, S., Feng, D. D., Ohta, K., Chaitiumvong, S., Hongo, M.: Agric. Biol. Chem. *40*, 73 – 78 (1976)

Horak, W., Drawert, F., Schreier, P., Heitmann, W., Lang, H.: Aus: Ullmanns Encyklopädie der technischen Chemie, Bd. 8, S. 80 – 140. Weinheim, New York: Chemie 1974

Januszewicz, I., Radiszewski, Z.: Przem. Sponyw. *16*, 186 (1962)

Klaushofer, H.: In: Ber. Symp. Dellweg, H. (Hrsg.), S. 89 – 97. Berlin: Institut für Gärungsgewerbe und Biotechnologie 1970

Konovalov, S. A.: Inst. Mikrobiol. Akad. Nauk SSSR *1958*, 56 (1960)

Lehtonen, M., Suomalainen, H.: In: Economic microbiology. Rose, A. H. (ed.), Vol. I, pp. 595 – 633. London, New York: Academic Press 1977

Lindeman, L. R., Rocchiccioli, C.: Biotechnol. Bioeng. *21*, 1107 – 1119 (1979)

Lyons, T. P., Rose, A. H.: In: Economic microbiology. Rose, A. H. (ed.), Vol. I, pp. 635 – 692. London, New York: Academic Press 1977

Macher, L.: In: Die Hefen, Bd. 2. S. 384 – 437. Nürnberg: Hans Carl 1962

Nagodawithana, T. W., Castellano, C., Steinkraus, K. H.: Appl. Microbiol. *28*, 383 – 391 (1974)

Nieuwenhof, F. F. J.: 1. Eur. Congr. Biotechnol. Interlaken, Part 2. pp. 37 – 39. Frankfurt: Dechema 1978

Pieper, H. J.: Branntweinwirtschaft *108*, 319 – 322, 345 – 352, 377 – 380 (1968)

Pieper, H. J.: Lebensm. Wiss. Technol. *2*, 115 – 121 (1969)

Pieper, H. J.: In: Ber. Symp. Dellweg, H. (Hrsg.), S. 235 – 242. Berlin: Institut für Gährungsgewerbe und Biotechnologie 1970

Pieper, H. J., Bruchmann, E. E., Kolb, E.: Handbuch der Getränketechnologie, Technologie der Obstbrennerei. Stuttgart: Eugen Ulmer 1977

Ramalingham, A., Finn, R. K.: Biotechnol. Bioeng. *19*, 583 – 589 (1977)

Rehm, H. J.: Industrielle Mikrobiologie. Berlin, Heidelberg, New York: Springer 1967

Rehm, H. J.: Biotechnologie in Brasilien. Ber. 1978 im Auftrag des BMFT

Rogosa, M., Browne, H. H., Whittier, E. O.: J. Dairy Sci. *30*, 263 (1947)

Rosén, K.: In: Abstr. 5th Int. Ferment. Symp. Dellweg, H. (ed.), S. 375. Berlin 1976

Simpson, A. C.: In: Economic microbiology. Rose, A. H. (ed.), Vol. I, pp. 537 – 593. London, New York: Academic Press 1977

Suomalainen, H., Nykanen, L., Eriksson, K.: Am. J. Enol. Viticult. *25*, 179 – 187 (1974)

Taskinen, J.: Studies on the chemical composition of the alcoholic flavour distillates and the steam distilled essential oils of sweet marjoram, coriander fruit, angelica root and juniper berry. Dissertation Helsinki (1977)

Utenkova, V. A.: Inst. Mikrobiol., Akad. Nauk SSSR *1958*, 75 (1960)

Windisch, S., Stobbe, M.: Mitt. Klosterneuburg Rebe, Wein, Obstbau, Früchteverwert. *24*, 239 – 250 (1974)

Wüstenfeld, H., Haeseler, G.: Trinkbranntweine und Liköre. Berlin: Paul Parey 1964

Yarovenko, V. L., Pykhova, S. V., Ustinnikov, B. A., Lazareva, A. N., Makeev, D. M.: Fermentn. Spirt. Promst. *31*, 5 (1965)

Yoshizawa, K.: Agric. Biol. Chem. *28*, 279 (1964)

Kapitel 20   Butanol-Aceton und weitere primäre Produkte aus Clostridien

1. Allgemeines

Pasteur beobachtete bereits um die Mitte des 19. Jahrhunderts, daß bei der Buttersäuregärung aus Milchsäure und Calciumlactat Butanol als Nebenprodukt auftritt. Es ist das Verdienst von Weizmann, ein Verfahren zur Butanol-Aceton-Herstellung technisch so weit durchgearbeitet zu haben, daß eine praktische Anwendung möglich geworden ist. Zusammenfassende Berichte über die Butanol-Aceton-Gärung vgl. Ross (1961), Rehm (1967), Hastings (1978), weitere Literatur vgl. dort.

Obwohl Butanol chemisch synthetisiert werden kann, ist die Herstellung durch Gärung dann bedeutend, wenn sehr große Mengen benötigt werden. Es gibt vier isomere Butylalkohole; für die Herstellung durch Gärung kommt praktisch nur der n-Butanol in Frage.

Isobutylalkohol ist in den Rüben-, Kartoffel- (zu 24%) und Kornfuselölen zu etwa 15% enthalten und aus diesen erstmalig isoliert worden.

Aceton ist in geringen Mengen im Blut vorhanden und wird bei Störungen des Fett- und Kohlenhydratstoffwechsels stark vermehrt (Acetonämie) und mit dem Harn ausgeschieden. Es bildet sich bei der thermischen Zersetzung von Kohle, Torf, Holz u. a., so daß es sich in den Schwefelwassern der Braunkohle findet.

Die chemischen Verfahren zur Aceton-Herstellung arbeiten so wirtschaftlich, daß mikrobiologische Verfahren dann, wenn Aceton als Hauptprodukt gebildet wird, keine Aussichten haben, die chemisch-technischen Verfahren zu verdrängen. Wird Aceton aber als Nebenprodukt einer anderen Gärung gebildet, so ist seine Aufarbeitung natürlich von Wert. Im ersten und zweiten Weltkrieg wurde viel Gärungsbutanol produziert, die meisten der damals errichteten Anlagen wurden nach den Kriegen wieder außer Betrieb gesetzt.

2. Mikroorganismen

Butanol-Aceton-Buttersäure-Gärung wird von *Clostridium*-Arten durchgeführt. Es sind grampositive, streng anaerobe Arten, die zum Teil 15 der Bakteriensystematik „Endosporen-bildende Stäbchen und Kokken" (Bergey, 1975) gehören. O_2 ist für sie toxisch, da sie mit Hilfe von Flavoproteinen Superoxid bilden und durch eine Xanthin-Oxidase das Superoxid-Radikal O_2^- freisetzen. Butanol-Aceton-bildende Clostridien besitzen weder Katalase noch Superoxid-Dismutase, um die genannten Reaktionsprodukte unschädlich zu machen. Die Keimung mancher Clostridien wird z. T. durch O_2 stark gehemmt (vgl. Sarathchandra et al., 1973).

Man kann bei den Clostridien drei verschiedene, industriell interessante Typen nach der Bildung ihrer Gärungsprodukte unterscheiden (Wilkinson und Rose, 1963).

1. Buttersäuretyp mit *Clostridium butyricum* als Hauptvertreter. Eine idealisierte Gärung dieses Typs würde folgendermaßen vor sich gehen:

$$4 \text{ Glucose} \rightarrow 2 \text{ Essigsäure} + 3 \text{ Buttersäure} + 8 \text{ CO}_2 + 10 \text{ H}_2\text{O}$$

2. Aceton-Butanoltyp mit *C. acetobutylicum* als Hauptvertreter. Bei diesem Typ läßt sich ebenso wie beim dritten Typ keine idealisierte Summenformel aufstellen. Die Reaktionsprodukte sind in der Tabelle 36 angegeben.
3. Butanol-Isopropanoltyp mit *C. butylicum* als Hauptvertreter.

Die Mengen der einzelnen Produkte, die von den drei Typen gebildet werden, zeigt die Tabelle 36.

Clostridium butyricum ist der Prototyp für eine Buttersäuregärung, während *C. acetobutylicum* und der in der letzten Auflage des Bergey nicht mehr erwähnte *C. butylicum* als Prototypen für Butanol-bildende Clostridien gelten können. Von den letzteren beiden Arten werden geeignete Stämme, die früher z. T. als Arten beschrieben wurden, zur technischen Herstellung von Lösungsmitteln verwendet. Wichtige dieser Stämme mit ihren Ausbeuten zeigt die Tabelle 37 (nach Beesch, 1952). Sämtliche technisch verwendeten Clostridien besitzen Amylasen und sind daher zur Vergärung stärkehaltiger Rohstoffe befähigt.

Für eine Produktion mit guter Ausbeute ist eine richtige Haltung der Mikroorganismen (Anreicherung von Clostridien vgl. Kutzner, 1965) wichtig. Die Clostridien verlieren durch fortlaufende Überimpfung schnell ihre Aktivität, so daß sie häufig regeneriert werden müssen, denn sonst sinken sowohl die Ausbeute als auch die Intensität der Gärung ab. Hohe Ausbeuten und kräftiges Gärvermögen finden sich bei Stämmen, die gleichzeitig eine hohe Hitzebeständigkeit besitzen.

Um einen Stamm zu regenerieren, erhitzt man eine Flüssigkeitskultur etwa 1 min – 2 min lang auf 100 °C und kühlt sie anschließend sofort ab. Dadurch werden die vegetativen Formen und die weniger resistenten Sporen abgetötet, so daß bei einer Weiterkultivierung nur die für den technischen Prozeß am besten geeigneten Sporen auskeimen. Dieser Vorgang der Erhitzung wird mehrfach wiederholt,

Tabelle 36. Gärungsprodukte von drei industriell wichtigen *Clostridium*-Arten

Gärungsprodukt	*C. butyricum*[a] Typ: Buttersäure	*C. acetobutylicum*[b] Typ: Aceton-Butanol	*C. butylicum*[c] Typ: Butanol-Isopropanol
Buttersäure	76	4	17
Essigsäure	42	14	17
Butanol	–	56	59
Aceton	–	22	–
Isopropanol	–	–	12
Äthanol	–	7	–
Acetylmethylcarbinol	–	6	–
CO_2	188	221	204
H_2	235	135	78
Gesamt C%	96	100	96

Ergebnisse ausgedrückt in mMol/100 mMol vergorener Glucose. [a] Angaben von Kluyver (1931), [b] Angaben von van der Lek (1930), [c] Angaben von Osburn et al. (1937).

Tabelle 37. Mengen an Lösungsmitteln, die von verschiedenen Clostridien gebildet werden

Nr. des US-Pat.	Name der Bakterien	Mengen der Lösungsmittel in %:			
		Butanol	Äthanol	Aceton	Isopropanol
1.908.361	*Clostridium saccharobutyli-cum-gamma*	65 – 80	–	18 – 34	1 – 2
2.110.109	*C. saccharoacetobutylicum-alpha*	68 – 73	1 – 3	26 – 32	–
2.139.108	*C. saccharobutyl-acetoni-cum-liquefaciens-gamma und delta*	58 – 74	2 – 6	24 – 36	–
2.169.246	*C. celerifactor*	60	2	38	–
2.195.629	*C. granulobacter-acetobuty-licum*	60 – 75	1 – 10	25 – 30	–
2.398.837	*C. madisonii*	75 – 76	4 – 6	17 – 20	–
2.139.111	*C. saccharobutyl-acetoni-cum-liquefaciens-gamma und delta*	60 – 69	3 – 4,5	26 – 35	–
2.017.572	*C. viscifaciens*	66	–	3	31
2.132.039	*C. propylbutylicum-alpha*	65 – 70	3 – 4	5 – 10	16 – 20
2.420.998	*C. amylo-saccharobutylpro-pylicum*	65 – 72	Spur	2 – 4	26 – 32

so daß man Stämme von immer besserer Qualität selektiert. Auch ältere Kulturen, die längere Zeit gelagert worden waren, lassen sich auf diese Weise leicht regenerieren (vgl. Stüssi, 1961). Mit dieser Methode hat Weizmann (GB-Pat. 4.845, 1915; US-Pat. 1.315.585, 1916) seine Stämme, die er zur Produktion verwendet hat, 100 mal – 150 mal regeneriert und damit ausgezeichnete Produktionseigenschaften selektiert.

Zur Konservierung der Clostridien hat sich die Sandkultur bewährt. Einige Tropfen einer sporenhaltigen Lösung werden hierbei in einem erd- oder sandhaltigen Röhrchen aufgesogen und getrocknet. Nach dem Evakuieren werden die Gefäße luftdicht verschlossen. Die Sporen bleiben bei dieser Konservierungsart jahrelang am Leben, müssen aber vor einer Weiterverwendung durch Hitzepassagen auf die geschilderte Art in ihrer Aktivität aufgefrischt werden.

Clostridien werden häufig durch Bakteriophagen angegriffen (Hongo und Murata, 1965; Hongo et al., 1968; Literatur vgl. dort). Danach sind viele Phagen z. T. sehr artunspezifisch. Früher wurden häufig ganze Ansätze dadurch verdorben, daß die gärenden Clostridien durch Bakteriophagen sehr stark dezimiert wurden.

Phagenresistente Stämme werden durch Selektion auf Platten oder aber durch sechsmonatige Anzucht der Clostridien in phagenhaltiger unsteriler Erde mit anschließender Rückisolierung der resistenten Stämme erhalten.

3. Biochemie und Regulation

Die Vergärung von Glucose zu Butanol und Aceton geht nach folgender Summenformel vor sich:

$$3 \underset{\text{Glucose}}{C_6H_{12}O_6} \rightarrow 2 \underset{\text{n-Butanol}}{CH_3CH_2CH_2CH_2OH} + \underset{\text{Aceton}}{CH_3COCH_3} + 7 CO_2 + H_2O + 4 H_2$$

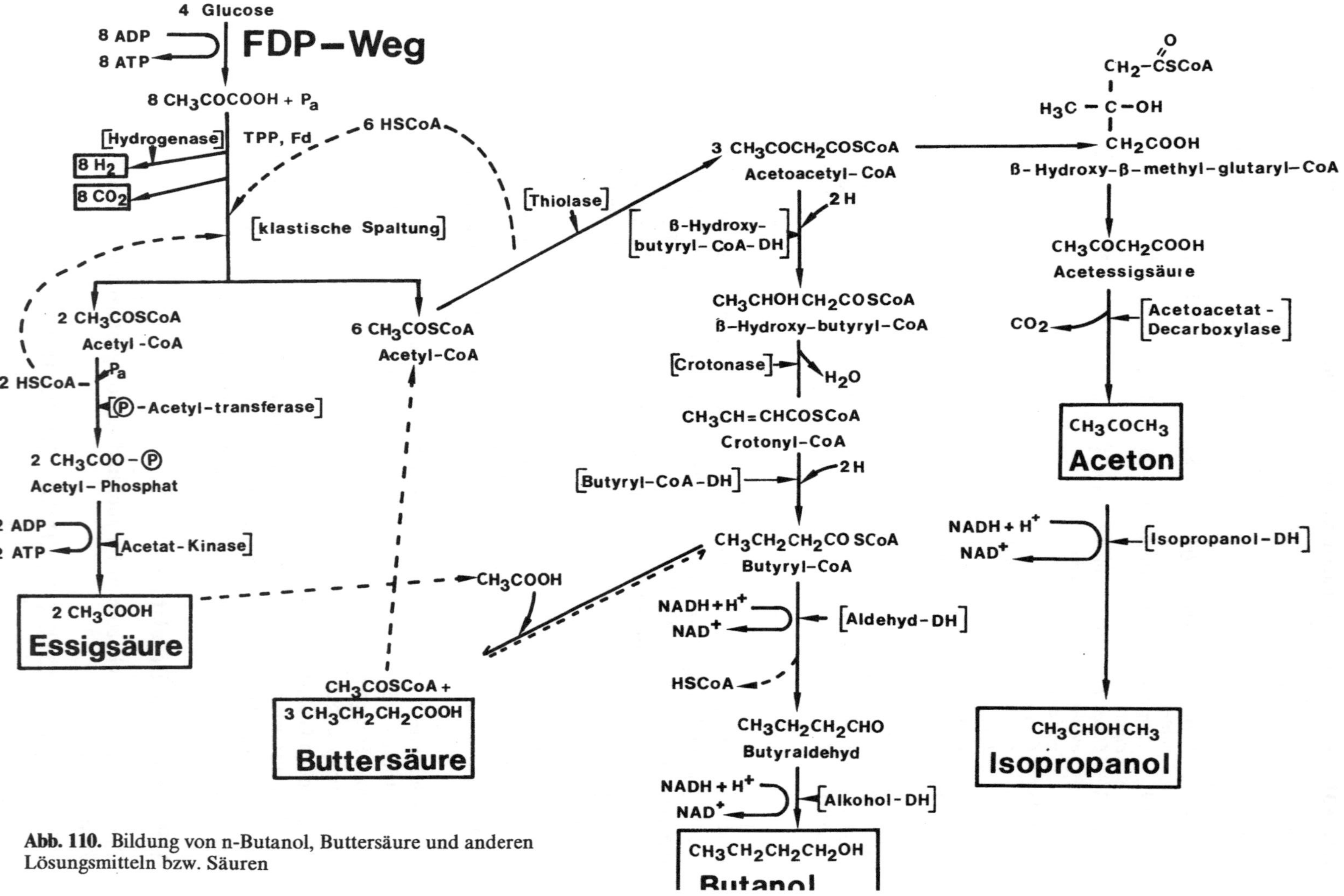

Abb. 110. Bildung von n-Butanol, Buttersäure und anderen Lösungsmitteln bzw. Säuren

Besonders durch die Arbeiten von Barker et al. (Literatur vgl. Ross, 1961) sind wichtige Schritte der Buttersäure-Butanol-Aceton-Gärung aufgeklärt worden. Die Abb. 110 zeigt die wichtigsten Reaktionsschritte.

Der molekulare Wasserstoff entsteht vor allem bei der „phosphoroklastischen" Spaltung des Pyruvats, an der Ferredoxin (Fd) beteiligt ist. Durch eine Hydrogenase wird molekularer H_2 aus Fd_{red} gebildet. Einzelheiten dieser Reaktion sind aus der Zusammenstellung von Bruchmann (1976) zu entnehmen.

Zu Beginn der Butanol-Aceton-Gärung wird von *C. acetobutylicum* und *C. butylicum* sehr viel Säure, besonders Buttersäure gebildet. Durch die starke Säureproduktion wird Acetoacetat-Decarboxylase (Acetoacetat-carboxy-lyase) induziert, die eine vermehrte Bildung von Aceton $+ CO_2$ katalysiert. Damit geht zunächst Crotonyl-CoA als H-Akzeptor verloren, und Buttersäure bzw. vorhandenes Butyryl-CoA werden zu Butanol reduziert. Buttersäurebildung einerseits sowie Butanol- und Acetonbildung andererseits hängen also eng miteinander zusammen (Abb. 110).

Die Butanol-Acetonbildung läßt sich als eine Regulation überstarker Säurebildung ansehen. Einige Stämme besitzen die Isopropanol-DH, mit der sie Aceton zu Isopropanol reduzieren können.

Im alkalischen Gebiet (z. B. bei Zusatz von $CaCO_3$) bildet auch *C. acetobutylicum* wie *C. butyricum* viel Buttersäure (Tabelle 38).

Tabelle 38. Butanol-Aceton-Gärung von *C. acetobutylicum* in Gegenwart und Abwesenheit von $CaCO_3$ (nach Schlegel, 1976)

Gärprodukte	mg Produkt aus 50 ml einer 6%igen Maisstärkemaische	
	ohne $CaCO_3$	mit $CaCO_3$
Buttersäure	32,4	630
Butanol	411,5	45,7
Essigsäure	102,1	230,7
Äthanol	44,5	22,4
Aceton	222,3	13,2

4. Herstellungstechnik

Je nach der Zusammensetzung des Substrates verwendet man verschiedene Verfahren zur Herstellung von Butanol-Aceton.

Es sind praktisch sämtliche Zucker zur Butanol-Aceton-Herstellung geeignet. In vielen Fällen verwendet man Stärke als Gärsubstrat. Neben Mais und Melasse sind Sulfitablaugen (vgl. Müller, 1957), Holzzucker (Leonhard et al., 1947; Kalnina et al., 1961), xylosehaltige Zuckerlösungen, die aus Maiskolben hergestellt werden (Langlykke et al., 1948), Citrusmelassen, Topinambur (Wendland et al., 1941), Zukkersirup mit Mehlschrot (SU-Pat. 364.664, 1972) sowie andere Abfallprodukte als Ausgangsstoffe zur Vergärung geeignet (Nakhmanovich et al., 1963). Viele der zuletzt genannten Stoffe muß man durch Zusatz von Getreidemehl oder -kleie für die Clostridien vergärbar machen.

Die Konzentrationen der Rohstoffe an vergärbarem Material müssen zwischen 3% und 8% liegen. Höhere Konzentrationen lassen sich im allgemeinen nicht vergären, weil entweder Rohstoffe oder Gärungsprodukte toxisch sein können. Durch Zusatz von Castoröl lassen sich aber viele der entstandenen Gärprodukte lösen und dadurch physiologisch unschädlich machen, so daß man hierdurch oder mit Hilfe ähnlicher Zusätze die Anteile an vergärbaren Kohlenhydraten bis zu 15% steigern kann.

Clostridien benötigen immer organische Stickstoffquellen zu ihrer Entwicklung. Ammoniumsalze sind nur dann ausreichend, wenn gleichzeitig genügend Proteinstickstoff gegeben wird. Für die technische Gärung verwendet man Extraktrückstände des Baumwollsaatmehls, von Sojabohnen, ferner Casein, Fischprotein, Copra, Weizenkleber und Hefeeiweiß als Stickstoffquellen. Bei einem Kohlenhydrat-Stickstoffverhältnis von etwa 5 : 1 werden hohe Ausbeuten erhalten. Ganz besonders bei der Vergärung von Melasse zu Butanol und Aceton muß der Stickstoff ergänzt werden; es wird meistens Ammoniumsulfat (4% – 6% bezogen auf Zucker) zugesetzt.

Phosphat ist in vielen Fällen zu ergänzen; die Clostridien benötigen für eine gute Entwicklung 0,2% – 0,4% P_2O_5, bezogen auf das Gewicht der vorliegenden Kohlenhydrate. Wird Maismehl vergoren, muß auch Kalium zugesetzt werden.

Biotin und p-Aminobenzoesäure (Lampen und Peterson, 1943) sowie p-Aminophenylalanin (GB-Pat. 572.763, 1941; GB-Pat. 753.216, 1943) steigern die Ausbeute an Gärprodukten wesentlich, ebenso fördert ein Zusatz von L-Asparagin- und Glutaminsäure die Vergärung von Stärke zu Butanol-Aceton.

a) Vergärung von Mais zu Butanol und Aceton

Die Vergärung von Mais zu Butanol und Aceton hatte die größte Bedeutung erlangt. Sie wird folgendermaßen durchgeführt (vgl. Beesch, 1953):

Herstellung des **Substrates**: Das Maismehl wird im Einmaischbehälter mit so viel Wasser versetzt, daß die Konzentration der vergärbaren Kohlenhydrate etwa 6% – 8% beträgt. Dann wird die Masse unter dauerndem Rühren in großen Kochern zwei Stunden bei 1,5 atü – 2,5 atü sterilisiert. Durch diesen Prozeß wird das Substrat nicht nur sterilisiert, sondern auch gleichzeitig die Stärke verkleistert.

Die sterile Maische wird jetzt unter aseptischen Bedingungen und gleichzeitiger Abkühlung in die Gärbottiche gepumpt. Je geringer die Menge der Keime, mit denen beimpft wird, ist, desto sorgfältiger muß auf die Sterilität des Gärsubstrates geachtet werden. Eine Verzuckerung des stärkehaltigen Materials ist nicht nötig, da die Clostridien genügend Amylasen besitzen.

Impfkultur. Die Kultur von *Clostridium acetobutylicum* wird in mehreren Stufen so lange gezüchtet, bis sie einen 5000 l Tank gut vergärt; mit dieser Menge kann

Konserve	I	II	III	IV	V	VI
↓						
Aktivierung der Kultur →	20 ml → Sporenkultur, Pasteurisation	100 ml → Kolbenkultur	500 ml → Kolbenkultur mit Maismaischezusatz	6 l →	200 l →	3500 l – 5000 l Vorfermenter

Maismaische

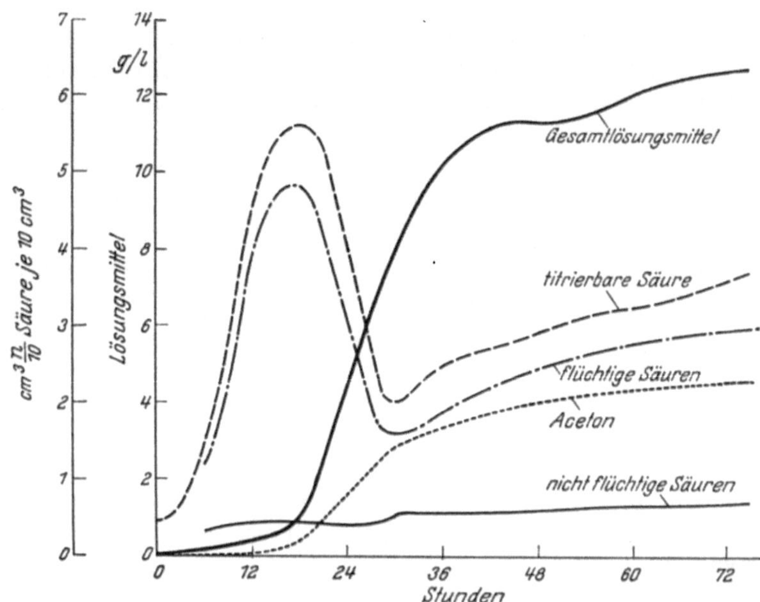

Abb. 111. Verlauf der Aceton-Butanol-Gärung (Bernhauer, K.: Gärungschemisches Praktikum S. 193. Berlin: Springer, 1939)

dann der eigentliche Gärtank beimpft werden. Die Reinheit des Stammes muß nach jeder Passage kontrolliert werden.

Das Schema zeigt die zur Erhaltung von ausreichenden Keimen notwendigen Passagen.

Gärvorgang. Etwa 2 Std. – 3 Std. nach der Beimpfung setzt die Gärung unter lebhafter Gasentwicklung ein. Sie wird bei 30 °C – 32 °C durchgeführt und ist streng anaerob. Der Tank wird aus diesem Grund – ganz besonders zu Beginn der Gärung – dauernd unter CO_2 gehalten, denn die geringsten Sauerstoffmengen rufen schon starke Beeinträchtigungen der Gärung und Verluste in der Ausbeute hervor. Der optimale pH-Bereich liegt zwischen 5 und 6, aber auch bei pH-Werten zwischen 4 und 8 sind noch Butanol-Aceton-Gärungen möglich. Allerdings verringern sich die Ausbeuten unter diesen Bedingungen – besonders im alkalischen Gebiet – stark. Während der Gärung säuert sich das Substrat an und muß mit NH_3 wieder auf die gewünschten Werte eingestellt werden. Normalerweise läuft die Gärung in drei Phasen ab (vgl. Abb. 111).

1. In der ersten Phase erreicht die Acidität zumeist nach 13 Std. – 17 Std. ihr Maximum durch die Produktion größerer Mengen an Buttersäure und Essigsäure. Es findet eine lebhafte Gasentwicklung statt, bei der anfangs die Wasserstoffbildung überwiegt. Die Clostridien entwickeln sich sehr intensiv; die gebildeten Zellen sind grampositiv.

2. In der zweiten Phase fällt die Acidität scharf ab. Gleichzeitig werden Butanol und Aceton gebildet. Die Gasentwicklung ist auf ihrem Höhepunkt, es wird aber im Gegensatz zur ersten Phase jetzt überwiegend CO_2 gebildet. Die Zahl der Clostridien nimmt zwar immer noch zu, aber auch die Zahl der Sporen erhöht sich stark.

Der pH-Wert, der in den ersten Stunden von 6 auf etwa 5 gefallen war, bleibt jetzt konstant, da viel puffernde Substanzen im Substrat vorliegen.

3. In der dritten Phase wird wieder etwas mehr Säure gebildet, und es tritt eine Verlangsamung der Produktion von Butanol und Aceton ein. Auch die Gasentwicklung wird geringer. Der gesamte Gärvorgang ist nach etwa 48 Std. – 72 Std. beendet. Während der Gärung muß durch eine dauernde Betriebskontrolle der Vorgang überwacht werden. Das Verfahren ist in der Abb. 112 schematisch wiedergegeben.

Aufarbeitung. Butanol und Aceton befinden sich zum größten Teil im Kultursubstrat, das zur Gewinnung der Lösungsmittel in einer kontinuierlich arbeitenden Destillationskolonne abdestilliert wird. Hierbei gehen praktisch sämtliche erwarteten Produkte in das Destillat, das nun schon ein Rohprodukt von etwa 50% der zu gewinnenden Lösungsmittel ist. Durch fraktionierte Destillation werden die Produkte anschließend immer weiter gereinigt.

Der als Schlempe bezeichnete Rückstand enthält etwa 1% Feststoffe, die durch Filtration und Sieben abgetrennt werden und nach Trocknung ein gutes, besonders Vitamin B_2-haltiges, allerdings eiweißarmes Futter ergeben. Der niedrige Eiweißgehalt wird für Fütterungszwecke häufig durch Zusatz von proteinhaltigem Futter kompensiert.

Die Gase, die während des Gärvorganges gebildet werden, reißen einen Teil der Lösungsmittel mit sich. Zur Gewinnung dieser Substanzen werden die Gase über einen Kühler in Adsorber geleitet (z. B. Aktivkohle). 100 000 m³ Gas ergeben etwa 1 t Lösungsmittel (ein Gemisch aus 55% Aceton, 22,4% Butanol und 22,4% Äthanol), das durch Fraktionierung gereinigt wird.

Die Gesamtausbeute an Lösungsmitteln beträgt bei der Maisvergärung aus je 100 kg Stärke etwa: 11 kg Aceton, 22,5 kg Butanol und 2,7 kg Nebenprodukte, vorwiegend Äthanol. Daneben entstehen 36 m³ CO_2 und 24 m³ H_2.

b) Vergärung von Melasse zu Butanol und Aceton

Auch Melasse ist für die Butanol-Aceton-Gärung eingesetzt worden (Literatur vgl. Schoedler, 1958; Harada, 1961 und besonders Ross, 1961; Abou-Zeid et al., 1976).

Bei Verwendung von *Clostridium acetobutylicum* muß der Melasse eine bestimmte Menge an Maismehl zugesetzt werden, um günstige Gärbedingungen für die Mikroorganismen zu schaffen. *C. saccharobutylicum,* besonders aber auch *C. madisonii* und *C. saccharoacetobutylicum* sind für diese Vergärung geeignet (Beesch, 1952). Diese drei Bakterienarten können Melasse nach Zusatz von Stickstoff und Phosphat ohne Stärkezusatz vergären. Die Vermehrung der Impfkulturen ist ähnlich wie die bei der Maisvergärung. Man setzt den Nährlösungen für die Vermehrungskulturen immer etwas Melasse zu, um die Clostridien an das Substrat zu gewöhnen.

Die Melasse wird mit Wasser und Dampf auf einen Zuckergehalt von 5% – 7% verdünnt. Bei Verwendung von Invertmelasse werden noch Superphosphat oder Monoammoniumphosphat (etwa 0,3% des Zuckers) zugesetzt. Darauf wird die Maische – zumeist kontinuierlich – sterilisiert und in die Gärtanks gepumpt.

Um die Gärung schnell in Gang zu bringen, wird zunächst nur ein Teil der zu vergärenden Flüssigkeit in den Tank gepumpt und der Rest nach begonnener Gärung portionsweise nachgefüllt, so daß bei diesem Material, das zögernder als Mais-

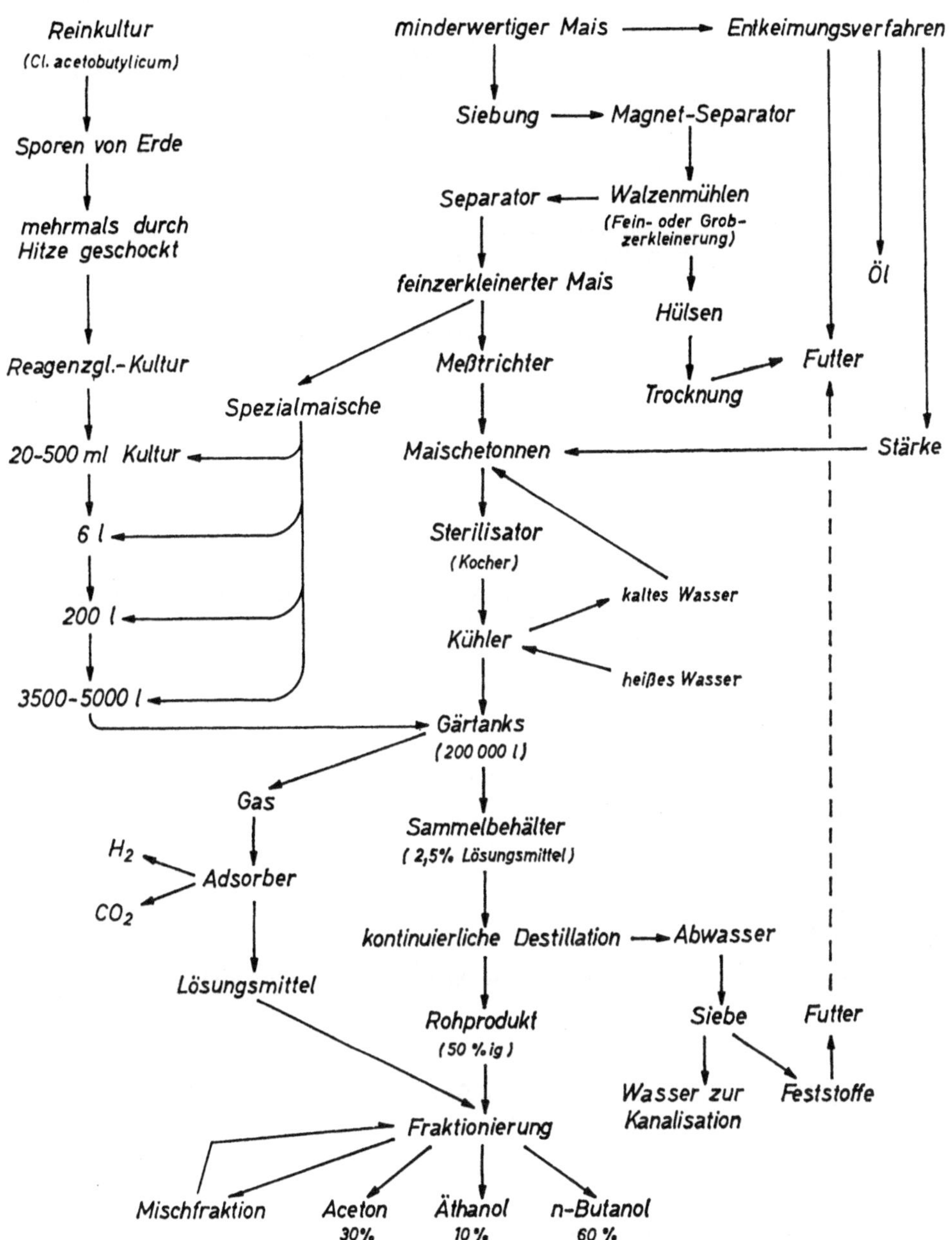

Abb. 112. Herstellung von Aceton-Butanol aus Mais

und Reisstärke vergoren wird, die Gärung zeitweise kontinuierlich abläuft; dadurch verschieben sich auch die drei Gärphasen etwas ineinander.

Man beginnt beim pH-Wert von 6,7, der schnell auf 5,2 – 5,6 abfällt, wo man ihn während der Gärung zu halten versucht. Die Temperaturführung wird zumeist durch Kühlung erreicht.

Die Aufarbeitung ist ebenso wie die bei der Maisvergärung. Die Ausbeute beträgt auf 100 kg Zuckerrohrmelasse, die etwa 57 kg Rohrzucker + Invertzucker ent-

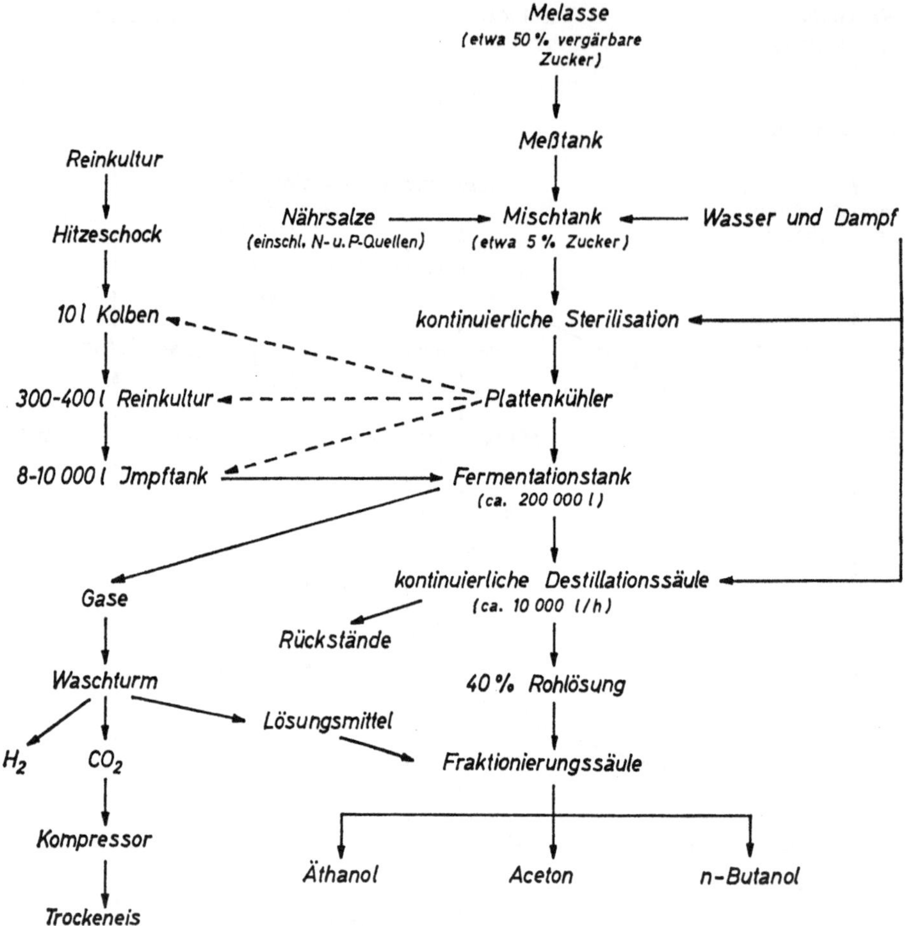

Abb. 113. Herstellung von Aceton-Butanol aus Melasse (Ullmann's Encyklopädie d. techn. Chemie, Bd. 4, S. 787, 1953)

hält, 4,9 kg Aceton, 11,5 kg Butanol, 0,5 kg Äthanol, 32,1 kg CO_2 und 0,8 kg H_2. Als Trockenschlempe bleiben 28,6 kg zurück.

Die Abb. 113 zeigt eine Übersicht über das Gärungsverfahren.

c) Kontinuierliche Vergärung zu Butanol und Aceton

Da Clostridien in ihrem Gärvermögen schnell degenerieren, hat man zunächst angenommen, daß kontinuierliche Verfahren nicht möglich seien. Jedoch gelang es Dyr et al. (1958), mit *Clostridium acetobutylicum* eine kontinuierliche Vergärung in einer 5 l-Tank-Apparatur durchzuführen. Von diesem ließ man den Überfluß in den nächstfolgenden Tank (etwa 0,3% des Tankinhaltes des Gärtanks) fließen und von dort in den nächsten Tank. Auf diese Weise konnte man fünf Tanks in hoher Aktivität halten, denn in den ersten Tanks wurde nun langsam kontinuierlich neue Maische hinzugefügt, so daß das ganze System kontinuierlich floß. Dabei mußte vermieden werden, daß sich größere Mengen an Lösungsmitteln ansammelten, um die Entwicklung der Clostridien nicht zu stark zu schädigen. Nach diesem Verfahren betrug die Ausbeute 33% – 35%. Die Zuckervergärung dauerte im kontinuierlichen Verfahren nur 30 Std., während sie im diskontinuierlichen Verfahren 96 Std. – 100 Std. dauerte. Dabei waren die Mengen an Butanol und Äthanol vermehrt, die an Aceton vermindert.

Jerusalemskii (1958) hat *C. acetobutylicum* an höhere Butanol-Konzentrationen adaptiert (mehr als 2,5% Butanol) und damit möglicherweise eine weitere Grundlage zur kontinuierlichen Zucht dieser Mikroorganismen geschaffen. Es gibt auch Verfahren, die mit einer Batterie von elf Fermentationstanks arbeiten (Nakhmanovich, 1960) und solche, bei denen man mit zwei verschiedenen Nährlösungen arbeitet, um die Clostridien immer in der aktiven Phase zu erhalten (Yarovenko et al., 1962; SU-Pat. 280.408, 1970). Weiterhin ist es möglich, in einem Fermenter mit Überlauf eine kontinuierliche Produktion von Butanol und Aceton durchzuführen. Die Ausbeuten sollen dabei um 20% im Vergleich zum diskontinuierlichen Verfahren gesteigert werden (Yarovenko, 1964).

5. Kontrolle der Gärung

Während des Gärungsablaufes sind eine fortwährende Kontrolle und eine Steuerung des Gärvorganges notwendig:

1. Kontrolle der titrierbaren Acidität und des pH-Wertes: Feststellung der Phase des Gärvorganges, evtl. pH-Korrektur durch Zugabe von NH_3.
2. Kontrolle der Gasbildung: Feststellung von Fehlgärungen.
3. Mikroskopische Untersuchung auf Fremdkeime: Infektionen durch *Lactobacillus leichmannii*, *L. gracilis*, *L. intermedius* und *Streptococcus lactis*.
4. Kontrolle der Clostridien auf Bakteriophagen.

6. Gärungsnebenprodukte

Bei der Butanol-Aceton-Gärung durch Clostridien entstehen neben Butanol und Aceton auch Äthanol, Buttersäure und Essigsäure. Schließlich bildet sich ein „Fuselöl" bei der Gärung, es ist das sog. „gelbe Öl", das man auch als „Butanolöl" bezeichnet. Es macht etwa 0,5% der Lösungsmittel aus und enthält neben Resten von n-Butanol noch Iso-Amylalkohol, n-Hexylalkohol, n-Decylalkohol, Phenyläthylalkohol und n-Buttersäure, Capronsäure, Caprylsäure- und Caprinsäureester. Man kann bei genügender Menge des Fuselöls die betreffenden Stoffe durch fraktionierte Destillation, Adsorption oder andere geeignete Verfahren gewinnen. Wenn z. B. in einem Betrieb 1000 t der Lösungsmittel erzeugt worden sind, so sind dabei 5 t Butanolöl angefallen, die eine Aufarbeitung lohnend machen.

7. Verwendung von Butanol und Aceton

Butanol und Aceton werden als Lösungsmittel für Lacke und viele andere organische Stoffe verwendet. Sie dienen weiterhin als Ausgangsstoff für die Herstellung von Explosivstoffen. Bei Lacken wird durch Zusatz von Butanol ein schleierfreies Austrocknen gewährleistet. Harze werden in Butanol sehr gut gelöst. In der Papierindustrie wird n-Butanol als Antischaummittel angewandt, auch als Grundstoff zur Herstellung vieler Netz- und Emulgierungsmittel hat Butanol eine Bedeutung. In der Analytik wird n-Butanol besonders für chromatographische Methoden verwendet.

Die wirtschaftliche Bedeutung einer mikrobiellen Herstellung von Butanol und Aceton ist aus verschiedenen Gründen schwankend gewesen. Der Mangel an Naturkautschuk und die erfolgreiche Polymerisation von Isopren und Butadien zur Herstellung von künstlichem Kautschuk gaben schon vor dem ersten Weltkrieg den Anstoß zur gärungstechnischen Gewinnung von n-Butanol. Dann führte im ersten Weltkrieg der große Bedarf an Butanol und Aceton zur Erzeugung von Explosivstoffen zur Gründung einer größeren Anzahl von Butanol-Aceton-Gärungsanlagen in England, Frankreich, Kanada und später auch in den USA.

Viele Fabriken mußten nach dem ersten Weltkrieg wieder geschlossen werden, weil Butanol durch die Anlage neuer Kautschukplantagen nicht mehr abzusetzen war. Durch die dann schnell erfolgende Entwicklung der Autoindustrie und dem damit verbundenen großen Bedarf an Lacken wurde auch der Bedarf an Butylacetat und Butanol wieder größer, so daß besonders in den USA viele neue Fabriken entstanden, die diese Produkte auf gärungstechnischem Wege erzeugten.

Bis zur Herstellung von Antibiotica nahm die Butanol-Aceton-Gärung unter den mikrobiologischen Verfahren – nach der Herstellung von Alkohol durch Hefen – den zweiten Platz ein. Gegenwärtig befinden sich nur in Ostblockländern und anscheinend auch in Ägypten Gäranlagen in Betrieb (Hastings, 1978).

Heute ist die Butanol-Aceton-Herstellung durch Gärung nicht mehr wirtschaftlich. Die erhöhten Kosten der Verfahren auf petrochemischer Basis mögen aber die mikrobiologischen Herstellungen wieder rentabel machen, denn ca. 60% der Produktionskosten entfallen hierbei auf die Rohstoffe. Eine computergesteuerte sichere Fermentation mit billigen Ausgangssubstraten und geringen Personalkosten könnte die Butanol-Aceton-Herstellung durch Gärung wieder beleben (Perlman, 1977), zumal ein hohes biotechnologisches „know how" bereits vorhanden ist.

8. Butanol-Isopropanol-Gärung

Die Butanol-Isopropanol-Gärung ist der Butanol-Aceton-Gärung sehr ähnlich, eine industrielle Anwendung ist aber wirtschaftlich nicht interessant, da der Bedarf an Isopropanol auf andere Weise gedeckt werden kann.

Für die Herstellung dieser Substanzen werden Stämme von *C. butylicum* mit besonders aktiver Isopropanol-DH verwendet. Für einen guten Verlauf der Gärung sind geeignete Stickstoffquellen notwendig. Hier haben sich besonders hydrolysierte Eiweißstoffe, z. B. Peptone, Hefeextrakt, Malzkeime und Cornsteep bewährt. Das pH-Optimum der Gärung liegt bei etwa 6,0 und das Temperaturoptimum bei 37 °C. Die Konzentration an vergärbaren Kohlenhydraten sollte etwa 4% – 5% betragen.

9. Herstellung von Isopropanol aus Aceton

Aus Aceton läßt sich mit *Lactobacillus brevis v. hofuensis* in ein- oder zweistufigen Verfahren Isopropanol herstellen. Die Fermentation dauert bei 30 °C etwa zehn Tage und wird im schwach alkalischen Gebiet geführt. Aus 5 g Aceton werden 5,15 g Isopropanol erhalten (Jap. Pat. 2.658, 1961).

10. Aceton-Äthanol-Gärung

In kleinerem Maßstab hat man auch Aceton aus der Aceton-Äthanol-Gärung mit *Bacillus macerans* gewonnen. Eine praktische Bedeutung aber hat diese Gärung bisher noch nicht gehabt.

Für diese Gärung sind praktisch sämtliche vergärbaren stärkehaltigen Rohstoffe als Substrat geeignet: Mais, Kartoffeln, aber auch Rohr- und Rübenzuckermelasse sowie Säurehydrolysate (Northrop et al., 1919) und pentosanhaltige Abfallstoffe, z. B. Maisspindeln, Kleie, Hafer- und Weizenspelzen, Erdnußschalen u. ä. (Peterson et al., 1921). Organischer Stickstoff braucht nur in den seltensten Fällen dem Substrat zugesetzt zu werden.

Die höchsten Ausbeuten an Gärprodukten werden bei pH-Werten zwischen 5,8 und 8,4 erhalten. Das Wachstumsoptimum von *B. acetoethylicum* liegt allerdings zwischen pH-Werten von 8 und 9 und damit außerhalb des optimalen Produktionsbereiches von Aceton-Äthanol. Durch pH-Änderungen läßt sich das Verhältnis der Endprodukte zueinander bedeutend verschieben. Bei pH-Werten von 5 – 6 wird die Aceton-Bildung stark gefördert, beim pH von 8,0 erhöht sich die Menge der flüchtigen Säuren bedeutend, zwischen diesen Bereichen liegt die optimale Ausbeute an Äthanol. Die Regulierung des pH-Wertes erfolgt mit $CaCO_3$. Da die Gärung bei Werten unter 5,0 nur sehr zögernd verläuft, muß unbedingt eine zu starke Ansäuerung vermieden werden.

Das Temperaturoptimum der Gärung liegt zwischen 40 °C und 43 °C. Da die Gärung nur langsam verläuft, rechnet man gewöhnlich mit fünf bis sechs Tagen für einen Ansatz. Die lange Dauer der Gärung ist ein wesentlicher Grund dafür, daß die großtechnische Anwendung nicht möglich ist. Sollte es einmal gelingen, die Gärungsgeschwindigkeit zu erhöhen, so hat diese Gärung vielleicht Aussichten auf eine technische Anwendung.

11. Buttersäuregärung

Buttersäure wird in vielen Produkten durch Gärung gebildet, die industrielle Ausnutzung dieser Gärung hat im Augenblick aber nur eine geringe Bedeutung. Buttersäurebakterien sind die Ursache vieler Verderbserscheinungen, z. B. bei der Hefefabrikation, in der Käse- und Konservierungsindustrie, bei der Milchsäuregärung, bei der Silage von Futter u. a.

Das wichtigste buttersäurebildende Bakterium ist *Clostridium butyricum* (*Bacillus amylobacter*). Die schlanken $3\,\mu – 4\,\mu$ langen Stäbchen enthalten Granulose (Stärke) und lassen sich daher mit Jod ganz oder teilweise blau färben; sie kommen im Erdboden vor.

Auf dem Gärungswege wird immer n-Buttersäure und nicht Isobuttersäure gebildet. n-Buttersäure ist eine farblose Flüssigkeit und im Fett der Butter vorhanden. Sie hat als freie Säure einen unangenehmen, ranzigen Geruch und bildet sich in vielen biochemischen Prozessen.

Auf chemischem Wege läßt sich Buttersäure durch Oxidation von n-Butanol oder n-Butyraldehyd herstellen. Die Bruttogleichung einer idealen Buttersäuregärung lautet:

$$\underset{\text{Glucose}}{C_6H_{12}O_6} \rightarrow \underset{\text{Buttersäure}}{CH_3CH_2CH_2COOH} + 2\ CO_2 + 2\ H_2 + 72{,}83\ \text{kJoule}$$

Bei der Buttersäurebildung wird das Butyryl-CoA nicht zum Butanol dehydriert, sondern zur Buttersäure umgewandelt (vgl. Abb. 110).

Neben Buttersäure dürften nach dieser Gleichung nur CO_2 und H_2 entstehen. Bei der Gärung bildet sich jedoch immer Essigsäure in mehr oder weniger großer Menge.

Zur Buttersäuregärung wird die Impfkultur unter CO_2 in verzuckerter Reisstärke angezüchtet. Die eigentliche Gärung erfolgt in mit Rührwerken versehenen Gärtanks. $CaCO_3$ wird zu Beginn zugefügt, um die annähernd neutrale Reaktion zu erhalten, bei der die Gärung optimal verläuft. Das $CaCO_3$ soll die gebildete Buttersäure und die daneben entstehende Essigsäure neutralisieren. Borsäure beeinflußt das Verhältnis von Buttersäure zu Essigsäure zugunsten der Buttersäure und intensiviert gleichzeitig den Gärungsverlauf (Voicu, 1963).

Es lassen sich alle Stärkearten (z. B. Kartoffel-, Mais- und Reisstärke) nach Verkleistern und Verzuckern mit Malz gut vergären. Obwohl die Clostridien Stärke vergären können, ist eine vorherige Verzuckerung der Stärke mit Amylase zweckmäßig, um die Gärung, die ohnehin nicht sehr schnell vonstatten geht, zu beschleunigen. Auch Melasse und Sulfitablaugen sind nach entsprechendem Zusatz anorganischer Salze geeignet. Für die Vergärung von Sulfitablaugen existiert ein kontinuierliches Verfahren. Die eigentliche Gärung dauert sechs bis acht Tage. Das Temperaturoptimum liegt zwischen 35 °C und 40 °C. Die Ausbeute beträgt 30 % – 41 % Buttersäure und 3,3 % – 8,9 % Essigsäure, berechnet auf die gegebene Menge an Kohlenhydraten.

Buttersäure wird aus dem erhaltenen Ca-Butyrat mit Schwefelsäure ausgetrieben und durch fraktionierte Destillation im Vakuum gereinigt. Als Nebenprodukte entstehen kleinere Mengen höherer Fettsäuren, besonders Capronsäure, Capryl- und Caprinsäure, die ebenfalls gewonnen werden können.

Es gibt *Clostridium*-Arten, z. B. *C. kluyveri,* die in der Lage sind, aus Äthanol in Gegenwart von Essigsäure nahezu quantitativ Capronsäure zu bilden. Daneben entstehen etwas Methan, Hexanol und H_2, etwa nach der folgenden Gleichung (Kitahara und Murato, 1948, 1951):

$$3\ \underset{\text{Äthanol}}{CH_3CH_2OH} + \tfrac{1}{2}\ CO_2 \rightarrow \underset{\text{Capronsäure}}{C_5H_{11}COOH} + \underset{\text{Methan}}{\tfrac{1}{2}\ CH_4} + 2\ H_2O - 178{,}30\ \text{kJoule}$$

Die wirtschaftliche Bedeutung der Herstellung von Buttersäure auf mikrobiologischem Wege ist nur gering. In Frankreich wird ein Lösungsmittelgemisch der Ca-Salze von Buttersäure und Essigsäure verkauft. Dieses Gemisch wird als Ketol bezeichnet und hat eine Bedeutung als Antiklopfmittel für Motortreibstoffe.

Buttersäure wird zur Herstellung von Celluloseacetylbutyrat in der Kunststoffindustrie verwendet und dient zur Herstellung von Estern in der Parfümindustrie.

Literatur

Abou-Zeid, A. A., Fouad, M., Yassein, M.: Indian J. Exp. Biol. *14*, 740 – 741 (1976)
Beesch, S. C.: Ind. Eng. Chem. *44*, 1677 – 1681 (1952)
Beesch, S. C.: Appl. Microbiol. *1*, 85 – 95 (1953)
Bergey's Manual of Determinative Bacteriology, 8th ed. Baltimore: Williams & Wilkins Co. 1975
Bruchmann, E.-E.: Angewandte Biochemie. Stuttgart: Eugen Ulmer 1976
Dyr, J., Protiva, J., Praus, R.: Contin. Cult. Microorg. Prague Symp. 210 (1958)
Harada, R.: Hakko Kyokaishi *19*, 673 (1961)
Hastings, J. J. H.: In: Economic microbiology. Rose, A. H. (ed.), Vol. 2, pp. 31 – 45. London, New York: Academic Press 1978
Hongo, M., Murata, A.: Agric. Biol. Chem. *29*, 1135 – 1139 (1965)
Hongo, M., Murata, A., Kono, K., Kato, F.: Agric. Biol. Chem. *32*, 27 – 33 (1968)
Jerusalemskii, N. D.: Contin. Cult. Microorg. Prague Symp. 62 (1958)
Kalnina, V., Vedernikov, N. A., Nakhmanovich, B. M., Senkevich, V. V.: Latv. PSR Zinat. Akad. Vestis Kim. Ser. *1961*, 269
Kitahara, K., Murato, U.: J. Fermentationstechnol. Jpn. *26*, 341 (1948), *29*, 41, 119, 173 (1951)
Kluyver, A. J.: London: Univ. London Press 1931
Kutzner, H. J.: Zentralbl. Bakteriol. Parasitenkd. Abt. I. Suppl. *1*, 363 – 394 (1965)
Lampen, J. O., Peterson, W. H.: Arch. Biochem. *2*, 443 (1943)
Langlykke, A. F., van Lanen, J., Fraser, D. R.: Ind. Eng. Chem. *40*, 1716 (1948)
Lek, J. B. van der: Ph. D. Thesis Tech. Hoogeschool, Delft, Holland 1930
Leonhard, R. H., Peterson, W. H., Ritter, G. J.: Ind. Eng. Chem. *39*, 1443 – 1445 (1947)
Müller, H. P.: Dissertation Zürich (1957)
Nakhmanovich, B. M.: Inst. Mikrobiol. Akad. Nauk SSSR *1958*, 110 (1960)
Nakhmanovich, B. M., Kameneva, L., Kalnina, V.: Latv. PSR Zinat. Akad. Vestis *1963*, 120
Northrop, J. H., Ashe, L. H., Senior, J. K.: J. Biol. Chem. *39*, 1 – 21 (1919)
Osburn, O. L., Brown, R. W., Werkman, C. H.: J. Biol. Chem. *121*, 685 (1937)
Perlman, D.: ASM News *43*, 82 – 89 (1977)
Peterson, W. H., Fred, E. B., Verhulst, J. H.: Ind. Eng. Chem. *13*, 757 – 759 (1921)
Rehm, H. J.: Industrielle Mikrobiologie. Berlin, Heidelberg, New York: Springer 1967
Ross, D.: Prog. Ind. Microbiol. *3*, 71 – 90 (1961)
Sarathchandra, S. U., Barker, A. N., Wolf, J.: In: Spore research. Barker, A. N., Gould, G. W., Wolf, J. (eds.), pp. 207 – 231. London, New York: Academic Press 1974
Schlegel, H. G.: Allgemeine Mikrobiologie. Stuttgart: Georg Thieme 1976
Schoedler, K.: Zucker *17*, 399 (1958)
Stüssi, D. B.: Landwirtsch. Jahrb. Schweiz *1961*, 579 – 632
Voicu, J.: Acad. Repub. Pop. Rom. Stud. Cercet. Biol. Ser. Biol. Veg. *15*, 251 (1963)
Wendland, R. T., Fulmer, E. I., Underkofler, L. A.: Ind. Eng. Chem. *33*, 1078 – 1081 (1941)
Wilkinson, J. F., Rose, A. H.: In: Biochemistry of industrial microorganisms. pp. 379. London, New York: Academic Press 1963
Yarovenko, V. L.: Contin. Cult. Microorg. *2*, 205 (1962)
Yarovenko, V. L., Nakhmanovich, B. M., Shcheblykin, N. P.: Spirt. Promst. *28*, 11 (1962)

Kapitel 21   Polyole

I. Glycerin

1. Allgemeines und Mikroorganismen

Glycerin wurde 1779 von Scheele bei der Verseifung von Olivenöl entdeckt. Die erste chemische Synthese von Glycerin wurde von Friedel (1872) durchgeführt.

Glycerin wird von *Saccharomyces cerevisiae* bei der alkoholischen Gärung neben dem Äthanol in mehr oder weniger großer Menge gebildet (ca. 2,5% –4%). Besondere Hefearten, z. B. *Zygosaccharomyces acidifaciens,* sind in der Lage, normalerweise neben dem Äthanol bis zu 32% Glycerin (berechnet auf den Glucoseverbrauch) zu bilden (Nickerson und Carroll, 1945). Die osmophilen Hefen *Saccharomyces rouxii* und *S. mellis* können Glucose bis zu 50% und mehr in Glycerin umwandeln. *Pichia farinosa,* andere *Pichia*-Arten sowie *Hansenula-, Debaryomyces-, Candida-* und auch *Torula*-Arten sollen ebenfalls zur Bildung von Glycerin und anderen Polyalkoholen befähigt sein (Neish et al., 1948; Spencer et al., 1957; Jap. Pat. 12.450, 1962).

Auch Bakterien bilden unter geeigneten Bedingungen Glycerin (vgl. Kap. 3), haben aber für eine biotechnologische Glycerinherstellung niemals eine echte Bedeutung gehabt (Literatur vgl. Rehm, 1967).

Die Herstellung von Glycerin erfolgt heute weitgehend auf chemischem Wege. Mit mikrobiologischen Verfahren wurde besonders im ersten und im zweiten Weltkrieg Glycerin in großer Menge erzeugt. Literatur über die Glycerinproduktion durch Mikroorganismen vgl. Weixl-Hofmann und v. Lacroix (1962), Rehm (1967), Spencer und Spencer (1978).

2. Biochemie und Regulation

Der größte Teil der normalen alkoholischen Gärung verläuft über Pyruvat und Acetaldehyd zum Äthanol. Ein Teil der Gärung führt über Dihydroxyacetonphosphat und D-Glycerin-3-phosphat zum Glycerin. Die alkoholische Gärung läßt sich unter bestimmten Bedingungen weitgehend zum Glycerin hin verschieben: 1. wenn schweflige Säure dem Substrat hinzugefügt wird, die den Acetaldehyd abfängt, und 2. wenn die Gärung im alkalischen Gebiet abläuft. Beim pH-Wert von 4,0 werden z. B. aus 100 mMol Glucose, 6,6 mMol Glycerin, beim pH-Wert von 7,0 bereits 22,2 mMol Glycerin aus der gleichen Menge Glucose gebildet.

Die verstärkte Glycerinbildung durch *Saccharomyces cerevisiae* bei Zusatz von Sulfit zum Substrat wird auch als der zweite Neubergsche Weg der Gärung bezeichnet. Dieser geht nach der folgenden Summenformel vor sich:

$$C_6H_{12}O_6 + NaHSO_3 \rightarrow \overset{\displaystyle CH_2OH}{\underset{\displaystyle CH_2OH}{\mid}} CHOH + CH_3CHO - NaHSO_3 + CO_2$$

Der Acetaldehyd wird durch die Bildung eines Acetaldehydhydroxysulfonates mit schwefliger Säure abgefangen und kann nicht länger als Wasserstoffacceptor für das reduzierte $NADH_2$ fungieren, so daß nur noch wenig Äthanol gebildet wird. Der Wasserstoff wird dann auf Dihydroxyacetonphosphat übertragen. Es bildet sich D-Glycerin-3-phosphat, aus dem Glycerin entsteht.

Nach der angegebenen Summenformel müßten aus 100 g Glucose und 70 g wasserfreiem Natriumsulfit 51 g Glycerin und 24,4 g Acetaldehyd entstehen. Da aber neben dieser Reaktion die alkoholische Gärung in einem gewissen Maße weiterläuft, wird in der Praxis die ideale Ausbeute nicht voll erreicht werden. Berechnungen über maximale Ausbeuten vgl. Nordstrom (1966). Weiterhin wird die Hefe durch zu große Sulfitmengen auch geschädigt, so daß hierdurch eine Begrenzung der Glycerinausbeute gegeben ist. Trotzdem sind aus diesem Reaktionsablauf technisch sehr gute Ausbeuten erzielt worden, die der theoretischen Ausbeute zumindest sehr nahe kommen.

Neben dieser durch Sulfit gesteuerten Glyceringärung wird die Ausbeute an Glycerin (bei parallel laufender alkoholischer Gärung) im alkalischen Gebiet stark erhöht. Die Glykolyse wird von *S. cerevisiae* im alkalischen Gebiet nach der folgenden Summenformel durchgeführt (3. Neubergsche Form der Gärung):

$$2\,C_6H_{12}O_6 + H_2O \rightarrow 2\,\overset{\displaystyle CH_2OH}{\underset{\displaystyle CH_2OH}{\mid}} CHOH + CH_3COOH + CH_3CH_2OH + 2\,CO_2$$

Ein Teil des $NADH_2$ aus der Substratkettenphosphorylierungsreaktion der Glykolyse wird im alkalischen Milieu sofort zur Reduktion von Dihydroxyacetonphosphat verwendet. Dadurch entsteht bei der Reduktion des Acetaldehyds zum Äthanol ein starkes Defizit an $NADH_2$, so daß keine vollständige Reduktion erfolgen kann, sondern eine Dismutation von zwei Acetaldehydmolekülen in je ein Molekül Äthanol und ein Molekül Essigsäure eintritt. Durch osmophile Hefen kann dieser Weg teilweise auch im nicht-alkalischen Gebiet beschritten werden.

3. Verfahren zur Glycerinherstellung

a) Sulfit-Verfahren

Das Protolverfahren ist der wichtigste der Sulfitprozesse. Im ersten und zweiten Weltkrieg wurden in Deutschland hiernach große Mengen an Glycerin hergestellt. Es wurde von Connstein und Lüdecke (DR-Pat. 298.593-96, 1915/16) entwickelt (vgl. auch Connstein und Lüdecke, 1919).

Die Hefe wird in einer Melassenmaische, die etwa 10% Rübenzucker und 3% Natriumsulfit sowie die üblichen Nährsalze enthält, gezüchtet. Nach Sterilisation wird die Maische mit 1% Preßhefe beimpft. Die Gärung wird in großen Kesseln mit über 1000 m^3 Inhalt durchgeführt und dauert bei 30 °C – 35 °C zwei bis drei Tage. Nach dieser Zeit ist eine Gärlauge mit einem Gehalt von etwa 3% Glycerin, 2% Äthanol und 1% Acetaldehyd entstanden. Die Höhe der maximalen Ausbeute von fertigem Glycerin liegt bei diesem Verfahren bei 20%.

Es bildet sich sehr viel Hefetrockenmasse, die nach Ansäuerung des Mediums als Impfhefe nochmals verwendet werden kann. Andernfalls wird sie abgepreßt und als Futterhefe in den Handel gebracht. Bei einer monatlichen Vergärung von 6000 t Rübenzucker wurden nach diesem Verfahren 2500 t Rohglycerin und daraus 1000 t Dynamitglycerin hergestellt (vgl. Bernhauer, 1957). Nach einem verbesserten Connstein-Lüdecke-Verfahren (DR-Pat. 514.395, 1926) wurde im zweiten Weltkrieg sehr viel Glycerin produziert. Bei diesem Verfahren wurde die Hefe insgesamt für drei Gärungen verwendet. Danach mußten neue Impfhefen angezüchtet werden.

Ein ähnliches Verfahren mit säurehydrolysierter Maisstärke in Gegenwart von Natriumsulfit soll nach Patenten von Lees (1944) eine Ausbeute von 30% Glycerin ergeben. Bei diesem Verfahren wird mit Durchlüftung gearbeitet, um die Hefezellen, die in dem hier vorhandenen alkalischen Milieu durch das Sulfit stark geschädigt werden, lebensfähiger zu erhalten. Die dauernde Durchlüftung kürzt die Fermentationszeit auf etwa 22 Std. ab. Die Impfmengen an Hefen müssen sehr groß sein, um das Verfahren schnell in Gang zu bringen.

Ein Bisulfitverfahren nach Cocking und Lilly (GB-Pat. 164.034, 1919 u. US-Pat. 1.425.838, 1920) arbeitet im schwach sauren Gebiet mit einer Mischung von Natriumsulfit und Natriumhydrogensulfit. Diese Mischung ist für Hefen weniger toxisch als reines Natriumsulfit. Das Hydrogensulfit wird während der Gärung langsam zugesetzt, und es bilden sich neben NaHCO$_3$ zwei Moleküle NaHSO$_3$ nach der folgenden Gleichung:

$$Na_2SO_3 + NaHSO_3 + CO_2 + H_2O \rightarrow 2\,NaHSO_3 + NaHCO_3$$

Die entstandenen zwei Mol NaHSO$_3$ bilden mit zwei Mol Acetaldehyd ein Addukt. Durch Zusatz von Na$_2$CO$_3$ läßt sich der ganze Ablauf im schwach alkalischen Gebiet führen. Die Gärung wird verlängert und die Glycerinausbeute erhöht (Grunte et al., 1959).

In einer Reihe neuerer Patente wird der Zusatz anderer, z. T. schwerlöslicher Sulfite, wie z. B. Calciumsulfit beim pH-Wert von 5,0 oder Magnesiumsulfit beim pH-Wert von 4,7 oder Ammoniumsulfit beim pH-Wert von 6,5 empfohlen (US-Pat. 2.388.840, 1941 u. US-Pat. 2.416.745, 1941).

Eine kontinuierliche Fermentation von Glycerin ist mit *S. cerevisiae, S. ellipsoideus* möglich. Aus einer 5%igen Zuckerlösung bei alkalischer Gärungsführung (pH-Wert 6,5 – 8,0) und Natriumsulfitzusatz wurde eine Ausbeute von 51% an Glycerin (berechnet auf den fermentierten Zucker) erhalten (Fr. Pat. 1.178.479, 1959, vgl. auch Harris und Hajny, 1960).

Die Glycerinausbeute läßt sich durch Adaption der Hefen an schweflige Säure erheblich erhöhen (US-Pat. 3.158.550, 1964); auch verzuckerte Stärkeprodukte können auf diese Weise zu Glycerin vergoren werden. UV-bestrahlte Mutanten von *S.*

cerevisiae brachten wesentlich größere Glycerinausbeuten als die nicht bestrahlten Stämme (50% – 250% Erhöhung der Ausbeute) (Wright et al., 1957).

b) Alkalische Glycerinherstellungsverfahren ohne Sulfitzusatz

Eine Reihe von Verfahren ist auf der Grundlage einer Gärungsführung im alkalischen Gebiet ohne Sulfitzusatz zur technischen Herstellung empfohlen worden. Keines der Verfahren wurde aber großtechnisch ausgeführt.

Nach dem Verfahren von Eoff et al. (1919) wird eine Melassenmaische mit Hilfe von *Saccharomyces ellipsoideus* unter stufenweisem Zusatz von Soda (bis zu 5% der Maische) im alkalischen Gebiet vergoren. Die Melassenmaische kann einen Zuckergehalt bis zu 20% haben und ergibt eine Ausbeute von 20% – 25% Glycerin. Es ist möglich, nach der Vergärung den Alkohol aus der Schlempe abzudestillieren und die Schlempe nach Zusatz neuer Melasse noch einmal zu vergären. Aus dem Gesamtprodukt wird dann das Glycerin gewonnen (US-Pat. 2.430.170, 1944).

Nach anderen Verfahren (Can.Pat. 408.881, 1942; Dän. Pat. 62.582, 1942) vermehrt man die Hefe zunächst unter Belüftung stark im schwach sauren Bereich. Erst dann beginnt die Glycerinfermentation durch Zusatz neuer Melasse und Alkalisierung des Substrates. Hierbei muß mit großen Hefemengen gearbeitet werden; gewichtsmäßig werden 10% – 50% der Zuckerkonzentration, die bis zu 20% betragen kann, an Hefe notwendig.

Zur späteren Aufarbeitung des Glycerins ist es zweckmäßig, die während der Gärung entstehenden flüchtigen Stoffwechselprodukte durch Evakuieren oder durch Durchleiten verschiedener Gase, z. B. Stickstoff oder Luft, zu entfernen. Das Glycerin bleibt in der Maische zurück und läßt sich daraus leichter aufarbeiten, als wenn die anderen Stoffwechselprodukte noch im Substrat vorhanden wären (US-Pat. 2.414.838, 1943).

Bei alkalisch geführten Gärungen treten als Nebenprodukte das 1,2-Propandiol (Propylenglykol) und 1,3-Propandiol (Trimethylenglykol) durch Reduktion des Glycerins auf. Beide Produkte entstehen aber erst nach der eigentlichen Glyceringärung, möglicherweise sind sie auch bakteriellen Ursprungs (Schutt, 1927).

c) Glycerinherstellung mit osmophilen Hefen

Die Gärung wird mit *Saccharomyces rouxii* oder *S. mellis* oder *Zygosaccharomyces acidifaciens* durchgeführt. Bei Zuckerkonzentrationen von 20% – 40% müssen Stickstoffverbindungen zum Substrat zugesetzt werden (Hefeextrakt, Harnstoff, Ammoniumsulfat, Ammoniumtartrat oder auch Cornsteep-Lösung). Die Gärung dauert bei Belüftung vier bis zehn Tage. In den USA wurden nach 1945 solche Verfahren angewandt. Die Hefestämme bilden je nach der Wachstumsgeschwindigkeit neben Glycerin noch größere Mengen an D-Arabit und Erythrit. Schnell wachsende Stämme bilden sehr viel Arabit und nur wenig Glycerin, während bei einem nicht zu schnellen, kontinuierlichen Wachstum Glycerin und Erythrit, bei einem sehr langsamen Wachstum wieder besonders viel Erythrit gebildet wird (Spencer et al., 1957). Auch von *Pichia miso* und *Debaryomyces mogii* wird Glycerin neben D-Arabit und Erythrit gebildet (US-Pat. 2.986.495, 1961).

d) Glycerinherstellung mit Bakterien und Algen

Lactobacillus lycopersici bildet durch Gärung in einem Glucose-Pepton-Hefe-extrakt-Nährsalz-Substrat aus 100 kg Glucose etwa 20 kg Glycerin, 18 kg Äthanol und 40 kg Milchsäure. Dieser Gärprozeß dauert aber drei Wochen und hat daher in dieser Form keine technische Bedeutung (Nelson und Werkman, 1935).

Bacillus subtilis (nur besondere Stämme, z. B. der Ford-Stamm) bildet aerob aus einem carbonathaltigen Glucose-Hefeextrakt-Medium in acht Tagen 29,4% Glycerin, 28,1% 2,3-Butylenglykol, 11,6% Milchsäure, 2,2% Äthanol, Ameisensäure und CO_2. Auch hier dauert der Gärungsverlauf vorläufig zu lange, um technisch auswertbar zu werden (Neish et al., 1945).

Arten der halophilen Algengattung *Dunaiella,* z. B. *D. tertiolecta* und *D. parva* bilden nach Kultivierung in NaCl-haltiger Lösung intrazellulär Glycerin (0,1 g/l bis maximal 1,0 g/l). Ob sich hieraus eine technische Glycerinproduktion entwickeln läßt, bleibt abzuwarten (Williams et al., 1979).

4. Aufarbeitung

Die Gewinnung des Glycerins aus der oft sehr unreinen Maische ist wegen der völligen Mischbarkeit von Glycerin mit Wasser sehr schwierig. Weiterhin verhindert der hohe Siedepunkt des Glycerins eine einfache Aufarbeitung. Diese Schwierigkeiten „belasten" sämtliche mikrobiologischen Glycerin-Verfahren. Für die Aufarbeitung mikrobiologischer Glycerinmaischen wurden verschiedene Verfahren beschrieben, von denen nur einige wichtige angeführt werden sollen (vgl. Bernhauer, 1957; Weixl-Hofmann und von Lacroix, 1962).

1. Aus der Maische, die nach dem Protolverfahren erhalten wird, wird die Hefe abzentrifugiert und der Alkohol durch Destillation gewonnen, dann werden Sulfit, Sulfate und Phosphate als Kalksalze aus der Schlempe gefällt. Anschließend wird die Schlempe filtriert. Das neutralisierte Filtrat wird im Vakuum destilliert; noch vorhandene Salze werden auskristallisiert, und eine nochmalige Vakuumdestillation ergibt dann das reine Glycerin, das zur Dynamitherstellung verwendet werden kann. Bei dieser letzten Vakuumdestillation muß mit einem Verlust von 40% Glycerin gerechnet werden. Häufig ist keine Vakuumdestillation notwendig, und man kann direkt aus der Melassenschlempe durch Entfernung der anorganischen Salze mittels Ionenaustauscher und Entfärbung mit Aktivkohle, Einengung und ähnlichen Verfahren ein für technische Zwecke reines Rohglycerin erhalten.

2. Reinigung der vergorenen Maische durch direkte Dampfdestillation (evtl. im Vakuum): Bei diesem Verfahren tritt ein etwa 50%iger Verlust an Glycerin ein.

3. Nach einem komplizierten Verfahren wird die eingedickte Schlempe unter hohen Temperaturen versprüht. Aus den Abgasen läßt sich dann das Glycerin gewinnen.

4. Eine Extraktion der Schlempe mit verschiedenen Lösungsmitteln (z. B. Äther, Dioxan, Butanol, Isoamylalkohol, Anilin) ist ebenfalls zur Glycerinaufarbeitung empfohlen worden. Oft muß vor der Extraktion eine Vorbehandlung vorgenommen werden.

5. Verwendung

Rohglycerine enthalten meistens 78% – 85% Glycerin und dienen der Industrie häufig als Zwischenprodukte, besonders zur Herstellung von Farbstoffen, zum Feuchthalten von Tabak, als Salbengrundlagen, Gefrierschutzmittel u. v. m. Raffinierte Glycerine und destillierte Glycerine können als Dynamitglycerin und in der chemischen Industrie verwendet werden. Eine große Bedeutung haben die Ester des Glycerins.

II. 2,3-Butandiol

1. Allgemeines

Die ersten Berichte über eine 2,3-Butandiol(2,3-Butylenglykol)-Fermentation stammen von Harden und Walpole (1906). Sie beobachteten diese Gärung bei Kulturen von *Enterobacter aerogenes*. Zwanzig Jahre später entdeckte Donker (1926), daß durch *Bacillus polymyxa* bei der Vergärung von Glucose 25% 2,3-Butandiol und 19% Äthanol gebildet werden. Aber erst während des zweiten Weltkrieges führte der in den USA auftretende Kautschukmangel zur wissenschaftlichen Durcharbeitung dieser Gärung für die halbtechnische Betriebsweise, denn das 2,3-Butandiol ist ein ausgezeichnetes Ausgangsprodukt zur Butadien-Herstellung. Nach dem Kriege wurden weitere technische Möglichkeiten erschlossen. Die 2,3-Butandiol-Gärung wird gegenwärtig von einigen Industriebetrieben als Bedarfsfermentation durchgeführt, wobei freie Fermentationskapazitäten bei anfallendem Bedarf dieses Produkts ausgenutzt werden. Literatur vgl. Underkofler und Hickey (1954), Long und Patrick (1963).

2. Mikroorganismen

2,3-Butandiol wird in größeren Mengen von verschiedenen Bakterienarten gebildet.

Enterobacteriaceae: *Enterobacter aerogenes, E. cloacae, Aerobacter faeni* und *A. pectivorum* – beide Arten existieren im neuen Bergey (1975) nicht mehr und sind wohl zu *Enterobacter aerogenes* zu rechnen – sowie *Erwinia carotovora* bilden die L(+)- und die meso-Form des 2,3-Butandiols. Als Nebenprodukte treten Äthanol, Acetoin, Milchsäure und auch Ameisensäure auf. *Serratia marcescens* und *S. indica* (heute ebenfalls als *S. marcescens* bezeichnet) bilden vor allem meso- und wenig L(+)-2,3-Butandiol und nur außerordentlich wenig D(–)-2,3-Butandiol. Als Nebenprodukte entstehen Äthanol, Milchsäure und Ameisensäure.

Vibrinoaceae: Aus dieser Familie bildet *Aeromonas hydrophila* D(–)- und meso-2,3-Butandiol und als Nebenprodukt Äthanol, Milchsäure und Essigsäure.

Bacillaceae: Für eine 2,3-Butandiol-Gärung kommen nur *Bacillus*-Arten, nicht aber *Clostridium*-Arten in Frage. *Bacillus polymyxa* bildet nur D(–)-2,3-Butandiol und als Nebenprodukt besonders Äthanol und Essigsäure. *B. subtilis* bildet D(–)-

Tabelle 39. Fermentationsprodukte verschiedener Mikroorganismen bei der 2,3-Butandiol-Fermentation (Werte von Ledingham und Neish, 1954 und Bernhauer, 1953)

	Prozentuale Ausbeute der Fermentationsprodukte beim Glucoseabbau					Gärungs-art		Vergärbare Kohlen-hydrate			2,3-Butandiol-form
	Diol-H$_2$	Diol-Ameisensäure	Diol-Glycerin	Äthanol	Milchsäure	anaerob	aerob	Stärke	Hexosen	Pentosen	
Enterobacter aerogenes	52	2	–	23	2	+	+		+	+	L(+) 5% – 14%, der Rest ist meso
Aeromonas hydrophila	56	–	–	26	12	+			+	+	D(–) etwa 8%, der Rest ist meso
Bacillus polymyxa	68	–	–	33	–	+	+	+	+	+	D(–) etwa 98%, vorwiegend meso
Serratia plymuthicum *	49	2	–	23	14						D(–) etwa 98%, vorwiegend meso
Serratia marcescens	1	55	1	27	6	+	+		+		meso, etwas L(+), wenig D(–)
Serratia indica *	1	50	1	22	5		+		+		meso, etwas L(+), wenig D(–)
Serratia anolium *	1	48	1	21	4						
Bacillus subtilis (Ford-Typ)	–	–	84	3	12	+	+		+	+	D(–) etwa 40%, der Rest ist meso

* zu *Serratia marcescens* eingeordnet (Bergey, 1975)

und meso-2,3-Butandiol mit den Nebenprodukten Glycerin, Äthanol und Milchsäure. *B. mesentericus* mit den Subspecies *vulgaris, ruber* und *fuscus* bildet in aerober Fermentation L(+)-2,3-Butandiol und daneben Acetoin und etwas Äthanol.

Für technische Verfahren werden im allgemeinen *Enterobacter aerogenes* und *Bacillus polymyxa* verwendet, aber auch *B. subtilis* (Ford-Stamm) ist durch seine intensive Diolbildung interessant.

In der Tabelle 39, die bei der Darstellung der Biochemie der 2,3-Butandiolbildung angeführt ist, sind Einzelheiten über die Fermentationsprodukte wichtiger Bakterienarten angegeben.

3. Biochemie und Regulation

Es gibt von 2,3-Butandiol drei stereoisomere Formen, die sämtlich auf mikrobiologischem Wege hergestellt werden können.

Die Butandiol-Bildung geht bei den verschiedenen Mikroorganismenarten über den Weg der Acetoinsynthese. Es wird nicht ausschließlich Butandiol gebildet, sondern es treten verschiedene Nebenprodukte in mehr oder weniger großer Menge auf. Von fast allen Gärungstypen werden Äthanol, Milchsäure und CO_2 gebildet, während die Produktion von Essigsäure, Bernsteinsäure, Ameisensäure, Glycerin und Wasserstoff bei den einzelnen Arten unterschiedlich ist. Die Bildung von Ameisensäure, Glycerin und Wasserstoff haben Ledingham und Neish (1954) zum Anlaß genommen, eine Einteilung der 2,3-Butandiol-Bildner in drei Gruppen vorzunehmen:

1. „Diol-Ameisensäure-Gruppe" (Typ: *Serratia marcescens*)

$$C_6H_{12}O_6 \rightarrow CH_3CHOHCHOHCH_3 + HCOOH + CO_2$$

2. „Diol-Wasserstoff-Gruppe" (Typ: *Enterobacter aerogenes*)

$$C_6H_{12}O_6 \rightarrow CH_3CHOHCHOHCH_3 + 2\,CO_2 + H_2$$

3. „Diol-Glycerin-Gruppe" (Typ: *Bacillus subtilis*-Ford-Stamm)

$$3\,C_6H_{12}O_6 \rightarrow 2\,CH_3CHOHCHOHCH_3 + 2\,CH_2OHCHOHCH_2OH + 4\,CO_2$$

Selbstverständlich laufen die Reaktionen nicht in der angegebenen idealen Form ab, sondern die bereits erwähnten Nebenprodukte Äthanol und Milchsäure, die oft in großen Mengen neben den in den Gleichungen angegebenen Stoffwechselprodukten gebildet werden, zeigen, daß gleichzeitig andere Reaktionswege beschritten werden.

In der Tabelle 39 sind gleichzeitig die von den Mikroorganismen produzierten Isomeren des 2,3-Butandiols angegeben.

Pseudomonas lindneri (heute als *Zymomonas mobilis* beschrieben) bildet 2,3-Butandiol, ähnlich wie verschiedene *Saccharomyces*-Arten, von denen einige auch geringe Mengen an 2,3-Butandiol bilden, z. B. als Nebenprodukt bei der Vergärung von Mosten zu Wein (vgl. Dittrich, 1977). Aus zwei Molekülen Pyruvat wird nach thiaminabhängiger Decarboxylierung als Zwischenprodukt jeweils ein Acetaldehydthiamin-pyrophosphat-Komplex gebildet. Aus einem dieser Komplexe entsteht freier Acetaldehyd, der nun mit Acetaldehyd-TTP durch die Wirkung des Enzyms Carboligase zu Acetylmethylcarbinol (Acetoin) reagiert. Das Acetoin kann mit Hilfe einer $NADH_2$-abhängigen 2,3-Butandioldehydrogenase zu 2,3-Butandiol umgewandelt werden (ein Schema vgl. Rehm, 1967).

Bei den Hefen besteht eine direkte Beziehung zwischen der 2,3-Butandiolbildung und der Bildung von Glycerin als Nebenprodukt bei der alkoholischen Gärung, denn im gleichen Maße, in dem weniger Butandiol gebildet wird, erhöht sich die Bildung von Glycerin. Man nimmt an, daß dasselbe $NADH_2$ entweder zur Reduktion von Acetoin zum 2,3-Butandiol oder aber unter anderen Bedingungen zur Reduktion von Dihydroxyacetonphosphat zum Glycerinphosphat verwendet wird.

Die meisten Bakterien besitzen jedoch nicht die Carboligase, die eine direkte Bildung von Acetoin aus freiem Acetaldehyd (der von diesen Bakterien ebenfalls nicht gebildet wird) und Acetaldehyd-thiamin-pyrophosphat katalysiert. Aus einem decarboxylierten Pyruvat-Molekül wird wie bei den Hefen ein Molekül Acetaldehyd-thiamin-pyrophosphat gebildet, das mit einem Molekül Pyruvat in Gegenwart von Mn^{++} zu α-Acetyllactat kondensiert (vgl. Schema 12, Rehm 1967). Die α-Acetylmilchsäure wird anschließend decarboxyliert und es bildet sich Acetoin, das unter anaeroben Bedingungen zu 2,3-Butandiol reduziert wird.

Die 2,3-Butandiol-dehydrogenase ist bei Bakterien für die Bildung der jeweiligen stereoisomeren Verbindung spezifisch. Analog zu den milchsäurebildenden

Mikroorganismen existiert hier z. T. eine 2,3-Butandiolracemase, mit deren Hilfe eine Umwandlung der Isomeren ineinander möglich ist.

Da aber Butandiol zusammen mit Produkten gebildet wird, die bei einer gemischten Säurebildung entstehen, gibt es auch andere Möglichkeiten der Formiatentstehung. Bei den 2,3-Butandiol-Wasserstoffbildnern wäre es denkbar, daß zunächst Formiat entsteht, das durch eine Formiat-hydrogenlyase in H_2 und CO_2 gespalten wird. Es ist noch ungeklärt, ob es sich um eine spezifische Hydrogenlyase handelt oder um die kombinierte Wirkung von Formiat-DH und einer Dehydrogenlyase. Auch eine Wasserstoffbildung durch einen direkten Zerfall von $NADH_2$ wäre denkbar.

4. Herstellungstechnik

Für die technische Herstellung sind 1. die *Enterobacter*-Fermentation und 2. die *Bacillus*-Fermentation (Gärung mit *Bacillus polymyxa*) bedeutend; andere Verfahren wie die Gärung mit *Aeromonas hydrophila, Bacillus subtilis* und *Serratia marcescens* haben nur theoretisches Interesse.

a) *Enterobacter*-Fermentation

Für diese Fermentation wird *Enterobacter aerogenes* verwendet, aber auch andere *Enterobacter*-Arten sind geeignet. Die Gärung läßt sich mit Stärkehydrolysaten (die Bakterien können Stärke nicht direkt vergären), Holzhydrolysaten und Glucose durchführen. Es sind auch Verfahren zur Produktion von 2,3-Butandiol aus Abfällen, die bei der Verarbeitung von Citrusfrüchten anfallen, beschrieben worden (Long und Patrick, 1961). Die Holzhydrolysate werden mit Salz- oder Schwefelsäure hergestellt, um sie vergärbar zu machen. Eine Stärkeverzuckerung geschieht je nach Ausgangsmaterial durch 1 – 4stündiges Kochen bei 128 °C – 131 °C. Es ist natürlich auch möglich, die Stärke durch Amylasen zu verzuckern. Melasse läßt sich erst nach Gewöhnung des betreffenden Mikroorganismus an das Substrat verwenden (McCall und Georgi, 1954). Bei Hydrolysaten verwendet man eine Zuckerkonzentration von etwa 10%, bei Melassen von etwa 6%. Den Kohlenhydraten müssen noch Nährsalze und Stickstoff, der als Harnstoff gegeben werden kann, hinzugefügt werden. Das pH-Optimum liegt zwischen 5 – 5,5 und das Temperaturoptimum zwischen 32 °C – 35 °C. Zur Einhaltung eines optimalen pH-Bereiches ist ein Zusatz von $CaCO_3$ notwendig. Die Maische muß dauernd etwas belüftet werden (150 l Luft/min bei 4000 l Maische). Bei zu intensiver Belüftung verschiebt sich jedoch das Gleichgewicht zwischen Acetoin und 2,3-Butandiol sehr zugunsten des Acetoins; es kann sogar das hier sehr unerwünschte Diacetyl entstehen.

Nach einer Gärungsdauer von 24 Std. – 72 Std. liegen die Ausbeuten an 2,3-Butandiol zwischen 40% – 45% des gegebenen Zuckers, also etwa bei 90% der theoretisch möglichen Menge. 2,3-Butandiol ist in einer Mischung von etwa 10% der L(+)-Form und etwa 90% der meso-Form gebildet worden.

b) *Bacillus*-Fermentation

Bei der *Bacillus*-Fermentation wird mit *Bacillus polymyxa* gearbeitet. Dieses Bakterium bildet Amylasen, so daß eine vorherige Stärkeverzuckerung nicht notwendig ist. Im Gegensatz zur *Enterobacter*-Fermentation verläuft die *Bacillus*-Gärung vollständig anaerob. *Bacillus polymyxa* läßt sich leicht aus dem Erdboden isolieren, so daß man genügend Stämme zur Auswahl der geeigneten Produktionsstämme isolieren kann.

Man verwendet stärkehaltige Rohstoffe wie z. B. Mais und Weizen als Kohlenstoffquellen. Diese müssen zermahlen und mit Wasser so aufgeschwemmt werden, daß der Kohlenhydratanteil 15% nicht überschreitet. Dann wird eine Stunde bei 121 °C autoklaviert und beimpft. Die Impfmenge des Bakteriums, das zumeist in synthetischem Substrat angezüchtet wird, sollte etwa 2,5% – 5% der Gärmaische betragen.

Die Gärung wird streng anaerob geführt. Das sich entwickelnde CO_2 wird während der Gärung durch leichten Unterdruck im Kessel und Einleiten von N_2 oder H_2 abgeführt, so daß die Gärung schneller vor sich geht. Das pH-Optimum liegt zwischen 5,6 und 6,5; die Gärzeit beträgt etwa zwei bis drei Tage bei einer Temperatur von 30 °C. Bei guter anaerober Gärführung ist das Verhältnis von 2,3-Butandiol und Äthanol etwa 1,3 : 1. Bei aeroben Verhältnissen wird die Gärung stark verzögert.

Verwendet man Abfälle aus der Citrussaftherstellung, so ist es zweckmäßig, dem Substrat 0,4% Harnstoff zuzusetzen. Beim pH-Wert von 6,0 – 6,2 und einer Temperatur von 30 °C werden aus Lösungen mit einem Zuckergehalt von 20° Brix Ausbeuten von 2,3% – 4,4% levo-2,3-Butandiol mit *Bacillus polymyxa* gewonnen (Long und Patrick, 1965).

c) Weitere Verfahren

α) Die *Aeromonas hydrophila*-Gärung ist anaerob. Man leitet während der Gärung O_2-freien Stickstoff durch die Gärtanks. Sie dauert 72 Std. – 96 Std. bei einer Temperatur von 30 °C.

β) Die *Bacillus subtilis*-Fermentation (Stamm Ford) bringt nur unter genauer Einhaltung bestimmter Versuchsbedingungen gute Ausbeuten. Als Impflösung verwendet man etwa 3% der Konzentration des Ansatzes. Während der Fermentation muß Sauerstoff durch die Nährlösung geleitet werden. Die Fermentation verläuft bei 30 °C und einem Anfangs-pH-Wert von 7,6.

γ) Die *Serratia marcescens*-Gärung wird anaerob geführt, indem man Stickstoff durch die Nährlösung leitet. Das Temperaturoptimum liegt bei 35 °C. Die Ausbeuten sind stark stammabhängig und liegen zwischen 40% und 60% der verbrauchten Glucose.

5. Aufarbeitung des 2,3-Butandiols

Zur Aufarbeitung des 2,3-Butandiols, die wegen seines hohen Siedepunktes (180 °C) gewisse Schwierigkeiten macht, verwendet man im allgemeinen drei Methoden (vgl. Bernhauer, 1953; Literatur vgl. dort).

1. Filtration und Zentrifugierung der Maische und anschließende Extraktion mit Butanol.

Tabelle 40. Wirkung von Stickstoffquelle, Zuckerkonzentration und Belüftung auf die Ausbeute von Polyolen aus Hefen (nach Spencer und Spencer, 1978)

				Ausbeute des Produkts (% verbrauchter Glucose)					
N-Quelle (%, Gew.-Vol.)	Zucker-Konz. (%, Gew.-Vol.)	Be-lüftungs-Rate mMol/l/h	Ätha-nol	Glycerin			Ery-thrit (Pilz sp.)	Arabinit	
				Saccharo-myces rouxii	*Toru-lopsis magnoliae*	*Pichia fari-nosa*		*Saccharo-myces rouxii*	*Endo-mycops burtoni*
Hefe-extrakt									
0,1			0,6		35,8	49,0			
0,25					42,4		37,5		
0,5	10	42			38,4		38,4		32,1
		200			40,9				32,3
	20	42	39		27,7			61	36,2
		200			43,0				
	30	42	103		15,1			51	34,8
		200			35,6				
1,0	10	42			24,5		33,1		
		200							21,8
	20	42							32,7
		200							18,2
1,5	30	42							33,4
		200					9,1		
4,0			64,1			6,1			
Harnstoff, Cornsteep-Lösung; 0,35 und									
0,8	20	5	58	10					
		12	28	30					
		38	2	62					

Xylit wird durch *Enterobacter liquefaciens* aus 10%iger D-Xylose in einer Ausbeute von 33,3 mg/ml gebildet (Yoshitake et al., 1973). Aus Glucose wird Xylit durch Hefen gebildet (Onishi und Suzuki, 1969).

2. Eindampfen der Maische und Abdestillation des Butandiols aus dem Sirup mit Dampf im Vakuum.

3. Abdestillation der angesäuerten Maische mit Formaldehyd und Ausfällung des Destillates als 2,3-Butandiolformal, aus dem das Butandiol mit Methanol wieder gewonnen werden kann.

6. Verwendung

2,3-Butandiol ist – neben der erwähnten Verwendung als Ausgangsstoff zur Butadien-Herstellung – ein vorzügliches Lösungsmittel für Farbstoffe, Harze, Gummiarten und synthetische Öle. Die linksdrehende Form kann als Dauerantigefriermittel angewandt werden, und es kann angenommen werden, daß in Zukunft viele De-

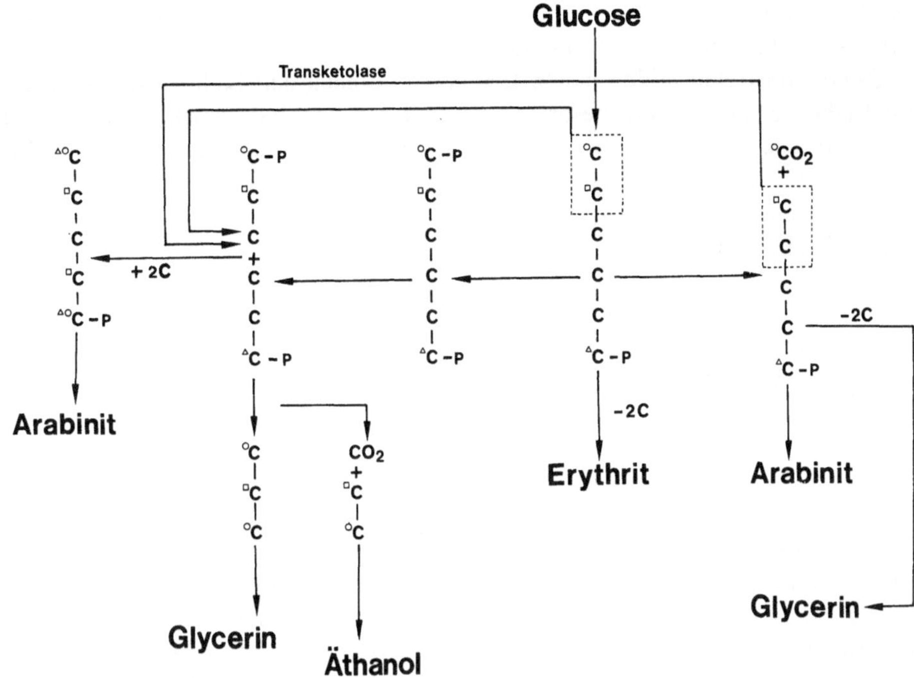

Abb. 114. Bildung von Polyolen durch *Saccharomyces rouxii.* Zeichenerklärung: $°C = [1\text{-}^{14}C]$, $\square C = [2\text{-}^{14}C]$, $\triangle C = [6\text{-}^{14}C]$ (nach Spencer u. Spencer, 1978)

rivate des 2,3-Butandiols eine Anwendung in der Industrie, z. B. zur Herstellung von Farben, Lacken, synthetischen Duftstoffen, Harzen, Emulgierungsmitteln, Pharmazeutica u. v. m. finden können.

Man kann aus 2,3-Butandiol durch katalytische Dehydrogenierung Acetoin und Diacetyl, durch katalytische Dehydrierung das Methyl-äthylketon herstellen, das ebenfalls ein vorzügliches Lösungsmittel für verschiedene Produkte ist.

Die Anwendungsmöglichkeiten des 2,3-Butandiols eröffnen der Substanz eine Reihe von Entwicklungsmöglichkeiten, die in Zukunft eine industrielle Produktion erwarten lassen. Diese Produktion wird aber dann eine mikrobiologisch-technische sein, da chemische Verfahren wesentlich unwirtschaftlicher als die mikrobiologischen arbeiten. Besonders in Gebieten, in denen die Ausgangsprodukte zur 2,3-Butandiol-Fermentation in reichlichen Mengen vorhanden sind, wird der Betrieb von Fermentationsanlagen rentabel sein. Unter diesem Gesichtspunkt würden z. B. die Patente über die Herstellung von 2,3-Butandiol aus Abfällen bei der Gewinnung von Citruserzeugnissen vielleicht eine Bedeutung gewinnen.

III. Weitere Polyole

Mit *Acetobacter suboxydans* ist wiederum eine Herstellung von Dihydroxyaceton patentiert worden (US-Pat. 4.076.589, 1978). Die Bakterien bilden in Submerskultur nach 24 Std. – 48 Std. aus 5% – 15%iger Glycerinlösung mit Zusatz von Hefe- und

Fischhydrolysat bei ca. 30 °C und einem pH-Wert zwischen 3,3 und 4,3 Dihydroxyaceton in Ausbeuten zwischen 75% und 90%.

Osmophile Hefen bilden neben Glycerin – je nach den Kulturbedingungen – eine Reihe weiterer Polyole, besonders Erythrit und Arabinit. Anscheinend werden diese Substanzen aus Glucose durch Beteiligung einer Transketolase gebildet (Ingram und Wood, 1965; Spencer und Spencer, 1978) (Abb. 114).

Die Ausbeuten sind in der von Spencer und Spencer (1978) zusammengestellten Tabelle 40 angegeben.

Zur Herstellung vergären die Hefen 20% – 40%ige Zuckerlösungen in vier bis zehn Tagen. Die Polyole lassen sich direkt aus der Kulturflüssigkeit nach vorheriger Abtrennung der Hefen isolieren.

Weitere Ausbeuten mit *Pichia miso, Torulopsis famata, Candida polymorpha, Debaromyces hansenii, Hansenula subpelliculosa, Trigonopsis variabilis* und *Endomycopsis chodati* und Literatur dazu vgl. Rehm (1967).

Candida lipolytica bildet Polyole aus n-Alkanen (Hattori und Suzuki, 1974 a; 1974 b). Interessanter ist jedoch die Bildung von Erythrit mit einer Glycerin-auxotrophen Mutante von *C. zeylanoides,* die bei höheren pH-Werten Citronensäure bildet, jedoch bei pH-Werten unter 3,0 Erythrit ausscheidet (180 mg/ml nach 160 Std. in belüfteter Kultur). Wird die Phosphatkonzentration von 0,1% auf 0,2% erhöht, wird Mannit anstelle von Erythrit gebildet (Hattori und Suzuki, 1974 a, b).

Corynebacterium sp. reduziert L-Arabinose zu L-Arabit und D-Ribose zu Ribit mit einer Aldopentose-Reduktase (Yoshitake et al., 1976).

Literatur

Bergey's Manual of Determinative Bacteriology. 8th ed. Baltimore: Williams & Wilkins Co. 1975

Bernhauer, K.: Ullmanns Encyklopädie der technischen Chemie, Bd. 4. S. 754 – 764. München: Urban & Schwarzenberg 1953

Bernhauer, K.: Ullmanns Encyklopädie der technischen Chemie, Bd. 8. S. 200 – 202. München: Urban & Schwarzenberg 1957

Connstein, C., Lüdecke, K.: Ber. Dtsch. Chem. Ges. *52,* 1386 (1919)

Dittrich, H. H.: Mikrobiologie des Weines. Handbuch der Getränketechnologie. Stuttgart: Ulmer 1977

Donker, H. J. L.: Ph. D. Thesis, Delft (1926)

Eoff, J. R., Linder, W. V., Beyer, G. F.: Ind. Eng. Chem. *11,* 842 (1919)

Grunte, V., Osipov, L., Kreitsberg, I.: Uch. Zap. Rizh., Politekh. Inst. *2,* 85 (1959)

Harden, A., Walpole, G. S.: Proc. R. Soc. London Ser. B. *77,* 399 – 405 (1906)

Harris, J. F., Hajny, G. J.: J. Biochem. Microbiol. Technol. Eng. *2,* 9 – 24 (1960)

Hattori, K., Suzuki, T.: Agric. Biol. Chem. *38,* 581 (1974 a)

Hattori, K., Suzuki, T.: Agric. Biol. Chem. *38,* 1203 (1974 b)

Ingram, J. M., Wood, W. A.: J. Bacteriol. *89,* 1186 – 1194 (1965)

Ledingham, G. A., Neish, A. C.: In: Industrial Fermentations. Vol. 2, p. 27. New York: Chem. Publ. Co. 1954

Lees, T. M.: Iowa State Coll. J. Sci. *19,* 38 (1944)

Long, S. K., Patrick, R.: Appl. Microbiol. *9,* 244 – 248 (1961)

Long, S. K., Patrick, R.: Adv. Appl. Microbiol. *5,* 135 – 155 (1963)

Long, S. K., Patrick, R.: Appl. Microbiol. *13,* 973 – 976 (1965)

McCall, K. B., Georgi, C. E.: Appl. Microbiol. *2,* 355 – 359 (1954)

Neish, A. C., Blackwood, A. C., Ledingham, G. A.: Can. J. Res. *B23,* 290 (1945)

Neish, A. C., Blackwood, A. C., Ledingham, G. A.: J. Bacteriol. *56*, 653 (1948)
Nelson, M. E., Werkman, C. H.: J. Bacteriol. *30*, 574 (1935)
Nickerson, W. J., Carroll, W. R.: Arch. Biochem. *7*, 257 (1945)
Nordstrom, K.: Acta chem. Scand. *20*, 1016 – 1025 (1966)
Onishi, H., Suzuki, T.: Appl. Microbiol. *18*, 1031 – 1035 (1969)
Rehm, H. J.: Industrielle Mikrobiologie. Berlin, Heidelberg, New York: Springer 1967
Schutt: Österr. Chem. Ztg. *30*, 170 (1927)
Spencer, J. F. T., Spencer, D. M.: In: Economic microbiology. Rose, A. H. (ed.), Vol. 2, pp. 393 – 425. London, New York: Academic Press 1978
Spencer, J. F. T., Roxburgh, J. M., Sallans, H. R.: J. Agric. Food Chem. *5*, 64 (1957)
Underkofler, L. A., Hickey, R. J.: In: Industrial fermentations. Vol. 2. New York: Chem. Publ. Co. 1954
Weixl-Hofmann, H., von Lacroix, J. R.: In: Die Hefen, Bd. 2, S. 674 – 691. Nürnberg: Hans Carl 1962
Williams, L. A., Foo, E. L., Foo, A. S., Kühn, I., Hedén, C.-G.: Biotechnol. Bioeng. Symp. *8*, 115 – 130 (1979)
Wright, R. E., Henderson, W. F., Peterson, W. H.: Appl. Microbiol. *5*, 272 (1957)
Yoshitake, J., Ishizaki, H., Shimamura, M., Imai, T.: Agric. Biol. Chem. *37*, 2261 – 2267 (1973)
Yoshitake, J., Shimamura, M., Imai, T.: Agric. Biol. Chem. *40*, 1485 – 1491 (1976)

Kapitel 22 **Aminosäuren**

1. Allgemeines

Die technische Herstellung von Aminosäuren mit Mikroorganismen ist ganz besonders in Japan entwickelt worden. Bis heute werden dort noch immer die meisten Aminosäuren mikrobiologisch und biotechnologisch hergestellt (vgl. Yamada, 1977).

Aminosäuren werden hergestellt:

- durch chemische Synthese
- durch Extraktion aus Proteinhydrolysaten
- durch mikrobielle Fermentation
- durch Verwendung immobilisierter Enzyme

In den vergangenen Jahren hat man versucht,

- neue Aminosäure-produzierende Mikroorganismen zu isolieren oder zu züchten
- neue C-Quellen zur Aminosäureproduktion zu erschließen
- Stoffwechselzwischenprodukte der Aminosäuresynthesewege als Ausgangssubstrat für technische Produktionen zu erschließen
- enzymatische Methoden, besonders mit immobilisierten Enzymen zur technischen Aminosäureherstellung zu verwenden.

Diese Aufzählungen zeigen, daß auf dem Gebiet der Aminosäureproduktion eine Veränderung im Gange ist. Bei den biotechnologischen Verfahren geht der Trend von einer Fermentation aus allgemeinen C-Quellen zur mikrobiellen Stoffumwandlung von Intermediärprodukten zur entsprechenden Aminosäure und schließlich zur enzymatischen Bildung der Aminosäuren, möglichst mit immobilisierten Enzymen.

Die Literatur über Aminosäureherstellung bis 1966 vgl. Rehm (1967), sie wird im folgenden nicht mehr zitiert. Die Literatur bis 1971 und Herstellungsverfahren sind im Buch von Yamada et al. (1972) ausführlich beschrieben. Weitere Angaben über Herstellungsverfahren von Aminosäuren in Japan – Japan ist der größte Aminosäureproduzent mit biotechnologischen Verfahren – vgl. Yamada (1977), Hirose et al. (1978). Weitere Literatur über die biotechnologische Herstellung von Aminosäuren vgl. Daoust (1976), Kinoshita und Nakayama (1978) sowie über Aminosäurestoffwechsel vgl. Lingens (1968), Truffa-Bachi und Cohen (1973), über die Biosynthese und ihre Regulation vgl. Umbarger (1978).

2. Mikroorganismen

Die Tabelle 41 zeigt die Bakterienarten, die für eine technische Gewinnung von Aminosäuren geeignet sind. Weitere Arten vgl. Abe und Takayama (1972). Die wichtigsten Arten sind *Corynebacterium glutamicum* und *Brevibacterium*-Arten. Da die Aminosäurebildung bei Wildstämmen begrenzt ist, kommen – abgesehen von einigen Paraffin-verwertenden Stämmen – nur Mutanten für eine Produktion in Frage. Grundsätzlich unterliegt die Aminosäurebildung bei Mikroorganismen einer starken Regulation im Stoffwechsel. Besonders Feedback-Hemmungen hindern eine starke Ansammlung von Aminosäuren. Durch Aufhebung dieses Feedback durch geeignete Mutanten können bereits viele Aminosäuren vermehrt gebildet werden.

Die Herstellung von Mutanten, z. B. auch die Isolierung auxotropher Mutanten (vgl. Abe, 1972 und Kap. 5).

Brevibacterium lactofermentum wird von mindestens zwölf Bacteriophagen-Stämmen befallen, *Microbacterium ammoniaphilum* von mindestens fünf verschiedenen Phagentypen und *Brevibacterium glutamigenes* sowie *Corynebacterium*-Arten, die Aminosäuren aus Paraffinen bilden, sind gegen eine Reihe von Phagen empfindlich (vgl. Kobata et al., 1975), wie technische Produktionen, die von Phagen infiziert waren, gezeigt haben (Literatur vgl. Abe, 1972). Die Glutaminsäureproduktion wird durch solche Infektionen auf 3% – 4% vermindert. Phagenresistente Bakterien befinden sich in den infizierten Fermentationslösungen; besser ist es aber, phagenresistente Produktionsstämme zu züchten und daneben eine Phageninfektion, die besonders mit der Belüftung (vgl. Kap. 6) und dem Substrat eingeschleppt wird, zu unterbinden.

3. Biologie, Regulation und technische Herstellung durch Fermentation

a) Allgemeines

Die Kenntnis der Biosynthese und der Regulation der Bildung sind Grundbedingungen für eine gerichtete Herstellung von aminosäurebildenden Mutanten. Da bereits in der ersten Auflage (Rehm, 1967) viele Einzelheiten der Biosynthese angeführt wurden, genügen hier schematische Darstellungen.

Sämtliche Aminosäuren, die durch Fermentation produziert werden, werden in aeroben Submersverfahren hergestellt. Die Tanks – zumeist Fermenter mit Scheibenrührern – können bis zu 1000 m^3 Inhalt haben. Zumeist wird bei Anfangs-pH-Werten zwischen 6,0 – 8,0 und Temperaturen von 28 °C – 30 °C produziert (vgl. Kinoshita, 1972). Kontinuierliche Fermentationen sind immer wieder vorgeschlagen worden, haben sich aber bisher nicht in die Praxis einführen lassen (Ueda, 1972). Die Belüftungsraten sind weitgehend vom Substrat und von der Entwicklung der Bakterien abhängig. Eindeutige Hinweise lassen sich kaum geben. Bei der Tryptophanbildung aus Anthranilsäure waren 0,1 vvm – 0,17 vvm optimal. Die Substratrührung und die CO_2-Konzentrationen im Medium sind von geringerer Bedeutung als die O_2-Menge (vgl. Hirose, 1972, Literatur dort).

Zur technischen Aufarbeitung der Aminosäuren werden die Bakterienzellen und die Verunreinigungen, z. B. Proteine aus der Kulturflüssigkeit durch Zentrifugation abgetrennt. Häufig müssen die Lösungen mit Aktivkohle entfärbt werden. Vielfach läßt sich bereits durch Einengung der Kulturlösung nach Ansäuern ein Teil der Aminosäuren, die von den Mikroorganismen bereits in möglichst reiner Form gebildet worden sein sollten, auskristallisieren. Der Rest kann durch weitere

Kristallisation, mit Ionenaustauschern, durch Elektrodialyse sowie durch Extraktion mit organischen Lösungsmitteln gewonnen werden (Literatur vgl. Rehm, 1967; Samejima, 1972).

Die Ausbeuten sind in der Tabelle 41 angegeben (vgl. Yamada, 1977). Sicherlich werden viele tatsächliche Produktionsausbeuten wesentlich höher liegen.

Methanol wird seit einiger Zeit als C-Quelle für die Bildung von Aminosäuren diskutiert, ein technisches Verfahren, das in die Praxis eingegangen ist, existiert gegenwärtig noch nicht (Ogata et al., 1977).

b) Glutaminsäure

Die fermentative Herstellung von Glutaminsäure hat unter den Aminosäuren die größte Bedeutung: 1974 wurden ca. 100 000 t in Japan hergestellt (Yamada, 1977).

Glutaminsäure wird aus Glucose sowohl über den FDP-Weg als auch über den HMP-Weg gebildet (vgl. Abb. 115).

Die Einzelheiten dieses Weges sowie Literatur vgl. Yamada et al. (1972) sowie Kinoshita und Nakayama (1978). Werden Acetat, Äthanol, Fettsäuren oder längerkettige Alkane als C-Quellen verwendet, so können diese über den Glyoxylat-Weg eingeschleust werden. Voraussetzung bei Alkanen ist eine monoterminale oder diterminale Oxidation, die bei den verwendeten Mikroorganismen-Arten anscheinend den Hauptweg des Alkanabbaus darstellt (vgl. Rehm und Reiff, 1980).

Mutanten, die zur Glutaminsäureausscheidung befähigt sind, müssen

- den anaplerotischen Weg des Glyoxylatzyklus bevorzugt verwenden können
- eine stark gehemmte α-Ketoglutarat-Dehydrogenase besitzen
- eine Vermehrung der Aktivität der Glutamat-Dehydrogenase besitzen. Dabei kann die Allosterie zwischen der Isocitrat-DH und der L-Glutamat-DH verändert sein
- L-Glutaminsäure nicht oder nur sehr wenig im Stoffwechsel verwerten
- L-Glutaminsäure ausscheiden. Zumeist ist dies bei Biotinmangelmutanten der Fall.

Bei Biotinmangel wird die Exkretion stark gefördert. Pelargonidinsäureabkömmlinge können – da sie anscheinend Zwischenprodukte der Biotinbiosynthese sind – Biotin zu einem gewissen Grade bei Biotinmangelmutanten ersetzen (vgl. Literatur bei Kinoshita, 1972).

Eine hohe Konzentration von Glutaminsäure in den Zellen hemmt die weitere Bildung von Glutaminsäure (Nunheimer et al., 1970).

Die bisherigen Mutanten wurden mit Methoden der klassischen Mutantenherstellung erzeugt. Momose et al. (1976) haben mit temperenten Phagen von *Brevibacterium flavum* versucht, durch Transduktion weitere Mutanten zu erzeugen. Möglicherweise erschließt diese Methode neue Wege zur Erzeugung noch besserer Glutaminsäureproduzenten.

Bei der Glutaminsäureherstellung werden etwa 50% des zuckerhaltigen Substrates in Glutaminsäure umgesetzt. Glucose und Saccharose sind die besten C-Quellen, für industrielle Zwecke werden Stärkehydrolysate, Rübenmelasse u. ä. bevorzugt, vorausgesetzt, daß der Biotingehalt nicht zu hoch ist. Ammonium wird in ausreichender Konzentration, aber niemals im Überschuß während des gesamten Fer-

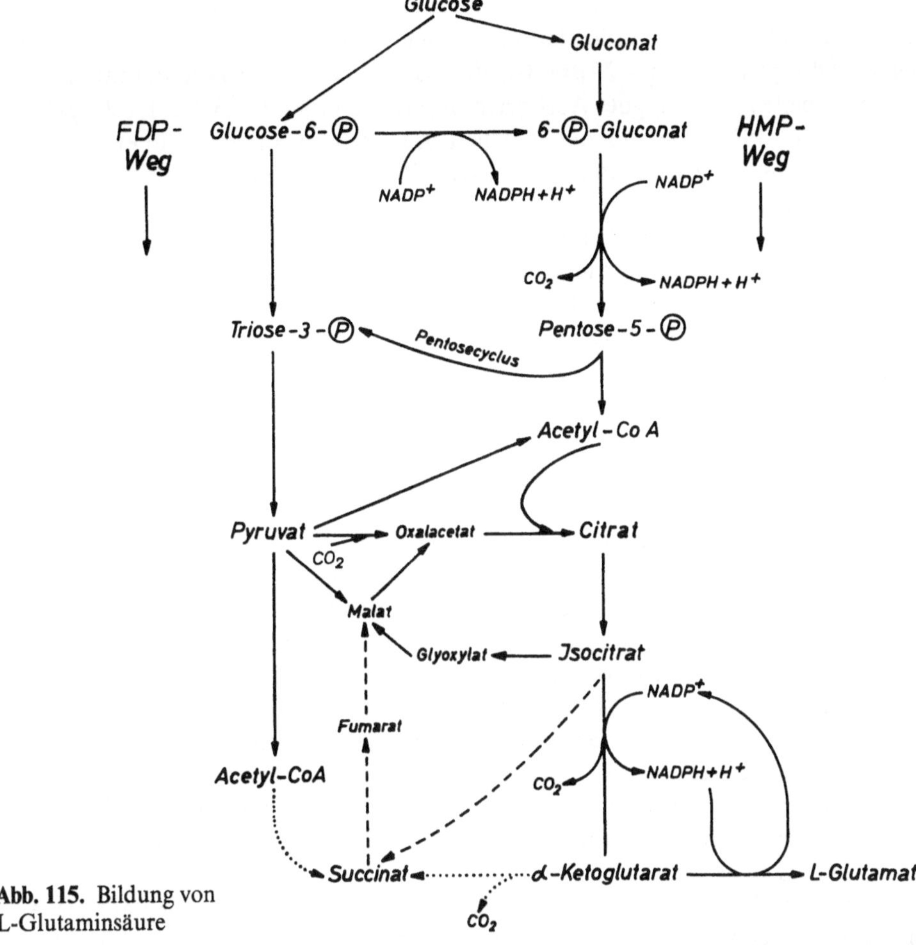

Abb. 115. Bildung von
L-Glutaminsäure

mentationsprozesses zugesetzt. Fe^{2+}, K^+ und Mn^{2+} sind für hohe Ausbeuten notwendig. Je nach Bakterienstamm sind verschiedene Mengen an Biotin (maximal 5 µg/l) im Substrat notwendig. Der pH-Wert liegt zwischen 7,0 und 8,0, die Temperatur zwischen 30 °C und 35 °C. Die Fermentation dauert ca. 72 Std. (Literatur vgl. Kinoshita, 1972; Kinoshita und Nakayama, 1978). Bei Zusatz von Penicillin können höhere Biotinkonzentrationen im Substrat vorhanden sein (US-Pat. 3.080.297, 1963). Die Konzentration von Penicillin liegt zwischen 50 I.E./ml und 500 I.E./ml (GB-Pat. 1.317.271, 1973). Der Fermentationsprozeß kann weitgehend automatisch kontrolliert werden (vgl. Yamashita et al., 1969). Eine kontinuierliche Fermentation hat sich bisher nicht durchgesetzt (Ueda, 1969; Pilát, 1977).

Ölsäure-bedürftige Mutanten von *Brevibacterium thiogenitalis* bilden aus Acetat und Äthanol besonders gute Ausbeuten an Glutaminsäure (Kanzaki et al., 1972). Zur Paraffinverwertung und Glutaminsäurebildung ist eine glycerinauxotrophe Mutante von *Corynebacterium alkanolyticum* besonders geeignet. Sie bildet bei 28 °C, pH-Wert 6,6, 0,02% Glycerinzusatz, aus C_{13} bis C_{15}-Paraffinen 72 g Glutaminsäure/l (Kikuchi et al., 1972).

Bei Alkanfermentationen zur Glutaminsäure sollte die Belüftungsrate wesentlich höher als bei Glucosefermentationen liegen. *Arthrobacter paraffineus* bildet bei kleinen Öltropfen (15 μm – 20 μm Φ), die bei 0,6 vvm – 1,65 vvm Belüftung und 350 rpm erhalten werden, gute Ausbeuten an Glutaminsäure (2,3 g/l · h – 2,1 g/l · h) (Hattori et al., 1974). Ob andere C-Quellen, z. B. Benzoat (Yamamoto et al., 1972) eine Bedeutung bei der Glutaminsäureherstellung gewinnen werden, muß abgewartet werden.

Glutaminsäure kann auch mit immobilisierten Zellen (z. B. in Polyacrylamid-Gel) gebildet werden (Slowinski und Charm, 1973). Eine technische Anwendung steht noch aus. Ein Stamm von *Corynebacterium glutamicum* bildet bei hohen Ammoniumkonzentrationen anstelle von Glutaminsäure N-Acetyl-L-Glutaminsäure (35 mg/ml) (Nakanishi et al., 1977).

c) Lysin

Lysin ist nach Glutaminsäure mit einer Produktion von ca. 15 000 t im Jahr 1974 die zweitwichtigste fermentativ hergestellte Aminosäure (vgl. Yamada, 1977). Eine relativ billige chemische Synthese, die etwa ab 10 000 t/Jahr wirtschaftlich vertretbar ist, „belastet" die fermentative Herstellung von Lysin.

Die Biosynthese von Lysin geht auf zwei verschiedenen Wegen vor sich. Hefen, einige Phycomyceten und viele andere mycelbildende Pilze, *Euglena* und einige Algen verwenden den α-Aminoadipinsäure-Weg, der an *Neurospora crassa* und *Saccharomyces cerevisiae* aufgeklärt worden ist (Literatur und Schema vgl. Rehm, 1967). Für die Herstellung von L-Lysin ist nur der sog. Diaminopimelinsäure-Weg von Bedeutung. Er wird von Cyanobacteria, Actinomycetes und anderen Phycomyceten, einigen Protozoen sowie von grünen Pflanzen verwendet (Literatur vgl. Rehm, 1967; Yamada et al., 1972) (vgl. Schema 53 u. 54, Rehm 1967).

Lysin und Threonin besitzen eine gekoppelte Feedback-Hemmung auf die Aspartatkinase. Bei Mutanten, die die Homoserindehydrogenase nicht mehr besitzen, wird die Hemmung aufgehoben und Lysin übermäßig stark produziert. Derartige Mutanten benötigen L-Homoserin, L-Threonin und L-Methionin in gerade ausreichender Menge im Substrat. Es können auch L-threoninauxotrophe Mutanten zur L-Lysinherstellung verwendet werden (vgl. Demain, 1971). Weiterhin ist die 2,3-Dihydrodipicolat-synthase resistent gegen das Endprodukt L-Lysin.

Zur L-Lysinherstellung werden Mutanten von *Corynebacterium glutamicum* oder *Brevibacterium flavum* (vgl. Tabelle 41) verwendet. Melasse (auch Rohrzuckermelasse) (20%) ist die wichtigste C-Quelle, Ammonium [(NH$_4$)$_2$SO$_4$] und Harnstoff – wenn die betreffenden Stämme eine gute Ureaseaktivität besitzen – sowie Sojabohnenmehlhydrolysate (1,8% – 2%) sind gute N-Quellen; auch Cornsteep-Lösung wird häufig verwendet. Im neutralen Gebiet (der pH-Wert sollte nicht unter 5,0 absinken) bei 28 °C, einem Biotingehalt über 30 μg/l werden nach ca. 60 Std. 44 g/l L-Lysin erreicht (vgl. Sano und Shiio, 1967; Nakayama, 1972). Mit Hilfe von verschiedenen Antibiotica, z. B. Penicillin, Bacitracin, Polymycin, Nystatin u. a. kann die Fermentation besser geführt werden (Fr. Pat. 2.050.080, 1971).

Lysin läßt sich aus DL-α-Amino-ε-caprolactam mit Zellen von *Cryptococcus laurentii* umsetzen (Fukumura, 1977). Das Bakterium besitzt eine L-Aminocaprolactam-hydrolase. *Achromobacter obae* produziert eine Aminocaprolactam-racemase, die sowohl durch D- als auch durch L-α-Aminocaprolactam induziert wird (Sato et al., 1974).

$$\text{D-}\alpha\text{-Aminocaprolactam} \underset{\textit{Achromobacter obae}}{\overset{[\text{Racemisierung}]}{\rightleftharpoons}} \text{L-Aminocaprolactam} \longrightarrow \underset{\substack{\textit{Cryptococcus} \\ \textit{laurentii}}}{\overset{[\text{Hydrolyse}]}{\rightarrow}} \boxed{\text{L-Lysin}}$$

Die Lysinherstellung erfolgt mit acetongetrockneten Zellen beim pH-Wert 8,0, mit 5% Substrat bei 39 °C – 40 °C, nach insgesamt 28 Std. werden mehr als 99% Lysin gebildet (Fukumura, 1977).

d) L-Asparaginsäure

L-Asparaginsäure kann mit Hilfe von Mikroorganismen gebildet werden (Literatur vgl. Rehm, 1967; Kitahara, 1972). Eine Fumarsäurefermentation kann auf Asparaginsäurefermentation durch Mischkulturen mit *Rhizopus* und Bakterien umgestellt werden (Takao und Hotta, 1972). In praxi wird aber eine enzymatische Herstellung bevorzugt. Mit immobilisierten Zellen von *Escherichia coli* in Polyacrylamid-Gel kann eine kontinuierliche Umwandlung vorgenommen werden (Tosa et al., 1974); *Pseudomonas* ist ebenfalls gut geeignet (US-Pat. 3.933.586, 1976). Aus Kohlenwasserstoffen wird Asparaginsäure von *Candida hydrocarbofumarica* gebildet (US-Pat. 4.013.508, 1977).

L-Asparagin wird durch Extraktion aus Proteinhydrolysaten hergestellt.

e) L-Homoserin

Die Regulation der L-Homoserinbildung zeigt die Abb. 116. Als Folgerung hieraus hat man zur Herstellung L-Threonin-auxotrophe Mutanten von *Corynebacterium glutamicum* erzeugt. Diese sind gleichzeitig biotinauxotroph. Auch andere Bakterien, z. B. *Escherichia coli* und *Brevibacterium flavum* können L-Homoserin bilden (vgl. Nara, 1972).

Zur Herstellung von L-Homoserin kultiviert man die Mutante von *Corynebacterium glutamicum* 125 Std. submers in einer Nährlösung, die 10% Glucose, 2% $(NH_4)_2SO_4$, 0,04% L-Threonin, 2% $CaCO_3$ sowie andere Salze und pro l 7,5 γ Biotin und 5 mg DL-α-Aminobuttersäure enthält, bei 28 °C. Die Ausbeute beträgt 15,8 g L-Homoserin/l (Yamada et al., 1972).

Ausführliche Literatur vgl. Nara (1972). Aus Isobutanol läßt sich mit *Nocardia opaca* oder *Micrococcus luteus* O-Isobutylhomoserin erzeugen (Ogasawara et al., 1974). Auch *Clostridium*-Arten sind hierzu im Gärverfahren in der Lage (0,83 g/l bei 10 µg/l Biotin in 48 Std.) (vgl. Uyeda et al., 1974).

f) L-Threonin

Die Biosynthese von L-Threonin zeigt die Abb. 116. Die Regulation ist relativ kompliziert. Da Threonin zusammen mit Isoleucin eine Feedback-Hemmung der Homoserinkinase, der Homoserin-DH sowie der Aspartatkinase hervorruft, wird zumeist mit Isoleucin-auxotrophen Mutanten gearbeitet. Um das Feedback von Methionin und Lysin auf die Aspartatkinase zu umgehen, werden meist Methionin, oder auch Methionin- und Lysin-auxotrophe Mutanten verwendet (Literatur vgl.

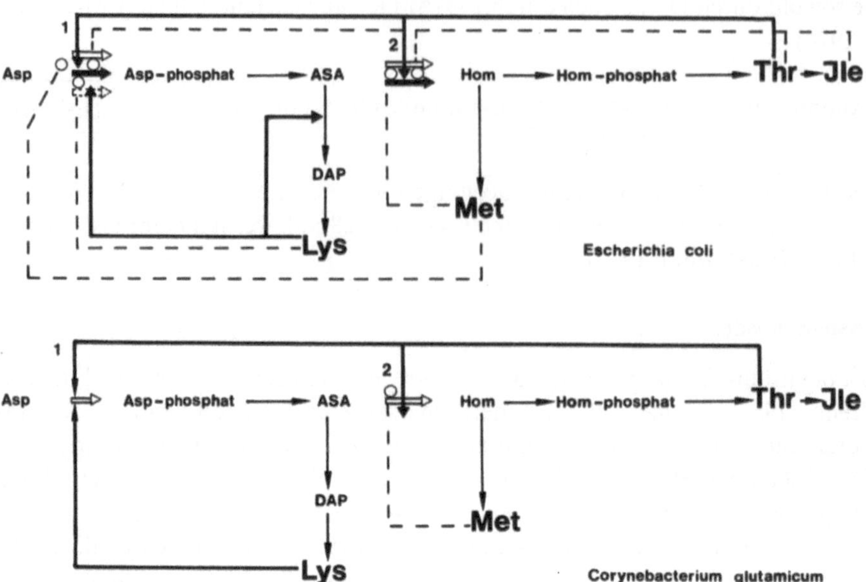

Abb. 116. Regulation der Threonin-Biosynthese bei *Escherichia coli* und *Corynebacterium glutamicum.* Zeichenerklärung: —— = Feedback-Hemmung, – – – = Repression der Enzymsynthesen (nach Shimura, 1972)

Shimura, 1972 b). *Brevibacterium flavum*-Mutanten, die auxotroph für α-Aminohydroxyvaleriansäure sind, bilden ebenfalls große Mengen an L-Threonin (Shiio und Nakamori, 1969, 1970) (Abb. 116).

Zur Fermentation werden Melasse (10%) mit Ammonium als N-Quelle verwendet. Notwendig sind Mn^{2+} und Fe^{2+} (jeweils 2 ppm) sowie ca. 200 μg/l Biotin und 300 μg/l Thiamin (Literatur vgl. Daoust, 1966; Shimura, 1972 b).

Aus Acetat werden bei 14%iger Substratumsetzung durch α-Aminohydroxyvaleriansäure-abhängige Mutanten von *Brevibacterium flavum* 27 g L-Threonin/l nach 48 Std., pH-Wert 7,7, 31 °C, 50 μg Biotin/l, 5 mg Thiamin-HCl/l in einer Nährlösung gebildet (Tanaka et al., 1971).

Es gibt viele Versuche, auch Threonin aus Alkanen mit *Arthrobacter paraffineus* u. a. Bakterien herzustellen (vgl. Kinoshita und Nakayama, 1978).

DL-Homoserin läßt sich mit Zellen von *Enterobacter cloacae* in L-Threonin umwandeln (Dumenil et al., 1975 a, b).

g) L-Methionin

DL-Methionin wird in sehr großen Mengen auf chemischem Wege produziert. Im Vergleich dazu wird nur wenig L-Methionin, z. T. biochemisch, z. T. auf fermentativem Wege hergestellt. Zur Fermentation werden Mutanten von *Corynebacterium glutamicum* mit Auxotrophie für Threonin verwendet (US-Pat. 3.729.381, 1973); vgl. Young und Smith (1975).

Eine *Pseudomonas* sp. bildet aus 20 g Ca-DL-γ-Methylmercapto-α-hydroxybutyrat beim pH-Wert von 5,6 12 g L-Methionin (Jap. Pat. 19.150, 1964). *P. denitrificans* bildet aus DL-2-Hydroxy-4-methylthiobuttersäure in 49 Std. Submerskultur L-Methionin in 89%iger Ausbeute (Wada, 1974).

h) L-Isoleucin, L-Valin, L-Leucin

L-Isoleucin und L-Leucin werden nur in geringen Mengen produziert. Ein Teil davon wird durch Extraktion, ein anderer durch mikrobielle Fermentation gewonnen. L-Valin wird in Japan fast ausschließlich durch Fermentation gewonnen. Die Biosynthese und Regulation dieser drei Aminosäuren sind eng miteinander verbunden (vgl. Abb. 117).

Die Regulationsmechanismen sind relativ komplex (Literatur vgl. Shimura, 1972 a; Baumgarten, 1974). Auffällig sind die intensiven Feedback-Hemmungen und Repressionen durch die Endprodukte. DL-α-Aminobutyrat wird von vielen Bakterien als precursor für Isoleucin verwendet (Hayashibe und Watanabe, 1962). Es wird zu α-Ketobutyrat desaminiert und dient als Hauptdonator für das Kohlenstoffgerüst des Isoleucins. Die Aminogruppe wird direkt oder durch Transaminierung in Isoleucin eingebaut. Die Feedback-Hemmung der Threonin-dehydratase wird durch α-Aminobutyrat aufgehoben, und schließlich hat α-Aminobutyrat eine regulierende Wirkung auf die Acetohydroxysäuresynthase, indem sie die Synthese von Acetohydroxybutyrat stimuliert und die von α-Acetolactat hemmt.

L-Phenylalanin und Acetat (1,5% – 3,0%) haben eine fördernde Wirkung auf die Isoleucinbildung durch *Corynebacterium glutamicum* aus Glucose (12%). Der Stamm war Ile$^-$, Thr$^-$, Purin$^-$, Homoser$^-$ und bildete 16 g/l (Araki et al., 1974). Aus Acetat wurden mit *Brevibacterium flavum* u. a. durch Entfernung der hemmenden CO_2-Konzentrationen sogar 33,5 g/l nach 77 Std., 28 °C, pH-Wert 7,7 (Ausbeute 10 Gew.% Acetat) erhalten (Ikeda et al., 1976).

Aus den genannten Gründen wird den Fermentationen für Isoleucin (30 °C, 48 Std., 300 rpm, 0,5 vvm, 10% Kohlenhydrat, 1% Cornsteep-Lösung, pH-Wert 6,6 – 7,2) etwa 1,5% α-Aminobuttersäure zugesetzt (vgl. Shimura, 1972 a).

Zur Valin- und Leucinherstellung wird z. T. mit Ile$^-$-Mutanten gearbeitet. Auch auxotrophe Stämme von *Brevibacterium lactofermentum* für Threonin (Kajiwara et al., 1967) sind zur Valinherstellung geeignet. Weitere Eigenschaften der Valin-, Leucin- und Isoleucin-bildenden Bakterien (vgl. Tabelle 41). Zur Valinproduktion sind besonders Fe^{2+}, Mn^{2+} und Cu^{2+}, jeweils ca. 10 ppm stimulierend (vgl. Uemura et al., 1972). Eine Ile$^-$-Mutante von *Corynebacterium* bildete 22 g/L-Valin/l in einem Substrat mit 15% Saccharose und 1% Ammoniumacetat (Plachy, 1975).

i) L-Alanin und L-Serin

Während DL-Alanin ausschließlich auf chemischem Wege gewonnen wird, wird L-Alanin z. T. chemisch, z. T. enzymatisch hergestellt. Enzymatisch wird Alanin durch eine L-Aspartat-β-decarboxylase aus *Pseudomonas dacunhae* hergestellt (Chibata et al., 1965 a). Dieser Weg kann auch mit Mikroorganismenzellen durchgeführt werden. Wie die Tabelle 41 zeigt, kann DL-Alanin auch durch Fermentation aus Glucose und Alkanen gewonnen werden. Auch *Clostridium saccharoperbutylacetonicum* bildet 1 g L-Alanin/l (Hongo et al., 1974). Literatur vgl. Kitai (1972) und auch Rehm (1967).

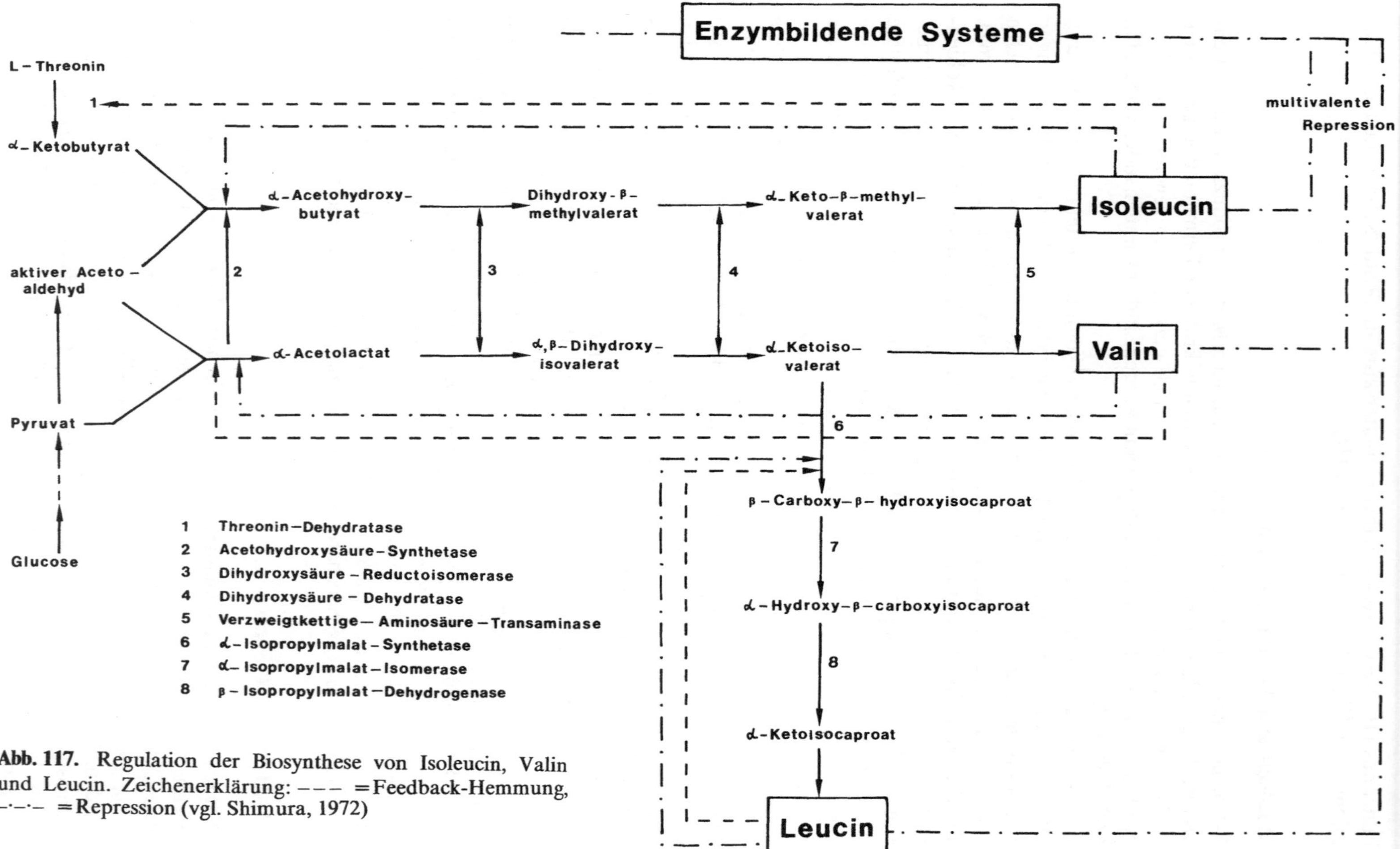

Abb. 117. Regulation der Biosynthese von Isoleucin, Valin und Leucin. Zeichenerklärung: – – – = Feedback-Hemmung, –·–·– = Repression (vgl. Shimura, 1972)

L-Serin kann mit *Arthrobacter paraffineus, Brevibacterium* oder *Corynebacterium* aus Medien mit Kohlenhydraten oder Paraffinen als C-Quellen hergestellt werden (US-Pat. 3.692.628, 1972). Die Kulturlösungen sind häufig mit L-Threonin verunreinigt, das sich aber als Methylester-hydrochlorid abtrennen läßt (US-Pat. 3.742.034, 1973). Serin kann auch direkt aus Glycin durch *Nocardia butanica, N. paraffinae* und *Brevibacterium ketoglutamicum* (ca. 2,25 g/l) gebildet werden. Daneben entstehen auch noch α-Aminobutyrate, L-Isoleucin u. a. Substanzen (Kotani et al., 1974). Die Serinbildung wird durch Glucose unterdrückt.

k) L-Phenylalanin, L-Tyrosin, L-Tryptophan und L-DOPA

L-Tyrosin wird in geringen Mengen durch Fermentation produziert. L-Phenylalanin und L-DOPA (Dioxyphenylalanin) werden sowohl durch Fermentation als auch chemisch hergestellt, DL-Tryptophan wird nur chemisch und L-Tryptophan sowohl chemisch als auch enzymatisch produziert (vgl. Yamada, 1977).

Wichtigster Bildner der Substanzen ist *Corynebacterium glutamicum,* bei dem die Biosynthese dieser Substanzen aus Glucose über Shikimisäure verläuft.

Die Regulation der Bildung der einzelnen Aminosäuren durch *C. glutamicum* ähnelt – ebenso wie die Biosynthese – anscheinend der bei *Escherichia coli* (vgl. Abb. 118), vgl. Oishi (1972), Crawford (1975).

Im allgemeinen liegen Feedback-Hemmungen oder Repressionen durch Endprodukte besonders bei Verzweigungen der wichtigen Wege vor. Daher wird zur direkten Fermentation von L-Thryptophan mit Phe⁻, Tyr⁻-Mutanten, zur Fermentation von L-Tyrosin mit Phe⁻-Mutanten und von L-Phenylalanin mit Tyr⁻-Mutanten gearbeitet (US-Pat. 3.759.790, 1973). Trotzdem bleiben die Ausbeuten der Bildung dieser Substanzen, wenn sie direkt aus Glucose produziert werden, unter den wirtschaftlich vertretbaren Konzentrationen, so daß zumeist mit Vorstufen gearbeitet wird. Die Substrate sind Phenylbrenztraubensäure, p-Hydroxyphenylbrenztraubensäure, Anthranilsäure oder Indol, die sich chemisch herstellen lassen (Oishi, 1972).

Phenylalanin läßt sich aus Phenylpyruvat mit einem gekoppelten Enzymsystem bilden (Kitai et al., 1962) (Abb. 119). Aus DL-2-Hydroxy-3-phenylpropionsäure läßt sich mit *Pseudomonas denitrificans* L-Phenylalanin herstellen (Wada, 1974). Aus Tyrosin wird L-Dihydroxy-3,4-phenylalanin mit *Vibrio tyrosinaticus* in zwei Stufen gebildet (Rhône-Poulenc, Fr. Pat. 2.002.129, 1970). L-DOPA wird entweder mikrobiell durch verschiedene *Pseudomonas*-Arten (Singh et al., 1973; Tanaka et al., 1974) aus Tyrosin oder Tyrosinderivaten (Rosazza et al., 1974) oder aber enzymatisch aus Enzymen von *Alcaligenes faecalis* (Nagasaki et al., 1973) gewonnen.

Durch immobilisierte β-Tyrosinase läßt sich Tyrosin ebenso wie durch immobilisierte Tryptophanase L-Tryptophan aus ihren Analogen herstellen (Fukui et al., 1975; Yamada und Kumagai, 1975). Für eine mikrobielle L-Tryptophanherstellung aus Anthranilsäure oder Indol gibt es viele Möglichkeiten, z. B. mit Pilzen (Literatur vgl. Rehm, 1967; Li et al., 1975), mit *Pseudomonas aeruginosa* (Tsai und Liu, 1975) u. v. a. L- und DL-5-Indolylmethylhydantoin werden durch verschiedene Bodenbakterien nach 35 Std. Inkubation bis zu 82% in L-Tryptophan umgewandelt (Sano et al., 1977). Der enzymatischen Herstellung gebührt gegenwärtig aber der Vorrang.

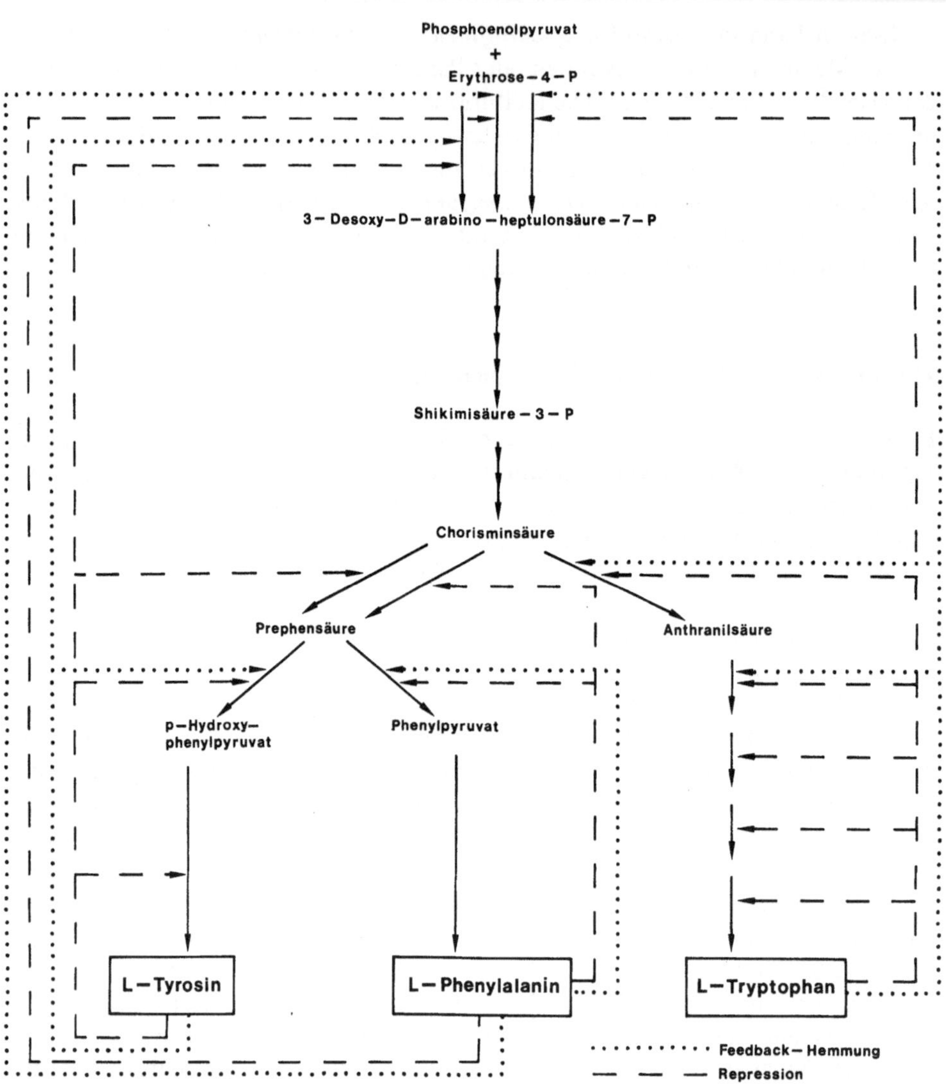

Abb. 118. Regulation der Biosynthese aromatischer Aminosäuren. Zeichenerklärung: $\cdots>$ = Feedback-Hemmung, $--->$ = Repression

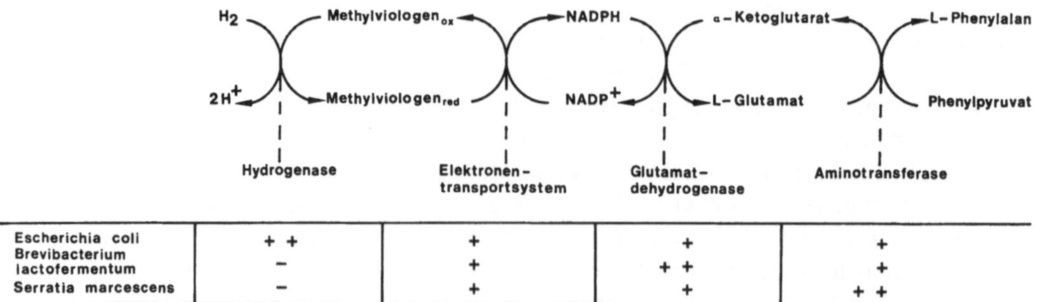

Escherichia coli	+ +	+	+	+
Brevibacterium lactofermentum	−	+	+ +	+
Serratia marcescens	−	+	+	+ +

Abb. 119. Bildung von L-Phenylalanin durch ein gekoppeltes System (nach Kitai et al., 1972)

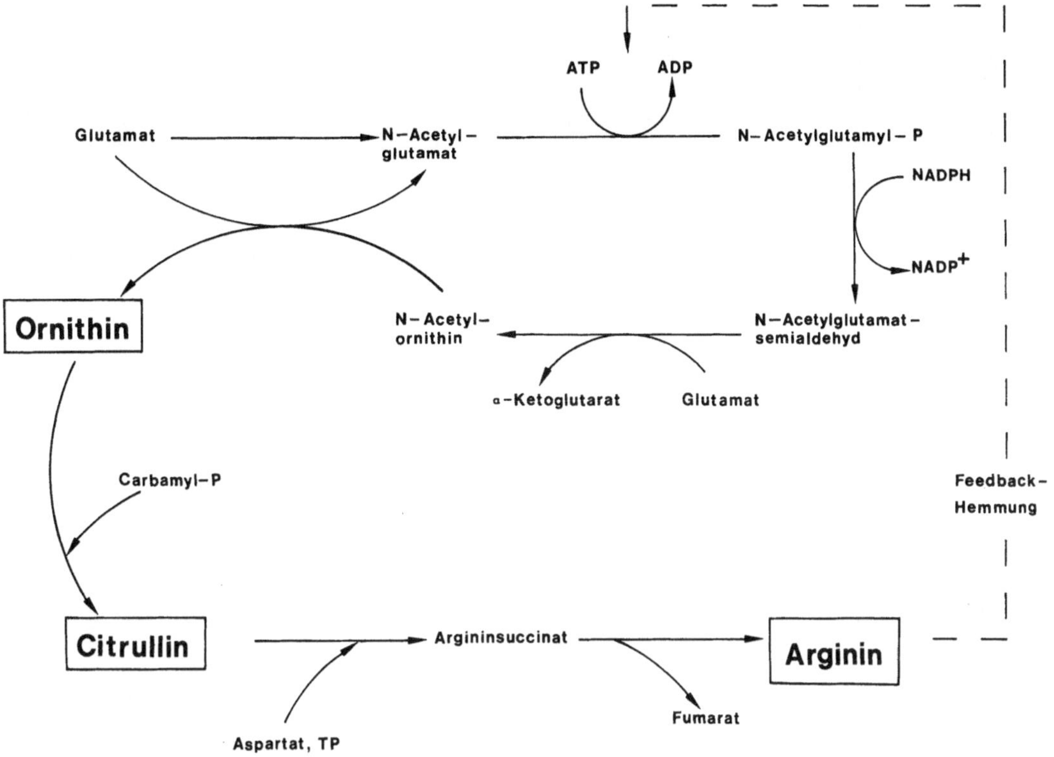

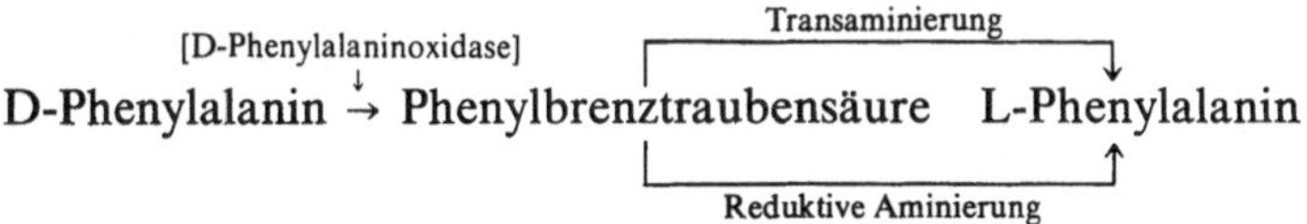

Abb. 120. Regulation der Arginin-Biosynthese. Zeichenerklärung: − − −> = Feedback-Hemmung

Mit Zellsuspensionen von *P. fluorescens* und *P. miyamizu* ist es möglich, D- oder DL-Phenylalanin zu L-Phenylalanin zu isomerisieren (Chibata et al., 1965 b). Diese Isomerisierung wird nicht durch eine „Aminosäureisomerase" vorgenommen, sondern das D-Phenylalanin wird durch D-Aminosäureoxidase zur Phenylbrenztraubensäure oxidiert, die dann durch Transaminierung oder reduktive Aminierung zum L-Phenylalanin umgewandelt wird.

$$
\begin{array}{c}
\text{Transaminierung} \\
\text{[D-Phenylalaninoxidase]} \\
\text{D-Phenylalanin} \rightarrow \text{Phenylbrenztraubensäure} \quad \text{L-Phenylalanin} \\
\text{Reduktive Aminierung}
\end{array}
$$

l) L-Ornithin, L-Arginin, L-Citrullin

Diese drei Aminosäuren werden durch Fermentation hergestellt. Arginin hat die größte technische Bedeutung.

Für die Ornithinbiosynthese existieren bei Bakterien zwei Wege. Bei Enterobacteriaceae und *Bacillus*-Arten wird Ornithin durch hydrolytische Spaltung von N-Acetylornithin durch eine Acylase gebildet, während beim anderen Wege, dem von *Pseudomonas, Corynebacterium* und Glutaminsäure-bildenden Bakterienstämmen, durch eine Transacetylase das Acetyl von Acetylornithin auf Glutaminsäure übertragen wird.

Tabelle 41. Fermentation von wichtigen Aminosäuren aus verschiedenen C-Quellen nach Kinoshita und Tanaka (1972); Yamada et al. (1972); Yamada (1977)

Aminosäure	Mikroorganismen und genetische Besonderheiten	C-Quelle	Ausbeute (g/l)	Literatur
L-Glutaminsäure (F)	*Corynebacterium glutamicum, Brevibacterium flavum, Microbacterium ammoniaphilum*	Glucose	30 – 50	Yamada et al. (1972)
	Brevibacterium flavum	Essigsäure	98	Tanaka et al. (1971)
	B. thiogenitalis	Essigsäure	51	Kanzaki et al. (1972)
	Brevibacterium sp.	Äthanol	59	Kanzaki et al. (1972)
	Bacillus megaterium	Propylenglycol	27	Jap. Pat. 37-9298 (Publ.)
	Arthrobacter paraffineus	n-Paraffine	62	Suzuki et al. (1971)
	Corynebacterium hydrocarboclastus	n-Paraffine	84	Kobayashi et al. (1972)
	C. alkanolyticum	n-Paraffine	72	Nakao et al. (1970, 1972)
	Brevibacterium sp.	Benzoesäure	80	Yamamoto et al. (1972)
L-Glutamin (F)	*Brevibacterium flavum* [Sulfaguanidin-r. (Momose und Tsuchida, 1975)]	Glucose } Essigsäure } Äthanol	39 25 35	Hirose und Yamada (1961) Jap. Pat. 49-81587 (Appl.)
L-Prolin (F)	*Brevibacterium flavum* [Sulfaguanidin-r. (Yoshinaga et al., 1966), Ile⁻] *Corynebacterium acetoacidophilum* (Thiazolalanin-r.)	Glucose Essigsäure Äthanol	29 18 22	Yoshinaga et al. (1966) Okumura (1972 a, b) US-Pat. 3.818.483 (1974)
L-Arginin (F)	*Brevibacterium flavum* [Thiazolalanin-r. (Kubota et al., 1973), Gu⁻]	Glucose } Essigsäure	29 26	Kubota et al. (1973) Okumura (1972 a, b)
L-Ornithin (F)	*Corynebacterium glutamicum* (Arg⁻) *Brevibacterium flavum* (Arg⁻)	Glucose Essigsäure	26 30	Udaka und Kinoshita (1958) Okumura (1972 a, b)
L-Citrullin (F)	*B. flavum* (Sulfaguanidin-r., Arg⁻)	Glucose } Essigsäure	30 15	Jap. Pat. 49-75784 (Appl.) Okumura (1972 a, b)

L-Methionin (F, C)	*Corynebacterium glutamicum* (Thr⁻, Ethionin- und Methioninhydroxymin-r.)	Glucose	2	Kase und Nakayama (1975)
L-Lysin (F, C)	*C. glutamicum* [Hom⁻, Leu⁻, S-(2-aminoäthyl)L-Cystein-r.]	Glucose	39	US-Pat. 3.708.395 (1973)
	Brevibacterium flavum [S-(2-aminoäthyl)L-Cystein-r.]	Glucose	32	Sano und Shiio (1970)
	B. flavum [Ala⁻, S-(2-aminoäthyl)L-Cystein-r.]	Essigsäure	61	Jap. Pat. 49-80289 (Appl.)
	B. lactofermentum [S-(2-aminoäthyl)L-Cystein-r.]	Äthanol	66	Jap. Pat. 49-80289 (Appl.)
	Nocardia sp. 258	n-Paraffine	34	Nied. Pat. 69.14672 (1970)
L-Histidin (F)	*Brevibacterium flavum* (Thiazolalanin-r., Sulfamethomidin-r., Ethionin-r., 2-Aminobenzthiazol-r.)	Glucose	10	Kamijo et al. (1973)
		Essigsäure	5	Okumura (1972 a, b)
		Äthanol	6	Jap. Pat. 49-81587 (Appl.)
L-Serin (I, C)	*Arthrobacter paraffineus*	n-Paraffine	3	Jap. Pat. 46-29191 (Publ.)
L-Threonin (F)	*Brevibacterium flavum* (Met⁻, α-Amino-β-hydroxyvaleriansäure-r.)	Glucose	18	Shiio und Nakamori (1970)
		Essigsäure	14	Shiio (1970)
	B. flavum (α-Amino-β-hydroxyvaleriansäure-r.)	Äthanol	33	GB-Pat. 1.286.208 (1972)
	Arthrobacter paraffineus (Ile[leaky])	n-Paraffine	15	GB-Pat. 1.190.546 (1970)
L-Homoserin (F)	*Corynebacterium glutamicum* (Thr⁻)	Glucose	15	Samejima et al. (1960)
	Corynebacterium sp. (Thr⁻)	n-Paraffine	12	Oshima (1969)
DL-Alanin (C)	*C. gelatinosum*	Glucose	40	Hirose und Yamada (1961)
	Brevibacterium flavum (Methionin-empfindlich)	Glucose	14	Sano und Shiio (1971)
L-Valin (F)	*B. lactofermentum* (Thiazolalanin-r.)	Glucose	23	Momose und Tsuchida (1975)
	B. flavum (Thiazolalanin-r.)	Essigsäure	20	Okumura (1972 a, b)
	Corynebacterium acetoacedophilum (Thiazolalanin-r.)	Äthanol	22	Jap. Pat. 48-68794 (Appl.)
L-Leucin (F, Ex)	*Brevibacterium lactofermentum* (Ile⁻, Met⁻, Thiazolalanin-r.)	Glucose	28	Momose und Tsuchida (1975)

Tabelle 41 (Fortsetzung)

Aminosäure	Mikroorganismen und genetische Besonderheiten	C-Quelle	Ausbeute (g/l)	Literatur
L-Isoleucin (F, Ex)	*Brevibacterium flavum* (α-Amino-β-hydroxy-valeriansäure-r., o-Methyl-threonin-r.)	Glucose	15	Shiio et al. (1973)
	B. flavum (α-Amino -β-hydroxyvaleriansäure-r.)	Essigsäure	15	Fr. Pat. 7.105.256 (1971)
L-Tryptophan (E, C)	*Corynebacterium glutamicum* (Phe$^-$, Tyr$^-$ sowie viele Resistenzen)	Glucose	12	Nakayama et al. (1974)
L-Tyrosin (E)	*C. glutamicum* (Phe$^-$ sowie viele Resistenzen)	Glucose	17	Hagino und Nakayama (1973)
	Arthrobacter paraffineus (Phe$^-$)	n-Paraffine	18	Fr. Pat. 2.005.071 (1969)
L-Phenyl-alanin (F, C)	*Corynebacterium glutamicum* (Tyr$^-$, p-Fluor-phenylalanin-r., p-Amino-tyrosin-r.)	Glucose	9	US-Pat. 3.818.483 (1974)
	Brevibacterium flavum (p-Fluor-phenylalanin-r.)	Äthanol	12	Jap. Pat. 48-75790 (Appl.)
	Arthrobacter paraffineus (Tyr$^-$)	n-Paraffine	15	Tokoro (1970)

Technische Herstellung durch Fermentation = F, durch chemische Verfahren = C, durch mikrobielle Umwandlung von Intermediärprodukten = I, mit Hilfe von Enzymen = E, durch Extraktion von Proteinhydrolysaten = Ex

Bei der Argininbiosynthese reguliert Arginin im letzteren Weg das Acetylglutaminsäure-phosphorylierende Enzym. Wird dies nicht reguliert, kann die Argininsynthese ungehindert ablaufen. Ornithin wird durch Citr⁻- oder Arg⁻-Mutanten von *Corynebacterium glutamicum* gebildet.

Wenn Arginin ins Substrat ausgeschieden wird, wird es schnell wieder metabolisiert, so daß hier auch noch genetische Blocks gesetzt werden müssen. Das gleiche gilt auch für Citrullin und Ornithin (vgl. Abb. 120), vgl. Udaka (1966, 1972).

Mikroorganismenstämme und Ausbeuten vgl. Tabelle 41. Argininproduktion vgl. Fr. Pat. (2.024.442, 1970), US-Pat. (3.723.249, 1973), GB-Pat. (1.435.980, 1976), Citrullinproduktion vgl. Nied. Pat. (6.410.720, 1965). Eine kontinuierliche L-Citrullinbildung ist mit immobilisierten Zellen von *Pseudomonas putida* (in Polyacrylamidgel) aus Arginin möglich (Yamamoto et al., 1974). Zur Ornithinbildung vgl. US-Pat. (2.988.489, 1961). Mit Arg⁻- oder Citr⁻-Mutanten von *Escherichia coli* kann L-Ornithin (US-Pat. 3.668.072, 1972), mit Citr ⁻-(oder Arg⁻-)Mutanten von *Paracolobactrum coliforme* kann N-Acetyl-L-ornithin gebildet werden (US-Pat. 3.689.360, 1972).

m) Sonstige Aminosäuren

L-Prolin wird durch Fermentation hergestellt. C-Quellen sind Glucose- oder Maltose-haltige Substrate, aber auch Stärkehydrolysate (Yoshinaga et al., 1966; Okumura, 1972 b). Biotin (300 µg/l), Thiamin (200 µg/l) sowie L-Isoleucin (150 mg/l) sollten im Substrat vorhanden sein (Fr. Pat. 1.427.534, 1966). *Corynebacterium glutamicum* setzt L-Glutaminsäure in L-Prolin um (Nakanishi et al., 1973).

Propyl-L-prolin und **Trans-4-äthyl-L-prolin,** Zwischenprodukte für die Herstellung von Lincomycin-Antibiotica – Propyl-L-prolin hemmt die Lincomycin B-Bildung bei Lincomycin-Fermentationen – werden durch eine Mutante von *Streptomyces lincolnensis* v. *lincolnensis* gebildet (US-Pat. 3.753.859, 1973).

L-Histidin wird durch Fermentation hergestellt (vgl. Tabelle 41) (vgl. US-Pat. 3.716.453, 1973). Auch Hefen, z. B. *Torulopsis,* die L-Histidinol in L-Histidin umwandeln können, sind zur kommerziellen Histidinproduktion geeignet (US-Pat. 3.676.301, 1972).

Diaminopimelinsäure kann mit L-Lysin-auxotrophen Mutanten, z. B. mit *Corynebacterium glutamicum* oder *Aerobacter aerogenes* in Ausbeuten von 19 g/l – 24 g/l (US-Pat. 2.968.594, 1961) aus Kohlenhydraten gebildet werden. Sie läßt sich auch mit Lys⁻-Mutanten von *Brevibacterium ketoglutamicum* oder *Corynebacterium hydrocarboclastus* aus Ölen oder n-Paraffinen produzieren (US-Pat. 3.719.561, 1973). Eine kommerzielle Herstellung ist noch nicht abzusehen.

Verschiedene **Antimetaboliten** von Aminosäuren werden mit Mikroorganismen hergestellt, z. B. mit einer *Streptomyces* sp. L-N⁵-(1-aminoäthyl)-Ornithin, ein Antimetabolit des Arginins (Scannell et al., 1972), L-2-Amino-4-(2-aminoäthoxy)-trans-3-butanosäure mit einer anderen *Streptomyces* sp. (Scannell et al., 1976) u. v. a.

Tabelle 42. Aminosäuren, die mit Mikroorganismen aus Intermediärprodukten der betreffenden Aminosäure hergestellt werden

Aminosäure	Mikroorganismen	Intermediärprodukt	Ausbeute (g/l)	Literatur
L-Serin	*Corynebacterium glycinophilum*	Glycin	16	Kubota et al. (1971)
L-Tryptophan	*Hansenula anomala*	Anthranilsäure	3	Terui und Enatsu (1974)
	Claviceps purpurea	Indol	13	Tyler und Schwarting (1953)
L-Methionin	*Pseudomonas denitrificans*	2-Hydroxy-4-methylthiobutter-säure	11	Wada (1974)
L-Isoleucin	*Serratia marcescens*	α-Aminobuttersäure	8	Chibata et al. (1962)
	Corynebacterium amagasaki	D-Threonin	15	Uemura, Jap. Pat. 39-10242

Tabelle 43. Aminosäuren, die mit Enzymen oder immobilisierten Zellen hergestellt werden

Aminosäure	Mikroorganismen als Enzymquelle	Substrat	Ausbeute (g/l)	Literatur
L-Alanin	*Pseudomonas dacunhae*	L-Asparaginsäure	260	Chibata et al. (1965 a)
L-Asparaginsäure	*Erwinia herbicola*	Fumarsäure	168	Takahashi et al. (1963)
L-Tyrosin	*E. herbicola*	Phenol + Brenztraubensäure	62	Enei et al. (1968)
L-DOPA	*E. herbicola*	Brenzkatechin + Brenztraubensäure	55	Enei et al. (1968)
L-Tryptophan	*Proteus rettgeri*	Indol + Brenztraubensäure	91	Nakazawa et al. (1972)
5-Hydroxy-L-tryptophan	*P. rettgeri*	5-Hydroxyindol + Brenztraubensäure	28	Nakazawa et al. (1972)
L-Lysin	*Chromobacterium laurentium, Achromobacter obae*	α-Aminocaprolactum	140	Fukumura (1974)

4. Bildung aus Intermediärprodukten durch freie oder gebundene Mikroorganismen oder Enzyme

Da es möglich ist, eine Reihe von Zwischenprodukten der Aminosäurebiosynthese chemisch relativ billig herzustellen, bieten sich Verfahren zur mikrobiellen oder enzymatischen Umwandlung dieser Produkte in die betreffenden Aminosäuren an. Die Tabelle 42 zeigt einige solcher Umwandlungen mit Mikroorganismen.

Die Tabelle 43 zeigt Umwandlungen mit trägergebundenen Zellen und Enzymen.

Derartige Verfahren, die z. T. auch bereits unter 3. beschrieben wurden, bedeuten eine starke Veränderung auf dem Gebiet der Aminosäureproduktion und werden sich in Zukunft sicher noch ganz wesentlich vermehren. Hierzu gehören auch mikrobielle und enzymatische Isomerisierungsverfahren.

5. Anwendung

Aminosäuren werden in der Lebensmittelindustrie zur Supplementierung, in der Medizin als Therapeutica und in der Biochemie verwendet.

Glutaminsäure wird im Gehirngewebe in vitro verarbeitet. Tägliche Glutaminsäuregaben von 10 g – 20 g sollen bei geistig zurückgebliebenen Kindern im Laufe mehrerer Monate die Lernfähigkeit erheblich bessern. Auch bei der Behandlung der Epilepsie wird über die günstige Wirkung der Glutaminsäure berichtet.

Seit langem spielt das Mononatriumsalz der L-Glutaminsäure im Gemisch mit Kochsalz in ostasiatischen Ländern als Würze eine große Rolle, in Japan z. B. das Aji-no-moto. Auch die in Europa sehr verbreiteten flüssigen Speisewürzen enthalten als wirksamen Bestandteil u. a. Glutaminsäure. Das reine Natriumsalz ist nahezu ohne Aroma, erst das Gemisch mit den Speisen bringt das Aroma der Würze hervor. Auch in der amerikanischen und der europäischen Nahrungsmittelindustrie wird daher seit einiger Zeit Glutaminsäure in großen Mengen verarbeitet.

Lysin wird neben den oben geschilderten Anwendungen auch als Beifutter im Gemisch mit Mehl besonders zur Kükenaufzucht und zur Anregung der Legetätigkeit der Hennen verwendet.

Literatur

Abe, S.: In: The microbial production of amino acids. Yamada, K., Kinoshita, S., Tsunoda, T., Aida, K. (eds.), pp. 39 – 66. Kodansha Ltd. 1972
Abe, S., Takayama, K.: In: The microbial production of amino acids. Yamada, K., Kinoshita, S., Tsunoda, T., Aida, K. (eds.), pp. 3 – 38. Kodansha Ltd 1972
Araki, K., Ueda, H., Saigusa, S.: Agric. Biol. Chem. *38*, 565 – 572 (1974)
Baumgarten, J.: Arch. Mikrobiol. *101*, 221 – 232 (1974)
Chibata, I., Kakimoto, T., Kato, J.: Appl. Microbiol. *13*, 638 (1965 a)
Chibata, I., Kizumi, M., Ashikaga, Y.: Amino Acid Nucleic Acid *5*, 76 (1962)
Chibata, I., Tosa, T., Sano, R.: Appl. Microbiol. *13*, 618 (1965 b)
Crawford, I. P.: Bacteriol. Rev. *39*, 87 – 120 (1975)
Daoust, D. R.: Dev. Ind. Microbiol. *7*, 41 – 46 (1966)
Daoust, D. R.: In: Industrial microbiology. Miller, B. M., Litsky, W. (eds.), pp. 106 – 127. New York: McGraw-Hill Book Company 1976

Demain, A. L.: Adv. Biochem. Eng. *1*, 113 – 142 (1971)

Dumenil, G., Cremieux, A., Phan-Tan-Luu, R., Aune, J. P.: Eur. J. Appl. Microbiol. *1*, 221 – 231 (1975 a)

Dumenil, G., Cremieux, A., Phan-Tan-Luu, R., Combet, M.: Eur. J. Appl. Microbiol. *1*, 213 – 220 (1975 b)

Enei, H., Nakazawa, H., Matsui, H., Okumura, S., Yamada, H.: FEBS Lett. *21*, 39 (1968)

Fukui, S., Ikeda, S.-I., Fujimura, M., Yamada, H., Kumagai, H.: Eur. J. Appl. Microbiol. *1*, 25 – 39 (1975)

Fukumura, T.: Proc. Symp. Amino Acid Nucleic Acid Jpn. *1* (1974)

Fukumura, T.: Agric. Biol. Chem. *41*, 1327 – 1330 (1977)

Hagino, H., Nakayama, K.: Agric. Biol. Chem. *37*, 2013 (1973)

Hattori, K., Yokoo, S., Imada, O.: J. Ferment. Technol. *52*, 132 – 139 (1974)

Hayashibe, M., Watanabe, T.: Agric. Biol. Chem. *26*, 82 – 88 (1962)

Hirose, Y.: In: The microbial production of amino acids. Yamada, K., Kinoshita, S., Tsunoda, T., Aida, K. (eds.), pp. 203 – 225. Kodansha Ltd 1972

Hirose, Y., Sano, K., Shibai, H.: Annu. Rep. Ferment. Proc. *2*, 155 – 189 (1978)

Hirose, Y., Yamada, K.: Agric. Biol. Chem. *25*, 410 (1961)

Hongo, M., Gan, B. H., Uyeda, M.: Agric. Biol. Chem. *38*, 1805 – 1810 (1974)

Ikeda, S., Fujita, I., Hirose, Y.: Agric. Biol. Chem. *40*, 517 – 522 (1976)

Kajiwara, H., Yamashita, H., Yoshinaga, F., Okumura, S., Kinoshita, I.: Abstr. Agric. Chem. Soc. Jpn. p. 158. (1967)

Kamijo, H., Mihara, O., Kubota, K.: Abstr. Annu. Meet. Agric. Chem. Soc. Jpn. p. 112. (1973)

Kanzaki, T., Kitano, K., Sumino, Y., Okazaki, H.: J. Agric. Chem. Soc. Jpn. *46*, 95 – 101 (1972)

Kase, H., Nakayama, K.: Agric. Biol. Chem. *39*, 153 (1975)

Kikuchi, M., Doi, M., Suzuki, M., Nakao, Y.: Agric. Biol. Chem. *36*, 1141 – 1146 (1972)

Kinoshita, K.: In: The microbial production of amino acids. Yamada, K., Kinoshita, S., Tsunoda, T., Aida, K. (eds.), pp. 139 – 179. Kodansha Ltd 1972

Kinoshita, S., Nakayama, K.: In: Economic microbiology. Rose, A. H. (ed.), pp. 209 – 261. London, New York: Academic Press 1978

Kinoshita, S., Tanaka, K.: In: The microbial production of amino acids. Yamada, K., Kinoshita, S., Tsunoda, T., Aida, K. (eds.), pp. 263 – 324. Kodansha Ltd 1972

Kitahara, K.: In: The microbial production of amino acids. Yamada, K., Kinoshita, S., Tsunoda, T., Aida, K. (eds.), pp. 533 – 537. Kodansha Ltd 1972

Kitai, A.: In: The microbial production of amino acids. Yamada, K., Kinoshita, S., Tsunoda, T., Aida, K. (eds.), pp. 325 – 337. Kodansha Ltd 1972

Kitai, A., Kitamura, I., Miyachi, N.: Amino Acids *6*, 66 (1962)

Kobata, M., Takayama, K.-I., Abe, S.: J. Agric. Chem. Soc. Jpn. *49*, 237 – 243 (1975)

Kobayashi, K., Ikeda, S., Hishinuma, K., Hirose, Y., Okada, H.: Agric. Biol. Chem. *36*, 961 (1972)

Kotani, Y., Araki, K., Nakayama, K.: J. Agric. Chem. Soc. Jpn. *48*, 131 – 136 (1974)

Kubota, K., Kageyama, K., Shiro, T., Okumura, S.: Amino Acid Nucleic Acid *23*, 43 (1971)

Kubota, K., Onoda, T., Kamijo, H., Yoshinaga, F., Okumura, S.: J. Gen. Appl. Microbiol. *19*, 339 (1973)

Li, L.-G., Tang, R.-T., Fu, M.-F., Mo, L., Zhang, S.-Z., Chen, Q.: Acta Microbiol. Sin. *15*, 212 – 216 (1975)

Lingens, F.: Angew. Chem. *80*, 384 – 394 (1968)

Momose, H., Tsuchida, T.: Proc. 1st Intersect. Congr. IAMS, Science Council of Japan, p. 364 1975

Momose, H., Miyashiro, S., Oba, M.: J. Gen. Appl. Microbiol. *22*, 119 – 129 (1976)

Nagasaki, T., Sugita, M., Fukawa, H.: Agric. Biol. Chem., *37*, 2841 – 2847 (1973)

Nakanishi, T., Taketsugu, Y., Nakajima, J.: J. Ferment. Technol. *55*, 224 – 232 (1977)

Nakanishi, T., Yokote, Y., Taketsugu, Y.: J. Ferment. Technol. *51*, 742 – 749 (1973)

Nakao, Y., Kikuchi, M., Suzuki, M., Doi, M.: Agric. Biol. Chem. *34*, 1875 (1970) *36*, 490, 809 (1972)

Nakayama, K.: In: The microbial production of amino acids. Yamada, K., Kinoshita, S., Tsunoda, T., Aida, K. (eds.), pp. 369 – 397. Kodansha Ltd 1972

Nakayama, K., Araki, K., Hagino, H., Kase, H., Yoshida, H.: GIM 74. Abstr. 2nd Int. Symp. p. 47. London, New York: Academic Press 1974

Nakazawa, H., Enei, H., Okumura, S., Yamada, H.: FEBS Lett. 25, 43 (1972)

Nara, T.: In: The microbial production of amino acids. Yamada, K., Kinoshita, S., Tsunoda, T., Aida, K. (eds.), pp. 417 – 434. Kodansha Ltd 1972

Nunheimer, T. D., Birnbaum, J. Ihnen, E. D., Demain, A. L.: Appl. Microbiol. 20, 215 – 217 (1970)

Ogasawara, N., Sato, T., Kato, M., Sakaguchi, K.: Agric. Biol. Chem. 38, 515 – 520 (1974)

Ogata, K., Izumi, Y., Kawamori, M., Asano, Y., Tani, Y.: J. Ferment. Technol. 55, 444 – 451 (1977)

Oishi, K.: In: The microbial production of amino acids. Yamada, K., Kinoshita, S., Tsunoda, T., Aida, K. (eds.), pp. 435 – 452. Kodansha Ltd 1972

Okumura, S.: Petrol. Microorg. 7, 2 (1972 a)

Okumura, S.: In: The microbial production of amino acids. Yamada, K., Kinoshita, S., Tsunoda, T., Aida, K. (eds.), pp. 473 – 490. Kodansha Ltd 1972 b

Oshima, K.: Amino Acid Nucleic Acid 20, 1 (1969)

Pilát, P.: Kvasný Prům. 23, 60 – 62 (1977)

Plachý, J.: Folia Microbiol. 20, 346 – 350 (1975)

Rehm, H. J.: Industrielle Mikrobiologie. Berlin, Heidelberg, New York: Springer 1967

Rehm, H. J., Reiff, I.: Adv. Biochem. Eng. (1980)

Rosazza, J., Foss, P., Lemberger, M., Sih, C. J.: J. Pharm. Sci. 63, 544 – 547 (1974)

Samejima, H.: In: The microbial production of amino acids. Yamada, K., Kinoshita, S., Tsunoda, T., Aida, K. (eds.), pp. 227 – 259. Kodansha Ltd 1972

Samejima, H., Nara, T., Fujita, T., Kinoshita, S.: J. Agric. Chem. Soc. Jpn. 34, 750 (1960)

Sano, K., Shiio, I.: J. Gen. Appl. Microbiol. Tokyo 13, 349 (1967)

Sano, K., Shiio, I.: J. Gen. Appl. Microbiol. 16, 373 (1970)

Sano, K., Shiio, I.: J. Gen. Appl. Microbiol. 17, 169 (1971)

Sano, K., Yokozeki, K., Eguchi, C., Kagawa, T., Noda, I., Mitsugi, K.: Agric. Biol. Chem. 41, 819 – 825 (1977)

Sato, E., Kawabata, Y., Fukumura, T.: Abstr. 23rd Amino Acid Nucleic Acid Symp. p. 2. 1974

Scannell, J. P., Ax, H. A., Pruess, D. L., Williams, T., Demny, T. C., Stempel, A.: J. Antibiot. 25, 179 – 184 (1972)

Scannell, J. P., Pruess, D. L., Ax, H. A., Jacoby, A., Kellett, M., Stempel, A.: J. Antibiot. 29, 38 – 43 (1976)

Shiio, I.: Agric. Biol. Chem. 34, 488 (1970)

Shiio, I., Nakamori, S.: Agric. Biol. Chem. 33, 1152 (1969)

Shiio, I., Nakamori, S.: Agric. Biol. Chem. 34, 448 (1970)

Shiio, I., Sasaki, A., Nakamori, S., Sano, K.: Agric. Biol. Chem. 37, 2053 (1973)

Shimura, K.: In: The microbial production of amino acids. Yamada, K., Kinoshita, S., Tsunoda, T., Aida, K. (eds.), pp. 491 – 513. Kodansha Ltd 1972 a

Shimura, K.: In: The microbial production of amino acids. Yamada, K., Kinoshita, S., Tsunoda, T., Aida, K. (eds.), pp. 453 – 472. Kodansha Ltd 1972 b

Singh, D. V., Mukherjee, B. P., Pal, S. P., Bhattacharyya, P. K.: J. Ferment. Technol. 51, 713 – 718 (1973)

Slowinski, W., Charm, St. E.: Biotechnol. Bioeng. 15, 973 – 979 (1973)

Suzuki, T., Yamaguchi, K., Tanaka, K.: Amino Acid Nucleic Acid 24, 104 (1971)

Takahashi, M., Hino, T., Okumura, S., Miura, Y., Ishida, M.: Amino Acid Nucleic Acid 7, 23 (1963)

Takao, S., Hotta, K.: J. Ferment. Technol. 50, 751 – 757 (1972)

Tanaka, K., Suzuki, T., Okumura, S.: Proc. 5th World Petrol. Congr. Vol. 5, pp. 165 – 170. London: Applied Science Publication Ltd. 1971

Tanaka, Y., Yoshida, H., Nakayama, K.: Agric. Biol. Chem. 38, 633 – 639 (1974)

Terui, G., Enatsu, T.: J. Ferment. Technol. 40, 120 (1974)

Tokoro, Y.: Agric. Biol. Chem. 34, 1516 (1970)

Tosa, T., Sato, T., Mori, T., Chibata, I.: Appl. Microbiol. 27, 886 – 889 (1974)

Truffa-Bachi, P., Cohen, G. N.: Annu. Rev. Biochem. 42, 113 – 134 (1973)

Tsai, B.-C., Liu, S.-S. T.: Taiwania 20, 123 – 131 (1975)

Tyler, V. E., Schwarting, A. E.: Science *118*, 132 (1953)

Udaka, S.: J. Bacteriol. *91*, 617 – 621 (1966)

Udaka, S.: In: The microbial production of amino acids. Yamada, K., Kinoshita, S., Tsunoda, T., Aida, K. (eds.), pp. 399 – 415. Kodansha Ltd 1972

Udaka, S., Kinoshita, S.: J. Gen. Microbiol. *4*, 272 (1958)

Ueda, K.: In: Fermentation advances. pp. 43 – 62. London, New York: Academic Press 1969

Ueda, K.: In: The microbial production of amino acids. Yamada, K., Kinoshita, S., Tsunoda, T., Aida, K. (eds.), pp. 181 – 201. Kodansha Ltd 1972

Uemura, T., Sugisaki, Z., Takamura, Y.: In: The microbial production of amino acids. Yamada, K., Kinoshita, S., Tsunoda, T., Aida, K. (eds.), pp. 339 – 368. Kodansha Ltd. 1972

Umbarger, H. E.: Annu. Rev. Biochem. *47*, 533 – 606 (1978)

Uyeda, M., Gan, H. B., Takenobu, S., Ono, I., Hongo, M.: Agric. Biol. Chem. *38*, 1811 – 1818 (1974)

Wada, H.: J. Agric. Chem. Soc. Jpn. *48*, 297, 303, 351 (1974)

Yamada, H., Kumagai, H.: Adv. Appl. Microbiol. *19*, 249 – 288 (1975)

Yamada, K.: Biotechnol. Bioeng. *19*, 1563 – 1621 (1977)

Yamada, K., Kinoshita, S., Tsunoda, T., Aida, K. (eds.): In: The microbial production of amino acids. Kodansha Ltd 1972

Yamamoto, K., Sato, T., Tosa, T., Chibata, I.: Biotechnol. Bioeng. *16*, 1589 – 1599 (1974)

Yamamoto, M., Nishida, H., Inui, T., Ozaki, A.: J. Ferment. Technol. *50*, 876 – 883 (1972)

Yamashita, S., Hoshi, H., Inagaki, T.: In: Fermentation advances. Perlman, D. (ed.), pp. 441 – 463. London, New York: Academic Press 1969

Yoshinaga, F., Konishi, S., Okumura, S., Katsuya, N.: J. Gen. Appl. Microbiol. *12*, 219 (1966)

Young, R. A., Smith, R. E.: Can. J. Microbiol. *21*, 587 – 591 (1975)

Kapitel 23 Nucleinsäuren, Nucleotide, Nucleoside, Nucleotidbasen und ähnliche Substanzen

1. Allgemeines und Chemie

Nucleinsäuren, 5′-Nucleotide und weitere den Nucleinsäuren verwandte Substanzen werden seit langem in technischem Ausmaß mit Hilfe von Mikroorganismen hergestellt.

Nucleinsäuren [Ribonucleinsäure (RNA) und Desoxyribonucleinsäure (DNA)] werden aus Bakterien-, Hefe- oder tierischen Zellen gewonnen. Ihre Chemie ist in jedem Lehrbuch der Biochemie beschrieben (vgl. Karlson, 1974; Stewart und Letham, 1977). DNA ist der Träger genetischer Informationen und wird durch Polymerisation von Nucleotiden bei der Replikation (identische Reduplikation) gebildet. An der DNA wird komplementär durch Transkription die RNA gebildet, mit deren Information durch Translation die Proteine synthetisiert werden. Bei geeigneten Züchtungsbedingungen enthalten Bakterien- und Hefezellen relativ große Mengen an DNA oder RNA (vgl. Tabelle 26, Kap. 12).

Bei der vollständigen Hydrolyse der Nucleinsäuren entstehen die Pyrimidin-Basen Cytosin, Uracil und Thymin oder die Purin-Basen Adenin, Guanin und Hypoxanthin. Die Aminogruppe dieser Basen reagiert mit der halbacetalischen OH-Gruppe der β-D-Ribose zum Nucleosid unter Wasserabspaltung. Es bilden sich aus Cytosin, Uracil und Thymin die Nucleoside Cytidin, Uridin und Thymidin und aus Adenin, Guanin und Hypoxanthin entsprechend Adenosin, Guanosin und Inosin.

Wird Phosphorsäure esterartig an die Ribose gebunden, so entstehen die Nucleotide. In den biologisch sehr wichtigen 5′-Estern sind ein, zwei oder auch drei Phosphorsäuremoleküle in 5′-Stellen an die CH_2OH-Gruppe der Ribose gebunden. So entstehen aus Cytidin z. B. das Cytidin-5′-phosphat (5′-Cytidylsäure), aus Adenosin das Adenosin-5′-phosphat (5′-Adenylsäure) und weitere entsprechende Nucleotide wie 5′-Uridylsäure, 5′-Thymidylsäure, 5′-Guanylsäure und 5′-Inosinsäure. Aus Desoxyribonucleinsäure entsteht z. B. anstelle von 5′-Adenylsäure die 5′-Desoxyadenylsäure.

Die alkalische Hydrolyse der Ribonucleinsäuren führt nicht zu den 5′-Ribonucleotiden, sondern zu einem Gemisch von 2′- und 3′-Ribonucleotiden, die dadurch entstanden sind, daß sich bei den Ribonucleotiden intermediär ein zyklischer 2′-, 3′-Phosphodiester gebildet hat, der dann zum 2′- oder 3′-Monoester gespalten wird.

Die alkalische Spaltung von Hefe-RNA wird beim pH-Wert von 9 – 10 und ca. 50 °C durchgeführt (vgl. Klemm, 1962).

Durch Desaminierung kann man weitere Nucleotide erhalten und zwar

aus Hefe-Adenylsäure die Hefe-Inosinsäure,
aus Hefe-Guanylsäure die Hefe-Xanthosinsäure und
aus Hefe-Cytidylsäure die Hefe-Uridylsäure.

Zur neutralen Spaltung der RNA verwendet man Hydroxyde oder Carbonate von Mg, Ba, Ca oder Pb. Die Spaltung wird in der Hitze durchgeführt und dauert je nach der Temperatur mehrere Stunden. Als Produkte erhält man die Nucleoside Adenosin, Guanosin, Cytidin und Uridin sowie eine Reihe anderer Nucleoside, denen aber im Augenblick kein technisches Interesse zukommt. Die Nucleoside lassen sich gut weiterverarbeiten. Ein sehr wichtiges Umwandlungsprodukt, das man aus Adenosin herstellt, ist die Adenosin-5′-triphosphorsäure (ATP).

Auch eine Desaminierung von AMP, ADP und ATP ist möglich, so daß auch die entsprechenden Inosin-5′-mono-, di- und tri-phosphorsäuren auf diesem Wege hergestellt werden können. Ähnlich ist es möglich, aus Adenosin das Inosin, aus Guanosin das Xanthin und aus Cytidin das Uridin herzustellen.

Bei der sauren Spaltung der RNA erhält man die Purinbasen Adenin und Guanin sowie die Pyrimidinbasen Cytosin und Uracil. Sämtliche vier Basen lassen sich auch synthetisch herstellen. Die chemisch-synthetische Herstellung von Cytosin und Uracil ist wirtschaftlicher als die Gewinnung aus RNA, während bei der Herstellung von Adenosin und Guanosin die Produktion aus RNA trotz der chemischen Synthese noch immer lohnend ist.

Bei der sauren Hydrolyse entstehen zunächst die Purinbasen, während die Pyrimidinbasen als Pyrimidinriboside vorliegen, die dann mit Perchlorsäure zu den freien Basen gespalten werden. Adenin und Guanin sind Ausgangssubstanzen zur Herstellung wichtiger anderer Produkte, z. B. von Hypoxanthin und Xanthin. Das Hypoxanthin kann durch Chlorierung zu dem sehr wichtigen 6-Chlorpurin oder zu 6-Mercaptopurin umgesetzt werden.

Durch saure Spaltung der RNA, besser aber durch saure Hydrolyse aus Guanosin läßt sich auch die D-Ribose gewinnen.

Die Biosynthese und Regulation der Pyrimidin- und Purinnucleotide wird bei den betreffenden Herstellungsverfahren kurz beschrieben (Biosynthese vgl. Rehm, 1967; Regulation vgl. Demain, 1968, 1978; Ogata et al., 1976 u. v. a.).

Prinzipiell bestehen die folgenden vier Möglichkeiten zur mikrobiellen Gewinnung von 5′-Nucleotiden:

1. Hydrolyse von Nucleinsäuren durch Nucleasen
2. Fermentative Bildung von 5′-Nucleotiden
3. Fermentative Bildung von Nucleosiden und anschließende Phosphorylierung zu 5′-Nucleotiden
4. Chemischer Abbau von RNA zu Nucleosiden und anschließende Phosphorylierung zu 5′-Nucleotiden.

2. Bildung von RNA und DNA in Mikroorganismen

RNA besteht in der Mikroorganismenzelle zu ca. 5% aus mRNA, zu 10% – 15% aus tRNA und zu ca. 75% – 80% aus rRNA, wobei nur tRNA in freier Form existiert, während mRNA und rRNA proteingebunden sind. Die RNA-Gehalte von Mikroorganismen vgl. Ogata (1963). Wenn auch verschiedene Bakterienarten, z. B. *Corynebacterium hofmannii*, verschiedene *Bacillus*-Arten u. a. 30% – 50% des TG an RNA bilden (vgl. Ogata, 1976), werden gegenwärtig immer noch Hefen zur RNA-Herstellung verwendet.

Man züchtet zumeist *Candida utilis* nach den in Kap. 12 beschriebenen Verfahren. Dabei erhält man Zellen mit einem Gehalt von ca. 10% Ausbeute bei Verwendung von Sulfitablaugen als C-Quelle und von ca. 15% bei Verwendung von Melasse. Im Air-lift-Fermenter läßt sich *C. utilis* mit Zellkonzentrationen bis zu 35 g/l kontinuierlich züchten (O_2-Absorptionsrate $K_d > 20 \cdot 10^{-6}$ g Mol O_2/atm · min · ml) Literatur vgl. Ogata (1976).

Auch n-Alkane lassen sich zur RNA-Bildung von *Candida*-Arten als Substrat gut verwenden (Fukuda et al., 1969).

DNA läßt sich mit *Staphylococcus aureus, Bacillus subtilis, Arthrobacter simplex* und *Pseudomonas*-Arten durch extracelluläre Akkumulation gewinnen. Die Ausbeuten liegen zwischen 300 μg/ml und 6000 μg/ml Nährlösung (Literatur vgl. Tomita, 1976). Jedoch ist die technische Aufarbeitung immer noch unbefriedigend, so daß gegenwärtig noch die Gewinnung von DNA aus Fischspermien, Kalbsthymus u. a. tierischen Ausgangssubstanzen im Vordergrund steht.

Man extrahiert anschließend zur RNA-Gewinnung mit 5% – 20%iger NaCl-Lösung 8 Std. – 10 Std. lang bei 100 °C. Dann wird bei 0 °C mit HCl auf pH-Werte von 1,5 – 2,5 angesäuert, so daß RNA ausfällt. Die Rohsäure wird abgetrennt, mit Äthanol gewaschen und mehrmals zur Entfernung der Eiweiß- und Kohlenhydratanteile umgefällt.

3. Hydrolyse von Nucleinsäuren mit *Penicillium-* und *Streptomyces*-Nucleasen

Eine Reihe von Mikroorganismen (z. B. *Aspergillus oryzae*) bildet Nucleasen, die Nucleinsäuren zu 3'-Nucleotiden, einschließlich 3'-IMP, Nucleosiden und Purinbasen ohne geschmacksbildende Wirkung hydrolysieren. Besonders *Penicillium citrinum,* aber auch verschiedene *Streptomyces*-Arten bilden RNasen und DNasen, die 5'-Mononucleotide und/oder 5'-P-oligonucleotide als Produkte erzeugen (Kuninaka, 1976). 1975 wurden etwa 40% der Produktion an Nucleotiden in Japan durch enzymatische Hydrolyse von RNA aus *Penicillium citrinum* mit der sog. Nuclease P_1 hergestellt. Die Struktur dieses Enzyms vgl. Fujimoto et al. (1975). Nucleasen anderer Mikroorganismen sind bisher noch nicht für technische Zwecke eingesetzt worden.

Zur Herstellung der Nuclease P_1 wird eine pigmentlose, Nuclease P_1-reiche Mutante von *P. citrinum* auf Weizenkleie gezüchtet. Phytin fördert die Bildung bei Anwesenheit von 2 mMol Zinkionen (Fujishima et al., 1977). Anschließend wird das Substrat mit der Pilzkultur mit Wasser extrahiert. Der Extrakt enthält nicht nur die thermostabile RNase P_1, sondern auch u. a. RNase, die 3'-Nucleotide erzeugt. Durch Erhitzen bleibt die RNase P_1 ohne Verlust zurück. Diese spaltet RNA in die vier 5'-Nucleotide, die auf Säulen chromatographisch getrennt und gereinigt werden können. AMP wird mit *Aspergillus*-Adenyl-Desaminase zu IMP desaminiert. CMP und UMP werden nicht als geschmackshebende Substanzen, sondern als Ausgangsmaterialien für biologisch aktive Verbindungen verwendet.

Mit immobilisierter Nuclease P_1 kann auch eine Hydrolyse von Hefe-RNA vorgenommen werden (Nomura et al., 1974; Dale und White, 1979).

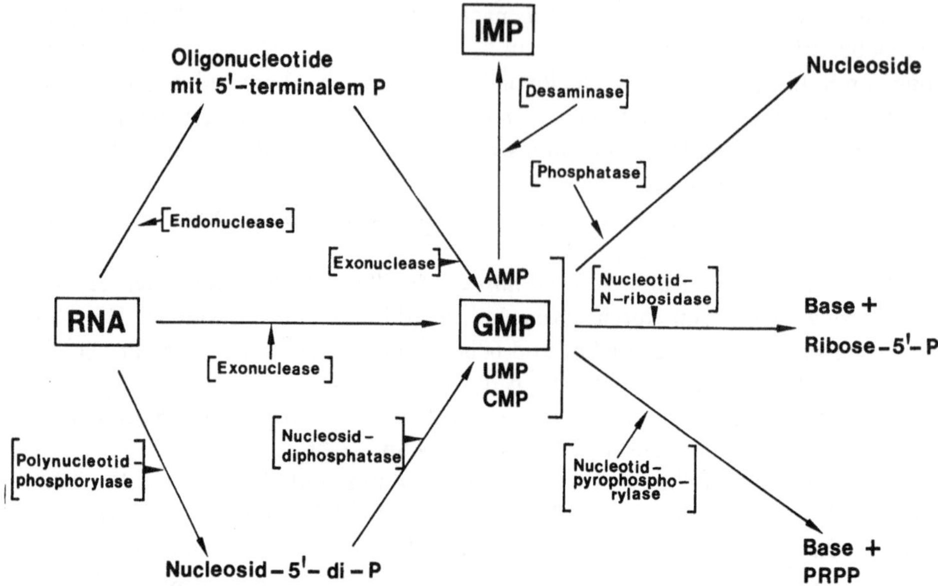

Abb. 121. Enzyme, die an der Bildung von Nucleotiden, Nucleosiden und Basen aus RNA beteiligt sind

Auch *Streptomyces*-Arten bilden RNasen, die RNA zu 5'-Nucleotiden hydrolysieren (Literatur zu Tabelle 44 vgl. Nakao, 1976).

Die Tabelle 44 zeigt verschiedene Abbautypen unter den Streptomyceten. Geeignete Mutanten ergeben größere Ausbeuten der gewünschten Produkte. Die Abb. 121 zeigt die Enzyme zur Bildung von Nucleotiden, Nucleosiden und Basen aus RNA.

In den meisten Fällen werden Mutanten von *S. aureus* zur Enzymherstellung verwendet. Wenn diese auch bereits viel Endonuclease, Exonuclease und AMP-Desaminase bilden, so produzieren sie aber noch immer beträchtliche Mengen an 5'-Nucleotidase, so daß eine großtechnische Anwendung noch aussteht. Der Streptomycet wird auf Sojamehl (2%), Stärkehydrolysat (enzymatisch) (3%), Cornsteep-Lösung (1%), $(NH_4)_2SO_4$ (0,1%), $MgSO_4 \cdot 7\,H_2O$ (0,05%), $CaCO_3$ (0,5%), Sojabohnenöl (0,005%), 28 °C – 30 °C und einem K_d von $2,72 \cdot 10^{-5}$ (g Mol O_2/ml · min · atm) 30 Std. gezüchtet (vgl. Nakao, 1976). Anschließend wird RNA entweder direkt in den Hefezellen oder nach Extraktion hydrolysiert und das Hydrolysat auf Nucleotide aufgearbeitet.

Tabelle 44. Hydrolyse von RNA durch Streptomyceten

Streptomyces-Art	Abbau von RNA (%)	Bildung von AMP (%)	Bildung von Adenosin (%)	Bildung von 5'-Nucleotiden (%)
Streptomyces aureus	74,2	2,0	10,7	39,3
S. albogriseolus	90,0	20,0	66,0	40,0
S. coelicolor	71,2	27,3	38,5	29,0
S. griseoflavus	47,6	10,7	7,0	12,0
S. purpurescens	76,0	22,0	32,3	16,7

4. Bildung von Nucleinsäure-verwandten Substanzen durch direkte Fermentation

Besonders IMP und GMP (mehr als jeweils 3000 t/Jahr) werden mit Hilfe geeigneter mikrobieller Mutanten entweder durch direkte Fermentation oder durch RNA-Hydrolyse hergestellt, dabei sind die direkten Fermentationsprozesse besonders zukunftsträchtig.

a) Bildung von 5′-Inosinsäure

Die Biosynthese der 5′-Inosinsäure vgl. Rehm (1967) sowie mit vielen Einzelheiten Ogata et al. (1976). Die Regulation der Inosinbiosynthese bei *Bacillus subtilis* vgl. Abb. 122, die von *Brevibacterium ammoniagenes* Abb. 123. IMP-bildende Mikroorganismen sind Mutanten der oben genannten Arten mit Adenin-Bedürftigkeit und

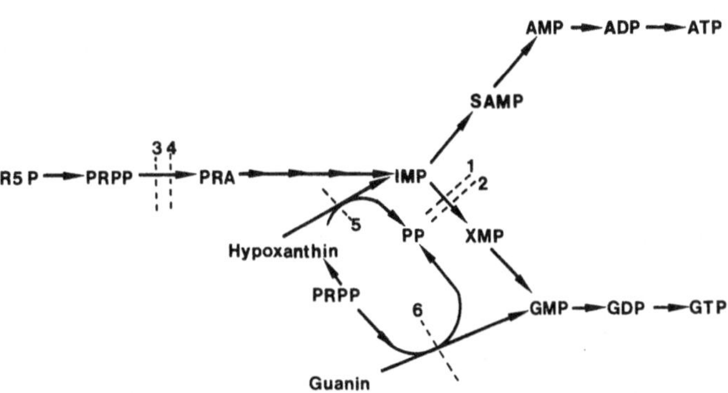

Abb. 122. Regulation der Bildung von IMP, GMP und AMP bei *Bacillus subtilis*
Zeichenerklärung: *1* Repression durch Guanin; *2* Hemmung durch GMP; *3* Repression durch Adenin; *4* Hemmung durch ATP, ADP, AMP und GMP; *5* Hemmung durch GTP und ATP; *6* Hemmung durch GTP

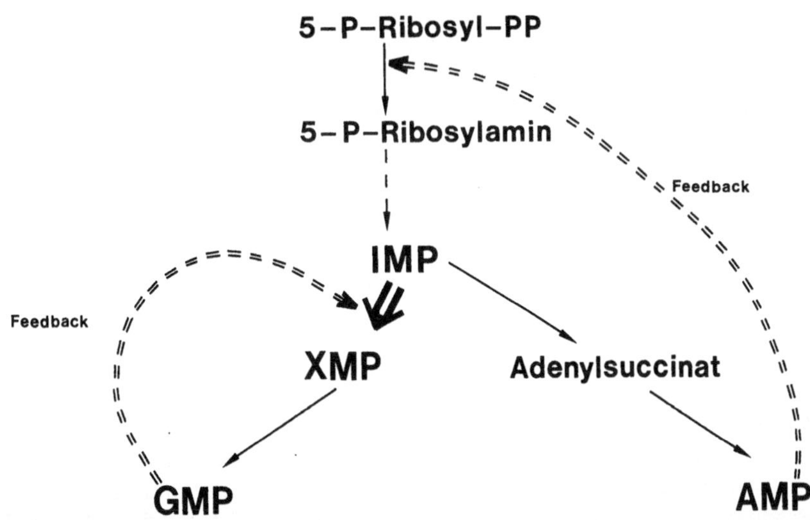

Abb. 123. Regulation der Purinnucleotid-Synthese bei *Brevibacterium ammoniagenes*. Die gestrichelten Linien zeigen Enzymrepressionen und Schritte, die durch Feedback-Hemmung beeinflußt werden können.

sehr schwacher Nucleotid-Abbaufähigkeit. Zumeist wird neben IMP auch Hypoxanthin ausgeschieden. Folgende Bedingungen müssen zur optimalen Ausscheidung von IMP durch *B. ammoniagenes* vorliegen (Nara et al., 1969; Furuya, 1976):

1. Es sind je 1% KH_2PO_4, K_2HPO_4 und $MgSO_4 \cdot 7\,H_2O$ notwendig
2. Mn^{2+}, Thiamin und Pantothensäure müssen vorhanden sein
3. Casein fördert die IMP-Ausscheidung
4. Neben Mn^{2+} sind Zn^{2+}, Fe^{2+} und Ca^{2+} notwendig
5. Zusätze von Biotin und Adenin fördern die IMP-Ausscheidung

Eine Tabelle über IMP-bildende Mutanten verschiedener Mikroorganismen und Ausbeuten vgl. Ogata (1975).

Neben 5′-IMP wird Inosin mit Adenin-bedürftigen Mutanten von *Bacillus subtilis* fermentativ hergestellt. Von diesen Stämmen wird 5′-IMP in der Zelle synthetisiert und nach dem Passieren der Zellmembran dephosphoryliert. Mutanten, die gegen Sulfaguanidin, Sulfadiazin oder Sulfathiazol resistent sind, bilden besonders gute Ausbeuten an Inosin (US-Pat. 3.960.661, 1976). n-Alkane mit Kettenlängen von $C_{14} - C_{21}$ sind als C-Quelle zur Inosinbildung mit *Corynebacterium simplex* geeignet (US-Pat. 3.634.193, 1972).

b) Bildung von 5′-GMP

Die fermentative Bildung von 5′-GMP ist stark beeinflußt durch Reprimierung einiger Enzyme der Biosynthese durch Endprodukte:

- 5′-P-Ribosyl-PP (PRPP)-amidotransferase
- IMP-Dehydrogenase und
- GMP-Synthetase werden durch Guaninderivate reprimiert und merklich durch GMP gehemmt. Weiterhin wird GMP schnell zu Guanosin oder Guanidin durch 5′-Nucleotidase bzw. Nucleosidase abgebaut.

Aus diesen Gründen ist die Entwicklung einer industriellen Produktion von GMP schwierig, während die Herstellung der Nucleoside 5-Amino-4-imidazol-carboxamid-ribotid (AICAR), Xanthosin und Guanosin einfacher ist, da besonders die Synthese von AICAR und Xanthosin nur wenig durch diese Endprodukte gehemmt wird (Biosynthese vgl. Abb. 124).

Mögliche Verfahren zur Herstellung von GMP sind

1. Fermentation von AICAR und anschließende chemische Synthese von GMP
2. Fermentation von Guanosin und anschließende chemische Phosphorylierung
3. Fermentation von Xanthosinmonophosphat oder Xanthosin und enzymatische Umwandlung in GMP
4. Direkte Fermentation von GMP

AICAR wird durch purinbedürftige Mutanten von *Bacillus subtilis* und *B. megaterium* sowie *B. pumilus* bis zu 20 mg/ml gebildet (Shirafuji et al., 1968).

Besonders *B. megaterium* wird gegenwärtig für technische Prozesse eingesetzt. Die AICAR-Bildung ist direkt abhängig von der Aufnahmerate der Glucose, die Produktion von Sporen vermindert eine AICAR-Produktion. Sporenhemmende Substanzen, vor allem Buttersäure wirken sich günstig auf die AICAR-Fermentation aus. Revertanten müssen durch Stammselektion möglichst verhindert werden.

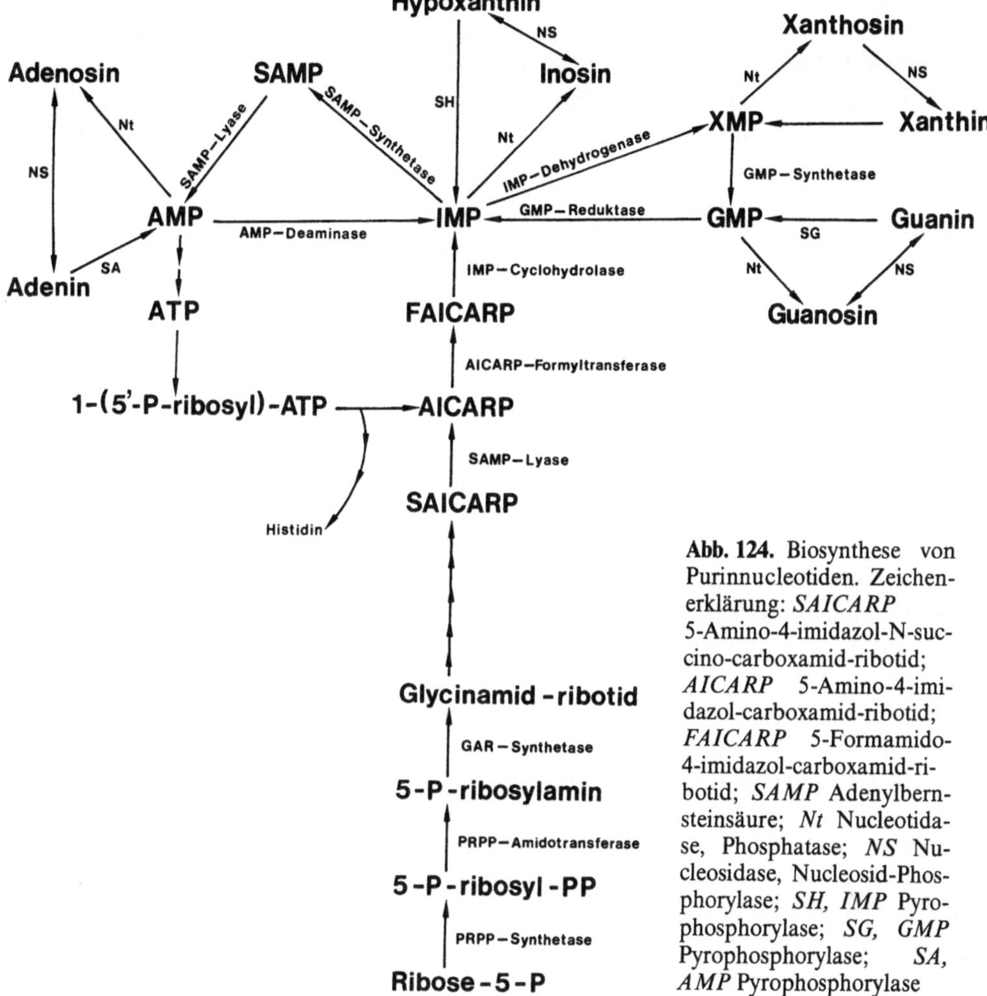

Abb. 124. Biosynthese von Purinnucleotiden. Zeichenerklärung: *SAICARP* 5-Amino-4-imidazol-N-succino-carboxamid-ribotid; *AICARP* 5-Amino-4-imidazol-carboxamid-ribotid; *FAICARP* 5-Formamido-4-imidazol-carboxamid-ribotid; *SAMP* Adenylbernsteinsäure; *Nt* Nucleotidase, Phosphatase; *NS* Nucleosidase, Nucleosid-Phosphorylase; *SH, IMP* Pyrophosphorylase; *SG, GMP* Pyrophosphorylase; *SA, AMP* Pyrophosphorylase

Gluconat tritt als Intermediärprodukt auf. Suboptimale Konzentrationen von Purinen im Substrat wirken günstig auf die Fermentation, die beim pH-Wert von 7,0 beginnt und bis zu 6 Std. dauert (vgl. Shiro, 1976). Während der ersten 8 Std. – 12 Std. der Fermentation kann die Sporenbildung durch starke Belüftung unterdrückt werden (vgl. Hirose, 1976).

Durch Kationenaustauscher-Säulen, Elution, Konzentration und Trocknung werden etwa 90% AICAR aus der Kulturflüssigkeit gewonnen. 1 Mol AICAR reagiert mit 5 Mol Methylxanthat bei 180 °C in 2 Std. nahezu vollständig zu 2-Mercaptoinosin, das mit 3 Mol H_2O_2 bei 5 °C in 1 Std. zu Inosin-2-sulfonsäure umgesetzt wird. Diese wird bei 120 °C in 2 Std. mit NH_3 zu Guanosin aminiert und mit $POCl_3$ zu GMP umgesetzt.

Guanosin wird durch adeninbedürftige Mutanten der oben genannten *Bacillus*-Arten, besonders durch *B. subtilis* gebildet und kann anschließend chemisch phosphoryliert werden. *Brevibacterium ammoniagenes* bildet auch Guanosinpolyphosphate durch Fermentation (Furuya und Sato, 1975).

Interessanter ist die Bildung von GMP aus Xanthylsäure (5'-XMP). Guanin-adenin-auxotrophe Mutanten von *Corynebacterium glutamicum* bilden gute Ausbeuten von 5'-XMP (Demain et al., 1965). Bessere Ausbeuten bilden Adenin-Guanin-auxotrophe Mutanten von *Brevibacterium ammoniagenes* (4 g/l – 6 g/l) (Misawa et al., 1969 a, b). 5'-XMP kann enzymatisch mit GMP-Synthetase zu GMP relativ einfach umgesetzt werden.

Die direkte GMP-Fermentation leidet unter den eingangs geschilderten Schwierigkeiten. *Pseudomonas aeruginosa, Bacillus subtilis* und *Brevibacterium helvolum* bilden 2,7 g/l – 4,0 g/l GMP nach vier Tagen (vgl. Shiro, 1976).

c) Bildung weiterer Substanzen

Mikroorganismen bilden durch Fermentation eine Reihe von Substanzen, die den Nucleinsäuren ähnlich oder von ihnen abgeleitet sind. Einige von ihnen wie z. B. Orotsäure oder D-Ribose werden technisch in größeren Mengen, andere wie z. B. cyclisches AMP (c-AMP), Coenzym A, FAD und NAD werden als biochemische Substanzen mit Mikroorganismen produziert.

Orotsäure wird durch Pyrimidin-bedürftige Mutanten von *Corynebacterium glutamicum, Brevibacterium ammoniagenes, Candida tropicalis* (vgl. Ogata, 1975) und aus Paraffinen durch eine Uracil-bedürftige Mutante von *Arthrobacter paraffineus* (Kawamoto et al., 1970) gebildet. Daneben wird Orotidin gebildet (vgl. Abb. 125).

Zur Orotsäure-Akkumulation ist Asparaginsäure bei *Candida tropicalis* als N-Quelle gleichzeitig ein precursor (Tomita und Suzuki, 1974), nicht aber bei *Corynebacterium glutamicum* (Ishiyama et al., 1974). Die Hefe bildet bei 1% Asparaginat-zusatz 7,15 mg Orotsäure/ml bei 37 °C nach 90 Std. Bei Alkanfermentationen sind $C_{14} – C_{16}$-Alkane die besten C-Quellen. *Arthrobacter paraffineus* bildet in 5%igen Lösungen 2,5 mg/ml – 2,8 mg/ml Orotsäure und 2,8 mg/ml – 3,1 mg/ml Orotidin nach viertätiger Fermentation (Kawamoto et al., 1970).

c-AMP ist ein biochemisches Reagenz (vgl. Jost und Rickenberg, 1971). Es wird versucht, c-AMP auch zur Behandlung von Diabetes, Asthma und Krebs zu verwenden.

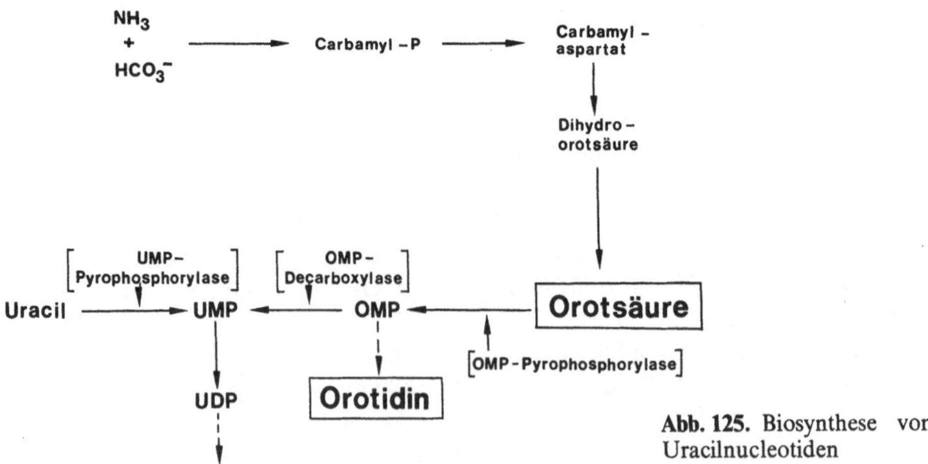

Abb. 125. Biosynthese von Uracilnucleotiden

c-AMP wird aus 0,3% Hypoxanthin in einer Nährlösung mit 5% Glucose und anorganischen Substanzen beim pH-Wert von 7,5 bei 30 °C aerob durch *Microbacterium* sp. bis zu 6 mg/ml fermentiert (Jap. Pat. 49-61391, 1974). Beim Ansäuern auf pH 2,0 kristallisieren c-AMP-Kristalle mit einer Reinheit von 90% aus. Auch *Arthrobacter* und *Corynebacterium murisepticum* bilden c-AMP.

Durch de novo-Synthese werden durch *Brevibacterium liquefaciens, Arthrobacter roseoparaffineus* u. a. Bakterien bis zu 2 mg/ml c-AMP produziert. Aus 10% Tetradecan, Cornsteep-Lösung (0,2%), Hefeextrakt (2%) sowie anorganischer Nährlösung mit 100 µg/l Biotin bildet *A. roseoparaffineus* beim pH-Wert von 7,0 nach sechstägiger aerober Fermentation bei 30 °C 1,4 mg c-AMP (Tomita und Suzuki, 1974). Die Ausbeuten der de novo-Synthese genügen bisher noch nicht für eine technische Anwendung.

Enzymatisch läßt sich c-AMP mit Adenylatcyclase aus *Brevibacterium liquefaciens* (Takai et al., 1974) oder anderen Mikroorganismen (vgl. Ogata et al., 1976) oder durch Hydrolyse von RNA mit geeigneter RNase z. B. aus *Bacillus subtilis* (Yamasaki und Arima, 1967) oder aus anderen Mikroorganismen (vgl. Ogata et al., 1976) gewinnen.

FAD kann mit einer Purin-bedürftigen und Adenosindesaminase-Verlustmutanten von *Sarcina lutea* erhalten werden (Watanabe et al., 1974). Nach fünftägiger Fermentation wurden 1 mg/ml FAD in Gegenwart von Adenin und FMN erhalten.

NAD wird gewöhnlich aus NAD-reicher Hefe hergestellt, auch *Lactobacillus plantarum, L. acidophilus* und *Streptococcus faecalis* bilden NAD in Konzentrationen von 7 mg/g – 7,8 mg/g trockener Zellen. *Brevibacterium ammoniagenes* bildet 2,5 mg/ml NAD nach fünftägiger Fermentation, wenn zweitätigen Kulturen Adenin und Nicotinamid zugesetzt wird (Nakayama et al., 1968).

Candida utilis bildet ca. 10 mg/g trockener Zellen NAD-Coenzyme mit Glucose, Harnstoff, anorganischen Salzen, Biotin, 30 °C und einem K_d für O_2 von $2,5 \cdot 10^{-6}$ g Mol/min/ml/atm (Hayano et al., 1964). Zusatz von Adenin (0,3%), Nicotinamid (0,6%) erhöht bei *Saccharomyces cerevisiae* die NAD-Ausbeuten bis auf 12 mg/g trockener Zellen (Sakai et al., 1973).

5. Bildung von Nucleinsäure-verwandten Substanzen aus Vorstufen

Verschiedene Mikroorganismen sind in der Lage, Nucleinsäure-verwandte Substanzen aus geeigneten Vorstufen zu bilden. Viele solcher Bildungstypen sind bereits in der ersten Auflage (Rehm, 1967) beschrieben worden. Neuere Verfahren sind in dem ausgezeichneten Buch von Ogata et al. (1976) ausführlich dargestellt worden. Hier werden sie nur sehr kurz erwähnt.

Nucleotide und Nucleoside lassen sich aus Basen nach folgenden Reaktionen herstellen:

[Nucleotid-pyrophosphorylase]

$$\text{Base} + \text{P-Ribose-PP} \rightleftharpoons \text{Nucleotid} + \text{PP}_a$$

$$\text{Base} + \text{Ribose-1-P} \rightleftharpoons \text{Nucleosid} + \text{P}_a$$

[Nucleosid-phosphorylase]

Von Nucleotid-Coenzymen haben die Herstellung von ATP und Coenzym A eine Bedeutung.

Schon seit langem wird ATP technisch durch Phosphorylierung von Adenosin mit Hilfe von autolysierter Bierhefe hergestellt (Literatur vgl. Rehm, 1967). Hierzu verwendet man frische Bierhefe, die mit Toluol plasmolysiert wird. Abgesehen vom direkten Phosphorylierungsprozeß bei 35 °C – 40 °C, müssen sämtliche anderen Abschnitte des Verfahrens bei 0 °C durchgeführt werden, um eine Zersetzung des ATP durch Abspaltung von Phosphorsäure zu verhindern.

Die Phosphorylierung des Adenosins geschieht mit einem Gemisch von Natrium- und Kaliumphosphat bei Anwesenheit von Glucose und Rohrzucker sowie geringen Mengen an Kalium- und Magnesiumchlorid. Nach Lösung der Substanzen wird Bierhefe mit Toluol zugegeben und auf 35 °C – 40 °C erhitzt. Durch Kontrolle des freien Orthophosphats in der Lösung läßt sich der Vorgang der Phosphorylierung – bei Berücksichtigung der Bildung von Zuckerphosphaten – verfolgen. Die Synthese von ATP ist normalerweise in 2 Std. beendet und wird dann durch Kühlung auf 2 °C – 3 °C oder durch Zusatz von Trichloressigsäure abgebrochen. ATP läßt sich mit Bariumacetat als Barium-ATP fällen und weiter reinigen. Aus 1 kg Adenosin, 4,33 kg $Na_2HPO_4 \cdot 12\ H_2O$ und 0,83 kg KH_2PO_4 sowie 40 kg Bierhefe, die mit 2 kg Toluol hydrolysiert wurde, erhält man eine Ausbeute von 1,9 kg ATP.

Mit Chromatophoren von *Rhodospirillum rubrum* ist eine kontinuierliche Regeneration von ATP aus ADP in einem Ultrafiltrationsreaktor möglich. Eine Kombination mit Adenylatkinase ergibt noch bessere Ergebnisse (Pace et al., 1976).

Coenzym A ist ein wichtiges biochemisches Reagenz und wird bei Zugabe geeigneter Vorstufen, besonders von Pantothensäure und AMP oder ATP und auch Cystein von verschiedenen Mikroorganismen in relativ großer Menge gebildet. Bäckerhefe bildet ca. 100 µg/ml – 150 µg/ml (Ogata et al., 1972 a, b), verschiedene andere Hefearten 20 µg/ml – 100 µg/ml. Ein Stamm von *Sarcina lutea* sondert bis zu 600 µg/ml CoA in die Kulturlösung ab, wenn Pantothensäure, Cystein und Adenin im Substrat vorliegen (Nishimura et al., 1974). *Pseudomonas alkanolytica* bildet aus n-Alkanen 80 mg/l CoA in der Kulturflüssigkeit und setzt 13% der eingesetzten Vorstufen um (Kuno et al., 1973).

Verschiedene Intermediärprodukte von Coenzym A können mit *Brevibacterium ammoniagenes* gewonnen werden (viel Literatur hierzu Ogata, 1975).

Aus UMP und Glucose und P_a läßt sich mit Bäckerhefe UDPG in Ausbeuten von 10 mg/ml, aus UMP und Glucose und Glucosamin und P_a UDP-N-Acetylglucosamin mit *Debaryomyces* sp. in Ausbeuten von 6,0 mg/ml, aus UMP und Galactose und P_a läßt sich UDP-Gal mit *Torulopsis* sp. in Ausbeuten von 51,5 mg/ml herstellen (Tochikura et al., 1972). Viele andere Zuckernucleotide können so produziert werden.

Gegenwärtig ist die Herstellung von Polynucleotiden mit Polynucleotid-phosphorylase, RNA- und DNA-Polymerase, terminaler Nucleotidyl-transferase und anderen Enzymen sehr interessant geworden (vgl. Yoneda et al., 1976). Diese Enzyme werden aus vielen verschiedenen Bakterien isoliert.

Cytidin-diphosphat-cholin (CDP) wird in der Hirn- und Neuraltherapie angewandt. Es läßt sich mit vielen Hefearten und *Brevibacterium ammoniagenes, Escherichia coli* und *Bacillus cereus* technisch herstellen. Die Zellen werden vermehrt, gefriergetrocknet und mit CMP (20 µMol/ml – 30 µMol/ml), P-Cholin (40 µMol/ml – 100 µMol/ml), Glucose (200 µMol/ml – 800 µMol/ml), Phosphatpuffer 7,0, $MgSO_4 \cdot 7\ H_2O$ (10 µMol/ml – 15 µMol/ml) sowie Zellen (Trockengewicht: 60 mg/

ml – 100 mg/ml) zur Reaktion gebracht. Die Ausbeuten liegen zwischen 80% und 100% auf molarer Basis (vgl. Kimura et al., 1971).

Eine große Anzahl von Nucleinsäure-verwandten Arzneimitteln und Antibiotica, die zum großen Teil mikrobiell hergestellt werden können, ist in umfangreichen Tabellen bei Ogata et al. (1976) zusammengestellt worden. Hierzu gehören u. a. 8-Azaguanin, 6-Mercaptopurin, Azathioprin, 6-Mercaptopurin-ribosid, Arabinosyl-6-mercaptopurin, 5-Fluor-uracil, 5-Fluor-2-desoxyuridin, 6-Azauridin, Cytosin-arabinosid und Cyclocytidin mit vorwiegend Antitumorwirkung. Die meisten dieser Substanzen werden von *Streptomyces*-Arten gebildet. Hinsichtlich detaillierter Angaben über die Anwendung muß auf die zitierte Literatur verwiesen werden.

Literatur

Dale, B. E., White, D. H.: Biotechnol. Bioeng. *21*, 1639 – 1648 (1979)

Demain, A. L.: Prog. Ind. Microbiol. *8*, 35 – 72 (1968)

Demain, A. L.: In: Economic microbiology. Rose, A. H. (ed.), Vol. 2, pp. 187 – 208. London, New York: Academic Press 1978

Demain, A. L., Jackson, M., Vitali, R. A., Hendlin, D., Jacob, T. A.: Appl. Microbiol. *13*, 757 (1965)

Fujimoto, M., Kuninaka, A., Yoshino, H.: Agric. Biol. Chem. *39*, 1991, 2145 (1975)

Fujishima, T., Midorikawa, Y., Uchida, K., Yoshino, H.: Hakko Kogaku Kaishi, *55*, 115 – 121 (1977)

Fukuda, H., Kono, T., Kuno, M., Nakao, Y., Yamatodani, S.: In: Fermentation advances. Perlman, D. (ed.), pp. 773 – 788. London, New York: Academic Press 1969

Furuya, A.: In: Microbial production of nucleic acid related substances. Ogata, K., Kinoshita, S., Tsunoda, T., Aida, K. (eds.), pp. 125 – 156. Kodansha Ltd 1976

Furuya, A., Sato, A.: Appl. Microbiol. *30*, 480 – 482 (1975)

Goulian, M.: Annu. Rev. Biochem. *40*, 855 – 898 (1971)

Hayano, K., Takebe, I., Kitahara, K.: Amino Acid Nucleic Acid *9*, 37 (1964)

Hirose, Y.: In: Microbial production of nucleic acid related substances. Ogata, K., Kinoshita, S., Tsunoda, T., Aida, K. (eds.), pp. 206 – 212. Kodansha Ltd 1976

Ishiyama, J., Yokotsuka, T., Saito, N.: Agric. Biol. Chem. *38*, 507 (1974)

Jost, J. P., Rickenberg, H. V.: Annu. Rev. Biochem. *40*, 741 – 774 (1971)

Karlson, P.: Kurzes Lehrbuch der Biochemie für Mediziner und Naturwissenschaftler. Stuttgart: Georg Thieme 1974

Kawamoto, I., Nara, T., Misawa, M., Kinoshita, S.: Agric. Biol. Chem. *34*, 1142 – 1149 (1970)

Kimura, A., Morita, M., Tochikura, T.: Agric. Biol. Chem. *35*, 1955 (1971)

Klemm, R.: In: Die Hefen, Bd. 2. S. 828 – 845. Nürnberg: Hans Carl 1962

Kuninaka, A.: In: Microbial production of nucleic acid related substances. Ogata, K., Kinoshita, S., Tsunoda, T., Aida, K. (eds.), pp. 75 – 86. Kodansha Ltd 1976

Kuno, M., Kikuchi, M., Nakao, Y., Yamatodani, S.: Agric. Biol. Chem. *37*, 313 (1973)

Misawa, M., Nara, T., Udagawa, K., Abe, S., Kinoshita, S.: Agric. Biol. Chem. *33*, 370 (1969 a)

Misawa, M., Nara, T., Kinoshita, S.: Agric. Biol. Chem. *33*, 514 (1969 b)

Nakao, Y.: In: Microbial production of nucleic acid related substances. Ogata, K., Kinoshita, S., Tsunoda, T., Aida, K. (eds.), pp. 87 – 100. Kodansha Ltd 1976

Nakayama, K., Sato, Z., Tanaka, H., Kinoshita, S.: Agric. Biol. Chem. *32*, 1331 (1968)

Nara, T., Komuro, T., Misawa, M., Kinoshita, S.: Agric. Biol. Chem. *33*, 1030 (1969)

Nishimura, N., Shibatani, T., Kakimoto, T., Chibata, I.: Appl. Microbiol. *28*, 117 (1974)

Nomura, D., Hayakawa, I., Shinohara, K.: Hakko Kogaku Zasshi *52*, 35 (1974)

Ogata, K.: Amino Acid Nucleic Acid *8*, 1 (1963)

Ogata, K.: Adv. Appl. Microbiol. *19*, 209 – 247 (1975)

Ogata, K.: In: Microbial production of nucleic acid related substances. Ogata, K., Kinoshita, S., Tsunoda, T., Aida, K. (eds.), Kodansha Ltd 1976

Ogata, K., Shimizu, S., Tani, Y.: Agric. Biol. Chem. *36,* 1757 (1972 a)

Ogata, K., Shimizu, S., Tani, Y.: Agric. Biol. Chem. *36,* 84 (1972 b)

Ogata, K., Kinoshita, S., Tsunoda, T., Aida, K. (eds.): In: Microbial production of nucleic acid related substances. Kodansha Ltd 1976

Pace, G. W., Yang, H. S., Tannenbaum, S. R., Archer, M. C.: Biotechnol. Bioeng. *18,* 1413 – 1423 (1976)

Rehm, H. J.: Industrielle Mikrobiologie. Berlin, Heidelberg, New York: Springer 1967

Sakai, T., Watanabe, T., Chibata, I.: Agric. Biol. Chem. *37,* 2885 (1973)

Shirafuji, H., Imada, A., Yashima, S., Yoneda, M.: Agric. Biol. Chem. *32,* 69 (1968)

Shiro, T.: In: Microbial production of nucleic acid related substances. Ogata, K., Kinoshita, S., Tsunoda, T., Aida, K. (eds.), pp. 157 – 183. Kodansha Ltd 1976

Stewart, P. R., Letham, D. S.: The ribonucleic acids. Berlin, Heidelberg, New York: Springer 1977

Takai, K., Kurashina, Y., Hori, C., Okamoto, H., Hayaishi, O.: J. Biol. Chem. *249,* 1965 (1974)

Tochikura, T., Kawai, H., Kawaguchi, K., Mugibayashi, Y., Ogata, K.: Proc. 4th Int. Ferment. Symp. Ferment. Technol. Today. p. 463. 1972

Tomita, F.: In: Microbial production of nucleic acid related substances. Ogata, K., Kinoshita, S., Tsunoda, T., Aida, K. (eds.), pp. 66 – 74. Kodansha Ltd 1976

Tomita, F., Suzuki, T.: Agric. Biol. Chem. *38,* 71 (1974)

Watanabe, T., Uchida, T., Kato, J., Chibata, I.: Appl. Microbiol. *27,* 531 (1974)

Yamasaki, M., Arima, K.: Biochim. Biophys. Acta *139,* 202 (1967)

Yoneda, M., Murao, S., Shibukawa, M.: In: Microbial production of nucleic acid related substances. Ogata, K., Kinoshita, S., Tsunoda, T., Aida, K. (eds.), pp. 281 – 295. Kodansha Ltd 1976

Kapitel 24   Enzyme

1. Allgemeines

Von den etwa 2000 gut bekannten Enzymen werden ca. 50 technisch hergestellt und viele davon mit Mikroorganismen. Hinzu kommen noch viele kleintechnische Herstellungen von Enzymen – auch häufig mit Mikroorganismen – für analytisch-diagnostische Zwecke. Die Herstellung von Enzymen für analytisch-diagnostische Verwendungen soll hier nicht beschrieben werden, sie ist relativ ausführlich von Bergmeyer (1977) dargestellt worden (vgl. auch Rehm, 1967).

Da sich Mikroorganismen schnell in großen Mengen vermehren lassen, sind sie hervorragend als Quellen für Enzyme geeignet. Immer wenn es möglich ist, ein Enzym aus Mikroorganismen in ausreichender Ausbeute herzustellen, müssen andere Verfahren zurückstehen. Die Herstellung von Enzymen ist ein sehr bedeutungsvolles Gebiet der Biotechnologie und gegenwärtig immer noch in starker Entwicklung.

Über Enzyme und Enzymherstellung existiert bereits viel Literatur, auf die hier und im Verlauf des Kapitels verwiesen wird, so daß nur wichtige Grundlagen dargestellt werden sollen. Die Tabellen über die enzymbildenden Mikroorganismen in der ersten Auflage sind noch gültig, sie werden hier nicht wiederholt, sondern nur durch die Tabelle 45 und den Text ergänzt.

Übersichts-Literatur über die Herstellung (Sargeant, 1974) und Anwendung (Bergmeyer und Michal, 1974; Cerletti, 1974; Fox, 1974) von Enzymen vgl. Faith et al. (1971); Wingard (1972 a, b); Blain (1975); Wiseman (1975); Underkofler (1976); Yamada (1977); Barbesgaard (1977); Kennedy und Zaborsky (1979); Wang et al. (1979).

Viele Enzyme, besonders Hydrolasen lassen sich nach Isolierung aus dem Organismus an bestimmte Träger binden (immobilisieren). Mit trägergebundenen (immobilisierten) Enzymen lassen sich Reaktionen ohne Anwesenheit der ursprünglichen Organismen durchführen. Diese Verfahren, über die gegenwärtig sehr viel gearbeitet wird, sind sicherlich biotechnologische Verfahren der Zukunft. Auch über dies sich sehr intensiv entwickelnde Gebiet liegt bereits viel Übersichtsliteratur vor, vgl. Manecke (1974); Weetall (1975); Bernath et al. (1977); vgl. Kap. 25.

2. Biologie, Biochemie und Regulation

Die Zahl der Mikroorganismen, die zur Enzymgewinnung geeignet sind, ist groß und vielfältig. Die wichtigsten Arten sind in der Tabelle 45 und bei einzelnen Verfahren angeführt. Wegen der Vielfalt der hergestellten Enzyme ist es schwierig, besondere Mikroorganismengruppen als besonders gute Enzymproduzenten herauszustellen. *Bacillus*-Arten sind gute Enzymbildner und *Aspergillus*-Arten, vor allem

Tabelle 45. Wichtige mikrobielle Enzyme

Enzym	Wichtige produzierende Mikroorganismen	Hauptwirkung
α-Amylase (Pilz-α-Amylase)(α-1,4-Glucanglucano-hydrolase)	*Aspergillus oryzae, A. niger*	Hydrolyse der α-1,4-Glucanbindungen von Stärke
α-Amylase (Bakterien-α-Amylase) (α-1,4-Glucan-glucanohydrolase)	*Bacillus subtilis, B. amyloliquefaciens*	Hydrolyse der α-1,4-Glucanbindungen von Stärke an mehreren Stellen der Kette zugleich
β-Amylase (α-1,4-Glucan-malto-hydrolase)	*Aspergillus oryzae, Bacillus megaterium, B. cereus* (Higashihara und Okada, 1974; Takasaki, 1974)	Hydrolyse der α-1,4-Glucanbindungen unter Abspaltung von Maltoseeinheiten vom nichtreduzierenden Kettenende ausgehend
Glucoamylase (Amyloglucosidase, α-1,4-Glucan-glucohydrolase)	*Aspergillus niger, A. oryzae, Rhizopus niveus, R. delemar, Endomycopsis* sp. (Smith und Lineback, 1976; Ueda und Kano, 1975)	Hydrolyse der α-1,4-Glucanbindungen unter Abspaltung von Glucose vom nichtreduzierenden Ende her
Pullulanase	*Aerobacter aerogenes, Escherichia intermedia* (Ueda und Nanri, 1967), *Streptomyces* sp. (Ueda et al., 1971)	Hydrolyse der α-1,6-Bindungen in Verzweigungen (im Amylopectin), Bildung von Maltose und Maltotriose
Melibiase	*Mortierella vinacea* (Suzuki et al., 1969)	Hydrolysiert α-1,6-Galactosidbindungen in Raffinose
Pektinasen (Mischungen)	*Aspergillus niger, Coniothyrium diplodiella*	Polygalacturonasen spalten Pektinketten, Pektinmethylesterasen spalten Methylester und setzen $COOH^-$-Gruppen frei
Naringinase	*Aspergillus niger*	Gemisch aus L-Rhamnosidase und β-Glucosidase, Bitterstoff Naringin σ-Rhamnosido-Glucose + Naringenin, Prunin → Naringenin + Glucose
Cellulasen (vgl. Kap. 12)	*Trichoderma viride, Penicillium* sp.	Celluloseabbau unter Bildung von Glucose (vgl. Kap. 12)
Hemicellulasen, β-Glucanase, Pentosanasen	Pilze (z. B. *Trichoderma viride*), *Bacillus subtilis* (β-Glucanase)	Abbau von Glucanen, Arabanen, Xylanen
Lactase (β-Galactosidase)	*Saccharomyces fragilis*	Spaltung von Lactose zu Glucose und Galactose

Anwendung	Bemerkungen
Backindustrie zur Bildung von vergärbarer Glucose; Verdauungshilfsmittel; Brauindustrie als Malz	Hitzestabil, durch Ca^{++} stabilisierbar, enthält zumeist Amyloglucosidase (Glucoamylase)
Stärkeverzuckerung zur Glucose und Sirupherstellung (oft in Mischung mit pilzlicher Amyloglucosidase); Entfernung von Stärke bei der Textilherstellung u. v. a., Brauindustrie als Malz	Stark hitzestabil, deshalb in der Backindustrie nicht verwendbar, pH 5,4 – 6,0, Ca^{++}-stabilisierbar
Maltosesirupherstellung aus Stärke nach Einwirkung von Bakterien-α-Amylase und Pullulanase; Maltosebildung aus Stärke durch kombinierte Wirkung von β-Amylase + Pullulanase (Sugimoto und Hirano, 1974)	Meist Pilz-β-Amylase verwendet
Brauerei und zum Dextrinabbau; Glucoseproduktion aus Stärke nach Einwirkung von Bakterien-α-Amylase	pH-Bereich 4 – 6, Temperaturbereich 50 °C – 60 °C
Möglicherweise in Brauereien zur Bildung von Maltose und Maltotriose aus Dextrinen	Kann evtl. Pilzglucoamylase ersetzen. Chemische Eigenschaften vgl. Nakamura et al., (1975); Ohba und Ueda (1975)
Rübenzuckergewinnung	
Klärung von Fruchtsäften; „Filtrationshilfen"; Behandlung von Citrusschalenrückständen; Gewinnung von Citrusöl. Viele andere Anwendungen zur Pektinentfernung	Auch getrennte Enzyme werden hergestellt. Präparate sind unterschiedlich hitzestabil
Entbitterung von Citrussäften	Polygalacturonase muß mit Harnstoff in der Wärme beim pH-Wert 8,0 entfernt werden
Aufschluß von Hutpilzen bei der Aromagewinnung; Behandlung von Pflanzen bei der Ölgewinnung; Abbau von Abfällen; SCP-Gewinnung (vgl. Kap. 12). Cellulase und Phytase als tierische Futtersupplemente; Entfernung von Fasern bei der Stärkegewinnung und der Abwasserbehandlung u. v. a.; Filterhilfsmittel	Technische Cellulasepräparate enthalten weitere Enzymaktivitäten, z. B. Pektinasen
Entfernung von Schleimen bei der Kaffeebohnengewinnung (vgl. Kap. 36); Shrimp-Extraktion; Verhinderung des Altbackenwerdens von Keksen	
Zusatz zu Zahnpasta; Konsistenzveränderung bei Eiscreme; Verträglichkeitsherstellung von Milch für Farbige ohne Lactase	Thermostabile Lactase durch *Bacillus stearothermophilus*

Tabelle 45 (Fortsetzung)

Enzym	Wichtige produzierende Mikroorganismen	Hauptwirkung
Dextranase (vgl. Kap. 26)	*Penicillium funiculosum* u. a. *Penicillium*-Arten	Hydrolyse von α-1,6-Glucanbindungen
Invertase (β-D-Fructofuranosid-fructohydrolase)	*Saccharomyces cerevisiae* (Bäkkerhefe), *S. carlsbergensis* (Toda, 1976)	Spaltung von Saccharose in Glucose und Fructose
Rennin (vgl. Kap. 35)	u. a. *Mucor miehei, M. pusillus, M. rouxii, Bacillus subtilis*	Hydrolysiert (und koaguliert) u. a. Casein
Pilzproteasen	*Aspergillus oryzae, A. niger, A. saitoi, Mucor pusillus* u. a.	Hydrolysiert ein breites Spektrum von Proteinen
Bakterienproteasen	u. a. *Bacillus subtilis, Streptomyces griseus*	Hydrolyisert ein breites Spektrum von Proteinen
Streptokinase-Streptodornase		Plasminogen $\rightarrow$ Plasmin Hydrolyse von DNA
L-Asparaginase	*Escherichia coli* u. a. Enterobakterien	
Lipasen	*Aspergillus niger, Rhizopus* sp.	Fettspaltung zu Fettsäuren und Glycerin
Penicillinacylase (vgl. Kap. 28)	*Escherichia coli*	Abspaltung des Acylrestes von Penicillin
L-Aminosäure-acylase		DL-Aminosäure $\rightarrow$ L-Aminosäure + D-Aminosäure
Ribonucleasen (vgl. Kap. 23)	*Penicillium citrinum, Streptomyces griseus*	Spaltung von Hefe-RNA zu 5'-Nucleotiden
β-Lactamasen (z. B. Penicillinase) (vgl. Kap. 28)	*Bacillus subtilis*	Spaltung des β-Lactamringes von β-Lactamantibiotica, z. B. Zerstörung von Penicillin
Glucoseoxidase	*Aspergillus niger, Penicillium chrysogenum, P. amagasakiense*	Spaltung von D-Glucose + O_2 + H_2O in Gluconsäure + H_2O_2
Katalase	*Aspergillus niger, Penicillium* spp., *Micrococcus lysodeikticus*	$2\ H_2O_2 \rightarrow 2\ H_2O + O_2$

Anwendung	Bemerkungen
Zusatz zu Zahnpasta als Kariesprophylaxe	
Marmeladen- und Süßwarenherstellung, bes. bei Fabrikation von Pralinen mit weichem Kern; Kunsthonig- und Eiscremeherstellung	Enzym wird durch Saccharose induziert. Es ist in der Zellwand lokalisiert und wird durch Toluol freigesetzt
Herstellung von Käse, als Labersatz	
Verdauungshilfen, Tenderizer, Desodorantien u. v. a.	pH-Bereich 4 – 11, mindestens drei Enzyme
Waschmittel, Abfallbeseitigung, Lederherstellung u. v. a.	pH-Bereich 6 – 11, verschiedene Enzyme aus *Bacillus subtilis* sind hitzestabil bei pH-Optimum von 10 – 11
Entzündungshemmung, Beseitigung von Blutgerinnseln, Verflüssigung von eitrigem Gewebe	
Behandlung von Leukämie	
Aromaverbesserung bei Eis, Margarine, Käse, Schokolade; Extraktionshilfsmittel; Reinigung von Leitungen; Abfallbehandlung in Mischung mit anderen Enzymen (vgl. Seitz, 1974), Verdauungshilfe	Kann auch zur Glyceringewinnung aus Fetten verwendet werden
Bildung von 6-Aminopenicillansäure als Ausgangssubstanz für semisynthetische Penicilline	Durch pH-Änderung auch umgekehrte Reaktion: Acylierung von 6-APS. Als immobilisiertes Enzym verwendet
Herstellung von L-Aminosäuren	Verfahren mit immobilisierten L-Aminosäureacylasen praktisch eingeführt
Herstellung von 5'-Nucleotiden als geschmackshebende Substanzen	
Penicillinentfernung aus Milch; Penicillinzerstörung im Blut bei Penicillinallergien	
Verhinderung der Ranzigkeit; Farb- und Geschmackserhaltung in vielen Lebensmitteln (z. B. Mayonnaisen, Fruchtsäften etc.); O_2-Entfernung aus Eiweiß	Anwendung häufig in Kombination mit Katalase
Entfernung von H_2O_2 aus Milch u. a. Nahrungsmitteln (z. B. nach UV-Bestrahlung), Textilien u. v. a.	Milch kann durch H_2O_2 (0,05 % in 20 min) sterilisiert werden, anschließend Katalase-Anwendung

Tabelle 45 (Fortsetzung)

Enzym	Wichtige produzierende Mikroorganismen	Hauptwirkung
Glucoseisomerase	*Lactobacillus brevis, Streptomyces olivaceus, Streptomyces* sp., *Bacillus coagulans*	Glucose $\rightleftharpoons$ Fructose
Anthocyanase	*Aspergillus niger*	
Uricase	*Bacillus fastidiosus, Candida tropicalis*	Urateoxidase
Hyaluronidase	*Streptococcus* spp.	Hydrolyse der β-1,3-Glucanbindungen

A. niger und *A. oryzae* bilden viel Proteasen und Amylasen. *Saccharomyces cerevisiae* wird gegenwärtig zur Aufarbeitung einer großen Anzahl, besonders von analytisch verwendeten Enzymen herangezogen.

Biochemische Grundlagen über Enzyme und die Proteinsynthese sind bereits in vielen Lehrbüchern beschrieben worden (vgl. Karlson, 1974; Reed, 1975; Bruchmann, 1976). Auch Grundlagen der Enzymwirkung und Regulation können hier nicht dargestellt werden (vgl. Kap. 5).

Die mikrobielle Enzymproduktion ist eine Proteinsynthese, die z. T. mit der Biosynthese der prosthetischen Gruppe verbunden ist. Daher ist häufig eine zwei- oder mehrfache Regulation zu erwarten. Folgende Regulationsmechanismen sind bedeutungsvoll:

a) Induktion: Die Strukturgene, welche die Bildung vieler Enzyme codieren, sind in Abwesenheit des Substrates normalerweise inaktiv. Viele katabolische Enzyme werden durch das Substrat induziert, z. B. Amylase durch Stärke, Invertase durch Saccharose, β-Galactosidase durch Lactose. In vielen Fällen wird die Enzymsynthese auch durch Substratanaloge induziert, z. B. Penicillinase bei *Staphylococcus aureus* nicht nur durch das Substrat Benzylpenicillin, sondern auch durch Methicillin (Batchelor et al., 1963) und eine aliphatische Amidase bei *Pseudomonas aeruginosa* nicht nur durch das Substrat Acetamid, sondern auch durch N-Methylacetamid (Clarke, 1970).

Häufig wird der Induktor schnell metabolisiert, z. B. bei der Herstellung von Cellulase, Invertase und Dextranase. Durch langsame Zufüllung des Induktorsubstrates kann eine fortwährende Induktion der Enzymbildung aufrecht erhalten werden. Besonders langsam verwertbare Derivate des normalen Induktors sind gut geeignet. Die Invertasebildung läßt sich durch Verwendung von Saccharosemonopalmiat anstelle von Saccharose um ein Vielfaches vermehren (vgl. Tabelle 46 nach Reese et al., 1969).

Wird durch Mutation eine Substratinduktion aufgehoben (das Regulatorgen produziert keinen Repressor mehr), hat man Regulationsmutanten.

Bei der Enzymherstellung arbeitet man sowohl mit Analoginduktoren als auch mit Regulationsmutanten (vgl. Demain, 1971).

Anwendung	Bemerkungen
Plastizitätsverbesserung bei Papier, durch Fructosezusatz höherer Süßgrad in Getränken bei gleichem Kohlenhydratgehalt	Wird in kontinuierlichem Verfahren hergestellt

Beseitigung von Ödemen und Exsudaten	

b) Feedback-Hemmung. In vielen Fällen hemmt ein Intermediärprodukt oder ein Endprodukt die Enzymbiosynthese. Die Bildung von Proteasen durch *Bacillus megaterium* wird z. B. durch verschiedene Aminosäuren (Chaloupka und Kreckova, 1966) und bei anderen Bakterien durch Ammonium (Liu und Hsieh, 1969) im Substrat gehemmt. Häufig liegt eine Endprodukthemmung vor, z. B. wird die Bildung der Glutamat-Dehydrogenase bei *Bacillus licheniformis* durch Glutamat oder Caseinhydrolysate gehemmt. Sie kann durch Verwendung von Glucose oder Malat auf das 20fache gesteigert werden (Phibbs und Bernlohr, 1971).

Durch Hemmstoffe für die betreffenden Biosynthesewege lassen sich derartige Hemmwirkungen aufheben. 2-Thiazolalanin hemmt z. B. die Histidinbiosynthese, und es lassen sich hierdurch zehn Enzyme dieses Biosyntheseweges etwa auf das 30fache vermehren (Ames und Hartmann, 1963). Ein anderer Weg ist die Herstellung auxotropher Mutanten, denen man gerade soviel des betreffenden Stoffwechselproduktes ins Substrat gibt, wie zur Entwicklung notwendig ist. Auch eine partielle Auxotrophie („leaky mutant") ist häufig zur Aufhebung einer Feedback-Wir-

Tabelle 46. Wirkung von einigen modifizierten Induktoren auf die Enzymausbeuten

Enzym	Mikroorganismus	Induktor	Ausbeuten (Intern. Einheiten)
Dextranase	*Penicillium funiculosum*	Dextran	1080
		Isomaltose	2
		Isomaltosedipalmiat	1098
Invertase	*Pullularia pullulans*	Saccharose	1,3
		Saccharosemono-palmiat	108
Cellulase	*Trichoderma viride*	Cellulose	22,5
		Cellobiose	0,2
		Cellobiosepalmiat	4,8
Cellulase	*Pestalotiopsis westerdijkii*	Cellulose	35,9
		Cellobiose	0,2
		Cellobioseoctaacetat	20,1

Tabelle 47. Katabolitrepression technisch wichtiger Enzyme

Enzym	Mikroorganismus	Hemmende C-Quelle	Bemerkungen	Literatur
α-Amylase	*Bacillus stearothermophilus*	Fructose	bei Glycerin als C-Quelle wird α-Amylase 25fach vermehrt gebildet	Welker und Campbell (1963)
Cellulase	*Trichoderma viride*	Glucose, Glycerin, Stärke, Cellobiose	vgl. Kap. 12	Mandels und Weber (1969)
Cellulase	*Pseudomonas fluorescens* v. *cellulosa*	Glucose, Galactose, Cellobiose	bei Mannose als C-Quelle wird Cellulase 1500fach vermehrt gebildet	Yamane et al. (1970)
Protease	*Bacillus megaterium*	Glucose		Din und Chaloupka (1969)
Protease	*Candida lipolytica*	Glucose		Meyers et al. (1970)
Amyloglucosidase	*Endomycopsis bispora*	Glucose, Glycerin, Stärke, Maltose		Zwickler (1968)
Polygalacturonsäuretranseliminase	*Aeromonas liquefaciens*	Glucose, Polygalacturonsäure		Hsu und Vaughn (1969)

kung geeignet. Es lassen sich weiterhin Regulationsmutanten herstellen, die nicht durch das Endprodukt gehemmt werden. Eine weitere viel angewandte Methode ist die Selektion zur Resistenz gegen ein toxisches Analog des Endproduktes. Die Bildung der Enzyme der Tryptophanbiosynthese kann mit 5-Methyltryptophan auf das 150fache vermehrt werden (Hoch et al., 1971).

c) Katabolitrepression. Die Tabelle 47 zeigt die Katabolitrepression wichtiger technisch hergestellter Enzyme (vgl. Demain, 1972).

In vielen Fällen kann durch langsame Zufütterung der C-Quelle eine vorhandene Katabolitrepression verhindert werden. Weiterhin lassen sich Mutanten herstellen, die gegen Katabolitrepression resistent sind, z. B. *Saccharomyces cerevisiae*-Mutanten, die bis zu 2% ihres Zellproteins an Invertase bilden (Lampen et al., 1967).

d) Vermehrung des enzymbildenden Gens. Bei *Bacillus amyloliquefaciens,* einem Bakterium, das für kommerzielle Herstellung von α-Amylase und Protease verwendet wird, wurde durch ein Transformationssystem DNA, die offenbar die α-Amylasebildung codiert, in einem Stamm stark vermehrt und damit die α-Amylasebildung stark gefördert (Coukoulis und Campbell, 1971).

3. Technische Verfahren zur Enzymherstellung

Die Methoden zur Enzymherstellung unterscheiden sich nicht wesentlich von den bekannten Fermentationsmethoden, die zur Produktion z. B. von Antibiotica verwendet werden.

Enzyme werden z. T. noch in Oberflächenkulturen, größtenteils aber in Submersverfahren hergestellt.

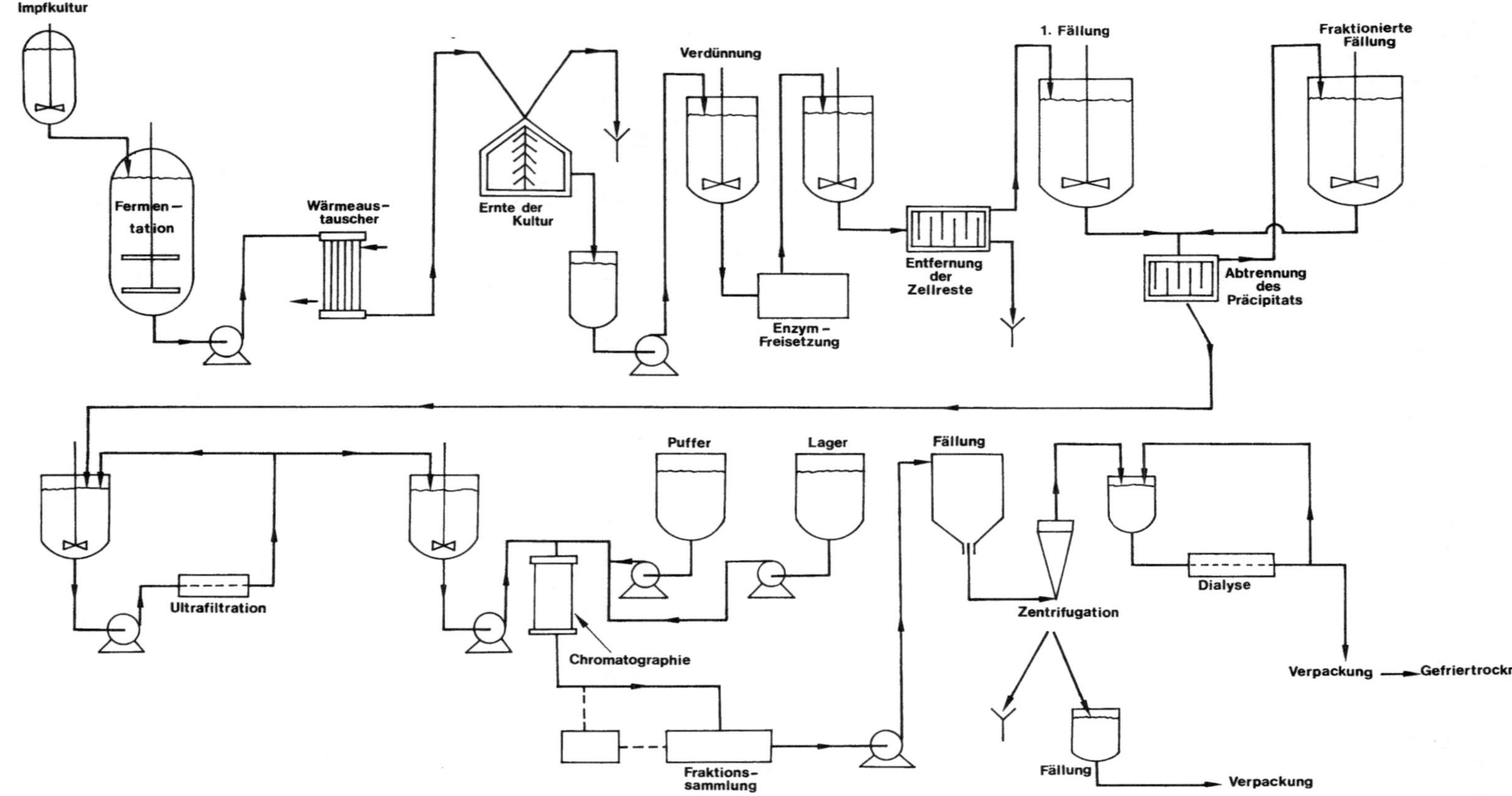

Abb. 126. Fließschema zur Bildung und Reinigung endocellulärer Enzyme (nach Wiesemann, 1975)

Einige Enzyme aus Schimmelpilzen, z. B. Amyloglucoside aus *Rhizopus* sp. und eine säurefeste Protease aus *Aspergillus niger* werden z. T. noch in Oberflächenkulturen mit festen oder halbfesten Substraten (zumeist Getreideschrot, vermischt mit N-Quellen) hergestellt (Underkofler, 1969; Blain, 1975). Die Schichtdicke beträgt ca. 4 cm, Temperatur und Feuchtigkeit werden durch die Belüftung kontrolliert und reguliert. Die Substrate werden durch Besprühen mit Keimsuspensionen beimpft. Die Enzyme können mit Wasser extrahiert und eingeengt werden, in manchen Fällen wird das gesamte Substrat getrocknet, gemahlen und als Enzympräparat verwendet.

Die Herstellung von Koji gibt ein gutes Beispiel für eine Enzymherstellung mit Pilzen in Oberflächenkultur. Z. T. werden auch Pilzamylase und Pilzprotease (*Aspergillus oryzae*), Pilzcellulase (*Trichoderma viride, Aspergillus niger*) und Rennin (*Mucor pusillus*) mit halbfesten Substraten in Oberflächenkultur gewonnen (Underkofler, 1976; Aunstrup, 1977). Auch einige Bakterienenzyme wurden lange Zeit oder werden auch gegenwärtig in Oberflächenkultur gewonnen. Bei Verwendung flüssiger Substrate werden solche Verfahren, die im Prinzip dem Gärtassenverfahren entsprechen (vgl. Kap. 9), angewandt.

In Submersverfahren werden Fermenter von 10 000 l – 100 000 l und größer verwendet. Je nach Enzym und Mikroorganismus dauern die Fermentationen 50 Std. – 150 Std. pH-Wert und Temperaturbedingungen der Züchtungen unterscheiden sich häufig von den Bedingungen der Enzymwirkung. Da die Enzymbildung häufig in der stationären Wachstumsphase stattfindet, sind zweistufige Verfahren vorgeschlagen worden. Sowohl für „batch"- als auch für kontinuierliche Verfahren sind die Rührfermenter geeignet. Auch Durchfluß- und Recirculationsfermenter sind zur Enzymherstellung vorgeschlagen worden (Lilly und Dunnill, 1972) (Abb. 126).

Ein Zusatz von oberflächenaktiven Substanzen zum Substrat vermehrt die Ausbeuten von extracellulär gebildeten Enzymen, anscheinend durch Erhöhung der Exkretion der Enzyme durch die Membranen (Faith et al., 1971). Cellulase wird durch verschiedene Pilze in 20facher Menge, Amylase und Xylanase durch verschiedene Pilze in vierfacher Menge und Dextranase durch *Penicillium funiculosum* in zweifacher Menge bei Zusatz von 0,1% Tween 80 ausgeschieden (Reese und Maguire, 1969). Dies Phänomen muß auch beim Zusatz von Antischaummitteln beachtet werden.

Kontinuierliche Herstellungsverfahren werden gegenwärtig nur selten angewandt, z. B. bei der Herstellung von Invertase und Glucoseisomerase (Diers, 1975).

Aufarbeitung und Reinigung von Enzymen können hier nicht beschrieben werden, es sei auf die einschlägige Literatur, z. B. Melling und Phillips (1975); Schmidt-Kastner (1978); Graves und Wu (1979) verwiesen.

Weitere Einzelheiten sind bei den betreffenden Enzymen angegeben; Substratbedingungen vgl. auch Rehm (1967), über die Prozeßentwicklung und ökonomische Gesichtspunkte am Beispiel eines Acylase-L-methionin-Systems vgl. Wandrey und Flaschel (1979), über Hysteresis-Kinetiken bei Enzymsystemen vgl. Tanner (1978). Aunstrup (1978) hat die Enzymliteratur für Enzyme mit industriellem Interesse kürzlich zusammengefaßt. Über die Stabilisierung von löslichen Enzymen hat Schmid (1979) eine klare Übersicht gegeben.

4. Wichtige mikrobiell hergestellte Enzyme

Die Tabelle 45 zeigt die wichtigsten kommerziell hergestellten Enzyme, so daß nur noch einige Ergänzungen beschrieben werden müssen.

α-Amylasen. Pilzamylase aus *Aspergillus niger* wird noch z. T. in halbfesten Substraten bei 30 °C in Oberflächenkultur gewonnen. Nach 24 Std. – 48 Std. ist genügend Enzym gebildet (Beckhorn, 1967). Die Submerskultur dauert 48 Std. – 96 Std. Mg^{++} spielt bei der Bildung von α-Amylase durch *A. oryzae* eine bedeutende Rolle (Kundu et al., 1973).

α-Amylasen aus *Bacillus subtilis* (*B. amyloliquefaciens*) dauern je nach Bakterienstamm zwei bis vier Tage im Submersverfahren. Die Anzucht der Bakterien erfolgt bei 32 °C, die Fermentation bei 35 °C; es wird mit 170 rpm gerührt und ausreichend belüftet. Die Amylasebildung hat etwa nach 40 Std. ein Optimum erreicht (vgl. Underkofler, 1976). Wegen der Komplexheit der Regulation der α-Amylasebildung ist eine kontinuierliche Produktion mit *B. subtilis* sehr schwierig (Heineken und O'Connor, 1972). Luft mit 8% CO_2 (V/V) erhöht die α-Amylasebildung in kontinuierlicher Kultur anscheinend durch Einfluß auf die Regulation (Gandhi und Kjaergaard, 1975). Verschiedene Stämme von *B. subtilis* bilden gleichzeitig α-Amylase und β-Glucanase, daneben auch proteolytische Enzyme, die bei der Aufarbeitung entfernt werden (Markkanen und Bailey, 1974). Mycelien von nichtwachsenden *Aspergillus oryzae* induzieren die α-Amylase (Yabuki et al., 1977).

Zusammenfassende Arbeiten über mikrobielle Amylase vgl. Windish und Mhatre (1965); bes. aber Ingle und Erickson (1978), über extracelluläre Enzymsynthese bei *Bacillus*-Arten und deren Regulation vgl. Priest (1977).

Glucoamylase wird bei *Endomycopsis fibuliger* durch Glucose in Konzentrationen von 0,05% – 3% gehemmt, es liegt anscheinend eine echte Katabolitrepression vor (Stepanov et al., 1975). Eine β-1,3-Glucanase läßt sich mit thermophilen Streptomyceten auch kontinuierlich herstellen (Lilley et al., 1974).

Aspergillus-Arten haben beim Prozeß der Bildung von **Pektinasen** ein Diauxie-Wachstum. Die Enzyme werden erst in der zweiten Phase vermehrt gebildet (Zetelaki-Horváth und Békássy-Molnár, 1973).

Pullulanase wird mit *Klebsiella aerogenes* im Chemostaten (C-limitiert) in kontinuierlicher Kultur gewonnen. Die Bildung wird durch Maltose, Maltotriose oder Oligosaccharidmischungen induziert (Hope und Dean, 1974). Das Enzym ist etwa zur Hälfte extracellulär und zur Hälfte zellgebunden. Amylopectin ist bei einigen Stämmen von *Klebsiella* die beste C-Quelle zur Produktion (US-Pat. 3.963.575, 1976).

Xylanasen werden u. a. von *Trichoderma pseudokoningii* (Baker et al., 1977), *T. reesei* (Viikari et al., 1978), *Aspergillus niger* (Gorbacheva und Rodionova, 1977), verschiedenen Basidiomyceten (Kubačková et al., 1975), *Streptomyces*-Arten (Kusakabe et al., 1975) u. a. Mikroorganismen gebildet. Gegenwärtig werden sie noch nicht technisch gewonnen.

Lactase (β-Galactosidase) gewinnt zunehmend an Interesse (vgl. Shukla, 1975). *Saccharomyces fragilis* bildet Lactase bis zu 6% des Zellproteins (Mahoney et al., 1974). Das Enzym wird auch von verschiedenen *Aspergillus*-Arten gebildet (Literatur vgl. Aunstrup, 1977). *Bacillus stearothermophilus* bildet eine thermostabile Lactase, die durch Galactose gehemmt wird (Goodman und Pederson, 1976).

Invertase läßt sich bei hohen Verdünnungsraten kontinuierlich herstellen, da dann die Glucoserepression aufgehoben wird (Toda, 1976). Die Invertasereaktion kann auch mit immobilisierten Zellen (Toda und Shoda, 1975) oder immobilisierten Enzymen (Maeda et al., 1973 a) durchgeführt werden. Mit Invertase, die an Collagenmembranen immobilisiert worden war, gelingt eine kontinuierliche Bildung von Invertzucker (Goldstein et al., 1977).

Bei der Herstellung **proteolytischer Enzyme** sind in den vergangenen Jahren mit wenigen Ausnahmen kaum neue Enzyme in die Herstellung übernommen worden (Aunstrup, 1977). Es wurden Proteasen von etwa 15 *Bacillus*-Arten im Detail untersucht. Die meisten Arten bilden alkalische Serin-Proteasen und neutrale Zn-Proteasen. Subtilisin Carlsberg hat die größte Bedeutung für Detergentien. Kontinuierliche Herstellungen haben sich nicht einführen lassen. Proteasen aus Streptomyceten sind nur von begrenzter praktischer Bedeutung. *Aspergillus*-Proteasen sind wichtig zur Sojaproteinhydrolyse. Die Bildung einer alkalischen Protease durch *A. oryzae* wird durch Glucose reprimiert und durch c-AMP dereprimiert (Klapper et al., 1973).

Die Fermentation von **Proteasen** mit *Bacillus subtilis* wird bei 37 °C, Belüftung von 1 vvm unter normalem Rühren durchgeführt. Das Substrat kann Hefeextrakt, Destillationsschlempen, Futter- oder Alkanhefen, Casein, Fischmehl, Baumwollsamenmehl o. ä. N-Quellen enthalten. Ammoniumionen und freie Aminosäuren vermindern die Proteaseausbeuten (Aunstrup, 1974). Borate reduzieren die Schleimbildung und erhöhen die Ausbeuten (Dän. Pat. 3.106 Appl., 1971). Die C-Quelle sollte gerade ausreichend, die N-Quelle im Überschuß sein, um hohe Proteaseausbeuten zu erzielen.

Mit *Aspergillus ochraceus* kann eine alkalische Protease auch im zweistufigen Submersverfahren hergestellt werden (DDR-Pat. 2.025.285, 1971). n-Alkane sind als C-Quellen zur Herstellung z. B. mit *Pseudomonas* (Ueyama et al., 1972) und *Fusarium* sp. (Nakao et al., 1973) geeignet.

Literatur über **Rennin** vgl. Kap. 35. Zur Milchgerinnung werden in den USA bereits mehr als die Hälfte der Labenzyme aus Pilzen verwendet (Perlman, 1977). Zusammenfassende Literatur vgl. Sardinas (1972); Sternberg (1976).

Uricase wird auch von *Candida tropicalis* aus n-Alkanen ($C_{10} - C_{13}$) gebildet. Urate, Xanthin, Guanin, Adenin, Hypoxanthin induzieren die Bildung. Die Ausbeuten liegen maximal bei 91 Einheiten/g TG. Die Uricase oxidiert Urate und ist in Microbodies der Zellen lokalisiert (Tanaka et al., 1977).

Über die Bildung von **L-Asparaginase** liegt sehr viel Literatur vor. Dieses Enzym wird mit Enterobakterien z. T. in kontinuierlicher Fermentation (Liu und Zajic, 1973) gebildet. *Citrobacter* bildet das Enzym bei 37 °C ohne O_2-Limitation besonders in Cornsteep-Lösung (Bascomb et al., 1975). Mit immobilisierter Aspartase kann L-Asparaginsäure kontinuierlich hergestellt werden (Tosa et al., 1973).

Naringinase aus *Aspergillus niger* läßt sich an DEAE-Sephadex binden. Erst nach 60 Tagen war bei 25 °C, nach 43,8 Tagen bei 37 °C die Hälfte der Aktivität vorhanden (Ono et al., 1977).

Die **Lipasebildung** wird bei *Candida paralipolytica* durch ungesättigte, nicht aber durch gesättigte Fettsäuren induziert (Sugiura et al., 1975). Thermophile Pilze, z. B. *Humicola lanuginosa* können Lipase bilden (45 °C, nach 80 Std., Substrat: 2% Stärke, 5% Cornsteep-Lösung, 0,5% Sojabohnenöl, 0,2% K_2HPO_4, 0,1% $MgSO_4 \cdot 7 H_2O$)

(Arima et al., 1972). *Pseudomonas* sp. bildet Lipase aus n-Alkanen (US-Pat. 4.019.959, 1977), vgl. auch Kosaric et al. (1979). Eine Übersicht über Lipasen vgl. Brockerhoff und Jensen (1974). Die Anwendung von Lipasen ist begrenzt, so daß auch Herstellungsverfahren hier ihre Grenze haben.

Glucoseisomerase wird durch eine ganze Reihe von *Streptomyces*-Arten produziert, u. a. auch *Streptomyces albus* und *S. rubiginosus* (US-Pat. 3.689.362, 1972), *S. olivochromogenes* (US-Pat. 3.770.589, 1973), *S. phaeochromogenes* und *Flavobacterium devorans* (US-Pat. 3.956.066, 1976). Eine Bildung von Glucoseisomerase mit *Bacillus coagulans* erfolgt anaerob im schwach sauren Bereich bei thermophilen Zuchtbedingungen von 40 °C und mehr. Xylose sollte nicht im Substrat vorhanden sein (GB-Pat. 1.455.993, 1976). Das Enzym läßt sich gut immobilisieren (US-Pat. 3.980.521, 1976).

Xyloseisomerase wird auch von *S. olivochromogenes* (US-Pat. 3.957.587, 1976) produziert; es handelt sich hierbei um Mutanten, bei denen das Enzym konstitutiv ist, also nicht mehr induziert werden muß.

Proteaseinhibitoren können als Desodorantien mit *Streptomyces michiganensis* im Submersverfahren mit 2% Maleinsäure, 1% Glucose, 1% Hefeextrakt, 0,5% Caseinhydrolysat als Substrat hergestellt werden (GB-Pat. 1.424.304, 1976). Über Proteinaseinhibitoren vgl. Fritz et al. (1974). Die Ausbeuten aus Pilzproteasen werden durch Zusatz von mikrobiellen Proteaseinhibitoren auf 50% – 80% erhöht (Satoi et al., 1975).

Pepstatin ist ein Inhibitor von Pepsin, Cathepsin D, Rennin u. a. und wird durch *Streptomyces testaceus* u. a. *Streptomyces*-Arten gebildet (Morishima et al., 1974). Es tritt eine stöchiometrische Bindung zwischen Pepstatin und Pepsin ein (Kunimoto et al., 1974). Die Herstellung erfolgt in Substraten, die L-Leu, L-Val, L-Ala, L-Asp, L-Glu und L-Lys in vermehrten Konzentrationen enthalten (US-Pat. 3.963.579, 1976).

Leupeptine werden auch mit *Streptomyces*-Arten produziert. Sie werden zur Kontrolle der Blutcoagulation, der Fibrinolysis und bei Entzündungserscheinungen angewandt (Nied. Pat. 6.906.010, 1969).

Amylostatin, ein Amylaseinhibitor wird mit *S. diastaticus* v. *amylostaticus* mit Amylopectin als C-Quelle hergestellt (Ajinomoto, US-Pat. 4.010.258, 1977).

5. Anwendung von Enzymen

Die Anwendung von Enzymen ist in der Tabelle 45 beschrieben worden. Übersichten über Anwendungen in der Industrie vgl. Wingard (1972 a, b), Cerletti (1973), Marconi (1974), Wiseman (1975), Aunstrup (1977), besonders in der Nahrungsmittelindustrie vgl. Fox (1974), in Forschung und Medizin vgl. Sizer (1972), Naeher und Thum (1974), Bergmeyer und Michal (1974), Bergmeyer (1974, 1977), Wynn (1978).

Literatur

Ames, B. N., Hartmann, P. E.: Cold Spring Harbor Symp. Quant. Biol. *28*, 349 (1963)
Anonym: Chem. Eng. News *32* (1975)
Arima, K., Liu, W., Beppu, T.: Agric. Biol. Chem. *36*, 893 – 895 (1972)

Aunstrup, K.: Industrial aspects of biochemistry, Part 1. Proc. 9th FEBS. Meet. Spencer, B. (ed.), p. 23 – 46. Amsterdam, London, New York: North Holland/American Elsevier 1974

Aunstrup, K.: Annu. Rep. Ferment. Process. Perlman, D. (ed.), Vol. I, pp. 181 – 204. London, New York: Academic Press 1977 a

Aunstrup, K.: Persönl. Mitt. 1977 b

Aunstrup, K.: Annu. Rep. Ferment. Proc. 2, 125 – 154 (1978)

Baker, C. J., Whalen, C. H., Bateman, D. F.: Phytopathology 67, 1250 – 1258 (1977)

Barbesgaard, P.: In: Genetics and physiology of *Aspergillus*. Smith, J. E., Pateman, J. A. (eds.). London, New York: Academic Press 1977

Bascomb, S., Banks, G. T., Skarstedt, M. T., Fleming, A., Bettelheim, K. A., Connors, T. A.: J. Gen. Microbiol. 91, 1 – 16 (1975)

Batchelor, F. R., Cameron-Wood, J., Chain, E. B., Rolinson, G. N.: Proc. R. Soc. B 158, 311 (1963)

Beckhorn, E. J.: In: Microbial technology. Peppler, H. J. (ed.), pp. 366 – 380. New York: Reinhold Publishing Corp. 1967

Bergmeyer, H. U.: Methoden der enzymatischen Analyse. Weinheim, New York: Chemie 1974

Bergmeyer, H. U.: Grundlagen der enzymatischen Analyse. Weinheim, New York: Chemie 1977

Bergmeyer, H. U., Michal, G.: Industrial aspects biochemistry. Spencer, B. (ed.), Vol. 30, pp. 187 – 211. Fed. Eur. Biochem. Soc. 1974

Bernath, F. R., Venkatasubramanian, K., Vieth, W. R.: Annu. Rep. Ferment. Process. Perlman, D. (ed.), Vol. I, pp. 235 – 267. London, New York: Academic Press 1977

Blain, J. A.: In: The filamentous fungi. Industrial mycology. Smith, J. E., Berry, D. R. (eds.), Vol. I, pp. 193 – 211. Edward Arnold 1975

Brockerhoff, H., Jensen, R. C.: Lipolytic enzymes. London, New York: Academic Press 1974

Bruchmann, E.-E.: Angewandte Biochemie. Stuttgart: Eugen Ulmer 1976

Cerletti, P.: In: Industrial aspects of biochemistry. Proc. 9th. FEBS Meet., Part I. Spencer, B. (ed.), pp. 135 – 138. Amsterdam, London, New York: North Holland/Elsevier 1974

Chaloupka, J., Kreckova, P.: Folia Microbiol. 11, 82 (1966)

Chibata, I., Ishikawa, T., Tosa, T.: Methods Enzymol. 19, 756 (1970)

Clarke, P.: Adv. Microbiol. Physiol. 4, 179 (1970)

Coukoulis, H., Campbell, L. L.: J. Bacteriol. 105, 319 (1971)

Demain, A. L.: In: Methods in Enzymology. Jacoby, W. B. (ed.), Vol. 22, p. 86. London, New York: Academic Press 1971

Demain, A. L.: In: Enzyme engineering. Wingard, L. B. Jr. (ed.). Intersci. Publ. Biotechnol. Bioeng. Symp. 3, 21 – 32 (1972)

Diers, I.: 6th Int. Symp. Cont. Culture of Microorganisms. Oxford 1975

Din, F. U., Chaloupka, J.: Biochem. Biophys. Res. Commun. 37, 233 (1969)

Faith, W. T., Neubeck, C. E., Reese, E. T.: Adv. Biochem. Eng. 1, 77 – 111 (1971)

Fox, P. F.: Industrial aspects of biochemistry, Part I. Proc. 9th FEBS Meet. Spencer, B. (ed.), pp. 213 – 239. Amsterdam, London, New York: North Holland/Elsevier 1974

Fritz, H., Tschesche, H., Greene, L. J., Truscheit, E.: Proteinase inhibitors. Proc. 2nd Int. Res. Conf. Berlin, Heidelberg, New York: Springer 1974

Gandhi, A. P., Kjaergaard, L.: Biotechnol. Bioeng. 17, 1109 – 1118 (1975)

Goldstein, H., Barry, P. W., Rizzuto, A. B., Venkatasubramanian, K., Vieth, W. R.: J. Ferment. Technol. 55, 516 – 524 (1977)

Goodman, R. E., Pederson, D. M.: Can. J. Microbiol. 22, 817 (1976)

Gorbacheva, I. V., Rodionova, N. A.: Biochim. Biophys. Acta 484, 79 – 93 (1977)

Graves, D. J., Wu, Y.-T.: Adv. Biochem. Eng. 12, 219 – 253 (1979)

Heineken, F. G., O'Connor, R. J.: J. Gen. Microbiol. 73, 35 – 44 (1972)

Higashihara, M., Okada, S.: Agric. Biol. Chem. 38, 1023 (1974)

Hoch, S. O., Roth, C. W., Crawford, I. P., Nester, E. W.: J. Bacteriol. 105, 38 (1971)

Hope, G. C., Dean, A. C. R.: Biochem. J. 144, 403 – 411 (1974)

Hsu, E. J., Vaughn, R. H.: J. Bacteriol. 98, 172 (1969)

Ingle, M. B., Erickson, R. J.: Adv. Appl. Microbiol. 24, 257 – 278 (1978)

Karlson, P.: Kurzes Lehrbuch der Biochemie für Mediziner und Naturwissenschaftler. Stuttgart: Georg Thieme 1974

Kennedy, J. F., Zaborsky, O. R. (eds.): Enzyme and microbial technology. England, Sussex: IPC Business Press 1979

Klapper, B. F., Jameson, D. M., Mayer, R. M.: Biochim. Biophys. Acta *304*, 505 (1973)

Kosaric, N., Zajic, J. E., Aboue, G., Jack, T., Gerson, D.: Biotechnol. Bioeng. *21*, 1133 – 1149 (1979)

Kubačková, M., Karácsonyi, Š., Váradi, J.: Folia Microbiol. *20*, 29 – 37 (1975)

Kundu, A. K., Das, S., Gupta, T. K.: J. Ferment. Technol. *51*, 142 – 150 (1973)

Kunimoto, S., Aoyagi, T., Nishizawa, R., Komai, T., Takeuchi, T., Umezawa, H.: J. Antibiot. *27*, 413 – 418 (1974)

Kusakabe, I., Yasui, T., Kobayashi, T.: J. Agric. Chem. Soc. Jpn. *49*, 383 – 385 (1975)

Lampen, J. O., Neumann, N. P., Gascon, S., Montenecourt, B. S.: In: Organizational biosynthesis. Vogel, H. J., Lampen, J. O., Bryson, V. (eds.), p. 363. London, New York: Academic Press 1967

Lilley, G., Rowley, B. I., Bull, A. T.: J. Appl. Chem. Biotechnol. *24*, 677 – 686 (1974)

Lilly, M. D., Dunnill, P.: Biotechnol. Bioeng. Symp. *3*, 221 – 227 (1972)

Liu, F. S., Zajic, J. E.: Appl. Microbiol. *25*, 92 – 96 (1973)

Liu, P. V., Hsieh, H. C.: J. Bacteriol. *99*, 406 (1969)

Maeda, H., Suzuki, H., Sakimae, A.: Biotechnol. Bioeng. *15*, 403 – 412 (1973 a)

Maeda, H., Suzuki, H., Yamauchi, A.: Biotechnol. Bioeng. *15*, 607 (1973 b)

Mahoney, R. R., Nickerson, T. A., Whitaker, J. R.: J. Dairy Science *58*, 1620 (1974)

Mandels, M., Weber, J.: Adv. Chem. Ser. *95*, 391 (1969)

Manecke, G.: Chimia *28*, 467 – 474 (1974)

Marconi, W.: Industrial aspects of biochemistry, Part. I, Proc. 9th. FEBS Meet. Spencer, B. (ed.), pp. 139 – 186. Amsterdam, London, New York: North Holland/American Elsevier 1974

Markkanen, P. H., Bailey, M. J.: J. Appl. Chem. Biotechnol. *24*, 93 – 103 (1974)

Melling, J., Phillips, B. W.: Handbook of enzyme biotechnology. Wiseman, A. (ed.), pp. 58 – 88. New York, London, Sydney, Toronto: John Wiley & Sons 1975

Meyers, S. P., Rhee, J., Ahearn, D. G.: Bacteriol. Proc. *4*, (1970)

Morishima, H., Sawa, T., Takita, T., Aoyagi, T., Takeuchi, T., Umezawa, H.: J. Antibiot. *27*, 267 – 273 (1974)

Naeher, G., Thum, W.: Industrial aspects of biochemistry, Part I. Proc. 9th FEBS Meet. Spencer, B. (ed.), pp. 47 – 64. Amsterdam, London, New York: North Holland/American Elsevier 1974

Nakamura, N., Watanabe, K., Horikoshi, K.: Biochim. Biophys. Acta *397*, 188 – 193 (1975)

Nakao, Y., Suzuki, M., Kuno, M., Maejima, K.: Agric. Biol. Chem. *37*, 1223 – 1224 (1973)

Ohba, R., Ueda, S.: Agric. Biol. Chem. *39*, 967 – 972 (1975)

Ono, M., Tosa, T., Chibata, I.: J. Ferment. Technol. *55*, 493 – 500 (1977)

Perlman, D.: ASM News *43*, 82 – 89 (1977)

Phibbs, P. V., Jr., Bernlohr, R. W.: J. Bacteriol. *106*, 375 (1971)

Priest, F. G.: Bacteriol. Rev. *41*, 711 – 753 (1977)

Reed, G.: Enzymes in food processing. London, New York: Academic Press 1975

Reese, E. T., Maguire, A.: Appl. Microbiol. *17*, 242 – 245 (1969)

Reese, E. T., Lola, J. E., Parrish, F. W.: J. Bacteriol. *100*, 1151 (1969)

Rehm, H. J.: Industrielle Mikrobiologie. Berlin, Heidelberg, New York: Springer 1967

Sardinas, J. L.: Adv. Appl. Microbiol. *15*, 39 – 73 (1972)

Sargeant, K.: Industrial aspects of biochemistry, Part I. Proc. 9th. FEBS Meet. Spencer, B. (ed.), pp. 3 – 22. Amsterdam, London, New York: North Holland/American Elsevier 1974

Satoi, S., Nakahara, K., Murao, S.: Agric. Biol. Chem. *39*, 773 – 778 (1975)

Schmid, R. D.: Adv. Biochem. Eng. *12*, 42 – 118 (1979)

Schmidt-Kastner, G.: Dechema Monographien. Biotechnology. Vol. 82, S. 181 – 198. Weinheim, New York: 1978

Seitz, E. W.: J. Am. Oil Chem. Soc. *51*, 12 – 16 (1974)

Shukla, T. P.: Crit. Rev. Food Technol. *6*, 325 (1975)

Sizer, I. W.: Adv. Appl. Microbiol. *15*, 1 – 11 (1972)

Smith, J. S., Lineback, D. R.: Stärke 28, 243 – 249 (1976)
Stepanov, A. I., Afanasyeva, V. P., Zaitseva, G. V., Mednikova, A. P., Lupandina, I. B.: Prikl. Biokhim. Mikrobiol. 11, 682 – 685 (1975)
Sternberg, M.: Adv. Appl. Microbiol. 20, 135 – 157 (1976)
Sugimoto, K., Hirano, M.: Starch Sci. Jpn. 21, 314 (1974)
Sugiura, T., Ota, Y., Minoda, Y.: Agric. Biol. Chem. 39, 1689 – 1694 (1975)
Suzuki, H., Ozawa, Y., Oota, H., Yoshida, H.: Agric. Biol. Chem. 33, 506 (1969)
Takasaki, Y.: Annu. Meet. Agric. Chem. Soc. Jpn. Abstr. 291 (1974)
Tanaka, A., Yamamura, M., Kawamoto, S., Fukui, S.: Appl. Environ. Microbiol. 34, 342 – 346 (1977)
Tanner, R. D.: Annu. Rep. Ferment. Proc. 2, 73 – 89 (1978)
Toda, K.: Biotechnol. Bioeng. 18, 1103 – 1115 (1976 a)
Toda, K.: Biotechnol. Bioeng. 18, 1117 – 1124 (1976 b)
Toda, K., Shoda, M.: Biotechnol. Bioeng. 17, 481 – 497 (1975)
Tosa, T., Sato, T., Mori, T., Matsuo, Y., Chibata, I.: Biotechnol. Bioeng. 15, 69 (1973)
Ueda, S., Kano, S.: Stärke 27, 123 – 128 (1975)
Ueda, S., Nanri, N.: Appl. Microbiol. 15, 472 (1967)
Ueda, S., Yagisawa, M., Sato, Y.: J. Ferment. Technol. 49, 552 (1971)
Ueyama, H., Tsugi, N., Saito, Y., Fukimbara, T.: J. Ferment. Technol. 50, 787 – 793 (1972)
Underkofler, L. A.: In: Cellulases and their applications. Gould, R. F. (ed.), pp. 343 – 358. Washington: American Chemical Society 1969
Unterkofler, L. A.: In: Industrial microbiology. Miller, B. M., Litsky, W. (eds.), pp. 128 – 164. McGraw-Hill Book Co. 1976
Viikari, L., Linko, M., Enari, T.-M.: 1. Eur. Congr. Biotechnol. Interlaken, Part 1. pp. 147 – 150. Frankfurt: DECHEMA 1978
Wandrey, Ch., Flaschel, E.: Adv. Biochem. Eng. 12, 148 – 218 (1979)
Wang, D. I. C., Cooney, C. L., Demain, A. L., Dunnill, P., Humphrey, A. E., and Lilly, M. D. (eds.): Fermentation and Enzyme Technology. John Wiley & Sons, New York 1979
Weetall, H. H.: Immobilized enzymes, antigens, antibodies and peptides, 1. Aufl. Vol. I, p. 661. New York: Marcel Dekker 1975
Welker, N. E., Campbell, L. L.: J. Bacteriol. 86, 681 (1963)
Windish, W. W., Mhatre, N. S.: Adv. Appl. Microbiol. 7, 273 – 304 (1965)
Wingard, L. B.: Adv. Biochem. Eng. 2, 1 – 48 (1972 a)
Wingard, Jr. L. B. (Hrsg.): Enzyme engineering. Biotechnol. Bioeng. Symp. No. 3. New York, London, Sydney, Toronto: John Wiley & Sons 1972 b
Wiseman, A.: Handbook of enzyme biotechnology. Ellis Horwood Ltd. Publisher, Chichester. New York, London, Sydney, Toronto: John Wiley & Sons 1975
Wynn, C. H.: Struktur und Funktionen von Enzymen. Teubner Studienbücher 1978
Yabuki, M., Ono, N., Hoshino, K., Fukui, S.: Appl. Environ. Microbiol. 34, 1 – 6 (1977)
Yamada, K.: Biotechnol. Bioeng. 19, 1563 – 1621 (1977)
Yamane, K., Suzuki, H., Hirotani, M., Ozawa, H., Nisizawa, K.: J. Biochem. 67, 9 (1970)
Zetelaki-Horváth, K., Békássy-Molnár, E.: Biotechnol. Bioeng. 25, 163 – 179 (1973)
Zwickler, F.: Abstr. 3rd Int. Ferment. Symp. New Jersey: New Brunswick 1968

Kapitel 25 Immobilisierte Zellen und Enzyme

I. Immobilisierte Zellen

1. Allgemeines

Immobilisierte Zellen oder besser trägergebundene Zellen sind im Prinzip bereits bei der Abwasserreinigung im Tropfkörper (vgl. Kap. 40) und bei der Essigherstellung nach dem Schnellgärungsverfahren im Essigsäuregenerator (vgl. Kap. 15) vorhanden. Es sind lebende Mikroorganismen, die an Träger fixiert und von dort aus biologisch aktiv sind. Seit fünf bis zehn Jahren wird versucht, Verfahren mit immobilisierten Mikroorganismen in die Praxis einzuführen.

Durch Verwendung immobilisierter Zellen wird aus einem „batch"-Verfahren in vielen Fällen ein kontinuierliches Verfahren. Weiterhin werden hohe Zelldichten für längere Verfahrenszeiten konstant und aktiv gehalten. Schließlich werden zur Ernährung der Zellen wesentlich weniger Nährstoffe als bei gewöhnlichen Verfahren benötigt. Auch sind Probleme der Regulation der Enzymaktivitäten, der Bildung toxischer Stoffwechselprodukte, die die Zellaktivitäten vermindern und ähnliche Probleme durch die schnelle Abführung des umgesetzten Substrates besser zu lösen als bei Verfahren mit suspendierten Zellen.

Andererseits sind viele Fragen des Stoffübergangs, der Diffusionsbarrieren durch die Einschlußsubstanzen u. ä. sowie des Vorhandenseins vieler Enzyme in den Zellen, die auch Nebenreaktionen katalysieren, Probleme, die noch gelöst werden müssen.

Zusammenfassende Literatur vgl. Abbott (1977), Jack und Zajic (1977), Klein und Wagner (1978), Abbott (1978).

2. Verfahren mit immobilisierten Zellen

Im folgenden werden einige Verfahren mit immobilisierten Zellen beschrieben, die z. T. auch in anderen Kapiteln dargestellt werden (vgl. dort). Dabei können nur Beispiele gegeben werden, die besonders charakteristisch für die betreffenden Verfahren sind.

Methoden zur Zellimmobilisierung sind u. a.:

- Einschluß in Gele, Fasern oder Mikrokapseln
- Nicht-kovalente Ausflockung der Biomasse z. B. auf Filtern
- Kovalente Ausflockung (Vernetzung) von Zellen
- Adsorption der Zellen an feste Matrices, z. B. Sephadex, Polyacrylamid.

Tabelle 48. Glucoseisomerisierung durch immobilisierte Zellen (Substrat Glucose, Produkt Fructose)

Mikro-organismen	Immobilisierungs-methode	Bemerkungen	Literatur
Streptomyces sp.	Hitzebehandelte Zellen auf dem Filter immobilisiert	Technisch angewandtes Verfahren	US-Pat. 3.694.134 (1974)
S. olivaceus	Quervernetzungen mit Glutaraldehyd	Zellen hatten nach 1000 Std. kontinuierlicher Katalyse nur geringen Aktivitätsverlust	US-Pat. 3.974.036 (1976)
S. venezuelae	Mikroeinkapselung in Kollodiummembran		Chang (1965)
S. venezuelae	Einschluß in Collagenmembranen	Säulenreaktor arbeitete 40 Tage bei 70 °C	Saini und Vieth (1975)
S. phaeochromogenes	Zellen mit diazotierten Diaminen quervernetzt	Zellen bewahrten 18% der Originalaktivität	US-Pat. 3.843.442 (1975)
Streptomyces sp.	Adsorption an DEAE-Sephadex A-SO	Säule verlor nach 40 Tagen bei 60 °C 20% der Aktivität	Jap. Pat. 75.160.475 (1975)
S. violaceoniger	Filtrierte Mycelpellets	Pellets ließen sich sechsmal verwenden	DB-Pat. 2.417.642 (1974)
Actinoplanes missouriensis	Zellen in α-Cellulosefasern eingeschlossen	Kein Aktivitätsverlust bei 20tägigem kontinuierlichen Verfahren	Linko et al. (1976)
Lactobacillus brevis, Streptomyces sp.	Ausflockung mit Chitosan	Halbwertzeit nach 25 Tagen bei 60 °C	Tsumura und Kasumi (1976)
Streptomyces sp.	Einschluß in Polyacrylamidgel	Vertikaler Gelplattenreaktor angewandt	Taguchi et al. (1975)

a) Fructoseherstellung durch Isomerisierung von Glucose

Maisstärke wird mit α-Amylase behandelt, die entstandenen Oligosaccharide werden mit Glucoamylase zu 95% – 97% in Glucose umgesetzt. Immobilisierte Glucoseisomerase wandelt den Glucosesirup zu einem Produkt um, das etwa 42% Fructose, 50% Glucose und etwa 8% andere Saccharide enthält (vgl. Kap. 24).

Man hat viele Verfahren entwickelt, bei denen besonders mit immobilisierten Zellen von *Streptomyces*-Arten gearbeitet wird. Die Tabelle 48 zeigt einige Beispiele (vgl. Abbott, 1977).

b) Weitere Umwandlungen von Kohlenhydraten

Die Tabelle 49 faßt einige wichtige weitere Kohlenhydratumwandlungen zusammen (vgl. auch Kap. 26).

Tabelle 49. Umwandlung weiterer Kohlenhydrate durch immobilisierte Zellen

Mikro-organismen	Substrat	Produkt	Immobilisierungs-methode	Bemerkungen	Literatur
Mortierella vinacea	Raffinose	Saccharose + Galactose	Mycelpellets	Technisch angewandtes Verfahren, um Raffinose aus Melasse zu entfernen	McGinnis (1975)
Absidia lignierii	Raffinose	Saccharose + Galactose	Zellpellets wurden gefroren	Zellgranulate in Säulenreaktor	Jap. Pat. 74,66886 (1974)
Saccharomyces pastorianus	Saccharose	Glucose + Fructose	Einschluß in Agarkugeln	Kaum Aktivitätsverlust nach zehn „batch"-Reaktionen	Toda (1975)
Aspergillus niger	Glucose	Gluconsäure	Zellen behandelt mit Glutaraldehyd u. gebunden an ein glycidyl-methylacrylat-Polymer	Zellen enthielten 58% der Glucoseoxidase-Aktivität	US-Pat. 3.957.580 (1976)
Saccharomyces lactis	Lactose	Glucose + Galactose	Einschluß in Cellulosetriacetat	90% der Aktivität verloren beim Einschluß	Dinelli (1972)
Gluconobacter melanogenus + Pseudomonas sp.	Sorbose	2-Ketogluconsäure	Einschluß in Polyacrylamidgel	Einschluß der Mischkultur	Martin und Perlman (1976)

Tabelle 50. Herstellung verschiedener Aminosäuren mit immobilisierten Zellen

Mikroorganismen	Substrat	Produkt	Immobilisierungsmethode	Bemerkungen	Literatur
Escherichia coli	Ammonium-fumarat	L-Asparaginsäure	Einschluß in Polyacryl-amidgel	Halbwertzeit der Säule zehn Tage	Chibata et al. (1974)
E. coli	Fumarsäure	L-Asparaginsäure	Einschluß in Collagenmem-branen	Kein Aktivitätsverlust nach 30tägiger kontinuierlicher Reaktion	Venkatasubramanian et al. (1975)
Corynebacterium glutamicum	Glucose	L-Glutaminsäure	Einschluß in Polyacryl-amidgel	14 mg/ml Glutaminsäure in 144 Std.	Slowinski und Charm (1973)
Pseudomonas putida	L-Arginin	L-Citrullin	Einschluß in Polyacryl-amidgel	Säulenreaktor arbeitete bei 37 °C 30 Tage	Yamamoto et al. (1974)
E. coli	Indol und Serin	L-Tryptophan	Einschluß in Polyacryl-amidgel	30 g Zellen bildeten 1,5 g L-Tryptophan in 24 Std.	Jap. Pat. 74,81591 (1974)
Rhodotorula gracilis	trans-Zimtsäu-re+NH$_3$	L-Phenylalanin	Adsorption an glycidyl-methyl-acryliertes Polymer		US-Pat. 3.957.580 (1976)
Pseudomonas putida	L-Arginin	L-Ornithin			Yamamoto et al. (1974)

Tabelle 51. Abbaureaktionen durch immobilisierte Zellen

Mikroorganismen	Substrat	Immobilisierungsmethode	Bemerkungen	Literatur
Candida tropicalis	Phenol	Polyacrylamidgel	Größte Aktivität unter fünf ver-schiedenen Einschlußsystemen	Hackel et al. (1975)
Pseudomonas sp.	Phenol	Adsorption an Anthracit	Fließbettreaktor	Scott und Hancher (1976)
Acinetobacter calcoaceticus	Protokatechusäure	Vernetzung mit Dimethyl-adipimidat		vgl. Abbott (1977)
Penicillium roqueforti	Octansäure	Immobilisierung der Sporen	vgl. Kap. 30	Johnson und Ciegler (1969)
Micrococcus denitrificans	Nitrat und Nitrit	Einkapselung in lösliche Membra-nen	vgl. Kap. 40	Mohan und Li (1975)
Abwässer (Kap. 40)	Mischkulturen	Adsorption an Sandpartikel	Fließbettreaktor	Anonym (1976)

c) Aminosäureherstellung

Verschiedene Verfahren sind bereits in Kap. 22 beschrieben worden. Die Tabelle 50 gibt einige Ergänzungen.

d) Umwandlung von Antibiotica

Über die Umwandlung von Penicillin G zu 6-APS mit *Escherichia coli*-Zellen sowie andere Stoffumwandlungen mit Antibiotica wird in Kap. 28 ausführlich berichtet.

e) Herstellung organischer Säuren

Eine Reihe organischer Säuren läßt sich mit immobilisierten Zellen herstellen, z. B. Essigsäure aus Äthanol mit *Acetobacter* in Titan-IV-hydroxyd, Äpfelsäure aus Fumarsäure mit *Brevibacterium ammoniagenes,* Urocansäure aus L-Histidin mit *Pseudomonas fluorescens* und *Achromobacter liquidum.* Literatur vgl. Abbott (1977), Einzelheiten vgl. Kap. 17 und 18.

L-Äpfelsäure aus Fumarsäure wird mit immobilisierten Zellen von *Brevibacterium ammoniagenes* seit 1974 industriell hergestellt (Anonym, 1976). Bei diesem Verfahren werden die Fumarase-haltigen Zellen zunächst mit Gallenextrakt behandelt, damit die Bildung von Bernsteinsäure unterdrückt wird. Nach zwei Monaten bei 37 °C wird die Aktivität der Zellen auf die Hälfte herabgesetzt (Yamamoto et al., 1976).

f) Abbaureaktionen

Besonders für die Abwasserbiotechnologie sind Abbaureaktionen mit immobilisierten Zellen interessant. Die Tabelle 51 zeigt einige Möglichkeiten auf diesem erst kaum erschlossenen Gebiet.

g) Herstellung weiterer Produkte

Es gibt viele Versuche, eine ganze Anzahl weiterer Produkte mit immobilisierten Zellen herzustellen. Eine Bierherstellung (Corrieu et al., 1976) mit *Saccharomyces carlsbergensis* im Säulenreaktor mit einer Kapazität von 3 l/Std. bei 15 °C hat gegenwärtig kaum Aussichten auf praktische Anwendung. Die Äthanolherstellung mit *S. carlsbergensis* (Engelbart und Dellweg, 1976) wird sicherlich eher praktisch angewandt, zumal die Ausbeuten bei 97% des theoretischen Maximums liegen. Die Tabelle 52 zeigt weitere Produkte.

Viele Steroidumwandlungen sind hier nicht aufgeführt. Die Literatur hierüber hat sich seit 1975 sehr stark vermehrt. Auch auf anderen Gebieten der Reaktionen mit eingeschlossenen Zellen wird gegenwärtig intensive Forschung auch mit angewandten Aspekten getrieben. Literatur über Transformation organischer Verbindungen mit immobilisierten Zellen vgl. Chibata und Tosa (1977), über die industrielle Anwendung vgl. Brodelius (1978).

Tabelle 52. Herstellung weiterer Produkte mit immobilisierten Zellen

Mikro-organismus	Substrat	Produkt	Immobilisierungsmethode	Bemerkungen	Literatur
Clostridium butyricum	Glucose	H_2	Einschluß in Polyacrylamidgel	vgl. Kap. 26	Karube et al. (1976)
Rhodospirillum rubrum	Äpfelsäure	H_2	Einschluß in Agargel	4 g Zellen bildeten 60^5 µl H_2 in 150 Std., vgl. Kap. 18	Weetall und Bennett (1976)
Saccharomyces carlsbergensis	Glucose	Äthanol	Verwendung einer Bruchhefe	vgl. Text u. Kap. 19	Engelbart und Dellweg (1976)
Sarcina lutea	Pantothen-säure	Coenzym A	Einschluß in Polyacrylamidgel	Kein Aktivitätsverlust nach fünf „batch"-Reaktionen vgl. Kap. 29	Jap. Pat. 75,126884 (1975)
Achromobacter aceris	NAD	NADP	Einschluß in Polyacrylamidgel	vgl. Kap. 29	Jap. Pat. 75,135290 (1975)
Mischkultur	Abwasser	Methan	Adsorption an Säulenpackung	ca. 6 m hohe Säule, vgl. Kap. 40	Anonym (1976)
Mycobacterium globiforme	Hydro-cortison	Prednisolon	Einschluß in Polyacrylamidgel	Säulenreaktor verlor in 15 Tagen keine Aktivität, vgl. Kap. 32	Skryabin et al. (1976)
Curvularia lunata	Reichstein-S	Hydrocortison	Einschluß in Polyacrylamidgel	6 µMol hydroxyliert/Std./g	Mosbach und Larsson (1970)
Corynebacterium simplex	Cortisol	Prednisolon	Einschluß in Polyacrylamidgel	5 g Steroid/Tag/g Feuchtgel	Larsson et al. (1976)
Aspergillus flavus	Glucose	Aflatoxin B_1 u. G_1	Adsorption an Lavaschlacke	Säulenumpumpreaktor	Kopp und Rehm (1979)

II. Immobilisierte Enzyme

1. Allgemeines

Die Fixierung von Enzymen an einer Oberfläche oder in einem begrenzten Raum bezeichnet man als Immobilisierung; der Ausdruck „trägergebunden" würde diese Fixierungen besser charakterisieren. Immobilisierung von Enzymen ist eigentlich eine besondere Form der Anwendung von Enzymen und gehört in das Gebiet der Biotechnologie, weniger in das Gebiet der technischen Mikrobiologie, daher soll es hier nur kurz behandelt werden. Verfahren mit immobilisierten Enzymen stellen eine folgerichtige Weiterentwicklung von Verfahren mit Mikroorganismen dar. Die Enzyme, welche die betreffenden Reaktionen katalysieren, werden aus den Mikroorganismen isoliert und dann an inerte Träger gebunden, wo sie reagieren können, ohne daß die Substrate durch eine Zellwand oder Zellmembran permeieren müssen. Allerdings ist eine Regeneration evtl. vorhandener Coenzyme auch schwieriger als in der stoffwechselaktiven Zelle. Aus diesem Grunde sind Hydrolasen und einfache Isomerasen gegenwärtig besonders zur Reaktion an Trägern geeignet.

Gute Übersichten über immobilisierte Enzyme vgl. Orth und Brümmer (1972), Manecke (1975), Weetall (1975), Smiley und Strandberg (1972), Abbott (1976), Mosbach (1976) und besonders Bernath et al. (1977), Marconi (1978).

Das folgende Schema zeigt die Nomenklatur (vgl. Bruchmann, 1976):

„modifiziert" ⟵— Enzym ⟶ „nativ"
    ↓
immobilisiert ⟶ gebunden ⟶ adsorbiert (adsorbed = ADS)
  | (bound) ↘
  ↓   kovalent gebunden (covalently bound = CVB)
eingeschlossen
(entrapped) ⟶ mikro eingekapselt (microencapsulated = MEC)
 ↘
   matrix-eingeschlossen (matrix-entrapped = ENT)

Enzyme können auf folgende Weise immobilisiert werden:
- durch Adsorption auf Oberflächen
- durch Einschluß in vernetzte Gele
- durch Einkapselung in Mikrokapseln
- durch kovalente Bindung an polymere Träger.

Gegenwärtig werden bereits mehr als 200 immobilisierte Enzyme beschrieben (Weetall, 1972 – 1974; Mosbach, 1976).

Die Träger lassen sich in zwei Gruppen einteilen (vgl. Messing, 1975, besonders auch Messing, 1978):

1. Anorganische Träger: Glas, Aluminium, tonhaltiges Material, Sand, kolloidales Silikat, nichtrostender Stahl, Metalloxide, Kohle, Keramiken u. v. a.
2. Organische Träger: Vinyl-polymere, Polysaccharide, Proteine oder Polyaminosäuren, Polyamide.

Auch Einteilungen in natürliche und synthetische, neutrale und polyelektrolytische oder in poröse und nicht-poröse Träger sind möglich.

Wie bereits erwähnt, sind bisher die meisten Arbeiten mit Hydrolasen und einfachen Isomerasen gemacht worden. Wenn das volle Potential der immobilisierten Enzyme ausgeschöpft werden soll, werden auch noch viele Arbeiten mit Oxidoreduktasen, Transferasen, Lyasen und Lipasen gemacht werden müssen.

Immobilisierte Enzyme können in kontinuierlichen Prozessen eingesetzt werden, da sie im allgemeinen wesentlich längere Zeiten ihre Aktivität behalten als lebende Mikroorganismen, die die gleichen Reaktionen katalysieren. Einzelheiten über die Arten und Techniken der Enzymbindungen vgl. die oben genannte Literatur (vgl. auch Messing, 1975; Chibata und Tosa, 1976).

Die Geschwindigkeit der Reaktion immobilisierter Enzyme setzt sich zusammen aus der durch die Michaelis-Menten-Gleichung beschriebenen chemischen Reaktion und der Diffusionsgeschwindigkeit für das Substrat und die Reaktionsprodukte.

Die Aktivität wird in internationalen Einheiten $= \mu$Mol Substrate umgesetzt pro Minute gemessen und in Beziehung zu g oder einer Oberflächeneinheit gesetzt. Die spezifische Aktivität des gebundenen Proteins $=$ Einheiten/mg gebundenen Proteins. Dabei müssen die anderen Reaktionsbedingungen unbedingt mit angegeben werden.

Die Intensität der Trägerbindung p (%) ist:

$$p\,(\%) = \frac{\text{Gesamtaktivität des unlöslichen Enzyms} \times 100}{\text{Gesamtaktivität der Ausgangsenzymlösung}}$$

Die Stabilität der Aktivität eines gebundenen Enzyms wird zumeist in der „half-life"-Zeit, der Halblebenszeit der Aktivität definiert. Weitere Angaben über Parameter, physikalisch-chemische Bindungen, neue Trägermatrices, neue Immobilisierungstechniken, Kinetiken u. a. vgl. die ausgezeichnete Übersicht von Bernath et al. (1977), aber auch O'Driscoll (1976). Über die Immobilisierung von Multienzymsystemen vgl. Barker und Somers (1978).

2. Enzym-Reaktoren

Zur Anwendung immobilisierter Enzyme können die folgenden Reaktortypen herangezogen werden (vgl. Aiba et al., 1973; Bruchmann, 1976; Mosbach, 1976):

a) Rührfermenter, in denen ein lösliches Substrat mit eingekapseltem Enzym umgesetzt wird.

b) Rührfermenter, in denen hochmolekulares oder unlösliches Substrat mit einem gelösten Enzym umgesetzt wird. Die niedermolekularen Reaktionsprodukte werden mittels einer Ultrafiltriermembran von definierter Porengröße abgeführt.

c) Säulen, die mit einem an Träger kovalent gebundenen Enzym gefüllt sind. Das lösliche Substrat fließt über die Säulen.

d) Röhren, an deren Wandungen Enzym kovalent gebunden ist. Die Substratlösung durchfließt diese Röhren. Solche Röhren können auch semipermeable Faserröhren enthalten (Chambers et al., 1976). Ein Membranreaktor mit zwei Enzymen ist zur kontinuierlichen Stärkehydrolyse konstruiert worden (Tachuer et al., 1976).

e) Festbettreaktoren mit verschiedenen – zumeist zwei – trägergebundenen Enzymen, an denen die flüssigen Substratlösungen vorbeifließen.

f) Enzymelektroden mit kovalent gebundenen Enzymen besonders für analytische Zwecke.

In der Praxis werden nur die Rührtanks und die gepackten Säulen (Festbettreaktoren) angewandt (Lilly, 1978). Über die Kinetik gibt es bereits viele Arbeiten (vgl. Wingard, 1972; Engasser und Horvath, 1976; Goldstein, 1976; Pitcher, 1978).

3. Verfahren mit immobilisierten Enzymen

Die Zahl der möglichen Anwendungen immobilisierter Enzyme ist groß, und es ist zu erwarten, daß in absehbarer Zeit viele Verfahren mit immobilisierten Enzymen auf dem Markt sind. Gegenwärtig sind bereits einige Methoden in industriellem Gebrauch (vgl. Tabelle 53). Viele Anwendungsmöglichkeiten ergeben sich in der Lebensmittelindustrie. Nicht nur bei der Isomerisierung der Glucose, der Hydrolyse von Polysacchariden, von Saccharose, Raffinose, Lactose, der Bildung von Gluconsäure, verschiedenen Aminosäuren und Nucleotiden, sondern auch bei der Käseherstellung (z. B. Rennin, Pepsin), bei der Sterilisation von Milchprodukten (z. B. Katalase), bei der Bierherstellung (z. B. Papain), bei der Saft- und Weinherstellung (z. B. thermotolerante Proteasen, Pepsin, saure Proteasen) u. v. a. Literatur vgl. Brodelius (1978).

Das wirtschaftlich bedeutendste Verfahren ist die **Isomerisierung von Glucose zu Fructose.**

Es wird ganz besonders in den USA, aber auch in Japan, Belgien, Holland, Spanien und Italien durchgeführt (Vieth und Venkatasubramanian, 1976). Die Verfahren sind unterschiedlich. Glucoseisomerase kann z. B. aus *Lactobacillus brevis* an mikrokristalline Cellulose gebunden werden (Kent und Emery, 1974).

Umwandlung von Benzylpenicillin zu 6-Aminopenicillansäure. Mit einer Penicillinacylase wird die Hydrolyse des Benzylpenicillins vorgenommen. Das Verfahren

Tabelle 53. Technisch angewandte immobilisierte Enzyme und Enzymreaktoren (Lilly, 1978)

Enzym	Immobilisierungs-Methode	Reaktortyp	Arbeitsweise
Aminoacylase	Adsorption	Festbett	kontinuierlich
Aspartase [a]	Einschluß	Festbett	kontinuierlich
Fumarase [a]	Einschluß	Festbett	kontinuierlich
Glucoseisomerase	Adsorption	Festbett	kontinuierlich
Glucoseisomerase	Kovalente Bindung	Rührfermenter	„batch"
Glucoseisomerase	Kovalente Bindung	Festbett	kontinuierlich
Lactase	Einschluß	Rührfermenter	„batch"
Penicillinacylase	Adsorption	Rührfermenter	„batch"
Penicillinacylase	Kovalente Bindung	Rührfermenter	„batch"
Penicillinacylase	Einschluß	Festbett	kontinuierlich

[a] immobilisierte Zellen

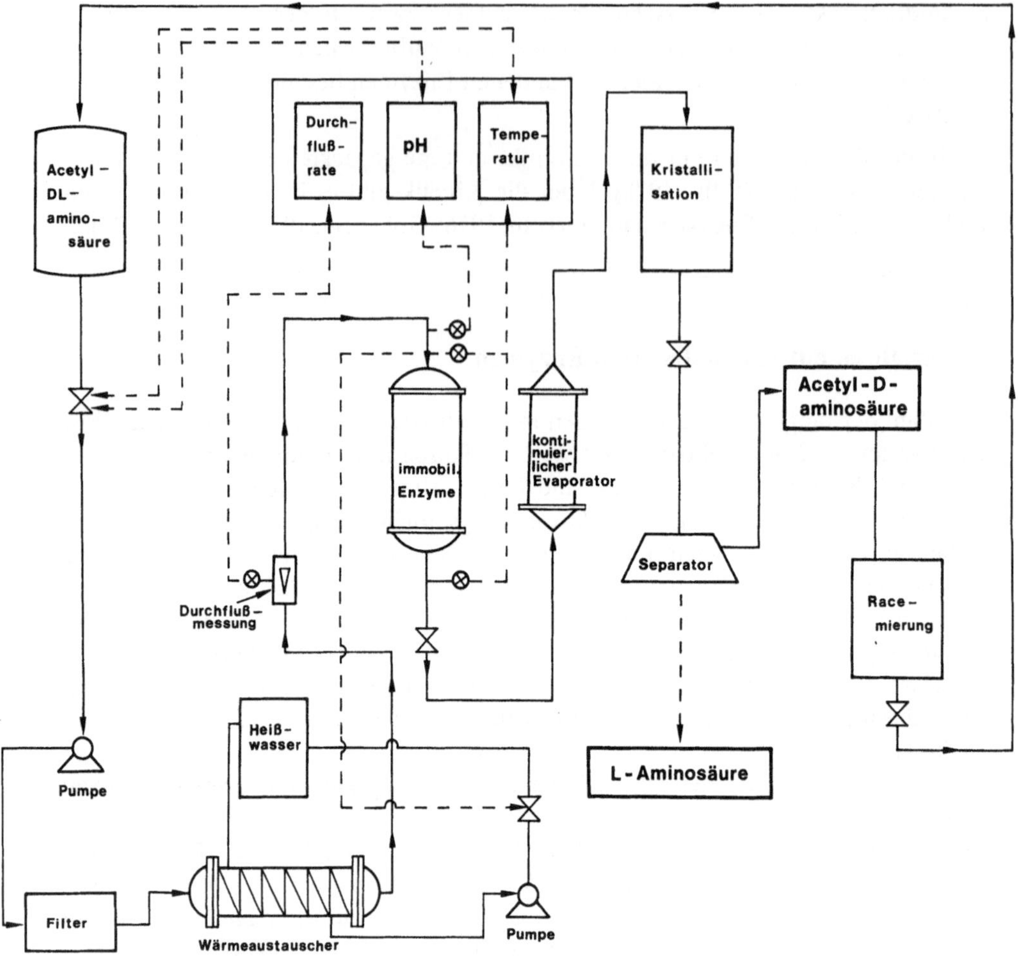

Abb. 127. Fließschema zur kontinuierlichen L-Aminosäurebildung mit immobilisierten Zellen (nach Aiba et al., 1974)

wird in vielen Fällen kontinuierlich geführt. (Vgl. Kap. 28) vgl. auch Sato et al. (1976).

Kontinuierliche Produktion von L-Aminosäuren aus DL-Aminosäuren durch immobilisierte Aminoacylase (Chibata et al., 1972). Mit einer Aminoacylase aus *Aspergillus oryzae,* die an DEAE-Sephadex gebunden wird, werden seit etwa 1974 L-Methionin, L-Phenylalanin, L-Valin, L-Tryptophan und L-Alanin mit einer Kostenverminderung von ca. 40% industriell produziert (Chibata et al., 1972) (Abb. 127).

Mit Aspartase wird Asparaginsäure hergestellt. Besser ist jedoch ein Verfahren mit immobilisierten Zellen von *Escherichia coli.* Die immobilisierten Zellen können vier Monate lang bei 37 °C verwendet werden. Mit diesem Verfahren wird seit etwa 1973 Asparaginsäure in hoher Reinheit in industriellem Maßstab gewonnen (Tosa et al., 1973; Chibata et al., 1974). Das Schema zeigt einen Vergleich zwischen immobilisierter Aspartase (Asparagin-Synthase) und immobilisierten Zellen nach Chibata et al. (1974):

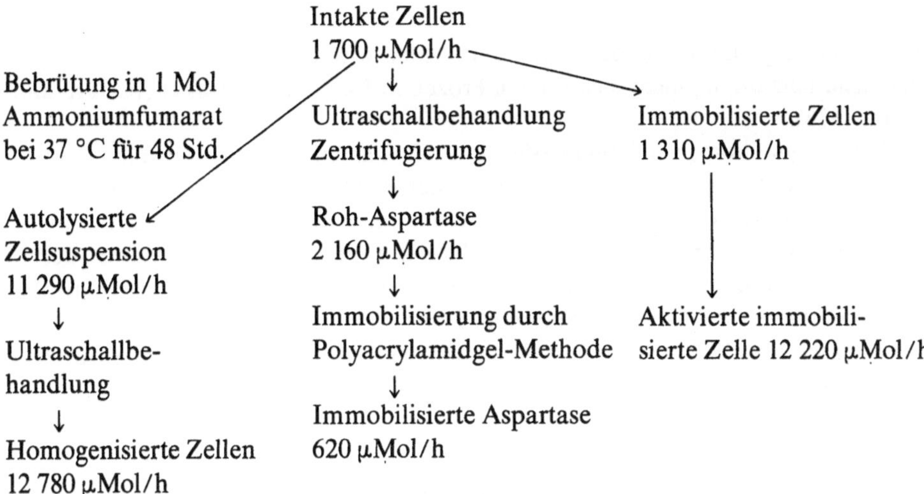

Die Tabelle 54 zeigt einige Stabilitäten immobilisierter Enzyme und immobilisierter Zellen.

Mit immobilisierter Tryptophanase aus *Escherichia coli* und β-Tyrosinase aus *E. intermedia* durch Kopplung mit Pyridoxal-5′-P, das vorher an Sepharose gebunden war, lassen sich in Säulen-Reaktoren **L-Tryptophan aus Indol + Brenztraubensäure + NH₃** respektive **L-Tyrosin aus Phenol + Brenztraubensäure + NH₃** herstellen (Fukui et al., 1975).

Tabelle 54. Stabilität immobilisierter Enzyme und Zellen (vgl. Lilly, 1978)

Enzym	Immobilisierungs-art	Halb-lebenszeit in Tagen	Tempe-ratur °C	Literatur
Amino-acylase	adsorbiertes Enzym	65	50	Chibata und Tosa (1976)
Aspartase	eingeschlossene *Escherichia coli*-Zellen	120	37	Sato et al. (1975)
	eingeschlossenes Enzym	20 – 25	37	Tosa et al. (1973)
Fumarase	eingeschlossenes *Brevibacterium*	50 – 70	37	Yamamoto et al. (1977)
D-Hydan-toinase	eingeschlossenes Enzym	20	30	Carleysmith et al. (1978)
Glucose-isomerase	hitzebehandelter *Streptomyces*	10 – 15	70	Takasaki et al. (1969)
	eingeschlossener *Actinoplanes*	21	65	Hupkes und Tilburg (1976)
	adsorbiertes Enzym	5 – 6	70	US-Pat. 3.708.397 (1973)
	kovalent gebundenes Enzym	33	62	Fullbrook und Vabø, (1977)
Gluco-amylase	kovalent gebundenes Enzym	47 – 113	50	Weetall et al. (1976)
Penicillin-acylase	eingeschlossene *Escherichia coli*-Zellen	17	40	Sato et al. (1976)
	kovalent gebundenes Enzym	> 17	37	Carleysmith et al. (1978)

Invertase, z. B. aus *Candida utilis* und Glucoamylase aus *Aspergillus niger* lassen sich an Polyvinylalkohol binden. Lactose in Milch wird durch eine in Fasern eingeschlossene Lactase in einem technischen Prozeß in Italien hydrolysiert (Pastore und Morisi, 1976).

Für die **Gewinnung von Traubenzucker aus Maisstärke** wird bereits ein kontinuierlich arbeitendes Verfahren mit immobilisierter Glucoamylase angewandt (vgl. Weetall, 1973). Glucose, Fructose und Maltose können durch immobilisierte Amyloglucosidase (gebunden auf Cellulose), Pullulanase (gebunden an Acrylamid-acrylsäure) und kombinierte Systeme mit β-Amylase und Pullulanase (gebunden an Polyacrylamid) hergestellt werden (Solomon, 1978).

Proteasen aus *Bacillus subtilis,* z. B. an poröses Glas gebunden, können zur Herstellung von Sojahydrolysaten verwendet werden (Mason et al., 1975).

Eine Anwendung immobilisierter Enzyme sind auch die Enzymelektroden. Enzyme, die in eine Gelmatrix eingebettet sind, können auf das Diaphragma einer Glaselektrode (in ca. 0,1 mm Dicke) aufgebracht werden. Durch die enzymatische Reaktion der Urease werden NH_4^+-Ionen gebildet, die in einer gegen diese Ionen empfindlichen Elektrode ein elektrisches Potential ergeben. Dies ist proportional der Konzentration der NH_4^+-Ionen und damit der Harnstoffkonzentration in der Lösung (Abb. 128).

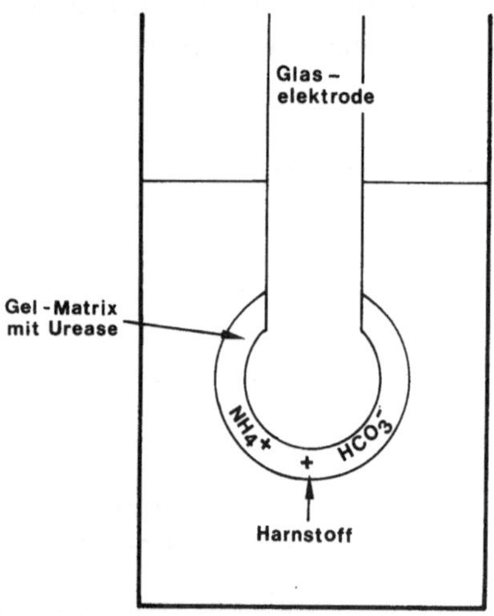

Abb. 128. Enzymelektrode mit immobilisierter Urease

Grundsätzlich können auf diese Weise solche Verbindungen potentiometrisch gemessen werden, für die es gelingt, entsprechende Enzyme zu immobilisieren, bei deren Reaktion Substanzen entstehen, die gegen die Glaselektrode ein Potential aufbauen.

Ein interessantes Beispiel ist eine Enzymelektrode zur Messung der Penicillinkonzentration in Fermentationsbrühen (vgl. Enfors und Nilsson, 1976; Enfors und Molin, 1978). Einzelheiten und Literatur vgl. dort.

Interessant ist auch die Anwendung immobilisierter Enzyme in der Analytik, z. B. in Analysenautomaten (Nelböck und Wandrey, 1978; Mattiasson und Danielsson, 1978; Suzuki und Karube, 1978).

Wahrscheinlich werden in Zukunft viele Einschritt-Reaktionen, evtl. auch Steroidoxidationen mit immobilisierten Enzymen durchgeführt werden. Auch für die Herstellung vieler pharmazeutischer Produkte, die häufig nur in relativ kleinen Mengen produziert werden müssen, ist die Verwendung trägergebundener Enzyme eine zukunftsträchtige Methode (vgl. Abbott, 1976; Mosbach, 1976; Bernath et al., 1977). Seit einiger Zeit werden auch Pflanzenzellen oder Teile daraus an Träger gebunden (vgl. Kap. 37). Chlorophyll läßt sich gut binden (Seely, 1979), CO_2 wird von immobilisierten Chloroplasten fixiert (Karube et al., 1979).

Weitere Literatur vgl. auch Smiley und Strandberg (1972), Manecke (1975), O'Driscoll (1976), Yamada (1977), Linko et al. (1978).

Literatur

Abbott, B. J.: Adv. Appl. Microbiol. *20*, 203 – 257 (1976)

Abbott, B. J.: In: Annu. Rep. Ferment. Process. Vol. I, pp. 205 – 233. London, New York: Academic Press 1977

Abbott, B. J.: Annu. Rep. Ferment. Proc. *2*, 91 – 123 (1978)

Aiba, S., Humphrey, A. E., Millis, N. F.: Biochemical engineering, 2nd. ed. London, New York: Academic Press 1973

Anonym: Chem. Eng. *83*, 41 – 87 (1976)

Barker, S. A., Somers, P. J.: Adv. Biochem. Eng. *10*, 27 – 49 (1978)

Bernath, F. R., Venkatasubramanian, K., Vieth, W. R.: In: Annu. Rep. Ferment. Process. Perlman, D. (ed.), Vol. I, pp. 235 – 266. London, New York: Academic Press 1977

Brodelius, P.: Adv. Biochem. Eng. *10*, 75 – 129 (1978)

Bruchmann, E.-E.: Angewandte Biochemie. Stuttgart: Eugen Ulmer 1976

Carleysmith, S. W., Dunnill, P., Lilly, M. D.: zit. bei Lilly (1978)

Chambers, R. P., Cohen, W., Baricos, W. H.: In: Methods in enzymology. Mosbach, K. (ed.), Vol. 44, p. 291. London, New York: Academic Press 1976

Chang, T. M. S.: Thesis, McGill Univ. Canada (1965)

Chibata, I., Tosa, T.: In: Appl. Biochem. Bioeng. Wingard, L. B., Katchalski-Katzir, E., Goldstein, L. A. (eds.), Vol. I, p. 329. London, New York: Academic Press 1976

Chibata, J., Tosa, T.: Adv. Appl. Microbiol. *22*, 1 – 27 (1977)

Chibata, J., Tosa, T., Sato, T.: Appl. Microbiol. *27*, 878, 886 (1974)

Chibata, J., Tosa, T., Sato, T., Mori, T., Matsuo, Y.: Ferment. Technol. Today. Terui, G. (ed.). Soc. Ferment. Technol. Jpn. 1972

Corrieu, G., Blachère, A., Ramirez, A., Novarro, J. M., Durand, G., Duteurtre, B., Moll, M.: 5th Int. Ferment. Symp. p. 294. Berlin 1976

Dinelli, D.: Process Biochem. *7*, 9 (1972)

Enfors, S. O., Molin, N.: 1. Eur. Congr. Biotechnol. Interlaken Part 1, pp. 35 – 37. Frankfurt: DECHEMA 1978

Enfors, S. O., Nilsson, H.: Abstr. 5th Int. Ferment. Symp. p. 23. Berlin 1976

Engasser, J. M., Horvath, C.: In: Appl. Biochem. Bioeng. Wingard, L. B., Katchalski-Katzir, E., Goldstein, L. (eds.), Vol. I, p. 128. London, New York: Academic Press 1976

Engelbart, W., Dellweg, H.: 5th Int. Ferment. Symp. p. 335. Berlin 1976

Fukui, S., Ikeda, S., Fujimura, M., Yamada, H., Kumagai, H.: Eur. J. Appl. Microbiol. *1*, 25 – 39 (1975)

Fullbrook, P., Vabø, B.: I. Chem. E. Symp. *51*, 31 (1977)

Goldstein, L.: In: Methods in enzymology. Mosbach, K., (ed.), Vol. 44, p. 397. London, New York: Academic Press 1976

Hackel, H., Klein, J., Megnet, R., Wagner, F.: Eur. J. Appl. Microbiol. *1*, 291 (1975)

Hupkes, J. V., van Tilburg, R.: Stärke *28*, 356 (1976)

Jack, T. R., Zajic, J. E.: Adv. Biochem. Eng. *5*, 125 – 145 (1977)

Johnson, D. E., Ciegler, A.: Arch. Biochem. Biophys. *130*, 384 (1969)

Karube, I., Aizawa, K., Ikeda, S., Suzuki, S.: Biotechnol. Bioeng. *21*, 253 – 260 (1979)

Karube, I., Matsunaga, T., Tsuru, S., Suzuki, S.: Biochim. Biophys. Acta *444*, 338 (1976)

Kent, C. A., Emery, A. N.: J. Appl. Chem. Biotechnol. *24*, 663 – 676 (1974)

Klein, J., Wagner, F.: Dechema Monographien. Biotechnology. Vol. 82, pp. 142 – 164. Weinheim, New York: Chemie 1978

Kopp, B., Rehm, H. J.: in preparation (1979)

Larsson, P. O., Ohlson, S., Mosbach, K.: Nature (London) *263*, 796 (1976)

Lilly, M. D.: Dechema Monographien. Biotechnology. Vol. 82, pp. 165 – 180. Weinheim, New York: Chemie 1978

Linko, Y. Y., Phjola, L., Linko, P.: 5th Int. Ferment. Symp. p. 274. Berlin 1976

Linko, Y. Y., Poutanen, K., Viskari, R., Weckström, L., Linko, P.: 1. Eur. Congr. Biotechnol. Interlaken Part 1, pp. 194 – 197. Frankfurt: DECHEMA 1978

Manecke, G.: Proc. Int. Symp. Macromolec. Mano, E. B. (ed.), pp. 397 – 415. Amsterdam: Elsevier Sci. Publ. Comp. 1975

Marconi, W.: Dechema Monographien. Biotechnology. Vol. 82, pp. 88 – 141. Weinheim, New York: Chemie 1978

Martin, C. K. A., Perlman, D.: 5th Int. Ferment. Symp. p. 297. Berlin 1976

Mason, R. D., Detar, C. C., Weetall, H. H.: Biotechnol. Bioeng. *17*, 1019 – 1027 (1975)

Mattiasson, B., Danielsson, B.: 1. Eur. Congr. Biotechnol. Interlaken Part 1, pp. 27 – 30. Frankfurt: DECHEMA 1978

McGinnis, R.: Sugar J. *38*, 8 (1975)

Messing, R. A. (ed.): Immobilized enzymes for industrial reactors. London, New York: Academic Press 1975

Messing, R. A.: Adv. Biochem. Eng. *10*, 51 – 73 (1978)

Mohan, R. R., Li, N. N.: Biotechnol. Bioeng. *17*, 1137 (1975)

Mosbach, K.: In: Methods in enzymology, Mosbach, K. (ed.), Vol. 44, p. 3. London, New York: Academic Press 1976

Mosbach, K., Larsson, P.: Biotechnol. Bioeng. *12*, 19 (1970)

Nelböck, M., Wandrey, C.: Forschung aktuell, Biotechnologie. pp. 81 – 104. Frankfurt: Umschau 1978

O'Driscoll, K. F.: Adv. Biochem. Engin. *4*, 155 – 172 (1976)

Orth, H. D., Brümmer, W.: Angew. Chem. *84*, 319 – 368 (1972)

Pastore, M., Morisi, F.: In: Methods in enzymology. Mosbach, K. (ed.), Vol. 44, pp. 822. London, New York: Academic Press 1976

Pitcher, W. H., Jr.: Adv. Biochem. Eng. *10*, 1 – 26 (1978)

Saini, R., Vieth, W. R.: J. Appl. Chem. Biotechnol. *25*, 115 (1975)

Sato, T., Mori, T., Tosa, T., Chibata, I., Fumi, M., Yamashita, K., Sumi, A.: Biotechnol. Bioeng. *17*, 1797 (1975)

Sato, T., Tosa, T., Chibata, I.: Eur. J. Appl. Microbiol. *2*, 153 – 160 (1976)

Scott, C. D., Hancher, C. W.: Biotechnol. Bioeng. *18*, 1393 (1976)

Seely, G. R.: Biotechnol. Bioeng. Symp. *8*, 473 – 481 (1979)

Skryabin, G. K., Koshcheyenko, K. A., Sukhodolskaya, G. V., Arinbasarova, A. Y.: 5th Int. Ferment. Symp. p. 326. Berlin 1976

Slowinski, W., Charm, S. E.: Biotechnol. Bioeng. *15*, 973 (1973)

Smiley, K. L., Strandberg, G. W.: Adv. Appl. Microbiol. *15*, 13 – 38 (1972)

Solomon, B.: Adv. Biochem. Eng. *10*, 131 – 177 (1978)

Suzuki, S., Karube, I.: 1. Eur. Congr. Biotechnol. Interlaken Part 1. pp. 31 – 34. Frankfurt: DECHEMA 1978

Tachuer, E., Cobb, J. T., Shah, Y. T.: Biotechnol. Bioeng. *18*, 448 (1976)

Taguchi, H., Suga, K., Yoshida, T., Yuda, S.: Immobilized enzyme technol. Proc. U. S.-Jpn. Coop. Program Semin. p. 151 (1975)

Takasaki, Y., Kosugi, Y., Kanbayashi, A.: In: Fermentation advances. Perlman, D. (ed.): p. 561. London, New York: Academic Press 1969

Toda, K.: Biotechnol. Bioeng. *17*, 1729 (1975)

Tosa, T., Sato, T., Mori, T., Matuo, Y., Chibata, I.: Biotechnol. Bioeng. *15*, 69 (1973)

Tsumura, N., Kasumi, T.: 5th Int. Ferment. Symp. S. 291. Berlin: Institut für Gärungsgewerbe und Biotechnologie 1976

Venkatasubramanian, K., Constantinides, A., Vieth, W. R.: 3rd Int. Enzyme Eng. Conf., Portland, Oregon (1975)
Vieth, W. R., Venkatasubramanian, K.: In: Methods in enzymology. Mosbach, K. (ed.), Vol. 44, p. 243. London, New York: Academic Press 1976
Weetall, H. H.: Food Prod. Dev. *1*, 46 (1973)
Weetall, H. H., Bennett, M. A.: 5th Int. Symp. p. 299. Berlin 1976
Weetall, H. H., Vann, W. P., Pitcher, W. H., Lee, D. D., Lee, Y. Y., Tsao, G. T.: Methods in enzymology. Mosbach, K. (ed.), Vol. 44, p. 776. London, New York: Academic Press 1976
Weetall, H. H. (ed.): Immobilized enzymes – a compendium of references from recent literature. Vol. 1–3. Connecticut: New England Research Application Center, Storrs 1972–1974
Weetall, H. H.: Immobilized enzymes, antigens, antibodies, and peptides. New York: Marcel Dekker 1975
Wingard, L. B.: Adv. Biochem. Eng. *2*, 1–48 (1972)
Wynn, C. H., Ph. D.: Struktur und Funktionen von Enzymen. Teubner Studienbücher 1978
Yamada, K.: Biotechnol. Bioeng. *19*, 1563–1621 (1977)
Yamamoto, K., Sato, T., Tosa, T., Chibata, I.: Biochem. Bioeng. *16*, 1589 (1974)
Yamamoto, K., Tosa, T., Yamashita, K., Chibata, I.: Eur. J. Appl. Microbiol. *3*, 169–183 (1976)
Yamamoto, K., Tosa, T., Yamashita, K., Chibata, I.: Biotechnol. Bioeng. *19*, 1101 (1977)

Kapitel 26 Polysaccharide und Saccharide

1. Allgemeines

Es ist schon lange bekannt, daß Mikroorganismen aus verschiedenen Gattungen in der Lage sind, in bestimmten Substraten aus Mono- und Disacchariden Polysaccharide zu bilden.

Seit Grönwall und Ingelman (1944, 1945) und Grönwall (1957) auf die Möglichkeit der Anwendung von Dextranen mit einem mittleren Molgewicht von 80 000 als Plasmaersatzstoffe hingewiesen hatten, sind viele Verfahren zur Produktion von Dextranen auf mikrobiologischem oder enzymatischem Wege beschrieben worden, von denen einige technisch ausgenutzt werden. Gegenwärtig kommt der Herstellung von Dextranen neben Xanthan, Pullulan und Scleroglucan das größte technische Interesse zu.

Zusammenfassende Arbeiten über die Bildung von Polysacchariden aus Mikroorganismen vgl. u. a. Behrens und Ringpfeil (1964); Jeanes (1965 a, b); Görlich (1969 a, b); Sutherland (1972); Lawson und Sutherland (1978).

2. Mikroorganismen

Polysaccharide werden von sehr vielen, oft sehr unterschiedlichen Mikroorganismen gebildet. Die – keineswegs auch nur annähernd vollständige – Tabelle 55 zeigt eine Auswahl von Polysaccharidbildnern, wobei besonders neuere Arbeiten berücksichtigt wurden. Weitere Literatur vgl. Sutherland (1972) sowie Rehm (1967). Die wichtigsten Organismen für eine technische Herstellung von Dextranen sind Stämme von *Leuconostoc mesenteroides* und *L. dextranicum* und von Xanthanen Stämme von *Xanthomonas campestris*.

3. Chemie und Biosynthese

Die Biosynthese von Polysacchariden ist bereits gut zusammenfassend dargestellt worden (vgl. Horecker, 1966; Heath, 1971; Glaser, 1973), wobei allerdings die Bildung extracellulärer Polysaccharide weniger beschrieben wurde als die der Zellwandpolysaccharide.

Es läßt sich die folgende allgemeine Gleichung aufstellen:

$$(n)\ HG - OR + HA \xrightarrow{[E]} HG_{(n)}A + (n)\ ROH$$

HG – OR ist das Donatorsystem, in dem HG die übertragene Glycosidgruppe darstellt; (n) ist die molekulare Menge; HA ist das Acceptorsystem; es kann unter geeigneten Bedingungen ein einfaches Molekül HG – OR sein. Unter dem Einfluß des Transglycosidation-Enzyms E bildet sich das Polysaccharid $HG_{(n)}A$, dessen Moleküle n-Reste von G enthalten. ROH ist das nicht-polymere Produkt (Orthophosphat, Uridindiphosphat oder z. B. Fructose).

Das Wachstum der glycosidischen Ketten wird dadurch bewirkt, daß fortwährend eine Monosaccharideinheit nach der anderen an das nicht reduzierende Ende einer Kette an eine Stelle, an der ein Acceptor vorhanden ist, gebunden wird. Diese Acceptorstelle wird an jeder neu angelagerten Monosaccharideinheit wieder regeneriert, so daß eine neue Anlagerung möglich ist.

Dextrane sind Polymere der D-Glucose. Aus 96 Bakterien-Stämmen ließen sich fünf verschiedene Arten von Dextranen charakterisieren (Jeanes et al., 1954). In 50% – 97% der Dextrane war eine 1,6-glycosidische Bindung vorhanden. Daneben existierten noch 1,4-(bis 50%) und 1,3-Bindungen (0 – 6%).

Die Länge der Ketten ist sehr unterschiedlich. Dextrane haben je nach den Versuchsbedingungen Molekulargewichte von 15 000 bis zu mehr als 500 000 (Ebert, 1966; Ebert und Schenk, 1968). Dies entspricht etwa 3500 Glucoseeinheiten. Die Bildung der Dextrane aus Saccharose geht bei *Leuconostoc mesenteroides* nach der folgenden Gleichung vor sich (Abb. 129):

[Dextransaccharase]
(n) Saccharose $\xrightarrow{}$ (Anhydroglucose)$_n$ + (n) Fructose

Dextran-ähnliche Polysaccharide werden von *Streptococcus mutans* gebildet (vgl. Guggenheim, 1970; Montville et al., 1978).

Eine aus *Leuconostoc mesenteroides* extracellulär gebildete Dextransaccharase (Mol.-Gew. ca. 280 000) kann zur Herstellung von Dextranen verwendet werden (Hehre, 1946). Sie wurde von Kobayashi und Matsuda (1976) gereinigt und charakterisiert. Die Bildung von Dextranen aus Saccharose ist irreversibel und geht nahezu stöchiometrisch vor sich.

Acetobacter capsulatum und *A. viscosum* sind in der Lage, Dextrane aus Dextrinen zu bilden (Shimwell, 1947, 1948). Das Enzym, das diese Reaktion katalysiert, wurde als Dextrandextrinase bezeichnet. Dextran wird durch Dextrandextrinase aus kurzen Amyloseketten synthetisiert, die aus der nativen Amylose durch Einwirkung von Säuren oder α-Amylase gebildet wurden. Eine Bildung aus nativer Amylose, nativem Amylopectin, Glykogen o. ä. findet nicht statt.

Levane (in 2,3-fructosidischer Bindung) werden durch *Aerobacter levanicum*, *Bacillus polymyxa* und *B. subtilis* gebildet (Hestrin et al., 1943). Das zur Levanbildung notwendige Enzym ist die Levansaccharase.

[Levansaccharase]
(n + m) Saccharose + (n) H_2O $\xrightarrow{}$ (n + m) Glucose + (n) Fructose + (m) Levan

(n) gibt die Anzahl der invertierten oder durch den Einfluß von (n) Molekülen H_2O hydrolysierten Saccharosemoleküle an, die als Receptoren für die Fructose-Einheiten dienten, und (m) bedeutet die molare Menge an Saccharose, die in Glucose und Levan umgewandelt wird. Die Ausbeute, die nach dieser Gleichung mit Levansaccharase von *Aerobacter levanicum* erhalten wurde, lag bei 62% (Avineri-Shapiro und Hestrin, 1945).

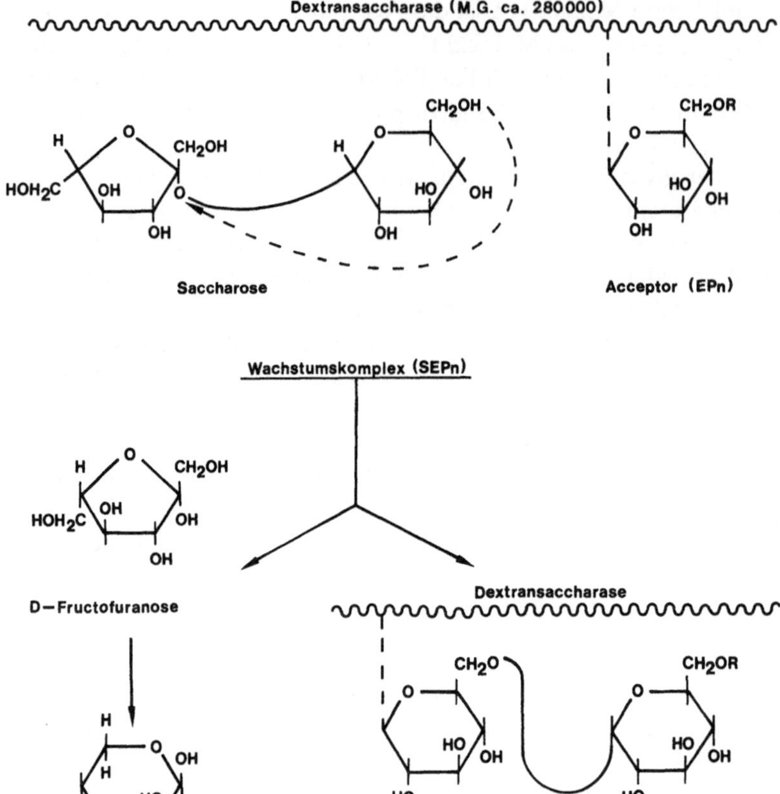

Abb. 129. Bildung von Dextran (nach Görlich, 1969)

Sclerotium glucanicum bildet ein als **Scleroglucan** bezeichnetes Polysaccharid, das dem folgenden Typ entspricht (Johnson et al., 1963) (Gp = Glucopyranose):

$$\beta\text{-D-Gp}$$
$$\uparrow$$
$$\downarrow \quad \text{Scleroglucan}$$
$$\underline{6}$$

$$-[\rightarrow 3)\ \beta\text{-D-Gp-}(1 \rightarrow 3)\beta\text{-D-Gp}(1 \rightarrow 3)\ \beta\text{-D-Gp-}(1]n$$

Das Produkt (n = 30 – 8) wird in Substraten, die verschiedene Kohlenhydrate, z. B. Saccharose, Glucose u. v. a. enthalten, in Ausbeuten von 600 mg/100 ml bis 900 mg/100 ml gebildet (Belg. Pat. 639.361, 1964). Es wird mit β-1,3-D-Glucanase in eine Mischung von D-Glucose und Gentibiose gespalten.

Xanthan besteht aus einer Hauptkette mit 1,4-β-glycosidischen Bindungen und Seitenketten mit Mannose und Glucuron-Säure. Einzelheiten über die Struktur vgl. Holzwarth (1976).

Xanthan

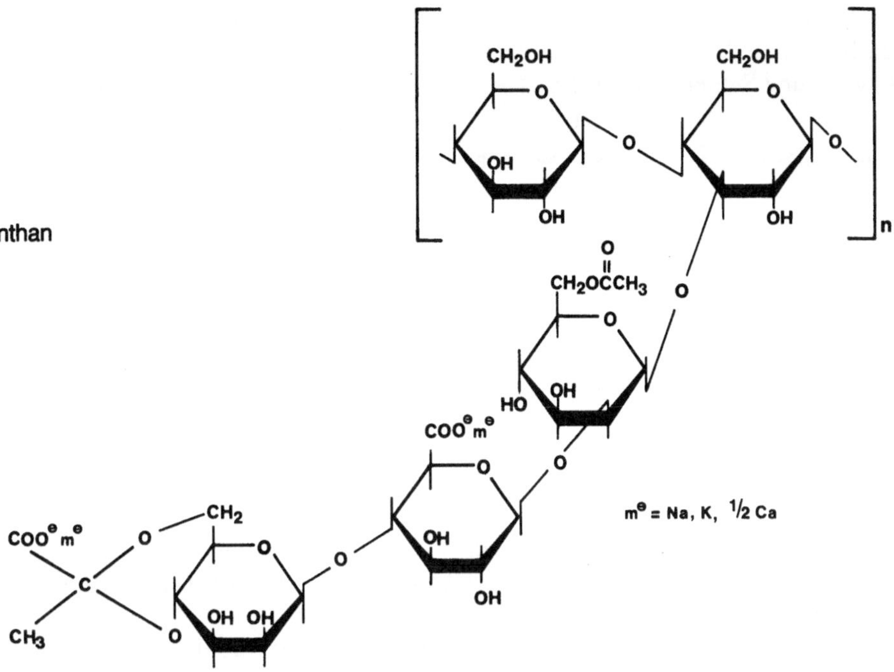

$m^{\ominus} = Na, K, \frac{1}{2} Ca$

Pullulan ist ein ähnliches Polysaccharid, das aus α-(1 → 4) und α-(1 → 6) Glucopyranosyl-Einheiten etwa im Verhältnis 2 : 1 besteht. Galactose und Mannose sind in geringen Mengen vorhanden (Zajic und LeDuy, 1973). Es hat etwa folgende Struktur (Catley und Whelan, 1971) (Gp = Glucopyranose):

$$\underset{\underset{\alpha\text{-D-Gp-}(1 \to 4)\alpha\text{-D-Gp-}(1 \to 4)\alpha\text{-D-Gp}}{|}}{\overset{\downarrow}{\underline{6}}}$$

Pullulan

"**Curdlan**" ist ein Polysaccharid aus *Alcaligenes faecalis* v. *myxogenes,* von dem die in Tabelle 55 angegebene Teilstruktur bekannt ist (Harada, 1974).

Die **Erwinia-Exopolysaccharide** aus *Erwinia tahitica* enthalten Glucose, Galactose, Uronsäure und Fucose im Verhältnis von etwa 3 : 2 : 1,5 : 1 und besitzen einen Acetylgehalt von 4,5% (Kang und Kovacs, 1974).

Alginsäure wird aus *Laminaria*-Arten gewonnen und in der Nahrungsmittel-, Textil-, pharmazeutischen und Papierindustrie angewandt (Percival und McDowell, 1967). Von *Azotobacter vinelandii* wird ein Exopolysaccharid gebildet, das Reste von D-Mannuronsäure und L-Guluronsäure enthält, so daß man diesem Produkt den Namen **Alginat** gegeben hat (Larsen und Haug, 1971). Von *Pseudomonas aeru-*

ginosa wird ein ähnliches Produkt gebildet (Evans und Linker, 1973). Die endgültigen Strukturaufklärungen stehen noch aus. Die Biosynthese vgl. folgendes Schema (Lawson und Sutherland, 1978):

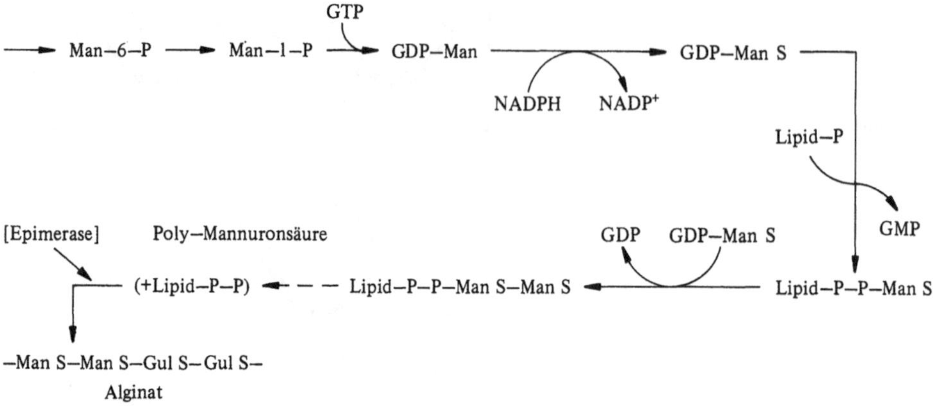

$$
\begin{array}{l}
\xrightarrow{\quad} \text{Man–6–P} \xrightarrow{\quad} \text{Man–1–P} \xrightarrow{\text{GTP}} \text{GDP–Man} \xrightarrow{\quad} \text{GDP–Man S} \\[2pt]
\qquad\qquad\qquad\qquad\qquad\qquad \text{NADPH}\quad\text{NADP}^{+} \\[6pt]
\qquad\qquad\qquad\qquad\qquad\qquad\qquad\qquad \text{Lipid–P} \\[6pt]
[\text{Epimerase}]\quad \text{Poly–Mannuronsäure} \qquad\qquad \text{GDP}\quad\text{GDP–Man S} \qquad \text{GMP} \\[6pt]
\quad (+\text{Lipid–P–P}) \longleftarrow \text{Lipid–P–P–Man S–Man S} \longleftarrow \text{Lipid–P–P–Man S} \\[6pt]
-\text{Man S–Man S–Gul S–Gul S–} \\
\qquad\qquad \text{Alginat}
\end{array}
$$

Von *Monilinia fructigena* wird ein **D-Glucan** ausgeschieden mit Glucose in 1 → 4-Bindungen als Haupttyp und daneben 1 → 2-Bindungen. Das Glucan enthält außerdem Mannose und Galactose (Archer et al., 1977).

Extrazelluläre **Mannane** werden von Hefen produziert (Slodki et al., 1972).

Verschiedene **Xanthan-ähnliche Polysaccharide** werden von *Xanthomonas campestris* und anderen *Xanthomonas*-Arten produziert (US-Pat. 3.964.972, 1976; Fareed und Percival, 1976).

Cellulose wird von *Acetobacter xylinum* gebildet. Ihre Herstellung hat keine praktische Bedeutung. Die Cellulosemikrofibrillen entstehen anscheinend in besonderen Membranvesikeln aus Glucose und UDPG (Forge, 1977).

4. Herstellungstechnik

Unter den Polysacchariden hat die Herstellung von Dextranen eine besondere Bedeutung. Als Blutplasmaersatz benötigt man Dextrane mit einem mittleren Molekulargewicht zwischen 40 000 und 60 000. Da die Bakterien aber Dextrane mit wesentlich höherem Molekulargewicht bilden, sog. Nativ-Dextrane, ist eine nachfolgende Hydrolyse mit Salzsäure oder mikrobiellen Dextranasen notwendig. Lediglich bei Verfahren, bei denen die Fermentationsbedingungen so gestaltet werden können, daß ausschließlich oder zum größten Teil niedermolekulare Dextrane gebildet werden, kann auf eine Hydrolyse verzichtet werden. Es sind auch Verfahren vorgeschlagen worden, bei denen man Dextransaccharase aus Bakterien isoliert und dann mit dem Enzym die Dextrane bildet.

Dextrane und andere Polysaccharide, die u. a. in der Lebensmittelwirtschaft oder Kosmetik, z. B. als Dickungsmittel, angewandt werden, sind Nativ-Polysaccharide und müssen nicht hydrolysiert werden.

a) Dextranherstellung

Leuconostoc mesenteroides und *L. dextranicum* werden zur mikrobiologisch technischen Herstellung von Nativ-Dextranen verwendet. Die Substrate sollten neben an-

Tabelle 55. Einige polysaccharidbildende Mikroorganismen

Mikroorganismus	Name des Polysaccharids und Bemerkungen	Literatur
I Produzenten besonders wichtiger Polysaccharide:		
Leuconostoc dextranicum, L. mesenteroides	Dextrane, bes. Stämme zur Großproduktion, Herstellung auch mit Dextransaccharase	vgl. Text
Xanthomonas campestris	Xanthane, technisch produziert (batch); β-$(1 \rightarrow 4)$-glycosidische Glucoseketten mit Mannose und Glucuronsäure als Seitenketten (vgl. Formel)	Rogovin et al. (1961), Holzwarth (1976)
Alcaligenes faecalis v. *myxogenes, Agrobacterium* sp.	β-$(1 \rightarrow 3)$-Glucan mit Glucose, Mannose, Galactose und Succinat, in Entwicklung zur Produktion „Curdlan"	GB-Pat. 1.500.456 (1978), Harada (1974)
Azotobacter vinelandii	z. T. acetylierte Copolymere von $1 \rightarrow 4$-D-Mannuronsäure und L-Guluronsäure, in Entwicklung zur Produktion (batch und kontinuierlich) – „Mikrobielle Alginate"	GB-Pat. 1.331.771 (1973)
Erwinia tahitica	Exopolysaccharide, technisch produziert (batch)	vgl. Text
Saccharomyces cerevisiae	Bäckerhefe-Glycan, in Entwicklung zur Produktion	vgl. Lawson und Sutherland (1978)
Pullularia pullulans (Aureobasidium pullulans)	Pullulane, technisch produziert (batch)	DB-Pat. 1.096.850 (1961), Zajic und LeDuy (1973)
Sclerotium glucanicum	Skleroglucan, in Entwicklung zur Produktion (batch)	Belg. Pat. 639.361 (1964), US-Pat. 3.659.025 (1972)
II Weitere Polysaccharidbildner:		
Methylomonas mucosa	Heteropolysaccharid aus Methanol gebildet	US-Pat. 3.932.218 (1976)
Pseudomonas sp. (N-fixierend)	Polysaccharid aus Äthanol, Äthylenglycol, n-Propanol, Glycerin gebildet	Tanaka et al. (1974)
Pseudomonas stutzeri	Polysaccharid mit Glucose und Mannose (etwa zu gleichen Teilen)	Dellweg et al. (1975)
Vibrio sp.	Polysaccharid mit Antitumor-Wirkung	Okutani (1976)
Streptococcus salivarius	Glucan mit $\alpha(1 \rightarrow 3)$-, $\alpha(1 \rightarrow 6)$- und $\alpha(1 \rightarrow 4)$-glycosidischen Bindungen $(2 : 4 : 3)$	US-Pat. 4.072.567 (1978)
Azotobacter indicum v. *myxogenes*	Heteropolysaccharide mit Glucose, Rhamnose, Galacturonsäure	US-Pat. 3.960.832 (1976)
Corynebacterium equi v. *mucilaginosus*	Saures Heteropolysaccharid aus $C_{13} - C_{19}$ n-Alkanen gebildet	GB-Pat. 1.314.992 (1973)
Candida lipolytica	Polysaccharid mit Mannose, Glucose, Galactose und Xylose aus n-Hexan gebildet	Hussein und Jwanny (1975)
Rhodotorula glutinis	Im neutralen Medium Polysaccharid mit 94% Fucose, sonst Polysaccharide mit Mannose, Fucose und Galactose	Fukagawa et al. (1973)

Tabelle 55 (Fortsetzung)

Mikroorganismus	Name des Polysaccharids und Bemerkungen	Literatur
Alternaria solani, Fusarium solani	Stark verzweigtes Polysaccharid mit $(1 \to 6)$-Mannopyranosyl-, $(1 \to 4)$-Galactopyranosyl- und $(1 \to 2)$-Galactofuranosyl-Bindungen	Miyazaki und Naoi (1975)
Aspergillus nidulans	Extracelluläres Polysaccharid mit 70% D-Galactosamin, 15% D-Galactose, 4% Acetat, 2% Phosphationen	Leal und Ruperez (1978)
Coriolus versicolor	Verschiedene Polysaccharide, z. T. mit Antitumor-Wirkung, bes. Fraktion mit β-$(1 \to 4)$-Glucose und gelegentlichen Verzweigungen in 3- und 6-Stellung	Hirase et al. (1976)
Pleurotus ostreatus	Verschiedene Polysaccharide, davon Komponente H_{51} mit tumorhemmender Wirkung; β-$(1 \to 3)$-Glucose-Skelett, wahrscheinlich Verzweigungen mit Galactose, Mannose und Zuckersäuren	Yoshioka et al. (1975)
Polyporus tumulosus	Fucogalactomannan mit Galactose, Mannose, Fucose, Xylose (2 : 1 : 1 : 0,2)	Bender (1975)

organischen Salzen, besonders Phosphate, etwa 2% Cornsteep-Lösung und Saccharose (10% – 20%) enthalten. An Spurenelementen sind Fe und Mn wichtig. Die Nährlösung wird in einem Mischtank gemischt, bei 60 °C gelöst, kontinuierlich bei 142 °C sterilisiert und nach Abkühlung auf etwa 25 °C in die Fermenter gepumpt. Die Impflösung wird in besonderen Anlagen hergestellt. Die Fermentation geht bei Temperaturen zwischen 25 °C und 28 °C (zumeist bei 25 °C) und bei einem Anfangs-pH-Wert von 6,5 – 7,0 vor sich. Der pH-Wert sinkt im Verlauf der Fermentation, besonders durch eine Milchsäurebildung, bis auf 4,0 ab. Dies ist nach etwa ein bis zwei Tagen eingetreten und zeigt an, daß die Dextranbildung zum größten Teil beendet ist. Die Fermentationskontrolle erfolgt über den Fructosegehalt der Lösung. Während der Fermentation wird gerührt. Die Dextransynthese verläuft ohne O_2-Bedarf, so daß eine Belüftung nicht notwendig ist. Die Lösung dickt sich im Verlauf der Fermentation immer mehr ein, so daß schließlich eine gallertartige Masse entstanden ist, die neben den Dextranen auch noch viel Fructose in freier Form und eine Anzahl von Säuren, besonders Milchsäure sowie Äthanol oder Essigsäure enthält.

In einem Fällungstank werden die Dextrane mit Methanol oder Aceton bei 1 °C ausgefällt. Dann dekantiert man die überstehende Lösung ab und gewinnt daraus das Fällungsmittel zurück. Es ist auch möglich, Polysaccharide durch Bildung eines Calciumhydroxyd-Komplexes aus der wäßrigen Lösung zu fällen (Mehltretter, 1965). Das Präcipitat läßt sich bei 60 °C – 70 °C in pyrogenfreiem Wasser wieder lösen und wird nochmals gefällt. Auf diese Weise sind Nativ-Dextrane mit einer Ausbeute von 60% – 70% des Glucoseanteils der Saccharose erhalten worden. 0,5 g Bakterien bilden ca. 80 g Dextran.

Dextrane werden bereits vielfach mit Dextransaccharase anstelle der Bakterien produziert. Das Enzym wird in einer Lösung von 2% Saccharose, 2% Cornsteep-Lösung und anorganischen Salzen in guter Ausbeute hergestellt (Tsuchiya et al., 1952 a, b). Bei einer Temperatur von 25 °C, pH-Werten von 5,0 – 5,2 und einer schwachen Belüftung (0,05 Vol. Luft/Vol. des Mediums/min) wird das Enzym in etwa 12 Std. gebildet, durch Filtration von den Bakterien befreit und kann direkt zur Dextransynthese verwendet werden.

Die zurückbleibenden Bakterien können wieder zur Beimpfung des Fermenters für die Enzymbildung eingesetzt werden. Das Enzym ist inzwischen gut charakterisiert (Kobayashi und Matsuda, 1976).

Zur Herstellung klinischer Dextrane wird eine Hydrolyse mit HCl in einem Hydrolysator bei 100 °C – 105 °C angeschlossen. Aus der Viskosität wird der Endpunkt der Hydrolyse bestimmt, die dann durch Abkühlung zunächst verlangsamt und durch Zusatz von NaOH unterbrochen werden kann. Zur Reinigung wird Kieselgur zugesetzt, filtriert und in einem besonderen Tank nochmals mit Methanol oder Aceton bei 1 °C so behandelt, daß durch fraktionierte Zugabe von Methanol oder Aceton eine fraktionierte Ausfällung zunächst der höhermolekularen Dextrane (die dann nochmals im Hydrolysator hydrolysiert werden können) und anschließend der niedermolekularen Dextrane vor sich geht, die nach Lösung gereinigt, eingeengt, filtriert und schließlich im Sprühtrockner getrocknet, zerkleinert und abgepackt werden (vgl. Abb. 41, Rehm 1967).

Die Technik der Dextranherstellung ist vielfach abgewandelt worden, wurde jedoch im Grundprinzip bei Verwendung von Bakterienkulturen nicht wesentlich verändert (vgl. auch Görlich, 1969 a, b) (vgl. Abb. 130).

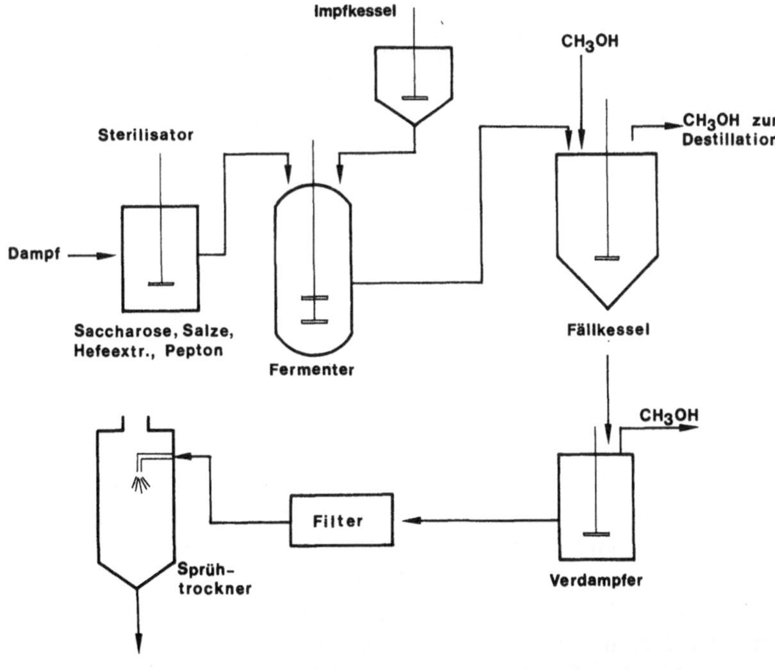

Abb. 130. Fließschema zur Dextranherstellung

Semikontinuierliche Verfahren (DDR-Pat. 35.899, 1965; DDR-Pat. 35.367, 1965) sowie kontinuierliche Verfahren (Ringpfeil und Selenina, 1964) haben sich nicht in die Praxis eingeführt, obwohl Verfahrensbeschreibungen immer wieder gemacht worden sind (vgl. Lawford et al., 1979). Bei geeigneter steriler Vorkultur der Bakterien läßt sich bei 28 °C – 35 °C (Optimum 31 °C) eine Dextranbildung im unsterilen Medium durchführen (DDR-Pat. 33.944, 1968).

Die Nativ-Dextrane können auch mit mikrobiellen Enzymen, den Dextranasen, zu klinischen Dextranen gespalten werden. Dextranasen werden von vielen mycelbildenden Pilzen produziert (vgl. Görlich, 1969 a; US-Pat. 3.642.575, 1976), besonders die aus *Penicillium funiculosum* (Sugiura, 1975), *P. purpurogenum* (Preobrazhenskaya und Minakova, 1975), *Fusarium moniliforme* (Simonson et al., 1975) und die aus *Brevibacterium fuscum* (Sugiura, 1975) sind gut charakterisiert worden. Anscheinend ist die Dextranasebildung unter den Mikroorganismen weit verbreitet. Bisher haben sich Hydrolysen von Nativ-Dextranen nicht in die Praxis der Herstellung von klinischen Dextranen einführen lassen. Dafür werden aber Dextranasen zur Anwendung in der Zahnheilkunde empfohlen, wo sie bakterielle Dextrane auf den Zähnen beseitigen sollen. Die Herstellung erfolgt submers (oder bei Pilzen auch z. T. in Oberflächenkultur); Einzelheiten der Enzymherstellung vgl. Kap. 24.

Von großem Interesse ist die mikrobiologische Herstellung klinischer Dextrane mit niedrigen Molekulargewichten, bei denen eine nachfolgende Hydrolyse entfallen würde. Als Voraussetzung hierfür hat man die Faktoren intensiv untersucht, die das Molekulargewicht des Dextrans beeinflussen (Tsuchiya et al., 1953, 1955; Behrens und Ringpfeil, 1961).

Das Molekulargewicht wird durch die Konzentration der Saccharose, den Glucoseacceptor und durch die Temperatur, bei der die Synthese abläuft, beeinflußt. Ohne einen Glucoseacceptor wurden bei 10% Saccharosegehalt in der Lösung Dextrane mit einem Molekulargewicht von mehr als 100 Mill. gebildet. Wird die Saccharosekonzentration auf 70% erhöht, werden niedermolekulare Dextrane gebildet. Dabei hat die Enzymmenge anscheinend keinen bedeutenden Einfluß auf die Molekülgröße. Werden Dextrane mit sehr niederem Molekulargewicht als Acceptor vorgelegt, so werden auch Dextrane mit niederem Molekulargewicht erhalten.

Bei einer Vorlage von 2% niedermolekularen Dextranen (15 000 – 40 000), einem Saccharosegehalt von 10%, bei 15 °C und einem pH-Wert von 5,0 kann man etwa 50% Dextrane mit einem Molekulargewicht von 75 000 ± 25 000 erhalten (Hellmann et al., 1955). Bei einem ähnlichen Verfahren (Rogovin et al., 1960) verwendet man 15% Saccharose und erhält nach 48 Std. eine Ausbeute von 43% klinischer Dextrane. Weiterhin kann man die Ausbeute an niedermolekularen, klinisch verwendbaren Dextranen dadurch erhöhen, daß man die Zellen der Bakterien durch wiederholtes Waschen in physiologischer Kochsalzlösung von möglichst vielen der anhaftenden Dextrane mit hohem Molekulargewicht befreit. Die so präparierten Zellen werden jetzt in ein Substrat mit 10% Saccharose, 2% Dextran (Mol.-Gew. = 20 000) und sonstigen Salzen (pH-Wert 7,0) gebracht. Man erhält Dextrane mit Molekulargewichten von 40 000 – 300 000 in einer Ausbeute von 85% – 90% (Behrens et al., 1961). Auch eine vorherige Anzucht der Bakterien in Substraten, deren C-Quellen ausschließlich aus Fettsäuren mit zwei bis acht C-Atomen bestehen, führt zu ähnlichen Ergebnissen (GB-Pat. 888.298, 1962).

Weitere Einzelheiten sowie ein Fließschema dieser interessanten Verfahren vgl. Rehm (1967).

b) Herstellung weiterer Polysaccharide

Neben Dextranen werden gegenwärtig verschiedene andere mikrobielle Polysaccharide hergestellt bzw. intensiv bearbeitet (Tabelle 55).

Xanthane werden als Nativ-Polysaccharide mit *Xanthomonas campestris* hergestellt (vgl. Rogovin et al., 1961). Als Substrate dienen glucosehaltige Medien (ca. 5%) mit Zusatz von Mineralsalzen und komplexen N-Quellen, z. B. Destillationsrückständen. Die Produktbildung findet nicht bei aktivem Zellwachstum statt. Bei hoher Viskosität nimmt die Polysaccharidbildung wieder ab. Verschiedene Sauerstoffkonzentrationen haben wenig Einfluß, wohl aber der pH-Wert, der bei 7,0 gehalten werden sollte. Die Fermentation läuft bei 25 °C – 28 °C ab (Moraine und Rogovin, 1973). Bei Melasse als Substrat dauert die Polysaccharidbildung im Submersfermenter 60 Std. – 70 Std. (Godet, 1973; Jeanes et al., 1976). Zur Klärung der Fermentationslösung bei der Xanthanaufarbeitung hat sich der Zusatz einer leicht alkalischen Protease aus *Bacillus*-Arten bewährt (US-Pat. 3.966.618, 1976).

Die Ausbeuten betragen 75% – 80% der vorgelegten Glucose, allerdings dürfen wegen der hohen Viskosität nicht mehr als 5%ige Xanthanlösungen im Fermenter vorliegen. Die Pullulanherstellung ist ähnlich (vgl. DB-Pat. 1.096.850, 1961). Stärke eignet sich als Substrat besser als einzelne Zucker (Behrens und Lohse, 1977). Auch verschiedene Polysaccharide aus Basidiomyceten werden in ähnlichen Verfahren wie Dextrane hergestellt.

Sehr interessant ist die Bildung von Polysacchariden aus n-Alkanen, z. B. durch *Candida lipolytica* aus n-Hexadecan (Hussein und Jwanny, 1975) oder durch *Corynebacterium equi* v. *mucilaginosus* aus $C_{13} - C_{19}$ n-Alkanen GB-Pat. 1.314.992, 1973) sowie durch *Methylomonas mucosa* aus Methanol (US-Pat. 3.932.218, 1976). Bei diesen Verfahren ist eine starke Belüftung notwendig.

c) Gewinnung von Zuckern

Fructose ist zunächst durch Fermentation mit *Aspergillus niger, Bacillus*-Arten, *Aerobacter cloacae, Pseudomonas coronafaciens* u. v. a. produziert worden. Gegenwärtig wird sie kontinuierlich mit immobilisierter Glucose-Isomerase produziert (vgl. Ryu et al., 1977).

Die Tabelle 56 zeigt einige Glucose-Isomerase produzierende Mikroorganismen-Arten (Ryu et al., 1977, Literatur vgl. dort).

D-Ribose wurde früher in großen Mengen chemisch aus Glucose hergestellt und diente als Rohmaterial zur chemischen Synthese von Vitamin B_2. Seit man Transketolasemutanten einer *Bacillus* sp. besitzt, läßt sich D-Ribose in guter Ausbeute billig durch Fermentation herstellen (vgl. Sasajima et al., 1972). Wildstämme wie z. B. *Penicillium brevicompactum* oder *Pseudomonas reptilivora* bilden unter geeigneten Bedingungen auch D-Ribose im Kulturfiltrat, wegen der geringen Mengen (von Spuren bis zu 0,72 mg/ml und evtl. 5 mg/ml) haben solche Herstellungsverfahren aber keine wirtschaftlichen Aussichten.

Die Transketolasemutante einer *Bacillus* sp. ist Shikimisäure-bedürftig und verwertet D-Gluconat und L-Arabinose nicht. Mit Glucose, D-Mannose, Sorbit, D-Mannit, Maltose, Lactose, Glycerin, Dextrin oder löslicher Stärke, einer organischen N-Quelle wie z. B. Hefeextrakt, Fleischextrakt, Pepton, Sojabohnenmehl und $CaCO_3$ zur Neutralisation von Sulfationen können beim pH-Wert von 6,0 bei 37 °C nach 60stündiger Fermentation mindestens 35 mg D-Ribose/ml erhalten werden (Literatur vgl. Ogata et al., 1976).

Weiterhin kann **D-Ribose** technisch durch Fermentation mit *Bacillus pumilus* oder *B. subtilis* hergestellt werden. Die Stämme können keine Sporen mehr bilden und haben eine hohe Aktivität zur Oxidation von 2-Desoxy-D-glucose. Schließlich besitzen sie keine Transketolase oder/und keine D-Ribulose-P-epimerase (US-Pat. 3.970.522, 1976).

Tabelle 56. Glucose-Isomerase produzierende Mikroorganismen

Mikroorganismus	Induktor	pH-Optimum	Temperatur-optimum (°C)	Notwendige Metallionen
Pseudomonas hydrophila	Xylose	8,5	42	Mg, Mn, As
Aerobacter cloacae	Xylose	7,6	50	Mn, Co, Mg
Aerobacter aerogenes	Xylose	6,8	39	As
Escherichia intermedia	Glucose	7,0	40	As
Bacillus megaterium	Glucose	7,0	35	Mg
Lactobacillus brevis	Xylose	6,5	60	Mn, Co
Brevibacterium pentosoaminoacidicum	Xylose	8,3	90	Co
Streptomyces phaeochromogenes	Xylose	8 – 9	60	Mg, Co
Streptomyces albus	Xylose	7,0	68	Co

Aus n-Paraffinen werden von *Arthrobacter paraffineus* und anderen alkanverwertenden Mikroorganismen verschiedene Zucker, z. B. Glucose, Mannose, Galactose, Ribose, Fructose, Arabinose und ihre Polymeren gebildet (US-Pat. 3.642.575, 1972).

5. Anwendung der Polysaccharide

Dextrane werden als Plasmaersatz verwendet, da ihre Viskosität, der osmotische Druck und der kolloidosmotische Druck einer 6%igen Dextranlösung mit einem Molekulargewicht von 40 000 – 60 000 etwa die gleichen Werte wie das Blutserum haben.

Dextrane werden sehr gut vom Körpergewebe resorbiert, so daß sie zur Applikation vieler Substanzen gut geeignet sind, z. B. von Eisen zur Behandlung von Anämien, aber auch zur Applikation von Röntgenkontrastmitteln u. ä. Durch Zusatz von $FeCO_3 \cdot 6\,H_2O$ zum Fermentationsmedium gelingt es, eisenhaltige Dextrane zu erzeugen, die dann therapeutisch, z. B. zur Behandlung von Anämie angewandt werden können. Einzelheiten vgl. Görlich (1969 a, b). Weiterhin sind Dextrane mit hohem Molekulargewicht in Nahrungsmitteln als Dickungsmittel und als Mittel zur Verhinderung der Auskristallisation von Zucker geeignet. Als Überzugsmittel können sie für die vielfältigsten Produkte verwendet werden (Literatur vgl. Baker, 1959; Glicksman, 1962). Bakterielle Lipopolysaccharide werden in der Medizin wegen ihrer pyrogenen Wirkung angewandt. Sie mobilisieren Leukozyten und aktivieren dadurch die Widerstandskraft des Organismus.

Xanthane werden als Dickungsmittel in der Lebensmittelindustrie und der kosmetischen Industrie angewandt. Dabei können sie mit Dextrinen (US-Pat. 3.930.871, 1976), pflanzlichen Dickungsmitteln wie z. B. Guarmehl (US-Pat. 3.765.918, 1973 und US-Pat. 3.748.201, 1973), Polyalkenoxiden (US-Pat. 3.746.094, 1973) u. a. gemischt werden. Sie können auch in Zahnpasta eingearbeitet werden (US-Pat. 3.935.307, 1976). Eine wichtige Anwendung liegt in der Ölgewinnung, wo sie als Zusatz zum „Flutungswasser" gut geeignet sind (US-Pat. 3.966.618, 1976).

Pullulan kann u. a. als Dickungsmittel in der Lebensmittelindustrie, aber auch als Gleitmittel bei der Fabrikation von Kunstfasern angewandt werden. Es wird – ebenso wie Xanthane – technisch hergestellt (vgl. Yuen, 1974).

Eine nicht geringe Anzahl von Polysacchariden (vorwiegend aus Basidiomyceten) hat eine Antitumor-Wirkung (vgl. Tabelle 55).

Literatur

Archer, S. A., Clamp, J. R., Migliore, D.: J. Gen. Microbiol. *102*, 157 – 167 (1977)

Avineri-Shapiro, S., Hestrin, S.: Biochem. J. *39*, 167 (1945)

Baker, P. J.: In: Industrial gums. Whistler, R. L., BeMiller, J. N. (eds.), pp. 531 – 563. London, New York: Academic Press 1959

Behrens, U., Ringpfeil, M.: J. Biochem. Microbiol. Technol. Eng. *3*, 199 – 218 (1961)

Behrens, U., Ringpfeil, M.: Mikrobielle Polysaccharide. Berlin: Akademie 1964

Behrens, U., Lohse, R.: Nahr. Chem. Biochem. Mikrobiol. Technol. *21*, 199 (1977)

Bender, V. J.: Aust. J. Biol. Sci. *28*, 227 – 231 (1975)

Catley, B. J., Whelan, W. J.: Arch. Biochem. Biophys. *143*, 138 (1971)

Dellweg, H., John, M., Förster, B.: Eur. J. Appl. Microbiol. *1*, 307 – 312 (1975)

Ebert, K. H.: Naturwissenschaften *53*, 32 – 36 (1966)

Ebert, K. H., Schenk, G.: Adv. Enzymol. *30*, 179 (1968)

Evans, L. R., Linker, A.: J. Bacteriol. *116*, 915 (1973)

Fareed, V. S., Percival, E.: Carbohydr. Res. *49*, 427 – 438 (1976)

Forge, A.: Ann. Bot. *41*, 447 – 454 (1977)

Fukagawa, K., Yamaguchi, H., Yonezawa, D., Murao, S.: J. Agric. Chem. Soc. Jpn. *47*, 651 (1973)

Glaser, L.: Annu. Rev. Biochem. *42*, 91 – 112 (1973)

Glicksman, M.: Adv. Food Res. *11*, 109 – 200 (1962)

Godet, P.: Process Biochem. *8*, 33 – 34 (1973)

Görlich, B.: Mitt. Dtsch. Pharm. Ges. DDR *39*, 149 – 167 (1969 a)

Görlich, B.: Mitt. Dtsch. Pharm. Ges. DDR *39*, 168 – 170 (1969 b)

Grönwall, A.: Dextran and its use in colloidal infusion solutions. London, New York: Academic Press 1957

Grönwall, A., Ingelman, B. G. A.: Acta Physiol. Scand. *7*, 97 (1944)

Grönwall, A., Ingelman, B. G. A.: Acta Physiol. Scand. *9*, 1 (1945)

Guggenheim, B.: Helv. Odontica Acta Suppl. *14*, 589 (1970)

Harada, T.: Process Biochem. *9*, 21 (1974)

Heath, E. C.: Annu. Rev. Biochem. *40*, 29 – 56 (1971)

Hehre, E. J.: J. Biol. Chem. *163*, 221 (1946)

Hellman, N. N., Tsuchiya, H. M., Rogovin, S. P., Lamberts, B. L., Tobin, R., Glass, C. A., Stringer, C. S., Jackson, R. W., Senti, F. R.: Ind. Eng. Chem. *47*, 1593 (1955)

Hestrin, S., Avineri-Shapiro, S., Aschner, M.: Biochem. J. *37*, 450 (1943)

Hirase, S., Nakai, S., Akatsu, T., Kobayashi, A., Oohara, M., Matsunaga, K., Fujii, M., Kodaira, S., Fujii, T., Furusho, T., Ohmura, Y., Wada, T., Yoshikumi, C., Ueno, S., Ohtsuka, S.: J. Pharm. Soc. Jpn. *96*, 413 – 418, 419 – 424 (1976)

Holzwarth, G.: Biochem. (Wash.) *15*, 4333 – 4339 (1976)

Horecker, B. L.: Annu. Rev. Microbiol. *20*, 253 – 289 (1966)

Hussein, M. M., Jwanny, E. W.: Acta Microbiol. Pol. Ser. B *7*, 253 – 258 (1975)

Jeanes, A.: In: Methods in carbohydrate chemistry. Whistler, R. L. (ed.), Vol. 5, pp. 127 – 132. New York: 1965 a

Jeanes, A.: In: Methods in carbohydrate chemistry. Whistler, R. L. (ed.), Vol. 5, pp. 118 – 127. New York: 1965 b

Jeanes, A., Haynes, W. C., Wilham, C. A., Rankin, J. C., Melvin, E. H., Austin, M. J., Cluskey, J. E., Fisher, B. E., Tsuchiya, H. M., Rist, C. E.: J. Am. Chem. Soc. *76*, 5041 – 5052 (1954)

Jeanes, A., Rogovin, P., Cadmus, M. C., Silman, R. W., Knutson, C. A.: NR Res. Serv. ARS-NC-51 (1976)

Johnson, J., Kirkwood, S., Misaki, A., Nelson, T. E., Scarletti, J. V., Smith, F.: Chem. Ind. 820 – 822 (1963)

Kang, K. S., Kovacs, P.: In: The work documents of the Int. Congr. Food Sci. Technol. Madrid (1974)

Kobayashi, M., Matsuda, K.: J. Biochem. *79*, 1301 – 1308 (1976)

Larsen, B., Haug, A.: Carbohydr. Res. *17*, 287 (1971)

Lawson, C. J., Sutherland, I. W.: In: Economic microbiology. Rose, A. H. (ed.), Vol. 2, pp. 327 – 392. London, New York: Academic Press 1978

Lawford, G. R., Kligerman, A., Williams, T., Lawford, H. G.: Biotechnol. Bioeng. *21*, 1121 – 1131 (1979)

Leal, J. A., Ruperez, P.: Trans. Br. Mycol. Soc. *70*, 115 – 120 (1978)

Mehltretter, C. L.: Biotechnol. Bioeng. *7*, 171 – 175 (1965)

Miyazaki, T., Naoi, Y.: Chem. Pharm. Bull. *23*, 1752 – 1758 (1975)

Montville, T. J., Cooney, Ch. L., Sinskey, A. J.: Adv. Appl. Microbiol. *24*, 55 – 84 (1978)

Moraine, R. A., Rogovin, P.: Biotechnol. Bioeng. *15*, 225 – 237 (1973)

Ogata, K., Kinoshita, S., Tsunoda, T., Aida, K.: Microbial production of nucleic acid-related substances. A Halstad Press Book Kodansha Ltd. Tokyo. New York, London, Sydney, Toronto: John Wiley & Sons 1970

Okutani, K.: Bull. Jpn. Soc. Sci. Fish. *42*, 367 – 370 (1976)

Percival, E., McDowell, R. H.: In: Chem. Enzymol. Marine Algal Polysaccharides. pp. 99 – 126. London, New York: Academic Press 1967

Preobrazhenskaya, M. E., Minakova, A. L.: Dokl Akad. Nauk SSSR *224*, 482 – 485 (1975)

Rehm, H. J.: Industrielle Mikrobiologie Berlin, Heidelberg, New York: Springer 1967

Ringpfeil, M., Selenina, M.: Contin. Cult. Microorg. *2*, 145 – 150 (1962) Publ. 1964

Rogovin, S. P., Senti, F. R., Benedict, R. G., Tsuchiya, H. M., Watson, P. R., Tobin, R., Sohns, V. E., Slodki, M. E.: J. Biochem. Microbiol. Technol. Eng. *2*, 382 (1960)

Rogovin, S. P., Anderson, R. F., Cadmus, M. C.: J. Biochem. Microbiol. Technol. Eng. *3*, 51 (1961)

Ryu, D. Y., Chung, S. H., Katoh, K.: Biotechnol. Bioeng. *19*, 159 – 184 (1977)

Sasajima, K., Fukuhara, T., Matsukura, A., Nakanishi, I., Yoneda, M.: 4th Int. Ferment. Symp. Abstr. 194 (1972)

Shimwell, J. L.: J. Inst. Brew. *53*, 280 (1947)

Shimwell, J. L.: J. Inst. Brew. *54*, 237 (1948)

Simonson, L. G., Liberta, A. E., Richardson, A.: Appl. Microbiol. *30*, 855 – 861 (1975)

Slodki, M. E., Ward, R. M., Cadmus, M. C.: Dev. Ind. Microbiol. *13*, 428 – 435 (1972)

Sugiura, M., Ito, A.: Chem. Pharm. Bull. *23*, 1304 – 1308 (1975 a)

Sugiura, M., Ito, A.: Chem. Pharm. Bull. *23*, 1532 – 1536 (1975 b)

Sutherland, I. W.: Process Biochem. *7*, 27 – 30 (1972)

Tanaka, A., Cho, Y., Teranishi, Y., Nabeshima, S., Fukui, S.: J. Ferment. Technol. *52*, 739 – 746 (1974)

Tsuchiya, H. M., Jeanes, A., Bricker, H. M., Wilham, C. A.: J. Bacteriol. *64*, 513 – 519 (1952 a)

Tsuchiya, H. M., Koepsell, H. J., Corman, J., Bryant, G., Bogard, M. O., Feger, V. H., Jackson, R. W.: J. Bacteriol. *64*, 521 – 526 (1952 b)

Tsuchiya, H. M., Hellman, N. N., Koepsell, H. J.: J. Am. Chem. Soc. *75*, 757 (1953)
Tsuchiya, H. M., Hellman, N. N., Koepsell, H. J., Corman, J., Stringer, C. S., Rogovin, S. P., Bogard, M. O., Bryant, G., Feger, V. H., Hoffman, C. A., Senti, F. R., Jackson, R. W.: J. Am. Chem. Soc. *77*, 2412 (1955)
Yoshioka, Y., Emori, M., Ikekawa, T., Fukuoka, F.: Carbohydr. Res. *43*, 305 – 320 (1975)
Yuen, S.: Process Biochem. *9*, 7 – 9, 22 (1974)
Zajic, J. E., LeDuy, A.: Appl. Microbiol. *25*, 628 – 635 (1973)

Kapitel 27 Lipide

1. Allgemeines

Gegenwärtig wird der Bedarf an Fetten aus tierischen und pflanzlichen Fetten gedeckt. Auch Mikroorganismen bilden Fette und können zu verstärkter Fettbildung angeregt werden. Dies hat seit Ende des vergangenen Jahrhunderts zu vielen Versuchen einer mikrobiologischen Fettherstellung mit z. T. guten und technisch auswertbaren Ergebnissen geführt. Eine praktische Anwendung solcher Verfahren mit Mikroorganismen hat sich aber nur auf Notzeiten, in denen pflanzliche und tierische Fette nicht genügend erzeugt werden konnten, beschränkt.

Gegenwärtig ist man an Mikroorganismen, die evtl. essentielle Fettsäuren bilden, interessiert. Vielleicht bietet sich die mikrobielle Fettsynthese bei einer größer werdenden Bevölkerungsdichte als rationelles Verfahren an. Verschiedene langkettige Fettsäuren sind für die Industrie interessant, z. B. C_{18}-Säuren mit z. T. ungesättigter Struktur, die im wesentlichen entweder aus einem Abfallprodukt der Papierindustrie (Tallöl) oder aus nicht eßbarem Talg gewonnen werden. C_{10}- bis C_{14}-gesättigte Säuren sind für die Detergentienherstellung von Interesse. Sie werden gegenwärtig aus pflanzlichen Rohstoffen (z. B. Kokosöl, Palmkernöl) hergestellt. Eine Gewinnung dieser Fettsäuren, besonders aus Paraffinen wird an vielen Stellen versucht. Die Ausbeuten sind wegen der Weiteroxidation durch Mikroorganismen aber nur gering.

Übersichten und Literatur über die Bildung von Fetten vgl. Asselineau (1957); Woodbine (1959); Bunker (1963); Rehm (1967); Whitworth und Ratledge (1974); Ratledge (1978).

2. Biochemie und Regulation

Die Biochemie der Bildung von Fetten ist hinreichend beschrieben worden (Schemata vgl. Rehm, 1967), es wird auf die betreffende Literatur verwiesen (Reeves et al., 1967; Weete, 1974; Volpe und Vagelos, 1976; Bloch und Vance, 1977; Brennan und Lösel, 1978).

In den vergangenen Jahren ist die Bildung von Lipiden aus Alkanen sehr intensiv untersucht worden. Es gibt viele Arbeiten über den direkten Einbau langkettiger Fettsäuren in mikrobielle Zellipide nach monoterminaler Oxidation der betreffenden n-Alkane. Hier findet also keine de novo-Fettsäurebiosynthese statt, sondern oft nur eine oder mehrere C_2-Verlängerungen, je nach vorgelegtem n-Alkan. Durch Cerulenin läßt sich die de novo-Biosynthese ganz verhindern (Omura, 1976).

Für eine Bildung von Fettsäuren bestimmter Kettenlängen, z. B. $C_{10} - C_{14}$, kommen Mikroorganismen mit Deregulation des Abbaus und des Einbaus der gebildeten Fettsäuren nach Vorgabe der entsprechenden n-Alkane ($C_{10} - C_{14}$) in Frage. Die meisten Hefen (vgl. Rehm und Reiff, 1980) und viele Mucorales (Hoffmann und Rehm, 1976) oxidieren n-Alkane monoterminal als Hauptweg. Viele Bakterien haben neben einem monoterminalen Hauptabbauweg mehr oder weniger stark entwickelte subterminale Wege. Für die o. g. Fettsäurebildungen kommen vor allem monoterminal oxidierende Arten in Frage (vgl. Kap. 3).

3. Technik der mikrobiologischen Lipidherstellung

a) Lipide aus Bakterien

Bakterien können große Mengen an Fett enthalten. Sie werden zur Fettherstellung submers unter sehr starker Belüftung und bei Anwesenheit hoher Kohlenhydratkonzentrationen und evtl. einem Zusatz von Glycerin (Larson und Larson, 1922) gezüchtet. Bei *Streptococcus faecalis* wird die Fettbildung durch einen Zusatz von Folsäure stark angeregt (Sammons et al., 1956).

Die N-Konzentrationen im Substrat sind für eine gute Ausbeute an Fett sehr wichtig. 25% – 40% des optimalen N-Bedarfs scheinen bei *Mycobacterium mucosum* die maximale Ausbeute an Fett zu geben (SU-Pat. 327.246, 1972).

Der Gesamtlipidgehalt bei Bakterien ist sehr unterschiedlich. Er liegt bei *Escherichia coli* und *Aerobacter* zwischen 10% und 20%, bei *Bacillus*-Arten zwischen 10% und 35% und bei *Mycobacterium*-Arten zwischen 7% und 22%. Die meisten bakteriellen Fette enthalten Palmitinsäure, viele Stearinsäure und Ölsäure.

Aus n-Alkanen wird bei subterminaler Oxidation zunächst die jeweils entsprechende Fettsäure gebildet, die entweder in der Zelle vorliegt (dort wird sie evtl. weiter verändert oder direkt ins Lipid eingebaut) oder ins Substrat ausgeschieden werden kann. Interessant ist die Möglichkeit einer Veränderung der normalen Fettsäurezusammensetzung bei Mutanten, wie an einem thermophilen *Bacillus* festgestellt werden konnte (Souza et al., 1974).

b) Lipide aus Hefen

Die Fettgewinnung aus Hefen ist intensiv untersucht worden. Zur Herstellung sehr fettreicher Hefen sind besondere Zuchtverfahren notwendig. Stickstoff- und Phosphatgehalte des Substrates müssen niedrig gehalten werden, um eine gute Ausbeute an Fett zu erhalten. Für *Rhodotorula gracilis* hat sich das Verhältnis von N : C = 1 : 66 als günstig erwiesen (Bernhauer, 1950). Bei *Candida lipolytica* sollte der N-Gehalt 30% – 50% des N-Optimums, bei *C. tropicalis* 40% – 50% des N-Optimums, bei *C. guilliermondii* 45% – 55% des N-Optimums betragen (SU-Pat. 327.246, 1972). Eiweiß- und Fettbildung müssen bei den Mikroorganismen gegensinnig verlaufen, bei hohem Fettgehalt wird aus einer bestimmten Kohlenhydratmenge wenig Eiweiß gebildet und umgekehrt.

Unter besonderen Bedingungen kann der Gesamtlipidgehalt bei Hefen über 60% betragen. Es wurden sogar bis zu 74% bei *Rhodotorula gracilis* gefunden (Blinc und Hočevar, 1953). Im allgemeinen liegt der Gehalt an Gesamtlipiden bei *Saccharomyces cerevisiae* zwischen 3% und 25%, bei *Rhodotorula*-Arten zwischen 2% und

43%, bei *Candida*-Arten zwischen 2% und 30% und bei *Lipomyces starkeyi* zwischen 7,7% und 31,4%. Weitere Angaben vgl. Weete (1974).

Die Fettbildung der Hefen setzt erst ein, wenn der größte Teil des Stickstoffs zur Bildung der Zellsubstanz verbraucht ist und wenn die Zellteilungen weitgehend beendet sind (Kessell, 1968; Ratledge, 1976).

Rippel hat für die Kennzeichnung der Ausbeuten einen Fettkoeffizienten eingeführt. Dieser gibt die Menge an Fett an, die aus 100 g Kohlenhydrat gebildet wird (Rippel, 1940). Danach könnten aus 100 g Zucker theoretisch 40 g Fett gebildet werden, doch wird ein Teil der Glucose zur Atmung und zum Aufbau der Zellsubstanz verbraucht, so daß die real gebildete Menge unter dem angegebenen Wert liegen muß.

Die Tabelle 57 zeigt den Einfluß einiger Stickstoffquellen auf die Fettbildung von *Rhodotorula gracilis*.

Bei minimalem Phosphatgehalt ist die Bildung von Fetten stärker, als wenn Phosphat im Überschuß vorhanden ist. Durch eine verminderte Wachstumsgeschwindigkeit wird der Fettgehalt in den Zellen vermehrt (Hall und Ratledge, 1977). Wird durch starke Belüftung die Wachstumsintensität der Hefen gesteigert, wirkt der Sauerstoff hemmend auf die Fettbildung. Bei alkanoxidierenden Hefen ist eine starke Belüftung unbedingt notwendig. Prinzipiell gelten die hier gemachten Angaben nicht nur für eine Zucht von Hefen auf hohe Fettausbeuten, sondern auch für Bakterien und Schimmelpilze und z. T. auch für Algen. Der Gehalt an Pantothensäure im Medium sollte mindestens 10 μg betragen. Weitere Bedingungen über die Fettbildung von *R. gracilis* vgl. Allen et al. (1964); Ratledge (1976); Hall und Ratledge (1977). Wichtige Hefearten zur Fettgewinnung vgl. Tabelle 58.

Für eine technische Fettherstellung auf mikrobiellem Wege ist eine Reihe verschiedener Verfahren ausgearbeitet worden. Diese sind z. T. nicht nur zur Zucht fettreicher Hefen geeignet, sondern lassen sich in abgewandelter Form auch zur Fettherstellung mit anderen Mikroorganismen verwenden.

Beim Bodenverfahren (Lindner, 1922) werden Trägerstoffe (wie z. B. grobes Sägemehl, zerkleinertes Stroh, Ernterückstände u. ä.) mit der Nährlösung (z. B. 25%ige Melasselösung mit Nährsalzen) durchtränkt, nach Sterilisation in voneinander getrennten Beeten auf einem Boden ausgebreitet und mit einer Aufschwemmung von *Endomyces vernalis* beimpft. Zur Durchlüftung werden diese Haufen mehrmals täglich umgeschüttelt. Nach etwa zehn Tagen ist bei einer Temperatur von etwa 18 °C die Fettbildung abgeschlossen. Dieses Verfahren ist stark anfällig gegen Infektionen. Das Fett wird durch Äther-Extraktion des gesamten Substrates

Tabelle 57. Einfluß verschiedener N-Quellen auf den Fettgehalt von *Rhodotorula gracilis* in belüfteten Kulturen (Blinc und Hočevar, 1953)

Stickstoffquelle	Fettgehalt in %	Zuckerverbrauch in %	Fett g/l	Hefesubstanz g/l
$(NH_4)_2SO_4$	52	64,4	3,8	7,4
Harnstoff	67	71,7	6,3	9,6
Harnsäure	67	79,1	6,8	10,4
Asparagin	72	80,4	7,5	11,7
Asparaginsäure	74	81,9	9,5	12,7

Tabelle 58. Fettsäuren in intracellulären Lipiden von Hefen (in %)

Fettsäure	Lipo-myces starkeyi	Rhodo-torula gracilis	Rhodo-torula graminis	Rhodo-torula glutinis 3044	Candida borgo-riensis	Crypto-coccus terri-colus	Candida sp. (kont. Kultur, Gill et al., 1977)
Myristinsäure	–	2,0	1,5	1,5	6,5	4,3	1
Palmitinsäure	30	27,0	26,0	29,5	26,5	30,3	37
Stearinsäure	3,5	4,5	1,5	1,0	3,0	5,3	14
Palmitoleinsäure	6,0	1,5	3,0	3,0	1,5	5,9	–
Ölsäure	55,5	48,0	53,5	52,5	35,0	49,5	36
Linolsäure	3,5	12,5	10,5	8,0	19,0	4,7	8
Linolensäure	–	4,5	1,0	1,5	2,5	Spur	–

gewonnen. Die Ausbeuten liegen zwischen 7% und 8%. Auch *Mucor*-Arten können verwendet werden (Öster. Pat. 92.082, 1917).

Man hat auch versucht, Hefen zur Fettgewinnung in flachen Pfannen, die übereinander geschichtet werden, auf einer etwa 1 cm – 2 cm hohen Nährlösungsschicht zu züchten. Für dieses sog. Pfannenverfahren eignet sich *Endomyces vernalis.* Nach etwa sieben bis acht Tagen ist die Fettbildung abgeschlossen, und man kann die dichte Haut auf der Zuckerlösung durch häufiges Unterschichten mit Wasser reinigen. Die Decken sind sehr fettreich und lassen sich zu Pasten verarbeiten. Unter dem Namen „Evernal" und „Myceta" waren solche Pasten im Handel. Sie hatten außer dem hohen Fettgehalt auch einen hohen Eiweißgehalt und nicht zuletzt einen oft bedeutenden Gehalt an Vitaminen. Bei diesem Verfahren wurden Ausbeuten von 10% – 14% erzielt.

Im abgewandelten Scholler-Verfahren läßt sich mit *Oidium lactis* Fett gewinnen. Man benetzt hier eine auf der einen Seite mit *Oidium lactis* beimpfte Segeltuchplane auf der anderen Seite mit einer Nährlösung so lange, bis der Zucker verbraucht ist. Dies kann nach zwei verschiedenen Methoden geschehen:

1. In eine Drehtrommel mit einer Segeltuchbespannung wird eine Nährlösung gebracht und die Innenseite des Segeltuches mit *Oidium lactis* beimpft (aufgestrichen oder aufgesprüht). Die Trommel wird dann etwa zweimal in der Minute gedreht.
2. Segeltuchstücke werden auf Rahmen gespannt, auf einer Seite beimpft und auf der anderen Seite mit Nährlösung besprüht. Diese rieselt in Gefäße ab, aus denen sie wiederum bis zum Verbrauch des Zuckers auf die Segeltuchplanen gespritzt wird.

Bei beiden Methoden läßt sich das Mycel relativ leicht vom Substrat trennen; die Ausbeute an Fett beträgt bei diesen und ähnlichen Methoden (DR-Pat. 673.451, 1935; DR-Pat. 694.601, 1937; DR-Pat. 731.657, 1940 u. a.) etwa 20% des Trockengewichtes.

Zur Zucht von Hefen in belüfteten Nährlösungen eignen sich besonders *Rhodotorula gracilis* und *Torulopsis lipofera* (Schmidt, 1947; Schulze, 1950). Eine Entschäumungsanlage ist unbedingt notwendig. Für *Rhodotorula gracilis* wird eine Temperatur von 27 °C – 29 °C empfohlen. Die Kulturdauer beträgt etwa drei Tage.

Das belüftete submerse Verfahren kann auch zweistufig geführt werden (Lundin, 1950; Nielsen und Nilson, 1950; Törnqvist und Lundin, 1951). Hierbei wird in einer ersten Stufe in 12 Std. – 14 Std. in einem Substrat, das ausreichend Stickstoff enthält, bei sehr starker Belüftung eine gute Entwicklung der Hefen erreicht, während in der zweiten Phase, die etwa 50 Std. dauert, bei wesentlich verlangsamter Generationszeit die Fettbildung gefördert wird. Dieses Verfahren liefert *Rhodotorula*-Hefen mit etwa 42% Fett und 23% Eiweiß bei einer Fettbildung von 14 g aus 100 g Glucose. Bei Verwendung von *Candida reukaufii* (Koch et al., 1949) erhielt man im Großversuch 25,3% Rohfett und 12,4% Eiweiß. Im kontinuierlichen Verfahren bildet eine Fetthefe, *Candida* sp., mit spezifischer maximaler Rate der Fettzunahme von 0,05 g Lipid/g Hefe · h Hefen mit etwa 28% Fettgehalt (Hall und Ratledge, 1977).

Eine neue Möglichkeit zur Fettbildung haben die vielen Verfahren auf dem Gebiet der Hefemassenzucht auf n-Alkanen erschlossen (vgl. Kap. 12). *Candida*-Arten bildeten 15% – 37% Fett (vgl. Ratledge, 1978), während *Rhodotorula gracilis* auf n-Alkanen 32%, auf Glucose 66%, auf Äthanol 60% – 62% Fett bildete (Krumphanzl et al., 1973).

Aus den Zellen wird das Fett nach Hydrolyse der Zellen mit Säuren, Zerkleinerung mit Sand oder Autolyse durch Extraktion mit organischen Lösungsmitteln gewonnen. Äther ist ein ausgezeichnetes Extraktionsmittel, auch Methanol/Benzol (1 : 1 V/V) sind gut geeignet (Sobus und Holmlund, 1976). Das extrahierte Fett wird im wesentlichen als Industriefett verwendet. Gereinigte Neutralfette lassen sich auch in der Nahrungsmittelindustrie verarbeiten.

Das Hefefett enthält neben anderen Fettsäuren vor allem Palmitin-, Öl-, Laurinsäure sowie Linol- und Linolensäure (vgl. Tabelle 58). Eine Zusammenstellung weiterer Fettsäuregehalte bei Hefen und Schimmelpilzen, die auf Glucose kultiviert worden waren, vgl. Ratledge (1978). Sie entsprechen im Prinzip den in Tabelle 58 aufgeführten Daten.

Die Züchtungsbedingungen haben einen Einfluß auf die Zusammensetzung des Fettes. Läßt man *Saccharomyces cerevisiae* (Bäckerhefe) unter aeroben Bedingungen wachsen, so werden mehr ungesättigte als gesättigte Fettsäuren gebildet; C_{18}-Fettsäuren, z. B. Ölsäure, nehmen ab, während Palmitinsäure in großer Menge produziert wird (Suomalainen und Keranen, 1963). Werden jedoch bei *Lipomyces* sp. Glucose, Acetat oder Xylose als C-Quelle verwendet, so sind nur geringe Unterschiede in der Zusammensetzung der Fettsäuren zu beobachten (Watanabe, 1975).

Die Tabelle 58 zeigt die Fettsäurezusammensetzung intracellulärer Lipide einiger Hefearten (Literatur vgl. Rehm, 1967).

Trotz vieler Verfahren ist eine industrielle Auswertung der Fettgewinnung durch Hefen noch recht problematisch.

c) Lipide aus mycelbildenden Pilzen

Es liegen viele Arbeiten über die Fettgewinnung aus Pilzen vor (vgl. Woodbine, 1959; Bunker, 1963; Whitworth und Ratledge, 1974). Unter verschiedenen Versuchsbedingungen hat man Ausbeuten des Mycelfettgehaltes von 20% bis mehr als 50% erhalten.

Tabelle 59. Zusammensetzung von Fetten aus verschiedenen Pilzen

Fettsäure	*Aspergillus nidulans*	*Penicillium spinulosum*	*Penicillium lilacinum*	*Penicillium flavocinereum*	*Penicillium soppi*	Vergleichswerte: Palmöl	Schweinefett
Myristinsäure	0,3	–	0,1	0,3	0,3	1,6	1,3
Palmitinsäure	20,9	18,0	32,3	19,4	22,0	32,3	28,3
Stearinsäure	15,0	11,9	9,4	9,9	7,6	5,5	11,9
Ölsäure	40,3	43,3	38,6	39,4	45,2	52,4	47,5
Linolsäure	17,0	21,1	13,4	27,1	20,0	8,2	6,0
Linolensäure	0,2	0,3	–	–	0,3	–	–

Für die Gesamtlipidgehalte von Pilzmycelien liegen viele Angaben vor, die von Weete (1974) in Tabellen zusammengestellt worden sind. Bei *Alsia*-Arten liegen diese Werte zwischen 7% und 30%, bei *Conidiobolus*-Arten zwischen 8% und 24%, bei *Mucor*-Arten im allgemeinen zwischen 10% und 25%, wenn auch bei *M. ramannianus* bis zu 55,5% festgestellt wurden (Woodbine et al., 1951) und bei *Rhizopus*-Arten im allgemeinen zwischen 2% und 30%. *Penicillium-, Aspergillus-* und *Fusarium*-Arten haben Gesamtlipidgehalte zwischen 5% und 35%. Dabei sind immer wieder Ausnahmen mit wesentlich höheren und auch noch geringeren Lipidgehalten beschrieben worden (vgl. Weete, 1974).

Zu einer ausreichenden Fettbildung im Mycel von Pilzen müssen ähnliche Bedingungen wie zur Fettbildung bei Hefen gewählt werden. Bei einem Verfahren, das von Damm (1943) entwickelt wurde, wird *Fusarium* in einem geschlossenen Bottich bei einer Temperatur von 24 °C – 27 °C und einem pH-Wert von 2,2 – 3,9 36 Std. – 48 Std. unter dauerndem Rühren und Belüften gezüchtet. Nach dieser Zeit hat eine 80 – 120fache Vermehrung des Pilzes stattgefunden. Der nach Filtration erhaltene „Pilzkuchen" wird mechanisch zerkleinert und zur Vermeidung von Atmungsverlusten sofort mit Äthanol oder Methanol behandelt. Hierdurch wird der Wassergehalt auf unter 5% herabgesetzt (der ursprüngliche Wassergehalt des Mycels lag nach dem Zentrifugieren bei 60% – 75%). Gleichzeitig wird durch den Alkohol das Plasmaeiweiß koaguliert. Es bildet sich ein Preßkuchen mit 2,9% Wasser, 61,8% Alkohol und 35,3% Fettsubstanz. Anschließend kann das Fett mit niedrigsiedendem Petroläther extrahiert werden. Aus 1390 kg Naßmycel mit 63,0% Wassergehalt, einer Gesamttrockenmasse von 37,0% und 21,4% Fett der Trockensubstanz wurden etwa 110 kg Fett erhalten, der Rückstand betrug 404 kg mit einem Fettgehalt von 0,53% der Trockenmasse. Das Ergebnis zeigt eine technisch durchaus annehmbare Ausbeute. Das geschilderte Verfahren wurde längere Zeit in halbtechnischem Maßstab ausgewertet.

In England wurde vorwiegend mit *Aspergillus nidulans* und *Penicillium soppi* gearbeitet. Beide Pilze sind in der Lage, in Oberflächenkultur und auch im Waldhof-Fermenter aus verschiedenen Melassen mit bestimmten Nährsalzen Fett in guter Ausbeute zu bilden (Gad et al., 1959). Auch *Penicillium javanicum* und *P. spinulosum* sind zur Fettbildung gut geeignet (Garrido et al., 1958) (Tab. 59). *Aspergillus ochraceus* bildet auf Saccharose in Oberflächenkultur 47,5% Fett (Sood und Singh, 1973). Hydrolysierte „Süßkartoffeln" sind für den gleichen Pilz sowie für *A. terreus* als Substrat zur Fettproduktion ebenfalls geeignet (Naguib und Yassa, 1973). Ein guter Fettproduzent ist auch *Epicoccum nigrum* (Duncan et al., 1976).

Phycomyces blakesleeanus enthält 25,8% (Bernhard und Albrecht, 1948), *Penicillium javanicum* 31,8% (Ward und Jamieson, 1934), *Aspergillus niger* 35,4% (Bernhauer und Posselt, 1937) und *A. ochraceus* sogar 45,3% (Sood und Singh, 1973) Linolsäure. Weitere Werte vgl. Tabelle 59. Die Herstellung von Fetten aus höheren Pilzen hat bisher noch keine technische Bedeutung erlangt.

Interessant ist die Bildung von γ-Linolensäure durch *Phycomyces blakesleeanus* (Stoffel und Wiese, 1965), die sowohl aus zuckerhaltigen Substraten als auch aus n-Alkanen gebildet wird (Hoffmann und Rehm, 1976).

d) Lipide aus Algen

Algen können unter bestimmten Bedingungen große Mengen an Protein (5% – 50%) und unter entsprechend anderen Bedingungen große Mengen an Fett (5% – 75% des Trockengewichtes) in den Zellen synthetisieren. Zur Bildung von Fett in den Algenzellen dürfen nur minimale Konzentrationen an Stickstoff im Substrat vorliegen. In der Praxis sollten stickstoffhaltige Nährsalze 1% der Kulturlösung nicht überschreiten.

Die allgemeinen Methoden einer Algenzucht wurden bereits beschrieben. Zur Fettgewinnung hat es sich als sehr zweckmäßig erwiesen, die Algenkulturen mit einem Gemisch aus 95% Luft und 5% CO_2 zu belüften. Selbstverständlich müssen die Kulturen belichtet werden. Die Zucht dauert 17 Tage bis 80 Tage (Milner, 1948) oder auch nur vier bis zwölf Tage (v. Denffer, 1948 a, b) bei natürlichem Licht je nach Versuchsbedingungen. Einige Algenarten, die zur Fettgewinnung verwendet werden können, zeigt die Tabelle 60.

Tabelle 60. Fett- und Lipidgehalt einiger Algen (Angaben in % des Trockengewichtes (Literatur vgl. Rehm, 1967).

Artname	Gesamtfettgehalt
Chlorella	27,6
C. pyrenoidosa	5 – 85
C. pyrenoidosa	bis 70
Chlorella sp.	50
Nitzschia palea	42
Nitzschia sp.	18
Scenedesmus	10,7
Pennales	40 – 50

Außer den angeführten Arten können noch viele andere Gattungen und Arten so gezüchtet werden, daß sie vermehrte Mengen an Fett bilden, z. B. *Navicula pelliculosa* (Fogg und Collyer, 1955; Steiner, 1957), jedoch sind *Chlorella, Scenedesmus* und *Nitzschia* anscheinend zur Zucht am besten geeignet.

Harder und v. Witsch (1942) stellten fest, daß mehr als 100 kg Fett auf 500 m² in sechs Monaten mit Hilfe von Algen produziert werden können, während man mit Sonnenblumen nur 10 kg – 24 kg, mit Mohn 20 kg – 40 kg und mit Raps 24 kg – 50 kg auf der gleichen Fläche im gleichen Zeitraum erzeugen kann.

Es existiert aber bisher noch kein Verfahren, mit dem Mikroalgen in solchen Ausbeuten wie andere fettbildende Mikroorganismen gezüchtet werden können. Kürzlich wurde eine Berechnung zur Biomasse- und Lipidbildung durch Algenkulturen in ariden Gebieten gegeben (Dubinsky et al., 1979).

4. Verwendung und Möglichkeiten zur technischen Produktion

Die von Mikroorganismen erzeugten Fette sind in der Regel als Nahrungsmittel, soweit es bisher abgesehen werden kann, nicht toxisch und könnten theoretisch direkt für die menschliche Ernährung genutzt werden. Eine Verwendung als Industriefett bietet sich jedoch eher an.

Die Aussichten, Fette mit Mikroorganismen herzustellen sind heute bei der großen Überproduktion anderer pflanzlicher und tierischer Fette noch sehr gering, obwohl bereits sehr viele Vorarbeiten für eine technische Herstellung geleistet wurden. Die halbtechnische Produktion von Fetten durch Mikroorganismen im zweiten Weltkrieg zeigte auch, daß es durchaus möglich ist, auf diese Weise Fette rationell zu produzieren.

Will man Fette mikrobiologisch herstellen, so müßten alle bisher bekannten modernen Züchtungstechniken, Kontrollen und genetischen Möglichkeiten, z. B. Fragen der Regulation, voll ausgeschöpft werden (vgl. Whitworth und Ratledge, 1974).

Literatur

Allen, L. A., Barnard, N. H., Fleming, M., Hollis, B.: J. Appl. Bacteriol. *27*, 27 – 40 (1964)

Asselineau, J.: Encycl. Plant Physiol. *7*, 90 (1957)

Bernhard, K., Albrecht, H.: Helv. Chim. Acta *31*, 977, 2214 (1948)

Bernhauer, K.: Angew. Chem. *62*, 37 – 38 (1950)

Bernhauer, K., Posselt, G.: Biochem. Z. *294*, 215 (1937)

Blinc, M., Hočevar, B.: Monatsh. Chem. *84*, 1127 (1953)

Bloch, K., Vance, D.: Annu. Rev. Biochem. *46*, 263 – 298 (1977)

Brennan, P. J., Lösel, D. M.: Adv. Microbial Physiol. *17*, 47 – 179 (1978)

Bunker, H. J.: In: Biochemistry of industrial microorganisms. Rainbow, C., Rose, A. H. (eds.), Vol. 34, pp. 34 – 67. London, New York: Academic Press 1963

Damm, H.: Chem. Ztg. *67*, 47 (1943)

Denffer, D. v.: Arch. Mikrobiol. *14*, 159 (1948 a); Biol. Zentralbl. *67*, 7 (1948 b)

Dubinsky, Z., Berner, T., Aaronson, S.: Biotechnol. Bioeng. Symp. *8*, 51 – 68 (1979)

Duncan, B., Shah, D. N., Herald, A. C.: Mycologia *68*, 412 – 418 (1976)

Fogg, G. E., Collyer, D. M.: J. Exp. Bot. *6*, 256 (1955)

Gad, A. M., Murray, S., Walker, T. K.: J. Sci. Food Agric. *10*, 597 – 603 (1959)

Garrido, J. M., Gad, A. M., Walker, T. K.: J. Sci. Food Agric. *9*, 728 (1958)

Gill, C. O., Hall, M. J., Ratledge, C.: Appl. Environ. Microbiol. *33*, 23 (1977)

Hall, M. J., Ratledge, C.: Appl. Environ. Microbiol. *33*, 577 – 584 (1977)

Harder, R., Witsch, H. v.: Ber. Dtsch. Bot. Ges. *60*, 146 (1942)

Hoffmann, B., Rehm, H. J.: Eur. J. Appl. Microbiol. *3*, 19 – 31 (1976)

Kessell, R. H. J.: J. Appl. Bacteriol. *31*, 220 – 231 (1968)

Koch, R., Thomas, F., Bruckmann, E.: Branntweinwirtschaft *3*, 65 (1949)

Krumphanzl, V., Gregr, V., Pelechova, J., Uher, J.: In: Advances in microbial engineering. Part 1. Sikyta, B., Prokop, A., Novak, M. (eds.), p. 245. New York: John Wiley & Sons 1973
Larson, L. W., Larson, W. P.: J. Infect. Dis. *31*, 407 (1922)
Lindner, P.: Angew. Chem. *35*, 110 (1922)
Lundin, H.: Food Manufact. *25*, 57 (1950)
Milner, H. W.: J. Biol. Chem. *176*, 813 (1948)
Naguib, K., Yassa, E. S.: Zentralbl. Bakteriol. Parasitenkd. Infektionskr. Hyg. II, *128*, 491 – 498 (1973)
Nielsen, N., Nilson, N. S.: Arch. Biochem. *25*, 316 (1950)
Ogata, K., Kinoshita, S., Tsunoda, T., Aida, K.: Microbial production of nucleic acid-related substances. A Halstad Press Book Kodansha Ltd. Tokyo, John Wiley & Sons, New York, London, Sydney, Toronto (1976)
Omura, S.: Bacteriol. Rev. *40*, 681 – 697 (1976)
Ratledge, C.: In: Food from waste. Birch, G. G., Parker, K. J., Worgan, J. T. (eds.), pp. 98 – 113. Barking, England: Appl. Sci. Publ. 1976
Ratledge, C.: In: Economic microbiology. Rose, A. H. (ed.), Vol. 2, pp. 263 – 302. London, New York: Academic Press 1978
Reeves, H. C., Rabin, R., Wegener, W. S., Ajl, S. J.: Annu. Rev. Microbiol. *21*, 225 – 256 (1967)
Rehm, H. J.: Industrielle Mikrobiologie. Berlin, Heidelberg, New York: Springer 1967
Rehm, H. J., Reiff, I.: Adv. Biochem. Eng. (1980)
Rippel, A.: Arch. Mikrobiol. *11*, 271 (1940)
Sammons, H. G., Vaughan, D. J., Frazer, A. C.: Nature (London) *177*, 237 (1956)
Schmidt, E.: Chemie *56*, 93 (1943); Angew. Chem. *59*, 16 (1947)
Schulze, K. L.: Arch. Mikrobiol. *15*, 315 (1950)
Sobus, M. T., Holmlund, C. E.: Lipids *11*, 341 – 368 (1976)
Sood, M. G., Singh, J.: J. Sci. Food Agric. *24*, 1171 – 1174 (1973)
Souza, K. A., Kostiw, L. L., Tyson, B. J.: Arch. Microbiol. *97*, 89 – 102 (1974)
Steiner, M.: Encycl. Plant Physiol. *7*, 59 (1957)
Stoffel, W., Wiese, H.: Hoppe-Seylers Z. Physiol. Chem. *340*, 148 – 156 (1965)
Suomalainen, H., Keranen, A. J. A.: Suomen Kemistilketi *B36*, 88 (1963)
Törnqvist, E., Lundin, H.: Int. Sugar J. *53*, 123 (1951)
Volpe, J. J., Vagelos, P. R.: Physiol. Rev. *56*, 339 – 417 (1976)
Ward, G. E., Jamieson, G. S.: J. Am. Chem. Soc. *56*, 973 (1934)
Watanabe, D.: J. Agric. Chem. Soc. Jpn. *49*, 119 – 121 (1975)
Weete, J. D.: Fungal lipid biochemistry. New York, London: Plenum Press 1974
Whitworth, D. A., Ratledge, C.: Process Biochem. *9*, 14, 15, 17, 19, 21, 22 (1974)
Woodbine, M.: Prog. Ind. Microbiol. *1*, 179 (1959)
Woodbine, M., Gregory, M. E., Walker, T. K.: J. Exp. Bot. *1*, 204 (1951)

Kapitel 28   Antibiotica

I. Allgemeines

Antibiotica sind Substanzen, die von Mikroorganismen gebildet werden und Hemmwirkungen gegen Mikroorganismen (antimikrobielle Substanzen), wachsende Zellen, zumeist Krebszellen (Cytostatica), Insekten (Insektizide), Milben (Akarizide), Nematoden (Nematozide) und andere Organismengruppen haben. Es wäre sicherlich richtiger, diese Substanzgruppe als Wirkstoffe aus Mikroorganismen zu bezeichnen. Häufig werden auch Verbindungen, die von Pflanzen oder Tieren produziert werden und eine der angeführten Wirkungen besitzen, als Antibiotica bezeichnet.

Viele Antibiotica sind sekundäre Stoffwechselprodukte und gehören daher meistens zum Fermentationstyp III nach Gaden (vgl. Kap. 7). Mutanten mit ganz wesentlich vermehrten Ausbeuten haben aber Änderungen des Fermentationstyps innerhalb einer Art zur Folge gehabt.

Gegenwärtig sind mehr als 1500 Antibiotica in ihrer Struktur aufgeklärt, von ihnen werden mehr als 90 technisch hergestellt (Perlman, 1977 b). Es gibt eine große Anzahl zusammenfassender Darstellungen über die für die Therapie von Infektionskrankheiten wichtigsten Substanzen (vgl. Brunner und Machek, 1962, 1965, 1970; Walter und Heilmeyer, 1975; Fuska und Proska, 1976; Kurylowicz, 1976; Korzybski et al., 1978; Hütter et al., 1978; Hahn, 1979 a, b) sowie über deren Biosynthesen (Gottlieb und Shaw, 1967 a, b; Colowick und Kaplan, 1975) und Wirkungsmechanismen (Zähner und Maas, 1972; Gottlieb und Shaw, 1967 a; Franklin et al., 1973; Corcoran und Hahn, 1975; Perlman, 1977 a, b; Opferkuch, 1978) und der Resistenz von Mikroorganismen gegen Antibiotica (Wagner, 1978).

Methoden zur Isolierung und weiteren Entwicklung von Antibioticabildnern und Antibiotica vgl. Rehm (1967); Zähner (1965); Waksman (1969); Miller (1971); Zähner und Maas (1972); Colowick und Kaplan (1975); Grunberg und Titsworth (1975); Preston und Wick (1975); Waitz (1975); Zähner (1977). Methoden zur quantitativen Antibioticabestimmung sind im oben zitierten Werk von Brunner und Machek beschrieben, sowie bei Oberzill (1967); Kavanagh (1968); Schreiber und Schreiber (1974), über die Genetik der Produktion vgl. Hopwood und Merrick (1977); Hopwood (1978), über mikrobielle Transformationen vgl. Sebek und Perlman (1971), Shibata und Uyeda (1978).

Die Einteilung der Antibiotica wird heute z. T. nach ihrer chemischen Struktur vorgenommen (vgl. Tabelle 61 nach Bérdy, 1974). Für das vorliegende Buch ist es nicht immer zweckmäßig, diesen Einteilungen zu folgen. So werden z. B. hier die β-Lactam-Antibiotica wegen ihrer großen Bedeutung vorangestellt. Es sind im allgemeinen nur technisch produzierte Antibiotica beschrieben worden. Viele andere interessante Substanzen, z. B. Siderochrome, vgl. die angeführte Literatur.

Tabelle 61. Einteilung wichtiger Antibiotica nach ihrer chemischen Struktur (vgl. Bérdy, 1974)

1. *Kohlenhydrat-Antibiotica*
   dazu: Aminoglycosid-Antibiotica,   erschiedene Zuckerabkömmlinge (z. B. Lincomycin)

2. *Makrocyclische Lactone (Lactam)-Antibiotica*
   dazu: Makrolid-Antibiotica, polyene Antibiotica

3. *Chinone und ähnliche Antibiotica*
   dazu: Substanzen vom Tetracyclin-Typ, Anthracycline (z. B. Daunomycin), Benzochinon-abkömmlinge (z. B. Mitomycin)

4. *Aminosäuren, Peptid-Antibiotica*
   dazu: β-Lactam-Antibiotica, Homopeptide (z. B. Gramicidin A), Heteromere Peptide (z. B. Polymyxin), Chelat-bildende Peptide (z. B. Sideromycine), Peptolide (z. B. Actinomycine), Depsipeptide (z. B. Valinomycin), Peptide mit hohem Molekulargewicht (z. B. Nisin)

5. *N-haltige heterocyclische Antibiotica*
   dazu: Pyrrolnitrin, Blasticidin

6. *O-haltige heterocyclische Antibiotica*

7. *Alicyclische Antibiotica*
   dazu: Fumagillin, Actidion, Steroide (z. B. Fusidinsäure)

8. *Aromatische Antibiotica*
   dazu: Chloramphenicol, Kondensierte Aromaten (z. B. Griseofulvin), Aromatische Glycoside (z. B. Novobiocin)

9. *Aliphatische Antibiotica*

Über die Ökologie antibioticabildender Mikroorganismen sind viele Untersuchungen durchgeführt worden. Die meisten Arten sind ubiquitär verbreitet, so daß für sie gelten kann, was über antibioticabildende Actinomyceten ausgesprochen wurde (Porter, 1971), „sie lassen sich in fast jedem Garten finden".

Wegen der vielen Isolate antibioticabildender Mikroorganismen, die bis dahin häufig nur unzureichend beschrieben worden waren, ist die Patentierung von Arten und Stämmen auf diesem Gebiet besonders problematisch geworden (vgl. Marcus, 1975), dies nicht zuletzt deshalb, weil verschiedene Arten gleiche Antibiotica bilden (vgl. Lechevalier, 1975). Über die Nomenklatur antibioticabildender Bakterien vgl. Lessel (1975) und antibioticabildender Pilze vgl. Hesseltine und Ellis (1975), antibioticabildender Actinomyceten vgl. Umezawa (1979).

II. β-Lactam-Antibiotica, besonders Penicilline und Cephalosporine

1. Allgemeines

Zu den β-Lactam-Antibiotica, die in die Gruppe der Aminosäure-peptid-Antibiotica einzuordnen sind, gehören die Penicilline und Cephalosporine. Sie zählen zu den wirkungsvollsten Antibiotica, die zur Bekämpfung von Infektionskrankheiten eingesetzt werden.

Penicillin wurde von Fleming 1929 entdeckt, durch den sog. Oxforder Arbeitskreis (Chain et al., 1940) isoliert und seit 1941/42 klinisch erprobt. Seit 1946 ist die

Struktur der Penicilline gesichert. Weitere Angaben über die geschichtliche Entwicklung der Penicilline vgl. Brunner (1962).

Cephalosporin C wurde von Newton und Abraham 1953 entdeckt, nachdem Brotzu bereits 1945 einen Cephalosporin C-bildenden Stamm von *Cephalosporium acremonium* isoliert hatte. Literatur und weitere Angaben über die Geschichte der Cephalosporine vgl. Abraham und Loder (1972, Lit. vgl. d.).

Arbeiten über β-Lactam-Antibiotica vgl. Flynn (1972); Kanzaki und Fujisawa (1976); Nüesch (1974); Vandamme und Voets (1974); Vandamme (1977); Gorman und Huber (1977, 1978).

2. Mikroorganismen

Die wichtigsten penicillinbildenden Arten gehören zur *Penicillium chrysogenum*-Serie und sind *P. notatum* und *P. chrysogenum*. Weiterhin wurde bei *P. turbatum, P. bacculatum, P. avellaneum, P. rubens, P. fluorescens* und *P. citreoroseum* sowie bei Stämmen von *Aspergillus flavus, A. giganteus, A. niger, A. nidulans, A. flavipes, A. oryzae* und *A. parasiticus* eine Penicillinbildung beobachtet (vgl. Brandl, 1962 a, b). Außerdem bilden *Trichophyton mentagrophytes, Epidermophyton floccosum, Cephalosporium*-Arten, *Emericellopsis*-Arten, *Paecilomyces persicinus* und Streptomyceten Penicilline (Literatur vgl. Lemke und Brannon, 1972; Vandamme, 1977).

Cephalosporine werden von *Cephalosporium acremonium, Streptomyces lipmanii* sowie *S. clavuligerus* (Higgins und Kastner, 1971) und verschiedenen anderen *Streptomyces*-Arten (Stapley et al., 1972; Gauze et al., 1972) gebildet.

Zur technischen Herstellung von Penicillin werden nur Stämme von *Penicillium notatum* oder *P. chrysogenum* verwendet. Es ist gelungen, die Ausgangsstämme durch Behandlung mit verschiedenen Mutagenen (u. a. mit Röntgen- und UV-Strahlen sowie mit N-Senfgas) und anschließender Selektion zu einer wesentlich vermehrten Penicillinbildung umzuzüchten. Dabei wurden anfängliche Ausbeuten von nur 50 µg/ml bei industriellen Stämmen auf 10 mg/ml – 15 mg/ml erhöht.

Cephalosporine werden technisch mit *Cephalosporium*-Arten hergestellt.

Neben der Herstellung der vollständigen β-Lactam-Antibiotica ist die mikrobielle Abspaltung der Seitenkette (des Acylrestes) zur Bildung der 6-Aminopenicillansäure bzw. der 7-Aminocephalosporansäure von Bedeutung.

Sehr viele unterschiedliche Mikroorganismen, besonders gramnegative Bakterien, z. B. *Escherichia coli, Alcaligenes faecalis, Aerobacter aerogenes, Proteus vulgaris, P. rettgeri, Nocardia* sp., *Pseudomonas aeruginosa, P. phaseolicola, Streptomyces venezuelae,* aber auch grampositive Bakterien sowie Pilze, z. B. *Penicillium-, Aspergillus-, Cephalosporium*-Arten, *Fusarium moniliforme, F. arenaceum, F. semitectum, Epidermophyton* und *Trichophyton* bilden Penicillin-Acylasen (Literatur vgl. Huber et al., 1972). Vor allem unter den Stämmen von *Escherichia coli* ist die Penicillinacylasebildung sehr häufig. Unter 310 Stämmen dieser Art wurden 125 mit einer Acylaseaktivität gefunden (Holt und Stewart, 1964). Acylasen dieses Bakteriums werden vorwiegend zur technischen Enzymgewinnung verwendet.

Trotz mancher gegenteiliger Berichte ist es bisher nicht gelungen, einen Mikroorganismus zu finden, der sicher die D-α-Amino-adipinsäure-Gruppe des Cephalosporin C abspaltet (Demain et al., 1963; Nüesch et al., 1967). Andere Acylreste (aus semisynthetischen Cephalosporinen) können z. T. durch *E. coli, Alcaligenes faecalis, Proteus rettgeri, Nocardia* u. a. abgespalten werden. Eine Acylrestabspaltung aus dem fermentativ gewonnenen Cephalosporin C geschieht gegenwärtig noch immer durch Säurehydrolyse.

3. Chemie

Penicilline und Cephalosporine sind heterocyclische Antibiotica mit einem zweikernigen Ringsystem. Der Grundkörper der Penicilline ist die 6-Amino-penicillansäure (6-APS, Kato's-Substanz, vgl. Kato, 1953) mit einem wenig stabilen β-Lactam-Ring und einem Thiazolidin-Ring. Der Grundkörper der Cephalosporine ist die 7-Aminocephalosporansäure (7-ACS), ebenfalls mit einem wenig stabilen β-Lactam-Ring sowie einem Δ^3-Dihydrothiazin-Ring.

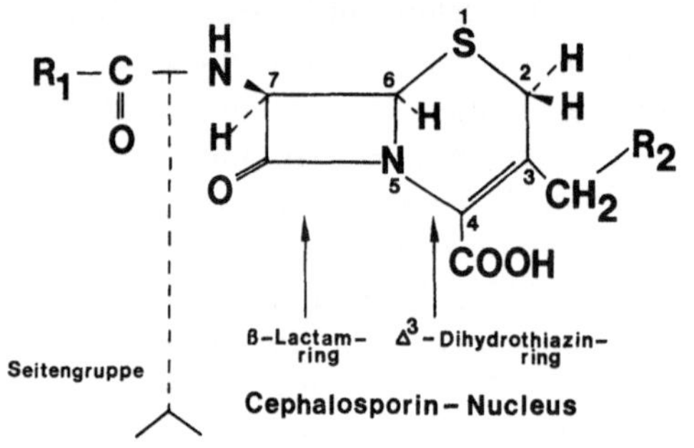

7-Aminocephalosporansäure

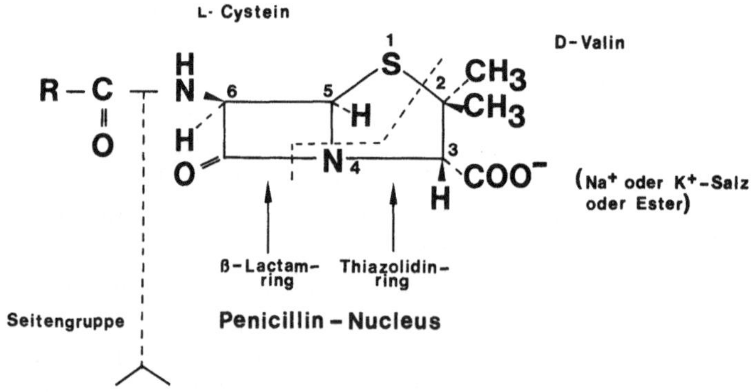

6-Aminopenicillansäure

Von Mikroorganismen werden verschiedene Penicilline und Cephalosporine gebildet, die sich in der Struktur der Seitenketten (Acylreste) unterscheiden (vgl. Tabellen 62 und 63). Von diesen sog. natürlichen Penicillinen besitzt das Penicillin G die größte Bedeutung. Es hat eine antimikrobielle Wirkung gegen grampositive und auch gegen einige gramnegative Bakterien, ist sehr säureempfindlich und gegen Penicillin-β-lactamase ebenfalls empfindlich. Das Penicillin V – bereits ein biosynthetisches Penicillin – ist dagegen säurestabil und kann oral appliziert werden. Es zeigt aber immer noch eine Empfindlichkeit gegen Penicillin-β-lactamase.

Tabelle 62. Durch Fermentation gebildete Penicilline

Namen	N-Acyl-Seitenkette (R_1)
Benzylpenicillin, Penicillin G	⬡–CH_2–CO– (Phenylessigsäure)
p-Hydroxybenzylpenicillin, Penicillin X	HO–⬡–CH_2–CO– (p-Hydroxyphenylessigsäure)
Phenoxymethylpenicillin, Penicillin V	⬡–O–CH_2–CO– (Phenoxyessigsäure)
Heptylpenicillin, Penicillin K	$CH_3(CH_2)_6$–CO– (Octansäure)
2-Pentenylpenicillin, Penicillin F	$CH_3CH_2CH=CHCH_2$–CO– (β,γ-Hexensäure)
Amylpenicillin, Penicillin-Dihydro-F	$CH_3(CH_2)_4$–CO– (Capronsäure)
Isopenicillin, Penicillin M	HO_2C–$CH(NH_2)(CH_2)_3$–CO– (L-α-Aminoadipinsäure)
Penicillin N, Cephalosporin N, Synnematin B	HO_2C–$CH(NH_2)(CH_2)_3$–CO– (D-α-Aminoadipinsäure)

Tabelle 63. Durch Fermentation gebildete Cephalosporine

Namen	R_2	R_3
Cephalosporin C	H	–$OCOCH_3$
Deacetylcephalosporin C	H	–OH
7-Methoxycephalosporin C	OCH_3	–$OCOCH_3$
Deacetyl-3-O-carbamoylcephalosporin C	H	–$OCONH_2$
Deacetyl-3-O-carbamoyl-7-methoxycephalosporin C	OCH_3	–$OCONH_2$

R_1 (Acyl-Seitenkette) ist immer D-α-Aminoadipinsäure

Durch eine milde Säurehydrolyse des Penicillins entsteht die Penillsäure, die weiter zum Penilloaldehyd abgebaut wird. Bei alkalischer Hydrolyse wird der β-Lactamring geöffnet. Weitere Eigenschaften und Abbaumöglichkeiten der Penicilline und Cephalosporine vgl. Demarco und Nagarajan (1972).

Zwar sind auf verschiedenen Wegen Totalsynthesen des Penicillins gelungen (vgl. Heusler, 1972), aber wegen der Schwierigkeiten, diese technisch rentabel durchzuführen, sind derartige Synthesen im Augenblick noch ohne Bedeutung für die Industrie. Dagegen haben aber Teilsynthesen, zumeist von der 6-Aminopenicillansäure ausgehend, eine außerordentlich große praktische Bedeutung erlangt.

Wegen ihrer Säurenatur bilden die Penicilline eine Reihe von Salzen mit Alkalien, Erdalkalien und vielen anderen Metallen und organischen Basen. Alkali- und Erdalkalisalze der Penicilline kristallisieren gut, so daß sie für die präparative Aufarbeitung wichtig sind. Die Salze, die von den Penicillinen mit organischen Basen gebildet werden, lösen sich in Wasser oft nur langsam und haben daher eine Bedeutung für die Anwendung als sog. Depotpenicilline erlangt.

Tabelle 64. Wichtige semisynthetische Penicilline

Allgemeiner Name	Chemischer Name	Struktur (R)	Antimikrobielle Wirkung und Eigenschaften
Phenethicillin	Phenoxyäthylpenicillin	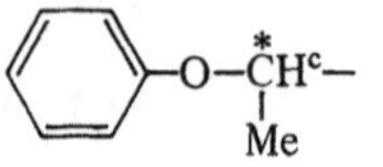 $-O-\overset{*}{C}H^c-$ Me	Wirkung gegen gram(+)-Bakterien, säurestabil, empfindlich gegen Penicillin-β-lactamasen, gut absorbiert
Propicillin	Phenoxypropylpenicillin	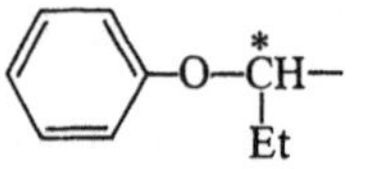 $-O-\overset{*}{C}H-$ Et	
Phenbencillin	Phenoxybenzylpenicillin	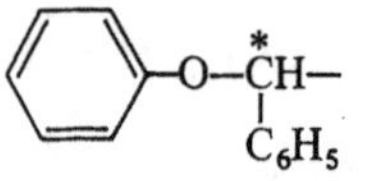 $-O-\overset{*}{C}H-$ C_6H_5	
Methicillin	2,6-Dimethoxyphenylpenicillin	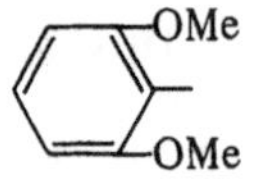 $-OMe$ / $-OMe$	Wirkung gegen gram(+)-Bakterien, säureempfindlich, resistent gegen einige Penicillin-β-lactamasen
Oxacillin	3-Phenyl-5-methyl-4-isoxazolylpenicillin	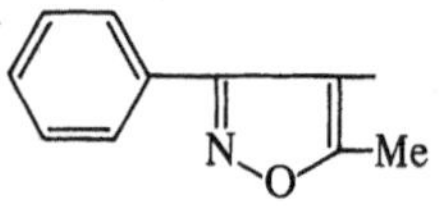 Isoxazolyl, Me	Wirkung gegen gram(+)-Bakterien, säurestabil, resistent gegen die meisten β-Lactamasen, stark an Serum gebunden, oral absorbiert
Cloxacillin	3-o-Chlorphenyl-5-methyl-4-isoxazolylpenicillin	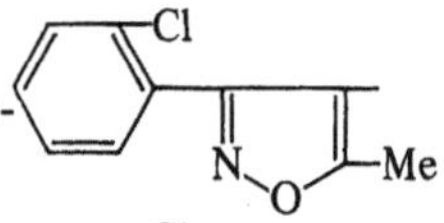 Cl, Isoxazolyl, Me	
Dicloxacillin	3-o,o-Dichlorphenyl-5-methyl-4-isoxazolylpenicillin	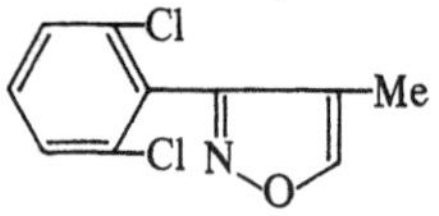 Cl, Cl, Isoxazolyl, Me	
Nafcillin	2-Ethoxy-1-naphthylpenicillin	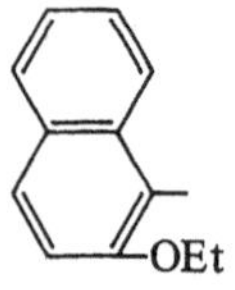 $-OEt$	
Diphenicillin	2-Biphenylpenicillin	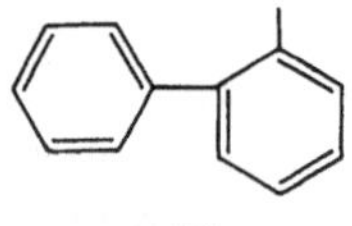 Biphenyl	
Quinacillin	3-Carboxy-2-quinoxalinylpenicillin	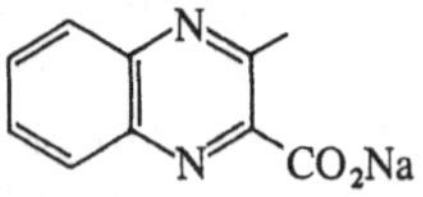 Quinoxalinyl, CO_2Na	
Ampicillin	D-alfa-(–)-aminobenzylpenicillin	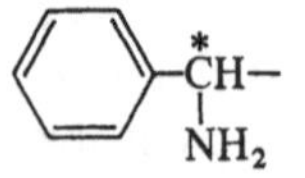 $-\overset{*}{C}H-$ NH_2	Breites Spektrum, sehr säurestabil, β-Lactamase-empfindlich, gut absorbiert
Carbenicillin	alfa-carboxybenzylpenicillin	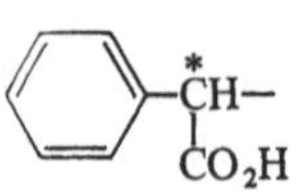 $-\overset{*}{C}H-$ CO_2H	Breites Spektrum, Wirkung gegen *Pseudomonas aeruginosa*, sehr säurestabil, oral unwirksam

Es ist möglich, aus Penicillin auf chemischem Wege das Cephalosporin herzustellen (vgl. Cooper und Spry, 1972), eine praktische Anwendung hat diese Reaktion aber nicht gefunden.

Biosynthetische Penicilline. Bald nach der Entdeckung der Penicilline hatte man gefunden, daß geeignete Vorstufen vielfach direkt zum Aufbau der Seitenkette verwendet werden. So wird z. B. Phenylessigsäure direkt zur Bildung von Benzylpenicillin (Penicillin G) verwendet (Perlman, 1951; Halliday und Arnstein, 1956). Auch andere Vorstufen können von den Mikroorganismen bei der Biosynthese des Penicillins – oft unverändert – als Seitenkette eingebaut werden, so daß neue biosynthetische Penicilline entstehen. Die Zahl der erhaltenen Verbindungen ist groß, jedoch sind die meisten Verbindungen ohne praktische Bedeutung geblieben. Penicillin O (Allylmercaptomethylpenicillin) wird durch Zusatz von Allylmercaptoessigsäure zum Substrat hergestellt.

$$[6\text{-APS}] - CO - CH_2 \cdot S \cdot CH_2 \cdot CH = CH_2 \quad \text{Penicillin O}$$

Phenoxymethylpenicillin (Penicillin V) ist sehr säurestabil und daher zur oralen Anwendung geeignet (Brandl und Margreiter, 1954), vgl. Tabelle 64.

Halbsynthetische Penicilline und Cephalosporine. 6-APS und 7-ACS werden durch Abspaltung der Acylseitenketten auf enzymatischem oder auf chemischem Wege erhalten. Sie sind Ausgangsverbindungen zur Herstellung der sog. semisynthetischen Penicilline oder Cephalosporine durch Synthese von Derivaten mit neuen Seitenketten. Dadurch werden die antibiotischen Eigenschaften dieser Produkte wesentlich verändert.

Die enzymatische Abspaltung der Seitenkette geschieht gegenwärtig durch trägergebundene Penicillinacylasen. Es gibt Acylasen, die sehr verschiedene Acylreste aus Penicillinen abspalten können, für technische Zwecke wird aber fast ausschließlich die Spaltung von Benzylpenicillin (Penicillin G) zu Phenylessigsäure und 6-APS angewandt (vgl. Vandamme und Voets, 1974; Abbott, 1976).

Die Zahl der semisynthetischen Penicilline und Cephalosporine ist sehr groß (vgl. auch Rehm, 1967; Flynn, 1972 u. v. a.). Für die Therapie sind jedoch nur einige Verbindungen gut geeignet (Tabelle 64 und Tabelle 65) (vgl. auch Hou und Poole, 1971).

Inzwischen sind verschiedene neue Substanzen mit einem β-Lactam-Ringsystem aufgefunden worden. Sie sind noch nicht zur klinischen Anwendung gekommen, haben aber z. T. Aussichten, als neue Grundkörper – vergleichbar der 6-APS und 7-ACS – für Antibioticafamilien zu fungieren.

Nocardia uniformis subsp. *tsuyamanensis* bildet das Nocardicin mit einer Wirkung gegen *Pseudomonas*-Arten (Aoki et al., 1976).

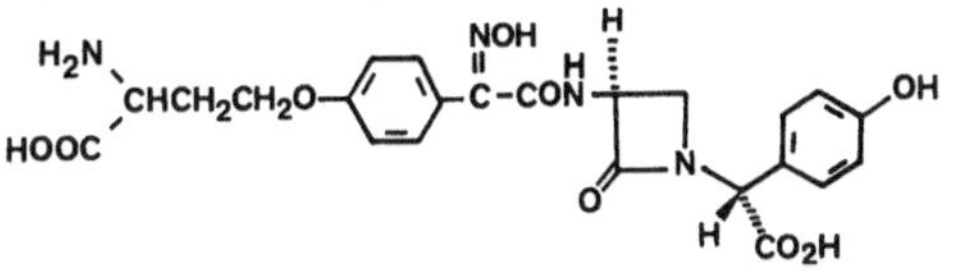

Von *Streptomyces clavigerus* wird Clavulansäure gebildet. Sie hat eine Wirkung gegen *Klebsiella aerogenes,* der eine β-Lactamase produziert (Brown et al., 1976).

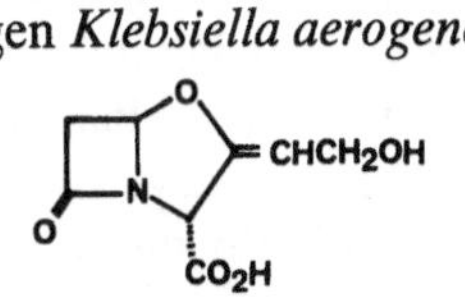

Tabelle 65. Wichtige semisynthetische Cephalosporine

Allgemeiner Name	Chemischer Name	Struktur R_1	R_2	Antimikrobielle Wirkung und Eigenschaften *)
Cephalothin	7-(thiophen-2-acet-amido)-cephalosporansäure	(Thiophen)–CH_2–	–$OCOCH_3$	Breites Spektrum, schlecht absorbiert
Cephaloridine	7-(2-thienyl)-acet-amido-3-(1-pyridyl-methyl)-3-cephem-4-carboxylsäure-betain	(Thiophen)–CH_2–	(Pyridinium)	Breites Spektrum, schlecht absorbiert, wenig an Serum gebunden
Cephaloglycin	7-(D-alfa-amino-phenylacetamido)-cephalosporansäure	(Phenyl)–$\overset{*}{C}H$– mit NH_2	–$OCOCH_3$	Breites Spektrum, gut absorbiert
Cephalexin	7-(D-alfa-aminophe-nylacetamido)-3-methyl-3-cephem-4-carboxylsäure	(Phenyl)–$\overset{*}{C}H$– mit NH_2	–H	Breites Spektrum, gut absorbiert

*) zumeist gegen Penicillin-β-lactamase resistent, aber sehr empfindlich gegen Cephalosporin-β-lactamasen

Die Thienamycine aus *Streptomyces olivaceus* und anderen *Streptomyces*-Arten (Cole et al., 1975) sind als Antimetaboliten der β-Lactamase in der Lage, Penicilline und Cephalosporine gegen eine Zerstörung durch β-Lactamase zu schützen. Thienamycin wird von *Streptomyces cattleya* gebildet und ist ein Breitspektrumantibioticum. Einzelheiten vgl. Gorman und Huber (1977, 1978).

4. Biosynthese, Regulation und weitere biologische Eigenschaften

Unsere gegenwärtigen Kenntnisse über die Biosynthese der β-Lactam-Antibiotica sind noch sehr lückenhaft, da vor allem wichtige Enzyme auf den angenommenen Biosynthesewegen noch nicht isoliert wurden (vgl. Kanzaki und Fujisawa, 1976; Vandamme, 1977).

6-Aminopenicillansäure setzt sich aus Valin und Cystein zusammen und bildet mit Phenylessigsäure das Penicillin G. Bei *Penicillium chrysogenum* wurde bereits 1960 ein Dipeptid L-Cysteinyl-L(1-^{14}C)valin als direkte Vorstufe zur Penicillinbildung nachgewiesen (Arnstein und Morris, 1960). Da im Isopenicillin N (Penicillin M, früher als Cephalosporin N bezeichnet) α-Aminoadipinsäure als Acyl vorhanden ist, haben Arnstein und seine Mitarbeiter eine Tripeptidtheorie für die Biosynthese des Penicillins entwickelt (vgl. Lemke und Brannon, 1972). Danach geht die Biosynthese von einem Tripeptid (δ-Amino-adipyl-cysteinyl-valin) aus.

Es ist bisher noch nicht gelungen, den zur Penicillin G-Bildung notwendigen Austausch der α-Aminoadipinsäure gegen Phenylessigsäure durchzuführen, so daß noch keineswegs gesichert ist, daß der Aufbau der 6-APS an der α-Aminoadipinsäure vor sich geht.

Die Penicillinbildung könnte auch von einem Dipeptid über eine Reihe von Zwischenstufen, von denen man nicht weiß, ob sie in freier Form gebildet werden, ausgehen (Abraham und Newton, 1961; Sermonti, 1969). Durch zellfreie Extrakte von *P. chrysogenum* wird das Arnsteinsche Tripeptid gebildet (Bauer, 1970).

Es sind mindestens vier Stufen bei der Penicillinbildung zu unterscheiden (die Stufen sind in den Abbildungen als 1 – 4 eingezeichnet):

1. Kondensation der Aminosäuren, Bildung des β-Lactamringes.
2. Dehydrierung des Peptids im Valinteil, dadurch wird die optische Aktivität des L-Valins aufgehoben.
3. Hydrierung und Ringschluß mit Entstehung der D-Konfiguration des Valinteiles.
4. Einführung der Seitenkette durch Acylaustausch (nicht bei Isopenicillin N).

Kann die vierte Stufe aus Mangel an einer geeigneten Vorstufe für eine Seitenkette nicht ausgeführt werden, so entsteht durch Acylverlust (?) die 6-Aminopenicillansäure.

Beim Isopenicillin N ist ein Austausch der Seitenketten nicht nötig. Gegenwärtig sprechen viele bekannte Verknüpfungen der Penicillinbildung mit dem primären Stoffwechsel für die Arnsteinsche Tripeptidtheorie. Bei der Biosynthese des Cephalosporin C bleibt beim Ringschluß die Doppelbindung erhalten, und der Ring wird zwischen einer Methylgruppe des Valins und dem Schwefelatom geschlossen.

Das α, β-Dehydrovalinderivat wäre bei Penicillinen und Cephalosporinen dann eine gemeinsame Vorstufe (Demain et al., 1963; Demain, 1966). Der Dihydrothiazinring der 7-ACS entsteht durch Dehydrogenierung der Thiolgruppe und einer Methylgruppe des Dehydrovalinylteiles.

Eine alternative Hypothese ist die Oxidation des Valinteiles vor der Bildung des 3-Cephem-Ringsystems (Abraham und Newton, 1965). Anschließend wird mit Acetat das Cephalosporin C-Molekül gebildet (Abb. 131).

Die Biosynthese der Penicilline und der Cephalosporine steht in enger Beziehung zur Biosynthese der Aminosäuren Valin, Cystein und auch der α-Aminoadipinsäure und damit auch zu der von Lysin und Glutaminsäure (Abb. vgl. Kap. 22). Der Schwefelstoffwechsel ist durch die Cysteinbiosynthese ebenfalls einbezogen (vgl. Abb. 133). Beim *Penicillium*-Typ fungiert anorganischer Schwefel als optimale S-Quelle für die Cystein-Biosynthese und wird direkt in 6-APS eingebaut, während Methionin der optimale S-Donator für den *Cephalosporium*-Typ ist (Literatur vgl. Nüesch, 1974; Lemke und Brannon, 1972).

Da die Biosynthese der Penicilline und Cephalosporine noch nicht vollständig aufgeklärt ist, sind auch noch viele Fragen zur Regulation der Bildung schwierig zu beantworten, obwohl sie für die Herstellung sehr bedeutungsvoll sind.

1. **Katabolitrepression.** Die Biosynthese des Penicillins unterliegt einer Katabolitrepression durch Glucose. Erst die Verwendung von Lactose als C-Quelle erbrachte befriedigende Fermentationsausbeuten. Als man daraufhin feststellte, daß die

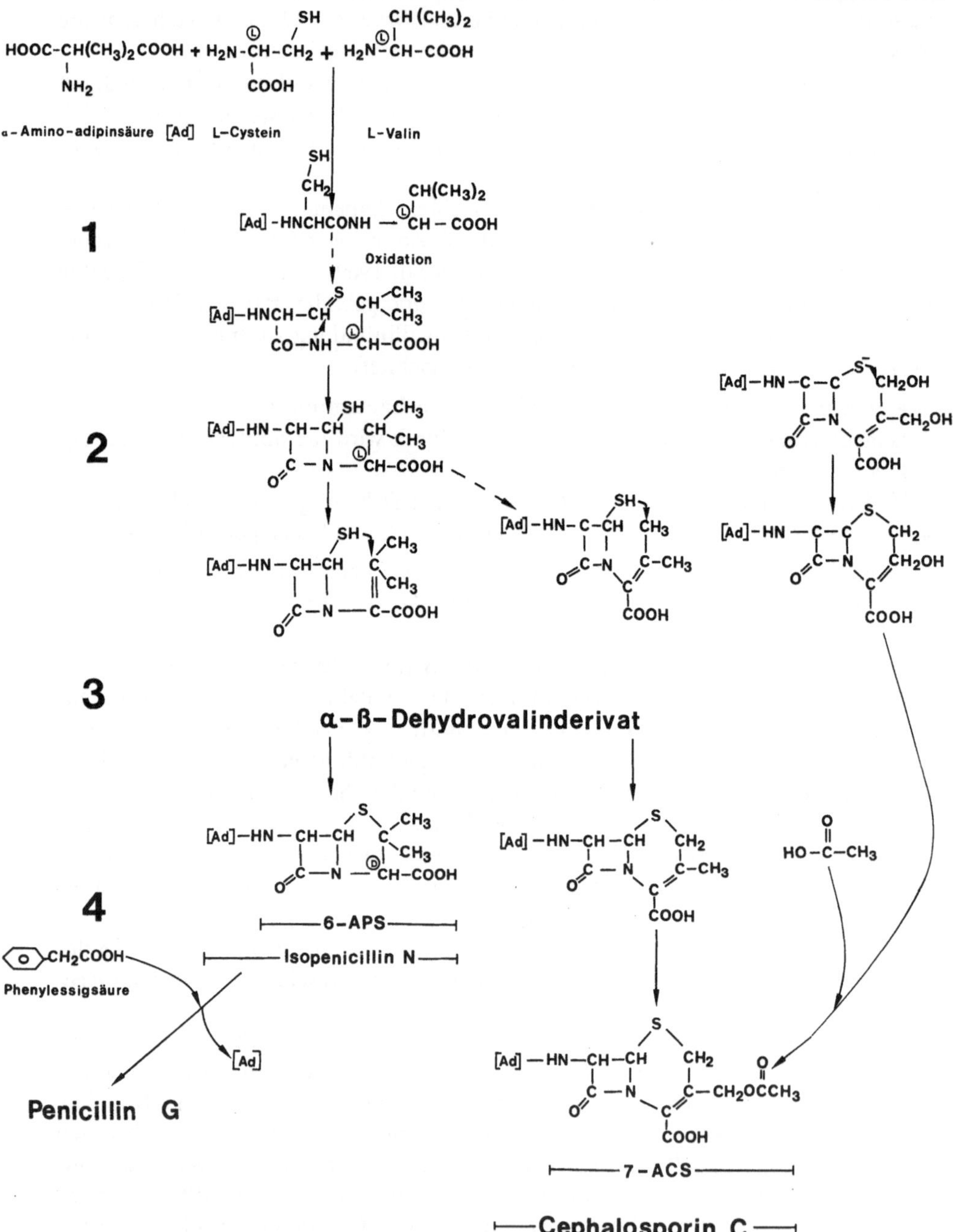

Abb. 131. Biosynthese von Penicillin G und Cephalosporin C

Wirkung der Lactose darauf beruht, daß dieses Disaccharid nur langsam gespalten wird und die dabei entstehenden Monosaccharide sofort metabolisiert werden, war es auch möglich, Glucose als C-Quelle bei entsprechend langsamer Dosierung zu verwenden.

2. **Derepression von Enzymen, die Sekundärmetabolite bilden.** Zwei wichtige Enzyme, eines zur Aktivierung der Phenylessigsäure und eine Penicillin-acyl-transferase, die das Phenylacetyl-CoA auf 6-APS überträgt, sind erst in der Idiophase aktiv (Literatur vgl. Brunner et al., 1968). Dies ist in gewisser Weise eine geschwindigkeitsbestimmende Reaktion. Wird Phenylessigsäure in dieser Phase als Vorstufe (precursor) gegeben, so verursacht sie keine Repression, sondern eine Verstärkung der Penicillin G-Bildung.

3. **Endprodukthemmung durch Lysin.** Es wurde festgestellt, daß Lysin eine starke Hemmung der Penicillinbildung durch *Penicillium* hervorruft, während α-Aminoadipinsäure diese Hemmung aufhebt. Diese Wirkung beruht anscheinend auf einer „Feedback"-Hemmung der Homocitratsynthese durch Lysin im verzweigten Stoffwechselweg, aus dem auch Penicillin gebildet wird (vgl. Demain, 1970; Lemke und Brannon, 1972) (Abb. 132).
Eine solche Hemmung durch Lysin und Aufhebung der Hemmung durch α-Aminoadipinsäure wird nicht beim *Cephalosporium*-Typ beobachtet.

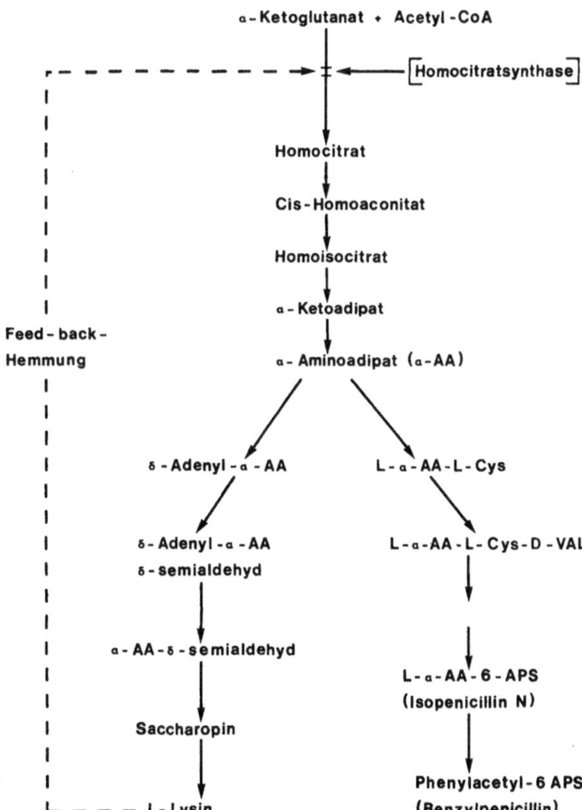

Abb. 132. Endprodukthemmung der Penicillinbildung durch L-Lysin

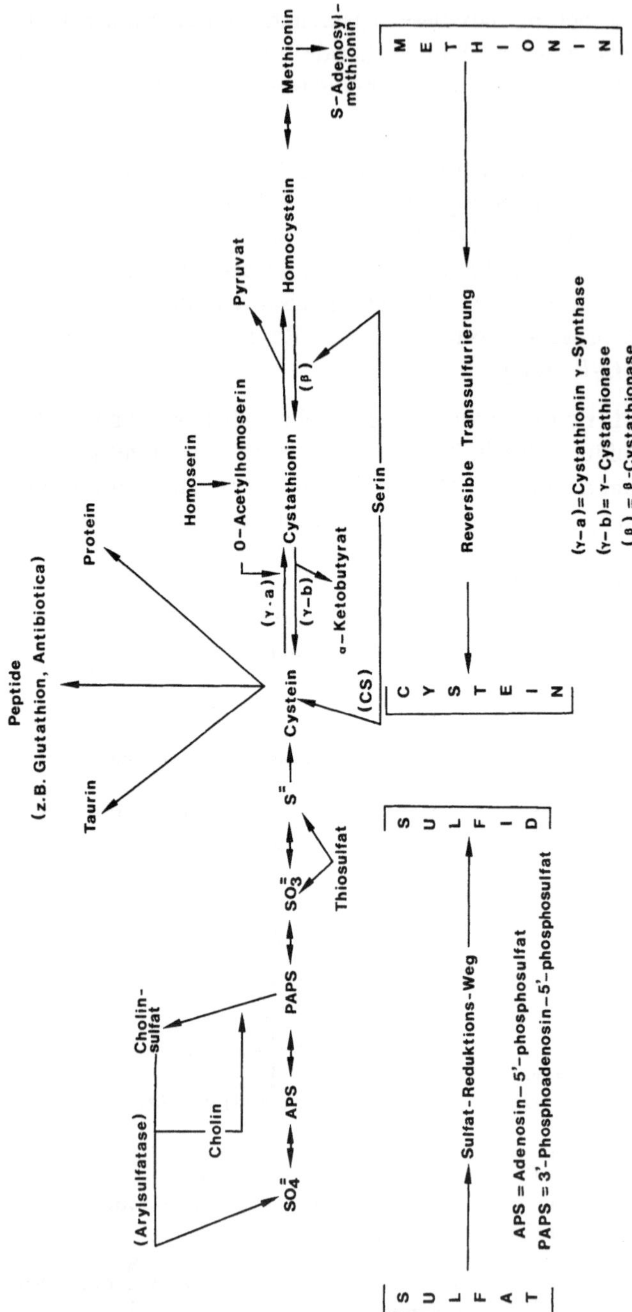

Abb. 133. Schwefelstoffwechsel bei Pilzen (nach Lemke u. Brannon, 1972)

Lysin-auxotrophe Mutanten vom *Penicillium*-Typ, die ihren Block vor der α-Aminoadipinsäure haben, benötigen diese für die Penicillinbildung, solche, die den Block dahinter haben, jedoch nicht (Goulden und Chattaway, 1968).

4. **Derepression von Cephalosporin C durch Methionin.** Die Cephalosporin C-Bildung wird stark durch Methionin gefördert, der Lieferant für das S-Atom im Cephalosporin ist Cystein. Die stimulierende Wirkung des Methionins beruht auf einer Repression des Weges vom Cystein zu Methionin und damit auf einer Derepression des Weges vom Cystein zum Cephalosporin C (Demain, 1966, vgl. Abb. 133).

Weitere Angaben über die Regulation vgl. z. T. Lemke und Brannon (1972).

Penicilline und Cephalosporine können durch β-Lactamasen (Penicillinasen resp. Cephalosporinasen) inaktiviert werden. Dabei wird der β-Lactamring aufgespalten. Die β-Lactamasen, z. B. von *Staphylococcus aureus,* sind z. T. nur gegen den β-Lactamring der Penicilline, z. T. nur gegen den der Cephalosporine, z. T. aber auch gegen beide aktiv (vgl. Wick, 1972).

Die in der Formel gezeigte Spaltung des Penicillin-β-lactamringes findet entsprechend beim Cephalosporin-β-lactamring statt.

Die Information für eine Bildung von drei unterschiedlichen β-Lactamasen bei *Staphylococcus aureus* liegt extrachromosomal auf einem Plasmid und kann durch Phagentransduktion von einem Bakterium auf ein anderes übertragen werden (Chabbert, 1968). Diese Plasmide, sog. „Resistenz-Faktoren" (R-Faktoren), können gleichzeitig auch Resistenz gegen andere Antibiotica, z. B. Streptomycin, Chloramphenicol, Tetracycline u. a. enthalten.

Daneben gibt es auch eine chromosomale Resistenz bei einigen *S. aureus*-Stämmen, die besonders gegen Methicillin beobachtet wurde (Chabbert, 1968). Die Ursachen dieser „heterogenen Resistenz" müssen noch aufgeklärt werden, zumal die Virulenz dieser Stämme 10 – 1000fach geringer als die der Methicillin-empfindlichen Stämme ist (Wick und Preston, 1970).

Der antimikrobielle Wirkungsmechanismus der β-Lactam-Antibiotica ist vor allem bei den Penicillinen untersucht worden. Sie wirken auf die Biosynthese des Mureinanteils der Bakterienzellwand ein. Dabei wird der letzte Schritt, die Umpeptidierung, die eine Quervernetzung der Peptido-polysaccharidketten bewirkt, gehemmt. Die D-Ala-D-Ala-Endgruppe der Pentapeptid-Seitenkette entspricht aufgrund der Position der β-Lactam-Gruppe im viergliedrigen Penicillinring. Möglicherweise wird durch Acylierung einer wichtigen Stelle des Enzyms durch Penicillin eine Umpeptidierungsreaktion in der Bakterienzellwand verhindert (vgl. Franklin et al., 1973). Abgesehen von untergeordneten anderen Wirkungen liegt hier ein spezifischer Wirkungsmechanismus gegen Bakterien, denn nur diese enthalten Murein (vgl. Kap. 1), vor, der für die Therapie von immenser Bedeutung ist.

Das antimikrobielle Wirkungsspektrum einiger Penicilline und Cephalosporine vgl. Tabelle 67.

5. Herstellungstechnik

a) Penicilline

Penicillin wurde in der ersten Zeit nach der Entdeckung nur im Oberflächenverfahren hergestellt, während es heute ausschließlich im aeroben Submersverfahren gewonnen wird. Beide Verfahren wurden im Prinzip bereits ausführlich beschrieben.

Die Herstellung der Impflösung für das Submersverfahren geht nach dem folgenden Schema vonstatten:

$$\text{Konserve} \longrightarrow \text{Schrägagar} \xrightarrow[\text{bei 25 °C}]{\text{5 Tage} - \text{7 Tage}} \begin{array}{c} \text{200 ml} \\ \text{Nährlösung} \\ \text{(fünf Kolben)} \end{array} \xrightarrow[\text{bei 25 °C}]{\text{2 Tage}}$$

$$\begin{array}{c} \text{10 l} \\ \text{Nährlösung} \end{array} \xrightarrow[\text{bei 25 °C}]{\text{48 Std.}} \begin{array}{c} \text{1000 l} \\ \text{Propagiergefäß} \\ \text{(submers)} \end{array} \xrightarrow[\text{bei 25 °C}]{\text{48 Std.}}$$

$$\begin{array}{c} \text{10 000 l} \\ \text{Zwischenfermenter} \\ \text{(submers)} \end{array} \xrightarrow[\text{bei 25 °C}]{\text{48 Std.}} \begin{array}{c} \text{100 000 l} \\ \text{Produktionsfermenter} \end{array}$$

Als Substrat für die Fermentation wird im allgemeinen Cornsteep-Lösung mit Zusatz von Sojaschrot, Erdnußpreßkuchen, Hefeautolysat, Casein, Pepton o. ä. verwendet. Häufig werden diesem Medium noch C-Quellen in Form von Lactose, Glucose, Saccharose, Kartoffelstärke, Weizenkleie, Ölen, Fetten o. ä. hinzugefügt (vgl. Pan et al., 1972). Auch hat es nicht an Versuchen gefehlt, Rückstände der Penicillinproduktion, besonders die getrockneten Mycelien, als N-Quellen zu verwenden; die Erfolge hiermit waren sehr unterschiedlich (Falkon, 1960; Grosh und Ganguli, 1961 u. a.). Ob sich n-Paraffine als C-Quelle zur Penicillinproduktion einführen lassen werden, ist noch sehr ungewiß (Kitano et al., 1976).

Als Antischaummittel verwendet man – wenn eine mechanische Schaumbekämpfung nicht ausreicht – höhere Alkohole, besonders Octodecanol, Silicone oder tierische bzw. pflanzliche Öle. Zur Penicillin G-Fermentation werden während der Fermentation Phenylessigsäure, Phenylacetamid, Phenylacetyläthanolamin oder aromatische Substanzen, die im Verlauf der Biosynthese zur Phenoxymethyl- oder Phenylmethylseitenkette umgesetzt werden können, in 10%iger neutraler wäßriger Lösung als precursor zugesetzt. Kleine Mengen an Adipinsäure, α-Aminoadipinsäure oder Glutarsäure erhöhen die Penicillinausbeuten, ebenso oberflächenaktive Substanzen, wie z. B. Polyoxyäthylen-lauryl-alkohol, welche die Bildung eines möglichst homogenen Mycels im Submerstank gewährleisten (Jap. Pat. 10.956/65, 1965). Natriumtetrathionat sowie andere anorganische Schwefelverbindungen haben sich als S-Donatoren bewährt.

Die Fermentation beginnt bei einem pH-Wert von 6,0. Durch Zusatz von $CaCO_3$ werden gebildete Säuren, z. B. Oxalsäure, neutralisiert. Die Temperatur liegt zwischen 24 °C und 27 °C; die Fermentationszeit zwischen 72 Std. und 150 Std. Die Größe der Fermentationstanks liegt etwa bei 100 000 l – 200 000 l. Während der Fermentation belüftet man mit 0,3 vvm – 1,0 vvm bei 120 rpm – 150 rpm. Der Überdruck im Kessel liegt zwischen 0,3 atü – 1,0 atü.

Die Penicillinproduktion läuft in folgenden Phasen ab:

1. Phase. In der ersten Phase findet ein starkes Mycelwachstum statt. Glucose und Milchsäure werden schnell veratmet, die Lactose wird nur langsam verbraucht. Organischer und anorganischer Stickstoff werden zu Protein verarbeitet. Die Conidienbildung wird durch die Zusammensetzung des Substrates (Verhältnis von C zu N) möglichst unterdrückt. Es bilden sich Pellets, die für die Penicillinbildung erwünscht sind.

2. Phase. In der zweiten Phase wird viel Penicillin gebildet, während Wachstum und Atmung eingeschränkt sind. Jetzt wird viel Lactose umgesetzt, ebenso auch Ammoniak, das in der ersten Phase aus den Aminosäuren gebildet worden war. Je länger in dieser Phase ein langsames Mycelwachstum stattfindet, um so besser ist die Penicillinproduktion. Sofort nach der Bildung wird das Penicillin von den Mikroorganismen in das Substrat abgegeben. Die im Mycel verbliebene Penicillinmenge liegt unter 1% der Gesamtausbeute.

3. Phase. In dieser Phase wird das Mycel autolysiert. Damit vermindern sich Mycelgewicht und Stickstoffgehalt des Mycels stark, so daß durch den zunehmenden Gehalt an NH_3 im Substrat der pH-Wert ansteigt. Bei pH-Werten über 8,0 wird die Penicillinproduktion praktisch eingestellt und das schon vorhandene Penicillin im Substrat zersetzt. Der Ansatz muß also in dieser Phase rechtzeitig abgebrochen werden.

Vor der Aufarbeitung des Penicillins wird das Mycel mit Trommelrotationsfiltern abfiltriert; es liegen 10 g – 20 g Myceltrockensubstanz pro 1 Kulturflüssigkeit vor. Der Fermenter wird zum Abbruch entweder auf 2 °C – 10 °C abgekühlt oder mit 1% – 2% Formalin versetzt, um eine Weiterentwicklung der Pilzmycelien oder eine Infektion durch andere Mikroorganismen zu verhindern. In manchen Werken wird vor der Filtration das vorhandene Eiweiß ausgefällt (mit $CaCl_2$ und $AlSO_4$; je 4 g $CaCl_2$ + 3 g $AlSO_4$ pro l).

Das Mycel wird gewaschen und nochmals filtriert; das Waschwasser wird dann mit dem Mycel vereinigt. Versuche, die abfiltrierten Mycelien wieder zur Beimpfung neuer Ansätze zu verwenden, hatten keinen Erfolg.

Penicillin wird gegenwärtig nur noch durch Extraktion aufgearbeitet. Hierzu wird es durch Ansäuern in die freie Säure überführt. Als Extraktionsmittel werden Amylacetat oder Butylacetat verwendet. Die erste Extraktion erfolgt bei einem pH-Wert von 2,0 – 2,5 (Ansäuerung mit 10%iger H_2SO_4), die anschließende zweite Extraktion bei einem pH-Wert von 6,8 – 7,5. Beide Extraktionen werden im Gegenstrom in Podbielniak- oder Luwesta-Separatoren vorgenommen.

Zur besseren Trennung beider Flüssigkeitsphasen können Netzmittel (z. B. Tretolite, Hostapon, jeweils 1%ig) zugesetzt werden. Insgesamt liegt die Ausbeute nach dem Extraktionsverfahren zwischen 90% und 95% des in der Kulturflüssigkeit vorhandenen Penicillins.

Die weitere Reinigung kann durch Lyophilisierung aus einer wäßrigen Phase (das sauer extrahierte Penicillin wird durch Alkalizusatz in die wäßrige Phase überführt) erfolgen. Man kann auch direkt aus der organischen Phase nach Zwischenreinigung aufarbeiten. Anschließend wird das Lösungsmittel entfernt und der Rückstand weiter durch Umkristallisation gereinigt. Penicillin läßt sich gut mit Triäthylamin, N-Äthylpiperidin und Cyclohexylamin auskristallisieren (vgl. Abb. 134).

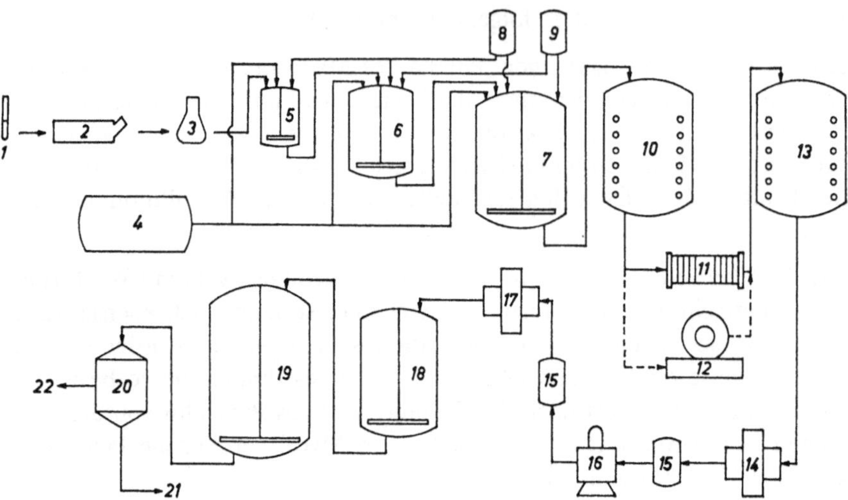

Abb. 134. Fließschema zur Penicillinherstellung mit anschließender Aufarbeitung nach dem Extraktionsverfahren. Zeichenerklärung: *1, 2, 3, 5, 6* Anzucht der Impflösung; *4* Substratvorratstank; *7* Produktionsfermenter; *8* Antischaummittel; *9* precursor; *10* Kühltank; *11* Plattenkühler; *12* Vakuumrotationsfilter; *13* Lagertank für Kulturfiltrat; *14* 1. Extraktion im Podbielniak-Extraktor; *15* Zwischenbehälter; *16* 2. Extraktion im Luwesta-Extraktor; *17* 3. Extraktion im Podbielniak-Extraktor; *18* Entwässerungstank; *19* Fällungstank; *20* Nutsche; *21* Rückgewinnung des Lösungsmittels; *22* Trocknung und weitere Reinigung des Penicillins

Wenn es auch in Versuchsanlagen gelungen ist, Penicillin im semikontinuierlichen oder im kontinuierlichen Submersverfahren herzustellen, so gibt es doch noch keine Hinweise, daß sich diese Herstellungsmethoden gegenüber anderen Verfahren durchsetzen werden. Solche Verfahren arbeiten entweder nur mit einem Kulturgefäß oder mit zwei Tanks, wobei im ersten Tank hauptsächlich die Mycelentwicklung und im zweiten Tank besonders die Penicillinbildung stattfindet. Die Schwierigkeiten, die mit der Züchtung mycelbildender Pilze verbunden sind, zeigen sich vor allem in kontinuierlicher Kultur. Über Penicillinbestimmungsmethoden und weitere technische Einzelheiten sowie über Literatur vgl. Kleiber (1962); Oberzill (1962); Flynn (1972).

Die Herstellung von Penicillinen mit besonderen Seitengruppen erfolgt entweder durch Zusatz geeigneter Vorstufen zum Substrat (wie z. B. beim Penicillin V) oder durch chemische Acylierung von 6-APS. Auch eine enzymatische Acylierung wäre möglich, für sie sind das Vorhandensein eines Carboxylgruppendonators, z. B. in Form von Aminosäuren, Nitritabkömmlingen, Peptiden und eines Enzyms, z. B. Ficin, Papain u. ä. notwendig. Die Acylierung geht dann folgendermaßen vor sich:

$$\text{6-APS} + \text{Carboxylgruppendonator} \xrightarrow{\text{[Penicillinacyltransferase]}} \text{substituiertes Penicillin}$$

α-Hydroxybenzylpenicillin läßt sich nach dieser Methode folgendermaßen herstellen:

$$\text{6-APS} + \text{Mandelsäure} \xrightarrow[\text{pH 9,0}]{\substack{\text{[Penicillinacyltransferase]} \\ \text{aus } E.\ coli}} \alpha\text{-Hydroxybenzylpenicillin}$$

Durch Acyltransferasen aus *Penicillium chrysogenum* werden die Acetyl-CoA-Ester der betreffenden Seitenketten übertragen (Brunner et al., 1968).

Man muß in einem pH-Bereich arbeiten, in dem die Verknüpfung der Seitenkette mit der 6-APS und nicht deren Abbau katalysiert wird (GB-Pat. 939.708, 1963; US-Pat. 3.152.050, 1964). Für die Praxis haben sich chemische Acylierungsmethoden durchgesetzt.

b) 6-Aminopenicillansäure

6-Aminopenicillansäure, die Ausgangssubstanz für die halbsynthetischen Penicilline, kann – ebenso wie die 7-Aminocephalosporansäure – sowohl durch chemische Hydrolyse als auch mit enzymatischen Methoden hergestellt werden.

Für die chemische Spaltung gibt es eine große Anzahl von Patenten, anscheinend haben aber die chemischen Herstellungsmethoden von 6-APS aus Penicillin G nicht befriedigt, so daß gegenwärtig die enzymatische Spaltung von Penicillin G im

Tabelle 66. Methoden zur Immobilisierung von Penicillinacylase

Enzymquelle	Methode der Trägerbindung	Bemerkungen	Literatur
Escherichia coli	Einhüllung in Cellulose-triacetatfasern	79% der anfänglichen Aktivität blieben nach 30facher Verwendung	Belg. Pat. 782.646 (1972)
E. coli	Bindung an Polymethylcrylat-Harz (XAD 7) mit Glutaraldehyd u. Methylendiamin	Der Enzymkomplex ließ sich 15fach verwenden	DB-Pat. 2.336.829 (1974)
E. coli	Kopplung an ein Chlor-S-triazinderivat an DEAE-Cellulose oder Cellulose-Filterpapier	Keine Abnahme der Enzymaktivität nach 11 Wochen Gebrauch	Self et al. (1969)
E. coli	Kopplung an Cyanogen bromid-aktivierter Sepharose	Anwendung zur technischen Produktion von 6-APS	US-Pat. 3.736.230 (1973)
E. coli	Kopplung an ein Copolymer von Acrylamid, N,N'-methylenbis-(acrylamid) und Maleinsäureanhydrid	Technische Anwendung	DB-Pat. 2.157.970 (1973) DB-Pat. 2.157.972 (1973)
E. coli	Kopplung an Cyanogen bromid-aktiviertes Dextran (Mol.-Gew. 500 000)	Technische Anwendung	DB-Pat. 2.312.824 (1974)
Bacillus megaterium	Adsorption an Bentonit und Diatomeenerde	Anwendung zur technischen Produktion von 6-APS	US-Pat. 3.446.705 (1969)
B. circulans	Enzym acyliert mit Bernsteinsäureanhydrid und Kopplung mit DEAE-Sephadex	Ein Säulenreaktor wurde mit einer Ausbeute von 93% 6-APS verwendet	Jap. Pat. 722.8183 (1972)
Fusarium moniliforme	Sporen des Pilzes	Die Sporen wurden dreimal zur Hydrolyse von Phenoxymethylpenicillin verwendet	Singh et al. (1969)

Vordergrund steht. Penicillinacylase wird zumeist aus *Escherichia coli* gewonnen, obwohl auch Enzyme aus anderen Mikroorganismenarten (Hamilton-Miller, 1966; Singh et al., 1969; Acevedo und Cooney, 1973; Vandamme und Voets, 1973, 1974) u. v. a. Verwendung finden.

Die Spaltung wird mit trägergebundenen Enzymen durchgeführt. Dabei gibt es verschiedene Möglichkeiten, die Enzyme zu binden. Einige Methoden zeigt die Tabelle 66 (vgl. Abbott, 1976).

$$\text{Penicillin G} \xrightarrow{[\textit{E. coli}-\text{Acylase}]} \text{Phenylessigsäure} + 6\text{-APS}$$

$$6\text{-APS} + \text{C}_6\text{H}_5\text{-CHC} \overset{\text{NH}_2}{\underset{\text{OCH}_3}{\diagdown}}\overset{\text{O}}{\diagup} \xrightarrow{} \text{Ampicillin}$$

$$[\textit{P. melanogenum}-\text{Acylase}]$$

Auch eine Acylierung von 6-APS mit trägergebundener Acylase ist möglich. So wurde z. B. eine zweistufige Synthese von Ampicillin aus Penicillin G beschrieben (Okachi et al., 1973; Okachi und Nara, 1973).

c) Cephalosporine und 7-Aminocephalosporansäure

An der Gewinnung von Cephalosporin C besteht ein großes Interesse, da dieses Antibioticum ein breites antimikrobielles Wirkungsspektrum besitzt. Wird die α-Aminoadipinsäure-Seitenkette durch Phenylessigsäure ersetzt, so erhöht sich die antimikrobielle Wirkung noch bedeutend. Cephalosporin C wird nicht durch Penicillinase gespalten, so daß dem Antibioticum zur Bekämpfung penicillinasebildender Mikroorganismen eine besondere Bedeutung zukommt. Allerdings bildet eine Reihe von Mikroorganismen eine Cephalosporinase, die eine Spaltung von Cephalosporin C bewirkt. Aus Cephalosporin C wird die 7-Aminocephalosporansäure hergestellt, die als Ausgangssubstanz für halbsynthetische Cephalosporine von Bedeutung ist.

Cephalosporin C wird mit geeigneten *Cephalosporium*-Stämmen im Submersverfahren hergestellt. Die Fermentation geht unter Belüftung bei 23 °C – 27 °C vor sich und ist nach drei bis sechs Tagen abgeschlossen. Die Medien ähneln sehr denen zur Penicillinherstellung. Mit Cornsteep-Lösung, Fischmehl, Fleischmehl, Saccharose, Glucose sowie Ammoniumacetat werden, wenn ausreichend anorganische Salze vorhanden sind, gute Ausbeuten an Cephalosporin C erzielt (Fr. Pat. 1.363.807, 1964). Der Zusatz von DL-Methionin, L-Cystein (US-Pat. 3.139.389, 1964), Norvalin, Norleucin (US-Pat. 3.116.217, 1963), ε-N-Acetyl-L-lysin u. a. (US-Pat. 3.116.216, 1963) zum Substrat erhöht die Ausbeuten. Methionin muß unbedingt in ausreichenden Mengen im Substrat vorhanden sein und kann nicht durch Norleucin ersetzt werden (Drew und Demain, 1973).

Die Aufarbeitung erfolgt durch Extraktion im Gegenstrom mit organischen Lösungsmitteln.

Die 7-Aminocephalosporansäure wird aus Cephalosporin C auf chemischem Wege durch Abspaltung der α-Aminoadipinsäure hergestellt (Fr. Pat. 1.376.905, 1964; Nied. Pat. 6.402.678, 1964). Dabei wird allerdings ein Teil des Cephalosporin C zerstört.

Tabelle 67. Antibakterielle Spektren von verschiedenen β-Lactam-Antibiotica (nach Kurylowicz, 1976)

Organismen	Penicillin G	Penicillin V. Phenethicillin, Propicillin, Phenbenicillin	Methicillin, Nafcillin, Ancillin, Quinacillin	Oxacillin, Cloxacillin, Dicloxacillin	Ampicillin, Hetacillin, Cyclacillin, Azidopenicillin	Carbenicillin, Sulfonamido-benzylpenicillin	Cephalotin, Cephaloridine, Cephaloglycin, Cephalexin, Cefazolin
Staphylococcus aureus, β-Lactamase bildend	±	+	+ +	+ +	±	+	+ +
Staphylococcus aureus, keine β-Lactamase bildend	+ + +	+ +	+ +	+ +	+ + +	+ +	+ +
Diplococcus pneumoniae	+ + +	+ +	+ +	+ +	+ + +	+	+ +
Streptococcus faecalis	+ +	+ +	+ +	+	+ +	+	+
Streptococcus pyogenes	+ + +	+ +	+ + +	+ +	+ + +	+ +	+ + +
Streptococcus viridans	+ + +	+ +	+ +	+ +	+ +	+	+ +
Neisseria meningitidis	+ +	+ +	+ +	+ +	+ +	+	+ +
Haemophilus influenzae	+ +	+	+	+	+ +	+ +	+
Salmonella sp.	+	±	–	–	+	+	+
Escherichia coli	±	–	–	–	+	+	+ +
Enterobacter sp.	–	–	–	–	±	±	+ +
Proteus mirabilis, keine β-Lactamase bildend	–	–	–	–	+	+ +	+
Proteus mirabilis, β-Lactamase bildend	–	–	–	–	–	+	+
Proteus rettgeri, P. morganii, P. vulgaris	–	–	–	–	–	–	+
Pseudomonas aeruginosa	–	–	–	–	–	+	–

Minimale Hemmkonzentration (im Mittel): + + + = wirksam bei $< 0{,}1$ µg/ml; + + = wirksam bei $0{,}1$ µg/ml – 10 µg/ml; + = wirksam bei > 10 µg/ml; ± = wirksam bei 250 µg/ml; – = keine Wirksamkeit bei > 250 µg/ml.

Tabelle 68. Wichtige Peptid- und Depsipeptid-Antibiotica

Name	Produzierende Mikroorganismen	antimikrobielle Wirkung gegen:	Bemerkungen
Bacitracin A	*Bacillus subtilis*, *B. licheniformis*	viele gram(+), einige gram(−)-Bakterien, *Neisseria*, Spirochaeten, *Actinomyces, Nocardia, Entamoeba*	wenig toxisch bei lokaler Anwendung, oft nephrotoxisch, Synergismus mit Penicillin, Streptomycin u. Neomycin
Gramicidine A, B, C	*B. brevis*	Wirkung gegen gram(+)-Bakt., unwirksam gegen gram(−)-Bakt. u. *Mycobacterium tuberculosis*	stark haemolytisch u. hepatotoxisch
Gramicidin S	*B. brevis*	Wirkung gegen gram(+)-Bakt. (einschl. Clostridien), gegen Mycobakterien, gegen einige Pilze u. Protozoen	stark haemolytisch u. hepatotoxisch, auch chemisch zu synthetisieren
Tyrocidin A, B, C	*B. brevis*	starke Wirkung gegen gram(+)-Bakt., z. T. gegen pathogene Pilze, unwirksam gegen gram(−)-Bakt.	stark haemolytisch u. hepatotoxisch
Polymyxin B₁, B₂	*B. polymyxa*	starke Wirkung gegen gram(−)-Bakt., bes. *E. coli* u. a. Enterobacteriaceae (nicht gegen *Proteus*), *Haemophilus* u. *Pseudomonas aeruginosa*	nicht im Magen-Darmtrakt resorbiert, wegen nicht unbedeutender Nephrotoxizität ist die Anwendung vor allem auf *Pseudomonas aeruginosa*-Infekte beschränkt, Colistine etwas weniger toxisch
Polymyxin E₁, E₂ (Colistin A, B)	*B. polymyxa*		
Nisin	*Streptococcus lactis*, *S. cremoris*	Wirkung gegen gram(+)-Bakt. (einschl. Clostridien), bes. auch gegen *Lactobacillus*-Arten	geringe Toxizität
Ristocetin A, B	*Nocardia lurida*	gute Wirkung gegen gram(+)-Bakt., *Mycobacterium tuberculosis, Clostridium, Corynebacterium*	rel. starke allgemeine Toxizität (Leucopenie, Thrombocytopenie, Fieber, Hautausschläge, Darmtoxizität u. a.), daher stark begrenzte Anwendung

Tabelle 68 (Fortsetzung)

Name	Produzierende Mikroorganismen	antimikrobielle Wirkung gegen:	Bemerkungen
Viomycin	*Streptomyces puniceus* oder *S. floridae*	schwache Wirkung gegen gram(+)- und gram(–)-Bakt., starke Wirkung gegen *Mycobacterium tuberculosis*	nephrotoxisch und ototoxisch. Anwendung in Kombination mit Isonikotinhydrazid und p-Aminosalicylsäure gegen Tuberkulose
Capreomycin	*S. capreolus*		
Cycloserin	*S. orchidaceus, S. lavendulae, S. garyphalus*	Wirkung gegen Staphylokokken, Streptokokken, Pneumokokken u. bes. gegen *Mycobacterium tuberculosis*	auch chemisch zu synthetisieren, Wirkungen auf das Neuralsystem. Anwendung in Kombination mit INH u. Streptomycin gegen Tuberkulose
Amphomycin	*S. canus*	Ähnliche Wirkung wie Penicillin und Bacitracin, auch Wirkung gegen penicillinresistente Stämme	nur lokale Anwendung
Vancomycin	*S. orientalis*	Wirkung gegen *Staphylococcus aureus, Streptococcus pneumoniae, S. faecalis,* wirksam gegen β-Lactamase bildende Stämme	Erzeugung von Thrombophlebitis
Pristinamycin	*S. pristinaspiralis*	Wirkung gegen gram(+)-Bakt., bes. Kokken, auch gegen *Haemophilus* u. *Neisseria* wirksam	Depsipeptid, begrenzte medizin. Anwendung; in diese Gruppe gehören auch Mikamycin, Virginiamycine, Vernamycine, Patricine, Ostreogricine u. a.
Actinomycine	verschiedene *Streptomyces*-Arten, bes. *S. antibioticus* (Actinomycin B, D u. *S. chrysomallus* (Actinomycin C, E, F)	Antitumorwirkung	toxisch gegen Leber, Nieren u. a. Organe, Anwendung häufig in Verbindung mit Strahlenbehandlung

6. Anwendung

Die Anwendung der Penicilline und Cephalosporine ergibt sich aus dem antimikrobiellen Wirkungsspektrum dieser Antibiotica. Infolge der geringen Toxizität – die LD_{50} von Na-Penicillin G liegt bei i. v. Applikation bei weißen Mäusen bei 3090 mg/kg – können Penicilline auch zur Bekämpfung solcher Mikroorganismen angewandt werden, deren Abtötung höherer Konzentrationen bedarf.

In der Humanmedizin werden mit Penicillinen besonders Staphylokokken- und Streptokokkeninfektionen, Neisseriaceae, Treponemainfektionen, Diphtherie, Aktinomykose, Tetanus, Gasbrand, Psittacosis und andere Infektionskrankheiten mit mehr oder weniger gutem Erfolg bekämpft. Die therapeutische Wirkung kann durch die Ausbildung resistenter Mikroorganismen (z. B. durch β-Lactamasebildung) wesentlich eingeschränkt werden.

Es gibt β-Lactam-Antibiotica mit engem und mit breitem antimikrobiellen Wirkungsspektrum und solche, die auch gegen β-Lactamasebildner wirken (vgl. Tabelle 67).

III. Peptid- und Depsipeptid-Antibiotica

1. Allgemeines, Mikroorganismen und antimikrobielle Wirkung

Einige Antibiotica sind Peptide oder Depsipeptide. Hierzu gehören auch die β-Lactam-Antibiotica als Di- bzw. Tripeptide, die ihrer großen Bedeutung und des β-Lactam-Ringes wegen bereits in einem besonderen Abschnitt beschrieben wurden.

Die meisten Peptid- und Depsipeptid-Antibiotica werden von *Bacillus*- und *Streptomyces*-Arten gebildet. Sie sind oft für den Menschen relativ toxisch, so daß ihre klinische Anwendung stark beschränkt ist (vgl. Tabelle 68).

Die Feststellung der antimikrobiellen Wirkung ist meist schwierig, da vielfach Mischungen sich sehr ähnelnder Substanzen vorliegen. Weiterhin ist es wegen der toxischen Wirkungen oft nicht einfach, ein exaktes Bild über die klinische Wirksamkeit zu erhalten. Zusammenfassende Literatur über Peptid-Antibiotica aus *Bacillus*-Arten vgl. Katz und Demain (1977), Shoji (1978), über Polymyxine vgl. Storm et al. (1977), über die Virginiamycin-Familie vgl. Cocito (1979).

2. Chemie

Peptid-Antibiotica besitzen in den meisten Fällen basische Eigenschaften. Die Molekulargewichte übersteigen selten 4000. In den Peptiden befinden sich häufig D-Aminosäuren neben L-Aminosäuren. Auch Zucker, organische Hydroxysäuren, Amine und andere Verbindungen sowie Chromophore kommen vor. In den meisten Fällen liegen zyklische Peptide vor.

Die Formeln (Abb. 135) zeigen die Strukturen einiger Peptid-Antibiotica.

Die Actinomycine sind Peptid-lacton-antibiotica, die man auch als Peptolide bezeichnet. Nomenklatur der Actinomycine, Strukturen und Literatur über diese Antibiotica vgl. Brockmann (1960) sowie Meienhofer und Atherton (1973).

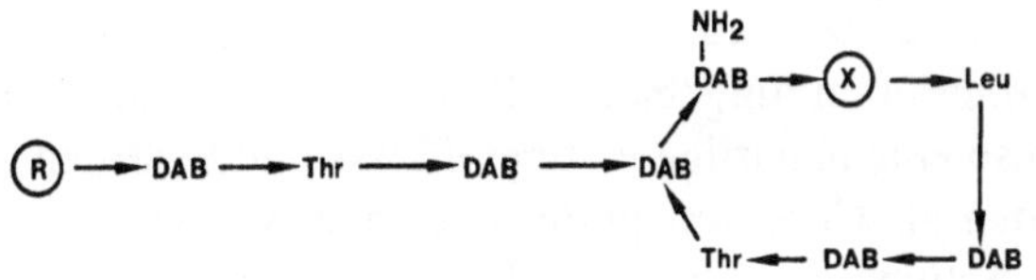

	R	X
Polymyxin B_1	MOA	D-Phe
Polymyxin B_2	IOA	D-Phe
Polymyxin E_1 (Colistin A)	MOA	D-Leu
Polymyxin E_2 (Colistin B)	IOA	D-Leu

MOA = (+) -6-Methyloctansäure, IOA = Isooctansäure

Polymyxine

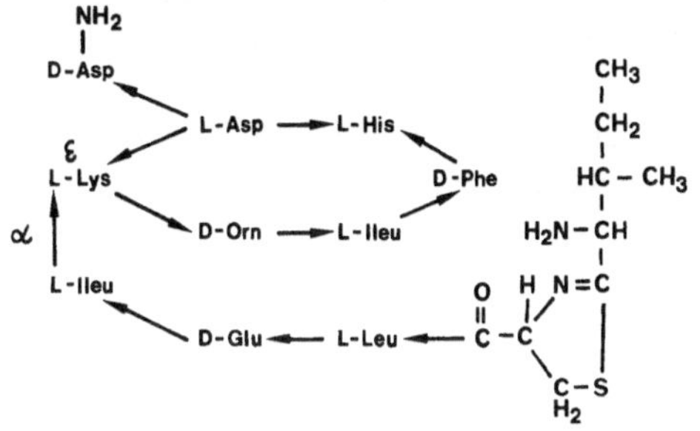

Bacitracin A

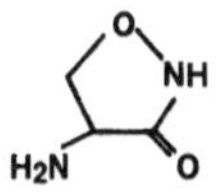

Cycloserin

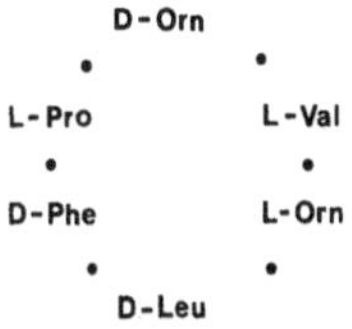

Gramicidin J_2

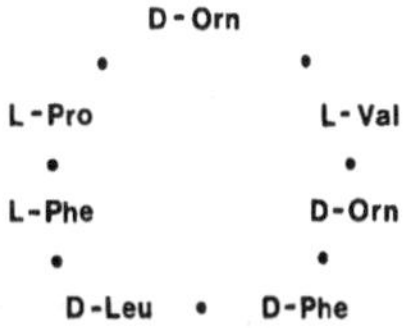

Gramicidin J_1

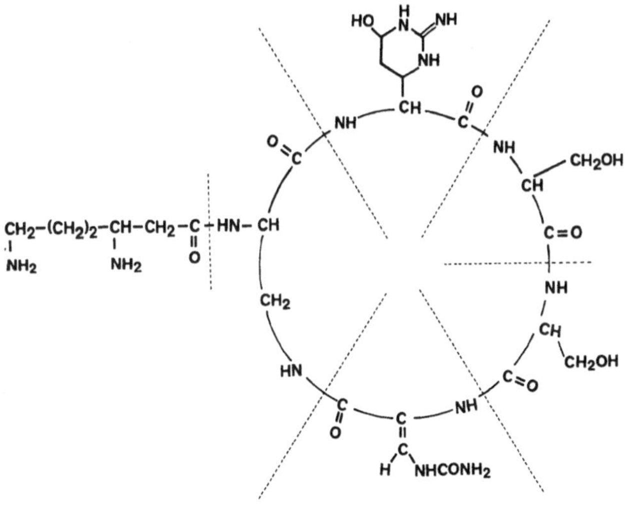

Viomycin

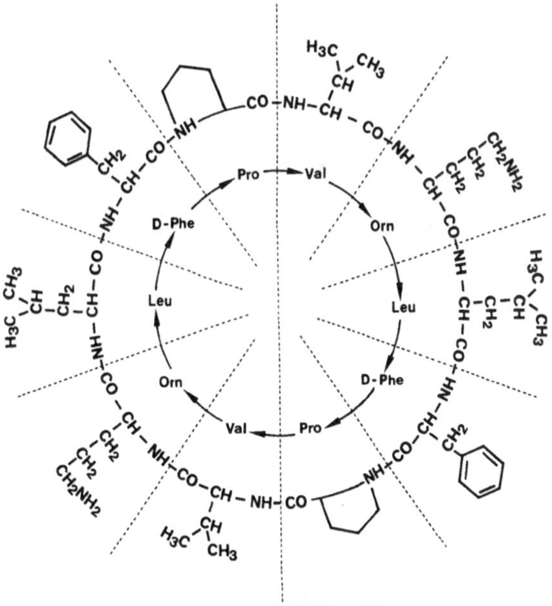

Gramicidin S

Abb. 135. Wichtige Peptid-Antibiotica

Das Molekül der Actinomycine gliedert sich in einen aus Aminosäuren und N-Methylaminosäuren aufgebauten Peptidteil und einen Farbstoffteil (Chromophor). Sie sind also eine neuartige Naturstoffklasse und würden in Analogie zu den Chromoproteiden als Chromopeptide bezeichnet werden können. Sämtliche bisher gefundenen Actinomycine besitzen den gleichen Chromophor und unterscheiden sich nur in der Struktur des Peptidteiles. Der Chromophor ist eine 3-Amino-1,8-dimethylphenoxazon-(2)-dicarbonsäure-(4,5). Diese Verbindung wird auch Actinocin genannt. Die actinomycinbildenden Streptomycetenarten produzieren stets ein Gemisch verschiedener, sich oft sehr ähnelnder Actinomycine.

Aus den Actinomycinen lassen sich auf chemischem Wege Derivate herstellen, z. B. durch Öffnung der beiden Lactonringe oder durch Veränderung des Chromo-

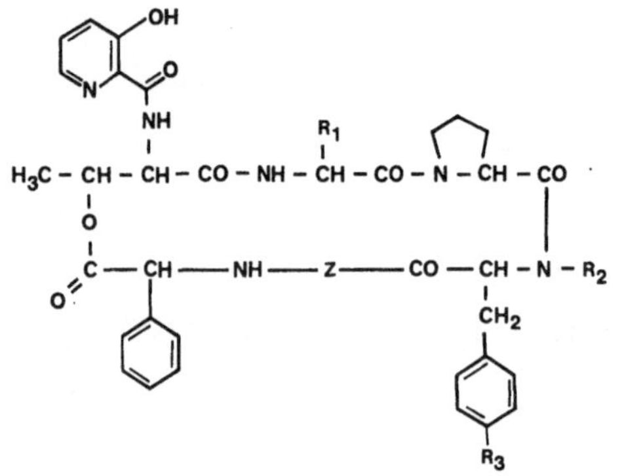

Abb. 136. Struktur einiger Depsipeptid-Antibiotica. Zeichenerklärung:

	R_1	R_2	R_3	Z
Virginiamycin S	C_2H_5	CH_3		4-Ketopipecolinsäure
Virginiamycin S_4	CH_3	CH_3	H	4-Ketopipecolinsäure
Virginiamycin S_2	C_2H_5	H		4-Hydroxypipecolinsäure
Virginiamycin S_3	C_2H_5	CH_3		3-Hydroxy-4-ketopipecolinsäure
Streptogramin B Mikamycin IA Antibiotic PA 114B1	C_2H_5	CH_3	$N(CH_3)_2$	4-Ketopipecolinsäure
Pristinamycin IA Vernamycin B α Ostreogricin B Pristinamycin IC Vernamycin B γ	CH_3	CH_3	$N(CH_3)_2$	4-Ketopipecolinsäure
Ostreogricin B_1 Pristinamycin IB Vernamycin B β	C_2H_5	CH_3	$NHCH_3$	4-Ketopipecolinsäure
Ostreogricin B_2 Vernamycin B δ	CH_3	CH_3	$NHCH_3$	4-Ketopipecolinsäure
Ostreogricin B_3	C_2H_5	CH_3	$N(CH_3)_2$	4-Hydroxy-4-ketopipecolinsäure
Vernamycin C Doricin	C_2H_5	CH_3	$N(CH_3)_2$	Asparaginsäure
Patricin A Patricin B	C_2H_5	CH_3	H	Prolin Pipecolinsäure

phors. Chloractinomycine, Desaminoactinomycine, N-Alkyl- oder Di-alkylactino-
mycine sind Beispiele für derartige Actinomycinderivate. Weiterhin ist es möglich,
durch Zusatz geeigneter Aminosäuregemische eine Biosynthese neuer Actinomycine zu induzieren. Nach Zusatz von DL-Isoleucin entstehen die E-Actinomycine,
nach Zusatz von Sarcosin (Sar) bilden sich die F-Actinomycine. Die F-Actinomycine enthalten drei bis vier Moleküle Sarcosin und nur ein oder kein Molekül Prolin;
sehr ausführliche Angaben über mehr als 100 verschiedene biosynthetische und
chemosynthetische Actinomycine vgl. Meienhofer und Atherton (1973).

Bei Depsipeptiden weist die Hauptkette meistens alternierend Carbonamid-
und Estergruppen auf. Die aus verschiedenen Mikroorganismen isolierten zykli-
schen Verbindungen, z. B. Valinomycin (aus *Streptomyces fulvissimus*) oder Enni-
atin (aus *Fusarium orthoceras v. enniatinum*) können in den aktiven Transport von
Alkalimetallionen durch die Zellmembran eingreifen. Sie bestehen aus α-Amino-
und α-Hydroxysäuren und besitzen antibiotische Wirkungen. Eine Vielzahl von Ana-
loga und Modellverbindungen ist in den letzten 20 Jahren synthetisch hergestellt
worden. Da gegenwärtig eine echte technische Anwendung dieser Substanzen fehlt,
werden sie hier nicht näher beschrieben (Abb. 136, Literatur Nissen und Goodman,
1977).

3. Biosynthese und Regulation

Es darf angenommen werden, daß die Biosynthese vieler Peptid-Antibiotica ähnlich
verläuft. Sie findet nicht – wie die normale Proteinsynthese – am Ribosom statt. Anscheinend werden Peptid-Antibiotica an einem Multienzymkomplex synthetisiert,
in dem Pantothenat die Rolle der zentralen thioltragenden Gruppe hat, die eine
wachsende Peptidkette bindet. Die Peptidbindung entsteht durch Transpeptidie-
rung und durch Wechsel von der peripheren SH-Gruppe als Acceptor des Amino-
acylrestes und der zentralen SH-Gruppe des Pantheins (vgl. Abb. 137 nach Lipmann, 1971). Dabei ist die Frage noch nicht geklärt, ob der Multienzymkomplex,
der offensichtlich für die Biosynthese von Gramicidin S oder Tyrocidin verantwortlich ist (Kleinkauf et al., 1969; Fujikawa et al., 1971), auch für die Biosynthese anderer Substanzen fungiert.

Bacitracin wird in der Protoplasmamembran synthetisiert, dabei ist ATP notwendig. Der zyklische Ring wird zunächst gebildet, anschließend werden Cystein
und das endständige Isoleucin angelagert.

Diaminobuttersäure ist die auslösende Substanz zur Bildung von Colistin. Für
die Synthese wird ATP benötigt. Ein ähnlicher Verbrauch von ATP wurde bei der
Gramicidin S-Synthese beobachtet.

Während die Bacitracinsynthese durch Chloramphenicol gehemmt wird (Aida,
1962), fördert dieses Antibioticum beim Polymyxin den Einbau von L-Threonin und
anderen Aminosäuren.

Weitere Literatur vgl. Katz und Demain (1977); Hopwood und Merrick (1977).

Der chromophore Anteil der Actinomycine, das Actinocin, wird aus zwei Tryp-
tophanmolekülen synthetisiert (Katz, 1960). Die Abb. 138 zeigt die Möglichkeit einer Bildung der Actinomycine aus zwei Molekülen eines 3-Oxy-4-methylanthranil-
säurepeptids. Methyltryptophan hemmt die Actinomycinsynthese, so daß möglicherweise Methylgruppen im N-Methylvalin und Sarcosin durch Methionin über-

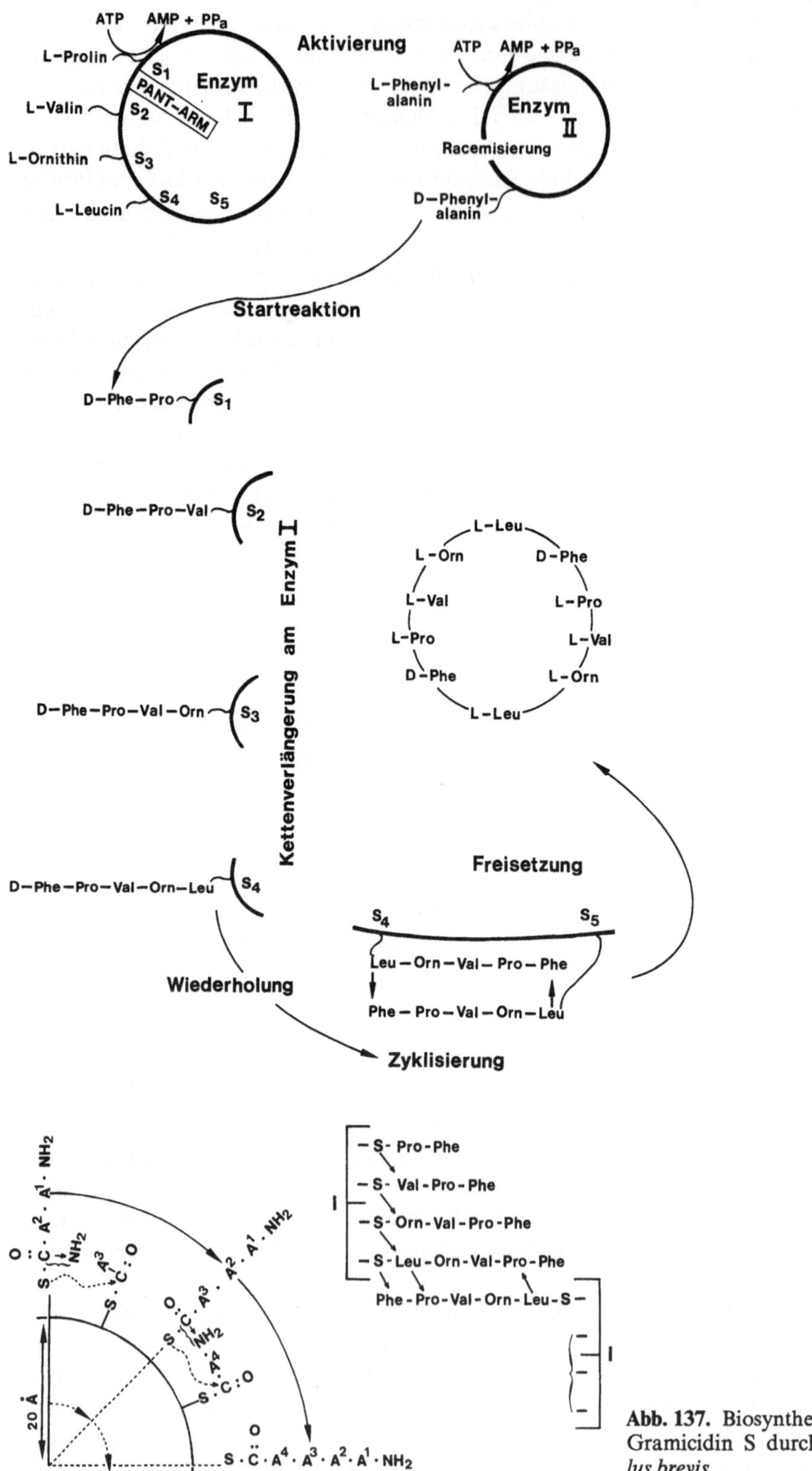

Abb. 137. Biosynthese von Gramicidin S durch *Bacillus brevis*

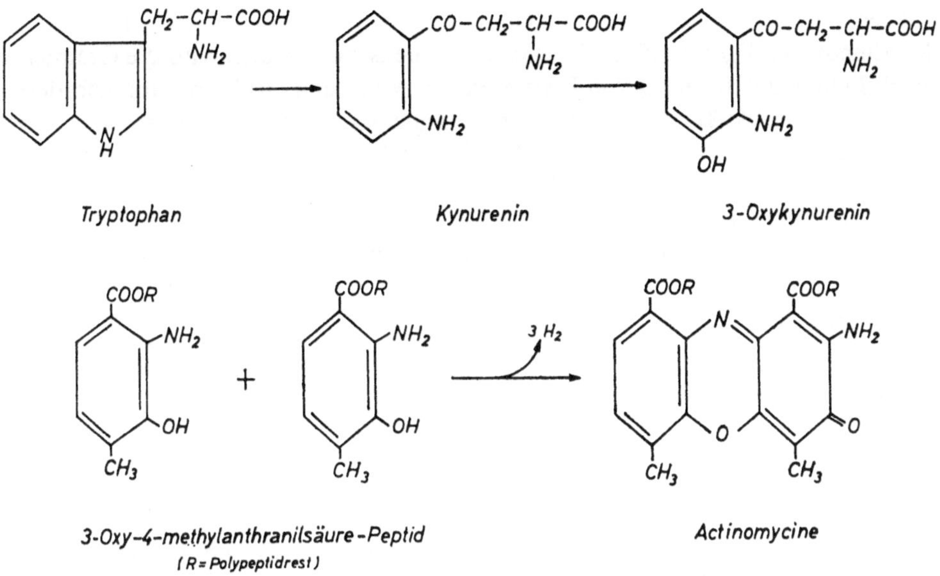

Abb. 138. Bildung von Actinomycin aus Tryptophan

tragen werden (Katz, 1960). Über den Einfluß freier Aminosäuren im Substrat auf die Zusammensetzung der Polypeptidreste vgl. Schmidt-Kastner (1956). Es ließ sich z. B. das L-Prolin in den Seitenketten durch Sarcosin ersetzen, wenn dieses in großer Menge im Substrat vorlag, sogar Pipecolinsäure (α-Pyridincarbonsäure) konnte eingebaut werden (Goss und Katz, 1960).

Z. T. sind bestimmte Aminosäuren geschwindigkeitsbestimmend für die Actinomycinbildung, dabei wird häufig nicht mehr Substanz, sondern nur ein bestimmtes Actinomycin synthetisiert.

Glucose hemmt die Produktion von Actinomycinen. Hier liegt eine Reprimierung der Phenooxazinon-Synthase vor, die die Synthese des Actinomycins aus zwei Molekülen des 3-Oxy-4-methylanthranilsäurepeptids katalysiert (Marshall et al., 1968).

Die Aktivität der Phenooxazinon-Synthase steigt erst in oder nach dem Ende der Wachstumsphase an (vgl. Gottlieb und Shaw, 1967 b).

4. Herstellungstechnik

Die technische Herstellung der polypeptiden Antibiotica geht wie die der meisten Antibiotica in aeroben Submersverfahren vor sich. Bei der Gramicidinherstellung wird möglichst die R-Form von *Bacillus brevis* verwendet, da die S-Form geringere Ausbeuten liefert. Die Fermentation dauert fünf bis sieben Tage bei 42 °C und einem pH-Wert von 7,0. Gramicidin S wird wie die meisten polypeptiden Antibiotica aus dem Kulturfiltrat ausgefällt, und zwar bei einem pH-Wert von 4,5 bis 4,7. Der Niederschlag wird mit Äthanol extrahiert und mehrere Male umgefällt.

Bei einem Verfahren mit *Flavobacterium breve var. G. B.* gelingt es, aus einem vollsynthetischen Medium mit Ammoniumsuccinat und Glycerin als N- und C-

Quellen gute Ausbeuten an Gramicidin S (1000 γ/ml – 2500 γ/ml) zu erhalten (Korshunov und Egorov, 1962). In solchen synthetischen Medien wird die Gramicidin S-Bildung durch Zusatz von Leucin, Prolin, Valin und Ornithin stark gefördert (Žarikova et al., 1963). Die Toxizität des Gramicidin J soll durch Herstellung von Sulfonaten stark vermindert werden (Jap. Pat. 19.745, 1963). Eine Gewinnung von Gramicidin S in kontinuierlicher Kultur ist möglich (Blanch und Rogers, 1972), wird aber nicht praktiziert.

Vielfach wird bei der Herstellung von Tyrothricin mit den Tyrocidinen und Gramicidinen das Gärtassenverfahren, also eine Oberflächenzucht, angewandt, bei dem komplexe organische Substrate gut verwendet werden können. Man züchtet hierbei *Bacillus brevis* drei bis fünf Tage lang bei einem pH-Wert von 7,0, der zum Ende der Fermentation auf etwa 8,0 ansteigt, und einer Temperatur von 35 °C. Die Ausbeute im Gärtassenverfahren liegt bei 2 g Tyrothricin/l. Zur Submerszucht hat ein Zusatz von Glutaminsäure zum Substrat (0,5%) eine Steigerung der Ausbeute zur Folge. Die Aufarbeitung erfolgt ebenfalls durch Kristallisation aus der Kulturflüssigkeit und anschließende Reinigung durch mehrmalige Fällung. Eine kontinuierliche Züchtung im Submersverfahren wurde von Oberzill und Matsche (1970) entwickelt. Trotz niedrigerer Ausbeuten pro Fermentervolumen waren die Tagesausbeuten bei diesem Verfahren höher als in Oberflächenkultur.

Polymyxin wird großtechnisch zwei- oder mehrstufig hergestellt. In der ersten Stufe werden die Organismen stark vermehrt und nach etwa 24 Std. in die zweite Stufe, in der die Antibioticasynthese stattfindet, überführt. Polymyxin wird bei 26 °C – 28 °C, einem Anfangs-pH-Wert von 6,5, nach 64- bis 66stündiger Fermentation in submerser Kultur gebildet.

Nisin wird mit *Streptococcus lactis* hergestellt. Als Substrat verwendet man sterilisierte, entrahmte Milch, in der man die Bakterien solange kultiviert, bis ein Nisintiter von etwa 1000 Reading-E/ml erreicht ist. Das Paracasein wird dann beim pH-Wert von 6,0 – 6,3 durch Behandlung mit $CaCl_2$ und Lab ausgefällt, die Molke beim pH-Wert von 4,5 abfiltriert und der Quark mit Wasser (pH-Wert 4,0 – 4,5) gewaschen. Aus dem Waschwasser und der Molke wird das Nisin isoliert (GB-Pat. 844.782, 1960).

Bacitracin wurde schon bald nach seiner Entdeckung großtechnisch hergestellt. Das Fließschema (vgl. Hickey, 1964) zeigt den vereinfachten Herstellungsprozeß (Abb. 139). Das Antibioticum wird in 80 000 l – 100 000 l fassenden Tanks aus nichtrostendem Stahl produziert. Aus der filtrierten Kulturflüssigkeit kann Bacitracin mit Butanol extrahiert oder z. B. als Molybdat ausgefällt oder – wie heute in den meisten Fällen – vor einer endgültigen Reinigung mit Ionenaustauscher-Säulen verschiedener Art, z. B. Amberlit DRC 50, Duolit C-10, Amberlit MB-4, Sulfonsäure-Harze (GB-Pat. 892.083, 1962), isoliert werden (Literatur vgl. Hickey, 1964).

Bei der Herstellung der Actinomycine hängt es vom jeweiligen Stamm ab, welche Actinomycine gebildet werden. Es ist möglich, durch Zusatz geeigneter Aminosäuren eine gerichtete Biosynthese von Actinomycinen einzuleiten. Eine ausführliche Beschreibung vieler diesbezüglicher Möglichkeiten vgl. Katz und Pugh (1961). Die Fermentation dauert etwa drei bis fünf Tage bei 28 °C – 29 °C unter dauernder Belüftung. Actinomycine lassen sich mit Butylacetat aus dem Kulturfiltrat isolieren. Auch die Mycelien werden mit Butylacetat behandelt. Beide Lösungsmittelportionen werden dann zur endgültigen Reinigung der Actinomycine gemischt. Zur

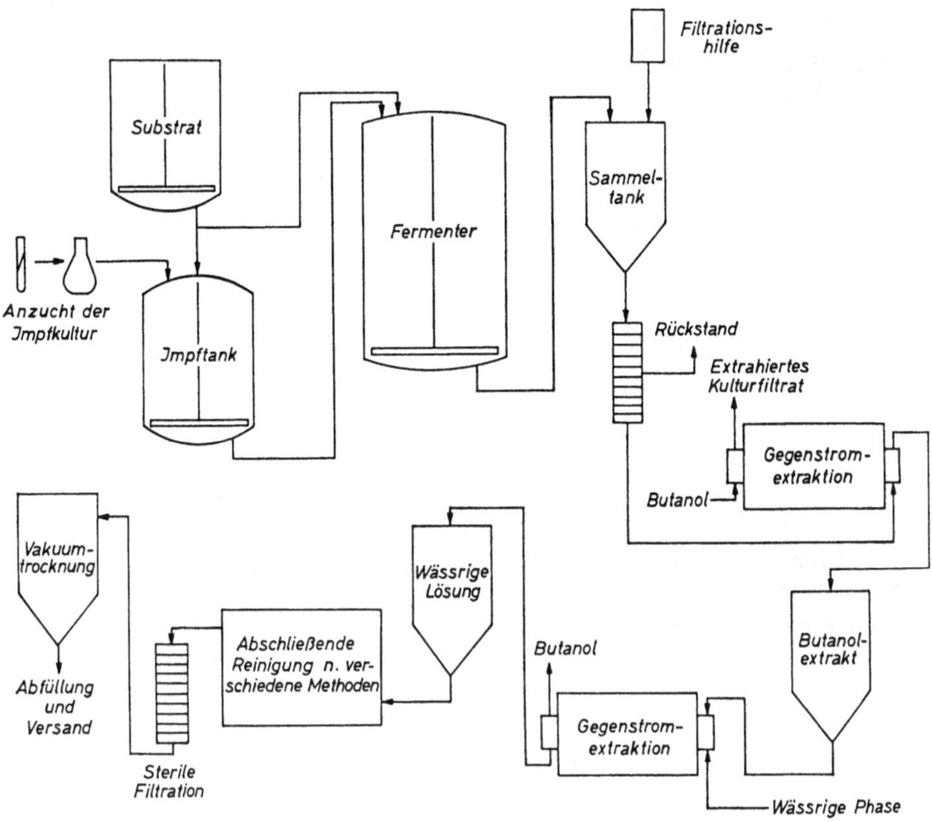

Abb. 139. Fließschema zur Bacitracinherstellung (nach Inskeep, G. C. et al.: Ind. Eng. Chem., Bd. 43, 1488, 1953)

Trennung der einzelnen Actinomycine wurden von Brockmann et al. (vgl. Brockmann, 1960) Lösungsmittelsysteme ausgearbeitet, die aus n-Butanol, n-Dibutyläther, n-Dipropyläther, Butylacetat in verschiedenen Mischungen und Mischungsverhältnissen für die mobile Phase und aus Na-1,6-Disulfonat und Na-m-Kresotinat für die stationäre Phase bestehen (vgl. Meienhofer und Atherton, 1973).

5. Anwendung

Die Anwendung der Polypeptide als Antibiotica ergibt sich aus dem antimikrobiellen Spektrum (vgl. Tabelle 68); sie ist durch die Toxizität oft stark beeinträchtigt. Nisin vermindert durch seine gute Wirkung gegen Clostridien die Sterilisationszeiten von Nahrungsmittelkonserven erheblich, auch Subtilin, ein Peptid-Antibioticum aus *Bacillus subtilis,* hat man für solche Zwecke zur Verwendung vorgeschlagen. Bacitracin wird außer für therapeutische Zwecke auch als Futterzusatz verwendet. Actinomycine sind gute Cytostatica.

Bacitracin wird unter Ausnutzung seiner metallbindenden Eigenschaften (Garbutt et al., 1961) in vielen Fällen als Metallsalz angewandt, das Zn-Salz ist z. B. relativ gut wasserlöslich (US-Pat. 3.145.141, 1964) und Mn-Salze eignen sich u. a. als

Futterzusätze (GB-Pat. 947.442, 1964), ebenso ein Lignin-Bacitracin-Komplex, der durch Zusatz von Na-Ligninsulfonat zum Kulturfiltrat erhalten wird (Can. Pat. 723.643, 1965).

IV. Aminoglycosid-Antibiotica

1. Allgemeines und biologische Eigenschaften

Aminoglycosid-Antibiotica sind basische, aus verschiedenen Aminozuckern und Streptamin bzw. Desoxystreptamin zusammengesetzte Substanzen. Zu ihnen gehören die Streptomycine, die im Arbeitskreis von Waksman (Schatz et al., 1944) aus Kulturfiltraten eines *Streptomyces griseus*-Stammes isoliert wurden.

Die antimikrobielle Wirkung richtet sich gegen gram(+)- und gram(–)-Bakterien, so daß hier echte Breitspektrumantibiotica vorliegen. Die Substanzen sind nur nach parenteraler, nicht aber nach oraler Applikation wirksam. Die Antibiotica sind mehr oder weniger nephro- oder ototoxisch (vgl. Wagner, 1975). Ihre antimikrobielle Wirkung liegt in einer Bindung an ribosomale 30-S-Untereinheiten mit anschließender Fehlablesung der m-RNS, so daß Proteine mit veränderten Aminosäuresequenzen entstehen. Eine Mikroorganismenresistenz kommt durch Übertragung von R-Faktoren zustande. Resistente Mikroorganismen inaktivieren z. T. die Antibiotica enzymatisch durch Phosphorylierung, Adenylierung und Acetylierung. Derartige Enzyme kommen vor allem in *Staphylococcus aureus,* Enterobacteriaceae und *Pseudomonas aeruginosa* vor (Benveniste und Davies, 1973). Daneben existieren auch andere Resistenzmechanismen. Zwischen verschiedenen Aminoglycosid-Antibiotica bestehen Kreuzresistenzen.

Durch mikrobiologische und besonders aber durch chemische Abwandlungen können fermentativ hergestellte Aminoglycosid-Antibiotica verändert werden, so daß es heute eine große Anzahl verschiedener Stoffe dieser Klasse gibt. Eine wichtige Übersicht vgl. Nara (1977).

2. Chemie

Tabelle 69 gibt eine Übersicht über wichtige Gruppen dieser Stoffklasse. Die Strukturen vgl. Abb. 140.

Von den meisten Aminoglycosid-Antibiotica gibt es eine Reihe sich in der Struktur ähnelnder Verbindungen, die durch Fermentation gebildet werden, z. B. neben Streptomycin und Dihydrostreptomycin u. a. auch N-Methyldihydrostreptomycin, N-Demethyldihydrostreptomycin, Mannosidostreptomycin (Streptomycin B). Von diesen sind nur Streptomycin und Dihydrostreptomycin wegen ihrer guten antimikrobiellen Wirkung therapeutisch interessant. Etwa seit 1967, als man entdeckte, daß phosphorylierende, Adenylsäure-übertragende und acetylierende Enzyme aus *Pseudomonas aeruginosa,* Enterobacteriaceae und *Staphylococcus aureus* Aminoglycosid-Antibiotica inaktivieren, machte man erfolgreiche Anstrengungen

Tabelle 69. Wichtige Aminoglycosid-Antibiotica

Gruppe	Einzelverbindung	Produzierende Mikroorganismen
Streptomycingruppe	Streptomycin Dihydrostreptomycin	*Streptomyces griseus*
Neomycingruppe	Neomycin B, C	*Streptomyces fradiae* (Neomycin B auch von *S. lavendulae, Micromonospora*)
	Paromomycin I, II	*Streptomyces rimosus f. paromomycinus* (auch von *S. lividans, S. lavendulae, S. fradiae*)
	Lividomycin A, B	*Streptomyces lividans*
Kanamycingruppe	Kanamycin A, B, C	*Streptomyces kanamyceticus*
	Nebramycin	*Streptomyces tenebrarius*
	Tobramycin	*Streptomyces tenebrarius*
Gentamycingruppe	Gentamycin A, C_1, C_2, C_{1a}, B, B_1X	*Micromonospora purpurea, M. echinospora*
	Sisomycin	*Micromonospora inyoensis*
Butirosingruppe	Ribostamycin	*Streptomyces ribosidificus*
	Butirosin A, B	*Bacillus circulans*

zur chemischen Veränderung der Moleküle. Eine Übersicht über die große Anzahl diesbezüglicher neuer Substanzen vgl. Price et al. (1974). So ist z. B. 5″-Desoxylividomycin A, ebenso wie seine Aminoderivate, wirksam gegen *Pseudomonas aeruginosa*, der Lividomycin A in 5″-Stellung phosphoryliert und damit inaktiviert (Kondo et al., 1972; Kobayashi et al., 1972 a). Eine Kanamycin-phosphotransferase (Davies et al., 1971) inaktiviert die meisten Aminoglycosid-Antibiotica durch Phosphorylierung der OH-Gruppe in 3′-Stellung. Ein semisynthetisches Kanamycin-Derivat, Antibioticum BB-K8 (Kawaguchi et al., 1972), das keine OH-Gruppe in 3′-Stellung besitzt, sowie andere Aminoglycosid-Antibiotica ohne diese Hydroxygruppe werden nicht inaktiviert.

3. Biosynthese und Regulation

Die Zuckeranteile in den Aminoglycosid-Antibiotica werden aus Glucose gebildet, ohne daß das Kohlenstoffskelett gespalten wird (Grisebach, 1968; Cooper, 1971). Dies gilt auch für die Cyclitole der Aminoglycosid-Antibiotica, die ebenfalls direkt aus Glucose entstehen (Walker und Walker, 1967). Streptamin, das u. a. in Streptomycinen, Kanamycin A und Gentamycin enthalten ist, wird vom myo-Inosit abgeleitet, der durch Zyklisierung von Glucose gebildet wird (Bruton et al., 1967).

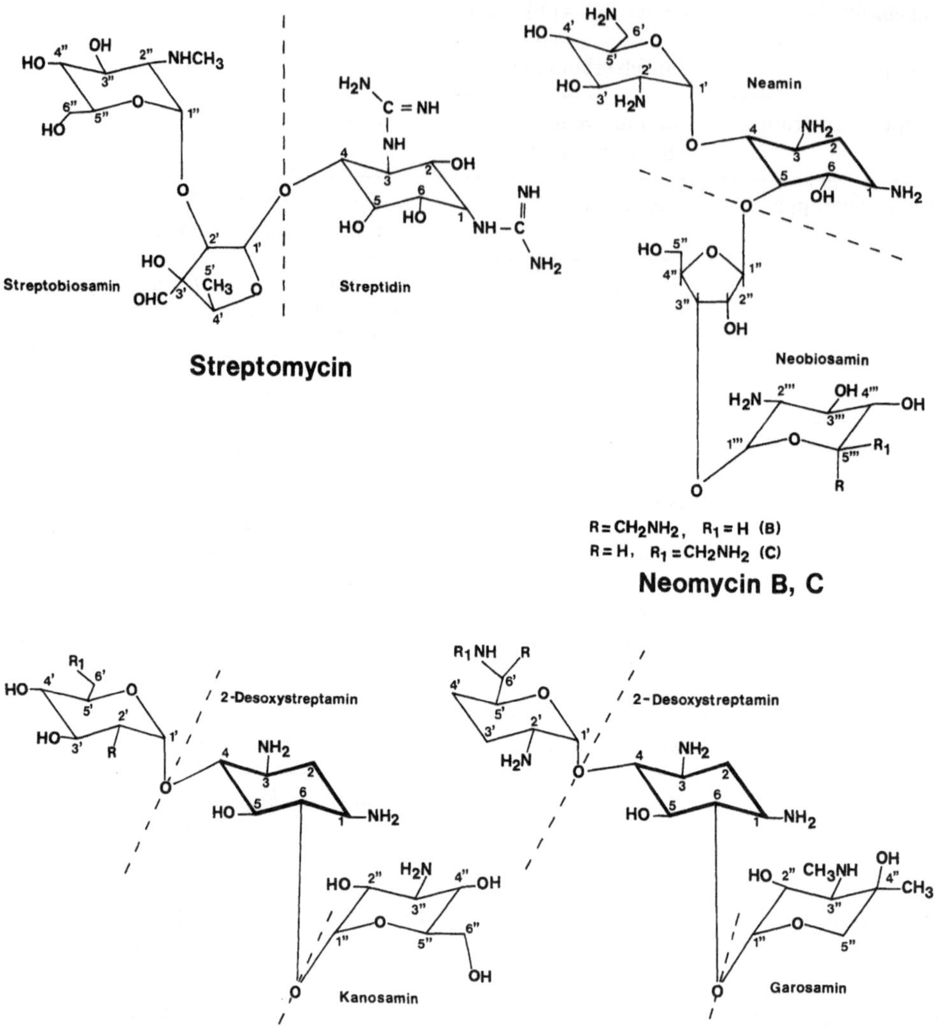
Streptobiosamin
Streptidin
Streptomycin
Neamin
Neobiosamin
R=CH2NH2, R1=H (B)
R=H, R1=CH2NH2 (C)
Neomycin B, C
2-Desoxystreptamin
Kanosamin
R=OH, R1=NH2 (A)
R=R1=NH2 (B)
R=NH2, R1=OH (C)
Kanamycin A,B,C
2-Desoxystreptamin
Garosamin
R=R1=CH3 (C1)
R=R1=H (C1a)
R=CH3, R1=H (C2)
Gentamycin C1,C1a,C2

Abb. 140. Strukturformeln verschiedener Aminoglycosid-Antibiotica

Bei der Biosynthese des Streptomycins wird die Einführung der zwei Amidingruppen aus Arginin zum scyllo-Inosamin und N-Amidin-streptamin durch eine Amidin-Transferase katalysiert. Dieser Bindung geht eine Phosphorylierung dieser Substanzen voraus. Dann werden die Aminogruppen als Acceptoren für die Amidingruppen durch Aminierungssysteme an den nicht-phosphorylierten Stellen eingeführt (Walker und Walker, 1967; Demain und Inamine, 1970) (Abb. 141).

An der Bildung von Desoxy-Derivaten sind UDP, TDP oder CDP beteiligt. Die Glycosidbildung findet durch Transglycosidierung mit Nucleotid-Derivaten statt (vgl. Celmer, 1971).

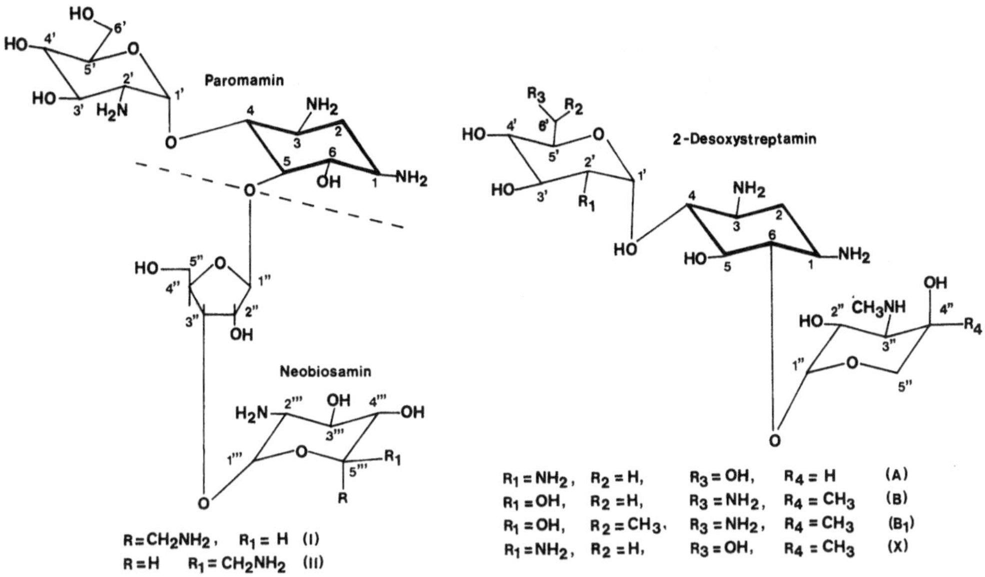

Paromomycin I, II   **Gentamycin A, B, B₁, X**

Abb. 140 (Fortsetzung)

Streptomyces griseus bildet erst im späten Verlauf der Fermentation eine Streptomycin-Mannosidase, durch die entstandenes Mannosidostreptomycin wieder zerstört wird (Inamine et al., 1969). Das Enzym wird durch Glucose reprimiert, so daß bei einem Überschuß von Glucose viel von dem unerwünschten Mannosidostreptomycin gebildet wird. Durch Mannane, z. B. aus Brauereischlempen, ist das Enzym induzierbar.

Die Amidintransferase ist im Primärstoffwechsel reprimiert und wird erst im Sekundärstoffwechsel ca. 30 Std. nach Beginn der Fermentation nachweisbar, wobei sich die spezifische Aktivität in den folgenden 10 Std. – 30 Std. erhöht (vgl. Walker, 1967).

Eine weitere Regulation der Streptomycinbildung findet durch P_a statt, denn dieses hemmt in hohen Konzentrationen eine Biosynthese von Streptomycin wahrscheinlich durch Endprodukthemmung der Phosphatase. Für die Bildung des Streptidin-Restes sind bereits drei Phosphatesterbindungen zu spalten (vgl. Abb. 141). P_a wird extracellulär angereichert, wenn das Fermentationsmedium 10 mMol P_a pro 1 enthält. Durch 17 mMol P_a wird die gereinigte Streptomycinphosphatase zu etwa 90% gehemmt (Miller und Walker, 1970).

Das Schema Seite 440, oben, zeigt die vermuteten Wege zur Bildung von Ribosylparomamin, Paromomycin, Ribostamycin, Neomycin, Butirosinen und verwandten Substanzen (Nara, 1978).

4. Herstellungstechnik

Zur Biosynthese von Streptomycin und anderen Aminoglycosid-Antibiotica müssen die folgenden Bedingungen eingehalten werden:

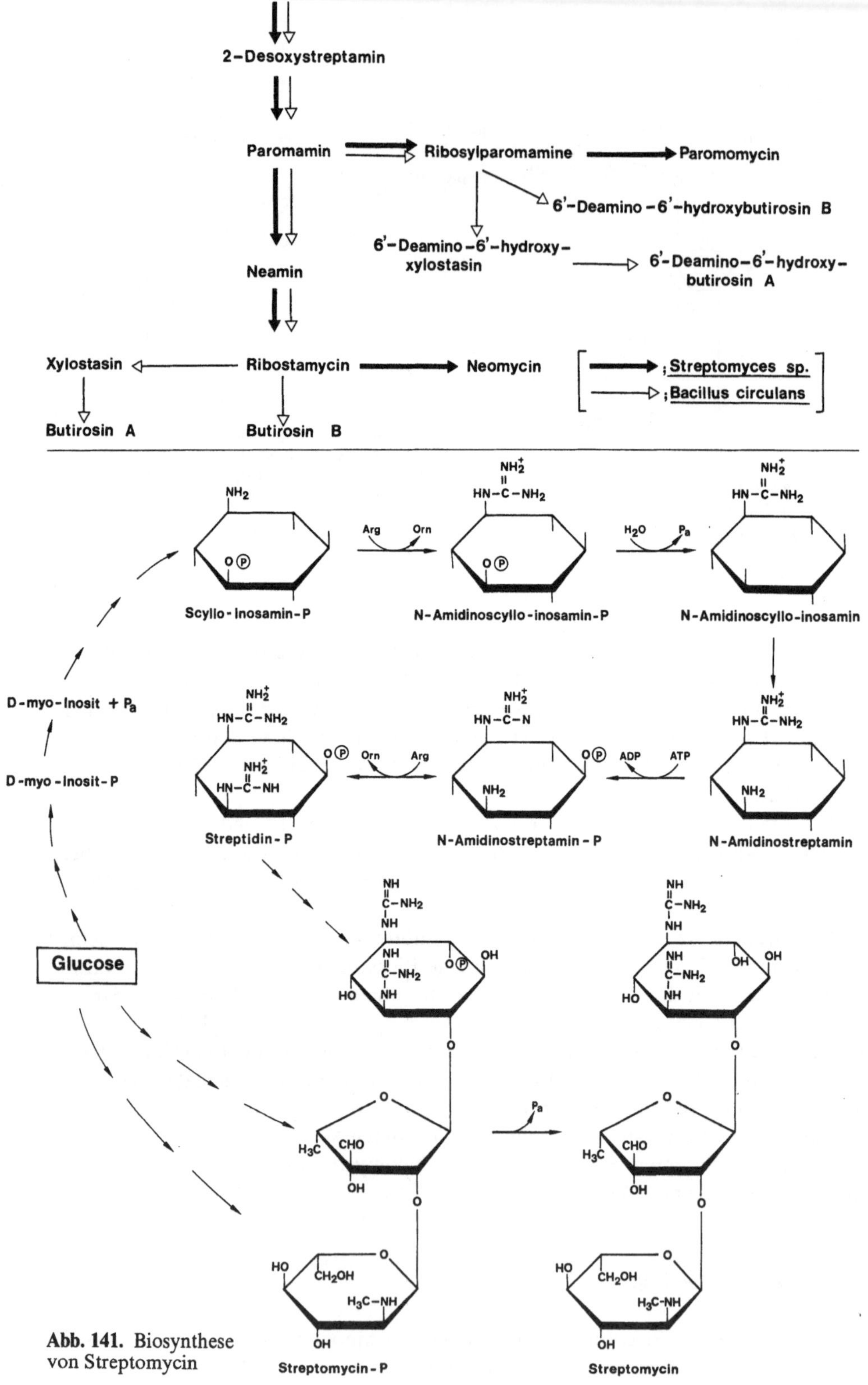

Abb. 141. Biosynthese von Streptomycin

1. Ausreichende Sauerstoffversorgung der Zellen.
2. Niedrige Konzentrationen anorganischer Phosphate.
3. Ausreichende Konzentrationen von Glucose (Glucose ist den Disacchariden und Polysacchariden als Vorstufe zur Streptomycinbiosynthese weit überlegen, da sie enzymatisch schneller abgebaut wird).
4. Genügend hohe Konzentrationen solcher N-haltiger Substanzen, die nicht sofort in die Proteinbildung einbezogen werden.

Sämtliche Aminoglycosid-Antibiotica werden im Submersverfahren in Fermentern von 50 000 l – 150 000 l Inhalt hergestellt.

S. griseus kann gut Glucose, Fructose, Galactose, Xylose, Mannit, Maltose, Lactose oder Stärke, aber nicht oder schlecht Arabinose, Rhamnose, Sorbit, Dulcit, Inosit, Saccharose oder Raffinose als C-Quellen verwerten. Glucose ist eine der besten C-Quellen. Fette, Öle und Fettsäureester können zur Streptomycinproduktion verwendet werden, wenn gleichzeitig Glucose vorhanden ist. Aus Ersparnisgründen werden auch komplexe Substrate, die geeignete N-Quellen in ausreichender Menge enthalten, z. B. Pepton, Fleischextrakt, Extrakte aus Sojamehl, Rückstände aus der Alkoholdestillation, verwendet. Ein typisches Medium zur Streptomycinproduktion zeigt die Tabelle 70.

Tabelle 70. Typisches Medium zur Streptomycinherstellung

	g/l
Glucose	25
extrahiertes Sojabohnenmehl	40
getrocknete Destillationsrückstände	5
NaCl	2,5
pH-Wert (vor der Sterilisation)	7,3 – 7,5

Ammoniumsalze, Nitrate, Glycin u. a. werden je nach Stammeigenschaften zugesetzt. Häufig müssen auch $MgSO_4$, $CaCl_2$ und K_2HPO_4 dem Substrat zugegeben werden, wenn diese Ionen nicht in ausreichender Menge in den komplexen Substanzen enthalten sind. Bo und Mo sollen die Streptomycinbildung fördern, ebenso pflanzliche Wuchsstoffe, z. B. α-Naphthalenessigsäure, α-Naphthyloxyessigsäure, Phenylessigsäure oder 3-Indolylbuttersäure (US-Pat. 261.503, 1964).

Eine gute Streptomycinbildung wird bei Temperaturen zwischen 27 °C und 29 °C, Anfangs-pH-Werten zwischen 7,0 und 7,5 und ausreichender Belüftung erreicht.

Die zur Produktion verwendeten Stämme von *Streptomyces griseus* müssen absolut phagenfrei sein. Sie werden stufenweise in Schüttelkulturen und dann in Submersgefäßen vermehrt. Bei jeder Überimpfung wird die etwa 50 Std. gewachsene Kultur in das folgende Gefäß mit dem zehnfachen der Nährlösung übertragen.

Die Fermentation des Streptomycins verläuft in drei Phasen:

1. In der „Wachstumsphase" wird vor allem Mycel gebildet. Der Sauerstoffbedarf ist sehr groß. Aus den komplexen Substraten wird freies NH_3 gebildet, dadurch wird der pH-Wert bis auf etwa 7,9 erhöht. Zur Mycelbildung werden C-, N- und

P-Quellen verbraucht. Milchsäure wird gebildet und wieder veratmet. In dieser etwa zweitägigen Phase wird wenig Streptomycin produziert.

2. In der zweiten Phase, der „Reifungsphase", wird sehr viel Streptomycin gebildet. Das Mycelgewicht bleibt nahezu konstant. NH_3 wird verbraucht und der pH-Wert kann auf 6,8 oder sogar auf 6,7 sinken. Glucose und andere C-Quellen verschwinden aus dem Substrat. Das Sauerstoffbedürfnis der Streptomyceten ist auch in dieser etwa ein- bis zweitägigen Phase noch sehr groß.

3. In der dritten Phase, der „Alterungsphase", wird zunächst noch viel Streptomycin gebildet, dann hört aber die Streptomycinbildung auf und die Streptomycinkonzentration im Substrat nimmt ab. Der pH-Wert steigt wieder an; das Mycel beginnt zu autolysieren; Glucose ist bald nicht in nennenswerter Menge vorhanden und der Sauerstoffbedarf ist gering. In dieser Phase muß der Ansatz rechtzeitig abgebrochen werden.

Die Streptomycinproduktion kann durch Actinophagen beeinflußt werden. Phagenresistente Stämme von *S. griseus* zeigen eine höhere Mannosidostreptomycinase-Aktivität und stärkere Aktivitäten der Streptomycinphosphatase als nicht resistente Stämme (Perlman, 1976).

Die Fermentation dauert insgesamt etwa vier bis fünf Tage. Vor der Aufarbeitung wird das Mycel mit Rotationsfiltern vom Kulturfiltrat getrennt und dann entweder kompostiert oder meistens getrocknet und verbrannt. Es kann aber auch als Viehfutter verwendet werden, wofür es sich wegen seines oft hohen Gehaltes an Vitamin B_{12} eignet (Kraack, 1961).

Streptomycin wird durch Adsorption an Ionenaustauscher mit anschließender Elution aufgearbeitet. Andere Aufarbeitungsverfahren vgl. Rehm (1967).

Kanamycin wird besonders gut auf Substraten gebildet, die Stärke, Rohrzucker, Sojabohnenmehl und Pepton neben anorganischen Salzen enthalten. Beim Zusatz von 0,009% $ZnSO_4 \cdot 7\,H_2O$ oder 0,005% $Fe_2(SO_4)_3$ bildet *Streptomyces kanamyceticus* bevorzugt das therapeutisch wertvolle Kanamycin A, während die Bildung des toxischen Kanamycin B stark eingeschränkt wird (Jap. Pat. 11.919, 1965). Die Magnesiumsulfat- und Kaliumphosphatkonzentrationen sollten zwischen 0,4 g/l und 1,0 g/l liegen. Molybdän (0,04 µg/ml) erlaubt ein maximales Zellwachstum mit maximaler Kanamycinausbeute (Basak und Majumdar, 1975). Durch Mg^{++} in Konzentrationen von 5 mMol bis 20 mMol werden die Ausbeuten von Kanamycin und Neomycin wesentlich vermehrt, wahrscheinlich, weil mehr Antibiotica aus den Zellen ins Substrat ausgeschieden werden (Hotta und Okami, 1976).

Bei der Herstellung von Neomycinen sind Wuchsstoffe in Verbindung mit niederen Alkoholen, z. B. Naphthalenessigsäure, p-Chlorphenoxyessigsäure oder 3-Indolylessigsäure in Verbindung mit Methanol oder Äthanol (GB-Pat. 967.873, 1964) zur Erhöhung der Ausbeuten wirksam. Zu Beginn der Fermentation befinden sich Neomycine fast ausschließlich in den Zellen. Erst bei der Autolyse der Zellen gelangen sie in das Substrat. Durch mechanische Zerstörung sowie Einwirkung von Salzen und Alkalien werden sie aus den Zellen vollständig in Freiheit gesetzt.

5. Anwendung

Aminoglycosid-Antibiotica sind besonders zur Bekämpfung von Krankheiten, die durch Mycobakterien verursacht werden, eingesetzt worden, finden als Breitspektrum-Antibiotica aber immer Anwendung in anderen Bereichen, z. B. auch gegen *Proteus*-Arten, *Pseudomonas aeruginosa* (Sisomycin besonders) u. v. a. Infektionskrankheiten.

V. Makrocyclische Lacton-Antibiotica

A. Makrolid-Antibiotica

1. Allgemeines, Chemie und antimikrobielle Wirkung

Makrolid-Antibiotica bestehen aus großen Lactonringen, die über Glycosidbindungen mit Zuckern (z. T. Aminozuckern) verknüpft sind (vgl. Abb. 142 und 143). Sie wirken gegen viele gram(+)-, aber auch gegen einige gram(–)-Bakterien. Die am meisten verwendeten Antibiotica dieser Gruppe sind Erythromycin und Oleandomycin. Auch Leucomycine und Spiramycine werden klinisch angewandt. Die Tabelle 71 zeigt wichtige Makrolid-Antibiotica.

Die antimikrobiellen Wirkungsspektren der Makrolid-Antibiotica sind sehr ähnlich. Sowohl das Aglycon als auch der Zuckeranteil sind zur antimikrobiellen Wirkung notwendig, obwohl die Zucker allein nicht aktiv sind. Die makrocyclischen Antibiotica lassen sich auch nach ihren Zuckerkomponenten einteilen, dabei haben gleiche Gruppen ähnliche Wirkungsmechanismen (vgl. Vazquez, 1975). Makrolide Antibiotica lassen sich z. T. chemisch, z. T. mikrobiologisch verändern. Dabei ändert sich, z. B. bei Bildung von Estern von Erythromycin, auch die antimikrobielle Wirkung (Tardrew et al., 1969; Sebek und Perlman, 1971).

Tabelle 71. Wichtige Makrolid-Antibiotica

Name	Produzierende Mikroorganismen	Bemerkungen
Carbomycin A	*Streptomyces halstedii*	
Carbomycin B	*S. hygroscopicus,* *S. albireticuli*	
Erythromycin A, B und C	*S. erythraeus*	Anwendung in der Therapie und als Tierfutterzusatz
Leucomycine $A_1 - A_9$	*S. kitasatoensis*	
Megalomycin A	*Micromonospora megalomicea*	
Methymycin	*Streptomyces eurocidicus*	
Oleandomycin	*S. antibioticus,* *S. olivochromogenes*	Anwendung in der Therapie und als Tierfutterzusatz
Spiramycine I – III	*S. ambofaciens*	
Tylosin	*S. hygroscopicus, S. fradiae*	Anwendung zur Nahrungsmittelkonservierung und als Tierfutterzusatz

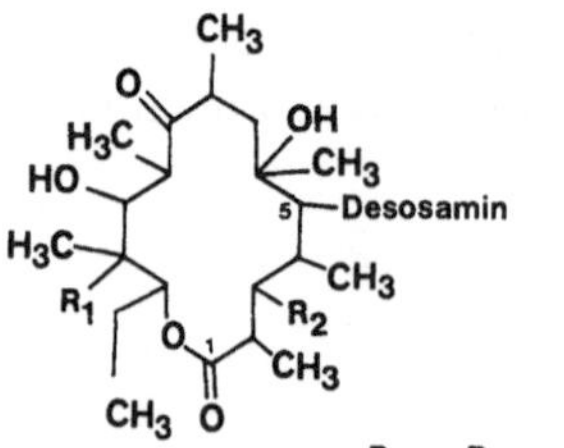

	$-R_1$	$-R_2$
Erythromycin A:	OH	Cladinose
Erythromycin B:	H	Cladinose
Erythromycin C:	OH	Mycarose

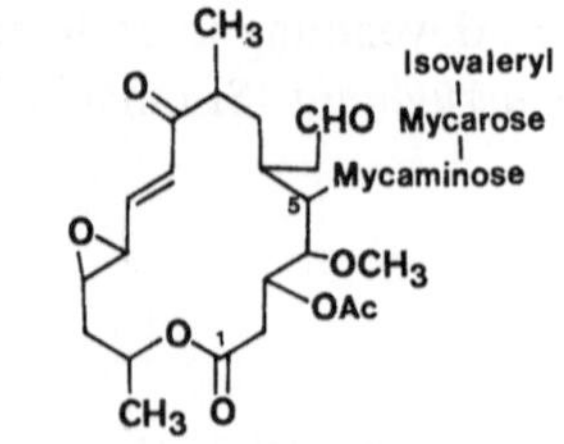

Carbomycin A

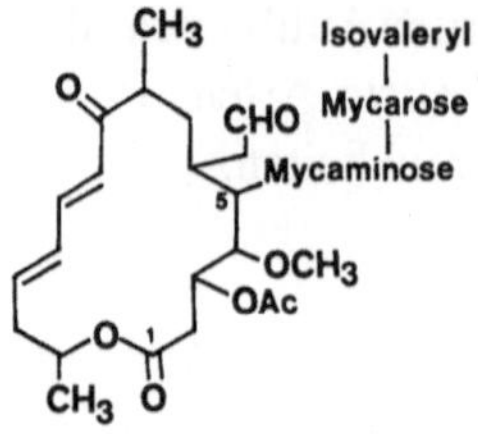

Carbomycin B

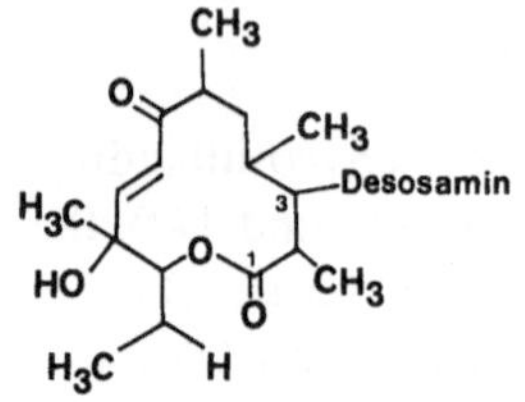

Methymycin

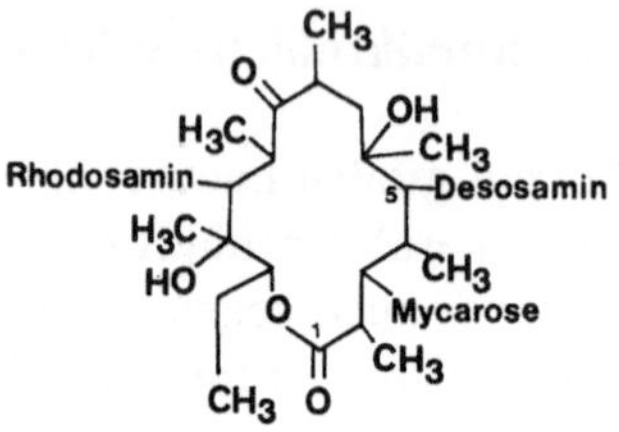

Megalomycin A

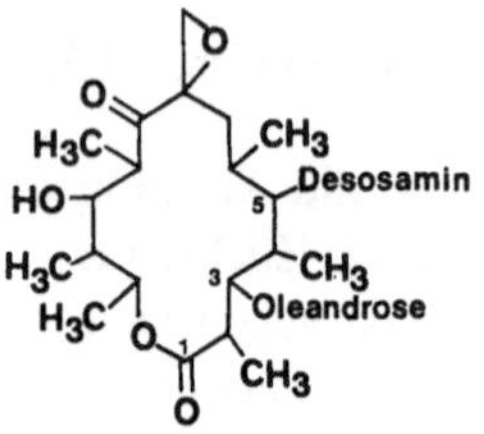

Oleandomycin

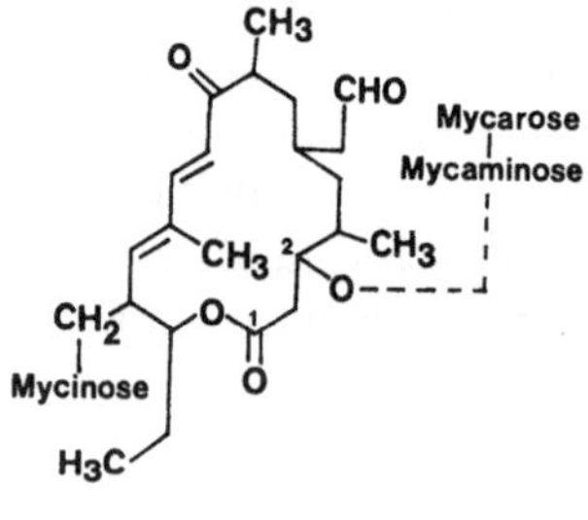

Tylosin

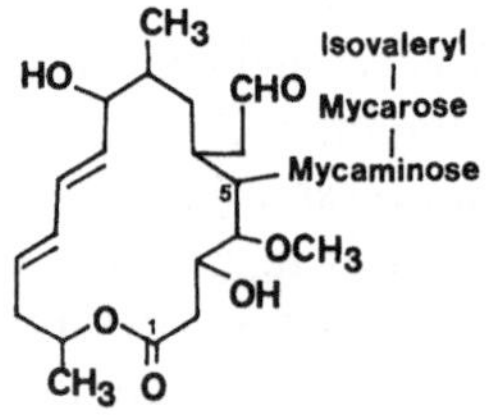

Leucomycin A_1

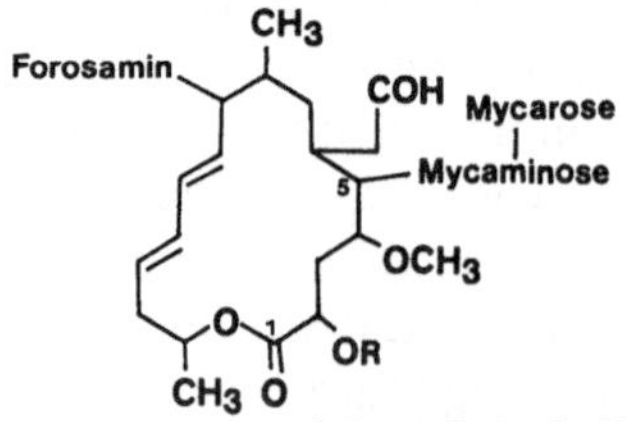

Spiramycin I	R = H
Spiramycin II	R = Acetyl
Spiramycin III	R = Propionyl

Spiramycin

Abb. 142. Strukturformeln von makrocyclischen Lacton-Antibiotica

Makrolide Antibiotica haben im allgemeinen nur sehr geringe oder gar keine Wirkungen auf eukaryotische Zellen und deren zellfreie Systeme. Die Toxizität der Makroliden ist gering, die LD_{50} für die Maus liegt zwischen 1 g/kg – 3 g/kg (Literatur vgl. Vazquez, 1975). Eine Wirkung gegen Rickettsien und Viren wurde von Carbomycinen berichtet (Pagano et al., 1953). Auch eine Wirkung gegen Protozoen soll beim Carbomycin vorliegen (Seneca und Ides, 1953). Die Wirkung der Makrolide ist im allgemeinen bakteriostatisch, in höheren Konzentrationen jedoch bakterizid. Zwischen verschiedenen Makroliden besteht Kreuzresistenz. Bestimmte Erythromycin-resistente Mutanten von *Staphylococcus aureus* waren empfindlich gegen andere Makrolid-Antibiotica, wurden aber gegen diese in Anwesenheit von Erythromycin resistent (Weisblum und Demohn, 1969). Diese durch Erythromycin induzierte Resistenz ist noch nicht vollkommen erklärbar.

Makrolide Antibiotica hemmen die Proteinsynthese und werden an die 50 S Untereinheiten bakterieller Ribosomen gebunden. Einzelheiten und Literatur vgl.

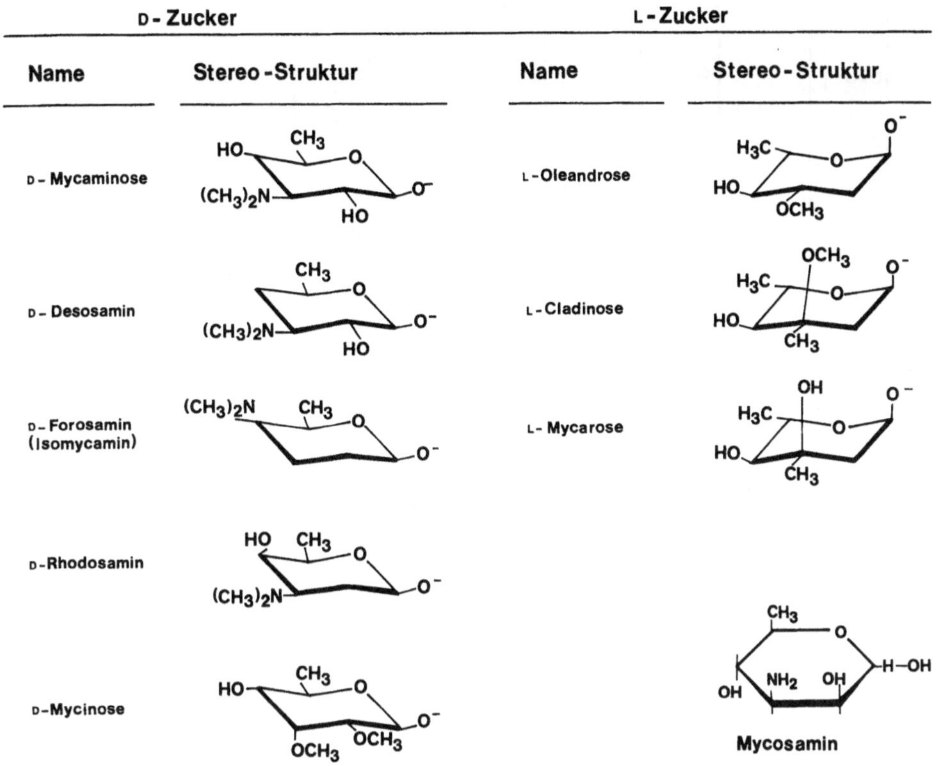

D - Zucker		L - Zucker	
Name	**Stereo - Struktur**	**Name**	**Stereo - Struktur**
D - Mycaminose		L - Oleandrose	
D - Desosamin		L - Cladinose	
D - Forosamin (Isomycamin)		L - Mycarose	
D - Rhodosamin			
D - Mycinose			Mycosamin

Abb. 143. Zuckerreste makrolider Antibiotica

Oleinick (1975); Vazquez (1975); Franklin et al. (1973). Zusammenfassende Literatur vgl. Majer (1977).

2. Biosynthese und Regulation

Viele Makrolid-bildende Streptomyceten produzieren mehrere, sich in der chemischen Struktur stark ähnelnde Makrolide. Die Biosynthese der Lactonringe erfolgt aus Acetat-, Propionat- und Methylmalonat-Einheiten (Literatur bis 1966 vgl. Rehm, 1967) (Abb. 144, 145).

Beim Erythromycin wird der Erythronolid-Ring aus Propionat und 2-Methylmalonat auf einem Weg, der der Fettsäurebiosynthese ähnelt, synthetisiert (vgl. Hung et al., 1965; Martin und Rosenbrook, 1967). Die letzten Schritte sind nicht sicher bekannt. Es wird angenommen, daß zunächst die Mycarose an den Erythronolid-Ring gebunden wird, dann folgt eine Hydroxylierung in C_{12}-Stellung, die Addition von Desosamin und die Methylierung der Mycarose zur Bildung der Cladinose (Martin und Goldstein, 1970; McAlpine und Corcoran, 1971). In zellfreien Systemen wurde festgestellt, daß eine Erythromycin C-S-Adenosylmethionintransmethylase den letzten Schritt der Bildung von Erythromycin A darstellt (McAlpine und Corcoran, 1971).

Die Erythromycinbildung wird durch die Menge oder die Aktivität einer spezifischen Propionat-Kinase reguliert (Raczyńska-Bojanowska et al., 1973). Ein kleiner

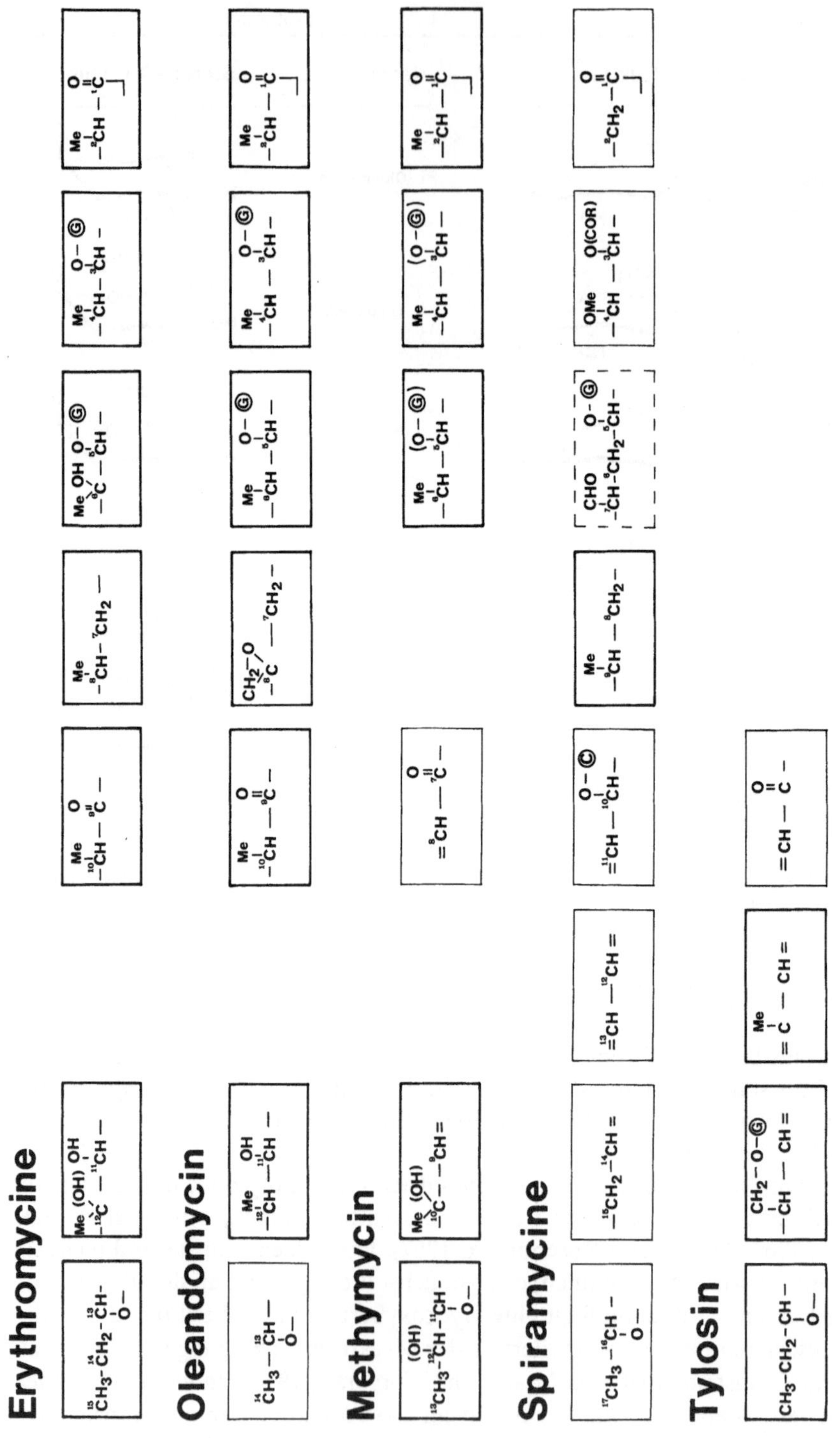

Erythromycine

Oleandomycin

Methymycin

Spiramycine

Tylosin

Abb. 144. Einheiten zur Biosynthese makrolider Antibiotica

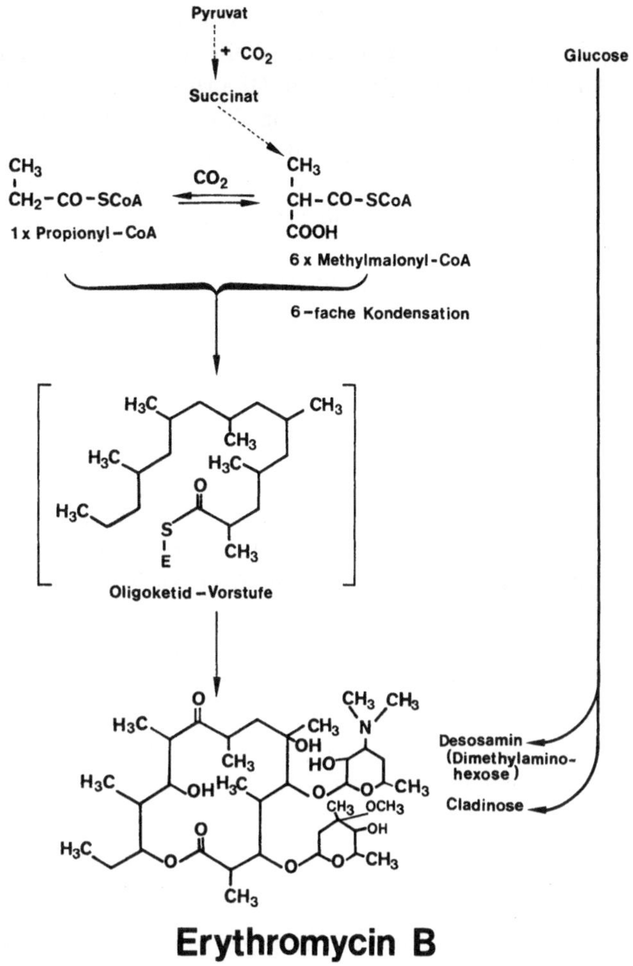

Abb. 145. Biosynthese von
Erythromycin

pool von Acyl-CoA-Derivaten in den Zellen verhindert eine Aktivierung von C_2-
und C_3-Einheiten und limitiert dadurch die Bildung von Makroliden. Glucose reprimiert die Enzymsysteme, die für die Aktivierung langkettiger Fettsäuren verantwortlich sind (Sprinkmeyer und Pape, 1977). Ein mathematisches Modell für die
Regulation der Fermentation wurde von Ettler und Votruba (1978) formuliert. Die
verschiedenen Zucker werden aus Glucose ohne Veränderung des C-Gerüstes gebildet. Eine Methylierung erfolgt zumeist über Methionin. Literatur vgl. auch Gottlieb und Shaw (1967 a, b); Corcoran (1974).

3. Herstellungstechnik

Zur Herstellung makrolider Antibiotica sind Medien mit komplexen C- und N-
Quellen, z. B. Stärke, Glucose, Sojabohnenmehl, Cornsteep-Lösung, Schweine-
schmalz, Öl, Hefezusätze u. ä., gut geeignet. Propionsäure ist der wichtigste precursor.

Die Fermentation zur Produktion von Erythromycin beginnt beim pH-Wert von 7,2, im Laufe der Fermentation fällt der Wert auf 6,0 ab, um schließlich wieder ins Alkalische bis zum Wert von 8,0 anzusteigen. Die aerobe submerse Fermentation wird bei 27 °C – 32 °C durchgeführt. Bei einer geringen Stickstoffkonzentration (1,2 g/l) entsteht vorwiegend Erythromycin A, während bei höheren Konzentrationen (2,5 g/l – 4,5 g/l) bevorzugt Erythromycin B gebildet wird. Eine ausführliche Darstellung der Erythromycinfermentation vgl. Stark und Smith (1961); Brunner und Machek (1965).

Erythromycin wird mit Amylacetat beim pH-Wert von 9,1 aus der Kulturflüssigkeit extrahiert, dann beim pH von 5,1 in Wasser überführt und nach Einstellung der wäßrigen Phase auf pH 8,0 konzentriert. Bei weiterer Alkalisierung auf pH 11,0 fällt das Antibioticum aus und kann in Aceton-Wasser oder Petroläther umkristallisiert werden (vgl. Porter, 1976).

Die anderen makroliden Antibiotica werden auf ähnliche Weise hergestellt. Beim Carbomycin beträgt die Bebrütungstemperatur ebenso wie beim Oleandomycin 25 °C – 27 °C. Zusätze von 2,8-Di-(dimethylamino)-acridin oder ähnlichen Verbindungen erhöhen die Ausbeute an Oleandomycin (US-Pat. 2.842.481, 1958). Bei der Spiramycinfermentation werden etwa 24% Spiramycin I, 53% Spiramycin II und 23% Spiramycin III gebildet (US-Pat. 2.943.025, 1960). Die Substrate zur Tylosinherstellung erfordern größere Mengen an $MgSO_4$ als die zur Fermentation der anderen Makroliden. Beim Tylosin beginnt die Antibioticabildung erst dann, wenn das Mycelwachstum sein Maximum überschritten hat, etwa am dritten Tage nach Beginn der Fermentation. Tysolin wird von diesem Zeitpunkt an bis etwa zum siebten Fermentationstag gebildet.

4. Anwendung

Makrolid-Antibiotica werden gegen gram(+)- und gegen einige gram(–)-Bakterien angewandt. Daneben erfolgt eine Verwendung als Zusatz für Tierfutter. Tylosin ist darüberhinaus in der Lebensmittelkonservierung in einigen Ländern eingesetzt. Es verkürzt u. a. durch Abtötung der *Bacillus*-Sporen die Sterilisationszeit für Konserven (Lück, 1977).

B. Polyene Makrolid-Antibiotica

1. Allgemeines, antimikrobielle Wirkung und Chemie

Polyene Makrolid-Antibiotica sind Substanzen, die einen Makrolidring besitzen, in dem sich vier oder mehr, oft konjugierte Doppelbindungen befinden. Aminozucker oder aromatische Ringe können – müssen aber nicht – am Ring gebunden sein. Es gibt mehr als 90 dieser Substanzen, deren Struktur größtenteils bekannt ist (vgl. Martin und McDaniel, 1977). Strukturen wichtiger polyener Makrolid-Antibiotica vgl. Abb. 146.

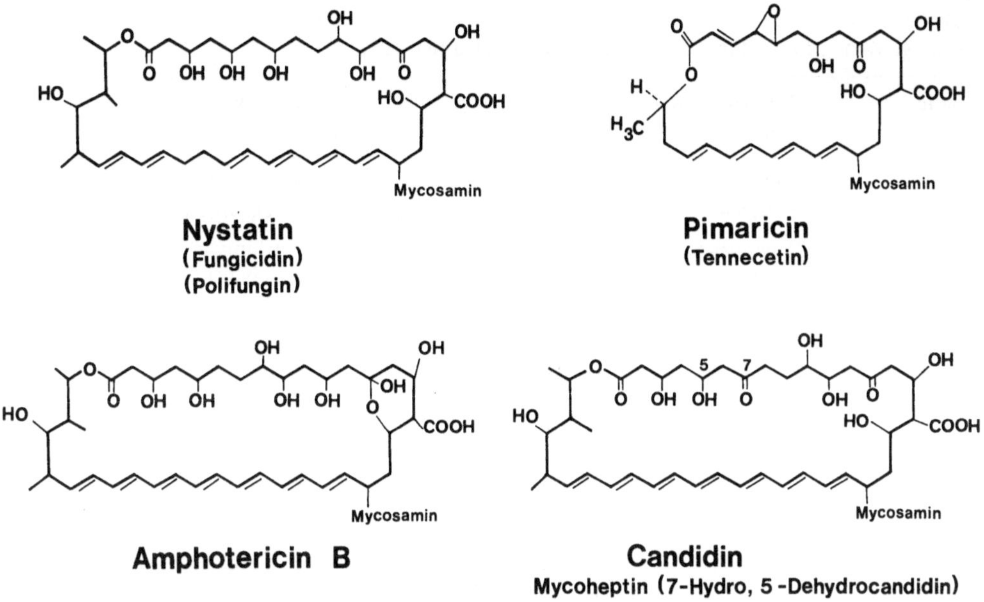

Nystatin
(Fungicidin)
(Polifungin)

Pimaricin
(Tennecetin)

Amphotericin B

Candidin
Mycoheptin (7-Hydro, 5-Dehydrocandidin)

Abb. 146. Polyene Makrolid-Antibiotica

Die Makrolid-Ringe sind hydroxyliert und besitzen daher einen unbeweglichen lipophilen Anteil und eine flexible hydrophile polyhydroxylierte Region im Molekül. Der chromophore Anteil ist die Ursache für die typische UV-Absorption in verschiedenen Bereichen je nach Anzahl und Stellung der Doppelbindungen, die eine schnelle Charakterisierung dieser Gruppe ermöglicht und eine Einteilung in Diene, Triene, Tetraene, Pentaene, Hexaene und Heptaene gestattet (vgl. Tabellen 34 und 35 in Rehm, 1967). Die Lactonringe haben 26 – 38 Atome im Ring.

Polyene Makrolid-Antibiotica werden vor allem von Arten der Gattungen *Streptomyces, Streptoverticillium, Actinosporangium* und *Chainia* gebildet. Die Bildung ist besonders unter *Streptomyces*-Arten weit verbreitet. Eine im Wasser lebende Art von *Actinoplanes* (Wagman et al., 1975) sowie *Bacillus licheniformis v. mesentericus* (Vertesy, 1972) und *Rhizopus chinensis* (Jap. Pat. 7.130.703, 1971) bilden polyene makrolide Antibiotica.

Diese Antibiotica wirken vor allem gegen Pilze (einschließlich vieler Hefen) antimikrobiell (Tabelle mit antimikrobiellen Spektren vgl. Rehm, 1967; Kurylowicz, 1976). Sie werden klinisch auch gegen Krankheiten, die von diesen Mikroorganismen verursacht werden, eingesetzt.

Eine Hemmwirkung gegen Hefen wird für Screeningsmethoden eingesetzt. Auch die Inaktivierung polyener makrolider Substanzen durch Sterine läßt sich zur Anreicherung von polyenen Makrolid-bildenden Streptomyceten verwenden (Bibikowa et al., 1975). Die Tabelle 72 zeigt wichtige polyene makrolide Antibiotica, die kommerziell hergestellt werden.

Sämtliche in der Tabelle 72 angeführten polyenen Antibiotica sind amphoter, es gibt daneben aber auch neutrale, basische und saure Polyene.

Wegen seiner geringen Toxizität gegen Säugetierzellen ist Nystatin anscheinend die am besten anwendbare Verbindung dieser Antibioticagruppe. Polyene Antibiotica können mehr oder weniger stark nephrotoxisch und hepatotoxisch auf Men-

Tabelle 72. Wichtige polyene Makrolid-Antibiotica, die kommerziell hergestellt werden (Literatur vgl. Rehm, 1967; Raab, 1972; Martin und McDaniel, 1977)

Name	Produzierender Mikroorganismus	Polyen-Typ	Bemerkungen
Nystatin	*Streptomyces noursei, S. albulus*	Tetraen mit Mycosamin	Nystatin A_1, A_2 und A_3, rel. geringe Toxizität
Pimaricin	*S. natalensis, S. chattanoogensis, S. gilveosporus*	Tetraen mit Mycosamin	Antifungale Anwendung in Lebensmitteln, Wirkung gegen *Trichomonas vaginalis*
Amphotericin B	*S. nodosus*	Heptaen mit Mycosamin	Auch wirksam gegen Histoplasmose
Mycoheptin	*Streptoverticillium mycoheptinicum, S. netropsis*	Heptaen mit Mycosamin	
Candicidin	*Streptomyces griseus*	aromat. Heptaen mit Mycosamin u. p-Aminoacetophenon	Starke antifungale Aktivität mit gewisser Toxizität
Hamycin	*S. primprina*	aromat. Heptaen mit Mycosamin u. p-Aminoacetophenon	Wirksamer als Nystatin, auch gegen *Aspergillus niger* aktiv
Levorin	*S. levoris*	aromat. Heptaen mit Mycosamin u. p-Aminoacetophenon	Levorin A_0, A_1, A_2, A_3, B
Trichomycin	*S. hachijoensis, S. abikoensis*	aromat. Heptaen mit Mycosamin u. p-Aminoacetophenon	Trichomycin A, B; auch gegen *Trichomonas vaginalis* wirksam

schen wirken. Besonders bei parenteraler Anwendung besteht eine starke Nephrotoxizität. Die antifungale Wirkung dieser Antibioticagruppe besteht in einer Erhöhung der Permeabilität der Zellmembran der Pilze. Die Antibiotica binden an die Membran; das Ausmaß der Bindung ist proportional zur vorhandenen Menge an Sterol in der Pilzzellmembran (Zygmunt, 1966 a, b).

Da Bakterien im allgemeinen keine nennenswerten Mengen an Sterol in der Membran enthalten, sind sie gegen polyene Makrolid-Antibiotica unempfindlich (Literatur-Übersicht vgl. Hamilton-Miller, 1974).

2. Biosynthese und Regulation

Polyene Antibiotica werden auf dem Weg der Polyketid-Biosynthese gebildet (vgl. Perlman, 1967; Martin, 1977; Martin und McDaniel, 1977), so daß eine enge Beziehung zwischen Antibioticabildung, Kohlenhydratstoffwechsel und Fettsäuresynthese besteht. Die Polyen-Bildung verläuft bei langsamer Glucosezugabe besonders gut (Martin und McDaniel, 1974). Anscheinend wird die Polyen-Makrolid-Synthese durch Stoffwechselprodukte, die bei einer schnellen Glucoseverwertung entstehen, reguliert. Daß tatsächlich eine Katabolitrepression durch Glucose besteht, ist kaum wahrscheinlich. Galactose, Fructose, Arabinose und verschiedene Polysaccharide waren zur Bildung von Candicidin nicht geeignet, während Glucose und Mannose zur Produktion von Candicidin in einem synthetischen Medium notwendig waren (Tereshin, 1976).

Eine Regulation der Polyen-Makrolid-Biosynthese erfolgt weiterhin über die Carboxylierung von Acetat und Propionat (Roszkowski et al., 1972). Bei Mutanten mit hohen Bildungsaktivitäten von Polifungin waren die Aktivitäten von Acetyl-CoA- und Propionyl-CoA-Carboxylase doppelt so hoch wie in nicht aktiven Stämmen von *Streptomyces noursei* (Raczyńska-Bojanowska, 1974).

Verschiedene Fettsäuren stimulieren die Polyen-Biosynthese. Dabei spielen neben der Bereitstellung von C_2-Einheiten für die Makrolidsynthesen auch
– Änderungen der Permeabilität der Zellmembran (Okazaki et al., 1973)
– Feedback-Regulation des Biosyntheseweges von Fettsäuren durch Fettsäureacyl-CoA-Derivate (Flick und Bloch, 1975)
– O_2-Transfer-Reaktion
eine Rolle.

Die Biosynthese der aromatischen Seitenkette erfolgt bei den entsprechenden Polyenen über den Shikimat-Weg. Da die Biosynthese von Candicidin durch eine Mischung von 5 mMol L-Tryptophan, L-Tyrosin und L-Phenylalanin zu 50% gehemmt wird, liegt eine Feedback-Hemmung nahe (Liu et al., 1972 a, b).

p-Aminobenzoesäure fördert die Bildung von Candicidin zu ca. 50%. Hierdurch wird die hemmende Regulation der genannten Aminosäuren, besonders die von Tryptophan, anscheinend aufgehoben.

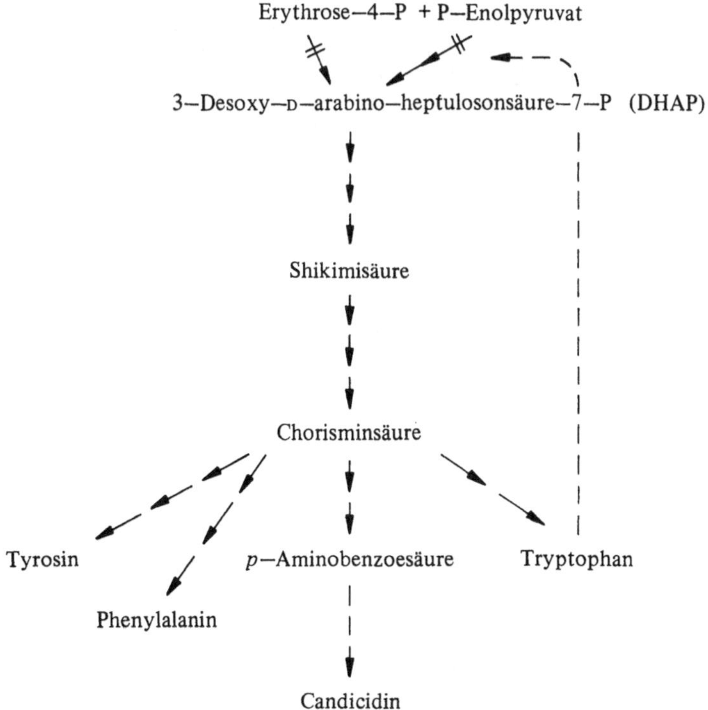

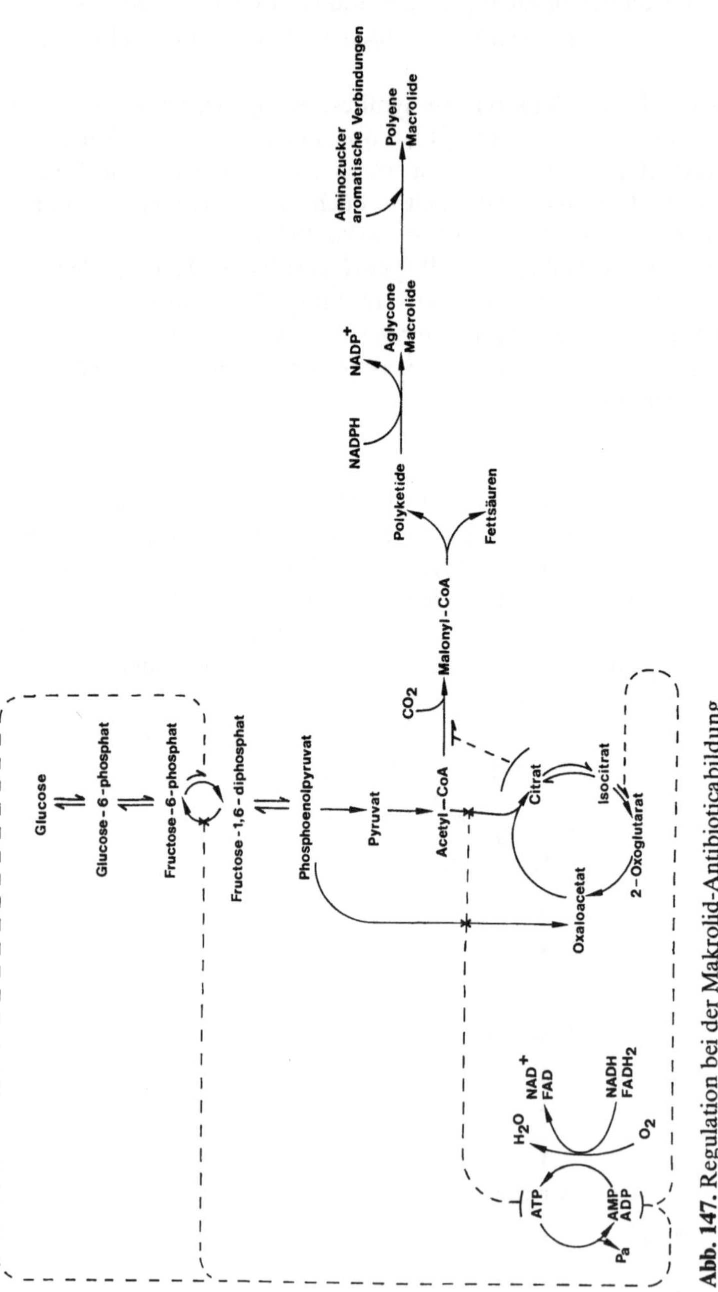

Abb. 147. Regulation bei der Makrolid-Antibioticabildung

Tabelle 73. Phosphatkonzentrationen zur Produktion einiger polyener Makrolid-Antibiotica

Antibioticum	Produktionsstamm	Konzentrationsbereich von Phosphat (mMol), der eine Produktion erlaubt
Nystatin	*Streptomyces noursei*	1,6 – 2,2
Amphotericin B	*S. nodosus*	1,5 – 2,2
Mycoheptin	*Streptoverticillium mycohepatinicum*	3,5
Candicidin	*Streptomyces griseus*	0,5 – 5,0
Levorin	*S. levoris*	0,3 – 4,0

Hohe Phosphatkonzentrationen hemmen die Bildung der Polyene. Die Tabelle 73 zeigt Phosphatkonzentrationen zur Bildung polyener Makrolid-Antibiotica (Literatur vgl. Martin und McDaniel, 1977) (Abb. 147).

3. Herstellungstechnik

Die Produktion polyener Makrolid-Antibiotica ähnelt sehr der der Makrolid-Antibiotica. Als C-Quelle wird im allgemeinen Glucose in Konzentrationen von 7% – 9,5% verwendet (Liu et al., 1975). Dabei wird die Glucose z. T. während der Fermentation zugegeben.

Die Verwendung eines Dextrins anstelle von Glucose förderte die Biomassebildung (Tereshin, 1976), jedoch auch die Vermehrung von Amphotericin B im Vergleich zu Amphotericin A während der Fermentation. Zur Mycoheptinproduktion sind Stärke und Glucose gleich gut geeignet.

Die Phosphatkonzentrationen sind aus der Tabelle 73 ersichtlich. Martin und McDaniel (1976) haben zur Verminderung zu hoher Phosphatkonzentrationen eine phosphatlimitierte Mycelanzucht vorgeschlagen.

Acetat, Propionat und Malonat können Glucose nicht ersetzen, werden aber zur Biosynthese der p-Aminoacetophenon-Seitengruppe verwertet. n-Propanol ist bei der Candicidin-Produktion fördernd (Martin und McDaniel, 1976), Ölsäure ist in vielen Fällen eine gute Vorstufe zur Polyenbildung (Popova und Stepanova, 1962), p-Aminobenzoesäure ist ein guter precursor für die Bildung des Aminoacetylphenons (Liu et al., 1972 a).

Die Fermentation erfolgt immer im aeroben Submersverfahren. Bei einer O_2-Sättigung von 10% – 20% war die Candicidinproduktion stark vermindert, während sie bei einer Sättigung von 40% und mehr konstant verlief (Ethiraj, 1969). Die Rührgeschwindigkeiten liegen optimal zwischen 300 rpm (Lopatnev et al., 1973) und 420 rpm (Martin und McDaniel, 1975). Verschiedene Substratkonzentrationen lassen sich durch Computer steuern, auswerten und optimieren (McDaniel et al., 1976).

Polyene Makrolid-Antibiotica sind licht- und hitzeempfindlich. Dies ist bei der Aufarbeitung zu beachten. Auch eine Autoxidation muß verhindert werden. Durch Komplexbildung wird eine Stabilisierung von Polyenen während der Fermentation erreicht, z. B. durch Cholesterin (Klimov et al., 1971).

In Mischkultur mit *Candida tropicalis* wurde die Antibioticaproduktion von *Streptomyces levoris* auf das Doppelte gesteigert, dabei war auch das Mycelgewicht höher. Die Impfung der Hefe erfolgte 24 Std. vor der Impfung der Streptomyceten. Auch eine Förderung anderer Polyener durch vorheriges Hefewachstum war beobachtet worden. Entweder verursachten die von den Hefen gebildeten Nährstoffe diese Förderung, oder aber die Bindung der polyenen Makrolide auf die Sterole führte zu einer Stabilisierung (Yakovleva et al., 1972; Tsyganov et al., 1973).

Die Ausbeuten liegen bei Mutanten relativ hoch. So bildet z. B. eine Mutante von *Streptomyces levoris,* die durch Behandlung mit Äthylendiamin, UV-Strahlen und besonders N-Nitrosomethylharnstoff erzeugt worden war, 35 000 – 40 000 Einheiten/ml (Tereshin, 1976).

Phageninfektionen sind bei manchen Fermentationen ein Problem. Bei *S. levoris* kommen auch verschiedene Typen temperenter Phagen vor. Dabei ist anscheinend auch die Antibioticasynthese bzw. sind einige Schritte in der Biosynthese z. T. phagenbedingt (Rautenshtein und Muradov, 1968).

Die polyenen Antibiotica liegen meistens sowohl in den Mycelien als auch im Kulturfiltrat vor und können aus diesen mit geeigneten organischen Lösungsmitteln (z. B. n-Butanol) extrahiert werden.

4. Weitere polyene Antibiotica

Es gibt eine Reihe von polyenen Antibiotica, die nicht aus einem Makrolid-Ring bestehen. Hierzu gehört u. a. Fumagillin aus *Aspergillus fumigatus.* Es wird als Fungistaticum angewandt (Perlman, 1977 a).

5. Anwendung

Die Anwendung der polyenen Antibiotica richtet sich vor allem auf die Bekämpfung von Pilzinfektionen, für die bisher keine geeigneten Medikamente zur Verfügung standen. Fumagillin ist ein Antibioticum zur Bekämpfung der Amöbenruhr (durch *Entamoeba histolytica* hervorgerufen), die sich anderen therapeutischen Maßnahmen zumeist sehr hartnäckig widersetzt hat. Pimaricin ist in einigen Ländern auch als Konservierungsstoff eingeführt worden.

VI. Tetracycline

1. Allgemeines, Biologie und Chemie

Tetracycline gehören zu den sog. Breitspektrum-Antibiotica, d. h. sie besitzen eine antimikrobielle Wirkung gegen viele Gruppen von Mikroorganismen. Es werden von ihnen u. a. die sehr kleinen Erreger der Psittacosis und Lymphogranulomatose, Rickettsien, Mycoplasmen und viele gram(+)- und gram(–)-Bakterien, Actinomyceten, *Leptospira-* und *Treponema*-Arten sowie verschiedene Protozoen gehemmt. Pilze und echte Viren werden nicht durch Tetracycline beeinflußt (Literatur und antimikrobielle Spektren vgl. Rehm, 1967; Kurylowicz, 1976).

Tetracycline werden von *Streptomyces*-Arten produziert. Chlortetracyclin besonders durch *Streptomyces aureofaciens,* Oxytetracyclin vor allem durch *S. rimosus* und Tetracyclin hauptsächlich durch *S. antibioticus* und *S. aureus.* Daneben sind verschiedene andere *Streptomyces*-Arten in der Lage, die genannten Tetracycline zu bilden (Arten und Literatur vgl. Rehm, 1967, über Mutanten und deren Herstellung vgl. Hošťálek et al., 1974).

Tetracycline haben ein Perhydronaphthacen-Grundgerüst. Der viergliedrige Ring trägt charakteristische polare Seitengruppen. Tetracycline sind schwache Basen, sind schwach löslich in Wasser und relativ stabil. Strukturen wichtiger Tetracycline vgl. Abb. 148. Die Toxizität der Tetracycline ist gering. Bei hohen Konzentrationen im Urin entsteht eine Nephrotoxizität, daneben besteht besonders bei Cl-haltigen Tetracyclinen eine Hepatotoxizität. Durch die Wirkung gegen viele Bakterien können nicht beeinflußte Mikroorganismen, z. B. Pilze, als Folge einer Tetracyclin-Behandlung verstärkt auftreten.

Es gibt eine Reihe halbsynthetischer Tetracycline mit anderer antimikrobieller Wirkung als die der natürlichen Tetracycline (Rehm, 1967; Blackwood und English, 1970). Vor allem gramnegative Bakterien werden durch solche Substanzen besser beeinflußt (Nakazawa et al., 1970; Shibata et al., 1970). Tetracycline inhibieren die Proteinbiosynthese sowohl bei 70 S- als auch – etwas geringer – bei 80 S-Riboso-

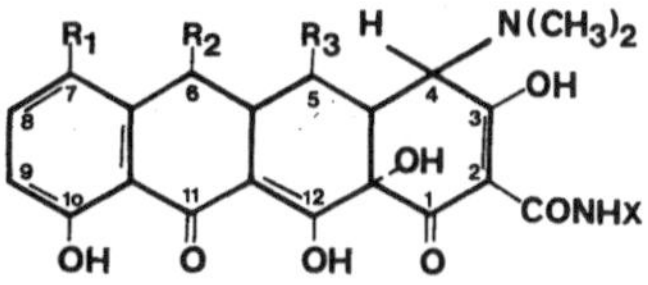

Abb. 148. Tetracycline. Zeichenerklärung:

	R_1	R_2	R_3	X
Tetracyclin	H	$<^{OH}_{CH_3}$	H	H
Oxytetracyclin	H	$<^{OH}_{CH_3}$	OH	H
Chlortetracyclin	Cl	$<^{OH}_{CH_3}$	H	H
Demethylchlortetracyclin	Cl	OH	H	H
Pyrrolidinmethyltetracyclin	H	$<^{OH}_{CH_3}$	H	$-CH_2-N<$
Methacyclin	H	$>CH_2$	OH	H
Doxycyclin	H	CH_3	OH	H
Minocyclin	$-N<^{CH_3}_{CH_3}$	H	H	H

1. Durch Zucht des Streptomycetenstammes in chloridfreiem Medium.
2. Durch Zusatz von Substanzen, die eine Chlorierung hemmen.
3. Durch Verwendung von Mutanten, die Tetracyclin nicht chlorieren können.

Die Bildung von Chlortetracyclin durch *Streptomyces aureofaciens* wird durch 1 mMol – 5 mMol Phosphat (Prokofieva-Belgovskaya und Popova, 1959; Hošťálek, 1964), die von Oxytetracyclin durch *S. rimosus* durch 2 mMol – 10 mMol Phosphat (Zygmunt, 1964) gehemmt. Dabei ist besonders die Kondensation von Acetyl-CoA und Malonyl-CoA sehr phosphatempfindlich. Anorganisches Phosphat hemmt ebenso wie ATP die PEP-Carboxylase in *S. aureofaciens* (Vorisek et al., 1969). Einzelheiten vgl. Abb. 149 nach Martin (1977 a, viel Literatur vgl. dort).

3. Herstellungstechnik

Tetracycline werden im aeroben Submersverfahren hergestellt. Versuche, kontinuierliche Verfahren zu entwickeln, waren bisher für die technische Produktion ohne Erfolg (vgl. Brunner und Machek, 1962; Porter, 1976).

Die Impfstämme (1,0% – 5,0%, 24 Std. – 30 Std. alte Kulturen) werden nach den allgemein üblichen Methoden propagiert. Die Substrate ähneln denen, die zur Herstellung von Penicillin, Streptomycin und anderen Antibiotica verwendet werden. Ammoniumsalze, Harnstoff, Nitrate, verschiedene Peptone, Casein, Erdnußmehl, Cornsteep-Lösung, Zuckerrübenmelasse und Stärke sind wichtige N- und C-Quellen, auch Öle und Fette sowie Glycerin können als C-Quelle zur Oxytetracyclinherstellung verwendet werden. Die Submerstanks sollten – wegen der Neigung der Eisenionen, mit Chlortetracyclin eine Komplexverbindung einzugehen – immer emailliert sein oder aus V_2A-Stahl bestehen. Die Größe der Tanks kann 80 000 l – 150 000 l betragen. Der Anfangs-pH-Wert liegt bei etwa 6,2 und wird mit $CaCO_3$ (0,25% – 1,0%) gepuffert, die Temperatur bei der Produktion von Chlortetracyclin bei 27 °C, bei der von Oxytetracyclin bei 28 °C. Pretetramid ist zur Herstellung sämtlicher Tetracycline als precursor geeignet (US-Pat. 3.226.305, 1965). Antischaummittel ist Octadecanol. Die Belüftung liegt zwischen 0,3 vvm – 1,5 vvm je nach Bewegung (bis zu 750 rpm) und Alter der Fermentation.

Nach einer Fermentationszeit von etwa 60 Std. befindet sich die größte Ausbeute an Chlortetracyclin im Substrat, und das Antibioticum kann aufgearbeitet werden. Beim Oxytetracyclin dauert die Fermentation bis zu 96 Std. Die Abb. 150 zeigt ein Fließschema zur Oxytetracyclinherstellung. Die Fermentationen werden in der Industrie gegenwärtig immer phosphatlimitiert durchgeführt (vgl. Martin, 1977 b).

Sowohl beim Chlortetracyclin als auch beim Oxytetracyclin wird in einer ersten Phase der Fermentation sehr viel proteinhaltiges Mycel und in der zweiten Phase vorwiegend das Antibioticum gebildet.

Wenn dem Fermentationssubstrat für *Streptomyces aureofaciens* Substanzen zugesetzt werden, die eine Methylierung hemmen, z. B. S-2-Hydroxyäthyl-S-n-propyl- und S-iso-Propylderivate von Homocystein, so wird anstelle von 7-Chlortetracyclin das 7-Chlor-6-demethyltetracyclin gebildet (Neidleman et al., 1963).

Bei der Fermentation von Tetracyclin muß bei Abwesenheit von Chlorionen eine vorherige Passage des Substrates durch Ionenaustauscher erfolgen und es müssen Chlorierungshemmer, z. B. 2-(2-furyl)-5-mercapto-1,3,4-oxadiazol, zugesetzt

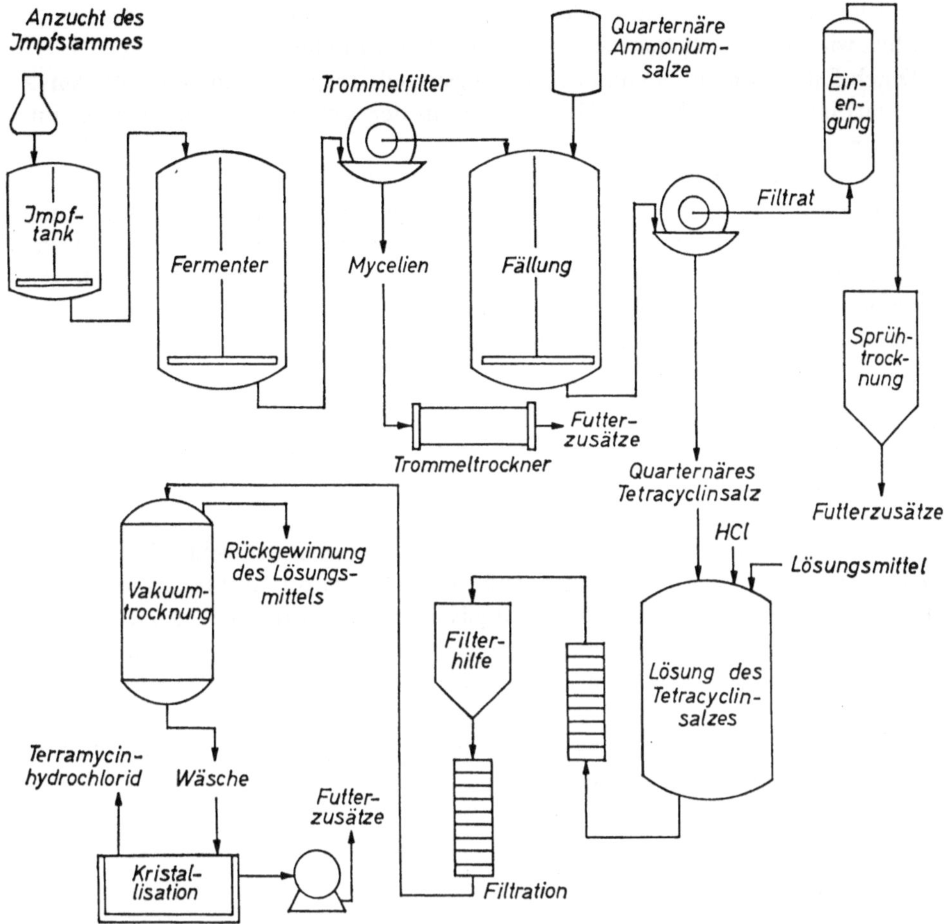

Abb. 150. Fließschema zur Oxytetracyclinherstellung

werden. Ein kontinuierlicher Zusatz von 0,4 g/l – 0,6 g/l Glucose und 0,05 g/l – 0,5 g/l einer N-Quelle erhöht die Ausbeute an Tetracyclin wesentlich (GB-Pat. 939.476, 1963).

Oxytetracyclin kann man auch auf chemischem Wege aus Chlortetracyclin herstellen. Über mikrobielle Umwandlungen von Tetracyclinen wurde bereits früher berichtet (Rehm, 1967, vgl. dort); sie haben für eine praktische Herstellung gegenwärtig noch keine Bedeutung. Durch Ersatz der polaren Hydroxylgruppen in 5-, 6- und 7-Stellung durch geeignete andere Gruppen kann das betreffende Tetracyclin mehr lipophile Eigenschaften erhalten und besser in die Zellen penetrieren. Dadurch wird die Wirkung auf gram(–)-Bakterien verstärkt (Nakazawa et al., 1970; Shibata et al., 1970), so daß auch gute Wirkungen gegen *Pseudomonas*-Arten vorliegen.

4. Aufarbeitung

Chlortetracyclin kann auf verschiedene Weise aufgearbeitet werden:

1. Durch Adsorption an geeignete Adsorptionsmittel bei pH-Werten von 4,5 bis 5,0 (Aktivkohle, Diatomeenerde). Zur Entfernung der Farbstoffe wird gewaschen

und mit Methanol, Äthanol oder Aceton eluiert. Aus dem gelbfluoreszierenden Eluat wird das Chlortetracyclin in Butanol überführt und gereinigt.

2. Durch Extraktion mit organischen Lösungsmitteln (wie z. B. Amylalkohol, Amylacetat) im sauren Gebiet im Gegenstrom aus der Kulturflüssigkeit nach der Filtration.

3. Durch direkte Fällung aus dem unfiltrierten Kultursubstrat. Die Mycelrückstände mit dem ausgefällten Chlortetracyclin werden mit verdünnter HCl angesäuert und mit n-Butanol extrahiert. Dies wird im Vakuum eingeengt und das Chlortetracyclin-hydrochlorid daraus aufgearbeitet. Selbstverständlich läßt sich das Chlortetracyclin auch aus dem Filtrat ausfällen. Die Reinigung ist dann leichter als die Reinigung des mycelgefällten Chlortetracyclins.

Oxytetracyclin kann ebenso wie Chlortetracyclin durch Adsorption gewonnen werden. Eluiert wird dann am besten mit n-Butanol. n-Butanol ist auch zur Extraktion im Gegenstromverfahren aus der Kulturflüssigkeit geeignet. Weiterhin kann es – ähnlich wie Chlortetracyclin – als Komplex ausgefällt und anschließend weiter gereinigt werden (z. B. Nied. Pat. 6.501.232, 1965).

Tetracyclin läßt sich mit Hilfe quaternärer Ammoniumsalze beim pH-Wert von 10,0 ausfällen und nach Lösen weiter aufarbeiten. Es wird in der Praxis aber beim pH-Wert von 8,5 mit Butanol oder Methylisobutylketon extrahiert, eingeengt und als freie Base nach Zusatz von Skellysolve C gefällt. Das Präzipitat wird mit Ammoniumhydroxyd extrahiert, durch eine Florisil-Säule gegeben und mit verdünnter Säure eluiert.

Zur Verwendung von Tetracyclinen in der Tierernährung können mehrere Reinigungsschritte weggelassen werden.

5. Anwendung

Die klinische Wirkung der Tetracycline ist z. T. unterschiedlich, so ist z. B. Oxytetracyclin besonders bei der Behandlung der Tuberkulose, der Amöbenruhr, der Lues und der Oxyuriasis wirksam, während Chlortetracyclin bei der Bekämpfung von Infektionen durch Staphylokokken und Enterokokken eine größere therapeutische Wirkung zeigt als die anderen Tetracycline.

Weiterhin werden Tetracycline in der Landwirtschaft zur Beifütterung in großer Menge angewandt. Hierzu verwendet man häufig Rohprodukte. Die Wirkung dieser Supplemente (Chlortetracyclin wird häufig als Supplement verwendet) im Viehfutter liegt einmal in einer besseren Ausnutzung der Eiweißstoffe des Futters und zum anderen möglicherweise auch in einer Umstimmung der Darmmikroflora durch die Tetracycline. Besonders zurückgebliebene und schwächliche Küken, Kälber und Ferkel lassen sich durch Zusatz dieser Supplemente leichter aufziehen als ohne Zusatz.

Eine weitere Anwendung des Chlortetracyclins liegt auf dem Gebiet der chemischen Konservierung von Nahrungsstoffen. Es sind hier besonders zwei Verfahren wichtig (vgl. Lück, 1977):

1. Die Fischbeeisung (z. B. in den USA und in Japan): Hierbei wird das Eis, mit dem man die auf hoher See gefangenen Fische zur Frischhaltung bedeckt, mit für

die Mikroorganismen subletalen Konzentrationen von Chlortetracyclin oder Oxytetracyclin (5 ppm) versetzt. Das Antibioticum wirkt hier trotz der niedrigen Konzentrationen stark keimhemmend, wenn die Keimbelastung des Materials nicht zu hoch ist.

2. Das sog. Damping-Verfahren: Hierbei werden vor allem Frischfleisch und frisches Geflügel in chlortetracyclinhaltige Lösungen (10 ppm Oxytetracyclin oder Chlortetracyclin) eingetaucht. Dadurch wird die Haltbarkeit dieser Nahrungsstoffe um das Zwei- bis Dreifache verlängert.

Weitere Konservierungsverfahren mit Antibiotica und ganz besonders mit Tetracyclinen sind vorgeschlagen worden, haben aber noch keinen bedeutenden Eingang in die Praxis gefunden.

VII. Aromatische Antibiotica

A. Chloramphenicol

1. Allgemeines, Biologie und Chemie

Chloramphenicol wird von *Streptomyces venezuelae,* einem Streptomyceten aus Bodenproben aus Venezuela, gebildet. Dieser Streptomycet wurde bei einer großen Suchaktion ("screening program") isoliert, in deren Verlauf aus etwa 6000 Bodenproben mehr als 20 000 Streptomycetenstämme gezüchtet worden waren. Chloramphenicol wurde zunächst auf fermentativem Wege hergestellt, aber wenige Jahre nach seiner Entdeckung gelang eine technisch auswertbare chemische Synthese, durch die die mikrobiologischen Herstellungsverfahren zunächst abgelöst wurden. Durch eine Weiterentwicklung der Fermentationstechniken wurden später neben der chemischen Synthese auch wieder mikrobiologische Verfahren zur Herstellung angewandt (Literatur vgl. Brunner und Machek, 1965; Rehm, 1967; Malik, 1972; Pestka, 1975; Kurylowicz, 1976).

Chloramphenicol gehört zu den Breitspektrum-Antibiotica und wirkt gegen gram(+)- und gram(−)-Bakterien, besonders auch gegen Enterobacteriaceae sowie gegen Rickettsien antimikrobiell. Dabei hemmt es primär die Proteinsynthese und wird auch als spezifischer Hemmstoff der Proteinsynthese bei Bakterien in biochemischen Versuchen verwendet (vgl. Malik, 1972; Pestka, 1975). Es bindet an 70 S-, aber nicht an 80 S-Ribosomen, so daß nur Bakterien und Mitochondrien beeinflußt werden. Verschiedene Mikroorganismen können Chloramphenicol durch Abbau oder durch Acetylierung inaktivieren (Malik und Vining, 1970) und dadurch resistent gegen Chloramphenicol werden, z. B. *Bacillus subtilis, B. mycoides, Escherichia coli, Proteus vulgaris* u. a. Bei verschiedenen Mikroorganismen, z. B. bei *Flavobacterium,* existieren besondere Abbauwege (Lingens et al., 1966). Schließlich können Mikroorganismen durch mangelnde Permeabilität für Chloramphenicol resistent sein, so z. B. *Escherichia coli*-Mutanten. Verschiedene Resistenz-Erscheinungen können Plasmid-codiert sein (Watanabe, 1971).

Chloramphenicol ist ein N-Dichloracetyl-p-nitrophenylserinol mit folgender Struktur:

Stereoisomere des Chloramphenicols (R = O_2N—⟨ ⟩—):

$$\begin{array}{cc}
\text{H} & \text{NHCOCHCl}_2\\
| & |\\
\text{R}-\text{C}-\text{C}-\text{CH}_2\text{OH}\\
| & |\\
\text{OH} & \text{H}
\end{array}$$

D(—)-Threo

$$\begin{array}{cc}
\text{OH} & \text{H}\\
| & |\\
\text{R}-\text{C}-\text{C}-\text{CH}_2\text{OH}\\
| & |\\
\text{H} & \text{NHCOCHCl}_2
\end{array}$$

L(+)-Threo

$$\begin{array}{cc}
\text{OH} & \text{NHCOCHCl}_2\\
| & |\\
\text{R}-\text{C}-\text{C}-\text{CH}_2\text{OH}\\
| & |\\
\text{H} & \text{H}
\end{array}$$

D(—)-Erythro

$$\begin{array}{cc}
\text{H} & \text{H}\\
| & |\\
\text{R}-\text{C}-\text{C}-\text{CH}_2\text{OH}\\
| & |\\
\text{OH} & \text{NHCOCHCl}_2
\end{array}$$

L(+)-Erythro

Mit zwei benachbarten Asymmetriezentren ist beim Chloramphenicol die Möglichkeit von zwei Diastereoisomeren gegeben. Beide Diastereoisomere können als Racemat oder als D- oder L-Form vorliegen. Von diesen ist die antimikrobiell wirksame Form die D(–)-Threo-Verbindung des Chloramphenicols.

Wird im Dichloracetyl-Rest das Chlor durch Brom ersetzt, so verändert sich die antimikrobielle Wirkung nur wenig, während ein Ersatz durch andere Gruppen an dieser Stelle nur mit einer großen Einbuße von antimikrobieller Wirksamkeit einhergeht. Die endständig wirkende primäre Alkoholgruppe muß frei vorhanden sein, um eine gute antimikrobielle Wirkung zu gewährleisten. Der p-ständige Substituent (zur Seitenkette) ist ebenfalls zur antimikrobiellen Wirksamkeit wichtig und kann nur teilweise durch andere Verbindungen ersetzt werden. Die p-methylsulfon-analoge Verbindung, das Thiomycetin, hat noch eine antimikrobielle Wirkung behalten; sie ist weniger toxisch als das Chloramphenicol.

Wichtiger als das Thiomycetin ist das Acidoacetamidoderivat des Chloramphenicols, das Leucomycin N (Öster. Pat. 195.414, 1957).

$$O_2N-⟨\ ⟩-\begin{array}{cc}
\text{H} & \text{NHCOCH}_2\text{N}_3\\
| & |\\
\text{C}-\text{C}-\text{CH}_2\text{OH}\\
| & |\\
\text{HO} & \text{H}
\end{array}$$

Leucomycin N

Literatur über die chemische Synthese des Chloramphenicols vgl. Rehm (1967).

2. Biosynthese und Regulation

Die Biosynthese des Chloramphenicols durch *Streptomyces* erfolgt über den Shikimisäure-Weg (Vining et al., 1968). Sie zweigt von diesem zwischen 3-Enolpyruvyl-5-P-shikimisäure und Prephensäure ab (vgl. Abb. 151). Die Aminogruppe wird erst in einem letzten Schritt oxidiert und nicht als Nitrogruppe in das Molekül eingeführt. Wenn keine Cl-Ionen im Substrat vorhanden sind, entstehen Derivate von p-Nitrophenylserinol. Die Wirkung von Lactat auf die Bildung von Chloramphenicol ist noch immer nicht geklärt, möglicherweise wirkt es durch einen noch unbekannten feedback-Regulationsmechanismus (Malik, 1972).

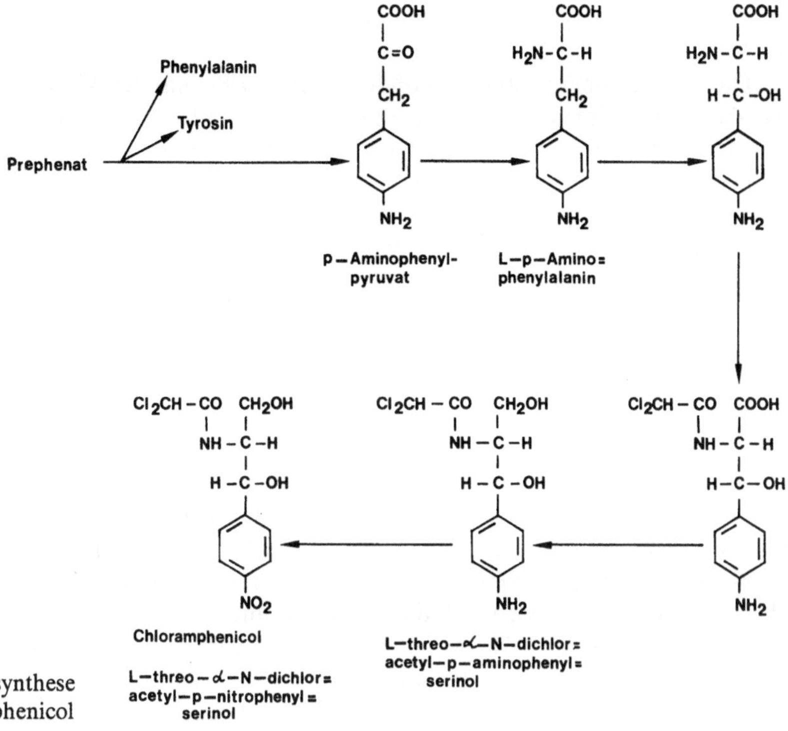

Abb. 151. Biosynthese von Chloramphenicol

Höhere Chloramphenicol-Konzentrationen üben auf die weitere Synthese von Chloramphenicol eine Endprodukthemmung aus (feed back) (vgl. Malik und Vining, 1970), Z. T. wird vorhandenes Chloramphenicol durch *Streptomyces venezuelae* wieder abgebaut, wenn 10 mg/l – 30 mg/l vorhanden sind. Anscheinend wird dann eine Reprimierung der Chloramphenicol abbauenden Enzyme aufgehoben. Die Hauptsynthese des Chloramphenicols findet in der aktiven Wachstumsphase statt; gegen deren Ende tritt eine Verlangsamung der Synthese ein. Eine Regulierung über anorganisches Phosphat besteht anscheinend nicht (Martin, 1977). Chloramphenicol hat keine Wirkung auf die Aktivität der Chorismat-Mutase, Prephenat-Dehydratase oder Anthranilat-Synthetase. Eine Arylamin-Synthetase spielt eine wichtige Rolle bei der Synthese von Chloramphenicol (Jones und Westlake, 1974).

3. Herstellungstechnik

Chloramphenicol wird größtenteils auf chemisch-synthetischem, aber auch auf fermentativem Wege hergestellt.

Die Fermentation ist aerob submers (vgl. Brandl, 1962 a, b). Als C-Quellen sind Maltose, Stärke, Melasse und Glycerin, als N-Quellen Casein-Aminosäuren, Trypton, Fleischextrakt, Pepton und Weizenkleber geeignet. Cl-Ionen müssen ausreichend vorhanden sein und werden als Chlorid zugesetzt. Die Fermentationstemperatur liegt zwischen 24 °C und 30 °C. Die Hauptfermentation ist nach 70 Std. – 76 Std. abgeschlossen. Man rechnet 5% – 8% als Impfmenge für den Hauptfermenter. Die Luftzufuhr beträgt etwa 1 vvm, die Rührgeschwindigkeit 200 rpm. Dichloressigsäure und p-Nitrophenylserinol dienen in nichttoxischen Konzentrationen als precursor.

Die Chloramphenicolbildung findet bereits zu Beginn der Mycelbildung, intensiv aber erst in deren letztem Stadium statt. Zu Ende der Wachstumsphase wird zwar noch Chloramphenicol gebildet, aber ein Teil auch wieder abgebaut.

Das Mycel wird abfiltriert, und die Kulturflüssigkeit wird zumeist durch Extraktion mit Äthylacetat und anschließende Chromatographie über Aluminiumoxid aufgearbeitet. Die Kristallisation erfolgt zumeist aus Methylendichlorid oder Äthylendichlorid. Auch mit Äther oder Amylacetat kann die Kulturflüssigkeit im Gegenstrom extrahiert werden. Eine ausführliche Beschreibung vgl. Brandl (1962) und besonders Smith und Hinman (1963).

4. Anwendung

Chloramphenicol hat eine ausgezeichnete antimikrobielle Wirkung gegen Salmonellen. Zur Bekämpfung vieler anderer Infektionen steht Chloramphenicol trotz oft guter Wirksamkeit hinter anderen, weniger toxischen Antibiotica zurück.

Bei industriellen mikrobiologischen Fermentationen, z. B. bei Vergärungen von Melassen mit Hefen, lassen sich die Bakterien mit Hilfe von Chloramphenicol gut unterdrücken (Kocwa, 1961). Mit ähnlichem Ziel verwendet man Chloramphenicol als Zusatz bei manchen Gewebekulturen.

Phytophthora infestans und andere phytopathogene Oomyceten lassen sich mit Chloramphenicol beeinflussen (Ersek et al., 1972). Auch eine bakterielle Blattwelke des Reises läßt sich durch Besprühen mit 100 ppm – 200 ppm Chloramphenicol bekämpfen (Misato et al., 1977).

B. Griseofulvin

1. Allgemeines, Mikroorganismen und Biologie

Griseofulvin ist ein antimycotisch wirkendes Antibioticum, das von einer Reihe von *Penicillium*-Arten gebildet wird. Die Arten gehören fast alle zur Sektion der Asymmetrica Fasciculata oder Asymmetrica Divaricata, z. B. *Penicillium griseofulvum, P. urticae, P. nigricans, P. patulum, P. janczewskii, P. raistrickii, P. albidum* und *P. melinii* (Literatur vgl. Rhodes, 1963). Lediglich *P. brefeldianum* gehört nicht direkt in diese Sektionen, steht aber in enger Beziehung zu Arten der Sektion Asymmetrica Divaricata. Die zur technischen Produktion verwendeten Stämme sind zumeist Mutanten von *P. patulum, P. nigricans* oder *P. griseofulvum.*

Griseofulvin wirkt nur gegen Pilze. *Alternaria*-Arten (z. B. *A. solani*), *Botrytis*-Arten (z. B. *B. allii, B. cinerea*), *Helminthosporium*-Arten, *Mucor mucedo, Sclerotinia sclerotiorum,* viele Ascomycetenarten, Basidiomycetenarten (außer *Coniophora cerebella*) und unter diesen Pilzen auch viele humanpathogene Pilze werden durch Griseofulvin gehemmt. Gering oder nicht vorhanden ist die Wirkung gegen Oomyceten, *Saccharomyces cerevisiae* und *Torulopsis utilis.*

Die Tabelle 74 zeigt die antimikrobielle Wirkung gegen eine Reihe von Pilzen, die für die Humanmedizin von Bedeutung sind.

Der exakte Wirkungsmechanismus des Griseofulvins ist nicht bekannt. Einflüsse auf Zellteilung, Mitose sowie Veränderungen an der Chitinzellwand scheinen die Hauptwirkungen zu sein (vgl. Huber, 1975). Aus dem letzteren Grunde werden auch besonders Pilze mit echten Chitinzellwänden durch Griseofulvin gehemmt. Sehr hohe Dosen von Griseofulvin rufen bei Mäusen Tumoren hervor und inhibieren die Spermatogenese. 100 µg/ml Griseofulvin hemmen die Entwicklung verschiedener Warmblüterzellen. Verschiedene Pilze können eine Resistenz gegen Griseofulvin erwerben (spontane Mutation 10^{-8}, bei UV-Bestrahlung 10^{-7}), die in einer etwa 100fach geringeren Empfindlichkeit resultiert (Literatur vgl. Huber, 1975).

Weitere Literatur über Griseofulvin vgl. Brunner und Machek (1965); Rehm (1967); Osment (1969); Huber (1975).

Tabelle 74. Antimikrobielles Wirkungsspektrum von Griseofulvin

Pilzarten	Minimal hemmende Konzentration (in Blutagar, µg/ml)
Microsporum audouinii	0,625
M. canis	1,25
Epidermophyton floccosum	0,625
Trichophyton sulphureum	2,5
T. mentagrophytes	5,0
T. rubrum	2,5
T. schoenleinii	10,0
T. crateriforme	2,5
T. gypseum	2,5

2. Chemie

Griseofulvin enthält einen aromatischen Benzolring (A), einen fünfgliedrigen heterocyclischen Ring mit einem Sauerstoffatom (B) und einen hydroaromatischen sechsgliedrigen Ring (C). Die Ringe A und B bilden zusammen ein Cumaronsystem. Das asymmetrische C-Atom in 2-Stellung gibt dem Griseofulvin die Spiranstruktur. In 4- und 6-Stellung sind im Ring A Methoxylgruppen und in 7-Stellung ein Cl-Atom enthalten (vgl. Abb. 152).

Das Cl-Atom läßt sich auf chemischem Wege (u. U. auch auf mikrobiologischem Wege) durch andere Halogenatome ersetzen. So ist z. B. das 7-Fluor-7-dechlorgriseofulvin ein gutes Fungizid zur Behandlung von Ekzemen, die durch *Epidermaphyton floccosum* hervorgerufen werden (Fr. Pat. 2.284 M, 1964).

3. Biosynthese und Regulation

Griseofulvin entsteht anscheinend an einem Multienzymkomplex über eine hypothetische Zwischenstufe und Griseophenon B und evtl. A aus 1 Molekül Acetat, 6 Molekülen Malonat und den Methylgruppen aus 2 Molekülen Methionin (Literatur vgl. Rehm, 1967; Turner, 1975) (Abb. 152).

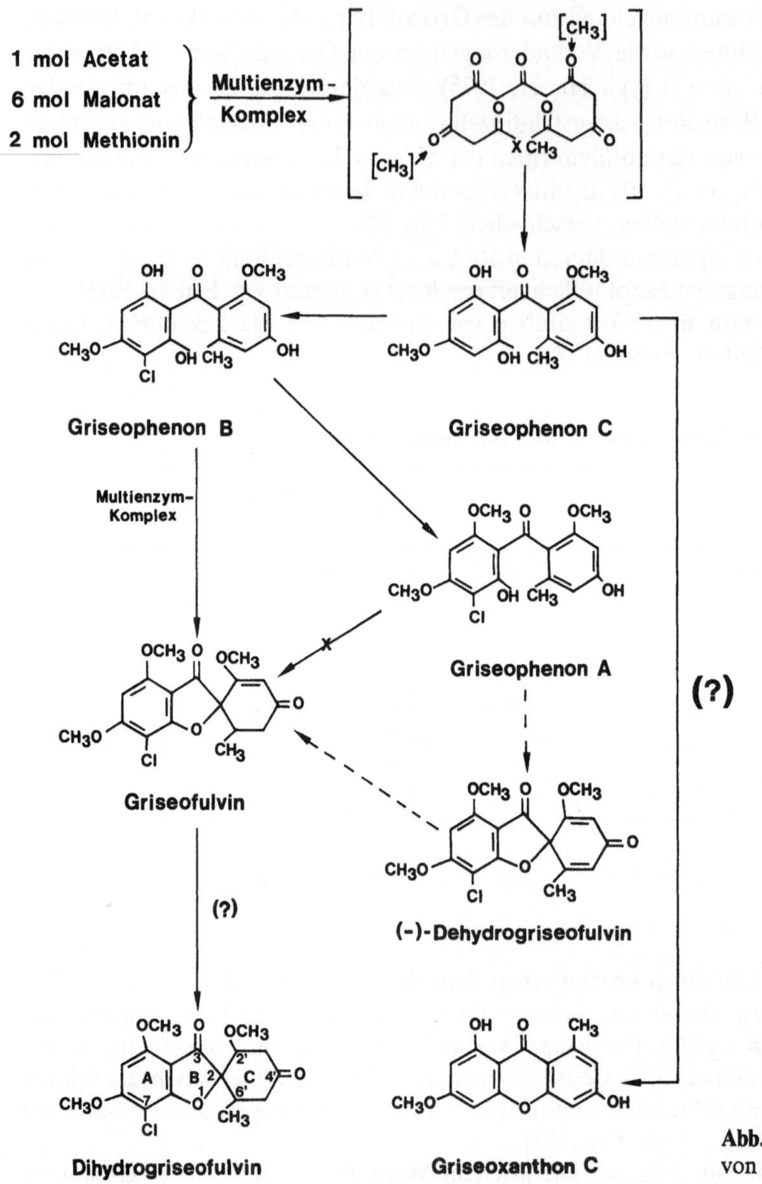

Abb. 152. Biosynthese von Griseofulvin

Verschiedene Pilze setzen Griseofulvin in Dihydrogriseofulvin (Sättigung des Ringes C) um (Okuda et al., 1967). Auch ein Dehydrogriseofulvin (zwei Doppelbindungen im Ring C) wird durch *Penicillium martinsii* gebildet (Kamal et al., 1970).

Die Chlorierung findet anscheinend in einem späten Stadium statt und ist noch keinesfalls aufgeklärt (vgl. Turner, 1975).

4. Herstellungstechnik

Griseofulvin wird – nachdem man dieses Antibioticum anfangs auch in Oberflächenkultur hergestellt hatte – heute ausschließlich in aerober submerser Kultur her-

                                                467

gestellt. Als C-Quelle verwendet man Glucose, Saccharose, Stärke, Lactose oder Materialien, die diese Verbindungen enthalten. Glucose muß immer in hohen Konzentrationen vorhanden sein, da eine Abnahme der Glucosekonzentration im Substrat ein Absinken des pH-Wertes und eine Verminderung der Griseofulvinbildung nach sich zieht. Zweckmäßigerweise wird Glucose während der Fermentation portionsweise dem Substrat zugesetzt. $NaNO_3$ ist eine gute N-Quelle für die Griseofulvinbildung durch *Penicillium nigricans.* Durch Asparaginsäure, Glutaminsäure, Threonin und Histidin wird die Biosynthese von Griseofulvin weiterhin gefördert (Klimov und Efimova, 1965).

Die Fermentation beginnt beim pH-Wert von 4,9 – 5,5, der schnell auf etwa 6,8, bei dem die optimale Produktion von Griseofulvin stattfindet, ansteigt.

Bei Verwendung von Lactose muß die optimale N-Konzentration höher als bei Verwendung von Saccharose oder Stärke sein. Nach der N-Konzentration muß sich die Intensität der Belüftung richten. Hohe N-Konzentrationen erfordern eine starke, geringe Konzentrationen eine schwache Belüftung. Bei einer erhöhten C-Konzentration hat eine verminderte Belüftung einen sehr negativen Effekt auf die Griseofulvinbildung (vgl. Rhodes, 1963).

Die Fermentation wird bei 25 °C durchgeführt und ist nach sieben bis neun Tagen beendet. Griseofulvin befindet sich sowohl im Mycel als auch in der Kulturflüssigkeit der Pilze und muß aus beiden aufgearbeitet werden.

Aus dem Filtrat isoliert man das Griseofulvin durch Adsorption an Aktivkohle, aus welcher es mit Äther oder Chloroform eluiert werden kann. Das abfiltrierte Mycel, das die größte Menge des gebildeten Griseofulvins enthält, wird schonend getrocknet und zur Entfernung der Fette kontinuierlich mit Petroläther extrahiert (DDR-Pat. 78.898, 1964). Der entfettete Rückstand wird mit CH_2Cl_2 ebenfalls kontinuierlich extrahiert, dann nach Entfärbung an Al_2O_3 adsorbiert und nach Elution durch fraktionierte Kristallisation gereinigt. Die Mycelien können auch beim pH-Wert von 6,0 mit Aceton extrahiert werden (DB-Pat. 1.116.865, 1961).

Griseofulvin ist ein wertvolles Antibioticum zur oralen Behandlung von Pilzerkrankungen der Haut, der Haare und der Nägel.

C. Novobiocin

1. Allgemeines, Biologie und Chemie

Novobiocin ist ein Antibioticum, das 1955/56 nahezu gleichzeitig von drei verschiedenen industriellen Forschungsgruppen in den USA entdeckt wurde.

Es wird von *Streptomyces niveus, S. spheroides* und *S. subtropicus* gebildet und wirkt gegen viele gram(–)- und gram(+)-Bakterien. Besonders *Corynebacterium diphtheriae, Haemophilus-* und *Neisseria*-Arten sowie *Diplococcus pneumoniae* sind gegen Novobiocin empfindlich. Enterobacteriaceae und *Clostridium*-Arten sowie Pilze, Viren und Protozoen sind nicht empfindlich (Tabelle mit antimikrobiellem Spektrum vgl. Rehm, 1967). Das Antibioticum ist nur gering toxisch.

Novobiocin bindet Mg^{++}-Ionen und wirkt damit auf sämtliche Mg^{++}-abhängigen Reaktionen sowie auf die Zellwand (Gallien, 1971). Bakterienstämme können

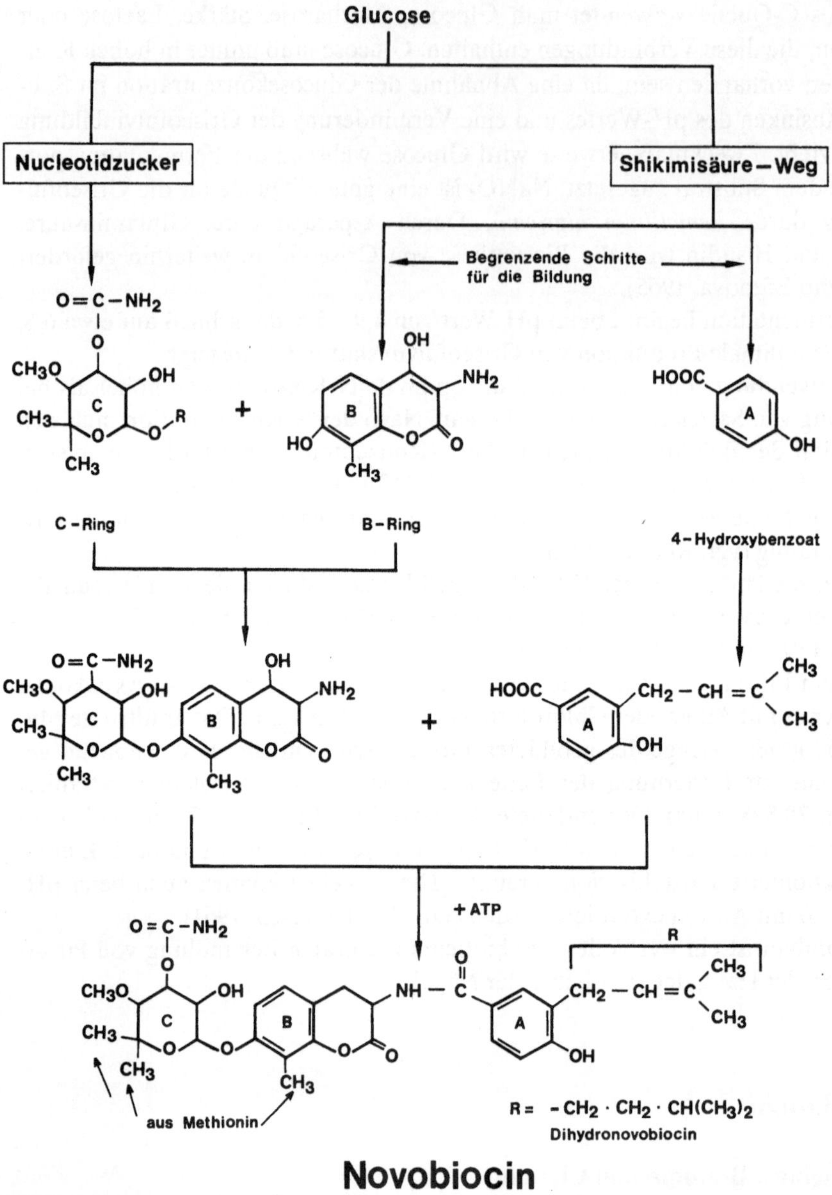

Novobiocin

Abb. 153. Biosynthese von Novobiocin

schnell eine Resistenz gegen Novobiocin entwickeln. Literatur vgl. Brunner und Machek (1965).

Novobiocin ist ein 4,7-Dihydroxy-3-amino-8-methylcumarinderivat (B), das über die 3-Aminogruppe mit einer substituierten p-Hydroxybenzoesäure (A) verbunden ist. Dieser Teil des Antibioticums ist die Novobiocinsäure. Sie ist über die 7-Hydroxylgruppe mit einem substituierten Zuckerderivat (C), der Noviose, verbunden. Novobiocin ließe sich daher auch zu den zuckerhaltigen Antibiotica einordnen. Die Noviose ist mit Carbaminsäure verestert. Durch Hydrierung der Endgruppe kann ein Dihydronovobiocin hergestellt werden. (Ausführliche Darstellung der Chemie des Novobiocins vgl. Brunner und Machek, 1965).

2. Biosynthese und Regulation

Ring A und B des Novobiocinmoleküls werden über den Shikimisäureweg gebildet und sind zugleich limitierende Schritte für die Synthese des ganzen Moleküls. p-Hydroxybenzoesäure ist eine echte Vorstufe für die Biosynthese. Der Ring C entsteht aus Glucose und wird zunächst mit dem Cumarin-Ring B verknüpft, erst dann erfolgt unter ATP-Verbrauch die Bindung mit der substituierten p-Hydroxybenzoesäure (vgl. Abb. 153).

Schon Hoeksema und Smith (1961) hatten festgestellt, daß die Novobiocinbiosynthese bei *Streptomyces niveus* durch >9 mMol – 40 mMol anorganisches Phosphat gehemmt wird, anscheinend wird die geschilderte Verknüpfung der Ringe BC mit A gehemmt.

Die Novobiocinsynthese wird durch Na-Arsenit inhibiert. Diese Hemmung wird nicht durch Pyruvat und Phenylalanin, wohl aber durch Citrat, Succinat, Fumarat, Prolin und Glutaminsäure zumindest teilweise aufgehoben (Mironov und Egorov, 1964). Salicylat, p-Aminobenzoesäure und p-Aminosalicylsäure beeinflußten die Arsenithemmung der Novobiocinsynthese nicht. Außerdem wurde eine gewisse Hemmwirkung von Citrat auf die Verwendung von Glucose zur Biosynthese von Novobiocin festgestellt. Weiterhin wurde ein Enzym gefunden, das die Säureamidbindung des Cumarinteiles mit dem Hydroxybenzoesäureteil katalysiert. Dieses Enzym wird von den Streptomycetenzellen besonders zu Beginn der Fermentation gebildet. Die Synthese dieses Enzyms stellt einen begrenzenden Faktor für die Biosynthese von Novobiocin dar (Kominek, 1966).

Durch Verwendung einer Reihe verschiedener Benzoesäureabkömmlinge als precursor bei der Novobiocinbiosynthese in synthetischen Nährlösungen gelingt es, verschiedene Analoge des Novobiocins zu erhalten (Walton et al., 1962).

Weitere Literatur über die Biosynthese von Novobiocin vgl. Kominek und Sebek (1974).

3. Herstellungstechnik

Novobiocin wird im belüfteten Submersverfahren hergestellt. Auch eine kontinuierliche Herstellung ist in kleinen Anlagen möglich (Reusser, 1961). Saccharose, Glucose, organische Säuren, insbesondere Äpfelsäure und Fumarsäure, Fleischextrakt und Pepton sind geeignete C- und N-Quellen. Als Vorstufen können p-Aminosalicylsäure (US-Pat. 3.049.475, 1962) und 4-Hydroxy-3-(3-methyl-2-butenyl)-benzoesäure dem Substrat hinzugefügt werden. Prolin- sowie Phenylalanin- und Tyrosinzusätze erhöhen die Ausbeuten (Egorov und Ushakova, 1964).

Die Fermentation (in Tanks mit mehr als 50 000 l) beginnt mit starkem Mycelwachstum, das nach etwa 60 Std. seinen Höhepunkt erreicht hat. Nach etwa 30 Std. (vom Beginn der Beimpfung) beginnt die Novobiocinproduktion und ist nach etwa 90 Std. abgeschlossen. Die Zeiten variieren je nach Art des Substrates, das zur Fer-

mentation verwendet wird. Die Fermentation beginnt im schwach sauren Gebiet
(pH-Wert 6,8). Die Novobiocinbildung findet aber erst dann statt, wenn das Substrat schwach alkalisch geworden ist. Die optimale Temperatur der Fermentation
liegt zwischen 24 °C und 28 °C, die Belüftung bei 1,0 vvm – 1,5 vvm. Häufig werden 5% CO_2 zugesetzt (Einzelheiten vgl. Brunner und Machek, 1965).

Im Verlauf der Fermentation können auch antimikrobiell inaktive Formen des
Novobiocins, Isonovobiocin und Decarbamoylnovobiocin, synthetisiert werden.
Sonnenblumenöl und Walöl begünstigen die Biosynthese dieser Substanzen. Eine
zu geringe Belüftung hemmt die Novobiocinsynthese (Gracheva und Severina,
1966).

Die Aufarbeitung kann grundsätzlich nach drei Methoden durchgeführt werden:

1. Ausfällung aus der Kulturflüssigkeit. Hierzu wird die filtrierte Kulturflüssigkeit
   im Vakuum eingeengt und mit Mineralsäuren auf einen pH-Wert von 2,0 eingestellt. Das gefällte Novobiocin wird nach Filtration und Lösung in Aceton weiter
   gereinigt.

2. Extraktion mit Lösungsmitteln. Nach Filtration beim pH-Wert von 8,0 wird beim
   pH-Wert von 6,0 z. B. mit Amylacetat im Gegenstrom extrahiert und das Novobiocin aus dem Lösungsmittel weiter aufgearbeitet.

3. Adsorption und Elution an Austauschharze. Man adsorbiert hierbei z. B. an Do-
   wex-Amberlit- oder Duolitsäulen und eluiert mit schwachen Säuren, die einen
   mit Wasser mischbaren Alkohol oder ein derartiges Keton enthalten. Anschließend wird das Novobiocin aus dem Eluat aufgearbeitet und gereinigt.

4. Anwendung

Novobiocin wird ganz besonders zur Bekämpfung von Staphylokokken- und Pro-
teusinfektionen angewandt. Es bilden sich bei den Mikroorganismen keine Kreuzresistenzen zwischen Novobiocin und anderen Antibiotica heraus, so daß das Antibioticum geeignet ist, Krankheiten zu bekämpfen, die durch Stämme hervorgerufen
werden, die gegen andere Antibiotica bereits resistent geworden sind.

VIII. Weitere wichtige Antibiotica

Neben den bisher beschriebenen Antibiotica gibt es noch eine große Anzahl weiterer Antibiotica, die in mehr oder weniger großer Menge technisch hergestellt werden. Einige wichtige dieser Substanzen zeigt die Tabelle 75 in zusammengefaßter
Form, ohne daß eine Vollständigkeit angestrebt wurde (Abb. 154). Perlman
(1977 b) hat eine Zusammenstellung über viele industriell hergestellte Antibiotica
mit Angabe der Firmen gegeben. Weitere zusammenfassende Literatur vgl. Brunner und Machek (1970); Franklin et al. (1973); Corcoran und Hahn (1975); Kurylowicz (1976), Korzybski et al. (1978), über cytotoxische und Antitumorsubstanzen
vgl. besonders Aszalos und Bérdy (1978). Nucleotidantibiotica vgl. Kap. 23.

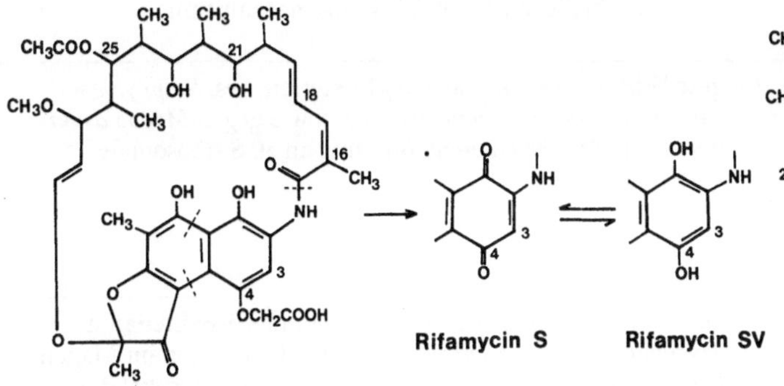

Rifamycin B

Rifamycin S

Rifamycin SV

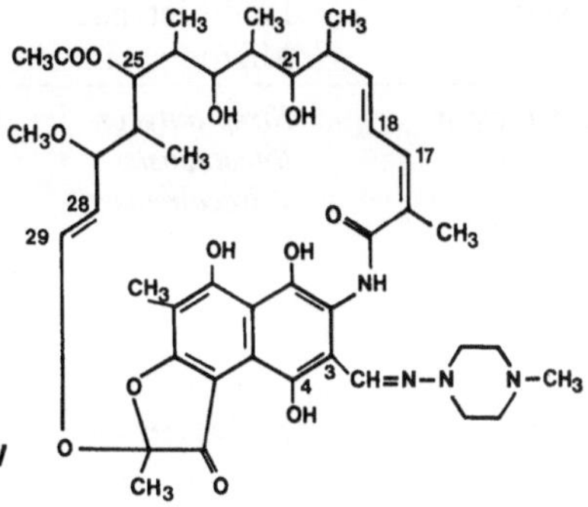

Rifampicin
(Rifampin, Rimactan, Rifadin)

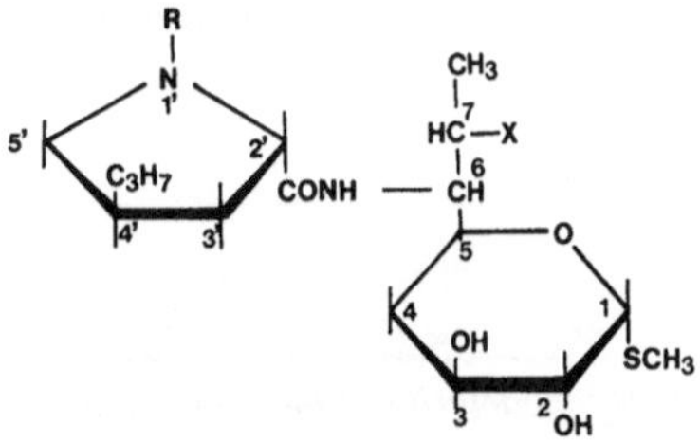

Lincomycin: R=CH_3; X=OH
Clindamycin: R=CH_3; X=Cl

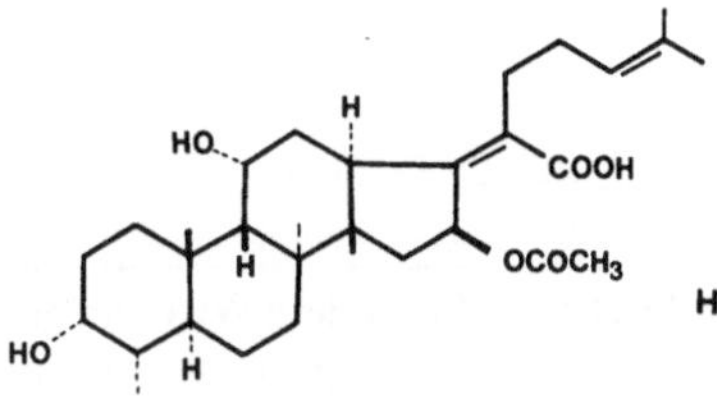

Fusidinsäure

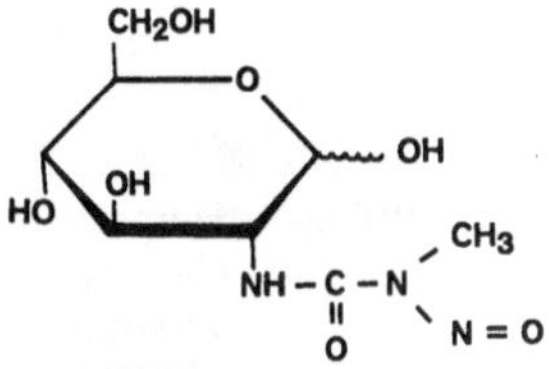

Streptozotocin

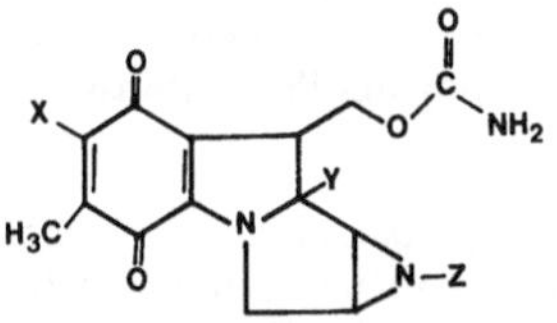

Mitomycine und Porfiromycin

	X	Y	Z
Mitomycin C	NH_2	OCH_3	H
Porfiromycin	NH_2	OCH_3	CH_3
Mitomycin A	OCH_3	OCH_3	H
Mitomycin B	OCH_3	OH	CH_3

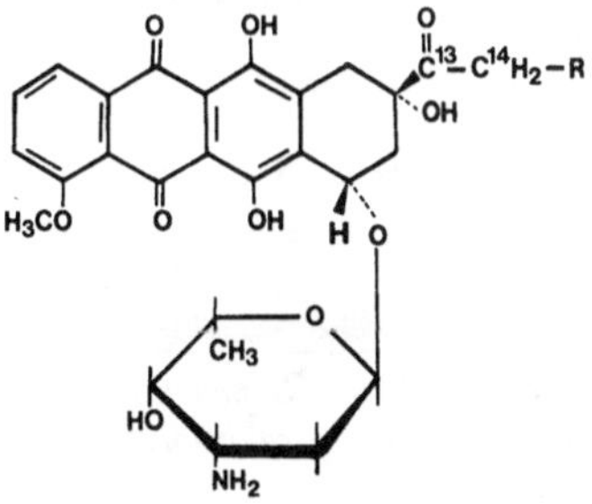

Daunomycin
(Daunorubicin, Rubidomycin)

Bleomycin A_2

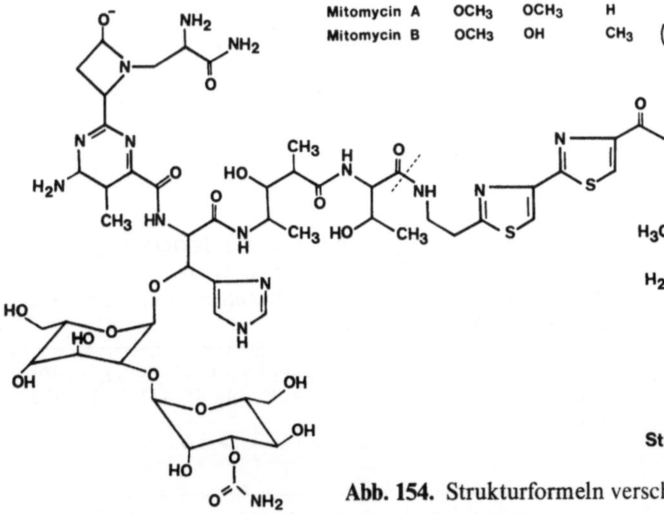

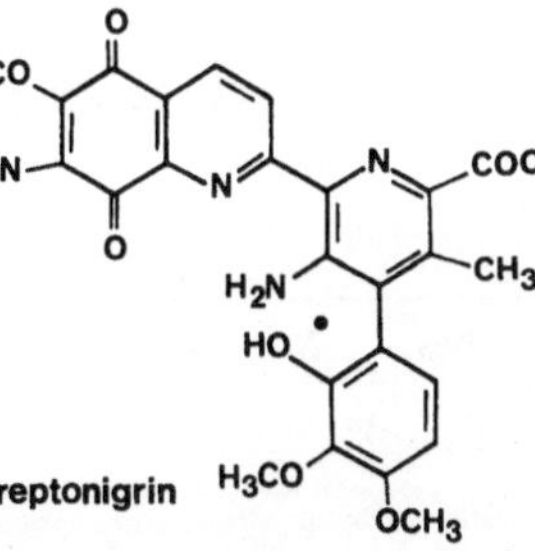

Streptonigrin

Abb. 154. Strukturformeln verschiedener wichtiger Antibiotica

Tabelle 75. Wichtige durch Fermentation hergestellte Antibiotica

Name	Produzierende Mikroorganismen	Antimikrobielle Wirkung, Wirkungsmechanismus
Lincomycin	*Streptomyces lincolnensis v. lincolnensis*	gute Wirkung gegen gram(+)-Bakterien, bes. *Staphylococcus, Streptococcus, Pneumococcus,* sowie gegen *Mycoplasma nominis* u. *M. pneumoniae,* Bindung an 50 S ribosomale Untereinheiten
Rifamycine, bes. Rifamycin SV	*S. mediterranei*	gute Wirkung gegen gram(–)- und gram(+)-Bakterien u. *Mycobacterium tuberculosis;* schlechte Resorption im Magen-Darm, schnelle Ausscheidung. Bindung an β-Partikel der DNA-abhängigen RNA-Polymerase, Hemmung der Transkription bei Bakterien, Hemmung der RNA-Synthese bei Eukaryonten. Wirkung auf DNA-Viren u. Chlamydozoaceae
Rifampin (Rifampicin)	Hergestellt durch chemische Umwandlung von Rifamycin	Besondere Wirkung gegen *Mycobacterium tuberculosis,* aber auch Spektrum wie Rifamycine
Fusidinsäure	*Fusidium coccineum*	wirksam gegen Staphylokokken, Clostridien, Neisserien, *Corynebacterium diphtheriae, Mycobacterium tuberculosis,* Hemmung der Proteinbiosynthese, geringe Toxizität
Mitomycine, bes. Mitomycin C	*S. caespitosus, S. ardus, S. verticillatus*	Breites Spektrum gegen gram(–)- und gram(+)-Bakterien, Mycobakterien und Rickettsien, stark toxisch, bes. carzinostatisch (Mitomycin C), Hemmung der DNA-Replikation durch irreversible Bindung, wahrscheinlich über Guanin und Cytosin
Daunomycin (Rubidomycin, Daunorubicin)	*S. peuceticus, S. coerulorubidus*	schwach wirksam gegen gram(+)-Bakterien, gute antimitotische Wirksamkeit, Hemmung der RNA-Bildung
Mithramycin (Aureolsäure-Derivat)	*S. tanashiensis*	wirksam gegen gram(+)-Bakterien, gute antimitotische Wirksamkeit, stark toxisch, Hemmung der RNA-Bildung
Streptozotocin	*S. achromogenes*	wirksam gegen gram(–)- und gram(+)-Bakterien, gute antimitotische Wirksamkeit, diabetogene Wirkung durch Zerstörung der Insulinproduzierenden B-Zellen im Pankreas, Hemmung der DNA-Replikation
Bleomycine, bes. Bleomycin A$_2$	*S. verticillus*	wirksam gegen gram(–)- und gram(+)-Bakterien, gute antimitotische Aktivität, toxisch, Hemmung der DNA-Replikation
Streptonigrin	*S. flocculus*	breites antibakterielles Spektrum, gute antimitotische Aktivität, stark toxisch, Hemmung der DNA-Synthese

Chemie u. Biosynthese	Besonderheiten	wichtige und zusammenfassende Literatur
N-Methyl-4′-propyl-1-prolin, verbunden durch Amidbindung mit α-Methyl-thiolincosamin (Abb. 154), schwache Base, chemische Synthese möglich	Viele chemische Abwandlungen des Moleküls, bes. 7-Chlor-7-desoxylincomycin (Clindamycin), das auch eine Wirkung gegen *Plasmodium*-Arten besitzt. Aerobe Submersfermentation, Extraktion mit Butanol, Reinigung als Hydrochlorid aus Wasser/Aceton	Magerlein (1971), Brunner und Machek (1970), Dettaan et al. (1972)
Rifamycin B, S, O, SV, L. (Abb. 154). Makrocyclisches Antibioticum mit chromophorem Naphtho(hydro)chinon-System (Abb. 154)	Viele mikrobielle und chemische Abwandlungen des Moleküls. Bei Gegenwart von Diäthylbarbiturat wird bes. viel Rifamycin B gebildet. $$\text{Rifamycin B} \xrightarrow{\text{Oxidation}} \text{Rifamycin O} \xrightarrow{\text{Hydrolyse}}$$ $$\text{Rifamycin S} \xrightarrow{\text{Reduktion}} \text{Rifamycin SV}$$ Aerobe Submersfermentation, Extraktion mit Essigester. Rifamycin S bildet sich aus Rifamycin O, das durch seine Hydrolyse und Reduktion leicht in Rifamycin SV umgesetzt wird	Wehrli und Staehelin (1975), Riva und Silvestri (1972), Brunner und Machek (1970)
vgl. Abb. 154		Lester (1972), Wehrli und Staehelin (1975)
Steroid mit ungewöhnlicher Anordnung der Ringe	geringere Bedeutung, Biosynthese aus Acetateinheiten	Brunner und Machek (1970), Tanaka (1975 a)
Aminobenzochinon-Chromophor, der an ein Aziridino-pyrrolizidin-System kondensiert ist (Abb. 154)	Als Antitumor-Antibioticum angewandt. Durch Zusatz von Na-Laurylsulfat, Toluol oder $HgCl_2$ werden Mitomycine während der Extraktion nicht abgebaut	Brunner und Machek (1970), Hornemann et al. (1974), Nishikohri und Fukui (1975)
Glycosid, dessen Aglycon (Daunomycinon) einen Anthrachinon-Chromophor enthält. Der Aminozucker heißt Daunosamin (Abb. 154)	Als Antitumor-Antibioticum angewandt. Isolierung aus dem Mycel, z. B. mit angesäuertem Aceton	Brunner und Machek (1970), Demarco und Nagarajan (1972)
Glycosid mit den Zuckern D-Mycarose, D-Olirose und D-Oliose (1 : 1 : 3 : 1) und dem Aglycon Chromomycinon (auch in Chromomycinen enthalten	Als Antitumor-Antibioticum angewandt. Aureolsäure-Derivate sind außerdem Chromomycine, Olivomycine	Kurylowicz (1976)
N-Methyl-N-nitroso-harnstoff-Derivat des 2-D-Glucosamins (Abb. 154)	Als Antibioticum gegen maligne Inselzelltumoren angewandt	Rudas (1972)
vgl. Abb. 154	Bei Fermentation entsteht Gemisch mit ca. 50% Bleomycin A_2, 20% Bleomycin B_2 und restlichen Komponenten A_1, $A_3 - A_6$, B_1, $B_3 - B_5$. Als Antitumor-Antibioticum angewandt	Brunner und Machek (1970), Umezawa (1975)
Enthält ein Aminochinonsystem (vgl. Abb. 154)	Als Antitumor-Antibioticum angewandt	Brunner und Machek (1970)

IX. Wichtige Antibiotica für nicht-medizinische Anwendungen

Das wichtigste Anwendungsgebiet für Antibiotica ist die Medizin. Es sind jedoch verschiedene neue Anwendungsgebiete für Antibiotica erschlossen worden, für die sowohl Antibiotica, die auch klinisch angewandt werden, als auch nicht-medizinisch angewandte Antibiotica eingesetzt werden.

1. Antibiotica als Futtermittelzusatz

Ein Großteil der produzierten Antibiotica geht als Futtermittelzusatz in die Tierhaltung. Besonders die Jungviehaufzucht (Geflügel, Kälber, Schweine), aber auch die Mast von Tieren werden mit Hilfe eines solchen supplementierten Futters betrieben. Man verwendet gegenwärtig hierzu Penicilline, Tetracycline, Erythromycine, Streptomycin und Bacitracin in großen Mengen. Durch gesetzliche Regelungen wird in naher Zukunft in vielen Ländern die Anwendung dieser Antibiotica wegen ihrer großen klinischen Bedeutung für eine Tierfütterung verboten werden (Perlman, 1977 a, b). Der Hauptgrund ist eine vermehrte Resistenzentwicklung pathogener Keime im Tierkörper durch die applizierten subletalen Konzentrationen dieser Antibiotica und eine dadurch verminderte Wirksamkeit in der klinischen Anwendung (vgl. Jukes, 1973).

Alternativen für diese Antibiotica zeigt die Tabelle 76.
Diese Substanzen werden bereits in Europa, den USA und/oder Japan technisch durch Fermentation hergestellt.

Tabelle 76. Antibiotica, die anstelle wichtiger therapeutischer Antibiotica als Futtermittelzusatz angewandt werden bzw. zur Anwendung vorgesehen sind

Antibioticum	Produzierender Mikroorganismus	Bemerkungen	Literatur
Virginiamycin	*Streptomyces virginiae* u. a. *Streptomyces* spp.	Depsipeptide gehören zur Mikamycingruppe	Tanaka (1975 b)
Moenomycin (Flavomycin)	*Streptomyces bambergiensis, S. ederensis* u. a.	Hochmolekulares phosphorhaltiges Glycolipid	vgl. Brunner und Machek (1970)
Mocimycin	*Streptomyces ramocissimus*	Heterocyclisches Antibioticum	Vos und Verwiel (1973)
Thiopeptin B	*Streptomyces tateyamensis*	Gehört zur Thiostreptongruppe (S-haltige Peptidantibiotica)	Pestka und Bodley (1975)
Enduracidin	*Streptomyces fungicidicus*	Polypeptidantibioticum	Kawakami et al. (1971)
Macarbomycin	*Streptomyces phaeochromogenes*	Polysaccharidantibioticum	Suzuki et al. (1972)
Quebemycin	*Streptomyces canadiensis*	Phosphor enthaltende saure Substanz	Yamada (1977)

2. Antibiotica als Pflanzenschutzmittel

Da viele Substanzen, die bisher als Pestizide (Insektizide, Fungizide, Herbizide, Wachstumsregulatoren u. ä.) angewandt werden, eine gewisse Toxizität besitzen, hat man verschiedene Antibiotica als Pestizide in der Landwirtschaft erprobt. Zusammenfassende Arbeiten vgl. Thirumalachar (1968); Huang (1969); Huang und Shapiro (1971); Dekker (1975); Misato et al. (1977); Frommer und Schmidt (1978).

Antibiotica können in zumeist viel geringeren Konzentrationen (10 ppm – 50 ppm) als die gegenwärtig eingesetzten Pestizide angewandt werden, so daß die Gesamtkonzentrationen auf einem Feld nur 1/10 oder 1/100 betragen. Weiterhin werden Antibiotica schnell durch Bodenmikroorganismen abgebaut.

Diesem und anderen Vorteilen steht u. a. der Nachteil einer schnellen Resistenzentwicklung von Mikroorganismen gegen Antibiotica gegenüber.

Die technische Herstellung wird vor allem durch die Einsparung einiger Aufarbeitungsgänge – es können in vielen Fällen Rohsubstanzen eingesetzt werden – vereinfacht.

Von den medizinisch angewandten Antibiotica sind die folgenden Substanzen auch mit Erfolg in der Landwirtschaft eingesetzt worden (Literatur vgl. Misato et al., 1977): Streptomycin zur Bekämpfung von Pflanzenkrankheiten, die durch Bakterien (z. B. *Pseudomonas*-Arten, *Xanthomonas oryzae*) und Pilze (z. B. *Phytophthora macrospora*) hervorgerufen werden (200 ppm – 500 ppm). Chloramphenicol gegen eine bakterielle Blatterkrankung am Reis und andere bakterielle Erkrankungen an Obst und Gemüse (100 ppm – 200 ppm am besten in Kombination mit Kupferpräparaten). Cycloheximid (Actidion) als Fungizid in der Forstwirtschaft (2 ppm – 5 ppm), höhere Konzentrationen (z. B. 500 ppm) wirken toxisch auf die Pflanzen.

Tetracycline zur Bekämpfung bakterieller Pflanzenkrankheiten. Griseofulvin als Fungizid (z. B. gegen *Botrytis* auf Tomaten). Novobiocin gegen bakterielle Tomateninfektionen (ca. 100 ppm).

Neben diesen Substanzen werden verschiedene Antibiotica ohne bedeutende medizinische Anwendung in der Landwirtschaft verwendet. Die Tabelle 77 zeigt einige wichtige derartige Antibiotica.

Viele der genannten Antibiotica, z. B. Kasugamycin, Polyoxine und Validamycin, haben eine relativ selektive Wirkung auf pathogene Pilze, sind nicht oder nur wenig toxisch für Menschen, Tiere und Pflanzen und werden im Boden schnell durch Mikroorganismen abgebaut. Die weitere Entwicklung von Substanzen mit derartigen Eigenschaften wird in Zukunft von großer Bedeutung sein.

Über pflanzliche Wuchsstoffe, z. B. Gibberelline, vgl. Kap. 30, über insektizide Wirkung von *Bacillus thuringiensis* sowie über den Einsatz anderer Mikroorganismen zur Bekämpfung von Pflanzenschädlingen vgl. Kap. 11 und auch Henis und Chet (1975). Das von *B. thuringiensis* gebildete Peptid Thuringiensin, ein hitzestabiles δ-Endotoxin, ist in seiner Struktur noch nicht aufgeklärt (vgl. Farkaš et al., 1977). Aus *Beauveria*-Arten, die als lebende Pilzkulturen z. B. zur Bekämpfung von Maikäferlarven eingesetzt werden (vgl. Kap. 11), sind insektenpathogene Cyclodepsipeptide isoliert worden (Elsworth und Grove, 1977). Auch *Metarrhizium anisopliae* bildet insektizid wirkende Cyclodepsipeptide (Naganawa et al., 1976). *Pseudomonas*

Tabelle 77. Wichtige, nicht-medizinisch angewandte Antibiotica im Pflanzenschutz (Literatur vgl. Misato et al., 1977)

Antibioticum	Produzierender Mikroorganismus	Bemerkungen
Blasticidin S	*Streptomyces griseochromogenes*	antifungale Wirkung, bes. auch gegen *Pyricularia oryzae,* Anwendung gegen rice-blast (Reisbrand) 10 ppm – 20 ppm, daneben antivirale Wirkung
Kasugamycin	*S. kasugaensis*	bes. Wirkung gegen *Pyricularia oryzae,* Anwendung gegen Reisbrand (20 ppm), Totalsynthese möglich (Suhara et al., 1972)
Polyoxine	*S. cacaoi* v. *asoensis*	antifungale Wirkung, bes. gegen *Alternaria kikuehiana, Pellicularia sasakii* [rice-sheath-blight (Reis-Mehltau)], *Cochliobolus miyabeanus* (50 ppm – 100 ppm)
Validamycin	*S. hygroscopicus* v. *limoneus*	antifungale Wirkung, bes. gegen *Rhizoctonia* spp.-Erkrankungen (30 ppm)
Tetranactin	*S. aureus*	Antibioticum gegen Milben
Cellocidin	*S. chibaensis*	Herstellung durch chem. Synthese, antibakterielle Wirkung, bes. gegen *Xanthomonas oryzae*
Ezomycin	*S. kitazawaensis*	antifungale Wirkung, bes. gegen *Sclerotinia sclerotiorum* und *Botrytis* spp.
Milbezine	*S. B-41-146*	Antibioticum gegen Milben
NK-049	*Streptomyces* sp.	Analoges des Anisomycins, herbizide Wirkung
Laurusin	*S. lavendulae*	antibakterielle und antivirale Wirkung
Bihoromycin	*S. filipinensis* v. *bihoroensis*	Hemmung lokaler Läsionen von TMV
Miharamycin A	*S. miharaensis*	Wirkung gegen verschiedene Viren
Aabomycin A	*S. hygroscopicus* v. *aabomyceticus*	Wirkung gegen verschiedene Viren
Citrinin	*Penicillium citro-viride*	Wirkung gegen verschiedene Viren
Rhizobitoxin	*Rhizobium japonicum*	herbizide Wirkung (US-Pat. 3.672.862, 1972)

aeruginosa-Stämme sind ebenfalls in der Lage, Insektizide zu bilden (SU-Pat. 41.128, 1974).

Antihelminthische Substanzen (Cuckler, 1967), Nematozide (Good und Feldmesser, 1967) sowie Antiprotozoen-Substanzen (Goble, 1967) können möglicherweise auch in Zukunft von Bedeutung sein.

3. Antibiotica zur Fischabtötung

In manchen Fällen ist es von Interesse, Fische abzutöten, z. B. zur Kontrolle von Krankheiten. Hierfür eignet sich Antimycin A, ein Antibioticum aus einer Gruppe von Antibiotica, die durch *Streptomyces* sp. B-265 und *S. kitazawaensis* gebildet werden. Die Substanz hat auch eine antifungale Wirkung, besonders gegen *Saccharomyces* und *Candida*. Die zur Fischabtötung notwendigen Konzentrationen sind sehr unterschiedlich, sie liegen zwischen 1,0 ppb und 200 ppb. Einzelheiten und viel über die Anwendung vgl. Lennon und Vézina (1973).

4. Antibiotica in der Lebensmittelkonservierung

Verschiedene Antibiotica werden zur Konservierung von Lebensmitteln eingesetzt. Einzelheiten und Literatur vgl. Lück (1977); vgl. auch Owtscharowa und Maslennikowa (1972).

Nisin, ein Polypeptidantibioticum aus *Streptococcus lactis,* ist in einigen Ländern zur Konservierung von Schmelzkäse und anderen Käsearten erlaubt (nicht in der Bundesrepublik Deutschland und in den USA).

Pimaricin, ein polyenes Makrolid-Antibioticum, wird in verschiedenen Ländern zur Oberflächenkonservierung von Käse, zur Konservierung von Käsedecken auf Kunststoffbasis und z. T. auch zum Tauchen (maximal 0,2%) von Würsten eingesetzt.

Tetracycline, besonders Oxytetracyclin und Chlortetracyclin, werden in einigen Ländern dem Kühleis für Fische (5 ppm) zugesetzt. Eine Kühllagerung von frischem Geflügel und Frischfleisch wird durch Eintauchen in Antibioticalösungen (10 ppm) verlängert.

Subtilin, ein Polypeptid-Antibioticum, verkürzt in Konzentrationen von 20 ppm die Zeiten für die Sterilisation von Konserven.

Tylosin, ein Makrolid-Antibioticum, ist in Ostasien zur Konservierung von Fischzubereitungen verwendet worden.

Literatur

Abbott, B. J.: Adv. Appl. Microbiol. *20,* 203 – 257 (1976)

Abraham, E. P., Loder, P. B.: In: Cephalosporins and penicillins. Flynn, E. H. (ed.), pp. 1 – 26. London, New York. Academic Press 1972

Abraham, E. P., Newton, G. G. F.: Biochem. J. *79,* 377 (1961)

Abraham, E. P., Newton, G. G. F.: Adv. Chemother. *2,* 23 (1965)

Acevedo, F., Cooney, C. L.: Biotechnol. Bioeng. *15,* 493 – 503 (1973)

Aida, T.: J. Agric. Chem. Soc. Jpn. *36,* 793 (1962)

Aoki, H., Sakai, H., Kohsaka, M., Konomi, T., Hosoda, J., Kubochi, Y., Iguchi, E., Imanaka, H.: J. Antibiot. *29,* 492 (1976)

Arnstein, H. R. V., Morris, D.: Biochem. J. *76,* 318, 353, 359 (1960)

Aszalos, A., Bérdy, J.: Annu. Rep. Ferment. Proc. *2,* 305 – 333 (1978)

Basak, K., Majumdar, S. K.: Antimicrob. Agents Chemother. *8,* 391 (1975)

Bauer, K.: Z. Naturforsch. *25,* 1125 (1970)

Benveniste, R., Davies, J.: Annu. Rev. Biochem. *42,* 471 (1973)

Bérdy, J.: Adv. Appl. Microbiol. *18,* 309 – 406 (1974)

Bibikova, M. V., Laiko, A. V., Selezneva, T. I., Kovsharova, I. N.: Antibiotiki *20,* 675 (1975)

Blackwood, R. K., English, A. R.: Adv. Appl. Microbiol. *13,* 237 – 266 (1970)

Blanch, H. W., Rogers, P. L.: Biotechnol. Bioeng. *14,* 151 – 171 (1972)

Brandl, E.: In: Die Antibiotica, Bd. 1, Teil 1. S. 285 – 330. Nürnberg: Hans Carl 1962 a

Brandl, E.: In: Die Antibiotica, Bd. 1, Teil 2. S. 187 – 196. Nürnberg: Hans Carl 1962 b

Brandl, E., Margreiter, H.: Österr. Chem. Ztg. *55,* 11 (1954)

Brockmann, H.: Fortschr. Chem. Org. Naturst. *18,* 2 – 54 (1960)

Brown, A. G., Butterworth, D., Cole, M., Hanscomb, G., Hood, J. D., Reading, C., Rolinson, G. N.: J. Antibiot. *29,* 668 (1976)

Brunner, R.: In: Die Antibiotica, Bd. 1, Teil 1. S. 249 – 254. Nürnberg: Hans Carl 1962

Brunner, R., Machek, G.: Die großen Antibiotica. Nürnberg: Hans Carl 1962

Brunner, R., Machek, G.: Die mittleren Antibiotica. Nürnberg: Hans Carl 1965

Brunner, R., Machek, G.: Die kleinen Antibiotica. Nürnberg: Hans Carl 1970

Brunner, R., Roehr, M., Zinner, M.: Z. Physiol. Chem. *349*, 95 (1968)

Bruton, J., Horner, W. H., Russ, G. A.: J. Biol. Chem. *242*, 813 (1967)

Celmer, W. D.: In: Symp. Antibiot. Quebec, Canada. Rakhit, S. (ed.), p. 413. London: Butterworths 1971

Chabbert, Y. A.: Int. J. Clin. Pharmacol. Sonderh. Cephalosporine *28*, (1968)

Chain, E., Florey, H. W., Gardner, A. D., Heatley, N. G., Jennings, M. A., Orr-Ewing, J., Sanders, A. G.: Lancet *240*, 226 (1940)

Cocito, C.: Microbiol. Rev. *43*, 145 – 198 (1979)

Cole, M., Hood, J. D., Butterworth, D.: Ger. Offen. *2*, 513, 854 (1975)

Colowick, S. P., Kaplan, N. O.: In: Methods in enzymology. Hash, J. H. (ed.), Vol. 43. London, New York: Academic Press 1975

Cooper, D. J.: In: Symp. Antibiot. Quebec, Canada. Rakhit, S. (ed.), p. 455. London: Butterworths 1971

Cooper, R. D. G., Spry, D. O.: In: Cephalosporins and penicillins. Flynn, E. H. (ed.), pp. 183 – 254. London, New York: Academic Press 1972

Corcoran, J. W.: Dev. Ind. Microbiol. *15*, 93 – 100 (1974)

Corcoran, J. W., Hahn, F. E.: Mechanism of action of antimicrobial and antitumor agents, antibiotics III. Berlin, Heidelberg, New York: Springer 1975

Cuckler, A. C.: Dev. Ind. Microbiol. *8*, 140 – 150 (1967)

Davies, J., Brzezińska, M., Benveniste, M.: Ann. N. Y. Acad. Sci. *182*, 226 (1971)

Dekker, J.: Proc. Intersect. Congr. IAMS *3*, 571 – 588 (1975)

Demain, A. L.: Adv. Appl. Microbiol. *8*, 22 (1966)

Demain, A. L.: Adv. Biochem. Eng. *1*, 113 – 142 (1970)

Demain, A. L., Inamine, E.: Bacteriol. Rev. *34*, 1 (1970)

Demain, A. L., Walton, R. B., Newkirk, J. F., Miller, I. M.: Nature (London) *199*, 909 (1963)

Demarco, P. V., Nagarajan, R.: In: Cephalosporins and penicillins. Flynn, E. H. (ed.), pp. 311 – 369. London, New York: Academic Press 1972

Dettaan, R. M., Van den Bosch, W. D., Metzler, C. M.: J. Clin. Pharmacol. *12*, 205 (1972)

Drew, S. W., Demain, A. L.: Biotechnol. Bioeng. *15*, 743 (1973)

Egorov, N. S., Ushakova, V. I.: Antibiotiki *9*, 675 (1964)

Elsworth, J. F., Grove, J. F.: J. Chem. Soc. Lond. Perkins Trans. I, 270 – 273 (1977)

Érsek, T., Barna, B., Király, Z.: Növénytermelés *21*, 215 – 219 (1972)

Ethiraj, S.: Thesis, Rutgers Univ. New Brunswick (1969)

Ettler, P., Votruba, J.: 1. Eur. Congr. Biotechnol. Interlaken, Part. 1. pp. 62 – 64. Frankfurt: Dechema 1978

Falkon, N.: Rev. Fac. Cienc. Quim. Univ. Nac. La Plata *32*, 113 (1960)

Farkaš, J., Šebesta, K., Horská, K., Samek, Z., Dolejš, L., Sorm, F.: Collect. Czech. Chem. Commun. *42*, 909 – 929 (1977)

Flick, P. K., Bloch, K.: J. Biol. Chem. *250*, 3348 (1975)

Flynn, E. H.: Cephalosporins and penicillins, chemistry and biology. London, New York: Academic Press 1972

Franklin, T. J., Snow, G. A., Goebel, W.: Biochemie antimikrobieller Wirkstoffe. Berlin, Heidelberg, New York: Springer 1973

Frommer, W., Schmidt, K. J.: Forschung aktuell, Biotechnologie. S. 150 – 160. Frankfurt: Umschau 1978

Fujikawa, K., Sakamoto, Y., Kurahashi, K.: J. Biochem. *69*, 869 (1971)

Fuska, J., Proksa, B.: Adv. Appl. Microbiol. *20*, 259 – 370 (1976)

Gallien, R.: Antibiot. Chemother. (Basel) *17*, 137 (1971)

Garbutt, J. T., Morhouse, A. L., Hanson, A. M.: Agric. Food Chem. *9*, 285 – 289 (1961)

Gauze, G. F., Chugasova, V. A., Laiko, A. V., Terekhova, L. P.: Antibiotiki (Moscow) *17*, 963 (1972)

Goble, F. C.: Dev. Ind. Microbiol. *8*, 132 – 139 (1967)

Good, J. M., Feldmesser, J.: Dev. Ind. Microbiol. *8*, 117 – 123 (1967)

Goodman, J. J., Matrishin, M., Young, R. W., McCormick, J. R. D.: J. Bacteriol. *78*, 492 (1959)

Gorman, M., Huber, F. M.: Annu. Rep. Ferment. Process. I, pp. 327 – 346 (1977)

Gorman, M., Huber, F. M.: Annu. Rep. Ferment. Proc. *2*, 203 – 221 (1978)

Goss, W. A., Katz, E.: Antibiot. Chemother. *10*, 221 (1960)

Gottlieb, D., Shaw, P. D.: Mechanism of action, antibiotics I. Berlin, Heidelberg, New York: Springer 1967 a

Gottlieb, D., Shaw, P. D.: Biosynthesis, antibiotics II. Berlin, Heidelberg, New York: Springer 1967 b

Goulden, S. A., Chattaway, F. W.: Biochem. J. *110,* 55 (1968)

Gracheva, I. V., Severina, V. A.: Antibiotiki *11,* 45 – 51 (1966)

Grisebach, H.: Helv. Chim. Acta *51,* 928 (1968)

Grosh, D., Ganguli, B. N.: Appl. Microbiol. *9,* 252 (1961)

Grunberg, E., Titsworth, E.: Dev. Ind. Microbiol. *16,* 201 – 204 (1975)

Hahn, F. E. (ed.): Antibiotics Vol. V, 1. Berlin, Heidelberg, New York: Springer 1979 a

Hahn, F. E. (ed.): Antibiotics Vol. V, 2. Berlin, Heidelberg, New York: Springer 1979 b

Halliday, W. J., Arnstein, H. R. V.: Biochem. J. *69,* 205 (1956)

Hamilton-Miller, J. M. T.: Bacteriol. Rev. *30,* 761 – 771 (1966)

Hamilton-Miller, J. M. T.: Adv. Appl. Microbiol. *17,* 109 – 134 (1974)

Henis, Y., Chet, I.: Adv. Appl. Microbiol. *19,* 85 – 111 (1975)

Hesseltine, C. W., Ellis, J. J.: Adv. Appl. Microbiol. *19,* 47 – 57 (1975)

Heusler, K.: In: Cephalosporins and penicillins. Flynn, E. H. (ed.), pp. 255 – 279. London, New York: Academic Press 1972

Hickey, R. J.: Prog. Ind. Microbiol. *5,* 93 – 150 (1964)

Higgins, C. E., Kastner, R. E.: Int. J. Syst. Bacteriol. *21,* 326 (1971)

Hoeksema, H., Smith, C. G.: Prog. Ind. Microbiol. *3,* 91 – 139 (1961)

Holt, R. J., Stewart, G. T.: J. Gen. Microbiol. *36,* 203 (1964)

Hopwood, D. A.: Dechema Monographien. Biotechnology. Vol. 82, pp. 199 – 206. Weinheim, New York: Chemie 1978

Hopwood, D. A., Merrick, M. J.: Bacteriol. Rev. *41,* 595 – 635 (1977)

Hornemann, U., Kehrer, J. P., Nunez, C. S., Ranieri, R. L., Ho, Y. K.: Dev. Ind. Microbiol. *15,* 82 – 92 (1974)

Hošťálek, Z.: Folia Microbiol. *9,* 78 (1964)

Hošťálek, Z., Blumauerová, M., Vaněk, Z.: Adv. Biochem. Eng. *3,* 13 – 67 (1974)

Hotta, K., Okami, Y.: J. Ferment. Technol. *54,* 572 (1976)

Hou, J. P., Poole, J. W.: J. Pharm. Sci. *60,* 503 (1971)

Huang, H. T.: Fermentation advances. Perlman, D. (ed.), pp. 591 – 610. London, New York: Academic Press 1969

Huang, H. T., Shapiro, M.: Prog. Ind. Microbiol. *9,* 79 – 112 (1971)

Huber, F. M.: In: Antibiotics III. Corcoran, J. W., Hahn, F. E. (eds.), pp. 606 – 613. Berlin, Heidelberg, New York: Springer 1975

Huber, F. M., Chauvette, R. R., Jackson, B. G.: In: Cephalosporins and penicillins. Flynn, E. H. (ed.), pp. 27 – 73. London, New York: Academic Press 1972

Hütter, R., Leisinger, T., Nüesch, J., Wehrli, W. (eds.): Antibiotics and Other Secondary Metabolites. FEMS Symposium No. 5. London, New York, San Francisco: Academic Press 1978

Hung, P. P., Marks, C. L., Tardrew, P. L.: J. Biol. Chem. *240,* 1322 (1965)

Inamine, E., Lago, B. D., Demain, A. L.: In: Fermentation advances. pp. 199 – 221. London, New York: Academic Press 1969

Jones, A., Westlake, D. W. S.: Can. J. Microbiol. *20,* 1599 – 1611 (1974)

Jukes, T. H.: Adv. Appl. Microbiol. *16,* 1 – 30 (1973)

Kamal, A., Husain, S. A., Murtaza, N., Noorani, R., Qureshi, I. H., Qureshi, A. A.: Pak. J. Sci. Ind. Res. *13,* 240 – 243 (1970)

Kanzaki, T., Fujisawa, Y.: Adv. Appl. Microbiol. *20,* 159 – 201 (1976)

Kato, K.: J. Antibiot. Ser. A. *6,* 130, 184 (1953)

Katz, E.: 1960 zit. bei Miller, p. 336 (1961)

Katz, E., Demain, A. L.: Bacteriol. Rev. *41,* 449 – 474 (1977)

Katz, E., Pugh, L. H.: Appl. Microbiol. *9,* 263 – 267 (1961)

Kavanagh, F.: Appl. Microbiol. *16,* 777 – 780 (1968)

Kawaguchi, H., Naito, T., Nakagawa, S., Fujisawa, K.: J. Antibiot. (Tokyo) *25,* 695 (1972)

Kawakami, M., Nagai, Y., Fujii, T., Mitsuhashi, S.: J. Antibiot. (Tokyo) *24,* 583 (1971)

Kitano, K., Kintaka, K., Suzuki, S., Katamoto, K., Nara, K., Nakao, Y.: J. Ferment. Technol. *54,* 683 – 695 (1976)

Kleiber, W.: In: Die Antibiotica, Bd. 1, Teil 1. S. 153 – 183. Nürnberg: Hans Carl 1962

Kleinkauf, H., Gevers, W., Lipmann, F.: Proc. Natl. Acad. Sci. U.S.A. *62*, 226 (1969)

Klimov, A. N., Efimova, T. P.: Prikl. Biokhim. Mikrobiol. *1*, 433 – 439 (1965)

Klimov, A. N., Nikiforova, A. A., Etingov, E. D.: Antibiotiki *16*, 243 (1971)

Kobayashi, F., Nagoya, T., Yoshimura, Y., Kaneko, K., Ogata, S., Goto, S.: J. Antibiot. (Tokyo) *25*, 128 (1972 a)

Kobayashi, F., Yamaguchi, M., Mitsuhashi, S.: Antimicrob. Agents Chemother. *1*, 17 (1972 b)

Kocwa, E.: Pr. Inst. Lab. Badaw. Prsem. Spozyw. *11*, 43 (1961)

Kollár, S. J., Járai, M.: Nature (London) *188*, 665 (1960)

Kominek, L. A.: Abstr. Pap. Am. Chem. Soc. *152*, 380 (1966)

Kominek, L. A., Sebek, O. K.: Dev. Ind. Microbiol. *15*, 60 – 69 (1974)

Kondo, S., Yamamoto, H., Naganawa, H., Umezawa, H., Mitsuhashi, S.: J. Antibiot. (Tokyo) *25*, 483 (1972)

Korshunov, V. V., Egorov, N. S.: Mikrobiologiya *31*, 515 (1962)

Korzybski, T., Kowszyk-Gindifer, Z., Kurylowicz, W. (eds.): Antibiotics Vol. I, II, III. Washington: American Society for Microbiology 1978

Kraack, E.: Ernährungsforschung *4*, 343 – 350 (1961)

Kurylowicz, W.: Antibiotics, a critical review. Warsaw: Polish Medical Publishers 1976

Lechevalier, H. A.: Adv. Appl. Microbiol. *19*, 25 – 45 (1975)

Lein, J., Sawmiller, L. F., Cheney, L. C.: Appl. Microbiol. *7*, 149 – 151 (1959)

Lemke, P. A., Brannon, D. R.: In: Cephalosphorins and penicillins. Flynn, E. H. (ed.), pp. 370 – 437. London, New York: Academic Press 1972

Lennon, R. E., Vézina, C.: Adv. Appl. Microbiol. *16*, 55 – 96 (1973)

Lessel, E. F.: Adv. Appl. Microbiol. *19*, 71 – 76 (1975)

Lester, W.: Annu. Rev. Microbiol. *26*, 85 – 102 (1972)

Lingens, F., Eberhardt, H., Oltmanns, O.: Biochim. Biophys. Acta *130*, 345 (1966)

Lipmann, F.: Science *173*, 875 (1971)

Liu, C. M., McDaniel, L. E., Schaffner, C. P.: J. Antibiot. *25*, 116 (1972 a)

Liu, C. M., McDaniel, L. E., Schaffner, C. P.: J. Antibiot. *25*, 187 (1972 b)

Liu, C. M., McDaniel, L. E., Schaffner, C. P.: Antimicrob. Agents Chemother. *7*, 196 (1975)

Lopatnev, S. V., Kleiner, G. I., Bylinkina, E. S.: Antibiotiki *18*, 608 (1973)

Lück, E.: Chemische Lebensmittelkonservierung. Berlin, Heidelberg, New York: Springer 1977

Magerlein, B. J.: Adv. Appl. Microbiol. *14*, 185 – 229 (1971)

Majer, J.: In: Annu. Rep. Ferment. Process. Perlman, D. (ed.), Vol. I, pp. 347 – 363. London, New York: Academic Press 1977

Malik, V. S.: Adv. Appl. Microbiol. *15*, 297 – 336 (1972)

Malik, V. S., Vining, L. C.: Can. J. Microbiol. *16*, 173 (1970)

Marcus, I.: Adv. Appl. Microbiol. *19*, 77 – 83 (1975)

Marshall, R., Redfield, B., Katz, E., Weisbach, H.: Arch. Biochem. Biophys. *123*, 317 (1968)

Martín, J. F.: Annu. Rev. Microbiol. *31*, 13 – 38 (1977 a)

Martin, J. F.: Adv. Biochem. Eng. *6*, 105 – 127 (1977 b)

Martin, J. R., Goldstein, A. W.: In: Proc. 6th Int. Congr. Chemother. Vol. I, p. 199. Tokyo: Univ. of Tokyo Press 1970

Martin, J. F., McDaniel, L. E.: Dev. Ind. Microbiol. *15*, 324 (1974)

Martin, J. F., McDaniel, L. E.: Biotechnol. Bioeng. *17*, 925 (1975)

Martin, J. F., McDaniel, L. E.: Eur. J. Appl. Microbiol. *3*, 135 – 144 (1976)

Martin, J. F., McDaniel, L. E.: Adv. Appl. Microbiol. *21*, 1 – 52 (1977)

Martin, J. R., Rosenbrook, W.: Biochemistry *6*, 435 (1967)

McAlpine, T. S., Corcoran, J. W.: Fed. Proc. *30*, 1168 (1971)

McDaniel, L. E., Bailey, E. G., Ethiraj, S., Andrews, H. P.: Dev. Ind. Microbiol. *17*, 91 (1976)

Meienhofer, J., Atherton, E.: Adv. Appl. Microbiol. *16*, 203 – 300 (1973)

Miller, A. K.: Adv. Appl. Microbiol. *14*, 151 – 183 (1971)

Miller, A. L., Walker, J. B.: J. Bacteriol. *104*, 8 (1970)

Mironov, V. A., Egorov, N. S.: Antibiotiki *9*, 681 (1964)

Misato, T., Ko, K., Yamaguchi, I.: Adv. Appl. Microbiol. *21*, 53 – 88 (1977)

Naganawa, H., Takita, T., Suzuki, A., Tamura, S., Lee, S., Izumiya, N.: Agric. Biol. Chem. *40*, 2223 – 2229 (1976)

Nakazawa, S., Ono, H., Nishino, T., Kuwahara, S., Goto, S.: In: Proc. 6th Int. Congr. Chemother. p. 353. Tokyo: Univ. of Tokyo Press 1970

Nara, T.: In: Annu. Rep. Ferment. Proc. I, pp. 299 – 326 (1977)

Nara, T.: Annu. Rep. Ferment. Proc. *2*, 223 – 266 (1978)

Neidleman, S. L., Albu, E., Bienstock, E.: Biotechnol. Bioeng. *5*, 83 (1963)

Nishikohri, K., Fukui, S.: Eur. J. Appl. Microbiol. *2*, 129 – 145 (1975)

Nissen, D., Goodman, M.: Nachr. Chem. Tech. Lab. *25*, 516 – 523 (1977)

Nüesch, J.: Adv. Biochem. Eng. *3*, 4 – 11 (1974)

Nüesch, J., Gruner, J., Knuesel, F., Treichler, H. J.: Pathol. Microbiol. *30*, 880 (1967)

Oberzill, W.: In: Die Antibiotica, Bd. 1, Teil 1. S. 207 – 244. Nürnberg: Hans Carl 1962

Oberzill, W.: Mikrobiologische Analytik. Nürnberg: Hans Carl 1967

Oberzill, W., Matsche, N.: In: Ber. Symp. Dellweg, H. (Hrsg.), S. 213 – 220. Berlin: Institut für Gährungsgewerbe und Biotechnologie 1970

Okachi, R., Nara, T.: Agric. Biol. Chem. *37*, 2797 – 2804 (1973)

Okachi, R., Kato, F., Miyamura, Y., Nara, T.: Agric. Biol. Chem. *37*, 1953 – 1957 (1973)

Okazaki, M., Ono, H., Yamada, K., Beppu, T., Arima, K.: Agric. Biol. Chem. *37*, 2319 (1973)

Okuda, S., Isaka, H., Iida, M., Minemura, Y., Iizuka, H., Tsuda, K.: J. Pharm. Soc. Jpn. *87*, 1003 – 1005 (1967)

Oleinick, N. L.: In: Antibiotics III, Corcoran, J. W., Hahn, F. E. (eds.). Berlin, Heidelberg, New York: Springer 1975

Opferkuch, W.: Immun. Infekt. *6*, 133 – 139 (1978)

Osment, L. S.: Ala. J. Med. Sci. *6*, 392 (1969)

Owtscharowa, T. P., Maslennikowa, N. M.: Antibiotika in der Lebensmittelproduktion. Leipzig: VEB Fachbuchverlag 1972

Pagano, J. F., Weinstein, M. J., McKee, C. M.: Antibiot. Cheromther. N.Y. *3*, 899 (1953)

Pan, C. H., Hepler, L., Elander, R. P.: Dev. Ind. Microbiol. *13*, 103 – 112 (1972)

Perlman, D.: 19th Meet. Am. Chem. Soc. Abstr. 24A (1951)

Perlman, D.: Prog. Ind. Microbiol. *6*, 1 (1967)

Perlman, D.: Abstr. 172nd Natl. Meet. Am. Chem. Soc. *34* (1976)

Perlman, D.: Structure-activity relationships among the semisynthetic antibiotics. London, New York: Academic Press 1977 a

Perlman, D.: ASM News *43*, 82 – 89 (1977 b)

Perlman, D., Bodanszky, M.: Annu. Rev. Biochem. *40*, 449 – 464 (1971)

Pestka, S.: In: Antibiotics III. pp. 370 – 395. Berlin, Heidelberg, New York: Springer 1975

Pestka, S., Bodley, J. W.: In: Antibiotics III. Corcoran, J. W., Hahn, F. E. (eds.), pp. 551 – 573. Berlin, Heidelberg, New York: Springer 1975

Petty, M. A.: Bacteriol. Rev. *25*, 111 (1961)

Popova, L. A., Stepanova, N. E.: Antibiotiki *7*, 868 (1962)

Porter, J. N.: Adv. Appl. Microbiol. *14*, 73 – 92 (1971)

Porter, J. N.: In: Industrial microbiology. Miller, M., Litsky, W. (eds.), pp. 60 – 78. New York: McGraw-Hill Book Co. 1976

Preston, D. A., Wick, W. E.: Dev. Ind. Microbiol. *16*, 190 – 200 (1975)

Price, K. E., Godfrey, J. C., Kawaguchi, H.: Adv. Appl. Microbiol. *18*, 191 – 307 (1974)

Prokofieva-Belgovskaya, A., Popova, L. A.: J. Gen. Microbiol. *20*, 462 (1959)

Raab, W. P.: Natamycin (Pimaricin). Its properties and possibilities in medicine. Stuttgart: Georg Thieme 1972

Raczyńska-Bojanowska, K.: Postepy Hig. Med. Dosw. *28*, 499 (1974)

Raczyńska-Bojanowska, K., Ruczaj, Z., Rafalski, A., Sawnor-Korszyńska, D.: Antimicrob. Agents Chemother. *3*, 162 (1973)

Rautenshtein, Y. L., Muradov, M.: Izv. Akad. Nauk SSSR Ser. Biol. *4*, 575 (1968)

Rehm, H. J.: Industrielle Mikrobiologie. Berlin, Heidelberg, New York: Springer 1967

Reusser, F.: Appl. Microbiol. *9*, 366 – 370 (1961)

Rhodes, A.: Prog. Ind. Microbiol. *4*, 165 (1963)

Riva, S., Silvestri, L. G.: Annu. Rev. Microbiol. *26*, 199 – 224 (1972)

Roszkowski, J., Kotiuszko, D., Rafalski, A., Morawska, H., Raczyńska-Bojanowska, K.: Acta Microbiol. Pol. Ser. B *4*, 9 (1972)
Rudas, B.: Arzeneimittelforschung *22*, 830 (1972)
Schatz, A., Bugie, E., Waksman, S. A.: Proc. Soc. Exp. Biol. Med. *55*, 66 (1944)
Schmidt-Kastner, G.: Naturwissenschaften *43*, 131 (1956)
Schreiber, W., Schreiber, G.: Pharm. Unserer Zeit *3*, 131 – 143 (1974)
Sebek, O. K., Perlman, D.: Adv. Appl. Microbiol. *14*, 123 – 150 (1971)
Self, D. A., Kay, G., Lilly, M. D.: Biotechnol. Bioeng. *11*, 337 – 348 (1969)
Seneca, H., Ides, D.: Antibiot. Chemother. *3*, 117 (1953)
Sermonti, G.: Genetics of antibiotic-producing microorganisms. New York: Wiley Interscience 1969
Shibata, M., Uyeda, M.: Annu. Rep. Ferment. Proc. *2*, 267 – 303 (1978)
Shibata, K., Yura, J., Hanai, T., Kato, T., Ito, T., Mizuno, N., Fujii, M.: Proc. 6th Int. Congr. Chemother. p. 828. Tokyo: Univ. of Tokyo Press 1970
Shoji, J.: Adv. Appl. Microbiol. *24*, 187 – 214 (1978)
Singh, K., Sehgal, S. N., Vézina, C.: Appl. Microbiol. *17*, 643 – 644 (1969)
Smith, G. G., Hinman, J. W.: Prog. Ind. Microbiol. *4*, 137 – 163 (1963)
Sprinkmeyer, R., Pape, H.: 5th FEMS Symp. Basel (1977)
Stapley, E. O., Jackson, M., Hernandez, S., Zimmermann, S. B., Currie, S. A., Mochales, S., Mata, J. M., Woodruff, H. B., Hendlin, D.: Antimicrob. Agents Chemother. *2*, 122 (1972)
Stark, W. M., Smith, R. L.: Prog. Ind. Microbiol. *3*, 211 – 230 (1961)
Storm, D. R., Rosenthal, K. S., Swanson, P. E.: Annu. Rev. Biochem. *46*, 723 – 763 (1977)
Suhara, Y., Sasaki, F., Kayama, G., Maeda, K., Umezawa, H., Ohno, M.: J. Am. Chem. Soc. *94*, 6501 – 6507 (1972)
Suzuki, J., Hori, M., Saeki, T., Umezawa, H.: J. Antibiot. *25*, 94 (1972)
Tanaka, N.: In: Antibiotics III. Corcoran, J. W., Hahn, F. E. (eds.), pp. 436 – 447. Berlin, Heidelberg, New York: Springer 1975 a
Tanaka, N.: In: Antibiotics III. Corcoran, J. W., Hahn, F. E. (eds.), pp. 487 – 497. Berlin, Heidelberg, New York: Springer 1975 b
Tardrew, P. L., Mao, J. C. H., Kenney, D.: Appl. Microbiol. *18*, 159 – 165 (1969)
Tereshin, I. M.: Polyene antibiotics – present and future. Tokyo: Univ. of Tokyo Press 1976
Thirumalachar, M. J.: Adv. Appl. Microbiol. *10*, 313 – 337 (1968)
Tsyganov, V. A., Morozov, V. M., Sokolova, E. N., Kuznetsova, O. S., Ratsun, G. M.: Antibiotiki *18*, 358 (1973)
Turner, W. B.: In: The filamentous fungi. Smith, J. E., Berry, D. R. (eds.), Vol. I, pp. 122 – 139. Edward Arnold 1975
Umezawa, H.: In: Antibiotics III. Corcoran, J. W., Hahn, F. E. (eds.), pp. 21 – 23. Berlin, Heidelberg, New York: Springer 1975
Umezawa, H. (ed.): Index of Antibiotics from Actinomycetes, Vol. II. Baltimore, Maryland: University Park Press 1979
Vandamme, E. J.: Adv. Appl. Microbiol. *21*, 89 – 123 (1977)
Vandamme, E. J., Voets, J. P.: Z. Allg. Mikrobiol. Morphol. Physiol. Ökol. Mikroorg. *13*, 701 – 710 (1973)
Vandamme, E. J., Voets, J. P.: Adv. Appl. Microbiol. *17*, 311 – 369 (1974)
Vaněk, Z., Cudlín, J., Blumauerová, M., Hošťálek, Z.: Folia Microbiol. (Prague) *16*, 225 (1971)
Vazquez, D.: In: Antibiotics III. Corcoran, J. W., Hahn, F. E. (eds.). Berlin, Heidelberg, New York: Springer 1975
Vertesy, L.: J. Antibiot. *25*, 4 (1972)
Vining, L. C., Malik, V. S., Westlake, D. W. S.: Lloydia *31*, 355 (1968)
Vorisek, J., Powell, A. J., Vanek, Z.: Folia Microbiol. *14*, 398 (1969)
Vos, C., Verwiel, P. E. J.: Tetrahedron Lett. *30*, 2823 (1973)
Wagman, G. H., Testa, R. T., Patel, M., Marquez, J. A., Oden, E. M., Waitz, J. A., Weinstein, M. J.: Antimicrob. Agents Chemother. *7*, 457 (1975)
Wagner, W. H.: Immun. Infekt. *3*, 241 – 251 (1975)
Wagner, W. H.: Immun. Infekt. *6*, 180 – 193 (1978)
Waitz, J. A.: Dev. Ind. Microbiol. *16*, 161 – 174 (1975)
Waksman, S. A.: Adv. Appl. Microbiol. *11*, 1 – 16 (1969)

Walker, J. B.: Dev. Ind. Microbiol. *8*, 109 – 113 (1967)

Walker, J. B., Walker, M. S.: Biochem. Biophys. Res. Commun. *26*, 278 (1967)

Walter, A. M., Heilmeyer, L.: Antibiotika-Fibel, 4. Aufl. Stuttgart: Georg Thieme 1975

Walton, R. B., McDaniel, L. E., Woodruff, H. B.: Dev. Ind. Microbiol. *3*, 370 – 375 (1962)

Watanabe, T.: Curr. Top. Microbiol. Immunol. *56*, 43 (1971)

Wehrli, W., Staehelin, M.: In: Antibiotics III. Corcoran, J. W., Hahn, F. E. (eds.), p. 252 – 268. Berlin, Heidelberg, New York: Springer 1975

Weisblum, B., Demohn, V.: J. Bacteriol. *98*, 447 (1969)

Wick, W. E.: In: Cephalosporins and penicillins. Flynn, E. H. (ed.), pp. 496 – 531. London, New York: Academic Press 1972

Wick, W. E., Preston, D. A.: Proc. Int. Congr. Chemother. 6th Tokyo *1*, 428 (1970)

Yakovleva, E. P., Solokova, E. N., Tsyganov, V. A.: Antibiotiki *17*, 971 (1972)

Yamada, K.: Int. Techn. Inf. Inst. Tokyo 1977

Zähner, H.: In: Biologie der Antibiotica. Berlin, Heidelberg, New York: Springer 1965

Zähner, H.: Angew. Chem. *89*, 696 – 703 (1977)

Zähner, H., Maas, W. K.: Biology of antibiotics. Vol. 4. Berlin, Heidelberg, New York: Springer 1972

Žarikova, G. G., Silaev, A. B., Suskova, I. V.: Antibiotiki (USSR) *8*, 425 (1963)

Zygmunt, W. A.: Appl. Microbiol. *12*, 195 (1964)

Zygmunt, W. A.: Appl. Microbiol. *14*, 953 (1966)

Kapitel 29 Vitamine und Coenzyme

Obwohl viele Vitamine von Mikroorganismen synthetisiert werden können, werden gegenwärtig nur B_{12}, Ergosterin, Riboflavin und L-Ascorbinsäure mit Hilfe von Mikroorganismen hergestellt. Die Ursache hierfür liegt in der wesentlich bequemeren Isolierungsmöglichkeit vieler Vitamine aus anderen Substraten oder aber in einer relativ billigen chemischen Synthesemöglichkeit. Über pharmakologische Wirkungen vgl. Körner und Völlm (1976), eine allgemeine Übersicht vgl. Perlman (1978).

Verschiedene Coenzyme werden mit Mikroorganismen in geringer Menge produziert. Alkane sind für die Herstellung vieler Vitamine und Coenzyme als C-Quelle geeignet.

I. β-Carotin, Xanthophylle und andere Carotinoide

1. Allgemeines

Viele Mikroorganismen bilden Carotinoide, von denen besonders β-Carotin als Provitamin A (Axerophthol) interessant ist. Es wird in der menschlichen Darmschleimhaut zu Vitamin A umgewandelt. Dabei zerfällt es unter Wasseraufnahme in zwei Moleküle Vitamin A, während aus α- und γ-Carotin sowie aus Kryptoxanthin jeweils nur ein Molekül Vitamin A entsteht.

Provitamin A kommt vorwiegend als Gemisch von α-, β- und γ-Carotin in allen grünen Pflanzen, besonders in Karotten, Spinat, Salat, Früchten (Hagebutten, Apfelsinen), in Niere, Leber, Milch und Butter vor.

Das Fehlen von Vitamin A führt zu charakteristischen Haut- und Schleimhautveränderungen. Ein frühzeitig auftretendes Symptom ist eine Form der Nachtblindheit (Hemeralopie).

Sauerstoffhaltige Carotinoide werden als Farbstoffe in der Lebensmittelwirtschaft verwendet.

β-Carotin

2. Mikroorganismen

Für die mikrobiologisch-technische Herstellung von β-Carotin war eine Beobachtung von Barnett et al. (1956) von Bedeutung, nach der plus- und minus-Stämme von *Choanephora cucurbitarum* dann, wenn sie zusammen in einem Substrat wuchsen, 15- bis 20fach größere Pigmentkonzentrationen bildeten, als wenn sie allein gewachsen waren.

Carotinoide kommen daneben in sehr vielen Mikroorganismen vor. Eine Übersicht über die Synthese verschiedener Carotinoide in unterschiedlichen Mikroorganismenfamilien wurde von Ciegler (1965, Literatur vgl. dort) gegeben (vgl. auch Liaaen-Jensen und Andrewes, 1972). Zur technischen Herstellung von β-Carotin sind anscheinend aber nur plus- und minus-Stämme von *Blakesleea trispora*, für die die meisten Verfahren entwickelt wurden, geeignet.

Neuerdings werden *Streptomyces-*, *Flavobacterium-*, *Mycobacterium-* sowie *Brevibacterium*-Stämme bzw. -Arten und auch *Rhodomicrobium* zur Bildung von β-Carotin und anderen Carotinoiden, z. T. mit Alkanen als C-Quelle, diskutiert. Auch *Sporobolomyces*-Arten (Goliakov und Tikhonova, 1975) sowie *Torula*-Arten können Carotinoide in interessanten Ausbeuten produzieren.

3. Chemie, Biosynthese und Regulation

Fast alle natürlich vorkommenden Carotinoide sind Tetraterpenoide, d. h. ihre Grundstruktur enthält acht Isoprenoidreste. Man teilt sie in zwei Hauptklassen ein: In die kohlenwasserstoffhaltigen Carotinoide und in die sauerstoffhaltigen Carotinoide, die Xanthophylle. Nach ihren verschiedenen Kohlenwasserstoff-Grundstrukturen lassen sich Carotinoide in drei Gruppen einteilen:

1. Carotinoide mit acyclischer Struktur: Lycopin,
2. Carotinoide mit monocyclischer Struktur: λ-Carotin und δ-Carotin,
3. Carotinoide mit bicyclischer Struktur: α- und β-Carotine.

Von diesen sind die β-Carotine, die zwei β-Ionon-Reste enthalten (vgl. Formel S. 484), als aktivste Vorstufen zur Vitamin A-Synthese besonders bedeutungsvoll. Ein Carotinoid kann nur dann als Vorstufe zur Vitamin A-Synthese im tierischen Organismus fungieren, wenn es mindestens einen unsubstituierten β-Ionen-Rest besitzt, so daß z. B. Lycopin hierfür nicht in Frage kommt.

Es ist heute sicher, daß das erste C_{40}-Carotin, das Phytoen, über den normalen Terpenoidbiosyntheseweg aus Mevalonsäure über Geranylgeranylpyrophosphat synthetisiert wird (Literatur vgl. Liaaen-Jensen und Andrewes, 1972; besonders aber Beytia und Porter, 1976). Die weitere Biosynthese geht etwa folgenden Weg (Formeln vgl. Rehm, 1967; z. T. Perlman, 1978):

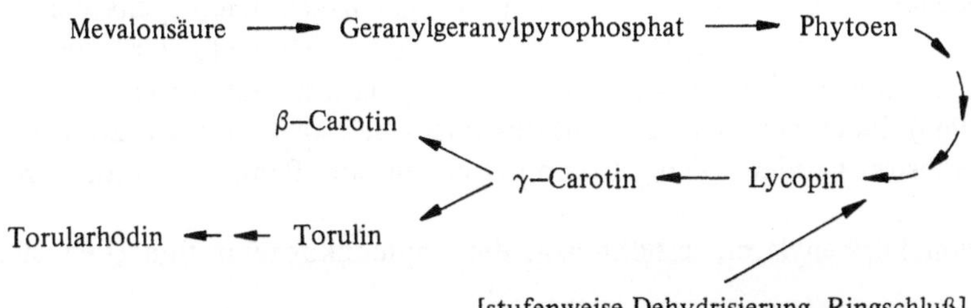

Die plus-Stämme von *Blakesleea trispora* bilden eine Substanz, die Trisporsäure B (Caglioti et al., 1966), die eine β-Carotinbildung bei den minus-Stämmen induziert (Sutter und Rafelson, 1968; Van den Ende, 1968).

Trisporsäure B

4. Herstellungstechnik

Zur Herstellung von β-Carotin mit plus- und minus-Stämmen von *Blakesleea trispora* haben Ciegler et al. (1963) ein Submers-Verfahren entwickelt (zusätzliche Literatur hierfür vgl. Rehm, 1967; Perlman, 1978).

Die Substrate enthalten neben anorganischen Salzen und Thiaminchlorid Sojabohnenprodukte, Säurehydrolysate aus Getreidestärke und Citrussirup als C-Quellen. Biotin fördert die Carotinbildung (Desai et al., 1975). Ganz besonders β-Ionon, das nach einer zweitägigen Entwicklung der Mikroorganismen zugesetzt wird, und 2,2,6-Trimethylcyclohexanon sowie 2,2,6-Trimethyl-1-acetylcyclohexan haben sich als ausgezeichnete precursor bewährt. Weiterhin haben ein Zusatz von 5% Keroson (zwei Tage nach Fermentationsbeginn) sowie von Isonicotinylhydrazin erhöhte Ausbeuten ergeben. Die Fermentationstemperaturen liegen bei 26 °C – 28 °C, der pH-Wert variiert zwischen 5,5 und 7,0. Zur Beimpfung müssen die plus- und minus-Stämme getrennt angezüchtet werden.

Die Fermentation dauert etwa drei bis sechs Tage. Dann werden die Kulturen in feuchter Hitze (10 min – 15 min bei 100 °C) abgetötet, um einen Abbau der Carotine zu verhindern. Die Mycelien werden abfiltriert und im Vakuum bei 50 °C – 55 °C getrocknet (16 Std. – 20 Std.); β-Carotin wird mit Petroläther aus den Mycelien extrahiert und säulenchromatographisch getrennt. Die Ausbeuten liegen zwischen 1 g/l – 2,8 g/l.

Da der Preis des auf chemischem Wege gewonnenen β-Carotins sehr niedrig ist, ist es noch nicht abzusehen, ob sich die mikrobiologisch-biochemischen Verfahren gegenüber den rein chemischen Verfahren durchsetzen werden.

Die Bildung bestimmter Carotinoide läßt sich durch Zusatz verschiedener Verbindungen steuern. Bei Zusatz von fünf- oder sechsgliedrigen heterocyclischen Verbindungen, z. B. Imidazol, Morpholin, Pyridin und deren Derivate, wird die β-Carotinbildung zugunsten der Synthese von Lycopin nahezu unterdrückt (Fr. Pat. 1.403.839, 1965). Nach achttägiger Zucht des Pilzes bei 20 °C und Zusatz von 1 g Imidazol/l Substrat wurden 750 mg Lycopin/l neben nur 20 mg β-Carotin/l erhalten.

Zusatz von Diphenylamin erhöht u. a. die Phytoenkonzentration (Lee et al., 1975).

Sauerstoffhaltige Carotinoide finden möglicherweise eine Anwendung als Lebensmittelfarbstoff. *Rhodotorula mucilaginosa* (Schwarz und Margalith, 1965) sowie *Brevibacterium* (Tanaka et al., 1971 a, b), *Mycobacterium smegmatis* (Tanaka et al., 1968), *Flavobacterium* (DDR-Pat. 2.138.000, 1972) und verschiedene *Streptomyces*-Arten, z. B. *S. mediolani* (Bianchi et al., 1970), *S. chrestomyceticus v. rubescens* (US-Pat. 3.467.579, 1969) u. v. a. bilden derartige Carotinoide z. T. auch aus n-Alkanen (weitere Literatur vgl. Rehm, 1967).

In diesem Zusammenhang ist auch ein Verfahren interessant, bei dem durch Vergärung von Karotten durch *Saccharomyces* das Carotin gewonnen wird. Hierzu wird ein wäßriger Brei von Karotten 48 Std. lang bei 25 °C – 30 °C vergoren. Anschließend läßt sich das Carotin mit pflanzlichen Ölen in wesentlich besserer Ausbeute extrahieren als aus dem unvergorenen Material. Der Rückstand ist ein gutes Viehfutter (Pol. Pat. 48.642, 1964). Ähnlich läßt sich durch Vergärung von Karottensäften mit Milchsäurebakterien ein β-Carotin-Konzentrat erhalten. Beim pH-Wert von 4,0 wird ein wäßriger Karottenbrei bei bei 30 °C – 40 °C 12 Std. – 36 Std. vergoren, abgepreßt, auf 45 °C erhitzt und 5 Std. – 10 Std. absitzen lassen. Nach Dekantieren der überstehenden carotinfreien Flüssigkeit enthält der zurückbleibende Saft etwa 40 000 γ Carotin/100 g (DDR-Pat. 43.064, 1966).

II. Vitamin B_2 (Riboflavin)

1. Allgemeines

Riboflavin kommt in Milch, Käse, Hühnereiern, Hefe, Gramineenkeimlingen, Leber, Nieren und Herz vor. In den meisten Nahrungsmitteln ist es an Nucleotide (als Flavinmononucleotid und Flavin-adenindinucleotid) und an Protein (Flavoprotein) gebunden. Riboflavinmangel ruft beim Menschen eine Ariboflavinose hervor. Diese ist u. a. mit einer bestimmten Dermatitis, einer Cheilosis (Lippenveränderungen) und Augenschädigungen verbunden. Bei Ratten führt Riboflavinmangel zum Wachstumsstillstand (vgl. Körner und Völlm, 1976).

2. Mikroorganismen

Die Riboflavinbiosynthese ist bei Mikroorganismen nur wenig reguliert, so daß eine Überproduktion möglich ist. Man kann hiernach drei Gruppen von Mikroorganismen unterscheiden (vgl. Demain, 1972; Literatur vgl. dort):

1. Schwache Überproduzenten: Hierzu gehört z. B. *Clostridium acetobutylicum,* das bei Begrenzung der Eisenkonzentration auf 1 ppm bis zu 100 mg/l Riboflavin bildet.
2. Mittlere Überproduzenten: Hierzu gehören viele *Candida*-Arten, *Debaryomyces subglobosus, Torulopsis famata, Pichia guilliermondii* (Nishio et al., 1973) und sicher auch manche mycelbildende Pilze (Literatur vgl. auch Rehm, 1967) und *Acinetobacter anitratum* (Nishimura und Iizuka, 1972).

3. Starke Überproduzenten: Dies sind *Ashbya gossypii* und *Eremothecium ashbyii*, bei denen Ausbeuten bis zu 5 g/l erreicht wurden.

Ashbya gossypii – auch als *Nematospora gossypii* beschrieben – ist ein Ascomycet. Den Entwicklungszyklus dieses Pilzes vgl. Abb. 155 (Pridham und Raper, 1950): Aus der vegetativen Zelle entwickeln sich vegetative Hyphen und aus diesen ein Stadium mit sporentragenden Beuteln. In diesem Stadium können gewisse

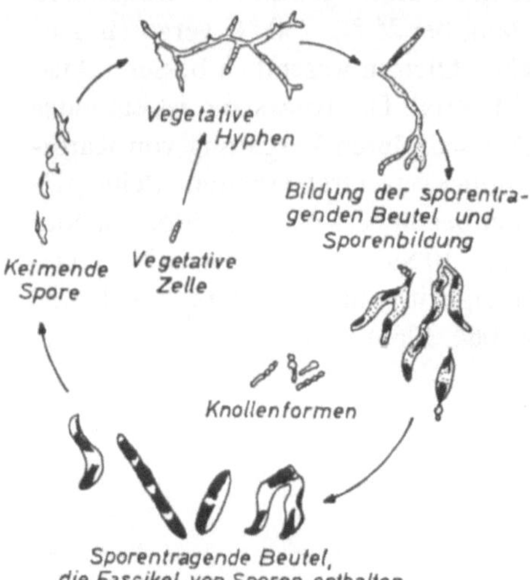

Abb. 155. Entwicklungszyklus von *Ashbya gossypii* (Pridham, T. G. und Raper, K. B.: Mycologia, Bd. 42, 603, 1950)

Knollenformen auftreten. In den Beuteln bilden sich Fascikel mit Sporen aus. Diese werden nach der Reife aus den Fascikeln entlassen. Der Pilz ist homothallisch im Gegensatz zu dem sehr nahe verwandten heterothallischen *Eremothecium ashbyii*, der unterschiedlich geformte Sporen besitzt, die in den sporogenen Beuteln verschieden angeordnet sind. Allerdings wurde bisher nur eine sexuelle Form beobachtet.

3. Chemie, Biosynthese und Regulation

Riboflavin ist ein wasserlösliches Vitamin, das als prosthetische Gruppe der Flavinproteine oder als FAD an einer großen Anzahl von Stoffwechselreaktionen beteiligt ist (vgl. Karlson, 1974). Es ist ein Alloxazinderivat und hat als Grundlage einen Pteridinring, der direkt mit einem Benzolring verbunden ist.

Den Biosyntheseweg zeigt das Schema 71, Rehm (1967), Lit. vgl. Demain (1972).

Bei *Clostridium acetobutylicum* wird der letzte Schritt der Biosynthese durch hohe Eisenkonzentrationen gehemmt (Katagiri et al., 1958). Auch bei *Candida*-Arten findet im Gegensatz zu *Eremothecium* eine Regulation der Überproduktion von Riboflavin durch Eisen – durch Hemmung der Bereitstellung von Purinzwischenprodukten – bei der Biosynthese statt; diese läßt sich jedoch nicht durch Purinzugaben aufheben (Demain, 1972).

Bei *Eremothecium ashbyii* geht der Übergang vom Wachstum zur Riboflavin-überproduktion mit einem Verschwinden der Cytochrome einher (Dikanskaya, 1953).

Es wird angenommen (Demain, 1972), daß *E. ashbyii* und *Ashbya gossypii* konstitutive Enzyme für die Riboflavinsynthese besitzen und daß die empirisch gefundenen Bedingungen zur Riboflavinproduktion mit diesen Arten eine Repressorbildung hemmen.

4. Herstellungstechnik

Zur Bildung von Riboflavin durch *Ashbya gossypii* und *Eremothecium ashbyii* im Submersverfahren werden Medien verwendet, die eine Reihe anorganischer Salze, Asparagin oder Glutamat und als C-Quelle möglichst Glucose, Fructose oder Saccharose in Form von Melasse (für *Eremothecium* auch Mannose) enthalten. Biotin, i-Inosit und Thiamin, Glycin sowie eine Reihe von Spurenelementen, z. B. Bor, Molybdän, Mangan, Zink, Kupfer und Eisen, sind zur Erreichung einer guten Ausbeute notwendig. Den Grundmedien werden noch weitere Substanzen zugesetzt, welche die Bildung von Riboflavin stark anregen. Der Zusatz von 10 γ/l Chlortetracyclin gibt einen gewissen Schutz gegen Infektionen mit *Bacillus*-Arten (Hanus und Munk, 1962).

Bei Verwendung von *Ashbya gossypii* darf das Medium nicht zu intensiv sterilisiert werden. Auch flüssige Fette haben, als alleinige C-Quelle verwendet, gute Vitaminausbeuten erbracht. Cornsteep-Lösung, Destillationsrückstände, pflanzliche Proteine u. v. a. natürliche Substrate sind zur Riboflavinbildung durch *Ashbya gossypii* gut geeignet. Durch Zusätze von Pepton, Ammoniumacetat, Tween 80 und anderen Substanzen wird die Riboflavinbildung verstärkt.

Zur Beimpfung verwendet man aktiv wachsende, 24 Std. – 48 Std. alte Kulturen (0,25% – 1,0% des Tankinhaltes), Belüftung ist 0,25 vvm, Temperatur 26 °C – 28 °C, als Antischaummittel verwendet man Sojaöl.

In den ersten 24 Std. wird die Glucose verbraucht, der pH-Wert sinkt von etwa 6,3 auf 4,5 ab, nennenswerte Mengen an Riboflavin werden nicht gebildet. Dann beginnt die Riboflavinsynthese und dauert etwa 15 Std., wobei der pH-Wert bis auf über 7,0 ansteigt. Die Ausbeute kann bis zu 5 g/l nach siebentägiger Kultur bei 28 °C betragen (Malzahn et al., 1963). Das Pigment befindet sich sowohl im Mycel als auch im Substrat; es wird durch Dampf aus dem Mycel extrahiert. Nach Filtration wird das Produkt soweit eingeengt, daß eine etwa 2,5%ige Riboflavinlösung entsteht, aus der das Riboflavin nach verschiedenen Methoden auskristallisiert wird. Vorher kann noch eine Reinigung des Riboflavins durch Adsorption an Aktivkohle und Elution mit 5%- bis 10%iger wäßriger Pyridin-Lösung erfolgen (Jap. Pat. 496/64, 1964 u. Jap. Pat. 13.386/64, 1964).

Mit *Eremothecium ashbyii* wird Riboflavin ähnlich wie mit *Ashbya gossypii* hergestellt. *Eremothecium* ist nicht so empfindlich gegen eine Sterilisation des Mediums wie *Ashbya*. Eine Reihe von Zusätzen kann die Riboflavinbildung ähnlich wie bei *Ashbya gossypii* wesentlich verstärken. In Substraten mit Zusatz von braunem Zukker (5,0%), Spezialpepton (3,0%), Weizenkeimlingen (1,0%) und Rindfleischextrakt (0,3%) werden nach siebentägiger Bebrütung 1800 µg/ml, in anderen Substraten sogar bis zu 2500 µg/ml erhalten. Glycerin und pflanzliche Fette sind für eine Produktion geeignet (US-Pat. 3.475.274, 1969).

Eine Mutante von *Bacillus subtilis* (Ad⁻, His⁻, red⁻), die gegen Purin und γ-Azaguanin resistent ist, bildet 680 mg/l Riboflavin (Enei et al., 1974; GB-Pat. 1.434.299, 1976), *Pichia guilliermondii* bildet ca. 300 mg/l Riboflavin aus $C_{12} - C_{14}$ n-Alkanen (Nishio und Kamikubo, 1970). *Acinetobacter anitratum* bildet FMN und FAD bis zu 27 mg/l in Kerosin-haltigen Substraten (Nishimura und Iizuka, 1972).

Die Riboseherstellung vgl. Kap. 26.

5. Anwendung

Riboflavin wird in der pharmazeutischen Industrie für human- und tiermedizinische Präparate verarbeitet. Die Hauptanwendung liegt jedoch in der Nahrungs- und besonders in der Futtermittelindustrie, z. B. als Zusatz zum Hühnerfutter.

III. Biotin

1. Allgemeines und Mikroorganismen

Biotin, das Vitamin H und Coenzym der Carboxylase, wird in der Fermentationsindustrie u. a. als Zusatz bei der Glutaminsäurefermentation, in der Nahrungs- und Futtermittelindustrie ebenfalls als Supplement verwendet. Biotin kommt in Gemüse, Früchten, Milch, Reiskleie, Leber, Hefe und Eigelb vor. Gegenwärtig wird es ausschließlich durch chemische Synthese produziert, es gibt aber viele Anstrengungen, ein wirtschaftliches Fermentationsverfahren zu entwickeln. Daher werden einige derartige Versuche hier kurz beschrieben.

Die Literatur ist von Izumi und Ogata (1977) ausführlich zusammengestellt worden.

Zur Biotinbildung sind *Saccharomyces cerevisiae, Penicillium chrysogenum*, besonders auch *Streptomyces*-Arten, *Brevibacterium flavum, Corynebacterium glutamicum, Pseudomonas*-Arten, *Bacillus sphaericus* u. a. Mikroorganismen befähigt.

2. Chemie, Biosynthese und Regulation

Biotin ist ein zyklisches Harnstoffderivat mit Thiophanring. Es enthält drei asymmetrische C-Atome. Von den möglichen optischen Isomeren ist nur D(+)-Biotin als Vitamin H wirksam. Die Biosynthese geht von der Pimelinsäure aus (vgl. Abb. 156). Der letzte Schritt vom Desthiobiotin zum Biotin mit dem Einbau des Schwefelatoms in das Biotinmolekül ist noch nicht völlig geklärt. Möglicherweise wird das S-Atom aus L-Methionin geliefert (Izumi et al., 1973 a). Viel Literatur über die einzelnen Schritte vgl. Izumi und Ogata (1977).

Die Biosynthese von Biotin wird durch Desthiobiotin, Oxybiotin und Biocytin z. T. inhibiert. Biotin hemmt bei *Bacillus megaterium* die Desthiobiotin-synthase

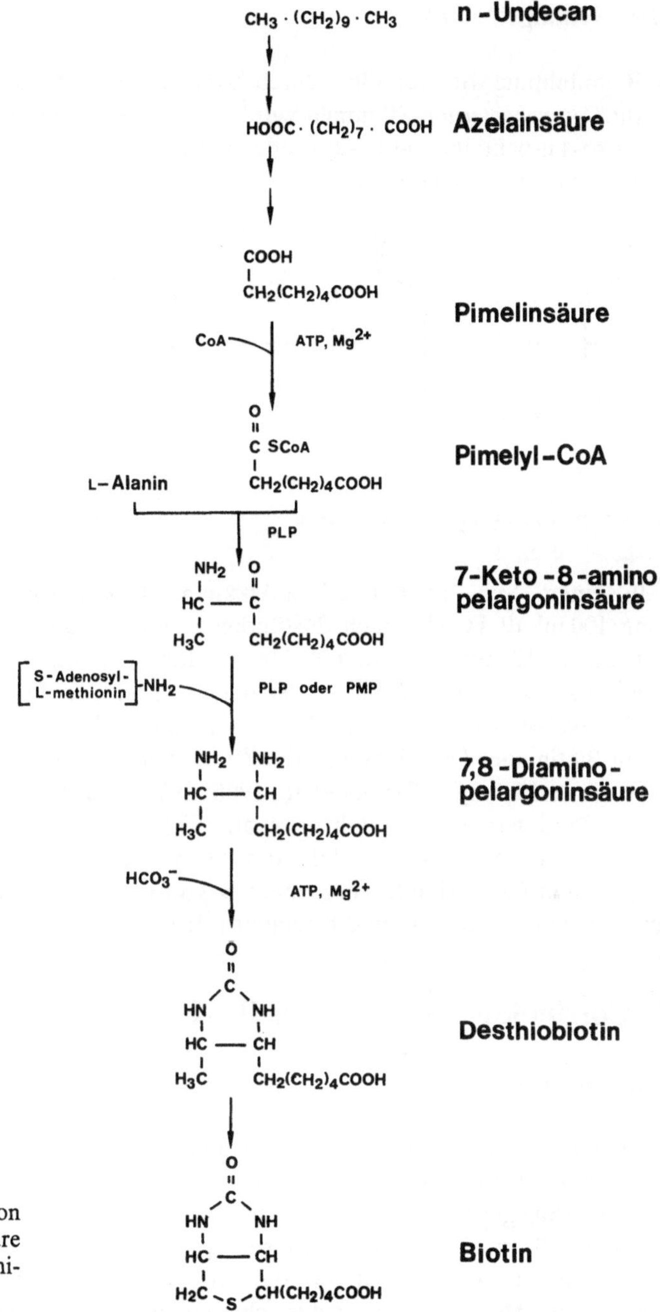

Abb. 156. Biosynthese von Biotin aus Pimelinsäure und aus Alkanen (diterminaler Abbau)

bereits in Konzentrationen von 0,1 μg/ml sehr stark (Izumi et al., 1974). Bei *B. sphaericus* wird die 7-Keto-8-aminopelargoninsäure-synthase und bei *Brevibacterium divaricatum* die 7,8-Diaminopelargoninsäure-aminotransferase bereits durch 0,05 μg/ml Biotin stark gehemmt (Izumi et al., 1973 b; 1975). Anscheinend liegen hier Repressionen vor. Die Pimelyl-CoA-synthase wurde sogar durch 1μg/ml Biotin nicht reprimiert (Izumi et al., 1974).

3. Herstellungstechnik

Die Biotinbildung wird vor allem durch Zusatz geeigneter Vorstufen gefördert.

Mit *Corynebacterium*-Stämmen wurde eine dl-Biotinbildung aus dl-cis-Tetrahydro-2-oxo-4 n-pentyltieno-(3,4-d)-imidazolin (dl-TOPTI) mit technisch annehmbaren Ausbeuten erhalten (Ogino et al., 1974 a, b) (Abb. 157).

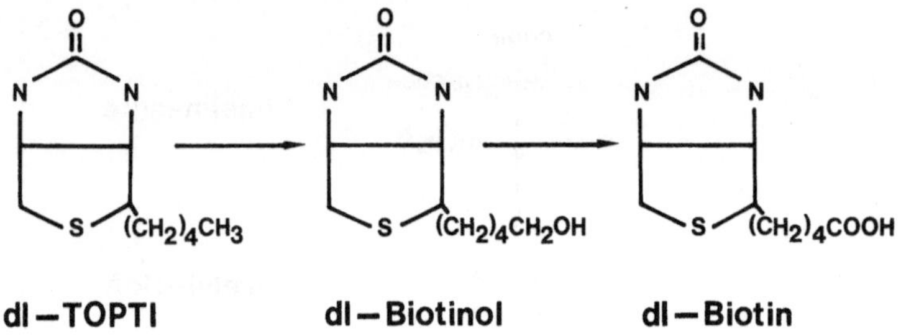

dl — TOPTI   **dl — Biotinol**   **dl — Biotin**

Abb. 157. Biotinbildung aus DL-TOPTI

In einem Substrat mit 2% n-Alkanen, 0,2% Harnstoff und Zusatz von 50 mg/100 ml dl-TOPTI nach 24stündigem Bakterienwachstum wurden 96 Std. später 32 mg/100 ml dl-Biotin (60% Umwandlung) gewonnen.

Ein Stamm von *Pseudomonas,* der Azelainsäure oder Pimelinsäure durch diterminale Oxidation von ungradzahligen n-Alkanen bildete, produzierte große Mengen an Biotin oder Desthiobiotin. Ein Zusatz von Pimelinsäure erhöhte die Biotinausbeuten auf 20 mg/l (Tsuboi et al., 1966; 1967). Auch Ölsäure ist ein gutes Substrat zur Biotinfermentation (Ohsugi et al., 1972).

Ein Zusatz der Asche von Hefeextrakt sowie von Mn^{2+} in Gegenwart von Adeninsulfat und Fe^{2+} erhöhten bei einem Bakterium die Biotinbildung aus Desthiobiotin wesentlich (Iwahara und Kanemaru, 1974).

IV. Corrinoide (Vitamine der B_{12}-Gruppe)

1. Allgemeines

Corrinoide, wie die Vitamine der B_{12}-Gruppe bezeichnet werden, sind eine Gruppe von Verbindungen, denen neben der verwandten chemischen Struktur eine spezifische Wirkung gegen die perniziöse Anämie gemeinsam ist.

Vitamin B_{12} kommt außer in Mikroorganismen in Leber, Niere, Gehirn, Fischextrakten und im Darminhalt von Mensch und Tier vor. Es kann als Coenzym innerhalb eines Moleküls Carboxylverschiebungen katalysieren. Zusammenfassende Literatur vgl. Goodwin (1963); Friedmann und Cagen (1970); Perlman (1978).

2. Mikroorganismen

Unter den Mikroorganismen synthetisieren viele Bakterienarten Vitamin B_{12} (Literatur vgl. Rehm, 1967), vor allem *Flavobacterium solare, Propionibacterium freuden-*

reichii, P. shermanii, Bacillus megaterium, Pseudomonas-Arten, *Proteus vulgaris, Methanobacterium omelianski, Lactobacillus lactis, Clostridium putrificum, Butyribacterium rettgeri, Micromonospora purpurea, Nocardia rugosa* u. a. Bei einer Suche nach B_{12}-bildenden Mikroorganismen fanden Burton und Lochhead (1951) unter 576 isolierten Streptomycetenstämmen 450 mit deutlicher Vitamin B_{12}-Bildung und unter anderen 537 Bakterienstämmen verschiedenster Herkünfte 347, die Vitamin B_{12} bildeten.

Auch Hefen und verschiedene Pilze, z. B. *Aspergillus niger, Neurospora, Eremothecium, Ashbya gossypii* und *Ustilago zeae* (Literatur vgl. Perlman, 1959), sind zur B_{12}-Bildung befähigt.

Zur industriellen Produktion werden *Propionibacterium freudenreichii, P. shermanii, Pseudomonas denitrificans* (Demain et al., 1968) sowie evtl. einige *Streptomyces*-Arten herangezogen. Neuerdings sind *Protaminobacter ruber* (Tanaka et al., 1974 a, b) und *Klebsiella* sp. (Nishio et al., 1975) sowie *Corynebacterium simplex* als B_{12}-Bildner in der Entwicklung.

3. Chemie

Die Grundstruktur des Vitamin B_{12} besteht aus einem Tetrapyrrolrest, der sich von einem Porphyrin-makroring dadurch unterscheidet, daß er zwischen den Ringen A und D keine Methinbrücke besitzt. Dieses Ringsystem wird als Corrin-Ring bezeichnet, und entsprechend nennt man Verbindungen mit diesem Ringsystem Corrinoide. Vom Corrin-Ring leitet sich die Cobyrinsäure ab, die sechs Carboxylgruppen besitzt. Wenn fünf von ihnen amidiert werden und an einer Carboxylgruppe eine 1-Amino-2-propanol-Gruppe eingeführt wird, so erhält man das Cobinamid, aus dem durch Anlagerung einer 3'-Phosphoribofuranose an die Hydroxylgruppe des Aminopropanolrestes das Cobamid entsteht, das die Grundstruktur der B_{12}-Analogen darstellt (vgl. Abb. 158).

Das Zentralatom des Corrinoidringes ist Kobalt, das Wasser oder Anionen oder bei den Coenzymformen der Corrinoide den 5'-Desoxyadenosylrest als Liganden hat.

Die 3'-Phosphoribofuranose kann N-glycosidisch gebundene Basen enthalten. Diese Basen können Benzimidazol, Naphthimidazol, Imidazol oder Purine sein. Corrinoide, die eine Imidazolbase, deren zweites N-Atom mit dem Co-Atom koordiniert ist, enthalten, und die N-glycosidisch mit der 3'-P-Ribofuranose verbunden sind, bezeichnet man auch als Cobamide. Ist die Base das 5,6-Dimethyl-benzimidazol, so nennt man die Verbindung Cobalamin (Abb. 158).

Es existieren verschiedene natürliche Analoge des Vitamin B_{12} (vgl. Rehm, 1967). Zahlreiche Mikroorganismen sind in der Lage, mehrere Analoge des Vitamin B_{12} zu bilden, vor allem in Abwässern und Faulschlamm (vgl. Kap. 40) liegen verschiedene Derivate des Vitamin B_{12} vor.

Seit langem weiß man, daß *Lactobacillus lactis, L. leichmannii, Euglena gracilis* u. a. Mikroorganismen Vitamin B_{12}-bedürftig sind. Sie eignen sich daher besonders gut für mikrobiologische Vitaminbestimmungen. Die Wachstumsintensität der Mikroorganismen wird turbidometrisch bestimmt und mit Eichkurven verglichen, aus denen man direkt die Menge an B_{12} ablesen kann (vgl. Mücke, 1957; Skeggs, 1960).

4. Biosynthese und Regulation

Die Biosynthese des Vitamin B_{12} geht in drei wichtigen Abschnitten vor sich (vgl. Friedmann und Cagen, 1970):

1. Bildung des Corrin-Ringes,
2. Einbau des Kobalts in das Molekül,
3. Synthese des vollständigen Coenzyms B_{12}.

Bald nach Aufklärung der Struktur des Vitamins B_{12} erkannte man, daß Kobalt ein notwendiger precursor zur Biosynthese des Vitamins ist. Optimale Kobaltkonzentrationen im Medium sind für gute Ausbeuten sehr wichtig. Liegt die Kobaltkonzentration höher als etwa 50 ppm, so wird die Vitamin B_{12}-Biosynthese gehemmt.

Die Pyrrolreste des Corrinringes werden in gleicher Weise wie die Pyrrolreste des Porphyrins synthetisiert. Aus Succinyl-CoA und Glycin bildet sich δ-Amino-lävulinsäure. Zwei Moleküle δ-Amino-lävulinsäure bilden dann unter Wasserabspaltung das Porphobilinogen mit dem Pyrrolring. Vier Moleküle Porphobilinogen kondensieren zum Corrinring mit acht Carboxylgruppen. Anschließend erfolgt eine Methylierung und Einbau des Kobalts zur Cobyrinsäure, die dann stufenweise zum Cobinamid amidiert wird (Abb. 158). Zum Einbau des 5,6-Dimethylbenzimidazols wird Cobinamid phosphoryliert. Dann wird aus GTP das GDP angelagert, anschließend kann das Dimethylbenzimidazol an das Cobinamid gebunden werden, wobei GMP abgespalten wird. Literatur und Einzelheiten vgl. Friedmann und Cagen (1970).

Andere Basen werden sicherlich in ähnlicher Weise an das Cobinamid gebunden. Wenn 9-β-Nucleotide vorhanden sind, so müssen diese aber vorher in 7-α-Nucleotide umgewandelt werden. Die letzteren können dann an das Cobinamid-GDP-Molekül gebunden werden.

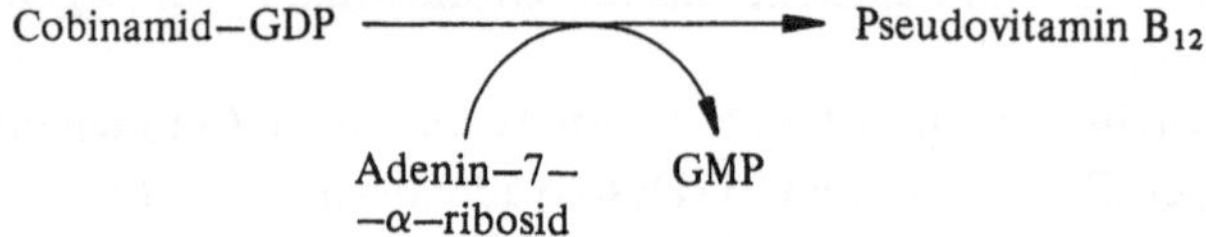

Wenn geeignete Basen zum Kulturmedium solcher Mikroorganismen, die normalerweise Vitamin B_{12} synthetisieren können, zugesetzt werden, bilden diese auch Analoge des Vitamins B_{12}, die unter normalen Bedingungen nicht produziert werden. So wurden z. B. 2,6-Diaminpurin, 5-Aminobenzimidazol, 5-Trifluorobenzimidazol und viele andere Nucleoside an das Cobinamid gebunden. Auch mit ruhenden Zellen von *Propionibacterium arabinosum* war eine Bildung von „unnatürlichen" Cobamiden möglich (Kamikubo und Matsuura, 1969). Auf chemischem Wege bestehen weitere Möglichkeiten zur Herstellung von Vitamin B_{12}-Derivaten (Literatur vgl. Bernhauer et al., 1963).

Propionibacterium shermanii bildet unter aeroben Bedingungen etwa 250fach – 750fach weniger B_{12}, als wenn einer anaeroben Kultivierung eine aerobe folgt (vgl. Menon und Shemin, 1967). Der komplexe Regulationsmechanismus des Sauerstoffs für die Porphyrinbiosynthese wird noch wenig verstanden. Zur Bildung von 5,6-Dimethylbenzimidazol bei Propionibakterien ist O_2 notwendig (US-Pat. 2.951.017, 1960). Andererseits wird die Corrinoidbildung bei *P. shermanii* durch

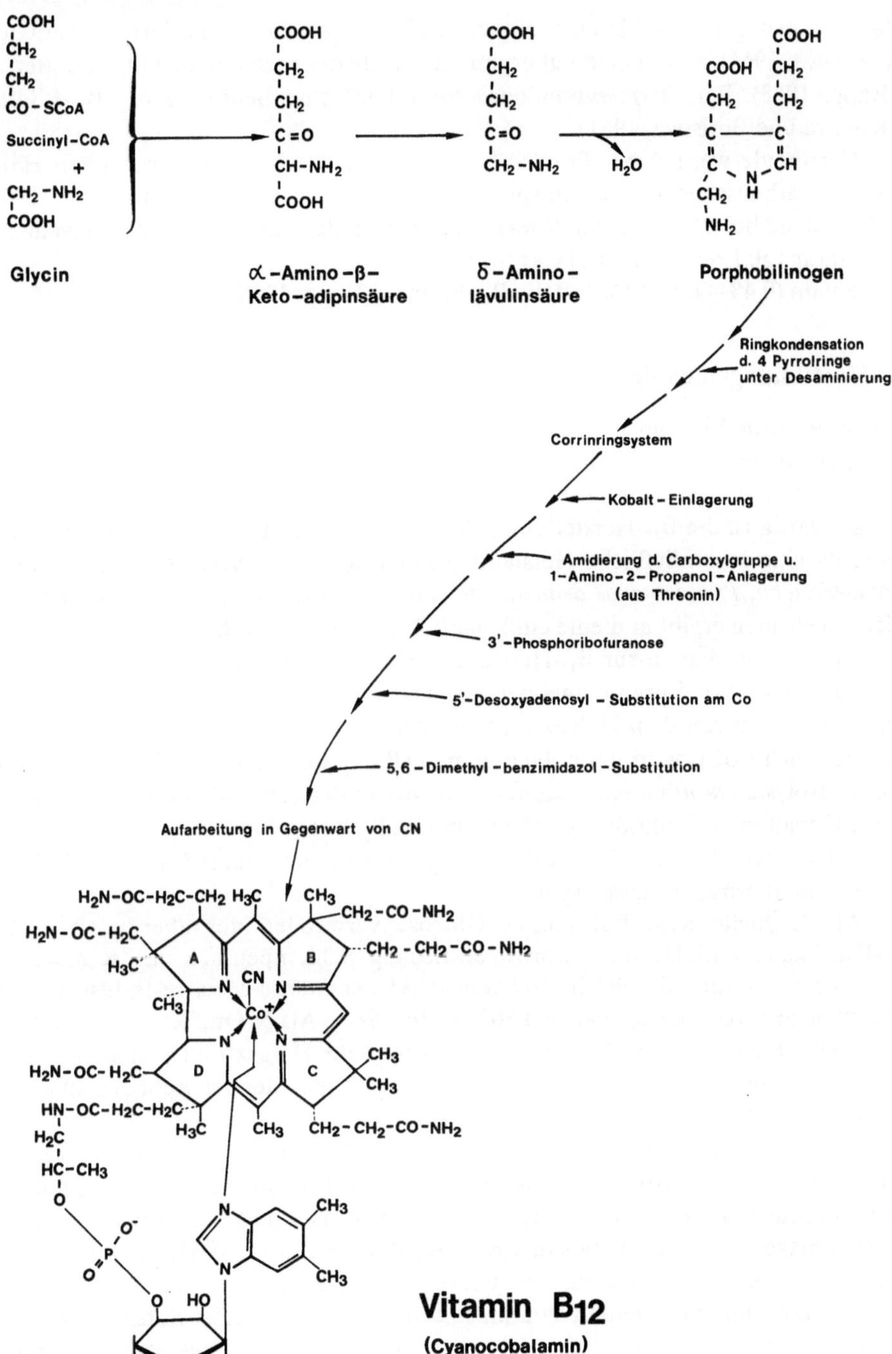

Abb. 158. Biosynthese von Vitamin B_{12}

Anwesenheit geringer Mengen reduzierender Substanzen gefördert (Krámli und Vorobeva, 1964), anscheinend aber nur, um Reste des vorhandenen O_2 zu entfernen (Rapp, 1968). Bei *Streptomyces olivaceus* erhöht eine Belüftung die B_{12}-Bildung (Konova und Borisova, 1961).

Corrinoide werden bei *Propionibacterium* hauptsächlich in der zweiten Hälfte der logarithmischen Wachstumsphase gebildet (Czarnocka-Roczniakowa, 1966), während sie bei *Streptomyces olivaceus* zu Beginn der stationären Phase erscheinen (Literatur vgl. Friedmann und Cagen, 1970).

Betain (0,4% – 0,5%) fördert die B_{12}-Bildung (Rapp, 1968).

5. Herstellungstechnik

Anfangs wurde Vitamin B_{12} aus Mycelien, die bei der Herstellung vieler Antibiotica anfallen, aufgearbeitet. Auch aus vergorenen Maischen, die zur Herstellung von Butanol und Aceton gedient hatten, ließ sich Vitamin B_{12} in größerer Menge isolieren. Gegenwärtig ist die B_{12}-Herstellung jedoch von anderen Prozessen abgetrennt worden, da eine ausschließliche Herstellung mit *Propionibacterium shermanii* oder *P. freudenreichii*, *Pseudomonas denitrificans* oder evtl. auch *Streptomyces olivaceus* höhere Ausbeuten ergibt und eine einfachere Aufarbeitung ermöglicht.

Sämtlichen Medien zur B_{12}-Herstellung werden Kobaltsalze in optimalen Konzentrationen (etwa 5 ppm) zugesetzt. Ein Teil wird als Co-Nitrat zugesetzt, ein anderer Teil wird von dem Hefeextrakt, der dem Substrat zumeist zugefügt wird, geliefert. Auch $CoCl_2$ wird gut aufgenommen (Rajagopalan, 1976). Der Extrakt muß gut hydrolysiert worden sein, damit das vorher in der Hefezelle an Proteine gebundene Kobalt in die Nährlösung gehen kann und gut resorbierbar ist.

Substanzen, die eine Cobamid-Bildung hemmen, besonders Na-Fluorid, dürfen in keinem Substrat enthalten sein.

Als C-Quelle wird fast immer Glucose verwendet, der aber noch weitere C-Quellen, z. B. Malzextrakt, Cornsteep-Lösung, Schlempen u. ä. zugesetzt werden. Glucose kann auch durch ein Nebenprodukt der Stärke-Melasse-Industrie („Hydrol") ersetzt werden (SU-Pat. 794.809/31-16, 1962). Als N-Quellen verwendet man Sojamehl, Fleischwasser, Pepton, Caseinhydrolysate, Hefeextrakt und anorganische Stickstoffverbindungen (meist Ammoniumsalze). Die fehlenden anorganischen Salze werden bedarfsweise ergänzt.

Neben synthetischen oder halbsynthetischen Substraten ist auch die Verwendung von Destillationsrückständen aus der Aceton-Butanol-Fermentation, von Hefegärungsrückständen, von Kartoffelmaischen u. ä. zur Vitamin B_{12}-Herstellung vorgeschlagen worden (Shaposhnikov et al., 1962; Buntova, 1963). Diese Substrate sind im allgemeinen besser zur Produktion von B_{12}-Konzentraten für Futterzwecke als zur Herstellung des reinen Vitamins geeignet. Zusätze dieser Substrate zu halbsynthetischen Nährmedien haben aber oft Steigerungen der Ausbeuten zur Folge. Auch Mycelien von *Aspergillus niger*, die aus der Citronensäureproduktion stammen, sind – nach Zusatz von Melasse und $CaCO_3$ als Puffer – als Nährsubstrat für *Propionibacterium shermanii* zur B_{12}-Produktion vorgeschlagen worden (US-Pat. 3.085.049, 1963); weiterhin soll auch die bei der Herstellung von Citronensäure anfallende Kulturflüssigkeit nach Abfiltration der Mycelien und Abtrennung des Calciumcitrates zur B_{12}-Herstellung geeignet sein (SU-Pat. 163.575, 1965).

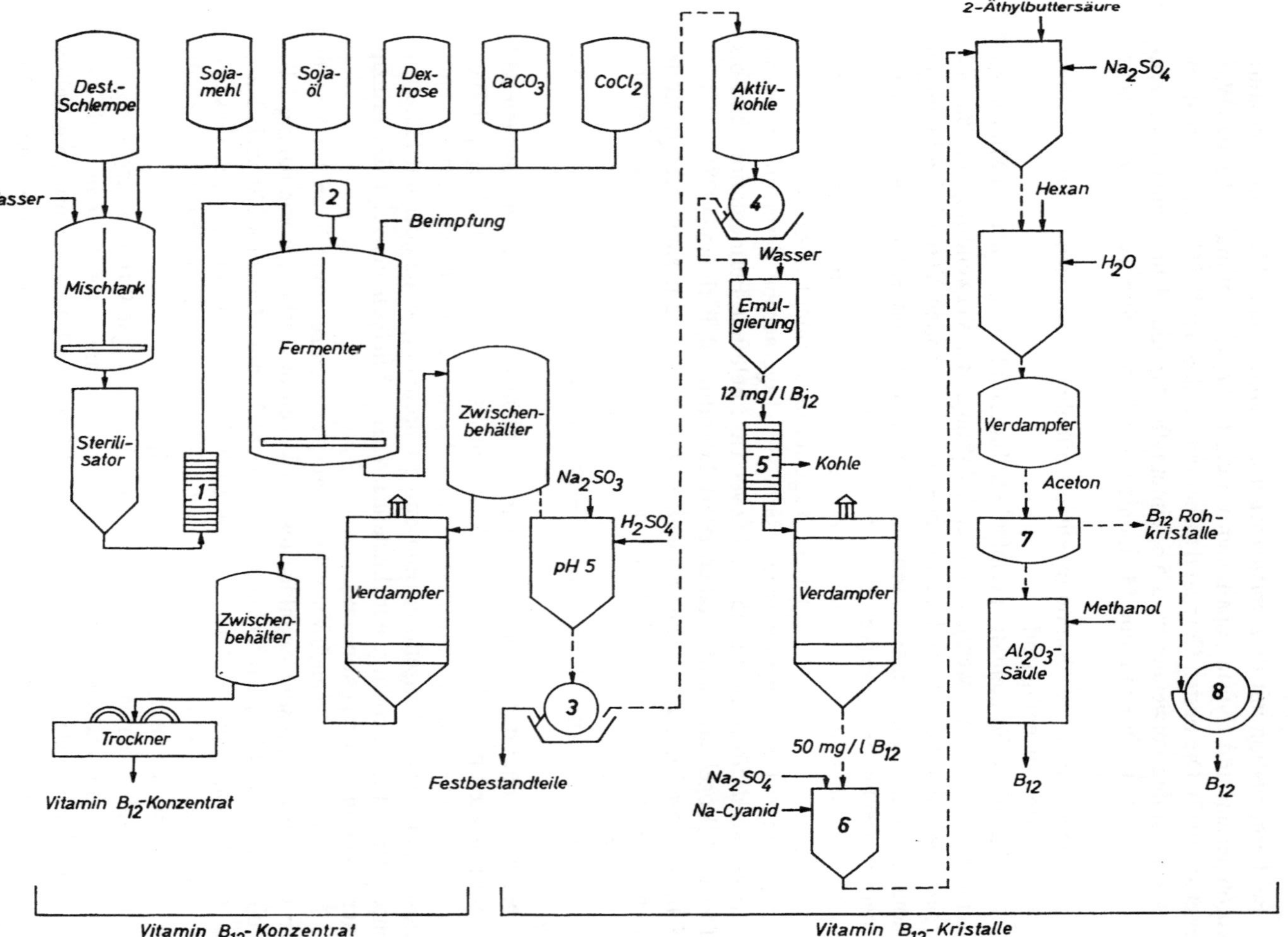

Abb. 159. Fließschema zur Vitamin B$_{12}$-Herstellung. Zeichenerklärung: *1* Kühler; *2* Antischaummittel; *3, 4* Filter; *5* Filtration; *6* Cyanidumwandlung; *7, 8* Kristallisation

Bei Fermentation mit *Propionibacterium shermanii* ist eine Mischung von säurehydrolysiertem und trypsingespaltenem Casein (1,2%) ein optimaler Zusatz (Wagner et al., 1967). Die besten Corrinoidausbeuten werden bei 18 °C – 21 °C erhalten.

Als Vorstufen verwendet man 5,6-Dimethylbenzimidazol in geringen Konzentrationen. Auch L-Threonin und Methionin sowie Porphobilinogen besitzen precursor-Eigenschaften.

Eine übermäßige Sterilisation inaktiviert offenbar Substanzen, die zur Synthese der Corrinoide notwendig sind.

Die eigentliche Fermentation erfolgt in Submerskultur mit – je nach Mikroorganismenart – mehr oder weniger starker Belüftung. Bei Verwendung von *Bacillus megaterium* kann die Vitaminbildung unter entsprechenden Versuchsbedingungen schon nach 6 Std. abgeschlossen sein, bei Verwendung von *Streptomyces olivaceus* dauert sie drei bis vier Tage (vgl. auch Sato et al., 1971).

Die Ausbeuten liegen bei Verwendung von *Propionibacterium freudenreichii* bei 19 mg/l (drei Tage anaerobe, dann drei Tage aerobe Fermentation), von *P. shermanii* bei 23 mg/l (drei Tage anaerobe, dann vier Tage aerobe Fermentation), von *Pseudomonas denitrificans* bei 15 mg/l (zwei Tage belüftete Fermentation) und bis zu 50 mg/l (Vogelmann und Wagner, 1974). Literatur vgl. Perlman (1978).

Beim Prozeß mit *Pseudomonas denitrificans* spielt Betain eine wichtige Rolle, anscheinend macht es die Zelloberfläche zur Ausscheidung von Stoffwechselprodukten permeabel.

Weitere interessante, aber nicht in die Praxis eingeführte Verfahren vgl. Rehm (1967).

Nach Abschluß der Fermentation wird das Gemisch aus Mikroorganismen und Kulturflüssigkeit mit Hilfe von schwefliger Säure (als Na_2SO_3) auf einen pH-Wert von 5,0 gebracht, dadurch wird das Vitamin B_{12} stabilisiert und aus den Mycelien gelöst. Dann wird es konzentriert und durch Chromatographie oder mit Hilfe von Ionenaustauschern gereinigt und kristallisiert. Das Fließschema zeigt das Prinzip einer B_{12}-Fermentation (Abb. 159).

Neuerdings hat man auch versucht, B_{12} aus Alkanen zu produzieren. Ein Stamm von *Corynebacterium simplex* bildet aus n-Alkanen in Ausbeuten von 0,6 mg/l B_{12} (Fujii et al. 1966, 1967). *Protaminobacter ruber* bildet aus Methanol 220 µg/l (Tanaka et al., 1974 a, b) und *Klebsiella* nur 140 µg/l (Nishio et al., 1975). Auch Versuche mit *Methylomonas methylovora* gaben mit Methanol und Thiaminzusatz nur sehr geringe Ausbeuten an B_{12} (Oki und Kitai, 1974).

Durch Halten der Methanolkonzentration bei niedrigen Grundwerten, die gerade noch eine Entwicklung der Bakterien in der logarithmischen Phase in batch-Kultur ermöglichen, gelang es, Ausbeuten von 2,6 mg B_{12}/l Medium mit 25 g Zellen (TG) zu erhalten (Toroya et al., 1976). Diese Ausbeuten sind sehr erfolgversprechend.

6. Herstellung von angereicherten Cobamidpräparaten

Vitamin B_{12} ist ein ausgezeichneter Zusatz zum Viehfutter, so daß auch Verfahren zur technischen Herstellung von B_{12}-angereicherten Produkten, die als Beifutter verwendet werden, entwickelt wurden (vgl. Abb. 159). Die Zellen sind nach der Fermentation sehr reich an Vitamin B_{12} und können nach Trocknung direkt verfüttert werden. Es kann aber auch eine Anreicherung des Vitamins durch Methanolextraktion der Zellen und anschließende Trocknung des Extraktes durchgeführt werden (DDR-Pat. 28.111, 1964). Abfälle aus der Lebensmittelwirtschaft u. ä. Produkte lassen sich ebenfalls mit Vitamin B_{12} durch Mikroorganismenentwicklung anreichern und als Futter verwerten (US-Pat. 3.751.261, 1973).

Die vielfach versuchte Gewinnung von B_{12} aus Faulschlamm u. a. Schlämmen hat wegen der Schwierigkeiten bei der Aufarbeitung keine wirtschaftliche Bedeutung.

7. Anwendung und wirtschaftliche Bedeutung

Die Rohprodukte der Fermentationen werden zumeist angereichert und dann zur Beifütterung von Tieren verwendet, während die reinen kristallinen Produkte zur Therapie beim Menschen eingesetzt werden. Durch die ausreichende Herstellung von Vitamin B_{12} hat die Form der perniziösen Anämie, die durch B_{12}-Mangel hervorgerufen wird, heute weitgehend ihren Schrecken verloren.

Künstliche Cobamide werden, da ihre physiologische Wirkung noch vieler Untersuchungen bedarf, noch nicht in bedeutender Menge technisch hergestellt.

V. L-Ascorbinsäure (Vitamin C)

L-Ascorbinsäure gehört zu den wasserlöslichen Vitaminen und verhindert im menschlichen Körper den sog. Skorbut, eine Avitaminose, deren Symptome hinreichend beschrieben wurden. In lebenden Geweben ist dieses Vitamin eine wichtige Redoxsubstanz, bei der Nahrungsmittelherstellung wird es als Antioxidans in großer Menge verwendet.

Die technische L-Ascorbinsäuresynthese, wie sie gegenwärtig durchgeführt wird, verläuft folgendermaßen (Schema vgl. Rehm, 1967):

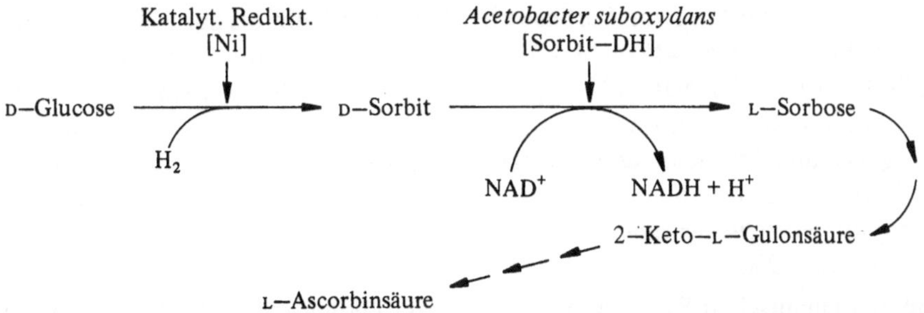

In dieser von Reichstein entwickelten Synthese ist ein mikrobiologischer Schritt enthalten, die Oxidation von D-Sorbit zu L-Sorbose, der von *Acetobacter*-Arten, im wesentlichen von *A. suboxydans,* durchgeführt wird und als mikrobiologische Stoffumwandlung mit hohen Ausbeuten nahtlos in die chemische Synthese eingebaut worden ist.

Die Bakterienkultur wird mit Hefeextrakt (0,5%) oder Cornsteep-Lösung (0,3%) unter starker Belüftung vermehrt. Die Impflösung muß etwa 3% der Fermentationslösung betragen. Die Oxidation von D-Sorbit zu L-Sorbose wird submers mit sehr starker Belüftung durchgeführt.

Im Fermentationstank darf die Anfangskonzentration von Sorbit nicht mehr als 20% betragen, da eine anfänglich höhere Konzentration giftig auf die Mikroorganismen wirkt. Im Laufe der ersten 24 Std. – 36 Std. kann die Konzentration auf 30% erhöht werden. Die Intensität der Belüftung hat einen großen Einfluß auf die Geschwindigkeit der Reaktion und auf die Ausbeute des Endproduktes. Nach zwei bis drei Tagen ist bei 30 °C – 35 °C der größte Teil des D-Sorbits zu L-Sorbose oxidiert worden. In zweistufiger kontinuierlicher Sorbosefermentation können 20%ige Sorbitlösungen vollständig zu Sorbose oxidiert werden. Hierbei wird die höchste Ausbeute in Nährlösungen mit geringem Nährstoffgehalt erzielt (Müller, 1966). Jedoch hat sich eine kontinuierliche Fermentation technisch bisher nicht einführen lassen.

Bei 50 °C wird die Fermentation abgebrochen. Es wird filtriert, das Filtrat entfärbt und nach nochmaliger Filtration solange konzentriert, bis die Kristallisation beginnt. Da praktisch wenig störende Substanzen im Substrat vorliegen, kristallisiert das schon weitgehend reine Produkt. Nach vollständiger Kristallisation wird die L-Sorbose weiter gereinigt und zur L-Ascorbinsäure verarbeitet.

Wenn man die normale Oxidationszeit von Sorbit zur Sorbose wesentlich verlängert, so wird die entstandene Sorbose von manchen *Acetobacter*-Stämmen zur Fructose oder 5-Ketosorbose weiter oxidiert.

Eine Zusammenfassung und viel Literatur vgl. Kulhánek (1970).

Da das geschilderte Herstellungsverfahren bereits einen mikrobiologischen Schritt beinhaltet, ist man natürlich interessiert, neue, vollständige mikrobiologische Synthesen von L-Ascorbinsäure zu entwickeln. Ein Schema ist in der ersten Auflage bereits abgebildet worden (Rehm, 1967). Die Abb. 160 zeigt mögliche Wege einer L-Ascorbinsäure- und D-Araboascorbinsäuresynthese.

Viele Einzelheiten über die mikrobiellen Reaktionen vgl. Kulhánek (1970). Für die Umsetzung von L-Sorbose zu L-Sorboson werden Zellen von *Gluconobacter melanogenus* in Polyacrylamidgel immobilisiert (Martin und Perlman, 1976). Die Reaktion kann auch mit wachsenden Zellen durchgeführt werden (Kitamura und Perlman, 1975 a, b). Der Weg von Sorbose über Sorboson kann bis zur 2-Keto-L-gulonsäure mit *Pseudomonas putida* (Makover et al., 1975) oder *Gluconobacter melanogenus* (Tsukada und Perlman, 1972) geführt werden. Es gelingt auch, L-Sorbose zu L-2-Keto-gulonsäure durch ein Gemisch immobilisierter Zellen von *Gluconobacter melanogenus* und *Pseudomonas* sp. umzusetzen; besser ist jedoch ein Zweistufenprozeß (Martin und Perlman, 1976 a). 5-Keto-D-gluconsäure wird aus 10%iger Glucoselösung mit *Acetobacter suboxydans* nach sieben Tagen in 85% Ausbeute erhalten (Kheshgi et al., 1954).

Bei der chemischen Reduktion oder auf mikrobiologischem Wege, z. B. mit *Fusarium*, bildet sich aus D-5-Ketogluconsäure die L-Idonsäure, die nun mit Hilfe von *Pseudomonas mildenbergii* zu L-2-Ketogulonsäure oxidiert werden kann. Dieser Weg läßt sich aus technischen Gründen im Augenblick noch nicht direkt mit *Acetobacter*-Arten aus D-Gluconsäure durchführen, so daß der geschilderte Umweg beschritten werden muß. Das bei der chemischen Reduktion der D-5-Ketogluconsäure

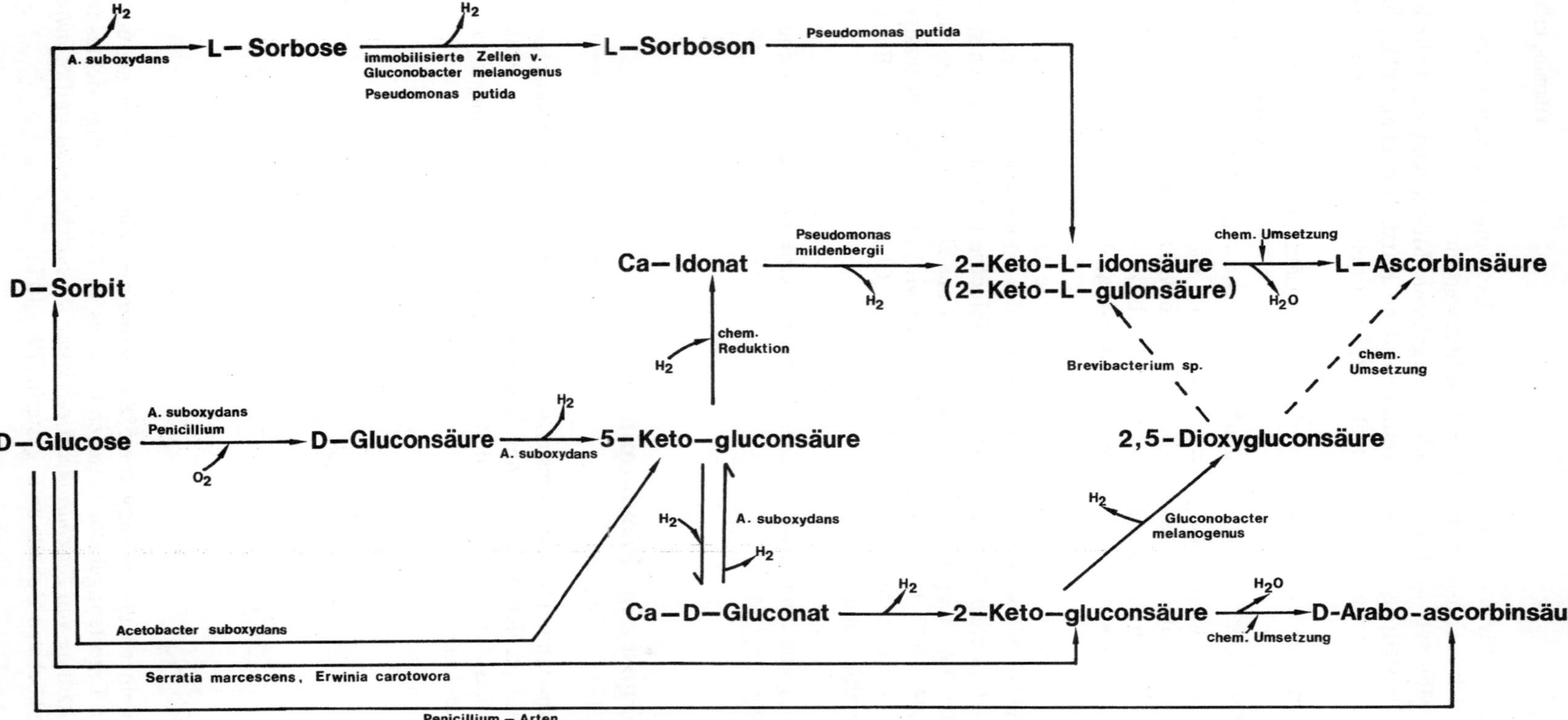

Abb. 160. Mögliche Wege zur Synthese von L-Ascorbinsäure

etwa zur Hälfte entstandene Ca-D-Gluconat kann mit Hilfe von *A. suboxydans* wieder zurück in D-5-Ketogluconsäure oxidiert werden.

Es gäbe evtl. auch eine noch weitergehende Möglichkeit zur teilmikrobiologischen Herstellung von L-Ascorbinsäure, denn Katznelson et al. (1953) haben eine weitere Oxidation von L-2-Ketogluconsäure durch *Gluconobacter melanogenus* zu einem unbeständigen Zwischenprodukt, der 2,5-Dioxygluconsäure, beobachtet. Inzwischen ist es auch gelungen, 2,5-Dioxygluconsäure mit Hilfe von *Pseudomonas sesami,* das diese Verbindung direkt aus Glucose bildet, mikrobiologisch herzustellen (Jap. Pat. 14.493, 1964). Die Aufarbeitung macht wegen der geringen Beständigkeit dieses Produktes Schwierigkeiten. Von hier aus wäre der Weg zur L-Ascorbinsäure nicht mehr weit, denn das Lacton der 2,5-Dioxygluconsäure ist chemisch sehr nahe mit der Dehydro-L-ascorbinsäure verwandt. Es kann auch mit Hilfe von *Brevibacterium* sp. zur 2-Keto-L-gulonsäure führen (US-Pat. 3.963.574, 1976).

Penicillium-Arten, besonders *P. notatum, P. decumbens, P. chrysogenum, P. meleagrinum* und *P. cyaneofulvum,* sind in der Lage, D-Araboascorbinsäure aus Glucose zu bilden. Sie wird in Oberflächenkultur oder submers bei 28 °C, einem pH-Wert von 5 – 6 in einer Nährsalzlösung mit 2% Glucose hergestellt. Nach sieben Tagen werden 0,5 g – 1,2 g D-Araboascorbinsäure/l aus 20 g Glucose/l gebildet (US-Pat. 3.052.609, 1962). Die D-Araboascorbinsäure wird aus der Kulturflüssigkeit an Ionenaustauscher (Amberlit) adsorbiert, mit NH_4Cl eluiert, aus dem Eluat mit Butanol extrahiert und gereinigt.

D-Araboascorbinsäure wird als Antioxidans verwendet. Sie stabilisiert die Wirkung des Vitamin C etwas, hat selbst aber nur eine geringe biologische Vitamin C-Wirkung.

VI. Ergosterin (Provitamin D_2)

Das Provitamin D_2, das Ergosterin, kommt in Fruchtkörpern verschiedener höherer Pilze, in den Mycelien von *Mucor*-Arten (van Eijk, 1972), *Penicillium*- und *Aspergillus*-Arten sowie besonders in den Zellen von *Saccharomyces cerevisiae* und *Candida*-Arten vor.

Ergosterin

Bei einer Untersuchung von 558 Hefestämmen aus 20 Gattungen und 69 Arten wurden Ergosteringehalte zwischen 0,1% bis zu 10% des Zellgewichtes festgestellt. Acht Stämme von *Saccharomyces cerevisiae, S. carlsbergensis* und *S. oviformis* hatten die höchsten Gehalte an Ergosterin (7% – 10%).

Durch geeignete Zucht (starke Belüftung, Phosphatzusatz zu stickstoffarmem Substrat) läßt sich der Ergosteringehalt in den Hefezellen stark erhöhen.

Zur Isolierung des Ergosterins aus Hefezellen werden diese zunächst plasmolysiert. Dann kann das Fett extrahiert werden, aus dem das Ergosterin gewonnen wird (ausführliche Beschreibung vgl. Damm et al., 1962).

Candida tropicalis bildet auf n-Alkanen ($C_{10} - C_{13}$) als Substrat 71 mg/l oder 5,8 mg/g trockener Zellen Ergosterin nach fünftägigem Wachstum (Tanaka et al., 1971 a, b). Da bei diesen Arten das Ergosterin das hauptsächlich gebildete Steroid ist, läßt es sich besser aufarbeiten als Ergosterin aus *Saccharomyces*-Zellen.

Eine Kabacidin-resistente Mutante von *Fusarium* scheidet mit n-Alkan als Substrat sogar kristallines Ergosterin ins Substrat aus (Nakao et al., 1973).

Durch UV-Bestrahlung (280 nm – 300 nm) wird das Provitamin in den Hefezellen in Vitamin D_2 umgewandelt.

VII. Weitere Vitamine und Coenzyme

Mycobacterium smegmatis und *Corynebacterium simplex* bilden nach Wachstum auf n-Alkanen ($C_{10} - C_{13}$) **Coproporphyrin III** bzw. Co-Coproporphyrin III, die ins Substrat abgesondert werden (Tanaka et al., 1969). Verschiedene andere Bakterien, z. B. *Micrococcus lysodeikticus, Bacillus cereus, Streptomyces griseus* u. a. Streptomyceten-Arten sowie *Rhodopseudomonas spheroides* (Aizaki und Kitamura, 1973), bilden ebenfalls Porphyrine, z. T. auf Alkanen, z. T. auf anderen C-Quellen.

Coenzym Q (Ubichinon), ein elektronenübertragendes Coenzym der Atmungskette, hat auch eine medizinische Bedeutung. Es wird von *Candida tropicalis* aus n-Alkanen mit Hydroxybenzoesäure als precursor in den Zellen vermehrt gebildet (bis zu 4,5 mg/g Zellen) (Tanaka et al., 1974 a, b). Auf anderen C-Quellen wird es auch von *Rhodotorula-, Cryptococcus-, Torulopsis-* und *Sporobolomyces*-Arten in den Zellen angehäuft (US-Pat. 3.769.170, 1973).

Candida lipolytica bildet mit n-Alkanen ($C_{10} - C_{13}$), Na-Palmiat und Na-Stearat als C-Quelle unter starker Belüftung etwa 11 mg/l **Cytochrom c** (Tanaka und Fukui, 1970).

Coenzym A kann mit *Sarcina lutea, S. aurantiaca, Brevibacterium ammoniagenes, Corynebacterium alkanophilum* u. a. vermehrt in den Zellen gebildet und aus diesen extrahiert werden (GB-Pat. 1.440.369, 1973).

Literatur

Aizaki, M., Kitamura, H.: J. Agric. Chem. Soc. Jpn. *47*, 541 – 547 (1973)
Barnett, H. L., Lilly, V. G., Krause, R. F.: Science *123*, 141 (1956)
Bernhauer, K., Müller, O., Wagner, F.: Angew. Chem. *75*, 1145 – 1156 (1963)
Beytía, E. D., Porter, J. W.: Annu. Rev. Biochem. *45*, 113 – 142 (1976)
Bianchi, M. L., Grein, A., Julita, P., Marnati, M. P., Spalla, C.: Z. Allg. Mikrobiol. *10*, 237 – 244 (1970)
Buntova, E.: Tech. Publ. Stredisko Tech. Inform. Potravinar. Prumysl *139*, 146 – 151 (1963)

Burton, M. O., Lochhead, A. G.: Can. J. Bot. *29*, 352 – 359 (1951)
Caglioti, L., Cainelli, G., Camerino, B., Mondelli, R., Prieto, A., Quilico, A., Salvatori, T., Selva, A.: Tetrahedron Suppl. *7*, 175 – 187 (1966)
Ciegler, A.: Adv. Appl. Microbiol. *7*, 1 – 34 (1965)
Ciegler, A., Lagoda, A. A., Sohns, V. E., Hall, H. H., Jackson, R. W.: Biotechnol. Bioeng. *5*, 109 (1963)
Czarnocka-Roczniakowa, B.: Acta Microbiol. Pol. *15*, 349 – 355 (1966)
Damm, H., Hummel, O., Reiff, R.: In: Die Hefen, Bd. 2, S. 846. Nürnberg: Hans Carl 1962
Demain, A. L.: Annu. Rev. Microbiol. *26*, 369 – 388 (1972)
Demain, A. L., Daniels, H. J., Schnable, L., White, R. F.: Nature (London) *220*, 1324 (1968)
Desai, H. G., Desai, J. D., Modi, V. V.: Curr. Sci. *44*, 619 – 620 (1975)
Dikanskaya, E. M.: Mikrobiologiya *22*, 256 (1953)
Eijk, van, G. W.: Antonie van Leeuwenhoek *38*, 163 – 167 (1972)
Ende, Van den, H.: J. Bacteriol. *96*, 1298 – 1303 (1968)
Enei, H., Sato, K., Hirose, Y.: Proc. Symp. Amino Acid Nucleic Acid Jpn. 26 (1974)
Friedmann, H. C., Cagen, L. M.: Annu. Rev. Microbiol. *24*, 159 – 208 (1970)
Fujii, K., Shimizu, S., Fukui, S.: J. Ferment. Technol. *44*, 185 (1966)
Fujii, K., Shimizu, S., Fukui, S.: J. Ferment. Technol. *45*, 530 (1967)
Goliakov, P. N., Tikhonova, T. A.: Mikol. Fitopatol. *9*, 193 – 199 (1975)
Goodwin, T. W.: In: Biochemistry of industrial microorganisms. Rainbow, C., Rose, A. H. (eds.), p. 708. London, New York: Academic Press 1963
Hanus, J., Munk, V.: Zentralbl. Bakteriol. Parasitenkd. Abt. II. Orig. *115*, 647 (1962)
Iwahara, S., Kanemara, Y.: J. Agric. Chem. Soc. Jpn. *48*, 591 – 598 (1974)
Izumi, Y., Ogata, K.: Adv. Appl. Microbiol. *22*, 145 – 176 (1977)
Izumi, Y., Sugisaki, K., Tani, Y., Ogata, K.: Biochim. Biophys. Acta *304*, 887 (1973 a)
Izumi, Y., Sato, K., Tani, Y., Ogata, K.: Agric. Biol. Chem. *37*, 1335 (1973 b)
Izumi, Y., Morita, H., Tani, Y., Ogata, K.: Agric. Biol. Chem. *38*, 2257 (1974)
Izumi, Y., Sato, K., Tani, Y., Ogata, K.: Agric. Biol. Chem. *39*, 175 (1975)
Kamikubo, T., Matsuura, T.: Agric. Biol. Chem. *33*, 1207 – 1209 (1969)
Karlson, P.: Kurzes Lehrbuch der Biochemie für Mediziner und Naturwissenschaftler, 9. Aufl. Stuttgart: Georg Thieme 1974
Katagiri, H., Takeda, I., Imai, K.: J. Vitaminol. *4*, 207 (1958)
Katznelson, H., Tanenbaum, S. W., Tatum, E. L.: J. Biol. Chem. *204*, 43 (1953)
Kheshgi, S., Roberts, H. R., Bucek, W.: Appl. Microbiol. *2*, 183 (1954)
Kitamura, I., Perlman, D.: Biotechnol. Bioeng. *17*, 349 – 359 (1975)
Körner, W. F., Völlm, J.: Vitamine. München: Urban & Schwarzenberg 1976
Konova, I. V., Borisova, A. I.: Mikrobiologiya *30*, 27 – 34 (1961)
Krámli, A., Vorobeva, L. I.: Mikrobiologiya *33*, 408 – 414 (1964)
Kulhánek, M.: Adv. Appl. Microbiol. *12*, 11 – 33 (1970)
Lee, T.-Ch., Rodriguez, D. B., Karasawa, I., Lee, T. H., Simpson, K. L., Chichester, C. O.: Appl. Microbiol. *30*, 988 – 993 (1975)
Liaaen-Jensen, S., Andrewes, A. G.: Annu. Rev. Microbiol. *26*, 225 – 248 (1972)
Makover, S., Ramsey, G. B., Vane, F. M., Witt, C. G., Wright, R. B.: Biotechnol. Bioeng. *17*, 1485 – 1514 (1975)
Malzahn, R. C., Phillips, R. F., Hanson, A. M.: Bacteriol. Proc. *1963*, 21
Martin, C. K. A., Perlman, D.: Eur. J. Appl. Microbiol. *3*, 91 – 95 (1976 a)
Martin, C. K. A., Perlman, D.: Biotechnol. Bioeng. *18*, 217 – 237 (1976 b)
Menon, I. A., Shemin, D.: Arch. Biochem. Biophys. *121*, 304 – 310 (1967)
Mücke, D.: Einführung in mikrobiologische Bestimmungsverfahren. Leipzig: VEB Georg Thieme 1957
Müller, J.: Zentralbl. Bakteriol. II. *120*, 349 – 378 (1966)
Nakao, Y., Suzuki, M., Kuno, M., Maejima, K.: Agric. Biol. Chem. *37*, 1223 (1973)
Nishimura, Y., Iizuka, H.: J. Agric. Chem. Soc. Jpn. *46*, 639 – 644 (1972)
Nishio, N., Kamikubo, T.: J. Ferment. Technol. *48*, 1 – 7 (1970)
Nishio, N., Hane, K., Kamikubo, T.: J. Agric. Chem. Soc. Jpn. *47*, 353 – 357 (1973)
Nishio, N., Yano, Y., Kamikubo, T.: Agric. Biol. Chem. *39*, 207 (1975)
Ogino, S., Fujimoto, S., Aoki, Y.: Agric. Biol. Chem. *38*, 275 (1974 a)

Ogino, S., Fujimoto, S., Aoki, Y.: Agric. Biol. Chem. *38*, 707 (1974 b)
Ohsugi, M., Yang, H. C., Ogata, K.: Agric. Biol. Chem. *36*, 1285 (1972)
Oki, T., Kitai, A.: Process Biochem. *9*, 31 – 32 (1974)
Perlman, D.: Adv. Appl. Microbiol. *1*, 87 – 122 (1959)
Perlman, D.: In: Primary products of metabolism. Economic microbiology. Rose, A. H. (ed.),
    Vol. 2, pp. 303 – 326. London, New York: Academic Press 1978
Pridham, T. G., Raper, K. B.: Mycologia *42*, 603 (1950)
Rajagopalan, K.: J. Appl. Bacteriol. *40*, 111 – 114 (1976)
Rapp, P.: Dissertation, Univ. Stuttgart (1968)
Rehm, H. J.: Industrielle Mikrobiologie. Berlin, Heidelberg, New York: Springer 1967
Sato, K., Shimizu, S., Fukui, S.: Agric. Biol. Chem. *35*, 333 – 337 (1971)
Schwarz, Y., Margalith, P.: Appl. Microbiol. *13*, 876 – 881 (1965)
Shaposhnikov, V. N., Konova, I. V., Lisenkova, L. I.: Mikrobiologyia *31*, 716 (1962)
Skeggs, H. R.: Dev. Ind. Microbiol. *2*, 159 – 170 (1960)
Sutter, R. P., Rafelson, M. E.: J. Bacteriol. *95*, 426 – 432 (1968)
Tanaka, A., Nagasaki, T., Inagawa, M., Fukui, S.: J. Ferment. Technol. *46*, 468, 477 (1968)
Tanaka, A., Fujii, K., Fukui, S.: J. Ferment. Technol. *47*, 297 – 302 (1969)
Tanaka, A., Fukui, S.: J. Ferment. Technol. *48*, 137 – 145 (1970)
Tanaka, A., Kato, K., Fukui, S.: J. Ferment. Technol. *49*, 778 – 791 (1971 a)
Tanaka, A., Yamada, R., Shimizu, S., Fukui, S.: J. Ferment. Technol. *49*, 792 – 802 (1971 b)
Tanaka, A., Ohya, Y., Shimizu, S., Fukui, S.: J. Ferment. Technol. *52*, 921 (1974 a)
Tanaka, A., Shimizu, S., Fukui, S.: J. Ferment. Technol. *52*, 925 – 927 (1974 b)
Toroya, T., Yongsmith, B., Honda, S., Tanaka, A., Fukui, S.: J. Ferment. Technol. *54*,
    102 – 108 (1976)
Tsuboi, T., Sekijo, C., Shoji, O.: Agric. Biol. Chem. *30*, 1238, 1243 (1966)
Tsuboi, T., Sekijo, C., Shoji, O.: Agric. Biol. Chem. *31*, 1135 (1967)
Tsukada, Y., Perlman, D.: Biotechnol. Bioeng. *14*, 799 – 810 (1972)
Vogelmann, H., Wagner, F.: Biotechnol. Bioeng. Symp. *4*, 969 (1974)
Wagner, F., Pfeiffer, H., Rapp, P.: Zentralbl. Bakteriol. Abt. I. Supplementh. *2*, 85 – 89 (1967)

Kapitel 30   Gibberelline und andere Wuchsstoffe, Farb- und Aromastoffe

I. Gibberelline

1. Allgemeines, Mikroorganismen und Chemie

Gibberelline sind Wuchsstoffe, die von Pilzen und Pflanzen gebildet werden. Gegenwärtig sind mehr als 45 Gibberelline bekannt, von denen die Gibberelline A_1, A_3, A_4 und A_7 sowohl von Pilzen als auch von Pflanzen gebildet werden, während u. a. A_2, A_{9-15}, A_{24-25} und A_{40} nur bei Pilzen gefunden wurden (Cross, 1968). Gibberellinsäure (Gibberellin A_3) hat gegenwärtig die größte technische Bedeutung, daneben werden auch A_4 und A_7 sowie Mischungen dieser beiden Gibberelline produziert.

Die pilzlichen Gibberelline werden nur durch *Gibberella fujikuroi* und dessen Nebenfruchtform *Fusarium moniliforme* gebildet. Auch für die technische Herstellung wird die genannte Art verwendet.

Gibberelline sind Diterpenoide und haben einen tetracarbocyclischen Gibban-Kern mit den Ringen A, B, C, D. Die pilzlichen Gibberelline lassen sich von drei Grundstrukturen ableiten. Formeln vgl. Rehm (1967, Kap. 23), Literatur vgl. dort und besonders Jefferys (1970).

2. Biosynthese und Regulation

Die Biosynthese der Gibberelline hängt eng mit der Biosynthese der Terpene zusammen (vgl. Lynen, 1965). Sie geht im Prinzip in vier Abschnitten vor sich (Cross, 1968; MacMillan, 1969):

1. Die Bildung der Isopentaneinheit.
2. Die Kondensation der Isopentaneinheit unter Bildung eines acyclischen Terpens (vgl. Kap. 4).
3. Die Cyclisierung der acyclischen Struktur.
4. Veränderungen der cyclischen Struktur und Aufbau des endgültigen Moleküls.

Im dritten Abschnitt cyclisiert sich das tricarbocyclische Skelett des Geranyl-geranylpyrophosphates zu den Ringen A, B und C. Möglicherweise bildet sich hier schon die Grundstruktur der Gibberelline aus (4. Abschnitt). Dabei entsteht zunächst der Phyllocladen-Ring. Dann kontrahiert sich der Ring B zum 5-C-Ring, wobei die Carboxylgruppe gebildet wird, denn das C-Atom in 9-Stellung bildet später das C-Atom der Carboxylgruppe, wie mit ^{14}C-markierten Verbindungen festgestellt werden konnte (vgl. Abb. 161).

(–)Kauren entsteht als Zwischenprodukt und wird über die (–)Kaurensäure und 7-β-Hydroxykaurensäure sowie weitere Zwischenstufen anscheinend zunächst in

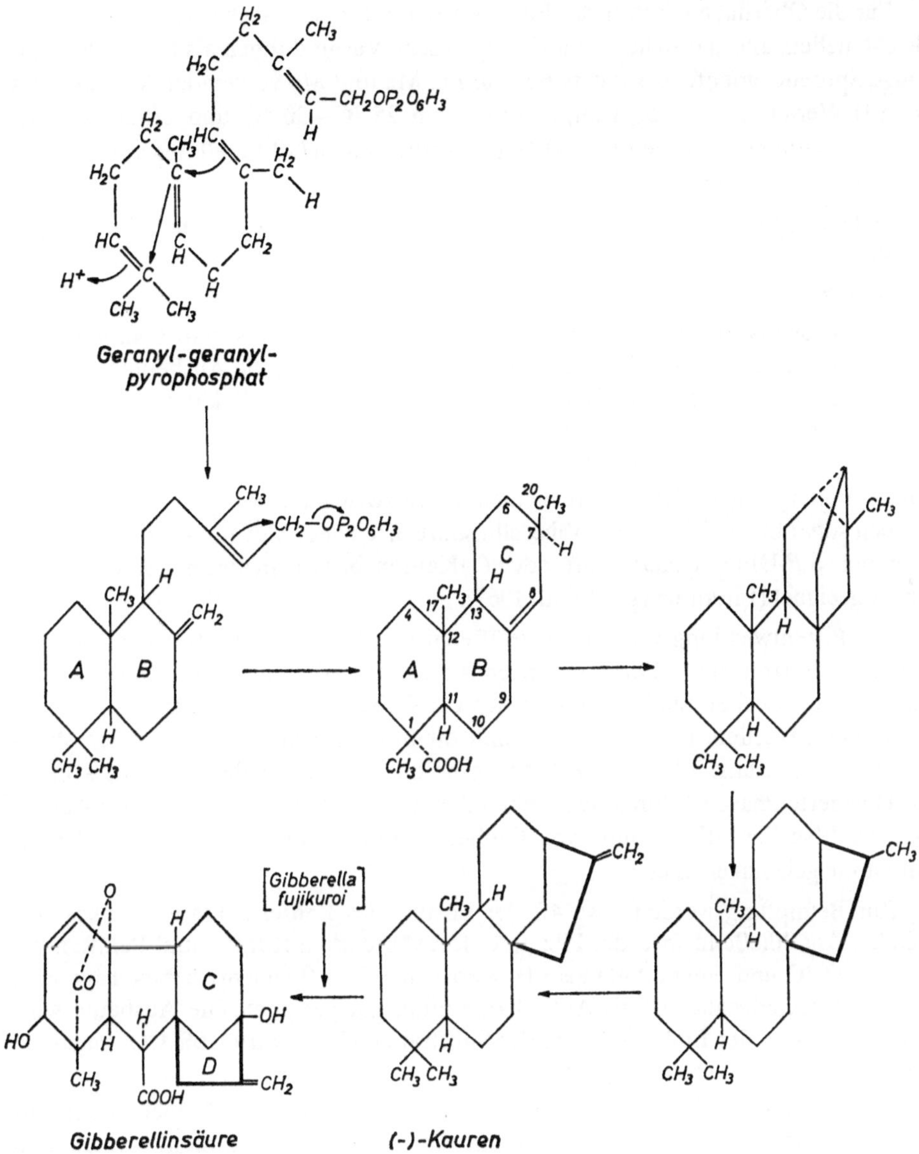

Abb. 161. Biosynthese von Gibberellinsäure aus Geranyl-geranyl-pyrophosphat. Weitere Erklärungen im Text

Gibberellin A_{14} (COOH-Gruppen in 1- und 7-Stellung), dann über Gibberellin A_1 oder A_7 in Gibberellinsäure umgesetzt (vgl. Turner, 1975).

3. Herstellungstechnik

Anfangs wurden Gibberelline nur im Oberflächenverfahren hergestellt, die Ausbeuten waren dabei gering. Erst als es gelang, Submersverfahren zu entwickeln, konnten die Ausbeuten wesentlich erhöht werden.

Für die Oberflächenkultur des Pilzes werden Glucose, Saccharose und Glycerin als C-Quellen, anorganische und auch organische Verbindungen als N-Quellen und einige Spurenelemente, besonders Fe, Cu, Zn, Mn und Mo verwendet. Man arbeitet bei pH-Werten von 3 – 5, Temperaturen von 25 °C – 30 °C und erhält je nach Wahl der Bedingungen nach 15 – 30 Tagen Ausbeuten an Gibberellinen von 40 mg/l bis 60 mg/l (Literatur vgl. Jefferys, 1970).

In Schüttelkulturen wurden höhere Ausbeuten erreicht, die sich nach 170 Std. bis 350 Std. Fermentation auf 70 mg/l bis sogar auf 880 mg/l beliefen (z. B. Darken et al., 1959).

Submersverfahren brachten erst dann gute Ausbeuten, als man erkannte, daß Gibberellinsäure ein autolytisches Produkt ist. Weiterhin ist die Ausbeute vom Verhältnis des Kohlenstoffs zum Stickstoff abhängig. Die C-Quelle kann 2% – 30% betragen, während die N-Quelle in Konzentrationen von 0,01% – 0,5% (gewöhnlich 0,08%) gegeben werden sollte, denn die Gibberellinsäure wird erst unter N-limitierten Bedingungen gebildet. Die Ausbeuten liegen zwischen 650 mg/l – 900 mg/l und können sogar bis zu 1,2 g/l an Gibberellinsäure erreichen. Mevalonsäurelacton, Isopentanol, β,β-Dimethylacrylsäure oder (–)Kauren bzw. (–)Kauranol sind als precursor geeignet (Literatur vgl. Rehm, 1967).

Die Pilzentwicklung verläuft in belüfteten und bewegten Kulturen in vier Abschnitten (Borrow et al., 1961). Im ersten Abschnitt findet ein intensives Pilzwachstum statt. Im zweiten Stadium erhöht sich der Gehalt an Kohlenhydraten und Fetten in den Mycelien. Im dritten Abschnitt bleibt die Zusammensetzung der Mycelien relativ konstant, obwohl die Glucose bereits aus dem Substrat verschwunden ist. Die vierte Phase ist durch den Abbau der Reservestoffe des Mycels, das Absterben der Mycelien, die Bildung von Gibberellinsäure und die Freisetzung der Inhaltsstoffe gekennzeichnet.

Zur Beimpfung werden etwa 4% der Lösung des Endfermentationstankes verwendet. Anschließend wird der Pilz unter fortwährendem Rühren und Belüften bei 31 °C – 32 °C und einem Anfangs-pH-Wert von 3,5 – 4,0 vier bis sieben Tage lang gezüchtet. Octadecanol ist als Antischaummittel gut geeignet. Die Ausbeute wird gesteigert, wenn der Luft, die durch das Substrat geschickt wird, 10% CO_2 zugesetzt werden (GB-Pat. 803.591, 1955).

Ammonium ist die beste N-Quelle, natürliche pflanzliche N-Quellen sind als Zusätze geeignet. Saccharose mit Zusatz von pflanzlichen Kohlenhydraten und Ölen haben sich bewährt. Die C-Quelle sollte portionsweise zugeführt werden.

Einzelheiten über die Fermentation vgl. Borrow et al. (1964); Jefferys (1970).

Als C-Quellen sind auch Rohsubstrate wie z. B. Molke (Maddox und Richert, 1977) und sogar Olivenprodukte mit Sojaöl- und Glucosezusatz – Ausbeuten 700 mg/l nach 26 Tagen; 1100 mg/l nach 40 Tagen – (Hernández und Mendoza, 1976) geeignet.

Zur Herstellung von Gibberellinsäure in kontinuierlicher Zucht muß durch eine verminderte Stickstoffkonzentration im Substrat die Entwicklungsphase des Pilzes, in der viel Gibberellinsäure gebildet wird, möglichst lange hinausgezögert werden. Dies ist für die Zeit von 21 Tagen gelungen. Das Maximum an Gibberellinsäure lag bei einer Fermentationszeit von 200 Std. (Holme und Zacharias, 1965).

Die fertige Lösung wird mit Ba(OH)$_2$ geklärt und filtriert. Die Gibberelline werden entweder mit Kationenaustauschern beim pH-Wert von 5,0 gereinigt oder mit Lösungsmitteln extrahiert (Literatur vgl. Jefferys, 1970).

Gibberelline können z. B. mit *Aspergillus ochraceus, Calonectria decora* und *Rhizopus nigricans* in verschiedenen Stellungen hydroxyliert werden (Literatur vgl. Kieslich, 1976). Eine praktische Auswertung der neuen Verbindungen ist bisher noch nicht gelungen.

4. Anwendung

Gibberellinsäure wird bei der Herstellung von Gerstenmalz (vgl. Kap. 33), in der Gärtnereitechnik sowie zur Verbesserung der Qualität von Citrusfrüchten angewandt. Der Bedarf liegt jährlich bei ca. 5 t Gibberellinsäure. Evtl. erschließt die Mischung von A$_4$/A$_7$ neue Anwendungsgebiete.

II. Weitere Wuchsstoffe

Unter Pilzen ist die Bildung von Wuchsstoffen, die den Auxinen oft gleichgesetzt werden, recht häufig. So wurden unter 30 verschiedenen Pilzen, u. a. *Trichoderma, Fusarium, Penicillium, Dicoccum, Phoma, Verticillium,* 26 Stämme mit Auxinwirkungen gefunden (Kampert und Strzelczyk, 1975). Graphinon, eine Substanz aus *Graphium* löst die Keimung von Salatsamen aus, Cotylenin und Cotylenol aus *Cladosporium* sp. fördert das Wachstum junger Blätter, Radiclonsäure aus *Penicillium* sp. fördert das Wachstum junger Wurzeln (Sassa, 1975). In anderen Untersuchungen wurden 200 Mikroorganismen insbesondere mycelbildende Pilze, isoliert, deren Kulturfiltrate einen positiven Avena-test ergeben (Vyas und Jain, 1973). Z. T. sind derartige Wuchsstoffe aus Pilzen (Strzelczyk und Pokojska, 1976) oder sogar aus *Azotobacter*-Arten (Azcón und Barea, 1975) den Gibberellinen ähnlich.

In vielen Fällen bilden Mykorrhizapilze (Strzelczyk et al., 1977) oder andere Pilze und Bakterien, die aus der Nähe von Pflanzenwurzeln isoliert worden waren (Kampert et al., 1975) besonders große Mengen an Wuchsstoffen.

Vielleicht gelingt es auch in absehbarer Zeit, Pheromone („chemische Botenstoffe") (vgl. Bestmann, 1978) mit Mikroorganismen herzustellen.

III. Farbstoffe

Gegenwärtig sind Farbstoffe aus Mikroorganismen als Lebensmittelfarbstoffe und z. T. wegen ihrer pharmakologischen Wirkung interessant. Besonders die Phenazine lassen sich z. T. gut mit Mikroorganismen herstellen und werden immer wieder zur Anwendung empfohlen (vgl. Ingram und Blackwood, 1970).

Hierzu gehören vor allem die Pyocyanine aus *Pseudomonas aeruginosa* (vgl. MacDonald, 1967), die Chlororaphine aus *Bacillus chlororaphis* und *Pseudomonas aeruginosa* (Literatur vgl. Ingram und Blackwood, 1970), Phenazin-1-carboxylsäure aus *P. aeruginosa* (Chang und Blackwood, 1969), Iodinin aus *Chromobacterium iodinum* (*Pseudomonas iodinum*) sowie eine Reihe anderer Phenazinfarbstoffe, besonders aus *Pseudomonas*-Arten (Literatur vgl. Ingram und Blackwood, 1970). Carotinoide vgl. Kap. 29.

Prodigiosin wird von *Serratia marcescens* gebildet (Williams, 1973), Prodiginine (prodigiosin-ähnliche Substanzen) können mit *Streptomyces*- und *Streptoverticillium*-Arten produziert werden (Gerber und Lechevalier, 1976).

Für diese und viele nicht genannte mikrobielle Pigmente existieren Fermentationsverfahren, die dann angewandt werden können, wenn sich eine wirtschaftliche Bedeutung der Farbstoffe ergibt.

IV. Mikrobielle Aromastoffe

In Kap. 22 und 23 wurde bereits die aromahebende Wirkung der Glutaminsäure und der 5'-Nucleotide erwähnt.

In vielen anderen Arbeiten ist versucht worden, mikrobielle Aromastoffe zu identifizieren und zu isolieren mit dem Ziel, sie fermentativ als Aromasubstanzen für Lebensmittel oder Parfums zu erzeugen. Gegenwärtig kennt man eine große Anzahl von Substanzen, die durch Mikroorganismen – zumeist in Lebensmitteln – mit einer Aromawirkung gebildet werden. Eine sehr gute Übersicht und Auflistung vgl. Margalith und Schwartz (1970). Hefen als Aromabildner vgl. Suomalainen und Lehtonen (1978).

Nach Erkennung wichtiger aromabildender Substanzen in Lebensmitteln hat man folgerichtig die Ursachen untersucht. Von mikrobiologischer Seite sind hierfür einmal enzymatische Vorgänge durch Mikroorganismen, die das Lebensmittel kontaminiert haben, oder Mikroorganismen, die man als Starterkulturen (vgl. Kap. 11) zugesetzt hat, verantwortlich (vgl. Shahani et al., 1976). Die Bildung von Aromastoffen in italienischem Hartkäse vgl. Huang und Dooley (1976), in Roquefort-Käse vgl. Kinsella und Hwang (1976). Über Faktoren, die eine Aromabildung in Submerskulturen beeinflussen, vgl. Litchfield (1970), eine Übersicht über Aromabildung vgl. Salo et al. (1976). *Ceratocystis moniliformis* bildet in künstlicher Kultur ein „Bananenaroma" und „Pfirsich"- sowie „Citrus"-Aroma (Lanza et al., 1976).

Ob es zu einer ausgedehnten technischen Produktion von mikrobiellen Aromastoffen kommen wird, ist wegen der Komplexität der gebildeten Substanzmischungen, die zur Aromabildung notwendig sind, nicht abzusehen. Gegenwärtig wird ein sog. „Bluecheese flavor"-Präparat mikrobiologisch produziert. Weitere Aromastoffe aus Mikroorganismen in Lebensmitteln wurden von Seitz (1978) beschrieben.

Literatur

Azcón, R., Barea, J. M.: Plant Soil *43*, 609–619 (1975)
Bestmann, H. J.: Forschung aktuell, Biotechnologie. S. 128–134. Frankfurt: Umschau 1978
Borrow, A., Jefferys, E. G., Kessell, R. H. J., Lloyd, E. C., Lloyd, P. B., Nixon, I. S.: Can. J. Microbiol. *7*, 227 (1961)

Borrow, A., Brown, S., Jefferys, E. G., Kessell, R. H. J., Lloyd, E. C., Lloyd, P. B., Rothwell, A., Rothwell, B., Swait, J. C.: Can. J. Microbiol. *10*, 407 – 444, 445 – 466 (1964)

Chang, P. C., Blackwood, A. C.: Can. J. Microbiol. *15*, 439 – 444 (1969)

Cross, B. E.: In: Progress in phytochemistry. Reinhold, L., Liwschitz, Y. (eds.), pp. 195 – 222. New York: Wiley Interscience 1968

Darken, M. A., Jensen, A. L., Shu, P.: Appl. Microbiol. *7*, 301 – 303 (1959)

Gerber, N. N., Lechevalier, M. P.: Can. J. Microbiol. *22*, 658 – 667 (1976)

Hernández, E., Mendoza, D.: Rev. Agroquim. Tecnol. Aliment. *16*, 357 – 366 (1976)

Holme, T., Zacharias, B.: Biotechnol. Bioeng. *7*, 405 – 415 (1965)

Huang, H. T., Dooley, J. G.: Biotechnol. Bioeng. *18*, 909 – 919 (1976)

Ingram, J. M., Blackwood, A. C.: Adv. Appl. Microbiol. *13*, 267 – 282 (1970)

Jefferys, E. G.: Adv. Appl. Microbiol. *13*, 283 – 316 (1970)

Kampert, M., Strzelczyk, E.: Acta Microbiol. Pol. Ser. B *7*, 223 – 230 (1975)

Kampert, M., Strzelczyk, E., Pokojska, A.: Acta Microbiol. Pol. Ser. B *7*, 157 – 166 (1975)

Kieslich, K.: Microbial transformations. Stuttgart: Georg Thieme 1976

Kinsella, J. E., Hwang, D.: Biotechnol. Bioeng. *18*, 927 – 938 (1976)

Lanza, E., Ko, K. H., Palmer, J. K.: J. Agric. Food Chem. *24*, 1247 – 1250 (1976)

Litchfield, J. H.: Dev. Ind. Microbiol. *11*, 341 – 349 (1970)

Lynen, F.: Angew. Chem. *77*, 929 – 944 (1965)

MacDonald, J. C.: In: Antibiotics II. Gottlieb, D., Shaw, P. D. (eds.), p. 52. Berlin, Heidelberg, New York: Springer 1967

MacMillan, J.: Personal preview from "Gibberellins, their action and chemistry". London, New York: Academic Press 1969

Maddox, I. S., Richert, S. H.: Appl. Environ. Microbiol. *33*, 201 – 202 (1977)

Margalith, P., Schwartz, Y.: Adv. Appl. Microbiol. *12*, 35 – 88 (1970)

Rehm, H. J.: Industrielle Mikrobiologie. Berlin, Heidelberg, New York: Springer 1967

Salo, P., Lehtonen, M., Suomalainen, H.: Proc. 4th Nordic Symp. Sensory Propert. Foods, Skövde, pp. 87 – 108. 1976

Sassa, T.: J. Agric. Chem. Soc. *49*, 35 – 42 (1975)

Seitz, E. W.: 5th Int. Ferment. Symp. Abstr. p. 365. Berlin 1978

Shahani, K. M., Arnold, R. G., Kilara, A., Dwivedi, B. K.: Biotechnol. Bioeng. *18*, 891 – 907 (1976)

Strzelczyk, E., Pokojska, A.: Bull. Acad. Pol. Sci. Ser. Sci. Biol. *24*, 539 – 544 (1976)

Strzelczyk, E., Sitek, J. M., Kowalski, S.: Acta Microbiol. Pol. *26*, 255 – 264 (1977)

Suomalainen, H., Lehtonen, M.: Dechema Monographien. Biotechnology. Vol. 82, pp. 207 – 220. Weinheim, New York: Chemie 1978

Turner, W. B.: In: The filamentous fungi. Smith, J. E., Berry, D. R. (eds.), pp. 122 – 139. London: Edward Arnold 1975

Vyas, K. M., Jain, S. K.: Hind. Antibiot. Bull. *16*, 20 – 21 (1973)

Williams, R. P.: Appl. Microbiol. *25*, pp. 396 – 402 (1973)

Kapitel 31 Mutterkornalkaloide und weitere pharmakologisch aktive Substanzen

Im vergangenen Jahrzehnt ist es gelungen, aus Mikroorganismen eine große Anzahl pharmakologisch aktiver Substanzen zu isolieren. Einige wichtige werden hier angeführt. Weiterhin gibt es viele Versuche, eine Reihe aus Pflanzen produzierter Alkaloide oder sonstiger pharmakologisch wichtiger Pflanzeninhaltsstoffe mit Hilfe pflanzlicher Zellkulturen zu gewinnen. Bisher haben diese Versuche mit pflanzlichen Zellkulturen allerdings noch nicht den erwarteten Erfolg gebracht (vgl. Kap. 37).

I. Mutterkornalkaloide

1. Allgemeines und Mikroorganismen

Seit Jahrhunderten wendet man Extrakte der dunkelpurpurfarbenen Sklerotien des Pilzes *Claviceps purpurea* zur Behandlung von Blutungen an. Die Sklerotien bilden sich in Roggenähren an den Stellen, an denen sich normalerweise ein Getreidekorn entwickelt (Mutterkorn). Die Sklerotien gelangten in früheren Zeiten häufig über das Mehl in das Brot. Der Genuß eines stark mit Mutterkorn verseuchten Brotes führte zur endemischen Erkrankung großer Bevölkerungsteile. Diese unter dem Namen Ergotismus bekannte Vergiftung kann auch heute noch in Gegenden, in denen keine genügende Reinigung des Roggens vorgenommen wird, auftreten. Sie äußert sich in Erbrechen, Muskelschwäche, Schwindel und in besonders schweren Fällen in Delirien und Koma, das zum Tode führen kann. Ursache des Ergotismus ist ein Gemisch aus Mutterkornalkaloiden, die von verschiedenen *Claviceps*-Arten gebildet werden.

Zusammenfassende Literatur über Mutterkornalkaloide vgl. Rehm (1967), Kelleher (1969), Mantle (1975), über die Biosynthese vgl. Turner (1971), über die Chemie vgl. Manske (1965, 1968), Vining (1973), Bérde et al. (1978), über die Biologie vgl. Esser (1976).

Claviceps-Arten sind Pyrenomycetales (Kernpilze), eine Ordnung der Ascomycetes (Schlauchpilze) (vgl. Kap. 1). Pyrenomycetales bilden flaschen- bis kugelförmige Perithecien. Bei den Clavicepitales werden lange und zarte Asci gebildet. Die Mutterkorn-bildenden *Claviceps*-Arten leben auf Grasarten parasitisch.

Der Pilz infiziert mit Ascosporen die Narben von Gramineen, z. B. die des Roggens. Das Mycel keimt aus und wächst in den Fruchtknoten, der intracellulär von den Pilzhyphen völlig durchwuchert wird. Es bildet sich ein schmutzig weißes, kavernöses Mycelgeflecht mit sehr vielen Conidien. Gleichzeitig wird eine zuckerhalti-

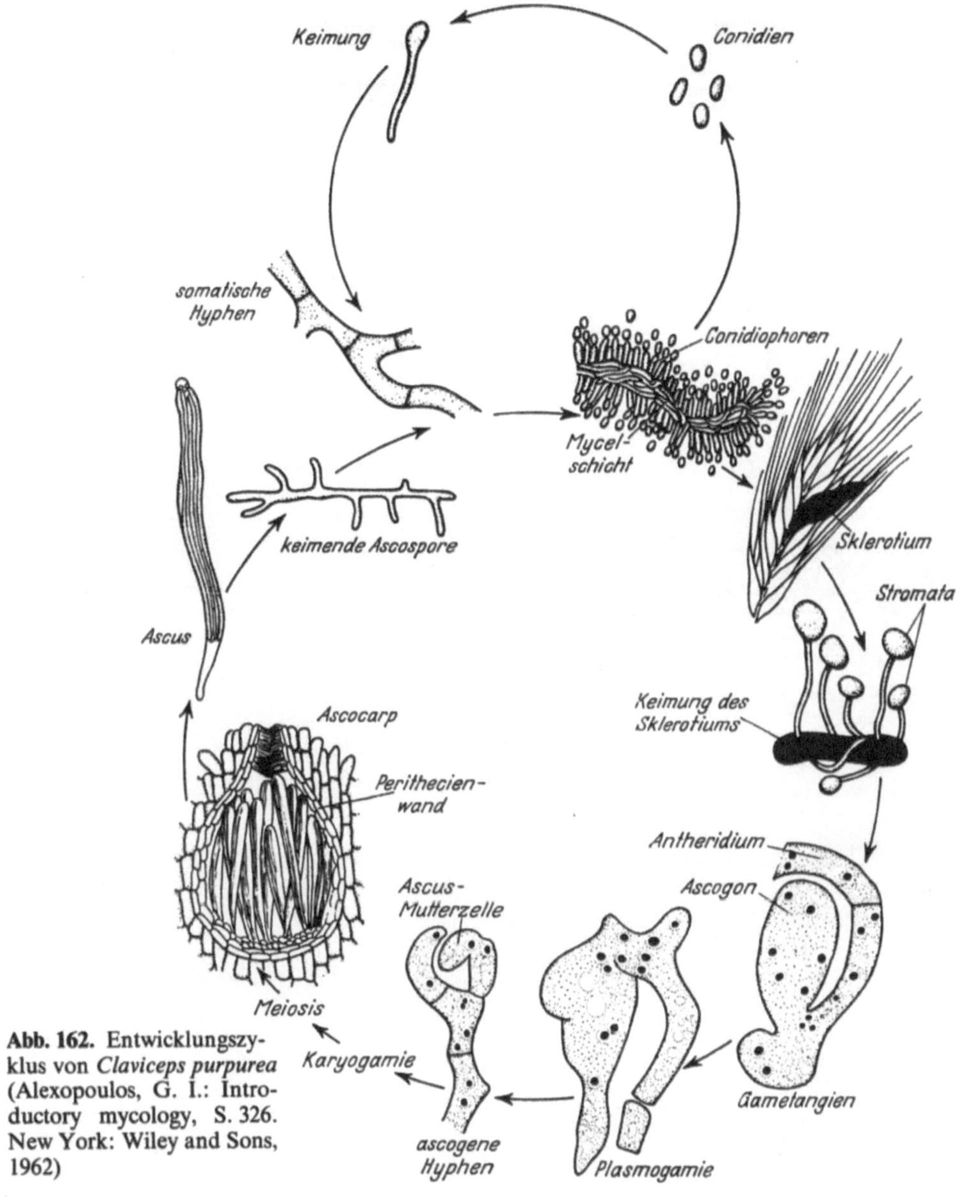

Abb. 162. Entwicklungszyklus von *Claviceps purpurea* (Alexopoulos, G. I.: Introductory mycology, S. 326. New York: Wiley and Sons, 1962)

ge Flüssigkeit, der sog. Honigtau, abgesondert. Dieser lockt Insekten an, die die Conidien auf andere Blüten übertragen und diese somit infizieren.

Nachdem das Fruchtknotengewebe vom Pilz aufgezehrt worden ist, wird die Conidienbildung beendet. Das Mycel bildet dann ein festes, knolliges Hyphengewebe aus verwachsenem Pseudoparenchym, das sog. Sklerotium. Durch starkes interkalares Wachstum vergrößert sich das Sklerotium so, daß es aus der Ähre herausragt. Es ist das *Secale cornutum* oder Mutterkorn, das zur Alkaloidextraktion verwendet wird.

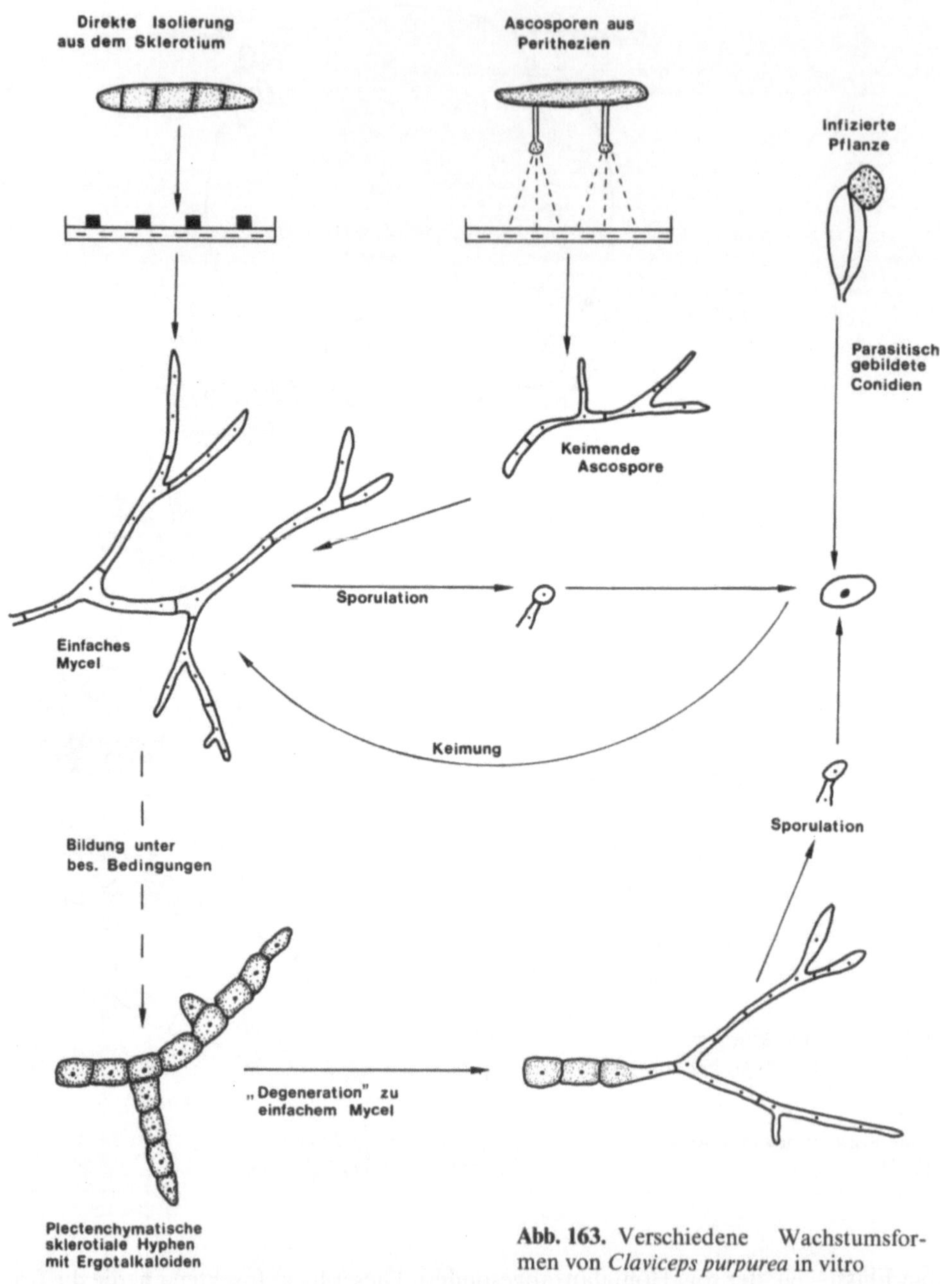

Abb. 163. Verschiedene Wachstumsformen von *Claviceps purpurea* in vitro

Die oberflächlich schwarz-violetten Sklerotien fallen zu Boden und überwintern dort. Im nächsten Frühjahr, zur Zeit der Roggenblüte, wachsen fertile Hyphenbündel aus den Sklerotien heraus, an deren Enden sich zahlreiche langgestielte Köpfchen entwickeln. Sie werden als Stromata bezeichnet. In diesen liegen die zahlreichen Perithecien mit den Asci, in denen jeweils acht lange, dünne Ascosporen gebildet werden, die durch den Wind auf die Narben der Gräser gelangen. Die Abb. 162 zeigt die Entwicklung von *C. purpurea*.

Die *Claviceps*-Arten lassen sich auch nicht-parasitisch in Oberflächen- und Submerskultur züchten. Dabei werden keine echten Sklerotien, sondern andere morphologische Formen gebildet (vgl. Abb. 163).

Die Alkaloidbildung ist je nach Art, Stamm und Kultivierungsart sehr unterschiedlich. Das Problem guter Ausbeuten von Mutterkornalkaloiden in Submerskultur von *Claviceps* ist noch nicht gelöst.

Die folgende Zusammenstellung gibt eine Übersicht über verschiedene Typen von *Claviceps* (Abe und Yamatodani, 1964) und ihre Alkaloidbildung in nicht-parasitischer Kultur:

Agropyron-Typ: Die Stämme wurden von *Agropyron semicostatum, A. ciliare* und anderen *Agropyron*-Arten isoliert, sie sollten zu *Claviceps pupurea* gehören, dies wird jedoch auch stark bezweifelt. Es wird von ihnen besonders viel Agroclavin neben Festuclavin und sehr geringen Mengen an Pyroclavin, Isosetoclavin, Costaclavin und Secaclavin gebildet.

Elymus-Typ: Es handelt sich hierbei um Stämme, die auf *Elymus mollis* parasitieren. *Claviceps litoralis* ist für diesen Typ repräsentativ. Stämme dieses Typs bilden sehr viel Ergocryptinin neben größeren Mengen an Agroclavin, Ergocryptin und Ergoclavin (Ergosin und Ergosinin). Weiterhin werden geringe Mengen an Elymoclavin, Triseclavin, Penniclavin, Secaclavin sowie Molliclavin, Lysergol, Lysergen, Costaclavin u. a. produziert.

Pennisetum-Typ: Diese Stämme wurden von *Pennisetum typhoideum* isoliert und werden als *Claviceps microcephala* bestimmt. Sie bilden große Mengen an Elymoclavin und Agroclavin, daneben kleine Mengen an Setoclavin, Isosetoclavin und Penniclavin. Außerdem werden Isopenniclavin und Chanoclavin produziert.

Paspalum-Typ: Parasiten auf *Paspalum distichum* mit der Artbezeichnung *Claviceps paspali.* Von einem Stamm aus Portugal wurden besonders D-Lysergsäure-methyl-carbinolamid und seine Isomere neben geringen Mengen an Ergin und Isoergin produziert. Dieser Stamm ist für die Herstellung besonders bedeutungsvoll.

Secale-Typ: Ein Stamm von *C. purpurea,* der von *Secale cereale* isoliert worden war, bildete in saprophytischer Kultur bevorzugt Alkaloide vom Peptidtyp. Es wurden größere Mengen an Ergometrin, Ergometrinin, Agroclavin und Ergosecalinin neben etwas Secaclavin gebildet.

In parasitischer Kultur hat *C. purpurea* als Bildner von Alkaloiden der Ergotoxin- und Ergotamin-Gruppe die größte Bedeutung. Es werden Mengen von 0,1 % – 0,5 % gebildet.

Die Art *Sphacelia sorghi,* von der Dihydroergosin in Ausbeuten von 0,3 % gebildet wird (Mantle und Waight, 1968), kann möglicherweise zu *Claviceps* gestellt werden.

2. Chemie, Biosynthese und Regulation

Mutterkornalkaloide aus Sklerotien von *Claviceps purpurea* lassen sich in drei Gruppen einteilen:

1. Ergotamin-Gruppe mit: Ergotamin, Ergotaminin, Ergosin, Ergosinin.

2. Ergotoxin-Gruppe mit: Ergocristin, Ergocristinin, Ergocryptin, Ergocryptinin, Ergocornin, Ergocorninin.

3. Ergobasin-Gruppe mit: Ergobasin, Ergobasinin.

Die Mutterkornalkaloide lassen sich durch Hydrolyse in einen sauren und einen basischen Teil spalten. Der saure Anteil ist allen drei Gruppen, auch der Ergobasin-Gruppe, die sich von den anderen beiden Gruppen durch ein wesentlich niedrigeres Molekulargewicht unterscheidet, zu eigen. Es ist dies die D-Lysergsäure und bei linksdrehenden Alkaloiden die D-Isolysergsäure. Lysergsäure hat die folgende chemische Struktur (Literatur vgl. Bérde et al., 1978).

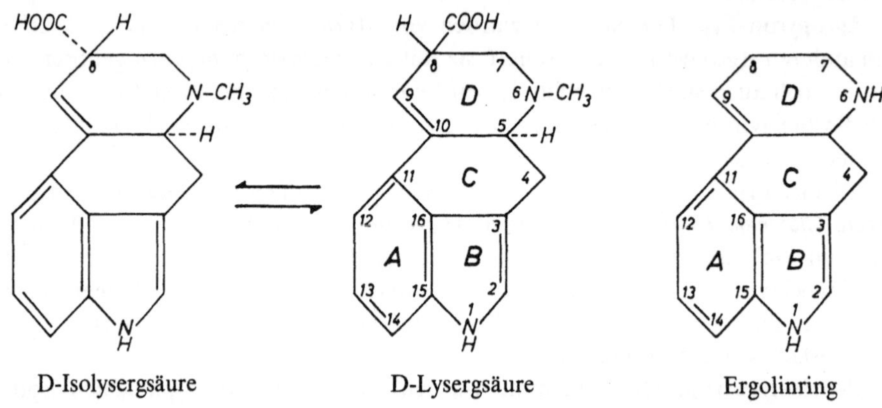

D-Isolysergsäure   D-Lysergsäure   Ergolinring

In saprophytischer Kultur werden Moleküle mit einem Ergolinringsystem der angegebenen Struktur (b) gebildet, die in Sklerotien nicht oder nur wenig vorkommen. Substanzen mit der Ergolin-Grundstruktur werden als Clavine bezeichnet.

Der basische Anteil ist von Alkaloid zu Alkaloid verschieden. Die Basen der Ergotamin- und der Ergotoxin-Gruppe sind unterschiedliche Peptide. Beim Ergobasin ist die Base ein Aminoalkohol. Die Clavine enthalten keine Peptidkomponente (Formeln vgl. Rehm, 1967; besonders aber Vining, 1973).

Das Lysergsäurediäthylamid (LSD) hat eine starke halluzinogene Wirkung. Es wird leicht aus Lysergsäure synthetisiert, kommt in der Natur aber nicht in *Claviceps*-Sklerotien vor. Es ist in den Pflanzen *Ipomea tricolor* und *Rivea corymbosa* enthalten.

Die Biosynthese der Ergotalkaloide (vgl. Voigt, 1968; Turner, 1971) geht vom Tryptophan aus. 4-Dimethylallyltryptophan wird als Zwischenprodukt bei *Claviceps* synthetisiert (Robbers und Floss, 1968). Die weiteren Syntheseschritte vgl. Abb. 164 (Turner, 1971).

Die biogenetischen Zusämmenhänge einer Reihe von Tryptophanabkömmlingen zeigt ein von Vining (1973) zusammengestelltes Schema (Abb. 165).

Die Regulation der Alkaloidbildung ist noch nicht vollständig geklärt. Da Glucose die Bildung von Lysergsäureprodukten bei *Claviceps paspali* stark hemmt, verwendet man andere C-Quellen, z. B. Mannit (Tonolo, 1966) u. a. Polyole oder Succinat und andere organische Säuren.

Tryptophan fördert dann die Bildung der Ergotalkaloide in *Claviceps paspali*, wenn die Anthranilatsynthase in den Pilzen gegen eine Endprodukthemmung

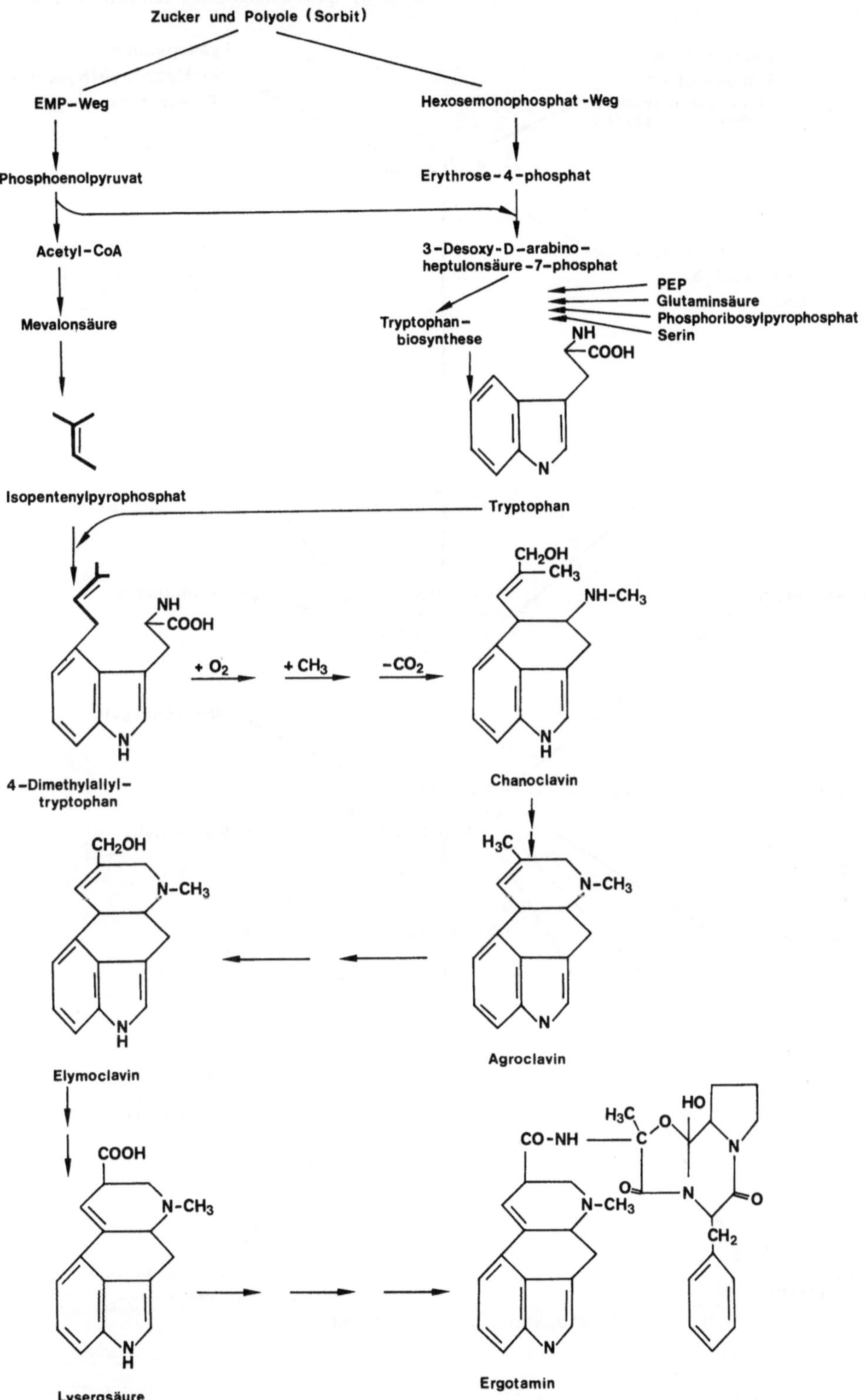

Abb. 164. Biosynthese von Mutterkornalkaloiden durch *Claviceps purpurea* (nach Turner, 1971)

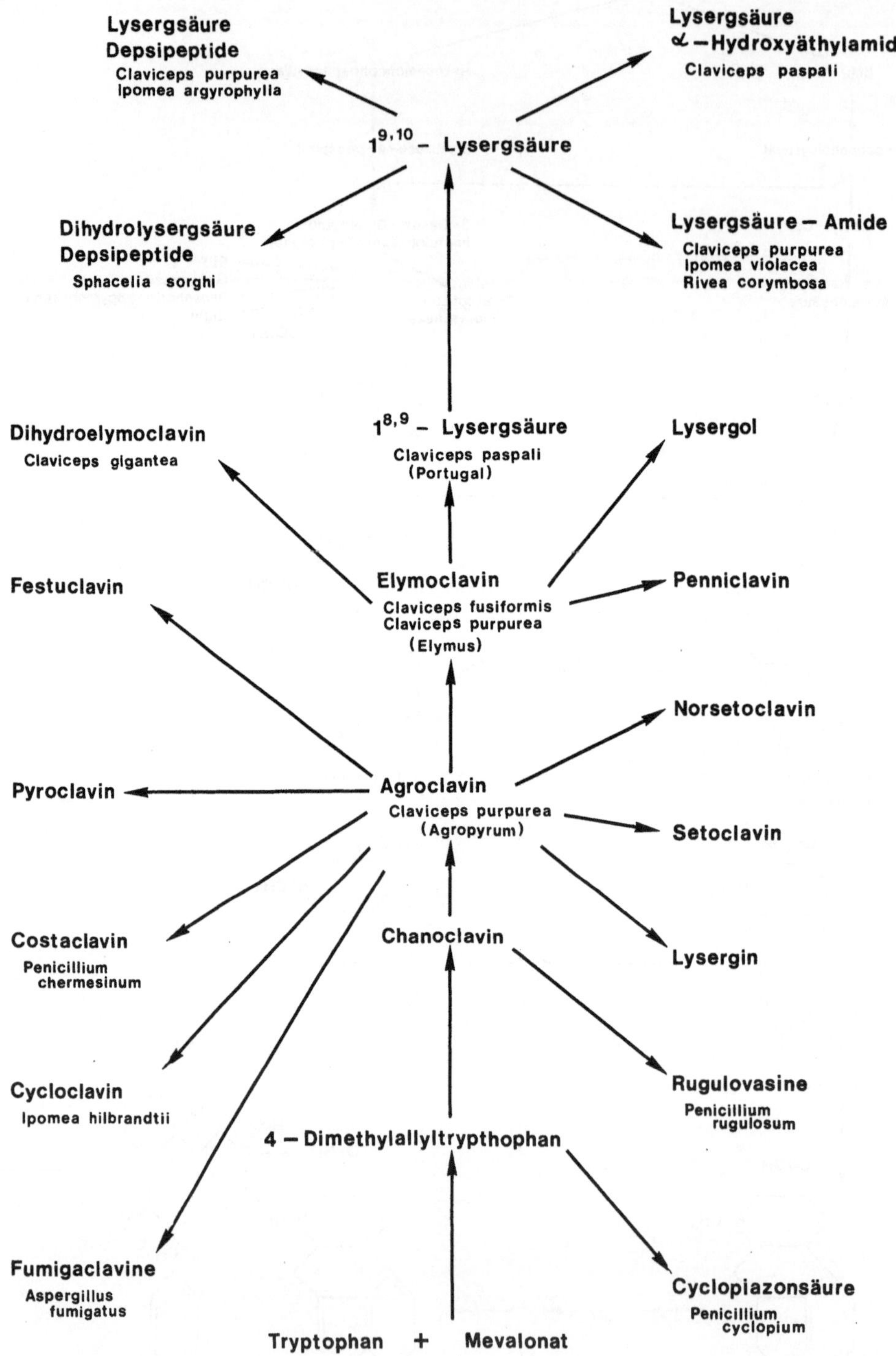

Abb. 165. Biogenetische Beziehungen einiger Mutterkornalkaloide (nach Vining, 1973)

durch Tryptophan resistent ist. DL-Mevalonsäure scheint kein precursor zu sein (Vining und Nair, 1966).

Die Produktionsphase der Alkaloide hängt eng mit dem Aminosäurestoffwechsel zusammen. Zu Beginn sinkt die Konzentration freien Lysins ab, auch Prolin vermindert sich in dem Maße, in dem Alkaloide bei *C. purpurea* gebildet werden (Kybal et al., 1976). Dies hängt sicherlich mit dem Einbau dieser Aminosäuren in Ergokryptin und Ergokryptinin zusammen (Ohashi et al., 1972).

3. Herstellungstechnik

a) Parasitische Herstellung. Wenn auch in den letzten Jahren eine nicht-parasitische Herstellung von Lysergsäurederivaten, zumeist mit *Claviceps paspali,* technisch durchgeführt wird, so ist die parasitische Herstellung immer noch nicht ganz aufgegeben worden.

Hierzu werden im Laboratorium große Mengen an Conidien von besonders aktiven Stämmen gezüchtet, mit denen im Freiland Roggenblüten infiziert werden, so daß sich viele Sklerotien von hochaktiven *Claviceps*-Stämmen bilden.

Zur Herstellung von Conidien in submerser Kultur werden meistens kleine Fermenter (1000 l oder 5000 l) verwendet. Als Substrate sind Malz- und Cornsteep-Lösungen mit Zusätzen von Nährsalzen geeignet. Die Fermentation, die vor allem anfangs unter starker Belüftung vor sich gehen muß, dauert bis zu zehn Tagen. Durch Zusatz von 0,25% Sonnenblumenöl zum Nährsubstrat soll eine Conidienbildung von $5 \cdot 10^8 - 8 \cdot 10^8$ Sporen/ml erreicht werden (Ung. Pat. 152.871, 1966). Mit den Conidien werden Suspensionen hergestellt, mit denen die blühenden Roggenpflanzen zumeist durch Übersprühen beimpft werden.

Bei der Beimpfung handelt es sich um eine Initialinfektion. In den künstlich infizierten Fruchtknoten werden viele neue Conidien gebildet, die eine Infektion weiterer Roggenblüten vornehmen. Roggen ist als Gastpflanze sehr gut geeignet, weil er während einer relativ langen Zeit blüht und in dieser Zeit infiziert werden kann. Bei geeignetem Wetter lassen sich von einem Hektar Roggen 200 kg – 500 kg Mutterkörner ernten. Mit einer perennierenden Roggenzüchtung wurden sogar 698,3 kg/ha erzeugt (Snejd, 1974).

b) Saprophytische Herstellung. Für eine erfolgreiche Submerszüchtung bestehen die folgenden Notwendigkeiten:

1. Gewinnung großer Zellmassen mit sklerotienartigem Mycel.
2. Hohe Sterilität wegen der langen Kulturdauer von ein bis drei Wochen.
3. Wegen der Empfindlichkeit der Mycelien muß bereits feinverteilte Luft eingeblasen werden, und es darf nicht mit Schikanen gerührt werden.
4. Keine Unterbrechung der Luftzufuhr, da bereits nach einigen Minuten O_2-Abwesenheit irreversible Schädigungen des Pilzes eintreten.
5. Erzeugung genetisch stabiler Mutanten (vgl. Spalla et al., 1969).
6. Sorgfältige Substratzusammensetzung, denn häufig werden bereits Antischaummittel von den Stämmen nicht vertragen.

Die technische nicht-parasitische Herstellung war erst durch die Isolierung eines Stammes von *C. paspali* möglich geworden. Dieser Stamm bildete nach vielen Selektionen, die meistens mit Hyphenfragmenten vorgenommen wurden, bis zu 5 mg/ml an D-Lysergsäuremethylcarbinolamid (Literatur vgl. Mantle, 1975). Hieraus lassen sich auf chemischem Wege Ergotamin u. a. Peptidalkaloide synthetisieren (Stadler et al., 1969).

Die Fermentation dauert acht bis zehn Tage in einem halbsynthetischen Medium mit ca. 5% – 10% Mannit als C-Quelle oder auch Succinat als Zusatz sowie NH_4^+ als N-Quelle (Kobel et al., 1964).

Claviceps fusiformis ist möglicherweise auch gut zur Alkaloidbildung geeignet, bildet jedoch ein $\beta(1 \to 3)$Glucan als Nebenprodukt in Submerskultur, das sich für die Aufarbeitung als äußerst störend erwiesen hat. Bei einem Stamm aus Senegal wird bei Auftreten der sklerotienähnlichen Zellen in einem späten Wachstumsstadium auch eine $\beta(1 \to 3)$Glucanase und eine β-Glucosidase synthetisiert, die dieses Polysaccharid wieder abbauen (Szczyrbak, 1972). Im 400 l-Ansatz wurden bei pH-Werten von 5,0 ca. 4 mg/ml und in zweistufigen Verfahren (jeweils drei Tage) bis zu 6 mg/ml Agroclavin gebildet (Mantle und Szczyrbak, 1972).

Die submerse Kultivierung von *C. purpurea* mit ausreichenden Ausbeuten ist immer noch sehr schwierig. Ein nicht sporulierender Stamm bildete in Sklerotien-ähnlichen Zellen, die reich an Ölen, z. B. Ricinolensäure, waren, > 1 mg Alkaloide/ml, ließ sich aber nicht in seiner Ausbeute vermehren (Mantle et al., 1969; Arcamone et al., 1970). Die Konzentration an anorganischem Phosphat spielt anscheinend eine besondere Rolle.

Neuerdings wurden 1,2 g/ml einer Mischung von Peptidalkaloiden (30% davon waren β-Ergocryptin) mit *C. purpurea* in Submerskultur erzeugt (Bianchi et al., 1976).

Da die Alkaloide in den parasitischen Kulturen nur in den Sklerotien gebildet werden, sollten Wirt- $\longleftrightarrow$ Parasit-Beziehungen genau studiert werden. So ist Saccharose die C-Quelle bei parasitischen Kulturen (Bassett et al., 1972) und mit Hilfe einer β-D-Fructofuranosidase (Dickerson, 1972) wird sie verwertet. Viele andere Faktoren sind noch unbekannt (Corbett et al., 1974).

Heterokaryosis ist ein Charakteristikum von Stämmen, die in vitro hohe Ausbeuten an Alkaloiden ergeben (Spalla et al., 1969). Dies steht in Gegensatz zu Stämmen von *C. fusiformis* (Banks et al., 1974). *Sphacelia sorghi* bildet gute Ausbeuten an Dihydroergosin (Mantle und Waight, 1968). Es wurden 0,5 g/l nach 20 Tagen in Oberflächenkultur auf Saccharose, Asparagin, Mineralsalzmedium gebildet (Mantle, 1973).

Die Alkaloide werden mit organischen Lösungsmitteln (Benzol, Äther u. a.) aus den Sklerotien und Mycelien oder im Gegenstrom aus Kulturfiltraten extrahiert.

Verschiedene Ergot-Alkaloide lassen sich mikrobiologisch oxidieren. Agroclavin kann mit *Aspergillus, Penicillium* und *Claviceps* in Elymoclavin umgesetzt werden (Abe et al., 1967). Gegenwärtig besteht für solche mikrobiellen Umwandlungen jedoch noch keine praktische Anwendung (vgl. Vining, 1969; Kieslich, 1976).

Zur Zeit werden Lysergsäure, Paspalsäure, Ergotamin, Ergometrin, Ergocryptin, Ergocristin und Ergocornin mit Hilfe mikrobiologischer Verfahren produziert (vgl. Perlman, 1977).

4. Anwendung

Seit Jahrhunderten werden Mutterkornalkaloide wegen ihrer kontrahierenden Wirkung auf die Gebärmutter zur Verhinderung von Blutungen nach der Geburt angewandt. Ergobasin wirkt stärker als das Ergotamin, das aber eine nachhaltigere Wirkung hat.

Weiterhin haben die Alkaloide der Peptid-Gruppe einen hemmenden Einfluß auf das sympathische Nervensystem. Gegen Adrenalin wird dadurch ein antagonistischer Effekt ausgelöst. Manche Alkaloide haben eine Wirkung auf die Psyche des Menschen, z. B. das synthetische Lysergsäurediäthylamid, das in geringen Konzentrationen Farbenvisionen und Halluzinationen hervorruft.

Aus den geschilderten pharmakologischen Wirkungen ergibt sich die Anwendung der Mutterkornalkaloide. Klinische Anwendungsgebiete sind u. a.:

1. Geburtshilfe. Zur Unterbindung der bereits erwähnten Blutungen.
2. Sympathikolytische Wirkung. Zur Beeinflussung einer Reihe von sympathikotonen Zuständen. Hier wird besonders das Ergotamin angewandt.
3. Bekämpfung der Migräne. Mit Ergotamin kupiert man den beginnenden Anfall in fast 90% der Fälle durch Herabsetzung des Serotoninspiegels.
4. Blutdrucksenkung. Die Dihydro-Derivate der Ergotoxin-Gruppe wirken durch Erweiterung der peripheren Gefäße zentral blutdrucksenkend.

Einzelheiten vgl. Aellig und Berde (1969) sowie Mantle (1975).

II. Psilocybin und Psilocin und andere Psychopharmaka

Die Indianer des alten Mexico verwandten und verwenden z. T. auch heute noch gewisse Pilze und deren Inhaltsstoffe für religiöse Kulthandlungen. Es werden dabei die Eigenschaften dieser Pilze, bestimmte psychische Veränderungen, besonders Halluzinationen, hervorzurufen, ausgenutzt.

Die meisten Pilze mit einer halluzinatorischen Wirkung gehören zu der Gattung *Psilocybe* der Caerulescentes (Singer und Smith, 1958). Aber auch Basidiomyceten wie z. B. *Panaeolus, Copelandia* und *Russula* enthalten halluzinatorische Substanzen (Singer, 1960). Die bisher bekanntesten Substanzen dieser Art sind das Psilocybin und das Psilocin. Beide kommen zusammen in den Fruchtkörpern von *Psilocybe cubensis, P. caerulescens var. azatecorum, P. semperviva, P. zapotecorum, P. aztecorum* und *P. mexicana* vor.

Die Biosynthese geht vom Tryptophan aus, wobei sowohl D- als auch L-Tryptophan als precursor gelten können (Brack et al., 1961). Der wesentliche Schritt bei der Biosynthese ist die Hydroxylierung in 4-Stellung.

Psilocin

Psilocybin

Die Herstellung erfolgt im allgemeinen auf chemischem Wege (Hofmann et al., 1959); aber auch eine mikrobiologische Herstellung ist möglich. Fruchtkörper und gelegentlich echte Sklerotien lassen sich durch Zucht der Pilze auf Weizenstroh, Maisstengeln und Blättern, die mit Mycelien beimpft worden waren, erhalten. Fruchtkörper bilden sich etwa nach vier bis fünf Wochen und enthalten die erwähnten Substanzen.

Psilocybe cubensis, Panaeolus sphinctrinus und *P. venenosus* lassen sich nach der klassischen Zuchtmethode für Champignons züchten. *Copelandia caerulescens* und *Psilocybe aztecorum* benötigen zum Kompost, wie er bei der Champignonzucht angewandt wird, noch Zusätze zuckerhaltiger Substrate (Kneebone, 1960).

P. mexicana und *P. cubensis* lassen sich gut auf Kartoffel-Dextrose-Hefeextrakt-Agar zur Ausbildung von Sporocarpen induzieren (Kneebone, 1960). Auch *Stropharia, Amanita* oder *Russula* bilden nach der klassischen Pilzzuchtmethode Fruchtkörper (DB-Pat. 1.087.321, 1960).

Die Entwicklung von *P. mexicana* in einem flüssigen oder mit Agar versetzten Kulturmedium ist weitgehend vom Nährstoffgehalt des Substrates abhängig. Bei hohem Nährstoffgehalt werden viele Mycelien und wenig Sporenträger, in alten und nährstoffarmen Nährlösungen viele Sporenträger gebildet. Zur Ausbildung von Sporenträgern, nicht aber zur Sklerotienbildung, ist Lichteinfluß nötig (Heim et al., 1958). *P. cubensis* läßt sich ebenfalls in Submerskultur züchten. Hier wird von dem Pilz bevorzugt Psilocybin gebildet. Die Fermentation dauert etwa elf Tage (Catalfomo und Tyler, 1964).

Psilocin und Psilocybin bewirken eine zentrale Erregung des sympathischen Nervensystems. In geringen Dosen wird ein euphorisches Desinteresse an der Außenwelt ausgelöst, und in höheren Konzentrationen werden Visionen und Halluzinationen hervorgerufen (Stein, 1960). Nach Abklingen der Wirkung sollen keine Nebenwirkungen zurückbleiben (vgl. Gordon, 1965).

Auch D-Lysergsäure, D-Lysergsäureacetamid, D-Lysergsäurediäthylamid (LSD), Agroclavin und Elymoclavin sowie einige Peptid-Alkaloide bewirken eine Erregung des ZNS. Literatur vgl. Haas (1965), Hoffer und Osmond (1967).

III. Weitere mikrobiell hergestellte Substanzen von pharmakologischem Interesse

Im folgenden sollen Substanzen angeführt werden, die bereits gegenwärtig oder aber evtl. in Zukunft von pharmakologischem Interesse sind, bzw. sein können und die nicht anderweitig beschrieben werden.

1. L-Ephedrin

L-Ephedrin (1-Phenyl-2-methylaminopropan-1-ol) ist ein Alkaloid mit einer dem Adrenalin ähnlichen Wirkung. Es wird aus Blättern von *Ephedra*-Arten isoliert und gegen Kreislaufstörungen, Asthma u. a. therapeutisch angewandt.

L-Ephedrin läßt sich auch mit Hilfe gärender Hefen in einem zweistufigen Verfahren herstellen. Dabei bilden gärende Hefen (*Saccharomyces cerevisiae*) in einer ersten Stufe aus Acetaldehyd und Benzaldehyd den Phenylacetylcarbinol, der in der zweiten Stufe chemisch mit Monomethylamin unter Reduktion zum biologisch aktiven L-Ephedrin umgesetzt wird (US-Pat. 1.956.950, 1934).

Einzelheiten des Verfahrens vgl. Kirchhoff (1962).

Benzaldehyd — **Phenylacetylcarbinol** — **L – Ephedrin**

2. Zearalenon und Derivate

Gibberella zeae (der Name der imperfekten Form ist *Fusarium roseum „graminearum"*) und andere *Fusarium*-Arten bilden Substanzen mit oestrogener Wirkung, u. a. Zearalenon, Zearalenol, Zearalanon, Zearalanol und Zeranol. Zearalenon ist ein makrolides Lacton folgender Struktur:

Die anderen vier Substanzen haben OH-Gruppen in 6'-Stellung bzw. keine Doppelbindung im Lactonring.

Zearalenon und seine Derivate können in Oberflächenkultur (30% – 40% Glucose in synthetischer Nährlösung, drei bis fünf Wochen, 16 °C – 21 °C, mit Ausbeuten von 12 g/l) hergestellt werden (US-Pat. 3.580.811, 1971).

In Submerskulturen wurden bei ca. 21 °C – 24 °C, mit 20% – 30% Glucose, pH-Wert von 6,8 – 7,2, der schnell auf 3,5 – 4,0 sinkt, und 0,4% – 0,6% Harnstoff als bester N-Quelle Ausbeuten von 20 g/l – 30 g/l Zearalenon erhalten (Hidy et al., 1977).

Durch Zearalenon und Derivate wird u. a. das Uterusgewicht bei Mäusen erhöht sowie eine Gonadotropinhemmung und eine starke oestrogene Wirkung beobachtet. Die Substanzen sind zur Erzielung einer besseren Wachstumsrate bei Tieren, die zur Fleischproduktion gezüchtet werden, geeignet. Sehr viele Angaben finden sich in einem weitgehend erschöpfenden Sammelreferat von Hidy et al. (1977), auf das hier verwiesen wird.

3. Sonstige pharmakologisch aktive Substanzen

Viele bereits beschriebenen Substanzen, z. B. viele Antibiotica, besitzen pharmakologische Wirkungen, die erst langsam erkannt werden und evtl. auch ausgenutzt werden können. Eine gute Übersicht über solche Wirkungen vgl. Perlman und Peruzzotti (1970) sowie Matthews und Wade (1977).

Von Substanzen mit cardiotonischer Wirkung sind z. B. die Antibiotica Adriamycin aus *Streptomyces peucetius caesius* (Kobayashi et al., 1972) und das ionophore Lasalocid (Schwartz et al., 1974) aus *S. chartreusis* bedeutungsvoll.

Eine blutdrucksenkende Wirkung haben u. a. die makroliden Antibiotica Erythromycin, Oleandomycin, Spiramycin und Leucomycin (Wakabayashi und Yamada, 1972).

Das polyene Antibioticum Filipin hemmt die Blutkoagulation (Van der Plas et al., 1974).

Valinomycin, Gramicidin A und die Leupeptine, die von verschiedenen *Streptomyces*-Arten gebildet werden, sowie verschiedene andere aus *Streptomyces*-Arten isolierte Substanzen haben eine entzündungshemmende Wirkung (Famaey und Whitehouse, 1975).

Eine ganze Anzahl bekannter Antibiotica, z. B. Chlortetracyclin-HCl, Griseofulvin, Trichothecin, bewirkt eine Hemmung der Beweglichkeit von Spermatozoen (Fuska et al., 1973).

Streptozotin, eine Antitumorsubstanz aus *Streptomyces achromogenes,* ruft einen Diabetes-Zustand hervor (Woods et al., 1970).

Eine cholesterinsenkende Wirkung wird u. a. durch Dimethylaminopropylneomycin und Distreptomycin angenommen (vgl. Matthews und Wade, 1977).

Roquefortin A, ein Alkaloid aus *Penicillium roqueforti,* das als Mycotoxin bekannt ist, zeigt antidepressive und lokale anästhetische Wirkungen (Ohmomo et al., 1975).

Seit einigen Jahren werden viele bisher unbekannte Alkaloide aus Mikroorganismen isoliert, deren pharmakologische Wirkung erst teilweise bekannt ist, z. B. Oxalin aus *Penicillium oxalicum* (Nagel et al., 1974), Indolalkaloide aus *Aspergillus amstelodami* (Selva und Traldi, 1977) und aus *Sclerotium delphinii* (El-Refai et al., 1977), Alkaloide aus *Geotrichum candidum* (Sallam et al., 1970) und vielen anderen verschiedenen Pilzen (Rosenberg et al., 1976) und Streptomyceten (Terashima et al., 1970 b), z. B. Nigrifactin aus *Streptomyces nigrifaciens,* mit blutdrucksenkender Wirkung (Terashima et al., 1970 a).

Über bakterielle Neuramidasen und ihre Rolle bei verschiedenen pathogenen Prozessen vgl. Ray (1977) sowie Kap. 24.

Inwieweit eine mikrobielle Herstellung von Phenazinen, die u. a. z. T. antimikrobielle Wirkungen haben und z. T. als Farbstoffe bekannt sind, aus pharmakologischer Sicht bedeutungsvoll wird, kann noch nicht entschieden werden. Eine Übersicht vgl. Ingram und Blackwood (1970). Phenoxazin-Derivate werden von *Calocybe gambosa* gebildet (Schlunegger et al., 1976).

Durch Mikroorganismen können viele Antimetaboliten gebildet werden. Dies sind Strukturanaloge von essentiellen Metaboliten, Vitaminen, Hormonen, Aminosäuren u. ä., die imstande sind, Ausfallerscheinungen (Mangelsymptome) der essentiellen Metabolite zu verursachen (Woolley, 1963), z. B. ist Coprin ein Inhibitor der

Aldehyd-DH und wird aus *Coprinus atramentarius* gewonnen (Lindberg et al., 1977). Eine große Anzahl von Antimetaboliten hat eine antibiotische Wirkung, z. B. Angustmycin A und C, Cordycepin, Borrelidin und auch Griseofulvin. Eine gute Übersicht vgl. Pruess und Scannell (1974).

Viele Macromyceten werden bzw. können als Heilpflanzen angesehen werden. Amanitine u. ä. Substanzen aus *Amanita phalloides*, Muscaridin aus *A. muscaria* sowie viele andere Substanzen aus Hutpilzen werden möglicherweise in Zukunft pharmakologisch eingesetzt werden. Eine Übersicht hierüber vgl. Molitoris (1978).

4. Inhibitoren bestimmter Stoffwechselvorgänge

Einige mikrobielle Produkte greifen in die Adrenalinbildung ein. Oudenon hemmt die Tyrosinhydroxylase, Fusarinsäure und eine als Dopastin bezeichnete Substanz aus *Pseudomonas* hemmen die Dopaminhydroxylase. Die Spinazarine, Isoflavone oder Dihydrokaffeesäurelacton hemmen die o-Methyltransferase.

Verschiedene *Streptomyces*-Arten bilden die Proteaseinhibitoren, Leupeptide, Chymostatine, Pepstatin und Antipain. Es handelt sich hierbei um kurzkettige Peptide mit einem Molekulargewicht von etwa 500, die mit terminalen Aldehydgruppen oder mit Fettsäureresten (Heptansäure) verknüpft sind. Geringe Sequenzunterschiede in den Hemmstoffen bewirken unterschiedliche Spezifitäten gegen viele Proteasen (vgl. Kap. 24).

Virale Neuramidasen werden durch Kaliumpanosialin blockiert. Zur Behandlung des Kohlenhydratüberschusses bei Diabetes, Adipositas und Hyperlipoproteinämie gibt es Hemmstoffe, die durch Hemmung der intestinalen Saccharasen und Amylasen die Verweildauer der Stärke im Darm verlängern. Derartige Inhibitoren setzen den Blutglucose- und den Seruminsulinspiegel dosisabhängig herab (vgl. Frommer, 1978 und auch Fritz et al., 1974).

Literatur

Abe, M., Yamatodani, S.: Prog. Ind. Microbiol. *5*, 205 – 229 (1964)

Abe, M., Yamatodani, S., Yamano, T.: Nippon Nogei Kagaku Kaishi *41*, 68 (1967)

Aellig, W. H., Berde, B.: Br. J. Pharmacol. *36*, 561 – 570 (1969)

Arcamone, F., Cassinelli, G., Ferni, G., Penco, S., Pennella, P., Pol, C.: Can. J. Microbiol. *16*, 923 – 931 (1970)

Banks, G. T., Mantle, P. G., Szczyrbak, C. A.: J. Gen. Microbiol. *82*, 345 – 361 (1974)

Bassett, R. A., Chain, E. B., Corbett, K., Dickerson, A. G. F., Mantle, P. G.: Biochem. J. *127*, 3 (1972)

Berde, B., Schild, H. O. (eds.): Ergot Alkaloids and Related Compounds. Berlin, Heidelberg, New York: Springer 1978

Bianchi, M., Minghetti, A., Spalla, C.: Experientia *32*, 145 – 146 (1976)

Brack, A., Hofmann, A., Kalberer, F., Kobel, H., Rutschmann, J.: Arch. Pharm. *294/66*, 230 (1961)

Catalfomo, P., Tyler, V. E.: Lloydia *27*, 53 (1964)

Corbett, K., Dickerson, A. S., Mantle, P. G.: J. Gen. Microbiol. *84*, 39 – 58 (1974)

Dickerson, A. G.: Biochem. J. *129*, 263 – 272 (1972)

El-Refai, A., Sallam, L., Ghanem, K.: Rev. Latinoam. Microbiol. *18*, 131 – 135 (1977)

Esser, K.: Kryptogamen. Berlin, Heidelberg, New York: Springer 1976

Famaey, J. P., Whitehouse, M. W.: Agents Actions *5*, 133 – 136 (1975)

Fritz, H., Tschesche, H., Greene, L. J., Truscheit, E. (eds.): Proteinase inhibitors. Proc. 2nd Int. Res. Conf. Berlin, Heidelberg, New York: Springer 1974

Frommer, W.: Vortr. 26. Int. Tagung Arzneipflanzenforsch. Münster (1978)

Fuska, J., Podany, J., Muzikant, J.: Biologia (Bratislava) *28*, 463 – 467 (1973)

Gäumann, E.: Die Pilze, Grundzüge ihrer Entwicklungsgeschichte und Morphologie. Kassel: Birkhäuser 1949

Gordon, M.: Psychopharmacological agents. Vol. 2. London, New York: Academic Press 1965

Haas, H.: Bild Wiss. *2*, 108 – 117 (1965)

Heim, R., Brack, A., Kobel, H., Hofmann, A., Cailleux, R.: Acad. Sci. Paris *246*, 1346 (1958)

Hidy, P. H., Baldwin, R. S., Greasham, R. L., Keith, C. L., McMullen, J. R.: Adv. Appl. Microbiol. *22*, 59 – 82 (1977)

Hoffer, A., Osmond, H.: The hallucinogens. London, New York: Academic Press 1967

Hofmann, A., Heim, R., Brack, A., Kobel, H., Frey, A., Ott, H., Petrzilka, Th., Troxler, F.: Helv. Chim. Acta *42*, 1557 (1959)

Ingram, J. M., Blackwood, A. C.: Adv. Appl. Microbiol. *13*, 267 – 282 (1970)

Kelleher, W. J.: Adv. Appl. Microbiol. *11*, 211 – 244 (1969)

Kieslich, K.: Microbial transformations of non-steroid cyclic compounds. Stuttgart: Georg Thieme 1976

Kirchhoff, H.: In: Die Hefen, Bd. II. Nürnberg: Hans Carl 1962

Kneebone, L. R.: Dev. Ind. Microbiol. *1*, 109 (1960)

Kobayashi, T., Nakayama, R., Takatani, O., Kimura, K.: Jpn. Circ. J. *36*, 259 – 265 (1972)

Kobel, H., Schreier, E., Rutschmann, J.: Helv. Chim. Acta *47*, 1052 – 1064 (1964)

Kybal, J., Kleinerová, E., Bulant, V.: Folia Microbiol. *21*, 474 – 480 (1976)

Lindberg, P., Bergman, R., Wickberg, B.: J. Chem. Soc. Lond. Perkin Trans. I, 684 – 691 (1977)

Manske, R. H. F. (ed.): The alkaloids, Vol. 8, 10, 11. London, New York: Academic Press 1965, 1968

Mantle, P. G.: J. Gen. Microbiol. *75*, 275 – 281 (1973)

Mantle, P. G.: In: The filamentous fungi. Smith, J. E., Berry, D. R. (eds.), Vol. I, pp. 281 – 300. London: Edward Arnold 1975

Mantle, P. G., Szczyrbak, C. A.: J. Gen. Microbiol. *73*, 22 (1972)

Mantle, P. G., Waight, E. S.: Nature (London) *218*, 581 – 582 (1968)

Mantle, P. G., Morris, L. J., Hall, S. W.: Trans. Br. Mycol. Soc. *53*, 441 – 447 (1969)

Matthews, H. W., Wade, B. F.: Adv. Appl. Microbiol. *21*, 269 – 288 (1977)

Molitoris, H. P.: Forum Mikrobiol. *1*, 11 – 18 (1978)

Nagel, D. W., Pachler, K. G. R., Steyn, P. S., Wessels, P. L., Gafner, G., Kruger, G. J.: J. Chem. Soc. Lond., Chem. Commun. *24*, 1021 – 1022 (1974)

Öhashi, T., Takahashi, H., Abe, M.: J. Agric. Chem. Soc. Jpn. *46*, 535 – 540 (1972)

Ohmomo, S., Sato, T., Utagawa, T., Abe, M.: J. Agric. Chem. Soc. Jpn. *49*, 615 – 623 (1975)

Perlman, D.: ASM News *43*, 82 – 89 (1977)

Perlman, D., Peruzzotti, G. P.: Adv. Appl. Microbiol. *12*, 277 – 294 (1970)

Plas, Van der, P. M., Kraan, L., van Es, G., Stibbe, J., Hemker, H. C.: Haemostasis *3*, 1 – 7 (1974)

Pruess, D. L., Scannell, J. P.: Adv. Appl. Microbiol. *17*, 19 – 62 (1974)

Ray, P. K.: Adv. Appl. Microbiol. *21*, 227 – 267 (1977)

Rehm, H. J.: Industrielle Mikrobiologie. Berlin, Heidelberg, New York: Springer 1967

Robbers, J. E., Floss, H. G.: Arch. Biochem. Biophys. *126*, 967 (1968)

Rosenberg, H., Maheshwari, V., Stohs, S. J.: Plant Med. *30*, 146 – 150 (1976)

Sallam, L. A. R., El-Refai, A. H., Naim, N.: Z. Allg. Mikrobiol. *10*, 405 – 412 (1970)

Schlunegger, U. P., Kuchen, A., Clémençon, H.: Helv. Chim. Acta *59*, 1383 – 1388 (1976)

Schwartz, A., Lewis, R., Hanley, H. G., Munson, R. G., Dial, F. D., Ray, M. V.: Circ. Res. *34*, 102 – 111 (1974)

Selva, A., Traldi, P.: Biomed. Spectrom. *4*, 143 – 145 (1977)

Singer, R.: Lilloa *30*, 117 (1960)

Singer, R., Smith, A. H.: Mycologia *50*, 262 (1958)

Snejd, J.: Z. Pflanzenzücht. *72*, 346 – 351 (1974)

Spalla, C., Amici, A. M., Scotti, T., Tognoli, L.: Fermentation advances. Perlman, D. (ed.), pp. 611 – 628. London, New York: Academic Press 1969

Stadler, P. A., Guttmann, S., Hauth, H., Huguenin, R. L., Sandrin, E. D., Wersin, G., Hofmann, A.: Helv. Chim. Acta *52*, 1549 – 1564 (1969)

Stein, S. I.: Dev. Ind. Microbiol. *1*, 110 (1960)

Szczyrbak, C. A.: Production of clavine alkaloids in vitro by *Claviceps fusiformis*. Ph. D. Thesis. Univ. London (1972)

Terashima, T., Kuroda, Y., Kaneko, Y.: Agric. Biol. Chem. *34*, 753 – 759 (1970 a)

Terashima, T., Kuroda, Y., Kaneko, Y.: Agric. Biol. Chem. *34*, 747 – 752 (1970 b)

Tonolo, A.: Nature (London) *209*, 1134 (1966)

Turner, W. B.: Fungal metabolites. London, New York: Academic Press 1971

Vining, L. C.: Fermentation advances. Perlman, D. (ed.), pp. 715 – 727. London, New York: Academic Press 1969

Vining, L. C.: Handbook of microbiology. Laskin, A. I., Lechevalier, H. A. (eds.), Vol. 3, pp. 399 – 405. Cleveland: CRC Press 1973

Vining, L. C., Nair, P. M.: Can. J. Microbiol. *12*, 915 – 931 (1966)

Voigt, R.: Pharmazie *23*, 285, 353, 419 (1968)

Wakabayashi, K., Yamada, S.: Jpn. J. Pharmacol. *22*, 799 – 807 (1972)

Woods, S. C., Hutton, R. A., Makous, W.: Proc. Soc. Exp. Biol. Med. *133*, 964 – 968 (1970)

Woolley, D. W.: In: Metabolic inhibitors. Hochster, R. M., Quastel, J. H. (eds.), Vol. I, p. 445. London, New York: Academic Press 1963

Kapitel 32 Mikrobielle Stoffumwandlungen

1. Allgemeines

Viele Mikroorganismen sind in der Lage, eine Anzahl chemischer Verbindungen in einem oder wenigen Schritten oft außerordentlich substrat- und zumeist stereospezifisch chemisch zu verändern. Derartige Stoffumwandlungen werden z. T. noch als mikrobiologische Transformationen bezeichnet, obwohl dieser Ausdruck besser der Mikrobengenetik überlassen bleiben sollte.

Die meisten technisch angewandten Reaktionen sind Oxidationen, aber auch andere Stoffumwandlungen wie z. B. Reduktionen, Methylierungen, Wasserabspaltungen, Desaminierungen, Anknüpfung von Acylresten u. v. a. werden immer häufiger für technische Zwecke ausgewertet. Zweifellos sind die Möglichkeiten dieser mikrobiologischen Zwischensynthesen noch keinesfalls auch nur annähernd ausgeschöpft. Für dieses Gebiet bieten sich auch reine enzymatische Umsetzungen mit immobilisierten Enzymen oder Mikroorganismenzellen an (vgl. Abbott, 1976; Chibata und Tosa, 1977).

In einigen Kapiteln wurden bereits mikrobielle Stoffumwandlungen, häufig als Einschrittreaktionen, häufig auch als echte Zwischensynthesen in einer Gesamtsynthese beschrieben, z. B. die Oxidation von D-Sorbit zu L-Sorbose bei der Vitamin C-Herstellung (Kap. 29), die Essigsäurebildung aus Äthanol (Kap. 15), die Bildung verschiedener Aminosäuren (Kap. 22), Nucleotidsynthese aus Basen oder Nucleosiden (Kap. 23), die Gluconsäureherstellung aus Glucose (Kap. 18) u. v. a.

Eine besondere Bedeutung haben mikrobielle Umwandlungen an Steroiden, die u. a. im folgenden beschrieben werden sollen. Es kann nur eine Übersicht gegeben werden, da über dieses Gebiet bereits viel, gut zugängliche zusammenfassende Literatur vorliegt. Literatur über mikrobielle Umwandlungen von Steroiden vgl. Charney und Herzog (1967); Iizuka und Naito (1967); Rehm (1967); Vézina et al. (1971); Fonken und Johnson (1972); Smith (1974); Vézina und Rakhit (1974); Heftmann (1975); Vézina und Singh (1975); Murray (1976); Martin (1977); Kieslich (1977), von nicht steroiden Verbindungen vgl. besonders das ausgezeichnete Werk von Kieslich (1976) sowie Tamm (1974), von Antibiotica Sebek und Perlman (1971), Shibata und Uyeda (1978), vgl. auch Kap. 28, von Pestiziden Bollag (1974), vgl. auch Bonse und Metzler (1978).

Biosynthesen, Stoffwechsel und Wirkung der umgewandelten Substanzen, besonders der Steroidhormone, werden hier nicht behandelt (vgl. Träger, 1977).

2. Mikrobielle Oxidationen

Viele Steroide werden wegen ihrer Hormonwirkung, z. B. als Ovulationshemmer, aber auch wegen ihrer entzündungshemmenden Wirkungen bei vielen Krankheiten, z. B. bei der rheumatischen Arthritis, in der Medizin angewandt. Die Anwendungsmöglichkeiten vieler weiterer steroider Verbindungen in der Medizin wird gegenwärtig untersucht.

Mamoli und Vercellone (1937) beobachteten erstmals mikrobiologische Steroidumwandlungen. Sie stellten Testosteron aus Dehydroepiandrosteron mit einem *Corynebacterium* und einer Hefe her.

Dehydroepiandrosteron

Corynebacterium

Androstendion

Hefe

Testosteron

Viele Oxidationsreaktionen gehen von 11-Desoxycortisol, auch als Reichsteins Substanz S bezeichnet, aus.

11-Desoxycortisol
(Substanz S)

Curvularia lunata

Cortisol
(Substanz F)

Reichsteins Substanz S wird spezifisch durch *Curvularia lunata* in 11 α-Stellung zu Cortisol (Hydrocortison) oxidiert. Die gleiche Oxidation kann auch durch *Streptomyces fradiae, Cunninghamella* u. a. Mikroorganismenarten vorgenommen werden. Inzwischen ist es gelungen, die gleiche Reaktion auch mit Zellen von *Curvularia lunata,* die in Polyacrylamidgel eingeschlossen worden waren, mit einer Aktivität von 6 µMol Hydroxylierung/h/g Polymer durchzuführen (Mosbach und Larsson, 1970; Mosbach 1971).

Derartige Reaktionen sind nicht artspezifisch, sondern können von oft unterschiedlichen Mikroorganismenarten (z. T. auch von tierischen Geweben bzw. isolierten Enzymen) durchgeführt werden. Viele Mikroorganismenarten können auch andere Stellen im Steroidmolekül oxidieren, wie die Formel zeigt. Sauerstoff kann als Keton eingeführt werden, dabei können auch Seitenketten abgespalten werden. Mikroorganismen sind in der Lage, am Steroidmolekül Epoxidationen vorzunehmen oder Doppelbindungen in irgendeinen Kern einzuführen. Weiterhin können Ringe oxidativ an einer Stelle geöffnet werden, Beispiele sind in der Abb. 166 angegeben. Einzelheiten über Mikroorganismen und Reaktionen vgl. die einleitend zitierte Literatur.

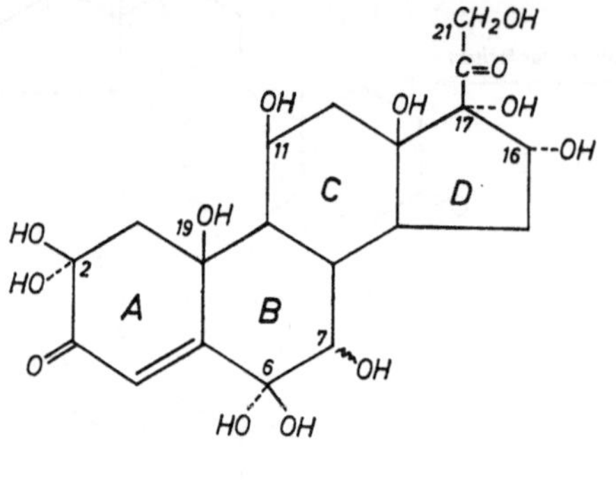

Transformations-
möglichkeiten durch
tierische Gewebe
oder Enzyme

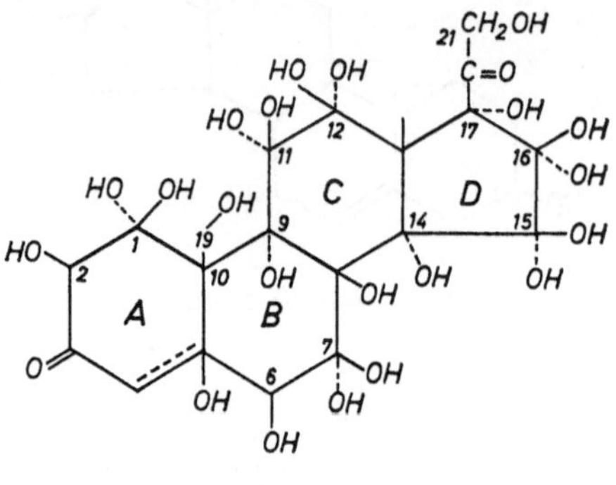

Transformations-
möglichkeiten durch
Mikroorganismen

Direkte Oxidationen werden mit Hilfe von Oxigenasen durchgeführt. Für Dehydrierungen besitzen die Mikroorganismen z. T. streng spezifische, zumeist NAD-abhängige Dehydrogenasen.

$$\text{Steroid} + \text{NAD}^+ \xrightarrow{\text{[Dehydrogenase]}} \text{Dehydrosteroid} + \text{NADH}_2$$

$$\text{Steroid} + \text{Enzym} - \text{FeO}^{2+} \xrightarrow{\text{[spezif. Oxigenase]}} \text{Enzym} - \text{Fe}^{++} + \text{Steroid} - \text{OH}$$

$$\text{Enzym-Fe}^{++} + O_2 + \text{NADPH}_2 \rightarrow \text{Enzym-FeO}^{++} + \text{NADP}^+ + H_2O$$

Da das reduzierte NAD immer wieder regeneriert werden muß, werden solche Reaktionen in der Praxis noch immer mit freien Zellen durchgeführt, obwohl auch trägergebundene Zellen geeignet sind, wie das oben erwähnte Beispiel zeigt. Bei Arbeiten mit immobilisierten Zellen muß ein Regenerationssystem gekoppelt werden, dabei können exogene Elektronenacceptoren verwendet werden (Yang und Studebaker, 1978). (Vgl. Reduktionen p. 532.)

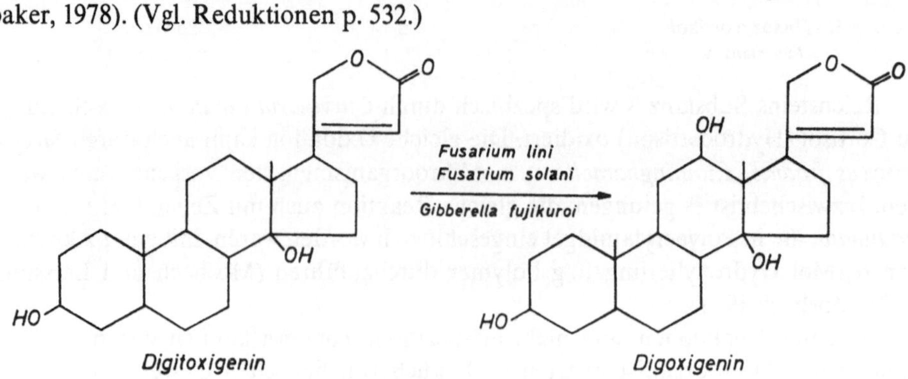

Digitoxigenin

Digoxigenin

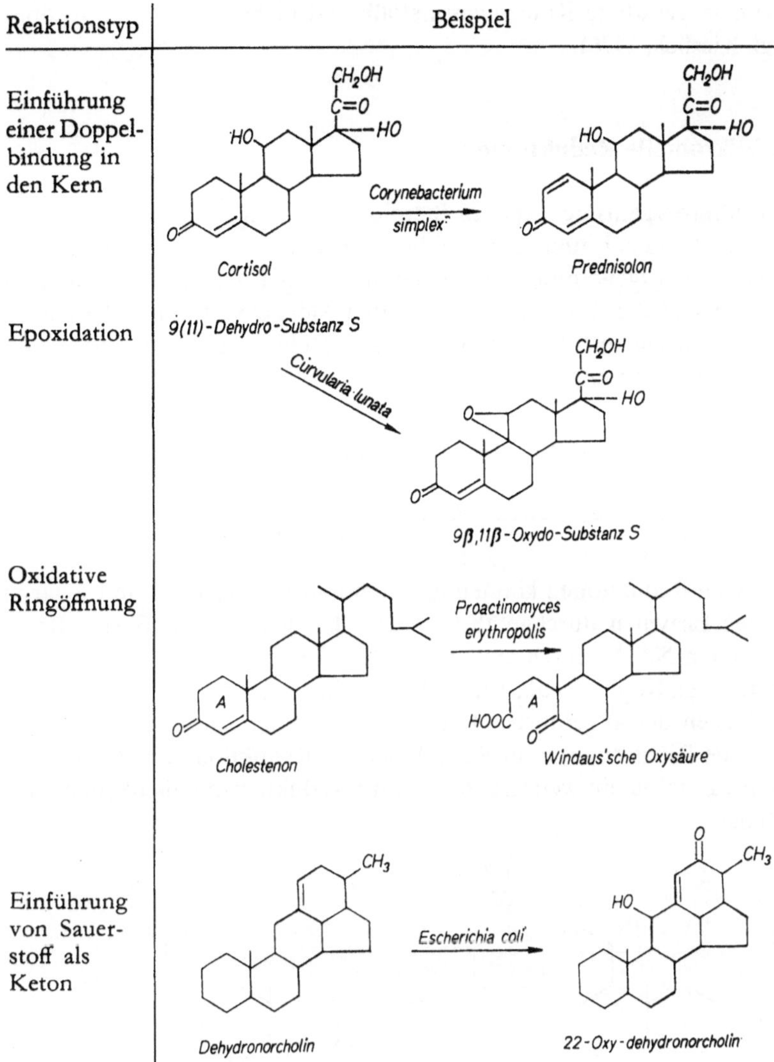

Abb. 166. Beispiele für oxidative Reaktionstypen am Steroidmolekül

Mikrobielle Oxidationen von Steroiden, besonders die Hydroxylierungen in 11- und 16-Stellung, sind hinsichtlich der technischen Auswertung sehr wichtig.

Die Oxidationsvorgänge stellen im Prinzip den ersten Schritt zum Abbau der Steroide dar. Viele Mikroorganismen sind in der Lage, bereits oxidierte Steroide weiter zu oxidieren.

Neben den „einfachen Steroiden" lassen sich auch cardiale Aglycone, z. B. Digitoxigenin, bzw. steroide Alkaloide in einer Einstufenreaktion mit Mikroorganismen oxidieren, z. B. Digitoxigenin zu Digoxigenin. Zur Oxidation der Bufaline (cardiale Lactone) sind vor allem *Fusarium*-Arten geeignet. Solasodin und Tomatin (steroide Alkaloide) werden von *Helicostylum piriforme* oxidiert.

Weiterhin werden u. a. Strophantidin, Yohimbin, Morphinalkaloide sowie auch Terpene, viele zyklische Amine, aromatische Verbindungen unterschiedlicher

Struktur, gesättigte Kohlenwasserstoffe und nicht zuletzt viele Antibiotica oxidiert (vgl. Kieslich, 1976).

3. Mikrobielle Reduktionen

Die Mikroorganismen, die an Steroiden einstufige Reduktionen vornehmen können, sind seltener, und auch die Zahl der Stellen am Steroidmolekül, an denen Reduktionen vorgenommen werden können, ist geringer als bei Oxidationsreaktionen. Ebenso sind die technisch auswertbaren Möglichkeiten hier beschränkter. Reduktionen werden mit $NADH_2$-abhängigen Dehydrogenasen durchgeführt, z. B. mit *Streptomyces*-Arten.

Auch Reduktionen können mit immobilisierten Zellen und sogar mit immobilisierten Enzymen durchgeführt werden. Bei letzteren muß eine Regeneration des oxidierten NAD^+ durch ein gekoppeltes System, z. B. die Äthanoloxidation, stattfinden (vgl. Kaplan et al., 1974) (Abb. 167).

Neben der angeführten Reduktion mit einer 20-β-Steroiddehydrogenase stellt z. B. die Ringsättigung im Ring A bei der Reduktion von Progesteron zu 4-Dihydroprogesteron ein weiteres Beispiel für Reduktionsmöglichkeiten am Steroidmolekül dar.

Progesteron → Dihydroprogesteron

Geeignete Mikroorganismen sind u. a. *Fusarium solani, Mycobacterium, Nocardia, Arthrobacter, Bacillus* und natürlich Hefen.

Hefen (vor allem *Saccharomyces cerevisiae*) werden seit langem für viele Reduktionen im Labormaßstab verwendet, z. B. zur Reduktion von Nitrobenzol zum Anilin

Nitrobenzol → Nitrosobenzol → Phenylhydroxylamin → Anilin

oder von ungesättigten zu gesättigten Verbindungen, besonders Alkoholen.

$$CH_3 - CH = CH - CH_2OH \rightarrow CH_3 - CH_2 - CH_2 - CH_2OH$$

Crotylalkohol   Butanol

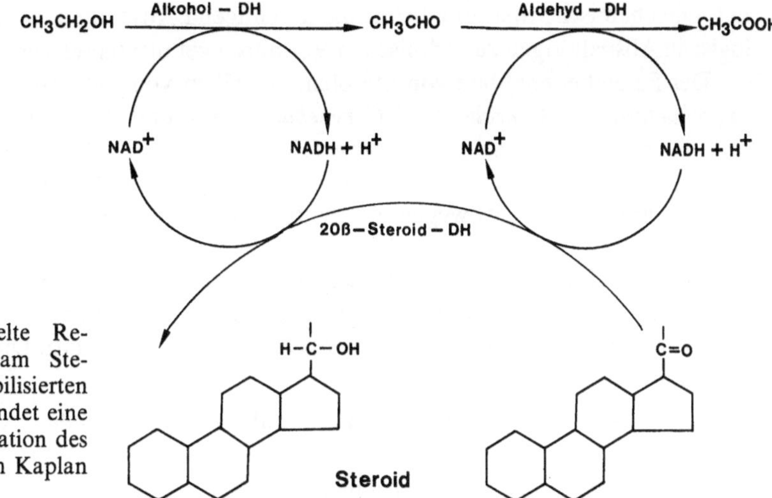

Abb. 167. Gekoppelte Reduktionsreaktion am Steroid mit immobilisierten Enzymen, dabei findet eine dauernde Regeneration des Enzyms statt (nach Kaplan et al., 1974)

Ungesättigte Aldehyde werden nach Reduktion des Aldehyds zum Alkohol ebenso wie die ungesättigten Alkohole reduziert. Bei α, β-ungesättigten Ketosäuren erfolgt zunächst eine Decarboxylierung, dann wird der entstandene Aldehyd zum Alkohol reduziert, und erst jetzt findet die Hydrierung der Doppelbindung statt:

$$R - CH = CH - CO - COOH \rightarrow \quad R - CH = CH - CHO + CO_2$$
$$R - CH = CH - CHO \rightarrow \quad R - CH = CH - CH_2OH$$
$$R - CH = CH - CH_2OH \rightarrow \quad R - CH_2 - CH_2 - CH_2OH$$

Diese Reaktionen lassen sich mit gärenden *S. cerevisiae*-Zellen durchführen. Die betreffenden ungesättigten Verbindungen dienen als Acceptoren für den im FDP-Weg entstandenen Wasserstoff.

Die Bildung von 2-Propanol aus Aceton durch *Clostridium butylicum* ist eine der vielen möglichen Einstufenreaktionen, die man technisch auszunutzen versucht hat (vgl. Kap. 20).

$$CH_3 - CO - CH_3 \rightarrow CH_3 - CHOH - CH_3$$

Aceton   2-Propanol

Viele mögliche reduktive Einstufenreaktionen sind für die technische Auswertung gegenwärtig uninteressant (Literatur vgl. Kieslich, 1976).

4. Seitenkettenabbau

Nachdem Diosgenin aus *Dioscorea*-Arten, das lange Zeit die Grundlage für die Herstellung von Reichsteins Substanz S gewesen war, nicht mehr in ausreichender Menge auf dem Weltmarkt zur Verfügung steht, haben Steroide aus anderen Pflanzen (Phytosterole), besonders aus Sojabohnen (β-Sitosterol), eine große Bedeutung erlangt. Bei diesen muß ein mikrobieller Seitenkettenabbau durchgeführt werden, so daß dieser Reaktionstyp in letzter Zeit große wirtschaftliche Bedeutung erlangt hat. Die chemische Spaltung liefert nicht genügend Ausbeuten, während mikrobiologische Abspaltungen zu technischen Verfahren geführt haben (vgl. Martin, 1977).

Der Seitenkettenabbau von Sterolen, vor allem von Bakterien, z. B. *Nocardia-*, *Mycobacterium-*, *Arthrobacter-*, *Corynebacterium-* und *Streptomyces*-Arten, wird etwa nach folgendem Schema durchgeführt (Sih et al., 1968; Lefebvre et al., 1974). Ein Abbau, der nicht zum C_{17}-Keton, sondern noch zur Verbindung mit zwei C-Atomen am C_{17} führt, ist wegen der Synthese von Progesteron oder Substanz S besonders interessant.

Der mikrobielle Abbau der Seitenketten von Sterolen muß so vor sich gehen, daß der Steroidkern nicht angegriffen wird. Sehr häufig finden C-1(2)-Dehydrogenierungen und 9-α-Hydroxylierungen als Nebenreaktionen statt. Diese können ausgeschaltet werden durch

- Strukturveränderungen des Sterols, so daß ein enzymatischer Abbau an diesen Stellen unmöglich wird,
- Hemmung der abbauenden Enzyme,
- Mutanten, die die abbauenden Enzyme nicht besitzen.

Da die 9-α-Hydroxylierungen durch Monooxigenasen mit Metallproteinen in der Elektronentransportkette katalysiert werden, sind u. a. Chelatbildner, aber auch anorganische Ionen, z. B. Nickelsulfat, als Inhibitoren geeignet (Lilly et al., 1976). Weitere Metallionen, die Eisen ersetzen oder SH-Funktionen blockieren können, sind Co^{2+}, Pb^{2+}, SeO_3^{2-}, AsO_2^{-}. Chelatbildende Substanzen für Fe^{2+} sind u. a. α, α-Dipyridyl, 8-Hydroxychinolin, Diphenylthiocarbazon, Isonicotinsäurehydrazid, o-Phenylendiamin. Viel Literatur vgl. Martin (1977). Geeignete Mutanten werden nach Behandlung mit Nitrosoguanidin erhalten (Methoden vgl. Cargile und McChesney, 1974). Diese Untersuchungen stehen aber noch sehr in den Anfängen und werden noch nicht praktisch angewandt.

Die Bildung von Östron und Norechisteron, einem wichtigen Ausgangsprodukt für weitere, z. T. mikrobielle Synthesen von Steroiden, geht folgendermaßen vor sich (Literatur vgl. Yamada, 1977) (Abb. 168).

Viele weitere Seitenkettenabspaltungen sind möglich, z. B. auch an Sapogeninen u. a. Die Abspaltungen von Acylresten, z. B. bei Penicillinen, Cephalosporin u. a. Verbindungen, sind ebenfalls hier einzuordnen (vgl. Kap. 28).

Seitenkettenadditionen – wie die Addition von Acetat an Benzaldehyd bei der Ephedrinsynthese (vgl. Kap. 30) oder von neuen Acylresten an 6-APS bzw. an 7-ACS (vgl. Kap. 25) – sind Reaktionen mit entgegengesetztem Gleichgewicht.

5. Herstellungstechnik

Ausgangssubstrat für Steroidumwandlungen ist u. a. Dioscin aus *Dioscorea*-Arten, aus dem durch Hydrolyse der Zucker abgespalten wird. Das entstandene Diosgenin wird in einer Anzahl chemischer Reaktionsstufen in Reichsteins Substanz S umgesetzt. Wie erwähnt, spielen seit einiger Zeit Cholesterol und Phytosterole, besonders β-Sitosterol, Campesterol, Stigmasterol und Ergosterol, als Ausgangsprodukte eine Rolle. Sie werden u. a. aus Sojabohnen gewonnen. Sojabohnenöl wird mit Dampf behandelt; Fettsäureester und Glyceride werden mit NaOH hydrolysiert, nach ihrer

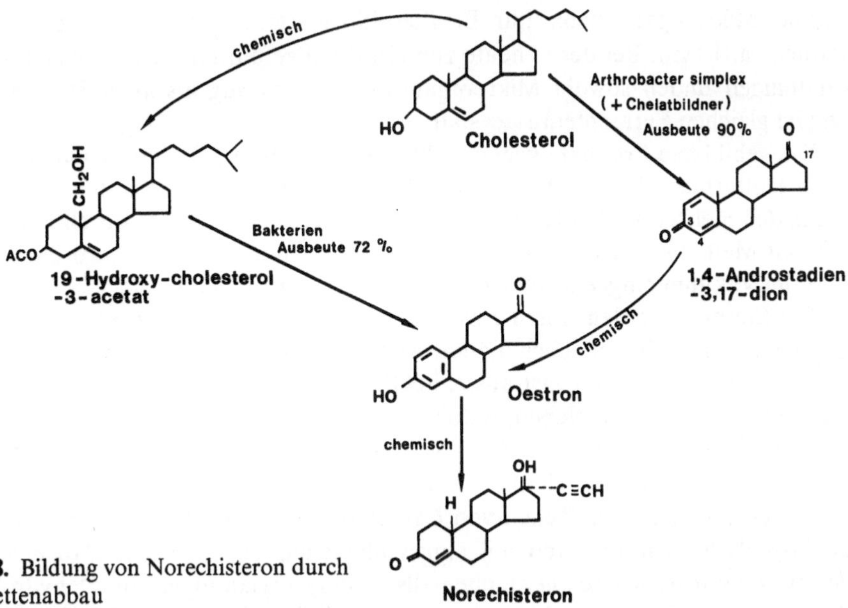

Cholesterol

Arthrobacter simplex
(+ Chelatbildner)
Ausbeute 90%

chemisch

19-Hydroxy-cholesterol
-3-acetat

Bakterien
Ausbeute 72 %

1,4-Androstadien
-3,17-dion

chemisch

Oestron

chemisch

Norechisteron

Abb. 168. Bildung von Norechisteron durch Seitenkettenabbau

Abtrennung verbleibt eine 25%ige Phytosterollösung, die nach Reinigung über Hexan auf Stigmasterol oder β-Sitosterol aufgearbeitet wird (vgl. DB-Pat. 1.159.129, 1963). Anschließend erfolgt der mikrobielle Seitenkettenabbau.

Zur mikrobiellen Steroidumwandlung werden die Mikroorganismen zunächst in Schüttelkulturen und Kleinfermentern stufenweise vermehrt.

Die Hauptfermentation findet in Submerstanks von 50 000 l (oder kleiner) bis 150 000 l statt. Im ersten Abschnitt, der Wachstumsphase, wird ein gutes mikrobielles Wachstum angestrebt: Temperatur, Sauerstoffzufuhr und sämtliche anderen äußeren Bedingungen werden auf eine optimale Entwicklung der Zellen abgestellt. Die Wachstumsphase dauert bei Bakterien 12 Std. – 24 Std. und bei Pilzen 24 Std. bis 72 Std.

Im zweiten Abschnitt werden die umzuwandelnden Substanzen entweder als Kristalle oder in organischen Lösungsmitteln gelöst zugegeben. Organische Lösungsmittel müssen angewandt werden, weil die meisten Steroide in Wasser nicht in ausreichenden Konzentrationen löslich sind. Aceton, Äthanol, Methanol, Dimethylformamid (es löst Steroide zu 10% – 20% und ist für Mikroorganismen in Konzentrationen bis zu 2% nicht toxisch) sind als Lösungsmittel geeignet. Die Menge der zugesetzten Steroide hängt von der Umwandlungskapazität des verwendeten Stammes und der Toxizität der betreffenden Steroide ab.

Verschiedene Steroide wirken toxisch gegen bestimmte Mikroorganismen, so besitzt z. B. Desoxycorticosteron eine bedeutende antifungale Aktivität. In vielen Fällen läßt man während des ganzen zweiten Fermentationsabschnittes immerwährend kleinere Mengen des Steroids in den Tank einfließen, um deren Toxizität nicht zur Wirkung kommen zu lassen. Bei nicht-toxischen Steroiden können aber auch in einem Schub bis zu 4 g Steroid pro l gegeben werden.

Der zweite Abschnitt, die Stoffumwandlungsphase, dauert 12 Std. – 72 Std. und ist weitgehend abhängig von der Art der Umwandlung und der fermentativen Aktivität der Mikroorganismenkultur. Bei Steroidoxidationen muß ausreichend belüftet werden, ca. 1 vvm. Bei den – heute zumeist durchgeführten – einstufigen Stoffumwandlungen finden sowohl Mikroorganismenentwicklung als auch Stoffumwandlung im gleichen Fermenteransatz statt.

Die gebildeten Produkte gehen nicht direkt in Lösung, finden sich aber vielfach in der Kulturflüssigkeit, sie können aber auch am und im Mycel haften. Daher werden in den meisten Fällen Kulturfiltrat und Mycelien gemeinsam durch Extraktion, z. B. mit Methyl-isobutyl-keton, aufgearbeitet. In anderen Fällen wird das Kulturfiltrat im Vakuum eingeengt, wobei das Rohsteroid auskristallisiert.

Die Steroide werden durch fraktionierte Kristallisation oder Säulenchromatographie getrennt. In manchen Fällen wird die Aufarbeitung dadurch erleichtert, daß man im Kulturfiltrat fast ausschließlich das umgewandelte Steroid vorliegen hat. Andernfalls müssen Nebenprodukte abgetrennt werden.

Viele Versuche zur Umwandlung von Steroiden in kontinuierlicher Kultur (Lit. vgl. Rehm, 1967) haben noch nicht zu auswertbaren Verfahren geführt.

Mit eingeschlossenen Zellen von *Curvularia lunata* in Polyacrylamidgel gelang die 11-β-Hydroxylierung und mit eingeschlossenen Zellen von *Arthrobacter simplex* (*Corynebacterium simplex*), ebenfalls in Polyacrylamidgel, die Dehydrogenierung in 1-(2)-Stellung (Mosbach und Larsson, 1970; Mosbach, 1971). Eine Hydrogenierung in 20-β-Stellung gelang mit *A. simplex*-Zellen, die in eine Collagenmatrix eingeschlossen worden waren (Venkatasubramanian et al., 1975), besonders wenn die Zellen in Gegenwart des Induktors Cortisol aktiviert worden waren (Ohlson et al., 1978).

Auch eine Steroidumwandlung mit Conidien von Pilzen, z. B. von *Aspergillus ochraceus* u. a. Schimmelpilzen, ist möglich (Vézina und Singh, 1975).

6. Wichtige Steroide, die mit Hilfe von Mikroorganismen hergestellt werden

Die folgende Übersicht zeigt einige wirtschaftlich interessante Steroidhormone:

Anabolische Steroide: Oxymetholon

Adrenocorticale Hormone: 6-Methylprednisolon, Prednisolon, Prednison, Predonisolon, Cortison, Cortisol, Dexamethason, Triamcinolon, Paramethason, Betamethason

Androgene Hormone: Testosteron und oxidierte Testosterone

Östrogene Hormone: Östron und synthetische Analoge

Mikrobiologische Schritte bei der Herstellung eines Teiles dieser Hormone sind bereits in einigen Schemata in der ersten Auflage beschrieben worden.

Die adrenocorticalen Hormone, vor allem Cortison und Cortisol, haben eine große wirtschaftliche Bedeutung. Bei der Herstellung der glucocorticalen Hormone werden ein oder mehrere mikrobiologische Schritte verwendet. 11-α-Hydroxyprogesteron wird in großer Menge durch Fermentation hergestellt. Die Dehydrogenierung von Cortison zu Prednison mit *Corynebacterium simplex* ist wirtschaftlich bedeutend, ebenso die 16-Hydroxylierung durch *Streptomyces*-Arten zur Herstellung von Triamcinolon. Obwohl diese beiden Reaktionen chemisch durchgeführt werden könnten, ist das mikrobiologische Verfahren wesentlich wirtschaftlicher.

Progestine und Östrogene werden immer mehr als Anticonzeptiva verwendet. Synthetische Analoge werden zur Mästung von Vieh angewandt. Östrogene, Progestine und androgene Hormone spielen weiterhin in der Therapie eine Rolle. Viele substituierte Androgene und Östrogene werden mit mikrobiellen Zwischensynthesen hergestellt.

Der Abbau von Progesteron (C_{21}) zu einem C_{19}-Steroid mit oder ohne Dehydrogenierung in 1,2-Stellung bietet eine Möglichkeit zur Testosteronherstellung und zur weiteren Umwandlung in Östrogene.

Elf oxigenierte Testosterone werden mikrobiell hergestellt. Zur Östronherstellung wird der Ring A mikrobiell dehydrogeniert (vgl. Murray, 1976).

7. Mikrobielle Umwandlung nicht-steroider Verbindungen

In den vorhergehenden Abschnitten wurde an vielen Stellen bereits auf mikrobielle Stoffumwandlungen anderer Substanzen als Steroide hingewiesen. Eine Übersicht über die Umwandlung zyklischer Substanzen ist von Kieslich (1976) veröffentlicht worden. Mikrobielle Umwandlungen von Arzneistoffen wurden von Smith und Rosazza (1975) zusammenfassend dargestellt. Praktische Anwendungen sind in anderen Kapiteln bereits beschrieben worden.

Acetobacter-Arten können nicht nur Äthanol zu Essigsäure, sondern auch eine ganze Reihe anderer Substrate oxidieren und dabei oft wertvolle Produkte bilden. Die Tabelle 78 zeigt eine Reihe oxidierbarer Substanzen und ihre Oxidationsprodukte.

Bertrand hat 1904 eine Regel für die Möglichkeiten einer Oxidation von Polyalkoholen aufgestellt. Einzelheiten vgl. Rehm (1967).

Einige in der Tabelle 78 angeführten Oxidationsvorgänge werden industriell ausgenutzt, z. B. die Herstellung von Dihydroxyaceton, andere können möglicherweise an Bedeutung gewinnen.

Oxidation von Alkanen vgl. Rehm u. Reiff (1980). Viele Reduktionen, vor allem mit Hefen, werden in der organischen Chemie im Labormaßstab verwendet. Von

Tabelle 78. Oxidative Leistungen von *Acetobacter*-Arten

Substrat	gebildetes Produkt	Substrat	gebildetes Produkt
Äthanol	Essigsäure	i-Adonit	„Adoninulose"
β-Phenyläthanol	Phenylessigsäure	D-Mannit	D-Fructose
Äthandiol	Glykolsäure	D-Sorbit	L-Sorbose
Diäthylenglykol	Diglykolsäure	Perseit	Perseulose
Glycerin	Dihydroxyaceton	L-Fucit	L-Fuco-4-ketose
α-Propandiol	Acetol	myo-Inosit	scyllo-Inosose
Milchsäure	Acetoin	D-Glucose	D-Gluconsäure
D-2,3-Butandiol	D-Acetoin	D-Gluconsäure	D-5-Ketogluconsäure
meso-2,3-Butandiol	L-Acetoin	D-Gluconsäure	D-2-Ketogluconsäure
1,3-Propandiol	Hydroacrylsäure u. Malonsäure	Fructose	5-Ketofructose
1,4-Butandiol	γ-Hydroxybuttersäure u. Bernsteinsäure	1,5-Pentandiol	Glutarsäure
DL-Erythrit	L-Erythrulose		

alicyclischen Verbindungen ist u. a. die Umwandlung von Arachidonsäure zu den wichtigsten Prostaglandinen durch Pilze interessant (Belg. Pat. 659.983, 1964). Ebenso können diese Substanzen auch mit Bakterien ineinander umgewandelt werden (Schneider und Murray, 1973; vgl. auch Jiu et al., 1974; Sebek und Kieslich, 1977).

Viele Terpene werden mikrobiell umgewandelt, z. B. Campferöle u. a., auch Gibberelline und Carotine (Sebek und Kieslich, 1977).

Aromatische Ringe werden besonders durch Bakterien und Hefen umgewandelt. Die Bildung von Salicylsäure z. B. aus Naphthalin als Ausgangsprodukt für Pharmazeutica hat eine technische Bedeutung (Kap. 18). Die Umwandlung halogenierter Aromaten ist für den Abbau von Pestiziden (Kap. 43) interessant. Viele tetracyclische Ringe werden z. B. durch *Curvularia lunata* und verschiedene *Streptomyces*-Arten zu Verbindungen mit Aussichten auf praktische Anwendung umgewandelt. Auch verschiedene Umwandlungen von Chloramphenicol, hauptsächlich durch *Streptomyces*-Arten, sind wirtschaftlich interessant.

Unter den O-heterocyclischen Substanzen sind Actinomycinumwandlungen, z. B. durch *Actinoplanes missouriensis,* viele mikrobielle Umwandlungen makrolider Antibiotica, besonders durch *Streptomyces*-Arten (Kap. 28), des Griseofulvins, besonders durch *S. cinereocrocatus* und *Cephalosporium curticeps,* der Aminoglycosid-Antibiotica, besonders durch *Streptomyces*-Arten (vgl. Kap. 28), wirtschaftlich interessant.

Viele Alkaloide können mikrobiell verändert werden, z. B. Tropaalkaloide vor allem durch *Corynebacterium,* Nicotin u. a. durch *Pseudomonas,* Thebain und Codein durch *Trametes*- und *Pleurotus*-Arten, Yohimbine durch *Streptomyces*-Arten, Ergotalkaloide u. a. durch *Psilocybe-, Claviceps-* und *Streptomyces*-Arten (Kap. 31). Sicherlich werden sich hier dann praktische Anwendungen realisieren lassen, wenn die Reaktionsgeschwindigkeiten bedeutend erhöht werden können.

Bei Umwandlungen von di- und tri-stickstoffhaltigen Heterocyclen sind u. a. Phenazinumwandlungen, besonders durch *Pseudomonas*-Arten und *Escherichia coli,* Purin- und Nucleotidumwandlungen (vgl. Kap. 23) und vor allem Pteridinumwandlungen von praktischem Interesse.

Die vielen Umwandlungsmöglichkeiten von S-haltigen Heterocyclen wurden bei Biotin (Kap. 29), von S- und N-haltigen Heterocyclen bei Penicillin und Cephalosporin (Kap. 28) erwähnt. Sie haben bereits eine technische Anwendung gefunden.

Schließlich sind auch Glycosidierungen und Spaltungen von Glycosiden und viele andere Reaktionen mikrobielle Stoffumwandlungen, die an dieser Stelle aber nicht weiter beschrieben werden sollen.

Dihydroxyaceton kann mit *Acetobacter xylinum, A. suboxydans, A. aceti* u. a. hergestellt werden. Das Substrat enthält als Grundnährstoff entweder Hefeextrakt oder Cornsteep-Lösung. Glycerin wird als zu oxidierende Substanz mit dem Substrat zugesetzt. Die Glycerinkonzentration hat einen großen Einfluß auf die Oxidation. 6%ige Glycerinlösungen wurden nach 20tägiger Fermentation zu 96,6%, 10%ige Glycerinkonzentrationen nach der gleichen Zeit nur zu 57,9% Dihydroxyaceton oxidiert. Mit Octadecanol oder anderen Antischaummitteln (etwa 0,05%), beim pH-Wert von 5,2 und einer Temperatur von 28 °C sowie starker Belüftung dauert die Oxidation etwa 96 Std. mit einer Ausbeute von 95% – 96% des gegebenen Glycerins (DB-Pat. 1.136.994, 1962). Die Stämme sollten vor der Produktion an Glycerin adaptiert werden (Hromatka und Stainer, 1963). pH-Werte über 6,5 hemmen die Oxidation bzw. die Entwicklung von *Acetobacter suboxydans,* so daß die Ausbeute an Dihydroxyaceton stark vermindert wird (Sattler, 1965).

Mit einer Mutante von *Brevibacterium fuscum* ist es möglich, Dihydroxyaceton aus Glucose zu fermentieren. Das Problem der mikrobiologischen Dihydroxyacetonherstellung liegt in der Abkürzung der bisher noch immer sehr langen Laufzeit, die das Verfahren benötigt. Durch Zusatz von Cornsteep-Lösung zum Substrat ließen sich 110 mg/ml Glycerin schon nach 72 Std. mit *Acetobacter suboxydans* in 90,0 mg/ml Dihydroxyaceton oxidieren (Green et al., 1961).

Literatur

Abbott, B. J.: Adv. Appl. Microbiol. *20,* 203 – 257 (1976)

Beal, Ph. C., Fonken, G. S., Pike, J. E.: Belg. Pat. 659 983 (1964)

Bollag, J.-M.: Adv. Appl. Microbiol. *18,* 75 – 130 (1974)

Bonse, G., Metzler, M.: Biotransformationen organischer Fremdsubstanzen. Stuttgart: Georg Thieme 1978

Cargile, N. L., McChesney, J. D.: Appl. Microbiol. *27,* 991 – 994 (1974)

Charney, W., Herzog, H. L.: Microbial transformations of steroids. A handbook. London, New York: Academic Press 1967

Chibata, I., Tosa, T.: Adv. Appl. Microbiol. *22,* 1 – 27 (1977)

Fonken, G. S., Johnson, R. A.: Chemical oxidations with microorganisms. New York: Marcel Dekker Inc. 1972

Green, S. R., Whalen, E. A., Molokie, E.: J. Biochem. Microbiol. Technol. Eng. *3,* 351 (1961)

Heftmann, E.: Lloydia *38,* 195 (1975)

Hromatka, O., Stainer, J.: Enzymologia *25,* 317 (1963)

Iizuka, H., Naito, A.: Microbial transformation of steroids and alkaloids. Tokyo, Pennsylvania: University Tokyo Press and University Park Press 1967

Jiu, J., Hsu, C. F.-J., Mizuba, S.: Dev. Ind. Microbiol. *15,* 345 – 352 (1974)

Kaplan et al. zit. bei Abbott, B. J.: Adv. Appl. Microbiol. *20,* (1976) Chem. Eng. News *52,* 19 – 20 (1974)

Kieslich, K.: Microbial transformations of non-steroid cyclic compounds. Stuttgart: Georg Thieme 1976

Kieslich, K.: Microbial transformations-type reactions. Abstr. 5th FEMS Symp. Basel (1977)

Lefebvre, G., Germain, P., Raval, G., Gay, R.: Phytochemistry *13,* 2125 (1974)

Lilly, M. D., Cheetham, P. S. J., Lewis, K. J., Yates, J., Dunnill, P.: Abstr. 5th Int. Ferment. Symp. p. 327. Berlin 1976

Mamoli, L., Vercellone, A.: Ber. *70,* 470, 2079 (1937)

Martin, Ch. K. A.: Adv. Appl. Microbiol. *22,* 29 – 58 (1977)

Mosbach, K.: Sci. Am. *224,* 26 – 33 (1971)

Mosbach, K., Larsson, P.: Biotechnol. Bioeng. *12,* 19 – 27 (1970)

Murray, H. C.: In: Industrial microbiology. Miller, B. M., Litsky, W. (eds.), pp. 79 – 105. McGraw-Hill Book Co. 1976

Ohlson, S., Larsson, P. O., Mosbach, K.: Biotechnol. Bioeng. *20,* 1267 – 1284 (1978)

Rehm, H. J.: Industrielle Mikrobiologie. Berlin, Heidelberg, New York: Springer 1967

Rehm, H. J., Reiff, I.: Adv. Biochem. Engin. (in preparation) (1980)

Sattler, K.: Z. Allg. Mikrobiol. *5,* 136 (1965)

Schneider, W. P., Murray, H. C.: J. Org. Chem. *38,* 397 (1973)

Sebek, O. K., Kieslich, K.: Annu. Rep. Ferment. Process. Perlman, D. (ed.), Vol. I, pp. 267 – 297. London, New York. Academic Press 1977

Sebek, O. K., Perlman, D.: Adv. Appl. Microbiol. *14,* 123 – 150 (1971)

Shibata, M., Uyeda, M.: Annu. Rep. Ferment. Proc. *2,* 267 – 303 (1978)

Sih, C. J., Wang, K. C., Tai, H. H.: Biochemistry *7,* 796 (1968)

Smith, L. L.: Terpenoids Steroids *4*, 394 (1974)
Smith, R. V., Rosazza, J. P.: Biotechnol. Bioeng. *17*, 785 – 814 (1975)
Tamm, Ch.: FEBS Lett. *48*, 7 – 21 (1974)
Träger, L.: Steroidhormone. Biosynthese, Stoffwechsel, Wirkung. Berlin, Heidelberg, New York: Springer 1977
Venkatasubramanian, K., Vieth, W. R., Constantinides, A.: 75th Annu. Meet. Am. Soc. Microbiol. Session 116 (1975)
Vézina, C., Rakhit, S.: In: Handbook of microbiology. Laskin, A. I., Lechevalier, H. A. (eds.), Vol. 4, pp. 117 – 441. Cleveland: CRC Press 1974
Vézina, C., Singh, K.: In: The filamentous fungi. Smith, J. E., Berry, D. R. (eds.), Vol. I, pp. 158 – 192. London: Edward Arnold 1975
Vézina, C., Sehgal, S. N., Singh, K., Kluepfel, D.: Prog. Ind. Microbiol. *10*, 1 (1971)
Yamada, K.: Biotechnol. Bioeng. *19*, 1563 – 1621 (1977)
Yang, H. S., Studebaker, J. F.: Biotechnol. Bioeng. *20*, 17 – 25 (1978)

Kapitel 33   Bier und bierähnliche Getränke

I. Bier

1. Allgemeines

Bier ist seit Jahrtausenden bekannt. Fast ebenso lange sind neben weinherstellenden Betrieben bierherstellende die bedeutendste mikrobiologische Industrie. In den vergangenen Jahrzehnten haben sich viele Brauereien in den Städten zu großen Industriebetrieben entwickelt. Dadurch verlieren die kleinen Brauereien auf dem Lande immer mehr an Bedeutung.

Bier ist ein aus Malz und Hopfen hergestelltes alkoholisches, extraktreiches, kohlensäurehaltiges Getränk. Es hat eine besondere erfrischende Wirkung, deren Nachahmung bisher mit anderen Fruchtsaftgetränken bzw. alkohol- und hopfenreichen Getränken noch nicht befriedigend gelungen ist.

In Deutschland ist seit 1909 das sog. Reinheitsgebot verbindlich, das in Bayern bereits zunächst 1487, dann endgültig seit 1516 in Kraft ist. Danach darf untergäriges Bier nur aus Gerste (Gerstenmalz), Hopfen, Hefe und Wasser gebraut werden.

Zusammenfassende Darstellungen und Bücher über die Herstellung von Bier vgl. Weinfurtner (1962); Rehm (1967); Rainbow (1970); Stewart (1974); Macher (1974); Schuster et al. (1976); Macleod (1977); Narziß (1978); Pollock (1979).

2. Mikroorganismen

Hefen: Zur Bierherstellung werden zumeist Stämme von *Saccharomyces cerevisiae* und davon abgeleitet *S. carlsbergensis*, besonders für untergärige Biere, verwendet. Diese Stämme sind fast ausschließlich Kulturhefen, die heute in der freien Natur nicht mehr aufzufinden sind. Sie haben sich als Ökotypen in jahrhundertelanger Zucht herausgebildet. Sämtliche *Saccharomyces*-Arten, die zur Bierherstellung verwendet werden, z. B. *S. monacensis, S. saké, S. tokyo, S. yeddo* und *S. piriformis,* sind ebenfalls als Kulturhefen anzusehen und sind z. T. nur besondere Zuchtformen von *S. cerevisiae.* Allgemeine Angaben über Hefen vgl. Kap. 1.

Auf flüssigen Nährmedien bilden viele Hefen eine dichte, schwimmende Haut, die sog. Kahmhaut. Hefen, die zu starker Hautbildung neigen, werden als Kahmhefen bezeichnet. In der Brautechnik definiert man Hefen als Kahmhefen, wenn sie in drei Tagen bei 25 °C – 30 °C auf gehopfter Bierwürze eine dichte Haut bilden. Eine Flockung der Hefen wird auch als Bruchbildung bezeichnet, die flockenden Hefen sind „Bruchhefen". Hefen, die nicht gut sedimentieren, sind „Staubhefen". Hefen, die nach Abschluß der Gärung am Boden des Gärgefäßes ein grobflockiges Sediment bilden, sind untergärige Hefen. Viele Bierarten werden mit untergärigen Heferassen hergestellt. Hefen, die nach der Gärung an die Oberfläche steigen und dort eine zusammenhängende Haut oder durch Ansammlung vieler aufsteigender Hefeklumpen eine Schicht bilden, sind obergärige Hefen.

Die Ursache der Flockung ist noch nicht geklärt, zumal bei manchen Hefetypen erst eine Flockung in bestimmten Entwicklungsstadien, z. B. am Ende der Gärung, eintritt. Physiko-chemische Bedingungen, Substrat, besondere Zellstrukturen, besondere Stoffwechselprodukte und nicht zuletzt auch genetische Eigenschaften bedingen eine Neigung bestimmter Heferassen zur Sedimentation (Literatur und Diskussion dieses Problems vgl. Rainbow, 1970).

Bierhefen besitzen keine Amylase, wohl aber Maltase, so daß sie Maltose gut vergären können.

Das Würze-Gärungsvermögen einer Hefe wird durch den sog. Vergärungsgrad ausgedrückt. Dieser gibt an, um wieviel der Extrakt (= Stammwürze in % Balling, vgl. S. 551) durch die Vergärung abgenommen hat. Die Stammwürze wird bei der Berechnung = 100 gesetzt. Der wirkliche Vergärungsgrad wird nach der Formel

$$V_w = \frac{p-n}{p} \cdot 100$$

berechnet. p ist der Extraktgehalt der Würze (in %, gemessen nach dem spezifischen Gewicht) vor der Vergärung und n der Extraktgehalt der vergorenen Maische. Vor der Bestimmung des Extraktgehaltes der vergorenen Maische muß der vorhandene Alkohol durch Destillation entfernt und die Flüssigkeit auf das vorherige Maß aufgefüllt werden. Wird der Alkohol nicht abdestilliert, so erhält man den scheinbaren Vergärungsgrad (die Extraktbestimmung der vergorenen Maische aus dem spezifischen Gewicht wird durch die Anwesenheit von Alkohol verändert):

$$V_s = \frac{p-m}{p} \cdot 100$$

m ist der Extraktgehalt der vergorenen Maische bei Anwesenheit des bei der Gärung entstandenen Alkohols.

Die Gärgeschwindigkeit (φ) wird aus dem Volumen CO_2 definiert, das sich unter standardisierten Bedingungen aus dem Substrat je Stunde und je g Hefe entwickelt. φ ist oft von Ansatz zu Ansatz und bei verschiedenen Stämmen unterschiedlich und vom Stickstoffgehalt (N) der Hefezellen abhängig.

$$\varphi \text{ (Gärgeschwindigkeit)} = c\,(N - N_0)$$

N_0 ist ein Mittelwert, der mit 0,71% N bei sehr vielen Hefen (mit etwa 22% Trockensubstanz) als relativ konstant angesehen werden kann. c ist eine für jeden Stamm charakteristische Konstante, die auch als Gärwirksamkeit oder Gäreffektivität bezeichnet wird.

Weitere Angaben über Hefen vgl. Kap. 1, Reiff et al. (1962); Lodder (1970); Stewart (1974).

Bakterien: *S. piriformis* wird zusammen mit *Bacterium vermiforme* zur Herstellung von Ingwerbier verwendet. *Pseudomonas lindneri* ist ein Bakterium, das bei der Bildung von mexikanischem Pulque, einem Getränk, das durch Vergärung von Agaven hergestellt wird, zu den wichtigsten Gärungsorganismen gehört (Gibbs und DeMoss, 1954). Bestimmten Bieren werden beim Maischen *Lactobacillus delbrueckii* und bei der Gärung andere *Lactobacillus*-Arten zugesetzt.

3. Wichtige biochemische Vorgänge bei der Bierherstellung

Stärkeverzuckerung: Bierhefen besitzen keine Amylasen, so daß stärkehaltige Substrate vor der eigentlichen Vergärung erst verzuckert werden müssen. Amylasen werden entweder aus keimender Gerste oder aber aus Mikroorganismen (vgl. Kap. 24) gewonnen. In Deutschland werden für die Bierherstellung ausschließlich Amylasen aus der Gerste, das sog. Gerstenmalz, verwendet.

Gerste, der Grundstoff für die Bierherstellung, besteht zu etwa 20% – 30% aus Amylose und zu den restlichen 70% – 80% aus Amylopektin.

Amylose besteht aus etwa 250 – 300 Glucoseresten, die $(1 \rightarrow 4)$-α-glycosidisch miteinander verknüpft sind (der Grundbaustein ist also Maltose). Die Moleküle sind durch die α-glycosidische Bindung schraubenförmig aufgewickelt. In die Hohlräume können sich Jodmoleküle lagern und dadurch eine starke Lichtabsorption – die Blaufärbung – hervorrufen.

Amylopektin hat neben den $(1 \rightarrow 4)$-Bindungen auch $(1 \rightarrow 6)$-Bindungen und bildet daher verzweigte Ketten, die möglicherweise in sich auch wieder schraubenartig aufgebaut sind. Ein Molekül besteht aus mehr als 1000 Glucoseresten, und im Durchschnitt findet man auf etwa 25 Glucosemoleküle eine Verzweigung.

α-Amylasen (α-1,4-Glucan-4-glucanohydrolase) greifen die Stärkemoleküle an der Spiralstruktur an und spalten die $(1 \rightarrow 4)$-Bindungen so auf, daß als erstes Spaltprodukt Oligosaccharide mit fünf bis sieben Glucosemolekülen entstehen. Später können diese auch bis zur Maltose und Glucose abgebaut werden. Maltose als Endprodukt hemmt α-Amylase kompetitiv. Ca^{2+}-Ionen sind für die Wirksamkeit dieses Enzyms als Co-Faktor notwendig.

β-Amylasen (α-1,4-Glucan-maltohydrolase) greifen nicht in der Mitte der Moleküle an, sondern spalten vom nichtreduzierenden Kettenende her immer zwei Glucosemoleküle als Maltose ab. Unverzweigte Amylose wird vollständig durch β-Amylase hydrolysiert, Amylopektin kann nur etwa zur Hälfte gespalten werden, denn die Wirkung der β-Amylase hört an den verzweigten $(1 \rightarrow 6)$-Bindungen auf.

Glucoamylase (α-1,4-Glucan-glucohydrolase) spaltet vom nichtreduzierenden Kettenende sukzessiv Glucosereste ab. Dieser Enzymtyp ist besonders im Pilzmalz aus *Aspergillus oryzae* und *A. niger* vorhanden.

Das Endprodukt der Spaltung durch α- und β-Amylasen ist Maltose, die durch Maltase (oder α-Glucosidase) aus den Bierhefen in Glucosemoleküle gespalten wird (Schema vgl. Rehm, 1967). Eine α-Methylglucosidase, die ebenfalls in *Saccharomyces cerevisiae* vorkommt, hydrolysiert α-Methylglucosid, Isomaltose und Saccharose, nicht aber Maltose.

Gärung: Die Gärung bei der Bierherstellung verläuft über den FDP-Weg (vgl. Kap. 3) zum Äthanol. Die typischen Geschmackskomponenten des Bieres werden durch kleine Mengen anderer Substanzen gebildet, z. B. durch Ester (Bildung vgl. Nordström, 1966), Nebenprodukte des Stickstoffwechsels (vgl. Rainbow, 1970, u. a.). Auch die Fuselöle tragen mit zum Geschmack des Bieres bei.

Acetoin, Diacetyl und 2,3-Pentandion sind normalerweise im Bier vorhanden und gehören zweifellos zu den Geschmacksbildnern. Bei Anwesenheit von *Pediococcus cerevisiae*, einem Bierschädling, wird viel Diacetyl gebildet, das dann den sog. „Sarcina-Geruch" des verdorbenen Bieres hervorruft.

Regulation: In der Würze liegen Glucose, Fructose, Saccharose, Maltose und Maltotriose als C-Quellen für die Hefen vor. Davon sind nur Glucose, Fructose und Saccharose direkte Substrate für die Hexokinase und andere Enzyme des FDP-Weges. Maltose und Maltotriose müssen durch induzierbare Permeasen aufgenommen werden. Diese Induktion ist in diploiden heterozygoten Zellen dominant (Halvorson et al., 1963). Die Permeasen werden durch Katabolitrepression von Glucose gehemmt (vgl. Görts, 1969), wobei auch die Aktivität der α-Glucosidase reprimiert wird. Die Induktion (durch die Substrate) und Repression der Maltose- und Maltotriose-Permeasen sowie der α-Glucosidase ist Ursache der langsamen Verwertung der C-Quellen aus der Würze, besonders durch untergärige Hefen. Dabei sind die Regulationen bei verschiedenen Hefestämmen relativ unterschiedlich (vgl. Masschelein und Cabanne, 1974, weitere Literatur vgl. dort).

4. Technische Herstellung

Die Bierherstellung läßt sich in drei große Abschnitte einteilen:

1. Malzbereitung (Quellen, Keimen und Darren der Gerste).
2. Herstellung der Würze.
   a) Maischen (Mischen des Malzschrotes mit Wasser, Verzuckern).
   b) Kochen und Hopfen der Würze und Abkühlung.
3. Gärung und Lagerung des Bieres.

Die Malzbereitung wird häufig nicht in den Brauereien vorgenommen, sondern in besonderen Fabriken, den Mälzereien; die anderen beiden Prozesse werden immer in den Brauereien durchgeführt.

a) Rohstoffe

Der wichtigste Rohstoff zur Bierherstellung ist die Gerste, denn sie ist für die meisten Biere – abgesehen vom Hopfen – die einzige C- und N-Quelle. Aus gekeimter Gerste wird das an Amylasen reiche Malz hergestellt. Die Abb. 169 zeigt den Bau eines Gerstenkornes.

Sorte und Herkunft der Gerste sind von wesentlicher Bedeutung für die Qualität des Bieres. Besonders geeignet ist eine zweizeilige Sommergerste mit nicht zuviel Spelzen. Die Spelzen erleichtern zwar die Filtration der Maische und schützen den Keimling, wirken sich aber nachteilig auf den Geschmack des Bieres aus. Der Eiweißgehalt sollte zur Herstellung von hellem Malz etwa 9% – 12%, zur Herstellung von dunklerem Malz 11% – 13% betragen. Ein hoher Eiweißgehalt bedingt einen niedrigen Stärkegehalt und damit auch einen niedrigen Extraktgehalt des Bieres. Die Keimfähigkeit der Gerste sollte mindestens 95% betragen.

Neben Gerste werden auch Weizen, Mais und Reis als Kohlenhydratquellen zur Bierherstellung verwendet. Sie werden mit Gerstenmalz oder aber mit Pilz- oder Bakterienamylasen verzuckert.

Vor der Gärung wird die Würze gehopft, d. h. man setzt ihr den Hopfen (*Humulus lupulus*) zu. Der Hopfenzusatz gibt dem Bier den angenehmen bitteren Geschmack und die besondere durstlöschende Wirkung. Weiterhin beeinflußt der

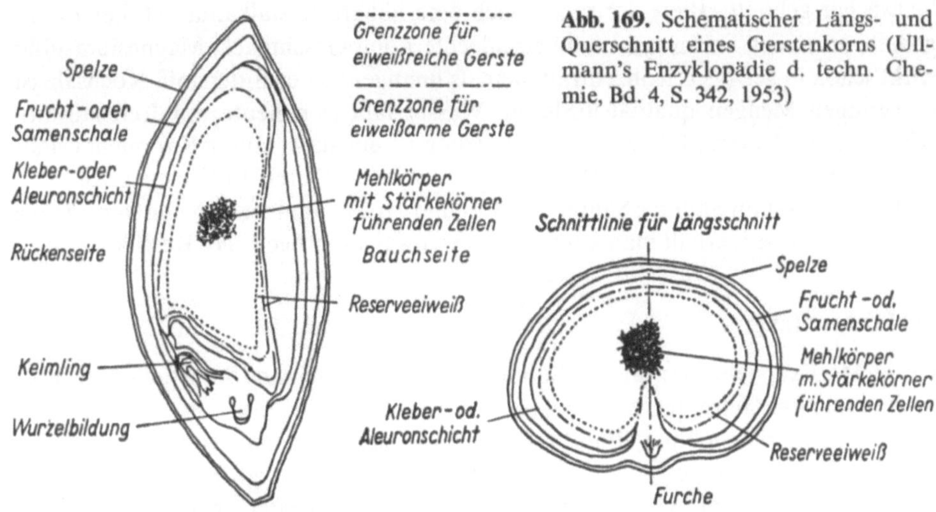

Abb. 169. Schematischer Längs- und Querschnitt eines Gerstenkorns (Ullmann's Enzyklopädie d. techn. Chemie, Bd. 4, S. 342, 1953)

Hopfen sehr günstig die Haltbarkeit des Bieres. Hopfen wird in verschiedenen Gegenden in 7 m – 9 m hohen Drahtanlagen gezüchtet. In Deutschland sind die Hallertau (Bayern) und Gegenden im Saaletal bedeutende Hopfenanbaugebiete. Die reifen Fruchtstände der weiblichen Blüten, die „Dolden" oder „Zapfen", der Hopfenpflanzen werden nach dem Pflücken durch Warmluft (60 °C) auf einen Wassergehalt von etwa 11% getrocknet, zu Ballen gepreßt und bei 0 °C – 1 °C bis zum Verbrauch gelagert. Der Hopfen enthält eine Reihe von Bitterstoffen (18,3% des TG), von denen Humulon und Lupulon besonders wichtig sind. Weich- und Hartharze erhöhen die Bitterwirkung des Hopfens.

$$\text{H}_3\text{C}\!\!-\!\!\text{C}=\text{CH}-\text{CH}_2 \ \ldots \ \text{CO}-\text{CH}_2-\text{CH}(\text{CH}_3)_2, \ \text{OH}, \ \text{O}=, \ \text{OH}, \ R, \ \text{CH}_2-\text{CH}=\text{C}(\text{CH}_3)_2$$

Der Humulon-Komplex ist nicht einheitlich, er besteht u. a. aus Humulon, Adhumulon und Cohumulon und ist im Bier zum Isohumulon isomerisiert (Einzelheiten über die chemischen Inhaltsstoffe des Hopfens sowie Literatur vgl. De Keukeleire und Verzele, 1974).

$$\text{H}_3\text{C}\!\!-\!\!\text{C}=\text{CH}-\text{CH}_2 \ \ldots \ \text{CO}-\text{CH}_2-\text{CH}(\text{CH}_3)_2, \ \text{O}, \ \text{HO}, \ \text{OH}, \ \text{C}(=\text{O})-\text{CH}_2-\text{CH}=\text{C}(\text{CH}_3)_2$$

Jsohumulon

Von großer Bedeutung für die Bierherstellung ist schließlich die Qualität des Brauwassers, das im Sudhaus zur Herstellung der Würze verwendet wird. Für stark gehopfte helle Biere eignen sich Wasser mit geringer Restalkalität am besten.

Schwächer gehopfte Biere vertragen auch eine höhere Restalkalität. Hoher Eisengehalt verursacht Trübungen und verschlechtert den Geschmack. Magnesiumsulfat wirkt schon in geringen Konzentrationen als unangenehmer Bitterstoff, Kochsalz ist in geringen Mengen qualitätsfördernd. Wasser läßt sich heute mit Ionenaustauschern gut verändern. Für eine Teilentsalzung ist ein stark saurer Kationenaustauscher, der Ca^{2+} und Mg^{2+}-Ionen bindet, notwendig. Durch Entfernung von CO_2 und Neutralisation anderer Säuren (H_2SO_4 und HCl) mit einer berechneten Menge harten Rohwassers erhält man korrigiertes Brauwasser mit geringer Resthärte.

b) Malzbereitung

Unter Malz versteht man in der Bundesrepublik Deutschland künstlich zum Keimen gebrachtes Getreide.

Für die Bierherstellung nimmt man vorzugsweise Gerstenmalz als Amylasebildner. Die Herstellung von Pilzmalz und Bakterienamylasen vgl. Kap. 24. Zur Bierherstellung kann man entweder nur mit Gerste mälzen oder aber, da die Gerste überreich an Amylasen ist, noch erhebliche Mengen an Stärkemehl aus anderen Rohpflanzen mit verzuckern. In den USA wird z. B. viel ungemälzter Mais zugesetzt. Daraus werden dann die sog. Rohfruchtbiere gebraut, deren Geschmack aber nicht mit dem des reinen Gerstenbieres zu vergleichen ist. In England fügt man zu etwa 100 Teilen Gerstenmalz noch 20 – 25 Teile Rohrzucker hinzu. In Deutschland sind derartige Verfahren im allgemeinen nicht üblich, lediglich bei obergärigen Bieren macht man einen mäßigen Gebrauch davon, z. B. bei der Herstellung von Weizenbieren.

Der Vorgang des Mälzens beginnt mit dem Einquellen der Gerste. Dies wird mit Wasser auf dem sog. Quellstock, auch Weichstock genannt, einem eisernen, nach unten verjüngten Zylinder, durchgeführt. Aus Belüftungsrohren, die im Weichstock, den sog. „Weichen", in mehreren Schichten angebracht sind, wird das Weichgut belüftet (alle 2 Std., etwa 10 min lang). Es gibt auch sog. Umpumpweichen, in denen die Gerste von einem Weichstock in den anderen gepumpt werden kann (vgl. Abb. 170).

Nach zwei bis drei Tagen bei 10 °C – 15 °C ist die Gerste durch Wasseraufnahme weich geworden und gequollen. Das Weichwasser muß in dieser Zeit mehrmals gewechselt werden. Das Gewicht der Gerste erhöht sich durch den Quellungsvorgang um etwa 50%, während sich die Substanz insgesamt durch Atmung und Lösung etwas vermindert.

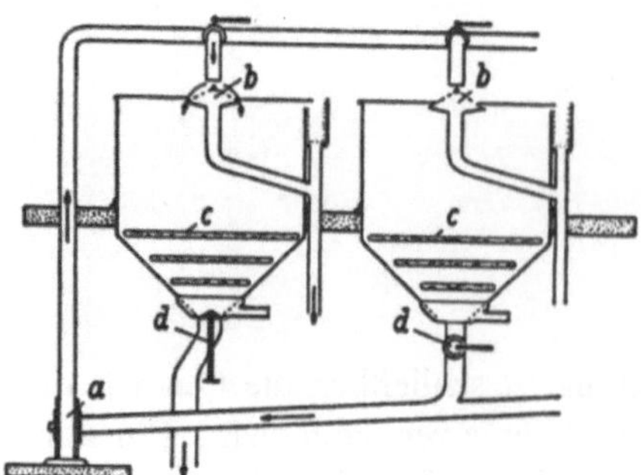

Abb. 170. Umpumpweichen. Zeichenerklärung: *a* Pumpe; *b* Kegel für Ableitung des Schmutzwassers; *c* Belüftungsrohre; *d* Ausweichventil (Ullmann's Enzyklopädie d. techn. Chemie, Bd. 4, S. 351, 1953)

Anschließend muß die quellreife Gerste auskeimen. Das Keimen oder Mälzen kann nach verschiedenen Verfahren durchgeführt werden:

Bei der Tennenmälzerei wird die geweichte Gerste in Haufen von 20 cm – 40 cm Höhe zur Keimung aufgesetzt. Nach etwa 24 Std. tritt der Wurzelkeimling aus, der Haufen erwärmt sich und muß nun etwa alle 8 Std., später in größeren Zeiträumen, umgeschaufelt werden. Die günstigste Keimtemperatur liegt bei etwa 15 °C – 16 °C und sollte maximal 20 °C nicht übersteigen. Nach sieben- bis neuntägiger Keimung ist das sog. Grünmalz mit 40% – 45% Wassergehalt fertig. Die Tennenmälzerei ist bereits weitgehend mechanisiert. Bei der Wanderhaufenmälzerei wird das Keimgut auf durchlochten Tragblech-Keimstraßen transportiert und mechanisch umgesetzt.

In der Kastenmälzerei erfolgt die Keimung in sog. Keimkästen („Saladin-Kä-sten", Abb. 67, Rehm, 1967), in denen das Keimgut 60 cm – 80 cm hoch auf einem perforierten Tragblech aufgeschichtet wird. Durch die Perforationen des Tragble-ches wird Luft von unten durch die keimende Gerste geblasen. Ein mechanischer Wender läuft auf Schienen am oberen Kastenrand. Mit ihm kann die Gerste je nach Bedarf beliebig oft gewendet werden. Die Kästen nehmen meistens jeweils 20 t Gerste auf. Die Kastenmälzerei gehört zu den Verfahren der pneumatischen Mälze-rei, zu denen auch die Trommelmälzerei gehört.

Bei der Trommelmälzerei gelangt die quellreife Gerste aus den Quellstöcken in Trommeln, die sehr langsam gedreht werden. Feuchtigkeitsgesättigte Luft wird in die Trommeln und durch das Malz gesaugt und anschließend nach außen abgelei-tet. In den Trommeln keimt die Gerste und muß dann nicht umgeschaufelt werden (vgl. Abb. 171).

Beim Mälzen werden in den Gerstenkeimlingen viele α-Amylasen gebildet, die im Korn bereits vorhandenen β-Amylasen werden freigesetzt. Diese Enzyme lösen und verzuckern im Mehlkörper die Reservestärke. Es entsteht viel Maltose und da-neben etwas Saccharose. Nach sieben bis neun Tagen hat der Blattkeim (die Co-leoptile) etwa ¾ der Länge des Korns erreicht, die Wurzelkeime haben zu diesem Zeitpunkt etwa die 1 bis 1½fache Länge des Kornes erreicht. Jetzt hat man das sog. „Kurzmalz" erhalten, das für die Brauereien verwendet wird. Für Brennereibetrie-be ist das sog. „Langmalz", ein über diese Maße hinausgewachsenes Korn, wegen seines größeren Amylasegehaltes besser geeignet (vgl. Kap. 19).

Das Darren ist der letzte Teil der Malzherstellung. Man unterbricht dabei die Keimung durch Wärme und Wasserentzug und macht das Malz haltbar. Grünmalz mit einem Wassergehalt von 42% – 45% wird zum Darrmalz mit 2% – 3% Wasser. In den meisten Fällen wird chargenweise gedarrt. Dies geschieht entweder auf den äl-

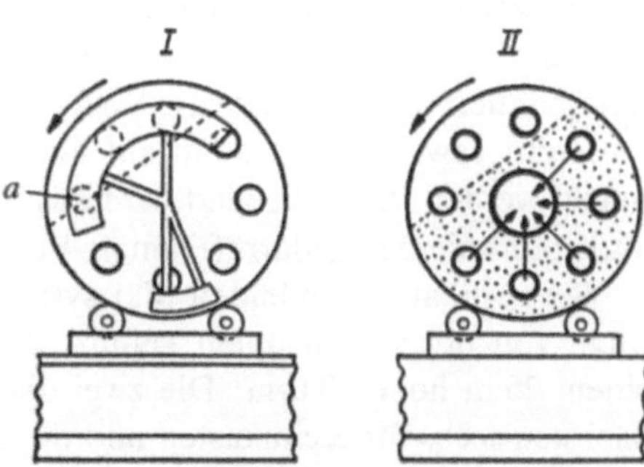

Abb. 171. Querschnitte (I und II) ei-ner Galland-Trommel. Zeichenerklä-rung: *a* Platte mit Gegengewicht zum Verschließen der freiliegenden Belüf-tungskanäle (Ullmann's Enzyklopädie d. techn. Chemie, Bd. 4, S. 357, 1953). Längsschnitt vgl. Abb. 68 in Rehm (1967)

teren Plandarren, in denen das Malz in einer oder mehreren Schichten (Ein-, Zwei- und Dreihordendarre) 15 cm – 50 cm dick auf einer Horde aufgelegt und von unten mit erwärmter Luft getrocknet wird. Durch Darrwender wird das Malz von Zeit zu Zeit gewendet (Abb. 69, Rehm, 1967).

Inzwischen haben sich Hochleistungsdarren eingeführt, z. B. die Müger-Darre. Bei dieser wird das Malz 60 cm – 80 cm hoch geschichtet und mit einem Heißluftgemisch getrocknet. Die Schwelk- (= Temperatur zum Trocknen) und Abdarrtemperatur lassen sich automatisch steuern. Andere Hochleistungsdarren arbeiten nach ähnlichen Prinzipien, wobei u. a. die Luft mit verschiedenen Heizsystemen (Koks, Hochdruck-Heißwasser u. a.) erhitzt wird.

Für die Bierherstellung wird das Malz zunächst ca. 12 Std. bei 35 °C – 45 °C auf einen Wassergehalt von 12% getrocknet („Schwelken") und dann auf höhere Temperaturen (Abdarren) ca. 2 Std. erhitzt (zwischen 60 °C und 90 °C). Dunkles Malz wird durch vier- bis fünfstündiges Erhitzen auf 105 °C hergestellt. Dabei entstehen Röstaromen, Karamel, Farbstoffe und andere unvergärbare Produkte, die für den Geschmack und die Art des hergestellten Bieres von größter Bedeutung sind. Schichtdicke, Lüftung usw. tragen wesentlich zum Charakter des Malzes bei.

Das sog. „Schwenkmalz" wird bei 20 °C in luftigen Räumen hergestellt. Es ist sehr diastasereich, leicht löslich und für die Spiritusbrennerei vorzüglich geeignet, gibt aber, wenn es für Brauzwecke verwendet wird, kein haltbares und wohlschmekkendes Bier.

Ganz dunklen Bieren, z. B. englischem Porter, setzt man noch „Zuckerfarbe", auch „Farbmalz" genannt, zu. Dies ist ein Malz, das in drehbaren Trommeln über freiem Feuer oder bei Temperaturen von 190 °C – 220 °C braun bis schwarz geröstet wird.

Ein gesäuertes Malz läßt sich mit *Lactobacillus delbrueckii* herstellen. Die Bakterienkultur wird einer Getreidemaische zugesetzt und bis zur guten Säurebildung bebrütet, dann wird gekeimtes Getreide zugeführt. Nach einer weiteren Fermentation von vier bis fünf Tagen wird das Produkt wie normales Malz gedarrt und kann dann verwendet werden (US-Pat. 2.903.399, 1959).

Bei **kontinuierlichen Mälzungssystemen** wird eine Verkürzung der Weichdauer und eine Verminderung des „Malzschwand" (Verluste von 11% – 13% durch Atmung, Abfallen der Wurzelkeime u. ä. während der Malzbereitung) angestrebt. Unter intensiver Belüftung wird die Gerste mit Wasser besprüht und keimt unter regulierten Temperatur-, Feuchtigkeits- und Belüftungsbedingungen. Weichen, Keimen und Darren gehen häufig ineinander über.

Bei horizontal verlaufenden Mälzsystemen läuft die Gerste in bewegten Wagen, die mit regulierter Luft befeuchtet werden, bis sie nach achttägiger Keimdauer mit Heißluft gedarrt wird (System Morel). Andere Systeme arbeiten mit Wagen auf Kreisbahnen (System Saturne, System Kardog). Die Gerste kann auch auf Spiralförderern geweicht und dann auf einem gelochten Förderband zur Keimung gebracht werden. Anschließend wird das Keimgut pneumatisch in die Darre gehoben und kontinuierlich gedarrt (Domalt-Verfahren).

Bei vertikal verlaufenden Mälzsystemen wird das Keimgut durch sein Eigengewicht von oben nach unten geführt. Die Frauenheim-Turmmälzerei arbeitet mit einem 25 m hohen Turm: Die zwei oberen Stockwerke sind für Weichkästen, die nächsten sechs für Keimkästen und die unteren zwei für die Mäger-Darranlage bestimmt. Das Weichen dauert 14 Std., das Keimen 55 Std. und das Darren 42 Std. Die Turmmälzerei nach Miag hat einen runden Turm mit kreisförmigen drehbaren Horden, auf denen die Gerste weicht, keimt und gedarrt wird. Einzelheiten über diese und weitere Systeme vgl. Macher (1974).

c) Herstellung der Würze

Zur Würzeherstellung wird zunächst das sog. Einmaischen vorgenommen. Man versteht hierunter das Mischen des Malzschrotes mit Wasser im Maisch- oder auch im Vormaischbottich. Das Malz, das in Schrotmühlen etwa auf Grießkorngröße geschrotet wurde, wird längere Zeit mit warmem Wasser verrührt, dabei lösen sich Maltose, Saccharose und Invertzucker sowie viele Stickstoffverbindungen. Weitere Stärke wird jetzt durch die Tätigkeit der Amylasen hydrolysiert und dadurch neue Maltose gebildet. Ein Teil der Stärke bleibt aber als Dextrin in der Maische zurück. Bei der Bierherstellung wird die Verzuckerung so geleitet, daß nur etwa 60% vergärbare Kohlenhydrate vorliegen und der Rest der Kohlenhydrate als Dextrine zurückbleibt, die dem Bier seinen Nährwert geben.

In der Praxis wird in sog. Maischpfannen, die mit Heizschlangen versehen sind, eingemaischt (vgl. auch Abb. 70, Rehm, 1967). Nachdem der Maische heißes Wasser zugesetzt („zugebrüht") worden ist, werden Teile der Lösung gekocht und wieder mit der ursprünglichen Maische vereinigt. Das Kochen der Teillösungen der Maische soll einen übermäßigen Abbau der Stärke zu Maltose verhindern. Für den Kochprozeß der Teillösungen der Maische und das Vereinigen mit der Ausgangslösung sind viele verschiedene Verfahren ausgearbeitet worden (vgl. Macher, 1974). Durch das Kochen der Maische wird dem Bier weiterhin ein bestimmter Charakter und Geschmack gegeben (Abb. 172 a).

Nach dem Abmaischen kommt die Maische in den sog. Läuterbottich, in dem sich der „Treber", das sind die festen Rückstände, absetzen soll und die klare Flüssigkeit gewonnen wird. Heute werden vielfach schon sog. Maischefilter verwendet, die eine bessere Filtration des Gutes gestatten (vgl. Abb. 172 b).

Der Treber ist ein wertvolles Viehfutter für Kühe und Schweine und wird entweder naß oder nach Trocknung verfüttert.

Nach dem Läutern (d. h. dem Filtrieren) wird die Würze in der sog. Würzepfanne gekocht und gehopft. Beim Kochen sollen die Enzyme inaktiviert und die nicht hydrolysierten Eiweißstoffe ausgefällt werden. Gleichzeitig wird Hopfen zugesetzt. Durch „das Hopfen" wird das Bier haltbarer und läßt sich länger lagern; es wird also stabilisiert. Weiterhin erhält es ein feines Aroma und einen schwach bitteren Geschmack. Für ein helles Lagerbier verwendet man 0,13 kg/hl – 0,25 kg/hl Hopfen, für Dortmunder Biere 0,18 kg/hl – 0,22 kg/hl, für Pilsener 0,25 kg/hl – 0,45 kg/hl, während das starke Porterbier sogar 1 kg/hl – 1,5 kg/hl enthalten kann. Anstelle des Hopfens wird in einigen Ländern ein Hopfenextrakt verwendet. Dieser wird durch Extraktion des Hopfens mit Dichloräthan hergestellt. Weiterhin lassen sich z. B. durch Einengung im Kältevakuum Hopfenkonzentrate mit einem hohen Gehalt an Lupulin herstellen (Belg. Pat. 647.765, 1964). Bei Verwendung eines „Superhopfenkonzentrates", das besonders wenig Gerbstoffe enthält, soll die Bierqualität verbessert werden (Schur, 1964). Durch das gerbstoffarme Superhopfenkonzentrat ist auch die Möglichkeit gegeben, den Hopfenzusatz ohne Rücksicht auf den nachteiligen Einfluß der Hopfenpolyphenole zu erhöhen.

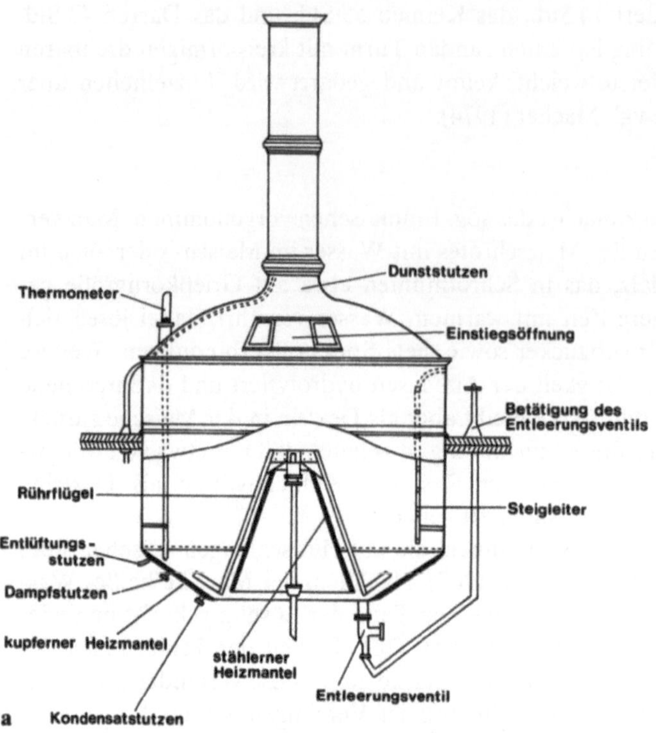

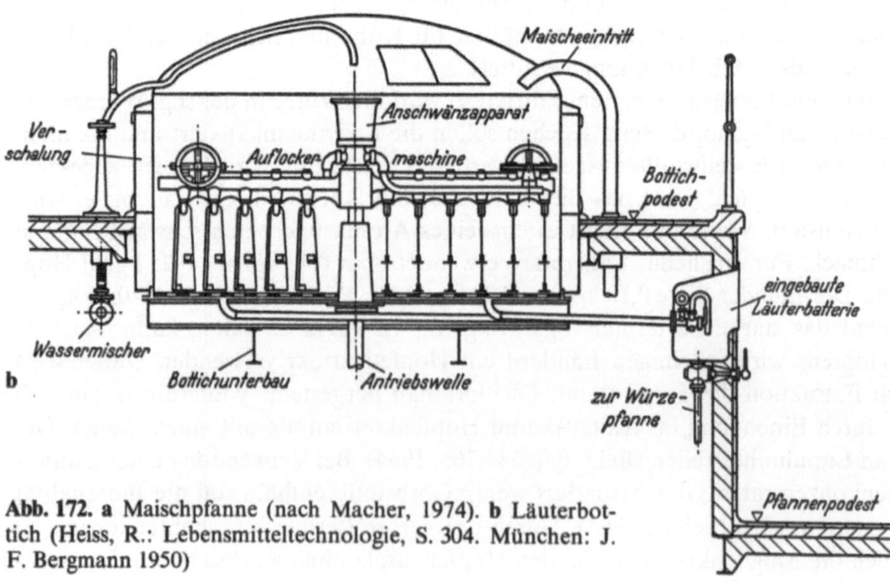

Abb. 172. a Maischpfanne (nach Macher, 1974). **b** Läuterbottich (Heiss, R.: Lebensmitteltechnologie, S. 304. München: J. F. Bergmann 1950)

Beim Würzekocher sollen die durch den Hopfen zugeführten schwer löslichen Harze in die löslichen Isomeren übergeführt werden. Etwa 40% – 55% der Bitterstoffe aus Hopfen werden isomerisiert.

Durch die Verwendung von gemahlenem Hopfen und von Hopfenpräparaten ist die Abtrennung von Hopfentreber im Hopfenseiher nicht mehr nötig. Durch Rotationsbewegung der Würze im sog. Whirlpool (einem Wirbelbottich) sedimentiert der Treber in der Mitte des Bottichbodens, und die geklärte Würze kann abgetrennt werden.

Anschließend wird die Würze – zumeist über Plattenkühler – auf die Gärtemperatur abgekühlt. Diese liegt bei der Untergärung bei etwa 5 °C – 10 °C, bei der Obergärung bei etwa 12 °C – 15 °C. Die Abkühlung muß schnell vor sich gehen, um keine Infektionsmikroorganismen in ihrer Entwicklung, die besonders zwischen 50 °C und 20 °C stark gefördert wird, zu begünstigen.

Anschließend wird die Würze durch Verdünnung auf einen gewünschten Stammwürzegehalt gebracht. Stammwürzegehalt ist der Extraktgehalt (in %), der in der Würze vor dem Hefezusatz vorliegt. Der Extrakt besteht aus den aus Malz in die wäßrige Lösung gegangenen, größtenteils unvergärbaren Anteilen.

Aus dem fertigen Bier errechnet man den Stammwürzegehalt nach der Ballingschen Formel

$$p = \frac{A \cdot 2{,}0665 + Ew}{100 + A \cdot 1{,}0665}$$

p = Stammwürzegehalt, A = Alkoholgehalt des Bieres, Ew = Extraktgehalt, bezogen auf die alkoholfreie Bierflüssigkeit.

In manchen Fällen wird heute schon in zentralen Betrieben ein Würzekonzentrat hergestellt, das mit Containern zu angeschlossenen kleineren Brauereien transportiert wird.

d) Vermehrung der Reinzuchthefe

Für die Auswahl der Heferassen zur Bierherstellung haben die folgenden Gesichtspunkte eine vorrangige Bedeutung: Bruchbildung, Vergärungsvermögen, Gärgeschwindigkeit, Schaumbildung, Geschmack und Geruch.

Das Laboratorium einer Brauerei erhält Flüssigkeitskulturen oder Trockenkulturen aus einem wissenschaftlichen Institut für Brauerei und muß diese vermehren (propagieren), denn bei der Bierherstellung müssen pro hl Bierwürze etwa 0,5 l – 1,0 l dickflüssige Hefe zugesetzt werden. Diese Menge muß etwa ein Trockengewicht von 50 g haben und sollte etwa 3% der Trockensubstanz der Bierwürze ausmachen. Die Vermehrung kann nach zwei Verfahren vorgenommen werden:

1. Eine stufenweise Verpflanzung von einem offenen Gärbehälter zum anderen oder

2. eine Vermehrung der Laborkultur in einem geschlossenen Propagierungsbehälter.

Einzelheiten vgl. Abb. 173 sowie Rehm (1967).

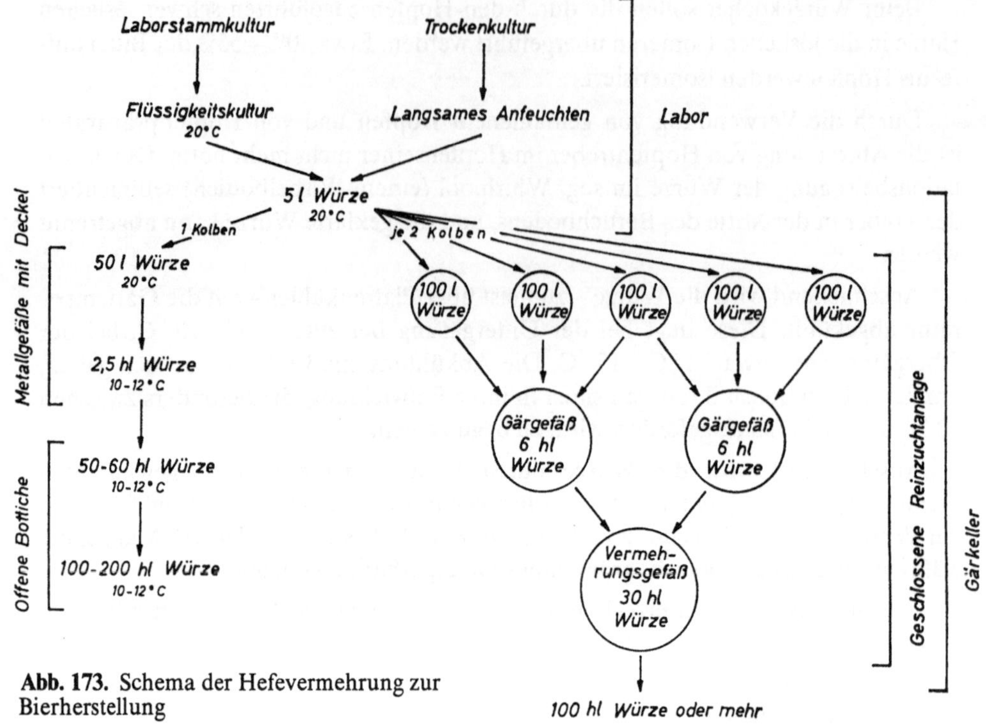

Abb. 173. Schema der Hefevermehrung zur
Bierherstellung

e) Verlauf der Gärung

Wenn die abgekühlte Würze mit der Impfhefe versetzt („angestellt") worden ist,
wird zunächst Maltose durch die Hefen zu Glucose gespalten. Glucose wird anschließend sofort zu Äthanol und CO_2 weiter vergoren.

Man unterscheidet eine Hauptgärung und eine Nachgärung. Die **Hauptgärung**
wird in offenen Bottichen, die 500 hl und mehr enthalten, durchgeführt. Eine großtechnische Brauerei (Askahi) hat Tanks von 2000 hl – 4000 hl, die gut isoliert im
Freien aufgestellt worden sind. Die Bottiche sind innen mit Kühlschlangen zur
Temperaturregulierung versehen. Sie sind entweder aus Eisen oder Zement und
dann mit Spezialpechen ausgekleidet oder bestehen aus V_2 A-Stahlblech, emaillier-
tem Stahl oder reinem Aluminium. Auch gekachelte Zementbottiche werden verwendet. Die Gärräume können eine große Anzahl von Gärbottichen aufnehmen. In
den untergärigen Verfahren wird eine Temperatur von 5 °C – 7 °C, bei wärmerer
Führung von 8 °C – 10 °C hergestellt. Bei obergärigen Verfahren wird bei etwa
15 °C „angestellt" und die Temperatur dann bis über 22 °C erhöht.

Die Gärräume müssen temperaturreguliert und wegen des hohen CO_2-Gehaltes
der Luft dauernd belüftet werden. In manchen Brauereien wird ein Teil des gebildeten CO_2 über den Gärbottichen in großen Aluminiumhauben stark angereichert,
daraus abgesogen und durch Abkühlung und unter Anwendung von Druck verflüs-
sigt. Diese Gärungskohlensäure darf dem Bier wieder zugesetzt werden.

Die **Untergärung** beginnt nach etwa 12 Std. – 24 Std. Zunächst wird der in der Würze vorhandene Sauerstoff bei der Zellvermehrung der Hefen verbraucht, dann sättigt sich die Würze mit CO_2, und anschließend erscheinen an der Oberfläche kleine Bläschen und bilden einen weißen, rahmigen Schaum: „Die Gärung kommt an" (erstes Gärstadium).

Im zweiten Stadium wird der Schaum dichter und kräuselt sich; dabei steigt die Temperatur. In diesem Stadium der „niederen Kräusen" ist der Schaum nicht mehr reinweiß, sondern zeigt braune Stellen, die durch Ausscheidung oxidierter Hopfenharze oder durch Gerbstoff-Eiweißverbindungen hervorgerufen werden.

Nach drei bis vier Tagen hat die Temperatur die Ansatztemperatur um etwa 5 °C überstiegen und ist mit etwa 9 °C auf der Höchsttemperatur der Untergärung angelangt, so daß gekühlt werden muß. Die Gärung hat das dritte, das lebhafteste, das Stadium der „Hochkräusen" erreicht. Es haben sich lockere, z. T. stark braun gefärbte Schaumberge gebildet.

Im vierten und letzten Stadium der Hauptgärung, der „zurückgehenden Kräusen", fällt der Schaum zusammen, wird dunkler und bildet schließlich eine schmutzigbraune Decke. Die Vermehrung der Hefe hört auf. Sie setzt sich in Flocken am Boden ab. Wenn nicht mehr viel Hefe in der Lösung schwebt, so ist das Bier „schlauchreif" und kann mit Hilfe von Rohrleitungen in die Lagerfässer oder Lagertanks abgezogen, „geschlaucht" werden.

Die Gesamtgärdauer ist von Hefemenge, Stamm, Temperaturführung und anderen Faktoren abhängig, sie beträgt etwa acht bis zehn Tage, bei warmer Führung ist sie etwas kürzer und bei kalter Führung oft um einige Tage verlängert.

Bei der **Nachgärung** durch Hefen in Lagertanks oder in Fässern muß eine CO_2-Sättigung des Bieres erreicht werden. Ist zuviel Hefe im abgefaßten Bier, so wurde „grün" geschlaucht, und die Nachgärung verläuft zu rasch. Da ein Teil der Hefe dabei abstirbt, kommen zuviel Autolyseprodukte der Hefe ins Bier, und das fertige Bier erhält einen hefigen Geschmack. Zu wenig Hefe im Bier verzögert die Nachgärung unnötig lange, das Bier ist dann zu „lauter". Diesem Mangel kann man dadurch abhelfen, daß man neue Hefe ins Lagerfaß gibt.

Durch die Nachgärung wird eine weitere Vergärung des noch vorhandenen Zuckers, auch der Maltotriose, eine Anreicherung der Kohlensäure und eine Klärung und Reifung des Bieres sowie eine Bukettbildung erhalten.

Die Nachgärung dauert in geschlossenen Gefäßen ein bis vier Monate. Die Temperatur wird zwischen 0 °C und 2 °C gehalten. Nur zu Beginn der Lagerung – das Bier wird mit etwa +5 °C eingeschlaucht – hält man die Temperatur zunächst etwas höher, um die Nachgärung in Gang zu bringen. Bei den obergärigen Bieren fällt die Nachgärung in der Regel weg.

Von einer bestimmten Lagerzeit an verbessert sich der Geschmack des Bieres nicht mehr, und bei sehr langer Lagerung büßt das Bier wieder an Qualität ein, selbst wenn es vollkommen frei von bierschädlichen Mikroorganismen ist. Zu Beginn der Nachgärung enthielt das Bier etwa 0,25% Kohlensäure, während der Nachgärung sind noch etwa 0,15% Kohlensäure gebildet worden, so daß das Bier beim Ausstoß etwa 0,4% Kohlensäure enthält.

Das Fließschema zeigt den zusammengefaßten Vorgang der Herstellung von untergärigem Bier (Abb. 174).

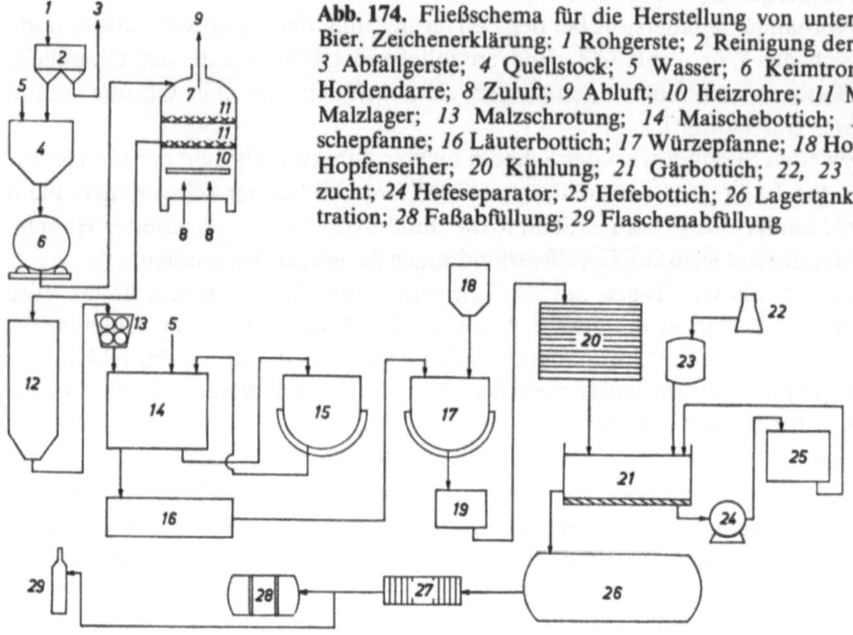

Abb. 174. Fließschema für die Herstellung von untergärigem Bier. Zeichenerklärung: *1* Rohgerste; *2* Reinigung der Gerste; *3* Abfallgerste; *4* Quellstock; *5* Wasser; *6* Keimtrommel; *7* Hordendarre; *8* Zuluft; *9* Abluft; *10* Heizrohre; *11* Malz; *12* Malzlager; *13* Malzschrotung; *14* Maischebottich; *15* Maischepfanne; *16* Läuterbottich; *17* Würzepfanne; *18* Hopfen; *19* Hopfenseiher; *20* Kühlung; *21* Gärbottich; *22, 23* Hefeanzucht; *24* Hefeseparator; *25* Hefebottich; *26* Lagertank; *27* Filtration; *28* Faßabfüllung; *29* Flaschenabfüllung

Die bei 12 °C – 22 °C vorgenommene **Obergärung** dauert nur zwei bis sieben Tage. Sie wird im allgemeinen mit 0,2 l/hl – 0,4 l/hl Hefe angestellt. Die vier Gärstadien sind bei der Obergärung wesentlich verkürzt. Man schöpft vielfach die an die Oberfläche kommende Hefe, die viel Hopfenharze enthält, schon während der Gärung ab. Im letzten Stadium hat sich auf der Oberfläche eine feste Decke aus Hefezellen gebildet. Eine Nachgärung erfolgt zumeist in der Flasche.

f) Abfüllung

Ist die Nachgärung abgeschlossen, wird das ausstoßreife Bier filtriert und anschließend in Fässer oder in Flaschen abgefüllt. In den meisten Fällen wird heute mit Kieselgurfiltern filtriert, wobei häufig mit Zentrifugen vorgeklärt wird. Vom Filter wird das Bier über einen Faßfüller und über mehrere Füllorgane in die Fässer abgefüllt. Durch isobarometrische Abfüllung unter CO_2-Druck kann ein bestimmter CO_2-Gehalt im Bier eingestellt und eine Luftaufnahme weitgehend vermieden werden. Bei Flaschenabfüllung wird vorher noch evakuiert.

Ausfällungen von Eiweißstoffen durch Kälte (Kältetrübungen) lassen sich durch Zusatz von Proteasen verhindern, dabei wird aber auch die Schaumbildung beeinträchtigt. Die Schaumbildung kann dann durch Zusatz von Alginaten oder ähnlichen schaumbildenden Substanzen wieder verstärkt werden. Alginate werden aus Meeresalgen gewonnen und sind Salze und Ester der Alginsäure. Alginsäure ist eine Polymannuronsäure mit 1,4-α-glycosidischer Bindung von verschiedenem Polymerisationsgrad und Molekulargewicht (12 000 – 240 000) (vgl. Kap. 26). Als Zusatz zum Bier ist Na-Alginat in Konzentrationen von 5 g/hl – 50 g/hl Bier geeignet. Nachweis von Alginaten im Bier vgl. Raible und Engelhardt (1965). Eine gute Proteinstabilisierung von Bier läßt sich auch mit einer Silicagel-Behandlung erreichen (Raible und Eichhorn, 1964; Rehm, 1974).

g) Bierherstellung im kontinuierlichen Verfahren

Es gibt eine große Anzahl von Versuchen, auch bei der Bierherstellung kontinuierliche Verfahren einzuführen. Die Schwierigkeiten liegen für solche Verfahren in der Aufeinanderfolge mehrerer biologischer Vorgänge.

In den vergangenen beiden Jahrzehnten sind viele Abwandlungen von den beschriebenen „konventionellen" „batch"-Verfahren zur Bierherstellung entwickelt worden, die sich z. T. auch in der Praxis eingeführt haben. In großen, geschlossenen Gärtanks von 250 m³ läßt sich in 14 Tagen ein qualitativ gutes Bier herstellen (Annemüller und Müke, 1975).

Der erste Schritt zur vollkontinuierlichen Bierherstellung, die kontinuierliche Malzherstellung, wurde auf S. 548 beschrieben.

Trotz vieler wirtschaftlicher Vorteile haben sich kontinuierliche Würzeherstellungs-Verfahren noch nicht durchsetzen können (vgl. Macher, 1974). Nach dem APV-Verfahren wird in einem röhrenförmigen Konverter verzuckert, anschließend im sog. Stockdale-Maischefilter (ein rotierender Filterbottich) abgeläutert, die Würze im Durchfluß mit direkter Dampfinjektion gekocht, die kochende Würze über den Hopfen gegeben und nach Abseihen des Hopfens gekühlt.

Bei einem anderen System (BIW-System nach Reiter, 1964) wird die bei 50 °C bis 52 °C angesetzte Maische im Durchlauf durch einen Plattenerhitzer auf 62 °C bis 75 °C gebracht und in einer Vakuum-Filtertrommel abgeläutert. Die Hopfung erfolgt konservativ in einer Würzepfanne.

Eine Anzahl weiterer Verfahren vgl. Compton und Geiger (1960); Ash und Dummet (1961); Karel (1970); Macher (1974).

Die kontinuierliche Gärung kann nach verschiedenen Verfahrenstypen durchgeführt werden:

a) **Überfluß-Systeme,** in denen in einem (Bishop, 1970) oder in einer Serie von gerührten Fermentern an einer Stelle Würze einfließt und an anderer Stelle, bei Mehrstufensystemen am Ende, das Bier herausfließt. In vielen Fällen wird das Bier in einem folgenden Tank noch einer zwei- bis dreitägigen Reife bei 0 °C unterzogen, so daß keine Vollkontinuierlichkeit erreicht wurde. Ein Drei-Bottich-Gärsystem soll gute Bierqualitäten (vgl. Hough und Button, 1972) ergeben. Im Prinzip sind die meisten mehrstufigen Verfahren sog. Schnellgärverfahren, wie sie Wellhoener (1954) beschrieben hatte. Die Gärung dauert beim Durchlaufen einiger Tanks bei 15 °C – 20 °C und 2 atü ca. 120 Std. (Abb. 175).

b) Das **Turm-System** schien zunächst viele Probleme der kontinuierlichen Gärung zu lösen (Abb. 176).

Die Würze wird in einem senkrecht stehenden, unten zylindrokonisch abgeschlossenen und oben stark erweiterten Rohr von 1 m Durchmesser und 6 m bis 7 m Höhe bei 20 °C in ca. 15 Std. vergoren (Klopper et al., 1965; Hough und Button, 1972; Stewart, 1974). Die Würze wird unten eingepumpt, das fertige Bier oben abgezogen. Anschließend wird separiert und filtriert, CO_2 zugesetzt und ohne zusätzliche Reifung abgefüllt. Die Gärung wird durch Temperatur und Durchflußgeschwindigkeit gesteuert. Die Kapazität beträgt bis zu 200 hl Bier/Tag.

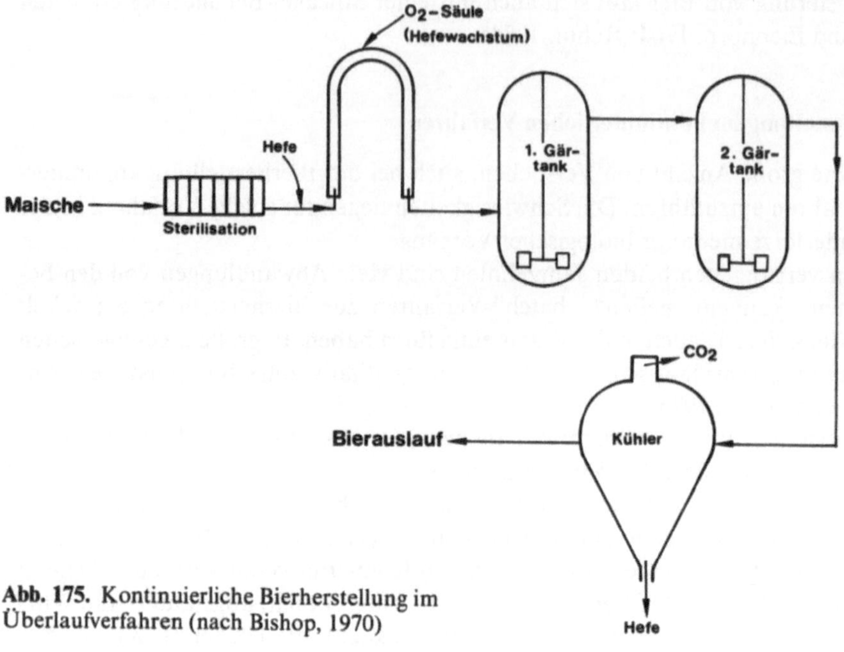

Abb. 175. Kontinuierliche Bierherstellung im Überlaufverfahren (nach Bishop, 1970)

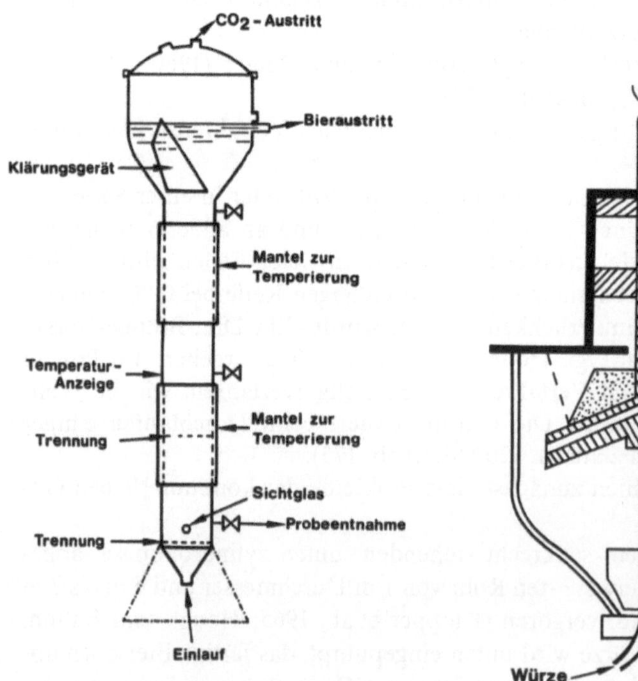

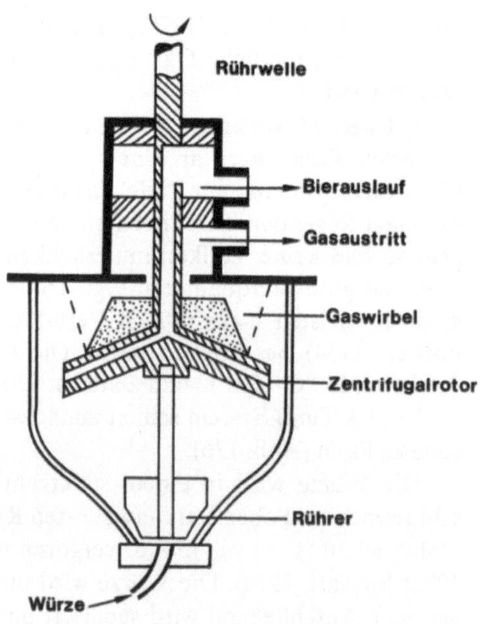

Abb. 176. Turmfermenter (nach Atkinson, 1972)

Abb. 177. Zentrifugaler kontinuierlicher Fermenter (nach Portno, 1966)

Da die Hefen sich in diesem heterogenen, geschlossenen Fermentationssystem nur wenig vermehren, ist der N-Gehalt des Bieres erhöht. Bei Belüftung wird eine größere Hefevermehrung erreicht, so daß Biere mit geringerem N-Gehalt erhalten werden (Ault et al., 1969). Es ist bis heute jedoch noch nicht gelungen, in einer solchen Turmgärung ein immer gleichmäßiges Bier zu erzeugen, so daß viele Anlagen ihre Produktion wieder einstellen mußten (Literatur vgl. besonders Hough und Button, 1972).

c) Ein kontinuierliches **System mit Zentrifugation** hat Portno (1966, 1967) beschrieben. Der Fermenter besteht aus einem gerührten Gärbottich. In einem sich schnell drehenden zentrifugalen Rotor werden die Hefen vom Bier getrennt, das dabei oben aus dem Rotor austritt. Mit diesem Apparat läßt sich auch mit weniger gut ausflockenden Hefen arbeiten. Die Hefen können – wie bei anderen geschlossenen Fermentern – bis zu etwa zehn Tagen wiederverwendet werden. Bisher ist es aber noch nicht gelungen, dieses komplexe System zur technischen Anwendung zu vervollkommnen (Abb. 177).

d) Zu einer Reihe **sonstiger kontinuierlicher Verfahren** gehört das Bio-Brew-Verfahren von Narziss und Hellich (1971). Der Bioreaktor ist ähnlich wie ein Ausschwemmschichtenfilter konstruiert. In den Filter (Kieselgur) ist die Hefe porös eingeschichtet. Mehrere Filter sind wie in einer Filterpresse angeordnet. Die Würze läuft unter Druck an den Filtern vorbei. Das Bier ist in zwei bis drei Tagen fertig, muß aber noch nachreifen. Auch in einem Plug-Fermenter (pfriemartiger Röhrenfermenter) läßt sich eine Hefe-Kieselgur-Mischung zur schnellen Bierherstellung installieren (Baker und Kirsop, 1973).

Die von Gorbach (1969) und Moser (1977) entwickelten Dünnschichtfermenter (vgl. Kap. 9) sind noch nicht in die Praxis eingeführt worden.

Von sämtlichen beschriebenen kontinuierlichen Fermentationen ist gegenwärtig nur das Verfahren von Bishop (1970) zur Herstellung von englischem obergärigen Bier (Gärung bei 21 °C, Gärzeit 15 Std., Kapazität 1600 – 6600 hl/Woche) praktisch in Betrieb (weitere Literatur vgl. Rehm, 1967; besonders Hough und Button, 1972), obwohl immer wieder auf die Vorteile des Turmsystems gegenüber dem gerührten Fermenter hingewiesen wird (Campbell und Umo, 1976).

5. Biertypen

Es gibt helle und dunkle, untergärige und obergärige Biere. Einige wichtige Biertypen sind im folgenden stichwortartig angeführt (vgl. Weinfurtner, 1962):

Typische untergärige Biere:

Pilsener Bier: leicht eingebraut, sehr hell, stark gehopft, etwa 11% – 12% Stammwürze.

Dortmunder Bier: stark eingebraut; mäßig gehopftes, helles Bier, alkoholreich, weil hochvergoren; 13% – 14% Würze.

Münchener Bier: aus dunklem Malz, 11% – 14% Würze, süßlich, schwach gehopft.

Bockbiere: stark eingebraute dunkle Biere mit hohem Alkoholgehalt, 16% – 18% Stammwürze.

Märzenbiere: 13% – 14% Stammwürze, mittlere Farbe.

Typische obergärige Biere:

Ale: obergäriges helles Bier, stark gehopft, hoher Alkoholgehalt.

Porter: dunkles Ale, viel Extrakt, weniger gehopft.

Stout: starkes Porterbier, viel Extrakt, stark vergoren und daher hoher Alkoholgehalt, stark gehopft.

Weißbiere: obergärige helle Biere, zumeist aus Gerste und Weizen, wenig Alkohol, oft trüb, 11% – 13% Stammwürze.

Nährbiere u. a. Biertypen:

„*Cereal beverage*": ein Bier mit weniger als 0,5% Alkohol, auch als Nährbier bezeichnet.

Malzbiere, Karamelbiere: dunkle Süßbiere mit Zucker oder Zuckercouleurzusatz.

Rauchbiere: mit geräuchertem Malz hergestellte Biere.

„*Lunchbier*": ein Bier mit geringerem Alkoholgehalt als normale Biere (2,5%), 11,5% Stammwürzegehalt.

Ein alkoholarmes und extraktarmes Bier kann z. B. durch Verdünnung des Extraktgehaltes der Würze auf 40% – 85%, Verminderung des Alkoholgehaltes auf ca. 1% durch Kochen nach der ersten Gärung und Durchführung einer zweiten Gärung (nach Filtration) mit neuen Hefen erhalten werden. Bisher haben sich alkoholarme oder auch alkoholfreie (Masior, 1973; Cuřin, 1976) Biere aber nicht durchgesetzt.

Bestimmte Biere werden mit Hefen und Lactobacillen gleichzeitig vergoren. Zu diesem Zweck werden der Hefe im Verhältnis von etwa 3,5 : 1 Milchsäurebakterien zugesetzt. Dadurch kann neben der alkoholischen Gärung eine Milchsäuregärung ablaufen. Das Berliner Weißbier wird z. B. auf diese Weise hergestellt. Belgisches Lambic-Bier wird spontan durch Milchsäure- und Essigsäurebakterien gesäuert, während das Münchener Weißbier nicht gesäuert wird.

Versuche, sog. Bierkonzentrate herzustellen, sind bisher nicht befriedigend gelungen, da die bei der Gärung entstandenen Nebenprodukte des Bieres weitgehend unbekannt sind und sich bisher nicht annähernd nachahmen ließen. Bierkonzentrate können durch Trocknung bei 24 °C – 50 °C unter vermindertem Druck oder aber vorzugsweise durch Gefriertrocknung hergestellt werden. Hierbei ist zur Verhinderung der starken Schaumentwicklung ein Zusatz von Antischaummitteln notwendig (US-Pat. 3.193.395, 1965). Bierkonzentrate müssen bei längerer Lagerung bei Temperaturen von 0 °C – 5 °C gehalten werden (Essery et al., 1962).

Übersee-Exportbiere und andere Biere, die sehr lange haltbar sein müssen, werden – zumeist 20 min bei 62 °C – pasteurisiert. Da hierbei der Druck in den Flaschen stark ansteigt, muß ein Leerraum von etwa 3% berücksichtigt werden.

In Ländern mit großem Bierverbrauch verlangt man eine Haltbarkeit des einfachen Bieres von etwa einem Monat. Bei Übersee-Exportbieren wird jedoch eine Haltbarkeit auch unter ungünstigen Lagerungsbedingungen bis zu etwa einem Jahr angestrebt.

6. Bierfehler

Bierfehler können biologische Ursachen haben oder aber physikalisch-chemischer Natur (z. B. Eiweißausfällungen) sein. An biologischen Trübungen können wilde

Hefen ebenso wie Kulturhefen beteiligt sein, denn vom Filter ab sind auch die Kulturhefen als schädliche Organismen anzusehen. Die Anwesenheit von ausreichendem Sauerstoff begünstigt die Entwicklung der Hefen, durch die das Bier einen hefigen Geschmack erhält. *Saccharomyces diastaticus* scheint sich besonders häufig in Flaschenbieren in den USA zu entwickeln (Kleyn et al., 1964).

Manche Stämme von *S. cerevisiae* besitzen einen sog. „killer-factor" (auf einem Doppelstrang-RNA-Plasmid codiert) (vgl. Wickner, 1976), durch den ein Toxin gebildet wird, das andere Hefen abtötet. Befinden sich derartige Stämme zu mehr als 3% in der Gärlösung, muß mit Verlängerung der Gärzeit bis zu 68% gerechnet werden (Kreil et al., 1976). Besonders in kontinuierlichen Fermentationen kann dieser Faktor bedeutungsvoll werden (Maule und Thomas, 1973).

Lactobacillus pastorianus (ein heterofermentativer *Lactobacillus,* heute *L. brevis*) ist ein gefährlicher Bierverderber. Infektionen mit Milchsäurestäbchen sind zumeist auf schlecht gereinigte Leitungen oder auf eine Verwendung einer unreinen Anstellhefe zurückzuführen.

Das Sauerwerden des Bieres wird auch durch *Acetobacter*-Arten verursacht; ausreichender Sauerstoff ist Voraussetzung für ihre Entwicklung.

Die sog. „Sarcinakrankheit" des Bieres wird durch *Pediococcus cerevisiae* verursacht. Dieser ruft durch Diacetylbildung einen charakteristischen, unangenehmen Geschmack im Bier und oft gleichzeitig auch eine Trübung hervor. *P. cerevisiae* ist ein grampositiver Kokkus, der einzeln, paarweise und auch in Tetraden vorkommt. Im schwach sauren Medium, also im Bier, ist die letzte Form vorherrschend. Der Bierpediokokkus, wie *P. cerevisiae* auch bezeichnet wird, ist der am meisten gefürchtete Infektionsmikroorganismus, besonders in kleinen Brauereien. Da sich das Diacetyl oft erst auf dem Wege zum Konsumenten entwickelt, wird seine Bildung für die Brauereien vielfach unkontrollierbar. Mit Hilfe einer NAD-abhängigen Diacetylreduktase aus *Aerobacter aerogenes* läßt sich der Diacetylgehalt in einer Stunde von 1,25 ppm auf 0,2 ppm reduzieren (Bavisotto et al., 1964; Tolls et al., 1970). Pediokokkeninfektionen lassen sich durch Pasteurisation der Flaschen, durch schnellen Konsum der unpasteurisierten Biere, durch eine kühle Lagerung bis zum Konsum und durch Fernhalten von Luft aus den Flaschen – Sauerstoff fördert die Diacetylbildung – verhindern.

Sog. Würzebakterien, gramnegative Stäbchen, die in gehopfter Würze wachsen und die ersten Stadien der Gärung überleben, können der Würze und damit auch dem Bier einen charakteristischen Selleriegeschmack geben. Sie gehören z. T. zur *Coli-Aerogenes*-Gruppe und teils zu den Gattungen *Achromobacter* und *Flavobacterium* (früher auch als *Obesumbacterium* bezeichnet).

Es ist möglich, Bier zur Verhinderung des Bakterienwachstums nicht nur zu pasteurisieren, sondern auch chemisch zu konservieren, z. B. mit Pyrokohlensäurediäthylester, p-Hydroxybenzoesäureester oder Pimaricin (US-Pat. 3.232.766, 1966), im allgemeinen steht man der chemischen Konservierung von Bier jedoch ablehnend gegenüber.

Von den vielen bekannten Mykotoxinen können Aflatoxin B_1 und Ochratoxin A evtl. eine Bedeutung im Bier haben, da besonders Ochratoxin A in Gerste vorkommen kann (Scott et al., 1972; Krogh et al., 1974). Mehr als ¾ von Aflatoxin B_1 und Ochratoxin A werden bei der Bierherstellung zerstört (Chu et al., 1975), dabei wird Aflatoxin B_1 durch den Stoffwechsel der Hefen inaktiviert (Mann und Rehm, 1976).

In den USA wurden im Bier und Gerstenmalz von 130 Brauereien kein Ochratoxin gefunden (Fischbach und Rodricks, 1973).

Auf eine Beschreibung der mikrobiologischen Kontrollmethoden in der Brauerei wurde hier verzichtet. Es sei auf die Zusammenstellungen von Haas (1960); Ault (1965) und Windisch (1965) verwiesen. Literatur über die Mikrobiologie des Bieres vgl. auch Kleyn und Hough (1971).

II. Saké

In Japan wird ein Reiswein, der sog. Saké, viel getrunken. Dieser „Wein" ist seinem Herstellungsverfahren nach ein bierähnliches Getränk. Zu seiner Herstellung wird zunächst ein Koji oder ein Saké-Koji oder ein Tene-Koji gebildet. Um Koji herzustellen, wird gedämpfter Reis mit Sporen von *Aspergillus oryzae* beimpft und bei etwa 20 °C bis zur dichten Mycelbildung bebrütet. *A. oryzae var. globosus* oder *A. oryzae var. saké*, die von den allgemeinen *A. oryzae*-Stämmen unterschieden werden, eignen sich besonders gut zur Koji-Herstellung (Murakami und Takagi, 1959). Beim Wachstum der Pilze werden viele Amylasen gebildet. Mit dem Koji kann nun weiterer gedämpfter Reis, der mit Wasser verrührt wird, versetzt werden. Bei niedrigen Temperaturen wird aus dem Reis die Stärke enzymatisch in vergärbare Zukker überführt, und es entsteht eine dicke Flüssigkeit, die Moto genannt wird und schon spontan zu gären beginnt. Moto wird mit Wasser und gedämpftem Reis versetzt und spontan oder nach Beimpfung durch *Saccharomyces saké, S. tokyo* und *S. yeddo* und andere Hefen vergoren. Systematik der Saké-Hefen vgl. Takeda und Tsukahara (1975). Auch bei Sakéhefen sind sog. „Killerhefen" festgestellt worden (Ouchi und Akiyama, 1976). Bei manchen Gärungen sind auch *Hansenula anomala* sowie verschiedene Milchsäurebakterien beteiligt. Unerwünschte Mikroorganismen, vor allem Bakterienarten, lassen sich durch Zusatz von Antibiotica unterdrücken. Die weiteren Arbeitsgänge vgl. Abb. 178.

Es werden über die biochemischen Vorgänge bei der Sakéherstellung und über die Technik der Saképroduktion viele Untersuchungen angestellt. Dabei

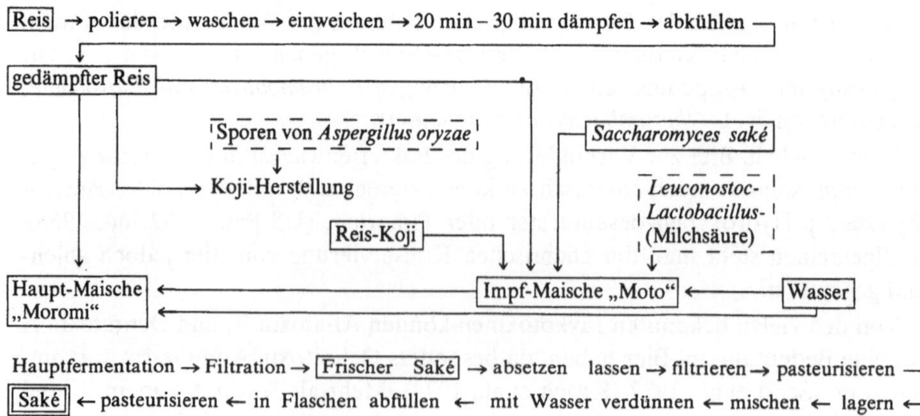

Abb. 178. Fließschema zur Herstellung von Saké

wurde nachgewiesen, daß der säuerliche Geschmack des Saké besonders durch den Milchsäuregehalt (38,5 mg/100 ml – 122,5 mg/100 ml) hervorgerufen wird (Matsui und Sato, 1960). Für die Gärung sind auch geeignete Mutanten der Hefen gezüchtet worden (Akiyama und Furukawa, 1962), die eine größere Wachstums- und Fermentationsgeschwindigkeit hatten. Starke Trübungen des Saké lassen sich durch bakterielle Amylasen und Proteinasen aus *Bacillus subtilis* verhindern (Akiyama, 1958). Als Würze für Saké lassen sich Hefeextrakte verwenden (Jap. Pat. 17.887, 1960).

Neben dem etwas säuerlichen Saké wird auch ein süßlicher Saké hergestellt. Dieses Produkt heißt Mirin oder Amasake. Es enthält sehr viel Glucose, Kojibiose, Nigerose, Maltose, Isomaltose und höhere Oligosaccharide sowie viele Aminosäuren. Mirin ist sehr alkoholreich und wird als Würze für einen synthetischen Saké verwendet. Eine solche Würzelösung, die sehr glutaminsäurehaltig ist, kann man auch herstellen, indem man *B. megaterium* zur Glutaminsäurebildung sieben Tage lang ein synthetisches Substrat fermentieren läßt und anschließend eine Gärung mit *Saccharomyces saké* (vier Tage bei 20 °C) durchführt (Jap. Pat. 18.428, 1960).

Zur Herstellung chinesischer alkoholischer Saké-ähnlicher Getränke werden bei der Kojibereitung auch andere *Aspergillus*-Arten, *Penicillium, Absidia* oder *Monascus* verwendet. Die Pilze müssen nur genügend Amylasen zur Reisverzuckerung produzieren. Die Gärung erfolgt mit *Saccharomyces saké* oder spontan mit Stämmen von *S. cerevisiae*.

Einzelheiten über verschiedene Saké-Herstellungen und viel Literatur vgl. Kodama und Yoshizawa (1977).

III. Weitere bierähnliche Getränke

Es gibt eine Reihe bierähnlicher Getränke, die in bestimmten Gegenden oft eine große Bedeutung haben.

In Rußland wird ein Getränk mit dem Namen **Kwass** genossen. Es wird aus etwa gleichen Teilen Gerstenmalz, Roggenmalz und Roggenmehl hergestellt. Die Rohstoffe werden mit heißem Wasser eingemaischt, nach einigen Stunden nochmals mit heißem Wasser versetzt und dann mit Hefe beimpft. Dem vergorenen Produkt wird zur Geschmacksbildung häufig Pfefferminze zugesetzt.

Kwass kann auch kontinuierlich hergestellt werden. Hierzu wird die Kwasswürze (aus Roggenmehl, Weizen- und Gerstenmalz) mit einem Extraktgehalt von 1,5% – 1,8% durch Zuckerzusatz auf 8% gebracht und dann durch eine acht- bis zehnstündige Vergärung bei 50 °C mit Milchsäurebakterien angesäuert. Erst jetzt wird nach Pasteurisation (20 min bei 74 °C – 78 °C) mit Hefen bei 25 °C – 28 °C in einer Batterie von fünf Gefäßen kontinuierlich vergoren. Der Alkoholgehalt beträgt nach 8 Std. – 9 Std. Vergärung etwa 0,5% (Fedorow und Schulikowa, 1964).

Ähnliche Getränke gibt es in großer Zahl. Mit *Saccharomyces pombe* wird aus Hirse ein Getränk mit dem Namen **Pombe** hergestellt. Auch **Boza** ist ein bierähnliches Getränk aus Hirse. Roggen, Reis, Gerste und Hanf werden häufig anstelle von Hirse verwendet. Die Fermentation erfolgt mit Hefen und Lactobazillen. Das Getränk ist in der Türkei und im vorderen Orient bekannt (Pamir, 1961).

Das sog. **Ingwer-Bier** (ginger beer) wird durch gemeinsame Gärung von Hefen, besonders *S. piriformis* und Bakterien, besonders *Betabacterium vermiforme*, erhalten. Dieses Bakterium ist heterofermentativ und von *Lactobacillus buchneri* wenig unterschieden. Vergoren wird Zucker, dem Stücke der Ingwerwurzel zugesetzt werden; die Lösung wird mit einigen Stücken „ginger-beer plant", einer hornartigen Kruste, die aus einer Mischkultur beider Mikroorganismen besteht, beimpft. Man nimmt an, daß eine Symbiose zwischen beiden Mikroorganismenarten besteht, denn die Hefezellen sind in die gallertartigen Scheiden der Bakterien eingeschlossen.

Literatur

Akiyama, H.: Nippon Jôzô Kyôkai Zasshi *53*, 150 (1958)

Akiyama, H., Furukawa, T.: Nippon Nogei Kagaku Kaishi *36*, 358 – 360 (1962)

Annemüller, G., Müke, O.: Prům. Potravin, *26*, 147 – 148 (1975)

Ash, M. E., Dummet, G. A.: Eur. Brew. Conf. Proc. Wien 391 (1961)

Ault, R. G.: J. Inst. Brew. *71*, 376 – 391 (1965)

Ault, R. H., Hampton, A. N., Newton, R., Roberts, R. G.: J. Inst. Brew. *75*, 260 (1969)

Baker, D. A., Kirsop, B. H.: J. Inst. Brew. *79*, 487 – 494 (1973)

Bavisotto, V. S., Shovers, J., Sandine, W. E., Elliker, P. R.: Am. Soc. Brew. Chem. Proc. *1964*, 211 – 216

Bishop, L. R.: J. Inst. Brew. *76*, 172 (1970)

Campbell, I., Umo, S. J.: Abstr. 5th Int. Ferment. Symp. Dellweg, H. (ed.), p. 378. Berlin (1976)

Chu, F. S., Chang, C. C., Ashoor, S. H., Prentice, N.: Appl. Microbiol. *29*, 313 – 316 (1975)

Compton, J., Geiger, K. H.: Ref. Wallerstein Lab. Commun. *23*, 50 (1960)

Cuřin, J.: Kvas. Prům. *22*, 99 – 102 (1976)

De Keukeleire, D., Verzele, M.: Industrial aspects of biochemistry, Part I. Proc. 9th Febs. Meet. Spencer, B. (ed.), pp. 261 – 277. Amsterdam, London, New York: North Holland/ American Elsevier 1974

Essery, R. E., Gane, R., Hearne, J. F.: J. Inst. Brew. *69*, 408 (1962)

Fedorow, A. F., Schulikowa, T. G.: Fermentn. Spirt. Prom. *30*, 17 – 18 (1964)

Fischbach, H., Rodricks, J. H.: J. Assoc. Off. Anal. Chem. *56*, 767 – 770 (1973)

Gibbs, M., DeMoss, R. D.: J. Biol. Chem. *207*, 689 (1954)

Görts, C. P. M.: Antonie van Leeuwenhoek *35*, 233 (1969)

Gorbach, G.: Monatsschr. Brau. *22*, 49 (1969)

Haas, G. J.: Adv. Appl. Microbiol. *2*, 113 (1960)

Halvorson, H. O., Winderman, S., Borman, J.: Biochim. Biophys. Acta *67*, 42 (1963)

Hough, J. S., Button, A. H.: Prog. Ind. Microbiol. *11*, 89 – 132 (1972)

Karel, Vl.: Kvas Prům. *16*, 236 – 239 (1970)

Kleyn, J., Hough, J.: Annu. Rev. Microbiol. *25*, 583 – 608 (1971)

Kleyn, J. G., Vacano, N. L., Kain, N. A.: Am. Soc. Brew. Chem. Proc. *1964*, 155 – 173

Klopper, W. J., Roberts, R. H., Royston, R. G., Ault, R. G.: Eur. Brew. Conf. Proc. Congr. *10*, 238 – 259 (1965)

Kodama, K., Yoshizawa, K.: In: Economic microbiology. Rose, A. H. (ed.), Vol. I, pp. 423 – 475. London, New York: Academic Press 1977

Kreil, H., Kieninger, H., Teuber, M.: Brauwissenschaft *29*, 102 – 110 (1976)

Krogh, P., Hald, B., Englund, P., Rutqvist, L., Swahn, O.: Acta Pathol. Microbiol. Scand. *32*, 301 – 302 (1974)

Lodder, J. (ed.): The yeasts. Amsterdam, London: North-Holland Publishing Co. 1970

Macher, L.: Ullmanns Encyklopädie der technischen Chemie. Vol. 8, S. 462 – 495. Weinheim, New York: Chemie 1974

Macleod, A. M.: In: Economic microbiology. Rose, A. H. (ed.), Vol. I, pp. 43 – 137. London, New York: Academic Press 1977

Mann, R., Rehm, H. J.: Eur. J. Appl. Microbiol. *2*, 297 – 306 (1976)

Masior, S.: Przem. Ferment. Rolny *17*, 1 – 3 (1973)

Masschelein, C. A., Cabanne, B.: Industrial aspects of biochemistry, Part I. Proc. 9th FEBS Meeting, Spencer, B. (ed.), pp. 279 – 295. Amsterdam, London, New York: North Holland/ American Elsevier 1974

Matsui, H., Sato, S.: Hiroshima Daigaku Kôgakubu Kenyû Hôkoku *9*, 47 (1960)

Maule, A. P., Thomas, P. D.: J. Inst. Brew. *79*, 137 – 141 (1973)

Moser, A.: Habilitationsschr. Graz (1977)

Murakami, H., Takagi, K.: Nippon Nogei Kagaku Kaishi *33*, 905 (1959)

Narziß, L.: Lebensmittelchem. Gerichtl. Chem. *32*, 2 – 10 (1978)

Narziß, L., Hellich, P.: Brauwelt *111*, 1491 – 1500 (1971)

Nordström, K.: J. Inst. Brew. *72*, 38 – 40 (1966)

Ouchi, K., Akiyama, H.: J. Ferment. Technol. *54*, 615 – 623 (1976)

Pamir, H. M.: Ankara Univ. Ziraat Fak. Yayin *176*, 60 (1961)

Pollock, J. R. A. (ed.): Brewing Science Vol. 1. London, New York, San Francisco: Academic Press 1979

Portno, A. D.: DB-Pat. 1.165.328 (1966)

Portno, A. D.: J. Inst. Brew. London *73*, 43 – 50 (1967)

Raible, K., Eichhorn, E.: Tech. Q. Master Brew. Assoc. Am. *1*, 203 (1964)

Raible, K., Engelhardt, I.: Brauereiwissenschaft *18*, 398 – 403 (1965)

Rainbow, C.: In: The yeasts. Rose, A. H., Harrison, J. S. (eds.), Vol. 3, pp. 147 – 224. London, New York: Academic Press 1970

Rehm, H. J.: Industrielle Mikrobiologie. Berlin, Heidelberg, New York: Springer 1967

Rehm, H. J.: Brauereiwissenschaft *27*, 182 – 187 (1974)

Reiff, F., Kautzmann, R., Lüers, H., Lindemann, M.: In: Die Hefen, Bd. 2. Nürnberg: Hans Carl 1962

Reiter, F.: Brauwelt *104*, 699 (1964)

Schur, F.: Schweiz. Brau.-Rundsch. *75*, 254 – 260 (1964)

Schuster/Weinfurtner/Narziß, L.: Die Bierbrauerei, Bd. 1, die Technologie der Malzbereitung, 6. Aufl. neubearb. v. L. Narziß. Stuttgart: Ferdinand Enke 1976

Scott, P. M., van Walbeek, W., Kennedey, B., Anyeti, D.: Agric. Food Chem. *20*, 1103 – 1109 (1972)

Stewart, G. G.: Adv. Appl. Microbiol. *17*, 233 – 264 (1974)

Takeda, M., Tsukahara, T.: J. Ferment. Technol. *53*, 103 – 111 (1975)

Tolls, T. N., Shovers, J., Sandine, W. E. L., Elliker, P. R.: Appl. Microbiol. *19*, 649 – 657 (1970)

Weinfurtner, F.: In: Die Hefen, Bd. 2, S. 271 – 324. Nürnberg: Hans Carl 1962

Wellhoener, H. J.: Brauwelt *94*, 624 (1954)

Wickner, R. B.: Bacteriol. Rev. *40*, 757 – 773 (1976)

Windisch, S.: Tagesztg. Brau. *18*, 8 – 11 (1965)

Kapitel 34 Wein und Sekt

I. Wein

1. Allgemeines

Die Weinbereitung ist von vielen Völkern seit Jahrtausenden betrieben worden. Ihr liegt ein verhältnismäßig einfacher mikrobiologischer Prozeß zugrunde, der aber viele Möglichkeiten zu Variationen bietet, so daß sehr unterschiedliche Endprodukte entstehen können. Wein und weinähnliche Getränke werden durch Vergärung zuckerhaltiger Substrate zu alkoholischen Lösungen hergestellt. Dabei sind praktisch sämtliche Fruchtarten, die vergärbare Zucker enthalten, zur Herstellung von Wein und weinähnlichen Getränken geeignet. Als Wein (im engeren Sinne) bezeichnet man das Produkt, das aus der Vergärung von Traubensaft der Weinrebe (*Vitis vinifera*) entstanden ist.

Die große Bedeutung der Weinerzeugung für breite Teile der Bevölkerung hat zu einer nahezu unübersehbaren Literatur über die Weinherstellung geführt. Sehr viel dieser Literatur ist in dem Werk, das von Reiff et al. (1962) herausgegeben worden ist, erfaßt worden. Viele der hier gemachten Angaben berufen sich auf dieses Werk. Weitere Literatur vgl. besonders Troost (1972).

2. Mikroorganismen

Die normalen Weingärungen sind spontane oder angeimpfte Gärungen mit *Saccharomyces cerevisiae*. Diese Art kann noch in *S. cerevisiae* var. *ellipsoideus* sowie *S. cerevisiae* var. *pastorianus* unterschieden werden (Windisch, 1960). Die Weinhefen werden auch als *S. cerevisiae* var. *vini* bezeichnet (Schanderl, 1950). Für die Gärung sind bestimmte Stammeigenschaften wichtig (Schanderl, 1950; Böhringer, 1962; Kunkee und Amerine, 1970; Amerine et al., 1972). Es gibt u. a.:

1. Hochgärige Rassen, die bis zu 18 Vol.% und 20 Vol.% Alkohol im Optimum bilden.
2. Kälteresistente Rassen, die bei Temperaturen bis zu +4 °C noch 8 Vol.% bis 12 Vol.% Alkoholausbeute erbringen (Kaltgärhefen).
3. Sulfithefen, die stark geschwefelte Moste vergären.
4. Alkoholresistente Hefen, die bei 8 Vol.% bis 12 Vol.% Alkohol noch imstande sind, eine Gärung einzuleiten, wenn genügend Zucker vorhanden ist (Umgärhefen, alle Sekthefen).
5. Rotweinhefen, die an einen hohen Gerbstoffgehalt gewöhnt sind.
6. Osmophile Hefen, die mehr als 30 Vol.% Zucker vertragen und daraus 10 Vol.% bis 13 Vol.% Alkohol liefern.

Weiterhin gibt es Rassen, die beim Schaumwein keine „Masken" bilden, ferner Sherryhefen, die in einer Oberflächenhaut das charakteristische Bukett für Sherryweine bilden, sowie Hefen, die auf 30 °C – 32 °C erwärmten Alkohol vertragen, u. v. a. Arten mit einer besonderen Bukettbildung. In der Praxis versucht man häufig Rassen mit verschiedenen Eigenschaften zu mischen, um optimale Eigenschaftskombinationen zu erhalten.

Neben den sporenbildenden *S. cerevisiae*-Stämmen können auch *Zygosaccharomyces*-Stämme an der Gärung beteiligt sein. Sie kopulieren bei der Sporenbildung und unterscheiden sich dadurch von den Saccharomyceten.

Eine Anzahl von Hefearten, die an der zugespitzten Form (apices = Spitzen) kenntlich ist und daher den Namen Apiculatus-Hefen erhalten hat, bildet geringere Alkoholausbeuten (5 Vol.% – 8 Vol.%) als *Saccharomyces cerevisiae,* so daß bei den Weingärungen der Anteil an *S. cerevisiae* unbedingt überwiegen sollte. Zu den Apiculatushefen gehören Arten der folgenden vier Gattungen (Böhringer, 1962):

1. *Hanseniaspora* Zikes (*Kloeckeraspora* Niehaus): Kleinzellig, sporenbildend.
2. *Kloeckera* Janke: Kleinzellig, im Laboratorium keine Sporenbildung.
3. *Saccharomycodes* Hansen: Großzellig, sporenbildend.
4. *Brettanomyces* Kufferath und van Laer: Ein- bis zweiseitig zugespitzt, oft seitlich sprossend, aber auch mycelähnliche Zellen bildend.

Die großzelligen Apiculatushefen aus der Gattung *Saccharomycodes* können Säure in großen Mengen vertragen (bis zu 470 mg/l freie H_2SO_3). Aus diesem Grunde werden sie zur „Angärung" von Mosten, die zu stark geschwefelt wurden, angewandt (Marcilla und Feduchy, 1943). Die Durchgärung muß dann aber mit *Saccharomyces* erfolgen, da die *Saccharomycodes*-Arten zu „gärschwach" sind.

Brettanomyces-Arten vermehren sich gern mit *Saccharomyces*-Arten in Schaumweinen, setzen sich aber wegen ihrer kleinen Zellen nicht ab.

Von den sog. Kahmhefen spielen bei der Weinbereitung besonders die Gattungen *Candida, Pichia* und *Hansenula* (vgl. Kap. 1) eine Rolle. Kahmhefen sind in der Lage, auf dem Wein Myceldecken zu bilden. Dabei oxidieren sie den Alkohol unter Bildung flüchtiger Säuren, anschließend werden Äpfelsäure, Bernsteinsäure und Glycerin abgebaut. Durch die Tätigkeit der Kahmhefen entstehen häufig sehr unangenehme Geschmacksstoffe.

Im Wein findet bei der Lagerung eine Säuregärung statt, die von Bakterien durchgeführt wird. Bedeutungsvoll sind vor allem Lactobacteriaceae (*Streptobacterium* Orla-Jensen und *Betabacterium* Orla-Jensen) (Radler, 1966; Weiller und Radler, 1970), *Leuconostoc, Pediococcus* und das *Bacterium gracile,* das *Leuconostoc oenos* sehr verwandt ist (Bergey, 1975).

3. Biochemie bei der Weinherstellung

Die Grundlage der Weinherstellung ist die anaerobe Vergärung von Zuckern zu Äthanol (vgl. Kap. 19). Daneben entstehen vorwiegend Glycerin (3,2 g/l – 4,2 g/l, in Ausnahmen 4,7 g/l) und 2,3-Butylenglycol (0,3 g/l – 0,5 g/l) (vgl. Siegel et al., 1965; Dittrich, 1977; vgl. Kap. 21). Die Trauben enthalten einige Säuren und Aromastoffe, die z. T. verändert werden; teilweise werden von den Hefen auch neue Aromastoffe gebildet. Neben der Gärung laufen zu Beginn viele oxidative Reaktionen ab, bei denen auch sog. „harte Säuren" gebildet werden, z. B. Bernsteinsäure und Äpfelsäure. Diese sollen in der Nachgärung zu einem großen Teil zu „weichen Säuren", vor allem zu Milchsäure abgebaut werden (vgl. Kap. 16). Einzelheiten der biochemischen Bedingungen beim biologischen Säureabbau vgl. Radler (1966); Kunkee (1967); Weiller und Radler (1970); Dittrich (1977). Fumarsäure wird anscheinend nur schlecht abgebaut und hemmt in Konzentrationen von 1,5 g/l und mehr die Bakterien der Säuregärung (Pilone et al., 1974).

Wein wird im Laufe der Herstellung mehrmals mit schwefliger Säure behandelt. Neben anderen Wirkungen, z. B. Entfernung überschüssigen Sauerstoffs, bindet die schweflige Säure einen Teil der geschmacklich oft nicht günstigen Aldehyde, ganz besonders den Acetaldehyd, so daß die Wirkung vieler Aromastoffe besser hervortreten kann.

$$CH_3 - CHO + H_2SO_3 \rightleftharpoons CH_3 - \overset{\displaystyle OH}{\underset{\displaystyle SO_3H}{C}} - H$$

Schweflige Säure verbindet sich aber auch mit weiteren Aldehyden und Ketonen, mit Anthocyanen und anderen Substanzen des Substrates. Nur ein Teil der schwefligen Säure liegt also in ungebundener Form als sog. freie schweflige Säure vor, während ein zumeist größerer Anteil in Additionsverbindungen mit den entsprechenden Carbonylen als sog. gebundene schweflige Säure vorliegt (Dissoziationsverhältnisse vgl. Rehm et al., 1965). Sulfit kann auch mit einer ATP-Sulfurylase durch *Saccharomyces cerevisiae* gebildet werden (Heinzel und Trüper, 1976).

Ein Pilz (*Botrytis cinerea*) siedelt sich während der Traubenreife auf den Weintrauben an und kann unter geeigneten Bedingungen als „Edelfäule" verschiedene organische Säuren verwerten sowie die Hülsen wasserdurchlässig machen, so daß sich der Zuckeranteil des Mostes relativ erhöht. Auch Glycerin wird durch den Pilz gebildet (vgl. Mühlberger und Grohmann, 1962). Künstliche Traubeninfektionen sollen möglich sein (Watanabe und Shimazu, 1976).

4. Technik der Weinbereitung

Bei der Weinbereitung laufen folgende Prozesse ab: 1. Weinlese, 2. Maischprozeß, 3. Kelterung, 4. Mostbereitung, 5. Gärung (Haupt-, Nach- und Säuregärung), 6. Abfüllung und Lagerung (vgl. Troost, 1972).

Von der Qualität der Trauben hängt im größten Maße die Qualität des Weines ab. Es gibt eine große Anzahl von Kulturformen der Weinrebe (*Vitis vinifera sativa* D. C.), die Weine von unterschiedlichem Geschmack liefern.

Bei der Lese (der Ernte) müssen die vollreifen Trauben von anderen, weniger reifen Trauben durch Sortierung getrennt werden. Vollreife besteht bei guten Trauben dann, wenn die Trauben- oder Beerenstiele („Rappen" oder „Kämme") vertrocknet sind. Nur bei der Edelfäule läßt man die Trauben noch länger am Stock. Es gibt eine Vorlese (frühe Lese), eine Hauptlese und eine Spätlese der Trauben. Besonders ausgelesene Trauben, die bereits am Weinstock eingetrocknet und dadurch außerordentlich süß und aromatisch sind, geben die Trockenbeerenauslese; Weine hieraus sind oft von höchster Qualität.

Beim Maischprozeß wird der zuckerhaltige Saft aus den Trauben gewonnen. Man zerquetscht die Trauben in Mühlen, bes. Kegelwalzmühlen, so daß eine gelblichbraune, hellfüssige Masse erhalten wird. Diese besteht aus Zellsaft, Fruchtfleisch, Hülsen und Kernen. Bei guten Weinen muß das Einmaischen am Tage der Lese geschehen, da sonst durch Verlust von Aromastoffen eine Geschmacksverschlechterung eintritt. Bei bestimmten Weinen (immer bei Rotweinen) wird die Maische durch eine sog. Abbeermaschine von den Stielen und Kämmen getrennt, denn diese enthalten viele Substanzen von geschmacklich geringerer Qualität, die in die Maische übergehen würden.

Beim Keltern trennt man die Traubenrückstände vom Traubenmost. Rotweine werden auf der Maische vergoren, damit die in den Hülsen befindlichen Farb- und Gerbstoffe in den Most übergehen. Bei Weißweinen wird der Saft mit Hilfe von Pressen aus der Maische abgepreßt. Vorher wird vielfach eine Teilentsaftung mit diskontinuierlichen oder kontinuierlichen Entsaftungsanlagen vorgenommen.

Aus 106 kg – 112 kg Trauben erhält man etwa 100 l Maische und daraus im Mittel etwa 65 l – 85 l Most. Nach dem Pressen bleibt ein Preßkuchen aus Hülsen, Kernen und Kämmen zurück. Diesen kann man nach Auflockerung und Umpackung nochmals auspressen und erhält den sog. „Scheitermost", der auch noch durch einen zweiten und dritten Nachdruck vermehrt werden kann. Der Scheitermost (etwa 10% des gesamten Mostes) enthält viele Gerbstoffe und sonstige Bitterstoffe.

Vor dem Ansatz zur Gärung wird der Most zunächst mit schwefliger Säure versetzt („geschwefelt"). Hierdurch sollen Infektionskeime so stark geschädigt werden, daß keine Fehlgärungen und Infektionen mit Schimmelpilzen und unerwünschten Bakterien auftreten. Die Weinhefen werden durch die Schwefelung in den verwendeten Dosierungen nicht wesentlich geschädigt. Außer der antimikrobiellen Wirkung soll die schweflige Säure durch Abfangen des O_2 (Oxidation von Sulfit zu Sulfat) die Braunfärbung des Mostes und des Jungweines verhindern. Gleichzeitig sollen hierdurch Atmungsvorgänge zugunsten einer sofort einsetzenden Gärung unterdrückt werden.

Most aus fauligen und kranken Beeren (z. B. Befall mit *Peronospora, Oidium, Acetobacter*-Arten) läßt sich mit Hilfe von schwefliger Säure wieder gärungsreif machen. Man setzt dem Most größere Mengen an schwefliger Säure als normalerweise üblich zu. Die fauligen Stoffe, abgetötete Mikroorganismen usw. setzen sich dadurch als schleimige Masse ab. Der so geklärte Most kann dann abgezogen (abdekantiert oder filtriert) und unter Zusatz von Hefen vergoren werden. Um unangenehme Geruchs- und Geschmacksstoffe zu entfernen, wird der Most in vielen Fällen zusätzlich über Kohle filtriert, so daß viele derartige Stoffe an die Kohle adsorbiert werden.

Der beim Keltern erhaltene Rückstand sind die sog. Trester. Man kann die Trester zwei bis drei Tage lang mit Wasser auslaugen (etwa 1 Teil Trester + 2 Teile Wasser), dann je hl mit 10 kg – 12 kg Zucker süßen, keltern und anschließend vergären. Häufig wird der so erhaltene „Tresterwein" mit etwas Obstwein verschnitten. Aus dem Tresterwein, der nicht offiziell im Handel ist, sondern nur als Haustrunk verwendet wird, läßt sich ein Branntwein herstellen. Der endgültige Rest der Trester wird als Futter- oder Düngemittel verwendet. Werden die Reste nochmals – dieses Mal aber sehr scharf unter Hitze – ausgepreßt, so erhält man ein Öl, das für die Margarineproduktion verwendet werden kann.

Die Gärung des Mostes ist zunächst eine alkoholische Gärung, an die sich bei der Säuregärung eine Milchsäurebildung anschließt.

Die Gärung ist in den meisten Fällen eine spontane Gärung. Die Hefen überwintern in der Erde der Weinberge in Sporenform und gelangen durch Wind und Staub, aber auch mit Insekten auf die Weintrauben, wo sie sich auf und in schon etwas beschädigten Trauben vermehren können. Im Most finden sie dann günstige Wachstumsbedingungen, so daß sie im allgemeinen schon bei Beginn der Gärung in ausreichender Menge vorhanden sind. Im Wein findet während der Gärung immer wieder eine natürliche Auslese der gärtüchtigen Hefen statt, die durch Zusatz der schwefligen Säure noch verstärkt wird.

In schlechten Weinjahren, aber auch bei besonderen Mosten, werden Reinzuchthefen verwendet, ebenso dann, wenn der Wein zur Verbesserung umgegoren werden muß. Es wird entweder eine spontane Gärung durch Zusatz von Hefen unterstützt oder ein weitgehend keimfreier Most ausschließlich mit Reinzuchthefen (einem Stamm oder einem Gemisch verschiedener Klone mit unterschiedlichen Eigenschaften) vergoren. Auch bei der Obst- und Beerenweinherstellung sowie der Schaumweinherstellung, sind Reinzuchthefen unentbehrlich geworden.

Als Gärtanks verwendet man Holzfässer, Stahltanks, Kunststofftanks oder Zementbehälter mit säurefester Innenauskleidung. Der Tank wird bis zu ⅘ oder ⁹⁄₁₀ mit Most gefüllt. Der zurückbleibende Raum, der sog. „Steigraum“, muß frei bleiben, um den gebildeten Schaum aufnehmen zu können. Die Gärgefäße werden mit besonderen Gärverschlüssen abgedichtet, die einen Austritt von CO_2 gestatten, aber ein Eindringen von Luft oder Fremdkeimen verhindern.

In letzter Zeit wird häufig die Drucktankgärung angewandt. Bei dieser wird in vollkommen geschlossenen Metalltanks durch die Gärung ein gewisser CO_2-Überdruck gebildet. Für Weißweine verwendet man meistens liegende Tanks mit geringem, gleichbleibendem Überdruck, für Rotweine stehende Tanks, in denen man den Überdruck stark ansteigen und dann plötzlich CO_2 entweichen läßt. Hierbei platzen viele der Hülsen, die bei der Rotweingärung mitvergoren werden, so daß der rote Farbstoff, der sich nur in den Hülsen befindet, in den Most entweicht. Durch hohen CO_2-Druck im Tank wird die Gärung gehemmt, durch niedrigen Druck wird sie wieder gefördert, so daß man die Gärgeschwindigkeit durch Regulierung des Druckes beeinflussen kann.

Im Tank beginnt der Most zu gären; man „läßt die Gärung an“. Nach drei bis vier Tagen hat eine stürmische Gärung, die Hauptgärung, eingesetzt, die etwa drei bis acht Tage dauert. Für die Bildung eines guten Weines ist es unbedingt wichtig, daß die Gärung schnell und heftig einsetzt, denn hierdurch werden die mit dem Most eingeschleppten Infektionserreger wie z. B. Essigbakterien, Kahmhefen und Schimmelpilze insbesondere durch den schnellen Verbrauch von Sauerstoff unterdrückt. An der Oberfläche der Gärgefäße sammelt sich CO_2 an, denn durch das Gärventil wird keine Luft ein-, wohl aber O_2 und CO_2 ausgelassen.

Durch die zunehmende Alkoholbildung werden schwach gärende Hefearten, besonders *Kloeckeraspora* und Apiculatushefen, zurückgedrängt, auch Bakterien, die unerwünschte Säuren, vornehmlich flüchtige Säuren, bilden, werden unterdrückt. In Deutschland beherrscht man den Gärvorgang so gut, daß kaum Fehlgärungen vorkommen. In warmen Ländern werden die oft säurearmen Moste vor allem durch eine Milch- und Buttersäuregärung bedroht, die durch Kühlung des Gärgutes verhindert werden kann.

Wenn durch besonders kalte Herbsttemperaturen die spontane Gärung nicht schnell in Gang kommt (etwa bei Temperaturen unter 12 °C), so setzt man dem Most Kaltgärhefen zu, deren Wachstumsoptimum unter 20 °C liegt.

Gute Weinhefen vertragen bis zu 15 Vol.% – 16 Vol.% Alkohol, besondere Arten sogar 17 Vol.% – 18 Vol.%. Sie haben einen hohen Endvergärungsgrad, bilden viel Glycerin und wenig flüchtige Säuren.

Nach der Hauptgärung klärt sich der junge Wein durch Absitzen der Hefezellen, es entwickelt sich aber noch immer etwas CO_2, das durch eine schwache Tätigkeit der Hefen gebildet wird. Man bezeichnet dieses Stadium als „Nachgärung". Bei der Abkühlung werden Salze der Weinsäure (Weinstein) ausgeschieden. Will man dem Wein einen gewissen Zuckerrest erhalten, wird die Nachgärung unterbrochen und dabei auch der biologische Säureabbau verhindert.

Im Anschluß an die alkoholische Gärung findet die sog. bakterielle Säuregärung statt, bei der eine langsame Umwandlung von Äpfelsäure und anderen „harten" organischen Säuren in Milchsäure stattfindet (viel Literatur vgl. Kunkee, 1967). Die Äpfelsäure stammt zum allergrößten Teil aus dem Most und wird während der Gärung von *Saccharomyces cerevisiae* wenig vergoren. Andere Hefearten, z. B. *Schizosaccharomyces pombe* var. *acidodevoratus* (Dittrich, 1964; Marescalchi, 1974), können L-Äpfelsäure vergären, haben bisher jedoch keine praktische Bedeutung. Die Bakterien für die Säuregärung vgl. S. 565. Künstliche Beimpfungen des Weines mit Bakterien haben nicht zu praktisch auswertbaren Erfolgen geführt. Um für die Säuregärung günstige Bedingungen zu schaffen, wird die Hefe nach dem Absitzen aufgerührt, der Wein wird warm gelagert und spät abgestochen. Säurearme Weine sollten keine oder nur eine sehr kurze Säuregärung durchmachen. Durch eine entsprechend dosierte Schwefelung läßt sich die Säuregärung ganz unterbrechen.

In Deutschland strebt man seit einigen Jahren die Herstellung von Weinen mit einem hohen Restzuckergehalt an. Hierzu wird ein Teil des Mostes vor der normalen Vergärung abgetrennt und entweder als Zusatzwein (Süßreserve) nur kurz angegoren oder – wie in den meisten Fällen – als Traubenmost später dem ausgegorenen Wein wieder zugesetzt.

Bei der Rotweingärung werden – wie bereits erwähnt – die Hülsen zur Gewinnung des Farbstoffes und der Gerbstoffe, die sich in den Beerenhülsen befinden, im allgemeinen mit vergoren. Man kann zur Rotweinherstellung eine offene Gärung ohne sog. Senkböden durchführen. Hierbei wird die Maische mit den Hülsen in offenen Gefäßen vergoren. Die Trester mit den Hülsen wandern dabei an die Oberfläche und sollten etwa alle zwei Stunden unter die Flüssigkeit gestoßen werden. Setzt man Holzroste oder Weidengeflechte auf die Mostoberfläche, so bleibt der sog. „Tresterhut" unter der Flüssigkeitsoberfläche, und die Farb- und Gerbstoffe werden an die Flüssigkeit abgegeben. In modernen Betrieben wird der Rotwein in Druckgefäßen, also in geschlossener Gärung, hergestellt. Auch bei der geschlossenen Gärung kann mit und ohne Senkböden gearbeitet werden. Die Verhältnisse bei der Druckgärung wurden bereits beschrieben. Die Abb. 179 zeigt auch die Rotweinherstellung schematisch.

Vor allem bei der Rotweingärung sind sog. kontinuierliche Gär-Verfahren eingeführt worden, die z. T. aber nur semikontinuierlich geführt werden. Sie haben für

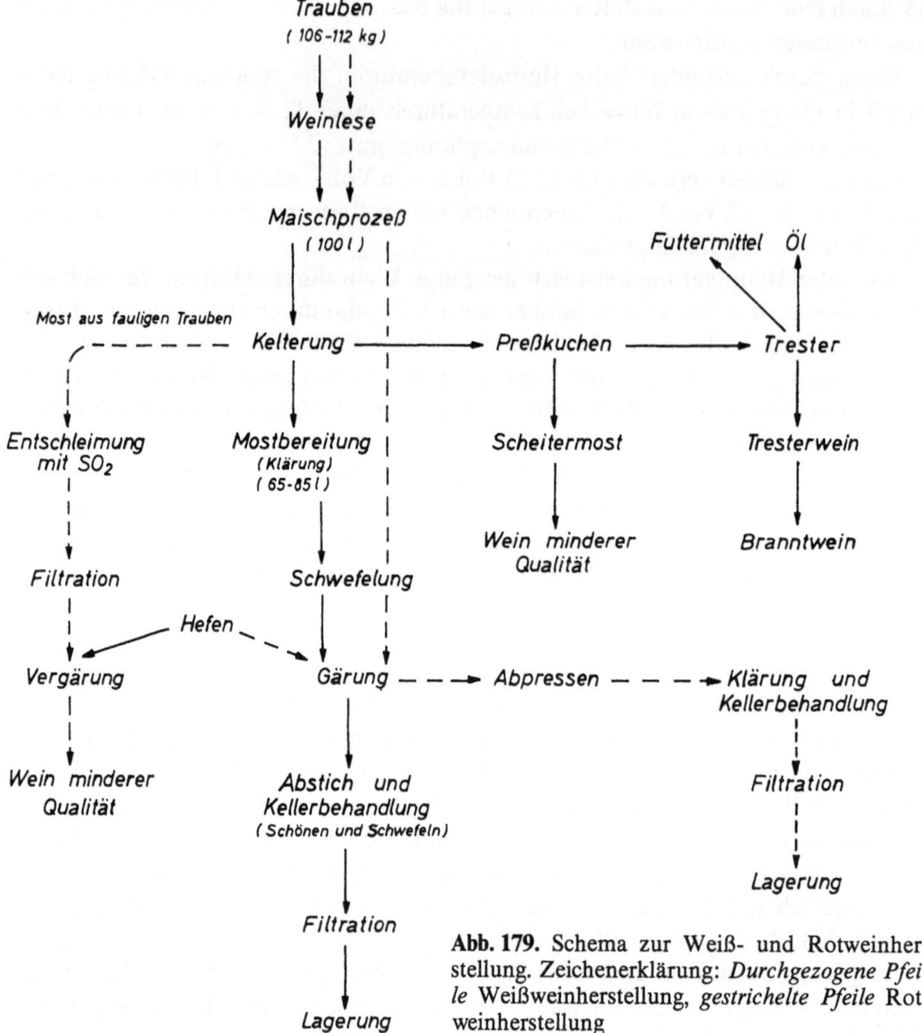

Abb. 179. Schema zur Weiß- und Rotweinherstellung. Zeichenerklärung: *Durchgezogene Pfeile* Weißweinherstellung, *gestrichelte Pfeile* Rotweinherstellung

Konsumrotweine eine Bedeutung. Beim Rotwein ist im Maischehut die Gärung intensiver als im Most. Daher wird bei kontinuierlichen Verfahren der Rotweingärung der Maischehut mit einer Förderschnecke mechanisch abgetrennt und im Kreislauf unten in den Behälter wieder eingespült. Dieser Maischeumlauf erfolgt etwa zweimal täglich (vgl. DB-Pat. 1.010.934, 1955; Troost, 1972). Eine Variation dieses Verfahrens stammt von Padovan (Gervasi, 1965) und wird in Tanks von 100 hl – 800 hl angewandt. Die Schneckenförderung des Maischehutes kann auch durch Abräumbänder, Schaufelsysteme u. ä. bewerkstelligt werden. Foulonneau (1968) und Nègre (1967) beschreiben das kontinuierliche Verfahren „Double Tour", das von Landousse und Pujol entwickelt worden ist. Die Maische wird hierbei durch einen zentral angeordneten Tresterabführtrichter bewegt.

Nach der Nachgärung haben sich am Boden der Fässer Trub und Hefe abgesetzt. Die Hefezellen autolysieren bei wenig alkoholhaltigen Weinen, daher muß der Wein abgezogen werden. Der erste Abstich erfolgt je nach Art des Weines zwischen Dezember und Mai. Anschließend kann sich erneut mancher Schwebstoff absetzen, und der Wein wird nochmals abgezogen.

Der letzte Abschnitt der Weinherstellung ist die Kellerbehandlung. Sie wird hier nicht beschrieben, es sei auf das Buch von Troost (1972) verwiesen.

Zur Abbindung unerwünschter Aldehyde wird der Wein nochmals mit schwefliger Säure behandelt; eine weitere alkoholische Gärung oder ein Verderb des Weines durch Mikroorganismen wird durch diese Schwefelung weitgehend eingeschränkt. Literatur über die antimikrobielle Wirkung der schwefligen Säure vgl. Rehm und Wittmann (1962). In vielen Untersuchungen hat man versucht, die schweflige Säure durch andere antimikrobiell wirkende Substanzen wenigstens z. T. zu ersetzen. Sorbinsäure und Pyrokohlensäurediäthylester sowie Dimethyldicarbonat (Ough, 1975) sind möglicherweise geeignet (Lück, 1977).

Da man heute einen glanzhellen, klaren Wein verlangt, muß er geklärt werden, d. h. der Wein wird „geschönt" und filtriert. Man verwendet Filter aus Cellulose, Asbest oder auch Seitz-Filter. Vielfach wird der Wein auch mit Separatoren vorgeklärt und mit Vakuum-Drehfiltern filtriert. Schönen kann man mit schaumig geschlagener Gelatine, Hühnereiweiß, mit Ferrocyankalium, wobei Fe, Cu und Zn niedergeschlagen werden, aber auch mit Kohle, Benthonit u. a. Adsorptionsmitteln und durch Elektrodialyse.

Der abgezogene und geklärte Wein reift anschließend im Faß. Auch hier wirken Bakterien weiter und vergären einen Teil der Äpfelsäure, Bernsteinsäure und Weinsäure zu Milchsäure. Viele Bukettstoffe entstehen noch durch oxidative Veränderungen und durch Esterbildung.

5. Fehler des Weines

Eine Anzahl von Weinfehlern wird durch Mikroorganismen hervorgerufen. Hierzu gehört z. B. der Schwefelböckser des Weines. Gärende Hefen bilden bei Anwesenheit von Schwefel Schwefelwasserstoff, der dem Wein einen Geschmack nach faulen Eiern gibt. Dieser Fehler läßt sich durch starkes Einschwefeln und damit durch Abtötung der vorhandenen Hefen sowie durch Belüftung des Weines beheben. Haben sich schon Mercaptane gebildet, so müssen diese an Kohle adsorbiert werden.

Der sog. Hefeböckser entsteht dadurch, daß sich Hefezellen in großer Menge im Wein zersetzt haben und einen fauligen Hefegeschmack verursachen. Auch hier ist eine Entfernung des Geschmacks durch Adsorption der Autolyseprodukte der Hefen an Kohle möglich. Schimmelgeschmack wird durch verschimmelte Fässer, Kellergeräte und Korken verursacht.

Neben Pilzen und Hefen verursachen Bakterien gefährliche Weinkrankheiten. *Lactobacillus buchneri* (*Bacterium mannitopoeum*) u. a. heterofermentative *Lactobacillus*-Arten erzeugen den sog. Milchsäurestich des Weines, der dem Wein einen sauerkrautähnlichen Geschmack verleiht. Das Zäh- und Schleimigwerden der Weine wird besonders durch *Pediococcus*- und *Leuconostoc*-Arten verursacht. Das sog. Bitterwerden, das durch die Umwandlung von Glycerin in Acrolein und durch Reaktionen des Acroleins mit Polyphenolen der Weine zu Bitterstoffen entsteht, wird ebenfalls durch Bakterien hervorgerufen, ebenso soll das „Mäuseln" der Weine mikrobiellen Ursprungs sein. *Acetobacter*-Arten verursachen häufig eine Essigsäurebildung und vermindern auch den Gehalt an Glycerin, Äthanol und Tannin (Grimaldi, 1974; Dittrich, 1977).

Während Weinstein-, Eiweiß- und Gerbstofftrübungen in der Flasche chemischer Natur sind, werden andere Trübungen durch Hefen oder Bakterien verursacht. Hefetrübungen treten in Weinen mit hohen Restzuckergehalten und geringen Alkoholgehalten dann auf, wenn nicht steril abgefüllt wurde und die Hefen sich – wenn auch meistens langsam – weiter entwickeln konnten. Der getrübte Wein enthält zumeist auch CO_2. Bakterientrübungen sind oft mit unangenehmem Beigeschmack verbunden.

6. Weinarten und weinähnliche Getränke

Neben Rot- und Weißweinen werden noch andere Weinarten hergestellt. Die Herstellungsmethoden unterscheiden sich aber nicht wesentlich von denen zur Bereitung der Weiß- und Rotweine. Rosé-Weine sind Weine, die nur wenig roten Farbstoff enthalten. Sie werden meistens aus roten Trauben hergestellt, die aber so gekeltert und vergoren werden, daß nur wenig Farbstoffe aus den Hülsen in den Wein gelangen. Dadurch kommen auch nur wenig Gerbstoffe in den Wein, so daß sich die Rosé-Weine im Geschmack sehr von den normalen Rotweinen unterscheiden. Sehr zuckerhaltige Weine werden als Dessertweine bezeichnet. Verschiedene Weine werden auf einen höheren Alkoholgehalt gebracht, als er normalerweise bei der Gärung entsteht. Diese Getränke erhalten einen besonderen Charakter, z. B. Madeira-Weine, Port-Weine, Wermuth-Weine etc. Einzelheiten vgl. Goswell und Kunkee (1977).

Sherry-Weine kommen aus dem Gebiet von Jerez in Spanien. Nach einer alkoholischen Gärung des Mostes wird durch eine auf dem Wein in den zu 80% gefüllten Fässern gebildete dicke Schicht („Flor") von Sherry-Hefen (Amerine et al., 1972) der charakteristische Geschmack (vgl. Webb und Noble, 1976) erzeugt. Die Hefeschicht wird dabei von Zeit zu Zeit belüftet. Neue Verfahren und andere Submersverfahren vgl. Dittrich (1977).

In Deutschland, Frankreich, der Schweiz und in anderen Ländern spielt die Herstellung von Obst- und Fruchtweinen eine Rolle. Die betreffenden weinähnlichen Getränke werden je nach der Frucht, aus der sie hergestellt werden, benannt, z. B. Apfelwein [Cidre, Cider (vgl. Beech und Carr, 1977)], Birnenwein [Perry (vgl. Beech und Carr, 1977)], Pfirsichwein, Rhabarberwein, Heidelbeerwein, Hagebuttenwein und Honigwein (Met) (Jarczyk und Wzorek, 1977). Besonders Apfelweine haben in Teilen Frankreichs, Englands, den USA und anderen europäischen Ländern eine große Bedeutung (Beech, 1972). Citruswein wird in Ländern, die Citrusfrüchte in großen Mengen anbauen, erzeugt, z. B. in den USA. Er wird aus dem Saft gesunder und reifer Citrusfrüchte hergestellt. Wird er nicht aus einem Gemisch von Früchten verschiedener Citrusarten, sondern nur aus einer Fruchtart hergestellt, so erhält er den Namen dieser Fruchtart, z. B. Orangenwein oder Grapefruitwein. Palmweine spielen in Afrika eine Rolle. Sie werden durch Vergärung des sehr zuckerreichen Saftes von Palmen gewonnen (Okafor, 1972, 1978). Sogar hydrolysierte Molke soll sich nach geeigneter Vorbehandlung zur Weinherstellung eignen (Roland und Alm, 1975).

Alkoholfreie Weinkonzentrate werden hergestellt, indem Alkohol und Aromastoffe getrennt abdestilliert werden. Dann wird dem Wein das Wasser weitgehend entzogen. Die abdestillierten Aromastoffe werden den Konzentraten später wieder zugesetzt. Eine Beschreibung der Aromastoffe des Weines vgl. Webb und Muller (1972). Diese Konzentrate werden in der Nahrungsmittel- und Getränkeindustrie verwendet. Es sind auch Verfahren ausgearbeitet worden, um Weine, die zu Konzentrat verarbeitet werden sollen, kontinuierlich herzustellen. Die Gärung wird in einem Fermenter durchgeführt, aus dem fortwährend ebensoviel vergorener Most abgezogen, wie frischer Most hineingepumpt wird. Der abgezogene, schon weitgehend vergorene Most kann in einem zweiten Gefäß zu Ende gären (US-Pat. 3.052.546, 1962).

7. Wirtschaftliche Bedeutung

Die Weinerzeugung ist für viele Länder von außerordentlich großer wirtschaftlicher Bedeutung. Frankreich, Spanien und Italien sind die bedeutendsten europäischen weinproduzierenden Länder, aber auch andere Länder, wie Ungarn, Österreich, Rumänien, Portugal, Jugoslawien, Bulgarien, Griechenland, die UdSSR und nicht zuletzt Deutschland, sind bedeutende Weinbauländer. In außereuropäischen Ländern werden große Mengen an Wein in der Türkei, in Algerien, den USA, Argentinien und einigen anderen südamerikanischen Ländern erzeugt.

In Westdeutschland liegen bedeutende Wein-Anbaugebiete am Rhein, an der Mosel, der Saar und am Main.

II. Sekt (Schaumwein)

1. Allgemeines

Sekt ist ein kohlensäurehaltiges, sehr alkoholreiches Getränk, das man durch eine nochmalige Vergärung von Wein, dem eine bestimmte Menge an Zucker zugesetzt worden ist, erhält.

Bei den üblichen Sektarten wird der Wein, wie vorher beschrieben, hergestellt und dann zur Sektherstellung verwendet. Beim französischen Champagner wird der Most zur Weinherstellung durch fraktionierte Kelterung sowie durch „weiße" Kelterung der roten Trauben, z. B. pinot noir, meunier noir, gewonnen (Einzelheiten vgl. Schanderl, 1950; auch Rehm, 1967). Anschließend wird zu Wein vergoren.

Die Vergärung der Weine zu Sekt ist eine alkoholische Gärung, die durch besondere Heferassen von *Saccharomyces cerevisiae,* die an Alkohol und an schweflige Säure adaptiert wurden, durchgeführt wird. Der Wein, der vergoren werden soll, hat bereits zwei Gärungen (alkoholische Gärungen durch die Hefen und die Säuregärung durch die Bakterien) hinter sich. Er enthält mindestens 9%, meistens 10% und gelegentlich sogar schon 11% – 12% Alkohol und ist mehrmals geschwefelt worden, so daß dadurch fast kein Sauerstoff mehr im Substrat vorhanden ist. In diesem

Substrat muß die Hefe noch 20 g/l – 30 g/l Zucker vergären, ohne daß das CO_2 entweichen kann.

In letzter Zeit kommen auch rote Sekte auf den Markt. Bei diesen wurden rote Trauben nicht weiß gekeltert, sondern die Hülsen wurden beim Einmaischen z. T. zerstört, so daß rote Farbstoffe in den Most übergingen.

Es gibt drei Verfahren zur Sektherstellung: Flaschengärung, Transversierverfahren und Tankgärung.

2. Flaschengärung

Bei der Flaschengärung findet die zweite alkoholische Gärung durch Hefen in besonders dicken Flaschen, den Sektflaschen, statt. Der Wein wird in diese Flaschen gefüllt, mit einer Zuckerlösung in Form eines eingedickten Traubensaftes versetzt, mit einer Sekthefe beimpft und die Flasche mit einem besonders starken Korken, der mit Draht am Flaschenhals befestigt wird, verschlossen.

Die Hefe darf bei der Flaschengärung keine „Masken" bilden, d. h. nicht an den Flaschenwänden kleben bleiben oder einen schleimigen Niederschlag bilden, sondern soll sich feinkörnig, grießartig am Boden absetzen. Zur Adaption werden die Impfhefen zunächst durch Zucht in einem schwachprozentigen Wein an den Alkohol gewöhnt.

Die Gärtemperaturen liegen zwischen 9 ° C und 11 °C. Die Gärung dauert zwischen 4 und 14 Tagen, je nach Alkoholgehalt des Weines und Temperatur.

Im Verlauf der Gärung des Weines zum Sekt werden die restlichen Zuckermengen teils vollständig, teils partiell zu Alkohol vergoren. Da die dabei entstehende Kohlensäure nicht entweichen kann, bleibt sie im Wein gelöst, und der Sekt erhält seinen sprudelnden, schaumigen Charakter. Am Ende der Gärung beträgt der Flaschendruck etwa 4½ atü bis 5 atü (grand mousseux) oder 4 atü bis 4½ atü (mousseux). Sekte mit weniger als 4 atü werden als crêment bezeichnet.

Wenn die Gärtätigkeit der Hefe in der Flasche vollständig beendet ist, wird die Hefe in der Flasche auf den Korken gerüttelt. Dies geschieht auf sog. Rüttelpulten, auf denen die Flaschen mit dem Kopf nach unten so lange gerüttelt werden, bis die Hefen, die sich vorher am Boden abgesetzt hatten, möglichst vollständig am Korken liegen. Zur Entfernung der Hefen (um sie zu „degorgieren") wird der Flaschenkopf nach dem Rütteln im Kältebad 1 cm – 2 cm unterhalb des Korkens so eingefroren, daß eine geringe Menge des Sektes, in der sich möglichst sämtliche Hefen befinden sollen, einen Eispfropfen bildet. Mit Hilfe von Degorgierzangen läßt sich der Eispfropfen mit der Hefe leicht entfernen. Dieser „Brutsekt" wird noch mit einem Likörzusatz („Dosage") von etwa 10 g/l – 50 g/l Kandiszucker (im Wein gelöst) versetzt, mit Sekt aufgefüllt und wieder verschlossen. Der Zusatz von Wein mit Kandiszucker dient zur Verfeinerung des Geschmacks. Trockensekte erhalten nur sehr wenig Zusatz davon (Schema vgl. Rehm, 1967, Abb. 83).

Wegen der hohen Kosten für Arbeitskräfte werden die Mischung der Weine (Cuvée) sowie die Beimpfung mit Hefe auch bei der Flaschengärung in Tanks vorgenommen (vgl. Abb. 180). Trotzdem haben sich Flaschengärungen nur noch in wenigen Betrieben halten können.

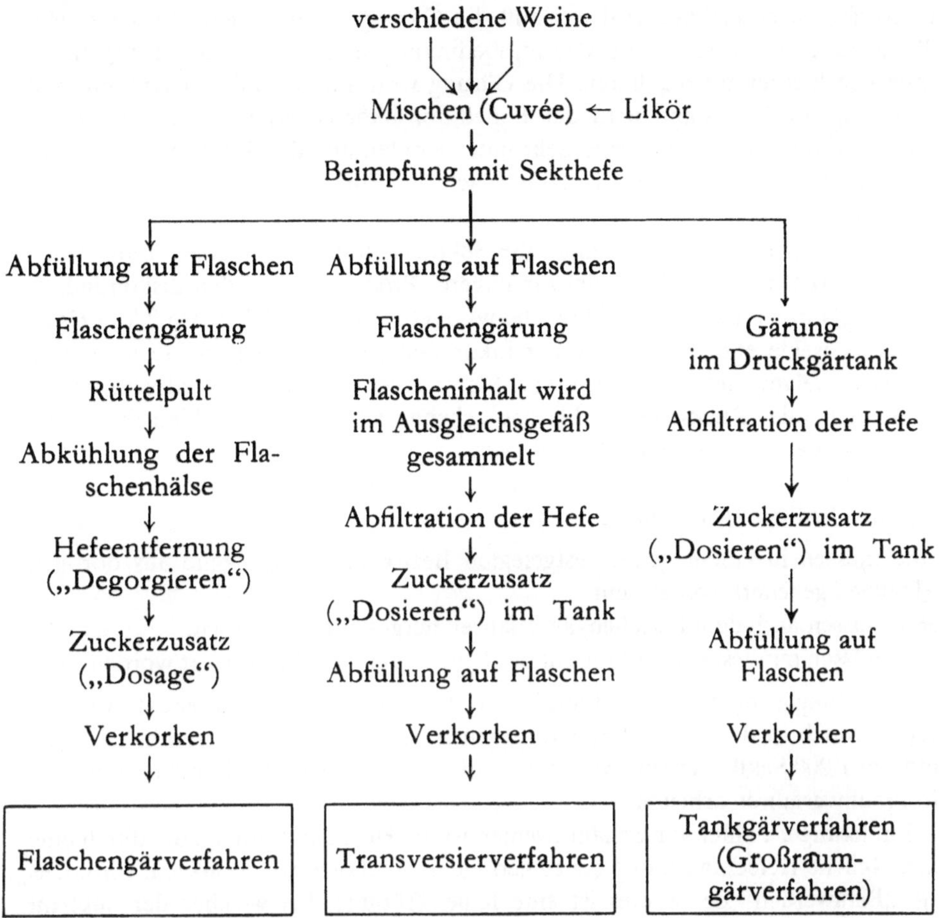

Abb. 180. Schema zur Schaumweinherstellung

3. Transversierverfahren

Das Transversierverfahren ist eigentlich auch eine Flaschengärung, bei der aber nur noch der Prozeß der Gärung in der Flasche durchgeführt wird. Sämtliche anderen arbeitsintensiven Schritte sind weitgehend mechanisiert worden. Die Weine werden im Tank gemischt, beimpft und dann automatisch auf Flaschen abgefüllt, in denen die Gärung stattfindet. Anschließend werden die Flaschen mit dem Sekt automatisch entkorkt, dieser unter CO_2-Druck filtriert, im Tank mit „Likör" versetzt und wieder auf Flaschen abgefüllt (vgl. Abb. 180).

Da inzwischen die Qualität der Sekte, die im Tankgärverfahren hergestellt wurden, sehr gestiegen ist, sind die Transversierverfahren stark im Rückgang.

4. Tankgärverfahren

Das Tankgärverfahren wurde nach Entwicklung geeigneter Drucktanks für die Sektherstellung angewandt. Bei diesem Verfahren, das auch als Schaumwein-Großraumverfahren bezeichnet wird, verläuft die Gärung in einem geschlossenen Metalltank unter Überdruck. Die Gärungsbedingungen, besonders die Temperatur, lassen sich hierbei gut regulieren. Die Gärung wird am Ende durch Kühlung auf –5 °C abgebrochen, dann wird der Expeditionslikör (Dosage) in den Tank gepumpt und der gut durchmischte Sekt unter Kohlensäuredruck filtriert, damit der CO_2-Gehalt des Sektes erhalten bleibt. Nach der Filtration wird automatisch auf Flaschen abgefüllt.

Neuerdings ist es auch möglich, die Sektherstellung aus Wein kontinuierlich durchzuführen. Dabei soll ein gleichmäßigeres Produkt als bei den diskontinuierlichen Verfahren erhalten werden (Kishkovskii et al., 1965; SU-Pat. 435.270, 1974).

Trockensekte enthalten nur wenig Likörzusatz, halbtrockene Sekte mehr und süße Sekte relativ viel Zusatz an Likör. Flaschenvergorener Sekt wird vielfach auf der Vorder- oder Rückseite der Flasche gekennzeichnet. Beim Fehlen dieser Bezeichnung liegt ein tankvergorener Sekt vor.

Die Bezeichnung Champagner ist nur den Sektarten vorbehalten, welche die folgenden Bedingungen erfüllen:

1. Sie müssen in einem genau festgelegten Bezirk der Champagne aus dortigen Trauben gekeltert worden sein.
2. Sie müssen nach dem Flaschengärverfahren hergestellt worden sein.
3. Sie müssen mindestens ein Jahr auf der Hefe in der Flasche gelagert worden sein.

Die Tankgärung hat Herstellungskosten und Preise für Sekt wesentlich vermindert. Dadurch ist der Verkauf außerordentlich gestiegen. Es existieren in Deutschland etwa 200 Sektkellereien, von denen die meisten fast ausschließlich mit dem Großraumverfahren arbeiten.

Ein häufiger Fehler von Schaumweinen ist die Hefenachtrübung, die durch eine nachträgliche Hefeentwicklung bei zu geringem Alkoholgehalt verursacht wird. Das sog. „Blauwerden" des Sektes ist eine feine Trübung, bei welcher der Sekt im durchfallenden Licht einen bläulichen Schimmer hat. Diese Färbung kann durch Eisenphosphatausscheidung, durch Ausfällung von Eiweiß oder aber auch durch die Entwicklung von *Bacterium gracile* hervorgerufen werden. *B. gracile* ist in der Lage, die Säuren soweit abzubauen, bis sich ein regelrechter Milchsäurestich entwickelt hat. Dieser Fehler läßt sich durch eine ausreichende Säuregärung des Grundweines verhindern.

Literatur

Amerine, M. A., Berg, H. W., Cruess, W. V.: The technology of wine making. Avi Publ. Comp. Westport, Conn. 3rd ed. pp. 391 – 439 (1972)
Beech, F. W.: Prog. Ind. Microbiol. *11,* 133 – 213 (1972)
Beech, F. W., Carr, J. G.: In: Economic microbiology. Rose, A. H. (ed.), Vol. 1, pp. 139 – 313. London, New York: Academic Press 1977
Bergey's Manual of Determinative Bacteriology: Baltimore: Williams & Wilkins Co. 1975
Böhringer, P.: In: Die Hefen, Bd. 2, S. 157 – 270. Nürnberg: Hans Carl 1962
Dittrich, H. H.: Zentralbl. Bakteriol. Parasitenkd. Infektionskr. Hyg. Abt. 2: *118,* 406 – 421 (1964)
Dittrich, H. H.: Mikrobiologie des Weines. Stuttgart: Eugen Ulmer 1977
Foulonneau, C.: Vignes et Vins 1968, 12-ff.

Gervasi, E.: Vini Ital. 93 (1965)

Goswell, R. W., Kunkee, R. E.: In: Economic microbiology. Rose, A. H. (ed.), Vol. I, pp. 477 – 535. London, New York: Academic Press 1977

Grimaldi, L.: Ital. Vinic. Agrar. *64*, 388 (1974)

Heinzel, M., Trüper, H. G.: Arch. Microbiol. *107*, 293 – 297 (1976)

Jarczyk, A., Wzorek, W.: In: Economic microbiology. Rose, A. H. (ed.), Vol. I, pp. 387 – 421. London, New York: Academic Press 1977

Kishkovskii, Z. N., Sakharova, T. A., Kossobudskaya, N. S.: Vinodel. Vinograd. SSSR *25*, 6 – 9 (1965)

Kunkee, R. E.: Adv. Appl. Microbiol. *9*, 235 – 279 (1967)

Kunkee, R. E., Amerine, M. A.: In: The yeasts. Rose, A. H., Harrison, J. S. (eds.), Vol. 3, pp. 5 – 71. London, New York: Academic Press 1970

Lück, E.: Chemische Lebensmittelkonservierung. Berlin, Heidelberg, New York: Springer 1977

Marcilla, J., Feduchy, E.: Madrid: Minist. Agric. 1943

Marescalchi, C.: Ital. Vinic Agrar. *64*, 470 (1974)

Mühlberger, F. H., Grohmann, H.: Dtsch. Lebensmittelrundsch. *58*, 65 – 69 (1962)

Nègre, E.: Prog. Agric. Vitic. 503 – 524 (1967)

Okafor, N.: J. Sci. Food Agric. *23*, 1399 – 1407 (1972)

Okafor, N.: Adv. Appl. Microbiol. *24*, 237 – 256 (1978)

Ough, C. S.: Am. J. Enol. Vitic. *26*, 130 – 133 (1975)

Pilone, G. J., Rankine, B. C., Pilone, D. A.: Am. J. Enol. Vitic. *25*, 99 – 107 (1974)

Radler, F.: Zentralbl. Bakt. II, *120*, 237 – 287 (1966)

Rehm, H. J.: Industrielle Mikrobiologie. Berlin, Heidelberg, New York: Springer 1967

Rehm, H. J., Wittmann, H.: Z. Lebensm. Unters. Forsch. *118*, 413 (1962)

Rehm, H. J., Wallnöfer, P., Keskin, H.: Z. Lebensm. Unters. Forsch. *127*, 72 – 85 (1965)

Reiff, F., Kautzmann, R., Lüers, H., Lindemann, M.: Die Hefen, 2. Nürnberg: Hans Carl 1962

Roland, J. F., Alm, W. L.: Biotechnol. Bioeng. *17*, 1443 – 1453 (1975)

Schanderl, H.: Die Mikrobiologie des Weines. Stuttgart: Eugen Ulmer 1950

Siegel, A., Rotter, R. G., Schmid, L.: Z. Lebensm. Unters. Forsch. *126*, 321 – 324 (1965)

Troost, G.: Technologie des Weines. Handbuch der Kellereiwirtschaft, Bd. I. Stuttgart: Eugen Ulmer 1972

Watanabe, M., Shimazu, Y.: J. Ferment. Technol. *54*, 471 – 478 (1976)

Webb, A. D., Muller, C. J.: Adv. Appl. Microbiol. *15*, 75 – 146 (1972)

Webb, A. D., Noble, A. C.: Biotechnol. Bioeng. *18*, 939 – 952 (1976)

Weiller, H. G., Radler, F.: Zentralbl. Bakteriol. Parasitenkd. Infektionskr. Hyg. *124*, 707 – 731 (1970)

Windisch, S.: In: Die Hefen, Bd. 1, S. 23 – 208. Nürnberg: Hans Carl 1960

Kapitel 35 Milchprodukte, soweit sie mit Hilfe von Mikroorganismen hergestellt werden

Allgemeine Literatur über Milch- und Käsetechnologie vgl. Kiermeier und Lechner (1973); Kessler (1976); über Enzyme vgl. Reed (1975).

I. Säuerung von Rahm bei der Butterherstellung

Man unterscheidet zwei Arten von Butter:

1. Sauerrahmbutter (Butter aus gesäuertem Rahm).
2. Süßrahmbutter (Butter aus ungesäuertem Rahm).

Zur Herstellung von Sauerrahmbutter wird der Rahm vor dem Buttern vor allem mit Milchsäurestreptokokken gesäuert. Eine Säuerung des Rahms war früher immer dann „spontan" eingetreten, wenn man den Rahm mehrere Tage lang gesammelt hatte, um das tägliche Buttern zu vermeiden. Dabei wurden die Rahmportionen sauer. Die Säuerung verbessert nicht nur das Aroma der Butter, sondern ein gesäuerter Rahm läßt sich auch leichter buttern als ein süßer Rahm.

Seit Einführung der Pasteurisation der Milch – etwa seit 1890 – kommt es nicht mehr zur spontanen Säuerung des Rahmes, so daß dieser mit den sog. Säureweckern beimpft werden muß. Hierbei handelt es sich um Mischkulturen, die zu etwa gleichen Teilen aus *Streptococcus cremoris* und *S. saccharolactis* und zu etwa 10% aus *Leuconostoc citrovorum* bestehen.

Leuconostoc citrovorum, ein heterofermentatives Bakterium (Busse und Kandler, 1961), bildet in seinem Stoffwechsel Acetoin, das durch Oxidation in Diacetyl, einen wichtigen Butteraromastoff, umgewandelt wird.

Um eine Säureweckerkultur herzustellen, läßt man unpasteurisierte Milch spontan sauer werden und überimpft sie wiederholt in nicht gesäuerte Milch. Zur Vermehrung wird die Säureweckerkultur in pasteurisierter Milch (1 Std. bei 85 °C) bei 21 °C solange gezüchtet (etwa 18 Std.), bis die herausgenommene Probe das gleiche Volumen einer ¹⁄₁₀ n NaOH-Lösung zur Neutralisation verbraucht. Dann wird die Milch abgerahmt und die Unterschicht nach gutem Verrühren zur nächsten Vermehrung verwendet. Hat man genügend Säurewecker enthaltende Milch zur Verfügung, so wird diese möglichst bald dem Rahm zugesetzt (etwa 3% – 4% des Rahms). Die Rahmsäuerung erfolgt im Rahmreifer oder Rahmtank (rechteckige, doppelwandige Behälter mit runden Böden) und dauert zwischen 16 Std. und 30 Std.

Während der ersten 3 Std. – 4 Std. wird bei 18 °C – 20 °C, dann nach Beginn der Coagulation des Rahmes bei 12 °C – 14 °C gearbeitet. Man unterscheidet eine Kaltsäuerung (12 °C – 15 °C) und eine Warmsäuerung (16 °C – 20 °C). Während der Säuerung sollte der pH-Wert nicht wesentlich unter 5,0 absinken, da sich dann die Betabakterien nicht mehr entwickeln und kein Acetoin bilden können.

Da das Acetoin durch O_2-Zusatz in Diacetyl umgewandelt werden muß, ist es notwendig, den Rahm während der Säuerung häufig umzurühren. Wenn der Rahm ausgereift ist, wird er zur Butterung vom Rahmreifer aus direkt in das Butterfaß befördert.

II. Sauermilchprodukte

Sauermilchprodukte bestehen aus Milch, die spontan oder durch Impfung mit Milchsäurebakterien gesäuert und coaguliert ist.

Sauermilch, dicke Milch oder saure Milch ist eine Milch, die bei einer Temperatur von etwa 18 °C – 20 °C durch ihre natürliche Mikroflora sauer geworden und coaguliert ist. Von den Bakterien wird aus Lactose Milchsäure gebildet, die aus dem Calciumparacaseinat das Casein freisetzt. Das Casein coaguliert bei zunehmender Säurebildung. Die Säuerung bis zur Coagulation dauert etwa 15 Std. – 20 Std. Läßt man nur die natürliche Mikroflora der Milch zur Entwicklung kommen, so treten häufig andere Mikroorganismen als Milchsäurebakterien auf. Daher beimpft man die Milch zum Sauerwerden mit Buttermilch, in der sich die Streptokokken von der Säuerung des Rahmes her in großer Anzahl befinden (besonders *Streptococcus saccharolactis, S. cremoris* und *Leuconostoc citrovorum*), oder mit Bakterien eines früheren Sauermilchansatzes.

Neben Kuhmilch werden auch Schaf-, Ziegen-, Stuten-, Büffel- und Rentiermilch zu Sauermilch verarbeitet. Es ist auch möglich, saure Milch in kontinuierlichen Verfahren mit *Lactobacillus acidophilus* und *L. delbrueckii* herzustellen (Shichiji, 1962). Sauermilch wird besonders bei höheren Temperaturen durch *Oospora lactis* schnell verdorben.

Buttermilch ist Milch, die beim Butterungsprozeß nach Abscheiden der Butter zurückbleibt. Sie enthält fast ausschließlich Streptokokken und Betabakterien, die sich bei der Säuerung des Rahmes entwickelt hatten. Während des Butterns können aber Infektionen mit anderen Mikroorganismen, besonders mit Schimmelpilzarten, eingetreten sein. Infektionen lassen sich durch Ausstreichen der Milch auf Würzeagar und Bestimmung der sich entwickelnden Mikroorganismen feststellen.

Joghurt ist ein Milchprodukt, das aus dem Balkangebiet stammt und ursprünglich aus Schaf-, Ziegen- oder Büffelmilch hergestellt wurde. In Deutschland stellt man Joghurt zumeist aus Kuhmilch mit *Lactobacillus bulgaricus* in Anwesenheit von *Streptococcus thermophilus* her. *S. thermophilus* bildet im Joghurt den frischen, säuerlichen Geschmack, zu dessen Bildung *Lactobacillus bulgaricus* nicht in der Lage ist. Zur Herstellung von Joghurt wird Milch pasteurisiert oder gekocht, auf etwa 50 °C abgekühlt und mit einer Mischkultur von *L. bulgaricus* und *S. thermophilus* beimpft. Anschließend wird die Milch in verkaufsfähige Behälter abgefüllt, die dann bei 40 °C – 45 °C gehalten werden. Nach etwa 1 Std. – 2 Std. ist die Milch coaguliert und muß schnell gekühlt werden, damit die Säuerung unterbrochen und der Joghurt nicht zu sauer wird. Einzelheiten über die Herstellung von Joghurt vgl. Davis (1956, 1963); Manus (1973); Mann (1973). Eine kontinuierliche Joghurtherstellung kann im zweistufigen Verfahren durchgeführt werden. Nach Vermehrung der Milchsäurebakterien wird in einem gerührten Tank coaguliert (Driessen et al.,

1977). Ein pH-Stat ist hierfür bei Verwendung verschiedener Bakterienarten beschrieben worden (MacBean et al., 1979).

Eine besondere Art von Joghurt wird mit einer auf die Hälfte ihres Volumens eingedickten Milch hergestellt. Diesem Joghurt fehlt aber die Frische des normalen Joghurts.

Zabady, ein ägyptischer Joghurt, enthält neben *S. lactis* und *L. bulgaricus* auch *L. casei, L. fermentum* und *L. viridescens* sowie verschiedene *Candida-* und *Torulopsis*-Arten in geringen Mengen (El-Sadek et al., 1972).

Es gibt sehr viele unterschiedliche Joghurt-Herstellungsverfahren, interessant ist ein zweistufiges Verfahren für ein Joghurt-ähnliches Getränk (US-Pat. 3.563.760, 1971). In der ersten Stufe findet eine Gärung durch nicht-Lactose-fermentierende Hefen (*Kloeckera, Brettanomyces, Zygosaccharomyces* u. a.) mit besonderer Aromabildung statt. In der zweiten Stufe wird *Lactobacillus acidophilus, L. bulgaricus, L. casei, Streptococcus thermophilus, S. lactis* und *S. diacetilactis* fermentiert.

Acidophilus-Milch wird wie Joghurt hergestellt, nur daß man mit *Lactobacillus acidophilus* und *Streptococcus thermophilus* beimpft. Sie muß mindestens 100 Mill. stabförmiger Milchsäurebakterien pro ml enthalten. *L. acidophilus* ist ein Milchsäurestäbchen, das im menschlichen Darm regelmäßig vorkommen kann. Die diätctische Wirkung der verschiedenen Joghurtarten beruht offenbar auf ihrem Gehalt an Milchsäure.

Man unterscheidet drei Arten von Acidophilus-Milch:

1. Reformjoghurt mit einem Zusatz von *L. acidophilus* zur normalen Joghurtmikroflora.
2. Aco- und Fermento-Joghurt mit Zusatz einer gefriergetrockneten *L. acidophilus*-Kultur bei der Joghurtherstellung.
3. Biojoghurt. Dieses Produkt soll keine normale Joghurtmikroflora enthalten, sondern ausschließlich aus *L. acidophilus* und *Streptococcus lactis* hergestellt worden sein.
4. Milch mit Zusatz von *L. acidophilus* (Anonym, 1976).

Dahi ist ein indisches joghurtähnliches Getränk, das *L. bulgaricus* und (oder) *L. plantarum, L. casei* und *L. brevis* sowie Milchsäurestreptokokken enthält. Gesüßter Dahi ist ein bräunliches Milchprodukt mit Karamelgeschmack, der durch Zusatz von 25% autoklavierter Milch (15 min bei 120 °C) erhalten wird. Die Gärung erfolgt durch *Streptococcus thermophilus* und *Lactobacillus bulgaricus* (Ray und Srinivasan, 1972).

Kefir ist ein säuerliches, schwach alkoholisches Milchgetränk, das vor allem im Kaukasus zubereitet wird, aber auch in Deutschland bekannt ist. Zur Herstellung von Kefir setzt man Kuh-, Ziegen- oder Schafsmilch die sog. Kefirkörner zu. Bei 20 °C findet eine Säuerung zusammen mit einer alkoholischen Gärung des Milchzuckers statt; dabei coaguliert die Milch. Werden nach etwa 24 Std. die Kefirkörner abgeseiht, so enthält das Getränk etwa 1% – 1,5% Säure, 0,25% Alkohol und freies CO_2. Läßt man diese Milch noch etwa 24 Std. in mit Patentstopfen verschlossenen Flaschen stehen, so vermehren sich Alkohol- und CO_2-Gehalt noch etwas, und der erfrischende Charakter des Getränkes wird verstärkt.

Kefirkörner bestehen aus coaguliertem Eiweiß von ziemlich fester Konsistenz und enthalten verschiedene Bakterienarten: *L. caucasicus, L. casei,* einige Lactosevergärende *Torulopsis*-Arten und *Saccharomyces fragilis* sowie Streptobakterien und Betakokken. Die Körner lassen sich mehrere Jahre trocken aufbewahren, müssen aber vor Gebrauch wieder aufgeweicht werden, damit sie eine ausreichende Aktivität entwickeln können. Eine ausführliche Beschreibung der Kefirherstellung vgl. Schulz (1946, 1947) sowie SU-Pat. 1.486.052 (1970).

Kumiss (Kumyss, Kumys u. ä.) ist ein dem Kefir ähnliches milchsäure- und alkoholhaltiges Getränk, das die Kumaraner – ein russischer Volksstamm – aus Stuten- oder Kuhmilch herstellen. In Ledergefäßen oder offenen Tongefäßen wird die Milch mit Milchsäurestreptokokken, Lactobacillen u. a. Bakterien des *L. casei*-Typs und mit lactosevergärenden Hefen vergoren. Durch die CO_2-Bildung bei der Vergärung von Lactose zu Alkohol entsteht viel Schaum, so daß geschlossene Gefäße für die Herstellung ungeeignet sind. Das Produkt wird auch technisch mit Kulturen von *Streptococcus lactis* und *Torula* sp. (10 : 1) gewonnen. Die Bakterienmenge sollte 5% der Milch, die Hefemenge ca. $5 \cdot 10^8$ Zellen/l betragen (SU-Pat. 353.701, 1972).

Leben (Lebenraib) ist ein alkoholhaltiges Milchprodukt, das mit Milchsäurebakterien und Hefen hergestellt wird. Es wird aus Ziegen-, Büffel- oder Kuhmilch besonders in Ägypten, aber auch in Syrien, in Nordafrika und in Sardinien hergestellt. Eine Reihe ähnlicher Getränke ist unter den Namen Maconi, Mazun, Busa, Kuban und Huslanka im Kaukasus bekannt.

Kurunga ist ein vergorenes milchsäure- und alkoholhaltiges Milchprodukt aus Ostasien, das aus Kuhmilch hergestellt wird. Es wird durch Mischgärung mit *Lactobacillus bulgaricus* und *Torula*-Hefen (im Verhältnis von etwa 8 : 1) erhalten (Khundanov und Krotova, 1949).

Yakult ist ein Getränk, das durch Kultivierung von *L. bulgaricus* in Milch, der Autolysate von *Chlorella* und *Scenedesmus* zugesetzt worden waren, erhalten wird (vgl. Öster. Pat. 423.441, 1972).

III. Herstellung von Käse

Bei der Käsereifung wird der Gehalt der Milchsäurebakterien an proteolytischen Enzymen ausgenutzt. Käse werden aus Casein hergestellt, das durch Lab oder durch Säuerung mit „Säureweckern" aus Milch ausgefällt wird. Die Käseherstellung, die vorwiegend mit Lab durchgeführt wird, bezeichnet man als Labkäserei; die Herstellung, die vorwiegend mit Säureweckern gemacht wird, ist die Sauermilchkäserei. Lab ist ein Enzympräparat, das aus Kälbermägen gewonnen wird. Das caseinfällende Ferment des Labs ist das Chymosin (Rennin). Bis vor kurzem wurde ausschließlich tierisches Rennin (aus Kälbermägen) verwendet. Seit einigen Jahren werden aber auch Renninpräparate aus Bakterien (z. B. *Bacillus-, Pseudomonas-, Streptomyces*-Arten) und besonderen Pilzen (z. B. *Aspergillus-, Byssochlamys-, Mucor-* und *Rhizopus*-Arten) hergestellt (vgl. Sardinas, 1972; Sternberg, 1976, dort viel Literatur). Präparate aus *Endothecia parasitica, Mucor miehei* und *M. pusillus* sind erfolgreich in die Praxis, besonders in den USA, eingeführt worden (Sardinas, 1976). Etwa die Hälfte der Käseherstellung in den USA erfolgt mit Pilzrennin (vgl. auch Green, 1977). Auch trägergebundenes Rennin wird zur Milchcoagulation erprobt (Cheryan et al., 1975) (vgl. Kap. 24). Lab fällt aus der Milch bei geeigneter

Temperatur und Wasserstoffionenkonzentration das Casein zum Calciumparacaseinat aus. Das ausgefällte Casein wird zerkleinert, mit Molke und Fett aus der Milch vermischt und dann zu Käse geformt.

Die Festigkeit des Käses ist – abgesehen von der Stärke des Labpräparates – von der Labmenge und der Gerinnungstemperatur abhängig. Je fester der Käse sein soll, um so größer muß die Labmenge und um so höher muß die Temperatur sein. Weiche Käsesorten werden mit wenig Lab angesetzt; die Gerinnung dauert aber dann längere Zeit.

Dem Käse wird beim Formen oft Kochsalz beigemengt, andere Sorten werden in 18%ige – 20%ige Salzlake gelegt. Beim letzteren Prozeß vollzieht sich einmal ein Austausch von Salzlake und Molke im Inneren des Käses, zum anderen eine Quellung, die den Reifeprozeß erleichtert. Anschließend kommt der Käse zur Reifung in einen Lagerraum. Bei der Käsereifung unterscheidet man zwei Abschnitte:

1. Vorreifung, die bei allen Käsearten ziemlich gleichartig ist.
2. Hauptreifung, die je nach Käseart sehr verschieden sein kann.

Bei der Reifung sollen besonders Milchzucker, Calciumparacaseinat und Milchfett beeinflußt werden.

Man versucht gegenwärtig, die Käsereifung durch Impfung mit aromabildenden Mikroorganismen bereits beim oder vor dem Caseinfällungsprozeß zu beeinflussen. Dabei werden Milchsäurestreptokokken (SU-Pat. 291.958, 1971), besonders *Streptococcus lactis* und *S. cremoris* (Hehir, 1970) sowie *Lactobacillus bulgaricus* (Nakanishi und Abe, 1972), aber auch Enzyme, wie z. B. Esterasen aus *Mucor miehei* (Huang und Dooley, 1976), verwendet. Für Schweizer Käse sind thermophile Milchsäurebakterien, einschließlich *Lactobacillus bulgaricus* (Biede et al., 1976), und *Propionibacterium*-Arten gut als Starterkulturen geeignet (Langsrud und Reinbold, 1973).

Milchsäuregärung: Im Laufe weniger Tage wird durch die Milchsäurestreptokokken der Milchzucker zu Milchsäure vergoren, die als Calciumlactat einen Teil des Calciumparacaseinats in Paracasein umwandelt. Die Milchsäuregärung ist ein wesentlicher Abschnitt der Vorreifung. Bei Fehlgärungen entstehen Essigsäure oder Buttersäure sowie CO_2- und H_2-Blähungen. Eine normale Gas- und damit Lochbildung (im Emmentaler Käse) wird durch eine Propionsäuregärung verursacht (vgl. Kap. 18).

Eiweißabbau: Sowohl durch Milchsäurestreptokokken als auch durch Milchsäurestäbchen wird nach dem Milchzuckerabbau des Paracasein angegriffen und zu Albumosen, Peptonen und Aminosäuren, Aminen, Keto- und Hydroxysäuren, einfachen Fettsäuren und anderen löslichen Stoffen abgebaut. Die besonders beim Abbau von Aminosäuren entstehenden flüchtigen Fettsäuren tragen in Form von Estern wesentlich zur Geschmacksbildung bei (Nakae und Elliott, 1965).

Die Reifung geht nebenher durch das Chymosin weiter, das aber allein den Käse nicht befriedigend reifen lassen kann. Es gibt auch Käsesorten, die ganz ohne Chymosin reifen, z. B. Emmentaler Käse. Die Bakterienflora macht also einen wesentlichen Reifungsfaktor aus. Sie setzt sich vor allem aus *Lactobacillus casei, L. helveticus, Tetracoccus liquefaciens* (ein peptonisierender *Micrococcus,* der auch als *Micrococcus caseolyticus* bezeichnet wird und das Ectotrypsin produziert), *Streptococcus lactis, S. cremoris, S. diacetilactis* und *S. paracitrovorus* zusammen. Daneben arbeitet eine ganze Anzahl anderer Bakterien an der Reifung und ganz besonders an der Aromabildung des Käses mit.

Fettabbau: Am Abbau der Fette sind lipasebildende Mikroorganismen, besonders Schimmelpilze, aber auch Hefen und mesophile Milchsäurebakterien (Stadhouders und Veringa, 1973) beteiligt. Die Fette werden z. T. zu Fettsäuren, Aldehyden, Ketonen, besonders zu Methylketonen, abgebaut, die an der Aromabildung wesentlich beteiligt sind.

Bildung von Aromastoffen: Propionsäure ist eine wichtige geschmacksgebende Komponente. Acetoin und Diacetyl entstehen bei der Vergärung von Lactose und Citronensäure. Ketone und freie Fettsäuren, Amine, Ammoniak, Alkohol sowie Aminosäuren und Peptide sind wesentlich an der Aromabildung beteiligt.

Geschmacksfehler treten besonders dann auf, wenn sich Fäulnisbakterien, z. B. *Pseudomonas fluorescens, P. fragi* u. a. gram(–)-Bakterien (Kielwein, 1975; Law et al., 1976), ohne eine richtige Führung der Reifung entwickeln können. Sie bauen dann zu große Mengen an Casein zu Ammoniak und Schwefelwasserstoff ab. In Gegenwart von Eisen tritt noch eine zusätzliche Schwarzfärbung durch Bildung von FeS auf.

Es gibt viele Versuche, Käse kontinuierlich herzustellen. Dabei werden vor allem die ersten Schritte bis zur Coagulation des Caseins kontinuierlich geführt, während die Reifung noch immer am besten in konventioneller Weise vor sich geht (vgl. Berridge, 1976; Sutherland, 1976).

Besondere mikrobiell hergestellte Käsesorten: Bestimmte Mikroorganismen werden zur Erzeugung ganz besonderer Käsesorten herangezogen. Die wichtigsten dieser Käsesorten lassen sich in Grün- oder Blauschimmelkäse und in Weißschimmelkäse unterscheiden.

Grün- oder Blauschimmelkäse. Diese Käsesorten werden mit *Penicillium roqueforti* hergestellt, das ein besonders charakteristisches Aroma liefert. Als Hauptvertreter dieser Käseart sind der „Roquefortkäse" in Frankreich, der „Edelpilzkäse" in Deutschland, „Gorgonzola" in Italien, „Danish Blue" in Dänemark und „Stilton-Käse" in England bekannt. Bei Käsen dieser Art findet im Inneren der Käse ein Pilzwachstum mit Sporenbildung statt, so daß die Poren mit grünlich-blauen Schimmelflecken durchsetzt sind.

Roquefortkäse wird in den Cevennen in Südfrankreich vorwiegend aus Schafsmilch bereitet. Die coagulierte saure Milch (den Quark) läßt man in runden Formen abtropfen und beimpft dann mit trockenen, schimmelpilzsporenhaltigen Brotkrumen.

Zur Herstellung der sporenhaltigen Brotkrumen wird der Pilz auf feuchtem Brot angezüchtet, bis dieses vollkommen mit Mycelien und Sporen durchsetzt ist. Dann läßt man das Brot langsam austrocknen, so daß immer mehr Conidien von *P. roqueforti* gebildet werden. Wenn das Brot vollständig durchgetrocknet ist, wird es zermahlen und zur Beimpfung des Quarks verwendet.

Nach Beimpfung muß der Käse bei Temperaturen unter 9 °C bei hoher Luftfeuchtigkeit reifen. Hierzu wird er in Frankreich in den meisten Fällen direkt nach Roquefort transportiert. Dort reift er in Kalksteinhöhlen, in denen durch das Wasser, das an den Wänden herabrieselt, eine hohe Luftfeuchtigkeit erzeugt wird. Auch stillgelegte Bergwerksschächte werden in anderen Ländern – z. B. in den USA – zur Lagerung während der Reifung verwendet.

Zur Sauerstoffversorgung des aeroben Pilzes, der aber nur relativ wenig Sauerstoff zur Entwicklung benötigt, werden Löcher in den Quark gebohrt. Der ausgereifte Käse enthält viel Capron-, Capryl- und Caprinsäure sowie Methylketone und erhält dadurch seinen kräftigen, zuweilen sogar scharfen, etwas seifigen Geschmack (Kinsella und Hwang, 1976). Daneben sind auch Caseinabbauprodukte für den Geschmack bedeutungsvoll. Die Aktivität der Proteasen unterliegt bei *P. roqueforti* ab 2,5% Aminosäuren im Substrat einer echten Repression (Bolcato et al., 1973). Über die Mycelzusammensetzung des Pilzes vgl. Shimp und Kinsella (1977).

Auch künstliche Aromakonzentrate aus *Bacillus*-Arten, Milchsäurebakterien und *Penicillium roqueforti* wurden hergestellt (Nied.-Pat. 7.005.908, 1970).

Weiß-Schimmelkäse. Die bekanntesten Weiß-Schimmelkäse sind Camembert (benannt nach einem Dorf in der Normandie) und Briekäse (Fromage de Brie, benannt nach einem Landstrich im Departement Seine et Marne).

Der Camembertkäse ist außen mit *P. camemberti* dicht bewachsen und erhält durch den Pilz sein typisches Aroma. Gegenwärtig ist *P. camemberti* nur noch selten in Impfkulturen vorhanden, zumeist sind *P. candidum, P. album* und *P. caseicolum* in den Impfkulturen. Der Käse wird entweder durch Eintauchen in Conidiensuspensionen oder durch Zusatz einer Conidiensuspension zum ausgefällten Quark beimpft. Der Reifegrad einzelner Sorten ist unterschiedlich.

Einzelheiten über Käseherstellung und Mikroorganismen vgl. van Kerken und Kandler (1966); Kosikowski (1967).

Weitere Produkte aus Milch, die mit Hilfe von Mikroorganismen hergestellt werden: Käsemolke läßt sich mit *Lactobacillus bulgaricus* bei 43 °C fermentieren. Nach Neutralisation wird getrocknet, so daß ein Pulver mit 55% Rohprotein erhalten wird. Das Präparat ist zur Tierfütterung geeignet (Reddy et al., 1976).

Durch Zucht von *Candida lipolytica* auf Molke wird bei Stimulation der zelleigenen Lipasen dieser Hefe nach einer Fermentation von 45 Std. – 50 Std. ein Produkt erhalten, das im Geruch eine Ähnlichkeit mit Cheddar-Käse besitzt (Kalle et al., 1976).

Literatur

Anonym: Am. Dairy Rev. *38*, 62, 64, (1976)
Berridge, N. J.: J. Dairy Res. *43*, 337 – 356 (1976)
Biede, S. L., Reinbold, G. W., Hammond, E. G.: J. Dairy Sci. *59*, 854 – 858 (1976)
Bolcato, V., Spettoli, P., Peruffo, A. D. B.: Milchwissenschaft *28*, 225 – 230 (1973)
Busse, M., Kandler, O.: Zentralbl. Bakteriol. II, *114*, 675 – 682 (1961)
Cheryan, M., van Wyk, P. J., Olson, N. F., Richardson, T.: Biotechnol. Bioeng. *17*, 585 – 598 (1975)
Davis, J. G.: Food *21*, 249, 284 (1956)
Davis, J. G.: Prog. Ind. Microbiol. *4*, 95 – 136 (1963)
Driessen, F. M., Ubbels, J., Stadhouders, J.: Biotechnol. Bioeng. *19*, 821, 840 (1977)
El-Sadek, M. G., Nagub, Kh., Negm, A.: Milchwissenschaft *27*, 570 – 572 (1972)
Green, M. L.: J. Dairy Res. *44*, 159 – 188 (1977)
Hehir, A. F.: Food Technol. Aust. *22*, 582 – 583 (1970)
Huang, H. T., Dooley, J. G.: Biotechnol. Bioeng. *18*, 909 – 919 (1976)
Kalle, G. P., Deshpande, S. Y., Lashkari, B. Z.: J. Food Sci. Technol. (Mysore) *13*, 124 – 128 (1976)
Kerken, van, A. E., Kandler, O.: Milchwissenschaft *21*, 436 – 440 (1966)

Kessler, H. G.: Lebensmittel-Verfahrenstechnik Schwerpunkt Molkereitechnologie. München: Weihenstephan 1976
Khundanov, L. E., Krotova, V. A.: Priroda *38*, 59 (1949)
Kielwein, G.: Dtsch. Molk. Ztg. *96*, 1112, 1114 – 1120 (1975)
Kiermeier, F., Lechner, E.: Milch und Milcherzeugnisse. Berlin, Hamburg: Paul Parey 1973
Kinsella, J. E., Hwang, D.: Biotechnol. Bioeng. *18*, 927 – 938 (1976)
Kosikowski, F.: Cheese and fermented milk foods. Annu. Arbor Mich.: Edward Brothers Inc. 1966
Langsrud, T., Reinbold, G. W.: J. Milk Food Technol. *36*, 531 – 542 (1973)
Law, B. A., Sharpe, M. E., Chapman, H. R.: J. Dairy Res. *43*, 459 – 468 (1976)
MacBean, R. D., Hall, R. J., Linklater, P. M.: Biotechnol. Bioeng. *21*, 1517 – 1541 (1979)
Mann, E. J.: Dairy Ind. *38*, 386 – 387 (1973)
Manus, L. J.: Dairy Ice Cream Field *156*, 52, 74 (1973)
Nakae, T., Elliott, J. A.: J. Dairy Sci. *48*, 287, 293 (1965)
Nakanishi, T., Abe, T.: Jpn. J. Dairy Sci. *21*, A114 – A118 (1972)
Ray, H. P., Srinivasan, R. A.: J. Food Sci. Technol. *9*, 62 – 65 (1972)
Reddy, C. A., Henderson, H. E., Erdman, M. D.: Appl. Environ. Microbiol. *32*, 769 – 776 (1976)
Reed, G.: Enzymes in food processing, 2nd ed. London, New York: Academic Press 1975
Sardinas, J. L.: Adv. Appl. Microbiol. *15*, 39 – 73 (1972)
Sardinas, J. L.: Process Biochem. *11*, 10, 12 – 14, 16, 17 (1976)
Schulz, M.: Milchwissenschaft *1/2*, 19 – 27 (1946/47)
Shichiji, S.: Abstr. 1st Int. Congr. Food Sci. Technol. London p. 59 (1962)
Shimp, J. L., Kinsella, J. E.: J. Food Sci. *42*, 681 – 684 (1977)
Stadhouders, J., Veringa, H. A.: Neth. Milk Dairy J. *27*, 77 – 91 (1973)
Sternberg, M.: Adv. Appl. Microbiol. *20*, 135 – 157 (1976)
Sutherland, B. J.: Aust. J. Dairy Technol. *31*, 77 – 79 (1976)

Kapitel 36 Herstellung von Lebensmitteln mit Mikroorganismen (außer alkoholischen Getränken und Milchprodukten)

Mikroorganismen sind nicht nur an der Herstellung von alkoholischen Getränken (vgl. Kap. 33 u. 34) und vielen Milchprodukten beteiligt, sondern auch zur Produktion vieler weiterer Lebensmittel notwendig. Eine besondere Rolle spielen dabei homo- und heterofermentative Milchsäurebakterien (vgl. Kap. 1), verschiedene gärende Hefen, besonders *Saccharomyces*-Arten (vgl. Kap. 1), und eine Reihe von mycelbildenden Pilzen als Produzenten von Amylasen und Proteasen (vgl. Kap. 24). Die Technik der Futtermittelsilierung wird hier kurz erwähnt werden.

I. Mikroorganismen bei der Brotherstellung

Die Züchtung von Hefen und ihre Anwendung bei der Brotherstellung wurde bereits im Kap. 11 beschrieben, so daß hier nur die Mikroorganismen im Sauerteig dargestellt werden müssen. Sauerteig wird zur Bereitung von Roggen- und Mischbrotteigen verwendet. Dabei wird eine Teiglockerung und die Bildung eines säuerlich-aromatischen Geschmacks des Brotes bezweckt. Sauerteig entsteht durch Ansiedlung von Milchsäurebakterien und Sauerteighefen im Mehl, das mit Wasser verrührt und bei 28 °C gehalten wird. Einem reifen Sauerteig wird zumeist immer ein Teil als Anstellgut für den neuen Teig entnommen (Schema vgl. Rehm, 1967). Es existieren auch Bakterienpräparate, die als neuer Anstellsauer dienen sollen. Wichtige Arbeiten über die Mikroflora im Sauerteig vgl. Spicher (1966), über wichtige Bedingungen zur Entwicklung von Sauerteigbakterien vgl. Spicher (1975), über die Brotherstellung vgl. Spicher (1974).

Bei der Gärung wird durch homofermentative Sauerteigbakterien ein Teil der Glucose zu Milchsäure vergoren, während durch heterofermentative Arten Milchsäure, CO_2, etwas Essigsäure und Äthanol gebildet werden. Die optimale Säuerung findet durch *Lactobacillus plantarum* und *L. brevis* zwischen 30 °C und 35 °C, die durch *L. fermentum* zwischen 35 °C und 40 °C bei pH-Werten um 6,0 bis zu 4,5 statt. Die besonders säurefesten Sauerteighefen bilden viel Gas.

II. Herstellung von Sauerprodukten mit Milchsäurebakterien

Sauerkraut wird mit Hilfe von Milchsäurebakterien aus Kohl hergestellt. Hierzu wird eine langsam wachsende Weißkohlart mit festen Köpfen bei guter Durchlüftung eine kurze Zeit gelagert, dann maschinell zerkleinert und in Gärbottichen mit einem Fassungsvermögen bis zu 80 t mit Salz vermischt. Durch einen Deckel, der auf den Kohl gelegt wird, ist der Luftzutritt weitgehend eingeschränkt. Nach drei bis vier Wochen ist die spontan einsetzende Gärung mit einem Säuregehalt von mindestens 1,5% beendet (vgl. Mehlitz und Malla, 1967).

Im ersten Teil der Gärung überwiegen *Leuconostoc*-Arten (gasbildende Kokken), besonders *L. mesenteroides*. Sie bilden vor allem Milch- und Essigsäure sowie Mannit und CO_2. Bei einem Säuregehalt von 0,7% – 1% werden diese Arten abgetötet. Die gebildeten Säuren verestern sich mit Alkoholen und bilden wichtige Geschmackskomponenten für das Sauerkraut.

Im zweiten Teil der Gärung sind vorwiegend gasbildende Stäbchen, z. B. *Lactobacillus plantarum*, vorhanden. Sie vergären weiteren Zucker und Mannit zu Milchsäure.

Im dritten Teil der Gärung wird durch Stäbchen, die kein Gas bilden, z. B. *L. brevis*, der Rest des Zuckers in Milchsäure, Essigsäure, Äthanol, Mannit und CO_2 umgewandelt. Diese Arten vertragen einen Säuregehalt bis zu 2,4%.

Fäulnisbakterien dürfen bei der normalen, im sauren Gebiet ablaufenden Gärung nicht auftreten, ebenso darf auch keine Buttersäuregärung stattfinden. Durch Zusatz von Sorbinsäure (vgl. Kap. 8) in Konzentrationen von 0,05% – 0,07% ist es möglich, unerwünschte Mikroorganismen – abgesehen von Clostridien – bei der Sauerkrautgärung zu unterdrücken (Mehlitz und Drews, 1960). Ein Zusatz von Reinkulturen von *L. plantarum* soll die Gärung bei 22 °C – 28 °C auf zwei bis vier Tage verkürzen (SU-Pat. 376.078, 1973).

Sauerkraut kommt in Fässern, Konservenbüchsen und neuerdings vielfach in Kunststoffhüllen in den Handel; in vielen Fällen wird es nach der Herstellung pasteurisiert, so daß keine späteren Fehlgärungen mehr auftreten können. Ein ausführliches Sammelreferat vgl. Pederson (1960).

Die Produktion von Sauerkraut hat nicht nur in Deutschland (vgl. Mehlitz und Gelbrich, 1965), sondern auch in anderen Ländern, z. B. in den USA, eine große wirtschaftliche Bedeutung.

Saure Gurken u. a. **Sauergemüse.** Mit Hilfe von Milchsäure- und Essigsäurebakterien und evtl. auch bei Anwesenheit von Hefen und anderen Mikroorganismen können saure Gurken verschiedener Geschmacksrichtungen hergestellt werden.

Frische, noch nicht voll ausgereifte, gewaschene Gurken werden mit Salzlake übergossen und durch Deckel, die über die Gurken in den Fässern gelegt werden, von der Luftzufuhr abgeschnitten. Bei der nun eintretenden Gärung wird innerhalb von drei bis vier Tagen ein Teil der Kohlenhydrate zu Säuren (0,5% – 1% Milchsäure) abgebaut; gleichzeitig werden Aromastoffe und andere flüchtige Säuren, Alkohol, verschiedene Ester und Methyläthylcarbinol gebildet. Bei der Gärung lassen sich schädliche Mikroorganismen, besonders Hefen, durch Zusatz von Sorbinsäure gut unterdrücken. Literatur vgl. Lück (1972). Je nach Art der Würzung und der Intensität der Gärung können verschiedene Arten von Sauergurken hergestellt werden. Bei Zusatz von *L. plantarum* als Starterkultur läßt sich eine CO_2-Bildung weitgehend vermindern und eine bessere Qualität der Gurken erhalten (Etchells et al., 1975). Auch *L. plantarum* in Mischung mit *Pediococcus cerevisiae* gibt eine gute Starterkultur (de León et al., 1975).

Hefen auf den Gurkenlaken veratmen die Milchsäure zu CO_2 und Wasser, vermindern dadurch die geschmackliche Qualität und heben die konservierende Wirkung der Milchsäure auf. Eine Kahmhautbildung durch Hefen muß durch UV-Bestrahlung, Abschöpfen der Kahmhaut, Pasteurisation oder durch eine 15%ige Salzkonzentration verhindert werden.

Kleine Gurken werden oft zusammen mit anderem Gemüse vergoren (**mixed pickles**), dabei entsteht ein Sauergemüse, das ganz besonders in den USA geschätzt wird. Es ist möglich, die Gärung durch Beimpfung mit *L. plantarum* zu steuern. Auch Gemüsearten, z. B. grüne Bohnen, Möhren, Kohlrabi, Kohlrüben, Blumenkohl u. a., lassen sich wie Gurken verarbeiten.

Oliven machen bei ihrer Verarbeitung eine Milchsäuregärung durch.

Die Früchte werden zur Herstellung dunkler Oliven in großen Vorratstanks aus Eisenbeton oder Holz eingelegt und mit Salzlösung (2,5%ig–5%ig oder 5%ig–10%ig), je nach Größe der Früchte übergossen. Durch die nun einsetzende Milchsäuregärung steigt der Säuregehalt auf 0,4% – 0,6%, auch *Saccharomyces oleaginosus* und *Hansenula anomala* sind an der Vergärung beteiligt (Durán-Quintana und González-Cancho, 1973). Anschließend oder schon vorher erfolgt eine Laugenbehandlung mit 0,5%iger – 2%iger Natronlauge bei Luftzutritt, um das Oleuropein, einen glucosidischen Bitterstoff, durch Verseifung zu entfernen. Dann wird nochmals eine kurze Vergärung vorgenommen, und das Produkt ist verkaufsfertig.

Grüne Oliven werden nach der Laugenbehandlung in großen Gärgefäßen bei 27 °C – 33 °C vergoren. Nach drei bis vier Wochen ist die Vergärung beendet und es sind 0,7% – 1% Milchsäure gebildet worden. Die Früchte werden entweder in Salzlake oder in gereinigter Gärlösung zum Versand gebracht (vgl. de la Borbolla, 1975). Grundsätzlich ist auch eine Pasteurisation der Oliven vor der Fermentation möglich und vorteilhaft (de la Borbolla et al., 1969).

Silierte Pilze. Bei einer spontanen Milchsäuregärung von Pilzen nach Einlegen in eine Salzlake treten neben 0,2% – 1,2% Milchsäure viele andere Säuren auf. Es ist wichtig, daß die Gärung sehr schnell in Gang kommt, damit eine Fäulnis durch eiweißabbauende Bakterien unterdrückt wird.

Die Vergärung der Pilze kann durch Beimpfung mit *Lactobacillus bulgaricus,* der in Joghurt vermehrt wurde, sicherer geführt werden (Kselik, 1956). Die Gärung wird in großen Säuerungstanks aus Metall, Holz oder Beton vorgenommen. Schon nach 24 Std. bei 45 °C ist soviel Milchsäure gebildet worden, daß eine sichere Konservierung gewährleistet ist. Andere Säuren, wie z. B. Essigsäure, werden bei diesem Verfahren nur in unbedeutender Menge erzeugt.

III. Silierung von Futter mit Hilfe von Milchsäurebakterien

Die Einsäuerung von Viehfutter (Silage) ist ein Konservierungsverfahren für Futterpflanzen. Die Konservierung wird durch eine Säuerung bei anaerober Gärung erreicht (Literatur vgl. Beck und Poschenrieder, 1961; Davis, 1963). Es werden in der Hauptsache Gras, Grünfutter von Hülsenfrüchten (Klee, Luzerne, Erbsen u. a.), Grünmais, Rübenblätter, Kartoffeln u. a. einsiliert.

Zur Einsilierung werden grün geerntete Pflanzen maschinell zerkleinert und gleichmäßig, möglichst ohne Hohlräume im Silo aufgeschichtet.

Das Pflanzengut wird im wesentlichen durch Milchsäurebakterien, besonders *L. plantarum* (vgl. Davis, 1963), zu Beginn auch durch *Mycoderma* und eine Anzahl anderer Hefearten vergoren. In vielen Fällen wird mit *Lactobacillus plantarum*-Kulturen beimpft (vgl. z. B. Woolford und Wilkins, 1975).

Bei der spontanen Silagegärung unterscheidet man drei Phasen:

1. Fortsetzung der Atmung bis zum vollständigen Verbrauch des Sauerstoffes, danach starke Wärmeentwicklung. Es entwickeln sich neben Pilzen und Hefen viele Kokken, gramnegative Stäbchen, aerobe *Bacillus-* und *Pseudomonas*-Arten (Langston et al., 1962).
2. Bakterielle Gärung unter anaeroben Verhältnissen. Zunächst Essigsäurebildung durch *Escherichia coli,* dann vorwiegend Milchsäurebildung durch *Lactobacillus*-Arten, z. B. *L. plantarum, L. brevis,* auch *L. fermentum* und durch Streptokokken (vgl. Davis, 1963).
3. Konstanter Milchsäuregehalt von etwa 1,5% – 2% der frischen Futtermasse mit einem pH-Wert von 4,0 – 4,2 und einer Stabilität für Monate oder Jahre.

Die Mikroflora und die einzelnen Phasen der Silagegärung sind natürlich stark abhängig von dem Silagegut.

Fehlgärungen werden besonders durch *Clostridium butyricum* hervorgerufen. Dieses Bakterium bildet viel Buttersäure und macht das Silagefutter dadurch für das Vieh ungenießbar. Bei Anwesenheit pathogener Clostridien kann ein fehlvergorenes Silagefutter toxisch für das Vieh sein. Mykotoxine, wie z. B. Byssochlaminsäure und Patulin, werden bei unsachgemäßer längerer Lagerung (ab drei Monaten) gebildet (Escoula, 1975).

Seit einiger Zeit wird versucht, durch bestimmte Zusätze die Silierung zu steuern und Fehlgärungen zu verhindern. Es wurden u. a. Hexamethylentetramin in Kombination mit Nitrit (US-Pat. 3.961.079, 1976), Ameisensäure (Derbyshire et al., 1976), auch kombiniert mit Paraformaldehyd (Waldo et al., 1975), $C_1 - C_7$-Fettsäuren, mit Wirkung vor allem gegen Sporenbildner und $C_8 - C_{12}$-Fettsäuren mit einem allgemeinen antimikrobiellen Effekt (Woolford, 1975 a, b) untersucht.

IV. Herstellung orientalischer Lebensmittel mit Hilfe von Mikroorganismen

Neben den bisher beschriebenen Lebensmitteln, die mit Hilfe von Mikroorganismen hergestellt werden, gibt es eine Reihe mikrobieller orientalischer Lebensmittel, deren Grundlage Soja, Fischprodukte oder Säfte sind. Zusammenfassende Arbeiten vgl. Hesseltine (1965); Wood und Yong (1975); Batra und Millner (1976); Wood (1977); Kolb (1978).

1. Lebensmittel mit Soja als Grundlage

Natto ist ein hauptsächlich in Japan hergestelltes Nahrungsmittel. Zu seiner Herstellung werden besondere Stämme von *Bacillus subtilis* (auch als *B. natto* bezeichnet) verwendet.

Gereinigte Sojabohnen werden in Wasser 12 Std. – 20 Std. eingeweicht, bis sie ihr Gewicht etwa verdoppelt haben. Dann werden sie 12 min – 15 min im Dampf gekocht, bis sie sich leicht zwischen den Fingern zerquetschen lassen, mit *B. natto* beimpft, in papierdünne Blätter von Fichtenholz in etwa 150 g schweren Portionen eingewickelt und in einem geschlossenen Raum bei 40 °C – 43 °C 18 Std. – 20 Std. bebrütet. Die bei der Fermentation entstehende Wärme muß durch ausreichende Entlüftung abgeführt werden. Im Verlauf der Fermentation überziehen sich die Bohnen mit einer viskosen, zähen Haut, die ein besonderes Merkmal für die Qualität des Natto darstellt. Das fermentierte feste Produkt hat einen ammoniakalischen Geruch, der durch das aus dem z. T. vollständigen Eiweißabbau entstandene NH_3 herrührt. Einzelheiten über die Bedingungen der Natto-Herstellung sind von Hayashi (1959, 1960) beschrieben worden.

Tempeh wird in Indonesien und benachbarten Gebieten vorwiegend mit *Rhizopus oligosporus* produziert (Hesseltine et al., 1963), daneben sind auch andere *Rhizopus*-Arten an der Bildung von Tempeh beteiligt, z. B. *R. oryzae, R. stolonifer, R. arrhizus,* sowie *Mucor rouxii* und *Trichosporon pullulans* (Dwidjoseputro und Wolf, 1970).

Zur Herstellung von Tempeh (vgl. auch Steinkraus et al., 1965 a, b) werden getrocknete Sojabohnen in Wasser bei etwa 25 °C eingeweicht, dann werden die Schalen manuell entfernt und die Bohnen gekocht. Anschließend beimpft man die abgekühlten Bohnen mit dem *Rhizopus*-Stamm aus einer früheren Tempehherstellung oder aus einer Pilzanzucht auf Reis (Rusmin und Ko, 1974) und wickelt die beimpften Bohnen in Bananenblätter. In diesen fermentieren sie so lange, bis das Pilzmycel die Sojabohnen völlig durchwachsen hat. Zum Verzehr schneidet man die ganze Masse in dünne Scheiben, taucht sie in Salzwasser und brät sie in Fett.

Bei der Tempehfermentation gehen etwa die folgenden Veränderungen in der Sojabohne vor (Hesseltine, 1965):

1. Ein großer Teil der Proteine wird zu Aminosäuren abgebaut. Bei lang dauernden Fermentationen vermindern sich die Mengen an Lysin und Methionin. In späten Stadien der Fermentation wird auch Ammoniak gebildet. Der Gesamtstickstoff verändert sich kaum, jedoch nimmt der Gehalt an löslichem Stickstoff zu.
2. Ein Drittel der Neutralfette hydrolysiert zu Palmitin-, Stearin-, Olein-, Linol- und Linolensäure.
3. Die Anzahl der reduzierenden Substanzen und der Hemicellulosen vermindert sich.
4. Proteasen und Lipasen liegen in großen Mengen vor, während Pektinasen und Amylasen weniger gebildet werden.
5. Das Produkt verliert während der Fermentation etwa 4% an Trockengewicht. Es hat einen Wassergehalt von 55% – 65%.

Ontjom wird ähnlich wie Tempeh hergestellt, die Beimpfung erfolgt jedoch mit *Neurospora sitophila* (Steinkraus et al., 1965 a; Hesseltine und Wang, 1967; Dwidjoseputro und Wolf, 1970).

Sufu, der sog. chinesische Käse, wird in China und Formosa aus Sojabohnen hergestellt. An seiner Bildung sind *Mucor sufu* [*M. racemosus, Rhizopus chinensis* var. *chungyuen* (*Actinomucor elegans*)] und verschiedene andere *Mucor*-Arten beteiligt (vgl. Hesseltine, 1965; Wang und Hesseltine, 1970).

Die Sojabohnen werden gewaschen, eingeweicht und gepreßt. Die dabei entstehende „Milch" wird gekocht und mit CaSO$_4$ ausgefällt. Das Präcipitat wird in hölzernen Gefäßen geformt, wobei noch weiteres Wasser austritt. Jetzt hat man den in Asien weit verbreiteten Tofu (Sojabohnenquark) erhalten.

Zur Weiterverarbeitung werden die Tofustücke in kleine Blöckchen von $2 \times 2 \times 4$ cm zerschnitten, bei 100 °C 10 min – 15 min sterilisiert, nachdem sie vorher zur Verhinderung von Bakterienwachstum mit einer Lösung aus 2% NaCl und 0,8% Citronensäure bestrichen worden waren. Anschließend werden die Stücke an der Oberfläche mit dem Pilz beimpft und bei Temperaturen zwischen 12 °C und 20 °C drei bis sieben Tage bebrütet. Jetzt hat man die sog. Pehtzes erhalten. Diese werden in eine Lösung von 12% NaCl und 10% Äthanol (z. B. Reiswein) oder auch nur in Kochsalzlösung gelegt. Nach etwa zwei Monaten ist das Produkt, nun als Sufu bezeichnet, fertig. Die Mucoraceae bauen die Proteine zu Peptiden und Aminosäuren ab und geben dem Lebensmittel den charakteristischen Geschmack.

Sojamilch ist ein Preßsaft von eingeweichten Sojabohnen, der auch einer Milchsäuregärung, z. B. durch *Lactobacillus acidophilus* (Wang et al., 1974) oder Milchsäurestreptokokken (Kothari, 1973), unterzogen werden kann und dann ein Sauergetränk ergibt. Werden ein Teil Sojamilch mit vier Teilen Kuhmilch vermischt und daraus ein Käse bereitet, so erhält man „Karish"-Käse (Abou El-Ella et al., 1977).

Miso ist eine Paste, die in einem zweistufigen Verfahren hergestellt wird. In einer ersten Stufe wird Reis fermentiert, um ausreichend Enzyme für die zweite Stufe zu bilden, in der Sojabohnen oder andere Substrate zum Miso fermentiert werden. An der Herstellung sind *Aspergillus oryzae, A. soyae, Saccharomyces rouxii* (Synonym u. a. *S. soya*), *Zygosaccharomyces soya* sowie *Pichia miso* beteiligt (vgl. Gray, 1970).

In Japan stellt man Miso nach dem Schema in Abb. 181 her (Shibasaki und Hesseltine, 1960).

Bei der Fermentation der Koji-Sojabohnenmischung bei 35 °C entstehen schnell anaerobe Verhältnisse, die *Aspergillus oryzae*-Mycelien sterben ab, so daß sich osmophile Hefen, z. B. *Saccharomyces rouxii* und auch *Pichia miso* entwickeln können.

Von diesem Herstellungsverfahren gibt es, vor allem in China, viele Abweichungen. Man kann z. B. zur Kojiherstellung anstelle von Reis auch Gerste oder Sojabohnen verwenden. Weiterhin kann die zweite Fermentation bis zu zwei Jahren ausgedehnt werden. In Japan wird sehr viel Miso direkt im Haushalt hergestellt, daneben schätzt man mehr als 5000 gewerbliche Betriebe, die dieses Produkt erzeugen. Über Aromastoffe im Miso vgl. Iwabuchi et al. (1976).

Shoyu ist eine Sojasauce, die in großen Mengen in Japan hergestellt, aber auch in den USA verwendet wird. Auch sie wird in zwei Stufen produziert. In der ersten Stufe kann eine mikrobiologische oder chemische Hydrolyse der Proteine aus den Sojabohnen vorgenommen werden. Die milde mikrobiologische Hydrolyse ergibt ein wesentlich besseres Aroma als die chemische Hydrolyse, die mit anorganischen Säuren, z. B. mit HCl, vorgenommen wird. In der zweiten Stufe findet eine Fermentation mit *Aspergillus oryzae* oder *A. soyae* und anschließend mit *Saccharomyces rouxii, Hansenula* und anderen anaeroben Mikroorganismen, z. B. durch Lactobacillen statt. Dabei wachsen zuerst die Milchsäurebakterien, dann erst entwickeln sich die Hefen (Yong und Wood, 1976). Die Abb. 182 zeigt die Herstellung von So-

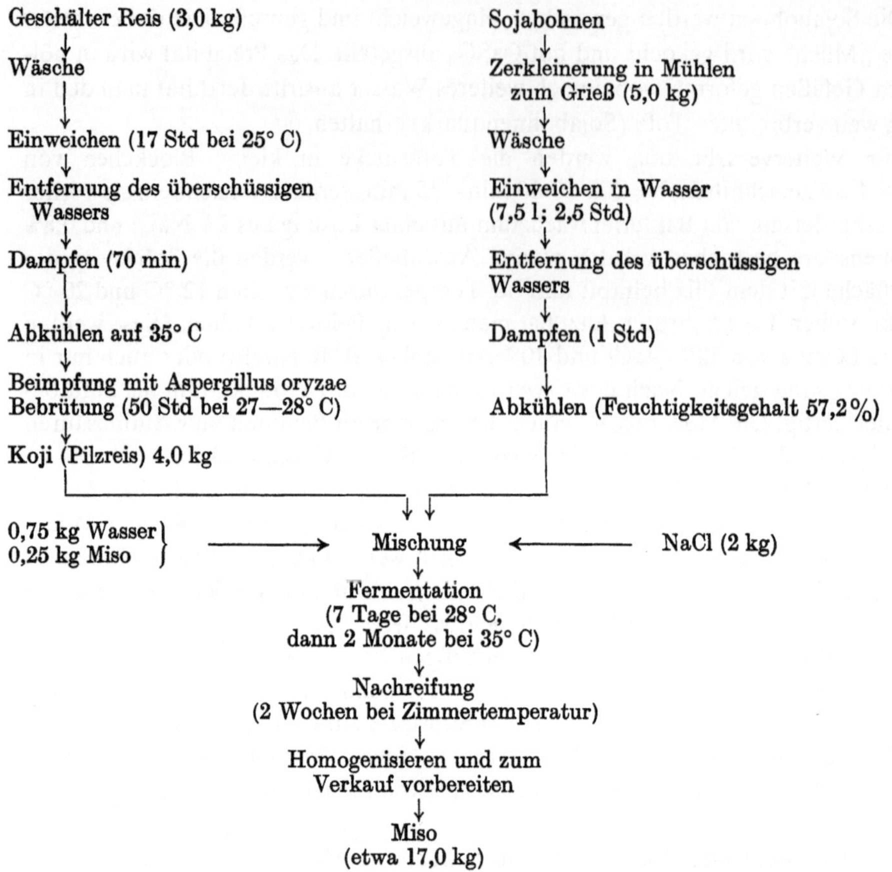

Abb. 181. Schema zur Herstellung von Miso (nach Shibasaki, G. und Hesseltine, G. W.: Dev. Ind. Microbiol., Bd. 2, 205, 1960)

jasauce nach chinesischer Methode, die auch zur Herstellung von Shoyu im Laboratorium geeignet ist (Lockwood, 1947; vgl. auch Yong und Wood, 1974; sowie Abb. 129, Rehm 1967).

Von Shoyu gibt es eine große Anzahl von Varianten, z. B. Tamari. In Japan stellt man zum größten Teil Sojasaucen vom Typ Koikuchi her (Einzelheiten vgl. Yokotsuka, 1960). Weitere Übersicht vgl. Yong und Wood (1974); Wood (1977).

Die Abb. 183 auf Seite 594 gibt eine Übersicht über die Verarbeitung von Soja (vgl. Kolb, 1978).

2. Lebensmittel mit Fisch als Grundlage

In Ostasien werden durch Fermentation von Fischen verschiedene Pasten erzeugt, die zum Würzen von Speisen und/oder zur späteren Weiterverarbeitung zu Suppen verwendet werden. Bei ihrer Herstellung geht ein Gärprozeß – meistens durch Mischkulturen von Hefen und Bakterien – vor sich. Eine Übersicht vgl. van Veen (1953), Mikroorganismen vgl. Sands und Crisan (1974).

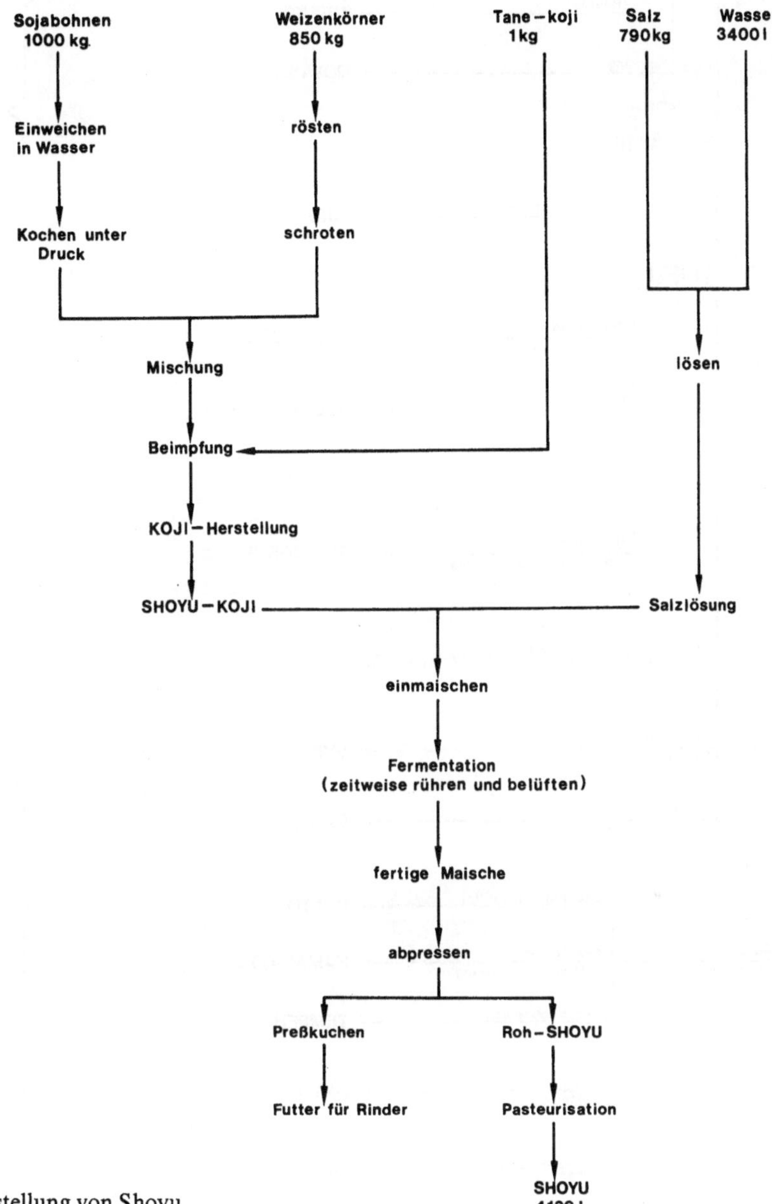

Abb. 182. Herstellung von Shoyu

Bagoong wird auf den Philippinen hergestellt. Meeresfische werden gereinigt und gesalzen. Dann läßt man sie etwa drei Monate zur Fermentation in geeigneten Gefäßen lagern. Das entstandene Produkt kann roh oder in gekochtem Zustand gegessen werden.

Prahoc ist ein fermentiertes pastenähnliches Fischprodukt aus Indochina. Die gereinigten Fische werden in geflochtene Körbe gelegt. Durch Auspressen mit Steinen, die auf die Fische gelegt werden, wird ihnen in 24 Std. viel Wasser entzogen. Anschließend werden die Fische mit mindestens 10% Kochsalz versetzt, für 24 Std.

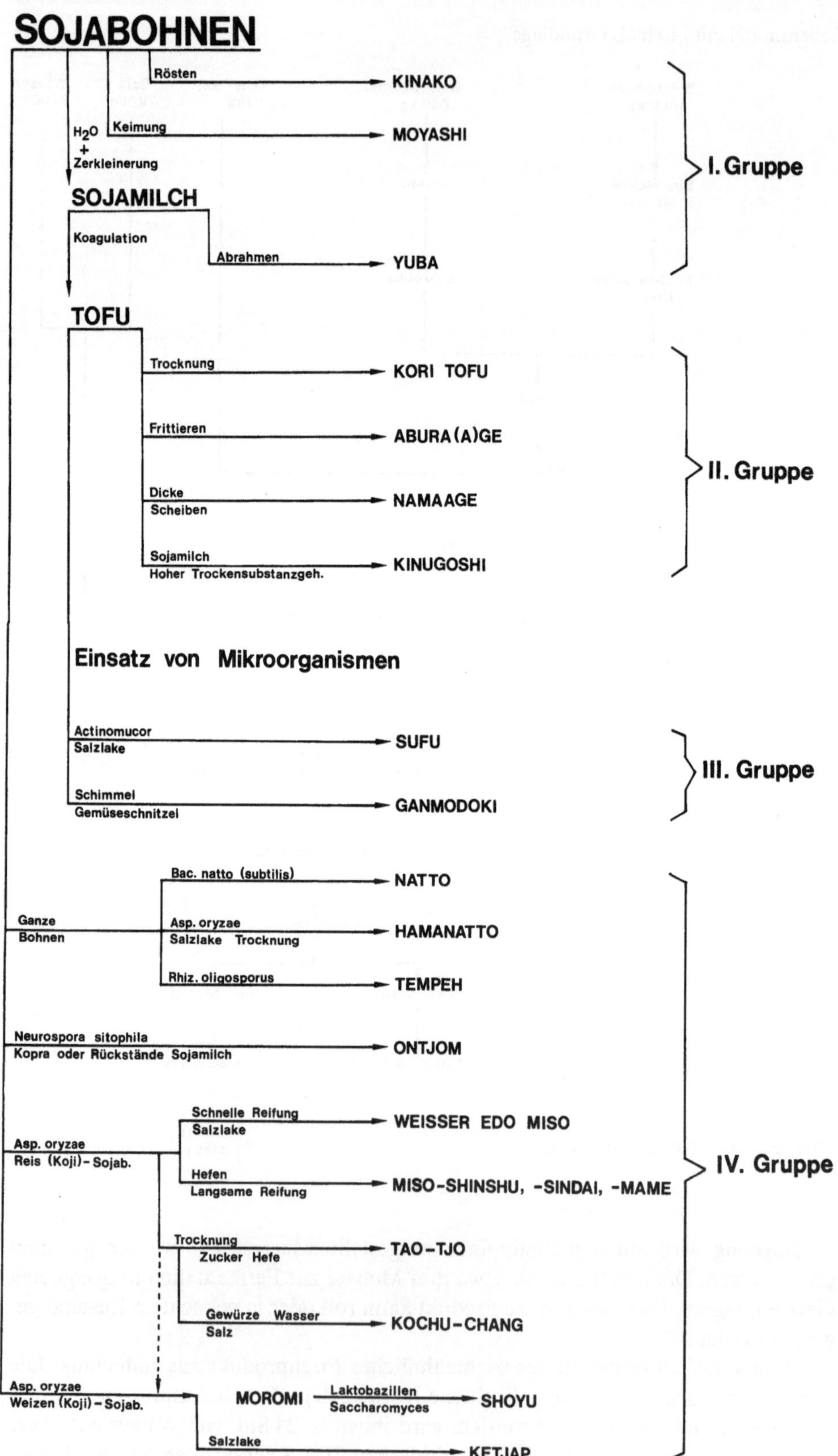

Abb. 183. Verfahren zur Nutzung von Soja (nach Kolb, 1978)

der Sonne ausgesetzt und dann fest in Körbe zur Fermentation gepackt. Wenn eine pastenähnliche Konsistenz erreicht worden ist, gibt man die Paste in irdene Gefäße und läßt sie noch einige Monate nachreifen.

Kamaboko ist eine Fischpaste aus Japan, die nach der Fermentation viele Hefen (z. B. auch *Candida*-Arten) enthält (Nakase et al., 1976).

Die Fermentation kann auch mit Zusatz von Reiskleie durchgeführt werden, man erhält dann z. B. **Padec,** ein Produkt aus Laos, oder **Phaak** oder **Mamchao,** Produkte, die noch durch zusätzliche Beimpfung mit einer Hefe hergestellt worden sind. **Trassi** ist eine Fischpaste, die auf Sumatra hergestellt und nach Japan exportiert wird (vgl. van Veen, 1953).

Burong Dalag ist ein Fischprodukt, das durch Milchsäure-Fermentation von Fischen (vorwiegend Dalag-Fisch) mit *Leuconostoc mesenteroides, Pediococcus cerevisiae* und *Lactobacillus plantarum* erhalten wird (Orillo und Pederson, 1968). Es wird vor allem auf den Philippinen hergestellt. Werden Shrimps als Grundlage für die Fermentation verwendet, so wird das Produkt **Burong Hipon** genannt.

3. Getränke

Nata wird mit Bakterien, die zu *Acetobacter* zu rechnen sind, hergestellt. Es ist ein Nahrungsmittel, das als Dessert aus verschiedenen Fruchtsäften hergestellt wird. Das Lebensmittel trägt den Namen der zu seiner Herstellung verwendeten Frucht, z. B. ist Nata de coco aus Kokossaft hergestellt worden oder Nata de pina aus Ananassaft (vgl. Miranda et al., 1965; Gallardo-de Jesus et al., 1973).

Die Gärung des mit Zucker versetzten Saftes ist mit einer reichlichen Säurebildung verbunden. Nach etwa 15 Tagen hat sich auf der Oberfläche des Gärsubstrates eine mehrere Zentimeter dicke Bakterienhaut gebildet. Diese Haut wird entfernt, in kleine Stückchen zerteilt, gekocht und so lange ausgewaschen, bis der Geruch nach Essigsäure verschwunden ist. Nun werden diese Würfel, die noch die Bakterien mit vielen Aromastoffen enthalten, in einen dünnflüssigen Zuckersirup gegeben, gekocht, mit Zucker versetzt und nochmals gekocht. Anschließend werden geschmacksbildende Substanzen, z. B. Citronen- oder Vanilleextrakt, zugesetzt. Das erhaltene Produkt ist sehr lange haltbar und wird als Nachtisch von den Bewohnern der Philippinen gegessen.

Pulque ist vergorener Agavensaft (Aguamicl). Der Saft wird im Laufe von vier bis fünf Monaten aus „blutenden Agaven" (ca. 1000 l pro Blutungszeit) gewonnen und anschließend in 1000 l fassenden Wannen vergoren. Im ersten Stadium findet eine Milchsäuregärung mit *Lactobacillus delbrueckii, L. leichmanii, L. plantarum* und einigen Dextranbildenden *Leuconostoc*-Arten statt, der sich eine Hefegärung mit *Saccharomyces*-Arten anschließt. Das Endprodukt enthält ca. 4,5% – 5,5% Äthanol und 0,3% – 0,4% Milchsäure (Literatur vgl. Lück, 1968).

Pito ist ein nigerianisches bierähnliches Getränk, das aus Mais- oder Hirsekörnern hergestellt wird. Die Verzuckerung der Stärke geschieht mit *Penicillium*- und *Aspergillus*-Arten sowie mit *Rhizopus oryzae*. Die anschließende Vergärung erfolgt mit *Saccharomyces*-Arten, zu denen auch *Candida*-Arten und *Geotrichum* sowie *Lactobacillus*-Arten hinzukommen (Ekundayo, 1969). Es enthält Milchsäure und etwa 3% Äthanol.

Tea fungus ist ein Getränk, das in Osteuropa und Asien hergestellt wird. Es wird durch Vergärung von Teeblättern, die mit Wasser und Zucker versetzt werden, mit Mischkulturen von Hefearten, *Medusomyces giseyii, Acetobacter*-Arten und anderen Bakterien erhalten. Hierbei entsteht ein Antibioticum, das die Entwicklung anderer Bakterien verhindert (Literatur vgl. Hesseltine, 1965).

4. Weitere Lebensmittel auf mikrobieller Grundlage

Gari ist ein Nahrungsmittel, das in den südlichen Teilen von Nigeria entlang der Küste von West-Afrika viel verzehrt wird. Zu seiner Herstellung wird eine Pulpe von Cassava (*Manihot utilissima*) durch *Geotrichum candida* und *Corynebacterium manihot* etwa drei bis vier Tage lang vergoren. Hierbei wird bei niedrigem pH-Wert Cyanwasserstoffsäure freigesetzt und das Produkt dadurch entgiftet. Gleichzeitig werden viele Aromastoffe gebildet. Der Prozeß läßt sich auch kontinuierlich gestalten (Akinrele, 1964). Weiterhin ist eine Fermentation mit Mucoraceae möglich (GB-Pat. 1.277.002, 1972).

Idli ist ein fermentiertes Produkt aus Reis und der Mungo-Bohne (*Phaseolus mungo*), das besonders im südlichen Indien viel hergestellt wird. Bohnen und Reis werden gewaschen, mit Wasser gekocht und durch *Lactobacillus delbrueckii, L. lactis, Streptococcus lactis, Leuconostoc mesenteroides* sowie verschiedenen Hefearten vergoren (Mukherjee et al., 1965; van Veen et al., 1967).

Ragi wird aus Reismehl, dem etwas Zuckerrohr und Rhizome von *Alpinia galanga* zugesetzt werden, hergestellt. Nach Trocknung werden diese drei Substanzen mit Saft von *Citrus limonellus* und nach Zusatz von fertigem Ragi etwa drei Tage lang vergoren. Dann werden die unzersetzten Pflanzenteile und die Flüssigkeit entfernt und aus dem Rest kleine Kugeln von etwa 3 cm Durchmesser geformt. Diese getrockneten Kugeln bezeichnet man als Ragi. Sie enthalten *Hansenula anomala, Saccharomyces cerevisiae (S. vordermannii)* sowie *Rhizopus oryzae* und *Chlamydomucor oryzae.*

Ragi wird nicht verzehrt, sondern zur Verzuckerung, z. B. bei der Herstellung von **Arak** (Arrack), verwendet. Arak ist ein ostindisches Getränk, das durch Vergärung von Reis und anschließende Destillation des Gärproduktes entsteht. Weiterhin wird Ragi zur Herstellung von **Tape Ketella,** einem Fermentationsprodukt aus Cassava (*Manihot utilissima*), und anderen Produkten verwendet.

Tapé ist eine indonesische Delikatesse mit süßsaurem Geschmack und mildem alkoholischen Duft. Verkleisterter Reis wird mit Ragi zu Tapé fermentiert, auch Starterkulturen von *Chlamydomucor oryzae* und *Endomycopsis chodati* können eine gute Fermentation gewährleisten (Djien, 1972).

Mit Hilfe einiger Stämme von *Monascus purpureus* wird aus Reis in China, Indonesien, auf den Philippinen und anderen Ländern ein Produkt, **Ang-kak** oder roter Reis, hergestellt. Für dieses Produkt gibt es noch eine Reihe anderer Namen, Beni-koji, Aga-koji, Argkok u. a.

Polierter Reis wird gewaschen, eingeweicht, entwässert, gekocht, nach Abkühlung beimpft und bei 25 °C – 32 °C bebrütet. Nach etwa drei Tagen beginnt sich der Reis rot zu färben und zu erhitzen; in etwa drei Wochen ist die Fermentation beendet, und das Produkt wird getrocknet. Ang-kak wird zur Färbung vieler Nahrungsmittel, einschließlich Fischprodukte, chinesischer Käse und zur Herstellung roter Weine verwendet. Der Farbstoff besteht aus zwei Komponenten, dem roten Monoascorubin und dem gelben Monoascoflavin, die beide von *Monascus purpureus* gebildet werden (Literatur vgl. Hesseltine, 1965; Wang und Hesseltine, 1970).

Kvass wird durch eine gemischte Milchsäure- und alkoholische Gärung eines wäßrigen Extraktes aus Vollkornbrot erhalten (Paszko, 1973). Die Gärung dauert 14 Std. – 16 Std. bei 30 °C. Anschließend wird mit Zuckersirup gesüßt. Bei anderen Methoden wird der Kvass-Extrakt aus keimendem Roggen, der mit *Aspergillus oryzae*-Enzymen verzuckert wird, hergestellt (SU-Pat. 378.231, 1973).

Aus wäßrigen Lösungen von Erdnußmehl läßt sich nach viertägiger Fermentation mit *Rhizopus oligosporus, Mucor hiemalis, Aspergillus oryzae, Actinomucor elegans* und *Neurospora sitophila* ein neues, anscheinend nicht toxisches Lebensmittel herstellen (Quinn et al., 1975; Quinn und Beuchat, 1975).

Bei sämtlichen Lebensmitteln dieser Art muß ausgeschlossen werden, daß mit toxischen Pilzen in den Starterkulturen beimpft wird (vgl. auch Frank, 1973). Aus bestimmten Ansätzen von Miso, Shoyu und Koji wurden Pilze mit toxischen Eigenschaften isoliert (Itakura et al., 1974).

V. Mikroorganismen bei der Kakao- und Kaffeeherstellung

Um gut genießbar zu werden, müssen die **Kakaobohnen,** bevor sie getrocknet werden und zum Verkauf kommen, einem Fermentationsprozeß unterzogen werden. Die Kakaobohnen werden mit dem Fruchtfleisch der Fruchtschale entnommen und in Gruben auf dem Boden aufgeschichtet oder in Körbe oder in besondere Gärkästen, z. B. lange, hölzerne Tanks, gefüllt. Hier geht ein spontaner Gärprozeß vor sich, der je nach Sorte und Art des Gäransatzes zwei bis sieben Tage dauert.

Zunächst entwickeln sich Pilze (*Aspergillus, Penicillium, Mucor* und *Rhizopus*), jedoch haben diese keine wesentliche Bedeutung für den normalen Fermentationsablauf.

Ein sehr wichtiger Teil der Fermentation ist eine anschließende alkoholische Gärung, auf die eine Essigsäurebildung, vorwiegend durch *Acetobacter*-Arten, folgt. Milchsäurebakterien, besonders heterofermentative β-Bakterien, spielen gelegentlich eine Rolle bei der Fermentation. Die Temperatur steigt schnell auf 44 °C – 50 °C an; der Embryo in den Kakaobohnen wird abgetötet und eine Autolyse der Kotyledonen verursacht (Quesnel, 1965). Anschließend werden die phenolischen Substanzen der Bohnen freigesetzt, der bittere, herbe Geschmack der Bohnen verschwindet zum großen Teil und geht in das charakteristische Aroma über. Ein nicht geringer Teil der Aromastoffe entsteht durch die mikrobielle Fermentation (Rohan und Stewart, 1967). Tetramethylpyrazin wird während der Fermentation durch *Bacillus subtilis* gebildet und ist als Indikator für den Fermentationsablauf und die Aromaqualität geeignet (Zak et al., 1972). Die Bohnen werden braun und süß und eignen sich erst jetzt z. B. zur Schokoladenverarbeitung. Eine ausführliche Übersicht über die Fermentation von Kakaobohnen hat Roelofsen (1958) gegeben.

Kaffeebohnen werden vor dem Rösten auf einen Wassergehalt von etwa 12% getrocknet. Vorher wird in einigen Ländern (z. B. Kolumbien) zur Qualitätsverbesserung die feuchte, hygroskopische Mesocarpschicht, die etwa 20% der Gesamtfrucht ausmacht und in die die Kaffeebohnen eingebettet sind, durch Fermentation entfernt. Kaffeebohnen zur Saat werden in der Regel fermentiert. An der Auflösung dieser Schicht sind pektinabbauende Bakterien, meist Stämme von *Erwinia dissolvens,* beteiligt (Frank et al., 1965). Zur Entfernung dieser schleimigen Mesocarpschicht werden die Früchte entweder als Ganzes oder nach Abschälen der äußeren Rinde in großen, flachen, gemauerten Becken fermentiert.

Mit einem coffeinverwertenden Stamm von *Penicillium crustosum* soll beim pH-Wert von 4,8 eine Entfernung des Coffeins aus den Kaffeebohnen möglich sein (Schwimmer und Kurtzman, 1972).

VI. Mikroorganismen bei der Tabakfermentation

Die Bedeutung der Mikroorganismen bei der Tabakfermentation ist sehr umstritten. Die Fermentation von Tabak ist ein Vorgang, der zur Verbesserung seiner Struktur und vor allem seines Aromas beiträgt. Die Tabakblätter werden nach der Ernte getrocknet und dann – oft mit Zusatz von Kohlenhydraten in Form von Malz, Zucker, Honig o. ä. – einer spontanen Fermentation überlassen. Hierbei verschwinden Stärke und reduzierende Zucker, es vermindern sich Nicotin, Pentosane und Protein, während Citronensäure vermehrt wird (vgl. Giovannozzi, 1958; Schormüller, 1974; Heimann, 1976).

Offensichtlich werden die meisten Fermentationsvorgänge nicht durch Mikroorganismen verursacht, sondern durch Enzyme, die sich in den Tabakblättern befinden, denn man hat auch gute Fermentationen erhalten, wenn man die Tabakblätter vorher durch chemische Desinfektion keimfrei gemacht hatte. Trotzdem ist es nicht unmöglich, daß bestimmte Geschmacksnuancen durch nebenher laufende mikrobielle Fermentationen gebildet werden. So werden durch *Bacillus*- und *Micrococcus*-Arten, die man bei Fermentationen dem Tabak zugesetzt hatte, Aroma und Aussehen verbessert und Nicotin in größeren Mengen abgebaut als in dem nicht mit Mikroorganismen fermentierten Tabak (Tamago et al., 1958). Auf Tabakblättern hat man *Bacillus subtilis, B. mycoides, B. polymyxa, Proteus vulgaris* und sehr häufig auch Aspergillaceae gefunden (Salle, 1948). Auch Kokken, stäbchenförmige Bakterien und Hefen sollen während der Fermentierung in großen Mengen auftreten (vgl. Giovannozzi, 1958). Neuerdings werden die mikrobiologischen Vorgänge bei der Tabakfermentierung von großen tabakherstellenden Firmen untersucht.

Mit einer Mischkultur von *Erwinia carotovora, E. aroidae, Bacillus polymyxa* und *Streptomyces cellulosae* ist eine erfolgreiche Tabakfermentation unter kontrollierten Bedingungen (pH-Wert, Temperatur und Feuchtigkeit) möglich (US-Pat. 3.747.608, 1973).

VII. Mikroorganismen bei der Wurstherstellung

Eine Anzahl von Wurstsorten reift erst mit Hilfe einer Reihe von Mikroorganismen zum charakteristischen Geschmack und Aroma heran. In vielen Fällen werden bereits Starterkulturen (vgl. Kap. 11) zur Beimpfung verwendet. In den meisten Fällen sind Milchsäurebakterien dominierend an der Reifung beteiligt, z. B. bei schnellreifender deutscher Rohwurst (Reuter et al., 1968), in trockener italienischer Salami (D'Aubert und Cantoni, 1973) oder in der Lebanon bologna (Smith und Palumbo, 1973).

Neuerdings wird vorgeschlagen, eine trockene, fermentierte Wurst „Pepperoni" durch Fermentation des Fleisches (mit 3% NaCl, zehn Tage bei 5 °C) mit Mikrokokken- und *Lactobacillus*-Arten herzustellen. Anschließend wird weiter bei 35 °C mit *Lactobacillus*-Arten fermentiert und dann bei 12 °C auf etwa 50% des Ausgangsgewichtes getrocknet (Palumbo et al., 1976).

VIII. Mikroorganismen bei der Trockeneiherstellung

Glucose beeinflußt die Lagerfähigkeit von Trockenei negativ. Aus diesem Grunde wird die Glucose vor dem Trocknen entweder enzymatisch oder mit Mikroorganismen, besonders *Saccharomyces cerevisiae* oder *S. carlsbergensis*, entfernt. Eine ausführliche Übersicht vgl. Kilara und Shahani (1973), Kobayashi et al. (1978).

Literatur

Abou El-Ella, W. M., Farahat, S. E., Rabie, A. M., Hofi, A. A., El-Shibiny, S.: Milchwissenschaft *32*, 215 – 216 (1977)

Akinrele, I. A.: J. Sci. Food Agric. *15*, 589 – 594 (1964)

Batra, L. R., Millner, P. D.: Dev. Ind. Microbiol. *17*, 117 – 128 (1976)

Beck, Th., Poschenrieder, H.: Bayer. Landwirtsch. Jahrb. *38*, (1961)

Borbolla, de la J. M. R.: Grasas Aceites *26*, 161 – 166 (1975)

Borbolla, de la J. M. R., Fernandez-Diez, M. J., González-Cancho, F.: Appl. Microbiol. *17*, 734 – 736 (1969)

D'Aubert, S., Cantoni, C. A.: Arch. Vet. Ital. *24*, 57 – 62 (1973)

Davis, J. G.: Prog. Ind. Microbiol. *4*, 95 (1963)

Derbyshire, J. C., Waldo, D. R., Gordon, C. H.: J. Dairy Sci. *59*, 1278 – 1285 (1976)

Djien, K. S.: Appl. Microbiol. *23*, 976 – 978 (1972)

Durán-Quintana, M. C., González-Cancho, F.: Microbiol. Esp. *26*, 149 – 164 (1973)

Dwidjoseputro, D., Wolf, F. T.: Mycopathol. Mycol. Appl. *41*, 211 – 222 (1970)

Ekundayo, J. A.: J. Food Technol. *4*, 217 – 225 (1969)

Escoula, L.: Annu. Rech. Vét. *6*, 219 – 226 (1975)

Etchells, J. L., Fleming, H. P., Hontz, L. H., Bell, T. A., Monroe, R. J.: J. Food Sci. *40*, 569 – 575 (1975)

Frank, H. A., Lum, N. A., Dela Cruz, A. S.: Appl. Microbiol. *13*, 201 – 207 (1965)

Frank, H. K.: Chem. Mikrobiol. Technol. Lebensm. *2*, 52 – 56 (1973)

Gallardo-de Jesus, E., Andres, R. M., Magno, E. T.: Philipp. J. Sci. *100*, 41 – 48 (1973)

Giovannozzi, M.: Actes Congr. Sci. Int. Tabac, Brussels *1958*, 605 – 637
Gray, W. D.: Crit. Rev. Food Technol. *1*, 225 – 329 (1970)
Hayashi, U.: J. Ferment. Technol. *37*, 233 – 242, 272 – 280, 327 – 332, 360 – 368 (1959)
Hayashi, U.: Hakko Kogaku Zasshi *38*, 210 – 213 (1960)
Heimann, W.: Grundzüge der Lebensmittel-Chemie, 3. Aufl. Darmstadt: Steinkopf 1976
Hesseltine, C. W.: Mycologia *57*, 149 – 197 (1965)
Hesseltine, C. W., Wang, H. L.: Biotechnol. Bioeng. *9*, 275 – 288 (1967)
Hesseltine, C. W., Smith, M., Bradle, B., Djien, K. S.: Dev. Ind. Microbiol. *4*, 275 – 287 (1963)
Itakura, H., Ishiko, T., Mizunuma, T., Kawasaki, Y., Fujimoto, J., Kinosita, R.: Trop. Med. *16*, 45 – 53 (1974)
Iwabuchi, S., Sato, M., Shibasaki, K.: J. Food Sci. Technol. *23*, 191 – 195 (1976)
Kilara, A., Shahani, K. M.: J. Milk Food Technol. *36*, 509 – 514 (1973)
Kobayashi, T., Ban, T., Shimizu, S., Ohmiya, K., Shimizu, S.: J. Ferment. Technol. *56*, 506 – 510 (1978)
Kolb, H.: Alimenta *17*, 43 – 47 (1978)
Kothari, S. L.: Indian J. Microbiol. *13*, 109 – 117 (1973)
Kselik, R.: Česka Mykol. *10*, 190 (1956)
Langston, C. W., Bouma, C., Conner, R. M.: J. Dairy Sci. *45*, 618 (1962)
León, de R., de Cabrera, S. S., Rolz, C.: Rev. Latinoam. Microbiol. *17*, 33 – 37 (1975)
Lockwood, L. B.: Soybean Dig. *7*, 10 – 11 (1947)
Lück, E.: Gordian *68/7*, 303 – 304 (1968)
Lück, E.: Sorbinsäure, Bd. 2. Hamburg: B. Behr's 1972
Mehlitz, A., Drews, H.: Ind. Obst Gemüseverwert. *45*, 496 (1960)
Mehlitz, A., Gelbrich, D.: Ind. Obst Gemüseverwert. *50*, 328 (1965)
Mehlitz, A., Malla, D. S.: Ind. Obst Gemüseverwert. *52*, 169 – 175 (1967)
Miranda, B. T., Miranda, S. R., Chan, L. P., Saquetoni, E. R.: Natl. Appl. Sci. Bull. *19*, 67 – 79 (1965)
Mukherjee, S. K., Albury, M. N., Pederson, C. S., van Veen, A. G., Steinkraus, K. H.: Appl. Microbiol. *13*, 227 – 231 (1965)
Nakase, T., Komagata, K., Fukazawa, Y.: J. Gen. Appl. Microbiol. *22*, 177 – 182 (1976)
Orillo, C. A., Pederson, C. S.: Appl. Microbiol. *16*, 1669 – 1671 (1968)
Palumbo, S. A., Zaika, L. L., Kissinger, J. C., Smith, J. L.: J. Food Sci. *41*, 12 – 17 (1976)
Paszko, T.: Przem. Ferment. Rolny *17*, 32 – 36 (1973)
Pederson, C. S.: Adv. Food Res. *10*, 233 (1960)
Quesnel, V. C.: J. Sci. Food Agric. *16*, 441 – 447 (1965)
Quinn, M. R., Beuchat, L. R.: J. Food Sci. *40*, 475 – 478 (1975)
Quinn, M. R., Beuchat, L. R., Miller, J., Young, C. T., Worthington, R. E.: J. Food Sci. *40*, 470 – 474 (1975)
Rehm, H. J.: Industrielle Mikrobiologie. Berlin, Heidelberg, New York: Springer 1967
Reuter, G., Langner, H. J., Sinell, H. J.: Fleischwirtschaft *48*, 170 – 176 (1968)
Roelofsen, P. A.: Adv. Food Res. *8*, 225 – 296 (1958)
Rohan, T. A., Stewart, T.: J. Food Sci. *32*, 395 – 398, 399 – 402, 402 – 404 (1967)
Rusmin, S., Ko, S. D.: Appl. Microbiol. *28*, 347 – 350 (1974)
Salle, A. J.: Fundamental principles of bacteriology, 3rd. ed. New York: McGraw-Hill Book Co. 1948
Sands, A., Crisan, E. V.: J. Food Sci. *39*, 1002 – 1005 (1974)
Schormüller, J.: Lehrbuch der Lebensmittelchemie, 2. Aufl. Berlin, Heidelberg, New York: Springer 1974
Schwimmer, S., Kurtzman, R. H. Jr.: J. Food Sci. *37*, 921 – 924 (1972)
Shibasaki, K., Hesseltine, C. W.: Dev. Ind. Microbiol. *2*, 205 (1960)
Smith, J. L., Palumbo, S. A.: Appl. Microbiol. *26*, 489 – 496 (1973)
Spicher, G.: Dtsch. Lebensmittelrundsch. *62*, 43 – 46, 78 – 81 (1966)
Spicher, G.: Ullmanns Encyklopädie der technischen Chemie, Bd. 8, S. 702 – 730. Weinheim, New York: Chemie 1974
Spicher, G.: Getreide Mehl Brot *29*, 328 – 330 (1975)
Steinkraus, K. H., Lee, Ch. Y., Buck, P. A.: Food Technol. *19*, 119 – 120 (1965 a)

Steinkraus, K. H., van Buren, J. P., Hackler, L. R., Hand, D. B.: Food Technol. *19*, 63 – 68 (1965 b)

Tamago, A. I., Alvarez, A. M., Galan, R. C.: Actes Congr. Sci. Int. Tabac, Brussels *1958*, 682 – 690

Veen, van, A. G.: Adv. Food Res. *4*, 209 – 231 (1953)

Veen, van A. G., Hackler, L. R., Steinkraus, K. H., Mukherjee, S. K.: J. Food Sci. *32*, 339 (1967)

Waldo, D. R., Keys, J. E. Jr., Gordon, C. H.: J. Dairy Sci. *58*, 922 – 930 (1975)

Wang, H. L., Hesseltine, C. W.: J. Agric. Food Chem. *18*, 572 – 575 (1970)

Wang, H. L., Kraide, L., Hesseltine, C. W.: J. Milk Food Technol. *37*, 71 – 73 (1974)

Wood, B. J. B.: In: Genetics and physiology of *Aspergillus*. Smith, J. E., Pateman, J. A. (eds.). London, New York: Academic Press 1977

Wood, B. J. B., Yong, F. M.: In: The filamentous fungi. Smith, J. E., Berry, D. R. (eds.) Vol. I, pp. 265 – 280. London: Edward-Arnold 1975

Woolford, M. K.: J. Sci. Food Agric. *26*, 219 – 228 (1975 a)

Woolford, M. K.: J. Sci. Food Agric. *26*, 229 – 237 (1975 b)

Woolford, M. K., Wilkins, R. J.: J. Sci. Food Agric. *26*, 141 – 148 (1975)

Yokotsuka, T.: Adv. Food Res. *10*, 75 – 134 (1960)

Yong, F. M., Wood, B. J. B.: Adv. Appl. Microbiol. *17*, 157 – 194 (1974)

Yong, F. M., Wood, B. J. B.: J. Food Technol. *11*, 525 – 536 (1976)

Zak, D. L., Ostovar, K., Keeney, P. G.: J. Food Sci. *37*, 967 – 968 (1972)

Kapitel 37 Pflanzliche und tierische Zell- und Gewebekulturen

I. Zucht isolierter Pflanzenzellen und -gewebe

1. Allgemeines

Höhere Pflanzen produzieren den größten Teil der Nahrungs- und Futtermittel und vieler anderer Produkte, die für die menschliche Existenz auf der Erde eine Grundlage bilden. Die Bedingungen zur Kultivierung höherer Pflanzen sind weitgehend abhängig von Klima, Standort, Schädlingsbefall u. v. a. Einflüssen. Die Kultivierung isolierter Pflanzenzellen bietet gegenüber dem Anbau eine Reihe von wichtigen Vorteilen.

- Wichtige Substanzen aus Pflanzen können in Zellkulturen unter kontrollierbaren Umweltbedingungen gebildet werden.
- Zellkulturen sind frei von Mikroorganismen und Insekten, so daß keine Kontaminationen mit Insektiziden, Fungiziden u. a. Pestiziden notwendig werden.
- Die Stoffbildung kann durch geeignete Regulation des Stoffwechsels im Vergleich zur Stoffbildung in Freilandkulturen wesentlich vermehrt werden.
- Die Vermehrung von Zellkulturen läßt sich weitgehend automatisieren.
- Von Zellkulturen ausgehend, können durch Regeneration Klone von außerordentlich vielen Pflanzen gebildet werden. Damit können Pflanzen, wie z. B. Orchideen, *Digitalis*, Tabak, mit gleichen Eigenschaften beliebig vermehrt werden.
- Derartige Klone können frei von Krankheiten, z. B. von Viren, durch Meristemkulturen gezüchtet werden.

Diese und andere Erwägungen waren Anlaß für viele Versuche, die Technik zur Züchtung pflanzlicher Zellen zur biotechnologischen Anwendung zu entwickeln. Die Züchtungstechniken haben bisher zu Teilerfolgen, aber noch nicht zur großtechnischen Anwendung geführt, so daß eine wirklich biotechnologische Anwendung pflanzlicher Zellkulturen noch aussteht.

Besonders die Züchtung haploider Pflanzen eröffnet große Möglichkeiten der Pflanzenzüchtung und -vermehrung (vgl. Straub, 1977; Depaepe et al., 1977). Einzelheiten müssen aus der zitierten Literatur entnommen werden. Sie werden hier nur am Rande beschrieben.

Die Problematik und der gegenwärtige Stand der Forschung der Pflanzenzellkultur werden vor allem im Symposiumsband von Barz et al. (1977) sichtbar. Weitere Literatur vgl. Rehm (1967), Johnson und Boder (1972), Mandels (1972), Jones (1974), Nickell (1975), Reinert und Bajaj (1976), Street (1977), Alfermann und Reinhard (1978 a, b).

2. Isolierung von Pflanzenzellen

Viele Methoden zur Anlage von Gewebekulturen wurden von Gautheret (1959) ausführlich beschrieben. Der Same der Pflanze wird an der äußeren Oberfläche mit Sublimat- oder Hypochlorit-Lösung sterilisiert, zur Entfernung des Desinfektionsmittels sehr häufig mit aqua dest. gewaschen und dann auf ein geeignetes Nährmedium ausgelegt. Nach Keimung und Bildung eines Sämlings wird der gewünschte Gewebeteil unter aseptischen Bedingungen herausgeschnitten und auf ein neues Medium zur Kultur ausgelegt. Diese „Stammkultur" des Gewebes muß immer wieder auf ein neues Medium übertragen werden.

Mit dieser Methode ist es gelungen, mehrere hundert verschiedene Pflanzengewebe der Pteridophyten, Gymnospermen, Monocotyledonen und Dicotyledonen in Kultur zu nehmen. Es ließen sich Gewebe aus Wurzeln, Stengeln, Blättern, Endosperm, Pollen, Cotyledonen, Rhizomen, Hypocotyl u. v. a. züchten. Auch pathologische Gewebe, z. B. Gallen, die durch Mikroorganismen hervorgerufen worden waren, konnten in Gewebekultur weiter gezüchtet werden. Es ist möglich, haploide, diploide und triploide Zellen in künstlicher Kultur zu vermehren. Man kann bei der Gewinnung von Pflanzenkulturen z. B. auch von Pollen ausgehen.

3. Vermehrung der Pflanzenzellen

Bei einer Verwundung bildet eine Pflanzenzelle ein sog. Kallusgewebe aus. Die Zellen müssen sich zum Schließen der Wunde stärker als Zellen im normalen Verband des pflanzlichen Gewebes vermehren. Im Kallusgewebe werden, um eine längere Zellvermehrung aufrecht zu erhalten, Wuchsstoffe gebildet. Um auch in künstlicher Zellkultur die Pflanzen zu dauernden Teilungen anzuregen, werden diesen ebenfalls Wuchsstoffe, die möglichst nicht im Stoffwechsel verwertet werden sollten, z. B. 2,4-Dichlorphenoxyessigsäure (2,4-D) oder Naphthylessigsäure (NAA), zugesetzt.

Nach Isolierung eines Pflanzengewebes wird dieses zunächst auf festem Substrat unter Kallusbildung z. B. in Erlenmeyerkolben gezüchtet. Man verwendet synthetische Vollsubstrate. Organische komplexe Substrate, z. B. Kokosmilch oder Hefeextrakt, haben sich als Zusätze bewährt.

Anschließend werden die Kallusgewebe zerteilt und in Flüssigkultur mit Wuchsstoffzusatz weiter vermehrt.

Die Zellen können in Petrischalen zur Klonbildung ausplattiert werden (Bergmann, 1977). Dabei ist es möglich, Kolonien mit besonderen Eigenschaften zu selektieren, wie dies am Beispiel von *Catharanthus roseus*-Zellen im Schema (Abb. 184) an der Alkaloidbildung zu sehen ist (Zenk et al., 1977).

Die Kultivierungstemperaturen liegen je nach Pflanzenart zwischen 25 °C und 30 °C (Noguchi et al., 1977). Die Verdoppelungszeiten liegen zwischen 0,7 und mehreren Tagen. In „batch"-Kulturen wurden bei 28 °C, 0,3 vvm Belüftung, 0,2 ppm 2,4-D-Zusatz Verdoppelungszeiten für Tabak-By-2-Zellen (tobacco crown gall-Zellen) von 15 Std. erhalten. Dies entspricht einer spezifischen Wachstumsrate von $\mu = 1.09$/Tag (Noguchi et al., 1977).

Im zweistufigen Verfahren erhielten die gleichen Autoren mit den gleichen Zellen 7,34 g TG/l je Tag im Tank 1 und 6,41 g TG/l je Tag im Tank 2 (Abb. 185).

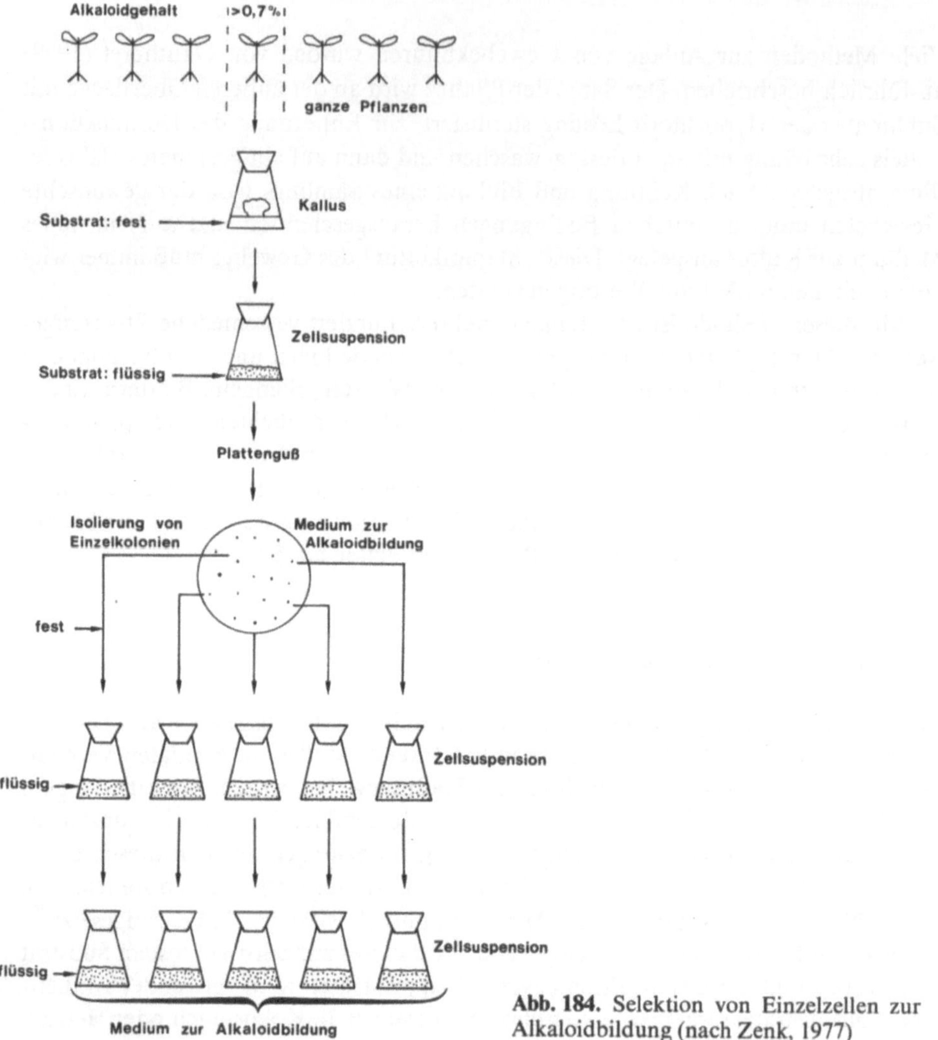

Abb. 184. Selektion von Einzelzellen zur Alkaloidbildung (nach Zenk, 1977)

Probleme der Massenzüchtung in Fermentationsanlagen ergeben sich aus der Empfindlichkeit der im Vergleich zu einzelligen Mikroorganismen großvolumigen Pflanzenzellen gegen Beschädigungen, z. B. durch Scherkräfte beim Rühren, durch Sedimentation der Zellen sowie durch oft hohe Viskosität der Suspensionen. Zur Fermentation sind daher anscheinend Blasensäulenreaktoren und natürlich auch Schüttelkulturen sowie Scheibenrührsysteme besonders geeignet, während Umwurf-reaktoren und Turbinenrührsysteme geringere Ausbeuten an Zellmasse und Meta-boliten erbringen (Vogelmann et al., 1978), wie an *Morinda citrifolia*-Zellen gefun-den wurde. Eine Führung kontinuierlicher Zellkulturen im Chemostaten ist mög-lich (Fowler, 1977). *Gallium molugo*-Zellen lassen sich im Chemostaten im Blasen-säulen-ähnlichen Reaktor kontinuierlich züchten und bilden dabei nahezu 200 mg Anthrachinon/l nach acht Tagen (Wilson, 1978).

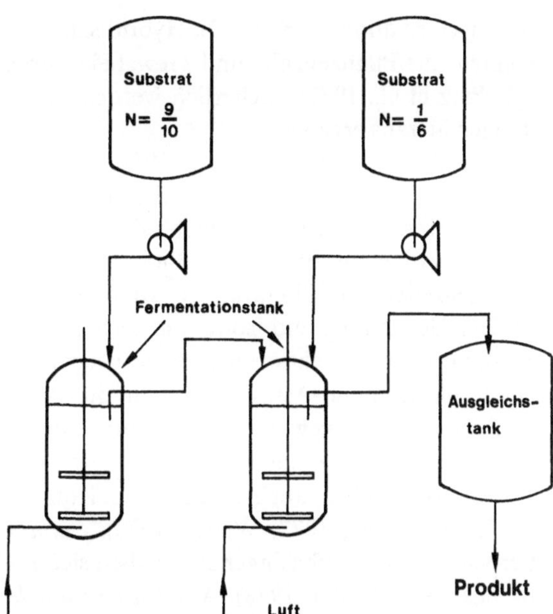

Abb. 185. Fließdiagramm einer zweistufigen kontinuierlichen Kultur zur Züchtung von Pflanzenzellen (nach Noguchi et al., 1977)

4. Haploiden-Kultur und Protoplasten-Verschmelzung

Es ist möglich, aus pflanzlichen Pollen oder deren Bildungsgeweben in den Antheren haploide Gewebe der betreffenden Pflanzen zu züchten. Neue Eigenschaften sind bei diesen Zellen sofort ohne aufwendige Rückkreuzungen zu erkennen. Aus den haploiden Pflanzen lassen sich anschließend wieder diploide Pflanzen mit genetisch stabilen Eigenschaften züchten. Durch den Weg über Mutanten aus haploidem Material (durch Bestrahlung, chemische Mutagene etc.) können Pflanzen mit verbesserten Eigenschaften für den Pflanzenbau ohne aufwendige Kreuzungsversuche gezüchtet werden, z. B. Pflanzen mit Resistenzeigenschaften gegen Krankheiten. Beispiele hierfür sind Mais, Reis, aber auch Raps und Roggen (vgl. Wenzel, 1978). Neuerdings züchtet man auch Alkaloidpflanzen mit Erfolg haploid, z. B. *Datura* (Schieder, 1978, Literatur vgl. dort).

Zur Protoplastenverschmelzung wird die pflanzliche Zellwand enzymatisch entfernt, und unter geeigneten Bedingungen können dann die haploiden Zellkerne einer Pflanze mit denen anderer Pflanzen verschmelzen. Dabei werden nicht nur Kreuzungen innerhalb einer Art oder Gattung möglich, sondern auch von systematisch relativ unterschiedlichen Arten, die sexuell nicht kreuzbar sind. Es entstehen dann Zellen mit völlig neuen Eigenschaften. Protoplasten von Kartoffeln und Tomaten lassen sich auf diese Weise fusionieren (Melchers, 1978, Literatur vgl. dort).

5. Anwendung von Pflanzenzell- und Gewebekulturen

Eingangs wurde auf die Vorteile der pflanzlichen Zell- und Gewebekulturen hingewiesen. Wissenschaftliche Fragen wie z. B. Biosynthesewege, Regulation von Stoffwechselwegen, Bildung interessanter Stoffwechselprodukte, Mutationsforschung,

Biotransformationen (Kap. 32), Hybridisation, Fusionen und Haploiden-Techniken
können mit Pflanzenzell- und Gewebekulturen untersucht werden (viel Literatur
vgl. Barz et al., 1977). Sicherlich werden sich in Zukunft auch praktische Anwendungen hieraus ergeben.

Von den vielen Produkten aus Pflanzenzellkulturen interessieren u. a. besonders
als Drogen verwendete Substanzen, die bisher relativ aufwendig aus Pflanzen gewonnen werden, deren Vorstufen oder auch neue Substanzen mit Drogenwirkung,
sowie Zwischenprodukte aus Biosynthesen und auch Stoffumwandlungen aus
Pflanzenzellen (viel Literatur vgl. Alfermann und Reinhard, 1978 a).

Zur Gewinnung und Isolierung geeigneter Stoffproduzenten sind herkömmliche
Mutations- und Selektionsmethoden geeignet (vgl. Kap. 5 und 6). Zusätzlich wird
ein Radio-Immuno-Assay (RIA) für die Analyse von Pflanzeninhaltsstoffen mit
großem Erfolg angewandt. Bestimmte Substanzen, z. B. *Digitalis*-Glycoside und
Rauwolfia-Alkaloide, lassen sich mit für sie spezifischen Antikörpern aus komplexen Stoffgemischen auch in geringen Konzentrationen erkennen (vgl. Teuscher,
1973; Barz et al., 1977; Weiler, 1978). *Catharantus roseus*-Pflanzen – mit hohem
Serpentin- und Raubasingehalt – haben sich mit dieser Methode gut züchten lassen
(Arens, 1978; Roller, 1978). Aus *Dioscorea deltoidea* kann Diosgenin in einer Ausbeute von 1,5% des TG gebildet werden (Kaul et al., 1969). *Cassia tora*-Zellen bilden ca. 6% des TG an Anthrachinonen (Tabata, 1977) und *Morinda citrifolia*-Zellen
sogar mehr als 10% (Zenk et al., 1975). *Cassia angustifolia*-Zellen bilden Anthrachi-
none und Dianthrone (Friedrich und Baier, 1973). L-DOPA wird in Suspensions-
kulturen von *Mucuna pruriens* in relativ großer Menge gebildet (Brain, 1974).
Naphthochinon-Pigmente werden in *Lithospermum erythrorhizon* bis zu 12% TG
synthetisiert (Tabata et al., 1976 a). Ubichinon-10 wird in Tabakzellen mehr als in
Mikroorganismen gebildet (Ikeda et al., 1976) und hat Aussicht auf eine kommerzielle Produktion, da sich Tabakzellen gut in Submerssuspensionskultur züchten
lassen (Kato et al., 1976). Gesenoside aus *Panax giseng* werden bis zu 21% des TG
(als Rohsaponin) in Zellkultur synthetisiert (Jap. Pat. 48-31917, 1973), auch hier ist
eine kommerzielle Herstellung aussichtsreich.

Die Synthese vieler anderer Substanzen in Zellkulturen ist für die Anwendung
interessant, z. B. Morphin und Codein (Furuya et al., 1972), Indol-Alkaloide aus
Catharanthus (Zenk et al., 1977), cardiale Glycoside aus *Digitalis* (Kartnig, 1977),
Berberin und Palmatin, Nicotin, Hyoscyamin, *Rauwolfia*-Alkaloide, Proteinaseinhibitoren, Antibiotica, Cancerostatica, Coccidiostatica, Pigmente, Nucleotide, Agar,
Enzyme u. a. (viel Literatur vgl. Johnson und Boder, 1972; Tabata, 1977; Misawa,
1977; Alfermann und Reinhard, 1978 a; Zenk, 1978).

Mit *Mentha*-Zellen wird Pulegon zu Isomenthon umgewandelt (Aviv und Galun, 1978), β-Methyldigitoxin läßt sich im Submersfermenter (20 l – 35 l) bei Zusatz
von 2% Glucose gut mit *Digitalis lanata* in 12-β-Stellung zu β-Methyldigoxin hydroxy-
lieren. Auch eine Demethylierung und Glucosylierung zu Purpureaglycosid A ist
möglich (Wahl, 1978). Vielleicht ergibt sich hier eine praktische Anwendung.

Die Tatsache, daß an vielen Stellen der Erde mit Pflanzenzellkulturen gearbeitet
wird, läßt erwarten, daß eine praktische Auswertung zur Produktbildung in den Bereich des Möglichen gerückt ist.

II. Zucht isolierter tierischer Zellen und Gewebe

1. Allgemeines

Im Vergleich zur Zucht isolierter pflanzlicher Zellen hat die Zucht isolierter tierischer Zellen und Gewebe gegenwärtig bereits eine verbreitete technische Anwendung gefunden. Man unterscheidet Zellkulturen, Gewebekulturen und Organkulturen. Zellkulturen werden mit Aufschwemmungen einzelner Zellen, die man z. B. durch Lösung der Interzellularmembran mit Trypsin gewonnen hat, angesetzt. Gewebekulturen gehen von kleinen Gewebekomplexen aus, z. B. Bindegewebe, Organparenchym u. a. Das Zellmaterial ist hierbei heterogen. Organkulturen sind Organfragmente oder ganze Organe, die z. B. mittels Durchströmung mit künstlichen Nährlösungen am Leben erhalten werden. Sie sollen hier nicht behandelt werden, auch Gewebekulturen werden nur gelegentlich erwähnt.

Zusammenfassende Literatur über Züchtungstechniken vgl. besonders Telling und Radlett (1970), Higuchi (1973), Bauer (1974), über Zelldifferenzierungen und Eigenschaften Green und Todaro (1967), Higuchi (1973), Hellström und Hellström (1970), über biochemische Methoden vgl. Kuchler (1977) und Wachstumsfaktoren vgl. Gospodarowicz und Moran (1976), Katsuta (1979), über Genübertragung und Regulation vgl. Sanford (1978).

2. Technik der Züchtung von Zellen und Geweben

a) Gewinnung der Zellkultur

Die Gewebe, aus denen man Zellen züchten will, müssen aus den tierischen Organen steril entnommen werden. Anschließend müssen die Zellen vereinzelt werden. Hierzu sind mehrere Arbeitsgänge nötig:

1. Schnelle Präparation des gewünschten tierischen Zellgewebes ohne eine mechanische Zerstörung.
2. Schnelle Zerkleinerung des Gewebes.
3. Enzymatische Verdauung der intercellulären Substanzen z. B. mit Trypsin.
4. Abtrennung der Zellen aus der enzymhaltigen Lösung durch Zentrifugation.
5. Übertragung der vereinzelten Zellen in ein geeignetes Kultursubstrat.

b) Substrate für Zell- und Gewebekulturen

Zell- und Gewebekulturen wachsen gut in Medien, die z. B. Blutplasma, Fruchtwasser oder Gewebeextrakte enthalten. Besonders Extrakte von Embryonen haben eine wachstumsfördernde Wirkung auf die Kulturen. Extrakte von Embryonen werden entweder durch Auspressen von Hühnerembryonen oder durch vollständige Homogenisierung dieser oder anderer Embryonen, z. B. junger Kalbfoeten, hergestellt (sterile Arbeitsbedingungen!). Die Homogenisate oder Preßsäfte werden zentrifugiert, filtriert und mit isotonischer Salzlösung versetzt.

Man unterscheidet hierbei Lösungen zur Haltung der Zellen ohne besondere Vermehrung und Lösungen zur Zellvermehrung. Zur bloßen Haltung der Zellen genügt vielfach schon eine synthetische Nährlösung, z. B. eine BSS = balanced salt solution nach Tyrode (vgl. Webb, 1964) mit Glucose als C-Quelle.

Für eine längere Zucht muß der Salzlösung ein komplexes Substrat zugesetzt werden. Nach vielen Versuchen ist es gelungen, geeignete synthetische Medien zur Gewebezucht zusammenzustellen (viele Rezepte hierfür vgl. Bauer, 1974).

Hierdurch ist eine Standardisierung der Untersuchungen möglich geworden. Selbstverständlich werden den synthetischen Substraten auch Zusätze von Serum, Embryonalflüssigkeit u. a. zugesetzt. Meistens werden die Substanzen im Autoklaven sterilisiert und nur Reagenzien, die eine solche Sterilisierung nicht vertragen, z. B. Aminosäuremischungen, Antibiotica, Serum u. a., werden durch Filtration keimfrei gemacht.

Manche Substrate, z. B. Embryonalextrakte, werden häufig vor Zusatz zur Kultur dialysiert.

Zusammenfassend läßt sich über die Massenzüchtung auf chemisch definierten Medien folgendes feststellen (Higuchi, 1973):

- Heteroploide Zelltypen sind grundsätzlich zum kontinuierlichen Wachstum auf chemisch definierten Medien geeignet.
- Normale diploide Zellen können auf den gegenwärtig bekannten, chemisch definierten Substraten nicht zur kontinuierlichen Vermehrung gebracht werden.
- Es existieren unbekannte Faktoren, die zur Vermehrung nurmehr diploider Zellen notwendig sind (Gospodarowicz und Moran, 1976).
- Einige der Serum-Wachstumsfaktoren können durch Polymere, z. B. Methylcellulose, Polyvinylpyrrolidon, Dextran, ersetzt werden.

c) Zellfusionen

Unter Zellfusion versteht man die parasexuelle Vereinigung zweier oder mehrerer Zellen. Solche Zellfusionen können auch bei tierischen Zellen vorkommen. Eine Zellfusion wird durch einen Zellmembranverschmelzungsprozeß eingeleitet, der durch bestimmte Virus-Arten oder Reagenzien induziert werden kann. Die zwei- oder mehrkernigen Hybridzellen enthalten dann die vollständigen Chromosomensätze der Fusionspartner. Bei einer Fusion genetisch gleicher Partner entsteht ein Homokaryon, bei genetisch ungleichen Partnern ein Heterokaryon. Voraussetzung für die Vermehrungsfähigkeit ist eine synchrone Teilung der Elternkernzellen, die sich dabei zu einem Kern, dem Synkaryon, vereinigen. Es entsteht ein sog. Hybridzellklon.

Oft geht ein Teil der Merkmale der Elternzellen verloren, zumeist ist dann die Ursprungszelle dominant. Manche Hybridzellklone haben aber ein stabiles Wachstum und damit eine gute Wirkstoffproduktion, z. B. bestimmter Antikörper, Proteohormone u. a.

Ob es gelingen wird, mit Hybridzellklonen Wirkstoff-produzierende tierische Zellkulturen zu züchten, wird die Zukunft zeigen (vgl. Ringertz und Savage, 1976).

d) Züchtungsverfahren

Bei der Deckglasmethode werden die Zellen im hängenden Tropfen gezüchtet; sie ist nur für kurzfristige Züchtungen geeignet. Mit der „roller tube method" können

Kulturen sehr lange gehalten werden. In besonderen Reagenzglas-artigen Röhrchen (z. B. sog. Lewis-Röhrchen) wird die Innenfläche des Glases mit einer dünnen Schicht von geronnenem Plasma-Embryonalextrakt überzogen, mit Zellen beimpft, mit Nährlösung versetzt und nahezu in der Horizontalen langsam gedreht (1 rph – 2 rph).

Bei der sog. „Monolayer"-Kultur werden die vereinzelten Zellen mit einer Nährlösung in Flaschen gegeben, sie setzen sich an den Glaswänden fest. Bei Vermehrung bildet die Zellkultur eine zusammenhängende Schicht auf dem Glas. Diese Zellschicht wird „monolayer" genannt, weil viele Zellkulturen in einer einzelligen Schicht auf dem Glas wachsen. Es gibt aber auch Zellarten, die sich in mehrzelligen Schichten entwickeln.

Die Zellen entwickeln sich zunächst in sehr unterschiedlicher Morphologie, gleichen sich aber nach längerer Subkultur immer mehr einander an. Die Generationszeit der Monolayerkulturen liegt je nach Temperatur (33 °C – 37,5 °C) in der Größenordnung von weniger als 10 Std. bis 24 Std. Es werden in solchen Kulturen schnell Zellmengen bis zu 100 000 Zellen/cm^2 erreicht. Monolayerkulturen können zur Beimpfung von Submerskulturen herangezogen werden. Anstelle von Glas kann man auch Cellophan, sonstige Kunststoffe oder ähnliche Substrate als Unterlage zur Herstellung einer Monolayerkultur verwenden.

Werden Monolayerkulturen mit Viren (z. B. zur Vaccineherstellung) beimpft, so vermehren sich diese auf dem künstlichen Gewebe. Es entstehen an den Vermehrungsstellen sog. „Plaques" (Löcher), an denen die Zellen durch die Viren zerstört worden sind. Monolayerkulturen lassen sich auch in Petrischalen anlegen und gut zur quantitativen Bestimmung von Viren sowie zur Austestung antiviraler Substanzen verwenden.

Eine interessante Kulturmethode wurde mit gefalteten Blättern eines Polystyrenfilmes entwickelt (House et al., 1972). Auf diesen vermehrten sich Zellen und mit ihnen Polyoma-Viren mehr als 20fach schneller als auf rollenden Flaschen bzw. Monolayerkulturen (Nicklin und House, 1976).

Die Entwicklung der Zellzucht in Submerskultur wurde von Owens et al. (1953) eingeleitet, als sie Monolayerkulturen in walzenförmigen Gefäßen anlegten, diese bewegten und schließlich Schüttelkulturen in Flaschen herstellten. McLimans et al. (1957) zeigten dann, daß eine Zellzucht auch in Fermentern unter dauerndem Rühren möglich ist. Ebenso ist es möglich, eine kontinuierliche Zucht bestimmter tierischer Zellen durchzuführen.

Die Impfkulturen zur Submerszucht werden in Monolayerkultur hergestellt. Man löst die Zellen voneinander durch Behandlung mit Trypsin, durch Ausspritzen, durch Abkratzen oder durch Schütteln. Die Mengen, mit denen man beimpfen muß, schwanken zwischen 10 000 Zellen/ml bis zu 1 Mill. Zellen/ml.

Die Generationszeit wird durch die Submerskultur z. T. auf weniger als 10 Std. herabgesetzt. Sie läßt sich nach der folgenden Formel bestimmen (McCarty und Graff, 1959):

$$\text{Generationszeit} = \frac{\lg 2 \times \text{Zeit}}{\lg C_e - \lg C_a}$$

C_e ist die Endkonzentration der Zellen und C_a ist die Anfangskonzentration. Sie wird in Submerskultur in Zahl der Zellen/ml ausgedrückt.

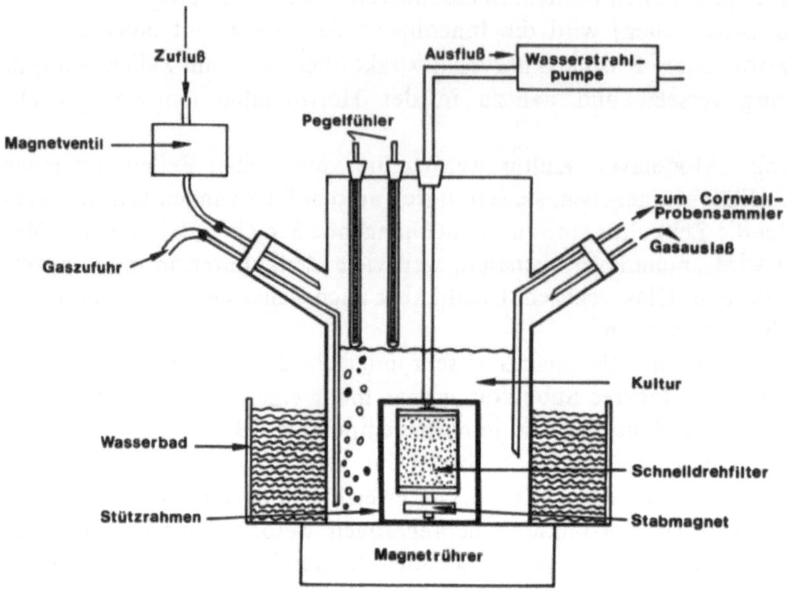

Abb. 186. Drehfilterkultur zur Züchtung tierischer Zellen (nach Himmelfarb et al., 1969)

Die Kulturen werden zumeist bei 36 °C – 37 °C bebrütet, gerührt und mit einem Gemisch aus etwa 5% CO_2 und 95% Luft oder nur mit Luft ohne CO_2 belüftet.

Wie bereits erwähnt, ist auch eine kontinuierliche Zucht tierischer Zellen im Submersverfahren möglich. In einem kontinuierlichen Zellgenerator wurden mehrere Wochen lang Zellzahlen von 400 000/ml – 600 000/ml bei Generationszeiten von 40 Std. und 50 Std. aufrecht erhalten (Merchant et al., 1960). Die Zelldichten können in kontinuierlichen Fermentern auf 2,0 – 5,0 Mill. Zellen/ml steigen. Zur Abführung von toxischen Stoffwechselprodukten, die immer eine Begrenzung der Entwicklung tierischer Zellen darstellen, wurde eine fortwährende Dialyse gegen konzentrierte Nährlösung vorgenommen (Abb. 127, Rehm, 1967).

Ein solcher „Percolator lyostat" kann ein- oder mehrstufig konstruiert sein (Gori, 1970).

Bei einem Nephelostat-Kulturapparat nach Peraino (vgl. Rothblat und Christofalo, 1972) wird ein Glasfermenter mit langsamen Scheibenrührern verwendet. Eine sog. Drehfilter-Kultur mit Magnetrührsystem hat sich bewährt (Himmelfarb et al., 1969). Damit wurden Leukämiezellen in einer Dichte bis zu 10^8/ml und 10^9/ml gezüchtet (Abb. 186).

Das Problem bei Massenzüchtungen von Zellkulturen liegt in der Abführung der giftigen Zellstoffwechselprodukte sowie in der schonenden Rührung. Hierbei haben sich auch vibrierende Scheiben (vgl. Kap. 9) bewährt. Die Wirkung des Vibromixers beruht auf dem Bernoulli-Effekt. Anstelle des Rührers befindet sich an einem Schaft im Innern des Gefäßes eine Platte mit sich nach unten verjüngenden Durchbohrungen. Diese Platte wird in Auf- und Niedervibrationen versetzt. Durch die entstehenden Druckdifferenzen durchfließt die Flüssigkeit die Durchbohrungen vom breiten zum schmalen Ende hin (vgl. Abb. 187).

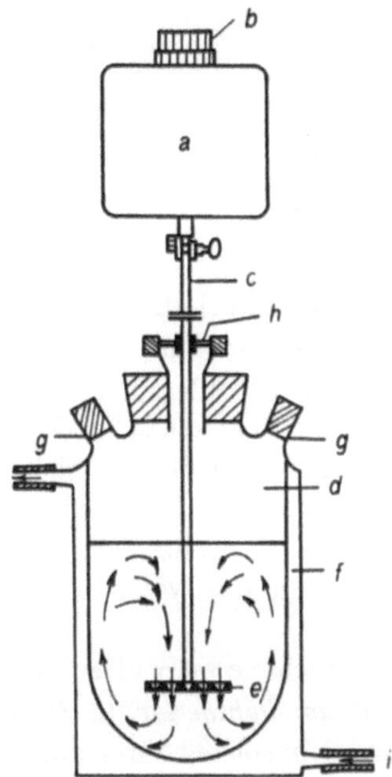

Abb. 187. Vibromix-Fermenter (Chemap). Zeichenerklärung: *a* Antriebsmotor; *b* Geschwindigkeitsregulation; *c* Rührstab; *d* Fermentationskessel; *e* Vibrationsplatte, *f* Wassermantel zur Kühlung bzw. Heizung; *g* Nährlösungsöffnungen; *h* Impfstutzen; *i* Luftzufuhr

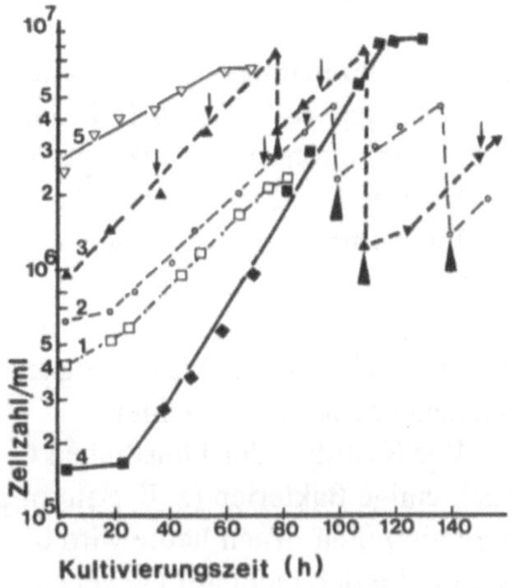

Abb. 188. Vergleich des Wachstums einer humanen lymphoblastoiden Zellinie (Namalwa) und Hamsternierenzellen (BHK 21) in verschiedenen Fermentern (nach Katinger et al., 1977). Zeichenerklärung: *(1)*, *(2)* □, · = Namalwa, Blasensäulenfermenter 8 Liter, *(3)* ▲ ── ▲ = Namalwa, Blasensäulenfermenter 80 Liter, *(4)* ■ ── ■ = BHK 21, Blasensäulenfermenter 8 Liter, *(5)* ▽ ── ▽ = BHK 21, Vibromischerfermenter 2 Liter

Die Zellen werden hierbei zwar gut bewegt, die Zellschädigungen werden jedoch auf ein Minimum reduziert. Die Luft kann in die Flüssigkeit eingeblasen oder durch die Bewegung der Oberfläche in die Flüssigkeit aufgenommen werden.

Auch der Blasensäulenfermenter (als Schlaufenreaktor) hat sich wegen der Abwesenheit jeglicher mechanischer Schereffekte als brauchbarer Reaktor zur „batch"-, semikontinuierlichen und kontinuierlichen Kultur von Säugetierzellen bewährt (vgl. Abb. 188) (Katinger et al., 1977).

e) Lagerung von Zellen und Geweben in vitro

Bei leicht reduzierten Temperaturen (20 °C – 30 °C) werden tierische Zellen in ihrer Vermehrung stark verlangsamt und nicht geschädigt, während bei Kühlschranktemperaturen (+2 °C bis +6 °C) viele Zell- und Gewebearten schnell absterben.

Die meisten Zellen lassen sich bei schnellem Einfrieren auf −90 °C bis −196 °C (Temperatur des flüssigen Stickstoffs) gut konservieren. Weitere Methoden vgl. Wang und Sinskey (1970).

Viele Zellstämme werden in öffentlich zugänglichen Sammlungen (z. B. ATCC) gehalten.

3. Produkte mit Hilfe tierischer Zell- und Gewebekulturen

a) Vaccineherstellung

Vaccine sind inaktive Mikroorganismen (einschl. Viren), die aber noch die Antigene des lebenden pathogenen Mikroorganismus besitzen und daher im Immunsystem des Warmblüters eine Antikörperbildung anregen (vgl. Mullally, 1970).

Während man eine große Anzahl bakterieller Infektionskrankheiten schon lange durch Impfungen mit Vaccinen und der dadurch im Blut veranlaßten Antikörperbildung wesentlich beeinflussen konnte, war dies bei Infektionen, die durch Viren hervorgerufen werden, bis zur Zucht tierischer Zellen und Gewebe nicht oder nur in beschränktem Maße möglich, weil man nicht in der Lage war, Viren in ausreichender Menge zu züchten.

Vor Kenntnis der künstlichen Gewebe- und Zellkultur züchtete man Viren und auch einige Bakterien (z. B. Salmonellen und *Corynebacterium diphtheriae*) in Hühnerembryonen. Auch heute wird diese Methode noch zur Zucht solcher Viren angewandt, die sich nicht auf Geweben, die in künstlicher Kultur gezüchtet wurden, entwickeln können. Die Tiere, von denen die Eier stammen, müssen frei von irgendwelchen Krankheiten sein, z. B. der erblichen Geflügelpest, von Anfälligkeit für Sarcome u. ä. Die Eier werden bei kontrollierter Luftfeuchtigkeit bei 36 °C bis 37 °C bebrütet. Nach einer bestimmten Zeit werden die Eier mit dem Virus z. B. auf der Allantois oder an anderen Stellen des Eies beimpft.

Nach weiterer Bebrütung haben sich die Viren im Zellgewebe des Hühnerembryos bis zu einem maximalen Titer vermehrt. Dann werden die Eier unter sterilen Bedingungen geöffnet, seziert und die spezifischen Eihäute zur Extraktion der lebenden Erreger isoliert. Aus diesen Erregern werden anschließend die Vaccine z. B. durch Behandlung mit Formaldehyd oder Phenol hergestellt.

Zur Vaccineherstellung mit Zell- und Gewebekulturen werden diese in Massen gezüchtet, mit dem Virus beimpft und nach Virusentwicklung geerntet. Nun wird das Virus soweit als möglich von den tierischen Zellen getrennt, inaktiviert und als Impfstoff präpariert. Die große Zahl der Vaccine, die auf diese Weise hergestellt wird, kann hier nicht aufgezählt werden, es gehören hierzu z. B. Poliomyelitis-Impfstoff vom Salk-Typus (Beschreibung der Herstellung vgl. Rehm, 1967), viele Grippe-Impfstoffe, Maul- und Klauenseuche-Impfstoffe verschiedener Typen, Pertussis-Vaccine (vgl. Manclark, 1976) u. v. a.

b) Züchtung von Viren auf Zellkulturen

Eine bessere Antikörperbildung im Warmblüterorganismus wird mit lebenden Viren erhalten. Diese Viren haben durch geeignete Umzüchtungen nicht mehr die Fähigkeit, die jeweilige Krankheit zu verursachen. Ein Beispiel hierfür ist die Herstellung von Poliomyelitis-Viren Typ I bis Typ III, die von Sabin avirulent gezüchtet wurden, aber ihre Antigeneigenschaften vollständig behalten haben. Sie werden mit einer oralen Schluckimpfung appliziert. Die Dosis beträgt für Kinder etwa $3,6 \times 10^6$ Virusteilchen, die in Flüssigkeit gelöst und dann auf Zucker getropft bzw. in zuckerhaltige Dragees eingearbeitet werden. Mit diesem Impfstoff wurden mehrere 100 Millionen Menschen geimpft.

Auch eine Umzüchtung anderer Viren in Gewebekultur zum Verlust ihrer Pathogenität gelingt in vielen Fällen. Hierzu sind oft sehr viele Passagen notwendig. So hat man z. B. nach 230 Passagen auf einer Monolayerkultur von Zellen aus den Nieren von Rinderembryonen einen Stamm des Maul- und Klauenseuche-Virus inaktivieren können. Zur Vermehrung der apathogen gezüchteten Viren verwendet man Gewebekulturen aus Nieren frisch geschlachteter Kälber. Die lebenden Viren werden dann durch Lyophilisation getrocknet oder an $Al(OH)_3$ adsorbiert. In einem anderen Fall gelang es, ein Maul- und Klauenseuche-Virus nach 60 Passagen bei 37 °C und nochmals 70 Passagen bei 28 °C auf Nierenzellen frisch geschlachteter Kälber apathogen zu züchten. Von sieben bedeutenden Stämmen der Maul- und Klauenseuche-Viren konnte man auf die im Prinzip geschilderte Weise sechs apathogene Stämme züchten.

Neuerdings gewinnt die Virusmassenzüchtung zur Bekämpfung von Insekten mit Viren immer mehr an Bedeutung. Man hat aus Invertebraten mehr als 450 verschiedene Virusarten isoliert, von denen viele speziell zur Insekten- und Milbenbekämpfung eingesetzt werden könnten. Man rechnet, daß man ca. ⅓ sämtlicher Schäden, die durch diese Organismen verursacht werden, mit Hilfe von Viren als „Bekämpfungsmittel" verhindern könnte (Ignoffo, 1974). Dabei muß keinesfalls die Imago befallen sein, sondern es kann auch z. B. das Larvenstadium durch Virusinfekte nur stark verlängert werden, so daß die Imago so spät gebildet wird, daß sie sich nicht mehr vermehren kann (vgl. Whitlock, 1974). Polyeder-Viren haben sich – wegen der bereits gut bekannten Infektionsbedingungen – bisher bereits erfolgreich vor allem bei der Lepidopteren-Bekämpfung einsetzen lassen (vgl. Chu et al., 1975), z. T. auch in Kombination mit *Bacillus thuringiensis* (Smith et al., 1977; Krieg, 1978).

Zur Vermehrung der Insektenviren sind Insektenzellkulturen oder sterile Insekten notwendig, auch parasitische Protozoen können hierauf geprüft und vermehrt werden (vgl. Hink, 1972); desgleichen gilt für andere Invertebraten-Viren und z. T. Protozoen (vgl. Maramorosch, 1976) (Abb. 189 aus Krieg, 1978).

Bacteriophagen werden auf wachsenden Bakterienkulturen, die sich möglichst in der log-Phase befinden sollten, gezüchtet. Vor einer Beimpfung mit Phagen muß die Bakteriendichte $4-30 \cdot 10^9$ Zellen/ml erreicht haben. Im 150 l Tank mit $16,7 \cdot 10^9$ Bakterien wurden bei einer Infektion von 0,7 Phagenpartikel pro Bakterium $7,1 \cdot 10^{11}$ Phagen, also 43 Partikel pro Bakterium, erhalten (Sargeant, 1970). Die Zahl kann bis auf 4000 Phagenpartikel pro Bakterium je nach Art der Phagen gesteigert werden. Im 100 l Fermenter wurden insgesamt ca. 10^{16} Phagenpartikel erhalten (Siquet-Descans et al., 1973). Zur Gewinnung möglichst hoher Phagenausbeuten sollte eine weitgehende Lysis der Bakterien abgewartet werden. Durch Chloroform (⅟₅₀/Vol.) kann diese beschleunigt werden.

Phagen können zur Kontrolle von Bakterienmassenvermehrungen, z. B. auch von Cyanobakterien, sowie evtl. im medizinischen Bereich angewandt werden (Bradley, 1968). Sie sind zur Bildung von Doppelstrang-RNA in *Escherichia coli* geeignet. Manche Anwendungsmöglichkeit ist aber noch nicht erschlossen.

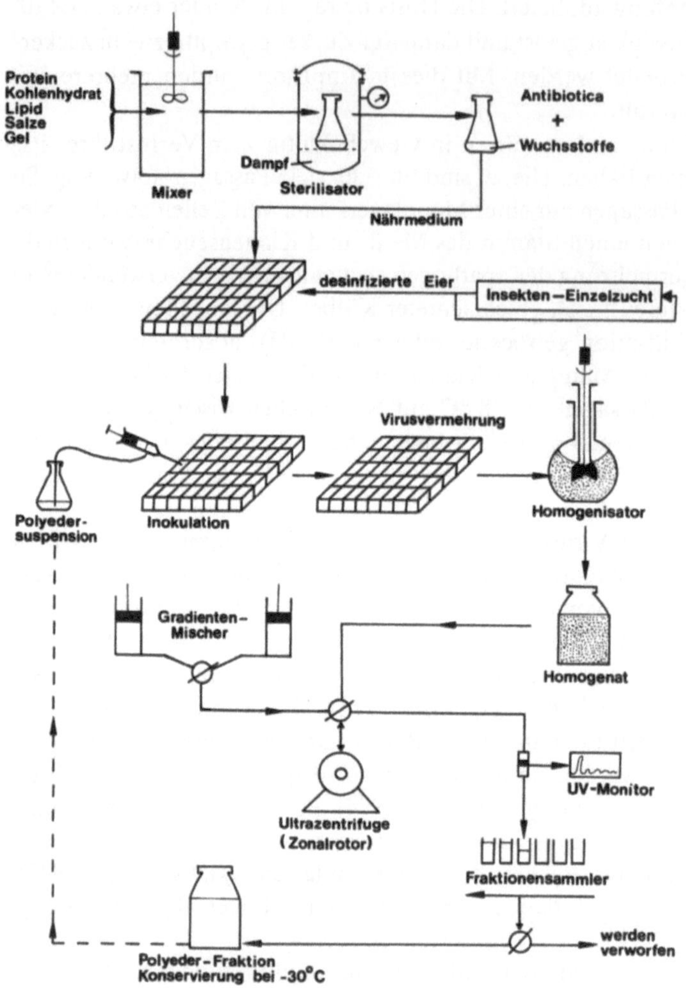

Abb. 189. Massenzüchtung eines Kernpolyedervirus (nach Krieg, 1973)

c) Interferone

Interferone sind eine Gruppe von natürlichen Proteinen, die in tierischen Zellen als Reaktion auf eine Virusinfektion oder nach Kontakt mit einem nicht-viralen Induktor gebildet werden können. Die biologische Wirkung der Interferone besteht darin, daß sie die Zelle in einen refraktären Zustand überführen, als dessen Folge sich tierpathogene Viren nicht mehr in ihr vermehren können. Durch Kontakt mit einem Induktor und die dadurch ausgelöste Eigenproduktion von Interferonen kann die Zelle ebenfalls in einen virusresistenten Zustand übergehen. Fast alle bekannten tierpathogenen Viren sind, wenn auch in unterschiedlichem Maße, interferonaktiv. Interferone sind wenig virusspezifisch, d. h. sie haben ein breites antivirales Spektrum, aber sie sind weitgehend zellspezifisch, d. h. ein Interferon, das z. B. in Hühnerzellen induziert wurde, wirkt nur in Hühnerzellen, nicht aber in Mäuse- oder

Menschenzellen. Interferone sind Proteine mit relativ kleinem Molekulargewicht von etwa 20 000 – 30 000 Dalton.

Interferone können unter geeigneten Bedingungen auch in Zell- und Gewebekulturen synthetisiert werden. Induktoren zur Interferonsynthese sind Viren und ganz besonders synthetische oder natürliche Doppelstrang-Nucleinsäuren, die noch in Submicrogramm-Konzentrationen induzierend wirken. Während der Induktion muß die Zellaktivität, insbesondere die Proteinsynthese, sehr aktiv sein. Doppelstrang-RNA kann aus *Escherichia coli*-Zellen, die z. B. mit MS′2-Phagen infiziert sind, gewonnen werden. Es können in Cornsteep-Lösung etwa 300 μg Doppelstrang-RNA/ml etwa drei Stunden nach dem Befall von *E. coli*-Zellen mit den Phagen isoliert werden (Lago et al., 1972).

Weitere Induktoren für Interferone sind Polyinsoninsäure, Polycytidylsäure, Tiloron, Polycarboxylate, saure Polysaccharide u. v. a. und besonders auch gramnegative Bakterien, wie z. B. *Salmonella, Serratia, Haemophilus.* Auch lebende Plasmodien, Trypanosomen u. a. induzieren eine Interferon-Bildung (Literatur vgl. Ho und Armstrong, 1975).

Zusammenfassende Literatur über Interferone vgl. Baron (1966), Rita (1968), De Clercq und Merigan (1970), Colby und Morgan (1971), Ho und Armstrong (1975), Baron und Dianzani (1978), Baron (1979), über pilzliche Viren und Interferon-Induktion vgl. Kleinschmidt und Ellis (1975).

d) Weitere Produkte durch Zell- und Gewebekulturen

Wie mit pflanzlichen Geweben so ist es auch mit tierischen Geweben möglich, bestimmte Stoffwechselprodukte zu erzeugen. Die Möglichkeiten sind sehr groß. Zellstämme aus Geweben, die im Organismus Hormone bilden, behalten diese Eigenschaft vielfach auch in künstlicher Kultur. So werden z. B. Adrenocorticotropin, Gonadotropin, Thyroxin, Östron u. v. a. auch in künstlicher Kultur produziert. Es können auch viele mikrobielle Stoffumwandlungen vorgenommen werden, wie z. B. die Einführung einer Hydroxylgruppe in Progesteron mit Zellen aus Nebennierengewebe, allerdings sind hier mikrobielle Methoden wesentlich besser geeignet (vgl. Kap. 32).

Weiterhin können bestimmte Nucleinsäuren, besondere Proteine, viele Enzyme, z. B. β-Galactosidase, Ascorbatoxidase, Amylasen, Isomerasen, besondere Lipide, Polyamine u. v. a. in künstlichen Zell- und Gewebekulturen gebildet werden (viel Literatur vgl. Johnson und Boder, 1972).

Viele andere Möglichkeiten zur Verwendung von Zellkulturen müssen noch erschlossen werden (Lübke und Böttcher, 1978).

e) Verwendung von Zell- und Gewebekulturen zur Testung von tumor- und virushemmenden Substanzen

Die Zell- und Gewebekultur hat es ermöglicht, chemische Verbindungen auf ihre hemmende Wirkung auf Viren und Tumorzellen in großem Ausmaß zu testen. Tumorhemmende Substanzen werden immer gegen eine Reihe verschiedener Zellstämme, die aus Krebsgeweben gezüchtet wurden, durchgetestet und parallel gegen gesunde Zellen geprüft, um zu sehen, ob sie nicht unerwünschte Nebenwirkungen auf gesunde Zellen haben. Da aber ständig die Gefahr besteht, daß normale Zellen in Gewebekultur sich zu anormalen Zellen verändern, müssen die Testungen immer wieder an frisch isolierten Zellen vorgenommen werden (vgl. Bauer, 1974; Ray, 1977).

Literatur

Alfermann, A. W., Reinhard, E.: In: Production of natural compounds by cell culture methods. Alfermann, A. W., Reinhard, E. (eds.), pp. 3 – 15. München: GSF 1978 a

Alfermann, A. W., Reinhard, E. (eds.): Production of natural compounds by cell culture methods. BPT-Report 1/78. München: GSF 1978 b.

Arens, H.: In: Production of natural compounds by cell culture methods. Alfermann, A. W., Reinhard, E. (eds.), pp. 86 – 94. München: GSF 1978

Aviv, D., Galun, E.: In: Production of natural compounds by cell culture methods. Alfermann, A. W., Reinhard, E. (eds.), pp. 60 – 67. München: GSF 1978

Baron, S.: Annu. Rev. Microbiol. *20*, 291 – 318 (1966)

Baron, S.: In: ASM News *45*, 358 – 366 (1979)

Baron, S., Dianzani, F. (eds.): The interferon system: a current review to 1978. Tex. Rep. Biol. Med. *35*, (1977)

Barz, W., Reinhard, E., Zenk, M. H.: Plant tissue culture and its bio-technological application. Berlin, Heidelberg, New York: Springer 1977

Bauer, K. F.: Methodik der Zell- und Gewebezüchtung, 2. Aufl. Stuttgart: S. Hirzel 1974

Bergmann, L.: In: Plant tissue culture and its bio-technological application. Barz, W., Reinhard, E., Zenk M. H. (eds.), pp. 213 – 225. Berlin, Heidelberg, New York: Springer 1977

Bradley, S. G.: Adv. Appl. Microbiol. *10*, 101 – 135 (1968)

Brain, K. R.: Abstr. 3rd Int. Congr. Plant Tissue Cell Culture, Leicester, No. 73 (1974)

Chu, K.-K., Hsieh, Y.-T., Chang, H.-C., Yao, Y.-E., Fang, C.-C.: Acta Microbiol. Sin. *15*, 93 – 100 (1975)

Colby, C., Morgan, M. J.: Annu. Rev. Microbiol. *25*, 333 – 360 (1971)

De Clercq, E., Merigan, T. C.: Annu. Rev. Med. *21*, 17 – 46 (1970)

Depaepe, R., Nitsch, C., Godard, M., Pernes, J.: In: Plant tissue culture and its bio-technological application. Barz, W., Reinhard, E., Zenk, M. H. (eds.), pp. 341 – 352. Berlin, Heidelberg, New York: Springer 1977

Fowler, M. W.: In: Plant tissue culture and its bio-technological application. Barz, W., Reinhard, E., Zenk, M. H. (eds.), pp. 253 – 265. Berlin, Heidelberg, New York: Springer 1977

Friedrich, H., Baier, S.: Phytochemistry *12*, 1459 – 1462 (1973)

Furuya, T., Ikuta, A., Syono, K.: Phytochemistry *11*, 3041 – 3044 (1972)

Gautheret, R. J.: La culture des tissus végétaux. Paris: Masson 1959

Gori, G. B.: Dev. Ind. Microbiol. *11*, 20 – 31 (1970)

Gospodarowicz, D., Moran, J. S.: Annu. Rev. Biochem. *45*, 531 – 558 (1976)

Green, H., Todaro, G. J.: Annu. Rev. Microbiol. *21*, 573 – 600 (1967)

Hellström, K. E., Hellström, I.: Annu. Rev. Microbiol. *24*, 373 – 398 (1970)

Higuchi, K.: Adv. Appl. Microbiol. *16*, 111 – 136 (1973)

Himmelfarb, P., Thayer, P. S., Martin, H. E.: Science *164*, 555 – 556 (1969)

Hink, W. F.: Adv. Appl. Microbiol. *15*, 157 – 214 (1972)

Ho, M., Armstrong, J. A.: Annu. Rev. Microbiol. *29*, 131 – 161 (1975)

House, W., Shearer, M., Maroudas, N. G.: Exp. Cell. Res. *71*, 293 (1972)

Ignoffo, C. M.: Dev. Ind. Microbiol. *15*, 199 (1974)

Ikeda, T., Matsumoto, T., Noguchi, M.: Phytochemistry *15*, 568 – 569 (1976)

Johnson, I. S., Boder, G. B.: Adv. Appl. Microbiol. *15*, 215 – 230 (1972)

Jones, L. H.: Industrial aspects of biochemistry, Part II. Proc. 9th FEBS Meet. Spencer, B. (ed.), pp. 813 – 833. Amsterdam, London, New York: North Holland/American Elsevier 1974

Kartnig, T.: In: Plant tissue culture and its bio-technological application. Barz, W., Reinhard, E., Zenk, M. H. (eds.) pp. 44 – 51. Berlin, Heidelberg, New York: Springer 1977

Katinger, H. W. D., Scheirer, W., Krömer, E.: Vortr. Dechema-Jahrestag. Frankfurt (1977)

Kato, A., Hashimoto, Y., Soh, Y.: J. Ferment. Technol. *54*, 754 – 757 (1976)

Katsuta, H. (ed.): Nutritional Requirements of Cultures Cells. Baltimore, Maryland: University Park Press 1979

Kaul, B., Stohs, S. J., Staba, E. J.: Lloydia *32*, 347 – 359 (1969)

Kleinschmidt, W. J., Ellis, L. F.: Dev. Ind. Microbiol. *16*, 128 – 133 (1975)

Krieg, A.: Forschung aktuell, Biotechnologie, S. 135 – 149. Frankfurt: Umschau 1978

Kuchler, R. J.: Biochemical methods in cell culture and virology. New York: Halsted Press 1977

Lago, B. D., Birnbaum, J., Demain, A. L.: Appl. Microbiol. *24*, 430 – 436 (1972)

Lübke, K., Böttcher, I.: Forschung aktuell, Biotechnologie. S. 116 – 127. Frankfurt: Umschau 1978

Manclark, C. R.: Adv. Appl. Microbiol. *20*, 1 – 7 (1976)

Mandels, M.: Adv. Biochem. Eng. *2*, 201 – 215 (1972)

Maramorosch, K.: Invertebrate tissue culture, research applications. London, New York: Academic Press 1976

McCarty, K. S., Graff, S.: Exp. Cell. Res. *16*, 518 (1959)

McLimans, W. F., Davis, E. V., Glover, F. L., Rake, G. W.: J. Immunol. *79*, 428 (1957)

Melchers, G.: In Production of natural compounds by cell culture methods. Alfermann, A. W., Reinhard, E. (eds.), pp. 306 – 311. München: GSF 1978

Merchant, D. J., Kahn, R. H., Murphy, W. H.: Handbook of cell and organ culture. Minneapolis: Burgess Publishing Co. 1960

Metz, H.: Forschung aktuell, Biotechnologie. S. 105 – 115. Frankfurt: Umschau 1978

Misawa, M.: In: Plant tissue culture and its bio-technological application. Barz, W., Reinhard, E., Zenk, M. H. (eds.), pp. 17 – 26. Berlin, Heidelberg, New York: Springer 1977

Mullally, D. I.: Dev. Ind. Microbiol. *11*, 12 – 15 (1970)

Nickell, L. G.: Science *187*, 457 – 458 (1975)

Nicklin, P. M., House, W.: Biotechnol. Bioeng. *18*, 723 – 727 (1976)

Noguchi, M., Matsumoto, T., Hirata, Y., Yamamoto, K., Katsuyama, A., Kato, A., Azechi, S., Kato, K.: In: Plant tissue culture and its bio-technological application. Barz, W., Reinhard, E., Zenk, M. H. (eds.), pp. 85 – 94. Berlin, Heidelberg, New York: Springer 1977

Owens, O. v. H., Gey, M. K., Gey, G. C.: Proc. Am. Assoc. Cancer Res. *1*, 41 (1953)

Ray, P. K.: Adv. Appl. Microbiol. *21*, 227 – 267 (1977)

Rehm, H. J.: Industrielle Mikrobiologie. Berlin, Heidelberg, New York: Springer 1967

Reinert, J., Bajaj, Y. P. S. (eds.): Applied and fundamental aspects of plant cell, tissue and organ culture. Berlin, Heidelberg, New York: Springer 1976

Ringertz, N. R., Savage, R. E.: Cell hybrids. London, New York: Academic Press 1976

Rita, G. (ed.): The interferons. London, New York: Academic Press 1968

Roller, U.: In: Production of natural compounds by cell culture methods. Alfermann, A. W., Reinhard, E. (eds.), pp. 95 – 108. München: GSF 1978

Rothblat, G. H., Christofalo, V. J.: Growth, nutrition and metabolism of cells in culture. Vol. I u. II. London, New York: Academic Press 1972

Sanford, K. K. (ed.): Nat. Cancer Inst. Monogr. Bethesda *48*, (1978)

Sargeant, K.: Adv. Appl. Microbiol. *13*, 121 – 137 (1970)

Schieder, O.: In: Production of natural compounds by cell culture methods. Alfermann, A. W., Reinhard, E. (eds.), pp. 330 – 336. München: GSF 1978

Siquet-Descans, F., Calberg-Bacq, C. M., Delcambe, L.: Biotechnol. Bioeng. *15*, 927 – 932 (1973)

Smith, D. B., Hostetter, D. L., Ignoffo, C. M.: J. Econ. Entomol. *70*, 437 – 441 (1977)

Straub, J.: In: Plant tissue culture and its bio-technological application. Barz, W., Reinhard, E., Zenk, M. H. (eds.), pp. 334 – 340. Berlin, Heidelberg, New York: Springer 1977

Street, H. E. (ed.): Plant tissue and cell culture. Botanical monographs, 2nd ed. Vol. 11. Oxford, London, Edinburgh, Melbourne: Blackwell Scientific Publications 1977

Tabata, M.: In: Plant tissue culture and its bio-technological application. Barz, W., Reinhard, E., Zenk, M. H. (eds.), pp. 3 – 16. Berlin, Heidelberg, New York: Springer 1977

Tabata, M., Mizukami, H., Hiraoka, N., Konoshima, M.: Abstr. 12th Phytochem. Symp. Japan, Kyoto 1 – 8 (1976)

Telling, R. C., Radlett, P. J.: Adv. Appl. Microbiol. *13*, 91 – 119 (1970)
Teuscher, E.: Pharmazie *28*, 6 – 18 (1973)
Vogelmann, H., Bischof, A., Pape, D., Wagner, F.: In: Production of natural compounds by cell culture methods. Alfermann, A. W., Reinhard, E. (eds.), pp. 130 – 146. München: GSF 1978
Wahl, J.: In: Production of natural compounds by cell culture methods. Alfermann, A. W., Reinhard, E. (eds.), pp. 48 – 59. München: GSF 1978
Wang, D. I. C., Sinskey, A. J.: Adv. Appl. Microbiol. *12*, 121 – 152 (1970)
Webb, F. C.: Biochemical engineering. London: D. van Nostrand Company Ltd. 1964
Weiler, E. W.: In: Production of natural compounds by cell culture methods. Alfermann, A. W., Reinhard, E. (eds.), pp. 27 – 38. München: GSF 1978
Wenzel, G.: In: Production of natural compounds by cell culture methods. Alfermann, A. W., Reinhard, E. (eds.), pp. 312 – 329. München: GSF 1978
Whitlock, V. H.: J. Invertebr. Pathol. *23*, 70 – 75 (1974)
Wilson, G.: In: Production of natural compounds by cell culture methods. Alfermann, A. W., Reinhard, E. (eds.), pp. 147 – 154. München: GSF 1978
Zenk, M. H.: In: Production of natural compounds by cell culture methods. Alfermann, A. W., Reinhard, E. (eds.), pp. 180 – 200. München: GSF 1978
Zenk, M. H., El-Shagi, H., Schulte, U.: Planta Med. Suppl. 79 – 101 (1975)
Zenk, M. H., El-Shagi, H., Arens, H., Stöckigt, J., Weiler, E. W., Deus, B.: In: Plant tissue culture and its bio-technological application. Barz, W., Reinhard, E., Zenk, M. H. (eds.), pp. 27 – 43. Berlin, Heidelberg, New York: Springer 1977

Kapitel 38 Mikroorganismen bei Metall- und Ölgewinnung

I. Laugung (Leaching) von Metallen

1. Allgemeines

Seit mehreren Jahrzehnten sind Verfahren entwickelt worden, mit denen man mit Hilfe von Mikroorganismen Metalle aus minderwertigen Erzen anreichern kann. Diese Verfahren werden als Leaching bezeichnet. Leaching bedeutet eigentlich „Auslaugen", „Durchsickern lassen". Hier ist es als Biotechnologie hydrometallurgischer Prozesse definiert. Leaching-Verfahren werden mit kohlenstoffautotrophen *Thiobacillus*-Arten durchgeführt. Diese oxidieren bei technischen Verfahren als Substrate Schwefel (S^0, S^{2-}) und Eisen (Fe^{2+}) unter starker Ansäuerung auf pH-Werte von $1{,}5-3{,}0$, je nach Zusammensetzung der Erze und erzführenden Gesteine.

Der Leaching-Effekt ist entweder direkt, d. h. die Bakterien greifen Schwefel, Eisen(II) und Sulfid direkt an, oder er ist indirekt, d. h. mikrobiell entstandenes Eisen(III)-Sulfat wirkt als Oxidans. Die Bakterien müssen je nach Erztyp ausgewählt und gezüchtet werden.

Die Metalle gehen als Sulfate in Lösung, aus denen sie dann nach bekannten Methoden gewonnen werden. In manchen Fällen, z. B. beim Leaching von Gold- und Platinmetallen, wird das Metall mit Hilfe von kohlenstoffheterotrophen Mikroorganismen (Bakterien und Pilzen) über organische Komplexverbindungen angereichert. Leaching-Verfahren können bei der Erzaufbereitung folgendermaßen angewandt werden:

Verfahren im Nebenbetrieb
- Leaching von Halden und anderen Erzen mit bergmännisch nicht abbauwürdigem Metallgehalt.
- Entfernung von Eisensulfid aus hochwertigen Erzen oder Kohle, wobei das Kohle-Leaching gegenwärtig wirtschaftlich bedeutungslos ist.

Verfahren im Hauptbetrieb
- Leaching von Sulfid-Konzentraten.

Zusammenfassende Literatur Zajic (1969); Kohler (1973); Schwartz (1973, 1977); Bosecker und Kürsten (1978), Murr et al. (1978).

2. Mikroorganismen und Biochemie

Zur Oxidation der reduzierten Schwefelverbindungen werden *Thiobacillus*-Arten verwendet. Diese sind gramnegativ, polar begeißelt und zumeist obligat chemolithoautotroph und auf CO_2-Fixierung angewiesen (z. B. *T. thiooxydans, T. denitrificans, T. thioparus*). Andere Arten (z. B. *T. novellus* und *T. intermedius*) sind fakultativ kohlenstoffheterotroph, können also auch mit organischen Kohlenstoffverbindungen ihren Energie- und C-Bedarf decken. *Thiobacillus*-Arten sind im allgemeinen vom Luftsauerstoff abhängig. *T. denitrificans* atmet bei Anwesenheit von Nitrat auch anaerob. Das Nitrat wird dabei reduziert.

Denitrifikation: $6\ NO_3^- + 2\ H_2O \rightarrow 4\ OH^- + 3\ N_2 + 16\,(O)$ (1)

Schwefeloxidation: $5\ S + 6\ K^+ + 4\ OH^- + 16\,(O) \rightarrow K_2SO_4 + 4\ KHSO_4$ (2)

Gesamtreaktion: $5\ S + 6\ KNO_3 + 2\ H_2O \rightarrow K_2SO_4 + 4\ KHSO_4 + 3\ N_2$ (1) + (2)

Die Tätigkeit der *Thiobacillus*-Arten ist stark vom pH-Wert abhängig. Die Intensität des Leachings ist weiterhin abhängig von der Toleranz der Bakterien gegen das Metall. Diese liegt für Uran nach Adaptation bei *Thiobacillus ferrooxydans* bei 1 g U/l, bei *T. thiooxydans* bei 12,5 g U/l (Ebner und Schwartz, 1973). Bei *T. ferrooxydans* wurde eine Toleranz gegen Kupfer von 20 g/l festgestellt (Roman und Benner, 1973). Nach anderen Ergebnissen (vgl. Duncan und Walden, 1972) werden von *T. ferrooxydans* bis zu 56 g/l Kupfer, 30 g/l Nickel und 120 g/l Zink vertragen.

Auch thermophile Organismen, die bei Temperaturen von 45 °C – 75 °C oxidieren, sollen zum Leachen von Kupfer und Molybdän besonders geeignet sein (Brierley, 1974). NO_3^- soll die Oxidationsaktivität der Bakterien z. B. von Eisen stark hemmen (Nestoresco, 1972). Ein Zusatz von CO_2 zur Luft erhöht die Oxidationsaktivität, z. B. beim Leaching von Zink (Torma et al., 1972).

Die Oxidation der Schwefelverbindungen geht etwa folgendermaßen vor sich:

$$S^{--} + 2\ O_2 \rightarrow SO_4^{--}$$
$$S^0 + H_2O + 1\tfrac{1}{2}\ O_2 \rightarrow SO_4^{--} + 2\ H^+ - \Delta F = 593{,}5\ kJ$$
$$S_2O_3^{--} + H_2O + 2\ O_2 \rightarrow 2\ SO_4^{--} + 2\ H^+$$

Für Schwefel läßt sich folgender Zyklus formulieren (Abb. 190):
Thiobacillus thiocyanooxydans verwendet Thiocyanat zur Oxidation etwa nach folgender Gleichung:

$$NH_4CNS + 2\ O_2 + 2\ H_2O \rightarrow \text{„}(NH_4)_2SO_4\text{“} + CO_2 - \Delta F = 954{,}2\ kJ$$

Das dem *Thiobacillus thiooxydans* sehr ähnliche *T. ferrooxydans* oxidiert Ferro zu Ferri:

$$4\ Fe^{++} + 4\ H^+ + O_2 \rightarrow 4\ Fe^{+++} + 2\ H_2O$$

Über die Biochemie der Leaching-Verfahren sind zwar viele Summenformeln aufgestellt worden, diese resultieren aber häufig nur aus Annahmen und Vermutungen.

Die Tabelle 79 zeigt einige Oxidationsgleichungen für Sulfiderze.

Angenommene Oxidationsgleichungen für viele andere Erze vgl. Zajic (1969). Diese Reaktionen zeigen einige Beispiele für ein Leaching verschiedener Mineralien mit z. T. unterschiedlichen Elementen. Viele andere Mineralerze können zu Sulfat und z. T. auch nur zu Sulfit oxidiert werden.

Kupfer- und Zinkerze werden in der Praxis bereits vielfach mit mikrobiellem Leaching bearbeitet. Zinksulfid wird dabei vom Eisen-(III)-sulfat oxidiert. Die Abb. 191 zeigt diesen Weg (Zajic, 1969).

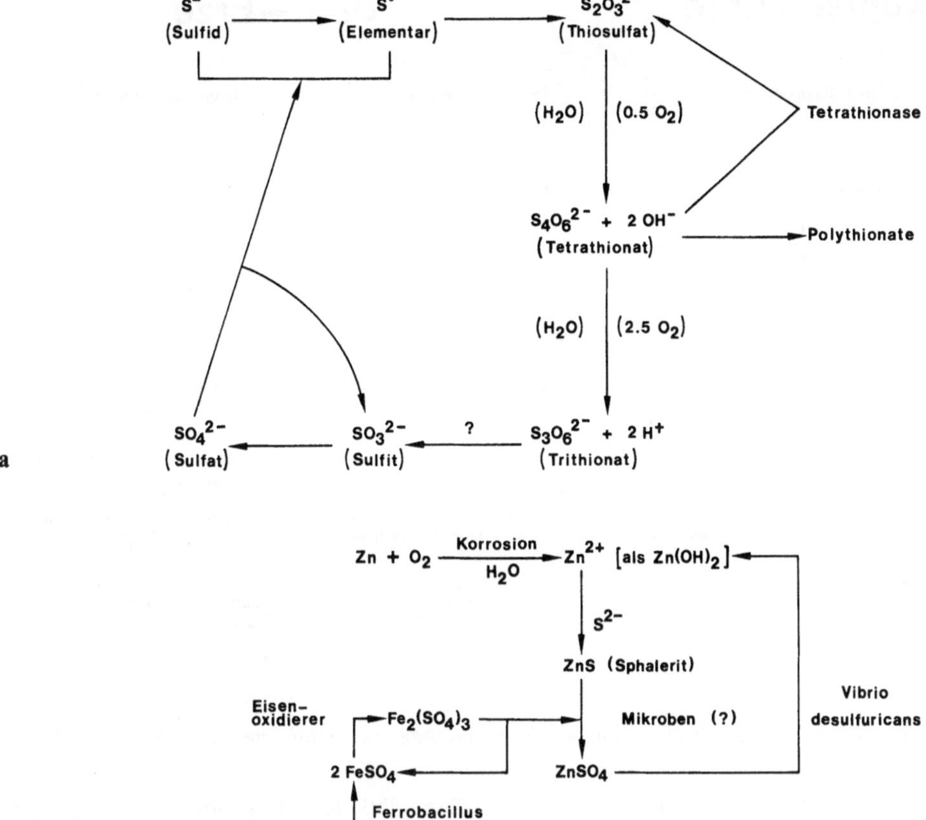

Abb. 190. a Biogeochemischer Schwefelzyklus. **b** Eisenoxidation und Zinksulfatbildung

Tabelle 79. Beispiele für Oxidationen verschiedener Mineralien durch *Thiobacillus*

Mineral	Art der Oxidation
Pyrit	$FeS_2 + H_2O + 3\tfrac{1}{2}\,O_2 \rightarrow FeSO_4 + H_2SO_4$
Chalcocit	$4\,Cu_2S + O_2 \rightarrow 4\,CuS + 2\,Cu_2O$ $Cu_2S + 2\,O_2 \rightarrow CuSO_4 + Cu$ $4\,CuS + 9\,O_2 \rightarrow 4\,CuSO_4 + 2\,Cu_2O$ $4\,Cu_2S + 9\,O_2 \rightarrow 4\,CuSO_4 + 2\,Cu_2O$
Bornit	$2\,Cu_5FeS_4 + 18\,O_2 + 3\,H_2O \rightarrow 8\,CuSO_4 + CuO + 2\,Fe(OH)_3$
Tetrahedit	$(6\,Cu_2S \cdot Sb_2S_3) + 27\,O_2 \xrightarrow{O_2} 12\,CuSO_4 + 2\,SbO_3$
Spalerit	$ZnS + 4\,H_2P \rightarrow Zn^{2+} + SO_4^{2-} + 8\,H^+ + 2\,e^-$
Millerit	$NiS + 4\,H_2O \xrightarrow{O_2} Ni^{2+} + SO_4^{2-} + SH^+ + 2\,e^-$
Molybdänit	$MoS_2 + 9\,O_2 + 6\,H_2O \rightarrow 2\,H_2MoO_4 + 4\,H_2SO_4$

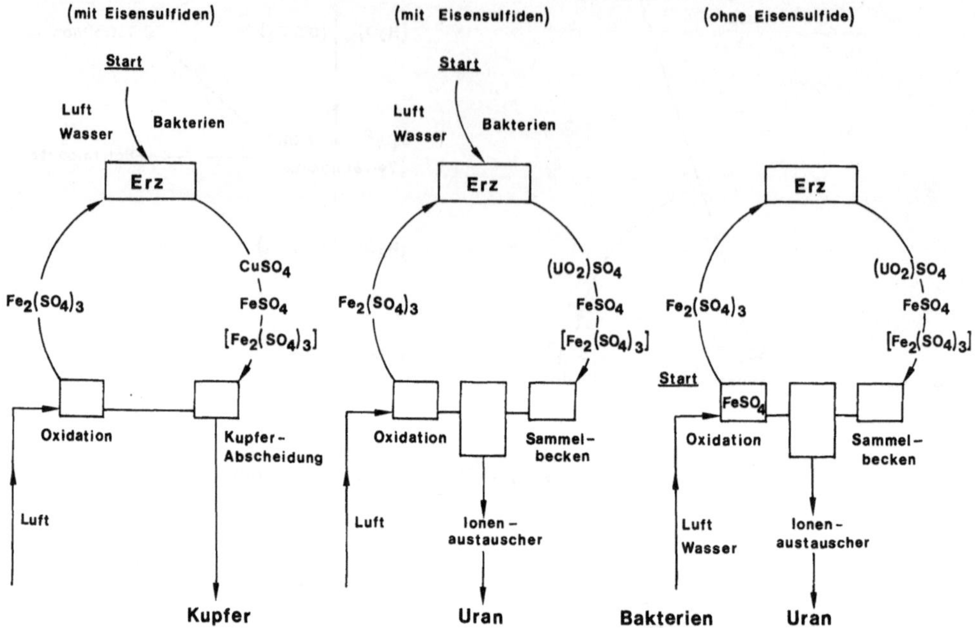

Abb. 191. Schema für das Leaching von Kupfersulfiden und Uranerzen (nach Schwartz, 1973)

Ein nicht geringer Teil von Manganerzen läßt sich mikrobiell leachen, z. B. Manganosit, Manganit, Jakobsit u. v. a. Mangansilikatverbindungen sind allerdings mikrobiell kaum zu oxidieren. Die Reaktionen gehen z. B. in folgender Weise vor sich:

$$6\ FeSO_4 + 3\ MnO_2 + 6\ H_2O \rightarrow Fe_2(SO_4)_3 + 3\ MnSO_4 + 4\ Fe(OH)_3$$
$$MnO_2 + 2\ S + 2\tfrac{1}{2}\ O_2 + H_2O \rightarrow MnSO_4 + H_2SO_4 - \Delta F\ 25\ ^\circ C = 991{,}9\ kJ$$

Es ist durchaus möglich, daß oxidiertes Mn^{4+} ähnlich dem oxidierten Eisen an einer Oxidation von Vanadium und Uran etwa nach dem folgenden Schema (Zajic, 1969) beteiligt ist (Abb. 192).
Kobaltsulfide werden u. a. etwa folgendermaßen oxidiert:

$$CoS_2 + 4\ O_2 \xrightarrow[H_2O]{} Co(SO_4) \cdot 7\ H_2O + H_2SO_4$$
$$\text{(Bieberit)}$$

Besonderes Interesse hat in letzter Zeit die Urangewinnung durch mikrobielles Leaching gewonnen (vgl. Zajic und Ng, 1970; Ebner und Schwartz, 1973, 1974), da dieses Metall häufig in sehr geringen Mengen in anderen Erzen vorkommt. Die Oxidation von Uran geht zumeist mit einer Reduktion z. B. von Fe^{+++} zu Fe^{++} vonstatten, etwa nach dem Schema:

$$UO_2 + 2\ Fe^{3+} \rightarrow UO_2^{2+} + 2\ Fe^{2+}$$

Die Reoxidation des Fe^{2+} ist wieder bakterieller Art. In einem kontinuierlichen System wurden bei ausreichender Belüftung und pH 2,7 aus Erzen, die 0,11% Uran,

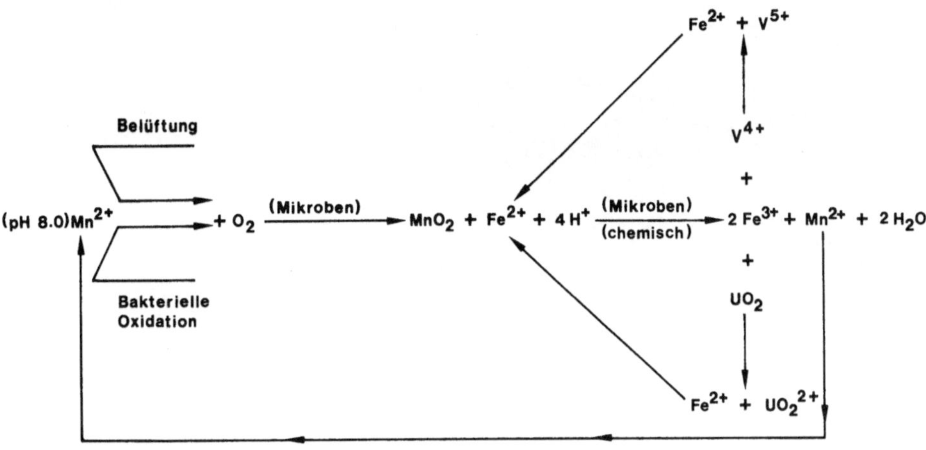

Abb. 192. Die mögliche Rolle von Mangan bei der Oxidation von Uran und Vanadium (nach Zajic, 1969)

3,23% Eisen und 2,94% Schwefel enthielten, nach neun Tagen 67% des Urans gewonnen (Guay et al., 1977).

Obwohl sich sehr viele Uransalze mikrobiell „leachen" lassen, z. B. Uranit, Gummit, Brannerit, Tobernit, Uramphtit u. v. a., sind auch hier wieder die Silikatmineralien (z. B. Coffinite) einem mikrobiellen Einfluß gegenüber sehr resistent. Uran wird mikrobiell häufig als Acetat abgelagert, bevorzugt in Verbindung mit UO_2, z. B. als $Mg(UO_2)_2(CH_3COO^-)_6 \cdot 7\,H_2O$.

Eine geringere Bedeutung hat das mikrobielle Leaching von Seleniten, Telluraten, Arsenaten und Vanadaten. Diese werden durch *Thiobacillus ferrooxydans* und durch *Ferrobacillus thiooxydans* oxidiert, wobei im wesentlichen Fe^{++} zu Fe^{+++} oxidiert wird, das dann die betreffenden Metallsalze weiter oxidiert, z. B.

$$2\,Fe^{3+} + V^{3+} \rightarrow V^{5+} + 2\,Fe^{2+}$$

Thermophile Bakterien wie *Sulfolobus acidocaldarius* und „*Ferrolobus*" oxidieren bei 60 °C und mehr. In 60 Tagen löste *Ferrolobus* 51% des Kupfers aus Chalcopyrit mit 29% Kupfer (Brierley, 1977). Gegenwärtig werden thermophile Arten in der Praxis noch selten angewandt (vgl. auch Brierley und Le Roux, 1977).

3. Leachingstechniken

a) Verfahren im Nebenbetrieb

Bei dieser Gruppe von Verfahren wird nach dem Perkolator-Prinzip gearbeitet. Dabei wird eine mikroorganismenhaltige Lösung mehrfach über das betreffende Erz geleitet. Die *Thiobacillus*-Arten können während des Durchlaufens der Flüssigkeit durch das Erz die Oxidationen vornehmen, vorausgesetzt, daß genügend O_2 vorhanden ist. Eine weitere Metallauslaugung aus dem Erz erfolgt durch die in der Leaching-Lösung sich bildende Schwefelsäure. Laboratoriums-Perkolator-Anlagen werden steril belüftet. Bei technischen Freiland-Leaching-Anlagen muß das Material so geschichtet sein, daß Luft-O_2 herangelangen kann.

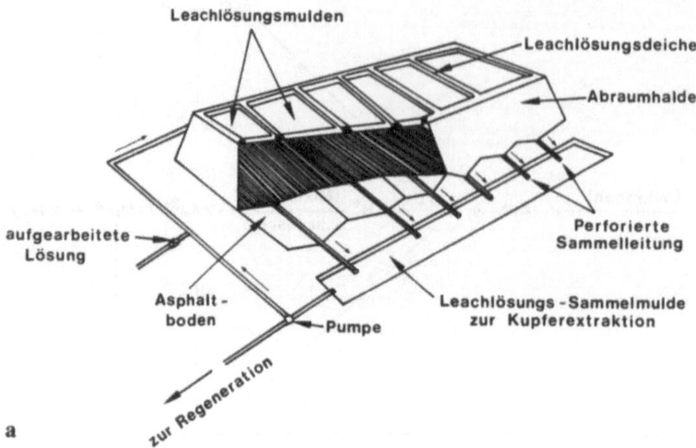

Abb. 193. a Haufen-Leaching; **b** Leaching am Abhang großer Halden; **c** Höhlen-Leaching; **d** Höhlen-Leaching in aufgelassenen Bergwerken. Weitere Erklärungen im Text

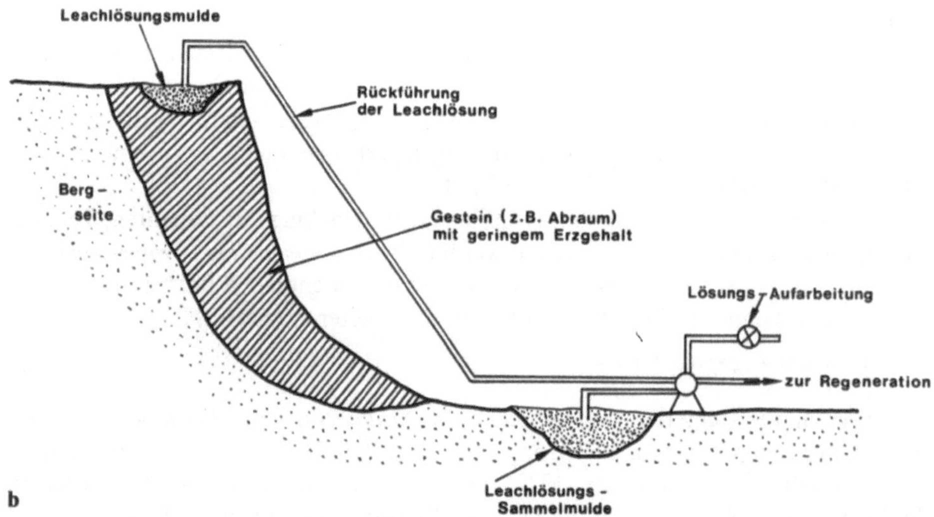

Leaching-Anlagen können unter Laboratoriumsbedingungen auch unter Druck geführt werden. Dazu wird das auszulaugende Material in ein Gefäß gebracht und die Leaching-Lösung unter Druck in das Metall-Erz eingepreßt.

Die Abb. 193 a – d zeigt Techniken, die in der Praxis Anwendung finden. Dabei werden immer Umpumpsysteme, jedoch keine künstlichen Belüftungen angewandt.

Haufenleaching erfolgt in einer planen Anlage und ist geeignet zur Auslaugung von Halden, deren normale metallurgische Aufbereitung nicht mehr lohnend ist (Abb. 193 a). In der Praxis wird ein solches Verfahren z. B. zur Auslaugung von Erzen mit einem Urangehalt von 0,05 % – 0,1 % verwendet (Mashbir, 1964). Die Haufen sind dabei teilweise künstlich aufgeschüttet und enthalten jeweils ca. 25 000 t Erz. Die durchschnittliche Fließrate der Lösung durch das Erz beträgt ca. 1,5 l/

Leachlösungsschächte
Regenerations-
schacht
Leachlösung
Regeneration
der Lösung
Leachlösung
Sandboden
Sandboden
Wasserundurchlässige Schicht
c

zur Regeneration
der Lösung
Aufarbeitungs-
tank
Leachlösung
Tunnel
Hohlraum
Hohlraum
Hohlraum
Hohlraum
Tunnel
d
Leachlösung

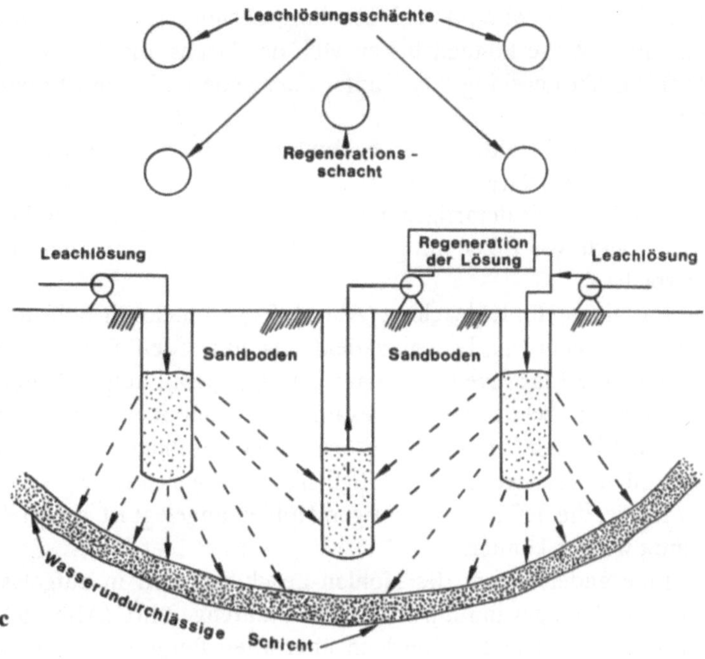

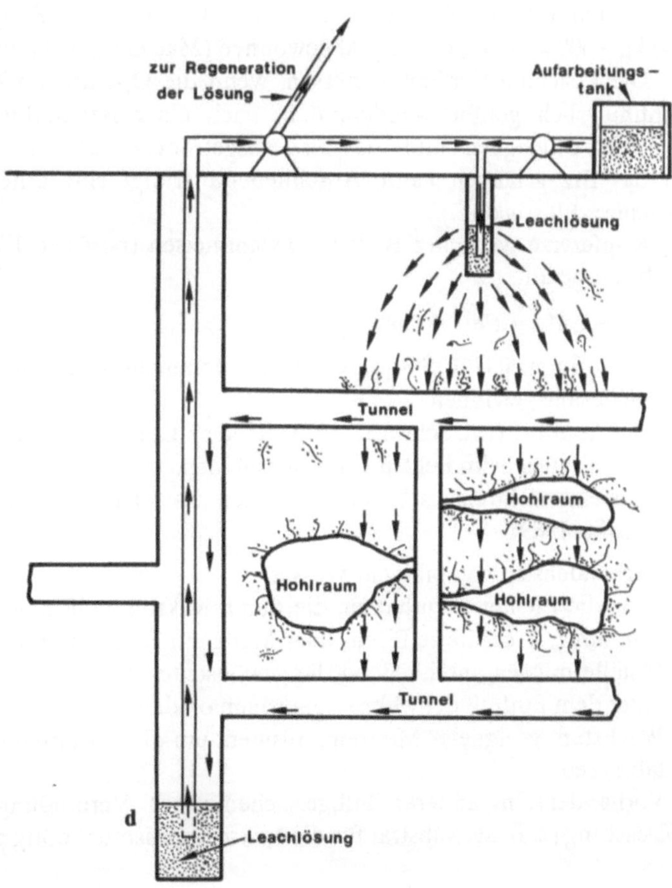

Abb. 193 c, d

h · 10,93 m². Annähernd 10^6 l Leaching-Lösung werden für einen Haufen benötigt. Auf diese Weise können bis zu 90% des Urans aus dem Erz gewonnen werden. Auch für ein Leaching von Kupfer oder anderen Erzen ist dieses Verfahren geeignet.

An großen Halden oder bergmännisch nicht abbauwürdigen Erzlagerstätten kann an der Bergseite nach dem bergseitigen Leaching gearbeitet werden (Abb. 193 b). Mit derartigen Verfahren werden gegenwärtig bereits viele alte Haldenbestände von Erzen mit geringem Cu-Gehalt mit großem Erfolg auf Kupfer aufgearbeitet.

Im reinen Höhlenleaching (Abb. 193 c) können mit Bohrungen, die man in erzhaltiges Gestein legt, Leachingeffekte erzielt werden. Die aus diesen Höhlen wieder abgepumpte Flüssigkeit wird dann auf das Metall aufgearbeitet. Dabei müssen die geologischen Schichten gut bekannt sein, damit sichergestellt ist, daß sich die Leachingflüssigkeit in den Bohrlöchern oder Höhlen wieder sammelt und nicht unkontrolliert versickert. Nach Möglichkeit sollte sich die Flüssigkeit in einer zentralen Höhle, die tiefer als die übrigen Höhlen angelegt ist, sammeln und daraus abgepumpt werden können.

Eine andere Form des Höhlen-Leachings wird in aufgelassenen Bergwerken, z. B. zur Urangewinnung in Kanada, durchgeführt (Abb. 193 d). Die Leaching-Flüssigkeit wird in ein Bohrloch über alten Bergwerkstollen so gepumpt, daß sie durch erzhaltiges Gesteinsmaterial sickern und sich in den Stollen sammeln kann. Mit einem solchen Verfahren werden z. B. aus einem Bergwerksbereich bis zu 500 kg – 600 kg U_3O_8 pro Monat gewonnen (Mac Gregor, 1966).

Die Leaching-Verfahren müssen, wenn die O_2-Zufuhr nicht gesichert ist, diskontinuierlich geführt werden, d. h. nach einer Behandlungszeit der Erze mit Leaching-Flüssigkeit muß das Erz ausgetrocknet werden, damit Luftsauerstoff an das Erz gelangen kann. Anschließend erfolgt eine erneute Behandlung mit Leaching-Flüssigkeit.

Kupfererze werden z. B. mit Schwammeisen (porösem Eisen) in der Sammelgrube ausgefällt.

$$Fe^0 + Cu^{++} \rightarrow Fe^{++} + Cu^0$$

Uran als Sulfat $[(UO_2)SO_4]$ läßt sich mit Ionenaustauschern aus der „geleachten" Anreicherung gewinnen.

Die Abb. 191 (vgl. Schwartz, 1973) zeigt ein Leaching von Kupfererzen und Uranerzen, z. T. auch beim Fehlen von Eisensulfiden.

Für ein erfolgreiches Leaching müssen die folgenden Bedingungen erfüllt sein (vgl. Zajic, 1969):

1. Vorhandensein von billigem Wasser.
2. Erze, die Elemente enthalten, die durch Mikroorganismen oxidiert werden können, um z. B. oxidierte Eisen- oder Manganmetalle zu bilden. Derartige oxidierte Metalle müssen anschließend die gewünschten Metalle oder Mineralsulfide z. T. unter dem Einfluß der Mikroorganismen oxidieren.
3. Wachstum geeigneter Mikroorganismen, um die gewünschten Reaktionen zu katalysieren.
4. Vorhandensein anderer billiger chemischer Verbindungen, die bei einem Leaching (z. B. als Substrat für die Mikroorganismen) nötig sind.

5. Billige Extraktionsmöglichkeit des erwünschten Elements aus der stark verdünnten wäßrigen Flüssigkeit.

Bei den Verfahren werden die ökologischen Bedingungen so gehalten, daß sich die *Thiobacillus*-Arten, die anfangs zugesetzt werden, im System gut vermehren können und sehr bald dominieren. Daneben können andere Bakterienarten, die sich im Leaching-System befinden, gelegentlich eine Erhöhung der Löslichkeit der Metalle bewirken. Bei Uranerzen im Laborversuch ist sogar eine 100fach vermehrte Löslichkeit des Urans festgestellt worden (Magne et al., 1973).

b) Verfahren im Hauptbetrieb

Bei diesen Verfahren wird ein kurzfristiges Leaching durchgeführt. Sie sollen einige Stunden, Tage oder nur wenige Wochen dauern. Verfahren im Hauptbetrieb werden in der Großtechnik noch nicht durchgeführt, sind aber im kleintechnischen Bereich in intensiver Bearbeitung (Abb. 194).

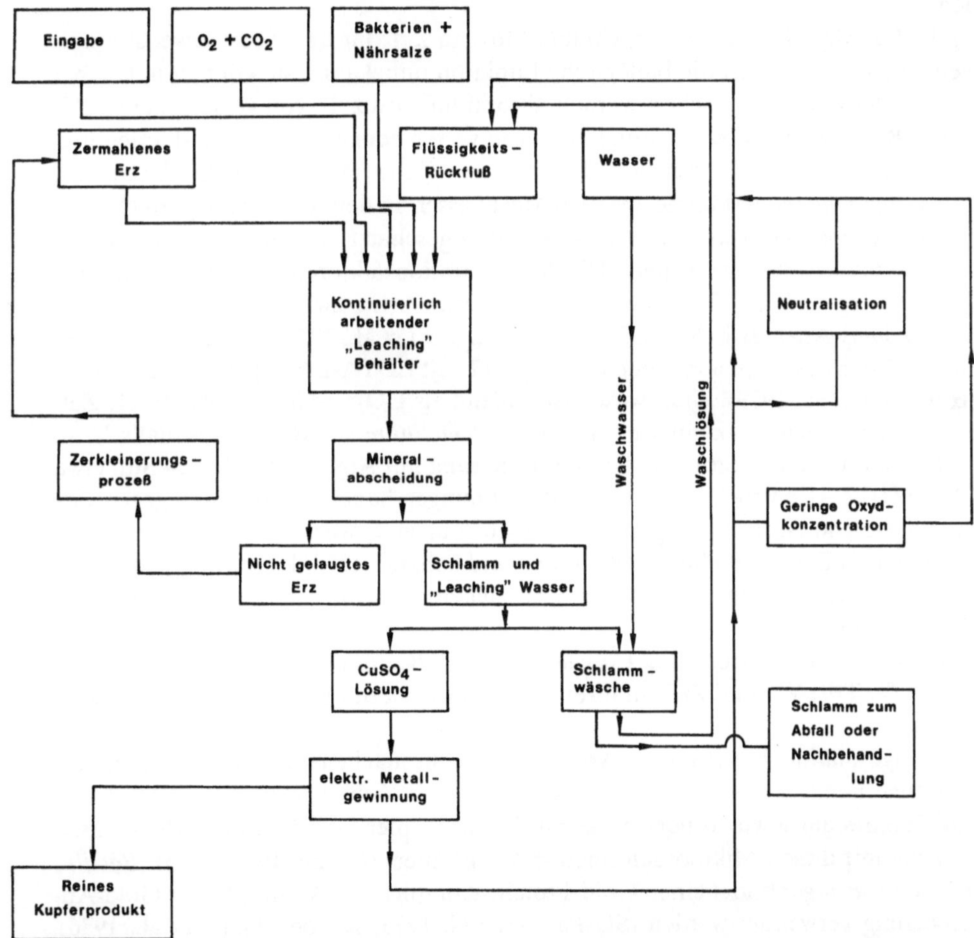

Abb. 194. Fließschema zur Verarbeitung von Kupfersulfidkonzentrationen im Suspensionsverfahren (nach Schwartz, 1973)

Es werden – zumeist sulfidische – Erze, auch mit höherem Elementgehalt in Suspension mit einer Teilchengröße von weniger als $\frac{1}{100}$ mm verwendet. In belüfteten Reaktionsgefäßen, die auch mit CO_2 begast werden können, werden besonders gezüchtete *Thiobacillus*-Stämme verwendet, die in hoher Konzentration das Leaching in kurzer Zeit durchführen. Diese Verfahren stehen hinsichtlich der praktischen Anwendung noch am Beginn der Entwicklung. Sie haben dann Aussicht auf praktische Anwendung, wenn es gelingt, sie kontinuierlich zu führen. Die Abb. 194 zeigt ein Fließschema zur Verarbeitung von Kupfersulfid-Konzentraten (Schwartz, 1973). Ein kinetisches Modell für eine kontinuierliche Kultur von *Thiobacillus ferrooxydans* auf einem Zinksulfid-Konzentrat vgl. Gormely et al. (1975).

II. Anreicherung von Elementen durch Mikroorganismen

Verschiedene Mikroorganismen sind in der Lage, bestimmte Substanzen selektiv zu speichern und können daher zur Anreicherung solcher Elemente verwendet werden.

K, Ca, Mg, Mn, Fe, Co, Zn, Cu und Mo sind z. T. für den Zellstoffwechsel notwendig, bei anderen ist die biologische Funktion unbekannt, sie können u. U. aber auch in der Zelle angereichert werden. Strontium wird z. B. von verschiedenen Pilzen, z. B. *Allomyces albuscula,* und auch von verschiedenen marinen Bakterien und Algen in den Zellen angereichert (Literatur vgl. Zajic und Chiu, 1972). Uran wird u. a. durch *Chlorella*-Stämme aus dem Meerwasser, in dem es zu ca. 1 g/3000 t vorhanden ist (insgesamt werden etwa 4000 Mill. t geschätzt), in einer Größenordnung von 10^4 bis $2 \cdot 10^4$ angereichert. Die Konzentrationsfaktoren für Uran liegen bei *Chlorella regularis* bei 3930, bei *Chlamydomonas*-Arten zwischen 2330 – 3400, bei *Scenedesmus*-Arten zwischen 803 – 1920 (Sakaguchi et al., 1978). Bei *Chlorella regularis* ließ sich das aufgenommene Uran zu 80% mit EDTA-Lösung wieder gewinnen (Horikoshi et al., 1979). Uran wird anscheinend als UO_2^{2+} oder UO_2OH^+ in die Zellen aufgenommen (Nakajima et al., 1979). *Penicillium* sp. können ebenfalls Uran und Strontium anreichern. Die Urananreicherung mit Algen beträgt in 24 Std. etwa 1,8 mg U/kg Algentrockenmasse. Die Berechnungen haben ergeben, daß gegenwärtig eine solche Anreicherung keine Aussicht auf eine wirtschaftliche Gewinnung von Uran als Energiequelle hat (Kolbusch und Schäfer, 1978, Literatur vgl. dort).

Die Tabelle 80 zeigt einige weitere Anreicherungen (hier Radionucleotide) nach Bennett (1963).

Alkanoxidierende Arten von *Corynebacterium, Bacillus* und *Micrococcus* sollen Zr^{4+}, Ti^{4+}, Ti^{3+}, V^{4+} und Zn^{2+} in ihren Zellen anreichern können (Engel und Owen, 1970).

Einige marine *Pseudomonas*-Arten können oberflächenaktive Polymere bilden. Derartige neutrale Polymere bilden Komplexe mit Kobalt, Nickel, Zink, Calcium und Magnesium sowie lösliche Salze mit Eisen, Kupfer und Blei. Eine Metallanreicherung mit diesen Mikroorganismen wird diskutiert (Corpe, 1974, 1975). *Bacillus mesentericus niger* bildet einen Gold-Protein-Komplex und kann evtl. zur Gold-Anreicherung verwendet werden (SU-Pat. 351.884, 1973; Korobushkina et al., 1976). Auch radioaktive Substanzen lassen sich mit Bakterien anreichern (Kokke et al., 1969).

Tabelle 80. Anreicherung von Radionucleotiden durch Mikroorganismen

		Konzentrationsfaktor im Vergleich zum Medium
Zink-65	*Rhodomonas*	0
	Navicula confervacea	23 000
	Nitzschia spp.	42 000
	Platymonas elliptica	67 800
Caesium-137	versch. Bakterien	15 – 26
	Chlamydomonas spp.	28
	Platymonas elliptica	50
	Nitzschia spp.	97
	Ochromonas sp.	980
Kupfer-64	*Sphaerotilus natans*	3 900

Durch mikrobielle Anreicherungen lassen sich evtl. auch störende Elemente aus dem Abwasser, z. B. Zink durch *Aspergillus niger* oder *Trichosporon capitatum* (Rachinsky et al., 1975), entfernen.

Anreicherungen aus wäßrigen Flüssigkeiten, z. B. aus dem Meerwasser, lassen sich technisch relativ einfach bewältigen. Die Mikroorganismen werden in Gefäßen gezüchtet, die fortwährend von der Flüssigkeit umspült werden, ohne daß die Zellen dabei ausgeschwemmt werden.

Mikrobielle Anreicherungen können aber auch im festen Substrat, z. B. im Boden, auf Müllhalden etc., sehr bedeutungsvoll sein. Man kann hiermit anorganische Salze, die wegen ihrer leichten Löslichkeit im Wasser schnell das Grundwasser gefährden würden, in organischen Verbindungen fixieren, z. B. $HgCl_2$ und andere Hg-Salze durch *Aeromonas* (Tomoyeda et al., 1973 a), *Pseudomonas ovalis* (Tomoyeda et al., 1973 b) oder *Clostridium cochlearium* (Yamada und Tonomura, 1972). Auch Selen, Tellursalze (Fleming und Alexander, 1972), Cadmium-Salze (Horitsu et al., 1974) u. v. a. Elemente könnten auf diese Weise gebunden werden. Das Problem, wie die Mikroorganismen, die derartige Metalle angereichert haben, aus dem Boden isoliert werden können, ist noch ungelöst, vgl. auch Hatch und Menawat (1979).

Andere Mikroorganismen können verschiedene Metalle im Boden in alkylierte oder anorganische Formen umwandeln und haben dadurch einen großen Einfluß auf den Abbau dieser Substanzen. Eine Übersicht vgl. Saxena und Howard (1977). Biomethylierungen spielen dabei eine große Rolle (vgl. Jernelöv und Martin, 1975).

III. Lagerstättenbildung durch Mikroorganismen (besonders sulfatreduzierende Mikroorganismen)

Mikroorganismen können direkt oder indirekt an der Entstehung sedimentärer Lagerstätten beteiligt sein, z. B. durch:

– Fällung von Kupfersulfiden mit H_2S aus der Desulfurikation (Kupferschiefer im Zechstein),

– Fällung von Eisen- und Manganoxyden durch Bakterien und Pilze (limnische Lagerstätten) und evtl. auch limnischer Siderit (Weißeisenerz),
– Fällung von Schwefel über Desulfurikation von Gips und Anhydrit (vgl. Gall und Postgate, 1973).

Derartige Verfahren können z. B. zur Gewinnung von Schwefel aus Sulfitmineralien (kristalliner Gips und Anhydrit können durch Desulfurisierer reduziert werden) herangezogen werden. Aus H_2S kann elementarer Schwefel leicht gewonnen werden (vgl. Senez, 1969; Zajic, 1969).

Auch eine Beteiligung von Mikroorganismen an der Bildung der Manganknollen auf dem Meeresgrund scheint gesichert zu sein (Ehrlich et al., 1972, 1973).

Es ist jedoch noch umstritten, ob es gelingt, mit Hilfe von Mikroorganismen Lagerstätten von Metallen, z. B. Uranerzlager (Updegraff und Douros, 1972), Ölvorkommen (Hood et al., 1975), aufzufinden.

IV. Mikrobielle Erschließung von Öllagerstätten

Chemische Tenside werden zur Ausbeutung von Erdöllagerstätten eingesetzt. Verschiedene Mikroorganismen, z. B. *Corynebacterium hydrocarboclastus* (Zajic et al., 1977) und andere *Corynebacterium*-Arten (Margaritis et al., 1979), bilden oberflächenaktive Substanzen auf Kohlenwasserstoffen. *Candida petrophilum,* eine Kohlenwasserstoff-verwertende Hefe, bildet beim Wachstum auf n-Hexadecan einen „Emulgierungsfaktor" bei 30 °C nach 30 Std. (Iguchi et al., 1969). Wenn solche Mikroorganismenarten auf Erdölen unter geeigneten Bedingungen gezüchtet werden, so ist eine bessere Ausbeute bzw. ein Abbau bei Ölverseuchungen möglich (Mulkins-Philipps und Stewart, 1974).

Nocardia rhodochrous bildet bei Züchtungen auf n-Alkanen ($C_{10} - C_{18}$) einen α,α'-Trehalosefettsäureester. Wäßrige Trehaloselipiddispersionen von 50 mg/l bewirkten in Erdöllagerstätten im Valendis-Sandstein eine Mehrentölung von 30% (Rapp et al., 1977).

Thiobacillus concretivorus ist in der Lage, ca. 40% der Ölschiefer zu leachen, wobei besonders $CaMg(CO_3)_2$ aus dem Schiefer gelöst wird (Findley et al., 1974).

Literatur

Bennett, C. F.: Zit. bei Zajic, J. E.: Microbial biogeochemistry. p. 153. London, New York: Academic Press 1969
Bosecker, K., Kürsten, M.: Forschung aktuell. Biotechnologie. S. 242 – 249. Frankfurt: Umschau 1978
Brierley, C. L.: Eng. Min. J. N. Y. *175,* 69 – 70 (1974)
Brierley, C. L.: Dev. Ind. Microbiol. *18,* 273 – 284 (1977)
Brierley, J. A., LeRoux, N. W.: In: Conference Bacterial Leaching 1977. pp. 55 – 66. Weinheim, New York: Chemie 1977
Corpe, W. A.: Dev. Ind. Microbiol. *16,* 249 – 255 (1974)
Duncan, D. W., Walden, C. C.: Dev. Ind. Microbiol. *13,* 66 – 75 (1972)

Ebner, H. G., Schwartz, W.: Erzmetall *26*, 484–490 (1973)

Ebner, H. G., Schwartz, W.: Z. Allg. Mikrobiol. *14*, 93–102 (1974)

Ehrlich, H. L., Ghiorse, W. C., Johnson II, G. L.: Dev. Ind. Microbiol. *13*, 57–65 (1972)

Ehrlich, H. L., Yang, S. H., Mainwaring, J. D. Jr.: Z. Allg. Mikrobiol. Morphol. Physiol. Ökol. Mikroorg. *13*, 39–48 (1973)

Engel, W. B., Owen, R. M.: Dev. Ind. Microbiol. *11*, 196–209 (1970)

Findley, J., Appleman, M. D., Yen, T. F.: Appl. Microbiol. *28*, 460–464 (1974)

Fleming, R. W., Alexander, M.: Appl. Microbiol. *24*, 424–429 (1972)

Gall, J. le, Postgate, J. R.: Adv. Microbial Physiol. *10*, 81–133 (1973)

Gormely, L. S., Duncan, D. W., Branion, R. M. R., Pinder, K. L.: Biotechnol. Bioeng. *17*, 31–49 (1975)

Guay, R., Silver, M., Torma, A. E.: Biotechnol. Bioeng. *19*, 727–740 (1977)

Hatch, R. T., Menawat, A.: Biotechnol. Bioeng. Symp. *8*, 191–203 (1979)

Hood, M. A., Bishop, W. S., Jr., Bishop, F. W., Meyers, S. P., Whelan, T. III: Appl. Microbiol. *30*, 982–987 (1975)

Horikoshi, T., Nakajima, A., Sakaguchi, T.: Agric. Biol. Chem. *43*, 617–623 (1979)

Horitsu, H., Maeda, T., Tomoyeda, M.: J. Ferment. Technol. *52*, 14–19 (1974)

Iguchi, T., Takedo, I., Ohsawa, H.: Agric. Biol. Chem. *33*, 1657–1658 (1969)

Jernelöv, A., Martin, A.-L.: Annu. Rev. Microbiol. *29*, 61–77 (1975)

Kohler, A.: Umschau *73*, 26 (1973)

Kokke, R., van Zuilekom, J. T., Wikén, T. O.: Antonie van Leeuwenhoek *35*, 121–128 (1969)

Kolbusch, P., Schäfer, W.: Biokonversion. Bonn: BMFT 1978

Korobushkina, E. D., Mineev, G. G., Praded, G. P.: Mikrobiologiya *45*, 535–538 (1976)

MacGregor, R. A.: Can. Min. Metall Bull. *59*, 583–587 (1966)

Magne, R., Berthelin, J., Dommergues, Y.: C. R. Séances Acad. Sci. (Paris) Sér. D *276*, 2625–2628 (1973)

Margaritis, A., Zajic, J. E., Gerson, D. F.: Biotechnol. Bioeng. *21*, 1151–1162 (1979)

Mashbir, D. S.: Min. Congr. J. 50–54 (1964)

Mulkins-Philipps, G. J., Stewart, J. E.: Appl. Microbiol. *28*, 915–922 (1974)

Murr, L. E., Torma, A. E., Brierley, J. A. (eds.): Metallurgical Applications of Bacterial Leaching and Related Microbiological Phenomena. London, New York: Academic Press 1978

Nakajima, A., Horikoshi, T., Sakaguchi, T.: Agric. Biol. Chem. *43*, 625–629 (1979)

Nestoresco, E.: Rev. Écol. Biol. Sol *9*, 549–553 (1972)

Rachinsky, V. V., Davydova, E. G., Gradova, N. B., Tretyakova, V. P., Shkarin, B. I., Volkova, L. V.: Prikl. Biokhim. Mikrobiol. *11*, 880–884 (1975)

Rapp, P., Bock, H., Urban, E., Wagner, F., Gebetsberger, W., Schulz, W.: Dechema Monographien. Biotechnologie. Rehm, H. J. (Hrsg.), Vol. 81, S. 177–186. Weinheim, New York: Chemie 1977

Roman, R. J., Benner, B. R.: Min. Sci. Eng. *5*, 3–24 (1973)

Sakaguchi, T., Horikoshi, T., Nakajima, A.: J. Ferment. Technol. *56*, 561–565 (1978)

Saxena, J., Howard, P. H.: Adv. Appl. Microbiol. *21*, 185–226 (1977)

Schwartz, W.: Erzmetall *27*, 1202 (1973)

Schwartz, W. (ed.): Conference Bacterial Leaching 1977. GBF Braunschweig-Stöckheim. Weinheim, New York: Chemie 1977

Senez, J. C.: In: Fermentation advances. Perlman, D. (ed.), pp. 843–857. London, New York: Academic Press 1969

Tomoyeda, M., Horitsu, H., Kuchimaru, K.: J. Agric. Chem. Soc. Jpn. *47*, 45–49 (1973 a)

Tomoyeda, M., Horitsu, H., Azuma, T.: J. Agric. Chem. Soc. Jpn. *47*, 51–55 (1973 b)

Torma, A. E., Walden, C. C., Duncan, D. W., Branion, R. M. R.: Biotechnol. Bioeng., *14*, 777–786 (1972)

Updegraff, D. M., Douros, J. D.: Dev. Ind. Microbiol. *13*, 76–90 (1972)

Yamada, M., Tonomura, K.: J. Ferment. Technol. *50*, 893–900 (1972)

Zajic, J. E.: Microbial biogeochemistry. London, New York: Academic Press 1969

Zajic, J. E., Chiu, Y. S.: Dev. Ind. Microbiol. *13*, 91–100 (1972)

Zajic, J. E., Ng, K. S.: Dev. Ind. Microbiol. *11*, 413–419 (1970)

Zajic, J. E., Guignard, H., Gerson, D. F.: Biotechnol. Bioeng. *19*, 1285–1301 (1977)

Kapitel 39   Weitere Verfahren mit Mikroorganismen

I. Herstellung radioaktiv markierter Substanzen mit Hilfe von Mikroorganismen

1. Allgemeines

Die Verwendung radioaktiv markierter organischer Substanzen gehört seit langem zu den Methoden der Chemie, Biochemie, Biologie und Medizin. Ihre Herstellung erfordert im Vergleich zur Herstellung nicht markierter organisch-chemischer Verbindungen oft neue präparative Methoden. In vielen Fällen werden Mikroorganismen für die Bildung radioaktiver Verbindungen verwendet. Häufig lassen sich derartige Verbindungen nur mit Hilfe von Mikroorganismen herstellen, z. B. die meisten Antibiotica.

Über die allgemeinen Herstellungsmethoden radioaktiver Substanzen gibt es Übersichtsreferate, vgl. Perlman et al. (1964), Snell (1966).

2. Herstellungs-Methoden

In den meisten Fällen werden radioaktiv markierte organische Verbindungen folgendermaßen hergestellt:

1. Wachstum der Mikroorganismen in einem Substrat, das die markierten Vorstufen oder Ausgangsprodukte enthält, und zwar unter solchen Bedingungen, unter denen ausreichende Mengen der markierten Verbindungen von den Zellen assimiliert und in die gewünschten Stoffwechselprodukte eingebaut werden.
2. Wachstum der Mikroorganismenzellen in einem Medium, das keine markierten Verbindungen enthält, Abtrennung der Zellen von diesem Medium und Suspension der Zellen in einem neuen Substrat, in dem sich die markierten Vorstufen befinden. Die Zellen sollen dann aus dem zweiten Substrat eine möglichst hohe Ausbeute an den erwünschten markierten Stoffwechselprodukten bilden.

Die markierten Vorstufen werden bei der ersten Methode häufig erst während der Entwicklung der Mikroorganismen zugesetzt, meistens kurz vor dem Zeitpunkt, zu dem die Zellen mit der Biosynthese des gewünschten Stoffwechselproduktes beginnen.

Die zweite Methode hat den Vorteil, daß nicht mehr so viel der oft teuren markierten Vorstufen in Zellsubstanzen eingebaut werden und für die Bildung markierter Verbindungen verlorengehen. Weiterhin ist die Bildung der erwünschten Produkte oft spezifischer als bei der ersten Methode. Damit wird auch die Aufarbeitung erleichtert.

Eine ähnliche und aussichtsreiche Methode ist die Transformation von Vorstufen zur gewünschten Verbindung mit gereinigten Enzymen oder Enzymrohprodukten. Diese Methoden befinden sich in der Entwicklung und bieten vor allem für die Aufarbeitung der Endprodukte große Vorteile.

In der ersten Auflage (Rehm, 1967) wurde in den Tabellen 86 und 87 versucht, Literatur für die Herstellung wichtiger radioaktiver Verbindungen zu zitieren. Inzwischen sind jedoch sehr viele neue Herstellungsprozesse hinzugekommen, so daß Einzelzitate hier nicht mehr möglich sind. Die Prozesse ähneln sich zumeist und richten sich im wesentlichen nach den Mikroorganismen.

II. Analytik mit Mikroorganismen

Mit Hilfe von Mikroorganismen können viele chemische Verbindungen nachgewiesen und z. T. quantitativ bestimmt werden, z. B. viele Antibiotica, Vitamine, Aminosäuren u. a. In vielen Fällen wird die Auxotrophie bestimmter Arten, in anderen die Hemmwirkung von Substanzen ausgenutzt. Einzelheiten vgl. Kavanagh (1963, 1972, 1976); Hewitt (1977); Board und Lovelock (1974).

III. Mikroorganismen in Aerosolen (Aerobiologie)

Lufthygiene, Immunbiologie und verschiedene Zweige der Industrie beschäftigen sich mit Fragen des Transportes und der Verbreitung von Mikroorganismen in der Luft, in natürlichen und künstlichen Aerosolen. Diesen Forschungszweig bezeichnet man als Aerobiologie. Eine Übersicht vgl. Fothergill (1964), Spendlove (1974), Larson (1974).

1. Mikroorganismen in natürlichen Aerosolen

In der Luft existieren Kondensationskerne mit einer Größe von $0,5\,\mu - 5\,\mu$ im Durchmesser. Diese enthalten häufig einen oder mehrere Mikroorganismen.

Die Verbreitung von Mikroorganismen durch Adsorption an Trägerstoffe oder durch direktes Schweben in der Luft ist seit langem bei Menschenansammlungen, z. B. in Theatern, Schulen, Warenhäusern, Kliniken, Wohnungen, ein hygienisches Problem. Luftschichten sind in der Lage, Mikroorganismen oft über Strecken von mehr als 3000 km in Höhen von über 2000 m zu transportieren. In den obersten atmosphärischen Schichten nimmt die Keimzahl absolut und relativ ab (Bisa und Petras, 1963).

2. Mikroorganismen in künstlichen Aerosolen

Aufgrund der soeben beschriebenen Kenntnis wurde versucht, Mikroorganismen, besonders Bakterien und Viren, in künstlichen Aerosolen für längere Zeit in Luft schwebend zu erhalten (Harstad et al., 1970). Zur Aerosolherstellung verwendet man die Erfahrungen, die man z. B. bei der Pflanzenschutzmittelzerstäubung gemacht hat (vgl. Batchelor, 1960).

Die technische Durchführung eines wirksamen Mikroorganismentransportes mit Hilfe von Aerosolen erfordert eine genaue Kenntnis der natürlichen Luftbewegung und eine Berücksichtigung der großräumigen und örtlichen Wetterverhältnisse. In vielen Fällen müssen die Mikroorganismen an Schutzkolloide adsorbiert werden, damit sie ein längeres Verweilen in der Luft überleben, denn gerade die zu Immunisierungszwecken umgezüchteten Stämme sind häufig nicht so vital wie die Ausgangsstämme. Die Absterberate der Mikroorganismen geht in Aerosolen unter gleichbleibenden Bedingungen etwa logarithmisch vor sich; Messung der Überlebensrate durch Markierung mit ^{35}S oder auch mit ^{32}P (vgl. Miller et al., 1961). Die Erzeugung von Aerosolen geschieht von Bodenstationen oder aus der Luft mit Hilfe von Zerstäubern, bei denen Trägersubstanzen und Mikroorganismen gleichzeitig in die Luft gesprüht werden.

Mit Aerosolen lassen sich ausgedehnte Flächen mit Mikroorganismen gleichmäßig besprühen (Tyler et al., 1959), z. B. Gewebekulturen (O'Connell et al., 1964), große Bodenflächen zur Infektion mit Knöllchenbakterien, u. a. Oberhalb 24 °C vermindert sich die Zahl der überlebenden Mikroorganismen schnell (Ehrlich, 1974). Mit einem Bakterienaerosol wurden mit 450 l einer Sporensuspension von *Bacillus subtilis v. niger* etwa 250 km² von den in der Wolke enthaltenen Bakterien berührt. Die Partikelgröße betrug 1 μ – 5 μ (Fothergill, 1964).

Aerosole lassen sich möglicherweise zur Massenimmunisierung großer Bevölkerungsgruppen durch Verbreitung avirulenter Krankheitserreger über große Gebiete einsetzen. Gegenwärtig werden viele Versuche über eine Immunisierung gegen Pest, Tularämie, Tetanus, Milzbrand, Brucellose, Tuberkulose und ganz besonders auch gegen Grippe unternommen (Yamashiroya et al., 1966; Waldman, 1970; Micik, 1974). In Hühnerfarmen werden Immunisierungen gegen atypische Geflügelpest, infektiöse Bronchitis und Geflügelpocken mit Aerosolen durchgeführt. Dabei können auch lyophilisierte Bakterien verwendet werden (Cox et al., 1970; Fontanges et al., 1970).

Aerosole mit Mikroorganismen lassen sich auch für militärische Zwecke mißbrauchen.

3. Schutz gegen Mikroorganismen in Aerosolen

Einen relativ sicheren Schutz gegen Mikroorganismen in Aerosolen bietet in geschlossenen Räumen eine Luftfiltration. Weiterhin lassen sich Mikroorganismen in Aerosolen durch Desinfektionsmittel (Abregnung mit chemischen Desinfektionsmitteln), Bestrahlung und Hitzeeinwirkung abtöten (vgl. Hedén, 1967; Chatigny, 1974).

Über die Methoden der mikrobiologischen Luftanalysen vgl. Windisch (1965).

IV. Mikrobiologisch-biochemische Energiezellen

Mikroorganismen sind in der Lage, das Redoxpotential des Nährsubstrates oder auch dessen Wasserstoffionenkonzentration stark zu verändern, so daß sie unter gewissen Bedingungen eine elektrische „Halbzelle" bilden können. Ein steriles Medium kann eine andere „Halbzelle" bilden, die bei geeigneter Verbindung mit der Bakterienhalbzelle zu einer elektrischen Energiezelle werden kann. Diese Beobachtung hat schon Potter (1911) gemacht und mit *Saccharomyces* ein Potential von 0,32 V und mit *Escherichia coli* eines von 0,35 V gemessen. Später wurden mit verschiedenen Bakterien, darunter *E. coli, Bacillus subtilis* und *Proteus vulgaris,* Potentiale zwischen 0,15 V und 0,90 V gemessen.

Die elektrische Energie stammt aus der Stoffwechseltätigkeit der Mikroorganismen. Organische Substanzen werden oxidiert, dabei „fließen" Elektronen letzten Endes zum Sauerstoff. Während der Entwicklung von Mikroorganismen in einem Substrat wird dieses oxidiert, und Elektronen werden dem Substrat entzogen; die Kulturflüssigkeit wird im Vergleich zu ihrem anfänglichen Status reduziert. Wird eine solche Kultur mit einer Elektrode höheren Potentials verbunden, so kann ein Elektronenfluß vom höheren zum niederen Potential stattfinden, bis sich ein Ausgleich eingestellt hat. Dabei kann die elektrische Energie eine Arbeit leisten (vgl. Lewis, 1966).

Elektrische Energie wird durch Verbindung zwischen einer mikrobiologischen Fermentation und einer elektrochemischen Reaktion erhalten. Als sehr einfache Form kann man ein Redox-Zellsystem, das Glucose als Substrat („Brennenergie") verwendet, als eine Halbzelle ansehen und Seewasser oder andere Salzlösungen als notwendige Elektrolyten. Die Oxidations-Reduktions-Reaktionen lassen sich dann folgendermaßen formulieren (Sisler, 1964, 1971; Zajic, 1969):

Anaerobe Fermentation (Sulfatreduktion):

$$2\,(CH_2O) + H_2SO_4 \rightarrow 2\,CO_2 + 2\,H_2O + H_2S$$

Anodische Reaktion:

$$H_2S \rightarrow 2\,H^+ + S^{--}$$
$$S^{--} \rightarrow S + 2\,e$$

Kathodische Reaktion:

$$\tfrac{1}{2}\,O_2 + H_2O \rightarrow 2\,OH^- - 2\,e$$

Reaktion an der semipermeablen Membran:

$$2\,H^+ + 2\,OH^- \rightarrow 2\,H_2O$$

Gasförmiger Wasserstoff kann also auch anstelle von Zucker oder anderen organischen Substanzen als „Brennenergie" verwendet werden. Die Abb. 195 zeigt eine hypothetische Zelle zur Gewinnung von Energie mit Äthan als „Brennenergie", das dehydrogeniert wird (vgl. Davis, 1963).

Die beiden „Halb-Zellen" können mit einer KCl-Agar-Brücke miteinander verbunden werden (vgl. Abb. 196 nach Sisler, 1964).

Derartige biochemische Energiezellen wurden bereits mit verschiedenen Mikroorganismen, z. B. mit *Escherichia coli* (vgl. Davis, 1963), mit Algen, faekalen

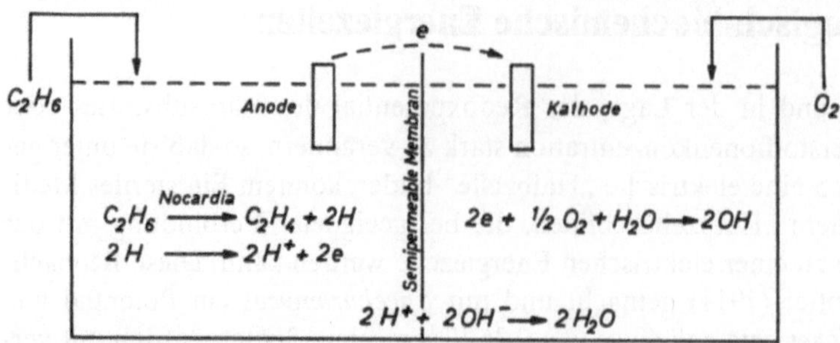

Abb. 195. Schema einer Zelle zur biologischen Energiegewinnung (nach Davis, J. B.: Adv. Appl. Microbiol. Bd. 5, 51, 1963)

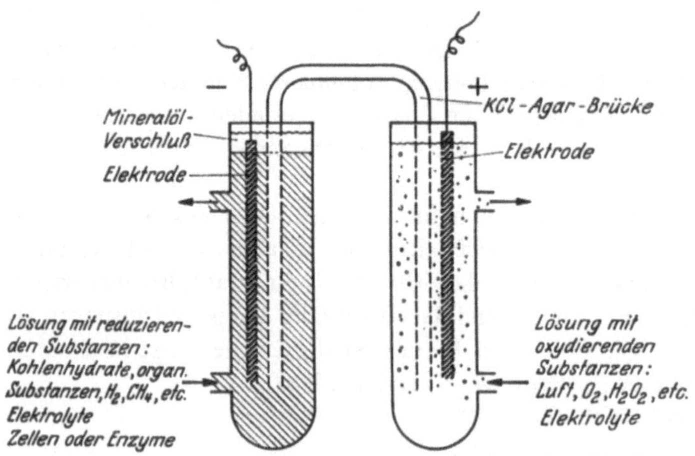

Abb. 196. Biochemisch-biologische Energiezelle (Sisler, F. D.: Global impacts of applied microbiology, S. 346. Stockholm: Almqvist & Wiksell, 1964)

Bakterien, Hefen (Reynolds und Konikoff, 1963; US-Pat. 3.284.239, 1966), besonders *Saccharomyces cerevisiae* (Videla und Arvia, 1975), sowie *Desulfovibrio desulfuricans* (Goldner et al., 1963) hergestellt (vgl. auch Sisler, 1971). Auch für die Oxidation von Kohlenwasserstoffen durch Bakterien ist ein Verfahren patentiert worden (GB-Pat. 981.803, 1965). Bei Algen-enthaltenden Systemen muß das als Kathode arbeitende Algensystem belichtet werden (US-Pat. 3.477.879, 1969).

Für enzymatisch biochemische Energiezellen ist ein Urease-System relativ billig entwickelt worden. Hierbei wird NH_3 mit Hilfe von Urease aus Harnstoff gebildet (vgl. Abb. 151 aus Rehm, 1967).

Mit einer Batterie von 64 Zellen konnte eine Leistung von 20 Watt bei 28 V erhalten werden. Bei einer Betriebszeit von zwei Wochen wurden etwa 17,055 g Harnstoff und etwa 13,608 g O_2 pro Stunde verbraucht. Weitere Angaben vgl. Del Duca et al. (1963), vgl. auch Yao et al. (1972). Eine Anwendung von biochemischen Energiezellen in Verbindung mit Abwasser wird diskutiert (Suzuki et al., 1979).

V. Wasserstoffbildung durch Mikroorganismen

Wasserstoff ist von großem technischen Interesse. Er entsteht bei einer Reihe von Mikroorganismen im Stoffwechsel. Wenn auch gegenwärtig eine technische Produktion von H_2 mit Mikroorganismen noch nicht absehbar ist, so sollen doch einige Versuche zur mikrobiellen Wasserstoffbildung geschildert werden.

Besonders saccharolytische *Clostridium*-Arten bilden streng anaerob Wasserstoff aus Kohlenhydraten u. ä. Substanzen (vgl. Kap. 20).

Rhodospirillum rubrum bildet streng anaerob Wasserstoff als ein Hauptprodukt während des photosynthetischen Wachstums auf organischen Substraten bei Glutamat oder anderen Aminosäuren als N-Quelle. Diese Fähigkeit einer „Photodissimilation" mit der Bildung von CO_2 und H_2 wurde von Gest (1963) beschrieben, sie wird durch NH_4^+ oder N_2 gehemmt (Einzelheiten vgl. Hillmer und Gest, 1977). Unter optimalen Bedingungen bildete *R. capsulata* 130 ml H_2/g Zell-TG/h.

Weitere H_2-Bildungen sind u. a. besonders bei *Methanobacterium omelianskii, Veillonella alcalescens, Selenomonas ruminantium, Ruminococcus albus, Trichomonas foetus* und *Rhizobium*-Arten in Knöllchen näher untersucht worden. Einzelheiten sowie eine Auflistung H_2-bildender Mikroorganismen vgl. Zajic et al. (1978). Auch anaerobe Pansenbakterien bilden viel H_2, der auch von zellfreien Extrakten dieser Organismen produziert werden kann (Joyner et al., 1977).

Die Tabelle 81 zeigt die Gasausbeuten verschiedener H_2-bildender Mikroorganismen beim Abbau von Glucose oder von Pyruvat.

H_2 ließe sich nicht nur als technische Energiequelle, sondern auch zur Methanbildung mit methanogenen Bakterien, die H_2 als Elektronendonator und CO_2 als Elektronenacceptor verwenden, heranziehen (vgl. Bryant et al., 1968):

$$4\,H_2 + CO_2 \rightarrow CH_4 + 2\,H_2O$$

Mit *Clostridium butyricum*-Zellen, die in Polyacrylamidgel immobilisiert worden waren, konnte aus Glucose unter anaeroben Bedingungen bei 37 °C kontinuierlich

Tabelle 81. H_2- und CO_2-Ausbeuten beim Glucoseabbau durch verschiedene H_2-bildende Mikroorganismen (Mol/Mol Substrat) (Literatur vgl. Zajic et al., 1978)

Mikroorganismen	H_2	CO_2	Verhältnis
Escherichia coli	1,0	1 – 0,72	1,0
E. coli versch.	–	–	–
E. coli Stämme	0,003	0,02	0,15
E. coli	0,15	0,05	3,0
Aerobacter sp.	0,36	1,72	0,2
Clostridium butyricum	2,33	1,96	1,18
C. acetobutylicum	1,4	2,2	0,64
Milchsäurebakterien	0,74	0,5	1,48
Serratia maxima	2,33	1,49	1,56
Bacillus macerans	1,35	2,15	0,63
B. polymyxa	0,75	2,03	0,37
Ruminococcus albus	2,6	2,0	1,3
R. albus + Vibrio succinogenes	4,0	2,0	2,0

H_2 produziert werden (Karube et al., 1976). Weitere zellfreie biologische Systeme zur H_2-Produktion wurden von Egan und Scott (1979) beschrieben.

Viele Grundlagen der Wasserstoffbildung sind einem Symposiumsbericht (vgl. Schlegel et al., 1976) zu entnehmen.

VI. Energiegewinnung mit Mikroorganismen

Wegen der Verknappung fossiler Energiequellen werden gegenwärtig viele Anstrengungen gemacht, auf biotechnologischem Wege aus nachwachsenden C-Quellen oder anderweitig Energie zu gewinnen. Diese Verfahren wurden bereits in verschiedenen Kapiteln beschrieben, so daß sie hier nur unter dem o. g. Gesichtspunkt zusammengestellt werden müssen. Viel Literatur vgl. Scott (1979).

Eine sehr wichtige Energiequelle ist Cellulose. Jährlich werden ca. $180 \cdot 10^9$ t Pflanzensubstanz gebildet, von denen 1% – 2% zur Nahrungs- und Futtermittelproduktion genutzt werden. Der Rest bleibt ungenutzt. Daneben ist Glucose eine wichtige C-Quelle, die möglicherweise auch aus Cellulose in großer Menge gewonnen werden könnte (vgl. Wilke, 1975; Sahm, 1978).

Die folgenden Energiequellen können u. a. auf mikrobiologischem Wege gewonnen werden:

– Methan (Biogas), vgl. Kap. 40
– Wasserstoff
– Äthanol, vgl. Kap. 19

In einem Symposium wurde kürzlich die mikrobielle Bildung von H_2 und CH_4 diskutiert (Schlegel et al., 1976).

Der Äthanol wird besonders in Brasilien bereits als Brennstoff für Kraftfahrzeuge verwendet. Dabei wird entweder dem Benzin bis zu 20% Äthanol zugesetzt, oder es wird in besonderen Motoren ausschließlich mit Äthanol gefahren. Weitere Äthanolverwertungen werden diskutiert. Ob andere mikrobiell gewonnene C-Quellen als Energiequellen geeignet sind, bleibt abzuwarten (vgl. auch Sanderson et al., 1979).

Weitere Energie könnte z. B. durch

– biotechnologische Energiezellen,
– Uran, das mikrobiologisch angereichert wird (vgl. Kap. 38),
– Verbrennung von mikrobieller Rohbiomasse (vgl. Kap. 12)

u. a. Verfahren gewonnen werden (Studie Biokonversion BMFT, 1978).

VII. Mikrobielle Stickstoffixierung

Der Eiweißstickstoff sämtlicher Lebewesen der Erde stammt zum größten Teil aus der biologischen Stickstoffixierung. N_2 wird biologisch nur durch verschiedene heterotrophe Bakterienarten – symbiotisch oder nicht-symbiotisch – und Cyanobakterien gebunden. Diese Organismen besitzen eine Nitrogenase, die bei den N_2-bindenden Mikroorganismen, abgesehen von geringen Abweichungen, nahezu identisch ist. Man rechnet pro Jahr mit ca. 200×10^6 t bakteriell gebundenem N_2 auf der Erde.

Die Nitrogenase besteht aus einem Molybdän-Fe-Protein und einem Fe-Protein. 4 Mol ATP sind zum Transfer eines Elektronenpaares nötig. Die relativ unspezifische Nitrogenase wird vom nif-Gen synthetisiert. Die Glutaminsynthetase aktiviert das nif-Gen, während NH_4^+ die Glutaminsynthetase reguliert, so daß das Ammoniumion hierdurch die Nitrogenasesynthese abschaltet, wenn es nicht mehr in die Aminosäuresynthese abfließen kann (Kurz et al., 1975). Zusammenfassung über die Nitrogenase vgl. Winter und Burris (1976), bes. aber Mortenson und Thorneley (1979), über die Regulation der N_2-Fixierung bei *Klebsiella* und *Rhizobium* vgl. Brill (1975).

In den vergangenen Jahren wurden durch Übertragung der nif-Gene von *Klebsiella* auf *Escherichia coli* leistungsfähige Methoden zur Gen-Übertragung entwickelt. Das besonders schwierige Problem liegt darin, die nif-Gene in fremder Umgebung zur Produktion aktiver Nitrogenase zu veranlassen. Aus diesem Grunde konzentriert sich das Interesse vor allem auf Symbiosen zwischen nif-tragenden Bakterien und Pflanzen, die den gebundenen Stickstoff sofort abführen. Die wirksamste natürliche Symbiose besteht zwischen N_2-fixierenden *Rhizobium*-Arten und Leguminosen. Das Ziel ist es, neue Symbiosesysteme zwischen N_2-fixierenden Bakterien und anderen landwirtschaftlichen Nutzpflanzen zu schaffen. Die Spezifität der *Rhizobium*-Arten scheint sich nach neuesten Untersuchungen nicht nur auf Leguminosen zu beschränken, denn es wurden kürzlich wirksame *Rhizobium*-Knöllchen bei einer Ulmenart beschrieben. *Spirillum lipofernium* bildet eine Symbiose mit tropischen Gräsern.

Es wird angestrebt, derartige Symbiosesysteme zwischen N_2-bindenden Bakterien und Kulturpflanzen zu entwickeln. Weiterhin wird versucht, bakterielle nif-Gene mit Hilfe genetischer Manipulationen in die entsprechenden Pflanzengenome einzubauen.

Es existiert viel zusammenfassende Literatur über die N_2-Fixierung, auf die hier verwiesen wird. Yates und Jones (1974); Brown et al. (1974); Burns und Hardy (1975) und besonders Newton et al. (1977); Heumann und Pühler (1978).

N_2-bindende *Arthrobacter*- und *Myxococcus*-Arten verwerten Hexadecan als Kohlenstoff- und Energiequelle bei der N_2-Fixierung (Rivière et al., 1974).

In einer ganzen Reihe von Arbeiten ist versucht worden, *Azotobacter*-Arten submers zur N-Bindung zu vermehren. *A. vinelandii* bindet auf Holzhydrolysaten 10 mg – 14 mg N/g (Kurdina et al., 1966). In Mischkultur mit Futterhefen sollen sich die Hefeausbeuten auf solchen Substraten um 15% – 20% erhöhen (Shamis und Denisenko, 1966). Ein Problem liegt besonders in der Verhinderung von Fremdinfektionen bei *Azotobacter*-Massenkulturen. Weiterhin arbeitet man mit nif-dereprimierten Mutanten zur wirtschaftlichen N_2-Fixierung. Echte Ausbeuten liegen bei *Azotobacter vinelandii* im Bereich von 10 mg – 50 mg fixiertem N_2/g Kohlenhydrat (Wallace und Stokes, 1979). Die Zellen dieses Bakteriums lassen sich durch Adsorption an Cellulose bei guter Nitrogenaseaktivität immobilisieren (Seyhan und Kirwan, 1979).

Cyanobakterien, z. B. *Anabaenopsis* lassen sich in Abwässern zur N_2-Fixierung züchten. Es wurden 12 g/m²/Tag im Sommer mit ca. 1,2 g Stickstoff/m²/Tag erhalten. Daraus wurden 5 t Stickstoff/ha/Jahr berechnet (Weissman et al., 1979).

VIII. Biotechnologische Probleme der Raumfahrt

Bei der Raumfahrt ergeben sich einige mikrobiologische Probleme, die in den Bereich der technischen Mikrobiologie bzw. der Biotechnologie gehören. Es sind dies besonders Regenerationssysteme für Atemluft sowie Systeme zur Regeneration von mikrobiologisch verwertbaren Abfällen.

Methoden zur Erkennung von Leben auf anderen Planeten werden hier nicht beschrieben (Literatur vgl. Levin, 1968; Stotzky, 1968; Starkey, 1968; Hubbard et al., 1970). Auch Fragen des Überlebens von Mikroorganismen in Raumfahrzeugen sowie Fragen der Sterilisation von Raumfahrzeugen, der Quarantäne der Raumfahrer u. ä. Probleme werden hier nicht dargestellt.

Ein geschlossenes System zur Regeneration von Atemluft und Abfällen zeigt die Abb. 197.

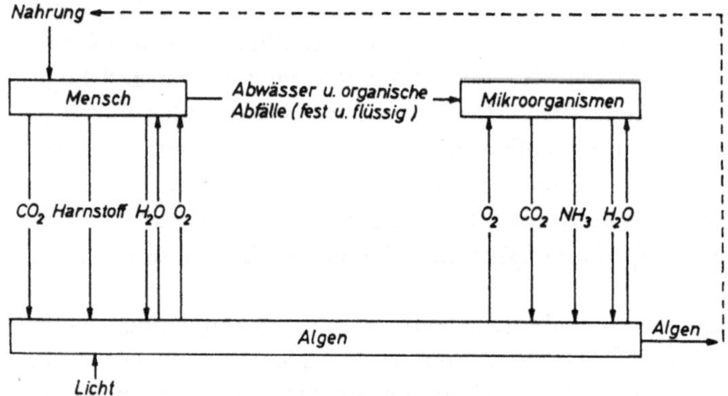

Abb. 197. Schema eines geschlossenen Systems mit Algen

Algen bieten sich durch Verwertung von CO_2 aus der Atemluft und Bildung von O_2 mit Zellsubstanz für Regenerationssysteme an. Bei solchen Systemen werden besonders *Chlorella*-Arten in Flüssigkeitskultur kultiviert, durch die die stark CO_2-haltige Atemluft hindurchgeleitet wird.

Zur Regenerierung der Atemluft in Raumfahrzeugen ist von Schlegel (1964) ein Verfahren mit H_2-verwertenden *Pseudomonas facilis*-Stämmen vorgeschlagen worden. In Raumfahrzeugen steht genügend Energie aus Sonnenbatterien zur Wasserelektrolyse zur Verfügung. Der dabei entstehende Sauerstoff könnte dann direkt zur Regeneration der Atemluft verwendet werden, während der Wasserstoff durch H_2-verwertende Bakterien (*Pseudomonas*-Arten oder *Clostridium aceticum*) unter Verwendung von CO_2 zu energiereichen Verbindungen aufgebaut werden könnte.

Pseudomonas facilis-Stämme (auch als Knallgasbakterien bezeichnet) wachsen in synthetischen Nährlösungen mit Ammoniumsalzen oder Nitraten als N-Quelle beim pH-Wert von 6,8 und einer Temperatur von 33 °C mit einer Generationszeit von 150 min – 240 min. Sie bilden mit CO_2 als einziger C-Quelle und molekularem Wasserstoff als H-Donator unter aeroben Bedingungen organische Substanzen, z. B. Poly-β-hydroxybuttersäure als Speicherprodukt (Schlegel et al., 1961) oder Protein.

Massenkulturen von *P. facilis* enthielten 57% des Trockengewichtes an Protein und 5% an Fetten (Chapman et al., 1963) (vgl. auch Kap. 12):

$$2\,H_2 \qquad + CO_2 \rightarrow \quad CH_2O \ + \ H_2O \tag{1}$$

$$4\,H_2 + 2\,O_2 \qquad \rightarrow \qquad\qquad 4\,H_2O \tag{2}$$

$$6\,H_2 + 2\,O_2 + CO_2 \rightarrow \quad CH_2O \ + 5\,H_2O \tag{(1)+(2)}$$

Diese Regeneration würde nach der in Abb. 198 gezeigten Weise vor sich gehen.

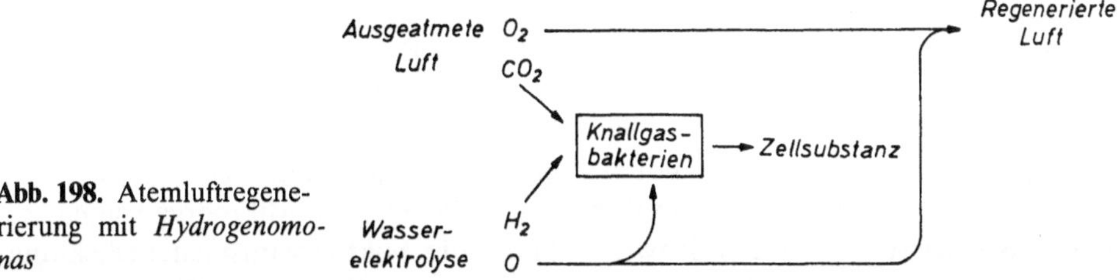

Abb. 198. Atemluftregenerierung mit *Hydrogenomonas*

Von Foster und Litchfield (1964) ist eine ähnliche Anlage zur Regeneration von Atemluft mit *P. facilis* beschrieben worden.

Die zur Regeneration der Atemluft von einer Person notwendige Anlage wäre mit 100 l Nährlösung mit je 1 g *P. facilis*-Zellen pro l nicht klein. Durch gerichtete Umzüchtungen wären hier aber sicherlich Möglichkeiten zur Verkleinerung gegeben.

Das Problem einer längeren Raumfahrt besteht darin, geschlossene ökologische Systeme zu schaffen, in deren Mittelpunkt der Mensch steht. Durch die Begrenzung der Vorräte, die ein Raumfahrzeug mitnehmen kann, wird ohne ein gut funktionierendes ökologisches System die Dauer eines Aufenthaltes für einen Menschen im Weltraum immer sehr begrenzt bleiben müssen. Es gibt viele Vorschläge zur Schaffung solcher Systeme, ein räumlich begrenztes funktionierendes System ist aber noch nicht vorhanden (z. B. Krall und Kok, 1960; Phillips, 1962; Gall und Riely, 1967).

Von Brewer (1963) ist ein mikroterristisches System berechnet worden. Experimentell gelang es, ein solches „Mikroterella"-System mit einer Maus sechs Wochen lang aufrecht zu erhalten (vgl. Rehm, 1967, Abb. 116).

Geschlossene Systeme eignen sich nicht nur für die Raumfahrt, sondern auch für Forschungsgruppen, die sich längere Zeit unter Wasser aufhalten wollen. Man glaubt auch, daß nur mit Hilfe solcher Systeme ein Überleben nach einem Atomkrieg größeren Ausmaßes möglich sein wird.

IX. Mikroorganismen bei der Lederherstellung

An einer Reihe von Verfahren zur Lederherstellung können Mikroorganismen beteiligt sein.

Die abgezogenen Häute und Felle sind sehr reich an Mikroorganismen, die das Gewebe schnell zerstören können. Um dies zu verhindern, werden die Häute gesalzen, getrocknet, gebeizt oder desinfiziert. Besonders während des Wässerns, bei dem die Schmutzbestandteile abgewaschen werden und die Häute quellen und weichen, können sich unerwünschte Bakterien entwickeln. Die mit der Haut in das Weichwasser eingeschleppten Bakterien müssen, ebenso wie die beim Weichvorgang gelösten Nährstoffe, entfernt werden. Man führt daher das erste Aufweichen in fließendem Wasser durch und erneuert später das Weichwasser häufig. Die Weichtemperatur muß niedrig gehalten werden, um eine Bakterienentwicklung zu verzögern.

Um die Haare auf biologischem Wege aufzulockern nutzt man in älteren Verfahren in sog. Schwitzkammern die proteolytischen Eigenschaften von Mikroorganismen (besonders von Kokken) aus. Durch eine Bakterienfäule wird eine Auflösung des Haftmaterials an den Haarwurzeln erreicht. Vor allem bei Schaffellen ist dieses Verfahren vielfach angewandt worden, es hatte allerdings den Nachteil, daß es sich schwer kontrollieren ließ, weil man mit undefinierten Mikroorganismen arbeitete. Bei der sog. „warmen Schwitze" findet die Mikroorganismenentwicklung bei 20 °C – 25 °C, bei der „kalten Schwitze" bei 8 °C – 10 °C statt. Die Bakterienflora, die sich beim Schwitzprozeß entwickelt, hat sich bereits beim Weichprozeß selektiert und wird mit den Fellen in die Schwitzkammern eingebracht. Bei zu langer Bakterieneinwirkung werden auch die Proteine des collagenen Fasergefüges angegriffen, so daß Schädigungen entstehen. Der Schwitzprozeß läßt sich durch alkalische oder saure Behandlung der Felle steuern. Neuerdings geht man dazu über, mit proteolytischen Enzymen (vgl. Kap. 24) eine Haarlockerung oder Haarentfernung vorzunehmen. Mit einer kristallinen Protease aus *Streptomyces griseus* gingen 14,9% des Collagens in Lösung. Bei 70 °C wurde der Prozeß der Collagenablösung im Vergleich zu 20 °C wesentlich beschleunigt (Tsyperovich und Mishunin, 1973).

Auch das sog. Beizen nimmt man häufig mit Enzymen vor. Durch die Beize werden die coagulierbaren und coagulierten Proteine der Haut, das gelöste Keratin und das Netzgewebe entfernt, nachdem Haare, Talgdrüsen usw. vorher entfernt worden waren. Häute von Schafen, Ziegen und Kälbern werden vielfach in einem Kleiebad gebeizt, in dem sich Bakterien entwickeln, welche die Kleie zu Milchsäure vergären, die ihrerseits leicht lösliche, gut auswaschbare Ca-Salze bildet. Auch Eiweißvergärungen laufen neben diesen Vorgängen ab.

Im Anschluß an diese Prozesse werden die so vorbereiteten Felle gegerbt. Einzelheiten über die mikrobiologischen Vorgänge bei der Lederherstellung sind nur wenig bekannt.

X. Mikroorganismen bei der Flachsröste

Ein wichtiger Vorgang bei der Faserherstellung aus Flachs und Hanf ist der sog. Röstprozeß. Hierbei werden die Faserbündel durch Pilze oder Bakterien von der Rinde oder vom Holz getrennt. Dies geschieht durch Lösung oder z. T. auch Zersetzung des Bindematerials zwischen den Faserbündeln.

Man unterscheidet Kalt- und Warmwasserröste, bei denen der Röstvorgang vorwiegend durch Bakterien vorgenommen wird, und Tau- und Luftröste, bei denen der Röstvorgang vorwiegend durch Pilze erfolgt.

Bei der Tau- oder Luftröste werden die Stengel bevorzugt im Herbst oder im Frühling auf Feldern ausgebreitet und drei bis sechs Wochen lang den Einwirkungen von Luft, Sonne, Regen und Tau ausgesetzt. Je nach Witterungsbedingungen verläuft der Röstprozeß. Es entwickeln sich neben Bakterien viele Pilze, besonders *Cladosporium herbarum*, *Rhizopus nigricans* und *Mucor plumbeus* (vgl. Lüdtke, 1953), die enzymatisch die Stoffe spalten, welche die Faserbündel mit dem übrigen Gewebe verbinden. Nach Ende der Röste können die Faserstränge mechanisch isoliert werden.

Die Kalt- und Warmwasserröste unterscheiden sich im Prinzip dadurch, daß bei der Kaltwasserröste bei Temperaturen von 15 °C – 22 °C (den Temperaturen des Fluß- oder Seewassers), bei der Warmwasserröste bei Temperaturen von 28 °C – 35 °C abgeröstet wird. Die Kaltwasserröste ist das ältere Verfahren, das weitgehend von der Warmwasserröste abgelöst worden ist. Bei beiden Röstverfahren sind anaerobe Bakterien die wichtigsten Mikroorganismen.

Zur Durchführung der anaeroben Röste wird das Material zunächst stehend in oben offenen Behältern geschichtet. Die Behälter können durch wasserdicht schließende Tore mit Wasser (z. B. mit Flußwasser) beschickt werden. In Deutschland wurden zeitweise offene Betonkanäle verwendet, in welche die in Transportkästen gepackten Flachsbündel versenkt wurden. Die Kästen blieben entweder am Versenkungsort stehen oder wurden langsam durch den Betonkanal geschleust, den sie am Ende röstreif verließen. Die Behälter sind mit Wasserzu- und -ableitungen, Dampfschlangen und u. U. auch mit Belüftungseinrichtungen versehen.

Der Röstprozeß dauert drei bis fünf Tage. Hierbei laufen die folgenden Vorgänge ab:

a) Zunächst tritt eine Quellung des Stengelgewebes durch Wasseraufnahme ein. Durch das Wasser werden viele Substanzen extrahiert (etwa 12% des gesamten Gewebes). Diese in Lösung gegangenen Substanzen (insbesondere Zucker, Glykoside, Gerbstoffe, lösliche Stickstoffverbindungen und Farbstoffe) färben die Lösung braun und ermöglichen den Mikroorganismen das Wachstum.

b) Dann entwickeln sich in der Hauptsache Bakterien, die auf den Stengeln vorhanden waren. Es sind zunächst vorwiegend aerobe Arten, die den vorhandenen Sauerstoff verbrauchen. Organische Säuren und CO_2 werden gebildet. Auf der Oberfläche können Hefen und Pilze eine Kahmhaut erzeugen.

c) Im Hauptstadium des Röstprozesses entwickeln sich schnell viele anaerobe Arten, die nun enzymatisch das Pektin der Mittellamellen der Zellen des parenchymatösen Rindengewebes lösen und dadurch die Faserbündel von Rinde und Holz abtrennen. Wichtige Arten hierfür sind *Plectridium pectinovorum*, *Clostridium felsineum* und *C. pasteurianum* (Ruschmann, 1924). Bei der Analyse von Röstvorgängen beim Flachs in Brasilien wurde festgestellt, daß *Achromobacter parvulus*, *Clostridium beijerinckii*, *C. saprogenes*, *C. saccharoacetoperbutylicum*, *C. perenne* und *Pseudomonas aeruginosa* unter vielen isolierten Bakterienarten eine besondere Bedeutung haben (Rosemberg, 1965). Auch Reinkulturen von „*Pectinobacter amylophylum*" (Makrinov, 1928) sind geeignet.

Eine Milchsäuregärung ist unerwünscht, da sie die Entwicklung der Buttersäurebakterien hemmt.

Es werden in diesem Stadium Essig- und Buttersäure, Äthanol, Butanol, Aceton
(durch die Clostridien), CO_2, H_2 und zuweilen auch Methan und H_2S gebildet. Cellulose wird in gut geführten Röstprozessen nicht vergoren. Das Pektin der Faserbündel wird, da es verholzt ist, nicht angegriffen.

d) Wenn die Bündel röstreif sind, wird das Röstwasser abgelassen und mit Frisch-
wasser gespült. Die abgelösten unerwünschten Substanzen werden dabei ausgewaschen und abgeschwemmt. Die Stengel werden dann abgequetscht, so daß
durch Entzug von viel Wasser der Röstvorgang vollständig unterbunden wird.
Anschließend werden die Stengel getrocknet und weiter verarbeitet.

Bei Verfahren mit künstlicher Beimpfung, z. B. mit *Clostridium felsineum,* werden die Massenkulturen durch anaerobe Anzucht der Bakterien in Kartoffelnährlö-
sungen hergestellt. Pro 10 kg Trockengewebe rechnet man mit 1 l Nährlösung (Literatur vgl. Greenhill und Couchman, 1947). Bei Beimpfung mit ausgewählten Stämmen von *C. felsineum* wurden nach 20 Std. ca. 80% Protopektin in wasserlösliches
Pektin umgewandelt. Mit einem besonders aktiven Stamm gelang es, den Röstprozeß von drei Tagen auf zwei Tage zu verkürzen (Avrova, 1975).

Bei aeroben Röstverfahren beimpft man mit Kulturen von *Bacillus comesii.* Bei
einem anderen Verfahren (CSSR-Pat. 100.699, 1961) wird durch Impfung mit *Fusarium* und *Rhizopus* (im Verhältnis 4 : 1) geröstet. Diese Pilze bilden eine gute Kombination von Cellulasen und Pektinasen, so daß eine ausgezeichnete Röste gewährleistet werden soll. Vor der Impfung muß ein Aufschluß der Stengelgewebe durch
heißes Wasser (10 min bei 60 °C) erfolgen, damit die Pilze besser in die Stengelgewebe eindringen können. Anschließend wird beimpft und bei 25 °C – 30 °C und
einer relativen Luftfeuchtigkeit von 90% – 95% etwa 30 Std. – 40 Std. geröstet. *Aspergillus niger* ist ebenfalls zum Rösten geeignet (de Franca et al., 1969).

Viele mikrobiologische Prozesse des Röstens sind noch nicht geklärt. Über biochemische Veränderungen, die beim Röstprozeß von Jute auftreten, vgl. Kundu
(1964).

XI. Weitere mikrobiologische Aktivitäten von industriellem Interesse

Mikroorganismen spielen eine oft große Rolle bei der Umweltverschmutzung. Sie
sind nicht nur in der Lage, einen großen Teil der durch die Zivilisation hervorgeru-
fenen Umweltbelastungen zu beseitigen (vgl. Kap. 40, 41, 42, 43) (vgl. Finstein,
1974), sondern können auch selbst zur Umweltverschmutzung beitragen. Einzelheiten vgl. Alexander (1974) sowie Dart und Stretton (1977).

Literatur

Alexander, M.: Adv. Appl. Microbiol. *18*, 1 – 73 (1974)

Avrova, N. P.: Prikl. Biokhim. Mikrobiol. *11*, 736 – 741 (1975)

Batchelor, H. W.: Adv. Appl. Microbiol. *2*, 31 (1960)

Bisa, K., Petras, E.: Beispiele Angew. Forsch. Fraunhofer Ges. Förd. Angew. Forsch. 147 – 151 (1963)

Board, R. G., Lovelock, D. W. (eds.): Some methods for microbiological assay. London, New York: Academic Press 1974

Brewer, J. W.: Dev. Ind. Microbiol. *4*, 120 (1963)

Brill, W. J.: Annu. Rev. Microbiol. *29*, 109 – 129 (1975)

Brown, C. M., MacDonald-Brown, D. S., Meers, J. L.: Adv. Microbial Physiol. *11*, 1 – 52 (1974)

Bryant, M. P., McBride, B. C., Wolin, R. S.: J. Bacteriol. *95*, 118 (1968)

Burns, R. C., Hardy, R. W. F.: In: Nitrogen fixation in bacteria and higher plants. Berlin, Heidelberg, New York: Springer 1975

Chapman, D. D., Meyer, R., Proctor, C. M.: Dev. Ind. Microbiol. *4*, 343 – 349 (1963)

Chatigny, M. A.: Dev. Ind. Microbiol. *15*, 48 – 55 (1974)

Cox, C. S., Derr, J. S., Flurie, E. G., Roderick, R. C.: Appl. Microbiol. *20*, 927 – 934 (1970)

Dart, R. K., Stretton, R. J.: Microbiological aspects of pollution control. Amsterdam, Oxford, New York: Elsevier Scientific Publishing Company 1977

Davis, J. B.: Adv. Appl. Microbiol. *5*, 51 – 64 (1963)

Del Duca, M. G., Fuscoe, J. M., Zurilla, R. W.: Dev. Ind. Microbiol. *4*, 81 – 91 (1963)

Egan, B. Z., Scott, C. D.: Biotechnol. Bioeng. Symp. *8*, 489 – 500 (1979)

Ehrlich, R.: Dev. Ind. Microbiol. *15*, 28 – 32 (1974)

Finstein, M. S.: Pollution microbiology. New York: Marcel Dekker Inc. 1972

Fontanges, R., Brunat, W. R., Jacob, F., Cornet, A.: Annu. Inst. Pasteur *119*, 151 – 171 (1970)

Foster, J. F., Litchfield, J. H.: Biotechnol. Bioeng. *6*, 441 – 456 (1964)

Fothergill, L. D.: Global impacts of applied microbiology. Stockholm: Almqvist & Wiksell 1964

França, de F. P., Rosemberg, J. A., de Jesus, A. M.: Appl. Microbiol. *17*, 7 – 9 (1969)

Gall, L. S., Riely, P. E.: Dev. Ind. Microbiol. *8*, 353 – 359 (1967)

Gest, H.: In: Bacterial photosynthesis. Gest, H., San Pietro, A., Vernon, L. P. (eds.), pp. 129 – 150. Yellow Springs: Antioch Press 1963

Goldner, B. H., Otto, L. A., Canfield, J. H.: Dev. Ind. Microbiol. *4*, 70 – 80 (1963)

Greenhill, W. L., Couchman, J. F.: Counc. Sci. Ind. Res. Bull. *211*, (1947)

Harstad, J. B., Filler, M. E., Hushen, W. T., Decker, H. M.: Appl. Microbiol. *20*, 94 – 97 (1970)

Hedén, C.-G.: Annu. Rev. Microbiol. *21*, 639 – 676 (1967)

Heumann, W., Pühler, A.: Forschung aktuell, Biotechnologie. S. 232 – 241. Frankfurt: Umschau 1978

Hewitt, W.: Microbiological assay. London, New York: Academic Press 1977

Hillmer, P., Gest, H.: J. Bacteriol. *129*, 724, 732 (1977)

Hubbard, J. S., Hobby, G. L., Horowitz N. H., Geiger, P. J., Morelli, F. A.: Appl. Microbiol. *19*, 32 – 38 (1970)

Joyner, A. E., Winter, W. T., Godbout, D. M.: Can. J. Microbiol. *23*, 346 – 353 (1977)

Karube, I., Matsunaga, T., Tsuru, S., Suzuki, S.: Biochim. Biophys. Acta *444*, 338 – 343 (1976)

Kavanagh, F.: Analytical Microbiology. London, New York: Academic Press 1963, 1972

Kavanagh, F.: In: Industrial microbiology. Miller, B. M., Litsky, W. (eds.), pp. 13 – 46. McGraw-Hill Book Co. New York 1976

Krall, A. R., Kok, B.: Dev. Ind. Microbiol. *1*, 33 – 44 (1960)

Kundu, A. K.: Sci. Cult (Calcutta) *30*, 594 – 596 (1964)

Kurdina, R. M., Shamis, D. L., Khmelevskaya, L. K.: Akad. Nauk Kaz. SSR *9*, 89 – 94 (1966)

Kurz, W. G. W., LaRue, T. A., Chatson, K. B.: Can. J. Microbiol. *21*, 984 – 988 (1975)

Larson, E. W.: Dev. Ind. Microbiol. *15*, 33 – 37 (1974)

Levin, G. V.: Adv. Appl. Microbiol. *10*, 55 – 71 (1968)

Lewis, K.: Bacteriol. Rev. *30*, 101 – 113 (1966)

Lüdtke, M.: In: Ullmanns Encyklopädie der technischen Chemie, Bd. 4, S. 180–200. Weinheim, New York: Chemie 1953
Makrinov, I. A.: Sez Bot. Leningrad *206*, 1928 (1928)
Micik, R. E.: Dev. Ind. Microbiol. *15*, 38–43 (1974)
Miller, W. S., Scherff, R. A., Piepoli, C. R. Idoine, L. S.: Appl. Microbiol. *9*, 248–251 (1961)
Mortenson, L. E., Thorneley, R. N. F.: Annu. Rev. Biochem. *48*, 387–418 (1979)
Newton, W., Postgate, J. R., Rodriguez-Barrueco, C. (eds.): Recent developments in nitrogen fixation. London, New York: Academic Press 1977
O'Connell, R. C., Wittler, R. G., Faber, J. E.: Appl. Microbiol. *12*, 337–342 (1964)
Perlman, D., Bayan, A. P., Giuffre, N. A.: Adv. Appl. Microbiol. *6*, 27–68 (1964)
Phillips, J. N. Jr.: Dev. Ind. Microbiol. *3*, 5–13 (1962)
Potter, M. C.: Proc. Univ. Durham Philos. Soc. *4*, 260–276 (1911)
Rehm, H. J.: Industrielle Mikrobiologie. Berlin, Heidelberg, New York: Springer 1967
Reynolds, L. W., Konikoff, J. J.: Dev. Ind. Microbiol. *4*, 59–69 (1963)
Rivière, J., Oudot, J., Jonquères, J., Gatellier, G.: Annu. Agron. *25*, 633–644 (1974)
Rosemberg, J. A.: Appl. Microbiol. *13*, 991–992 (1965)
Ruschmann, G.: J. Text. Inst. *15*, T61, T104 (1924)
Sahm, H.: Forschung aktuell, Biotechnologie. S. 195–212. Frankfurt: Umschau 1978
Sanderson, J. E., Wise, D. L., Augenstein, D. C.: Biotechnol. Bioeng. Symp. *8*, 131–151 (1979)
Schlegel, H. G.: Raumfahrtforschung *2*, 65–67 (1964)
Schlegel, H. G., Gottschalk, G., Bartha, R. v.: Nature (London) *191*, 463 (1961)
Schlegel, H. G., Gottschalk, G., Pfennig, N. (eds.): Symp. Microbial Prod. Util. Gas. (H_2, CH_4, CO). Göttingen: Erich Goltze KG 1976
Scott, Ch. D. (ed.): Biotechnology in Energy Production and Conservation. Biotechnol. Bioeng. Symp. *8*. New York, Chichester, Brisbane, Toronto: John Wiley & Sons 1979
Seyhan, E., Kirwan, D. J.: Biotechnol. Bioeng. *21*, 271–281 (1979)
Shamis, D. L., Denisenko, L. E.: Akad. Nauk Kaz. SSR *9*, 71–83 (1966)
Sisler, F. D.: In: Global impacts of applied microbiology. pp. 344–353. Stockholm: Almqvist & Wiksell 1964
Sisler, F. D.: Prog. Ind. Microbiol. *9*, 1–11 (1971)
Snell, J. F.: Biosynthesis of antibiotics. Vol. I. London, New York: Academic Press 1966
Spendlove, J. C.: Dev. Ind. Microbiol. *15*, 20–27 (1974)
Spicher, G.: In: Ullmanns Encyklopädie der technischen Chemie. Bd. 8, S. 702–730. Weinheim, New York: Chemie 1978
Starkey, R. L.: Adv. Appl. Microbiol. *10*, 1–3 (1968)
Stotzky, G.: Adv. Appl. Microbiol. *10*, 17–54 (1968)
Suzuki, S., Karube, I., Matsunaga, T.: Biotechnol. Bioeng. Symp. *8*, 501–511 (1979)
Tsyperovich, O. S., Mishumin, I. F.: Ukr. Biokhem. Zh. *45*, 151–155 (1973)
Tyler, M. E., Shipe, E. L., Painter, R. B.: Appl. Microbiol. *7*, 355–362 (1959)
Videla, H. A., Arvia, A. J.: Biotechnol. Bioeng. *17*, 1529–1543 (1975)
Waldman, R. H.: Umschau *70*, 87 (1970)
Wallace, C. J., Stokes, B. O.: Biotechnol. Bioeng. Symp. *8*, 153–174 (1979)
Weissman, J. C., Eisenberg, D. M., Beneman, J. R.: Biotechnol. Bioeng. Symp. *8*, 299–316 (1979)
Wilke, C. R. (ed.): Cellulose as a chemical and energy resource. New York, London, Sydney, Toronto: John Wiley & Sons 1975
Windisch, S.: Tagesztg. Brau. *18*, 96–104 (1965)
Winter, H. C., Burris, R. H.: Annu. Rev. Biochem. *45*, 409–426 (1976)
Yamashiroya, H. M., Ehrlich, R., Magis, J. M.: J. Bacteriol. *91*, 903–904 (1966)
Yao, S. J., Wolfson, S. K., Ahn, B. K., Liu, C. C.: Nature (London) (1972)
Yates, M. G., Jones, C. W.: Adv. Microbial Physiol. *11*, 97–135 (1974)
Zajic, J. E.: Microbial biogeochemistry. London, New York: Academic Press 1969
Zajic, J. E., Kosaric, N., Brosseau, J. D.: Adv. Biochem. Eng. *9*, 57–109 (1978)

Kapitel 40   Biologische Abwasserbeseitigung und Methanbildung

1. Allgemeines

Die Beseitigung und Reinigung der Abwässer wird vor allem in Ballungsgebieten von Menschen und Industrien zu einem immer größeren Problem. Abwässer werden z. T. mechanisch, z. T. chemisch und zu einem bedeutenden Teil auch biologisch gereinigt. Die Art der Reinigung richtet sich nach der Zusammensetzung der Abwässer, die weitgehend durch deren Herkunft bedingt ist.

Hauptziel der Abwasserreinigung ist eine Entfernung fester, kolloidaler und echt gelöster Substanzen aus dem Abwasser mit gleichzeitiger Entgiftung, Desodorierung und Beseitigung pathogener Keime, so daß das geklärte Abwasser weder Menschen, noch Flora und Fauna der Gewässer, in die es eingeleitet wird, beeinträchtigt.

Man rechnet je Einwohner mit etwa 200 l – 300 l Abwasseranfall pro Tag. Dieser kann aber bis auf 500 l, ja sogar bis auf 1000 l steigen, so daß im Laufe eines Tages sehr große Mengen an Abwässern in den Kläranlagen größerer Städte beseitigt werden müssen. Hinzu kommen die umfangreichen industriellen Abwässer.

Im folgenden sollen vor allem die biologischen Reinigungsverfahren interessieren. Andere Reinigungsstufen werden nur, soweit sie zum Verständnis notwendig sind, erwähnt. Sie sind in der ersten Auflage (Rehm, 1967) ausführlicher behandelt worden.

Über viele biologische Vorgänge bei der Abwasserreinigung hat man wegen der Komplexität der Systeme erst wenig sichere Kenntnisse. Zusammenfassende Literatur über Abwasserbiotechnologie vgl. Sierp (1966); Dietrich (1968); Meinck et al. (1968); Husmann (1969); Schönborn (1972); Imhoff und Imhoff (1976); Arima (1978) sowie Hartmann (1970 – ff.), über Verfahren zur Wasser-, Abwasser- und Schlammuntersuchung vgl. Anonym (1960 – 1975) sowie besonders Triebel (1973, 1975, 1978).

2. Allgemeine Technik der Abwasserreinigung

a) Herkunft und Zusammensetzung der Abwässer

Die aus Haushalten stammenden Abwässer enthalten neben den schon im Trinkwasser vorhandenen mineralischen Stoffen viele organische Substanzen, die von Exkrementen, Papier, Seife, Speiseresten, Lumpen u. a. herrühren. Weiterhin enthalten sie auch Sand und Lehm, die zumeist aus dem abgeleiteten Regenwasser, das in vielen Fällen mit den häuslichen Abwässern gemischt wird, stammen.

Viele Abwässer industrieller oder gewerblicher Betriebe entstammen den Kühlanlagen oder Reinigungs- und Spülvorgängen, so daß sie, abgesehen von der Flüs-

das Abwasser mit einer Geschwindigkeit von 0,6 m/sec – 1,0 m/sec entweder durch natürliches Gefälle oder durch Pumpsysteme zur Kläranlage.

Sämtliche in der Praxis durchgeführten Abwasserreinigungsverfahren lassen sich folgendermaßen unterteilen:

1. Vorklärung mit der Abscheidung größerer und kleinerer Feststoffe aus dem Abwasser.
2. Hauptklärung u. a. mit den jeweils gewählten biologischen Reinigungsverfahren oder auch einer Kombination von zwei Verfahren.
3. Nachklärung mit Ausfällung der durch die Hauptverfahren in fällbare Substanzen verwandelten kolloidalen und gelösten Stoffe des Abwassers.

Hinzu kommt 4. die Beseitigung des Schlammes, der bei einzelnen Phasen dieser Klärung angefallen ist.

Abtrennung grober Verunreinigungen (organische Feststoffe). Das Abwasser wird in der Kläranlage zunächst durch sog. Rechen hindurchgeleitet. Dabei werden grobe organische Feststoffe zurückgehalten. Die Rechen werden automatisch gereinigt (verschiedene Typen vgl. Rehm, 1967). Das aufgefangene Rechengut wird entweder durch Ausfaulen mit dem Abwasserschlamm (vgl. S. 664), durch Vergraben, Verbrennen oder durch Kompostieren beseitigt.

Eine andere Methode ist die Zerkleinerung des Rechengutes im Trommelrechen. Rotierende Messer zerkleinern das Rechengut unter Wasser so fein, daß es nicht entfernt werden muß und mit dem Abwasser zusammen geklärt werden kann.

Abscheidung von Fetten und Ölen. Dieser Vorgang wird nicht in allen Kläranlagen durchgeführt. In entsprechend konstruierten Kammern sammeln sich beim langsamen Durchfluß des Abwassers Öl und Fett an der Wasseroberfläche an und können durch geeignete, oft automatische Abschöpfanlagen entfernt werden.

Absetzen größerer Feststoffe. Das Abwasser führt, besonders in Mischsystemen, eine große Menge an Sand u. ä. Feststoffen mit sich. Die Stoffe mit einem größeren spezifischen Gewicht als 1 g/ml läßt man in speziellen Absetzanlagen absetzen. Sie sammeln sich am Boden als sandiger Schlamm und können so vom übrigen Abwasser abgetrennt werden.

Im Langsandfang wird die Fließgeschwindigkeit des Abwassers durch Staubleche und Kanalverbreiterung so stark herabgesetzt, daß sich der Sand absetzen kann. Im Tiefsandfang durchfließt das Abwasser ein Becken vertikal. Der Sand setzt sich dann in einem besonderen Sandfangraum am Boden ab.

Abtrennung kleinerer, ungelöster Feststoffe im Absetzbecken oder Vorklärbecken. Nach dem Sandfang durchfließt das Abwasser ein Absetzbecken. Hier wird die Strömung wiederum stark herabgesetzt, so daß sich kleinere, ungelöste Feststoffe in Form von Schlamm absetzen können.

Sämtliche Absetzbecken haben am Rande oder in der Beckenmitte eine Vertiefung, in der sich der Schlamm absetzt, so daß er zur Weiterverarbeitung abgesogen werden kann. Bei Rechteckbecken wird der Schlamm z. T. mechanisch in die Vertiefung befördert, bei Rundbecken wird der Schlamm entweder durch das Gefälle zum Schlammsumpf in die Mitte befördert oder mechanisch vom Boden abgeräumt. Auch der zweistöckige Emscherbrunnen, in dem der abgesetzte Schlamm direkt in den Becken ausgefault wird (vgl. Rehm, 1967, Abb. 134), ist im oberen Teil ein Absetzbecken, in dem allerdings noch zusätzlich eine Schlammfaulung im unteren Teil stattfindet.

Entfernung der kolloidalen und gelösten Substanzen. Zur Entfernung der jetzt noch im Abwasser zurückgebliebenen Substanzen werden biologische Reinigungs-Verfahren angewandt. In diesen nehmen die Mikroorganismen die kolloidal und echt gelösten Substanzen auf und bilden durch ihre Körpersubstanz eine große Oberfläche, an die andere kolloidale Stoffe adsorbieren. Ein Teil der Substanzen wird durch den Stoffwechsel der Mikroorganismen oxidativ zu CO_2, NH_3 und z. T. auch N_2 umgesetzt, der Rest – vorwiegend Mikroorganismenzellen – wird als Schlamm abgesetzt.

Der Schlamm muß besonders behandelt werden, denn einmal enthält er außerordentlich viel organische Substanzen und zum anderen befindet sich in ihm auch eine große Anzahl von pathogenen Organismen, z. B. Bakterien, Wurmeier u. v. m. Zur Schlammbeseitigung gibt es verschiedene Möglichkeiten.

1. Schlammfaulung. In großen, geschlossenen Behältern wird die organische Substanz durch Mikroorganismen zersetzt, das gebildete Gas, besonders Methan, wird wirtschaftlich genutzt.

2. Schlammtrockenbeete. Auf Schlammtrockenbeeten wird der desinfizierte oder zumeist ausgefaulte Schlamm an der freien Luft entwässert. Die Entwässerung erfolgt auf Sandflächen, die mit Drainage versehen sind.

3. Schlammfilter. Mit Hilfe von Vakuumfiltern entwässert man Schlamm, der wegen des Zusatzes von Chemikalien nicht mehr ausgefault werden kann.

4. Schlammtrocknung. Ein auf Schlammtrockenbeeten oder im Vakuum vorgetrockneter Schlamm kann im Warmluftstrom vollständig getrocknet werden. Der Schlamm wird dabei steril.

5. Schlammverbrennung. Der getrocknete Schlamm kann in geeigneten Anlagen verbrannt werden.

6. Kompostierung. Der Schlamm wird mit geeignetem Stadtmüll vermischt und in besonderen Verfahren (vgl. Kap. 42) zu Kompost verarbeitet.

Sämtliche dieser angeführten Methoden vernichten den größten Teil der Krankheitserreger, der Wurmeier oder sonstiger Parasiten.

Besondere Schwierigkeiten bereiten evtl. zurückbleibende Viren in Abwässern (vgl. Kollins, 1966; Farrar und Hedrick, 1973) und ihre Erkennung. Viele Spurenelemente bleiben im Schlamm zurück, z. B. Arsen, das sich dann, wenn die Biomasse zur Verfütterung an Tiere verwendet wird, anreichern kann (Johnson und Hindin, 1972).

Eine Reihe von Schwermetallionen ist bei der Abwasserbehandlung schädlich für den Verlauf der biologischen Systeme (Tabelle 82).

Der ausgefaulte Schlamm wird verbrannt, kompostiert, deponiert oder als Dünger verwendet (vgl. Zeltner, 1977). Den Verlauf einer Abwasserreinigung vgl. Abb. 199.

Abtötung letzter Krankheitskeime durch Chlorung. Sind die Abwässer besonders auf pathogene Keime verdächtig, so müssen die gereinigten Wässer gegebenenfalls vor dem Einleiten in die öffentlichen Gewässer noch durch Chlorung oder evtl. auch durch UV-Strahlen (Mouchet et al., 1975) desinfiziert werden.

Die biologischen oxidativen Verfahren (Rieselverfahren, Filter-, Tauch- und Tropfkörperverfahren, Belebtschlammverfahren), Mischverfahren, z. B. Algenzucht

Tabelle 82. Schwermetallkonzentrationen, die in biologischen Abwasser-Verfahren gerade noch toleriert werden (Chalmers, 1974)

Schwermetall-Ion	Gerade noch tolerierbare Konzentration (mg/l) bei:		
	Oxidation organ. Substanzen	Nitrifikation von NH_3	Schlammvergärung
Cadmium	1	5	1
Kupfer	25	1 – 2	0,7 – 1
Dichromat (als Cr)	1 – 5	1 – 10	10
Eisen	15		5
Blei	10		50 – 70
Nickel	2,5 – 10	1 – 2	40
Zinn (als Octanoat)			9
Zink	20 – 55	1	10

im Vorfluter, sowie die biologischen anoxidativen Verfahren, besonders Vergärung in Faultürmen, werden in den folgenden Abschnitten ausführlicher beschrieben.

3. Oxidative biologische Verfahren zur Abwasserreinigung

Der weitaus größte Teil des Abbaues der organischen Substanzen aus dem Abwasser geht auf oxidativem Wege vor sich. Für diese biochemischen Oxidationen durch Mikroorganismen muß genügend Sauerstoff zur Verfügung stehen. Daher spielen Belüftungseinrichtungen eine besondere Rolle. Die Sauerstoffmenge (in mg/l), die notwendig ist, um bei 20 °C die organischen Substanzen mit Hilfe der Stoffwechseltätigkeit der Mikroorganismen weitgehend zu oxidieren, bezeichnet man als den biochemischen Sauerstoffbedarf (BSB = BOD). Der Verschmutzungsgrad eines Abwassers wird zumeist durch die Bestimmung des BSB in fünf Tagen (BSB_5) bewertet. Wegen der schnelleren Analysenmöglichkeit wird in vielen Fällen auch der chemische Sauerstoffbedarf (COD = chemical oxygen demand) bestimmt. Er gibt die notwendige Menge an $K_2Cr_2O_7$- bzw. $KMnO_4$-Lösung zur Oxidation eines bestimmten Abwassers an und soll etwa dem 20tägigen BSB entsprechen (vgl. Sierp, 1966).

Die auf einen Einwohner der Bundesrepublik Deutschland anfallende Schmutzmenge pro Tag erfordert einen BSB, der zwischen 54 und 80 g/Einwohner/Tag liegt. Mit dieser Zahl läßt sich auch bewerten, wie hoch der BSB von Industrieabwässern im Vergleich zum Haushaltsabwasser ist. Diese Bewertung hat zur Einführung des „Einwohnergleichwertes" geführt. Dieser wird als sog. „Schmutzbeiwert" auch auf die eingesetzten Rohstoff- oder produzierten Warenmengen bezogen.

Wichtige oxidative biologische Verfahren zur Abwasserreinigung wurden bereits genannt. Zu ihnen gehören auch die verschiedenen Rieselverfahren, bei denen – je nach Bodenart – natürlich auch anoxidative mikrobielle Vorgänge ablaufen. Die Filter-, Tauch- und Tropfkörperverfahren sind stärker oxidativ, und die Belebtschlammverfahren mit Bakterien haben bereits einen sehr hohen Oxidationsgrad, besonders wenn sie mit reinem Sauerstoff geführt werden.

a) Rieselverfahren

Ein einfacher Weg, das vorgeklärte Abwasser zu beseitigen, ist die Ableitung auf ein Feld, das sog. Rieselfeld, auf dem Abwässer landwirtschaftlich genutzt werden können. Hierzu wird das Abwasser nach der Vorklärung in Rohrleitungen oder offenen Gräben auf die Bewässerungsflächen geleitet. Man unterscheidet u. a. zwischen: Untergrundberieselung, Hangberieselung, Stauberieselung und Verregnung.

Bei der **Untergrundberieselung,** die zur Abwasserbeseitigung auf Einzelanwesen gut geeignet ist, wird das Abwasser in Drainagerohren unter eine Landfläche geleitet und kann dort versickern.

Bei der **Hangberieselung** läßt man das Wasser meist über bepflanztes Land fließen. Ein Teil des Wassers verdunstet, ein anderer Teil wird vom Boden aufgenommen; dabei können sich Schwebstoffe z. T. absetzen. Das überschüssige Wasser wird in einem Sammelgraben unterhalb des Feldes wieder aufgefangen und abgeleitet. Die Reinigung des Abwassers durch dieses Verfahren ist nur bedingt und hängt von verschiedenen Faktoren, z. B. Aufnahmefähigkeit des Bodens, Temperatur, Regenfälle u. v. a. ab (vgl. Abb. 135, Rehm, 1967).

Bei der häufiger durchgeführten **Stauberieselung** staut man das Abwasser über dem Land auf und läßt es in den Boden einsickern. Durch Drainagerohre wird das überschüssige Wasser ggf. wieder gesammelt und abgeleitet. Die Stauberieselung kann über größeren, geschlossenen Landflächen oder aber in Furchen zwischen Nutzungsflächen durchgeführt werden (vgl. Abb. 135, Rehm, 1967).

Beim **Verregnungsverfahren** wird das Abwasser durch geeignete Sprühanlagen über Bodenflächen versprüht und dadurch sehr fein verteilt auf die Erde gegeben.

Bei sämtlichen Rieselverfahren werden die organischen Stoffe durch die im Abwasser vorhandenen Mikroorganismen und durch die Mikroorganismen des Erdbodens im Boden abgebaut. Diese Verfahren ergeben eine gute wirtschaftliche Nutzung des Abwassers. Großstädte wie Berlin, Leipzig und Paris, aber auch viele kleine Städte und Orte besitzen Rieselfelder. Der Bedarf an großen Flächen wirkt sich aber sehr nachteilig aus. Bei einem täglichen Abwasseranfall von nur 150 l/Einwohner und 250 mm Bewässerung jährlich, benötigt man für das Abwasser von nur 45 Personen schon einen Hektar. Weiterhin sind starke Geruchsbelästigungen und Gefahren durch ein Überleben von Krankheitskeimen wesentliche Nachteile der Rieselverfahren.

Intermittierende Filter stellen eine Weiterentwicklung der Rieselanlagen dar. Hier wird die unmittelbare landwirtschaftliche Ausnutzung der Abwässer gegenüber einer besseren hygienischen Behandlung zurückgestellt. Über einen zentralen Verteiler wird das Abwasser über einer Sandbodenfläche gestaut, in die das Wasser eindringt und dabei filtriert wird. In Drainagen unter der Sandfilterschicht wird wieder entwässert. Um aerobe Verhältnisse zu erhalten, muß intermittierend gefiltert werden, d. h. das Abwasser wird nur schubweise über die Filterfläche gelassen, so daß in der Zwischenzeit der Sauerstoff einwirken kann, der die Mikroorganismenentwicklung sehr begünstigt. Die intermittierenden Filter sind ein Übergang von den Berieselungsanlagen zu den Füll-, Tropf- und Tauchkörpern.

b) Verfahren mit grobkörnigen Filtern, Tropf- und Tauchkörpern

Die bei der Landberieselung durch die natürlichen Bodenverhältnisse durchgeführte „biologische Filterung" der Abwässer kann auch in besonderen Anlagen erhalten werden. Hierbei wird das vorgeklärte Abwasser über Schichten eines groben Gesteinmaterials [z. B. Lavaschlacke, Hochofenschlacke, Koks, besondere Kunststoffe (Biehlig, 1975)] geleitet. Auf dem festen, porösen Material siedeln sich schnell Mikroorganismen aus dem Abwasser als dicke Schleimschicht an und nehmen als „trägergebundene" lebende Mikroorganismen die Oxidation des organischen Materials vor. Dieser „Festbettreaktor" wird von unten belüftet. Durch Lufteintrittsöffnungen unten an den Tropfkörpern und durch die Oxidationswärme im Innern des Reaktors wird immer genügend Luft zur Oxidationstätigkeit der Mikroorganismen angesogen. 1 cm³ Materialbrocken von 4 cm – 8 cm Durchmesser weist eine Benetzungsfläche von fast 100 m² auf. Durch die oxidative Mikroorganismentätigkeit tritt dann eine Flockung und Fällung der Substrate im Abwasser ein. Die Durchgangszeit ist abhängig von der Belastung des Abwassers mit organischer Substanz, sie beträgt oft nicht mehr als 1 Std. – 2 Std.

Diskontinuierlich betriebene Füllkörper. Die Körper bestehen aus zwei, mit porösem Material gefüllten Behältern. Diese werden abwechselnd mit Abwasser gefüllt, so daß sich im ungefüllten Füllkörper bis zur nächsten Füllung ausreichend Luft an der Oberfläche des Füllmaterials ansammeln kann. Neben zweistufigen werden auch dreistufige Anlagen betrieben. Vielfach ist am Ende der Füllkörperreihe noch ein Becken angeschlossen, in dem die Ausflockung des biologischen Materials vor sich gehen kann (vgl. Abb. 200 a).

Tropfkörper. Beim Tropfkörper wird das Abwasser mit feststehenden oder beweglichen Düsen über ein großporiges Material versprüht. Es tropft durch das Brokkenmaterial langsam nach unten, während Luft ständig durch die Hohlräume des Füllmaterials streicht und die Mikroorganismen ausreichend mit Sauerstoff versorgt (vgl. Abb. 200 b, 200 c). Derartige Anlagen werden heute kontinuierlich betrieben.

Neuerdings werden Versuche mit hohen, belüfteten Turmtropfkörpern gemacht, eine praktische Anwendung steht noch aus (Ueda et al., 1978).

Belüftete Tauchkörper. Bei den belüfteten Tauchkörpern läßt man die Luft nicht durch das Material streichen, sondern bläst sie am Boden der Gefäße ein. Die einströmende Luft sorgt zugleich für eine dauernde Bewegung des Abwassers. Bei den belüfteten Tauchkörpern müssen Vor- und Nachklärbecken betrieben werden (Abb. 200 d).

Tauchtropfkörper. Der Tauchtropfkörper (Hartmann, 1960) ist eine Kombination von Tropf- und Tauchkörper. Er besteht aus kreisrunden Scheiben (z. B. mit einem Durchmesser von 2 m – 3 m) aus leichtem, porösem Kunststoffmaterial, die in Abständen von mindestens 15 mm nebeneinander auf einer Welle befestigt sind. Diese Scheiben mit ihrer großen Oberfläche tauchen etwa bis zur Hälfte in trogartige Becken ein, die vom Abwasser durchflossen werden. Sie werden in eine langsame Drehung versetzt (0,5 rpm – 0,8 rpm). Auf den Scheibenoberflächen bildet sich in kurzer Zeit ein biologischer Rasen, der in der Eintauchzeit mit Schmutzstoffen aus dem Abwasser getränkt wird. Diese werden anschließend an die Luft transportiert, wo den Mikroorganismen ausreichend Sauerstoff zum oxidativen Abbau zur Verfügung steht.

c) Belebtschlammverfahren

Im Gegensatz zu den bisher beschriebenen Verfahren, bei denen sich die Mikroorganismen auf einem Füllmaterial entwickelten, wird beim Belebtschlammverfahren

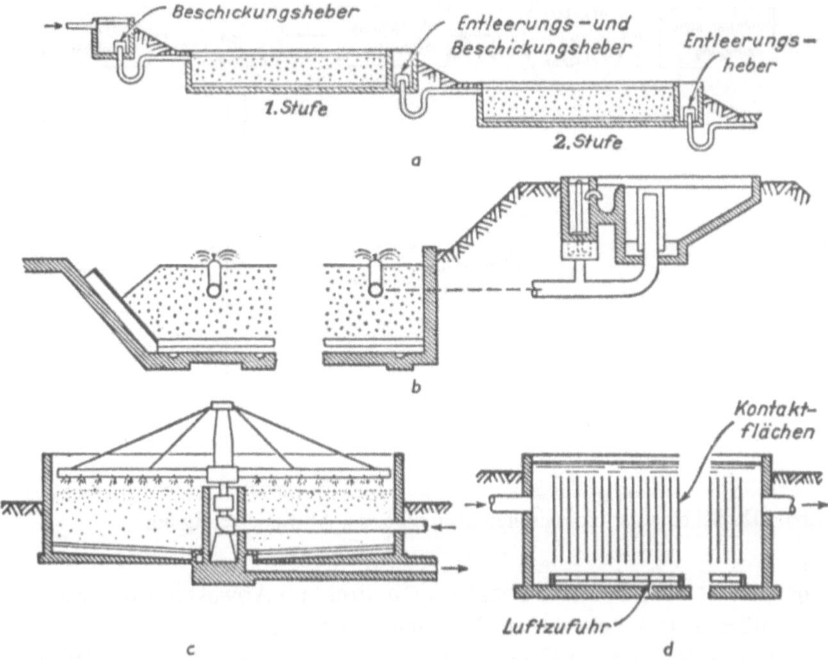

Abb. 200 a – d. Biologische Abwasserreinigung in grobkörnigen Filtern und ähnlichen Einrichtungen. Zeichenerklärung: **a** zweistufiger Füllkörper; **b** Tropfkörper mit feststehenden Düsen und automatischer Beschickung; **c** Tropfkörper mit Drehspringer; **d** belüfteter Tauchkörper (Fair, G. M., Geyer, J. C.: Water supply and waste water disposal, S. 707. New York: Wiley and Sons, 1954)

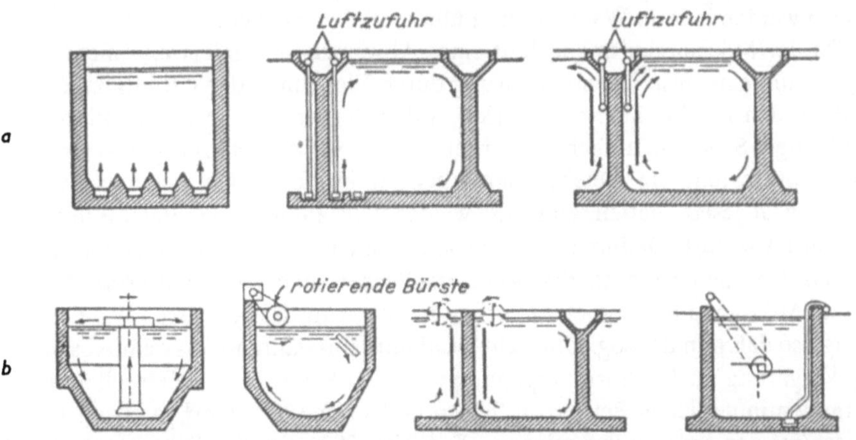

Abb. 201 a, b. Belüftungsvorrichtungen für Belebtschlammanlagen. Zeichenerklärung: **a** Druckbelüftung (Furchenbelüftung, Umwälzbecken mit Filterplatten, Umwälzbecken mit Leitwänden und Diffusoren); **b** mechanische Belüftung (Simplexverfahren, Oberflächenpaddel, Paddelbelüftung mit oder ohne Zusatzluft) (Fair, G. M., Geyer, J. C.: Water supply and waste water disposal, S. 709. New York: Wiley and Sons, 1954)

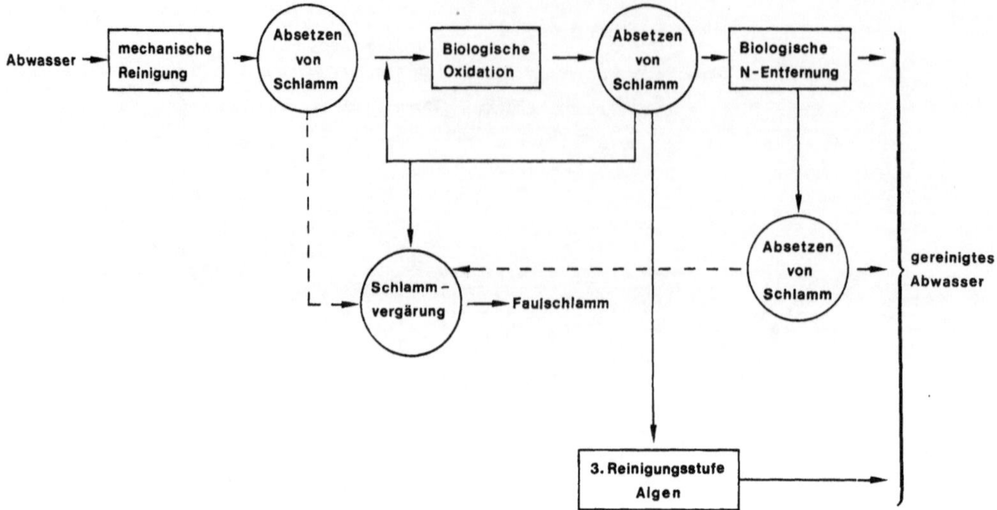

Abb. 202. Schema der biologischen Stufen bei der Abwasserreinigung

eine Entwicklung der Mikroorganismen direkt im Abwasser angestrebt. Diese Anlagen müssen stark belüftet werden (Schmidt-Holthausen, 1976; Safhay, 1976). Man belüftet in den meisten Fällen mit Druckluft aus besonderen Belüftungskerzen am Boden der Becken oder durch Turbinen (Hughes und Meister, 1972) oder aber auch durch Einschlagen der Luft in die Flüssigkeit mit Oberflächenpaddeln oder Bürsten (vgl. Abb. 201).

Die Bürsten- oder Paddelbelüftung hat sich u. a. in sog. Oxidationsgräben besonders bewährt. Das sind Gräben, die vom Abwasser durchflossen und auf die geschilderte Weise belüftet werden. Ein Oxidationsgraben (auch Belebungsgraben genannt), der mit stärkerer Abbauleistung zum „Hochlastgraben" entwickelt worden ist, stellt die einfachste Form eines Belebtschlammverfahrens dar. Die Mikroorganismen werden hier im Wasser ohne Füllmaterial entwickelt.

Da der Mikroorganismengehalt eines Abwassers normalerweise nicht groß genug ist, um eine ausreichende Klärung durch Flockung oder Fällung zu erreichen, muß bei den Belebtschlammverfahren in den Becken möglichst viel mikroorganismenhaltiger Schlamm aufgebaut werden. Hierzu werden Mikroorganismen, die sich nach Entwicklung im Belebtschlammbecken im folgenden Nachklärbecken als Schlamm abgesetzt hatten, zunächst wieder vollständig in das Belebtschlammbecken zurückgeführt. Dadurch wird das ankommende neue Abwasser zusätzlich mit Mikroorganismen beimpft. Erst wenn im Becken eine genügend große Schlammdichte (Mikroorganismendichte) vorhanden ist, wird das Abwasser ausreichend gereinigt, so daß nun der sog. Überschußschlamm fortwährend aus dem Absetzbecken zur Vergärung im Faulturm abgepumpt werden kann. Eine Belebtschlammanlage ist im kontinuierlichen Betrieb zu führen und kann $3\ m^3 - 6\ m^3$, ja bis zu $10\ m^3$ Abwasser/m^3 der Anlage/Tag reinigen. Die Abb. 202 zeigt das Schema eines Belebtschlammverfahrens mit der Schlammführung.

Im Nachklärbecken setzt sich der Schlamm ab und wird in den Faulturm gepumpt. Das Abwasser gilt nach Absetzen des Schlammes als geklärt und wird in Flüsse, Seen oder ins Meer geleitet. Hier tritt dann eine endgültige Reinigung ein.

Zur Belüftung der meisten Belebtschlammanlagen wird Luft verwendet. Bei intermittierender Belüftung und Bewegung des Belebtschlammes soll eine merkliche Kosteneinsparung möglich sein (Carlson, 1976). Die Beseitigung chemischer Abwässer ist mit einer zweistufigen Belebtschlammanlage möglich (US-Pat. 3.733.264, 1973), bei der reiner Sauerstoff zur Belüftung eingesetzt wird. Das Problem der schnellen Vermischung des reinen O_2 mit dem Abwasser – andernfalls werden Mikroorganismen durch die hohen O_2-Konzentrationen geschädigt – ist durch eine besondere Injektor-Düse gelöst worden. Hierbei wird ein Abwasser-Schlamm-Gemisch in die Injektoren gedrückt, aus deren Düsen es in scharfem Strahl zusammen mit feinstverteiltem O_2 austritt. Der O_2 wird in der vollständig umbauten Anlage mit zwei abgedeckten Belebungsstufen weitgehend verwertet. Das CO_2 wird mit geringen Mengen Restsauerstoff bei ca. 1000 °C von Geruchsstoffen befreit. Die zweite Stufe dient vor allem der Oxidation schwer abbaubarer Substanzen, die die erste Stufe passiert haben. Mit dieser Anlage wird ein industrielles Abwasser, das organische Lösungsmittel und andere mikrobiell schwer abbaubare Substanzen aus der Produktion enthält, zu 98% gereinigt (Lemke und Mack, 1977; Leuchs, 1977).

Für industrielle Kläranlagen haben sich zweistufige Belebtschlammbecken bewährt (Klapproth, 1976).

Besonders stark belastete Abwässer und Abwasserschlämme lassen sich durch aerobe thermophile Mikroorganismen oxidieren (Loll, 1974). In ein- oder dreistufigen Versuchsanlagen gelang es bei Temperaturen über 45 °C, die durch die Stoffwechselaktivität der Mikroorganismen erreicht werden, Substrate über 5000 mg/l BOD_5 zu reinigen (Loll, 1976 a, b).

Bei Nahrungsmittelindustrien sowie anderen Industrien mit Abwässern, die einen hohen Gehalt an organischem Material haben (Sierp, 1966; Seyfried, 1974), treten häufig besondere Probleme hinsichtlich der Anlagen auf. Es muß diesbezüglich auf die Spezialliteratur verwiesen werden. Grundsätzlich andere biologische Verfahren sind nicht entwickelt worden (vgl. Toókos, 1974).

d) Mikroorganismen in den oxidativen biologischen Verfahren

Die Mikroorganismen bilden im Belebtschlamm oder auf den Trägerstoffen zooglinöse Schleime. Zwischen diesen und dem Abwasser sind folgende Reaktionen zu erwarten:

1. An den Grenzflächen zwischen Abwasser und Schleimschicht werden Substanzen aus dem Abwasser an die Schleimschichten adsorbiert und dadurch dem Abwasser entzogen.
2. Die adsorbierten Substanzen werden durch die Tätigkeit der Mikroorganismen, deren extracelluläre Enzyme u. a. verändert.
3. Ein Teil der Substanzen wird von den Mikroorganismen direkt in Zellsubstanz umgewandelt und kann so zusammen mit den Mikroorganismen ausgefällt werden.
4. Ein anderer Teil der Substanzen wird als CO_2 oder NH_3 oder auch in Form anderer Gase aus dem Substrat entfernt.

Da die Veränderungen der im Abwasser vorhandenen Substanzen durch den Stoffwechsel der Mikroorganismen oft nur langsam vor sich gehen, liegt ein Hauptwert der Mikroorganismentätigkeit in der Ausbildung ausreichender Schleime, an die viele Substanzen adsorbiert werden können.

Die im Abwasser vorhandenen Organismenarten sind sehr mannigfaltig. Ihre Zusammensetzung richtet sich nach der Herkunft des Abwassers. Viele Fragen über die tatsächlich wichtigen Mikroorganismenarten im Abwasser, über ihre biochemischen Wirkungen, über Möglichkeiten ihrer Anreicherung bzw. ihrer Ausschaltung im Abwasser sind noch unzureichend geklärt. Literatur vgl. Gaudy und Gaudy (1966), besonders Taber (1976) und Pipes (1978).

α) **Bakterien.** Die gebildeten schleimigen, oft verzweigten Massen werden besonders von einer *Pseudomonas*-Art, *Zoogloea ramigera,* verursacht. Diese Art bewirkt vor allem eine gute Flockung des Schlammes (Arima et al., 1978). Es sind weiterhin viele Fäulnisbakterien an ihrer Bildung beteiligt; über sichere Artenzusammensetzungen eines Schleimes ist nur wenig bekannt. Die Zusammensetzung ist je nach Abwasserart und Behandlungsmethode sehr variabel. Coliforme Keime, z. B. *Aerobacter aerogenes,* spielen eine große Rolle in den Abwässern. Es konnte auch *Corynebacterium laevaniformans* sehr häufig nachgewiesen werden (Dias und Bhat, 1965).

Sphaerotilus natans (vgl. Dondero, 1961) und *Beggiatoa* können in belüfteten Tauchkörpern die Oberfläche überwuchern und die Hohlräume verstopfen. *Sphaerotilus* zeigt schlechte Absetzeigenschaften und ist daher nicht erwünscht. Unter den Bakterien befinden sich auch viele Actinomyceten. *Nocardia*-Arten können Phenole abbauen, man hat daher mit Erfolg versucht, Nocardien an phenolhaltige Hüttenabwässer zu adaptieren und zum Abbau von Phenolen heranzuziehen (Schweisfurth und Schertz, 1962; Schertz und Schweisfurth, 1963). Da industrielle Abwässer häufig arm an N-haltigen Substanzen sind, ist versucht worden, mit Semi-Reinkulturen von *Azotobacter*-Arten den N-Gehalt dieser Abwässer zu erhöhen (Finn, 1976).

Weiterhin sind *Paracolobactrum aerogenoides, Escherichia intermedia,* faekale Streptokokken, Flavobakterien, *Pseudomonas*-Arten sowie *Nitrosomonas* und *Nitrobacter* in den Abwässern von Bedeutung (vgl. Porges, 1960; Jenkins, 1963; Porges und Mackenthun, 1963).

Bei aeroben thermophilen Verfahren, die gegenwärtig zur Reinigung besonders hochkonzentrierter Abwässer erprobt werden, sind in der Hauptsache *Bacillus coagulans* und *B. stearothermophilus* vorhanden, daneben sind auch andere denitrifizierende *Bacillus*-Arten beteiligt (von Steldern et al., 1974).

β) **Pilze,** z. B. *Geotrichum* (Hawkes, 1960) sowie besonders *Fusarium, Ascoidea* und *Sepedonium* (Jenkins, 1963), sind ebenfalls an der Entwicklung der Abwasserflora beteiligt, aber nicht in dem Maße wie Bakterien. Dies wird besonders durch die für Pilze nicht günstigen pH-Werte bedingt. Trotzdem sollte die Tätigkeit der Pilze, von denen anscheinend nicht alle bestimmbar sind (Diener et al., 1976), nicht unterschätzt werden. Neben imperfekten mycelbildenden Pilzen, z. B. *Gliocladium deliquescens, Trichoderma viride* und *Aspergillus oryzae* (Church et al., 1972), sind auch Hefen im Belebtschlamm häufig zu finden (Diener et al., 1976). *Aureobasidium pullulans, Fusarium aquaeductum* u. a. Pilze befinden sich besonders in Tropfkörperanlagen (vgl. Taber, 1976).

γ) **Algen,** z. B. *Chlorella* und *Scenedesmus,* können sich an der Oberfläche der Abwasseranlagen gut entwickeln. Sie sind in vielen Anlagen nicht gern gesehen, weil sie noch zusätzlichen Kohlenstoff binden (vgl. Kap. 14). Nur wenn sie zur zusätzlichen O_2-Bildung im Belebtschlammbecken herangezogen (vgl. Samsel jr., 1974) oder aber als dritte Reinigungsstufe verwendet werden, sind sie erwünscht.

δ) Unter den **Protozoen** kommen besonders Ciliaten und Flagellaten vor, z. B. *Euglena, Paramaecium* und *Vorticella,* die in den Bakterien und Pilzen reichlich Nahrung zur Vermehrung finden.

ε) **Würmer** und **Insektenlarven** können sich in den Tropfkörpern gut entwickeln. In kleineren Mengen sind sie nicht als schädlich anzusehen. In größerem Ausmaß können Massenvermehrungen von *Psychoda* z. B. zu erheblichen Belästigungen führen. Der Wasserspringwurm *Podura* frißt die *Psychoda*-Larven und kann zur biologischen Bekämpfung dieser Larven herangezogen werden.

Wenn sich toxische Stoffe (z. B. nicht abbaubare Detergentien) im Abwasser befinden, werden die Mikroorganismen oft stark geschädigt, so daß die Reinigung nicht mehr vollständig ist. Daher müssen Abwässer vorher von toxischen Stoffen befreit werden. Eine fortlaufende Prüfung auf solche Substanzen wird in den Abwasseranlagen durchgeführt.

Die Konzentrationen an organischem Stickstoff in den häuslichen Abwässern sind im allgemeinen hoch genug, um eine befriedigende Mikroorganismentätigkeit zu ermöglichen. Bis zu einem Verhältnis von BSB zur Stickstoffmenge von etwa 32 : 1 ist eine gute biologische Abwasserbehandlung möglich, im häuslichen Abwasser liegt dieses Verhältnis bei etwa 3 : 1. In relativ stickstoffarmen Abwässern, z. B. Abwässer von Brauereien und Papierfabriken, besteht die Gefahr einer übermäßigen Entwicklung von *Sphaerotilus natans.*

Das Phosphatbedürfnis der Mikroorganismen ist gering. Ein Verhältnis von BSB zur Phosphatmenge von 150 : 1 ist ausreichend, jedoch nicht immer vorhanden, so daß dann Phosphat zugesetzt werden muß (Jenkins, 1963).

Der Abbau der organischen Substanzen beginnt bereits zum Zeitpunkt der Abwasserentstehung. Zunächst wird der reichlich vorhandene Harnstoff zu NH_3 und CO_2 abgebaut. Beim Absetzen des Schlammes steigt der NH_3-Stickstoff im Abwasser durch anaeroben Abbau von eiweißhaltigen Substanzen an. Die Oxidation der organischen Substanzen findet im biologischen Reinigungsabschnitt statt. Nicht sämtliches Material wird sofort oxidiert, sondern es wird teilweise auch zu körpereigenen Substanzen der Mikroorganismen aufgebaut. So wird z. B. Glucose bei Anwesenheit von ausreichenden Mengen an Stickstoff schnell zu Proteinen umgebaut. Später werden die Eiweiße dann über Aminosäuren zu NH_3 abgebaut.

Über die Kinetik der Abwasserflora sind verschiedene Studien gemacht worden. Man kann die Biomassezunahme in kontinuierlichen Anlagen, z. B. im Belebtschlamm, mit den Wachstumskonstanten Y, μ_{max} und K_s, wie sie Monod für Reinkulturen formuliert hat, berechnen. Die Größen gelten auch angenähert für heterogene Mischpopulationen. Völlig konstante Werte für die kinetischen Konstanten lassen sich in Mischpopulationen aber nicht erhalten (vgl. Gaudy und Gaudy, 1972; viel Literatur vgl. dort). Eine Übersicht über mathematische Modelle zur Betrachtung der Abnahme des BSB, der Feststoffbildung, des O_2-Bedarfs sowie der Temperatureinflüsse vgl. Andrews (1971); Eckenfelder et al. (1972) sowie Fujita und Hashimoto (1976).

4. Nitrifikation und Denitrifikation

Der Stickstoffabbau (Literatur vgl. Focht und Chang, 1975) spielt in den Abwässern eine besondere Rolle. Das viel vorhandene NH_3 wird durch *Nitrosomonas* zum Nitrit oxidiert. Anschließend können Arten aus der Gattung *Nitrobacter* das Nitrit zum Nitrat oxidieren. Durch diese Oxidation wird das Abwasser von NH_3, das in großen Mengen gebildet wird, entgiftet.

$$NH_3 \rightarrow NH_2OH \rightarrow [NO_2 \cdot NHOH] \rightarrow HNO_2 \rightarrow HNO_3$$
$$\underbrace{}_{} HNO_2$$

$\mid \rightarrow$ *Nitrosomonas* $\longrightarrow$ $\mid \rightarrow$ *Nitrobacter* $\rightarrow \mid$

Im Gegensatz zu bestimmten Bodenschichten sind im normalen Abwasser die *Nitrosomonas*-Arten nur in geringer Anzahl vorhanden (ca. $1000/ml - 7500/ml$) (Strom et al., 1976).

Im Gegensatz zur Nitrifikation kann ein großer Teil des NO_3 durch verschiedene, häufig fakultativ anaerobe Bakterienarten, besonders *Micrococcus-*, *Pseudomonas-*, *Deuterobacillus-*, *Spirillum-*, *Bacillus-* und *Achromobacter*-Arten (Jones, 1976), denitrifiziert werden. Diese Reduktion wird entweder von Mikroorganismen durchgeführt, um NH_3 zum Einbau in Zellsubstanzen zu gewinnen, oder aber um Nitrat als terminalen Wasserstoffacceptor zu verwenden (vgl. Miyaji und Kato, 1975). Der Abbauweg wurde von Payne (1973) formuliert und von Shimizu et al. (1978) etwas weiter ausgearbeitet:

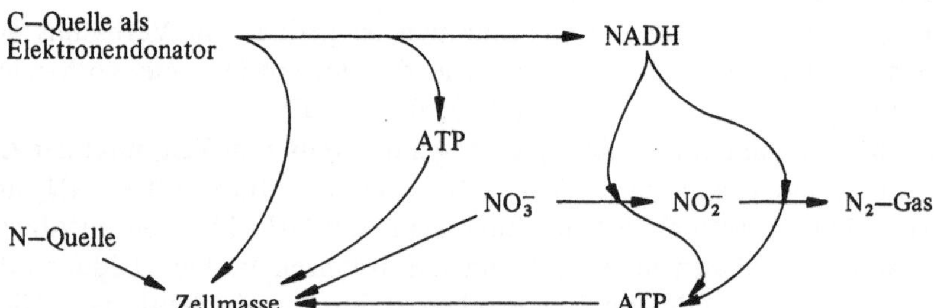

Focht und Chang (1975) haben verschiedene Vorschläge für eine Denitrifikation zu folgenden Abbauwegen zusammengefaßt.

$$HNO_2 \qquad\qquad NO_2 \cdot NHOH \rightarrow NH_2OH \rightarrow NH_3$$
$$HNO_3 \rightarrow HNO_2 \qquad 2\,NO \rightarrow N_2O \rightarrow N_2$$

Weitere Arbeiten über die Nitrifikation und Denitrifikation vgl. Wuhrmann (1964), Vogt (1965), Payne (1973), Focht und Chang (1975), Fukui (1978).

Interessant ist die Bildung von N_2 bei Denitrifikationsvorgängen. Durch diese Reaktion wird der N-Gehalt vieler Abwässer, für dessen Verminderung die sog. dritte Reinigungsstufe auch mit Algenzucht im Vorfluter installiert wird, stark vermindert. Der hohe N-Gehalt im Vorfluter führt – ebenso wie ein hoher Phosphatgehalt – zur Eutrophierung der Gewässer, in die das sonst gereinigte Abwasser eingeleitet wird.

Manche Kläranlagen mit hoher N-Belastung haben bereits besondere Vorrichtungen, in denen eine Nitrifikation mit anschließender Denitrifikation angestrebt wird. Auch ganze Zellen von *Micrococcus denitrificans,* die an lösliche Membranen gebunden waren, zeigten gute denitrifizierende Aktivitäten (Mohan, 1975). Eine Denitrifizierung ist auch in zweistufiger Kultur gut möglich. In der ersten Stufe werden 0,13 mg NO_3^-/Std., in der zweiten Stufe 0,24 mg NO_3^-/Std. denitrifiziert (Dodd und Bone, 1975).

Der limitierende Schritt für eine Denitrifikation ist im allgemeinen die Nitrifikation durch Mikroorganismen. Die Konzentration des gelösten O_2 (nicht die des atmosphärischen O_2) ist ein weiterer wichtiger Parameter für die Denitrifikation. Die obere Grenze des tolerierten Gelöst-O_2, bei dem noch eine Denitrifikation abläuft, liegt zwischen 0,1 mg/l (Wuhrmann, 1964; Krul, 1976) und 0,2 mg/l (Dawson und Murphy, 1973). Für eine Nitrifikation liegen die Minimalwerte, bei denen noch eine Nitrifikation stattfindet, bei 1 mg/l – 2 mg/l (Wuhrmann, 1963). Bei einer großen Belebtschlammanlage mit zwei Becken von je 6000 m^3 wurde beobachtet, daß Nitrifikation und Denitrifikation nebeneinander bereits im ersten Becken ablaufen, wobei insgesamt 80% – 90% Stickstoff entfernt werden (Matsché et al., 1976).

Nitrifikation und Denitrifikation verlaufen optimal im schwach neutralen Bereich, aber bei relativ hohen Temperaturen, so daß die niedrigen Temperaturen im Abwasser (ca. 15 °C) ganz besonders die Reduktion von NO_3^- zu NO_2^- stark negativ beeinflussen. Die maximale Rate der Denitrifikation von NO_3^- in einem Belebtschlamm lag bei 600 µg N/g pro Tag (Mulbarger, 1971). In einem Tropfkörper wurden etwa 63% des N-haltigen Materials unter geeigneten Bedingungen denitrifiziert (Duddles et al., 1974), wenn dieser Filter nicht zu stark mit organischem Material beladen war. Ein anderes fixiertes Filmsystem reinigte zwischen 15 g und 24 g Nitrat/l/Tag (Compere und Griffith, 1977).

5. Anaerobe biologische Verfahren zur Abwasserreinigung

Die Vergärung des in verschiedenen Abschnitten der Abwasserreinigung anfallenden Schlammes (vgl. Abb. 204) ist ein streng anaerober Vorgang. Sie findet in den Schlammfaulanlagen (Faultürmen), den größten biotechnologischen Reaktoren, statt (Schlammzusammensetzung vgl. Kap. 12, Tabelle 24).

a) Gärungsverlauf und beteiligte Mikroorganismen

Der Schlamm wird durch Bakterien in zwei resp. in drei Stufen vergoren:

Erste Stufe: Säurebildung. In dieser Phase werden organische Säuren, Alkohole, CO_2 und H_2 gebildet. Da die Methanbakterien jedoch nur Acetat, Methanol oder kürzerkettige Säuren verwerten können, müssen in dieser Stufe der Säurebildung noch Mikroorganismen vorhanden sein, die die längerkettigen Alkohole und Säuren zu C_2- oder C_1-Verbindungen spalten. Man kann also die Säurebildung auch als zweistufig auffassen (Bryant, 1976).

An der Säurebildung sind obligate sowie auch fakultative Anaerobier beteiligt, nämlich *Clostridium*-Arten, Bifidobakterien u. a. gram(+)-Stäbchen, Enterobacteriaceae, *Bacteroides,* besonders *B. ruminicola* u. a. gram(–)-bewegliche Stäbchen (Hobson et al., 1974). Obwohl häufig ein cellulosereiches Substrat vergoren wird, sind cellulytische Mikroorganismen nicht sehr zahlreich nachgewiesen worden. Ein weiterer Abbau der längerkettigen Verbindungen wie auch von Aromaten zu Ace-

Tabelle 83. Spezifische Substrate für wichtige methanbildende Bakterien

Organismen	Verwendete Substrate (z. T. nur Cosubstrate)	Herkunft des C im CH_4
Methanobacterium formicicum	H_2, CO_2, Formiat	CO_2
M. suboxydans	Butyrat, Valerat, Caproat	CO_2
M. omelianskii	H_2, Äthanol, prim. u. sek. Alkohole	CO_2
M. thermoautrophicum	H_2, CO_2	CO_2
M. ruminantium	H_2, CO_2, Formiat, Acetat	
M. soehngenii	Actat, CO, Butyrat	CH_3-
Methanosarcina methanica	Acetat, Methanol, Butyrat	CH_3-
M. barkeri	H_2, CO_2, Methanol, Äthanol, Acetat	CO_2, CO

tat, CO_2 und H_2 ist als sicher nachgewiesen (Ferry und Wolfe, 1976). Der pH-Wert des Substrats sinkt in nicht regulierten Anlagen auf pH $4,0 - 6,0$ ab.

Zweite Stufe: Methanbildung. In dieser Phase werden Acetat, Methanol, Formiat, CO_2, CO und H_2 durch verschiedene methanbildende Mikroorganismen (Methanobacteriaceae) zur Methanbildung verwertet (vgl. auch Stadtman, 1967; Zeikus, 1977). Die Tabelle 83 zeigt verschiedene methanbildende Bakterien und die Herkunft des Kohlenstoffes im Methan.

In vielen Fällen wird CO_2 zu Methan reduziert. Dabei kann z. T. auch molekularer Wasserstoff verwendet werden.

Der Sauerstoff des CO_2 wird von den Methanbakterien zur Oxidation des Substrates verwendet, wobei das CO_2 zu Methan reduziert wird. Die Formel zeigt die Fermentation von Butyrat mit *Methanobacterium suboxydans:*

$$2\ CH_3CH_2CH_2COOH + 2\ H_2O + {}^{14}CO_2 \rightarrow {}^{14}CH_4 + 4\ CH_3COOH$$

Interessanterweise machen die Methanfermentationen aus Acetat (und evtl. auch Methanol) eine Ausnahme von dem Schema der CO_2-Reduktion und Substratoxidation. CH_4 wird in diesen Fällen durch vollständige Übertragung der Methylgruppe auf ein Wasserstoffatom des Wassers gebildet, wie an Deuterium-markiertem Acetat gezeigt werden konnte:

$$CD_3COOH \overset{H_2O}{\longrightarrow} CD_3H + CO_2$$

$$CH_3COOH \overset{D_2O}{\longrightarrow} CH_3D + CO_2$$

An der Methanbildung wirken Tetrahydrofolsäure und Vitamin B_{12}-Coenzym mit (vgl. Stadtman, 1967). Das gebildete Formiat wird unter Beteiligung von Tetrahydrofolsäure bis zur Methylgruppe reduziert, die auf Vitamin B_{12}-Coenzym übertragen werden kann, aus dem dann ATP-abhängig Methan abgespalten wird (vgl. Abb. 203). Bei bestimmten Methanbakterien existiert ein sehr einfaches Coenzym M (Mercaptansulfonat), das an der Methanbildung beteiligt ist.

Symbiontische Stämme von *Methanobacillus omelianskii* [seit 1975 von Bryant als *Methanobacterium formicicum* benannt (Bryant, 1975), 1976 aber wieder von

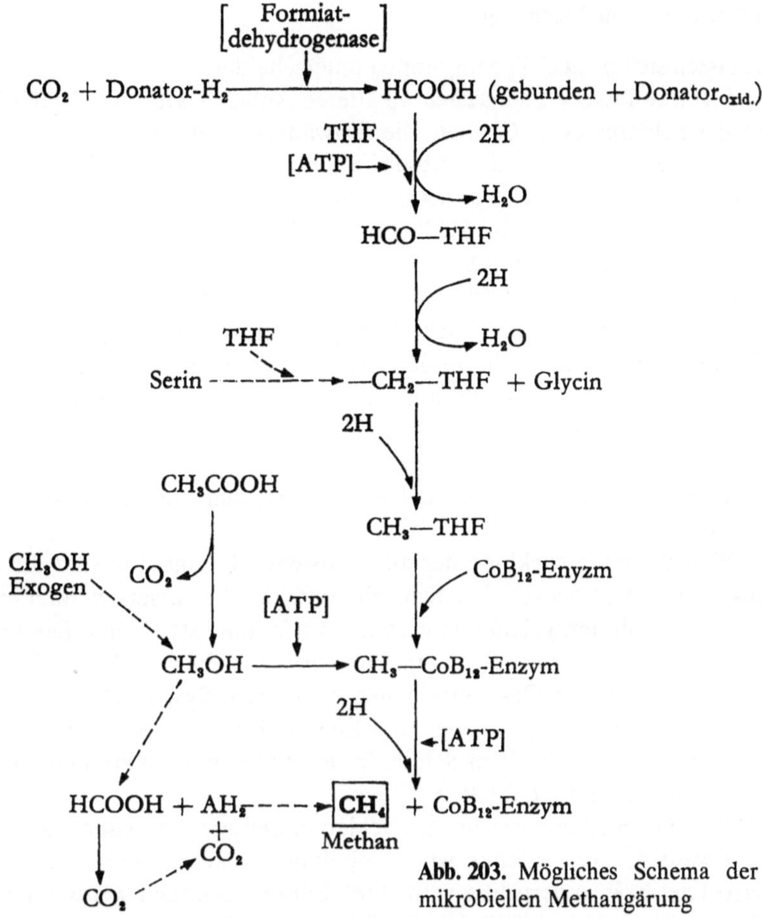

Abb. 203. Mögliches Schema der mikrobiellen Methangärung

Bryant als *Methanobacillus omelianskii* bezeichnet (Bryant, 1976)] können auch aus Äthanol Methan bilden (Bryant et al., 1967):

$$2\,CH_3CH_2OH + CO_2 \rightarrow 2\,CH_3COOH + CH_4 \quad \Delta G_0 = -132{,}6\,kJ \qquad (1)+(2)$$

Diese Fermentation geht durch Symbiose von einem acetogenen „S-Mikroorganismus" [Gleichung (1)],

$$CH_3CH_2OH + H_2O \rightarrow CH_3COO^- + H^+ + 2\,H_2 \quad \Delta G_0' = +6{,}2\,kJ \qquad (1)$$

der aber gegen H_2 empfindlich ist, mit *M. omelianskii,* der den H_2 verwertet [Gleichung (2)], vor sich:

$$4\,H_2 + CO_2 \rightarrow CH_4 + 2\,H_2O \quad \Delta G_0' = -138{,}9\,kJ \qquad (2)$$

Durch den fortwährenden Verbrauch von H_2 wird das acetogene „S-Bakterium" nicht im Wachstum gehemmt (Reddy et al., 1972). Weitere Arbeiten über die Methanbildung in Schlegel et al. (1976), Mah et al. (1977), über methanogene Bakterien vgl. Balch et al. (1979), Kandler (1979).

Bei der Methanbildung steigt der pH-Wert des Mediums auf 7,0 bis 7,8. Es entsteht ein Gas, das etwa 70% CH_4 und 30% CO_2 enthält. Die optimalen Temperaturen liegen bei 35 °C und können höchstens zwischen 30 °C und 40 °C schwanken (van den Berg, 1977).

b) Reaktoren zur Methangärung

Sie lassen sich in zwei Typengruppen unterscheiden:

1. Durchflossene Faulgruben. In älteren Anlagen wird noch vielfach ein Ausfaulen des Schlammes in Gruben, die fortwährend vom Abwasser durchflossen werden, vorgenommen. In den Absetzbecken bildet sich am Grund eine Schlammschicht, die unter den dort herrschenden anaeroben Bedingungen zu faulen beginnt. Nach einigen Tagen ist der Schlamm ausgefault, die noch vorhandenen Substanzen sind nicht mehr ohne weiteres von Mikroorganismen zu verarbeiten. Solche einfachen Anlagen stinken oft infolge der starken Gasentwicklung. Schlammfladen, die durch die Gasentwicklung nach oben gelangen, können mit dem Abwasser mitgerissen werden, so daß sich auf der Grubenoberfläche oft eine Schwimmschicht bildet, die nicht ausfault, sondern als unhygienische Schicht in das weitere Abwasser mitgeschleppt wird. Solche sehr einfachen Anlagen verwendet man heute fast nur noch für Hausanlagen, bei denen durch eine feste Abdeckung die beschriebenen Nachteile gegenüber den Vorteilen einer leichten Herstellungsweise weniger ins Gewicht fallen.

Eine Weiterentwicklung der durchflossenen Faulgruben sind die zweistöckigen Absetz- und Faulbecken. Die Schwebestoffe des Abwassers werden in einen besonderen Ausfaulraum geleitet, in dem die Ausfaulung stattfindet. Die Faulräume sind so konstruiert, daß keine Schlammfladen mehr an die Oberfläche des Abwassers gelangen können. Die Gase entweichen bei diesem System ebenfalls ungenutzt. Ein Beispiel für diesen Typ ist der sog. Emscherbrunnen, bei dem der Schlamm aus dem Abwasser durch einen Schlitz in den unteren Schlammfaulraum, in dem die Ausfaulung stattfindet, fließt.

Das im Emscherbrunnen vom Schlamm befreite Abwasser muß noch weiter geklärt werden. Der Schlamm wird nach dem Ausfaulen unten abgezogen und dann getrocknet bzw. anderweitig vernichtet. Emscherbrunnen werden heute nicht mehr neu installiert (Abb. 141, Rehm, 1967).

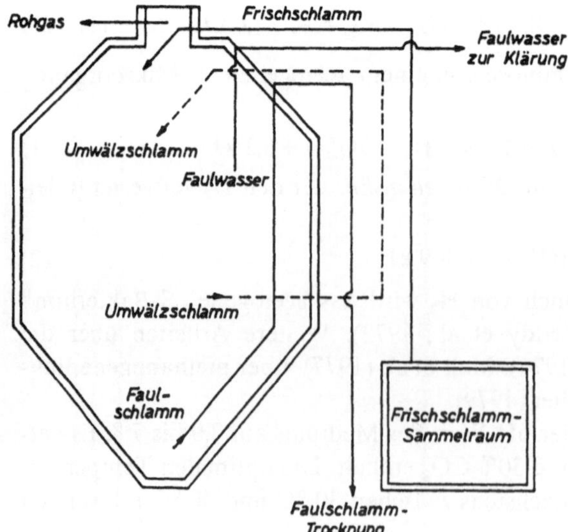

Abb. 204. Schlammfaulanlage

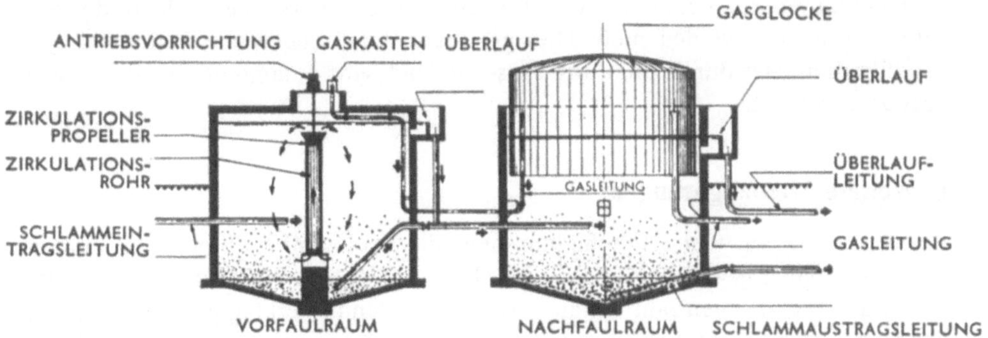

Abb. 205. Zweistufige Schlammfaulanlage (K. R. Dietrich: Ablaufverwertung und Abwasser-reinigung i. d. biochem. Industrie, S. 91. Heidelberg: Hüthig Verlag, 1960)

2. Getrennte Schlammfaulräume. In modernen Abwasseranlagen werden die Ausfaulräume von den anderen Teilen der Kläranlage, besonders vom Durchfluß des Abwassers, getrennt. Der Schlamm wird in großen Tanks aus Beton ausgefault. Die Faulbehälter haben einen Inhalt von 5000 m³ – 100000 m³; sie sind eiförmig, zylindrisch oder zylindrisch mit unten und oben konischen Abflachungen geformt. Diese Faulbehälter haben eine Beheizung, so daß eine konstante Temperatur erhalten wird und die Gärung unter optimalen Bedingungen, etwa 25 °C – 35 °C, vor sich gehen kann. Der Schlamm wird in den Reaktor gepumpt und beginnt zu gären. Dabei stellt sich bei richtiger Temperatur- und pH-Führung (7,0 bis schwach alkalisch) bald die geeignete Gärungsflora ein. Ist ein bereits gärender Schlamm vorhanden, wird der Frischschlamm mit diesem angeimpft. Während der Gärung wird der Schlamm z. B. mit Schneckengewinden von unten nach oben bewegt oder durch Pumpen unten abgezogen und oben eingesprüht. Ist der Schlamm ausgegoren, wird neuer Frischschlamm zugesetzt, ausgefällter Schlamm und Faulwasser werden abgezogen. Das Gas wird in eine Gasglocke geleitet. Eine sehr gute Übersicht über geeignete Reaktoren, die Schlammgärverfahren, Ausbeuten und Wirtschaftlichkeit vgl. Loll (1976 a, b; Literatur vgl. dort). Zur schnellen Messung der Gärungsaktivität vgl. van den Berg et al. (1974) (Abb. 204, 205).

In den meisten Anlagen wird in zwei Stufen ausgefault. In einem Tank wird vorgefault und die Masse anschließend in einen zweiten Tank eingeleitet, in dem die endgültige Faulung stattfindet. Es kann auch noch eine dritte und vierte Stufe zum Ausfaulen angeschlossen werden. Das sog. Faulwasser, dies ist die Flüssigkeit, die nach Abtrennung des ausgefaulten Schlammes zurückbleibt, wird nach der letzten Stufe abgezogen. Der ausgefaulte Schlamm wird am Boden des Schlammfaulraumes entnommen, entwässert (vgl. Opelt, 1965) und auf Lagerflächen zum Trocknen transportiert. Der trockene Schlamm kann dann als Dünger untergepflügt werden. Er sollte frei von pathogenen Keimen sein. In manchen Gegenden wird der ausgefaulte Schlamm auch nur mit Sand bedeckt; auf diesem Sand können Pflanzenkulturen angelegt werden. Die Verwendungsmöglichkeit in der Landwirtschaft ist sehr umstritten (Glathe, 1975). Über Kompostierung und aerobe Stabilisierung (vgl. Loll, 1974) vgl. Kap. 42. Eine aerobe thermophile Schlammstabilisierung hat eine sichere Abtötung sämtlicher Salmonellen-Arten zur Folge, die bei der Schlammgärung nicht immer gewährleistet sein soll (Nebiker, 1976).

Das Faulwasser ist ein schwierig zu beseitigendes Produkt, das noch vor der Ableitung behandelt werden muß. Dies geschieht durch chemische Fällung, durch Sandfiltration oder durch Chlorung. Anschließend wird es langsam mit Fluß- oder Seewasser gemischt.

6. Weitere Methangärungen

Bei der Vergärung von Faulschlamm steht die Schlammbeseitigung im Vordergrund, das dabei gewonnene Methan wird als zusätzliches Nebenprodukt genutzt. Die in den vergangenen Jahren immer stärker werdende Verknappung von Energie hat dazu geführt, eine Reihe von Methangärungsverfahren zu entwickeln, bei denen das Methan als Hauptprodukt gewonnen werden soll. Man geht davon aus, daß ein Teil des ungeheuren jährlichen Zuwachses an organischer Substanz auf diese Weise zu nutzbarer Energie umgesetzt werden kann (vgl. Schlegel und Barnea, 1976). Einige interessante Verfahren zur Methangewinnung sollen im folgenden beschrieben werden.

a) Methangewinnung aus städtischen Abfällen

Abwasserschlamm kann mit städtischem Müll gemischt und entweder zu Kompost fermentiert (vgl. Kap. 42) oder zu Methan vergoren werden (vgl. Pfeffer, 1976). Bei einer solchen Methangärung wird der Müll zunächst von anorganischen Substanzen befreit. Die restlichen organischen Substanzen werden mit Schlamm gemischt und bei Temperaturen bis zu 60 °C zu Methan vergoren. Nach zehn Tagen sind bei ca. 60 °C 49,6% der Festsubstanzen in Gas umgesetzt. Eine längere Gärzeit führt nur zu geringen weiteren anaeroben Umsetzungen (Pfeffer und Liebmann, 1976). Bis zu 40 °C ist die Methanbildung besonders stark, der Abbau beträgt aber nach zehn Tagen nur 36,8%. Die Struktur der im Müll/Schlamm-Substrat vorhandenen Lignin/Cellulose-Komplexe hat einen besonderen Einfluß auf die Intensität der Methanbildung. Die Rückstände werden durch Zentrifugation entwässert, die Flüssigkeit kann wieder in den Prozeß eingeschleust werden.

b) Methangewinnung aus Mülldeponien

Auf Mülldeponien mit hohem Gehalt an organischem Material tritt unter anaeroben Bedingungen eine Gasbildung mit hohem Methananteil ein. Die Methanbildung beginnt etwa sechs Monate nach Anlage der Deponie. Zur Gasgewinnung werden gasundurchlässige Schichten über die Deponien gedeckt und dann Stollen in den Deponiehaufen zum Abfluß der Gase gelegt (Boyle, 1976). Dabei werden 10% − 50% des natürlich gebildeten Gases gewonnen (Pacey, 1976). In gewissen Anlagen in den USA werden bis zu 1 Mill. m³ Gas (50% CH_4 + 50% CO_2) gewonnen. Es wird angenommen, daß durchschnittlich 0,01 m³ Methan pro kg Müll entwickelt wird. Diese Menge entsteht in einem Zeitraum von etwa zehn Jahren. Bisher sind die Faktoren, die die Entwicklung des Methans fördern, noch weitgehend unbekannt. Das Gas kann nach Reinigung als Heizgas verwendet werden.

c) Methangewinnung aus tierischen Abfällen

In kontinuierlich gerührter Kultur bildet eine Bakterienmischkultur, die sich nach achttägiger Vergärung von Rinderflüssigmist gebildet hatte, bei 60 °C Methan bei pH-Werten zwischen 7,5 und 7,8. Dabei werden nach neun Tagen 47% – 49% und nach zwölf Tagen 51% – 53% der organischen Substanz umgesetzt und 0,20 l Methan/Tag/g organischer Substanz nach neun Tagen respektive 0,22 l Methan/Tag/g organischer Substanz nach zwölf Tagen gebildet (Bryant et al., 1976).

Ein Beispiel für die Gasgewinnung aus einer Schweinezuchtanstalt mit 10 000 Schweinen hat Konstandt (1976) gegeben. Die Schweine produzieren 70 m³ – 80 m³ Dünger pro Tag mit etwa 5800 kg trockener organischer Substanz. Bei einer anschließenden Vergärung mit einem Abbau von ca. 60% nach zehn bis zwölf Tagen, das sind 3500 kg organischer Substanz, werden etwa 2100 m³ Methan pro Tag mit einem Heizwert von 23 440 kJ/Nm³ gebildet. Aus diesem können etwa 4800 kWh/Tag als elektrische Energie und etwa $222 \cdot 10^5$ kJ/Tag als Wärmeenergie gewonnen werden.

d) Methangärung zur Biogasgewinnung in kleineren Gemeinden und landwirtschaftlichen Betrieben

Seit 1974 versucht man durch eine UN-Kommission, in Entwicklungsländern Biogas-Reaktoren zur Verwertung von Abfällen, insbesondere auch landwirtschaftlichen Abfällen, zu entwickeln. In diesen Reaktoren sollen in Betrieben (etwa ab zehn Kühen aufwärts) oder kleineren Gemeinden die Abfälle zu Methan vergoren werden.

Inzwischen sind in Indien, Pakistan, Südkorea, Thailand, auf den Philippinen und auf Formosa mehrere tausend solcher Biogas-Reaktoren mit wechselndem Erfolg installiert worden. Probleme ergeben sich vor allem aus

– hohen Installationskosten
– Anfälligkeit der nicht gekühlten oder erwärmbaren Reaktoren gegen Temperaturschwankungen im Sommer und Winter, besonders geringe Gasproduktion im Winter
– Notwendigkeit einer bestimmten Menge vergärbaren Materials mit möglichst konstanter Zusammensetzung
– keinen Möglichkeiten einer sukzessiven Vergrößerung der Anlagen.

Die Temperaturen liegen bei diesen Anlagen zwischen 30 °C und 55 °C. Es werden Gase mit einem Gehalt von 55% – 65% CH_4 gebildet. Die Abb. 206 zeigt einige Digester-Typen aus verschiedenen Ländern (Anonym, 1975).

Für reine landwirtschaftliche Abwässer gibt es einen Farmer-Typ (Abb. 206).

Sämtliche Anlagen entsprechen im Prinzip den Faultürmen der Abwasseranlagen. Interessant ist ein integriertes Recycling-biogas-System, das aber noch nicht realisiert wurde (Abb. 206).

Zweifellos können derartige Biogas-Anlagen in Entwicklungsländern Fragen der Energieversorgung günstig beeinflussen und dabei gleichzeitig hygienische und Umweltprobleme lösen helfen. Über weitere Recycling-Verfahren in der Landwirtschaft vgl. Kap. 41.

e) Methangärung aus weiteren Substraten

Eine große Anzahl verschiedener Substrate mit organischem Material kann zu Methan vergoren werden. Dabei ist es aber nicht sicher, ob die Verfahren wirtschaftlich lohnend sind. Eine Übersicht vgl. Mitchell (1975). Algenbiomasse aus Abwässern,

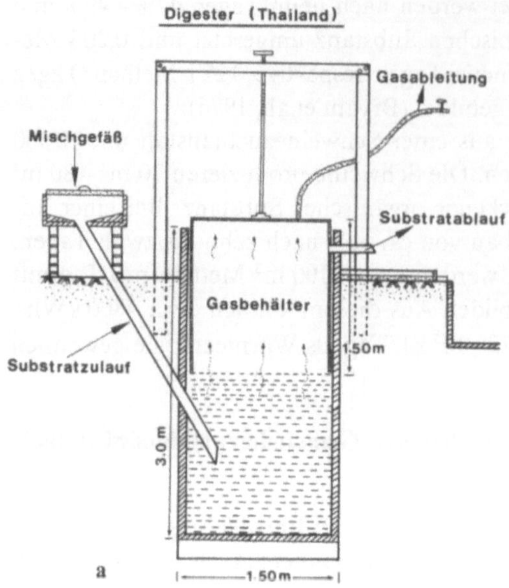

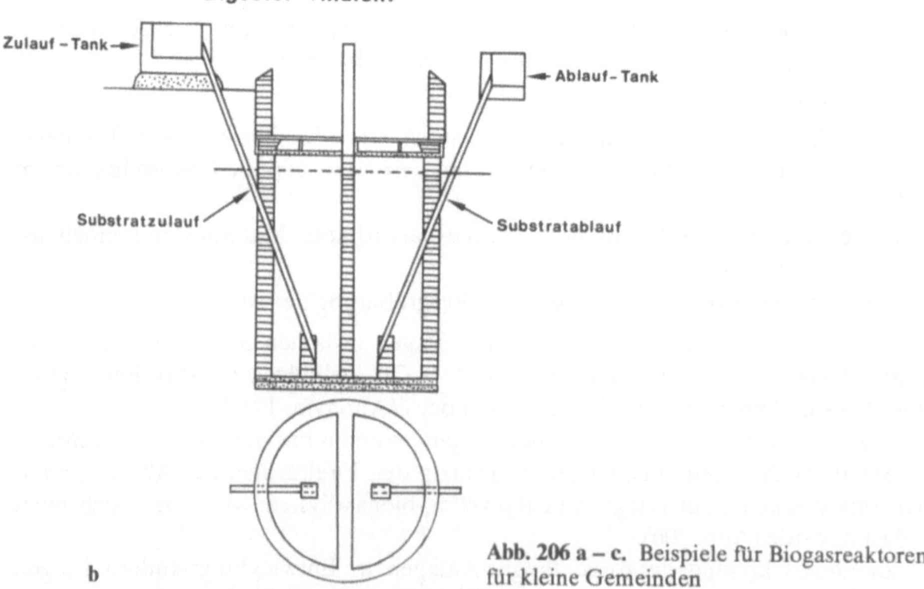

Abb. 206 a – c. Beispiele für Biogasreaktoren für kleine Gemeinden

Abflüsse aus den Molkereien (Platt, 1975), Mycelien aus der Antibioticaproduktion (Sonoda und Ono, 1965), Abfälle aus der Kautschukherstellung (Rajagopalan, 1976), sämtliche Stroharten, Sulfitablaugen (Tanaka et al., 1961), Rückstände aus Äthanol-Destillation, Aceton-Butanol-Gärung u. v. a. [Literatur vgl. Rehm (1967)] lassen sich zu Methan vergären. Dabei ist der erste Schritt, der Abbau der oft großen organischen Moleküle, z. B. Lignocellulose, am langwierigsten. Geeignete Vor-

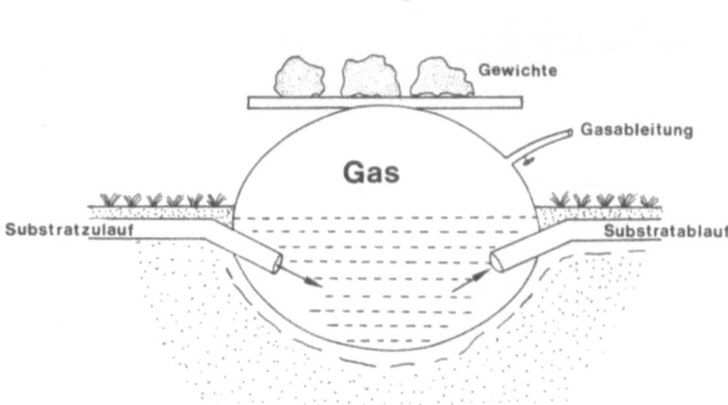

Abb. 206 c

behandlungsmethoden, wie z. B. Hitzebehandlung (McCarty et al., 1976), Behandlung mit Alkalien u. a. (vgl. Kap. 12), erleichtern oder beschleunigen eine anschließende Methanbildung.

Der Wirkungsgrad des Umsatzes organischen Materials in Methan durch Mikroorganismen ist nicht immer sehr gut, obwohl bis zu 60% Energieausnutzung bei der Methangärung mit Methanobakterien errechnet wurden (Lewis, 1976). Die Prozesse zur Methangärung sind noch keinesfalls auf einem Höchststand, und vor allem Transportprobleme wirken sich hinderlich auf Gärungsverfahren aus, so daß noch viele Probleme auf diesem Gebiet, das wahrscheinlich wegen der großen Mengen anfallender Rohstoffe eine wichtige Energiequelle auf der Erde erschließen wird, zu lösen sind (vgl. Hungate, 1976; Klemme, 1977; Clausen et al., 1979).

Aus den Produkten, die bei der Kohlevergasung entstehen (CO_2, H_2 und CO), wurde mit Mischkulturen aus einem Faulturm bei 37 °C eine Methanbildung von 25 mMol/g Zellen/h erhalten (4 mMol H_2/Mol CO_2). Bei einem Recycling der Zellen wurden die Zellausbeuten von 2,5 g/l auf 8,3 g/l erhöht (Wise et al., 1978).

7. Neue Entwicklungen in der Abwasserreinigung

Um den Flächenbedarf und die Baukosten für Kläranlagen zu verringern, sind mehrere Elemente der mechanischen und biologischen Klärung in einem Gebäude zusammengefaßt worden. Ein Beispiel ist bereits der zweistöckige Emscherbrunnen gewesen.

Das sog. Schreiber-Klärwerk ordnet Vor- und Nachreinigung im unteren Bauteil an, während die Tropfkörper im oberen Teil liegen (vgl. Abb. 207).

In einem Schachtelbecken mit Faulraum (Schmitz-Lenders) werden die mechanische Reinigung in der Mitte des Beckens, die Belebtschlammreinigung im mittleren Ring, die Nachklärung im äußeren Ring, die Schlammfaulung im unteren Schlammfaulraum untergebracht (Abb. 208).

Beim Aero-Accelerator der Fa. Lurgi ist die Belebtschlammstufe mit der Nachreinigung in einem Bauwerk zusammengefaßt (Abb. 209).

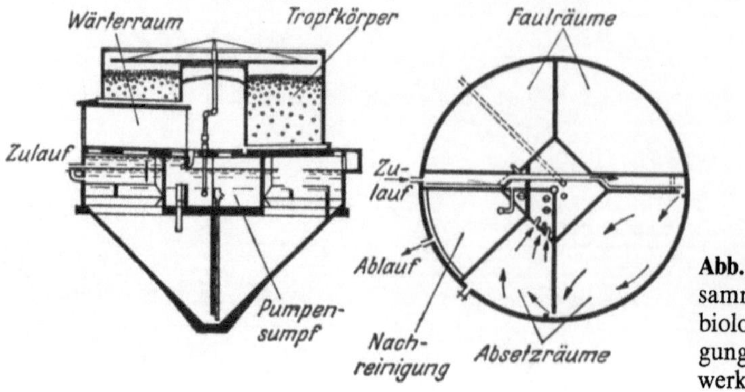

Abb. 207. In einer Einheit zusammengefaßte mechanisch-biologische Abwasserreinigungsanlage (Schreiber-Klärwerk) (W. Husmann, 1966)

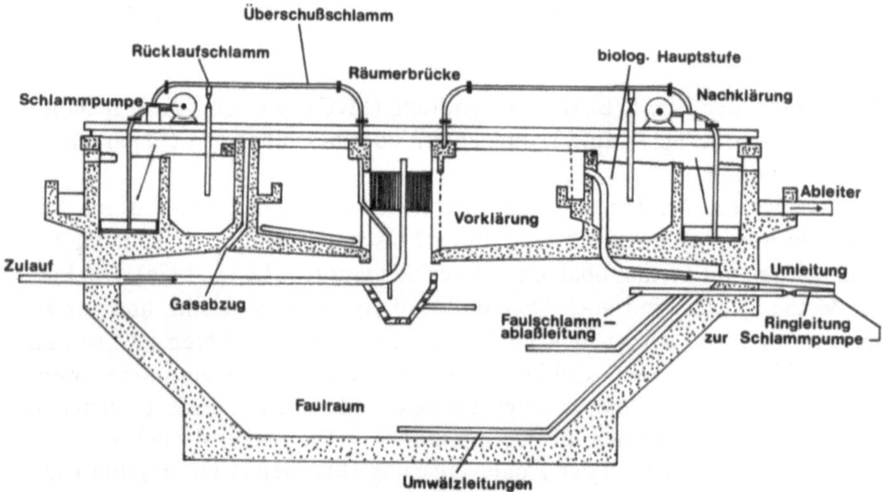

Abb. 208. Schachtelbecken mit darunter liegenden Schlammfaulräumen (nach Husmann, 1969)

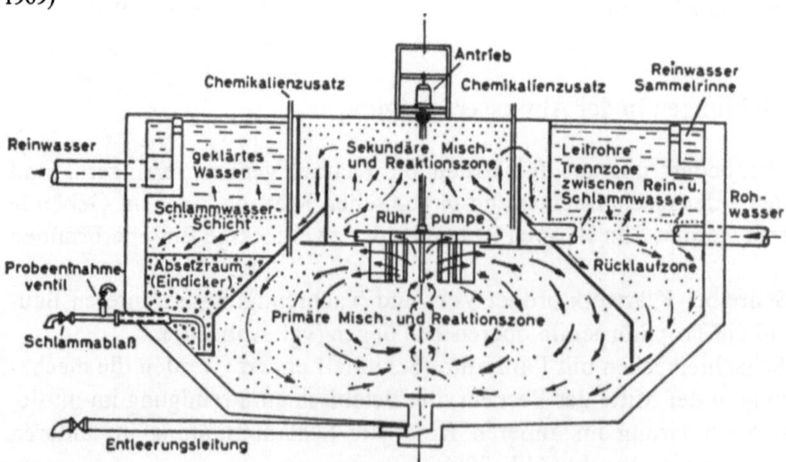

Abb. 209. Schema eines Aero-Accelerators (K. R. Dietrich: Ablaufverwertung und Abwasserreinigung i. d. biochem. Industrie, S. 90. Heidelberg: Hüthig Verlag, 1960)

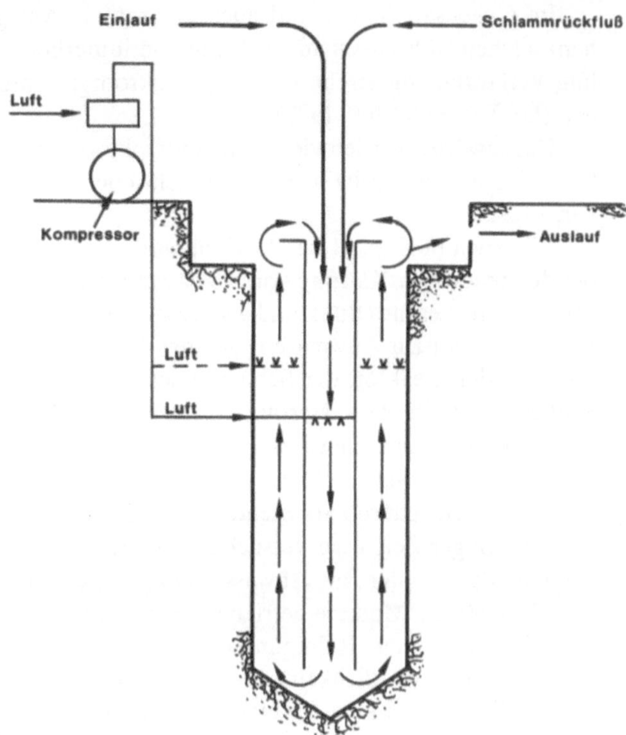

Abb. 210. Schachtanlage zur Abwasserreinigung

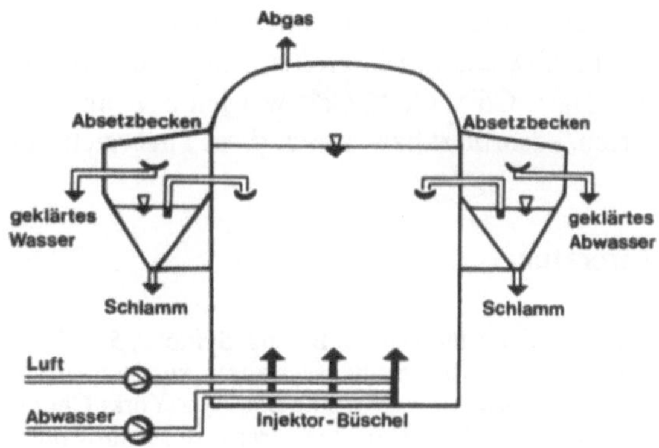

Abb. 211. Turmsystem zur Abwasserreinigung

Zur besseren Ausnutzung des Luft-O_2 hat die ICI eine Anlage konzipiert, die als
Schacht 100 m – 135 m tief in die Erde mit einem Durchmesser der Schächte von
0,30 m bis zu 10 m geführt wird. Der Reaktor ist wie ein Airlift-Fermenter konstruiert. Mit dieser raumsparenden Belebtschlammanlage müssen aber erst Erfahrungen gesammelt werden (Hines et al., 1975; Hoffmann-Walbeck, 1977)
(Abb. 210).

Bei einem System der Turmbiologie wird der Sauerstoff aus Gasblasen, die am
Boden des Turmreaktors eingeblasen werden, besonders gut ausgenutzt. Die
Abb. 211 zeigt dieses System (Bayer Abt. Umweltschutz), vgl. auch Leistner (1979).

Im Gegensatz hierzu sind auch horizontale Anlagen entwickelt worden. In einem solchen Röhrensystem wird eine kontinuierliche Abwasserreinigung im Recycling-Verfahren angestrebt, wobei die Mikroorganismen mit Druckluft belüftet werden (US-Pat. 3.732.160, 1973).

Gegenwärtig werden viele neue Bioreaktoren für die Abwasserreinigung entwickelt. Einige sind bereits in Kap. 9 beschrieben worden (vgl. auch Brauer und Sukker, 1978).

Wie auch in Kap. 41 beschrieben wird, versucht man neue Entwicklungen auch bei der anaeroben Klärung von Abwässern. Hierbei sind thermophile Verfahren sicherlich interessant (Buhr und Andrews, 1977). Seit einiger Zeit ist ein anaerober Festbettreaktor zur Anwendung gelangt. Bei diesem fließt das Abwasser seitlich von unten in den Reaktor, der Schlamm setzt sich unten in der Mitte ab. Das so vom Schlamm befreite Abwasser wird dann von unten durch den mit Kunststoffplatten oder -partikeln besetzten Festbettreaktor gedrückt. Die Klärung erfolgt hier anaerob. Das Gas entweicht oben, ebenso das gereinigte Abwasser (vgl. auch Loll, 1978), einen weiteren anaerob arbeitenden Festbettreaktor vgl. Genung et al. (1979).

Seit einiger Zeit wird versucht, freie oder trägergebundene Enzyme sowie trägergebundene Zellen zur Abwasserreinigung einzusetzen. Vor allem für Abwässer von Brauereien, Molkereibetrieben, Schlachthäusern etc. können gelöste Enzympräparationen einen Reinigungseffekt bewirken (Overbeck und Albrecht, 1976), wobei die Wirtschaftlichkeit erst kalkuliert werden muß.

Möglicherweise ist auch eine H_2-Bildung durch *Escherichia coli* aus Schlamm-Abbauprodukten, vor allem Acetat und Formiat, möglich (Zajic und Brosseau, 1977). Die Verwertung von kommunalen Abwässern als Substrat zur Proteinbildung vgl. Kap. 12, die von tierischen Abwässern vgl. Kap. 41.

Besondere Schwierigkeiten ergeben sich aus der Anhäufung von Schwermetallen in Abwässern. Ein großer Teil davon läßt sich nur chemisch beseitigen. Andere, wie Hg^{2+}, Cd^{2+}, Cu^{2+}, Cr^{6+} werden z. T. an tolerante Bakterien, z. B. *Pseudomonas*-Arten, adsorbiert bzw. durch diese angereichert (Tomoyeda et al., 1978).

Literatur

Andrews, J. F.: Biotechnol. Bioeng. Symp. *2*, 5 – 33 (1971)
Anonym: Deutsche Einheitsverfahren zur Wasser-, Abwasser- und Schlamm-Untersuchung. Loseblattsammlung. Weinheim, New York: Chemie 1960 – 1975
Anonymous: Report of the preparatory mission on biogas technology and utilization. (RAS/74/041/A/01/01) (1975)
Arima, K. (ed.): Microbiology for environment cleaning. Support Minist. Educ. 212204 – 1977 (1978)
Arima, K., Shoun, H., Yamashita, I., Anazawa, H., Beppu, T.: In: Microbiology for environment cleaning. Arima, K. (ed.), pp. 104 – 119. Support Minist. Educ. 212204 – 1977 (1978)
Balch, W. E., Fox, G. E., Magrum, L. J., Woese, C. R., Wolfe, R. W.: Microbiol. Rev. *43*, 260 – 296 (1979)
Berg, van den L.: Can. J. Microbiol. *23*, 898 – 902 (1977)
Berg, van den L., Plentz, C. P., Athey, R. J., Rooke, E. A.: Biotechnol. Bioeng. *16*, 1459 – 1469 (1974)
Biehlig, A.: Korrespondenz Abwasser *10*, 311 – 313 (1975)
Boyle, W. C.: In: Microbial energy conversion. Schlegel, H. G., Barnea, J. (eds.). Göttingen: Erich Goltze KG 1976

Brauer, H., Sucker, D.: 1. Eur. Congr. Biotechnol. Interlaken, Part *1*, 1 – 3 (1978). Frankfurt: DECHEMA 1978

Bryant, M. P.: In: Bergey's manual of determinative bacteriology, 8th ed. pp. 472 – 477. Baltimore: Williams & Wilkins Co. 1975

Bryant, M. P.: In: Microbial energy conversation. Schlegel, H. G., Barnea, J. (eds.), pp. 107 – 117. Göttingen: Erich Goltze KG 1976

Bryant, M. P., Wolin, E. A., Wolin, M. J., Wolfe, R. S.: Arch. Mikrobiol. *59*, 20 – 31 (1967)

Bryant, M. P., Varel, V. H., Frobish, R. A., Isaacson, H. R.: In: Microbial energy conversion. Schlegel, H. G., Barnea, J. (eds.), pp. 347 – 359. Göttingen: Erich Goltze KG 1976

Buhr, H. O., Andrews, J. F.: Water Res. *11*, 129 – 143 (1977)

Carlson, C. G.: 5th Int. Ferment. Symp. Dellweg, H. (ed.), p. 337. Berlin 1976

Chalmers, R. K.: In: Industrial aspects of biochemistry, Part I. Proc. 9th FEBS Meet. 1973. Spencer, B. (ed.), pp. 431 – 454. Amsterdam, London, New York: North Holland/American Elsevier 1974

Church, B. D., Nash, H. A., Brosz, W.: Dev. Ind. Microbiol. *13*, 30 – 46 (1972)

Clausen, E. C., Sitton, O. C., Gaddy, J. L.: Biotechnol. Bioeng. *21*, 1209 – 1219 (1979)

Compere, A. L., Griffith, W. L.: Dev. Ind. Microbiol. *18*, 717 – 722 (1977)

Dawson, R. W., Murphy, K. L.: In: Advances in water pollution research. Jenkins, S. H. (ed.), pp. 671 – 680. Oxford: Pergamon Press 1973

Dias, F. F., Bhat, J. V.: Appl. Microbiol. *13*, 257 – 261 (1965)

Diener, U. L., Morgan-Jones, G., Hagler, W. M., Jr., Davis, N. D.: Mycopathologia *58*, 115 – 116 (1976)

Dietrich, K.-R.: Die Abwassertechnik. Heidelberg: Dr. Alfred Hüthig 1968

Dodd, D. J. R., Bone, D. H.: Water Res. *9*, 323 – 328 (1975)

Dondero, N. C.: Adv. Appl. Microbiol. *3*, 77 (1961)

Duddles, G. A., Richardson, S. E., Barth, E. F.: J. Water Pollut. Control. Fed. *46*, 937 – 946 (1974)

Eckenfelder, W. W., Goodman, B. L., Englande, A. J.: Adv. Biochem. Eng. *2*, 146 – 180 (1972)

Farrar, L., Hedrick, H. G.: Dev. Ind. Microbiol. *14*, 376 – 384 (1973)

Ferry, J. G., Wolfe, R. S.: Arch. Mikrobiol. *107*, 33 – 40 (1976)

Finn, R. K.: Abstr. 5th Int. Ferment. Symp. Dellweg, H. (ed.), p. 343. Berlin 1976

Focht, D. D., Chang, A. C.: Adv. Appl. Microbiol. *19*, 153 – 186 (1975)

Fujita, M., Hashimoto, S.: J. Ferment. Technol. *54*, 659 – 666 (1976)

Fukui, S.: In: Microbiology for environment cleaning. Part I, II, III. Arima, K. (ed.), pp. 251 – 254, 254 – 259, 259 – 271. Support Minist. Educ. 212204 – 1977 (1978)

Gaudy, A. F., Gaudy, E. T.: Annu. Rev. Microbiol. *20*, 319 – 336 (1966)

Gaudy, A. F., Gaudy, E. T.: Adv. Biochem. Eng. *2*, 97 – 143 (1972)

Genung, R. K., Million, D. L., Hancher, C. W., Pitt, W. W., Jr.: Biotechnol. Bioeng. Symp. *8*, 329 – 344 (1979)

Glathe, H.: Wintertag. Österr. Ges. Land-Forstwirtschaftspolitik, 261 – 271 (1975)

Hartmann, H.: Untersuchungen über die biologische Reinigung von Abwasser mit Hilfe von Tauchtropfkörpern. München: Oldenbourg 1960

Hartmann, L.: Berichte 1970- ff. Inst. Ing.-Biol. Biotechn. Abwassers. Univ. Karlsruhe (1970)

Hawkes, H. A.: In: Waste treatment. Isaac, P. C. G. (ed.), pp. 52. Oxford: Pergamon Press 1960

Hines, D. A., Bailey, M., Ousby, J. C., Roesler, F. C.: Water Wastes Eng. *12*, 59 – 64 (1975)

Hobson, P. N., Bousfield, S., Summers, R.: In: CRC critical reviews in environmental control. pp. 131 – 191. Cleveland: Chemical Rubber Co. 1974

Hoffmann-Walbeck, H. P.: Zucker *30*, 204 – 209 (1977)

Hughes, L. N., Meister, J. F.: J. Wat. Pollut. Control Fed. *44*, 1581 – 1600 (1972)

Hungate, R. E.: In: Microbial energy conversion. Schlegel, H. G., Barnea, J. (eds.), pp. 339 – 346. Göttingen: Erich Goltze KG 1976

Husmann, W.: Praxis der Abwasserreinigung, 3. Aufl. Berlin, Heidelberg, New York: Springer 1969

Imhoff, K., Imhoff, K. R.: Taschenbuch der Stadtentwässerung. München, Wien: R. Oldenbourg 1976

Jenkins, D.: In: Biochemistry of industrial microorganisms. Rainbow, C., Rose, A. H. (eds.), pp. 508–536. London, New York: Academic Press 1963

Johnson, W. F., Hindin, E.: Water Sewage Works *119*, 95–97 (1972)

Jones, G. L.: Process Biochem. *11*, 3–5, 24 (1976)

Kandler, O.: Naturwiss. *66*, 95–105 (1979)

Klapproth, H.: Chem. Ztg. *100*, 57–68 (1976)

Klemme, J.-H.: Naturwiss. Rundsch. *30*, 43–46 (1977)

Kollins, S. A.: Adv. Appl. Microbiol. *8*, 145–193 (1966)

Konstandt, H. G.: In: Microbial energy conversion. Schlegel, H. G., Barnea, J. (eds.), pp. 379–398. Göttingen: Erich Goltze KG 1976

Krul, J. M.: Water Res. *10*, 337–341 (1976)

Leistner, G.: Forum Städte-Hygiene *30*, 70–73 (1979)

Lemke, J. R., Mack, K.: Dechema Monographien. Rehm, H. J. (Hrsg.), Vol. 81, S. 233–242. Weinheim, New York: Chemie 1977

Leuchs, H.: Forum Städte-Hyg. *28*, 250–251 (1977)

Lewis, C.: Process Biochem. *11*, 29 (1976)

Loll, U.: Wasser Abwasser *115*, 191–198 (1974)

Loll, U.: In: Microbial energy conversion. Schlegel, H. G., Barnea, J. (eds.), pp. 361–378. Göttingen: Erich Goltze KG 1976 a

Loll, U.: Prog. Water Technol. *8*, 373–379 (1976 b)

Loll, U.: In: Forschung aktuell, Biotechnologie. S. 180–194. Frankfurt: Umschau 1978

Mah, R. A., Ward, D. M., Baresi, L., Glass, T. L.: Annu. Rev. Microbiol. *31*, 309–341 (1977)

Matsché, N. F., Spatzierer, G., Usrael, G.: 5th Int. Ferment. Symp. Dellweg, H. (ed.), p. 339. Berlin 1976

McCarty, P. L., Young, L. Y., Gossett, J. M., Stuckey, D. C., Healy, J. B., Jr.: In: Microbial energy conversion. Schlegel, H. G., Barnea, J. (eds.), pp. 179–199. Göttingen: Erich Goltze KG 1976

Meinck, F., Stooff, H., Kohlschütter, H.: Industrie-Abwässer, 4. Aufl. Stuttgart: Gustav Fischer 1968

Mitchell, J. C. V.: Process Biochem. *10*, 32–33 (1975)

Miyaji, Y., Kato, K.: Water Res. *9*, 95–101 (1975)

Mohan, R. R., Li, N. N.: Biotechnol. Bioeng. *17*, 1137–1156 (1975)

Mouchet, J., Escallier, G., Devouloux, J.: Bull. Acad. Natl. Méd. *159*, 672–676 (1975)

Mulbarger, M. C.: J. Water Pollut. Control. Fed. *43*, 2059–2070 (1971)

Nebiker, H.: Chem. Rundsch. *29*, (47), 6–7 (1976)

Opelt, F.: Stärke *17*, 301–304 (1965)

Overbeck, J., Albrecht, D.: Abstr. 5th Int. Ferment. Symp. Dellweg, H. (ed.), p. 346. Berlin 1976

Pacey, J.: Proc. 4th Nat. Congr. Waste Manage. Technol. Resource Energy Recovery. USEPA. SW-8p, 168–190 (1976)

Payne, W. J.: Bacteriol. Rev. *37*, 409–452 (1973)

Pfeffer, J. T.: In: Microbial energy conversion. Schlegel, H. G., Barnea, J. (eds.), pp. 139–155. Göttingen: Erich Goltze KG 1976

Pfeffer, J. T., Liebman, J. C.: Resource Recovery Conservation *1*, 3 (1976)

Pipes, W. O.: Adv. Appl. Microbiol. *24*, 85–127 (1978)

Platt, B.: N. Z. J. Agric. *130*, 35 (1975)

Porges, N.: Adv. Appl. Microbiol. *2*, 1 (1960)

Porges, R., Mackenthun, K. M.: Biotechnol. Bioeng. *5*, 255–273 (1963)

Rajagopalan, K.: Can. J. Microbiol. *22*, 342–346 (1976)

Reddy, C. A., Bryant, M. P., Wolin, M. J.: J. Bacteriol. *109*, 539–545 (1972)

Rehm, H. J.: Industrielle Mikrobiologie. Berlin, Heidelberg, New York: Springer 1967

Safhay, M.: Water Wastes Eng. *13*, 30–31, 50 (1976)

Samsel, G. L., Jr.: Dev. Ind. Microbiol. *15*, 303–308 (1974)

Schertz, G., Schweisfurth, R.: Gesund. Ing. *84*, 145–150 (1963)

Schlegel, H. G., Barnea, J. (eds.): Microbial energy conversion. Göttingen: Erich Goltze KG 1976

Schlegel, H. G., Gottschalk, G., Pfennig, N.: Symposium on microbial production and utilization of gas. (H_2, CH_4, CO). Göttingen: Erich Goltze KG 1976

Schmidt-Holthausen, H. J.: Process Biochem. *11*, 27 – 30 (1976)

Schönborn, W.: Unsere Umwelt *1*, 5 – 8 (1972)

Schweisfurth, R., Schertz, G.: Gesund. Ing. *83*, 273 (1962)

Seyfried, C. F.: In: Industrial aspects of biochemistry, Part I. Proc. 9th FEBS Meet. Spencer, B. (ed.), pp. 405 – 429. Amsterdam, London, New York: North Holland/American Elsevier 1974

Shimizu, T., Furuki, T., Waki, T.: In: Microbiology for environment cleaning. Arima, K. (ed.), pp. 280 – 292. Support Minist. Educ. 212204 – 1977 (1978)

Sierp, F.: Die gewerblichen und industriellen Abwässer. Berlin, Heidelberg, New York: Springer 1966

Sonoda, Y., Ono, H.: Kogyo Gijutsuin, Hakko Kenkyusho Kenkyu Hokoku *27*, 53 – 59 (1965)

Stadtman, Th. C.: Annu. Rev. Microbiol. *21*, 121 – 142 (1967)

Steldern, von D., Ottow, J. C. G., Loll, U.: Z. Allg. Mikrobiol. *14*, 229 – 236 (1974)

Strom, P. F., Matulewich, V. A., Finstein, M. S.: Appl. Environ. Microbiol. *31*, 731 – 737 (1976)

Taber, W. A.: Annu. Rev. Microbiol. *30*, 263 – 277 (1976)

Tanaka, M., Seiko, Y., Kasahara, A., Ono, H.: Hakko Kyokaishi *19*, 167, 172, 453 (1961)

Tomoyeda, M., Horitsu, H., Shimidzu, H.: In: Microbiology for environment cleaning. Arima, K. (ed.), pp. 368 – 378. Support Minist. Educ. 212204 – 1977 (1978)

Toókos, I.: In: Industrial aspects of biochemistry, Part I. Proc. 9th FEBS Meet. Spencer, B. (ed.), 379 – 403. Amsterdam, London, New York: North Holland/American Elsevier 1974

Triebel, W.: Lehr- und Handbuch der Abwassertechnik. Abwassertechnische Vereinigung e.V., St. Augustin, 2. Aufl. Bd. I, 1973; Bd. II, 1975; Bd. III, 1978

Ueda, S., Sambuichi, M., Fujio, Y.: In: Microbiology for environment cleaning. Arima, K. (ed.), pp. 215 – 222. Support Minist. Educ. 212204 – 1977 (1978)

Vogt, M.: Arch. Mikrobiol. *50*, 256 – 281 (1965)

Wise, D. L., Cooney, C. L., Augenstein, D. C.: Biotechnol. Bioeng. *20*, 1153 – 1172 (1978)

Wuhrmann, K.: Verh. Int. Ver. Limnol. *15*, 580 – 596 (1963)

Wuhrmann, K.: Adv. Appl. Microbiol. *6*, 119 – 151 (1964)

Zajic, J. E., Brosseau, J. D.: Dev. Ind. Microbiol. *18*, 637 – 647 (1977)

Zeikus, J. G.: Bacteriol. Rev. *41*, 514 – 541 (1977)

Zeltner, E.: Chem. Rundsch. *30*, 10 – 15 (1977)

Kapitel 41 Verwertung landwirtschaftlicher Abfälle

1. Allgemeines

Landwirtschaftliche Betriebe haben bis vor kurzer Zeit ihre Abfälle, die vor allem aus tierischen Fäkalien vermischt mit Stroh bestanden, als Mist in fester und zuletzt immer mehr in flüssiger Form auf das Feld gebracht und so praktisch im „Recycling" verwertet. Die immer größere Intensität der Viehwirtschaft, die Verwendung künstlicher Dünger, die Massenviehhaltung wie z. B. Rinder, Schweine und Geflügel, haben den Anfall an tierischen Abfällen außerordentlich vermehrt, so daß eine Beseitigung durch Verwendung als Dünger nicht mehr möglich ist und daher Verfahren zur Verwertung entwickelt wurden.

Biologisch sind die cellulosehaltigen Anteile der tierischen Abfälle eine Cellulose-Verwertung (vgl. Kap. 12), die z. T. auch zur Biogasproduktion führen kann (vgl. Kap. 40). Die tierischen Fäkalien enthalten daneben aber auch Harnstoff oder Harnsäuren, Fette, Proteine, Geruchsstoffe u. v. a. Substanzen, die biotechnologisch umgesetzt werden müssen und möglichst wieder in den Fütterungsprozeß eingeschleust werden sollten. Es wird also ein echtes Recycling angestrebt.

Tabelle 84. Mittlere Konzentrationen in unverdünnten tierischen Exkrementen und kommunalem Abwasser (nach Thaer, 1978, Literatur vgl. dort)

Herkunft	Trocken-masse %	Organische Substanz %	BSB_5 mg/l	CSB mg/l
Milchkühe	11,5	9	15 000	115 000
Mastschweine	8,5	6,5	30 000	75 000
Hühner	22	17	40 000	125 000
kommunales Abwasser	0,09	0,05	300	

Im Vergleich zu kommunalen Abwässern sind die tierischen Abwässer außerordentlich reich an organischer Substanz (vgl. Tabelle 84).

Literatur über die Zusammensetzung tierischer Abfälle vgl. Taiganides (1977), über die Behandlung von Abwässern in der Landwirtschaft vgl. Loehr (1974); Hobson (1977); Thaer (1978).

Einige Verfahren sollen als Beispiele beschrieben werden, soweit sie nicht bereits in den vorhergehenden Kap. 12 und 40 dargestellt wurden. Verfahren zur Verwertung landwirtschaftlicher Abfälle lassen sich folgendermaßen einteilen (Abb. 212):

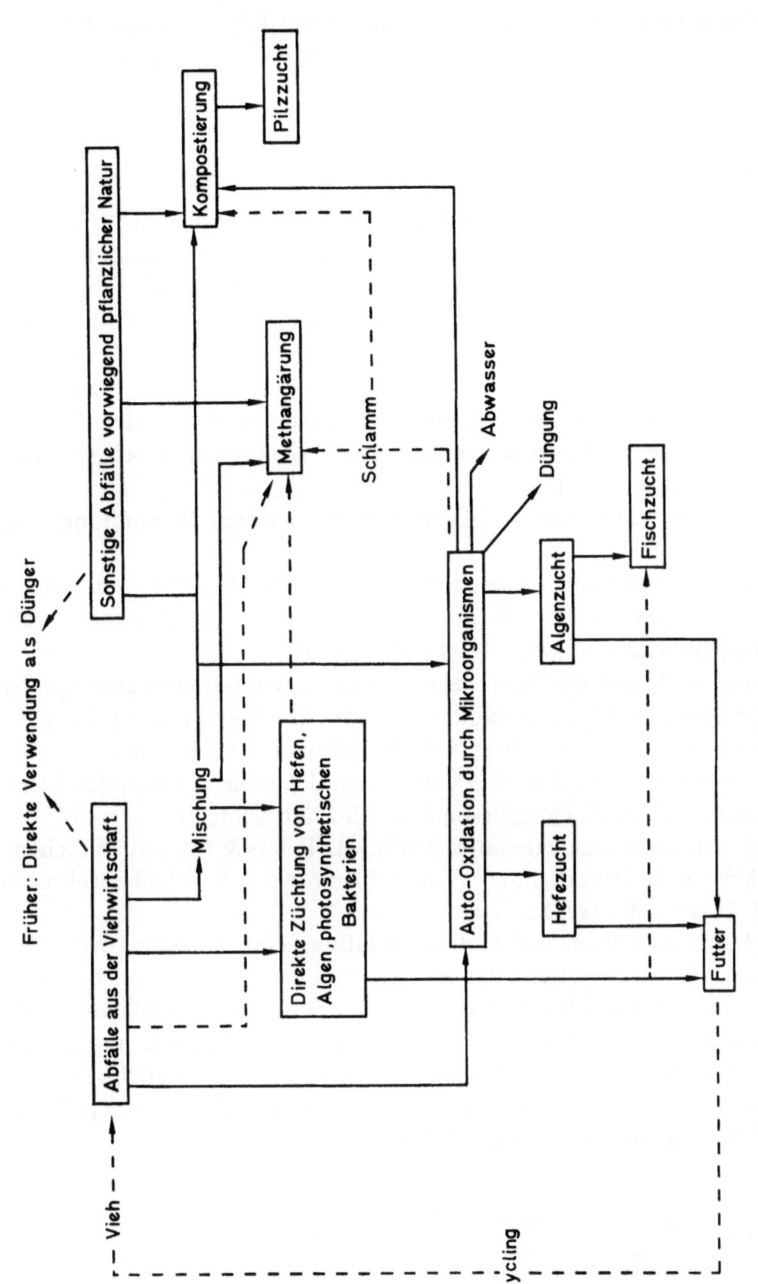

Abb. 212. Verfahren zur Verwertung landwirtschaftlicher Abfälle

2. Verfahren

Im wesentlichen sollen Verfahren zur Beseitigung tierischer Abfälle aus der Massentierhaltung beschrieben werden. Bei dieser fällt das ganze Jahr über ein relativ gleichmäßiger Flüssigmist an, so daß es möglich ist, kontinuierliche Verfahren zu seiner Beseitigung anzuwenden.

a) Autoxidations-Verfahren

Bei sämtlichen Autoxidations-Verfahren wird der Flüssigmist nach Einblasen von Luft durch die im Mist vorhandene Mikroflora oxidiert. Dabei werden Geruchsstoffe abgebaut, das Substrat erhitzt sich, viele organische Substanzen werden oxidiert und gehen als CO_2 und NH_3 in die Atmosphäre. Je nach Erhitzungsgrad ist der behandelte Flüssigmist mehr oder weniger frei von *Salmonella* (Strauch et al., 1970). Bei nicht isolierten, belüfteten Fermentationen erreicht Rindermist ca. 30 °C, Schweinegülle im Schnitt über 40 °C (Rüprich, 1974). Werden die Behälter isoliert, sind die Temperaturen wesentlich höher, sie erreichen bei Schweinemist bis zu 73 °C (Traulsen, 1971).

Die Abb. 213 zeigt Möglichkeiten zur aeroben Behandlung von Flüssigmist (Baader, 1978).

In ausgezeichneten Übersichten haben Baader (1978) und Thaer (1978) den gegenwärtigen Stand der Kenntnisse auf dem Gebiet der aeroben Behandlung von Flüssigmist dargestellt, viel Literatur vgl. dort.

Die Belüftung geht beim bekanntesten Autoxidations-Verfahren (System Fuchs) mit einem Spezialansaugbelüfter vor sich (vgl. Abb. 214 a, b). Sein als Zentrifugalturbine ausgebildeter Rührer wirft die Flüssigkeit an einem Leitschild entlang. Angesogene Luft und Flüssigkeit vermischen sich innig miteinander. Der sich bildende Schaum wird durch einen besonderen „Schaumschneider" zerstört.

Ein anderer Ansaugbelüfter wurde von Peters & Co. mit ähnlichem Prinzip entwickelt, auch Druckbelüfter (Typ Völkenrode) mit Scheibenrührer sind geeignet (vgl. Thaer et al., 1975).

Mit Hilfe solcher und anderer Belüftungseinrichtungen, wie z. B. Paddelbelüftungen, Bürstenbelüfter oder andere Belüfter, mit denen Oberflächenluft in die Flüssigkeit eingeschlagen wird, lassen sich Schweinegülle (Baader et al., 1977) sowie Rinderflüssigmist (Thaer et al., 1973) gut durchoxidieren und hygienisch entseuchen (Grabbe, 1972; Thaer et al., 1975; vgl. auch besonders Loehr, 1974). Über den Sauerstoffeintrag in biologischen Suspensionen vgl. Daucher (1978), über den Einfluß der Temperatur vgl. Loll (1978).

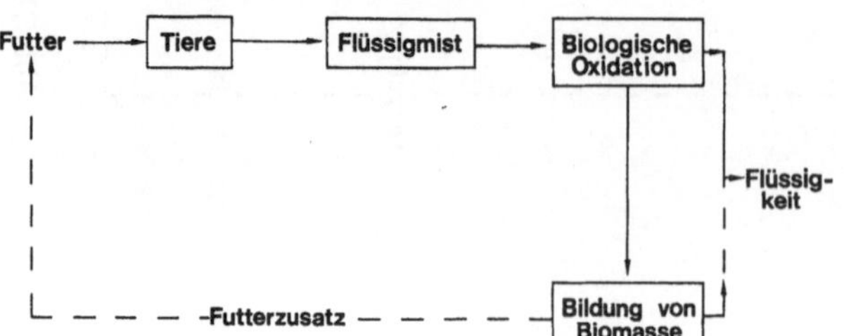

Abb. 213. Recycling von Flüssigmist

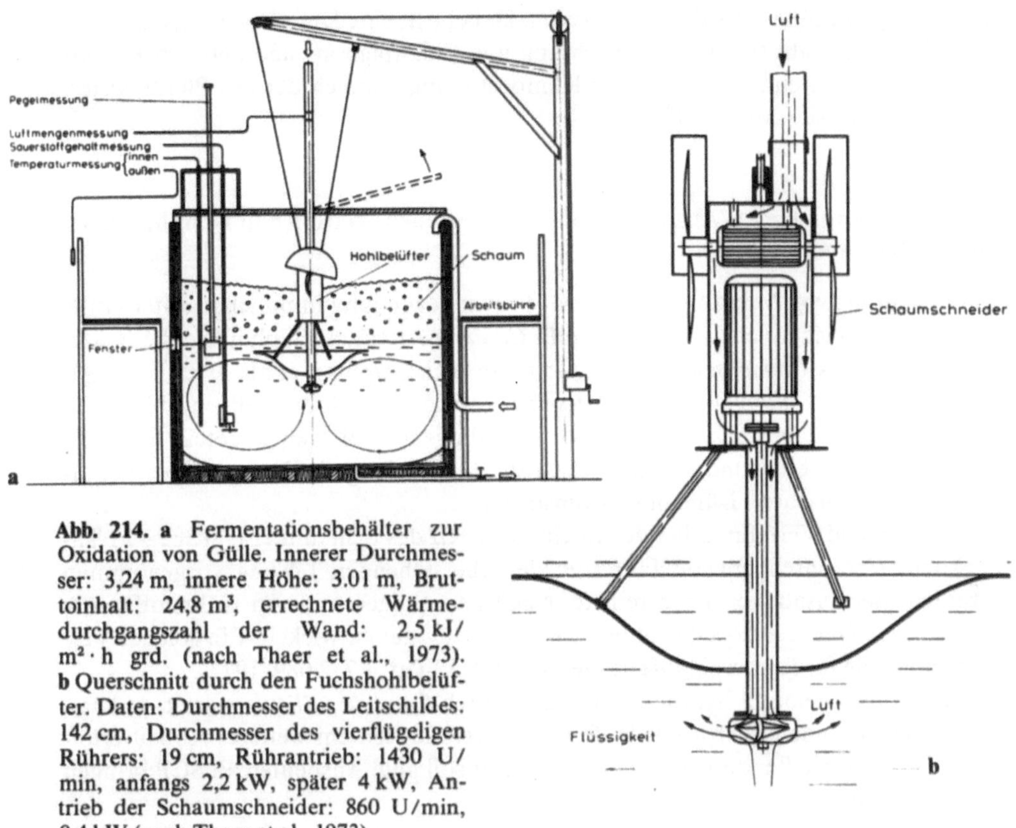

Abb. 214. a Fermentationsbehälter zur Oxidation von Gülle. Innerer Durchmesser: 3,24 m, innere Höhe: 3.01 m, Bruttoinhalt: 24,8 m³, errechnete Wärmedurchgangszahl der Wand: 2,5 kJ/m² · h grd. (nach Thaer et al., 1973). **b** Querschnitt durch den Fuchshohlbelüfter. Daten: Durchmesser des Leitschildes: 142 cm, Durchmesser des vierflügeligen Rührers: 19 cm, Rührantrieb: 1430 U/min, anfangs 2,2 kW, später 4 kW, Antrieb der Schaumschneider: 860 U/min, 0,4 kW (nach Thaer et al., 1973)

b) Verwertung der autoxidierten Lösungen

Die autoxidierten Lösungen sind frei von pathogenen Keimen (Wassen und Strauch, 1976) und lassen sich zur Züchtung von Algen, z. B. *Chlorella* oder *Scenedesmus,* verwenden. Wichtig ist, daß die betreffenden Stämme rechtzeitig an die Substrate adaptiert werden. Die Züchtung erfolgt im Meander-Becken unter minimaler Bewegung (DB-Pat. 2.519.608, 1977). Anstelle der Algen können auch Hefen nach Zusatz von C-Quellen in den Lösungen gezüchtet werden. Dabei lassen sich die gesamten oxidierten Lösungen von Schweinegülle mit den anschließend gezüchteten Mikroorganismen als Futter für Schweine mit sehr gutem Erfolg verwerten, so daß ein weitgehendes Recycling erreicht worden ist.

c) Behandlung von tierischen Abfällen mit mycelbildenden Mikroorganismen

Rinderflüssigmist wird nach Filtration von mehr als 200 mycelbildenden Pilzen und Streptomyceten als Substrat verwertet, ca. 20% davon wachsen schnell auf diesem Substrat mit Mycelausbeuten von 0,6 g/l – 2,7 g/l, wobei 21% – 50% des Stickstoffs verwertet werden. Besonders *Fusarium oxysporum, Aspergillus, Alternaria* und *Trichoderma viride* (Weiner und Rhodes, 1974) sowie *Coprinus macrorhizus, Mucor* und *Helminthosporium* (Tanaka et al., 1976) sind geeignet. Bei den letzteren wird auch Schweinegülle als Substrat verwertet. Dabei tritt eine Desodorierung ein.

Rindermist läßt sich gut zur Züchtung von Champignons und anderen Hutpilzen verwerten, wenn eine geeignete Kompostierung, ähnlich der des Pferdemistes, stattgefunden hat (Grabbe, 1975).

d) Züchtung von Hefen/Algen und photosynthetischen Bakterien in nicht behandelten tierischen Abwässern

Die Züchtung von Mikroorganismen zur Proteingewinnung in unbehandelter Gülle wird immer wieder versucht. Hefen (z. B. *Candida*-Arten), auch phototrophe Bakterien [besonders *Rhodopseudomonas gelatinosa* (vgl. Shipman et al., 1975)] und Algen (besonders *Chlorella* und *Scenedesmus*) entwickeln sich befriedigend bis gut in solchen Substraten. *Candida utilis* bildet allerdings nur rel. wenig Protein (ca. 30%) in den Zellen (Thiele und Rehm, 1980). Ihre Verwendung als Futter ist aber vor allem aus hygienischen Gründen sehr umstritten.

Besser sind Verfahren, bei denen ein Absitzen des Schlammes (7 Tage – 21 Tage) und eine anschließende Filtration der überstehenden Lösung vorgenommen werden. Bei Zusatz von Brauereihefe, NaCl und einigen anderen Nährstoffen hat sich *Chlorella* in der überstehenden Lösung relativ gut entwickelt. Ein solches Verfahren wurde für Rinderabläufe ausgearbeitet (US-Pat. 3.732.089, 1973).

Wird die chemisch hydrolysierte Gülle durch *Candida utilis* verwertet, so kann in einem folgenden Schritt mit Hilfe von Mycelbildnern ein weiterer Abbau erfolgen. Eine anschließende Züchtung von *C. utilis* soll gute Ausbeuten an SCP bringen (Savage et al., 1977).

e) Anaerobe Behandlung von tierischen Abwässern

In einem neuentwickelten Prozeß wird versucht, unter anaeroben Bedingungen tierische Abwässer zu stabilisieren und zu desodorieren. Hierbei wird mit einem geschlossenen Reaktor gearbeitet, in dem ein Teil des gebildeten Schlammes zurückbehalten wird. Die Vergärung ist mit einer Methanbildung verbunden. Es ist gelungen, auf diese Weise im halbtechnischen Verfahren Abläufe von Schweinezuchten (v. Velsen, 1977) und andere Abläufe zu stabilisieren. Verfahrensbeschreibung vgl. Lettinga et al. (1977). Ein weiteres Verfahren vgl. Moo-Young et al. (1979).

f) Desodorierungs-Verfahren mit Mikroorganismen

Die Desodorierung von Schweinegülle und Hühnerexkrementen ist ein besonderes Problem. In den geschilderten Verfahren wurden bereits gute Effekte hierzu erreicht. Flüssigkeiten lassen sich durch Besprühen auf Mikroorganismenkulturen, die als Filme auf Trägerstoffen ausgebildet worden waren, desodorieren (Vasseur und Monrocq, 1975). Weiterhin kann mit Puder getrockneter Zellen und Conidien von *Aspergillus oryzae*, der den betreffenden Substraten zugesetzt wird, eine Desodorierung erreicht werden (GB-Pat. 1.285.093, 1972).

In den meisten Fällen wird aber die oxidative Behandlung in den Klärverfahren den größten Teil des Geruches beseitigen müssen, damit eine Ausbringung des stabilen Flüssigmistes auf das Feld möglich ist (vgl. Bardtke, 1978).

Eine Hefeentwicklung in Flüssigmist vermindert den Geruch wesentlich (Tochikura et al., 1978).

Literatur

Baader, W.: Grundl. Landtech. *28,* 33 – 35 (1978)

Baader, W., Bardtke, D., Grabbe, K., Tietjen, C.: In: Abfälle aus der Tierhaltung. Stuttgart: Eugen Ulmer 1977

Bardtke, D.: Grundl. Landtech. *28,* 81 – 83 (1978)

Daucher, H.-H.: Grundl. Landtech. *28,* 47 – 53 (1978)

Grabbe, K.: Landbauforsch. Völkenrode Sonderh. *14* (1972)

Grabbe, K.: Sonderh. Ber. Landwirtsch. *192,* 882 – 902 (1975)

Hobson, P. N.: Waste treatment in agriculture. Applied Science Publishers LTD 1977

Lettinga, G., van Velsen, A. F. M., Hobma, S.: Extern *6,* 379 – 395 (1977)

Loehr, R. C.: Agricultural waste management. London, New York: Academic Press 1974

Loll, U.: Grundl. Landtech. *28,* 60 – 64 (1978)

Moo-Young, M., Moreira, A. R., Daugulis, A. J., Robinson, C. W.: Biotechnol. Bioeng. Symp. *8,* 205 – 218 (1979)

Rüprich, W.: Landtechnik *29,* 62 – 67 (1974)

Savage, J., Maxwell, W. A., Chase, T., MacMillan, J. D.: In: Global impacts of applied microbiology, Part II. 4th Int. Conf. Furtado, J. S. (ed.), pp. 967 – 977 (1977)

Shipman, R. H., Kao, I. C., Fan, L. T.: Biotechnol. Bioeng. *17,* 1561 – 1570 (1975)

Strauch, D., Müller, W., Best, E.: Landtech. Forsch. *18,* 147 – 150 (1970)

Taiganides, E. P.: Animal wastes. Applied Science Publishers LTD 1977

Tanaka, Y., Hayashida, S., Hongo, M.: J. Ferment. Technol. *54,* 333 – 339 (1976)

Thaer, R.: Grundl. Landtech. *28,* 36 – 46 (1978)

Thaer, R., Ahlers, R., Grabbe, K.: Landbauforsch. Völkenrode Sonderh. *23,* 117 – 126 (1973)

Thaer, R., Ahlers, R., Grabbe, K.: Sonderh. Ber. Landwirtsch. *192,* 836 – 881 (1975)

Thiele, H., Rehm, H. J.: Europ. J. Appl. Microbiol. Biotechnol. (1980 in press)

Tochikura, T., Tachiki, T., Yano, T., Moriguchi, M., Kimura, A.: In: Microbiology for environment cleaning. Arima, K. (ed.), pp. 612 – 620. Support Minist. Educ. 212204 – 1977 (1978)

Traulsen, H.: KTBL-Ber. Landtech. *147,* (1971)

Vasseur, J., Monrocq, H.: Porc *46,* 9 – 15 (1975)

Velsen, van A. F. M.: Neth. J. Agric. Sci. *25,* 151 – 169 (1977)

Wassen, H., Strauch, D.: Berl. Münch. Tierärztl. Wochenschr. *89,* 96 – 98 (1976)

Weiner, B. A., Rhodes, R. A.: Appl. Microbiol. *28,* 845 – 850 (1974)

Kapitel 42 Müll- und Schlammverwertung durch Kompostierung

1. Allgemeines und Mikroorganismen

Sowohl Müll als auch Schlamm können in geeigneten Anlagen verbrannt werden. Häufig, z. B. dann, wenn sich vorkommende Inhaltsstoffe nicht biologisch abbauen lassen (u. a. bei hohem PVC-Anteil) oder wenn giftige Substanzen über eine gewisse Toleranzgrenze darin enthalten sind, die sich durch eine Verbrennung unschädlich machen lassen, ist dies das einzige Mittel der Wahl.

In vielen Fällen ist aber ein biologischer Abbau möglich, der über den Weg der Kompostierung erfolgt. Bei derartigen Verfahren werden durch Mischung von Siedlungs- oder Hausmüll mit Schlamm aus Kläranlagen bei Vorhandensein von genügend O_2 im Substrat mehr oder weniger schnell mikrobielle Veränderungen provoziert, bei denen durch thermophile Mikroorganismen häufig Temperaturen über 60 °C entstehen und pathogene Keime zumeist abgetötet oder zumindest stark dezimiert werden. Wird – wie in seltenen Fällen – ein bereits vergorener Schlamm verwendet, sollte dieser ohnehin bereits weitgehend frei von pathogenen Organismen sein, obwohl dies in letzter Zeit immer mehr angezweifelt wird.

Über die Mikrobiologie von Komposten und städtischen Schlämmen gibt es eine ausführliche Zusammenstellung von Finstein und Morris (1975). Danach kann man die vielen verschiedenen Kompostierungsverfahren aus mikrobiologischer Sicht in zwei Verfahrensgruppen einteilen: batch- und kontinuierliche Verfahren. Die Tabelle 85 zeigt wichtige Besonderheiten dieser Verfahrenstypen.

Die mikrobiellen Temperaturerhöhungen führen nach zwei oder mehr Tagen bis zu 70 °C und können sogar in Ausnahmefällen bis auf 78 °C in drei oder noch mehr Schüben ansteigen (Kane und Mullins, 1973). Bei diesen Temperaturen entwickeln sich vor allem thermophile Bakterien, da die Pilze (auch *Aspergillus fumigatus* und *Mucor pusillus*) zumeist bereits bei maximal 62 °C – 63 °C kaum noch lebensfähig waren, nur *Scopulariopsis murina* scheint zu überleben (Samson und von Klotopek, 1972). Vor allem *Bacillus stearothermophilus* und *B. coagulans* sind als thermophile Bakterien häufig. Hinzu kommen im mittleren thermophilen Bereich *Streptomyces*-Arten, wobei *Thermoactinomyces, Thermomonospora* u. a. auch bei höheren Temperaturen wachsen können (Lacey, 1973). Eine genaue Bestimmung der Sukzessionen steht noch aus (Finstein und Morris, 1975; vgl. auch Niese, 1978).

2. Technische Verfahren

Für die praktische Kompostierung ist eine ganze Anzahl von Verfahren entwickelt worden, von denen die meisten mit einer Vermischung von sortiertem Müll – vorwiegend Hausmüll – mit nicht vergorenem Abwasserschlamm arbeiten (vgl. Müller,

Tabelle 85. Unterschiede bei Kompostierungsprozessen aus mikrobiologischer Sicht

Prozeßart	Bioreaktor	Temperaturabschnitte	Belüftung	Kompostierungsrate	Kapital-Investition	Beispiel für einen Prozeß
Batch-Prozeß	Nicht notwendig (zumeist Haufenkompostierung)	Mesophilie ↓ Thermophilie ↓ Abkühlung auf dem Kompostierungsfeld	wenig Diffusion, gewöhnlich durch Umschichten gefördert	Unterschiedlich, zumeist langsam und relativ gering	gering	Windrow-Prozeß (Anonym, 1971)
Kontinuierlicher Prozeß	immer notwendig	Thermophilie ↓ Abkühlung außerhalb des Bioreaktors	kräftige künstliche Belüftung und Durchmischung	hoch	hoch	Fairfield-Prozeß (Schulze, 1965)

1966; Gaul et al., 1974; Jäger, 1974; Literatur vgl. dort). Einige Beispiele für verschiedene Verfahrenstypen, auch wenn diese bisher nicht immer eine breite Anwendung gefunden haben, sind im folgenden angegeben.

Ein **Kompostierungswerk** ist nach folgendem Schema aufgebaut:

1. *Vorzerkleinerung* z. B. durch Prallmühlen, Hammermühlen, Siebraspeln von Dorr-Oliver (Rührarme, die über Siebböden mit Löchern von 25 mm – 45 mm Ø kreisen und den Müll langsam zerreiben).
2. *Siebung* mit Sieben, deren Sieblochgröße nach dem Material eingestellt wird.
3. *Rückgewinnungsanlage* (Recycling-Abschnitt). Magnetische Gewinnung von Eisenmetallen. Aussammlung und Separation von Nicht-Eisen(NE)-Metallen im Förderstrom.
4. *Mischung.* Vermischung von Müll mit Klärschlamm, Papier etc., z. B. durch Trommelmischer, auch durch Einschaltung von Knetern.
5. *Vorrotte* (Rottestufe I). Abbau leicht zersetzlicher organischer Abfallbestandteile durch gesteuerte O_2-Versorgung der Mikroorganismen.
6. *Nachrotte* (Rottestufe II). Kompostierung des Frischkompostes zum Fertigkompost. Dies ist erreicht wenn:

– bei Anfeuchtung und Belüftung keine Wärmebildung auftritt,
– das Produkt pflanzen- und insbesondere wurzelverträglich ist.

In diesem Stadium besteht ein geringer O_2-Bedarf. Das Material verpilzt stark.

a) Kompostierung in Mieten

Hausmüll wird nach Entfernung aller Anteile, die sich nicht kompostieren lassen, durch Siebung, Verwendung von Magneten u. v. a. Maßnahmen zerkleinert, häufig

mit kompostierbaren Industrieabfällen (wie Papier etc.) und mit Klärschlamm gemischt. Dann werden Mieten von ca. 1,30 m Höhe aufgesetzt und besonders anfangs zur Sauerstoffversorgung des gesamten Substrates mit Schaufelladern, Kränen
u. ä. umgesetzt. Bei höheren Mieten (z. B. bis zu 4 m) wird das Substrat künstlich
belüftet, wobei sich eine Saugbelüftung im Gegensatz zur Druckbelüftung wegen
der geringeren Geruchsbelästigung bewährt hat.

In den Mieten entwickeln sich zunächst viele mesophile Mikroorganismen, – besonders Bakterien, aber auch viele mycelbildende Pilze – und anschließend thermophile Arten, die eine Erhitzung im Kern der Mieten auf 60 °C – 70 °C (z. T. auch
noch höher) erreichen.

Zu einer Kompostierung in Mieten führt auch der Vorschlag, ein Klärschlamm-
Hausmüll-Gemisch nach etwa dreimonatiger Rottung mit anschließender nochmaliger Zerkleinerung und folgender Rotte über einen Zeitraum von einem Jahr als
Lärmschutzwall zu verwenden. Die Rotte erfolgt in Mieten von 5 m – 6 m Höhe. Im
unteren Drittel dieser Wälle wird eine kulturfähige Bodenschicht als Filter für Sik-
kerwässer angelegt. Nach der letzten Rotte kann ein Bepflanzen erfolgen (Homringhausen, 1975).

b) Kompostierung gepreßter Abfälle

Bei einem **Brikollare**-Verfahren nach Casperi-Meyer wird sortierter, zerkleinerter,
mit Klärschlamm versetzter Müll in Formlinge mit einem Wassergehalt von ca. 50%
gepreßt. Diese verrotten unter O_2-Einfluß unter Verpilzung und Temperaturbildung
bis zu 70 °C etwa zehn Tage. Nach ca. drei Wochen ist dieser Kompostierungspro-
zeß abgeschlossen; das Material enthält noch etwa 20% Wasser. Mit einer Feinmüh-
le werden die Preßlinge zerrissen. Dieser Frischkompost kann nach entsprechender
Nachbehandlung, z. B. einer Nachrotte in Mieten, als Fertigkompost verwendet
werden. Eine ausführliche Beschreibung dieses Verfahrens mit Berechnung der Be-
triebskosten eines Kompostwerkes in Schweinfurt vgl. Merz (1977).

c) Statische Kompostierung in Zellen

Bei solchen Verfahren wird die Kompostierung in Kompostzellen durchgeführt.
Das Substrat muß hierbei sehr intensiv durchmischt und möglichst von gleichmäßiger Beschaffenheit sein. Nach dem Blaubeurer Atemverfahren nach Dr. Spohn wird
der intensiv mit Klärschlamm vermischte und verknetete Frischmüll in offene Be-
tonzellen mit einem Restboden gefüllt. In diesem findet die Kompostierung statt.
Sinkt der Gehalt der Luft auf unter 12% O_2, so wird von oben nach unten Luft
durch das Substrat gesaugt, bis wieder mehr als 20% O_2 in der Luft enthalten sind.
Dabei wird auch die Feuchtigkeit im Substrat gleichmäßig verteilt. Die Temperatur
liegt im gesamten Rottegut bei ca. 70 °C. Nach einigen Tagen besteht weitgehende
Keimfreiheit, nach zwei bis drei Wochen wird der Frischkompost zu Mieten, die
nun nicht mehr umgesetzt werden müssen, aufgesetzt und ist nach vier bis sechs
Wochen fertig kompostiert.

Abweichend von diesem Verfahren gibt es eine Anzahl weiterer statischer Kom-
postierungsanlagen in Zellen, die aber prinzipiell nicht unterschiedlich arbeiten.

d) Dynamische Behälter-Systeme zur Kompostierung

In dynamischen Kompostierungssystemen wird das Kompostierungsgut mechanisch bewegt. Diese Bewegung kann durch ruhende Kompostmieten zeitweise unterbrochen werden.

α) Klappboden-Zellen (intermittierende Verfahren). In einem turmartigen Gebäude sind z. B. in zehn Etagen Klappboden-Zellen übereinander angeordnet. Das zerkleinerte, mit Klärschlamm gemischte Substrat gelangt mit einem Förderband in die Klappboden-Zellen der obersten Etage, kompostiert dort ein bis drei Tage und wird durch Öffnung der Klappböden in die nächst-untere Etage transportiert und so fort, bis nach ca. sechs Wochen das Material das gesamte Bauwerk durchlaufen hat. Bei einer Schütthöhe von 0,8 m – 1,0 m werden in jeder Etage Luft und Wasser je nach Temperatur zugeführt. Das Material ist innerhalb von zwei Wochen entseucht. Verfahren dieser Art (z. B. Thompson-Gothard in Großbritannien, Carel Fouché in Frankreich, GUA in Deutschland) arbeiten semikontinuierlich.

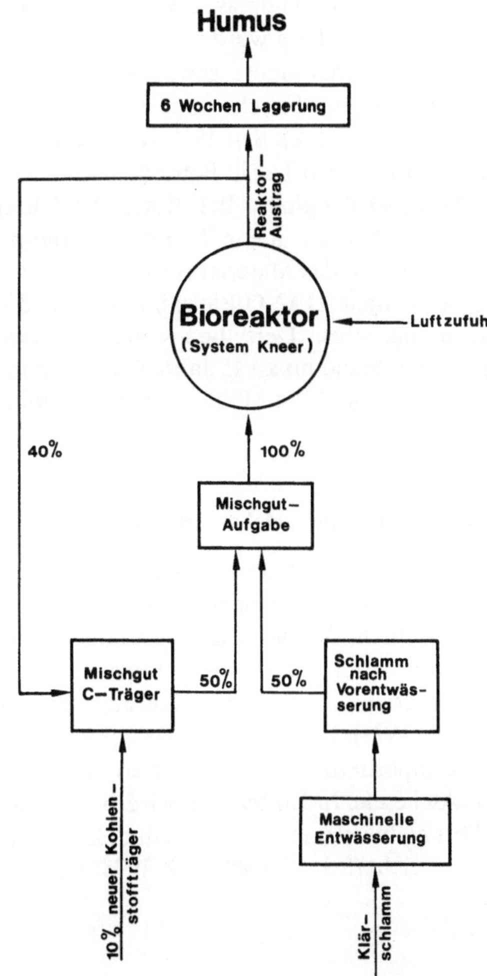

Abb. 215. Schema der aeroben Schlammkompostierung des Verfahrens Kneer

β) Kontinuierliche Verfahren

Etagenlose Türme. Die zerkleinerten Substrate werden in einen turmartigen Reaktor eingefüllt und durchlaufen kontinuierlich den Turm von oben nach unten. Dabei wird Luft durch verschiedene Verfahren im Gegenstrom geführt. Bei Temperaturen von 75 °C – 80 °C werden pathogene Keime abgetötet. Der durch die Schwerkraft bedingte Wanderungsprozeß des Substrates auf wendeltreppenartigen Rutschen dauert ca. 10 – 14 Tage. Verschiedene Verfahren sind z. T. als TRIGA-Rotteturm (Hygienisator) in Frankreich, Bioreaktor (BVA-System) mit Zusatz von Sägemehl bekannt. Beim Verfahren Kneer (vgl. Abb. 215) werden auch Stroh, Torf, Braunkohle und natürlich auch Sägemehl dem auf 75% – 85% entwässerten Klärschlamm zugesetzt (vgl. Loll, 1975).

Turmbehälter mit Etagenböden. Bei diesem Verfahren wird das Material in dünnen Schichten immer neu intensiv vermischt. Durch pflugartige Transportgeräte wird der mit Klärschlamm vermischte Müll auf ebenen Böden weiterbewegt und an einer Stelle durch Öffnungen in die nächstuntere Etage abgeworfen, wo sich der gleiche Vorgang wiederholt. Die Luft wird von unten nach oben durch den gesamten Turm geleitet und kann oben desodoriert werden. Der zylindrische Multibactoturm (nach Ecarp-Thomas, USA) hat acht bis zehn Etagen, die Schichthöhe beträgt 45 cm. In Heidelberg wurde nach 24 Betriebsstunden mit diesem Verfahren ein homogener Frischkompost gewonnen. Nach anderen Verfahren wird nach ca. 40 Stunden ein guter Frischkompost gewonnen (Conversion-System mit sechs bis acht Etagen in den USA). Seit 1972 ist in New York eine Großanlage mit einer Gewinnung von 150 t pro Tag in Betrieb.

Trommel-Verfahren. Bei diesem Verfahren wird das Material z. T. durch endlose Schraubengewinde in Trommeln dauernd angehoben. Durch den „Kugelmühleneffekt" wird das Material relativ gut zerkleinert. O_2 wird durch eingeblasene Luft zugesetzt. Beim DANO-Biostabilisator wird eine Aufenthaltszeit von drei bis fünf Tagen angegeben. Derselbe arbeitet in verschiedenen Städten in der Bundesrepublik Deutschland bis zu 15 Jahre lang mit gutem Erfolg. Beim Rheinstahl-Verfahren wird der Hausmüll in Mühlen zerkleinert und ist nach 24 – 36 Stunden bereits kompostiert.

e) Kompostierungsverfahren mit Flüssigmist

Rinderflüssigmist, Hühnerflüssigmist sowie Schweineflüssigmist lassen sich mit Stroh kompostieren, wobei die Kompostierungsverfahren mit Pferdemist zugrunde gelegt werden. Wenn auch Werte über Rotteverluste und Biomassebildung bereits vorliegen, können endgültige Angaben über eine praktische Einführung solcher Fermentations- bzw. Kompostierungsverfahren noch nicht gemacht werden (vgl. Grabbe, 1978). Durch Zugabe feuchtigkeitsbindender Substanzen kann Flüssigmist zur Kompostierung vorbereitet werden. Geeignet sind u. a. Sägemehl, Papier, Karton, Asche etc. In Rottezellen wird bei Schütthöhen bis zu 2,80 m ohne zusätzliche Belüftung bei einem so hergestellten krümeligen Gut eine einwandfreie Selbsterhitzung erreicht (Schuchardt, 1977, 1978; vgl. auch v. Faassen, 1978).

3. Verwendung

Müll-Klärschlamm-Komposte können in der Landwirtschaft zu 50 m³/ha – 100 m³/ha in mehrjährigem Abstand je nach Bodenart verwendet werden; auch höhere Mengen bis zu 200 m³/ha sind für bestimmte Bodenarten geeignet (Glathe, 1975).

Die Frage der Anreicherung von Spurenelementen, besonders Metallionen, in derartigen Komposten ist noch nicht geklärt. Diese können sowohl aus dem Müll als auch aus dem Abwasserschlamm stammen (vgl. Farkasdi et al., 1968). Dagegen scheinen organische schädliche Verbindungen, ebenso wie pathogene Organismen, durch die Art der Kompostbereitung bei richtiger Führung des Verfahrens zu keinen Befürchtungen Anlaß zu geben (Borneff et al., 1973).

Literatur

Anonym: Composting of municipal solid wastes in the United States. Publ. SW-47r., U.S. Environ. Protect. Washington D.C.: Agency 1971

Borneff, J., Farkasdi, G., Glathe, H., Kunte, H.: Müll Abfall *4*, 101 – 107 (1973)

Faassen, van H. G.: Grundl. Landtech. *28*, 83 – 85 (1978)

Farkasdi, G., Glathe, H., Knoll, K. H., Niese, G., Strauch, D.: Org. Landbau *3*, 11/12 (1968)

Finstein, M. S., Morris, M. L.: Adv. Appl. Microbiol. *19*, 113 – 151 (1975)

Gaul, D., Strauch, D., Scholl, W., Müller, W., Miersch, K.: Umwelthygiene *10* (1974)

Glathe, H.: Die Verwertung von Klärschlamm in der Landwirtschaft, Nachteile und Vorteile. Wintertagung Gießen 1975

Grabbe, K.: Grundl. Landtech. *28*, 64 – 69 (1978)

Homringhausen, E.: 4. Kolloquium Abfallbeseitigung Univ. Gießen (1975)

Jäger, B.: Gießener Berichte zum Umweltschutz *4*, 21 – 40 (1974)

Kane, B. E., Mullins, J. T.: Mycologia *65*, 1087 (1973)

Lacey, J.: In: Actinomycetales. Sykes, G., Skinner, F. A. (eds.), pp. 231 – 251. London, New York: Academic Press 1973

Loll, U.: ATV-Fortbildungskurs II, Teil A. Abwassertech. Verein. Bonn (1975)

Merz, F.: Forum Städte-Hyg. *28*, 131 – 137 (1977)

Müller, G.: Wissensch. Fortschr. *16*, 148 – 152 (1966)

Niese, G.: Grundl. Landtech. *28*, 75 – 81 (1978)

Samson, R. A., von Klotopek, A.: Arch. Mikrobiol. *85*, 175 – 180 (1972)

Schuchardt, F.: Landbauforsch. Völkenrode Sonderh. *38* (1977)

Schuchardt, F.: Grundl. Landtech. *28*, 69 – 75 (1978)

Schulze, K. L.: Compost Sci. *5*, 5 (1965)

Kapitel 43 Materialzerstörung und Abbau besonderer Substanzen durch Mikroorganismen

I. Allgemeines

Jede chemische Verbindung, die durch Pflanzen oder Tiere synthetisiert wird, kann durch irgendeinen Mikroorganismus abgebaut werden. Diese Fähigkeit hat dazu geführt, daß keine Anreicherung organischer Verbindungen erfolgt ist. Lediglich dann, wenn die äußeren Bedingungen zur Mikroorganismenentwicklung nicht gegeben waren, konnten sich organische Substanzen, wie z. B. Erdöl, anreichern, obwohl auch sie prinzipiell abbaubar sind (Literatur vgl. Dart und Stretton, 1977).

Der Lebensmittelverderb wird hier nicht behandelt. Literatur vgl. Longrée (1967); Hobbs und Christian (1973); Müller (1974 – ff.); Fields (1979) u. v. a.

Diese biochemische „Omnipotenz" der Mikroorganismen führt auch zum Abbau nützlicher Materialien, sofern eine Entwicklungsmöglichkeit der Mikroorganismen besteht. Das sog. „Prinzip der mikrobiellen Unfehlbarkeit" ist heute durch die Herstellung mancher nicht mehr mikrobiell abbaubarer organischer Verbindungen durchbrochen. Eine Anreicherung dieser Substanzen (z. B. einige Pflanzenschutzmittel, einige polymere Kunststoffe u. ä.) ist zu befürchten, sofern es nicht gelingt, Mutanten zu erzeugen, die einen solchen Abbau durchführen können. Ein wichtiger Zweig der Industrie befaßt sich mit der Verhinderung einer Zerstörung wichtiger Produkte durch Mikroorganismen.

Die Methoden zur Feststellung einer mikrobiellen Materialzerstörung sind – abgesehen von Spezialmethoden – relativ ähnlich. Die Materialien werden im natürlichen Milieu (z. B. in Erde, im Meereswasser), in bestimmten Klimakammern (z. B. Tropenkammern) dem Einfluß einer natürlichen Mikroflora oder dem einer Mischkultur bekannter materialzerstörender Bakterien oder Pilze ausgesetzt. Wichtige Testbakterien sind *Erwinia carotovora, Pseudomonas aeruginosa, Bacillus subtilis, Serratia marcescens* sowie *Cellulomonas-* und *Streptomyces*-Arten. Von Pilzen werden besonders *Coniophora puteana, Aspergillus niger, A. amstelodami, A. terreus, Penicillium cyclopium, P. brevi-compactum, P. funiculosum, P. ochrochloron, Aureobasidium pullulans, Paecilomyces varioti, Stachybotrys atra, Scopulariopsis brevicaulis, Trichoderma viride, Phomapigmentivora, Fusarium moniliforme* u. a. verwendet (vgl. Onions, 1975; Haldenwanger, 1970).

Einer Prüfung auf Materialzerstörung wird vielfach eine Behandlung der Werkstoffe mit antimikrobiellen Substanzen und anschließende Prüfung von deren Wirkung angeschlossen. Zusammenfassende Darstellungen und Literatur vgl. Walters und Elphick (1968); Haldenwanger (1970); Walters (1971, 1977); Becker (1974); Gilbert und Lovelock (1975); Eggins und Allsopp (1975) sowie Int. Biodeterioration Bulletin.

II. Zerstörung von Holz, Holz- und Celluloseprodukten

Holz sowie Werkstoffe aus Holz und Cellulose sind der mikrobiellen Zerstörung sehr stark ausgesetzt (vgl. Rypacek, 1966). Die wichtigsten holzzerstörenden Mikroorganismen sind Pilze, die zu den *Basidiomycetes* gehören (vgl. Tabelle 86).

Daneben sind aber auch verschiedene *Ascomycetes, Moniliales* und *Sphaeropsidales* in der Lage, Holzprodukte anzugreifen (vgl. Jahn, 1979).

Holz besteht zu 20% – 30% aus Lignin und Cellulose. Lignin ist gegen mikrobiellen Abbau sehr resistent und nur in verschiedenen Familien der *Basidiomycetes* ist die Eigenschaft, Lignin abzubauen, weit verbreitet (vgl. Eddy, 1963). Über den Celluloseabbau vgl. Kap. 12. Isolierungsmethoden für Pilze vgl. Haldenwanger (1970); Carey (1975); Fazzani et al. (1975).

Man unterscheidet zwei Arten der Holzzersetzung: Weißfäule und Braunfäule.

Tabelle 86. Wichtige holzzerstörende Pilze

Name		Schadensart	Literatur
Lenzites abietina	Tannenblättling	Lager- und Baufäule	Göhre (1954); Willeitner (1965)
Lenzites saepiaria	Blättling	Lagerfäule	Göhre (1954)
Lentinus squamosus (*Lentinus lepideus*) }	schuppiger Zähling	Lager- und Baufäule	Göhre (1954)
Paxillus acheruntius *Paxillus panuoides* }	Fächerschwamm	Lagerfäule	Göhre (1954)
Irpex fuscoviolaceus	braunvioletter Eggenschwamm	Lagerfäule	Göhre (1954)
Corticium giganteum	großer Rindenpilz	Lagerfäule	Göhre (1954)
Schizophyllum commune *Schizophyllum alneum* }	Spaltling	Lagerfäule	Göhre (1954)
Daedalea quercina	Eichenwirrling	Lager- und Baufäule	Göhre (1954)
Pullularia pullulans	Bläuepilz	Lagerfäule	Butin (1965)
Sclerofoma pityophila	Bläuepilz	Lagerfäule	Butin (1965)
Coniophora cerebella	Warzen- oder Kellerschwamm	Baufäule	Willeitner (1965)
Polyporus vaporarius	Porenhausschwamm	Baufäule	Göhre (1954)
Merulius lacrimans var. *domesticus*	Echter Hausschwamm	Baufäule	Göhre (1954); Willeitner (1965)
Polysticus versicolor	Buntporling	Baufäule	Willeitner (1965)
Poria vaporaria	Porenhausschwamm	Baufäule	Göhre (1954)
Poria vaillantii	Porenhausschwamm	Baufäule	Willeitner (1965)

Weißfäule tritt in Form von Taschen-, Faden-, Flocken- oder Fleckfäulen auf. Sie wird vor allem von Pilzen, die das Lignin angreifen, verursacht. Häufig werden beim Ligninabbau weiße Bezirke, die aus Cellulose bestehen, zurückgelassen. Douglasien und andere Coniferen, Harthölzer und Grubenhölzer können von der Weißfäule befallen werden. Die Pilze *Fomes aplanatus* und *Fomes igniarius* befallen vor allem gelagerte Harthölzer (z. B. Bretter).

Die Braunfäule tritt als Taschen-, Faden-, Fleck-, Ring- und Würfelfäule auf. Sie wird besonders von celluloseabbauenden Pilzen verursacht. Von Braunfäulen wird vor allem Bauholz befallen. In Europa ist *Merulius lacrymans,* der Hausschwamm, ein sehr gefürchteter Bauholzschädling. Dieser Pilz kann mit seinen rhizomorphen Feuchtigkeit über größere Strecken hinweg transportieren, so daß er imstande ist, auch trockenes Holz anzugreifen und abzubauen. Coniferenholz wird besonders dann, wenn es feucht geworden ist, infiziert und zerstört. In den USA ruft *Poria incrassata* eine gefährliche Braunfäule am Coniferenholz in Gebäuden hervor. Auch er besitzt Rhizomorphen. Weitere wichtige Erreger von Braunfäule an Weichhölzern sind *Polyporus schweinitzii, Fomes pinicola, Fomes laricis* und *Trametes seriales.*

Holzzerstörende Pilze entwickeln sich besonders gut in feuchten, z. T. auch in warmen, dunklen Bereichen. Sie können durch Trockenheit oder aber durch Lagerung des Holzes unter Wasser (unter Sauerstoffabschluß) an ihrer Entwicklung gehindert werden.

Ascomyceten und Fungi imperfecti greifen cellulose- und nicht-ligninhaltige Bezirke im Holz an. Zu erwähnen sind hier Arten der Gattungen *Chaetomium, Trichurus, Bispora, Stysanus, Stemphylium, Coniothyrium, Alternaria, Cephalosporium, Phialophora, Pullularia, Pestalozzia* und auch *Fusarium, Penicillium* und *Trichoderma* (vgl. Duncan, 1960). Ein Teil dieser und anderer Pilze ruft Verfärbungen des befallenen Holzes hervor (vgl. Tabelle 87).

Die Verfärbungen werden meistens durch die Farbstoffe in den Pilzmycelien hervorgerufen und können, wenn das Holz nur oberflächlich mit den Mycelien durchwuchert ist, auf mechanischem Wege beseitigt werden.

Die Tätigkeit holzzerstörender Pilze beginnt oft schon an abgestorbenen Baumresten. Schon die gefällten Bäume werden häufig – besonders zu Zeiten langanhaltender Niederschläge – mit holzzerstörenden Pilzen befallen, die anschließend in das bearbeitete Holz gelangen. Praktisch können sämtliche verarbeiteten Hölzer von holzzerstörenden Pilzen befallen werden, z. B. Grubenhölzer in Bergwerken, Telegraphenmasten, Eisenbahnschwellen, Zaunpfosten und sämtliche Hölzer, die in Gebäuden verbaut werden. Einige Holzarten, z. B. Zedernholz, enthalten im Kern-

Tabelle 87. Einige Holzverfärbungen durch Pilze

Art der Holzverfärbung	Mikroorganismenarten, welche die Verfärbung verursachen
Blaufärbung	*Alternaria-, Ceratostomella*-Arten
Grauschwarze Färbung	*Torula ligniperda*
Grünfärbung	*Chlorosphenum aeruginosum*
Rotfärbung	*Fusarium negundi* u. a. *Fusarium*-Arten
Gelbfärbung	*Penicillium divaricatum*

holz ätherische Öle, die eine Entwicklung von Mikroorganismen stark hemmen. Andere Hölzer müssen chemisch durch Imprägnierung mit Verbindungen, die nicht nur ein Pilzwachstum, sondern z. T. auch eine Zerstörung des Holzes durch tierische Schädlinge verhindern sollen, konserviert werden. Einige dieser Konservierungsstoffe sind $Cu_2(OH)_2$, As_2O_3, NaF, Na_2HAsO_4, Na_2CrO_4, Dinitrophenol, Pentachlorphenol, Kresol-Lösungen, Äthylquecksilberchlorid, Natriumtetrachlorphenoxyd, o-Phenylphenol, Tetrachlorphenol, 2-Chlor-o-phenylphenol u. v. a., die z. T. in Mischungen untereinander oder mit anderen Substanzen zur Imprägnierung der Hölzer angewandt werden (Wegler, 1977). Ein Teil der genannten Substanzen kann durch Mikroorganismen abgebaut werden (Duncan und Deverall, 1964; Willeitner et al., 1977), manche Mikroorganismen sind resistent (Schmidt und Ziemer, 1976).

Bakterien haben bei der Holzzerstörung nicht die Bedeutung wie die Pilze, sie treten in den meisten Fällen erst als Sekundärflora auf dem zerstörten Holz auf.

III. Zerstörung von Textilfasern

Die Textilindustrie hat z. T. beträchtliche Schäden durch den Einfluß verschiedenster Mikroorganismen zu verzeichnen. Fasern und Gewebe sind einer mikrobiellen Zerstörung dann ausgesetzt, wenn auch andere Entwicklungsbedingungen, z. B. Nährstoffe, pH-Wert und Temperatur bei häufigen Schwankungen der Feuchtigkeitsgehalte, für die Mikroorganismen günstig sind. Dann entwickeln sich celluloseabbauende Mikroorganismenarten, ändern die Struktur, besonders die Zugfestigkeit der Fasern, können Pigmente bilden und durch „Stockflecke" ganze Flächen in Textilgeweben unbrauchbar machen. Die Mikroorganismen (Bakterien mit Actinomyceten, Hefen und Schimmelpilze) stammen zumeist aus dem Erdboden. Wichtige Arbeiten über textilzerstörende Mikroorganismen stammen von Prindle (1937) und Lewis (1975).

Textilfasern sind in Fasern pflanzlichen, tierischen und synthetischen Ursprungs zu unterscheiden. Pflanzenfasern sind u. a. Kokosfasern, Baumwolle, Flachs, Hanf, Jute und Sisal. Die bedeutendsten tierischen Fasern sind Seide und Wolle. Die Arten der Kunstfasern sind sehr vielfältig: Acetatseide, Kupferseide, Viscose (aus Cellulose hergestellt), Lanital (aus Casein), Nylon, Perlon u. v. a. Im allgemeinen bestehen pflanzliche Fasern im wesentlichen aus Kohlenhydraten, während tierische Fasern protein- und stickstoffhaltig sind.

Rohbaumwolle, eine natürliche Pflanzenfaser, ist nach der Ernte außerordentlich stark mit Mikroorganismen infiziert; hier sind besonders *Bacillus*-Arten und Flavobakterien (Prindle, 1934) und von den Pilzen *Hormodendrum, Fusarium, Alternaria* und *Sporotrichum* vorhanden. In gelagerter Baumwolle sind Arten der Gattungen *Penicillium* und *Aspergillus* häufig. Wenn Baumwolle in feuchtem Zustand zu Ballen gepreßt wird, so werden die Fasern durch die sehr zahlreich vorhandenen cellulosezersetzenden Mikroorganismen zerstört oder beschädigt. Das gleiche gilt auch für andere pflanzliche und tierische Fasern, die feucht und warm gelagert werden. Unter den *Aspergillus*-Arten (*A. ustus, A. fumigatus, A. terreus, A. flavipes* und

A. ochraceus) befinden sich viele Stämme mit starker celluloseabbauender Aktivität (Simpson und Marsh, 1960). Als weitere wichtige Cellulosetextilien-abbauende Pilze sind *Mucor mucedo, Rhizopus nigricans*, viele *Penicillium*-Arten, *Botrytis, Dematium, Diplodium, Verticillium, Myrothecium, Trichoderma viride, Stachybotris alba* u. a. beschrieben worden, wobei sicherlich manche Arten nur bei Sekundärinfektionen auftreten.

Tierische Fasern werden in der Hauptsache von *Alternaria-, Stemphylium-, Oidium-, Aspergillus-* und *Penicillium*-Arten sowie durch *Bacillus*-Arten (besonders *B. mesentericus, B. cereus, B. subtilis, B. putrificus*) und *Streptomyces*-Arten besiedelt und verdorben.

Zur Feststellung von Schäden sind Quellung der Fasern, Vorkommen von Pilzhyphen, die sich z. B. durch Färbung mit Safranin und Methylenblau differenzieren lassen, und Färbungseigenschaften der Fasern (z. B. mit Kongorot) von Bedeutung (vgl. Lewis, 1975).

Die Resistenz von Fasern gegen Mikroorganismen prüft man, indem man sterile Faserteile der Einwirkung verschiedener Mikroorganismen, z. B. *Chaetomium* (für pflanzliche Fasern) aussetzt und den Einfluß dieser Mikroorganismen auf die Fasern beobachtet. Für tierische Fasern ist *Bacillus mesentericus* ein wichtiger Testorganismus.

Neben den unverarbeiteten Fasern werden aber auch verarbeitete Gewebe und andere Fertigfabrikate aus Fasern durch Mikroorganismen angegriffen und zerstört. Besonders gefährdet sind Zeltplanen und Zelte, Fischernetze, Markisen, aber auch Taue, Seile, Teppiche und Bekleidungsstücke, die oft der Feuchtigkeit ausgesetzt werden. Textilgewebe aus Kunstfasern sind im allgemeinen etwas resistenter gegen mikrobiellen Befall als solche aus pflanzlichen und tierischen Fasern (vgl. Gagliardi und Kenney, 1968).

Zur Verhütung der mikrobiellen Zerstörung von Textilfasern gibt es verschiedene Möglichkeiten:

1. Trocknung der Fasern zur Verhinderung des Mikroorganismenwachstums.
2. Behandlung der Fasern mit Antiseptica.
3. Veränderung der chemischen Zusammensetzung der Fasern (Kunstfasern).

Das sicherste Verfahren, um die Entwicklung von Mikroorganismen auf Textilfasern zu unterdrücken, besteht in einer Reduktion des Feuchtigkeitsgehaltes unter 8%.

Antiseptica werden immer bei Faserprodukten, die im Wasser verwendet werden, z. B. Fischernetzen, Leinwänden auf Booten u. ä., eingesetzt. Eine einfache Behandlung mit Antiseptica ist das Teeren, ein Verfahren, das aber nicht für sämtliche Faserprodukte geeignet ist. Die Antiseptica müssen genügend wasserlöslich sein, um sich mit der Schlichte gleichmäßig zu mischen. Weiterhin müssen sie hitzebeständig sein, um z. B. beim Kochen der Schlichte stabil zu bleiben, sie sollten auch farblos, geruchlos, ohne Korrosionswirkung auf die Faser und auf Maschinenteile, billig und schließlich auch ohne Einfluß auf den Färbeprozeß der Faser sein (Haldenwanger, 1970).

Die Zahl der Antiseptica zur Behandlung von Textilien ist groß. Kupferverbindungen haben sich z.T. bewährt, z.B. Kupferoxyd, Kupferoleat, Kupfer-8-chinolinolat, Kupfernaphthenat, Kupferformiat, Kupferammoniumfluorid, weiterhin

Quecksilberverbindungen, z. B. Quecksilberoxyd, Pyridylquecksilberstearat, und viele andere Verbindungen, u. a. Zinkoxyd, Zinkchlorid, Zinknaphthenat, Benzoate, Salicylate, Terpentin, p-Chlor-m-kresol und Fluoridsalzkomplexe. In letzter Zeit haben sich von den Phenolen Hexachlorophen, Pentachlorphenol, Tetrachlorphenol und o-Phenylphenol, von den organischen Metallkomplexen Phenylmercuriumlactat, weiterhin quaternäre Ammoniumverbindungen und auch Antibiotica, z. B. Neomycin, bewährt (Chapin, 1960). Testmethoden zur Bestimmung der antimikrobiellen Eigenschaften eines Antisepticums für Textilfasern vgl. Haldenwanger (1970); Lewis (1975).

Ein anderer Weg, Fasern gegen Mikroorganismen zu schützen, besteht darin, die Struktur der Fasern so zu ändern, daß sie durch Mikroorganismen nicht mehr abgebaut werden können.

Die Modifikation des Cellulosemoleküls durch Acetylierung, Formylierung, Phosphorylierung oder Cyanoäthylierung verleiht der Faser einen erheblichen Schutz gegen Mikrobenbefall (vgl. Gascoigne, 1961). Viele weitere Methoden zur Haltbarmachung von Fasern und Geweben vgl. Haldenwanger (1970).

Neben Textilfasern werden auch viele andere, z. T. cellulosehaltige Produkte von Mikroorganismen zerstört und müssen dementsprechend mit Antiseptica behandelt werden. Es sind dies besondere Papiere, Produkte aus Kunststoffen, Gummiwaren, Wachse, Farben und andere Produkte. Viele der genannten Antiseptica lassen sich auch für einige dieser Produkte verwenden. Häufig ist die Frage der Konzentrationen von Antiseptica, die aus den behandelten Produkten, z. B. Kunststoffen bei der Verwendung als Verpackung, in andere Produkte, z. B. Lebensmittel, übergehen, von großer Bedeutung (vgl. Stuart, 1960).

IV. Abbau von Materialien aus Kautschuk und Kunststoffen

Kautschuk und vulkanisierte Gummiprodukte (z. B. Autoreifen) werden besonders durch Streptomyceten abgebaut. *Streptomyces lipmanii* und *S. fulvoviridis* sowie *Nocardia* sp. wurden identifiziert (vgl. Hutchinson und Ridgway, 1975). Daneben spielen beim Abbau vulkanisierter Produkte schwefeloxidierende Bakterien, wie *Thiobacillus*-Arten, eine Rolle (*Thiobacillus neopolitanus, T. thioparus, T. thiooxydans*) (Hutchinson et al., 1969). Bei Gummidichtungen an Ventilatoren wurde durch Pilzeinfluß, vorwiegend *Acremonium charticola, Chrysosporium pannorum, Scopulariopsis brevicaulis, Penicillium cyclopium, Trichoderma viride* u. a., die Haltbarkeit von 12 – 18 Monaten auf 1,5 – 6 Monate herabgesetzt (Seman, 1976).

Zur Verhinderung eines mikrobiellen Abbaus von natürlichem Kautschuk werden den Produkten antimikrobielle Substanzen zugesetzt (Cundell und Mulcock, 1973).

Synthetische Gummiprodukte sind mikrobiell weniger gut abbaubar (Cundell und Mulcock, 1972, 1975). Butylkautschuk, Styrol-Butadien-Gummi (SBR, Buna-Hüls) sowie z. T. auch Polychloropren (Neopren) gelten als mikrobiell nicht oder nur schwer abbaubar (vgl. Schönborn, 1972). Sicherlich spielen Oberfläche und Art der Polymerisation eine wichtige Rolle.

Tabelle 88. Einige polymere Substanzen, die gegen mikrobiellen Abbau resistent sind

Carboxymethylcellulose (mit hohem Substitutionsgrad)	Polyisobutylen (mit hohem Mol.-Gew.)
Celluloseacetat (vollständig acetyliert)	Polytetrafluoräthylen (Teflon)
Äthylcellulose	Polymethylmethacrylat (PMMA, Plexiglas)
Melamin-Formaldehydharze (MF, Resopal)	Polystyrol (Luran, Norodur)
Polyamide (Nylon, Perlon) (Abbau umstritten)	Polyvinylacetat (PVAC)
Phenol-Formaldehydharze (PF, Bakelit)	Polyvinylalkohol
Polyacrylnitril (Orlon)	Polyvinylchlorid (PVC)
Polyäthylen (Mol.-Gew. über 21 000)	Siliconkunststoffe

Kunststoffe haben wegen ihrer Resistenz gegen mikrobielle Einflüsse eine große Bedeutung erlangt. Viele von ihnen werden in reiner Form, z. B. bei höherem Polymerisationsgrad, nicht durch Mikroorganismen angegriffen (Tabelle 88 z. T. nach Alexander, 1973 a).

Für manche dieser Produkte liegen hinsichtlich eines mikrobiellen Abbaus sich widersprechende Ergebnisse vor (vgl. Becker und Gross, 1974).

Bei vielen Kunststoffen wird ein Abbau durch mikrobielle Verwertung der Zusatzstoffe, wie Weichmacher, Stabilisatoren, Beschleuniger, Emulgatoren, Gleitmittel, organische Füllstoffe und Restmonomere bzw. Oligomere, vorgetäuscht (vgl. Wallhäusser, 1972).

Die mikrobielle Verwertung der genannten Substanzen kann zu wesentlichen Änderungen der Eigenschaften des Produktes, z. B. der Reißfestigkeit, Zug- und Biegefestigkeit, Flexibilität, Isolierwirkung u. a., führen. Es treten häufig Verfärbungen der Oberfläche z. B. durch Prodigiosin aus *Serratia marcescens,* Prodigiosinähnliche Pigmente durch *Streptoverticillium rubrireticuli* (Gerber und Stahly, 1975), Rotfärbungen durch *S. rubrireticuli* (Yeager, 1962) und *Fusarium*-Arten (Scullin et al., 1965) ein. Eine Literaturübersicht über den Abbau von Weich-PVC vgl. Pantke (1971). Eine gute Literatur-Übersicht über die Widerstandsfähigkeit makromolekularer Werkstoffe gegen mikrobiellen Angriff, allerdings ohne Wertungen, haben Becker und Gross (1974) veröffentlicht.

Weiterhin kann eine indirekte Beeinflussung der Kunststoffe durch Mikroorganismen, z. B. durch Wärme in Mülldeponien, durch Stoffwechselprodukte (H_2S, H_2SO_3, H_2SO_4, NH_3, CO_2, organische Säuren u. a.) einen Abbau vortäuschen bzw. auch einleiten, wenn die Polymerisate dadurch gespalten werden und die Oligomeren oder Monomeren verwertet werden können. Ein Abbau kann auch durch physikalische (z. B. UV-Strahlen) bzw. chemische Bedingungen oder Tierfraß eingeleitet werden. Beim Polyäthylen wurde aber auch hierdurch kein Abbau durch Mikroorganismen vorbereitet (Colin et al., 1976).

Von großer praktischer Bedeutung ist der mikrobielle Abbau von Kunststoffbeschichtungen in Flugzeugflächentanks und Heizöltanks. Hier werden die besonders durch *Cladosporium resinae* und *Pseudomonas*-Arten abbaubaren Polyurethane verwendet (Hedrick, 1969; Cooney und Felix, 1970; Rogers und Kaplan, 1971). Die genannten Mikroorganismen sind auch in der Lage, die in den Tanks vorhandenen Kohlenwasserstoffe ganz oder teilweise zu verwerten. Durch Verstopfung der Leitungen oder Filter mit den Mikroorganismen können schwere Betriebsstörungen eintreten (vgl. Becker und Gross, 1974). Polyurethane werden auch durch *Cladosporium herbarum, Chaetomium globosum, Penicillium citrinum* und *Aspergillus niger* angegriffen (Awao et al., 1971).

Ein Polyvinylalkohol-abbauendes Enzym wurde kürzlich aus *Pseudomonas* sp. isoliert und gereinigt (Watanabe et al., 1976). Wenn es gelingt, mehr für den Abbau bestimmter Kunststoffe charakteristische Enzyme zu isolieren, wird eine größere Klarheit über mikrobielle Fähigkeiten und Grenzen zur Zerstörung dieser Substanzen gewonnen werden. Das Problem der Beseitigung von Kunststoffen, die als Abfälle vorliegen, kann hier nicht diskutiert werden.

V. Abbau von Fetten und Ölen

Viele Mikroorganismen sind imstande, Fette und Öle abzubauen, selbst wenn diese in höheren Konzentrationen vorliegen. Bakterien der Gattungen *Pseudomonas, Bacillus* und *Xanthomonas* sind hieran ebenso häufig beteiligt wie Pilze der Gattungen *Penicillium, Aspergillus* und *Fusarium.* Es kommen praktisch auch sämtliche Mikroorganismen, die längerkettige Alkane zu Fettsäure oxidieren können, für einen Fettabbau in Frage, wenn sie Lipasen besitzen (vgl. Kap. 24).

Diese lipolytische Aktivität vieler Mikroorganismen führt zum Verderb vieler fetthaltiger Produkte, z. B. von gelagerten, feuchten Baumwollsamen, Kokosfett, Castoröl (die beiden letzteren Fette werden in der Kunststoffindustrie als Weichmacher verwendet, bei deren Abbau die Kunststoffstruktur vollkommen zerstört wird) und vielen anderen Fetten.

In vielen Öl-Wasser-Systemen kann die Tätigkeit von Mikroorganismen große Schäden hervorrufen, z. B. in den letzten Bädern, die bei der Textilherstellung angewandt werden (Deeley, 1962), oder in Emulsionen der metallverarbeitenden Industrie für Schleif- und Kühlzwecke (Bennett, 1962; Schweisfurth, 1965) sowie in pharmazeutischen und kosmetischen Emulsionen (Kostenbauder, 1962). *Pseudomonas aeruginosa* wird in sehr vielen Fällen als Testorganismus für Prüfungen von Konservierungsstoffen zum Schutz derartiger Öl-Wasser-Systeme gegen mikrobiellen Verderb verwendet.

VI. Zerstörung von Farben und Anstrichen

Mikroorganismen können an der Zersetzung und Zerstörung von Farben und Anstrichen beteiligt sein. Viele Farben werden mit Leinöl hergestellt, so daß Mikroorganismen, die sich auf Farben oder Anstrichen ansiedeln, eine gute C-Quelle vorfinden. Bei genügender Feuchtigkeit ist eine Mikroorganismenentwicklung möglich. Wasserverdünnte Farben werden besonders von *P. aeruginosa* verdorben; auf leinölhaltigen Farben kommen *Flavobacterium marinum* und die Pilze *Pullularia pullulans, Phoma glomerata, Cladosporium* und *Alternaria* sehr häufig vor, jedoch wurde auch die Entwicklung von Mikrokokken, *Bacillus*-Arten, *Alcaligenes*-Arten, *Fusarium, Penicillium* und anderen Arten beobachtet. Die Mikroorganismen bauen in den meisten Fällen das Leinöl im Bindemittel ab und zerstören dadurch den gesamten Farbstoff bzw. Anstrich. Viele äußere Bedingungen, z. B. Wassergehalt der Farbe, Temperatur und Luftfeuchtigkeit, tragen zum schnellen oder weniger schnellen Verderb der Farben durch Mikroorganismen bei (Literatur vgl. Ross, 1963, 1964; Walters, 1971; Ross und Hollis, 1976).

Auf den Oberflächen vieler alter Ölgemälde befinden sich bereits viele Sporen von Schimmelpilzen, die unter geeigneten Bedingungen zur Entwicklung kommen können, wie es sich 1966 bei der Überschwemmung in Florenz gezeigt hatte (Gargani, 1968). Vielfach entwickeln sich Mikroorganismensuccessionen. Auf Fresken entwickelten sich besonders *Penicillium, Mucor, Cladosporium, Aleurisma, Fusarium, Thamnidium* und *Sporotrichum*. 10 μ – 100 μ Nystatin/ml hemmt eine Pilzentwicklung und ist auch zur Abtötung von *Cladosporium herbarum* auf Bildern mit Leimfarben geeignet (Rehm und Henrichs, 1980).

Sowohl Öl- als auch Emulsionsfarben wurden nach Untersuchungen von Ross et al. (1968) vor allem durch *Alternaria dianthicola, Cladosporium* sp., *Phoma glomerata, Pullularia pullulans* und *Flavobacterium marinum* verdorben. *F. marinum* baute die Ölfilme wahrscheinlich zu Oxalsäure ab, *Aureobasidium pullulans* veränderte sie zu Oxalsäure, Essigsäure und Acetessigsäure. Der Pilz sondert bedeutende Mengen an Cellulasen, Proteinasen, Phosphatasen, Esterasen u. a. in das Substrat ab und spaltet dann lokal die Farben oder insbesondere deren Bindemittel, so daß ein initiales Wachstum beginnen kann (Winters und Guidetti, 1976). Vinyl-acryl-latex-Farben sind im allgemeinen relativ resistent gegen Mikroorganismen (Winters und Guidetti, 1976). Mit Bariummetaborat, Zinkoxid, Kupferoxid, Phenylquecksilberverbindungen, chlorierten Phenolen, Triazinen, quaternären Ammoniumverbindungen u. a. ließen sich mikrobielle Zerstörungen verhindern (Ross et al., 1968).

Zur Herstellung von Tapetenfarbstoffen wurden vor dem ersten Weltkrieg häufig Arsenverbindungen verwendet. Aus diesen, z. B. aus Arsenoxid, wurden von *Mucor mucedo, Penicillium brevicaule, Aspergillus glaucus*-Arten und *A. virens* u. a. Trimethylarsin [(CH$_3$)$_3$As] oder auch Kakodyloxid [(CH$_3$)$_2$As · O · As(CH$_3$)$_2$] gebildet. Diese sehr giftigen Verbindungen waren die Ursachen vieler Vergiftungserscheinungen, ja sogar von Todesfällen. Der Mechanismus der Methylierung, die nicht nur mit Arsenoxid, sondern auch mit Selen- und Tellurverbindungen durch Pilze durchgeführt werden kann, geht vermutlich über die Methylarsonsäure, Kakodylsäure und das Trimethylarsinoxid zum Trimethylarsin (Challenger, 1947). *Candida humicola* bildet ebenfalls Trimethylarsin (Cox und Alexander, 1973).

VII. Abbau von Kohlenwasserstoffen und Explosionsstoffen

Wie bereits erwähnt, ist *Cladosporium resinae* (Parbery, 1967) der wichtigste Kerosin-abbauende Mikroorganismus. Er entwickelt sich relativ schnell in Kerosin-haltigen Tanks und verstopft durch seine Mycelien die Leitungen. Viele andere Mineralöle, die als Schmiermittel verwendet werden, können mikrobiell zersetzt werden, die sich dabei bildenden Mikroorganismenzellen heben die Schmierwirkung auf, so daß der Werkstoff stark korrodiert. Vor allem *Pseudomonas oleovorans,* coliforme Bakterien und später *Desulfovibrio desulfuricans* sind an solchen Zersetzungen beteiligt (Rossmore und Brazin, 1968). Über Mechanismen des Abbaues von Kohlenwasserstoffen vgl. Kap. 3. o-Phenylphenol und Äthylmercurithiosalicylat sind geeignete Biozide (vgl. Walters, 1971).

Explosionsstoffe werden z. T. durch Mikroorganismen metabolisiert, so daß diese zur Zerstörung derartiger Substanzen eingesetzt werden können. Bei Zusatz geeigneter Nährstoffe, vor allem von Stickstoffquellen, wurden 100 ppm Trinitrotoluol (TNT) durch *Pseudomonas aeruginosa* in 48 Std. abgebaut. Cyclonit (RDX) und Ammoniumpikrat wurden hingegen durch *Pseudomonas* nicht abgebaut (Osmon und Klausmeier, 1973). Ein *Corynebacterium* soll jedoch auch Pikrinsäure abbauen (Gunderson und Jensen, 1956).

VIII. Zerstörung von Leder

Leder enthält Proteine, Lipide und Bindegewebssubstanzen, die einer mikrobiellen Zerstörung sowohl vor als auch nach der Verarbeitung ausgesetzt sein können. Durch die Verwendung von NaCl bei der Behandlung können sich auch halophile Bakterienarten wie *Micrococcus roseus, M. luteus, M. morrhuae* mit roter und gelber Farbstoffbildung entwickeln. In den Gerbereien werden rote Flecken auf dem Leder durch *Penicillium aculeatum* oder *Paecilomyces ehrlichii* hervorgerufen. Während des Weichprozesses sind vor allem *Bacillus subtilis, B. megaterium, B. anthracoides, B. pumilus* und *Pseudomonas aeruginosa* beim Verderb beteiligt (Orlita, 1968).

Fertige Produkte, z. B. Schuhe, werden besonders durch *Scopulariopsis brevicaulis, Verticillium lateritium, Chaetomium globosum* und *Fusarium oxysporum* zerstört (vgl. Pettit und Abbott, 1975). Bei ausreichender Temperatur und Feuchtigkeit kann eine direkte mikrobielle Hydrolyse des Proteins im Leder stattfinden (Bowes und Raistrick, 1966).

Methoden zur Untersuchung einer mikrobiellen Zerstörung von Leder vgl. Pettit und Abbott (1975). Durch p-Cl-m-Kresol und p-Nitrophenol läßt sich Leder vor einer Infektion schützen (vgl. Haldenwanger, 1970).

IX. Verderb von Lebensmitteln und Pharmazeutica

Sehr große Schäden werden durch mikrobielle Zerstörung von Lebensmitteln sowie pharmazeutischen und kosmetischen Produkten hervorgerufen. Für den mikrobiellen Verderb von Lebensmitteln vgl. Frazier (1958); Hobbs (1968); Thatcher und

Clark (1968); Chichester und Graham (1973); Hobbs und Christian (1973); Harrigan und McCance (1976); Skinner und Carr (1976); bes. aber Fields (1979).

Für den mikrobiellen Verderb pharmazeutischer und kosmetischer Produkte sei hier auf die Arbeiten von Halleck (1970), Marples (1970), Beveridge (1975, viel Literatur vgl. dort) hingewiesen.

X. Zerstörung mineralischer Baustoffe und Gläser

Kalkstein und Beton korrodieren durch Mikroorganismeneinfluß besonders bei Vorhandensein von ausreichender Feuchtigkeit. Die Mechanismen dieser Korrosion sind unterschiedlich und nur teilweise erforscht. Z. T. wird Ammoniak, das im Regenwasser vorkommt, durch nitrifizierende Bakterien über Nitrit zu Nitrat oxidiert und $CaCO_3$ in eine pulverförmige Substanz mit harter Kruste umgewandelt. Durch schwefeloxidierende Bakterien, vor allem *Thiobacillus,* wird SO_2 zur Bildung von $CaSO_4$ verwendet. Eine derartige Korrosion an einer Kirche und mikrobiologische Analyse vgl. Jaton (1972). Es wurden 10^3 bis 10^4 *Thiobacillus*-Keime/g festgestellt, daneben fanden sich ebensoviele nitrifizierende Bakterien und sogar 10^7 Ammoniumbildner/g (Arai, 1975).

Gips – in Verbindung mit anderen Beimengungen wie Holzmehl, Casein, Methylcellulose – ist ein gutes Substrat für Pilze. Diese richten häufig in Weinkellern, Papier-, Textil- und Lebensmittelfabriken beträchtliche Schäden an, wenn sich Gips in Wänden oder Decken befindet (vgl. Becker, 1974).

Optische Gläser werden besonders in tropischen Klimaten durch mycelbildende Pilze getrübt, auch bei Fensterglas, künstlerisch wertvollen Farbgläsern u. ä. können Korrosionen, vorwiegend durch mycelbildende Pilze, auftreten. *Aspergillus, Penicillium* und *Scopulariopsis* wurden u. a. identifiziert (Nagamuttu, 1967).

XI. Zerstörung von Metallen

Mikroorganismen sind in der Lage, an einer Reihe von Metallen Korrosionen hervorzurufen, die häufig zu beträchtlichen Schäden führen (vgl. Walters und Elphick, 1968; Iverson, 1975). Korrosionen an Metallen in wäßriger Umgebung sind elektrochemische Phänomene. Dabei können anionische oder kationische Reaktionen auftreten. Der mikrobielle Korrosionsmechanismus läßt sich in die folgenden vier Gruppen einteilen (Miller und King, 1975):

1. Korrosion durch Aufnahme von Nährstoffen. Bei diesem Typ werden keine aggressiven chemischen Substanzen durch die Mikroorganismen gebildet, sondern es ist – besonders unter aeroben Bedingungen – eine starke Zellanhäufung zu beobachten.

Die Mikroorganismenarten bei diesem Korrosionstyp sind sehr mannigfaltig, z. B. *Pseudomonas aeruginosa, Bacillus subtilis, B. cereus, Flavobacterium-, Gallionella-, Sphaerotilus*-Arten (vgl. Armbruster, 1969; Bott und Brock, 1970), *Aspergil-*

lus-, *Penicillium-*, *Alternaria-*, *Trichoderma-*, *Monilia-* und *Candida*-Arten sowie viele Cyanobacteria und chroococcale Algen (Kelly, 1965).

Besonders industrielle Kühlsysteme korrodieren auf diese Weise.

2. Korrosion durch Bildung organischer Säuren. Viele gärende Mikroorganismen bilden organische Säuren, besonders aber Pilze bilden im oxidativen Stoffwechsel organische Säuren wie z. B. Citronensäure, Fumarsäure, Bernsteinsäure und Oxalsäure. Durch die Säuren werden die Metalle sowohl in Gegenwart als auch in Abwesenheit von O_2 angegriffen. Ein charakteristisches Beispiel für diesen Korrosionstyp ist *Cladosporium resinae*. Dieser Pilz verwertet in Treibstofftanks das Ke-

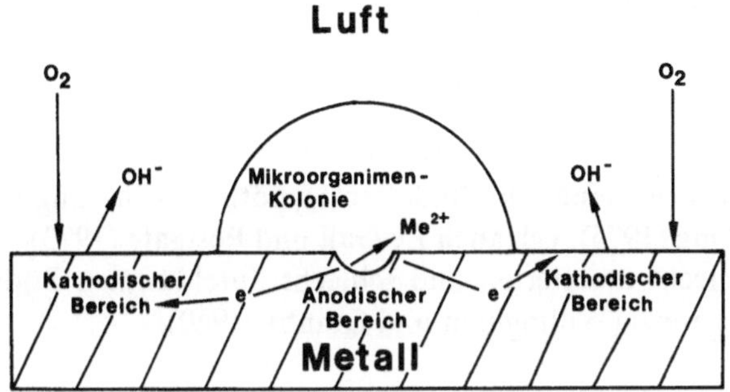

rosin und zersetzt durch die gebildeten Säuren die Aluminiumbehälter oder andere Metallbehälter.

Neben Treibstofftanks, z. B. von Flugzeugen, korrodieren elektronische Geräte u. v. a. technische Anlagen in warmen Ländern mit hoher Luftfeuchtigkeit durch diesen Typ (vgl. Iverson, 1975).

3. Korrosion durch Bildung von Schwefelsäure. Diese durch *Thiobacillus*-Arten verursachte Metallkorrosion wird durch Oxidation reduzierter Schwefelverbindungen zu H_2SO_4, das dann eine Metallkorrosion hervorruft, ausgelöst. Die Oxidation verläuft z. B. nach folgender Reaktion (Purkiss, 1971):

$$2\,H_2S + 2\,O_2 \rightarrow H_2S_2O_3 + H_2O \tag{1}$$

$$5\,Na_2S_2O_3 + 4\,O_2 + H_2O \rightarrow 5\,Na_2SO_4 + \boxed{H_2SO_4} + 4\,S \tag{2}$$

$$4\,S + 6\,O_2 + 4\,H_2O \rightarrow \boxed{4\,H_2SO_4} \tag{3}$$

Thiobacillus thiooxydans und *T. concretivorus* können noch beim pH-Wert von 0,7 wachsen und beim pH-Wert von 0,01 überleben.

Auch *T. ferrooxydans* bildet H_2SO_4 nach verschiedenen Reaktionen (Le Roux, 1971):

$$2\,FeS_2 + 7\,O_2 + 2\,H_2O \rightarrow 2\,FeSO_4 + \boxed{2\,H_2SO_4}$$

$$4\,FeSO_4 + O_2 + 2\,H_2SO_4 \rightarrow 2\,Fe(SO_4)_3 + 2\,H_2O$$

$$FeS_2 + Fe_2(SO_4)_3 \rightarrow 3\,FeSO_4 + 2\,S$$

$$2\,S + 3\,O_2 + 2\,H_2O \rightarrow \boxed{2\,H_2SO_4}$$

Durch die im Boden sehr häufig vorkommenden *Thiobacillus*-Arten korrodieren viele eisenhaltige Pipelines, Kühltürme, Bergwerksanlagen und andere Anlagen, sofern sie nicht aus rostfreiem Stahl hergestellt worden sind.

4. Korrosion durch Sulfat-reduzierende Bakterien. In Abwesenheit von O_2 tritt bei neutralem pH-Wert eine starke Korrosion durch *Desulfovibrio*-Arten ein. Nach einer Theorie von Wolzogen Kuhr und van der Vlugt (1934), der sog. „Kathodischen Depolarisation", tritt hier eine Korrosion ein:

Anodische Reaktion: $4\,Fe \rightarrow 4\,Fe^{2+} + 8\,e$

Elektrolytische Dissoziation des Wassers: $8\,H_2O \rightarrow 8\,H^+ + 8\,OH^-$

Kathodische Reaktion: $8\,H^+ + 8\,e \rightarrow 8\,H$

Kathodische Depolarisation durch Bakterien: $SO_4^{2-} + 8\,H \rightarrow S^{2-} + 4\,H_2O$

Korrosionsprodukt: $Fe^{2+} + S^{2-} \rightarrow FeS$

Korrosionsprodukt: $3\,Fe^{2+} + 6\,OH^- \rightarrow 3\,Fe(OH)_2$

Gesamtreaktion: $4\,Fe + SO_4^{2-} + 4\,H_2O \rightarrow 3\,Fe(OH)_2 + FeS + 2\,OH^-$

Einzelheiten dieser Reaktionen sowie einer abgeänderten Hypothese von King und Miller (1971) vgl. Miller und King (1975), vgl. auch Le Gall und Postgate (1973).

Metallinstallationen in schlecht drainierten und schlecht durchlüfteten Böden sind diesem Korrosionstyp ausgesetzt (Willingham und Quinby, 1970).

XII. Abbau sonstiger Substanzen

In der Bundesrepublik Deutschland sind mehr als 250 verschiedene Pflanzenschutzmittel – vielfach als **Pestizide** bezeichnet – zugelassen. Die Flächenbehandlung mit Insektiziden, Herbiziden und Fungiziden kann zu einer Anreicherung dieser Substanzen im Boden mit anschließender Auswaschung in das Grundwasser führen. Sicherlich werden einige dieser Substanzen durch Reaktionen mit Bodeninhaltsstoffen, durch UV-Strahlen u. a. Einflüsse inaktiviert, der Hauptabbau wird aber durch Mikroorganismen vor sich gehen müssen. Durch die Synthese neuer organischer Verbindungen wurden in den letzten 30 Jahren viele anorganische hochtoxische Präparate aus Quecksilber, Kupfer, Blei und Arsen in den Bereichen des Pflanzenschutzes fast vollständig ersetzt.

Reaktionstypen für den mikrobiellen Abbau (Martens, 1972) sind zumeist Hydrolysen, Oxidationen und Dechlorierungen, wobei die letzteren oft nur in Ausnahmefällen im Boden vor sich gehen (vgl. Haider et al., 1974). In einer ausgezeichneten Übersicht hat Lingens (1976) verschiedene mikrobielle Abbauwege von „Umweltchemikalien" dargestellt. Besonders *Pseudomonas-*, *Bacillus-*, *Nocardia-*, *Corynebacterium-* und *Mycobacterium*-Arten sind in der Lage, unkonventionelle chemische Verbindungen abzubauen. Manche Verbindungen werden im Laborversuch abgebaut, bleiben aber im Boden lange Zeit unverändert (vgl. Tabelle 89 nach Alexander, 1973 a).

So wird z. B. in der Tabelle 89 eine Beständigkeit von 15 Jahren für Lindan angegeben, andererseits gibt es einen Schimmelpilz, der ^{14}C-Lindan abbauen kann

Tabelle 89. Beständigkeit von Pestiziden im Boden

Allgemeiner Name	Chemische Struktur	Beständigkeit
Aldrin	1,2,3,4,10,10-Hexachlor-1,4,4a,5,8,8a-hexahydro-endo-1,4-exo-5,8-dimethano-naphthalin	> 15 Jahre
Chlordan	1,2,4,5,6,7,8,8-Octachlor-2,3,3a,4,7,7a-hexahydro-4,7-methaninden	> 15 Jahre
DDT	1,1,1-Trichlor-2,2-bis(p-chlor-phenyl)-äthan	> 15 Jahre
Diuron	3-(3,4-Dichlorphenyl)-1,1-dimethylharnstoff	> 15 Monate
2-(2,4-DP)	2-(2,4-Dichlorphenoxy)propion-säure	> 103 Tage
Fenac	2,3,6-Trichlorphenylessigsäure	> 18 Monate
Fluometuron	N'-(3-Trifluormethylphenyl)-N,N-dimethylharnstoff	195 Tage
Heptachlor	1,4,5,6,7,8,8-Heptachlor-3a,4,7,7a-tetrahydro-4,7-endomethaninden	> 14 Jahre
Lindan	1,2,3,4,5,6-Hexachlorcyclohexan	> 15 Jahre
Monuron	3-(p-Chlorophenyl)-1,1-dimethyl-harnstoff	3 Jahre
Parathion	0,0-Diäthyl-0-p-nitrophenyl-phos-phothioat	> 16 Jahre
PCP	Pentachlorphenol	> 5 Jahre
Pichloram	4-Amino-3,5,6-trichlorpicolin-säure	> 5 Jahre
Propazin	2-Chlor-4,6-bis-(isopropylami-no)-s-triazin	2 – 3 Jahre
Simazin	2-Chlor-4,6-bis-(äthylamin)-s-triazin	2 Jahre
2,4,5-T	2,4,5-Trichlorphenoxyessigsäure	> 190 Tage
2,3,6-TBA	2,3,6-Trichlorbenzoesäure	2 Jahre
Trifluralin	α,α,α-Trifluor-2,6-dinitro-N,N-dipropyl-p-toluidin	> 40 Wochen

(Kujawa et al., 1976). Offenbar finden die Mikroorganismen im Boden keine geeigneten Bedingungen für einen Abbau vor.

Einzelheiten über den mikrobiellen Abbau wichtiger chemischer Verbindungen, besonders von Pestiziden, vgl. Alexander (1973 a, b), Wright (1974), Bollag (1974), Lingens (1976), Perring und Mellanby (1978), Engelhardt et al. (1979), von heterocyclischen Verbindungen vgl. Callely (1978).

Cyanide belasten die Abwässer bestimmter Industrien und stellen wegen ihrer Giftigkeit eine große Gefahr für die Umwelt dar. Es existieren zwar einige chemische Entgiftungsmethoden, trotzdem wären mikrobielle Verfahren zur Entgiftung cyanidhaltiger Abwässer, besonders wenn sie billig und umweltfreundlich sind, von großem Interesse.

Die Rhodanase katalysiert die Bildung von Thiocyanat und Sulfit aus Cyanid und Thiosulfat. Sie kommt in verschiedenen Mikroorganismen vor, z. B. *Bacillus subtilis* und *Escherichia coli* (Villarejo und Westley, 1963; Bowen et al., 1965). *Thiobacillus denitrificans* bildet besonders hohe Konzentrationen dieses Enzyms (Atkinson et al., 1974). Wird *Bacillus stearothermophilus* in kontinuierlicher Kultur gezüchtet, so besitzt er eine ähnliche Kapazität zur Entgiftung von Cyaniden wie *Thiobacillus denitrificans* (Atkinson, 1975).

Verschiedene Pilze, z. B. *Pholiota*-Arten, *Rhizopus nigricans,* bauen $H^{14}CN$ in Alanin ein (Allen und Strobel, 1966), etwa auf folgendem Wege:

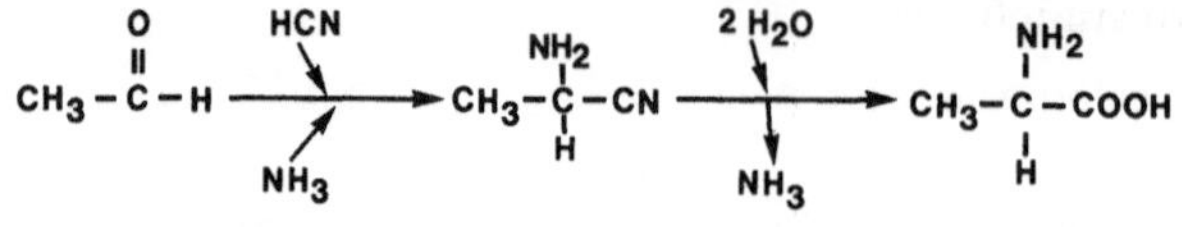

$$CH_3-\overset{\overset{O}{\|}}{C}-H \xrightarrow[NH_3]{HCN} CH_3-\overset{\overset{NH_2}{|}}{\underset{H}{C}}-CN \xrightarrow[NH_3]{2\,H_2O} CH_3-\overset{\overset{NH_2}{|}}{\underset{H}{C}}-COOH$$

Acetaldehyd   **α–Aminopropionitril**   **L–Alanin**

Rhizoctonia solani baut Cyanid in Propionaldehyd unter Bildung von α-Aminobuttersäure ein (Allen und Strobel, 1966). *Fusarium* bildet aus Succinosemialdehyd und HCN Glutamat (Strobel, 1967). Eine Reihe weiterer Mechanismen zur Einbeziehung von HCN in den Stoffwechsel von *Escherichia coli, Bacillus megaterium, B. pumilus, Aspergillus niger* und *Chlorella pyrenoidosa* vgl. Knowles (1976).

In einem zweistufigen Belebtschlamm-Verfahren sind Mikroorganismen bei Zusatz von Reiskleie als C-Quelle in der Lage, hohe Cyanidkonzentrationen zu verwerten (Furuki et al., 1976).

Der mikrobiologische Abbau von **Detergentien** im Abwasser spielt eine große Rolle, denn diese Substanzen werden in großen Mengen in Haushalten und in der Industrie für Reinigungszwecke verwendet und gelangen so in das Abwasser.

Man hat die Detergentien im Hinblick auf ihre biologische Abbaufähigkeit in weiche und harte Substanzen unterteilt. In dieser Unterscheidung werden Alkylsulfatester und Amide als weich und Alkylbenzolsulfonate, Alkylphenoxypolyäthylenglycole und Polyäthylenglycole als hart angesehen.

Alkylbenzolsulfonate der folgenden Strukturen sind die Grundlage für viele Detergentien:

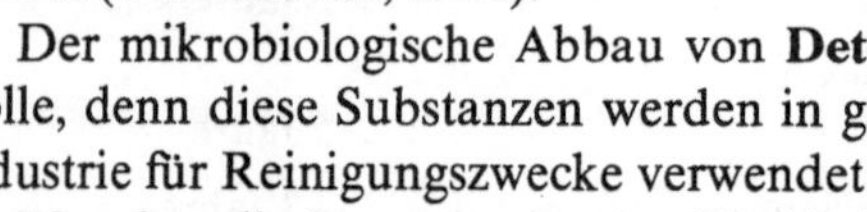

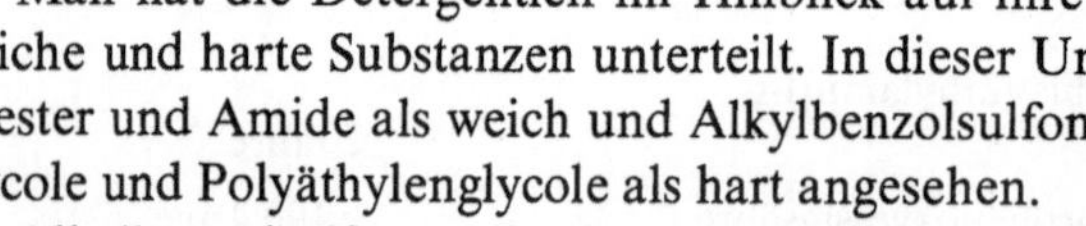

Die biologische Abbaumöglichkeit derartiger Detergentien wird durch die Art der Alkylseitenkette und die Bindungen am α-C-Atom bestimmt. Weiterhin hat der Substituent am Benzolkern eine Bedeutung für den Abbau.

Es ist gelungen, die Strukturen der Detergentien so zu verändern, daß ein mikrobieller Abbau möglich wird. So werden z. B. Alkylbenzolsulfonate der folgenden Strukturen leichter durch Mikroorganismen abgebaut als solche, deren Alkylseitenketten wesentlich mehr Verzweigungen aufweisen (Isaac und Jenkins, 1960):

$$H_3C-(HC_2)_9-\underset{\underset{CH_3}{|}}{CH}-\langle\!\!\!\bigcirc\!\!\!\rangle-SO_3Na \qquad H_3C-(CH_2)_8-\underset{\underset{CH_3}{|}}{\overset{\overset{CH_3}{|}}{C}}-\langle\!\!\!\bigcirc\!\!\!\rangle-SO_3Na$$

Vor allem *Pseudomonas*-Arten sind zum Abbau solcher Verbindungen befähigt (vgl. Ripin et al., 1975).

Nitrilotriacetat (NTA), das einen Teil des Phosphats in Waschmitteln ersetzen kann, wird durch geeignete Bakterien ebenfalls abgebaut (Enfors und Molin, 1973 a, b).

In der Bundesrepublik Deutschland ist die Herstellung von Detergentien, die in den vorhandenen Abwasserkläranlagen biologisch nicht abgebaut werden können, nicht mehr gestattet.

Übersichten vgl. Wayman (1971); Willetts (1973); Gledhill (1974).

Literatur

Alexander, M.: Biotechnol. Bioeng. *15*, 611 – 647 (1973 a)

Alexander, M.: Bioscience *23*, 509 – 515 (1973 b)

Allen, J., Strobel, G. A.: Can. J. Microbiol. *12*, 414 – 416 (1966)

Arai, H.: Jpn. J. Bacteriol. *30*, 475 – 476 (1975)

Armbruster, E. H.: Appl. Microbiol. *17*, 320 – 321 (1969)

Atkinson, A.: Biotechnol. Bioeng. *17*, 457 – 460 (1975)

Atkinson, A., Rutter, D. A., Sargeant, K.: Lancet *2*, 1446 (1974)

Awao, T., Komagata, K., Yoshimura, I., Mitsugi, K.: J. Ferment. Technol. *49*, 188 – 194 (1971)

Becker, G.: Organismen und Werkstoffe. Denkschrift. Im Auftrag der DFG 1974

Becker, H., Gross, H.: Mater. Org. *9*, 81 – 131 (1974)

Bennett, E. O.: Dev. Ind. Microbiol. *3*, 273 – 285 (1962)

Beveridge, E. G.: In: Microbial aspects of the deterioration of materials. Lovelock, D. W., Gilbert, R. J. (eds.), pp. 213 – 235. London, New York: Academic Press 1975

Bollag, J.-M.: Adv. Appl. Microbiol. *18*, 75 – 130 (1974)

Bott, T. L., Brock, T. D.: Appl. Microbiol. *19*, 100 – 102 (1970)

Bowen, T. J., Butler, P. J., Happold, F. C.: Biochem. J. *97*, 651 (1965)

Bowes, J. H., Raistrick, A. A.: Br. Leath. Manufact. Res. Assoc. Lab. Rep. *45*, 233 (1966)

Butin, H.: Farbe Lack *71*, 373, 374 (1965)

Callely, A. G.: Prog. Ind. Microbiol. *14*, 205 – 281 (1978)

Carey, J. K.: In: Microbial aspects of the deterioration of materials. Lovelock, D. W., Gilbert, R. J. (eds.), pp. 23 – 38. London, New York: Academic Press 1975

Challenger, F.: Sci. Prog. *35*, 396 – 416 (1947)

Chapin, J. C.: Dev. Ind. Microbiol. *1*, 59 – 64 (1960)

Chichester, C. O., Graham, H. D.: Microbial safety of fishery products. London, New York: Academic Press 1973

Colin, G., Cooney, J. D., Wiles, D. M.: Int. Biodeterior. Bull. *12*, 67 – 71 (1976)

Cooney, J. J., Felix, J. A.: Dev. Ind. Microbiol. *11*, 210 – 224 (1970)

Cox, D. P., Alexander, M.: Appl. Microbiol. *25*, 408 – 413 (1973)

Cundell, A. M., Mulcock, A. P.: Int. Biodeterior. Bull. *8*, 119 – 125 (1972)

Cundell, A. M., Mulcock, A. P.: Dev. Ind. Microbiol. *14*, 253 – 257 (1973)

Cundell, A. M., Mulcock, A. P.: Dev. Ind. Microbiol. *16*, 88 – 96 (1975)

Dart, R. K., Stretton, R. J.: Microbiological aspects of pollution control. Amsterdam, Oxford, New York: Elsevier Scientific Publishing Company 1977
Deeley, S.: Dev. Ind. Microbiol. *3*, 267 – 272 (1962)
Duncan, C. G.: Dev. Ind. Microbiol. *1*, 148 – 156 (1960)
Duncan, C. G., Deverall, F. J.: Appl. Microbiol. *12*, 57 – 62 (1964)
Eddy, B. P.: In: Biochemistry of industrial microorganisms. Rainbow, C., Rose, A. H. (eds.), pp. 489 – 507. London, New York: Academic Press 1963
Eggins, H. O. W., Allsopp, D.: In: The filamentous fungi. Smith, J. E., Berry, D. R. (eds.), Vol. I, pp. 301 – 319 London: Edward Arnold Ltd. 1975
Enfors, S.-O., Molin, N.: Water Res. *7*, 889 – 893 (1973 a)
Enfors, S.-O., Molin, N.: Water Res. *7*, 881 – 888 (1973 b)
Engelhardt, G., Rast, H. G., Wallnöfer, P. R.: FEMS Microbiol. Letters *5*, 377 – 383 (1979)
Fazzani, K., Furtado, S. E. J., Eaton, R. A., Jones, E. B. G.: In: Microbial aspects of the deterioration of materials. Lovelock, D. W., Gilbert, R. J. (eds.), pp. 39 – 58. London, New York: Academic Press 1975
Fields, M. L.: Fundamentals of Food Microbiology. Westport, Connecticut: Avi Publishing Co. 1979
Frazier, W. C.: Food microbiology, 2nd ed. New York, St. Louis, San Francisco, Toronto, London, Sydney: McGraw-Hill Book Company 1958
Furuki, M., Akakabe, T., Kitamura, H.: J. Ferment. Technol. *54*, 485 – 491 (1976)
Gagliardi, D. D., Kenney, V. S.: Dev. Ind. Microbiol. *9*, 189 – 200 (1968)
Gargani, G.: In: Biodeterioration of materials. Walters, A. H., Elphick, J. J. (eds.), p. 252. London: Elsevier Publishing Co. Ltd. 1968
Gascoigne, Ph. D.: Chem. Ind. London *21*, 693 – 696 (1961)
Gerber, N. N., Stahly, D. P.: Appl. Microbiol. *30*, 807 – 810 (1975)
Gilbert, R. J., Lovelock, D. W. (eds.): Microbial aspects of the deterioration of materials. London, New York: Academic Press 1975
Gledhill, W. E.: Adv. Appl. Microbiol. *17*, 265 – 293 (1974)
Göhre, K.: Werkstoff Holz. Berlin (1954)
Gunderson, K., Jensen, H. L.: Acta Agric. Scand. *6*, 100 (1956)
Haider, K., Jagnow, G., Kohnen, R., Lim, S. U.: Arch. Microbiol. *96*, 183 – 200 (1974)
Haldenwanger, H. H. M.: Biologische Zerstörung der makromolekularen Werkstoffe. Berlin, Heidelberg, New York: Springer 1970
Halleck, F. E.: Dev. Ind. Microbiol. *12*, 155 – 164 (1970)
Harrigan, W. F., McCance, M. E.: Laboratory methods in food and dairy microbiology. London, New York: Academic Press 1976
Hedrick, H. G.: Dev. Ind. Microbiol. *10*, 222 – 227 (1969)
Hobbs, B. C.: Food poisoning and food hygiene, 2nd ed. London: Edward Arnold Ltd. 1968
Hobbs, B. C., Christian, J. H. B. (eds.): The microbiological safety of food. London, New York: Academic Press 1973
Hutchinson, M., Ridgway, J. W.: In: Microbial aspects of the deterioration of materials. Lovelock, D. W., Gilbert, R. J. (eds.), pp. 187 – 202. London, New York: Academic Press 1975
Hutchinson, M., Johnstone, K. I., White, D.: J. Gen. Microbiol. *57*, 397 (1969)
Isaac, P. C. G., Jenkins, D.: J. Proc. Inst. Sewage Purif. *1960*, 314
Iverson, W. P.: Dev. Ind. Microbiol. *16*, 1 – 10 (1975)
Jahn, H.: Pilze, die an Holz wachsen. Herford: Busse 1979
Jaton, C.: Rev. Écol. Biol. Sol *9*, 471 – 477 (1972)
Kelly, B. J.: Mater. Prot. *4*, 62 (1965)
King, R. A., Miller, J. D. A.: Nature (London) *233*, 491 (1971)
Knowles, Ch. J.: Bacteriol. Rev. *40*, 652 – 680 (1976)
Kostenbauder, H. B.: Dev. Ind. Microbiol. *3*, 286 – 295 (1962)
Kujawa, M., Härtig, M., Macholz, R. M., Engst, R.: Nahrung *20*, 181 – 183 (1976)
LeGall, J., Postgate, J. R.: Adv. Microbial Physiol. *10*, 81 – 133 (1973)
Le Roux, N. W.: In: Microbial aspects of metallurgy. Miller, J. D. A. (ed.). Aylesbury: Medical & Technical Publishing Co. Ltd. 1971
Lewis, J.: In: Microbial aspects of the deterioration of materials. Lovelock, D. W., Gilbert, R. J. (eds.), pp. 153 – 185. London, New York: Academic Press 1975

Lingens, F.: Zentralbl. Bakt. Hyg. 1. Abt. Orig. B *162*, 114 – 126 (1976)

Longrée, K.: Quantity food sanitation, 2. Aufl. New York, London, Sydney, Toronto: Wiley-Interscience 1967

Marples, R. R.: Dev. Ind. Microbiol. *12*, 178 – 187 (1970)

Martens, R.: Landbauforsch. Völkenrode Sonderh. *14*, 93 – 98 (1972)

Miller, J. D. A., King, R. A.: In: Microbial aspects of the deterioration of materials. Lovelock, D. W., Gilberts, R. J. (eds.), pp. 83 – 103. London, New York: Academic Press 1975

Müller, G.: Grundlagen der Lebensmittelmikrobiologie. Leipzig: VEB Fachbuch 1974

Nagamuttu, S.: Int. Biodeterior. Bull. *3*, 25 – 27 (1967)

Onions, A. H. S.: In: Microbial aspects of the deterioration of materials. Lovelock, D. W., Gilberts, R. J. (eds.), pp. 1 – 22. London, New York: Academic Press 1975

Orlita, A.: In: Biodeterioration of materials. Walters, A. H., Elphick, J. J. (eds.), p. 297. London: Elsevier Publishing Co. Ltd. 1968

Osmon, J. L., Klausmeier, R. E.: Dev. Ind. Microbiol. *14*, 247 – 252 (1973)

Pantke, M.: Mater. Org. *6*, 295 – 315 (1971)

Parbery, D. G.: Trans. Br. Mycol. Soc. *54*, 682 (1967)

Perring, F. H., Mellanby, K. (eds.): Ecological effects of pesticides. London, New York: Academic Press 1978

Pettit, D., Abbott, S. G.: In: Microbial aspects of the deterioration of materials. Lovelock, D. W., Gilberts, R. J. (eds.), pp. 237 – 253. London, New York: Academic Press 1975

Prindle, B.: Text. Res. *4*, 413, 463, 555, *5*, 11 (1934)

Prindle, B.: Text. Res. *7*, 445 (1937)

Purkiss, B. E.: In: Microbial aspects of metallurgy. Miller, J. D. A. (ed.). Aylesbury: Medical & Technical Publishing Co. Ltd. (1971)

Rehm, H. J., Henrichs, J.: in Vorbereitung (1980)

Ripin, M. J., Cook, T. M., Noon, K. F., Stark, L. E.: Appl. Microbiol. *29*, 382 – 387 (1975)

Rogers, M. R., Kaplan, A. M.: Dev. Ind. Microbiol. *12*, 393 – 403 (1971)

Ross, R. T.: Adv. Appl. Microbiol. *5*, 217 – 233 (1963)

Ross, R. T.: Dev. Ind. Microbiol. *6*, 149 – 163 (1964)

Ross, R. T., Hollis, C. G.: In: Industrial microbiology. Miller, B. M., Litsky, W. (eds.), pp. 309 – 354. McGraw-Hill Book Company 1976

Ross, R. T., Sladen, J. B., Weinert, R. A.: Biodeterioration of materials. Walters, A. H., Elphick, J. J. (eds.), p. 317. London: Elsevier Publishing Co. Ltd. 1968

Rossmore, H. W., Brazin, J. G.: In: Biodeterioration of materials. Walters, A. H., Elphick, J. J. (eds.), p. 386. London: Elsevier Publishing Co. Ltd 1968

Rypacek, V.: Biologie holzzerstörender Pilze. Jena: VEB Gustav Fischer 1966

Schmidt, O., Ziemer, B.: Mater. Org. *11*, 215 – 230 (1976)

Schönborn, W.: Jahrbuch für die Praktiker. S. 25 – 60. Augsburg: Chem. Ind. 1972

Schweisfurth, R.: Zentralbl. Bakteriol. Parasitenkd. Abt. I. Orig. *198*, 324 – 327 (1965)

Scullin, J. P., Girard, T. A., Koda, Ch. F.: Rubber Plast. Age *46*, 267 – 268 (1965)

Seman, E. O.: Mikol. Fitopatol. *10*, 287 – 288 (1976)

Simpson, M. E., Marsh. P. B.: Dev. Ind. Microbiol. *1*, 248 – 252 (1960)

Skinner, F. A., Carr, J. G.: Microbiology in agriculture, fisheries and food. London, New York: Academic Press 1976

Strobel, G. A.: J. Biol. Chem. *242*, 3265 – 3269 (1967)

Stuart, L. S.: Dev. Ind. Microbiol. *1*, 65 – 73 (1960)

Thatcher, F. S., Clark, D. S.: Microorganisms in foods. Univ. Toronto Press 1968

Villarejo, M., Westley, J.: J. Biol. Chem. *238*, 4016 (1963)

Wallhäusser, K. H.: Verpack. Rundsch. *23*, 266 – 276 (1972)

Walters, A. H.: Prog. Ind. Microbiol. *10*, 179 – 218 (1971)

Walters, A. H. (ed.): Biodeterioration investigation techniques. p. 346. London: Applied science Publishers Ltd. 1977

Walters, A. H., Elphick, J. J.: Biodeterioration of materials. London: Elsevier Publishing Co. Ltd. 1968

Watanabe, Y., Hamada, N., Morita, M., Tsujisaka, Y.: Arch. Biochem. Biophys. *174*, 575 – 581 (1976)

Wayman, C. H.: Prog. Ind. Microbiol. *10*, 219 – 271 (1971)

Wegler, R.: Pflanzenwachstumsregulatoren, Fungizide, Holzschutz. Berlin, Heidelberg, New York: Springer 1977

Willeitner, H.: Materialprüfung *7/4*, 129 – 133 (1965)

Willeitner, H., Schmidt, O., Wollenberg, E.: Mater. Org. *12*, 279 – 286 (1977)

Willetts, A. J.: Int. Biodeter. Bull. *9*, 3 – 10 (1973)

Willingham, C. A., Quinby, H. L.: Dev. Ind. Microbiol. *12*, 278 – 284 (1970)

Winters, H., Guidetti, G.: Dev. Ind. Microbiol. *17*, 173 – 176 (1976)

Winters, H., Isquith, I. R., Goll, M.: Dev. Ind. Microbiol. *17*, 167 – 171 (1976)

Wolzogen Kuhr, von C. A. H., van der Vlugt, L. S.: Water *18*, 147 (1934)

Wright, S. J. L.: In: Industrial aspects of biochemistry, Part I. Proc. 9th. FEBS Meet. Spencer, B. (ed.), pp. 495 – 514. Amsterdam, London, New York: North Holland/American Elsevier 1974

Yeager, C. C.: Plast. Worlds *20*, 14 – 15 (1962)

Sachverzeichnis

E. Lück

Chemische Lebensmittelkonservierung

Stoffe – Wirkungen – Methoden

1977. 1 Abbildung, 36 Tabellen. XX, 280 Seiten
Gebunden DM 58,–
ISBN 3-540-08184-4

Inhaltsübersicht:
Allgemeiner Teil: Ziel und Entwicklung der lebensmittelkonservierung. Analytischer Nachweis der Konservierungsstoffe. Gesundheitliche Aspekte, Lebensmittelrechtliche Situation. Antimikrobielle Wirkung der Konservierungsstoffe. – Die einzelnen Konservierungsstoffe: Natriumchlorid, Silber, Borsäure, Kohlendioxid, Stickstoff, Nitrate, Nitrite, Ozon, Wasserstoffsuperoxid, Schwefeldioxid, Chlor, Äthylalkohol, Athylenoxid, Saccharose, Hexamethylentetramin, Ameisensäure. Essigsäure, Propionsäure, Sorbinsäure, Dehydracetsäure, Pyrokohlensäurediäthylester, Benzoesäure, Salicylsäure, Ester der p-Hydroxybenzoesäure, o-Phenylphenol, Diphenyl, Rauch, Furylfuramid, Thiabendazol, Nisin, Pimaricin. Weitere Konservierungsstoffe. Verpackungen und Überzüge.

Aus den Besprechungen:
"...Der Verfasser, Sachkenner von Rang, hat sein in langjähriger, intensiver Beschäftigung mit Fragen der Haltbarmachung von Lebensmitteln durch Konservierungsstoffe erworbenes Wissen und Erfahrungsgut in diese Monographie eingebracht und mit in der Literatur weit verstreuten Beobachtungen, Fakten und Erkenntnissen zu einer geschlossenen Darstellung verarbeitet... Die souveräne Beherrschung des Stoffes kommt bereits im allgemeinen Teil zum Ausdruck,... präzise und in gut lesbarer Form. ...
...Ein umfangreiches Literaturverzeichnis mit über 500 Zitaten erlaubt den Rückgriff auf weiterführende Literatur und auf Details, wobei die Angabe der jeweiligen Titel die Auswahl der besonders relevanten Literatur erleichtert. Das vorzügliche, von profunder Sachkenntnis getragene Buch spricht einen breiten Leserkreis an, den in der Ausbildung befindlichen wie auch den im Beruf stehenden Lebensmittelchemiker, darüber hinaus den in irgendeiner Weise mit Lebensmitteln befaßten Personenkreis. Aber auch der gebildete Laie, der sich an Hand einer sachlichen Darstellung über den mit Konservierungsstoffen verbundenen Problemkreis unterrichten will, wird daraus Nutzen ziehen. Eine solche Monographie hat bisher in der deutschsprachigen Literatur gefehlt. Sie verdient als unentbehrliche Informationsquelle und Nachschlagewerk weite Verbreitung."
ZLR
Zeitschrift für das gesamte Lebensmittelrecht

Springer-Verlag
Berlin
Heidelberg
New York

Eine bewährte Zeitschrift –
unentbehrlich für Ihre
tägliche Arbeit

Zeitschrift für

Lebensmittel-Untersuchung und -Forschung

ISSN 0044-3026   Title Nr. 217

Herausgegeben und redigiert von
F. Kiermeier, Weihenstephan

Unter ständiger Mitarbeit von
E. Coduro, G. Dultz, K. Guthy, G. J. Haas, H. Miethke,
L. Schneider, R. F. Smith, E. Tell

Wissenschaftlicher Beirat
Alkaloidhaltige Lebensmittel: H. G. Maier; Alkoho-
lische Getränke: F. Radler; Allgemeine Lebensmittel-
chemie: W. Diemair; Ernährungsphysiologie: K. Lang;
Fett: A. Seher; Fleisch: K. P. Möhler; Gemüse und Obst:
K. Herrmann; Getreide: L. Acker; Getreide, Obst und
Inhaltsstoffe: H. Neukom; Lebensmittelchemie:
H.-D. Belitz; Lebensmitteltechnologie und Analytik:
W. Baltes; Mikrobiologie: H.-J. Rehm; Mikrobiologie,
Sensorik, Zusatzstoffe: E. M. Mrak; Milch und Milch-
produkte, Eiweiß: H. Klostermeyer; Wasser und Spuren-
elemente: O. Högl; Wein, Kaffee und Kohlenhydrate:
H. Thaler

Und das bietet Ihnen die Zeitschrift für Lebensmittel-
Untersuchung und -Forschung:

- **Originalarbeiten** aus dem Gesamtgebiet der Lebens-
  mittel-Wissenschaft, insbesondere der Lebensmittelchemie

- **Übersichtsberichte**

- **Buchbesprechungen**

- **Zeitschriftenreferate**

- **Gesetze und Verordnungen**

Springer-Verlag
Berlin
Heidelberg
New York

Bezugspreis und Erscheinungsweise auf Anfrage